KB078848

3D 모델링 & 기계설계 실습

인벤터 2021

이광수 편저

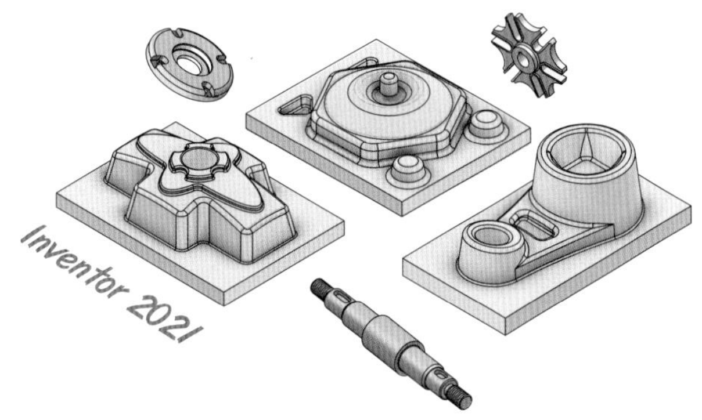

일진사

PREFACE

머리말

최근 4차 산업혁명의 도구로 개인용 3D 프린터가 급속히 보급되고 있습니다. 이에 따라 3D 프린팅 데이터를 만들어주는 모델링 소프트웨어에 대한 시장도 민감하게 바뀌고 있습니다.

개인 사용자는 물론 산업계에서도 사용하기 쉽고 안정적이며 다양한 기능을 탑재한 3D CAD 프로그램이 각광을 받고 있습니다. 가장 대표적인 것이 오토데스크 사의 인벤터(Inventor)입니다.

최근 오토데스크 사는 급변하는 외부 환경 변화와 고객들의 니즈에 맞춰 학교를 중심으로 인벤터 프로그램을 무료로 보급하고 있습니다.

인벤터는 학생의 인증만 있으면 정품 프로그램을 무료로 사용할 수 있습니다. 이러한 외부 환경 변화와 비대면 수업에 대응하여 대폭 개선된 교육용 버전을 정품으로 사용하는 학생들에게는 무척 낯설고 사용하기 어려울 수 있습니다. 이에 따라 본 저자는 최신 버전의 기능을 가장 적절히 전달할 수 있는 과제를 선정하여 이 책을 집필하였습니다. 특히 인벤터의 세밀한 그림 및 정확한 명령 순서 기술, 그리고 동영상을 제작하였습니다. 또한, 설계자가 설계한 기기나 제품들의 현업 기구 설계나 자동화 설계 사용자의 요구를 반영하였으며, 따라하기 쉽도록 다음과 같은 특징으로 구성하였습니다.

첫째, 학습자 중심으로 설계하였습니다.

3D 형상 모델링 입문자가 내용을 이해하는 데 걸리는 시간을 최소화하고, 수업 시뮬레이션을 실시하여 그 내용을 누구나 쉽고 빠르게 따라 할 수 있도록 편집하였습니다.

둘째, 산업 현장에서의 사용자 요구에 맞추어 제작하였습니다.

현장 전문가와 교육 전문가 등이 참여한 검증을 통해 현장 실무자에게 맞도록 최적화하였습니다.

셋째, 관련 자격증 시험을 준비하는 사람들에게 적합하도록 구성하였습니다.

기계설계산업기사, 전산응용기계제도기능사를 준비하는 수험자가 빠른 시간에 관련 기능을 습득할 수 있도록 하였습니다.

넷째, 세밀하고 적절한 동영상 콘텐츠를 첨부하였습니다.

본 교재 동영상은 책자와 그 내용이 일치하고 상호 보완적으로 학습 효과를 올릴 수 있도록 하였습니다.

끝으로 이 책이 학습자에게 유용하고 꿈을 실현하는데 도움이 되기를 바라며, 검토를 해주신 교수님들과 현장 실무자들께 감사를 전합니다. 아울러 이 책을 출판하기까지 여러모로 도와주신 도서출판 **일진사** 직원 여러분께 감사드립니다.

저자 씀

차례 CONTENTS

Chapter 1

Inventor의 시작

INVENTOR

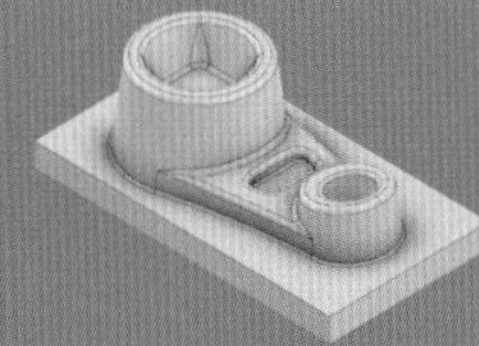

1 Inventor 시작 및 화면 구성

(1) Inventor의 초기 화면

Inventor를 실행하면 위와 같은 화면이 나타난다. 주요 아이콘별 기능은 다음과 같다.
① **새로 만들기** : 새로운 작업을 시작할 때 선택한다.
② **열기** : 기존에 저장된 작업 파일을 불러온다.
③ **최근 문서** : 가장 최근에 작업한 데이터를 불러온다.

[새로 만들기]를 클릭하면 다음과 같은 화면이 나온다.
시작하기 ⇨ 시작 ⇨ 새로 만들기 ⇨ 부품-2D 및 3D 객체 작성 ⇨ Standard.ipt ⇨ 작성

(2) Inventor 화면 구성

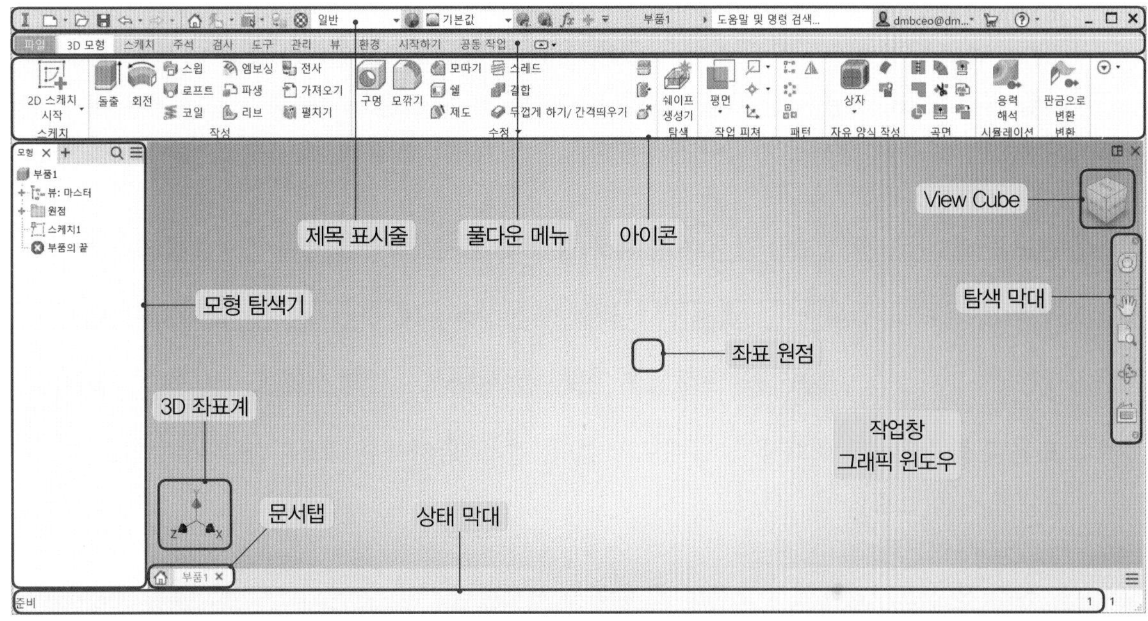

(3) 응용프로그램 메뉴

- 새로 만들기 : 새 파일을 작성한다.
- 열기 : 기존에 저장된 작업 파일을 불러온다.
- 저장 : 파일을 저장한다.
- 다른 이름으로 저장 : 다른 이름의 파일 사본을 저장한다.
- 내보내기 : 파일을 DWG, PDF 또는 다른 CAD/이미지 형식으로 내보내기 한다.
- 관리 : 모든 파일을 변환 또는 갱신하여 관리한다.
- Vault 서버 : Vault로 연결한다.
- iProperties : iProperties로 연결한다.
- 인쇄 : 인쇄(출력)한다.
- 닫기 : 닫기

① **최근 문서 :** 가장 최근에 사용한 파일이 맨 위부터 목록에 나열되고, 파일을 선택하여 파일을 불러온다.

② **현재 열린 문서 :** 가장 최근에 연 파일이 맨 위부터 목록에 나열되고, 파일을 선택하여 파일을 불러온다.

③ **옵션 :** 응용프로그램 옵션 대화상자에서 옵션을 선택한다.

④ **inventor 종료**

(4) 신속 접근 도구막대

- 많이 사용하는 명령 도구들을 생성하여 사용한다.
- 소프트웨어 버전 이름 : 사용 중인 Autodesk Inventor 소프트웨어 이름과 버전을 표시한다.
- 파일 이름 : 현재 사용 중인 파일 이름을 표시하며, 파일 이름을 지정하지 않은 경우 [부품 1], [부품 2], … 등의 순서로 파일이 생성된다.

① **정보 센터 :** 다양한 정보를 검색하며, 제품 갱신 및 공지사항에 연결하여 정보를 제공 받는다.

② **도움말 항목 검색 :** 대화상자, 팔레트의 설명, 절차 및 자세한 내용이나 용어 정의를 빠르게 검색하고, 사용법을 검색한다.
– 키를 선택한다.
– 신속 접근 도구막대에서 도움말 ⑦ 항목을 선택한다.

(5) 리본

① **명령 아이콘 :** 기능별로 명령 아이콘을 나열하며, 탭들을 분류하여 묶은 활성화된 창에 따라 변경된다.

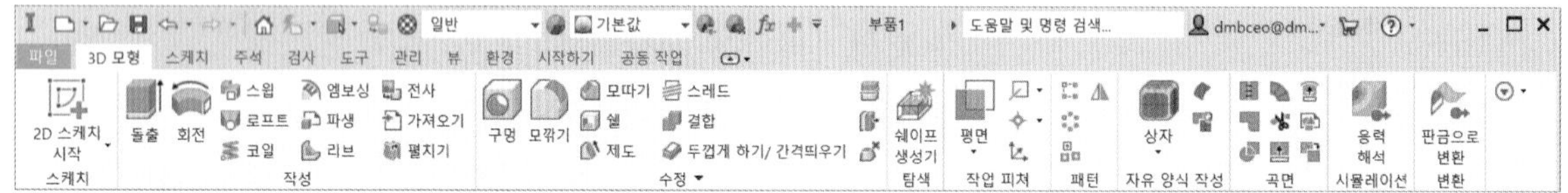

윈도우 그래픽 창 위에서 마우스 오른쪽 클릭 ⇨ 고정 위치(리본 메뉴를 위와 왼쪽, 오른쪽으로 배치할 수 있다.)

맨 위 : 수평 리본은 창 맨 위에 위치한다.
왼쪽 : 수직 리본은 창 왼쪽에 위치한다.
오른쪽 : 수직 리본은 창 오른쪽에 위치한다.

② 키 탭

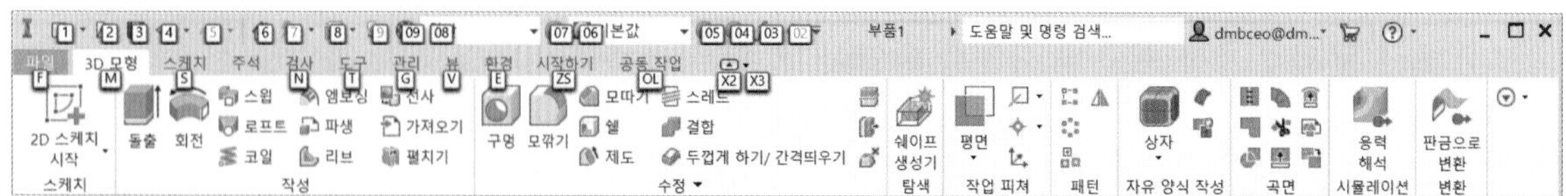

Alt 키, F10 키를 선택하면 응용프로그램 메뉴가 나타나며, 표시된 영문키를 선택하면 명령이 실행된다.

(6) View Cube

View Cube를 클릭하여 뷰에서 선택한 객체 또는 전체 모형으로 창을 채우고 회전한다. View Cube 근처에 표시된 홈 버튼은 뷰에 맞춤을 수행하는 동안에 모형을 3/4 뷰 또는 사용자 정의 뷰로 회전한다. View Cube 메뉴를 허용하여 홈 뷰를 정의한다.

(7) 탐색 막대

줌 및 초점 이동 컨트롤이 포함된 탐색 막대와 Autodesk 탐색 휠의 화면표시를 on/off한다.

아이콘	도구	기능
	Steering Wheels	다수의 일반 탐색 도구를 단일 인터페이스로 결합한 도구이다.
	초점 이동	커서를 그래픽 창에서 뷰를 끄는 데 사용되는 4방향 화살표로 변경한다.
	줌 창	선택한 영역으로 그래픽 창을 채운다. 십자선 커서를 사용하여 부품, 조립품 또는 도면의 한 영역이 그래픽 창을 채우도록 정의할 수 있다.
	자유 회전	회전축 주변 또는 중심에서 커서 입력을 기준으로 뷰를 동적으로 회전한다. 회전 기호에는 수직축과 수평축이 있다. 도면에서는 사용되지 않는다.
	면 보기	선택한 면은 화면에 평행하게, 선택한 모서리는 화면에 수평하게 배치하고, 선택 항목은 중심에 오도록 한다.
F5	이전 뷰	작업하는 중에 F5 키는 이전 뷰로 복원할 수 있다.
Shift+F5	다음 뷰	작업하는 중에 Shift+F5 키는 다음 뷰로 되돌아간다.

(8) 화면표시

음영처리, 모서리로 음영처리, 와이어프레임 등으로 표시할 수 있다.

뷰 ⇨ 모양

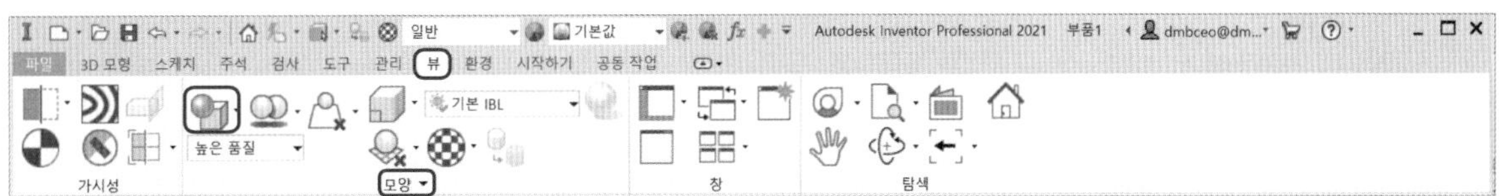

아이콘	도구	기능
	사실적	고품질 음영처리를 사실적으로 텍스트 처리된 모형
	음영처리	부드럽게 음영처리된 모형
	모서리로 음영처리	가시적 모서리로 부드럽게 음영처리된 모형
	숨겨진 모서리로 음영처리	숨겨진 모서리로 부드럽게 음영처리된 모형
	와이어프레임	모형 모서리만으로 표시
	숨겨진 모서리로 와이어프레임	숨겨진 모서리가 표시된 모형 모서리

(9) 모형탐색기

부품 작업 요소 간의 상호 관계 구조 등의 정보를 표시한다.

(10) 상태 막대

활성 창의 하단에 표시되는 상태 막대의 화면표시를 켜거나 끄고 작업의 다음 단계에 대해 프롬프트를 표시한다. 프롬프트는 상태 막대의 왼쪽에 표시되고 메모리 상태 표시는 가장 오른쪽에 표시된다. 상태 막대는 작업을 계속하는 데 필요한 명령이 있을 때 표시된다.

(11) 작업창

• 문서 탭 : 문서가 둘 이상 열려 있을 때 그래픽창의 하단에 표시되는 문서 탭을 표시하거나 숨긴다. 탭을 클릭하면 열려 있는 문서들 간에 전환할 수 있다. 창은 바둑판식이나 계단식으로 화면에 배열할 수 있다.

• 기능 목차 메뉴

윈도우 그래픽 화면에서 마우스 오른쪽 클릭

기능의 목차 메뉴를 제공하며, 선택한 객체의 자주 사용하는 기능을 표시하고 선택하면 명령이 실행할 수 있다.

• 3D 좌표계

기본 좌표계는 X축-적색, Y축-녹색, Z축-청색으로 표시한다.

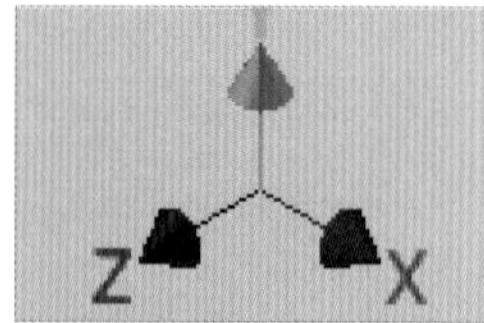

(12) 사용자 메뉴 만들기

리본 빈 공간에서 마우스 오른쪽 버튼을 클릭하면 팝업창이 나오며, 체크하여 리본 메뉴를 추가할 수 있다.

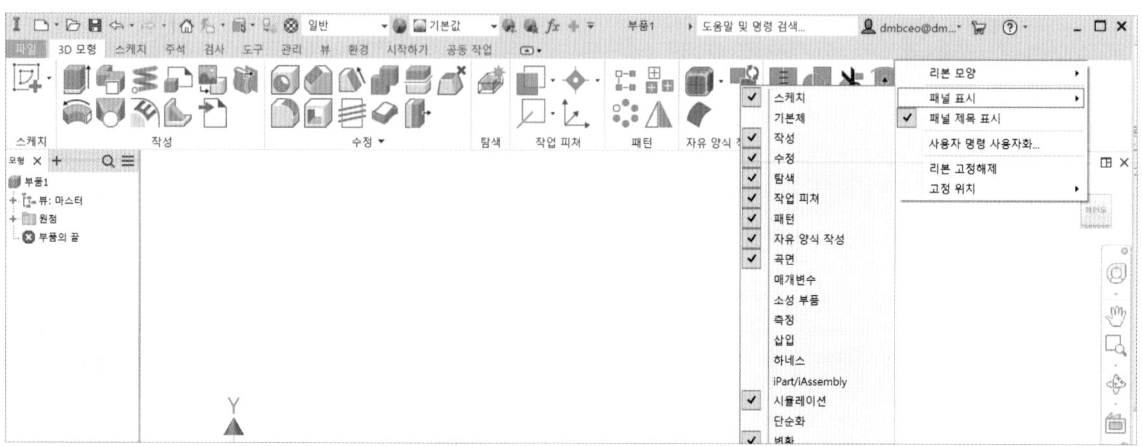

2 기본 명령어

1 새로 만들기(Ctrl + N)

새 파일 대화상자에 표시된 템플릿 파일을 선택하여 새로운 작업을 시작한다.

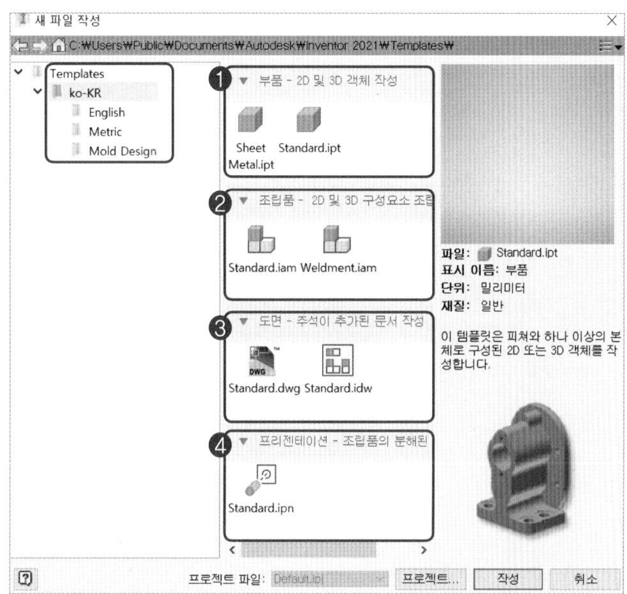

- Templates 탭 : 기본 표준 파일을 새로 생성한다.
- English 탭 : Inch계열의 파일(ANSI, Inch계열)을 새로 생성한다.
- Metric 탭 : mm계열의 파일(JIS, DIN, ISO, mm계열)을 새로 생성한다.
- Mold Design 탭 : 금형설계의 파일을 새로 생성한다.

❶ 부품–2D 및 3D 객체 작성

– Sheet Metal.ipt : 판금 부품 파일을 작성한다.

– Standard.ipt : 부품 파일을 작성한다.

❷ 조립품–2D 및 3D 구성 요소 조립

– Standard.iam : 조립품을 작성한다.

– Weldment.iam : 용접의 조립품(구조물)을 작성한다.

❸ 도면–주석이 추가된 문서 작성

– Standard.dwg : Inventor 도면(.dwg)을 작성한다.

– Standard.idw : Inventor 도면(.idw)을 작성한다.

❹ 프리젠테이션–조립품의 분해된 투영 작성

– Standard.ipn : Autodesk Inventor 프리젠테이션을 작성한다.

2 열기(Ctrl + O)

열기 대화상자는 기존에 작성하여 저장한 파일을 얻다.

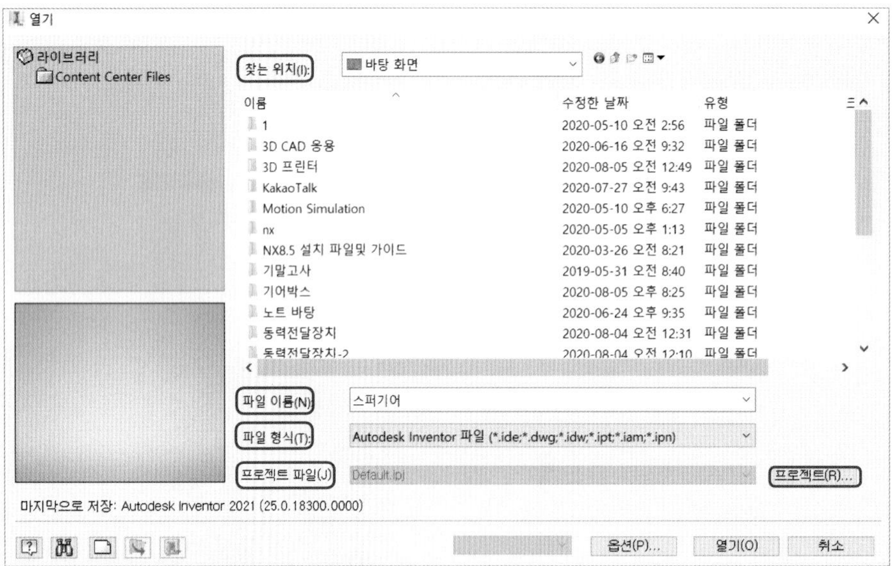

- 찾는 위치(I) : 찾는 파일 경로의 위치
- 파일 목록 창 : 파일의 목차를 표시
- 파일 이름(N) : 열고자 하는 파일 이름을 입력한다.
- 파일 형식(T) : 나열된 파일 목록에서 열고자 하는 형식을 선택한다.
- 프로젝트 파일(J) : 프로젝트 파일을 표시
- 프로젝트(R)... : 프로젝트 파일의 프로젝트 대화상자를 연다.

3 저장

파일 이름과 형식으로 지정하여 저장한다.

① 신속 접근 막대 ⇨

단축 키 : Ctrl + S

② 파일 ⇨ 저장 ⇨ 저장 활성 파일을 저장합니다.

열려 있는 파일이 지정되며, 파일은 열린 상태로 유지된다.

③ 파일 ⇨ 저장 ⇨ 전체 저장 열려 있는 모든 파일을 저장합니다.

열려 있는 모든 파일은 지정되며, 파일은 열린 상태로 유지된다.

4 다른 이름으로 저장

다른 파일 이름과 형식으로 지정하여 저장한다.

① **파일 ⇨ 다른 이름으로 저장 ⇨** 다른 이름으로 저장 다른 파일 이름의 파일을 기본 형식으로 저장합니다.

원본의 파일 내용은 변경하지 않고 파일을 닫는다. 새로운 파일은 다른 이름으로 저장하여 팝업창에서 지정한 파일로 저장되며, 열린 상태로 유지한다.

② **파일 ⇨ 다른 이름으로 저장 ⇨** 활성 문서 컨텐츠를 다른 이름으로 사본 저장 대화상자에서 지정한 파일로 저장합니다. 원래 파일은 열려 있습니다.

사본 파일은 다른 이름으로 팝업창에서 지정한 파일로 저장되며, 원래 파일은 열린 상태로 유지한다.

③ **파일 ⇨ 다른 이름으로 저장 ⇨** 템플릿으로 사본 저장 활성 파일을 템플릿 폴더에 템플릿으로 저장합니다.

열린 파일은 템플릿 폴더에 사본 템플릿으로 저장되며, 원본 파일은 열린 상태로 유지한다.

④ **파일 ⇨ 다른 이름으로 저장 ⇨** Pack and Go 현재 활성 파일 및 모든 참조 파일을 단일 위치에 패키징합니다.

현재 열린 파일과 해당 파일의 모든 참조로 단일 경로 위치로 묶는다.

5 내보내기

① **파일 ⇨ 내보내기 ⇨** DWG로 내보내기 DWG 파일 형식으로 파일을 내보냅니다.

파일을 DWG 파일로 내보낸다.

② **파일 ⇨ 내보내기 ⇨** 이미지 파일을 BMP, JPEG, PNG 또는 TIFF와 같은 이미지 파일 형식으로 내보냅니다.

파일을 이미지 형식(BMP, JPEG, PNG, TIFF 파일 등)으로 내보낸다.

③ **파일 ⇨ 내보내기 ⇨** PDF 파일을 PDF 파일 형식으로 내보냅니다.

파일을 PDF 파일 형식으로 내보낸다.

④ **파일 ⇨ 내보내기 ⇨** CAD 형식 파일을 Parasolid, PRO-E 또는 STEP과 같은 CAD 파일 형식으로 내보냅니다.

파일을 다른 CAD 파일 형식(Parasolid, PRO-E, STEP 파일 등)으로 내보낸다.

⑤ **파일 ⇨ 내보내기 ⇨** DWF 보내기 DWF 파일이 첨부된 기본 전자 메일 응용프로그램을 실행합니다.

파일을 기본 전자 메일 응용프로그램을 실행하여 DWF 파일 형식으로 내보낸다.

⑥ **파일 ⇨ 내보내기 ⇨** DWF로 내보내기 파일을 DWF 파일 형식으로 내보냅니다.

파일을 DWF 파일 형식으로 내보낸다.

6 관리

프로젝트를 작성 · 편집하며, 스프레드시트 및 문자 파일의 데이터 파일을 유지, 이전 Inventor 버전의 수동 변환, 오래된 파일을 모두 갱신, 관리한다.

① **파일 ⇨ 관리 ⇨** 프로젝트 프로젝트를 작성하거나 편집합니다.

프로젝트를 작성하거나 편집한다.

② **파일 ⇨ 관리 ⇨** iFeature 카탈로그 보기
Windows 탐색기에서 iFeature 폴더를 엽니다. iFeature 객체를 Inventor 문서로 끌어서 놓을 수 있습니다.

Windows 탐색기에서 iFeature 폴더를 연다.

③ **파일 ⇨ 관리 ⇨** Design Assistant
스프레드시트 및 텍스트 파일을 포함하여 현재 활성 파일 및 관련 데이터 파일을 찾고 추적하고 유지합니다.

스프레드시트 및 문자 파일을 포함하여 현재 활성 파일 및 관련 데이터 파일을 찾고 추적하고 유지한다.

④ **파일 ⇨ 관리 ⇨** 변환
이전 Inventor 버전에서 작성한 파일을 현재 버전으로 수동 변환합니다.

이전 Inventor 버전에서 작성한 파일을 현재 버전으로 변환한다.

⑤ **파일 ⇨ 관리 ⇨** 갱신
세션에서 오래된 파일을 모두 업데이트합니다.

세션에서 오래된 파일을 모두 갱신한다.

7 인쇄

(1) 모형, 도면을 전부 또는 일부를 출력(플롯하거나 인쇄)한다.

① **파일 ⇨ 인쇄 ⇨** 인쇄
인쇄하기 전에 프린터 및 기타 인쇄 옵션을 선택합니다.

인쇄하기 전에 프린터, 기타 인쇄 옵션을 설정한다.

② **파일 ⇨ 인쇄 ⇨** 인쇄 미리보기
인쇄하기 전에 페이지를 미리 보고 변경합니다.

인쇄하기 전에 페이지를 미리보고 확인할 수 있다.

③ **파일 ⇨ 인쇄 ⇨** 인쇄 설정
인쇄하지 않고 프린터 및 기타 인쇄 옵션을 선택합니다.

프린터, 기타 인쇄 옵션을 설정한다.

(2) 인쇄 대화상자

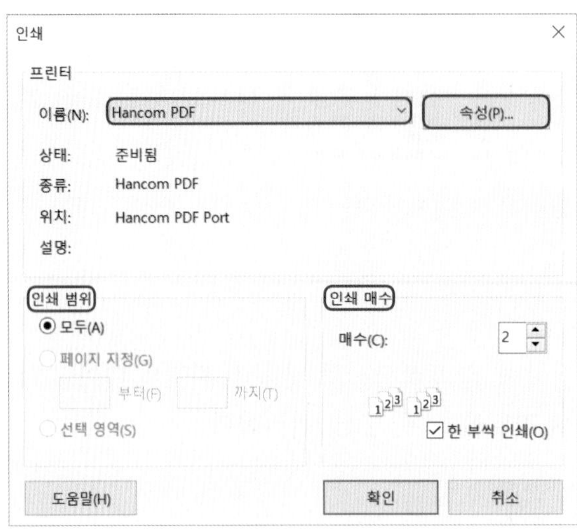

① **플린터**

- 이름(N) : 연결된 프린터 또는 플로터를 지정한다.
- 속성(P)... : 용지 크기 및 방향을 설정하는 인쇄 설정 팝업창을 연다.

② **인쇄 범위**

⊙ 모두(A) : 도면의 모든 시트를 인쇄한다.

⊙ 페이지 지정(G) : 시작과 끝을 지정하여 지정된 범위만 인쇄한다.
시작(F)~끝(T) : 인쇄 시작 페이지와 마지막 페이지를 입력한다.

⊙ 선택 영역(S) : 선택한 모형의 일부 영역만 인쇄한다.

③ **인쇄 매수 : 인쇄할 인쇄 매수를 설정한다.**

매수(C) : 인쇄 매수를 입력한다.

☑ 한 부씩 인쇄(O) : ☑ 체크하면 한 부씩 인쇄한다.

(3) 도면 인쇄 대화상자

① **프린터**

- 이름(N) : 연결된 프린터 또는 플로터를 지정한다.
- 특성(P)... : 용지 크기 및 방향을 설정하는 인쇄 설정 팝업창을 연다.

② **인쇄 범위**

⊙ 현재 시트(E) : 작업창에서 선택한 도면의 현재 시트만 인쇄한다.

⊙ 모두(A) : 도면의 모든 시트를 인쇄한다.

⊙ 범위 내 시트(G) : 시작과 끝 상자에 지정한 시트 범위만 인쇄한다.
시작(F)~끝(T) : 인쇄 시작 페이지와 마지막 페이지를 입력한다.

☑ 제외된 시트 인쇄(X) : 대화상자에서 제외 옵션으로 제외한 시트를 인쇄한다.

③ **설정**

인쇄 매수 : 인쇄 매수를 입력한다.

☑ 90도 회전(R) : 도면을 90도 회전하여 출력한다.
☑ 모든 색상을 검은색으로(K) : 도면을 흑백으로 출력한다.
☑ 객체 선 가중치 제거(L) : 도면의 선 가중치 설정을 무시하고, 선 굵기를 일정하게 인쇄한다.

④ **축척**

⦿ 모형1 : 1(1) : 도면을 1 : 1 현척으로 출력한다.
⦿ 최적 맞춤(B) : 도면을 용지 크기에 맞추어 출력한다.
⦿ 사용자(U) : 사용자가 축척(모형 : 용지)을 설정한다.
⦿ 현재 창(W) : 현재 창 도면의 축척을 용지 크기에 맞게 설정한다.
☑ 바둑판식 배열 사용(I) : 여러 페이지를 바둑판식으로 배열한다.

⑤ **미리보기(V)... :** 인쇄할 도면을 미리보기 이미지로 표시한다.

8 취소 및 복귀

사용한 명령을 취소 및 복귀한다.

① **취소**

- 바로 전에 시행한 명령을 취소하며, 계속 선택하면 명령을 시행한 역순으로 명령이 취소된다.
- 신속 막대 :
- 단축키 : Ctrl + Z

② **명령 복구**

- 바로 전에 취소한 명령을 복구하며, 계속 선택하면 최근에 작업한 상태까지 복구한다.
- 신속 막대 :
- 단축키 : Ctrl + Y

③ **마지막 반복 명령**

- 바로 전에 사용한 명령을 반복하여 사용한다.
- Space Bar 또는 Enter ↵ 키를 선택하거나 작업창에서 오른쪽 마우스를 선택하고, 목차 메뉴에서 반복을 선택한다.

3 단축키

많은 프로그램들은 작업을 빠르게 수행하도록 미리 단축키를 지정하여 사용한다.

1 단축키 조합에 사용한 정의

① Ctrl, Alt, Shift + 영문자, 숫자와 모든 조합이다.
② 숫자(0~9), 문장 부호 키 또는 Home, End, Page Up, Page Down 등과 키의 조합
③ 문장 부호 키({[, }], :;, "', 〈,, 〉., ?/, _-, +=, |\ 등)와 9 PgUp, 3 PgDn, 1 End, 7 Home, ↑, ↓, 2 ↓, 4 ←, F1 – F12
④ 기능키와 단축키가 지정되어 있으면 사용자 정의를 할 수 없다.

2 Windows 단축키

단축키	기능	탭	단축키	기능	탭
Ctrl+A	모두 선택	전체	Ctrl+X	잘라내기	관리 전역
Ctrl+C	선택한 항목 복사	전역	Ctrl+V	붙여넣기	전역
Ctrl+N	새로 만들기		Ctrl+S	저장	
Ctrl+O	열기		Ctrl+Y	명령 복구	
Ctrl+P	인쇄		Ctrl+Z	명령 취소	

3 Inventor 단축키

(1) 전역

키	이름	기능	키	이름	기능
F1	도움말	도움말을 표시	F2	초점 이동	작업창 초점 이동
F3	줌	작업창 줌 확대/축소	F4	회전	객체 회전
F5	이전 뷰	이전 뷰로 이동	F6	등각투영 뷰	모형의 등각투영 뷰 표시
ESC	종료	명령 종료	Delete	삭제	객체 삭제
Ctrl+C	복사	항목 복사	Ctrl+N	파일 작성	새 파일 대화상자 열기
Ctrl+O	새 파일 열기	열기 대화상자 열기	Ctrl+P	인쇄	인쇄 대화상자 열기
Ctrl+S	문서 저장	문서 저장	Ctrl+V	붙이기	클립보드의 항목 붙여넣기
Ctrl+Y	명령 복구	마지막 명령 취소	Ctrl+Z	명령 취소	마지막으로 실행한 명령을 취소

키	이름	기능	키	이름	기능
Shift + 오른쪽 마우스		목차 메뉴에 선택 도구 나열	Shift + 회전		자동으로 모형 회전
]	작업 평면	작업 평면 작성	/	작업축	작업축 작성
.	작업점	작업점 작성	:	고정 작업점	고정 작업점 작성
Alt + F11	Visuual Basic Editor	Visuual Basic 프로그램을 작성 및 편집	Shift + F3	줌 창	줌 창 실행
Shift + F5	다음		Shift + Tab	승격	
Alt + F8	매크로	매크로 작성 및 편집			

(2) 스케치

키	이름	기능	키	이름	기능
F7	그래픽 슬라이스	스케치 평면으로 모형을 자르기	F8	구소족건 표시	구속조건을 모두 표시
F9	구속조건 숨기기	전체 구속조건 숨기기	Tab	입력창 이동	입력창 이동
C	중심점 원	원 작성	D	일반 치수	치수 작성
CP	원형 패턴	원형 패턴 작성	L	선	선 작성
ODS	세로좌표 치수 세트	세로좌표 치수 세트 도구	RP	직사각형 패턴	직사각형 패턴 작성
S	2D 스케치	2D 스케치 도구	T	텍스트	문자 작성
Space Bar	자르기	자르기			

(3) 부품

키	이름	기능	키	이름	기능
CH	모따기	모따기 작성	D	면 기울기	면 기울기 작성
E	돌출	돌출 작성	F	모깎기	모깎기 작성
H	구멍	구멍 작성	LO	로프트	로프트 작성
MI	대칭	대칭 작성	R	회전	회전 도구
RP	직사각형 패턴	직사각형 패턴 작성	S	2D 스케치	2D 스케치 도구
S3	3D 스케치	3D 스케치 도구	SW	스윕	스윕 작성

(4) 조립품

키	이름	기능	키	이름	기능
Alt+마우스 끌기		조립품에서 메이트 구속조건 적용	C	구속조건	구속조건 도구
CH	모따기	모따기 작성	F	모깎기	모깎기 작성
H	구멍	구멍 작성	M	구성요소 이동	구성요소 이동 도구
MI	대칭	대칭 작성	N	구성요소 작성	구성요소 작성 도구
P	구성요소 배치	구성요소 배치 도구	Q	iMate 작성	iMate 작성 도구
R	회전	회전 도구	RO	구성요소 회전	구성요소 회전 도구
S	2D 스케치	2D 스케치 도구	SW	스윕	스윕 작성

TIP>>
일부 단축키 및 명령은 특정 환경에서만 활성화된다.

4 응용프로그램 환경 설정하기

모델링 작업을 시작하기 전에 부품 환경을 설정하여 적용한다.
도구 ⇨ 옵션 ⇨ 응용프로그램 옵션

1 응용프로그램 옵션 – 일반

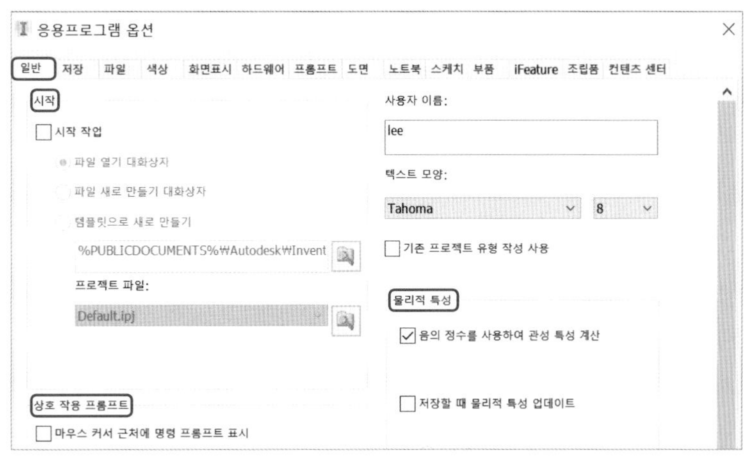

(1) 시작

시작할 때 도움말을 표시한다.

☑ 시작 작업 : 시작 대화상자의 문서 옵션은 선택하여 시작한다.

⦿ 파일 열기 대화상자 : 파일 열기 대화상자가 시작할 때 열린다.

⦿ 파일 새로 만들기 대화상자 : 파일 새로 만들기 대화상자가 시작할 때 열린다.

⦿ 템플릿으로 새로 만들기 : 템플릿과 프로젝트 파일로 지정한다.

프로젝트 파일 : 프로젝트 파일은 Default.ipj이며, 프로젝트 목록 파일을 선택한다.

(2) 상호 작용 프롬프트

☑ 마우스 커서 근처에 명령 프롬프트 표시 : 명령 위에 커서를 놓으면 툴팁(주석)이 나타난다.

☑ 명령 별명 입력 대화상자 표시 : 명령 이름의 첫 문자를 입력하면 커서 옆에 명령 별명 입력 팝업창이 나타난다.

☑ 명령 별명 입력을 위한 자동 완료 표시 : 잘못된 명령이 입력되면 자동 완료 목록 팝업창이 나타난다.

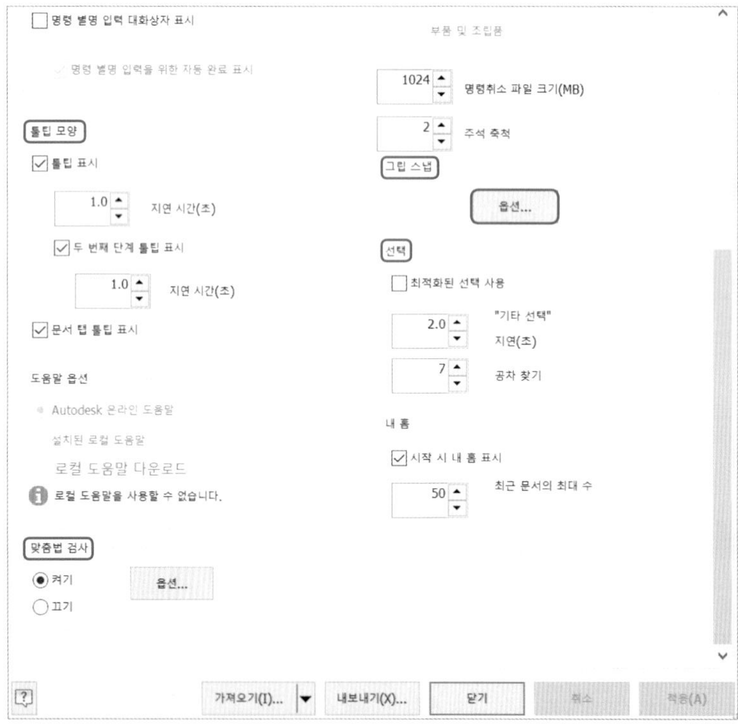

(3) 툴팁 모양

☑ 툴팁 표시 : 툴팁 표시는 명령을 간단하게 설명하는 툴팁을 표시한다.

• 지연 시간(초) : 툴팁이 표시될 때까지 커서가 형상을 가리키는 시간을 초 단위로 설정한다.

☑ 두 번째 단계 툴팁 표시 : 툴팁에 설명문을 표시한다.

• 지연 시간(초) : 두 번째 툴팁이 표시될 때까지 커서가 형상을 가리키는 시간을 초 단위로 설정한다.

☑ 문서 탭 툴팁 표시 : 간단하게 설명하는 툴팁을 표시는 문서 탭

(4) 맞춤법 검사

맞춤법 검사를 사용할 수 있는 경우 Inventor에서는 텍스트 형식 및 iProperties 대화상자에 입력할 때 자동으로 맞춤법을 검사한다.

(5) 비디오 도구 클립 표시

• 사용자 이름 : 사용자 이름을 입력한다.

• 텍스트 모양 : 대화상자, 검색기, 제목 막대의 문자 글꼴을 설정한다.

☑ 기존 프로젝트 유형 작성 사용 : 프로젝트 유형을 작성한다.

(6) 물리적 특성

• 음의 정수를 사용하여 관성 특성 계산 : 비대각 요소(Ixy, Iyz, Ixz)가 음수로 좌표계와 질량 분포에 따라 계산된다.

☑ 저장할 때 물리적 특성 업데이트 : 저장할 때 물리적 특성이 갱신한다.

⊙ 부품만 : 부품의 물리적 특성을 수동으로 갱신한다.

⊙ 부품 및 조립품 : 부품 및 조립품의 물리적 특성을 갱신하는데 시간이 많이 걸린다.

• 명령취소 파일 크기(MB) : 명령취소를 추적하는 파일의 크기(MB)를 입력한다.

• 주석 축척 : 치수문자, 화살촉, 자유도 기호 등의 크기(0.2~5.0)를 입력한다.

• 옵션 : 그립 스냅 옵션 대화상자를 열어 옵션을 선택한다.

(7) 선택

☑ 최적화된 선택 사용 : 활성화하면 화면에 가장 가까운 객체 순서별로 정렬한다.

• "기타 선택" 지연(초) : 작업창에서 선택 도구가 표시될 때까지 커서가 가리키는 시간을 초 단위로 입력한다.

• 공차 찾기 : 선택할 객체와 마우스 사이의 거리(1~10 사이의 픽셀 단위의 숫자)를 입력한다.

(8) 그립 스냅

옵션을 통해 그립 스냅 명령 동작을 제어할 수 있다.

☑ 고정 구성요소/작업 형상 선택 : 이동, 회전할 조립품 고정 구성요소/조립품을 포함한다.

☑ 임시 구속조건 사용 : 같은 선택을 여러 번 조작하는 동안 임시로 구속조건을 사용한다.

☑ 원래 위치에 객체 표시 : 임시로 선분을 끌기, 스냅에서 변환, 회전과 참조형상 등의 작업하는 동안 선택 세트의 정적 참조 이미지를 유지한다.

☑ 선택한 구성요소의 자유도 표시 : 구성요소, 조립품의 선택과 관련된 변환 및 회전 자유도를 표시할 HUD 끝에 상자를 추가한다.

☑ 자유 끌기를 기본 모드로 사용 : 옵션을 표시하지 않고, 구성요소 또는 조립품을 직접 선택하여 배치한다.

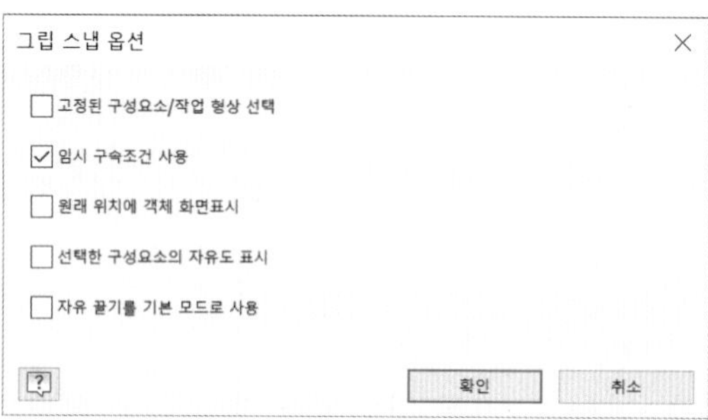

2 응용프로그램 옵션 – 저장

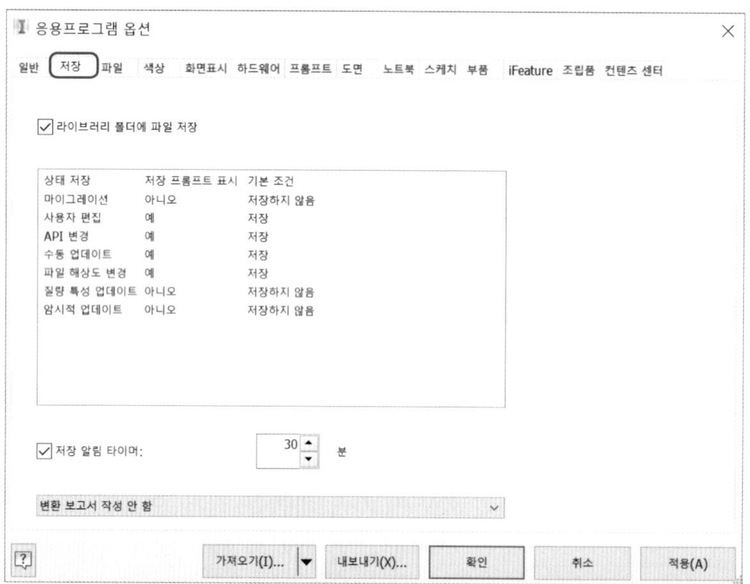

☑ 라이브러리 폴더에 파일 저장 : 저장할 때 프롬프트를 표시할 것인지 기본값으로 할 것인지 선택한다.

☑ 저장 알림 타이머 : 저장 알림 기능을 켠다. 1~9999분 사이의 시간 간격을 입력한다(기본 설정값은 30분).

3 응용프로그램 옵션 – 파일

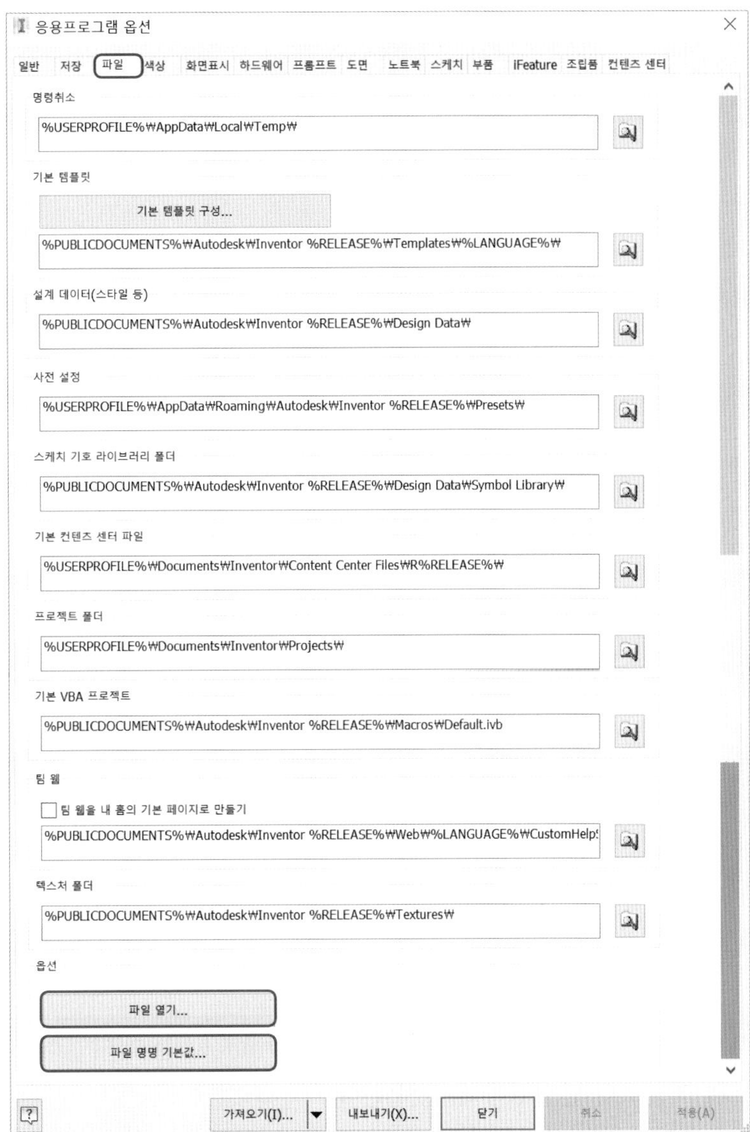

① 명령취소 : 명령을 취소한 임시 파일의 경로 위치를 지정한다.

② 기본 템플릿 : 새 도면을 작성할 템플릿 파일의 경로 위치를 지정한다.

③ 설계 데이터(스타일 등) : 외부 파일의 위치, 형식을 지정한다.

④ 기본 컨텐츠 센터 파일 : 컨텐츠 센터 파일의 경로 위치를 지정한다.

⑤ 프로젝트 폴더 : 프로젝트 파일에 바로가기 폴더를 지정한다.

⑥ 기본 VBA 프로젝트 : 기본 VBA 프로젝트 파일명과 경로 위치를 지정한다.

⑦ 팀 웹 : 라이브러리 파일(idrop 부품)의 파일명과 경로 위치를 지정한다.

⑧ 옵션

- 파일 열기
- 파일 명명 기본값 : 파일 명명 기본값 옵션을 선택할 수 있다.

4 응용프로그램 옵션 – 하드웨어

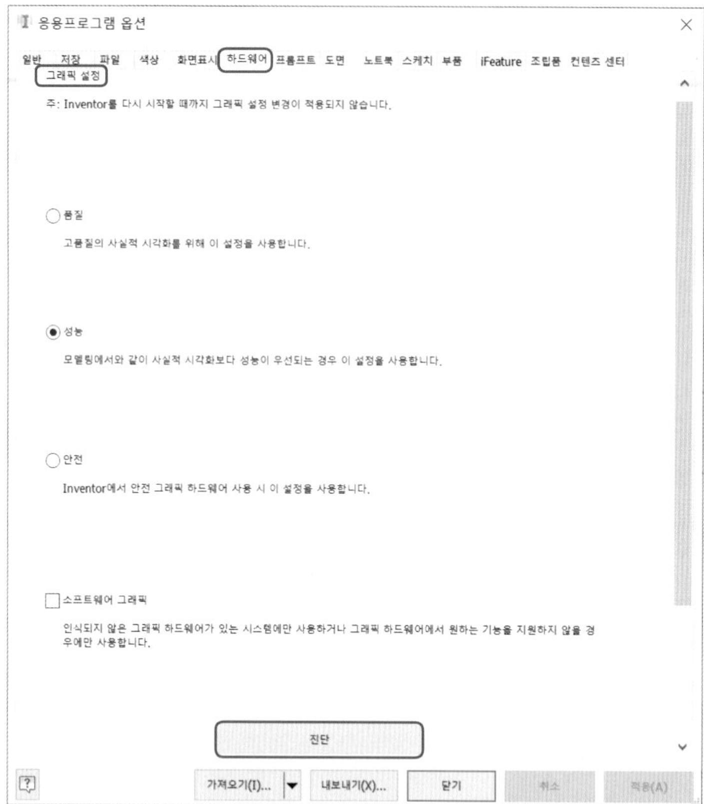

(1) 그래픽 설정

⦿ 품질 : 시스템 성능보다 그래픽 표현을 우선하며, Windows는 앤티앨리어싱을 켜고, 그래픽 화면표시의 시각적 효과를 높일 수 있다

⦿ 성능 : 그래픽 표현보다 시스템 성능을 우선하며, Windows는 앤티앨리어싱이 꺼진다.

⦿ 안전 : 시스템 성능보다 안정성을 우선시 한다.

☑ 소프트웨어 그래픽 : 그래픽은 소프트웨어 기반으로 처리한다.

(2) 진단

메시지로 진단 검사 결과를 표시한다.

5 응용프로그램 옵션 – 프롬프트

(1) 프롬프트 텍스트

프롬프트 텍스트 대화상자의 문자를 표시한다.

- 응답 : 대화상자의 응답을 설정한다.
- 프롬프트 : 대화상자의 프롬프트 표시를 설정한다.

(2) Design Doctor

☑ 기존 문제에는 메시지 표시 안 함 : ☑ 체크하면 문제점을 Design Doctor의 오류 메시지로 표시하지 않는다.

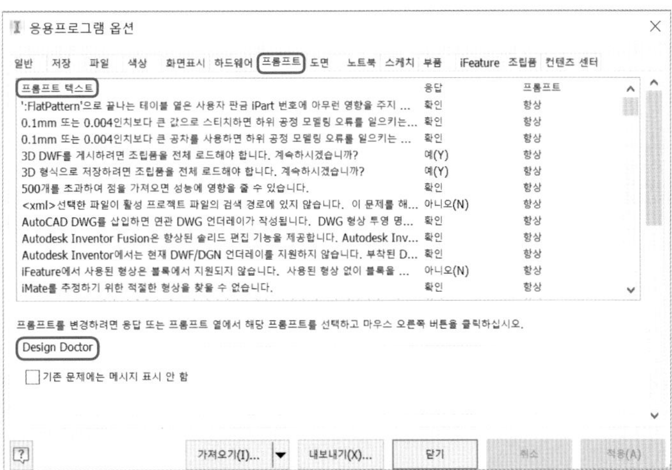

6 응용프로그램 옵션 – 화면표시

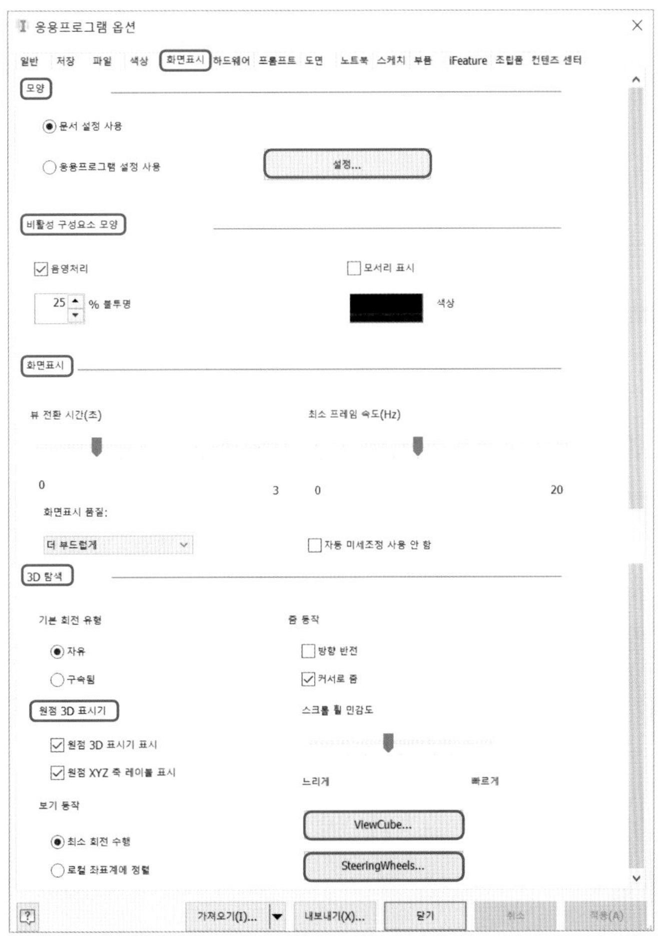

(1) 모양

⦿ 문서 설정 사용 : 문서를 열거나 문서에서 추가로 열 때 문서 화면표시를 설정한다.

⦿ 응용프로그램 설정 사용 : 문서를 열거나 문서에서 추가로 열 때 응용프로그램 옵션을 설정한다.

설정: 화면표시 모양 대화상자를 연다.

(2) 비활성 구성요소 모양

☑ 음영처리(☑체크) : 비활성 구성요소는 면을 음영처리한다.

□ 음영처리(□체크 해제) : 비활성 구성요소는 와이어프레임을 표시한다.

%불투명 : 음영처리의 불투명도를 백분율로 설정한다(기본값 설정은 25%).

☑ 모서리 표시 : 비활성 구성요소의 모서리를 표시한다.

색상 : 색상을 활성화하여 모형 모서리를 표시할 색상을 지정한다.

(3) 화면표시

- 뷰 전환 시간(초) : 등각투영 뷰, 줌 전체, 면 보기 등을 사용할 때 뷰 간에 부드럽게 변이하는 시간을 초 단위로 제어한다.
- 최소 프레임 속도(Hz) : 복잡한 뷰에서 대화식 보기 작업을 하는 동안에 화면표시 속도를 변경할 수 있다.

(4) 3D 탐색

- 기본 회전 유형
  - ⦿ 자유 : 회전 동작은 화면에 비례한다.
  - ⦿ 구속됨 : 회전 동작은 모형에 비례한다.
- 줌 동작
  - ☑ 방향 반전 : 커서의 이동과 반대로 작동한다.
  - ☑ 커서로 줌 : 줌 동작이 커서의 위치에 따라 작동한다.

ViewCube... : ViewCube 탐색명령의 화면표시 및 동작특성을 정의하는 ViewCube 옵션 대화상자를 연다.

SteeringWheels... : SteeringWheel 탐색 명령의 화면표시 및 동작 특성을 정의하는 SteeringWheel 옵션 대화상자를 연다.

(5) 3D 원점 표시기

☑ 원점 3D 표시기 표시 : 3D 뷰에서 작업창 왼쪽 아래 구석에 XYZ축 표시기를 표시한다.

☑ 원점 XYZ축 레이블 표시 : 3D축 표시기 방향의 화살표에 XYZ축 레이블을 화면에 표시한다.

(6) 설정

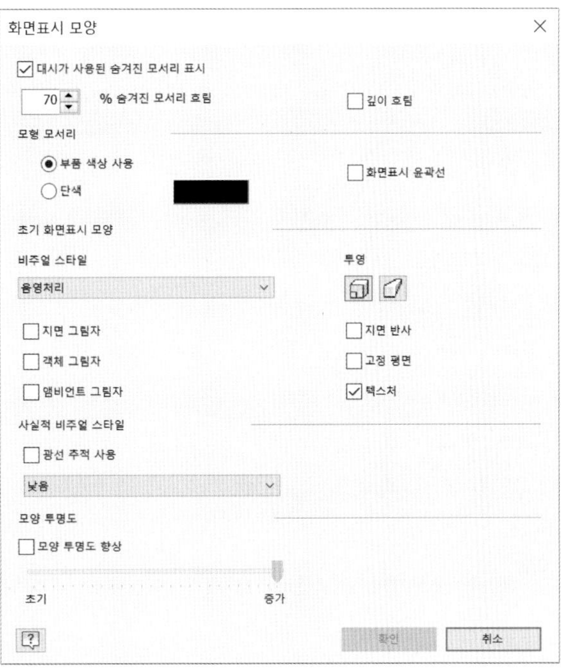

☑ 대시가 사용된 숨겨진 모서리 표시 : 대시선으로 숨겨진 모서리를 표시한다.

%숨겨진 모서리 흐림 : 숨겨진 모서리의 투명도 비율(10%~90%)을 입력한다.

☑ 깊이 흐림 : 투명도 효과를 설정하여 모형의 깊이를 표현한다.

- **모형 모서리**
  - ⊙ 부품 색상 사용 : 구성요소 색상을 모형 모서리에 사용한다.
  - ⊙ 단색 : 모형 모서리를 단색상으로 표시한다.
  - ⊙ 화면표시 윤곽선 : 화면에 윤곽선을 표시한다.
- **초기 화면표시 모양**
  - 비주얼 스타일 : 구성요소의 화면표시에 사용할 기본 비주얼 스타일을 선택한다.
  - 투영 : 뷰 모드를 직교 또는 원근 카메라 모드로 설정한다.

(7) View Cube 옵션 대화상자

- 응용프로그램 옵션
  - ☑ 창 작성 시 ViewCube 표시
  - ⊙ 모든 3D 뷰 : 모든 3D 뷰에서 ViewCube를 표시한다.
  - ⊙ 현재 뷰에서만 : 현재 뷰에서만 ViewCube를 표시한다.
- **화면표시**

  화면 상의 위치 : 콤보 상자 컨트롤의 항목(오른쪽 위, 오른쪽 아래, 왼쪽 위, 왼쪽 아래)을 선택할 수 있다.

  ViewCube 크기 : ViewCube 크기(매우 작음, 작음, 보통 또는 큼)를 설정할 수 있다.

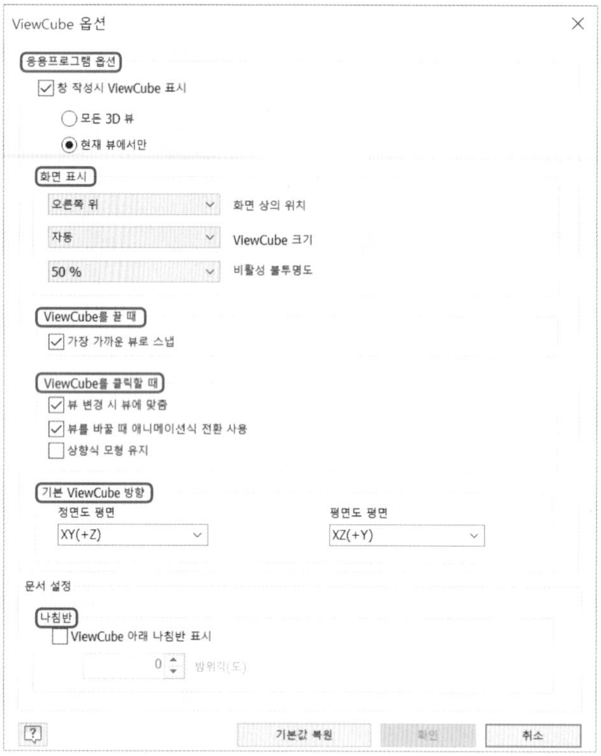

비활성 불투명도 : 커서가 ViewCube의 부근에 있을 때 큐브와 제어기를 불투명하게 표시

- **ViewCube를 끌 때**

  ☑ 가장 가까운 뷰로 스냅 : ViewCube를 끌면 전개도는 회전하면서 가까운 뷰로 이동한다.

- **ViewCube를 클릭할 때**

  ☑ 뷰 변경 시 뷰에 맞춤 : 전개도의 중심 부근에서 회전하고 관측점으로 맞춘다.

  ☑ 뷰 바꿀 때 애니메이션식 전환 사용 : 애니메이트된 변이가 표시되어 현재 관측점과 선택한 관측점 사이의 공간을 시각화한다.

  ☑ 상향식 모형 유지 : ViewCube의 면, 구석, 모서리를 선택하면 전개도의 방향을 바르게 유지

- **기본 ViewCube 방향**

  정면도 평면 : ViewCube의 정면도를 모형 공간 평면으로 설정

  평면도 평면 : ViewCube의 평면도를 모형 공간 평면으로 설정

- **나침반**

  ☑ ViewCube 아래 나침반 표시 : ViewCube 아래에 나침반을 표시

(8) SteeringWheels 옵션 대화상자

☑ 도구 메시지 표시 : 휠 메시지를 화면에 표시

☑ 툴팁 표시 : 휠 툴팁을 화면에 표시

- **화면표시 :** 작은 휠, 큰 휠, 휠의 불투명도를 지정

작은 휠 크기 : 작은 휠의 크기를 설정

큰 휠 크기 : 큰 휠의 크기를 설정

휠 불투명도 : 휠의 불투명도를 설정

- **탐색 옵션**

☑ 보기 도구-수직 축 반전 : 보기 도구의 수직 마우스 동작을 반전시킨다.

☑ 줌 도구-증분 확대 사용 : 줌 영역을 한 번 선택하면 모형의 줌을 확대한다.

☑ 회전 도구-선택 민감도 : 마우스를 회전도구 근처에 가면 객체가 회전한다.

☑ 보행시선 도구-이동을 고정 평면에 구속 : 기본 고정 평면 대신 현재 카메라 시선 방향을 기준으로 보행시선 이동 방향을 조정한다.

- 보행시선 도구-속도 계수 : 보행시선 도구의 속도를 설정한다.

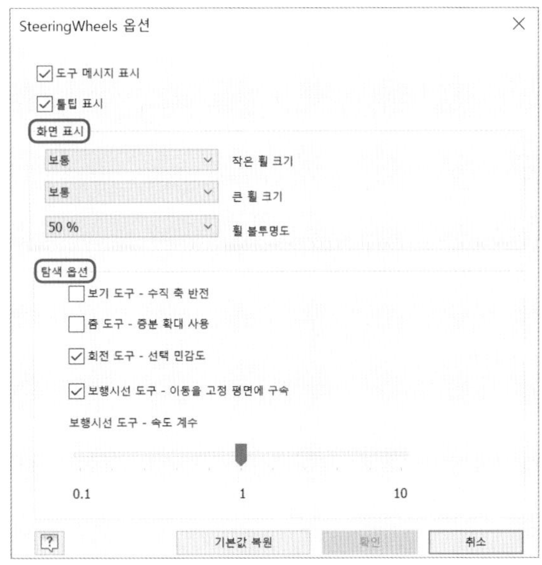

7 응용프로그램 옵션 – 노트북

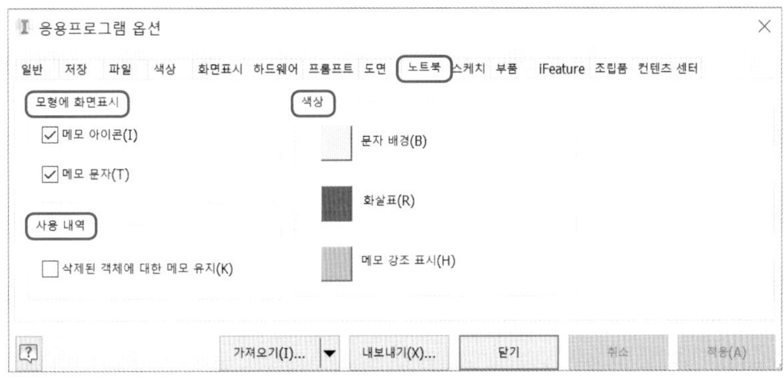

(1) 모형에 화면표시

☑ 메모 아이콘(I) : 주 아이콘을 모형에 표시한다.

☑ 메모 문자(T) : 주 텍스트를 모형의 팝업창에 표시한다.

(2) 사용 내역

☑ 삭제된 객체에 대한 메모 유지(K) : 삭제된 형상에 부착된 주를 유지한다.

(3) 색상

문자 배경(B) : 주석 상자의 배경 색상을 설계 주에서 설정한다.
화살표(R) : 화살표의 색상을 설계 주에서 설정한다.
메모 강조 표시(H) : 강조된 구성요소의 색상을 주 뷰에서 설정한다.

8 응용프로그램 옵션 – 부품

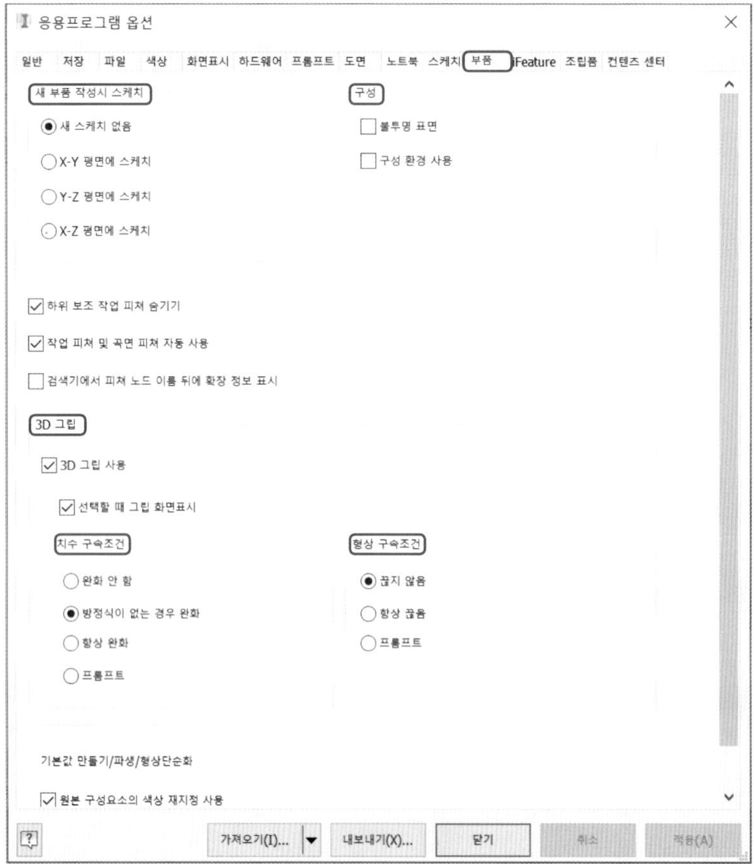

(1) 새 부품 작성 시 스케치

⊙ 새 스케치 없음 : 새 부품을 작성할 때 자동으로 스케치 작성을 금지한다.
⊙ X–Y 평면에 스케치 : 새 부품을 작성할 때 X–Y 평면을 스케치 평면으로 설정한다.
⊙ Y–Z 평면에 스케치 : 새 부품을 작성할 때 Y–Z 평면을 스케치 평면으로 설정한다.
⊙ X–Z 평면에 스케치 : 새 부품을 작성할 때 X–Z 평면을 스케치 평면으로 설정한다.

(2) 구성

☑ 불투명 표면 : 불투명하게 표면을 표시한다.

☑ 구성 환경 사용 : 구성 환경 요소를 표시한다.

(3) 피쳐 표시

☑ 하위 보조 작업 피쳐 숨기기 : 피쳐를 다른 피쳐에서 사용하면 하위 피쳐를 자동으로 숨긴다.

☑ 작업 피쳐 및 곡면 피쳐 자동 사용 : 곡면 피쳐와 작업 피쳐가 자동으로 사용된다.

☑ 검색기에서 피쳐 노드 이름 뒤에 확장 정보 표시

(4) 3D 그립

☑ 3D 그립 사용 : 3D 그립을 사용한다.

☑ 선택할 때 그립 화면표시 : 부품(.ipt), 조립품(.iam) 파일에서 부품의 면, 모서리를 선택하면 그립을 표시한다.

(5) 치수 구속조건

⊙ 완화 안 함 : 피쳐는 선형, 각도치수가 있는 방향으로 그립 편집되는 것을 방지한다.

⊙ 방정식이 없는 경우 완화 : 피쳐는 방정식 정의된 선형, 각도치수 방향으로 그립 편집하는 것을 방지하며, 방정식이 없는 치수는 영향을 주지 않는다.

⊙ 항상 완화 : 선형, 각도 또는 방정식 치수에 관계없이 피쳐는 항상 그립 편집한다.

⊙ 프롬프트 : 그립 편집이 방정식 치수에 영향을 주면 경고를 표시한다.

(6) 형상 구속조건

⊙ 끊지 않음 : 구속조건이 있으면 그립 편집되는 것을 방지한다.

⊙ 항상 끊음 : 구속조건이 있어도 그립 편집되도록 구속조건을 끊는다.

⊙ 프롬프트 : 그립 편집에서 구속조건을 끊으면 경고를 표시한다.

9 응용프로그램 옵션 – iFeature

- **iFeature 뷰어** : 파일명을 입력한다.
- **iFeature 뷰어 인수 문자열** : 뷰어 명령행 인수를 설정한다.
  - iFeature 루트 : 카탈로그 보기 대화상자에서 파일의 경로 위치를 지정한다.
  - iFeatures 사용자 루트 : iFeature 작성 대화상자와 삽입 대화상자에서 사용할 파일의 경로 위치를 지정한다.
  - 판금 펀치 루트 : 판금 펀치 도구 대화상자에서 파일의 경로 위치를 지정한다.

☑ 키 1을 검색기 이름 열로 사용 : 삽입된 iFeature에 iFeature 이름의 현재 값을 표시한다.

10 응용프로그램 옵션 – 컨텐츠 센터

(1) 표준 부품

☑ 배치 시 오래된 표준 부품 갱신 : 기존 표준 부품 파일의 라이브러리를 최신 부품 버전으로 자동으로 갱신한다.

(2) 사용자 패밀리 기본값

⊙ 사용자로 : 사용자 매개변수를 사용하여 컨텐츠 센터 부품의 배치 방법을 지정한다.

⊙ 표준으로 : 부품을 컨텐츠 센터 파일 폴더에 저장하고, 크기 변경 및 표준 구성요소를 갱신 명령으로 편집한다.

(3) 액세스 옵션

⊙ Inventor Desktop 컨텐츠 : 라이브러리 경로 위치를 선택한다.

⊙ Autodesk Vault Server : 컨텐츠 센터 라이브러리 경로 위치를 선택한다.

11 응용프로그램 옵션 – 스케치

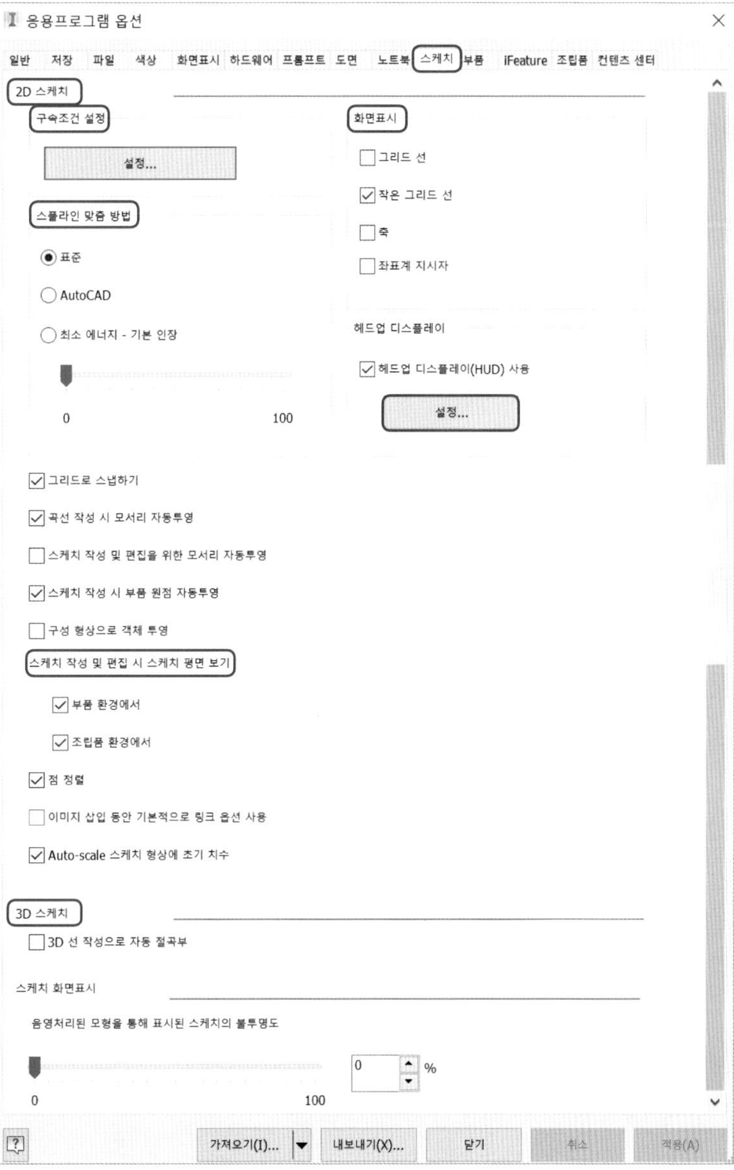

(1) 2D 스케치

① 구속조건 설정

스케치 구속조건 및 치수의 화면표시, 작성, 추정, 완화 끌기 및 과도한 구속에 대한 설정을 제어한다.

완화 모드 설정에서 완화 끌기 중에 제거할 구속조건을 선택하고, 구속조건 추정 옵션을 해제하여 구속조건을 자동으로 작성하지 않도록 선택할 수 있다.

② 스플라인 맞춤 방법

⦿ 표준 : 점 사이에서 부드럽게 연속성을 가진 스플라인을 작성한다.
⦿ AutoCAD : AutoCAD 맞춤 방법을 사용하여 스플라인을 작성한다.
⦿ 최소 에너지 – 기본 인장 : 부드럽게 연속성을 가진 곡률 분포의 스플라인을 작성한다.

③ 화면표시

☑ 그리드 선 : 스케치 평면에 모눈 선을 표시
☑ 작은 그리드 선 : 스케치 평면에 작은 모눈 선을 표시
☑ 축 : 스케치 평면에 축을 표시
☑ 좌표계 지시자 : 스케치 평면에 좌표계를 표시

④ 헤드업 디스플레이

☑ 헤드업 디스플레이(HUD) 사용 : 스케치 형상을 작성할 때 숫자와 각도를 다이나믹 입력창에 입력한다.
설정 : 헤드업 디스플레이 설정 팝업창이 열린다.
☑ 그리드로 스냅하기 : 스케치 작업에 스냅으로 동작한다.
☑ 곡선 작성 시 모서리 자동투영 : 형상을 참조형상으로 스케치면에 투영한다.
☑ 스케치 작성 및 편집을 위한 모서리 자동투영 : 스케치 평면에 면의 모서리를 참조형상으로 자동 투영한다.
☑ 스케치 작성 시 부품 원점 자동투영 : 새 스케치에 부품 원점을 자동으로 투영한다.
☑ 구성 형상으로 객체 투영 : 선택하는 경우 형상을 투영할 때마다 형상이 구성 형상으로 투영된다.

• **스케치 작성 및 편집 시 스케치 평면 보기**
  ☑ 부품 환경에서 : 부품에서 구성요소를 스케치 작성하거나 편집할 때 동작을 제어한다.
  ☑ 조립품 환경에서 : 조립품 스케치를 작성하거나 편집할 때 동작을 제어한다.

☑ 점 정렬 : 새로 작성한 형상의 끝점과 기존 형상 점 간의 정렬을 추정하며, 점선으로 표시된다.
☑ 이미지 삽입 동안 기본적으로 링크 옵션 사용 : 이미지 삽입 대화상자에서 링크 확인란을 사용 또는 사용하지 않도록 기본값을 설정한다.

(2) 3D 스케치

3D 선 작성으로 자동 절곡부 : 구석에 접하는 절곡부는 스케치하면서 자동으로 배치한다.

(3) 헤드업 디스플레이(HUD) 설정

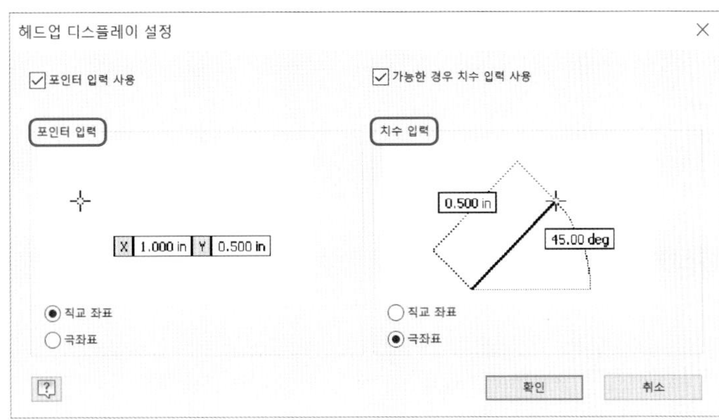

☑ 포인터 입력 사용 : 스케치 요소의 시작점은 커서 근처의 값 입력상자에 직교 좌표(X, Y 값)로 표시한다.

- **포인터 입력**
  - ⊙ 직교 좌표 : 스케치 요소의 시작점은 스케치 원점(X0, Y0)을 기준으로 X, Y 좌푯값으로 표시한다.
  - ⊙ 극좌표 : 스케치 요소의 시작점은 스케치 원점(X0, Y0)을 기준으로 길이(L)와 각도(A)로 표시한다.

☑ 가능한 경우 치수 입력 사용 : 작성하는 스케치 요소 유형에 따라 일반 직교 좌표와 극좌표를 함께 사용하여 값을 입력한다(☑체크).

□ 가능한 경우 치수 입력 사용 : 극좌표를 사용할 수 없다(체크 해제).

- **치수 입력**
  - ⊙ 직교 좌표 : 마지막 선택 점을 기준으로 직교좌표(X, Y 값)로 표시한다(상대좌표).
  - ⊙ 극좌표 : 작성되는 스케치 요소의 유형에 따라 마지막 선택 점을 기준으로 직교 좌표와 극좌표로 표시한다(상대 극좌표).

- **영구 치수**

치수값을 입력할 때 치수 작성 : 치수값 입력 상자에 입력한 값으로 스케치 형상에 자동으로 영구치수가 작성된다.

5 문서 설정

도구 ⇨ 옵션 ⇨ 문서 설정

1 문서 설정 대화상자 – 스케치

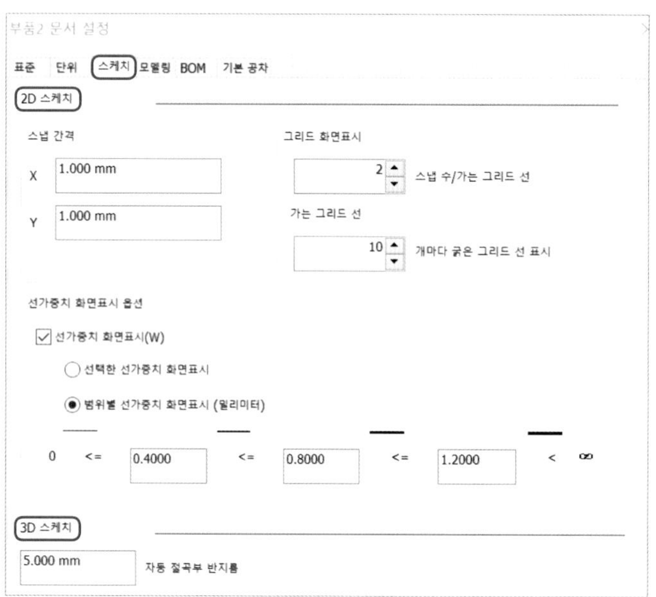

(1) 2D 스케치

① **스냅 간격** : 스케치할 때 스냅 점으로 이동하도록 설정한다.

- X-Y : X-Y축의 스냅 거리를 입력한다.

② **그리드 화면표시**

- 스냅 수/가는 그리드 선 : 지정된 스냅 거리에 작은 모눈 선의 거리 간격을 입력한다.
- 10개마다 굵은 그리드 선 표시 : 가는 모눈 선 10개마다 굵은 모눈 선 1개를 입력한다.

③ **선가중치 화면표시**

☑ 선가중치 화면표시(W) : 모형 스케치에 선가중치를 화면에 표시한다.

⦿ 선택한 선가중치 화면표시 : 선가중치를 화면에 표시한다.

⦿ 범위별 선가중치 화면표시(밀리미터) : 범위별로 입력한 값을 선가중치로 화면에 표시한다.

(2) 3D 스케치

자동 절곡부 반지름 : 3D 스케치에서 구석 절곡부의 반지름을 입력하면 자동으로 배치된다.

2 문서 설정 대화상자 – 모델링

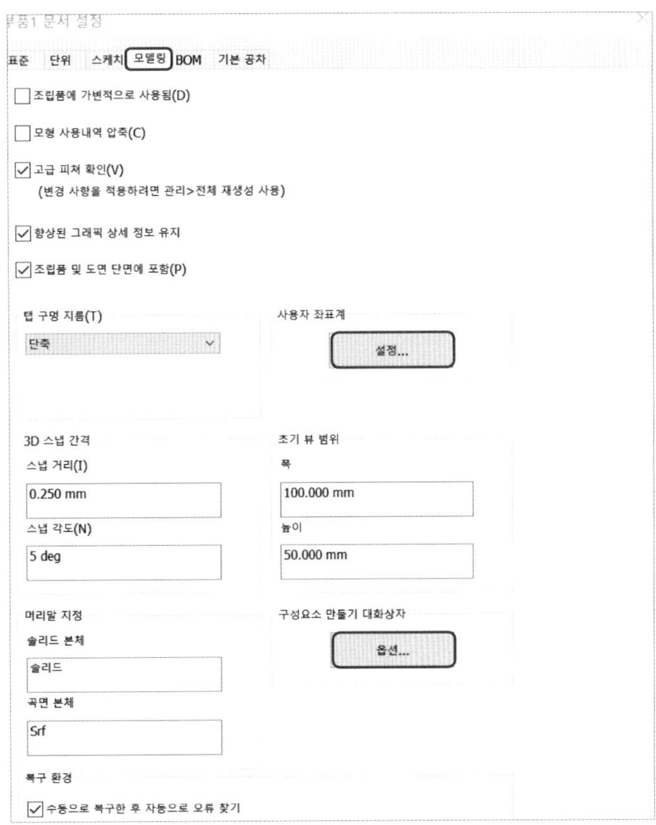

① ☑ **조립품에 가변적으로 사용됨(D) :** 활성부품을 가변으로 조립품에 사용

② ☑ **모형 사용내역 압축(C) :** 파일을 저장할 때 사용내역을 삭제하고, 압축하여 저장

③ ☑ **고급 피처 확인(V) :** 부품 피처를 계산할 때 알고리즘을 사용하여 정확한 피처를 생성

④ ☑ **향상된 그래픽 상세 정보 유지 :** 그래픽 상세 정보를 유지하면서 파일로 저장

⑤ ☑ **조립품 및 도면 단면에 포함(P) :** 도면의 구성요소는 조립품 모형 단면에 포함한다.

- 탭 구멍 지름(T) : 지정된 탭 드릴 지름에 따라 탭 구멍의 모형 크기를 제어한다.
- 3D 스냅 간격 : 스냅 거리와 각도를 입력한다.
- 초기 뷰 범위 : 템플릿에서 모형을 작성할 때 처음 표시되는 영역(폭과 높이)을 입력한다.
- 머리말 지정 : 솔리드 본체 또는 곡면 본체의 기본 머리말을 지정한다.

⑥ **사용자 좌표계**

- 설정... : UCS 설정 대화상자가 열린다.

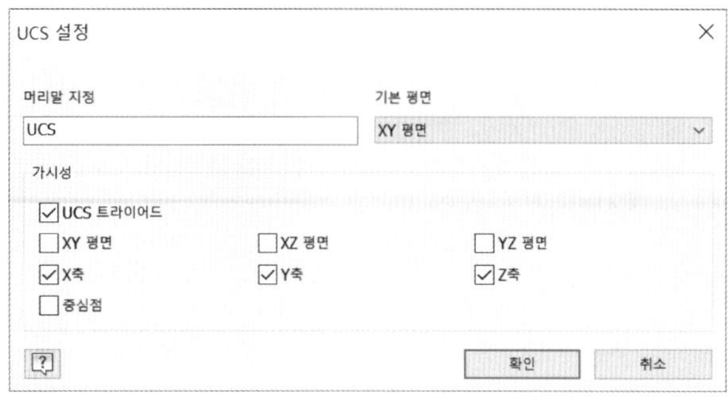

UCS 설정 대화상자

- 머리말 지정 : 머리말을 설정한다.
- 기본 평면 : 기본 2D 스케치 평면을 선택한다.
- 가시성 : 객체의 가시성을 선택한다.

⑦ 구성요소 만들기 옵션 대화상자

구성요소 만들기 옵션 대화상자를 연다.

- **부품 파일 기본값 :** 부품 파일의 머리말, 꼬리말, 위치, 구조, 템플릿을 입력한 값을 기본값으로 설정한다.
- **조립품 파일 기본값 :** 조립품 파일의 머리말, 꼬리말, 위치, 구조, 템플릿을 입력한 값을 기본값으로 설정한다.

이름

☑ 머리말(F) : 부품에 머리말을 지정한다.

☑ 꼬리말(X) : 부품에 꼬리말을 지정한다.

위치(C) : 기본 파일 경로 위치를 선택한다.

BOM 구조(M) : 기본 BOM 구조를 선택한다.

템플릿(E) : 새 부품 파일 작성에 사용할 템플릿을 선택한다.

- **위치 기본값**

⊙ 블록 복제 자유도 사용(U) : 블록의 복제 자유도를 사용하여 구성요소 위치 옵션에 의해 설정된다.

⊙ 조립품 컨트롤 위치(2D)(A) : 조립 구성요소 복제 위치는 조립 자유도에 의해 설정된다.

⊙ 배치 컨트롤 위치(R) : 구성요소 복제 위치는 조립에서 정적이며, 배치에 의해 설정된다.

☑ 등가 조립품 구속조건 작성(V) : 블록 복제는 스케치 구속조건을 상위 조립 구성요소 복제와 같게 조립 구속조건을 변환한다.

☑ 배치 평면에 구속(O) : 조립품에서 구성요소 복제를 배치 평면에 구속한다.

☑ 대상 조립품에 새 구성요소 배치(W) : 구성요소 만들기의 기본 옵션을 조립품에 새 구성요소에 배치한다.

☑ 내포된 블록에서 부분조립품 작성(N) : 구성요소 만들기의 기본 구성요소 유형을 내포한 블록의 조립품으로 설정한다.

6 목차 메뉴 옵션

모형 ⇨ 돌출 선택 마우스 오른쪽 클릭 ⇨ 목차 메뉴 옵션

- 3D 그립 : 3D 그립 도구를 이용하여 피쳐를 마우스로 끌어서 이동한다.
- 피쳐 이동 : 피쳐를 새 위치로 이동한다.
- 복사(Ctrl+C) : 검색기, 작업창에서 선택한 항목을 복사하여 파일, 다른 응용프로그램에 붙여 넣는다.
- 삭제(D) : 검색기와 작업창에서 선택한 항목을 삭제한다.
- 치수 표시(M) : 선택된 피쳐의 스케치 치수를 표시한다.
- 스케치 편집 : 스케치를 열고, 도형을 수정, 편집한다.
- 피쳐 편집 : 피쳐 대화상자를 열고, 편집한다.
- 측정(M) : 선, 점, 곡선 평면 사이의 각도를 측정한다.
- 주 작성(C) : 객체 메모 작성
- 피쳐 억제 : 작업창에서 피쳐를 억제한다.
- 가변(A) : 스케치, 피쳐 또는 부품을 가변으로 설정하고, 구속하면 크기와 쉐이프가 변경한다.
- 전체 하위 항목 확장(N) : 선택한 하위 피쳐를 나열한다.
- 전체 하위 항목 축소(S) : 나열한 하위 피쳐를 축소한다.
- 창에서 찾기(W) End : 작업창에서 선택한 항목을 찾는다.
- 특성(P) : 특성 대화상자에서 항목의 특성을 설정한다.
- 방법(H)... : 현재 작업의 도움말 항목을 연다.

Chapter 2

스케치 작성하기

INVENTOR

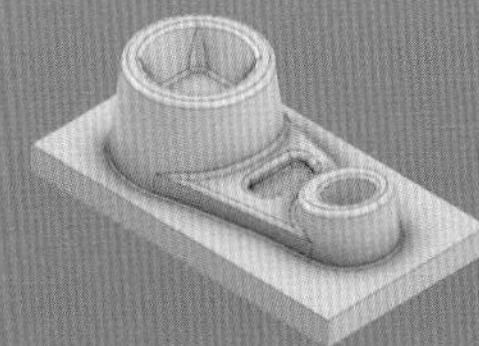

1 스케치 환경

• 부품, 작업 평면의 평면을 새 스케치 면으로 선택하여 작성하며, 스케치 패널 막대의 도구를 사용하여 프로파일 또는 경로의 곡선을 작성한다.
• 모델링을 이해하고, 스케치를 작성하여 피쳐로 생성하며, 돌출, 회전, 구멍, 모깎기, 모따기, 면 기울기 등에 피쳐를 추가하여 마무리한다.

3D 모형 ⇨ 스케치 ⇨ 2D 스케치 시작( )

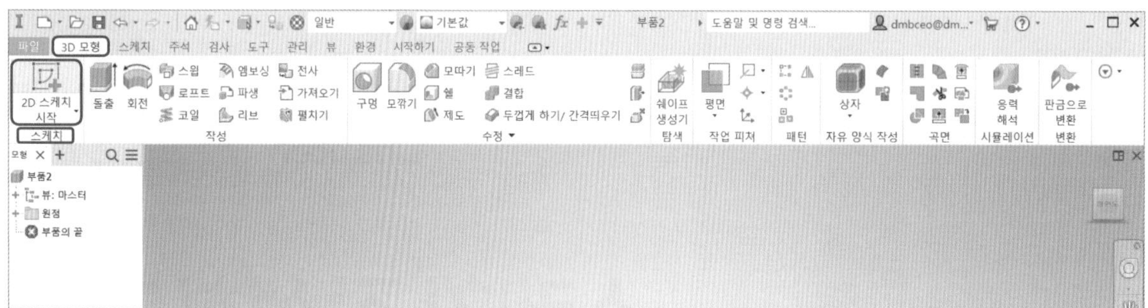

[2D 스케치 시작]을 클릭하면 데이텀 평면과 데이텀 축, 점이 나타나는데 F6은 XZ 평면이 평면도인 등각보기로 전환된다.

• XY, XZ, YZ와 점을 활용하여 스케치한다.
• 스케치하려는 피쳐 평면 또는 작업 평면을 선택한다.
• 스케치 탭에서 명령도구를 선택하여 스케치를 작성한다.

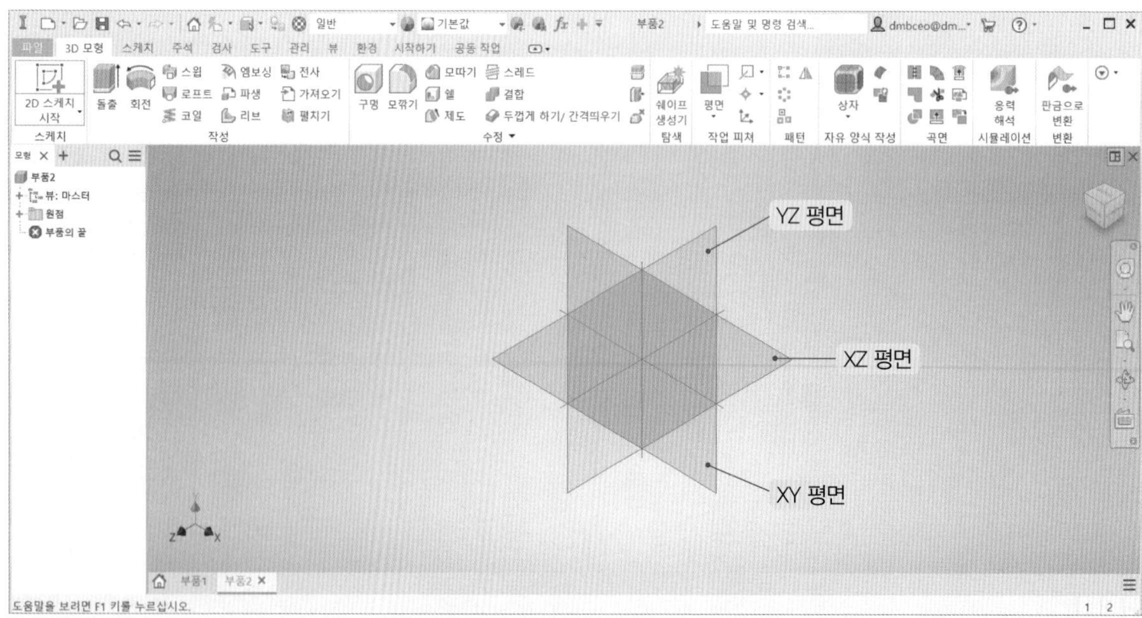

2 도형 그리기

1 선 그리기

(1) 직선 그리기

두 개 이상의 점을 잇는 프로파일 선으로 Esc 또는 더블 클릭하면 선 기능이 종료된다. Enter↵ 하면 선 그리기는 종료되고 이어서 다시 선을 연속 그리기 할 수 있다.

메뉴 ⇨ 스케치 ⇨ 작성 ⇨ 선(／)

P_1점 클릭 ⇨ P_2점 클릭 ⇨ P_3점 클릭

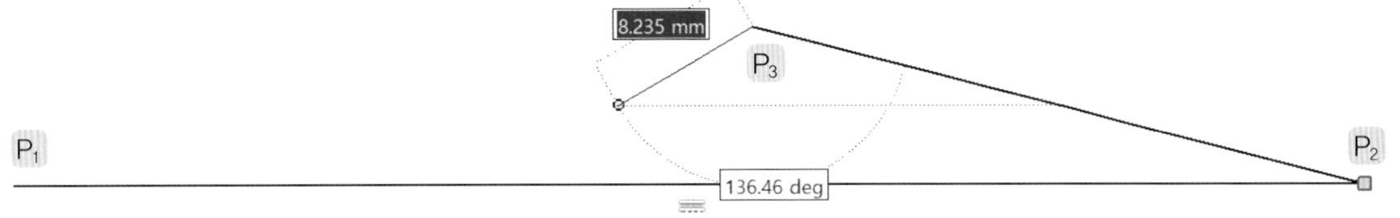

(2) 직선과 원호 그리기

메뉴 ⇨ 스케치 ⇨ 작성 ⇨ 선(／)

P_1점 클릭 ⇨ P_2점을 클릭한 상태로 마우스를 움직이면 원호가 그려진다.

(3) 스플라인 그리기

다수의 점을 통과하는 곡선을 만든다.

① 제어 꼭짓점 스플라인 : 지정된 제어 꼭짓점을 기준으로 스플라인 곡선을 작성한다.

메뉴 ⇨ 스케치 ⇨ 작성 ⇨ 스플라인(∿)

P_1 클릭 ⇨ P_2 클릭 ⇨ P_3 클릭 ⇨ P_4 클릭

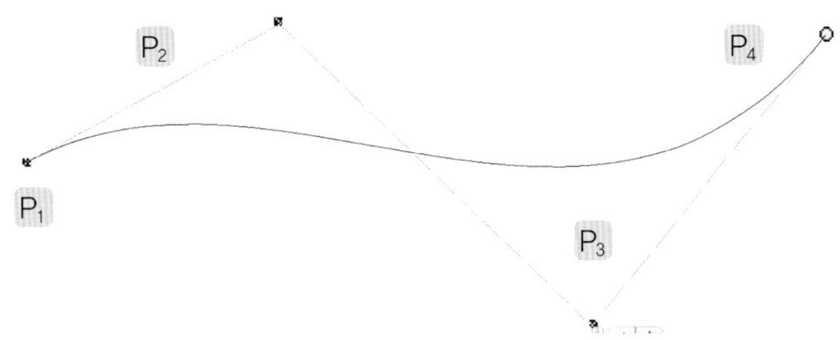

② 보간(점 통과) 스플라인 : 선택한 점을 통해 스플라인 곡선을 작성한다.

메뉴 ⇨ 스케치 ⇨ 작성 ⇨ 스플라인( )

P_1 클릭 ⇨ P_2 클릭 ⇨ P_3 클릭 ⇨ P_4 클릭

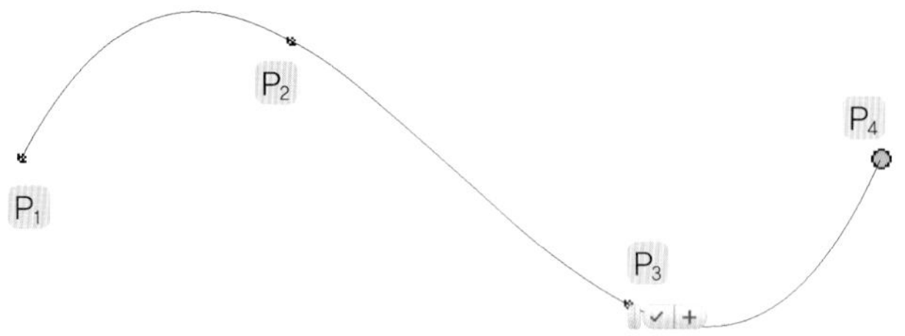

2 원 그리기

(1) 중심점 원

중심점과 반지름이 있는 원을 작성한다.

메뉴 ⇨ 스케치 ⇨ 작성 ⇨ 원( )

중심점 P_1점 클릭 ⇨ 반지름 P_2점 클릭 또는 지름 치수 50을 입력한다.

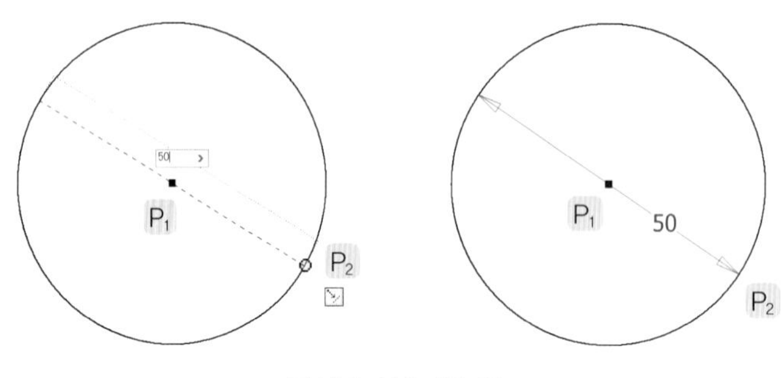

중심점과 반지름 원

(2) 3접점 원

3접점에 접한 원을 작성한다.

메뉴 ⇨ 스케치 ⇨ 작성 ⇨ 원( )

L_1 클릭 ⇨ L_2 클릭 ⇨ L_3 클릭

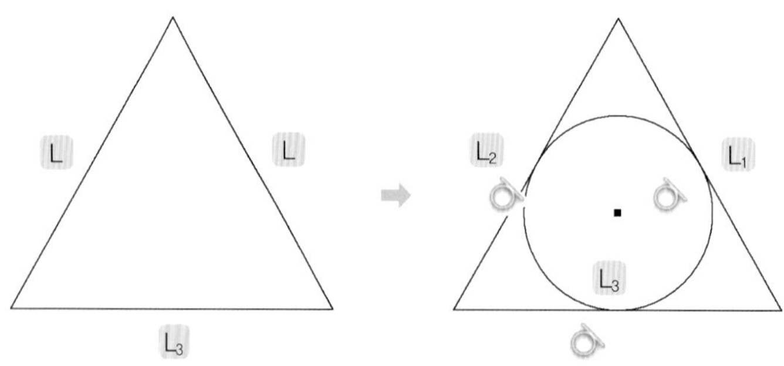

3접점 원

(3) 타원

중심점 및 축과 보조축을 사용하여 타원을 작성한다.

메뉴 ⇨ 스케치 ⇨ 작성 ⇨ 타원( )

중심점 클릭 ⇨ P_1 클릭 ⇨ P_2 클릭

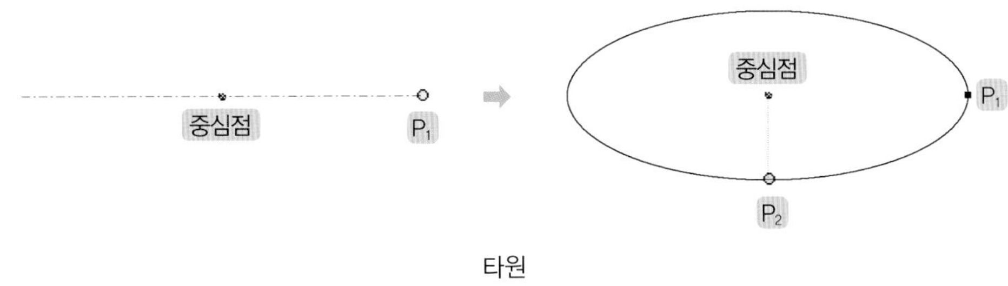

타원

3 점, 중심점

중심점 스위치의 설정에 따라 스케치점이나 중심점을 작성한다.

메뉴 ⇨ 스케치 ⇨ 작성 ⇨ 점( )

점이나 중심점을 클릭하고 입력한다.

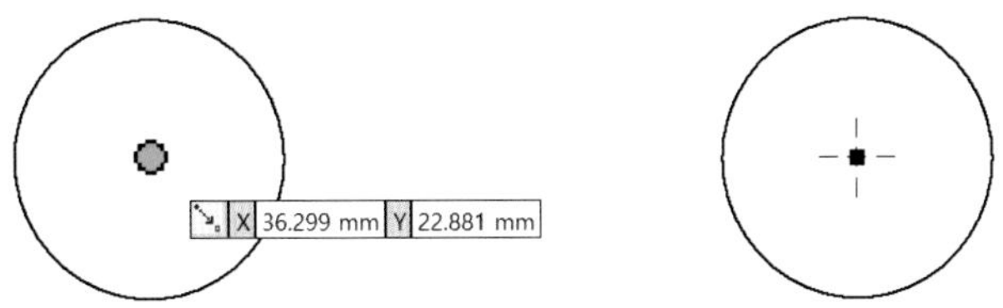

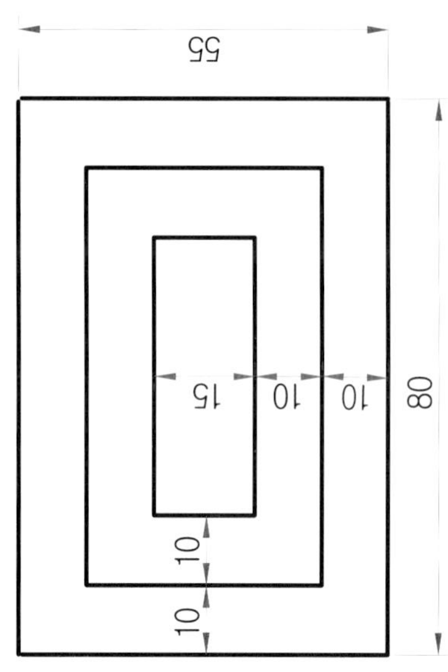
55
80
15
10
10
10
10

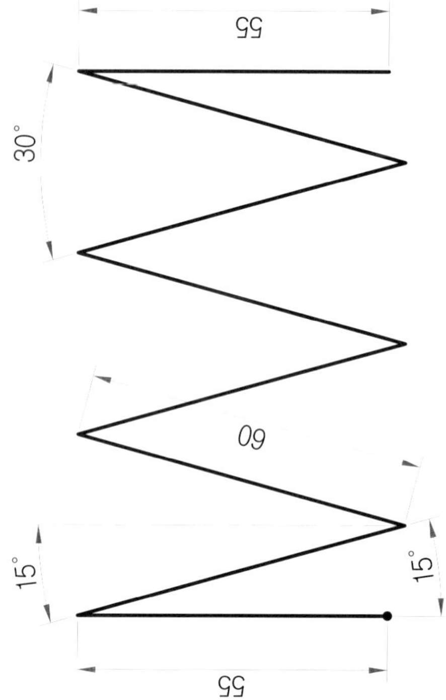
55
30°
60
15°
15°
55

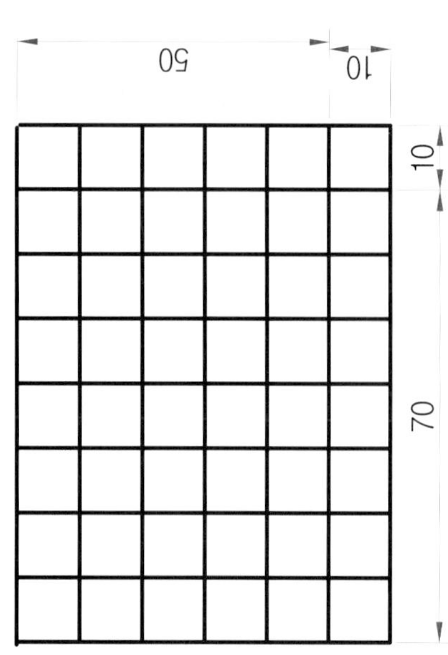
50
10
10
70

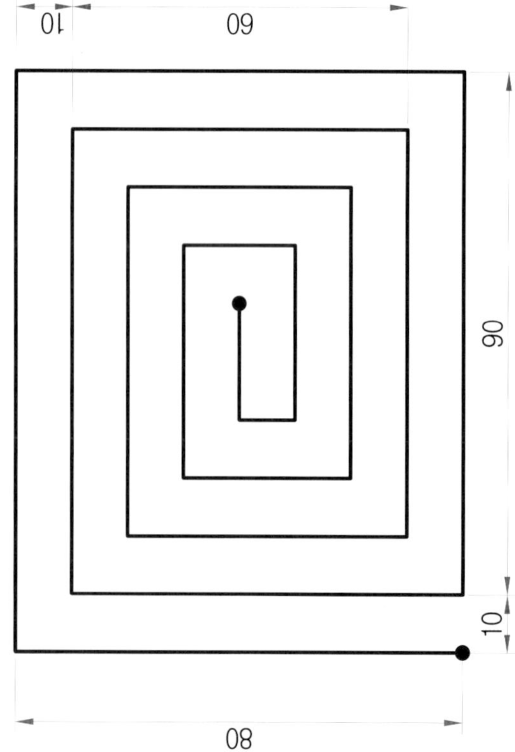
10
60
90
10
80

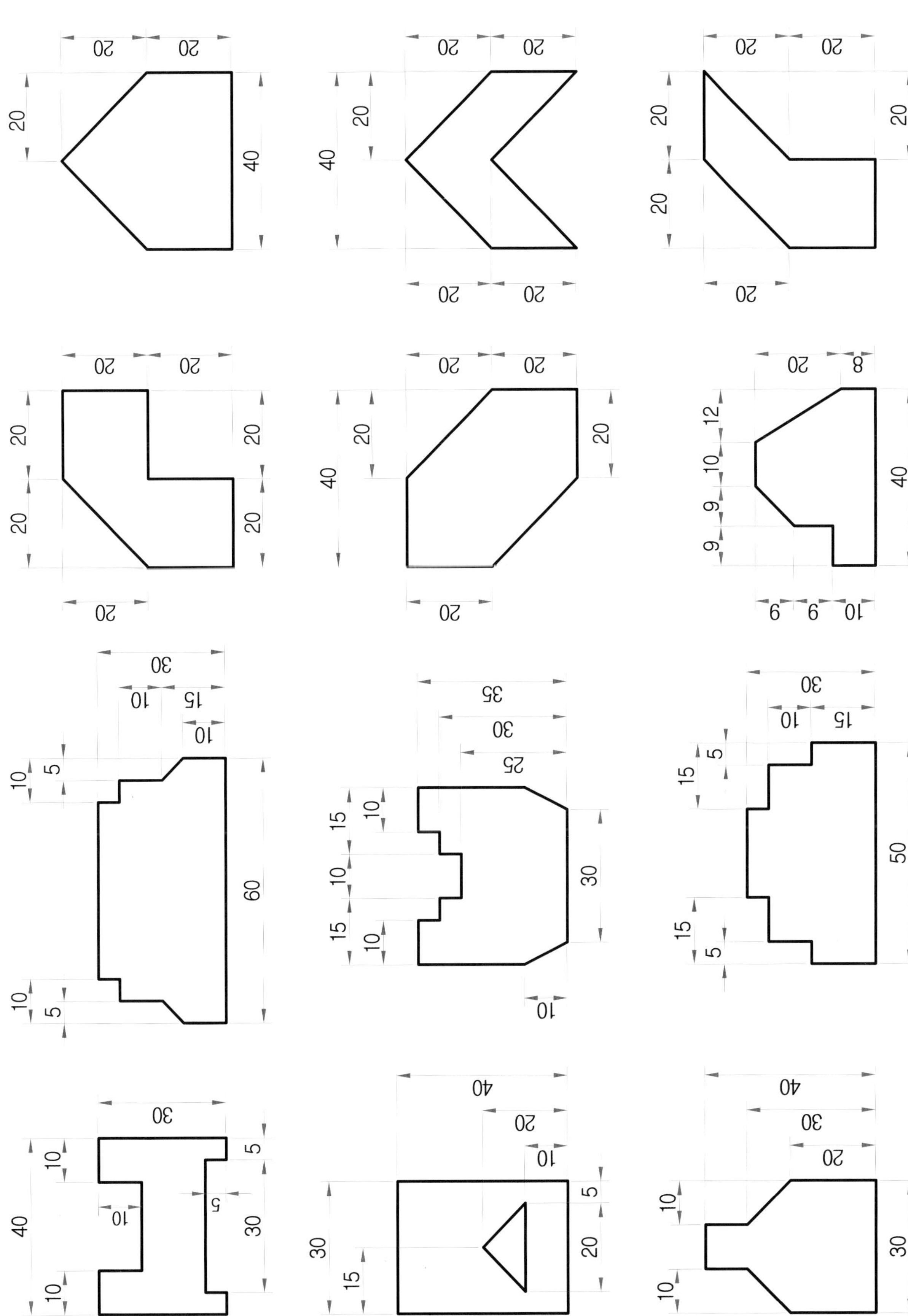

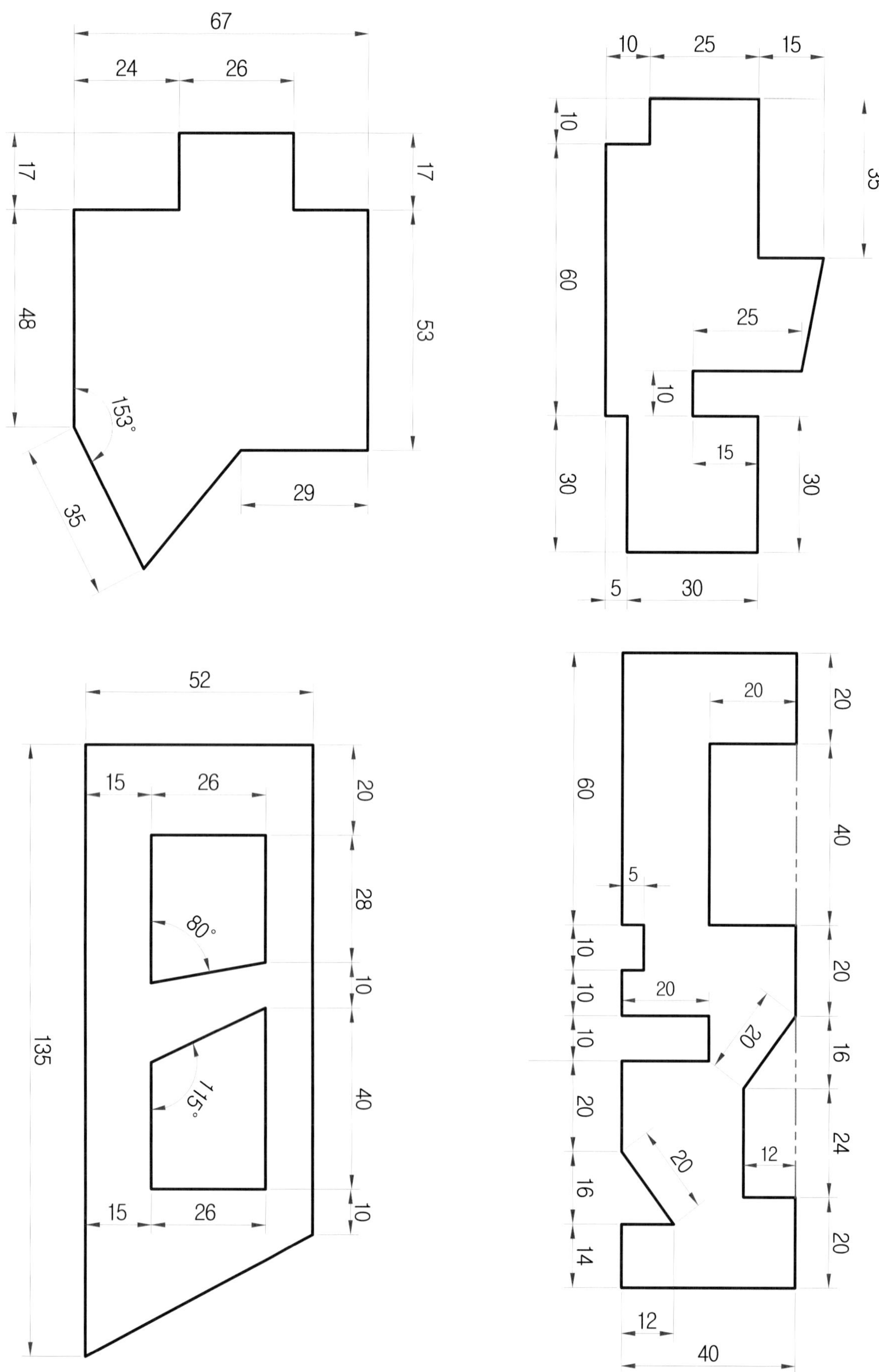
67
24
26
17
17
48
53
153°
35
29
10
25
15
10
35
60
25
10
15
30
30
5
30
52
15
26
20
28
80°
10
135
115°
40
15
26
10
20
20
60
40
5
10
20
20
10
20
10
16
20
20
24
12
16
20
14
20
12
40

20 20 30 40° 15 30
38 X90,Y55 10 시작점 20
X50,Y32 90° 90° 15
15 30 30 30 20
130

10 22 75
16 135° 24
17 140° 20
30
21 27 30 20

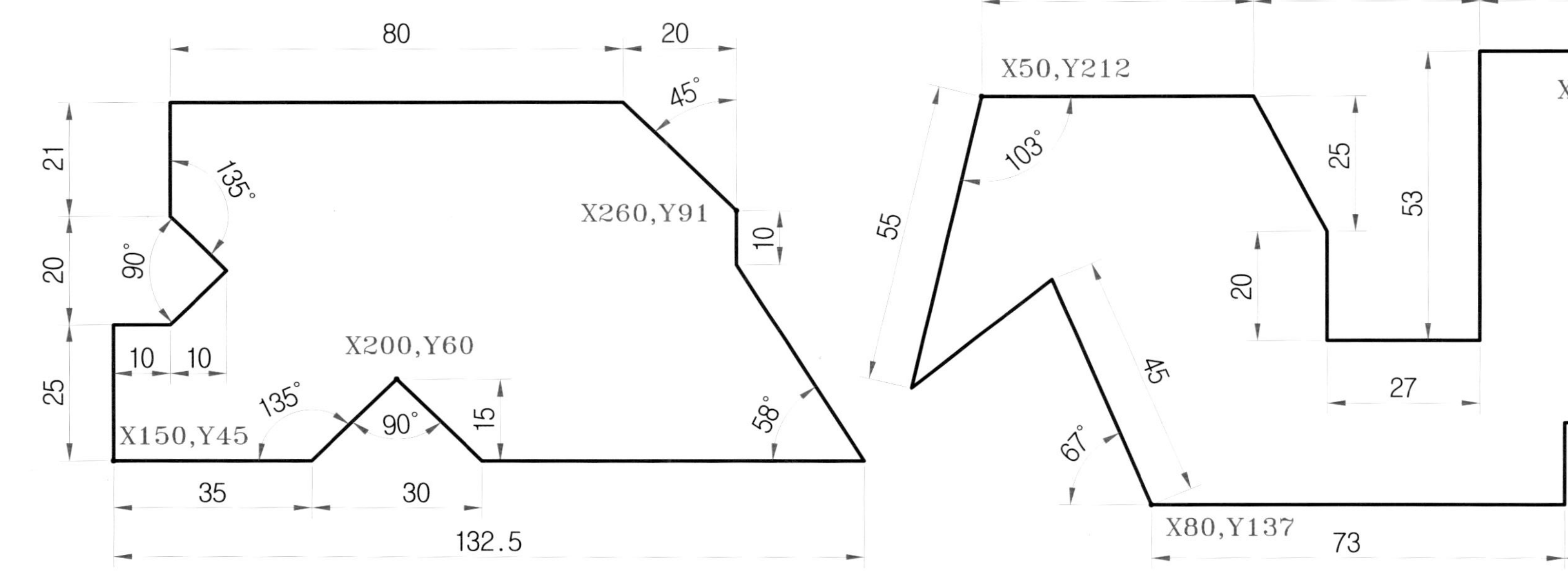

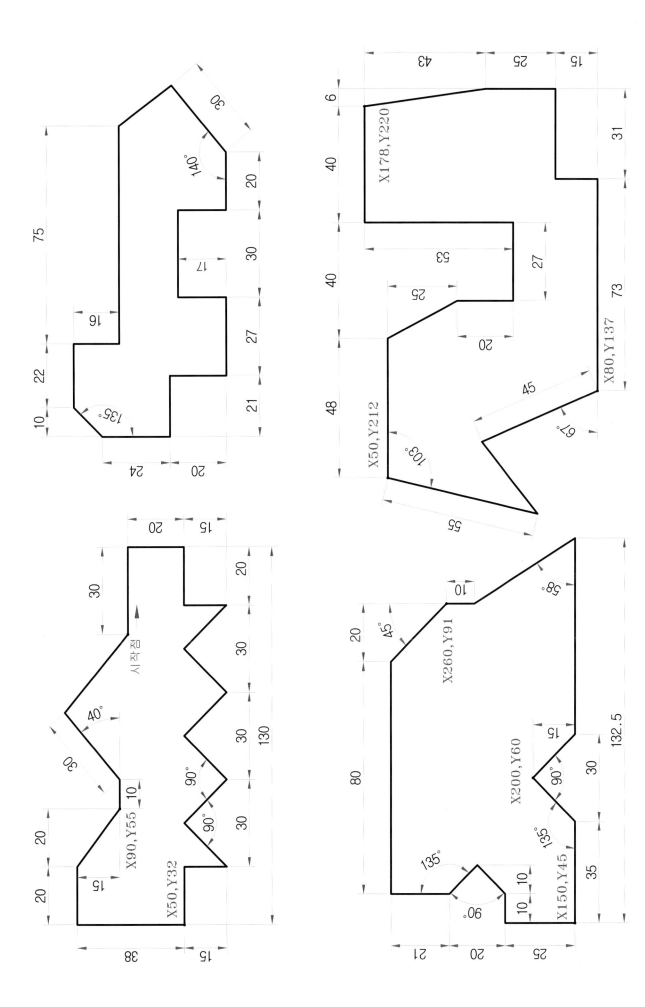

4 호 그리기

(1) 세 점 호

시작점과 끝점 등 세 점의 호를 작성한다.

메뉴 ⇨ 스케치 ⇨ 작성 ⇨ 호( )

시작점(P_1) 클릭 ⇨ 끝점(P_2) 클릭 ⇨ 중간점(P_3) 클릭 또는 반지름 치수 15를 입력하고 Enter↵ 한다.

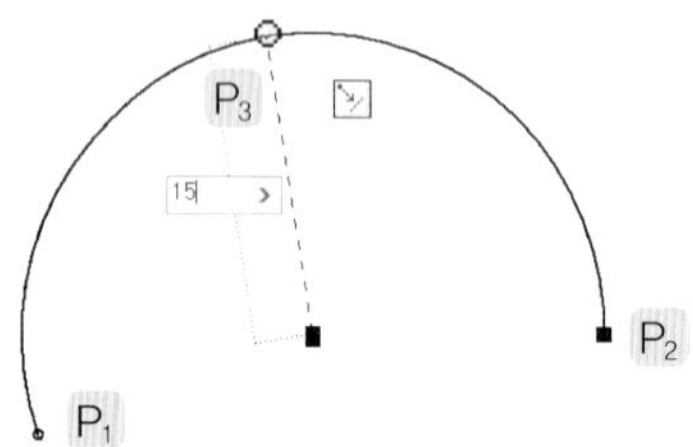

(2) 중심점 호

중심점과 시작점, 끝점의 원호를 작성한다.

메뉴 ⇨ 스케치 ⇨ 작성 ⇨ 호( )

중심점 클릭 ⇨ 시작점(P_1) 클릭 ⇨ 끝점(P_2) 클릭 또는 각도 160°를 입력하고 Enter↵ 한다.

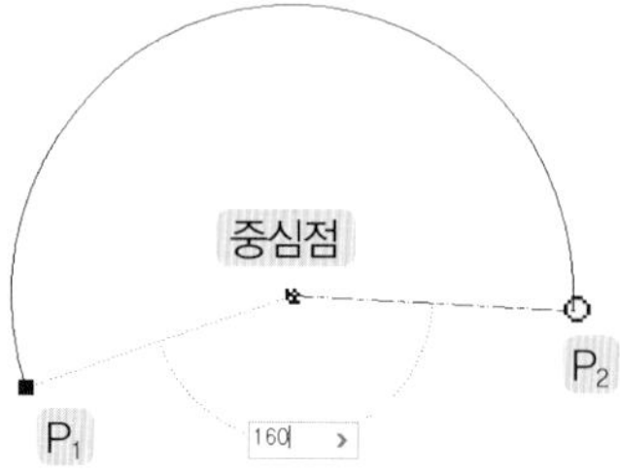

(3) 접하는 원호

직선 또는 원호인 다른 도면 요소에 접하는 원호를 작성한다.

메뉴 ⇨ 스케치 ⇨ 작성 ⇨ 호( )

시작점(P_1) 클릭 ⇨ 끝점(P_2) 클릭

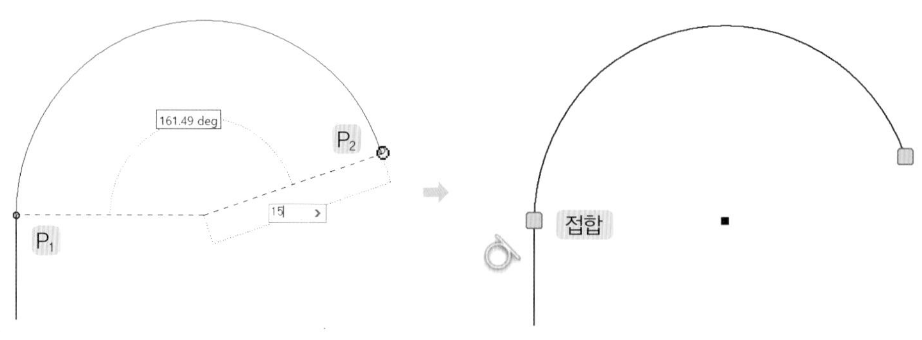

5 직사각형

(1) 두 점 직사각형 그리기

시작점과 끝점의 두 점 대각선으로 직사각형을 작도한다.

메뉴 ⇨ 스케치 ⇨ 작성 ⇨ 직사각형(□)

시작점(P_1) 클릭 ⇨ 끝점(P_2) 클릭

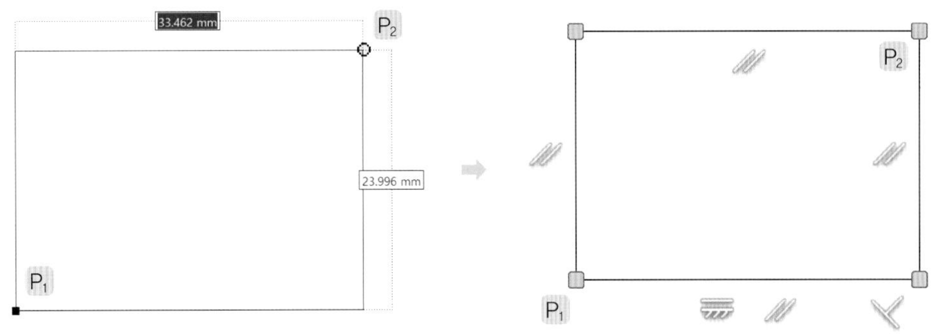

TIP>>
직사각형은 첫 번째 점을 클릭한 다음, 커서를 대각선으로 이동하여 끝점을 클릭한다.

(2) 두 점 중심 직사각형 그리기

중심점과 끝점의 두 점을 대각선으로 직사각형을 작도한다.

메뉴 ⇨ 스케치 ⇨ 작성 ⇨ 직사각형(⊡)

중심점(P_1) 클릭 ⇨ 끝점(P_2) 클릭

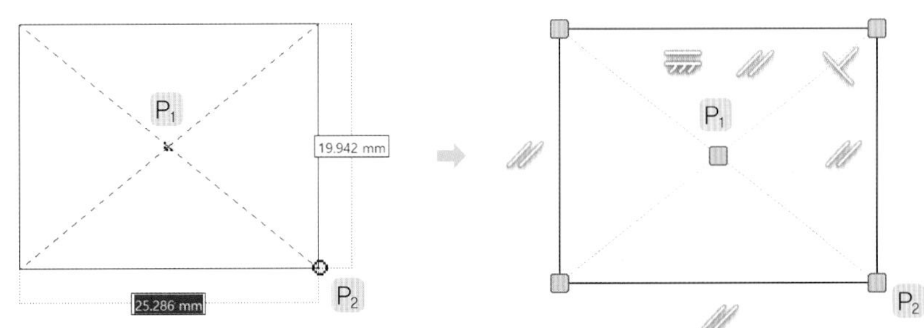

(3) 슬롯 그리기

① 중심대 중심 슬롯

슬롯 호의 중심 배치와 두 중심 간의 거리 및 슬롯 폭으로 정의되는 선형 슬롯을 작도한다.

메뉴 ⇨ 스케치 ⇨ 작성 ⇨ 슬롯(⊂⊃)

슬롯 호의 중심점(P_1) 클릭 ⇨ 슬롯 호의 중심점(P_2) 클릭 ⇨ P_3 클릭

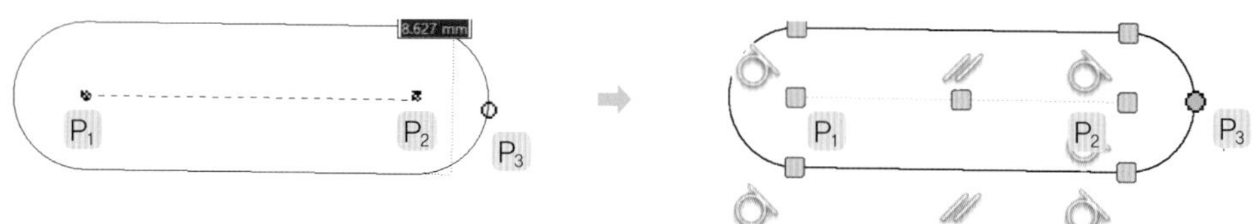

② 3점 호 슬롯

세 점 중심호 및 슬롯 폭으로 정의되는 호 슬롯을 작도한다.

메뉴 ⇨ 스케치 ⇨ 작성 ⇨ 슬롯()

중심점(P_1) 클릭 ⇨ 슬롯 호의 중심점(P_2) 클릭 ⇨ 슬롯 호의 중심점(P_3) 클릭 ⇨ P_4 클릭

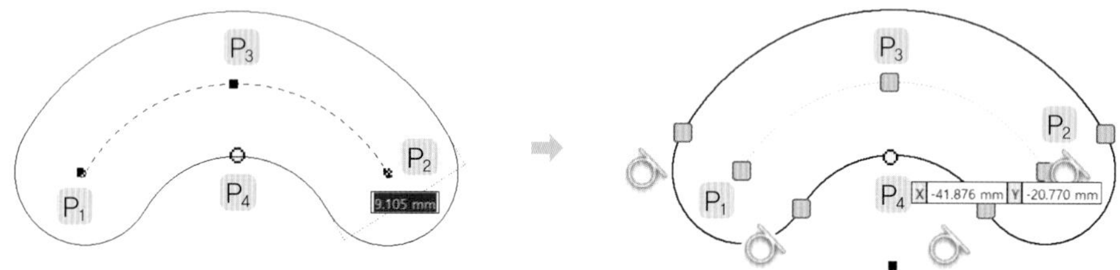

③ 중심점 호 슬롯

중심점, 두 점 중심호 및 슬롯 폭으로 정의되는 슬롯을 작도한다.

메뉴 ⇨ 스케치 ⇨ 작성 ⇨ 슬롯()

중심점 클릭 ⇨ 슬롯 호의 중심점(P_1) 클릭 ⇨ 슬롯 호의 중심점(P_2) 클릭 ⇨ P_3 클릭

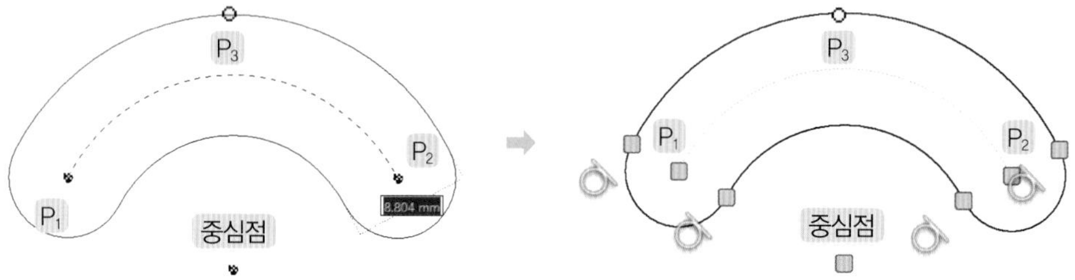

(4) 두 점 중심 다각형 그리기

3각형에서 최대 120각형을 작도한다.

메뉴 ⇨ 스케치 ⇨ 작성 ⇨ 폴리곤()

내접 ⇨ 6 ⇨ 중심점(P_1) 클릭 ⇨ P_2 클릭

외접 ⇨ 6 ⇨ 중심점(P_1) 클릭 ⇨ P_2 클릭

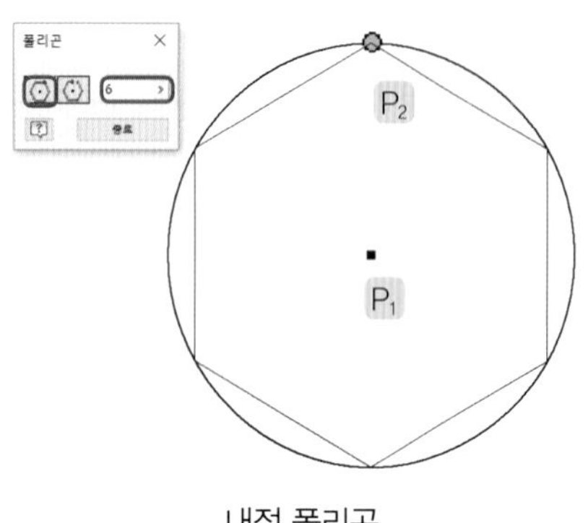

내접 폴리곤

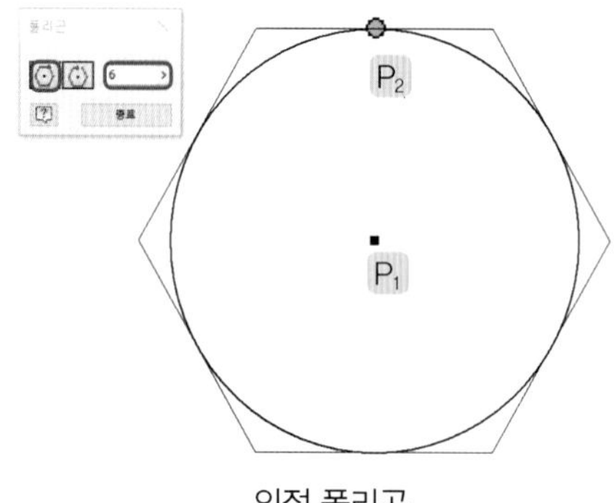

외접 폴리곤

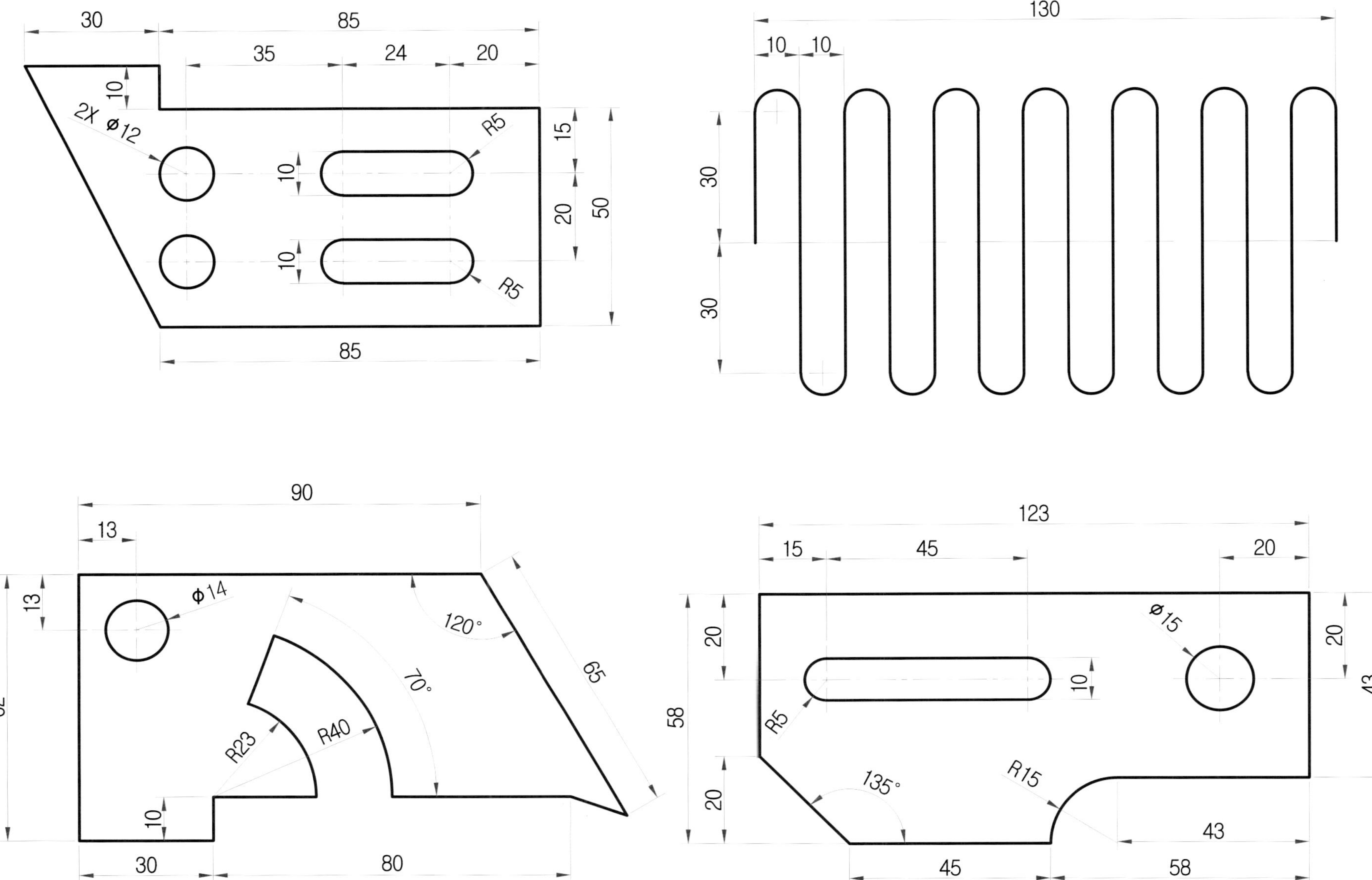
30
85
35
24
20
10
2X ϕ12
R5
15
10
20
50
10
R5
85
130
10
10
30
30
90
13
13
ϕ14
120°
65
70°
62
R23
R40
10
30
80
123
15
45
20
20
ϕ15
20
10
43
58
R5
R15
135°
20
43
45
58

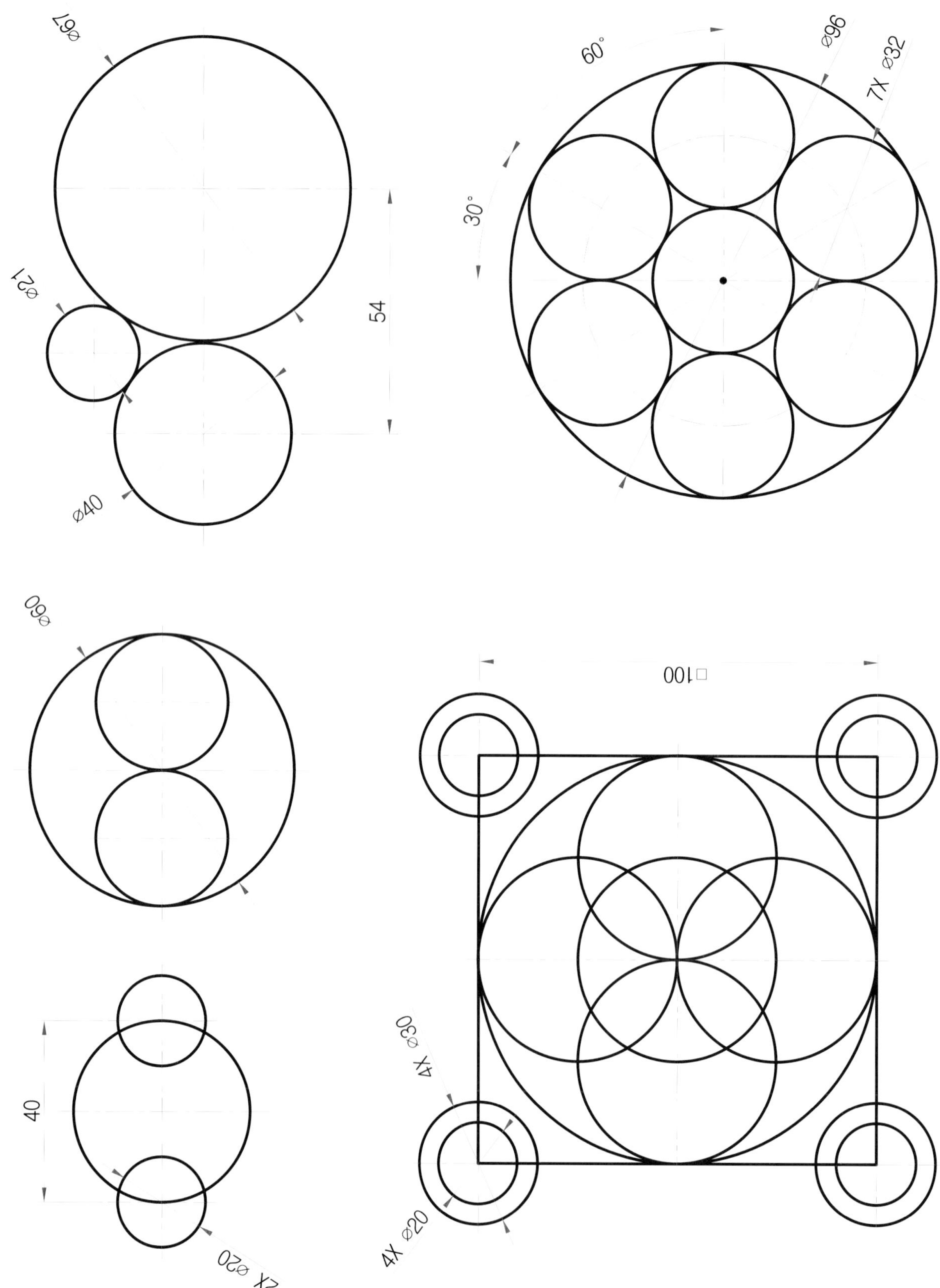

⌀67
⌀21
54
⌀40
60°
⌀96
7X ⌀32
30°
⌀60
□100
40
2X ⌀20
4X ⌀30
4X ⌀20

6 기타 스케치 명령

(1) 모깎기, 모따기, 투영

아이콘	명령	설명
	모깎기	Round 생성
	모따기	Chamfer 생성
	형상 투영	스케치 평면에 기존 작성된 모형 모서리, 루프, 꼭짓점, 작업축, 작업점 또는 스케치 형상을 현재 작업 평면에 투영한다.
	절단 모서리 투영	현재의 작업 평면에서 스케치 평면을 교차하는 모서리, 스케치에 의해 절단된 구성요소(모서리 등)를 투영한다.

(2) 수정

아이콘	명령	설명
	이동	이동할 객체를 선택하여 포인트에서 포인트로 이동
	복사	복사할 객체를 선택하여 포인트에서 포인트로 복사
	회전	회전할 객체를 선택하여 포인트를 중심으로 회전
	자르기	자르기할 객체가 다른 객체와 교차되는 곳에서 잘린다. Shift를 누른 상태에서 객체를 선택하면 연장된다.
	연장	연장할 객체가 다른 객체까지 연장된다. Shift를 누른 상태에서 객체를 선택하면 교차되는 곳에서 잘린다.
	분할	직선 및 곡선이 분할한다.
	축척	선택한 객체를 기준점으로부터 확대 축소한다.
	늘이기	선택한 객체를 기준점으로부터 길이를 변경한다.
	간격 띄우기	선택한 객체를 외측이나 내측으로 지정한 값만큼 옵셋한다.

(3) 삽입

아이콘	명령	설명
	이미지 삽입	문서 및 이미지 파일을 삽입한다.
	점 가져오기	엑셀에서 작성한 X, Y, Z-Axis점을 삽입한다.
	CAD 파일 삽입	AutoCAD .dwg 파일을 삽입한다.

(4) 형식

아이콘	명령	설명
	구성	선택한 객체 형상을 구성 스타일로 변경한다.
	형식 표시	스케치 선분 특성의 성질을 전환한다.
	중심점	점과 중심점 표시 형식을 변경한다.
	중심선	선택한 스케치선을 중심선으로 변경한다.
	연계치수	스케치 치수들이 형상과 연동하여 변경한다.

(5) 스케치 종료

아이콘	명령	설명
	스케치 종료	스케치 보드를 종료한다.

7 텍스트

텍스트는 Window에서 지원하는 문자를 사용하여 문자를 작성한다.

(1) 텍스트

스케치 ⇨ 작성 ⇨ 텍스트(A)

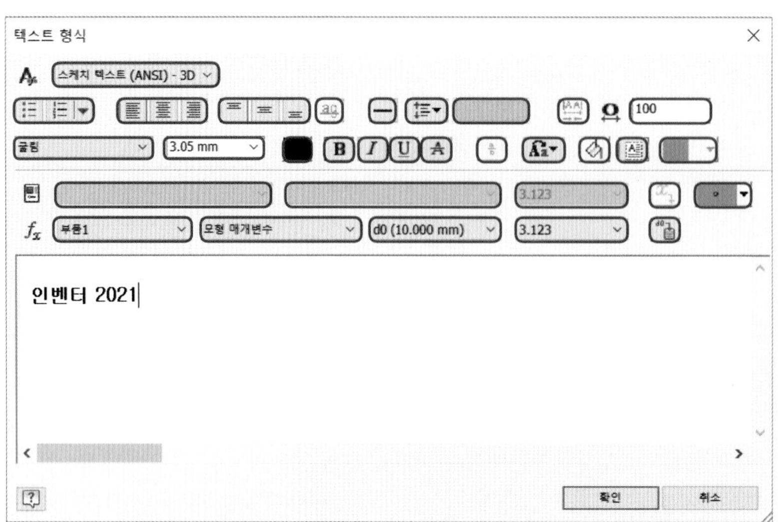

스타일 : 문자에 적용할 문자 유형을 지정한다.
글 머리표, 번호 매기기

① 자리 맞추기

- 왼쪽, 중심, 오른쪽 자리 맞추기 : 문자 상자 가장자리를 기준으로 문자를 배치한다.
- 맨 위, 중간 또는 맨 아래 자리 맞추기 : 문자 상자 맨 위와 맨 아래를 기준으로 문자를 배치한다.
- 기준선 자리 맞추기 : 스케치 문자를 단일 행으로 기준선에 맞춘다.
- 단일 행 텍스트 : 스케치 문자를 단일 행으로 문자를 작성한다.
- 행 간격 : 행의 간격을 설정한다.
- 간격 값 : 간격의 값을 입력한다.
- 맞춤 텍스트 : 문자 상자에 지정한 공간에 맞게 문자 크기를 조정한다.
- 신축 : 문자 폭을 입력한다.

② 글꼴 속성

- 글꼴 : 문자의 글꼴을 지정한다.
- 글꼴 크기 : 문자의 높이를 결정하여 입력한다.
- 문자 색상 : 문자의 색상을 지정한다.
- 굵게 : 문자를 굵게 설정한다.
- 기울임꼴 : 문자를 기울임 글꼴로 설정한다.
- 밑줄 : 문자에 밑줄을 그어준다.
- 취소선 : 문자에 취소선을 그어준다.
- 스택 : 도면 문자의 문자열을 대각선 분수, 가로 분수 및 공차로 표시한다.
- 텍스트 대/소문자 : 텍스트의 대/소문자를 지정한다.
- 배경 지우기 : 배경 색상을 지정한다.
- 텍스트 상자 : 문자에 치수기입 및 구속한다.
- 회전 : 삽입점을 중심으로 문자의 각도로 회전한다.
- 유형 : 사용자 특성 원본 파일, 원본 모형 및 도면에서 특성 유형으로 편집한다.
- 특성 : 유형과 관련된 특성을 지정하여 편집한다.
- 정밀도 : 문자에 표시된 수치 특성의 정밀도를 지정한다.
- 텍스트 매개변수 추가 : 텍스트 매개변수를 추가한다.
- 기호 삽입 : 기호를 삽입한다.
- 구성요소 : 매개변수를 포함한 모형 파일을 지정한다.
- 원본 : 매개변수 유형을 선택하여 매개변수 목록에 표시한다.
- 매개변수 : 명명된 매개변수의 해당 값을 삽입점에 문자를 삽입한다.
- 정밀도 : 문자에 표시된 수치 특성의 정밀도를 지정한다.
- (매개변수 추가) : 매개변수를 구성요소의 문자로 추가한다.

(2) 형상 텍스트

스케치 ⇨ 작성 ⇨ 형상 텍스트(A)

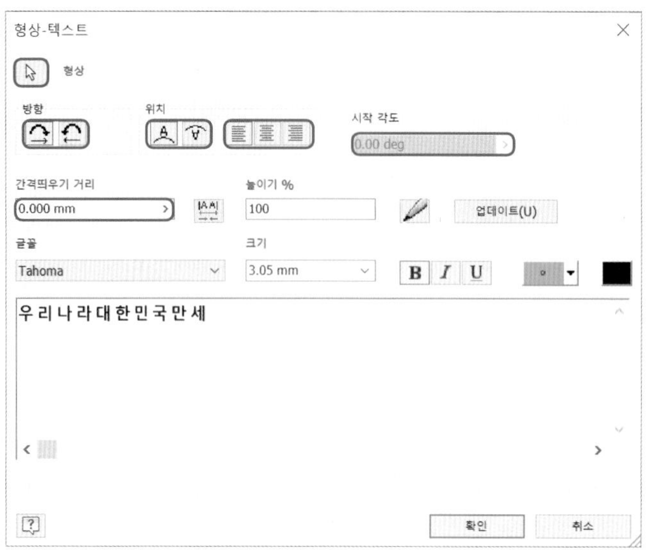

① 형상 : 작업창에서 문자가 정렬할 선, 호 및 원을 선택한다.
② 방향 : 문자가 회전할 방향을 시계, 반시계 방향으로 선택한다.
③ 위치 : 문자의 배치 위치를 외부, 내부에 선택한다.
④ 자리 맞추기 : 참조점을 기준으로 문자의 자리 맞춤을 선택한다.
⑤ 시작 각도 : 원과 호의 시작 각도를 지정하며, 수평선, 수직선을 사용할 수 없다.
⑥ 간격띄우기 거리 : 문자가 도형에서 떨어질 거리를 입력한다(음수 값은 반대 방향).

3 스케치 치수 및 구속조건

1 스케치 치수기입

스케치 도형에 치수를 추가한다.

스케치 ⇨ 구속조건 ⇨ 일반 치수(⊢⊣)

- 작업창에서 치수를 입력할 형상을 선택한다.
- 치수를 기입할 위치를 지정한다.
- 치수편집 상자를 열어 편집한다.
- 새 값을 입력하거나 화살표를 선택하고 치수 표시, 공차 또는 나열된 값을 선택한다.
- 치수의 표시 유형을 변경한다.

2 부품 치수 특성

치수 특성 대화상자는 개별 치수의 공차를 재설정하거나 부품 문서의 치수 공차 기본값 및 정밀도 표시를 변경한다.

치수를 오른쪽 마우스로 선택하고, 목차 메뉴에서 치수 특성을 선택한다.

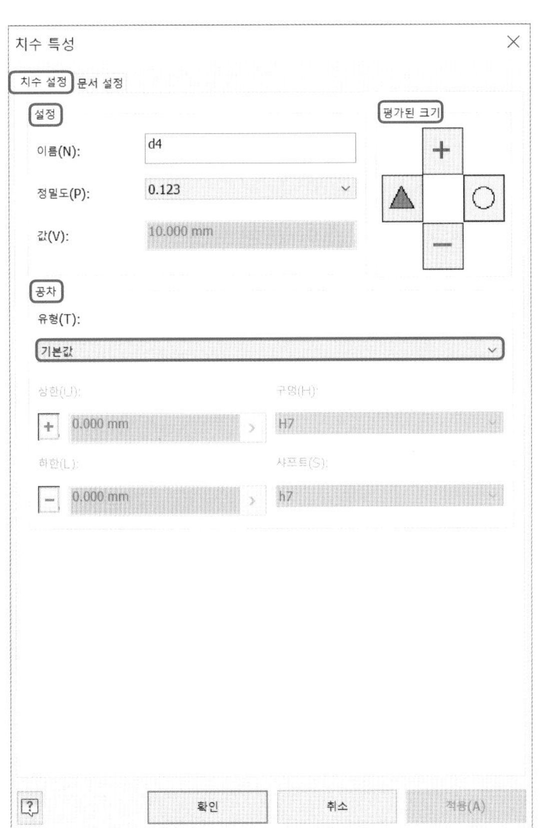

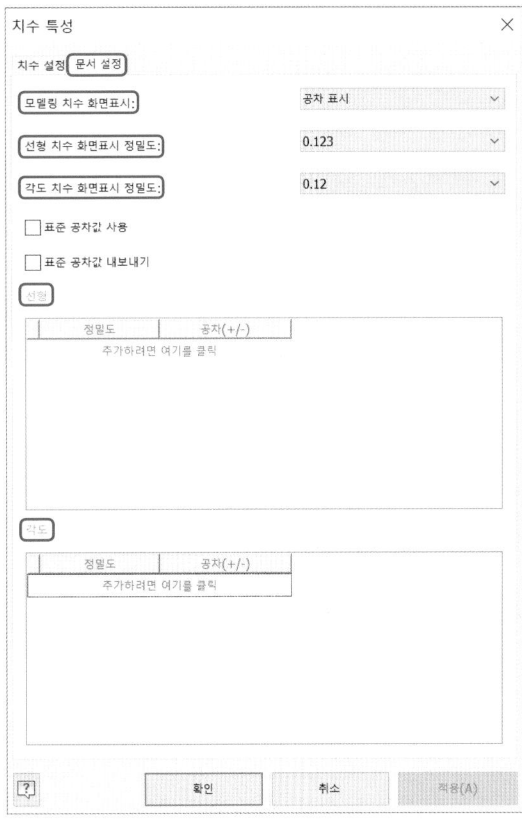

(1) 치수 특성 치수 설정

① 설정

- 이름(N) : 문서 설정의 단위 탭에 설정된 형식으로 표시한다.
- 정밀도(P) : 각도와 선형 정밀도 수준을 선택한다.
- 값(V) : 치수 값은 참조용으로 표시되며, 작업창에서 치수를 두 번 선택하여 값을 입력한다.

② 평가된 크기 : 치수를 평가할 크기의 상한, 호칭, 중앙 또는 하한를 선택한다.

③ 공차

유형(T) : 치수에 공차 유형을 표시한다.

- 기본값 : 기본값 공차 유형을 지정하지 않은 경우에 사용한다.
- 대칭 : 상한 및 하한 공차(0.1) 범위에 ±를 지정한다.
- 편차 : 상한(0.1) 및 하한(0.5) 공차 범위에서 값을 지정한다.

(2) 치수 특성 문서 설정

① **모델링 치수 화면표시 :** 모형 치수를 표시할 유형을 변경한다.
- 값 : 호칭 치수를 표시한다.
- 이름 표시 : 치수를 매개변수 이름으로 표시한다.
- 표현식 표시 : 치수를 표현식으로 표시한다.
- 공차 표시 : 치수의 공차를 표시한다.
- 정확한 값 표시 : 정밀도 설정을 무시하고 치수 값을 표시한다.

② **선형 치수 화면표시 정밀도 :** 선형 치수에서 소수 자릿수를 제어한다.

③ **각도 치수 화면표시 정밀도 :** 각도 치수에서 소수 자릿수를 제어한다.

☑ 표준 공차값 사용 : 치수를 작성할 때 탭의 정밀도와 공차값을 설정한다.

☑ 표준 공차값 내보내기 : 설정한 정밀도와 공차값을 사용하여 도면에 치수로 내보낸다.

④ **선형 :** 특정 정밀도 치수에 선형 공차 설정값을 적용한다.

⑤ **각도 :** 특정 정밀도 치수에 각도 공차 설정값을 적용한다.

3 자동 치수기입

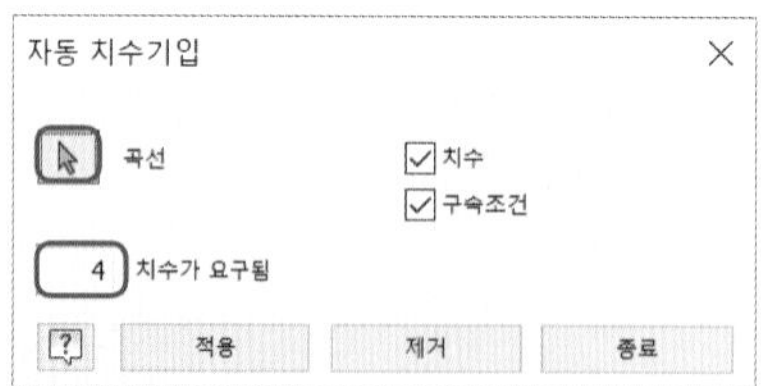

① **곡선 :** 작업창에서 치수를 기입할 형상을 선택한다.

☑ 치수 : 형상에 자동으로 치수를 기입한다.

☑ 구속조건 : 형상에 자동으로 구속조건을 적용한다.

② **치수가 요구됨 :** 스케치를 완전히 구속하는 데 필요한 구속조건과 치수의 개수를 표시한다. 0이 표시되면 완전 구속된다.

4 스케치 구속조건

Inventor는 기하학적 구속조건을 제공한다. 기하학적 구속과 치수 구속을 적용하는 각 곡선에 대한 자유도는 제한되며, 스케치가 완전히 구속되면 스케치 내에서 객체는 구속된다. 이는 곧 각 요소의 스케치 자유도가 제거되는 것을 의미하며, 구속조건을 어떻게 사용하느냐에 따라 설계 변경이 편리해질 수도 난해해질 수도 있다. 스케치의 각 객체가 구속이 되면 객체의 색상은 변하게 된다.

(1) 일치 구속조건

일치 구속조건을 사용하여 객체의 서로 다른 점과 점 또는 점과 곡선을 구속한다.

스케치 ⇨ 구속조건 ⇨ 일치 구속조건(∟) 점과 점–일치 구속, 곡선과 점–곡선 상의 점 구속

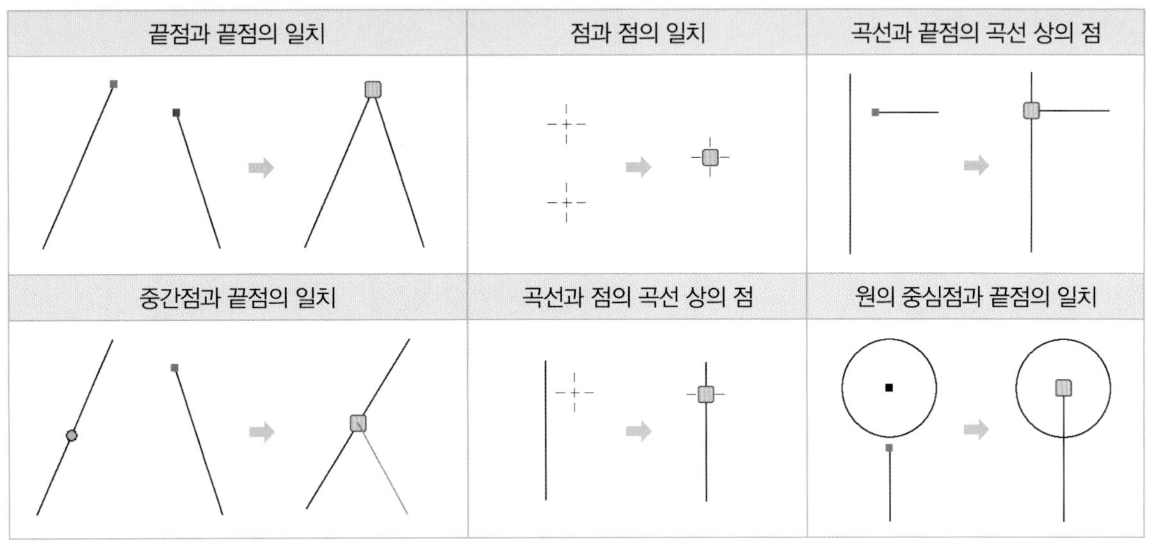

(2) 접선

곡선이 서로 접하게 하는 구속조건은 모든 곡선이 다른 곡선에 접하도록 한다. 물리적으로 점을 공유하지 않더라도 곡선은 다른 곡선에 접할 수 있다.

메뉴 ⇨ 스케치 ⇨ 구속조건 ⇨ 접선( )

직선과 원의 접선	원과 원의 접선
10 7 → 10 7	10 7 → 10 7
원호와 직선의 접선	**원호과 원호의 접선**
5 4 → 5 4	5 4 → 5 4

(3) 직각 구속조건

직각 구속조건은 선과 선 또는 선과 타원 축을 서로 90도가 되도록 배치한다.

메뉴 ⇨ 스케치 ⇨ 구속조건 ⇨ 직각 구속조건( )

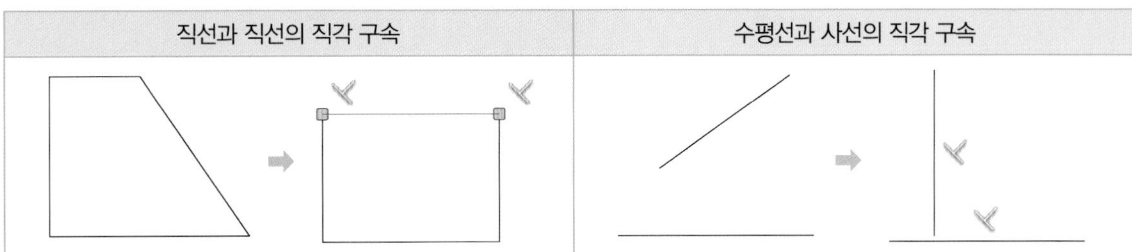

직선과 직선의 직각 구속
수평선과 사선의 직각 구속

(4) 동심 구속조건

동심 구속조건은 두 개의 호, 원 또는 타원이 동일한 중심점을 갖게 한다.

메뉴 ⇨ 스케치 ⇨ 구속조건 ⇨ 동심 구속조건(◎) C1과 C2 클릭

원과 원의 동심	타원과 원의 동심
10, 6 → 6, 10	
원호와 원호의 동심	**원과 원호의 동심**

(5) 수직 구속조건

수직 구속조건은 선, 타원 축 또는 점(점과 점)을 좌표계의 Y축에 평행하게 배치한다.

메뉴 ⇨ 스케치 ⇨ 구속조건 ⇨ 수직 구속조건( )

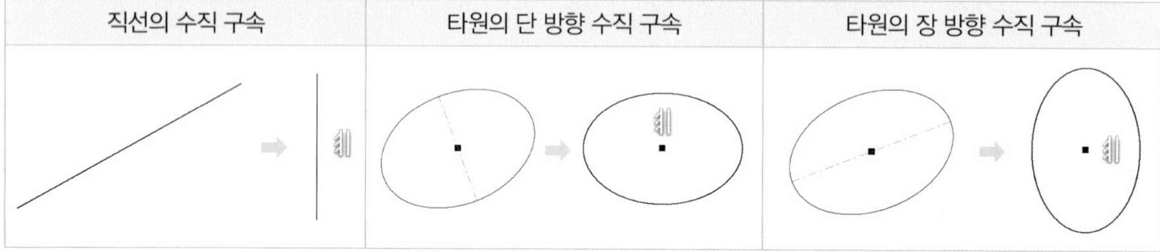

직선의 수직 구속
타원의 단 방향 수직 구속
타원의 장 방향 수직 구속

(6) 수평 구속조건

수평 구속조건은 선, 타원 축 또는 점(점과 점)을 좌표계의 X축에 평행하게 배치한다.

메뉴 ⇨ 스케치 ⇨ 구속조건 ⇨ 수평 구속조건( )

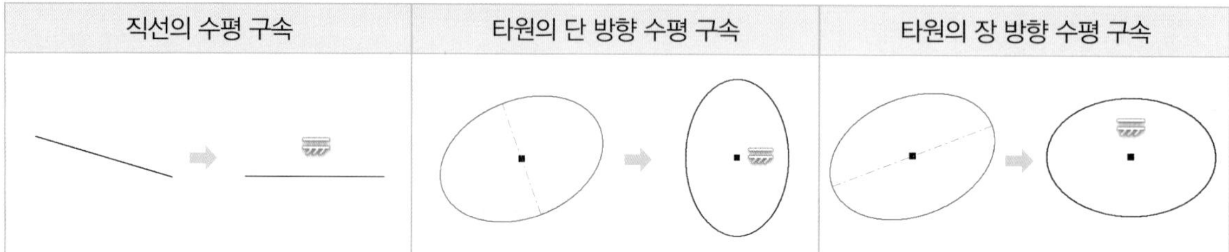

직선의 수평 구속
타원의 단 방향 수평 구속
타원의 장 방향 수평 구속

(7) 평행 구속조건

평행 구속조건은 선과 선 또는 선과 타원 축을 서로 평행하게 배치되도록 한다. 3D 스케치에서는 평행 구속조건이 형상에 수동으로 구속하지 않는 한 x, y, z 부품 축에 평행한다.

메뉴 ⇨ 스케치 ⇨ 구속조건 ⇨ 평행 구속조건(⫽)

수평선과 사선의 평행	사선과 사선의 평행	수직선과 사선의 평행
타원과 타원의 평행	직선과 타원의 장 방향 평행	직선과 타원의 단 방향 평행

(8) 동일선상 구속조건

동일선상 구속조건은 선택된 선과 선 또는 선과 타원 축이 동일선상에 놓이도록 한다.

메뉴 ⇨ 스케치 ⇨ 구속조건 ⇨ 동일선상 구속조건( )

직선과 직선의 동일 직선상 구속
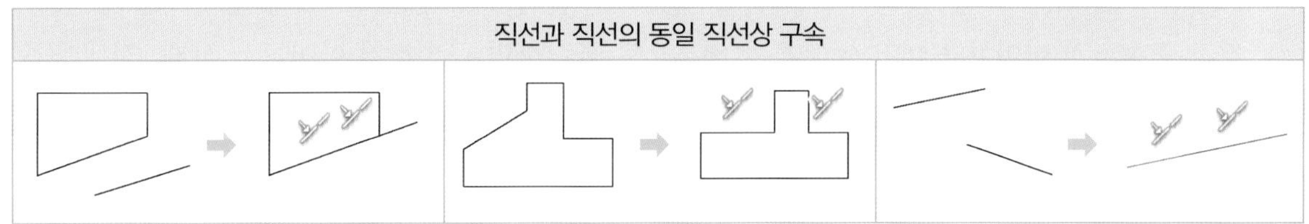

(9) 고정

고정은 스케치 좌표계의 상대적인 위치에 점과 곡선을 고정한다. 스케치 좌표계를 회전 또는 이동하면 고정된 점과 곡선도 함께 회전 또는 이동한다.

메뉴 ⇨ 스케치 ⇨ 구속조건 ⇨ 고정( )원, 직선을 각각 클릭

직선의 중간점 고정	원과 직선의 고정
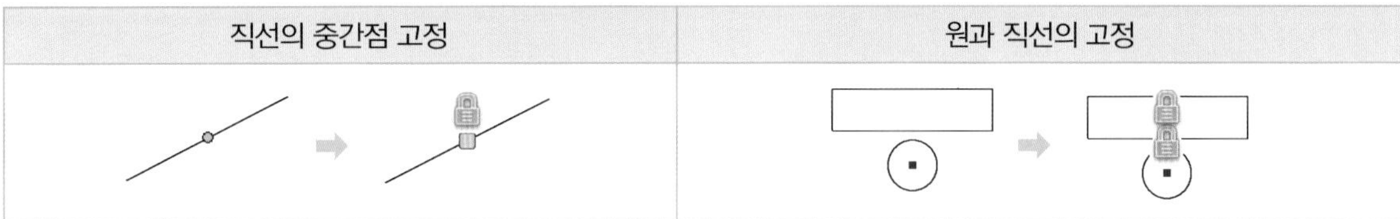	

(10) 동일

동일 구속조건은 원과 호의 반지름이 같거나 선과 선의 길이가 같도록 한다.

메뉴 ⇨ 스케치 ⇨ 구속조건 ⇨ 동일(=)

직선과 직선의 같은 길이	원과 원의 같은 원호

(11) 전체 구속조건 표시

어떤 구속조건을 적용했는지 아는 것은 스케치의 구속조건을 적용하는 데 매우 중요하다.

전체 구속조건 표시 ON(F8), OFF(F9)

메뉴 ⇨ 스케치 ⇨ 구속조건 ⇨ 전체 구속조건 표시( )

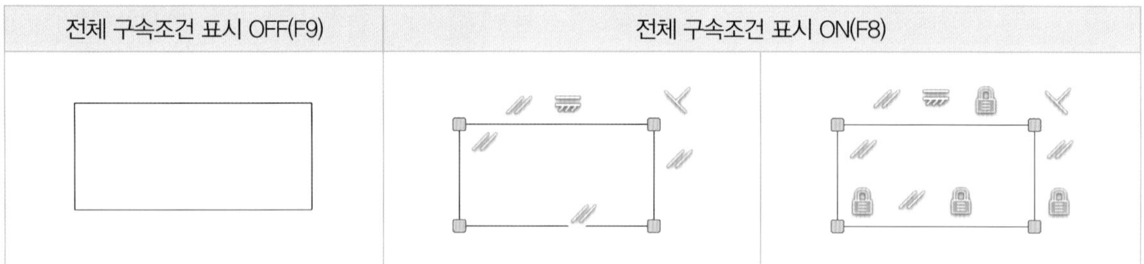

전체 구속조건 표시 OFF(F9)	전체 구속조건 표시 ON(F8)	

(12) 구속조건 삭제

표시된 구속조건 아이콘을 마우스 오른쪽 버튼으로 클릭하여 해당 구속조건을 삭제할 수 있다.

직각 구속조건 아이콘을 마우스 오른쪽 버튼으로 클릭하면 구속조건 아이콘을 삭제, 전체 구속조건 숨기기(F9), 숨기기, 명령취소를 할 수 있다.

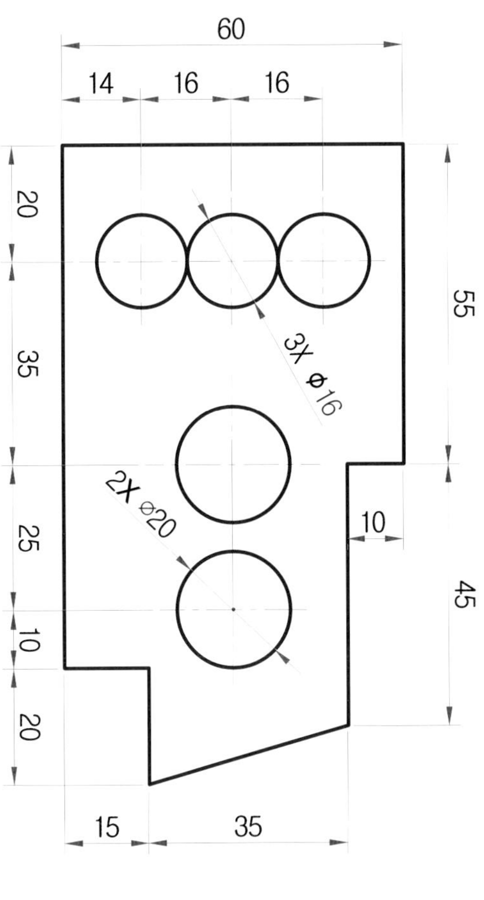
60
14
16
16
20
35
25
10
20
55
45
10
3X ϕ16
2X ϕ20
15
35

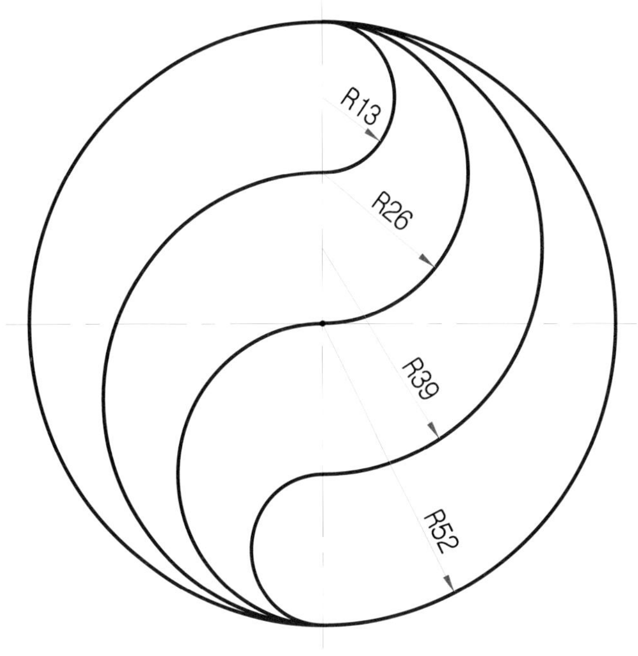
R13
R26
R39
R52

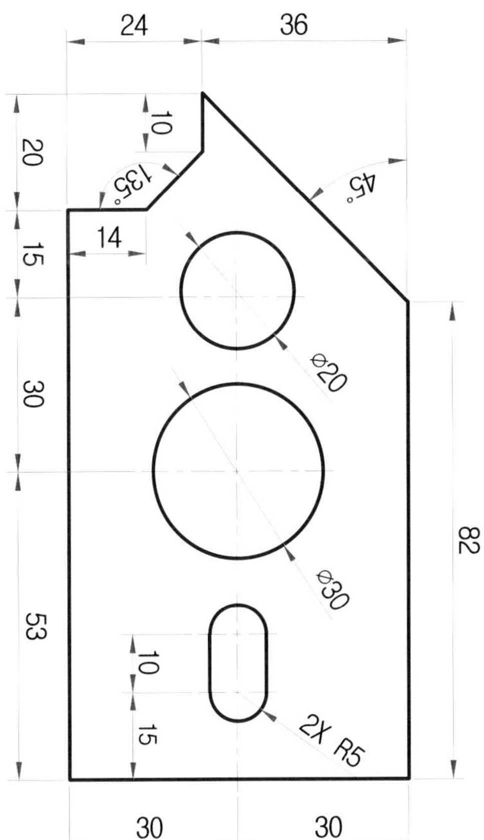
24
36
20
15
30
53
10
135°
45°
14
ϕ20
ϕ30
10
15
2X R5
82
30
30

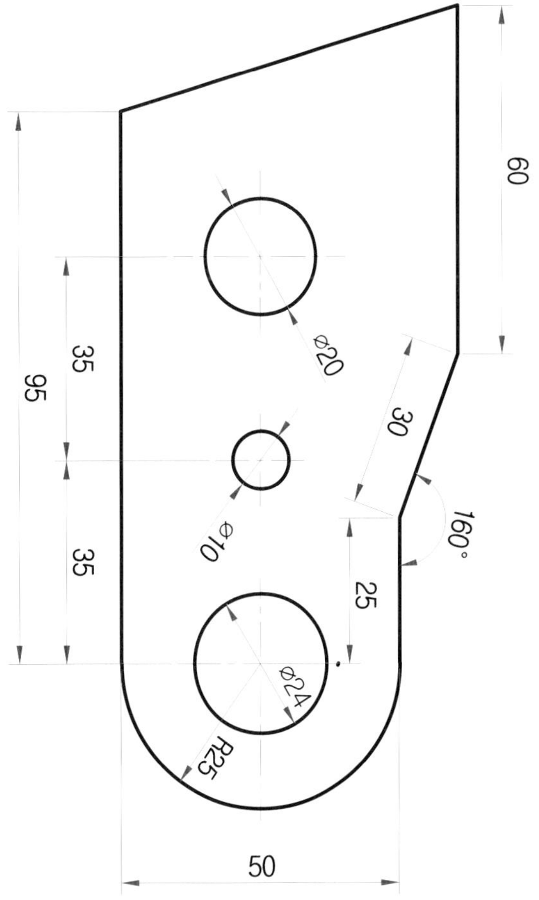
60
95
35
35
ϕ20
30
160°
ϕ10
25
ϕ24
R25
50

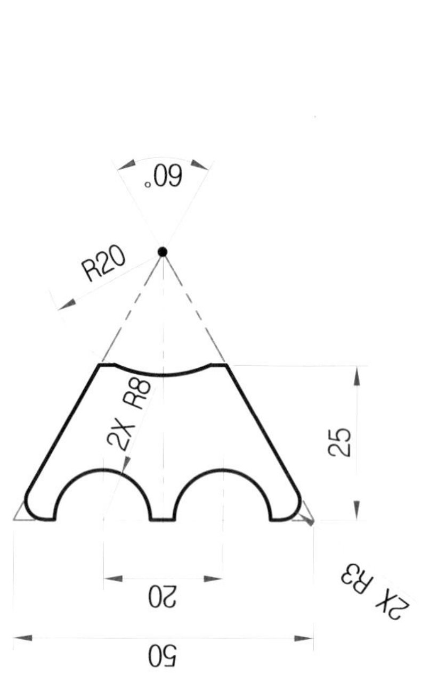
60°
R20
2X R8
25
20
2X R3
50

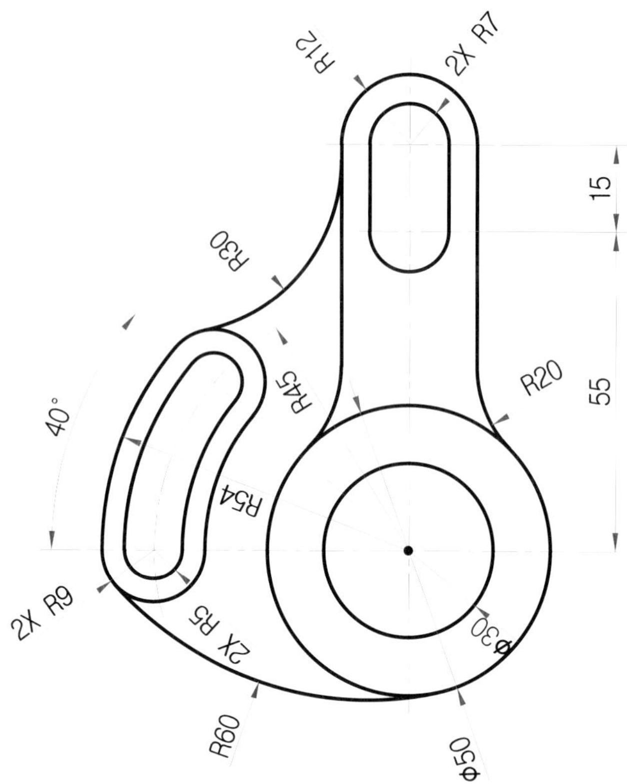
R12
2X R7
15
R30
40°
R45
R20
55
R54
2X R9
2X R5
Φ30
R60
Φ50

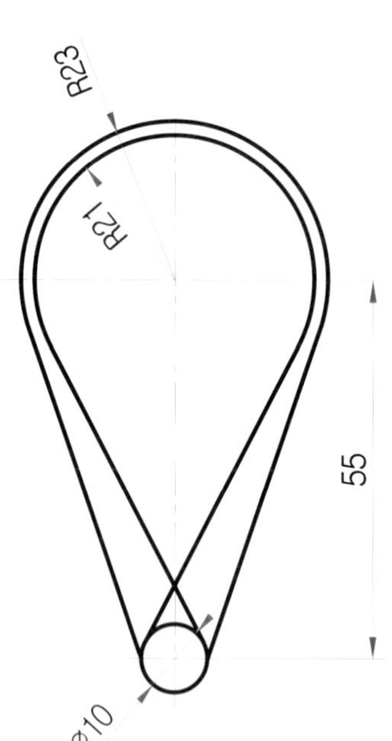
R23
R21
55
⌀10

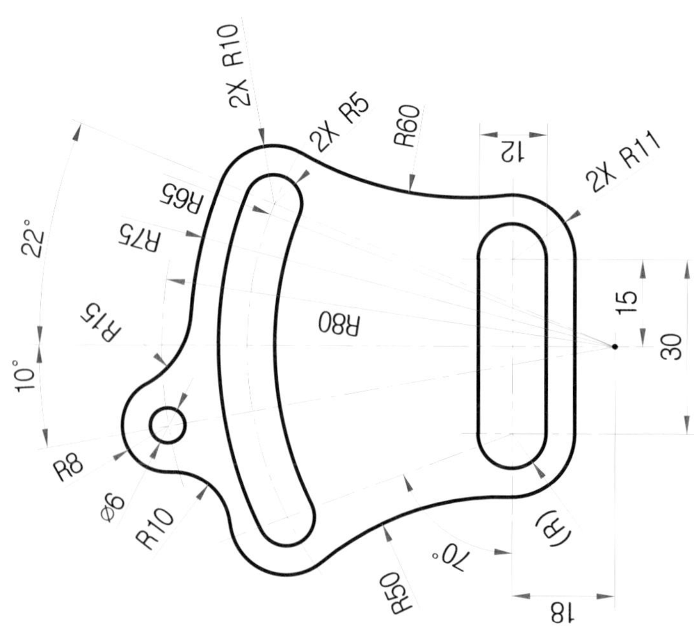
2X R10
2X R5
R60
12
2X R11
R65
22°
R75
R15
R80
15
30
10°
R8
⌀6
R10
R50
70°
(R)
18

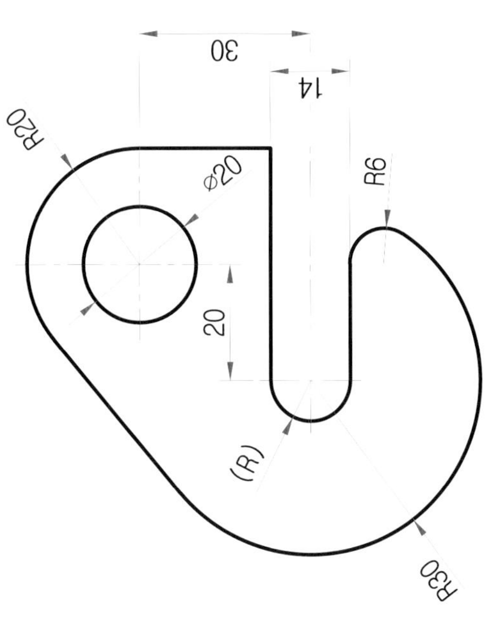
30
14
R20
⌀20
R6
20
(R)
R30

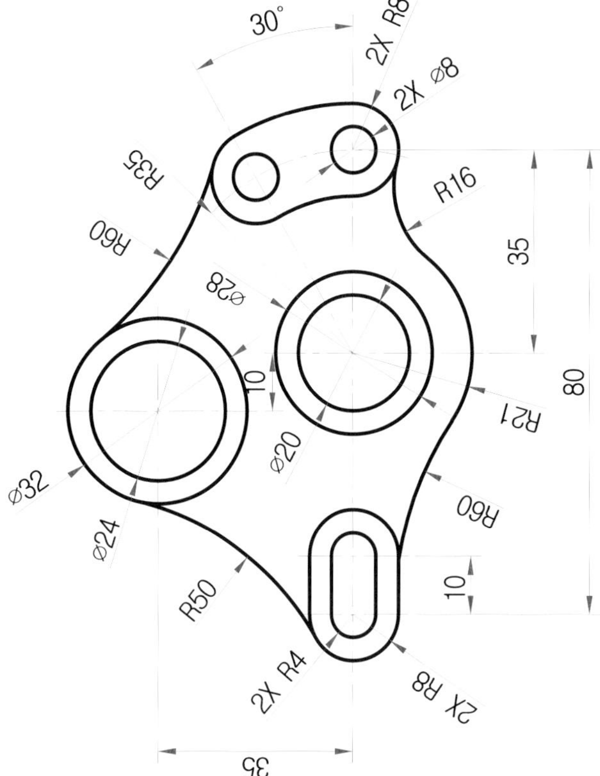
30°
2X R8
2X ⌀8
R35
R16
35
R60
⌀28
80
10
R21
⌀20
⌀32
R60
⌀24
R50
10
2X R4
2X R8
35

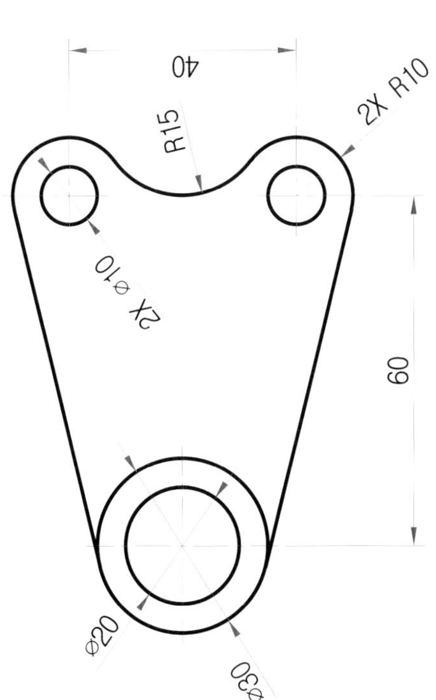
40
2X R10
R15
2X ⌀10
60
⌀20
⌀30

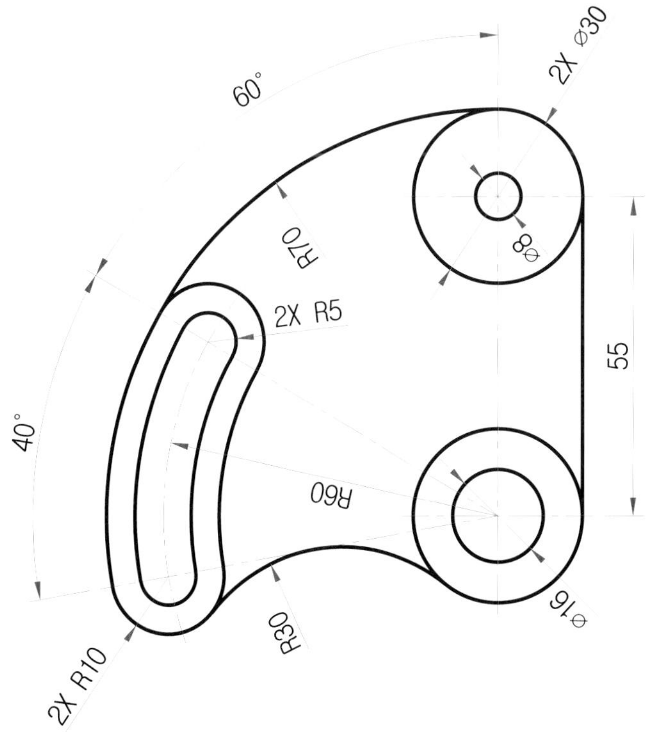
60°
2X ⌀30
R70
⌀8
2X R5
55
40°
R60
R30
⌀16
2X R10

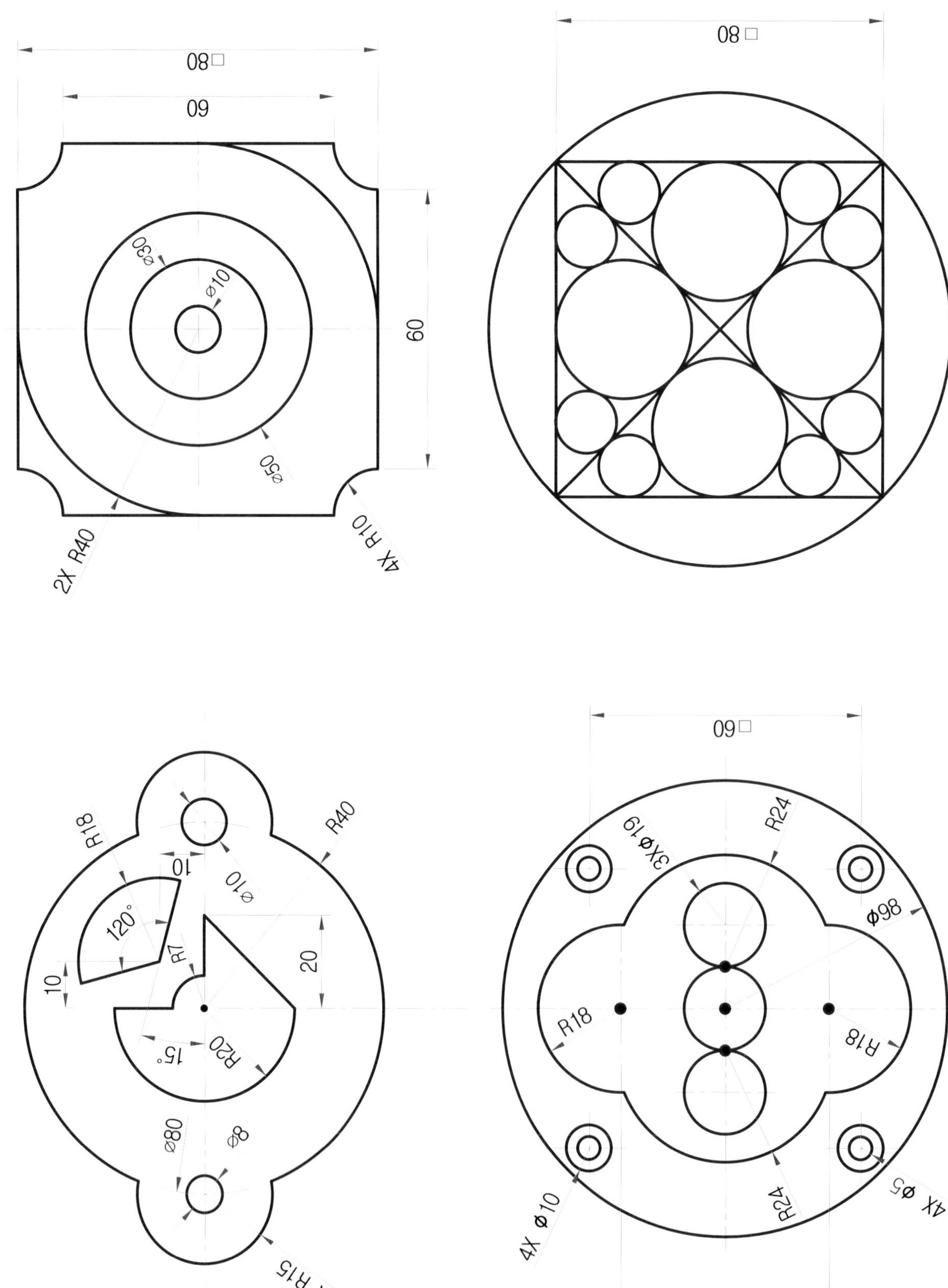
□80
60
ø30
ø10
60
ø50
2X R40
4X R10
□80
R18
10
120°
R7
ø10
R40
20
10
15°
R20
ø80
ø8
2X R15
□60
3Xø19
R24
ø98
R18
R18
R24
4X ø10
4X ø5
46

4 스케치 패턴

1 직사각형 패턴

스케치 ⇨ 패턴 ⇨ 직사각형 패턴 ⇨ 형상 ⇨ 방향 1 ⇨ 개수 3 ⇨ 거리 20 ⇨ 방향 2 ⇨ 개수 8 ⇨ 거리 20 ⇨ 확인

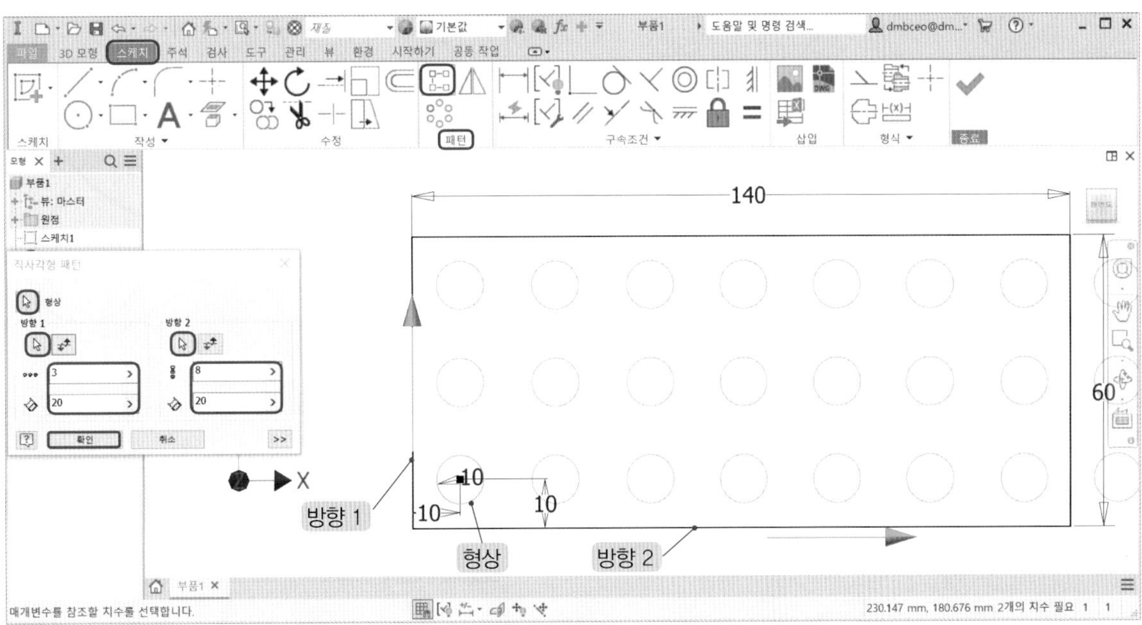

2 원형 패턴

스케치 ⇨ 패턴 ⇨ 원형 패턴 ⇨ 형상 ⇨ 축 ⇨ 개수 8 ⇨ 각도 360 ⇨ 확인

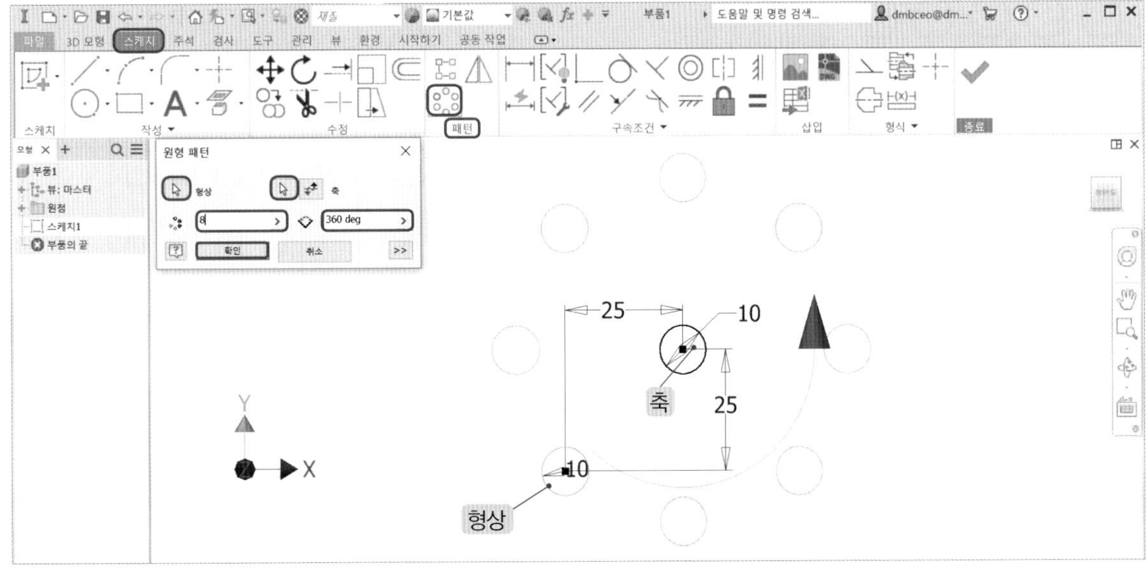

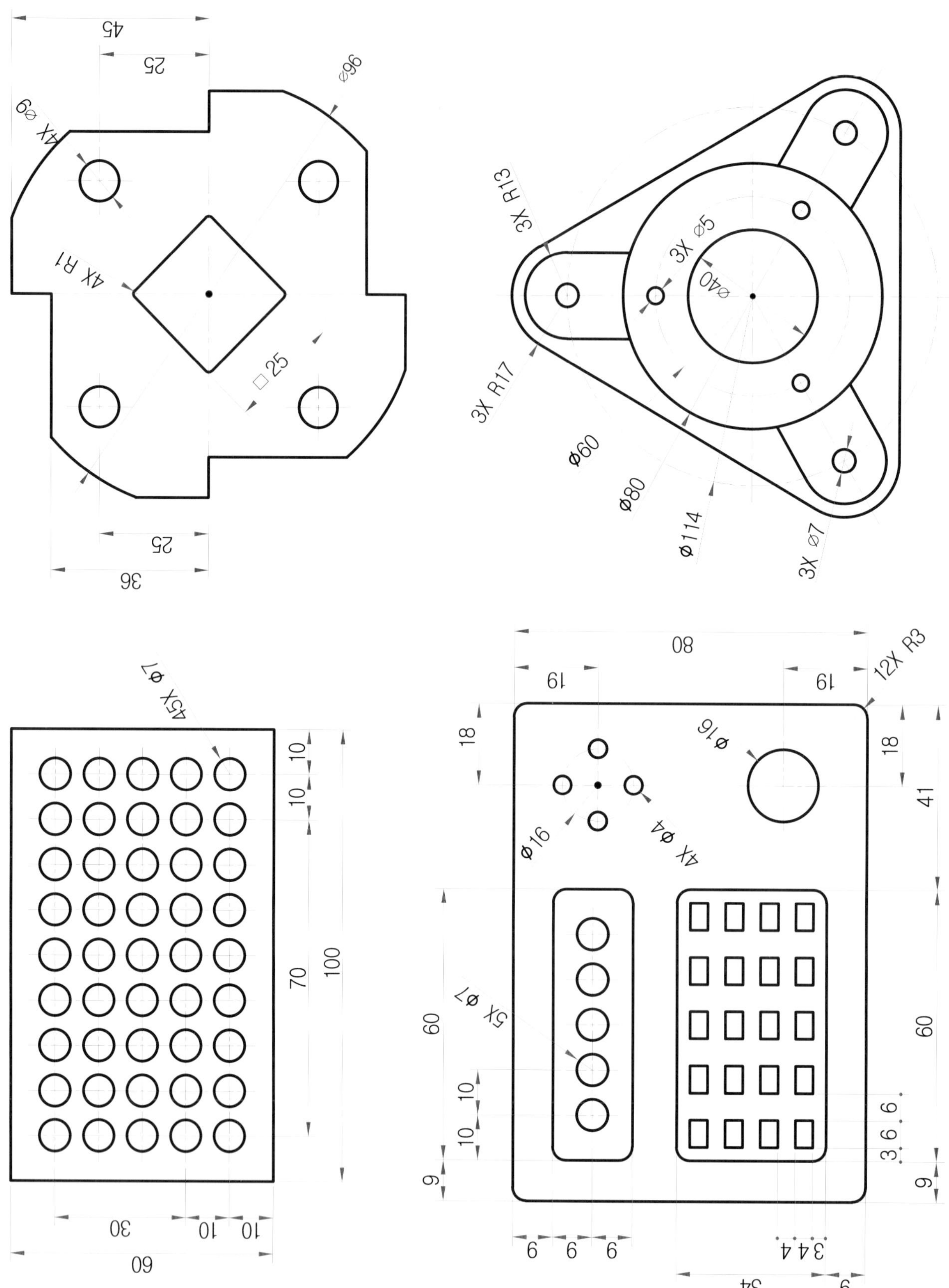
45
25
⌀96
4X ⌀9
4X R1
□25
25
36
3X R13
3X ⌀5
⌀40
3X R17
ϕ60
ϕ80
ϕ114
3X ⌀7
45X ϕ7
10
10
70
100
30
10
10
60
80
19
19
12X R3
18
ϕ16
ϕ16
4X ϕ4
18
41
60
5X ϕ7
10
10
9
60
6
6
3
6
3
9
6
6
6
3
4
4
34
9

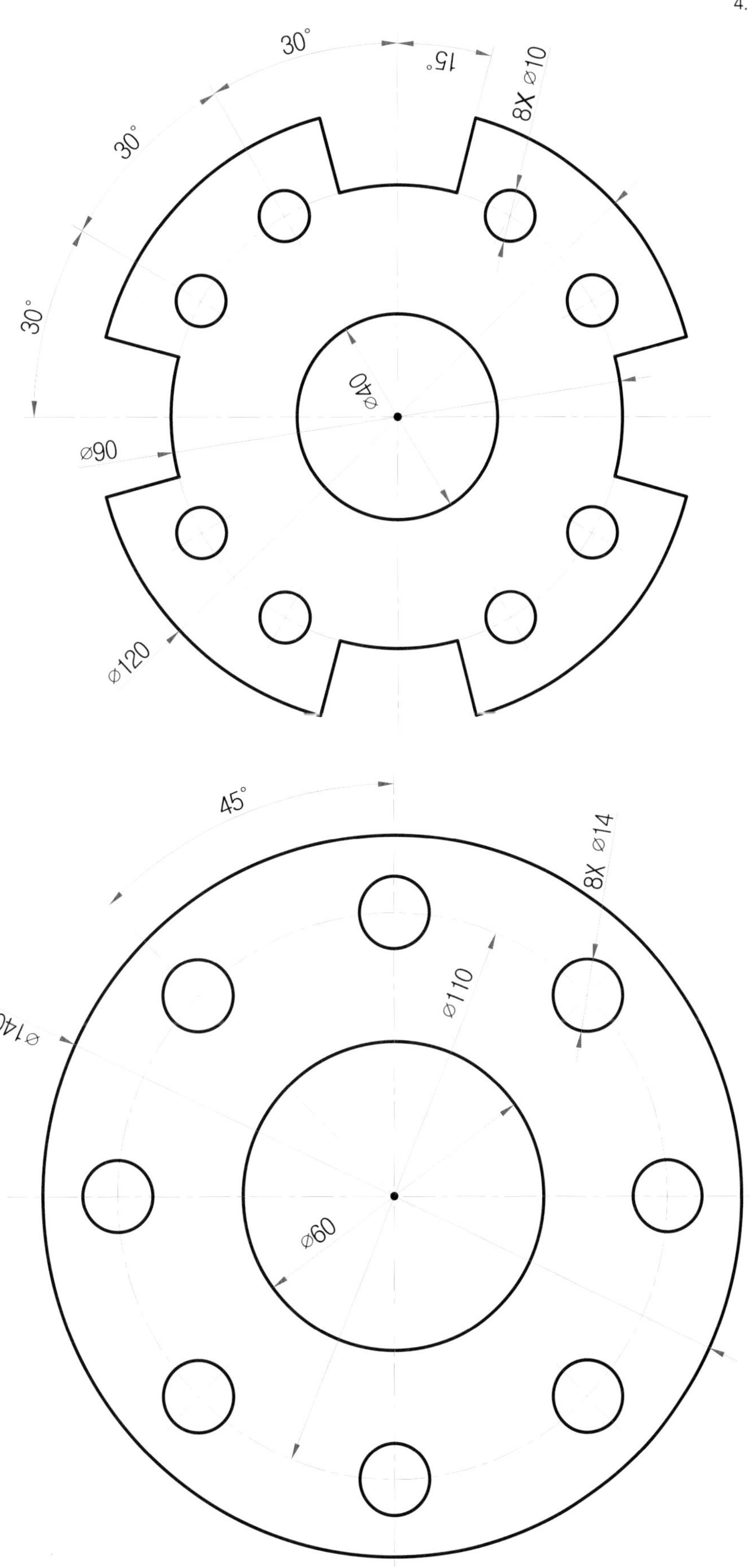
30°
15°
8X ⌀10
30°
30°
⌀40
⌀90
⌀120
45°
8X ⌀14
⌀110
⌀140
⌀60

⌀152
30°
30°
⌀88
⌀40
60°
R8.5
17
30°
30°
R58
⌀20
R20
R68
9
⌀68
R48
2X ⌀14

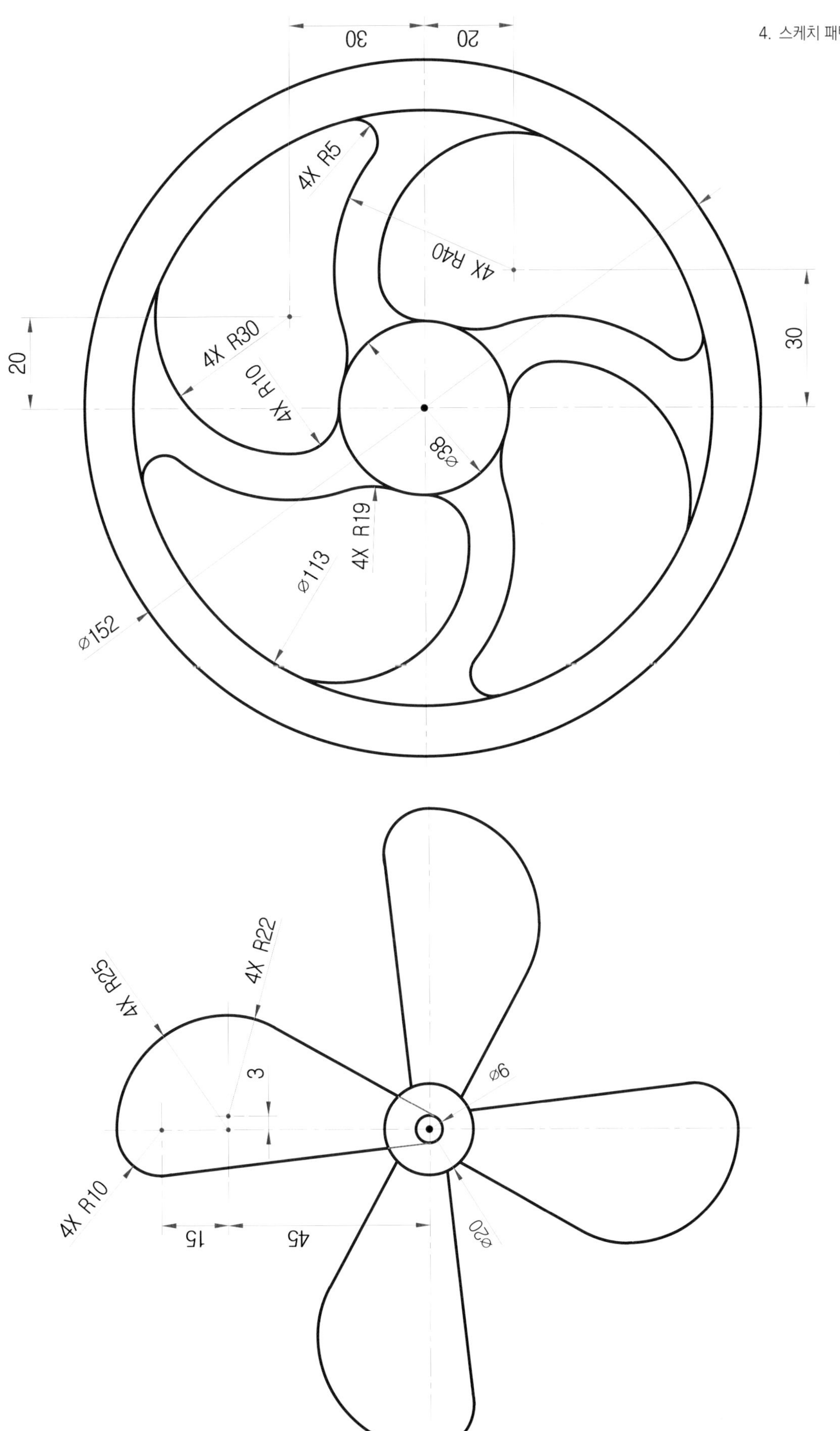
30
20
4X R5
4X R40
20
4X R30
4X R10
30
Ø38
4X R19
Ø113
Ø152
4X R25
4X R22
3
Ø6
4X R10
15
45
Ø20

3 대칭 패턴

스케치 ⇨ 패턴 ⇨ 대칭 패턴 ⇨ 선택 ⇨ 미러 선

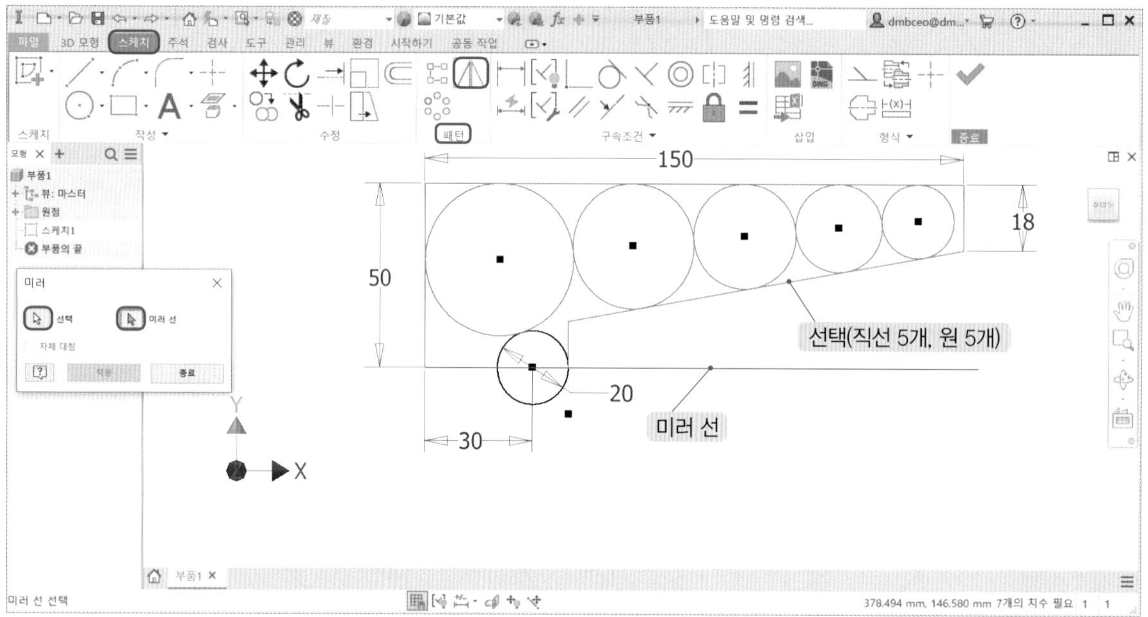

적용

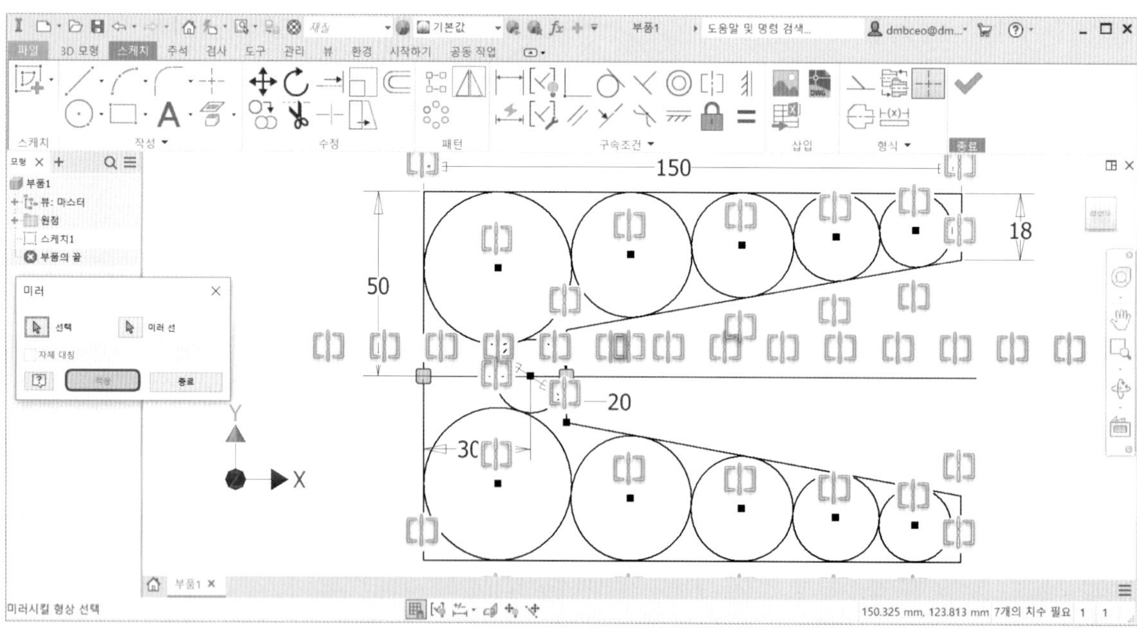

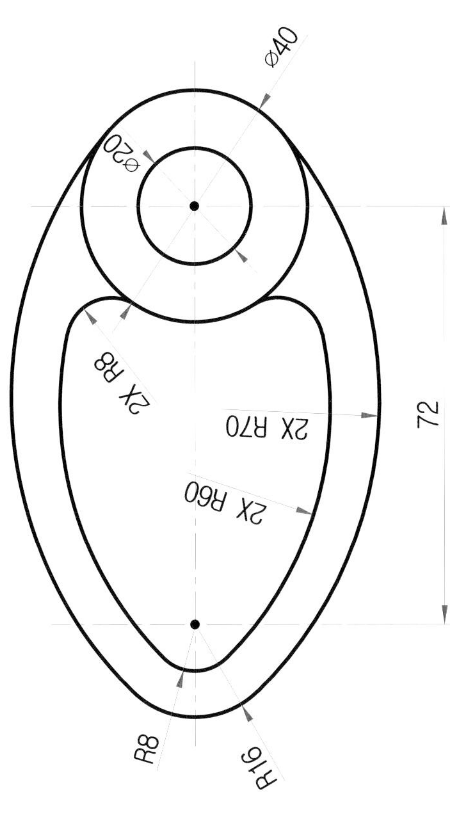
⌀40
⌀20
2X R8
2X R70
2X R60
72
R8
R16

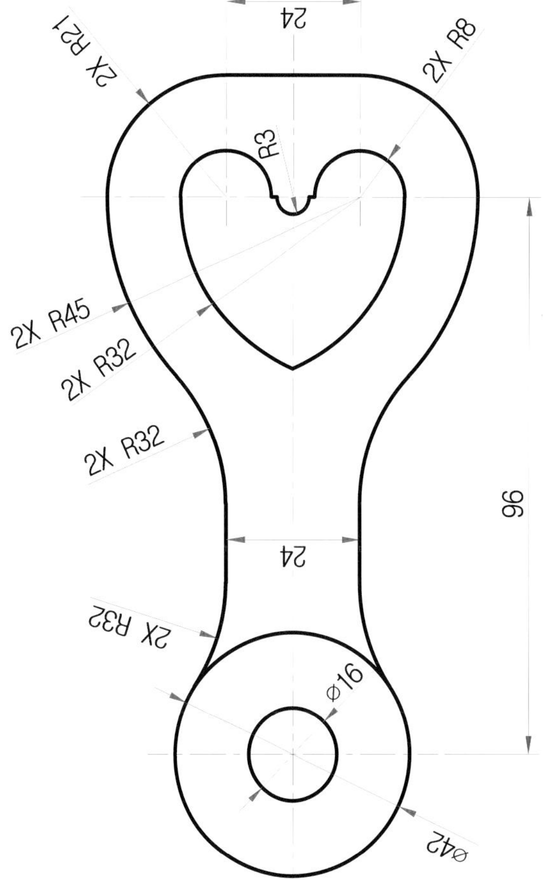
24
2X R21
2X R8
R3
2X R45
2X R32
2X R32
96
24
2X R32
⌀16
⌀42

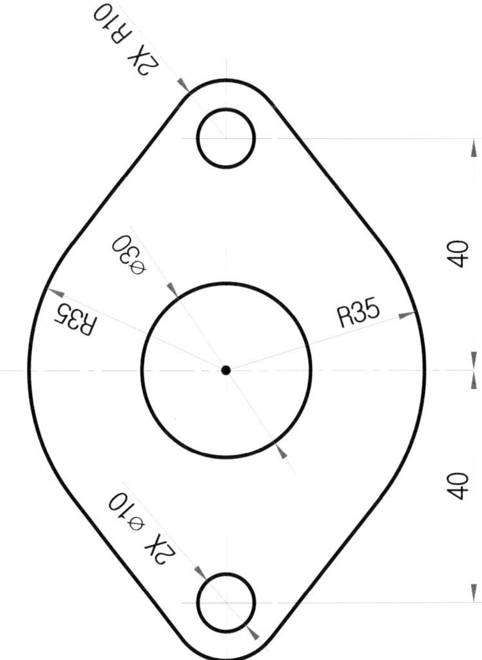
2X R10
⌀30
R35
R35
40
40
2X ⌀10

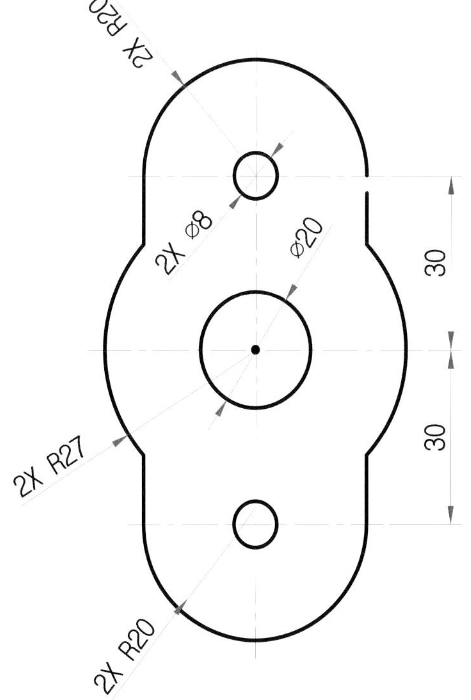
2X R20
2X ⌀8
⌀20
30
30
2X R27
2X R20

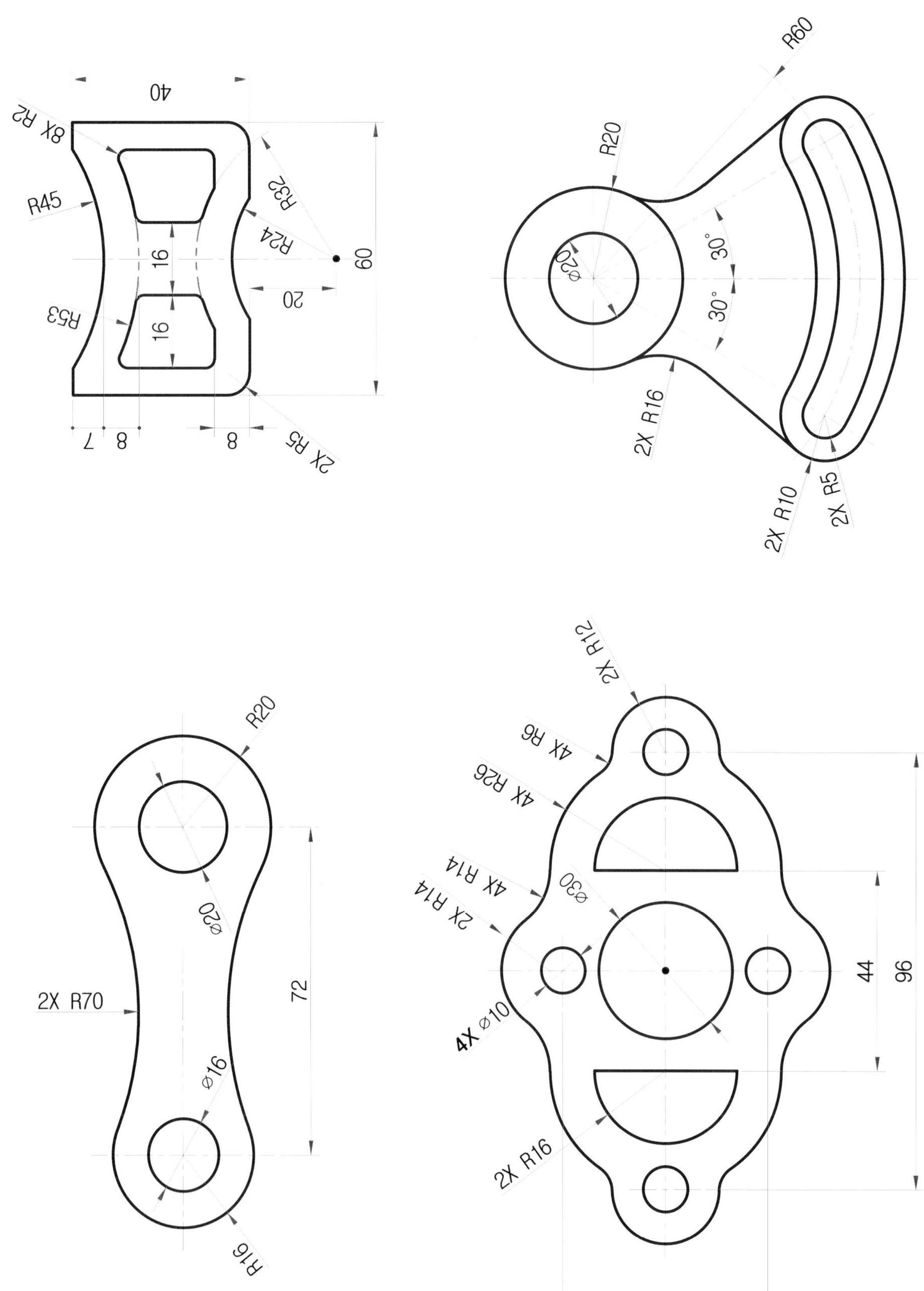
40
8X R2
R45
R32
R24
16
16
60
20
R53
7
8
8
2X R5
R60
R20
Ø20
30°
30°
2X R16
2X R10
2X R5
R20
Ø20
2X R70
72
Ø16
R16
2X R12
4X R6
4X R26
4X R14
Ø30
2X R14
4X Ø10
44
96
2X R16
46

Chapter 3

솔리드 모델링하기

INVENTOR

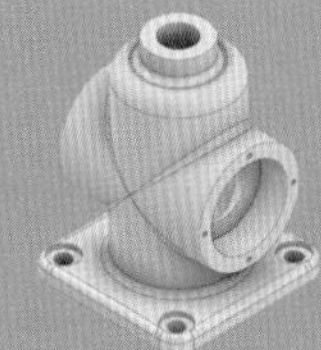
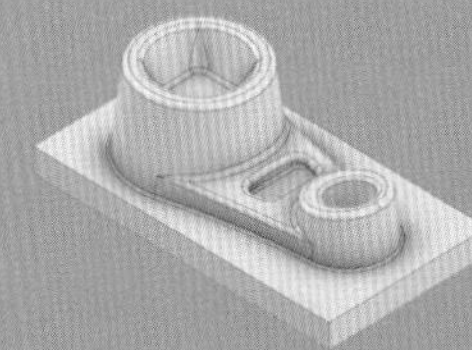

1 부품 모델링 작성하기

1 돌출

(1) 돌출 모델링 기능

돌출은 스케치된 곡선을 영역에 깊이 및 테이퍼 각도를 주어 솔리드를 생성한다. 또한, 이미 존재하는 피쳐에 접합, 차집합, 교집합할지를 정하고, 범위를 정의하여 돌출한다.

3D 모형 ⇨ 작성 ⇨ 돌출( )

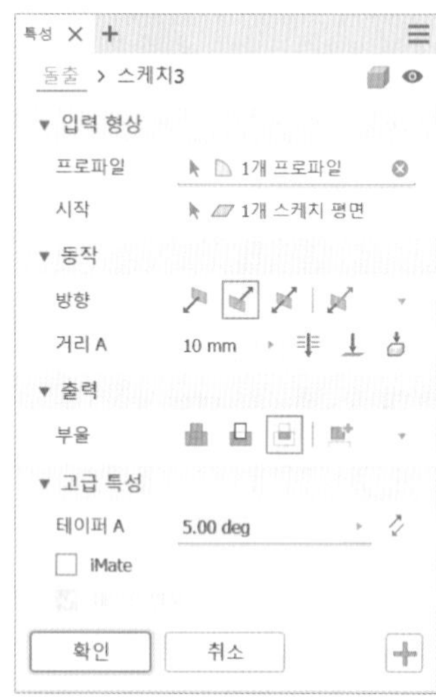

돌출

▼ 입력 형상

프로파일 : 돌출할 스케치 프로파일을 선택한다.

시작 : 돌출 시작 위치 지정

▼ 동작

방향 : 기본값, 반전, 대칭, 비대칭을 선택하여 돌출

거리 : 값, 전체 관통, 끝, 다음까지를 선택하여 돌출

▼ 출력

부울 : 돌출할 때 바디를 바로 접합/잘라내기/교차/새 솔리드의 부울 연산이 가능하다.

▼ 고급 특성

돌출할 때 각도를 지정하여 솔리드를 생성할 수 있다.

① 출력

- 접합(결합) : 돌출 피쳐로 작성된 체적을 다른 피쳐 또는 본체에 결합한다.
- 잘라내기(빼기) : 돌출 피쳐로 작성된 체적을 다른 피쳐 또는 본체에서 제거(빼기)한다.
- 교차(교집합) : 돌출 피쳐와 다른 피쳐의 공유 체적으로부터 피쳐를 생성한다.
- 새 솔리드 : 새 솔리드 본체를 생성한다.

② 동작

- 거리 : 스케치 평면에서 끝 평면 사이에 돌출의 거리를 설정한다. 기준 피쳐에 대해 돌출 프로파일의 음수 또는 양수 거리 또는 입력된 값을 표시한다.
- 전체 관통 : 선택된 솔리드를 관통하여 돌출한다.
- 끝 : 선택된 면까지 돌출한다.
- 다음까지 : 선택된 솔리드까지 돌출한다.

(2) 돌출 모델링 따라하기

① 스케치하기

XZ 평면에 스케치하고 치수와 구속조건은 원점과 끝점을 일치 구속한다.

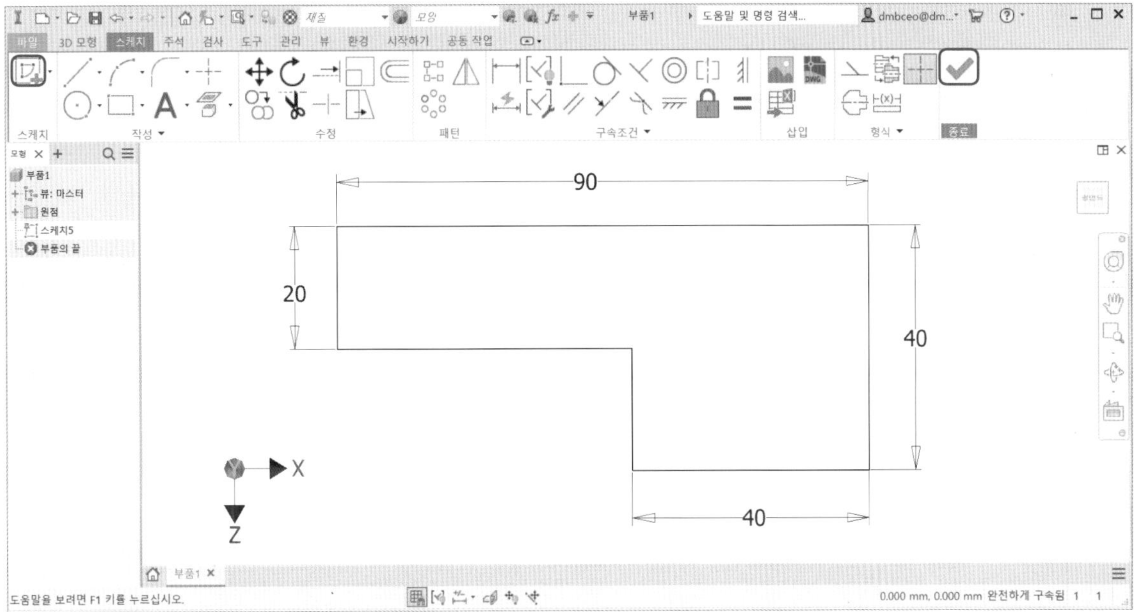

② 돌출 모델링하기

3D 모형 ⇨ 작성 ⇨ 돌출( ) ⇨ 입력 형상 : 프로파일 ⇨ 동작 ⇨ 방향 : 기본값 ⇨ 거리 50 ⇨ 확인

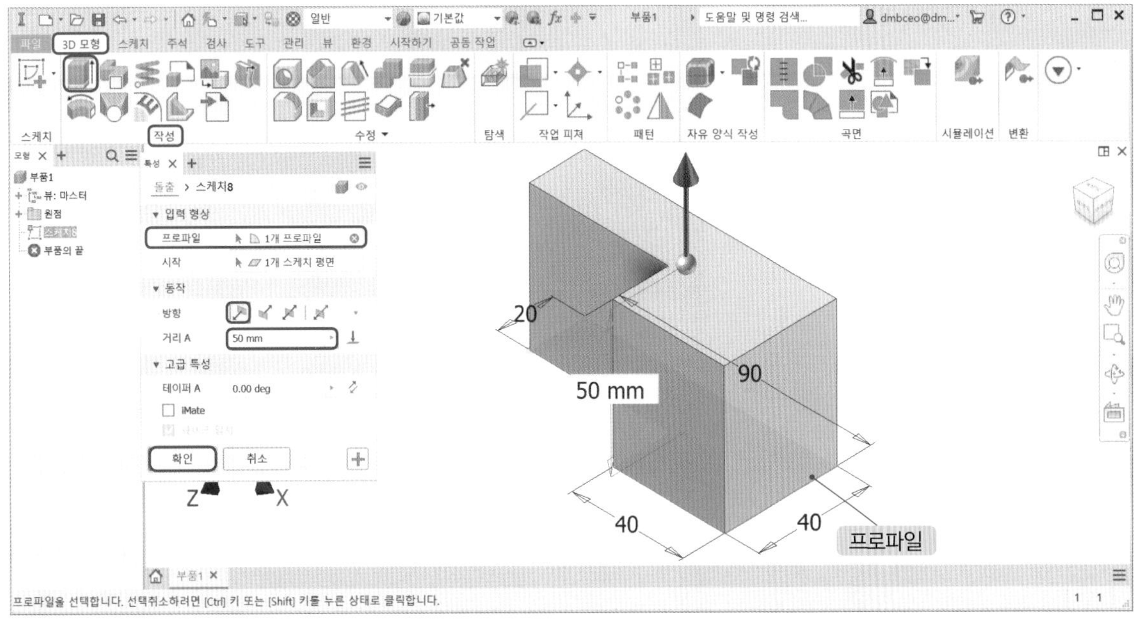

③ 면에 스케치하기

3D 모형 ⇨ 스케치 ⇨ 2D 스케치 시작 ⇨ 스케치 면 선택

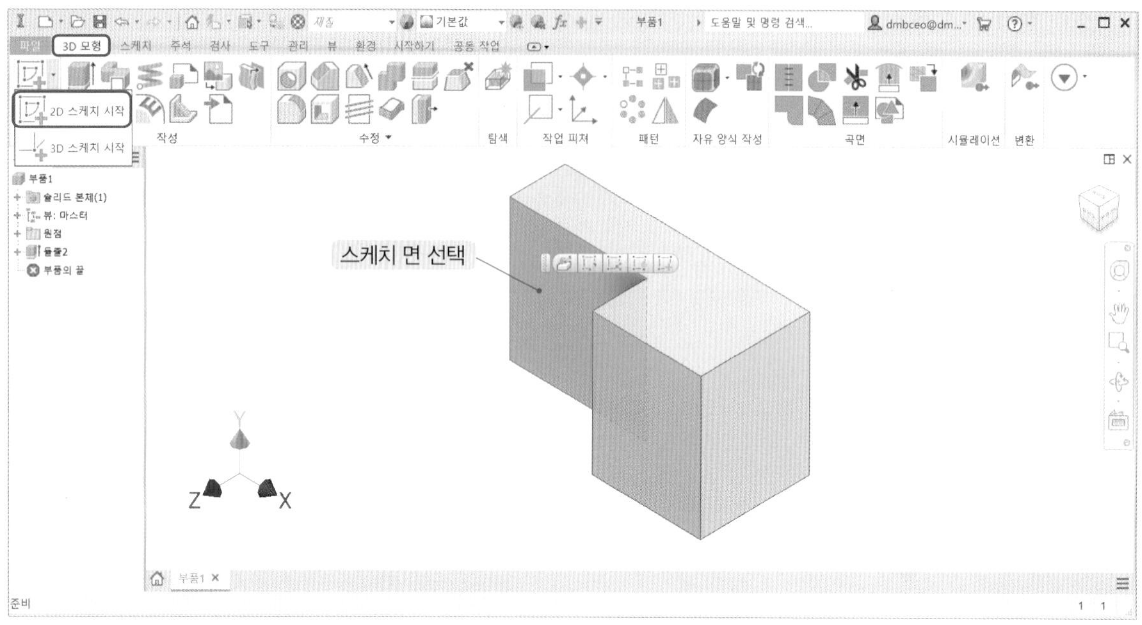

원을 스케치하고 치수를 입력한다.

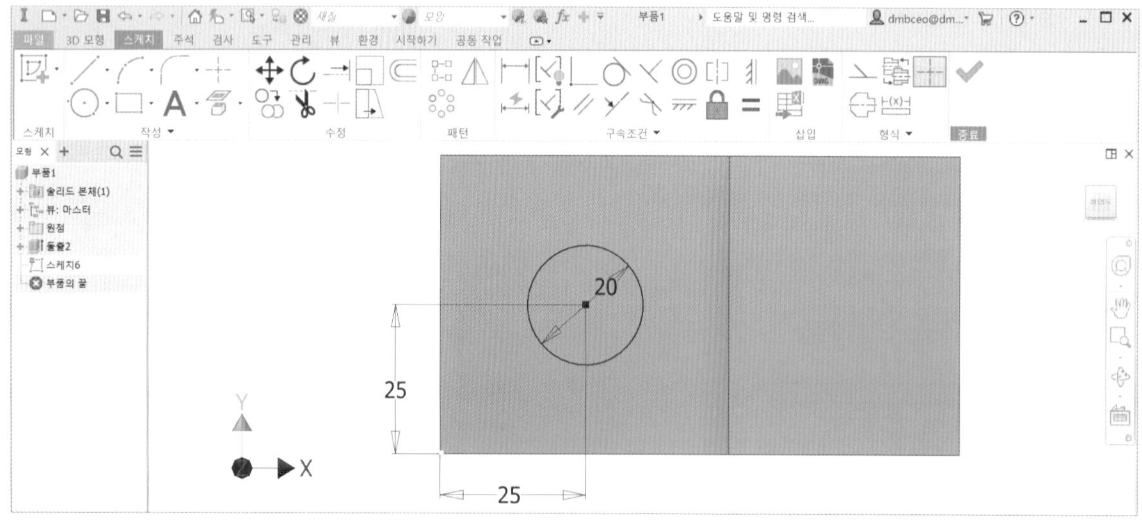

④ 돌출 모델링하기

3D 모형 ⇨ 작성 ⇨돌출( ) ⇨ 입력 형상 : 프로파일 ⇨ 동작 ⇨ 방향 : 반전 ⇨ 거리 20 ⇨ 출력 ⇨ 부울 : 잘라내기 ⇨ 확인

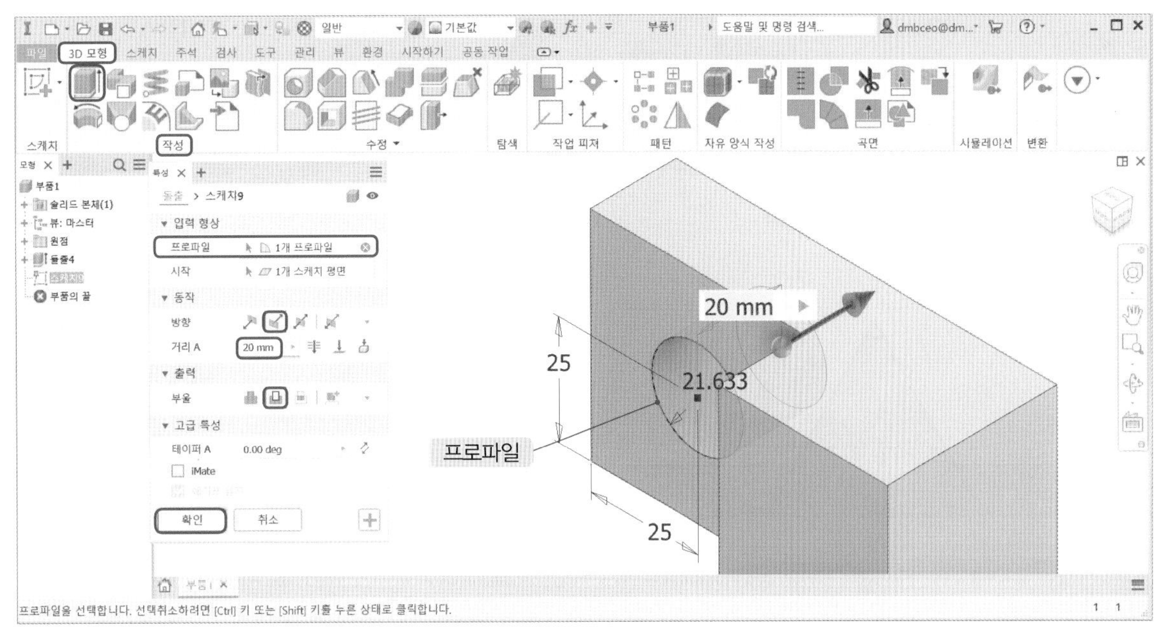

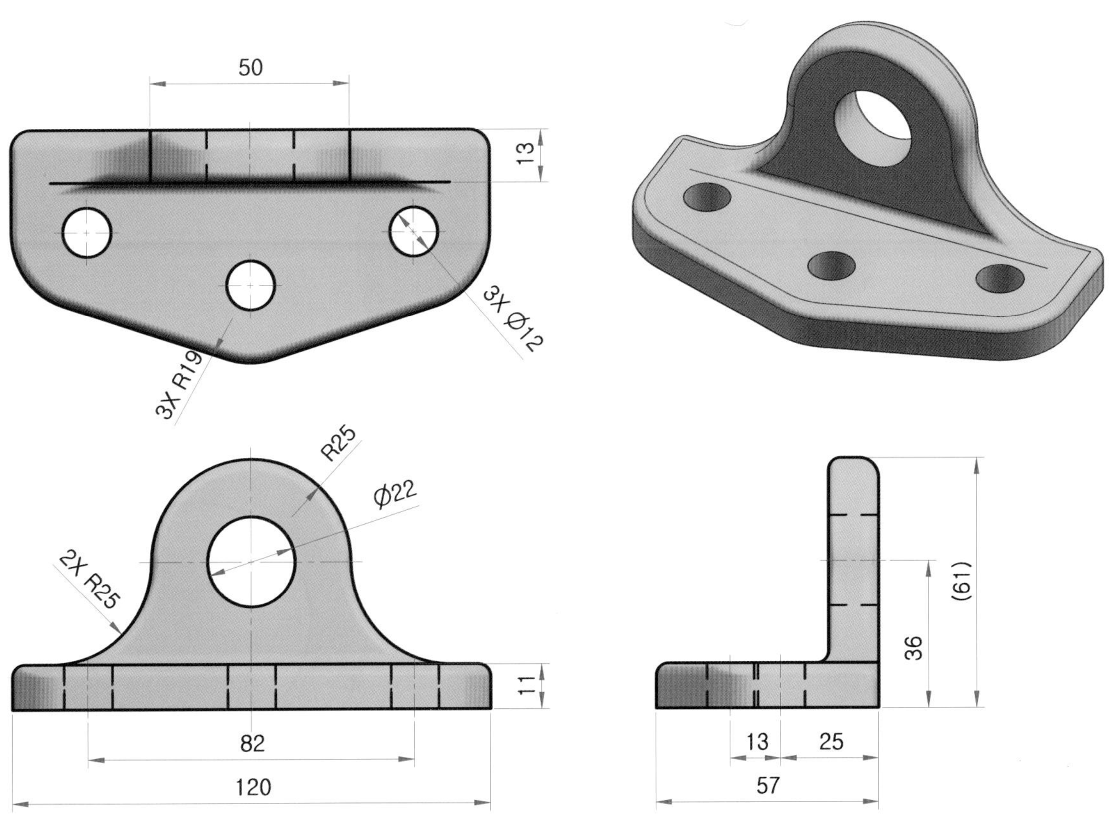

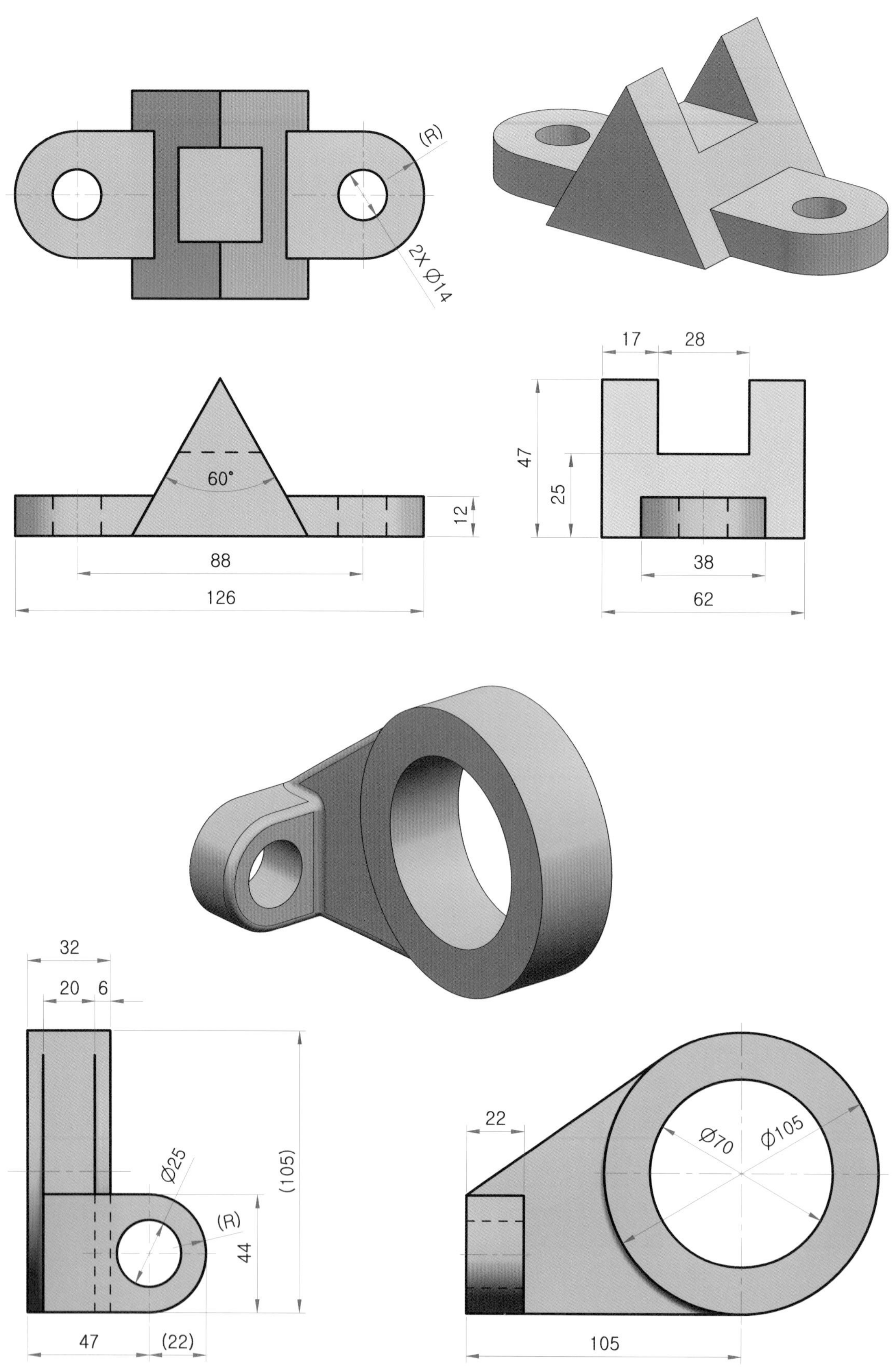
(R)
2X Ø14
60°
12
88
126
17
28
47
25
38
62
32
20
6
Ø25
(R)
(105)
44
47
(22)
22
Ø70
Ø105
105

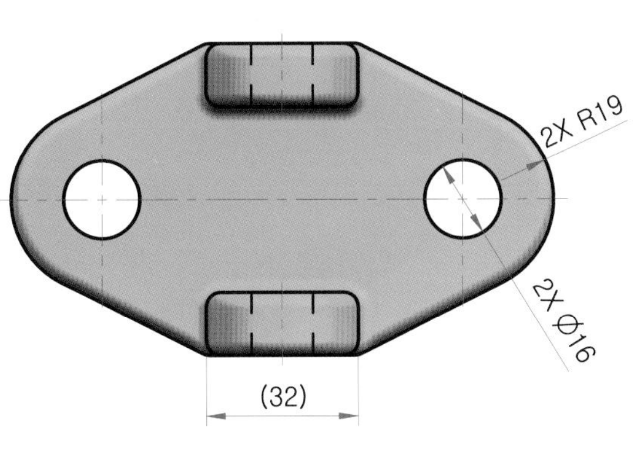
2X R19
2X Ø16
(32)

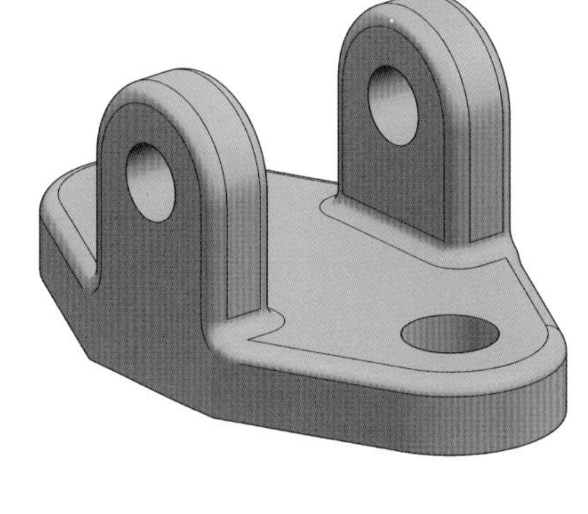

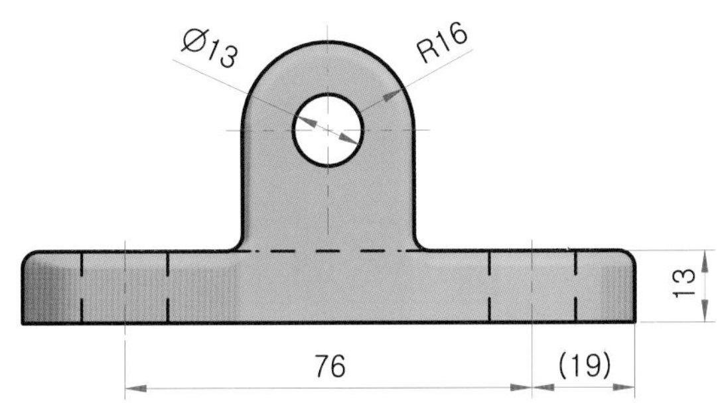
Ø13
R16
13
76
(19)

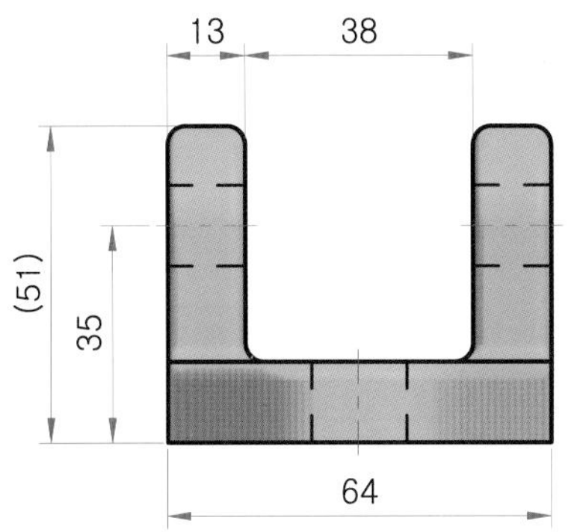
13
38
(51)
35
64

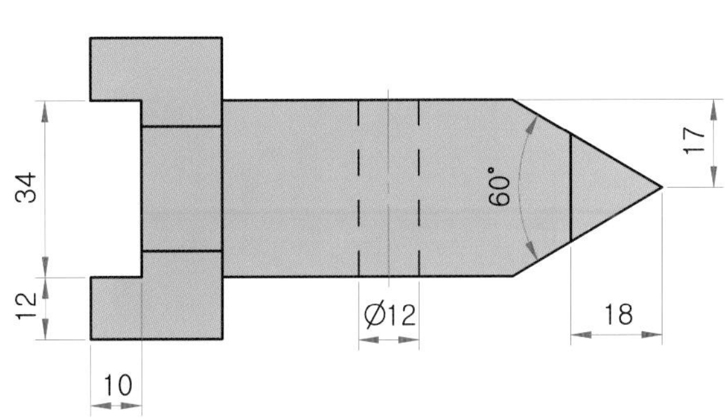
34
12
10
60°
Ø12
17
18

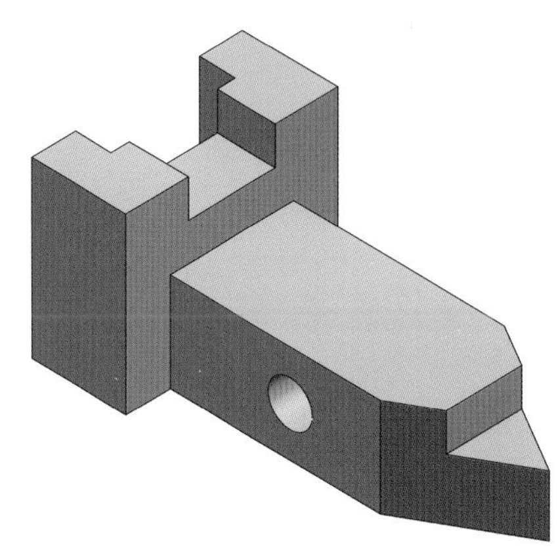

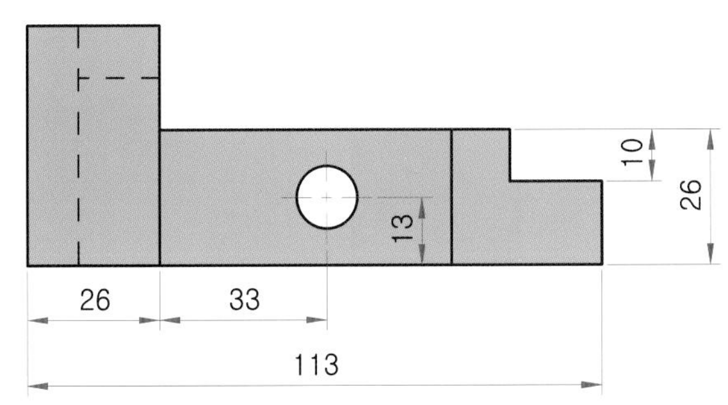
10
26
13
26
33
113

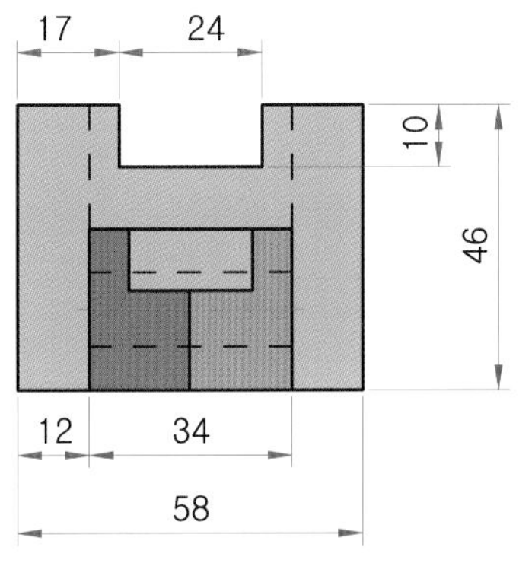
17
24
10
46
12
34
58

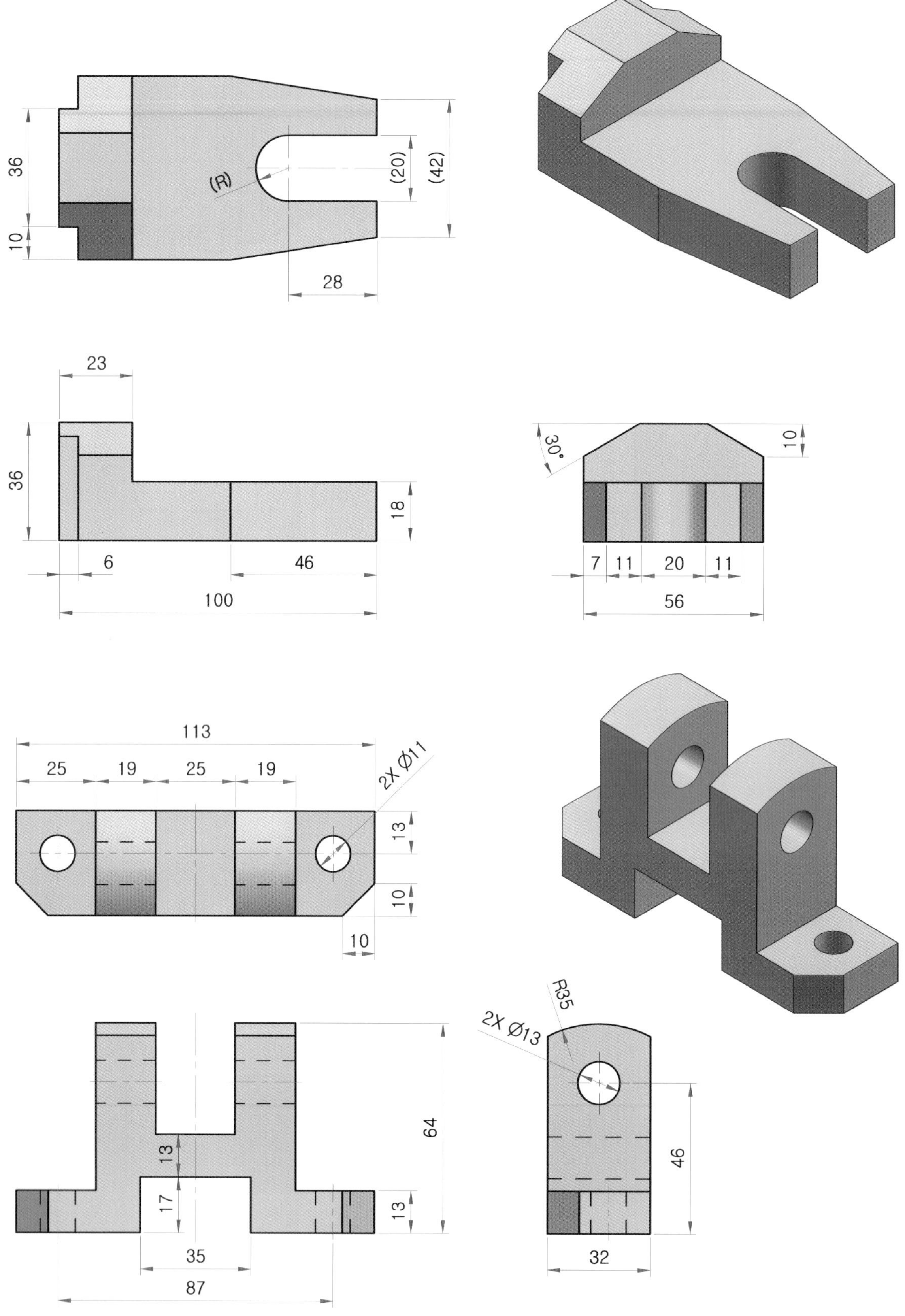
36
10
(R)
(20)
(42)
28
23
36
18
6
46
100
30°
10
7
11
20
11
56
113
25
19
25
19
2X Ø11
13
10
10
R35
2X Ø13
64
13
17
13
46
35
87
32

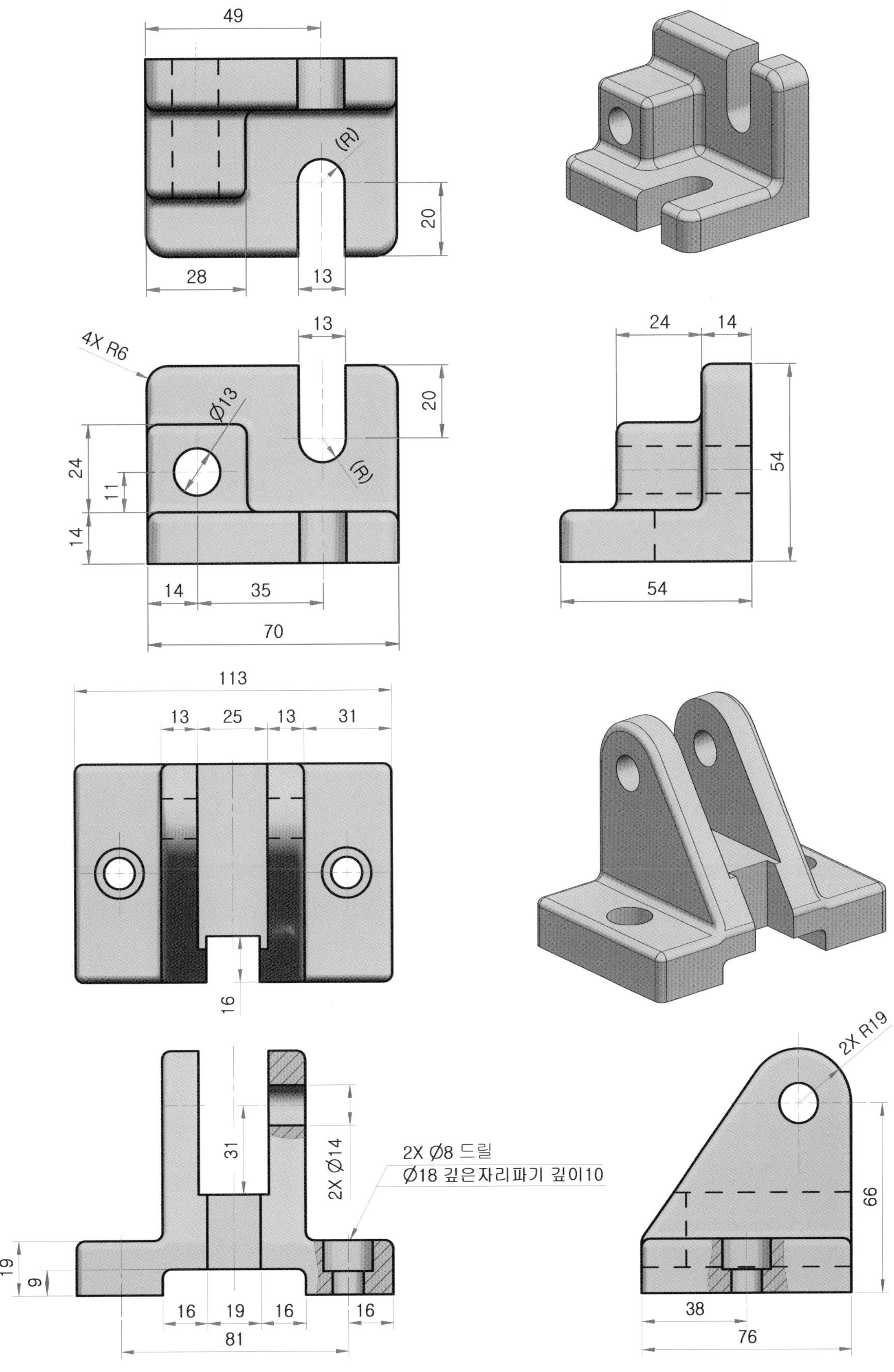
49
(R)
20
28
13
4X R6
13
Ø13
20
24
11
14
(R)
14
35
70
24
14
54
54
113
13
25
13
31
16
2X R19
31
2X Ø14
2X Ø8 드릴
Ø18 깊은자리파기 깊이10
19
9
16
19
16
16
81
66
38
76

2 회전

(1) 회전 모델링의 기능과 옵션

회전은 단면을 스케치하여 축을 중심으로 회전시켜 회전 모델링을 한다. 또한, 이미 존재하는 피쳐에 접합, 차집합, 교집합할지를 정하고, 범위를 정의하여 회전한다.

3D 모형 ⇨ 작성 ⇨ 회전( )

회전

▼ 입력 형상

프로파일 : 회전할 스케치 프로파일을 선택한다.

축 : 회전축을 선택한다. 축은 작업축, 구성선 또는 선을 선택한다.

▼ 동작

방향 : 기본값, 반전, 대칭, 비대칭을 선택하여 회전한다.

각도 : 값, 전체, 끝, 다음까지를 선택하여 회전한다.

▼ 출력

부울 : 회전할 때 바디를 바로 접합/잘라내기/교차/새 솔리드의 부울 연산이 가능하다.

① 출력

- 접합(결합) : 돌출 피쳐로 작성된 체적을 다른 피쳐 또는 본체에 결합한다.
- 잘라내기(빼기) : 돌출 피쳐로 작성된 체적을 다른 피쳐 또는 본체에서 제거(빼기)한다.
- 교차(교집합) : 돌출 피쳐와 다른 피쳐의 공유 체적으로부터 피쳐를 생성한다.
- 새 솔리드 : 새 솔리드 본체를 생성한다.

② 동작

- 각도 : 각도로 프로파일을 회전하도록 각도 값을 입력한다. 비대칭을 클릭하여 활성화하고, 두 번째 각도 변위 값을 입력한다.
- 전체 : 프로파일을 360도 회전한다.
- 끝 : 선택된 면 또는 평면이나 종료 평면을 벗어나 연장된 면에서 회전 피쳐를 종료한다.
- 다음까지 : 다음 솔리드까지 회전을 종료할 수 있는 솔리드를 선택한다.

(2) 회전 모델링 따라하기

① 스케치하기

XZ 평면에 스케치하고 치수와 구속조건은 원점과 끝점을 일치 구속한다. 직선은 원점에서 수평선으로 작도하여 구성선으로 전환한다.

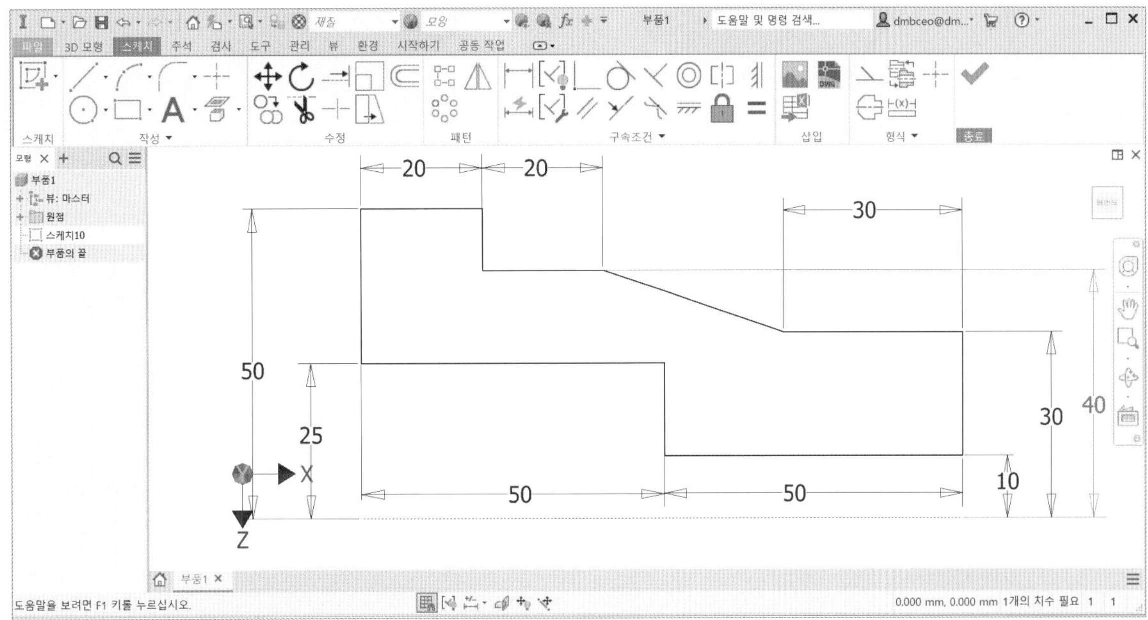

② 회전 모델링하기

3D 모형 ⇨ 작성 ⇨ 회전( ) ⇨ 입력 형상 ⇨ 프로파일 ⇨ 축 ⇨ 출력 ⇨ 방향 : 기본값 ⇨ 각도 360 ⇨ 확인

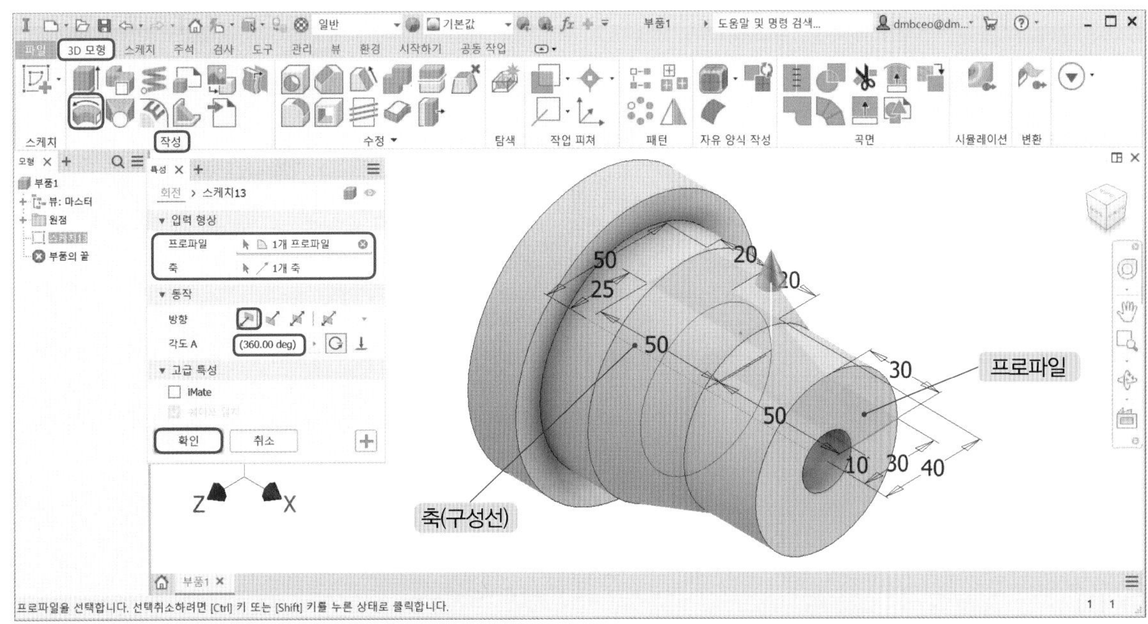

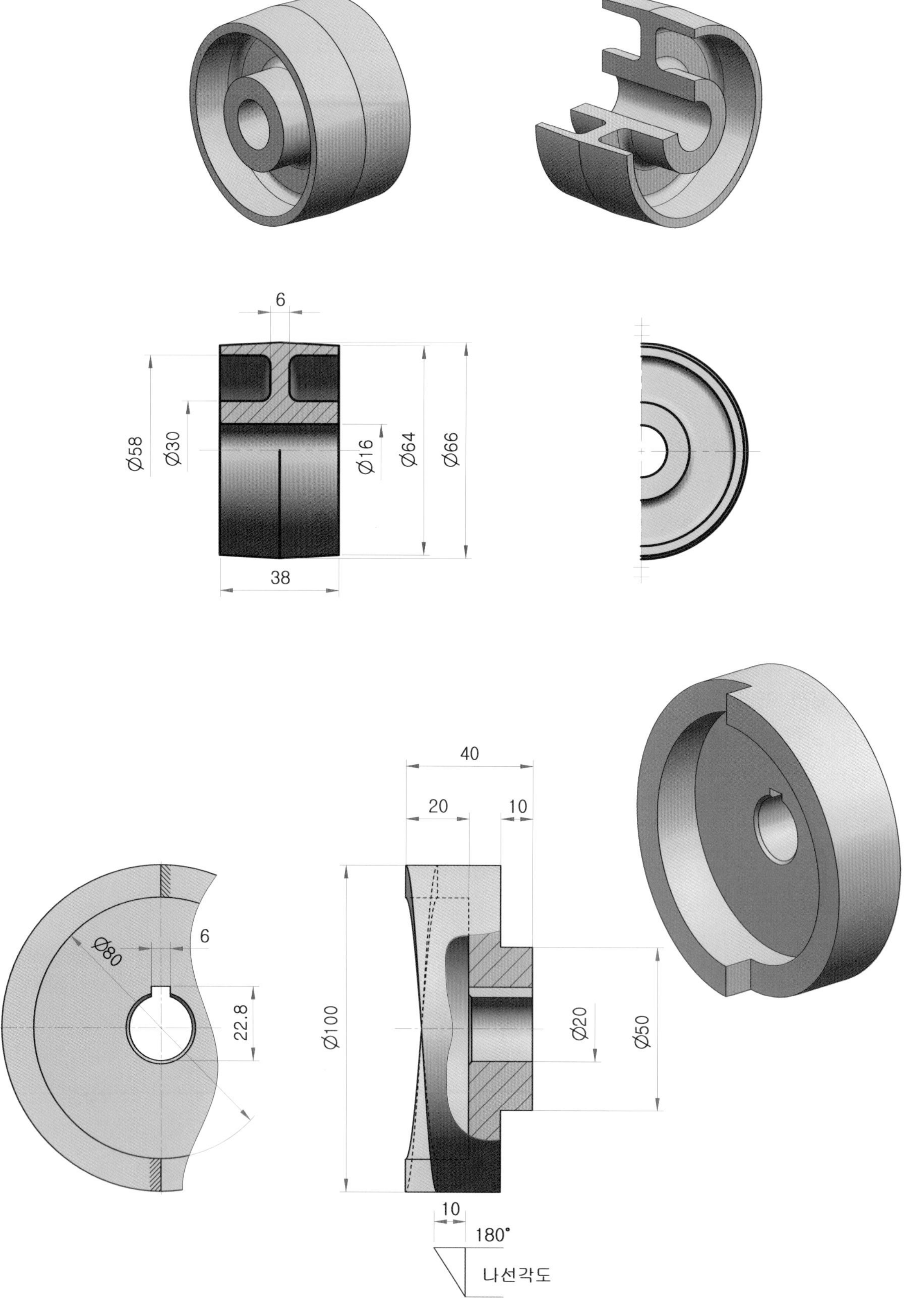
6
Ø58
Ø30
Ø16
Ø64
Ø66
38
40
20
10
Ø80
6
22.8
Ø100
Ø20
Ø50
10
180°
나선각도

3 로프트

(1) 로프트의 기능과 옵션

Autodesk Inventor는 로프트 도구를 사용하여 두 개나 그 이상의 닫힌 루프의 단면을 연결하는 3D 형상을 모델링한다. 단면은 2D 스케치나 3D 스케치 또는 모형에서 선택된 모형 모서리나 모형 루프 선택이 가능하다.

3D 모형 ⇨ 작성 ⇨ 로프트( )

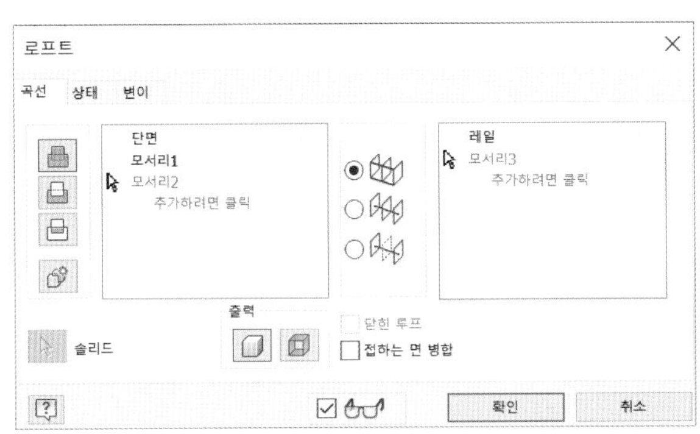

단면 : 작업창에서 로프트에 포함한 단면 프로파일을 선택한다.

☑ 닫힌 루프 : 로프트의 처음과 끝 단면을 접합하여 닫힌 루프를 형성한다.

☑ 접하는 면 병합 : 로프트 면을 병합하여 피쳐의 접하는 면 사이에 모서리를 작성하지 않는다.

① 단면

로프트에 포함한 단면 프로파일을 선택한다. 단면은 스케치, 모서리 또는 점을 선택할 수 있으며, 선택한 각 단면에 행으로 추가한다.

② 레일 안내

- 레일 : 단면과 단면 사이의 로프트 모양을 모델링하며, 2D 곡선, 3D 곡선 또는 모형 모서리이다. 레일은 각 단면을 교차해야 하고, 단면에 연속적으로 접해야 한다.
- 중심선 : 중심선은 로프트 단면이 수직을 유지하여 스윕과 같은 레일의 한 유형이며, 중심선은 단면을 교차하지 않아도 되고 하나만 선택할 수 있지만, 레일과 동일한 조건이다.
- 면적 로프트 : 면적 로프트는 중심선 로프트를 따라 지정한 점에서 횡단면 영역을 제어한다. 이 옵션을 사용하려면 단일 레일을 중심선으로 선택해야 한다.

③ 작업

부울 : 회전할 때 바디를 바로 접합/잘라내기/교차/새 솔리드의 부울 연산이 가능하다.

④ 솔리드 : 다중 본체 부품의 작업에 포함시킬 솔리드 본체를 선택한다.

출력

- 솔리드 로프트 : 2D 또는 3D 스케치의 닫힌 곡선
- 곡면 로프트 : 2D 또는 3D 스케치의 열려 있거나 닫힌 곡선

⑤ **상태** : 로프트의 상태에서 단면 및 레일의 경계 조건을 지정한다. 상태 아이콘을 클릭하고 리스트에서 경계 조건을 선택한 다음, 각도 및 가중치를 지정한다.

⑥ **변이**

- 점 세트 : 자동으로 계산된 점을 각 로프트 단면에 나열한다.
- 점 매핑 : 로프트 피쳐의 비틀림을 최소화하기 위해 스케치에 자동으로 계산된 점을 나열하며 점을 따라 선형으로 단면을 정렬한다.
- 위치 : 선택한 점에 상대적인 위치를 단위가 없는 값(0~1)으로 지정한다.

☑ 자동 매핑 : 점 세트, 점 매핑 및 위치 항목이 자동으로 입력된다.

(2) 로프트 모델링하기

① 두 개의 단면으로 로프트 모델링하기

XZ 평면에 두 점 중심 직사각형을 원점에 구속하여 스케치하고 치수를 입력한다.

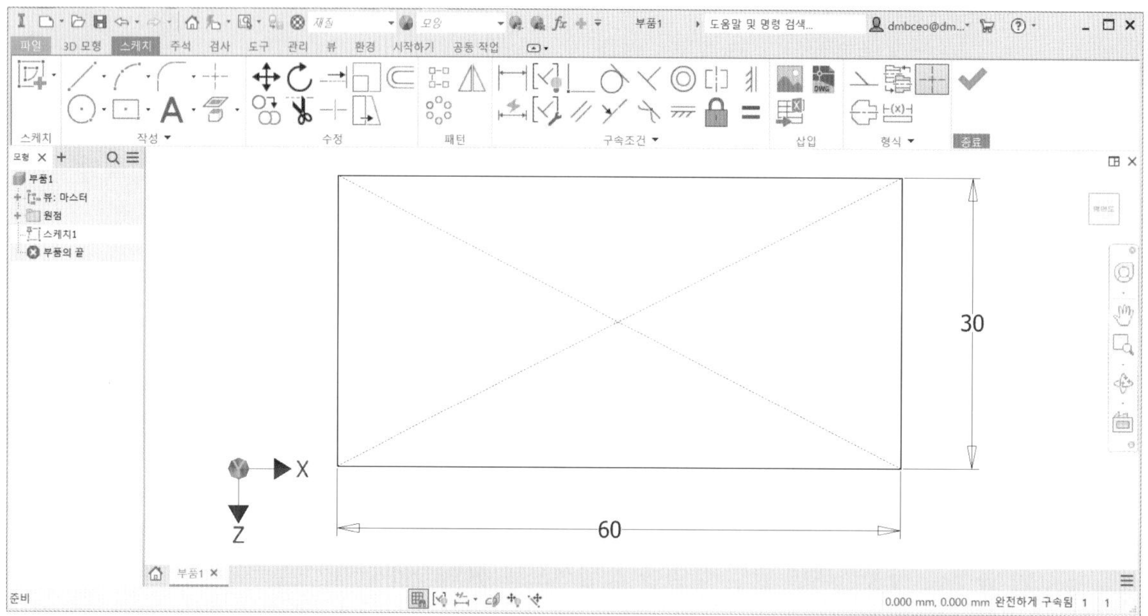

3D 모형 ⇨ 작업 피쳐 ⇨ 평면▼ ⇨ 평면에서 간격띄우기

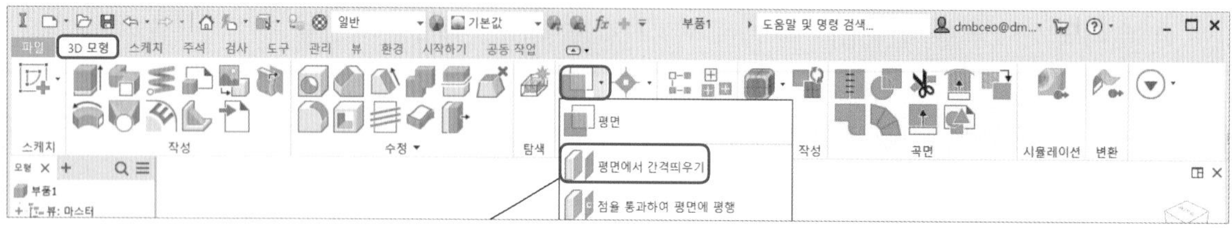

XZ 평면 ⇨ 거리 30 Enter ↵

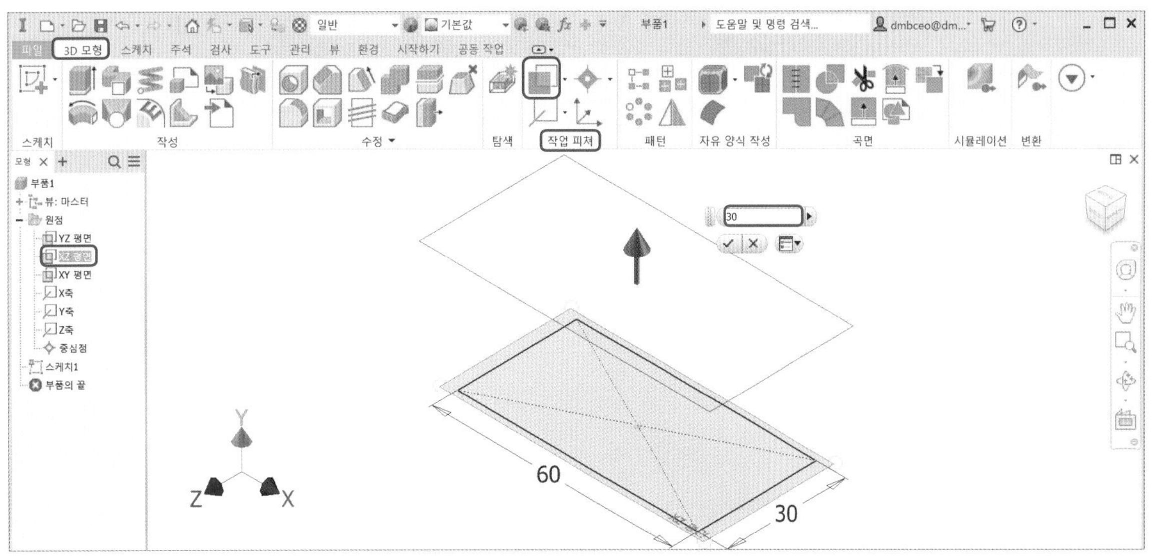

XZ 평면에서 거리 30인 평면에 두 점 중심 직사각형을 원점에 구속하여 스케치하고 치수를 입력한다.

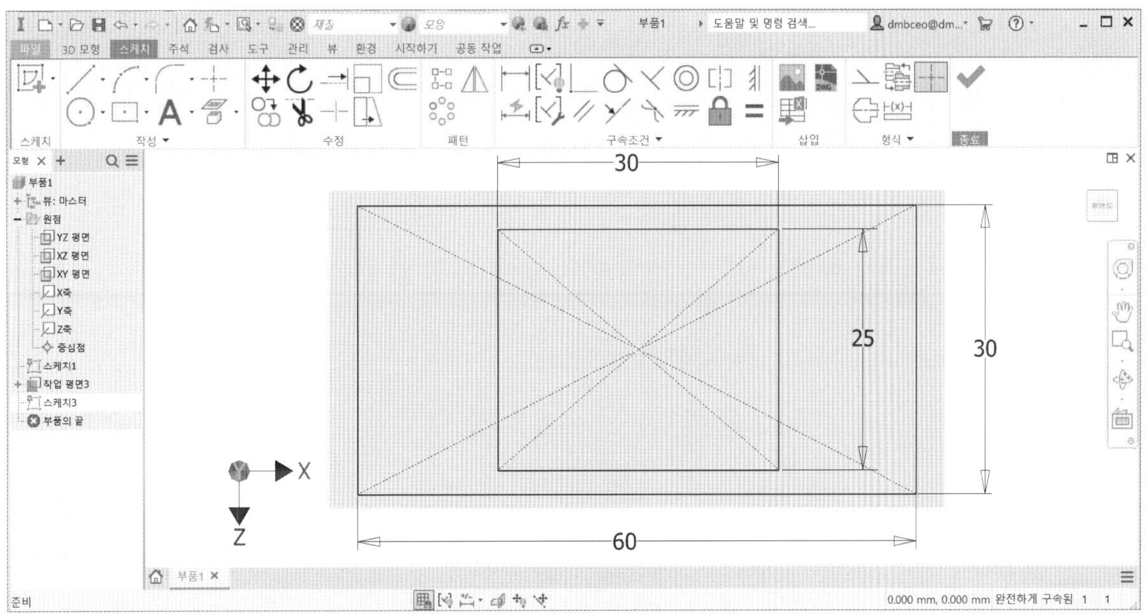

3D 모형 ⇨ 작성 ⇨ 로프트( ) ⇨ 곡선 ⇨ 새 솔리드 ⇨ 출력 ⇨ 솔리드 ⇨ 레일 ⇨ 단면 ⇨ 스케치 1 ⇨ 스케치 2 ⇨ 확인

TIP>>

단면을 선택하려면 [추가하려면 클릭]을 클릭하면 단면(스케치)을 선택할 수 있다.

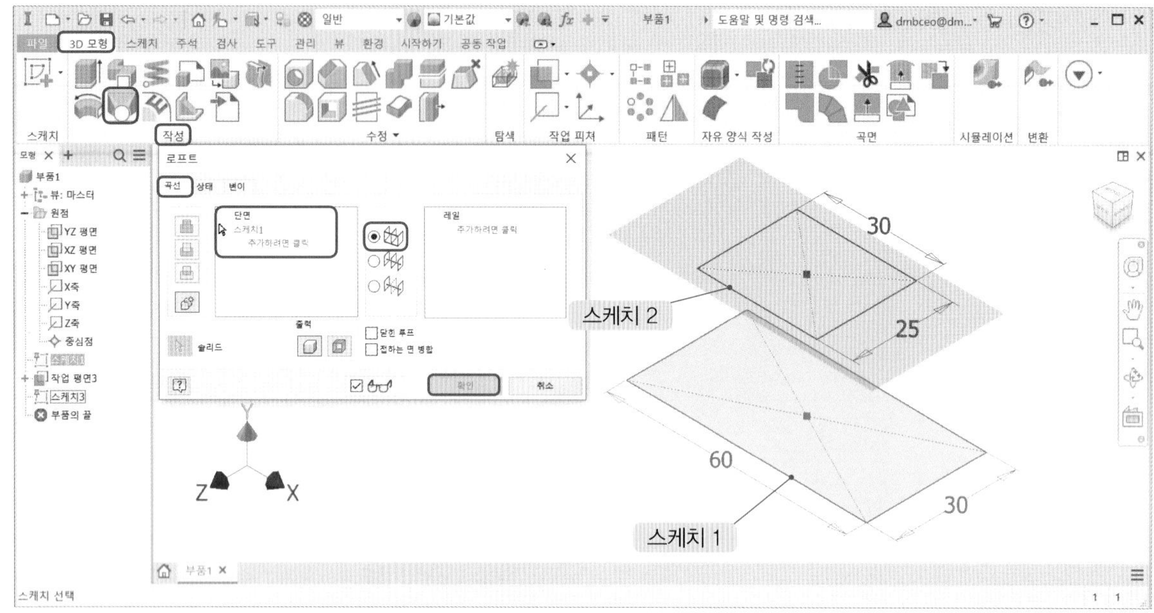

② 두 개의 단면과 1개의 레일로 모델링하기

3D 모형 ⇨ 스케치 ⇨ 3D 스케치 시작

3D 스케치 ⇨ 그리기 ⇨ 3점 원호 ⇨ 평면 선택 ⇨ 점 1, 점 2, 점 3을 클릭 ⇨ R40을 입력한다.

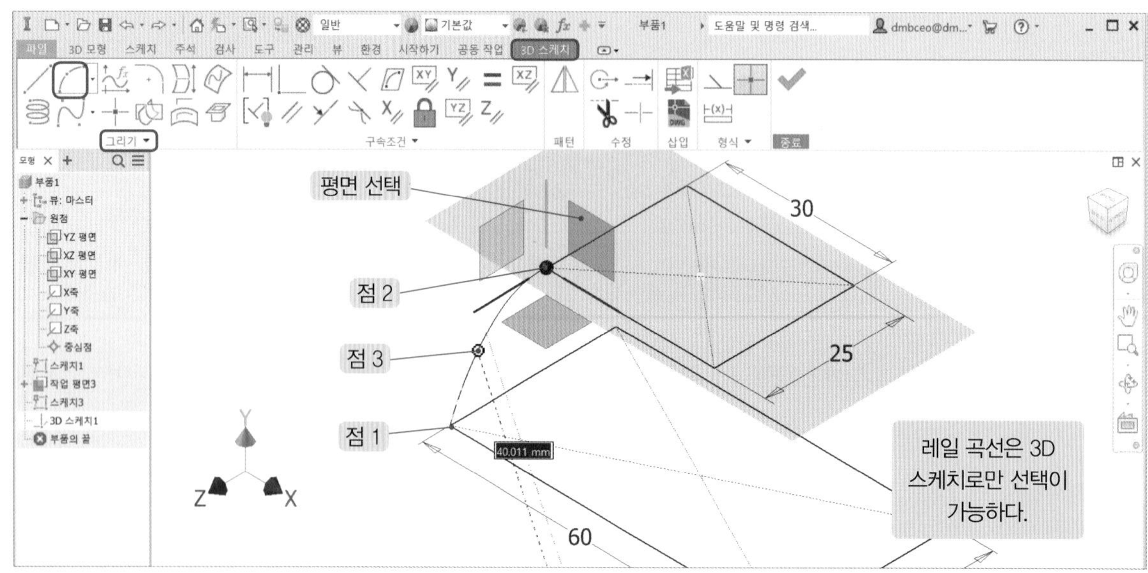

3D 모형 ⇨ 작성 ⇨ 로프트( ) ⇨ 곡선 ⇨ 새 솔리드 ⇨ 출력 ⇨ 솔리드 ⇨ 단면 ⇨ 스케치 1 ⇨ 스케치 2 ⇨ 레일(추가하려면 클릭) : 3D 스케치 ⇨ 확인

TIP>>
단면이나 레일을 선택하려면 [추가하려면 클릭]을 클릭하면 단면(스케치)나 레일(스케치)을 선택할 수 있다.

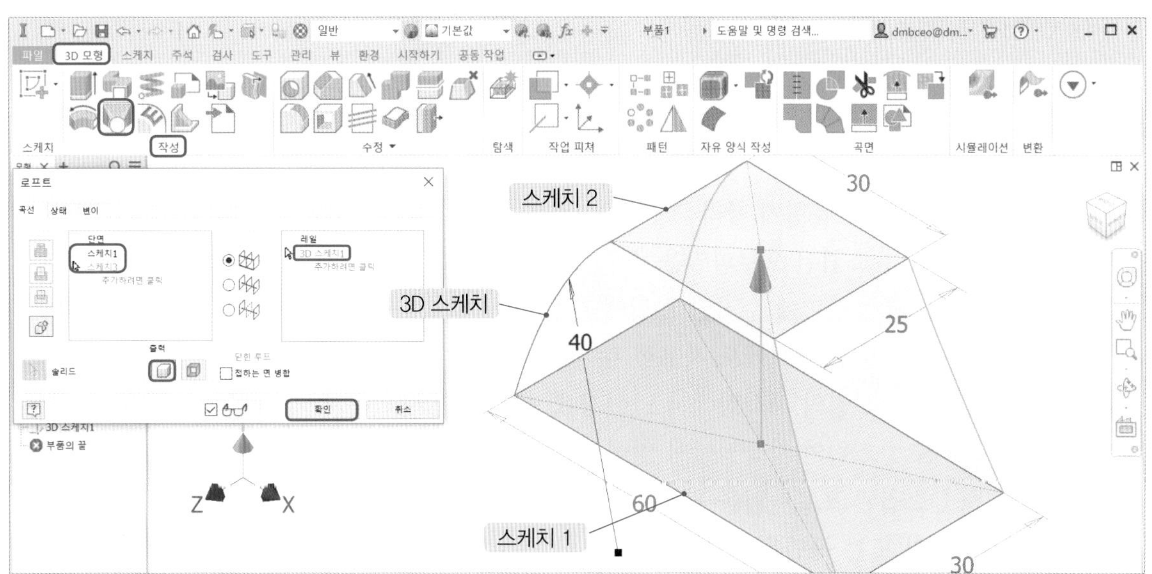

4 스윕

(1) 스윕의 기능과 옵션

스윕 피쳐는 단면 곡선(프로파일)과 가이드 곡선으로 모델링한다. 단면 곡선은 경로를 따라 형상을 생성한다.

3D 모형 ⇨ 작성 ⇨ 스윕( )

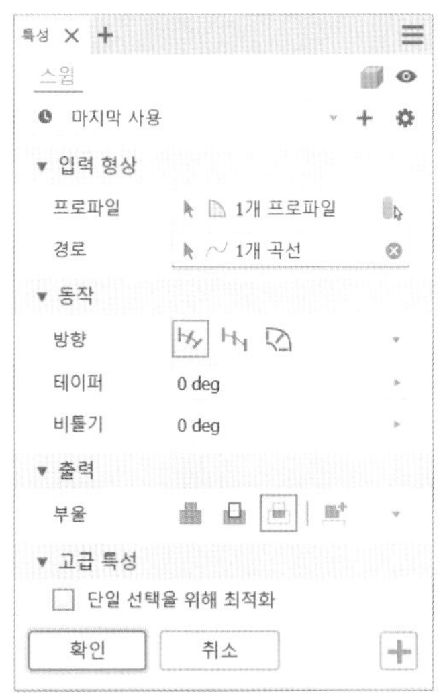

스윕

▼ 입력 형상

프로파일 : 작업창에서 경로를 따라 스윕할 단면(스케치)을 선택한다.

경로 : 작업창에서 단면이 스윕될 궤적 또는 가이드를 선택한다.

▼ 동작

방향 : 경로, 고정됨, 안내를 선택하여 스윕한다.

각도와 비틀림을 선택하여 스윕한다.

▼ 출력

부울 : 회전할 때 바디를 바로 접합/잘라내기/교차/새 솔리드의 부울 연산이 가능하다.

① 프로파일

단면 곡선으로 솔리드 또는 곡면을 선택하여 스윕 피쳐를 생성하며, 닫힌 프로파일은 솔리드가 생성되고 열린 곡선은 곡면 스윕 피쳐만 작성한다.

② 경로

경로(가이드)를 지정한다. 경로는 열린 루프 또는 닫힌 루프 모두 가능하지만 프로파일 평면을 관통해야 한다.

③ 솔리드

다중 본체 부품 파일에서 포함된 솔리드 본체를 지정한다.

④ 방향 : 선택한 스윕 유형에 따라 표시되는 옵션

ⓐ 경로 따르기 : 스윕된 프로파일을 스윕 경로에 대해 일정하게 유지한다.

테이퍼 : 스케치 평면에 수직인 스윕에 대한 테이퍼 각도를 설정하며, 평행 스윕에는 사용할 수 없으며, 닫힌 경로에도 사용할 수 없다.

- 양의 각도 : 스윕의 시작점에서 멀어짐에 따라 단면 영역을 증가한다.
- 음의 각도 : 스윕의 시작점에서 멀어짐에 따라 단면 영역을 감소한다.

ⓑ 고정됨 : 스윕된 프로파일을 원본 프로파일과 평행하도록 유지한다.

ⓒ 안내 : 레일 또는 곡면을 선택하여 스윕 쉐이프 안내 및 축척, 안내 레일은 프로파일 평면을 관통해야 한다.

(2) 스윕 모델링하기

YZ 평면에 스케치하고 치수를 입력한다.

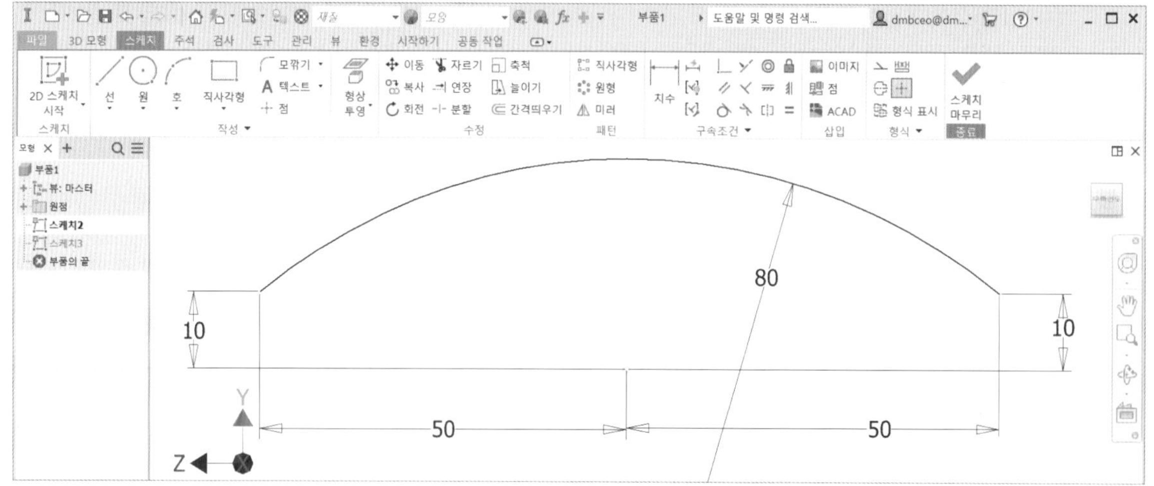

XY 평면에 스케치하고 치수를 입력한다.

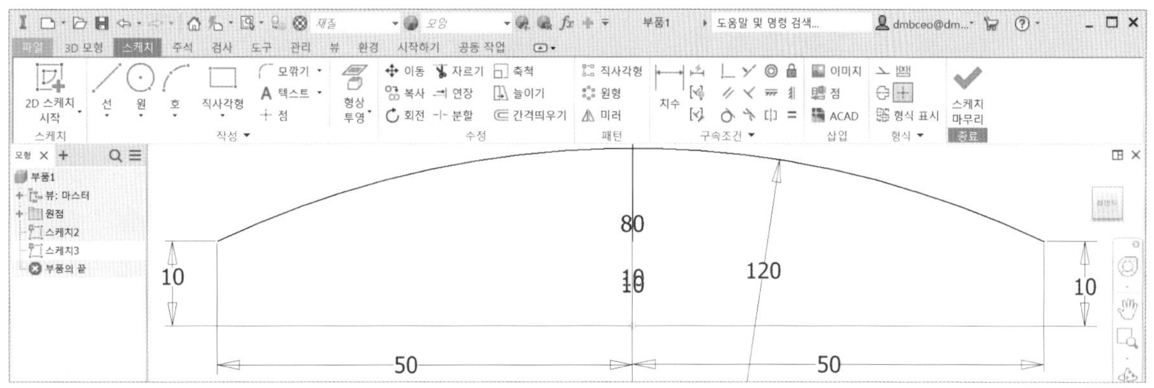

3D 모형 ⇨ 작성 ⇨ 스윕( ) ⇨ 프로파일(단면 곡선) ⇨ 경로(가이드) ⇨ 동작 ⇨ 방향 : 경로 ⇨ 확인

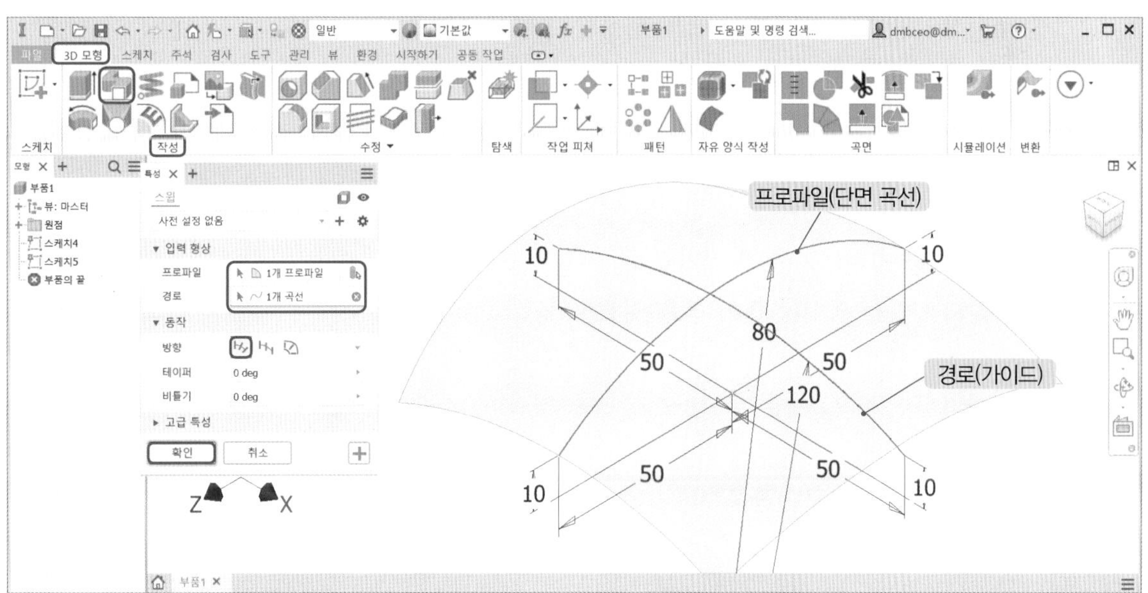

5 리브

(1) 리브의 기능과 옵션

Autodesk Inventor는 옵션을 선택하여 리브를 생성한다.
열린 프로파일을 사용하여 리브와 웹을 생성할 수 있다.

3D 모형 ⇨ 작성 ⇨ 리브( )

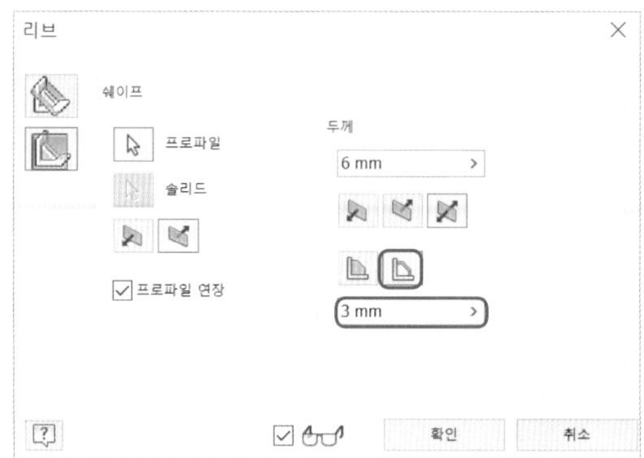

① **쉐이프**

- 스케치 평면에 수직 : 형상을 스케치 평면에 수직으로 돌출, 두께는 스케치 평면에 평행
- 스케치 평면에 평행 : 형상을 스케치 평면에 평행하게 돌출, 두께는 스케치 평면에 수직

프로파일 : 작업창에서 열린 프로파일을 선택한다.

방향 : 작업창에서 리브 또는 웹의 생성할 방향을 선택한다.

두께 : 리브 또는 웹의 두께를 입력한다.

반전 : 리브, 웹의 두께를 생성할 방향(대칭, 한쪽)을 지정한다.

② **다음 면까지 :** 다음 면까지 리브를 생성한다.

③ **유한 :** 입력한 길이까지 웹을 생성한다.

- 입력상자 : 웹을 생성할 길이 값을 입력한다.

(2) 리브 생성하기

① **스케치하기**

XZ 평면에 스케치하고 구속한다.

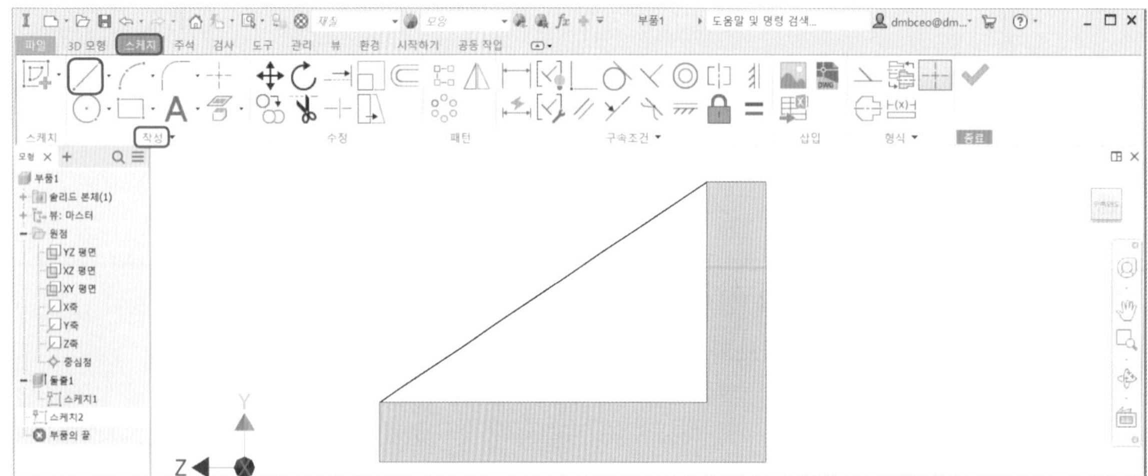

② 다음 면까지 리브 생성하기

3D 모형 탭 ⇨ 작성 ⇨ 리브 ⇨스케치 평면에 평행 ⇨ 프로파일 ⇨ 방향 2 ⇨ 두께 8 ⇨ 대칭 ⇨ 다음 면까지 ⇨ 확인

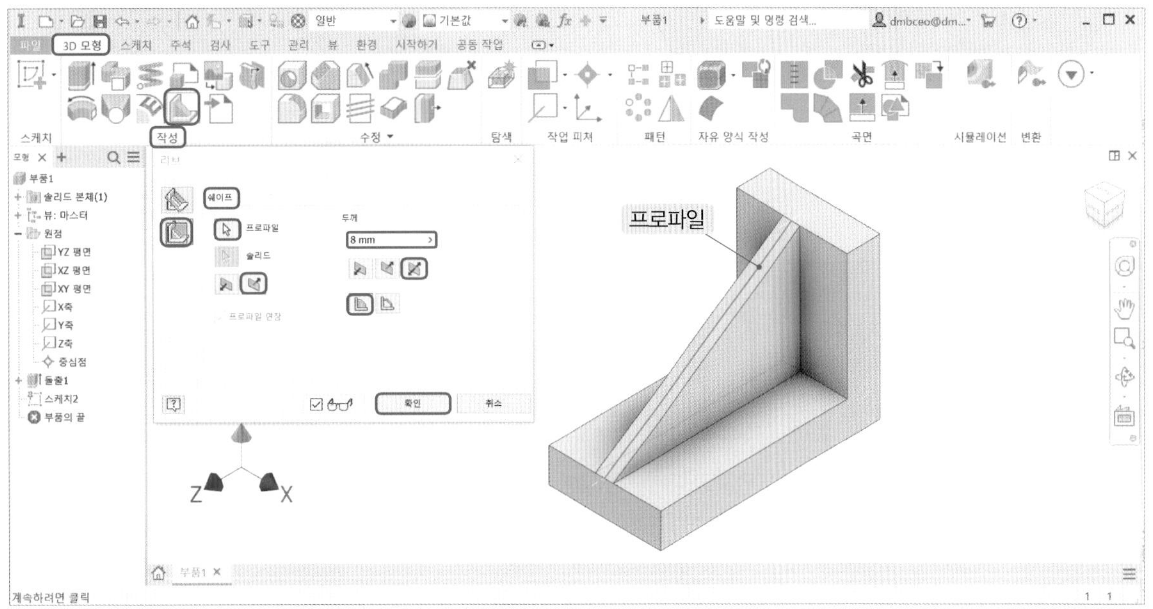

③ 유한 리브 생성하기

3D 모형 탭 ⇨ 작성 ⇨ 리브 ⇨ 스케치 평면에 평행 ⇨ 프로파일 ⇨ 방향 2 ⇨ 두께 8 ⇨ 대칭 ⇨ 유한 : 12 ⇨ 확인

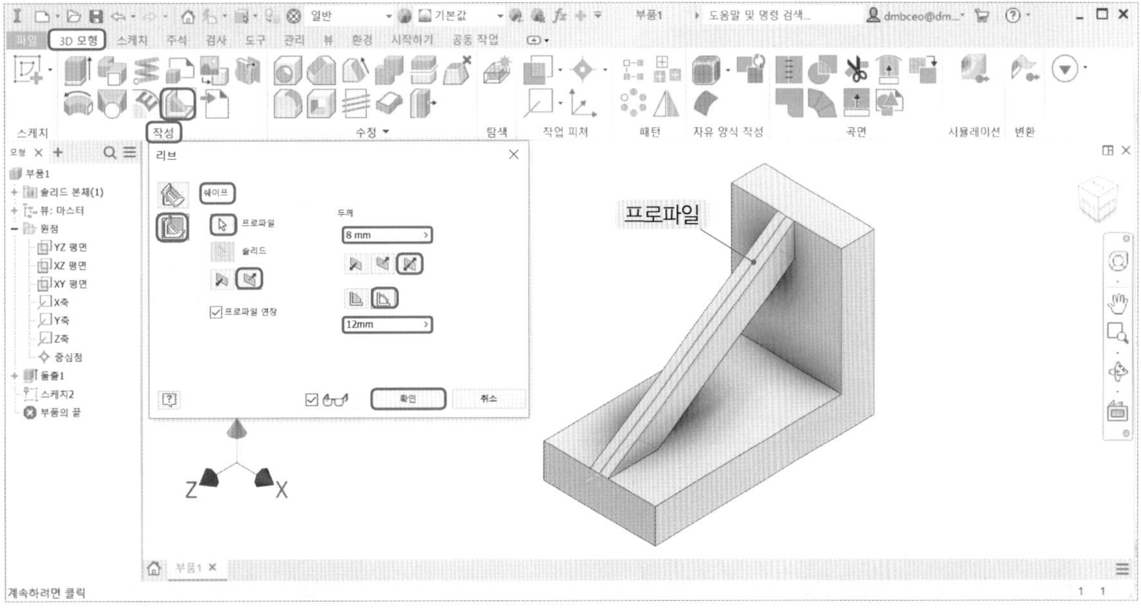

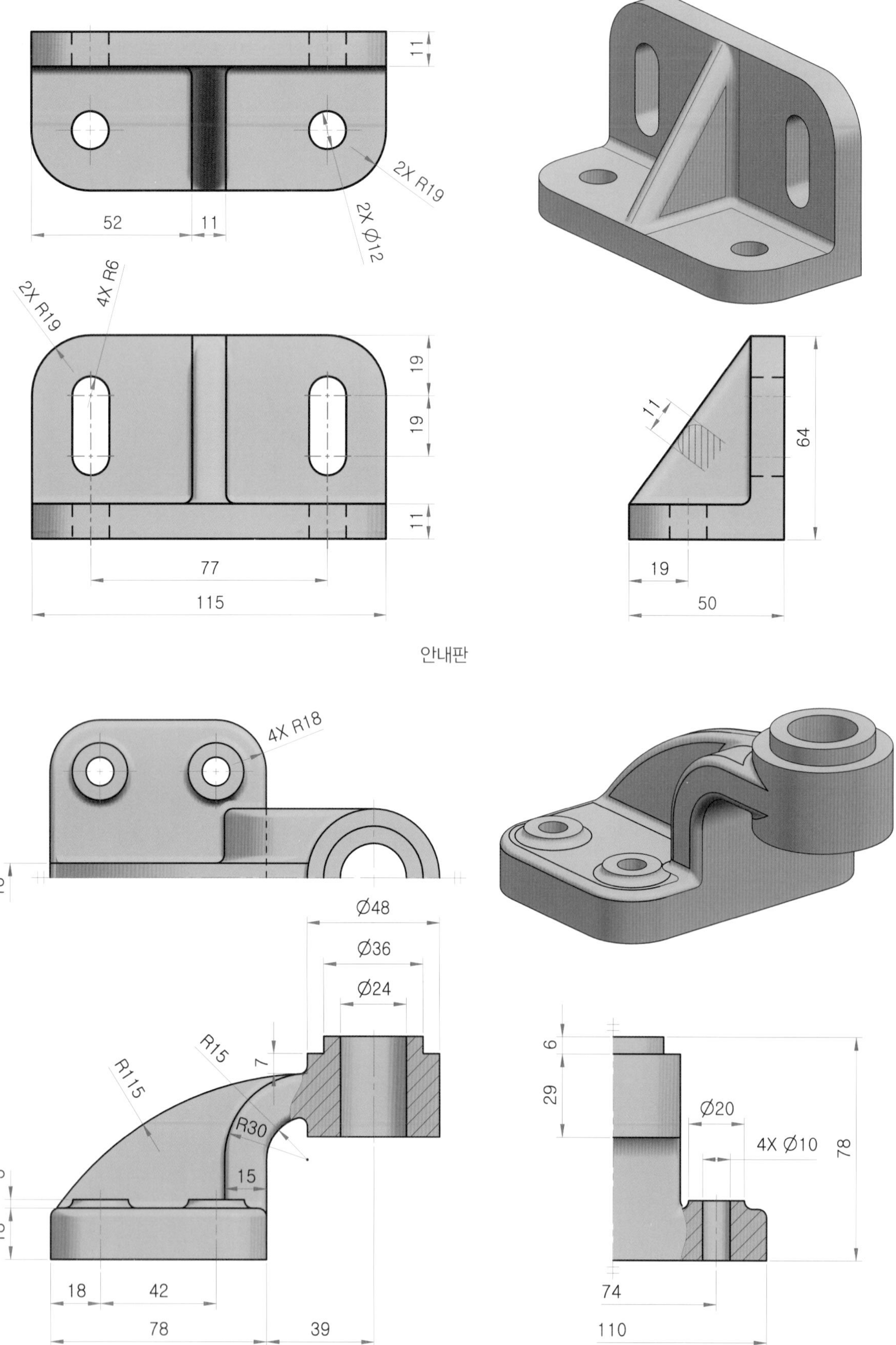
11
52
11
2X R19
2X Ø12
2X R19
4X R6
19
19
11
64
11
77
115
19
50
4X R18
13
Ø48
Ø36
Ø24
R15
7
R115
R30
3
15
18
18
42
78
39
6
29
Ø20
4X Ø10
78
74
110

안내판

6 코일

(1) 코일의 기능과 옵션

Autodesk Inventor는 다양한 방법으로 나선 모양의 코일을 생성할 수 있다.

3D 모형 탭 ⇨ 작성 ⇨ 코일( )

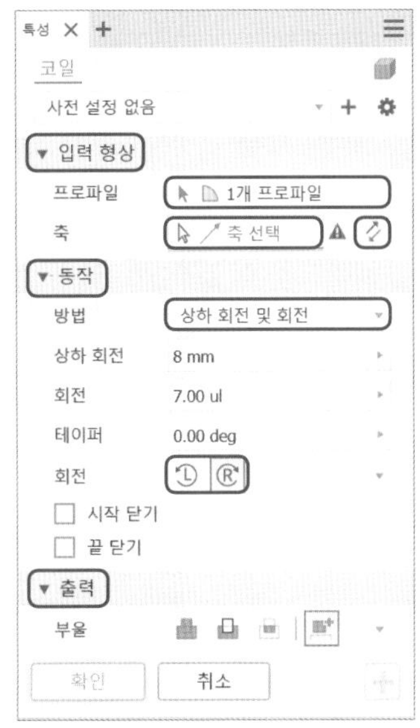

① **입력 형상**

프로파일 : 작업창에서 코일 피쳐를 생성할 프로파일을 선택한다.

축 : 작업창에서 프로파일이 회전할 회전축을 선택한다(직선, 작업축).

• 방향 반전 : 생성할 코일 방향을 반전시킨다.

② **동작**

코일 생성 방법은 상하 회전 및 회전, 회전 및 높이, 상하 회전 및 높이, 스파이럴로 생성한다.

피치 : 나선이 1회전할 때 증가하는 거리

높이 : 코일의 높이를 입력한다.

회전 : 코일의 회전수를 입력한다(0보다 큰 값).

테이퍼 : 테이퍼 각도를 입력한다.

③ **회전** : 코일을 시계방향 또는 반시계방향으로 회전하면서 생성한다.

④ **출력**

부울 : 코일을 생성할 때 바디를 바로 접합/잘라내기/교차/새 솔리드의 부울 연산이 가능하다.

(2) 코일 스프링 모델링하기

XZ 평면에 스케치하고, 치수와 구속조건을 입력한다.

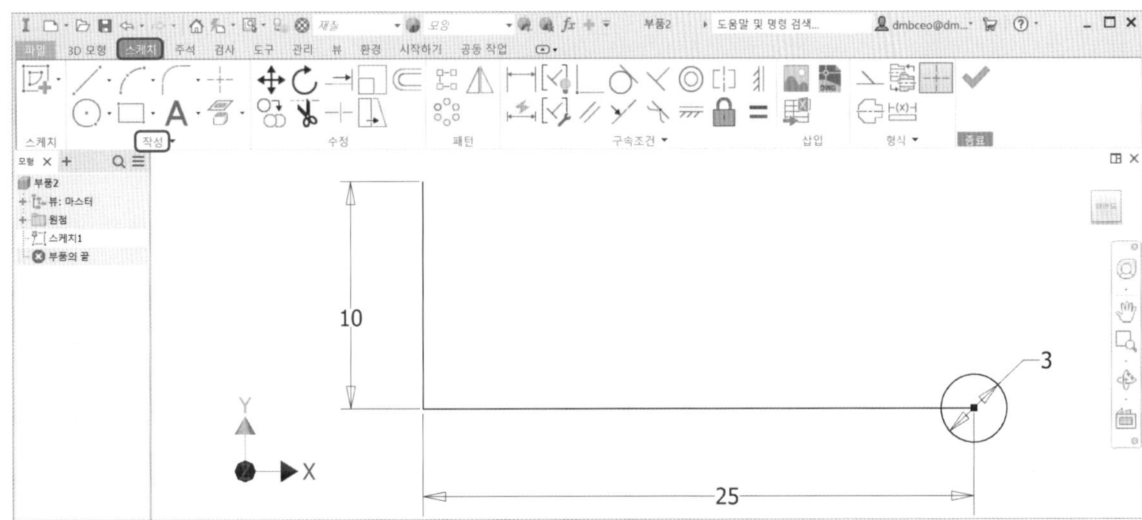

3D 모형 탭 ⇨ 작성 ⇨ 코일( ) ⇨ 입력 형상 ⇨ 프로파일 ⇨ 축 ⇨ 동작 ⇨ 방법 : 상하 회전 및 회전 ⇨ 상하 회전 : 8 ⇨ 회전 7 ⇨ 회전 : Ⓡ ⇨ 확인

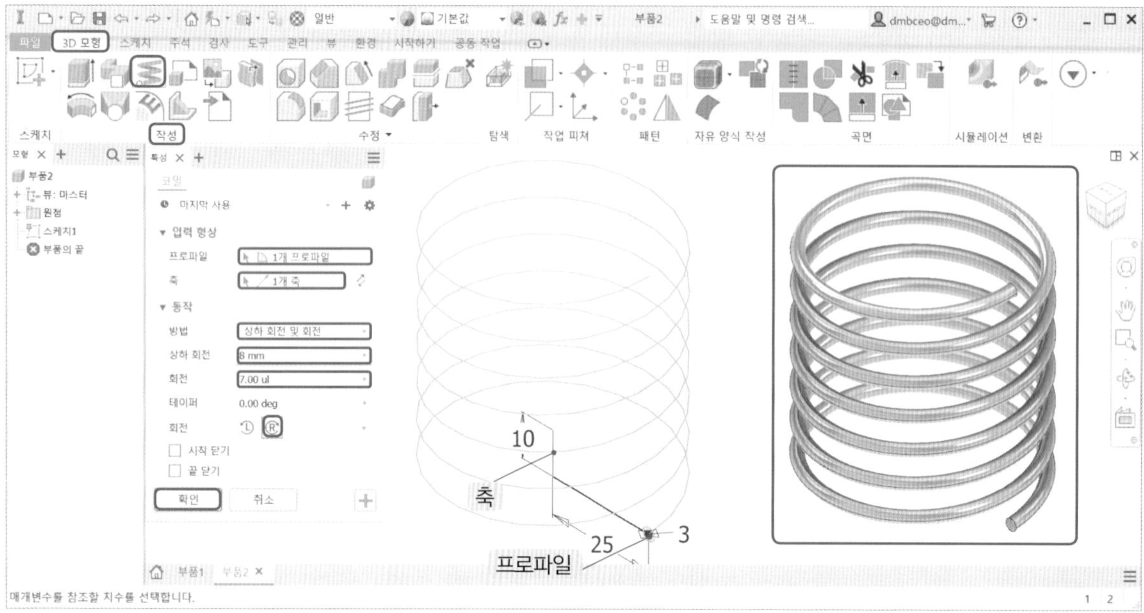

(3) 스파이럴 모델링하기

XZ 평면에 스케치하고, 치수와 구속조건을 입력한다.

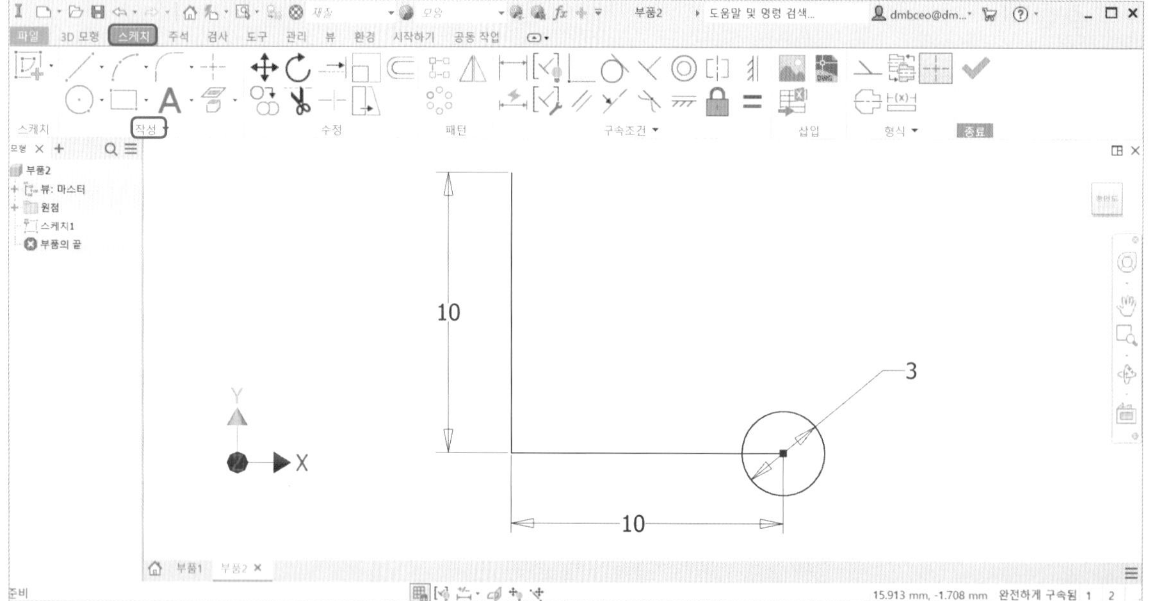

3D 모형 탭 ⇨ 작성 ⇨ 코일( ) ⇨ 입력 형상 ⇨ 프로파일 ⇨ 축 ⇨ 동작 ⇨ 방법 : 스파이럴 ⇨ 상하 회전 : 8 ⇨ 회전 4 ⇨ 회전 : Ⓡ ⇨ 확인

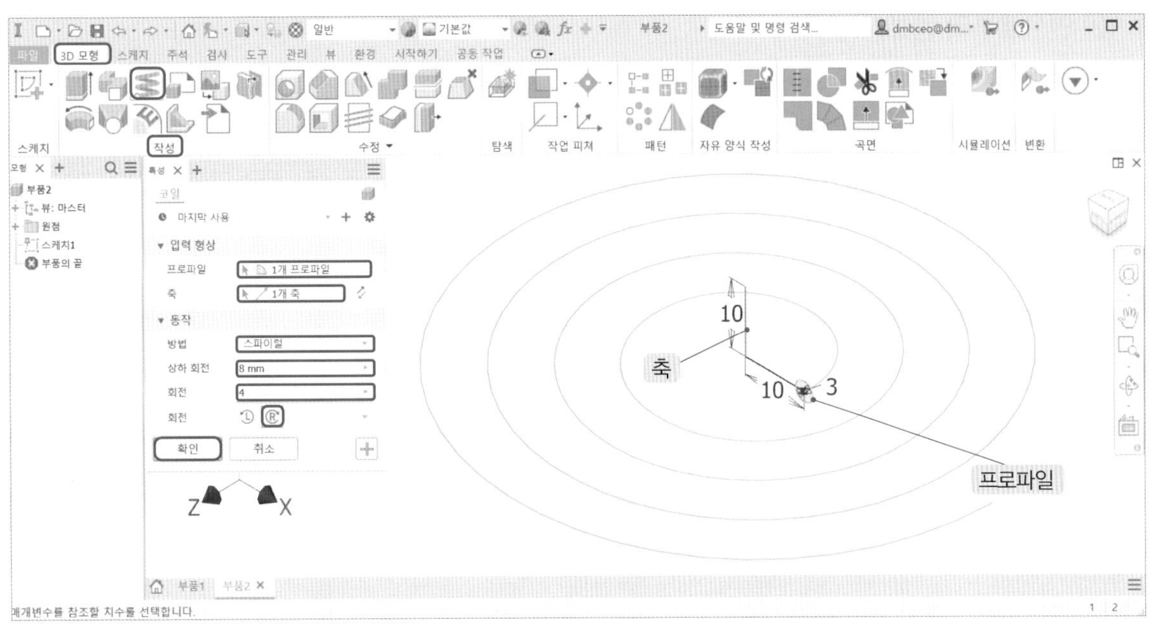

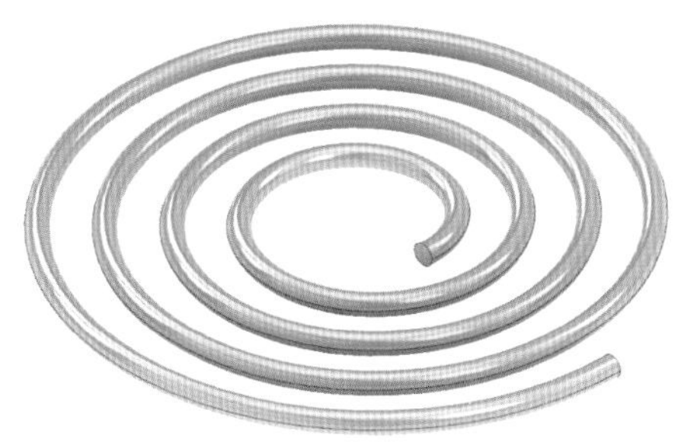

7 엠보싱

(1) 엠보싱의 기능과 옵션

형상의 면에 프로파일을 깊이와 방향으로 볼록/오목하게 엠보싱 피쳐를 생성한다.

3D 모형 탭 ⇨ 작성 ⇨ 엠보싱( )

① **프로파일 :** 작업창에서 엠보싱으로 사용할 프로파일을 선택한다.

② **형태**

- 면으로부터 엠보싱 : 피쳐 위로 볼록
- 면으로부터 오목 : 피쳐 아래로 오목
- 평면으로부터 볼록/오목 : 스케치 평면을 기준으로 모형의 높이가 낮으면 추가하고 높으면 제거한다.

③ **깊이 :** 깊이를 입력한다.

④ **방향 :** 피쳐의 방향을 지정한다.

(2) 면으로부터 엠보싱(볼록)

① XZ 평면에 스케치

3D 모형 ⇨ 스케치 ⇨ 2D 스케치 시작

스케치 ⇨ 작성 ⇨ 텍스트 ⇨ 아래 그림처럼 엠보싱할 영역 선택 ⇨ 4차 산업의 핵심 3D-CAD ⇨ 글씨체와 크기 선택 ⇨ 확인

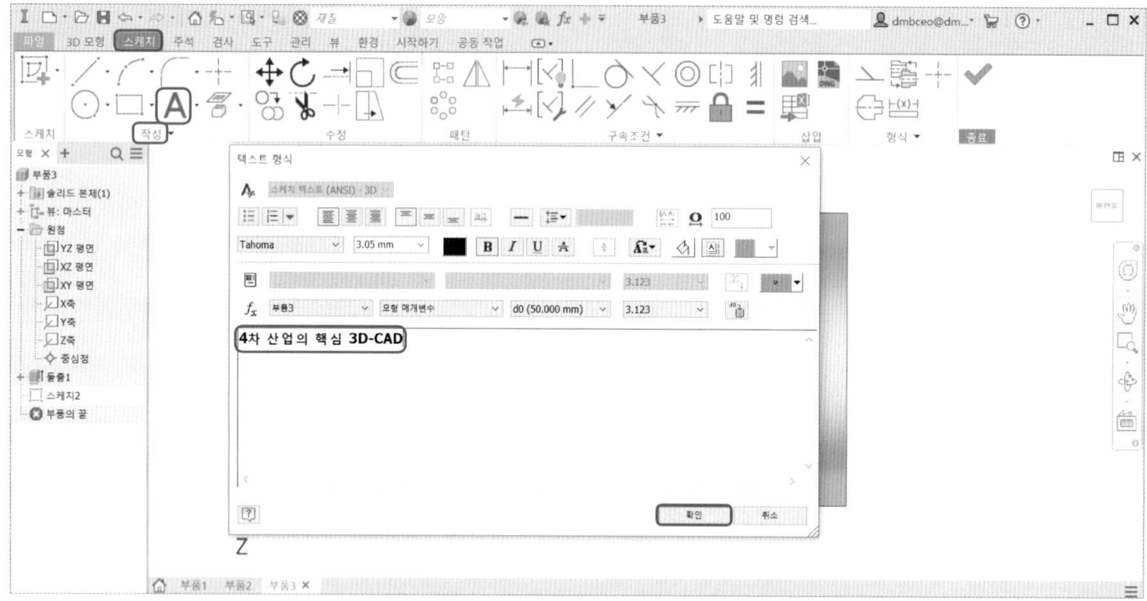

3D 모형 ⇨ 작성 ⇨ 엠보싱 ⇨ 프로파일 ⇨ 깊이 1 ⇨ **면으로부터 엠보싱(볼록)** ⇨ 벡터 방향 2 ⇨ ☑면에 감싸기(☑체크) ⇨ 면 ⇨ 확인

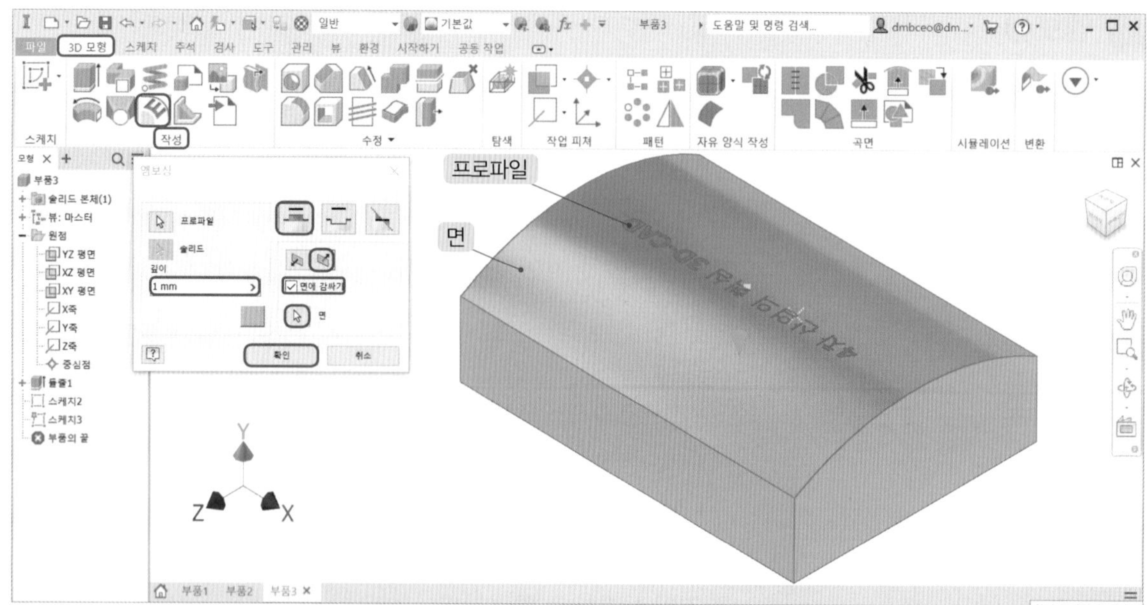

(3) 면으로부터 오목

XZ 평면에 스케치 그림과 같이 스케치하고 치수를 입력한다.

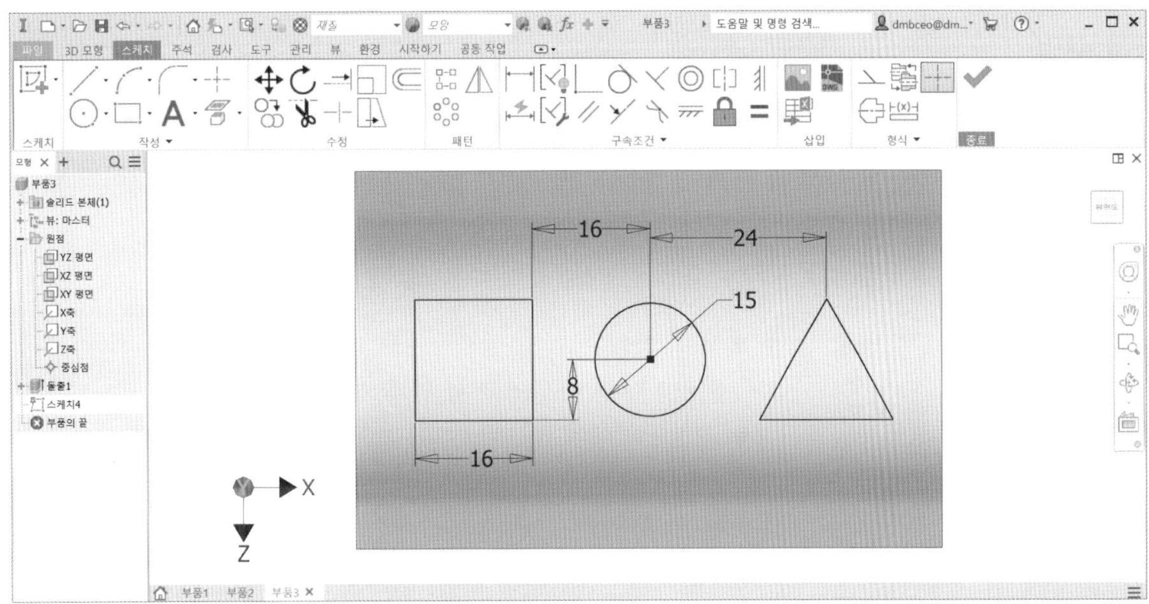

3D 모형 탭 ⇨ 작성 ⇨ 엠보싱 ⇨ 프로파일 ⇨ 깊이 5 ⇨ **면으로부터 오목** ⇨ 벡터 방향 2 ⇨ 확인

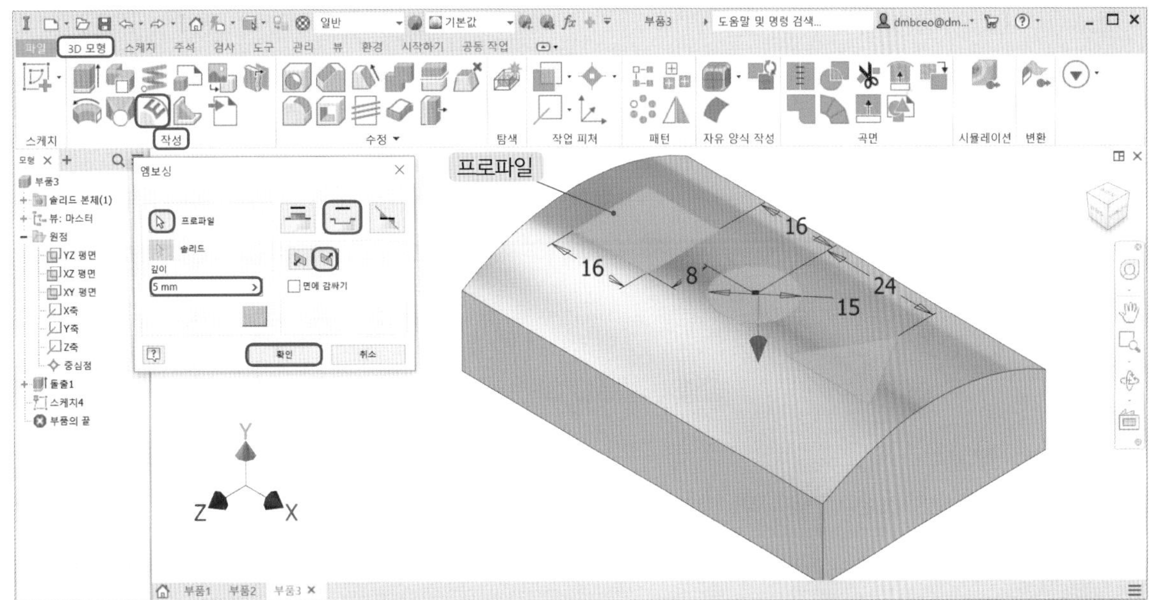

2 부품 모델링 수정하기

1 구멍

(1) 구멍의 기능과 옵션

카운터 보어, 카운터 싱크 및 드릴 구멍을 모델링할 수 있다. 단순 구멍, 탭 구멍, 테이퍼 탭 구멍 스레드 유형을 변경 추가할 수 있다.

모형 ⇨ 수정 ⇨ 구멍( )

▼ 입력 형상

위치 : 구멍 중심의 중심 위치 지정

▼ 유형

구멍 : 단순 구멍, 틈새 구멍, 탭 구멍, 테이퍼 탭 구멍을 선택할 수 있다.

시트 : 없음, 카운터 보어, 접촉 공간, 카운터 싱크 자리파기를 선택하여 모델링한다.

▼ 스레드

유형 : 스레드 유형을 선택

크기 : 수나사의 외경 입력

지정 : 스레드 유형의 크기 리스트가 표시된다.

클래스 : 다듬질 정도

방향 : 스레드가 감기는 방향

☑ 전체 깊이

▼ 동작

종료 : 거리, 전체 관통, 끝의 깊이 지정

방향 : 기본값 또는 구멍의 방향을 반전시킨다.

① 입력 형상

위치 : 구멍 중심을 배치할 면 및 위치, 스케치점 또는 작업점 선택

② 유형

ⓐ 구멍

- 단순 구멍 : 단순 드릴 구멍
- 틈새 구멍 : 조임쇠 유형을 선택
- 탭 구멍 : 탭 나사와 같이 암나사를 만든다.
- 테이퍼 탭 구멍 : 테이퍼 스레드가 있는 구멍을 생성

ⓑ 시트
- 없음 : 단순한 구멍
- 카운터 보어 : 깊은 자리파기 모델링
- 접촉 공간 : 자리파기 모델링
- 카운터 싱크 : 접시머리 자리파기 모델링

③ 스레드

유형 : 스레드 유형을 선택

크기 : 수나사의 외경 입력

지정 : 입력 스레드 유형에 따라 공칭 크기 리스트가 표시된다.

클래스 : 다듬질 정도

방향 : 스레드가 감기는 방향(왼나사, 오른나사)

☑ 전체 깊이 : □ 해제하면 스레드 깊이를 지정할 수 있다.

④ 동작

ⓐ 종료
- 거리 : 구멍 깊이에 대해 값을 사용한다.
- 전체 관통 : 관통한 구멍
- 끝 : 구멍을 지정된 평면까지 모델링

ⓑ 방향
- 기본값, 반전 : 구멍의 방향을 반전시킨다.

(2) 구멍 모델링하기

XZ 평면에 스케치하고 치수를 입력한다.

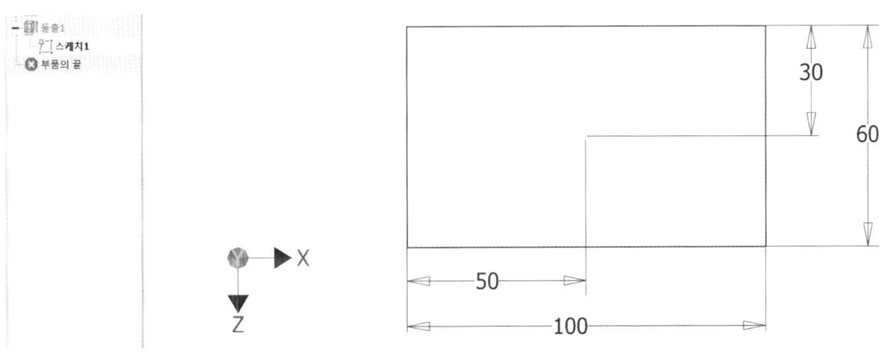

3D 모형 ⇨ 작성 ⇨ 돌출( ) ⇨ 입력 형상 : 프로파일 ⇨ 동작 ⇨ 방향 : 기본값 ⇨ 거리 300 ⇨ 확인

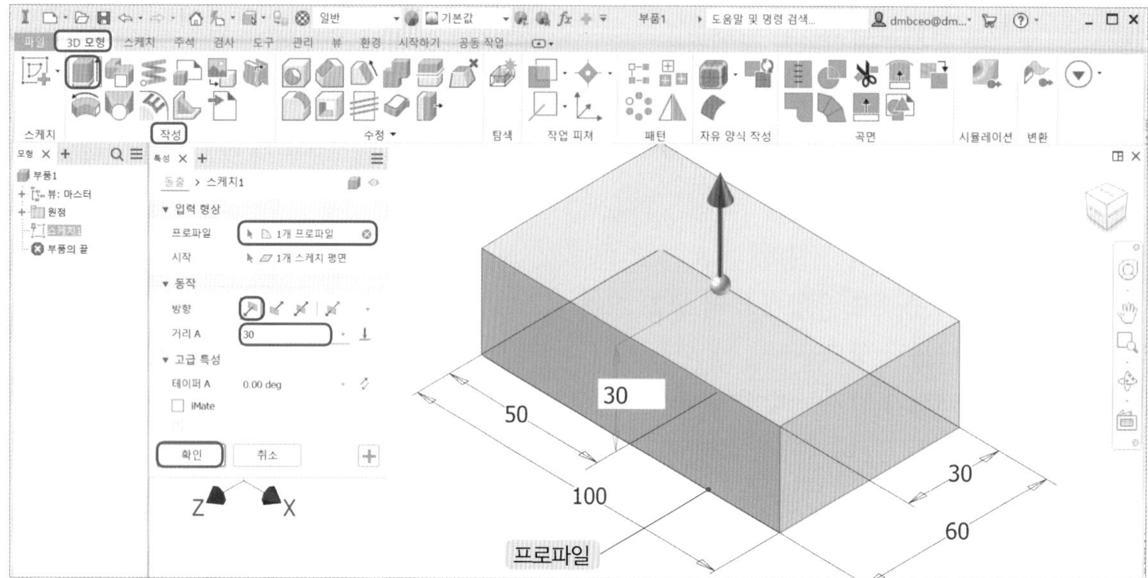

3D 모형 ⇨ 수정 ⇨ 구멍( ) ⇨ 위치 : 시작 스케치(점 위치 : 50×30) ⇨ 유형 ⇨ 구멍 : 탭 구멍 ⇨ 스레드 ⇨ 유형 : ISO Metric profile ⇨ 크기 : 12 ⇨ 지점 : M12×1.75 ⇨ 클래스 : H6 ⇨ 방향 : 오른손 ⇨ 동작 ⇨ 종료 : 거리 ⇨ 방향 : 기본값 ⇨ 드릴 점 : 각도 ⇨ 나사 깊이 16–드릴 깊이 20–드릴 각도 118° ⇨ 확인

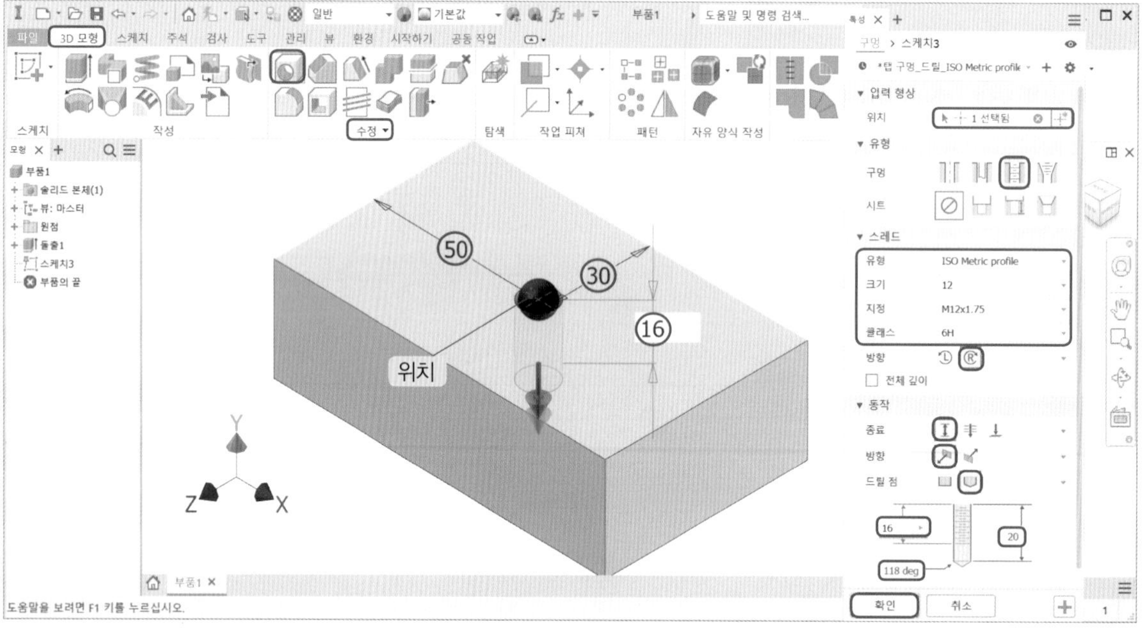

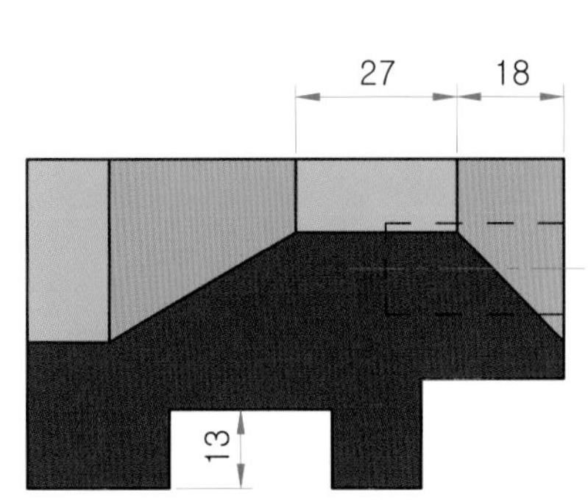
27
18
13

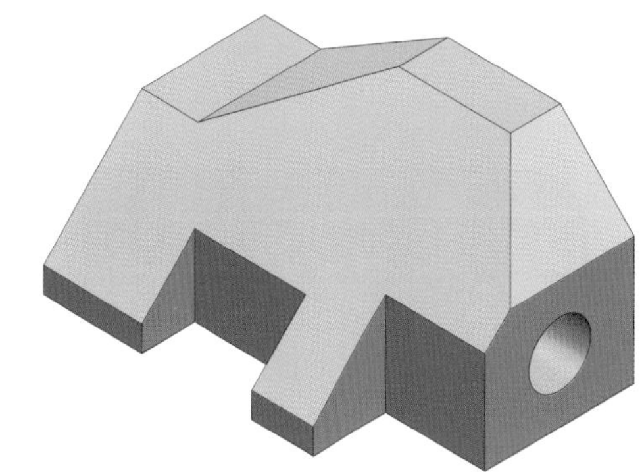

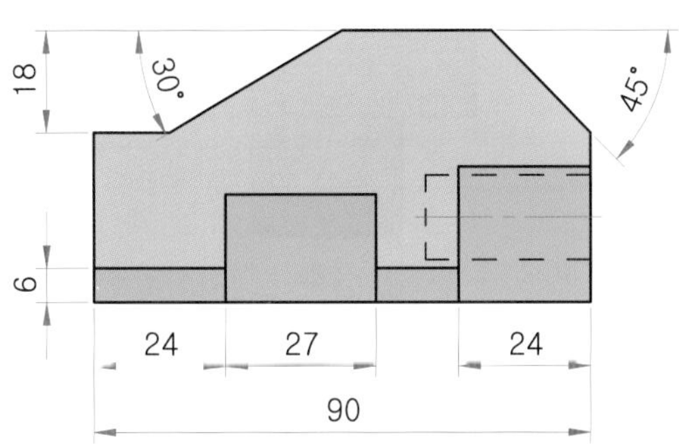
18
30°
45°
6
24
27
24
90

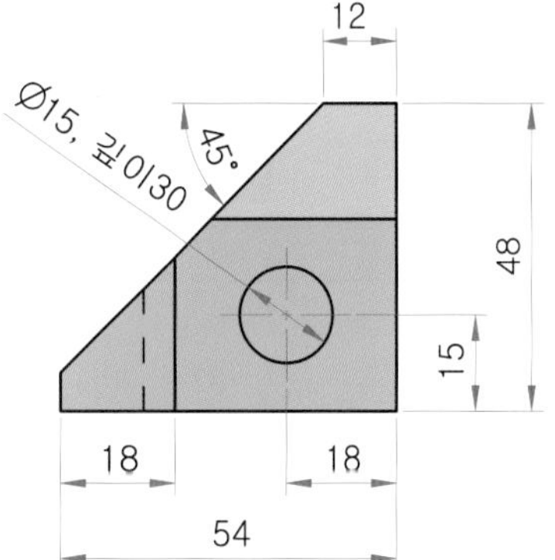
12
Ø15, 깊이30
45°
48
15
18
18
54

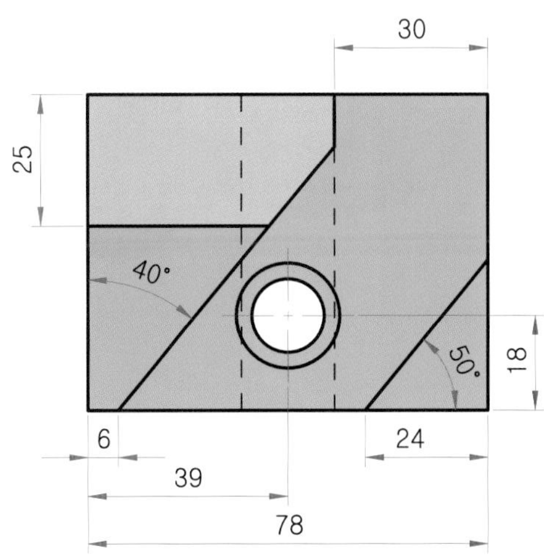
30
25
40°
50°
18
6
24
39
78

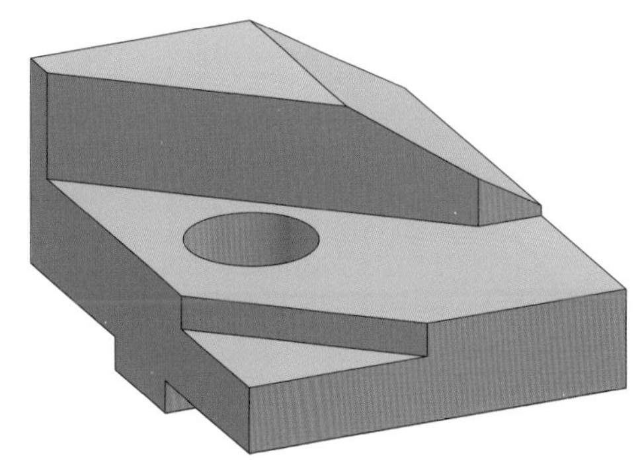

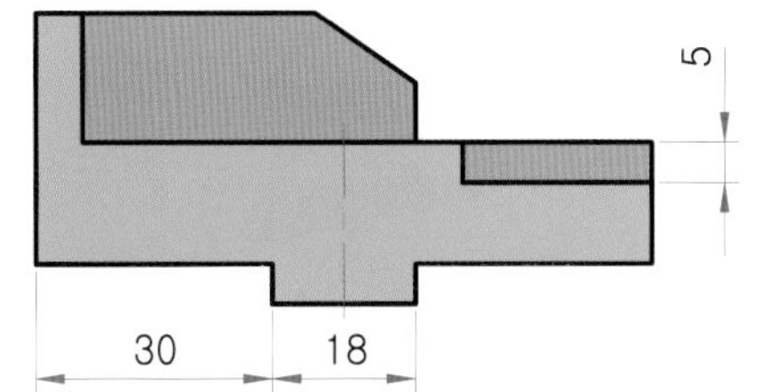
5
30
18

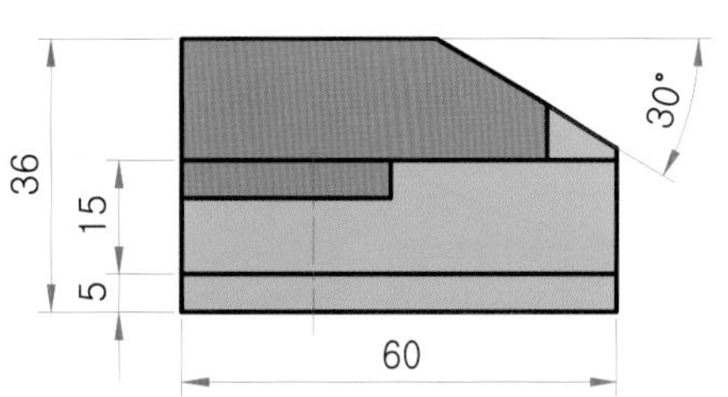
36
15
5
30°
60

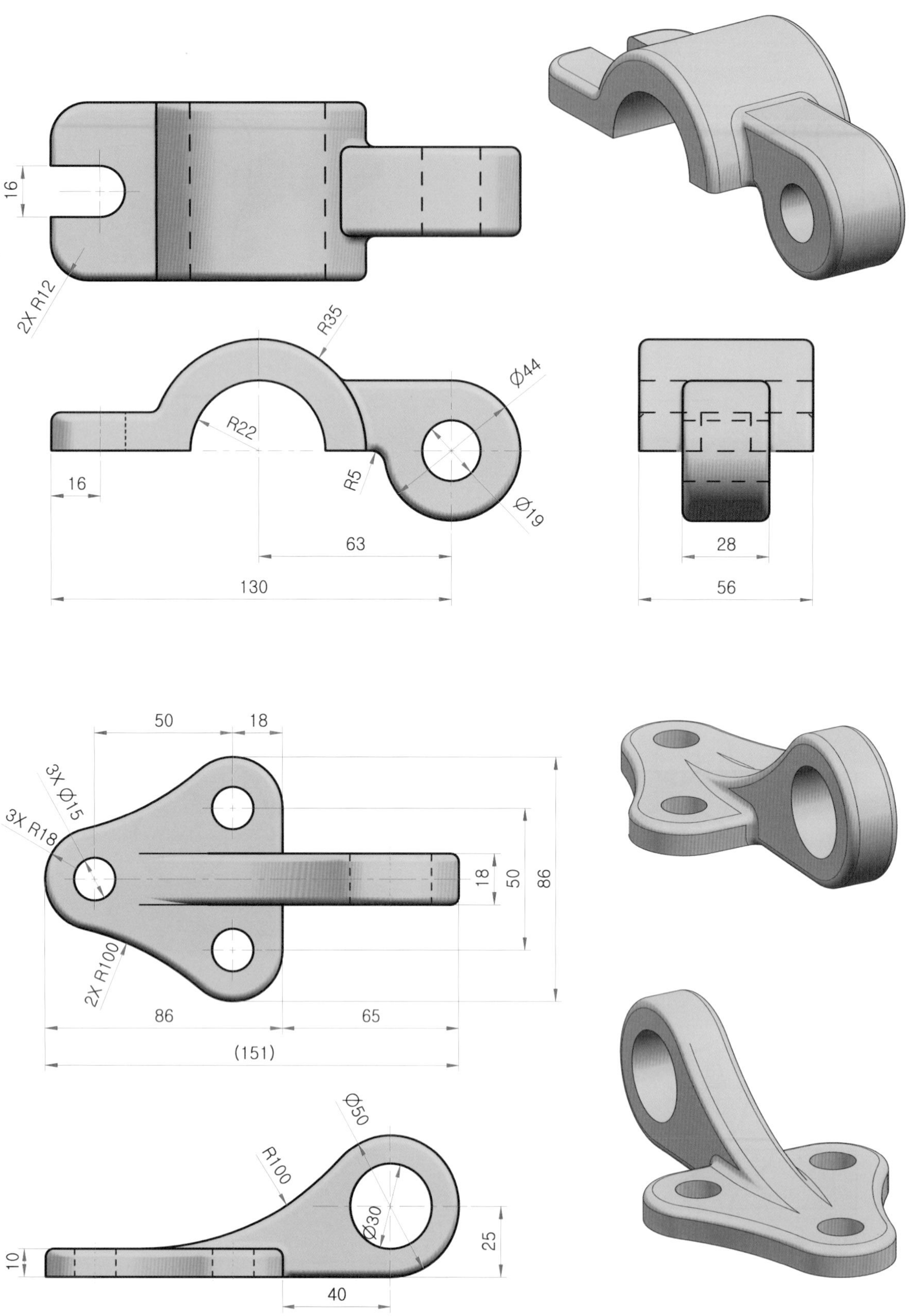
16
2X R12
R35
Ø44
R22
16
R5
Ø19
63
130
28
56
50
18
3X Ø15
3X R18
18
50
86
2X R100
86
65
(151)
Ø50
R100
Ø30
10
25
40

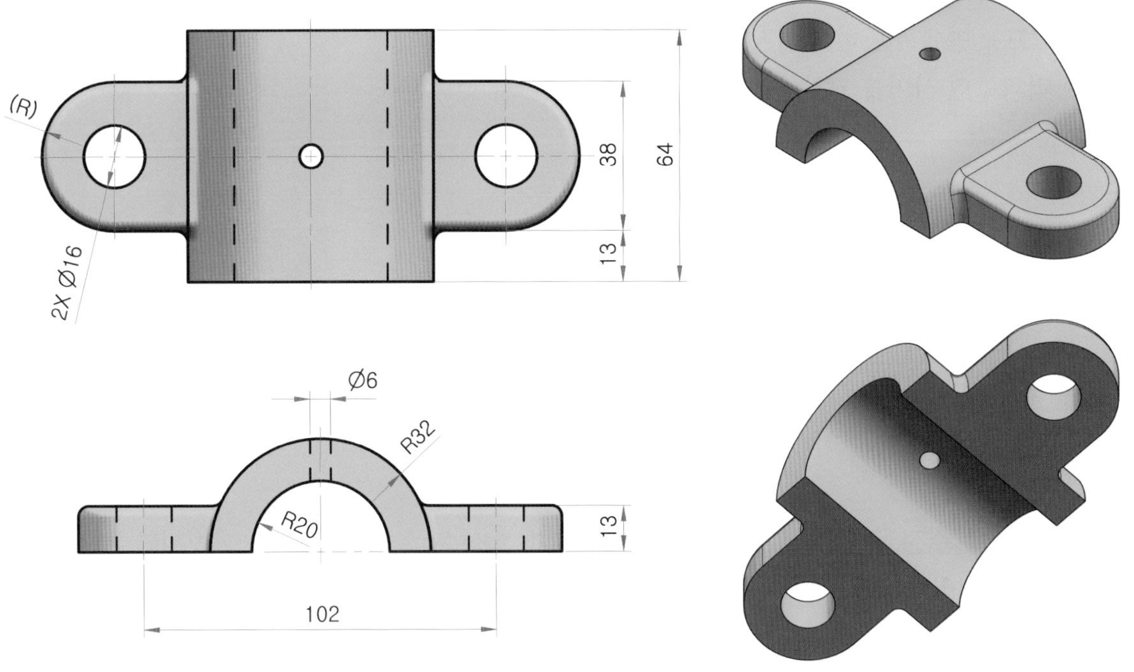

2 모깎기

모형의 내부, 외부 모서리 및 구석에 모깎기(블렌드)로 둥글게 피쳐를 생성한다.
3D 모형 ⇨ 수정 ⇨ 모깎기( )

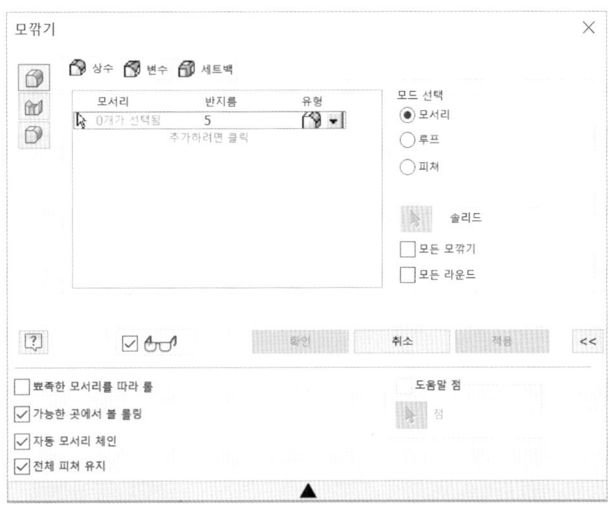

- 모서리 모깎기 : 인접 면에 접하는 접선(G1) 모깎기를 적용한다.
- 면 모깎기 : 인접 면에 곡률이 연속하는 부드러운(G2) 모깎기를 적용한다.
- 전체 둥근 모깎기 : 인접 면에 곡률이 연속하는 반전된 모깎기를 적용한다.
- 모드 선택

⊙ 모서리 : 단일 모서리를 선택한다.
⊙ 루프 : 면에서 닫히고 연결된 모서리를 선택한다.
⊙ 피쳐 : 면 사이를 교차하는 피쳐의 모든 모서리를 선택한다.

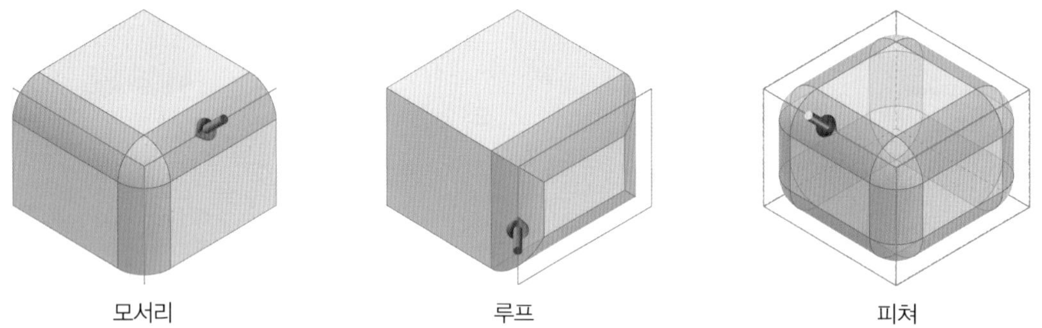
모서리 루프 피쳐

3D 모형 ⇨ 수정 ⇨ 모깎기( ) ⇨ 모서리 모깎기 ⇨ 상수 ⇨ 모서리 선택 ⇨ 반지름 10 ⇨ 모드 선택 : ⊙모서리 ⇨ 확인

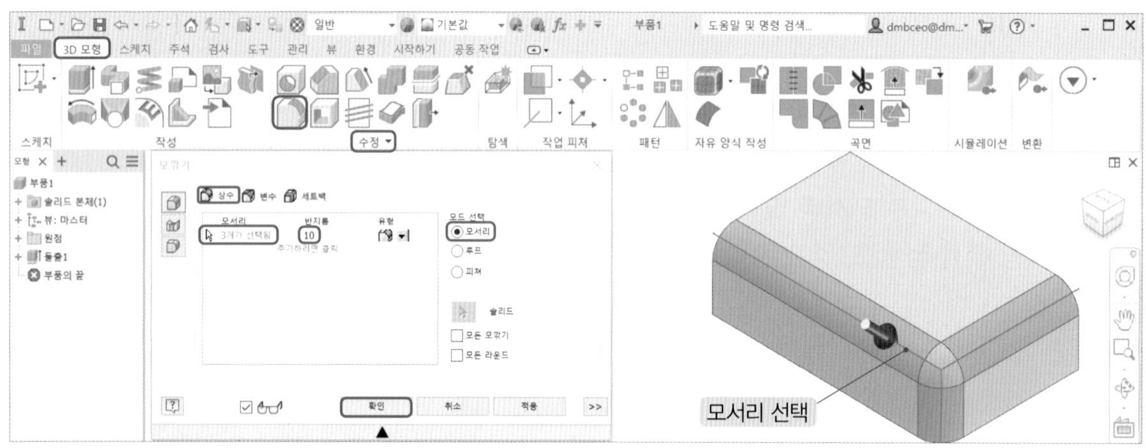

3D 모형 ⇨ 수정 ⇨ 모깎기( ) ⇨ 모서리 모깎기⇨ 변수 ⇨ 모서리 선택 ⇨ 반지름(시작 R5–0.0, 끝 R10–1.0, 점1 R10–0.5) ⇨ 모드 선택 : ⊙모서리 ⇨ 확인

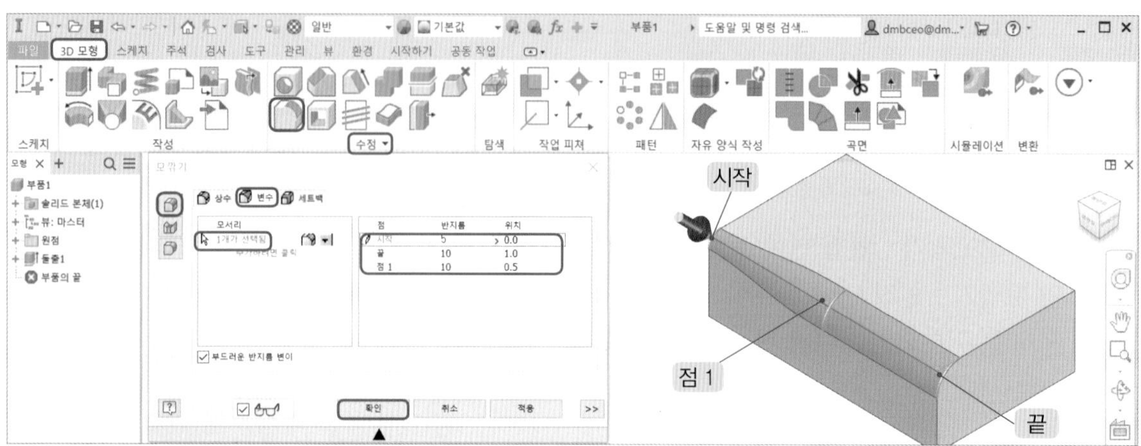

3 모따기

도형의 모서리를 직선으로 모따기를 생성한다.

3D 모형 ⇨ 수정 ⇨ 모따기( )

(1) 대칭 거리로 모따기

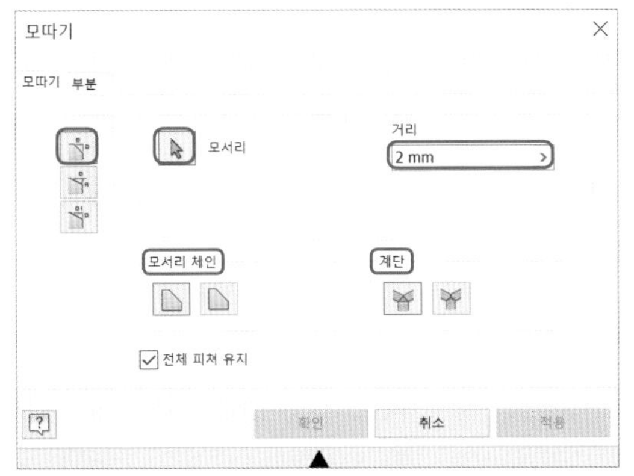

모서리 : 모따기할 모서리를 선택한다.
거리 : 모따기할 대칭 거리를 입력한다.

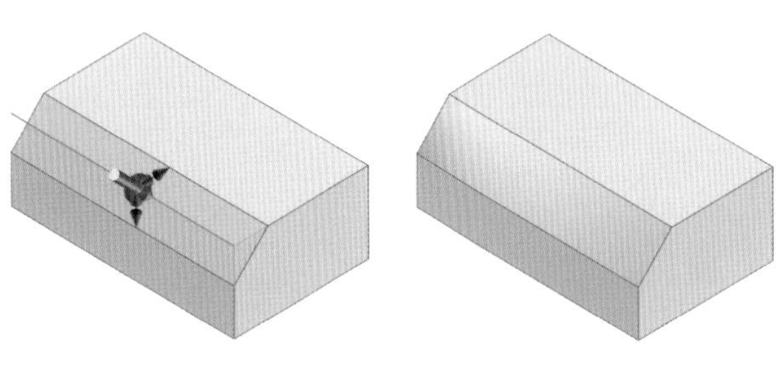

모시리 체인		계단	
모두 접하도록 연결	단일 모서리	세트 백	세트 백 없음

(2) 거리와 각도로 모따기

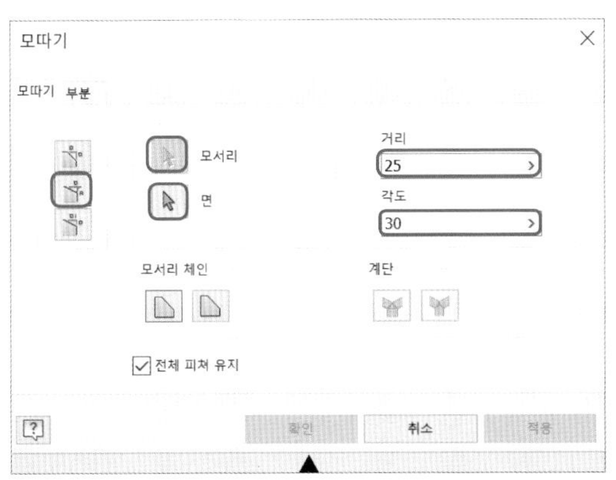

모서리 : 모따기할 모서리를 선택한다.
면 : 거리와 각도의 기준면을 선택한다.
거리 : 모따기할 거리를 입력한다.
각도 : 모따기할 각도를 입력한다.

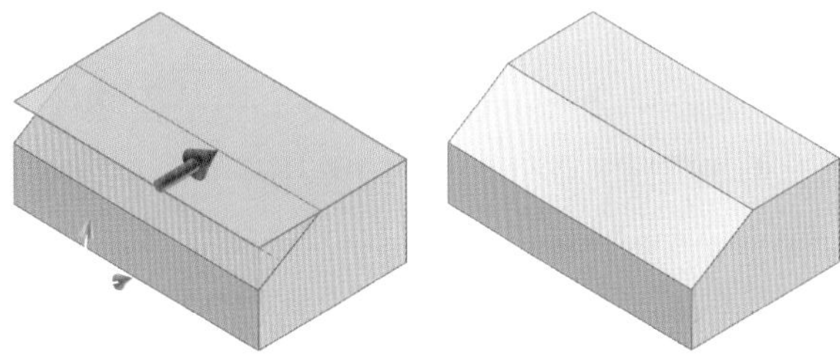

(3) 비대칭 거리로 모따기

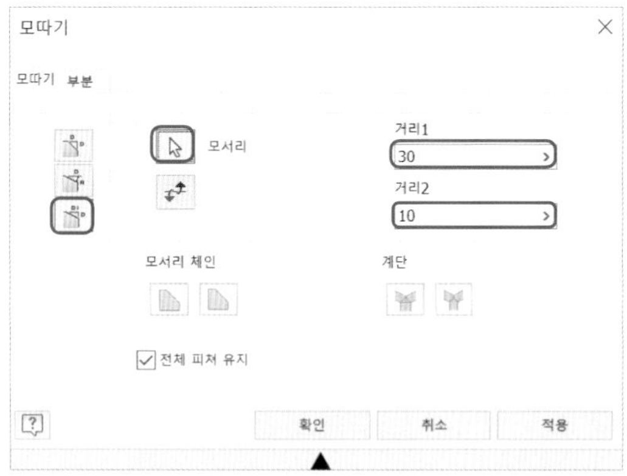

모서리 : 모따기할 모서리를 선택한다.
거리 1 : 모따기할 첫 번째 거리를 입력한다.
거리 2 : 모따기할 두 번째 거리를 입력한다.

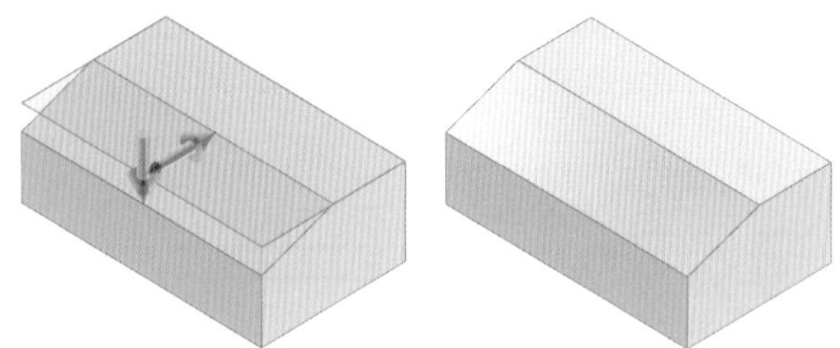

4 쉘

내부의 재질을 제거하여 속이 빈 모형을 생성한다.
3D 모형 ⇨ 수정 ⇨ 쉘( ) ⇨ 내부/외부 ⇨ 면 제거 ⇨ 두께 2 ⇨ 확인

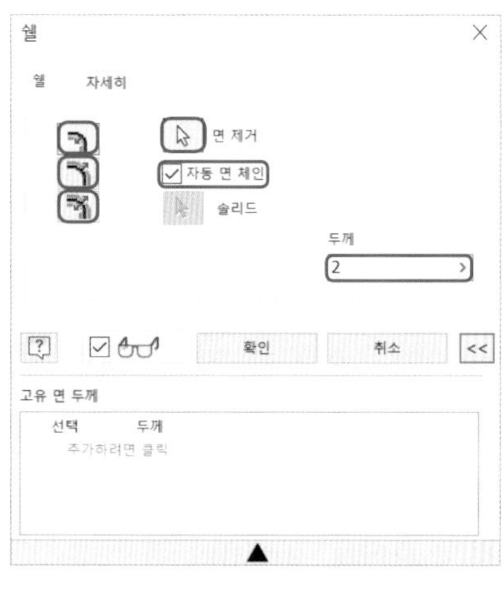

내부 : 모형 외부 벽은 쉘의 외부 벽이 된다.
외부 : 모형 외부 벽은 쉘의 내부 벽이 된다.
양쪽면 : 모형 외부 벽은 쉘의 중간 벽이 된다.
면 제거 : 제거할 부품 면을 선택한다.
☑ 자동 면 체인 : 연속 면을 자동으로 선택한다.

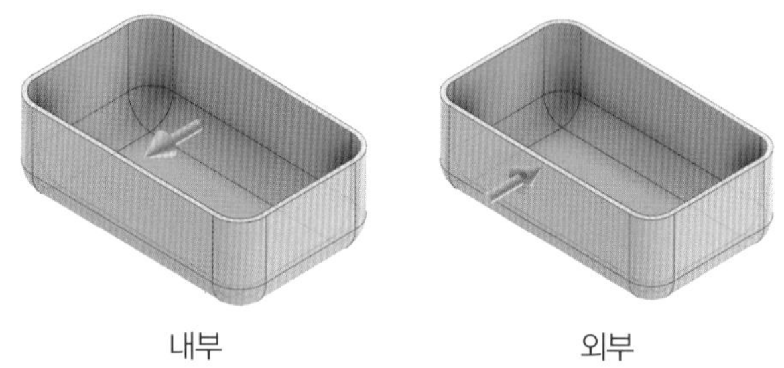
내부 외부

5 면 기울기

부품을 주물이나 면을 주조하도록 부품 면에 기울기(테이퍼)를 생성한다.
3D 모형 ⇨ 수정 ⇨ 면 기울기( ) ⇨ 고정된 모서리 ⇨ 인장 방향 ⇨ 면 ⇨ 기울기 각도 20 ⇨ 확인

고정된 모서리 : 모서리를 기준으로 면 기울기를 인장 방향으로 생성한다.
고정된 평면 : 평면, 작업 평면을 기준으로 면 기울기를 인장방향으로 생성한다.

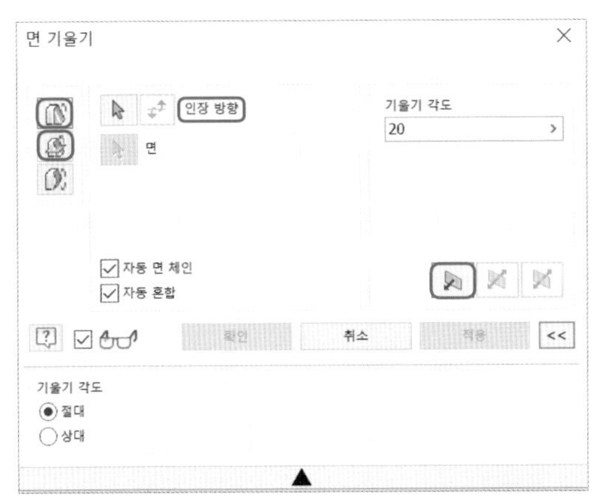

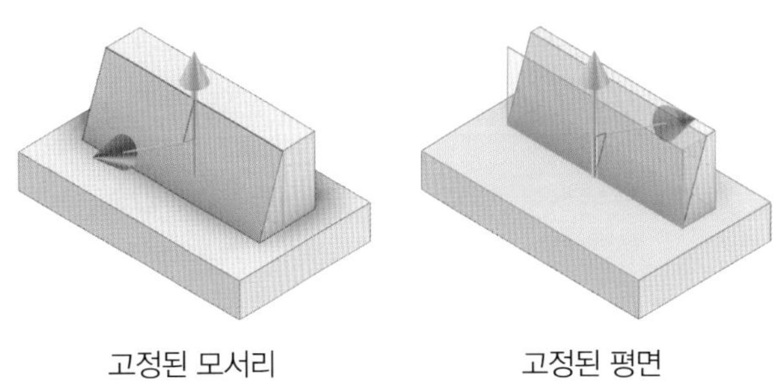

고정된 모서리　　고정된 평면

선택 : 면 기울기 작업에서 인장 방향 또는 기울일 고정될 면이나 모서리를 선택한다.

- 인장 방향 : 면 기울기 작업에서 모형의 인장되는 방향을 선택한다.
- 고정된 평면 : 면 기울기 작업에서 면이 기울어지는 평면이나 작업 평면을 선택한다.

6 스레드(나사)

구멍과 축(원통)에 나사를 생성한다.

3D 모형 ⇨ 수정 ⇨ 스레드( ) ⇨ 입력 형상 ⇨ 면(곡면) ⇨ 스레드 ⇨ 유형 : ISO Metric profile ⇨ 크기 : 16 ⇨ 지점 : M16×2 ⇨ 클래스 : 6H ⇨ 방향 : 오른쪽 ⇨ 동작 ⇨ 깊이 : 30 ⇨ 확인

▼ 입력 형상

면 : 나사 작업할 원통면 또는 원추면을 선택한다.

▼ 스레드

유형 : 스레드(나사)를 생성할 유형을 지정한다.

크기 : 스레드 유형의 호칭 크기(지름)를 선택한다.

지정 : 스레드의 피치를 목록에서 지정한다.

클래스 : 스레드의 정밀도(클래스)를 목록에서 지정한다.

방향 : 왼쪽/오른쪽 방향을 지정한다.

▼ 동작

길이 : 스레드를 생성할 길이를 입력한다.

▼ 고급 특성

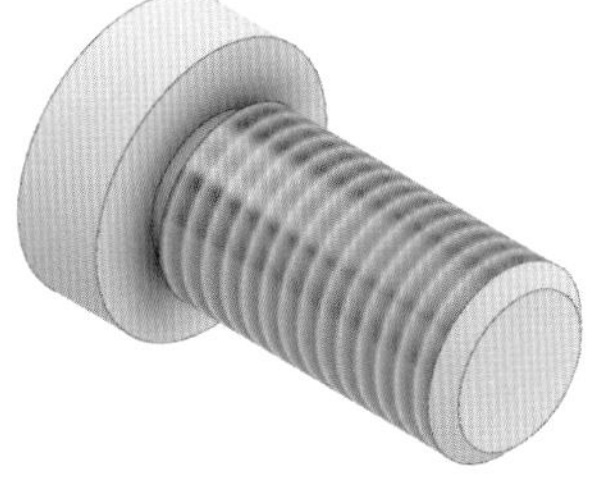

7 결합

솔리드 본체의 체적을 결합하여 하나의 솔리드 본체를 결합, 잘라내기, 교차한다.

3D 모형 ⇨ 수정 ⇨ 결합( ) ⇨ 입력 형상 ⇨ 기본 본체–도구 본체 ⇨ 출력 : 결합 ⇨ 확인

▼ 입력 형상

기본 본체 : 솔리드 본체를 선택한다.

도구 본체 : 기준 솔리드 본체에 결합할 본체를 선택한다.

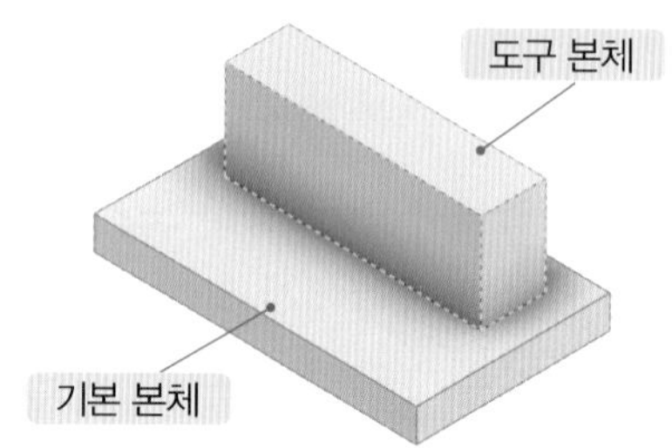

▼ 출력

접합(결합) : 기본 본체에 도구 본체를 결합한다.

잘라내기(빼기) : 기본 본체에서 도구 본체를 제거(빼기)한다.

교차(교집합) : 기본 본체와 도구 본체의 공유 체적으로부터 피쳐를 생성한다.

8 두껍게하기/간격띄우기

부품의 면 또는 퀼트에 두께를 추가 또는 제거하거나, 부품면 또는 곡면에서 간격띄우기 곡면을 작성하거나 새 솔리드를 작성한다.

3D 모형 ⇨ 수정 ⇨ 간격띄우기( )

간격띄우기

▼ 입력 형상

면 : 면 OffsetSrf할 면을 선택한다.

▼ 동작

방향 : 면 OffsetSrf할 방향을 지정한다.

거리 : 면 OffsetSrf할 거리를 입력한다.

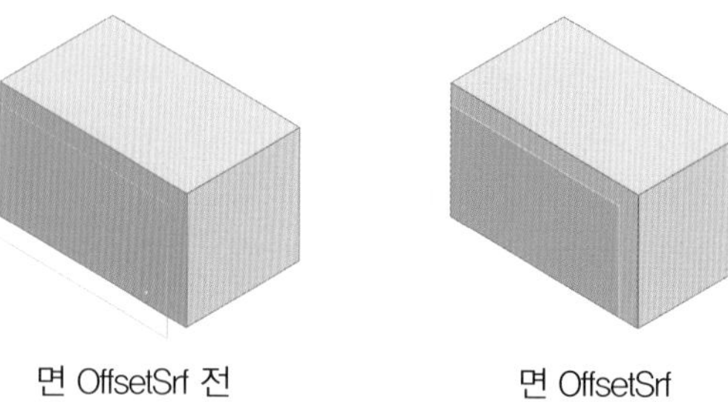

3D 모형 ⇨ 수정 ⇨ 두껍게하기( )

두껍게하기

▼ 입력 형상

면 : 이동할 면을 선택한다.

▼ 동작

방향 : 면 이동할 방향을 지정한다.

길이 : 면 이동할 거리를 입력한다.

▼ 출력

부울 : 돌출할 때 바디를 바로 접합/잘라내기/교차/새 솔리드의 부울 연산이 가능하다.

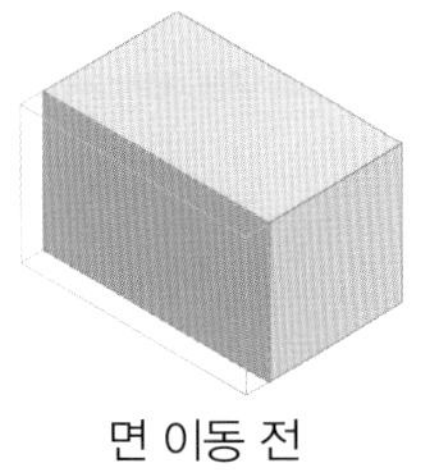

면 이동 전

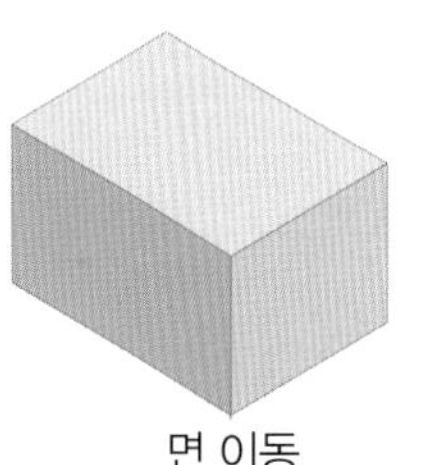

면 이동

9 분할

부품 면을 분할하고, 부품의 단면을 자르고 제거하거나, 도형을 두 개의 본체로 분할한다.

3D 모형 ⇨ 수정 ⇨ 분할( )

▼ 입력 형상

도구 : 분할 도구로 사용할 스케치 곡선, 작업 평면, 평면, 곡면을 선택한다.

솔리드 : 분할할 솔리드나 면을 선택한다.

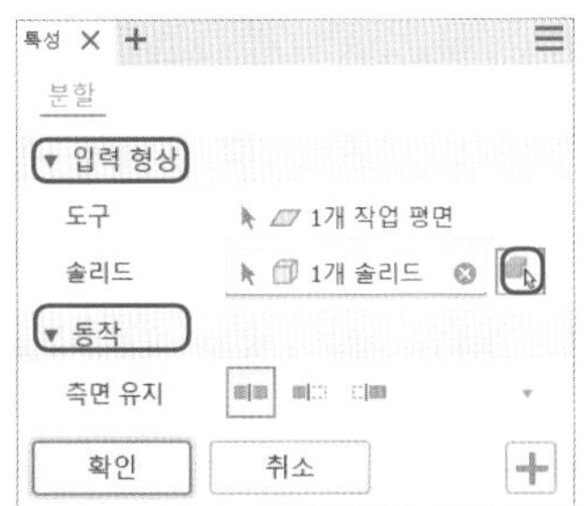

▼ 동작

솔리드 분할 및 양쪽 면 유지 : 솔리드 본체를 도구를 이용하여 두 개로 분할한다.

솔리드 분할 및 기본 면 유지 : 본체를 분할 도구로 분할하고 기본 면을 유지하여 반대 면을 제거한다.

솔리드 분할 및 반대쪽 면 유지 : 본체를 분할 도구로 분할하고 반대 면을 유지하여 기본 면을 제거한다.

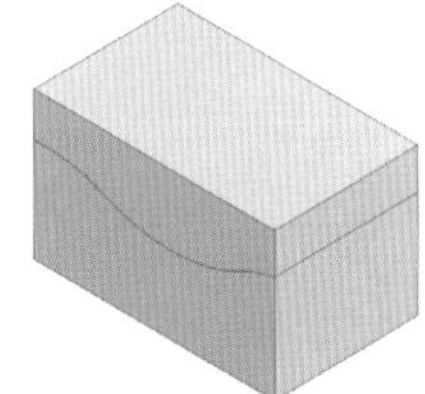

솔리드 분할 및 양쪽 면 유지

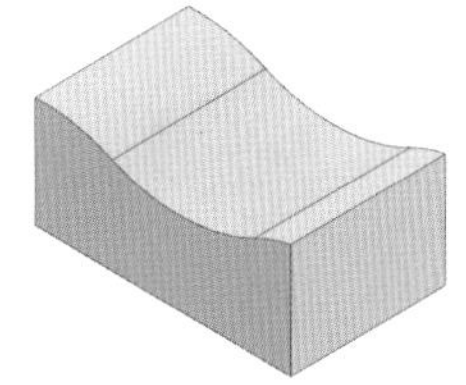

솔리드 분할 및 기본 면 유지

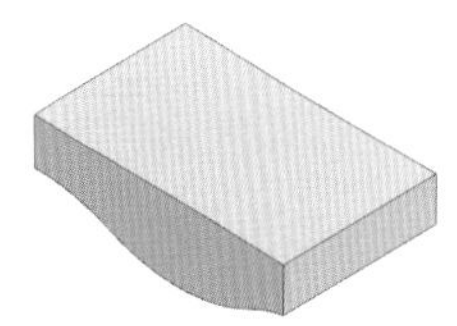

솔리드 분할 및 반대쪽 면 유지

10 본체 이동

다중 본체 부품을 원하는 방향으로 솔리드 본체를 이동한다.

3D 모형 ⇨ 수정 ⇨ 본체 이동( )

• 본체 : 이동할 개별 부품의 본체를 선택한다.
자유 끌기 : 부품을 선택한 상태에서 끌어 본체에 구속받지 않고 이동한다.
X, Y, Z 간격띄우기 : X, Y, Z 방향으로 이동할 값을 입력한다.

• 본체 : 이동할 개별 부품의 본체를 선택한다.
레이를 따라 이동 : 선형(모서리, 축) 방향으로 본체를 이동한다.
간격띄우기 : 이동할 값을 입력한다.
방향 : 선형(모서리, 축) 방향을 지정하여 이동할 방향을 선택한다.
방향 반전 : 방향을 반전시킨다.

• 본체 : 회전할 개별 부품의 본체를 선택한다.
회전 : 회전축(선, 축)을 기준으로 회전한다.
각도 : 회전할 각도를 입력한다.
축 회전 : 회전할 모서리 또는 축을 선택한다.
방향 반전 : 회전 방향을 반전시킨다.

3D 모형 ⇨ 수정 ⇨ 본체 이동( ) ⇨ 본체 ⇨ 자유 끌기 ⇨ 간격띄우기 X : 35, Y : 0, Z : 0 ⇨ 확인

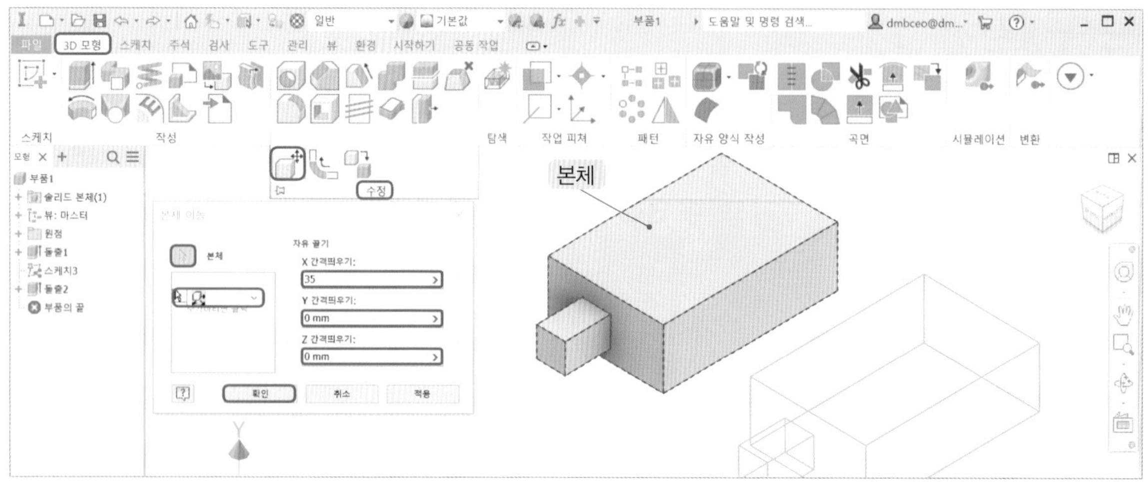

3 패턴하기

1 직사각형 패턴

도형을 선형 경로를 따라 패턴의 개수와 간격 또는 거리로 직사각형 배열한다.

3D 모형 ⇨ 패턴 ⇨ 직사각형( )

- 별 피쳐 패턴 : 개별 솔리드 피쳐를 배열한다.
  피쳐 : 배열할 솔리드 및 피쳐를 선택한다.
- 솔리드 패턴화 : 개별적으로 배열할 수 없는 솔리드 본체를 배열한다.
  솔리드 : 부품 파일에 솔리드 본체가 있을 때 사용한다.
- 방향 1
  방향 : 배열할 방향을 선택한다.
  반전 : 배열 경로 방향을 반전시킨다.
  중간 평면 : 대칭으로 배열할 평면을 선택한다.
  개수 : 열이나 선형 경로에 배열할 개수를 입력한다.
- 길이 : 배열할 피쳐 간의 간격 또는 거리를 입력한다.
  간격 : 객체와 객체 사이의 간격을 지정한다.
  거리 : 객체와 객체의 거리를 지정한다.
  곡선 길이 : 열의 전체 거리 또는 선택한 곡선의 길이와 동일한 거리를 지정한다.

- 계산
  ⊙ 최적 : 피쳐 면을 배열하여 선택한 피쳐와 동일한 복사본을 빠르게 계산하여 생성한다.
  ⊙ 동일 : 최적화 방법을 사용할 수 없는 경우 사용한다.
  ⊙ 조정 : 피쳐를 배열하고, 패턴 발생의 범위, 종료를 개별적으로 계산하여 생성한다.
- 방향
  ⊙ 동일 : 패턴의 형상이 첫 번째 선택한 피쳐와 동일한 방향으로 지정된다.
  ⊙ 방향 1과 방향 2 : 배열된 피쳐의 위치를 제어할 방향을 지정한다.

3D 모형 ⇨ 패턴 ⇨ 직사각형 패턴( ) ⇨ 개별 피처 패턴 ⇨ 피쳐 ⇨ 방향 1 선택 ⇨ 개수 4 ⇨ 거리 10 ⇨ 방향 2 선택 ⇨ 개수 2 ⇨ 거리 15 ⇨ 확인

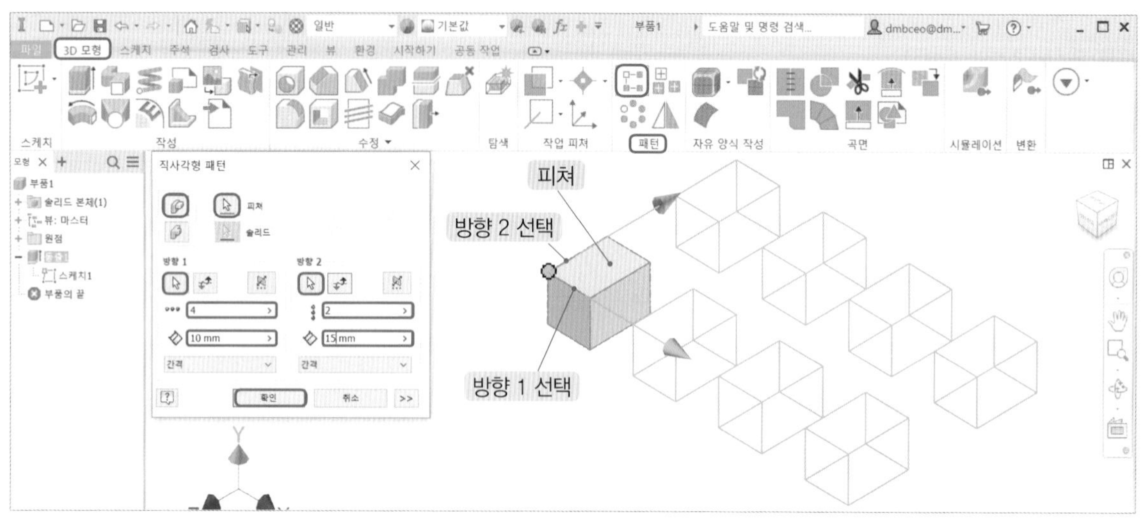

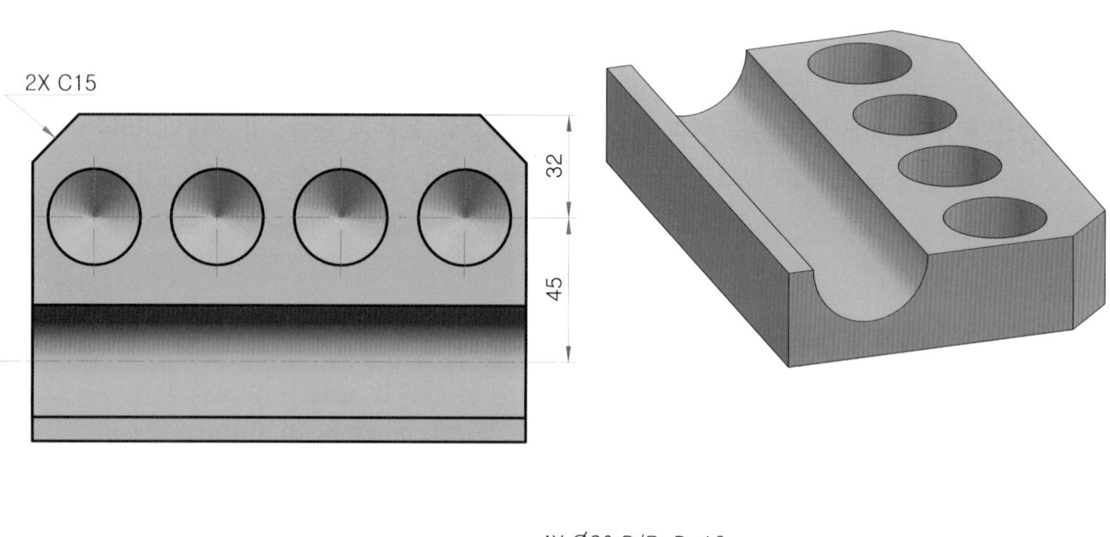

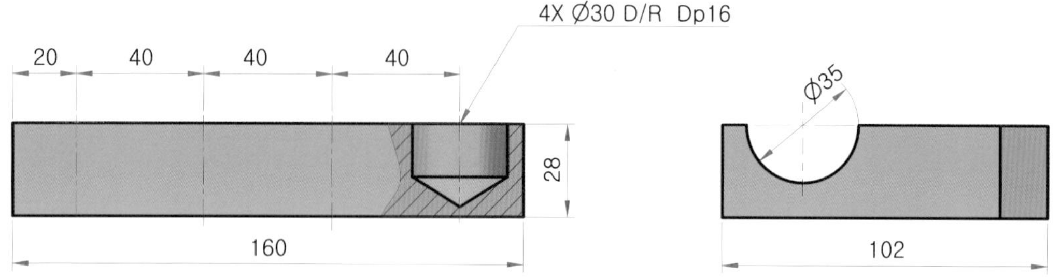

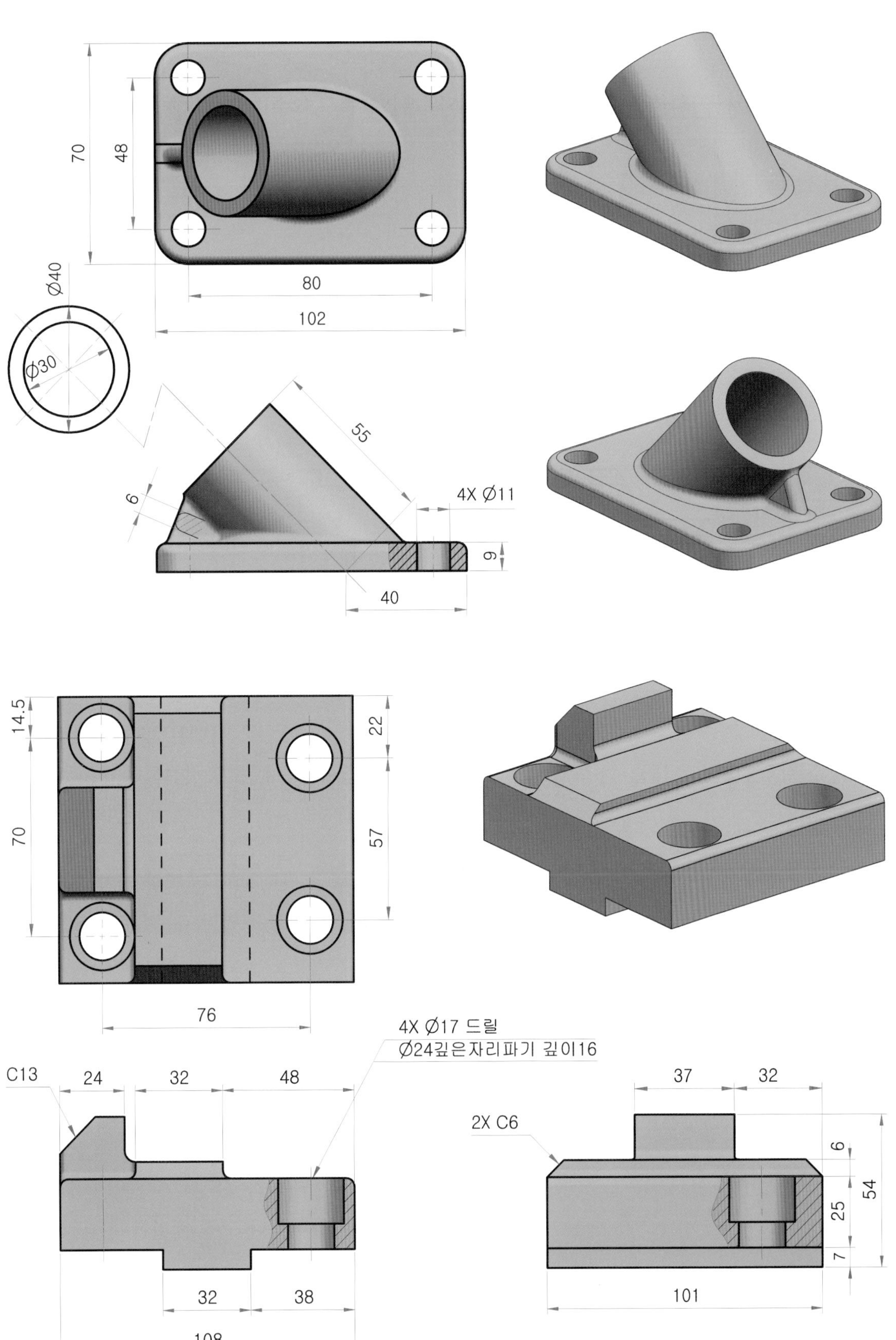
70
48
80
102
Ø40
Ø30
55
6
4X Ø11
9
40
14.5
22
70
57
76
4X Ø17 드릴
Ø24깊은자리파기 깊이16
C13
24
32
48
32
38
108
37
32
2X C6
6
25
54
7
101

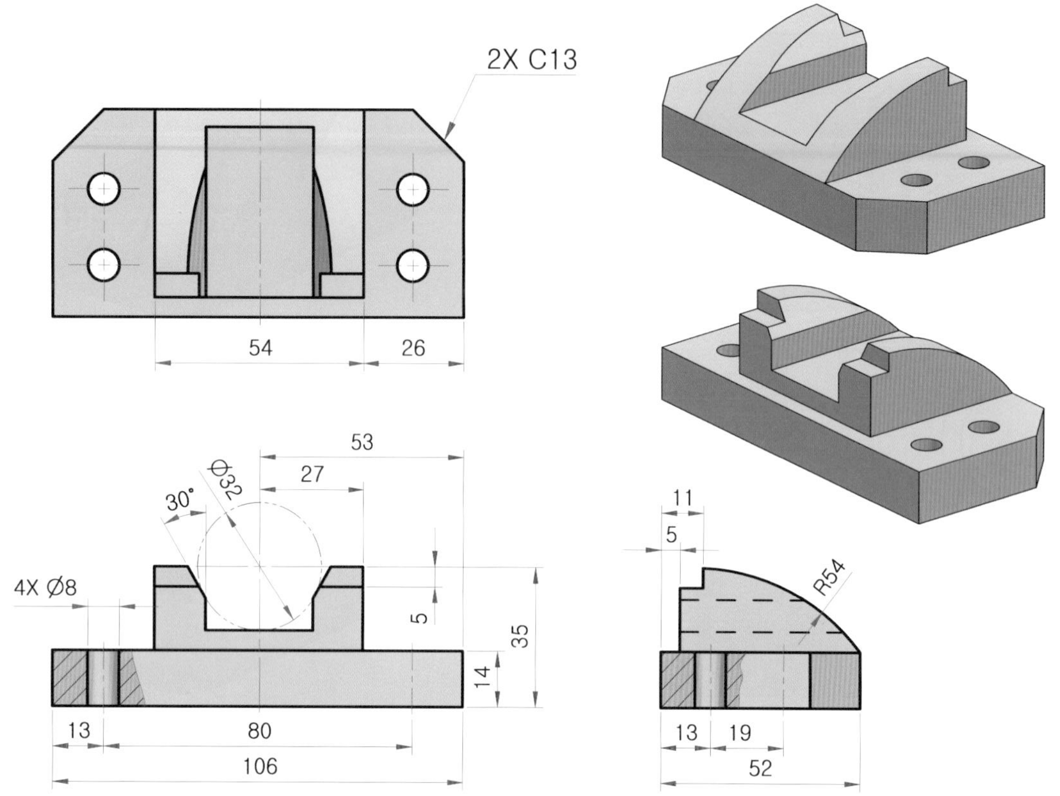

2 원형 패턴

피쳐 또는 본체를 호 또는 원의 경로로 개수, 간격으로 복제하여 원형으로 배열한다.

3D 모형 ⇨ 패턴 ⇨ 원형 패턴( )

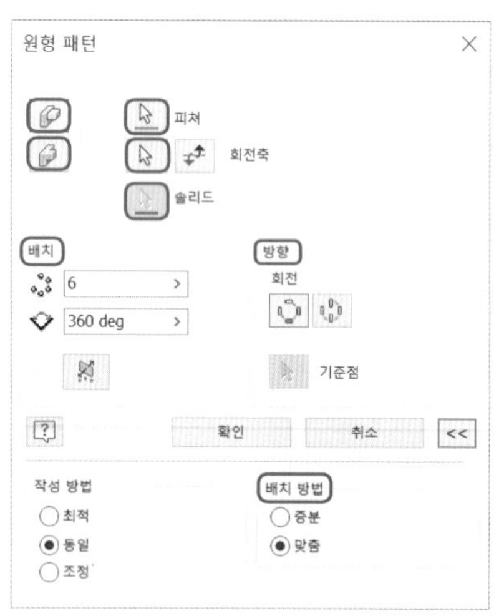

- 개별 피쳐 패턴 : 개별 솔리드 피쳐를 원형 배열한다.
- 솔리드 패턴화 : 개별적으로 배열할 수 없는 솔리드 본체를 배열한다.
- 피쳐 : 배열할 솔리드 피쳐를 선택한다.
- 회전축 : 원형 배열할 회전축을 선택한다.
- 솔리드 : 부품 파일에 솔리드 본체가 있을 때 사용한다.
- 배치

  배치 개수 : 배열할 개수를 입력한다.

  각도 : 배열할 각도를 입력한다.
- 방향 : 피쳐를 회전 배열하거나 고정 배열한다.
- 배치 방법

  ⊙ 증분 : 배열 사이의 간격을 각도로 계산한다.

  ⊙ 맞춤 : 배열할 전체 각도로 계산한다.

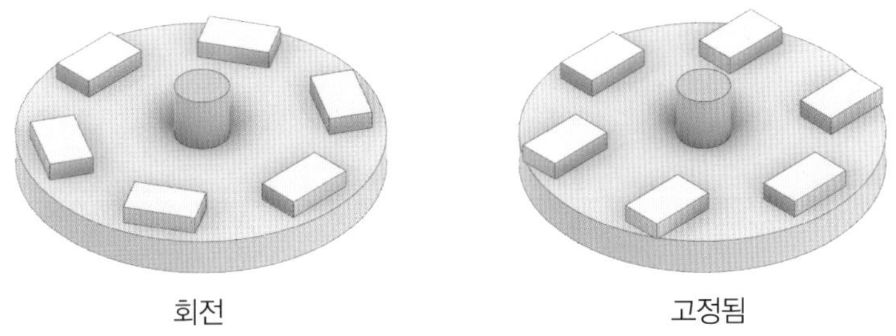

3D 모형 ⇨ 패턴 ⇨ 원형 패턴( ) ⇨ 개별 피쳐 패턴 ⇨ 피쳐 ⇨ 회전축 ⇨ 배치 ⇨ 개수 6 ⇨ 각도 360deg ⇨ 방향 : 회전 ⇨ 확인

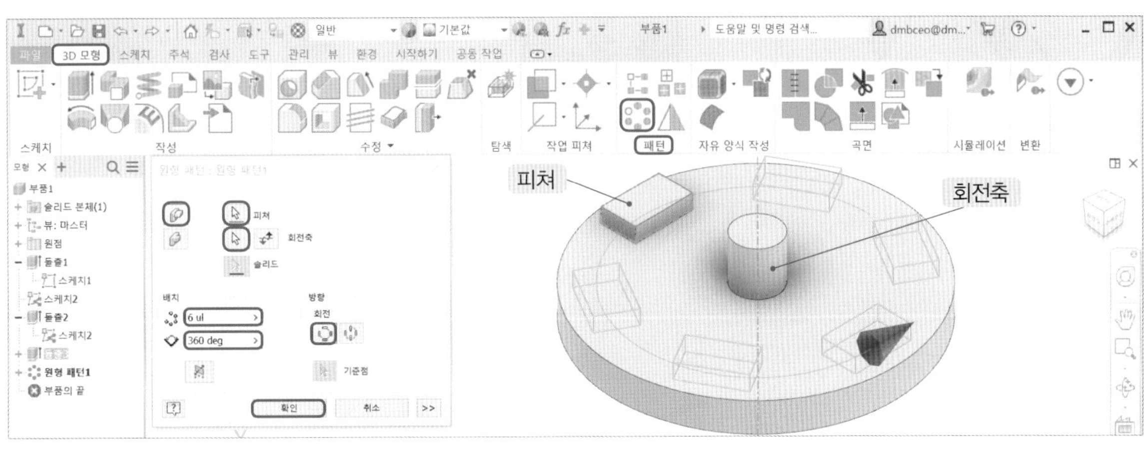

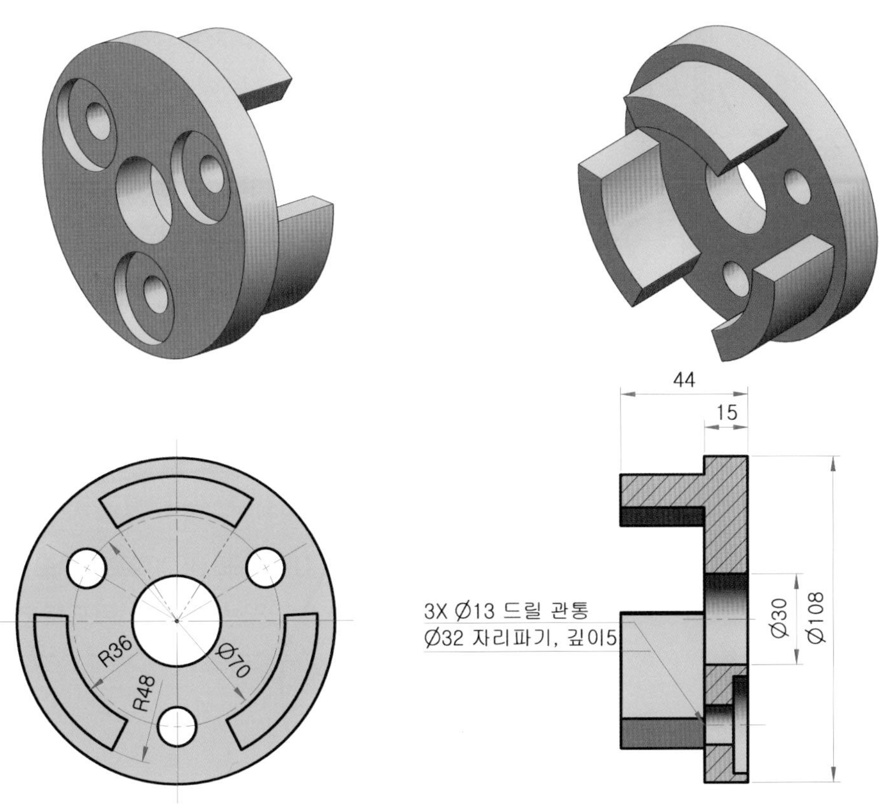

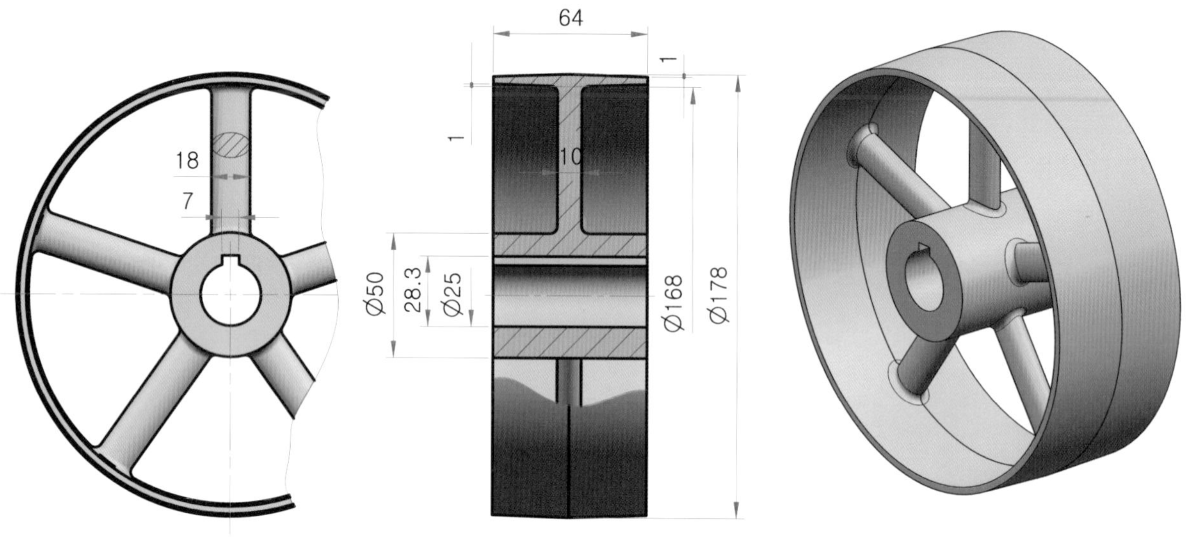
64
1
1
18
7
10
Ø50
28.3
Ø25
Ø168
Ø178

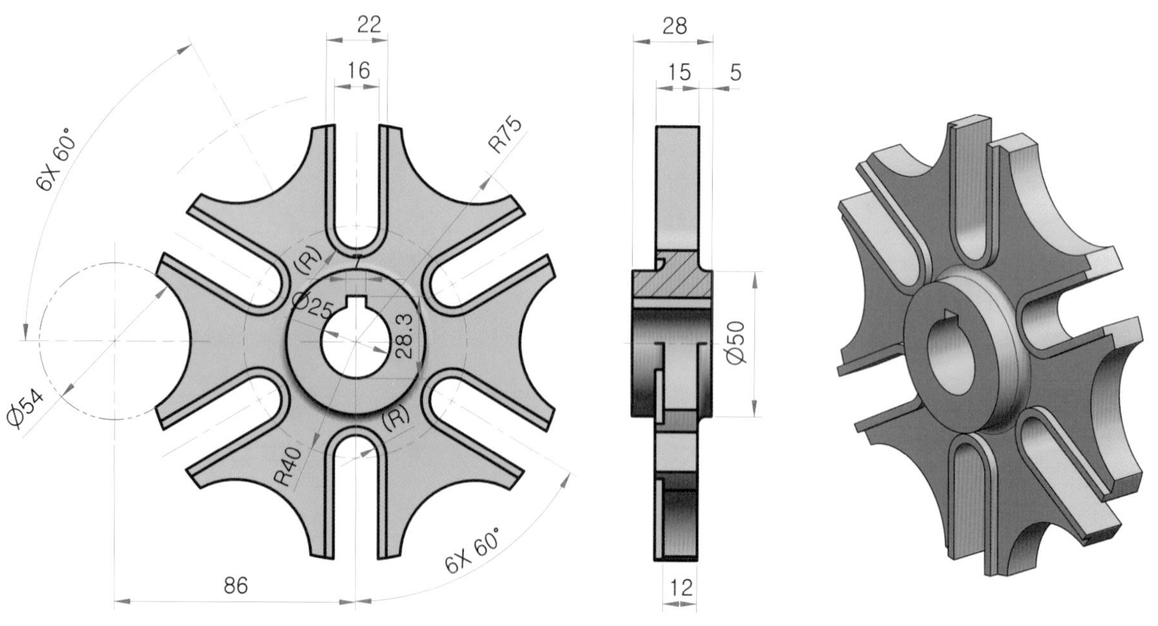
22
16
6X 60°
R75
(R)
Ø25
28.3
Ø54
(R)
R40
6X 60°
86
28
15
5
Ø50
12

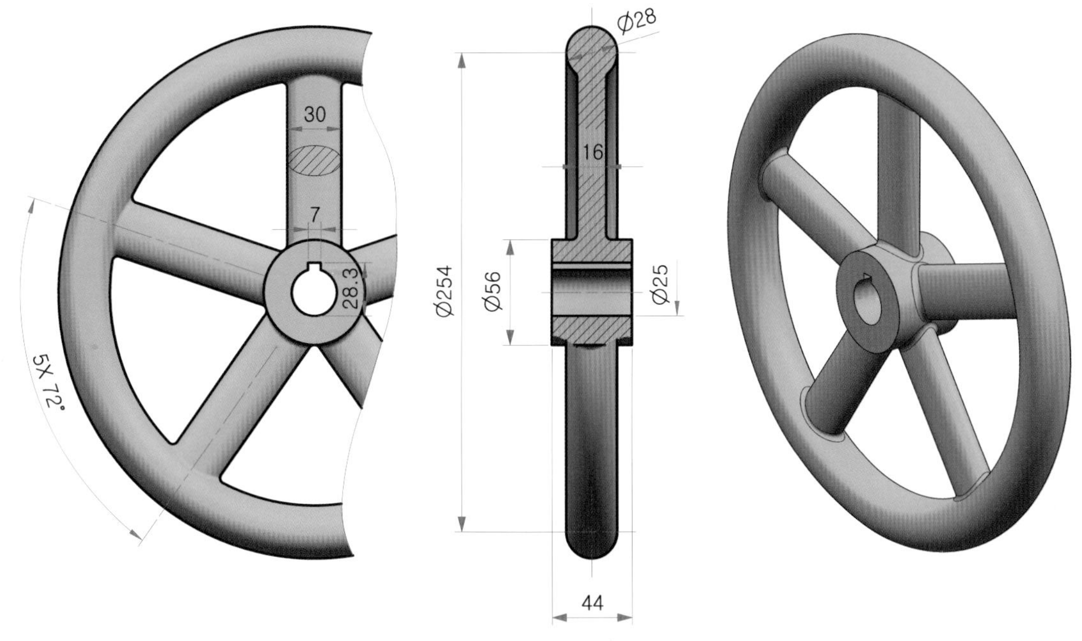

3 미러(대칭)

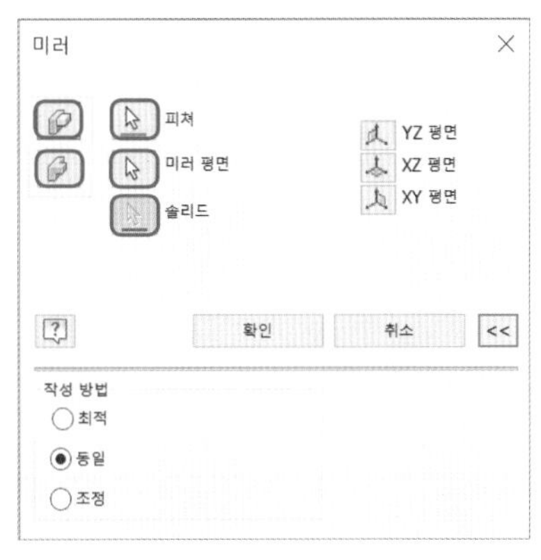

피쳐를 대칭면을 기준으로 대칭시켜 피쳐를 생성한다.
3D 모형 ⇨ 패턴 ⇨ 미러( )

- 개별 피쳐 미러 : 대칭할 솔리드, 피쳐를 선택한다.
  피쳐 : 대칭할 솔리드 및 피쳐를 선택한다.
- 미러 평면 : 선택된 피쳐를 대칭시킬 기준 평면을선택한다.
  솔리드 : 다중 본체 부품에서 솔리드 본체를 대칭한다.

3D 모형 ⇨ 패턴 ⇨ 미러( ) ⇨개별 피쳐 미러 ⇨ 피쳐 ⇨ 미러 평면(원점 YZ 평면) ⇨ 확인

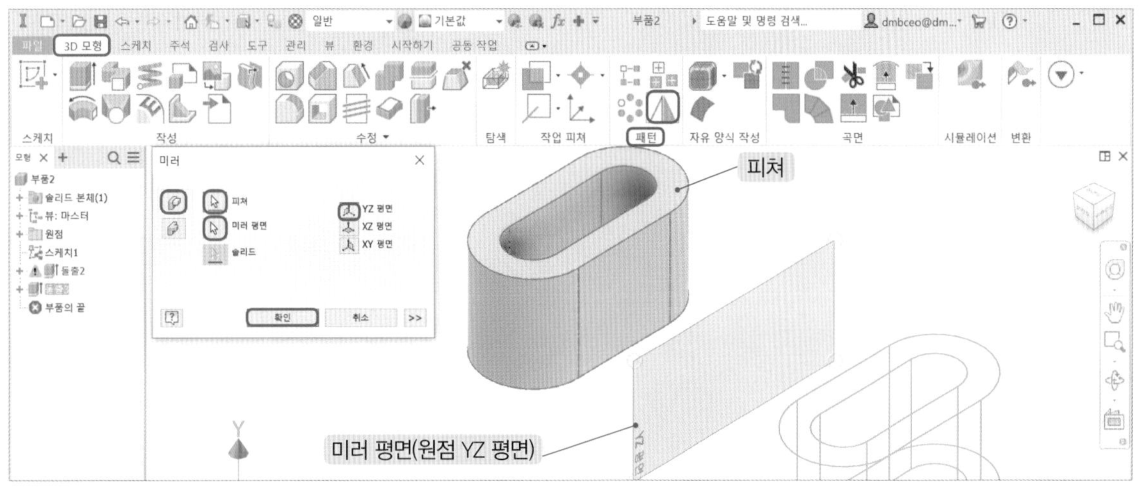

4 작업 피쳐

1 작업 평면

Autodesk Inventor에는 기본적으로 YZ, XZ, XY 평면, X축, Y축, Z축과 중심점을 가지고 있다. 기본적인 평면 위에 스케치하여 프로파일로 3D 모델링을 할 수 있다.

3D 모형 탭 ⇨ 작업 피쳐 ⇨ 평면( )

(1) 평면(기존 방법)

작업 평면을 정의할 적합한 꼭짓점, 모서리, 면 등을 선택하여 작업 평면을 생성한다.

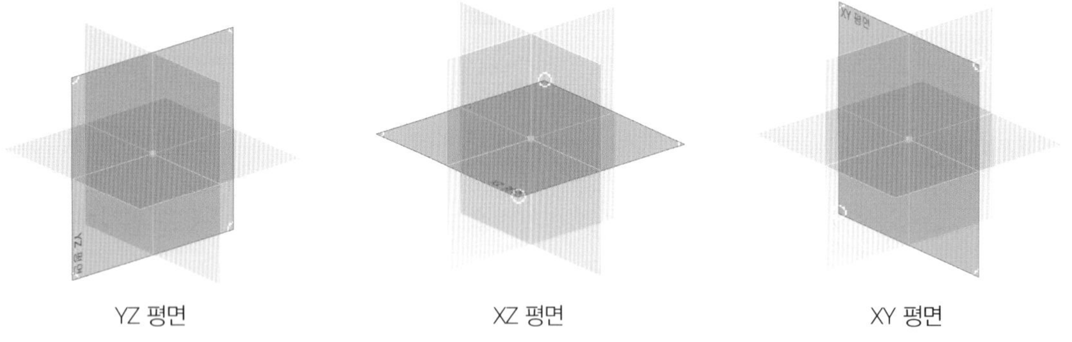

YZ 평면 XZ 평면 XY 평면

(2) 평면에서 간격띄우기

평면을 클릭하고 지정된 간격띄우기 거리를 지정하여 선택된 면에 평행인 작업 평면을 생성한다.

3D 모형 탭 ⇨ 작업 피쳐 ⇨ 평면▼ ⇨ 평면에서 간격띄우기( ) ⇨ 평면 선택 ⇨ 거리 10 Enter↵

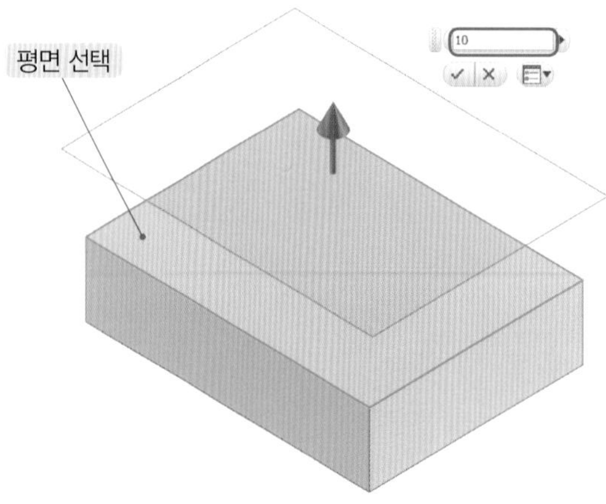

(3) 점을 통과하여 평면에 평행

평면, 작업 평면을 선택하고 점을 선택하여 평면을 생성한다.

3D 모형 탭 ⇨ 작업 피쳐 ⇨ 평면▼ ⇨ 점을 통과하여 평면에 평행( ) ⇨ 평면 선택 ⇨ 점 선택

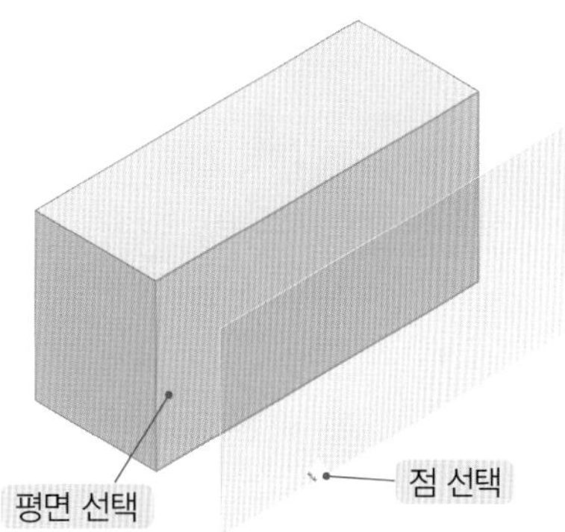

(4) 두 평면 사이의 중간 평면

선택 : 두 평면 또는 작업 평면 사이에 새 작업 평면을 생성한다.

3D 모형 탭 ⇨ 작업 피쳐 ⇨ 평면▼ ⇨ 두 평면 사이의 중간 평면( ) ⇨ 평면 1 선택 ⇨ 평면 2 선택

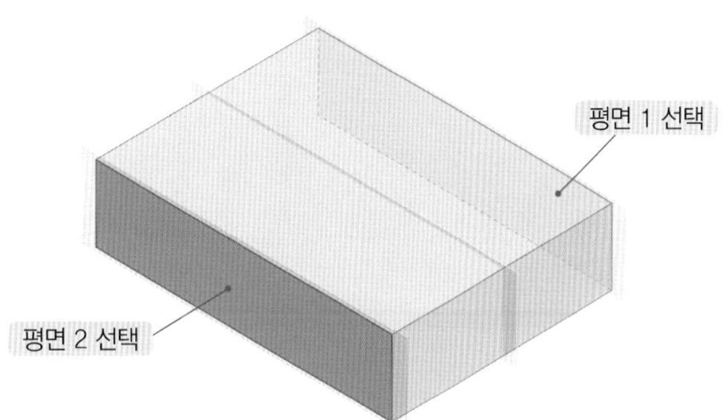

(5) 원환의 중간 평면

원환의 중심 또는 중간 평면을 통과하는 작업 평면이 생성된다.

3D 모형 탭 ⇨ 작업 피쳐 ⇨ 평면▼ ⇨ 원환의 중간 평면( ) ⇨ 원환 선택

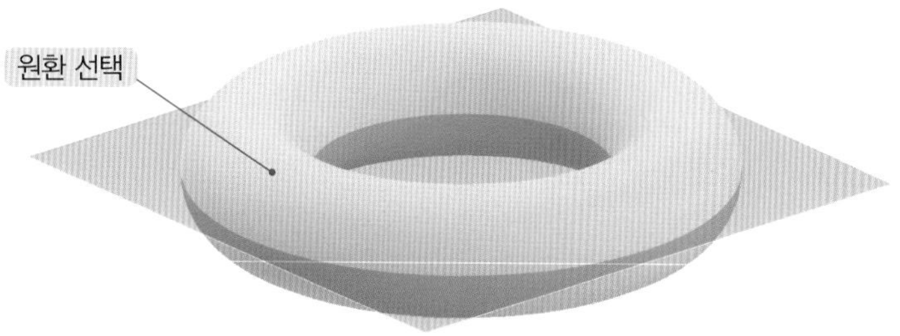

(6) 모서리를 중심으로 평면에 대한 각도

면 또는 평면으로부터 **입력** 각도인 작업 평면을 생성한다.

3D 모형 탭 ⇨ 작업 피처 ⇨ 평면▼ ⇨ 모서리를 중심으로 평면에 대한 각도( ) ⇨ 모서리 선택 ⇨ 평면 선택

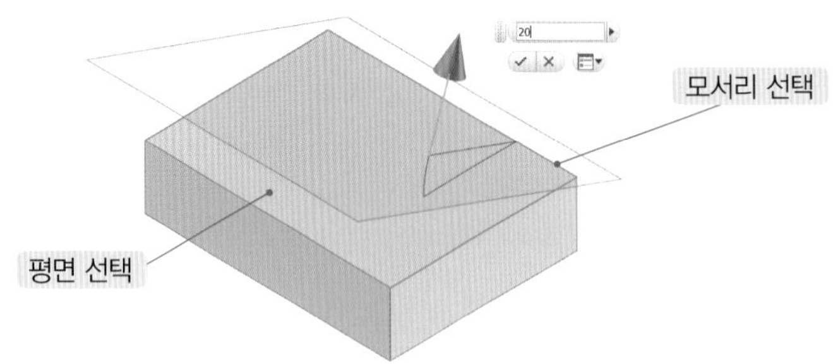

(7) 3점

임의의 세 점(끝점, 교차점, 중간점, 작업점 등)에 작업 평면을 생성한다.

3D 모형 탭 ⇨ 작업 피처 ⇨ 평면▼ ⇨ 3점( ) ⇨ 점 1 선택 ⇨ 점 2 선택 ⇨ 점 3 선택

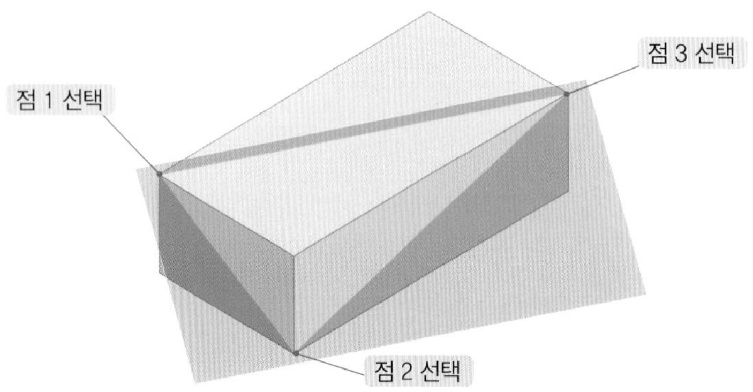

(8) 두 개의 동일 평면상 모서리

선택 : 두 개의 동일 평면상 작업축, 모서리 또는 선에 작업 평면을 생성한다.

3D 모형 탭 ⇨ 작업 피처 ⇨ 평면▼ ⇨ 두 개의 동일 평면상 모서리( ) ⇨ 모서리 1 선택 ⇨ 모서리 2 선택

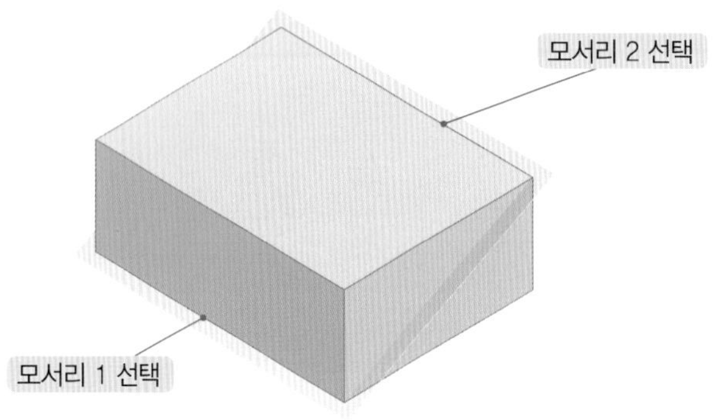

(9) 모서리를 통과하여 곡면에 접합

통과할 모서리를 선택하고, 접합할 곡면을 선택하여 작업 평면을 생성한다.

3D 모형 탭 ⇨ 작업 피처 ⇨ 평면▼ ⇨ 모서리를 통과하여 곡면에 접합( ) ⇨ 모서리 선택 ⇨ 곡면 선택

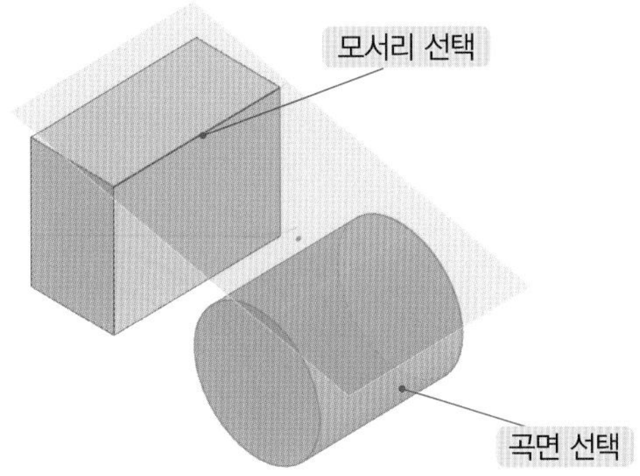

(10) 점을 통과하여 곡면에 접합

점(끝점, 중간점, 작업점)을 선택하고, 곡면을 선택한다.

(11) 곡면에 접하고 평면에 평행

곡면을 선택하고, 면(평면, 작업 평면)을 선택한다.

(12) 점을 통과하여 축에 수직

점을 선택하고, 선형 모서리 또는 축을 선택한다.

(13) 점에서 곡선에 수직

점(곡선의 꼭짓점, 모서리 중간점, 스케치점 또는 작업점)을 선택하고, 비선형 모서리 또는 스케치 곡선(원, 타원, 호 또는 스플라인)을 선택한다.

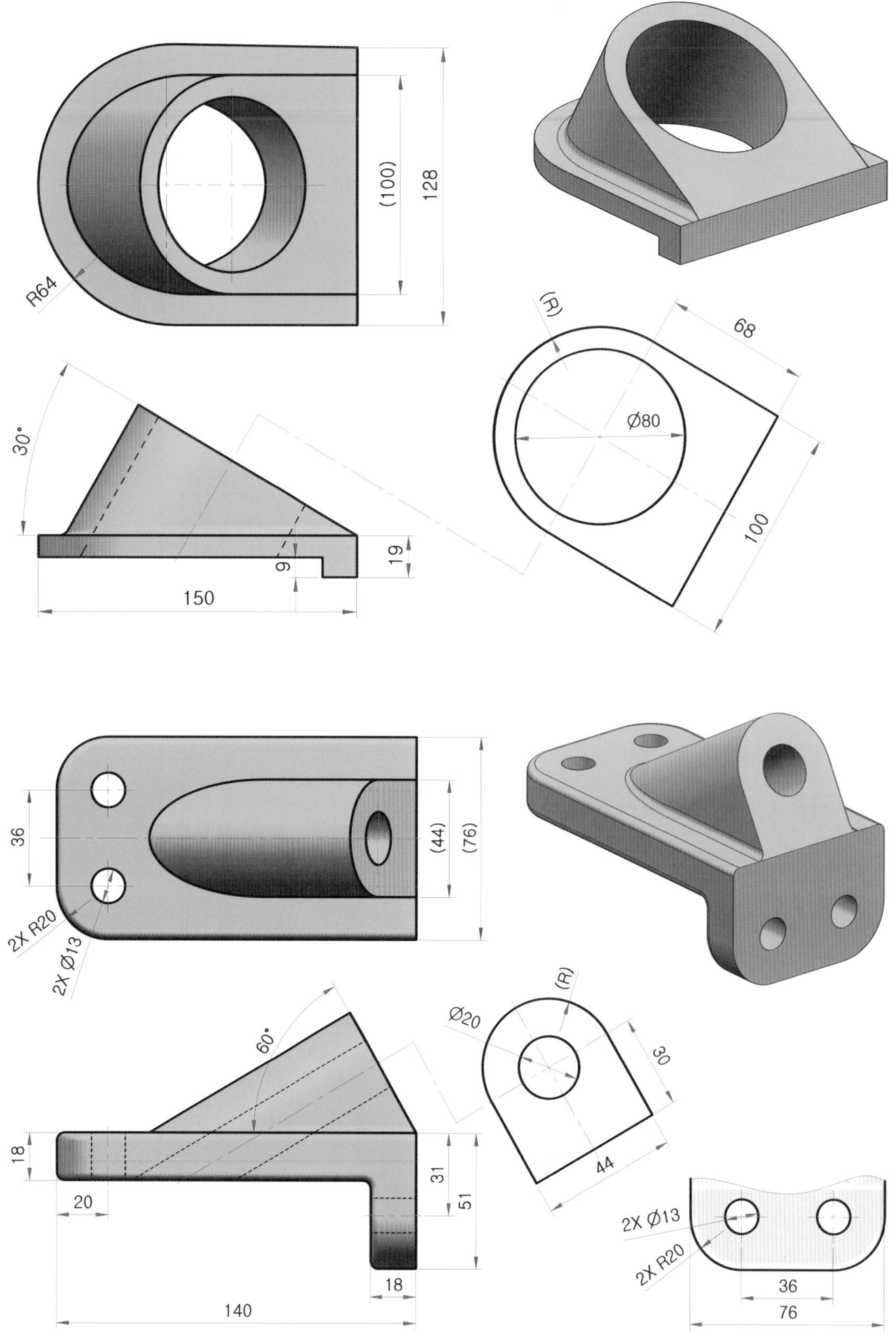

R64
(100)
128
30°
9
19
150
(R)
68
Ø80
100
36
2X R20
2X Ø13
(44)
(76)
60°
18
20
31
51
18
140
(R)
Ø20
30
44
2X Ø13
2X R20
36
76

2 작업축

작업축은 다른 작업 피쳐 명령을 사용하는 동안 직렬형으로 작성할 수 있다. 작업축 명령은 작업점이 작성되자마자 종료된다.

(1) 축(기존 방법)

작업축을 정의할 적합한 모서리, 선, 평면 또는 점을 선택한 객체를 통과하는 작업축을 생성한다.

3D 모형 탭 ⇨ 작업 피쳐 ⇨ 축▼ ⇨ 축( ) ⇨ 선 선택

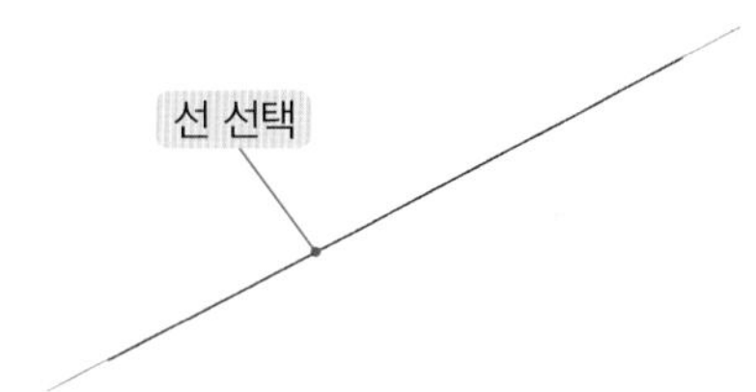

(2) 선 또는 모서리에 있음

모서리, 2D 및 3D 스케치 직선을 선택하여 작업축을 생성한다.

3D 모형 탭 ⇨ 작업 피쳐 ⇨ 축▼ ⇨ 선 또는 모서리에 있음( ) ⇨ 모서리 선택

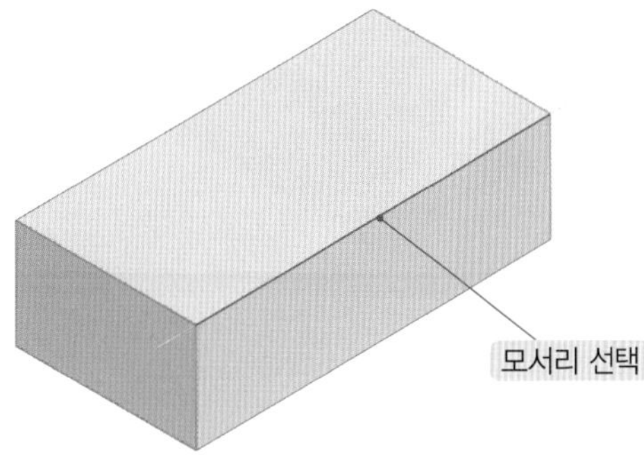

(3) 점을 통과하여 선에 평행

점(끝점, 중간점, 스케치점 또는 작업점)을 선택하고, 선(선형 모서리 또는 스케치선)을 선택하면 작업축이 생성된다.

3D 모형 탭 ⇨ 작업 피쳐 ⇨ 축▼ ⇨ 점을 통과하여 선에 평행( ) ⇨ 점 선택 ⇨ 선 선택

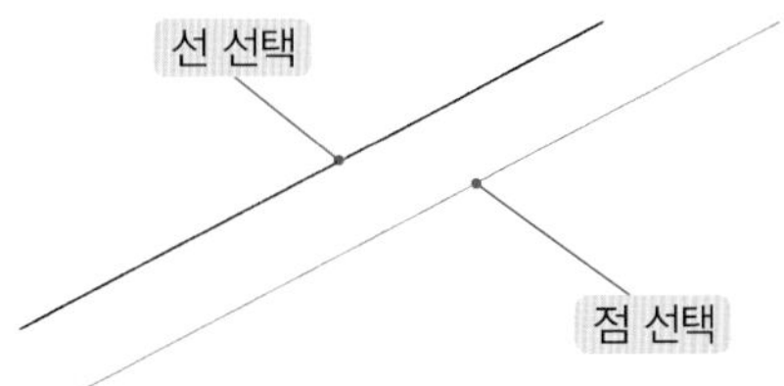

(4) 두 점 통과

끝점, 교차점, 중간점, 스케치점 또는 작업점 등 두 개의 점을 선택하면 작업축이 생성된다.

3D 모형 탭 ⇨ 작업 피처 ⇨ 축▼ ⇨ 두 점 통과( ) ⇨ 점 1 선택 ⇨ 점 2 선택

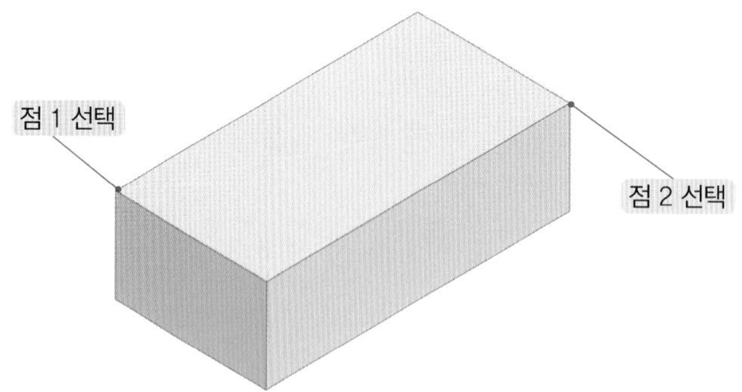

(5) 두 평면의 교차선

평행하지 않은 두 개의 작업 평면을 선택하면 교차하는 작업축이 생성된다.

3D 모형 탭 ⇨ 작업 피처 ⇨ 축▼ ⇨ 두 평면의 교차선( ) ⇨ 평면 1 선택 ⇨ 평면 2 선택

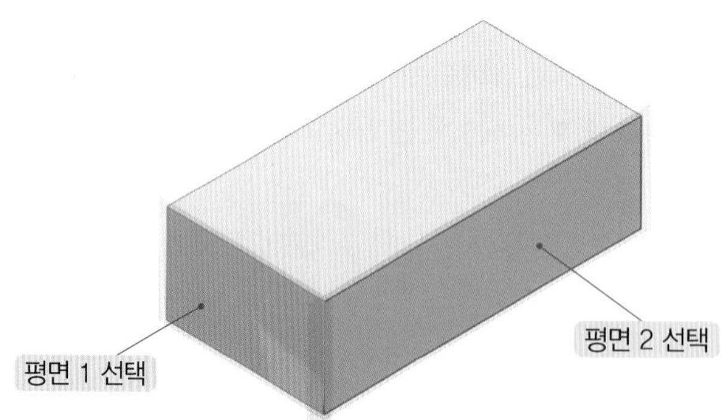

(6) 점을 통과하여 평면에 수직

점을 통과하여 선택된 평면에 수직으로 작업축이 생성된다.

3D 모형 탭 ⇨ 작업 피처 ⇨ 축▼ ⇨ 점을 통과하여 평면에 수직( ) ⇨ 점 선택 ⇨ 평면 선택

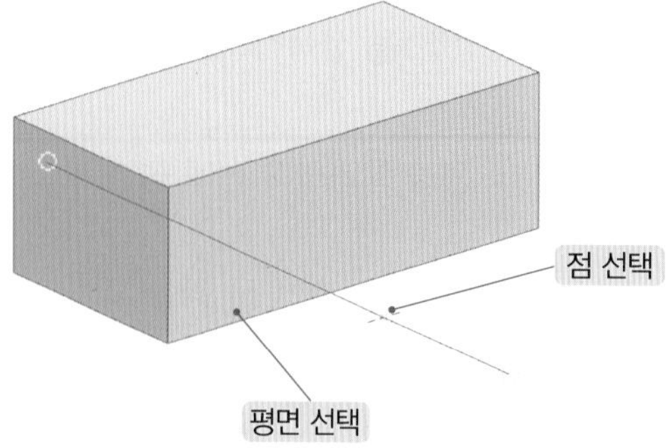

(7) 원형 또는 타원형 모서리의 중심 통과

원형 또는 타원형 피쳐를 선택하면 중심선에 작업축이 생성된다.

3D 모형 탭 ⇨ 작업 피쳐 ⇨ 축▼ ⇨ 원형 또는 타원형 모서리의 중심 통과(∅) ⇨ 피쳐 선택

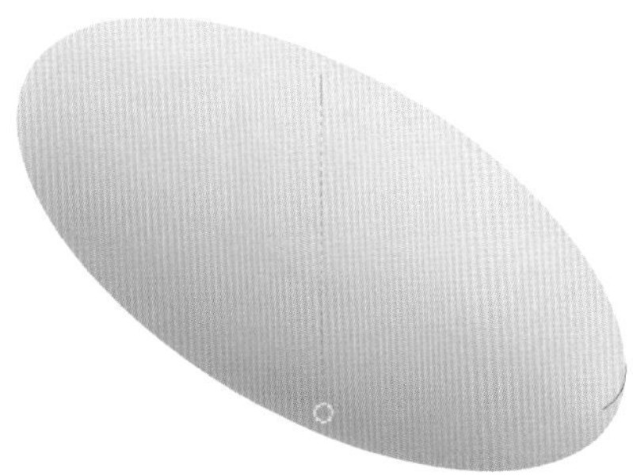

(8) 회전된 면 또는 피쳐 통과

선택 : 원통면 또는 원통 단면을 선택하면 중심선에 작업축이 생성된다.

3D 모형 탭 ⇨ 작업 피쳐 ⇨ 축▼ ⇨ 회전된 면 또는 피쳐 통과( ) ⇨ 원통 선택

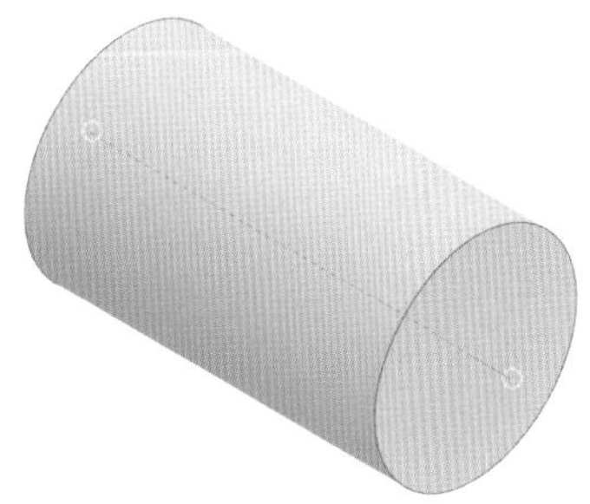

3 작업점

모형의 면, 선형 모서리 또는 호나 원에 작업점을 투영하거나 작성한다.

(1) 점

다른 객체에 파라메트릭하게 첨부된 구성점을 작성한다.

3D 모형 탭 ⇨ 작업 피쳐 ⇨ 점▼ ⇨ 점( ) ⇨ 객체(점) 선택

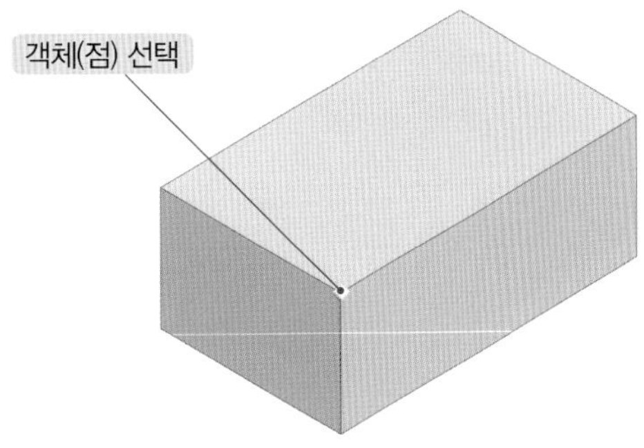

(2) 고정점

작업점, 중간점 또는 꼭짓점을 선택하여 점을 작성한다.

3D 모형 탭 ⇨ 작업 피쳐 ⇨ 점▼ ⇨ 고정점( ) ⇨ 고정점(중간점) 선택

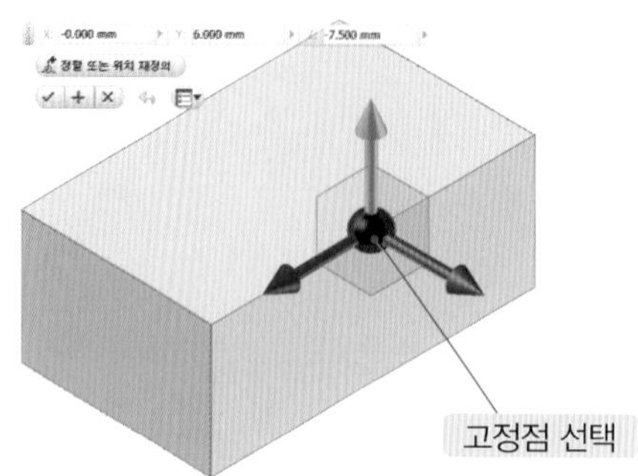

(3) 꼭짓점, 스케치점 또는 중간점

2D, 3D 스케치점, 스케치선의 끝점 또는 선형 모서리의 끝점, 중간점, 꼭짓점을 선택하여 점을 작성한다.

3D 모형 탭 ⇨ 작업 피쳐 ⇨ 점▼ ⇨ 고정점( ) ⇨ 점(중간점) 선택

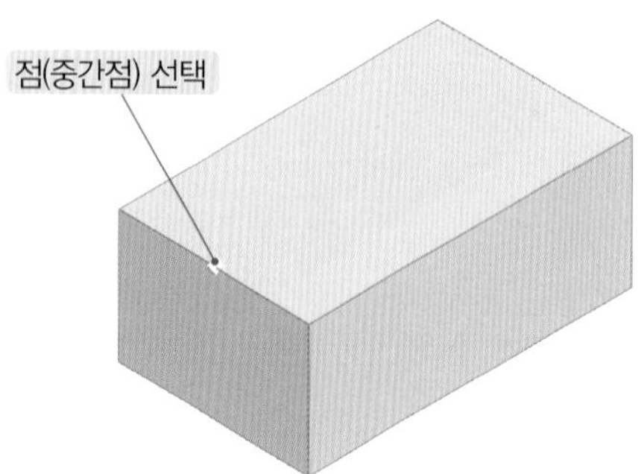

(4) 세 평면의 교차점

교차하는 세 작업 평면 또는 세 평면을 선택하여 세 평면의 교차점을 작성한다.

3D 모형 탭 ⇨ 작업 피쳐 ⇨ 점▼ ⇨ 세 평면의 교차점( ) ⇨ 면 1 선택 ⇨ 면 2 선택 ⇨ 면 3 선택

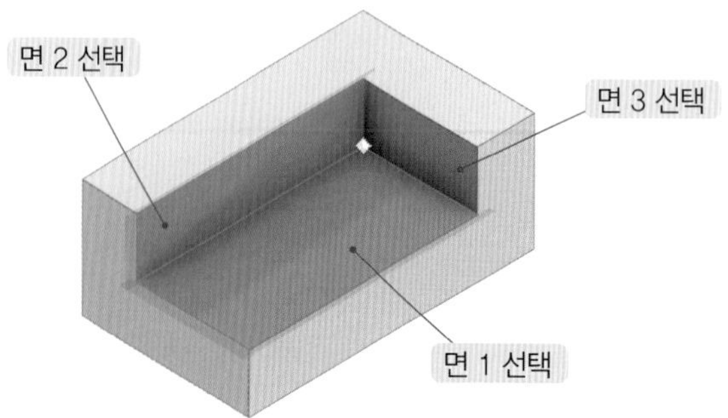

(5) 두 선의 교차점

두 선(선형 모서리, 2D 또는 3D 스케치선, 작업축)을 선택하여 두 선의 교차점을 작성한다.

3D 모형 탭 ⇨ 작업 피쳐 ⇨ 점▼ ⇨ 두 선의 교차점( ) ⇨ 선 1 선택 ⇨ 선 2 선택

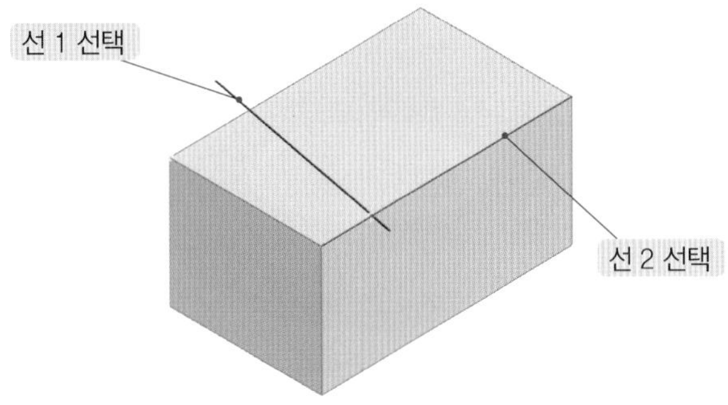

(6) 평면/곡면과 선의 교차점

면(평면, 작업 평면)을 선택하고, 선(작업축, 선, 모서리)을 선택하여 선과 평면의 교차점을 작성한다.

3D 모형 탭 ⇨ 작업 피쳐 ⇨ 점▼ ⇨ 평면/곡면과 선의 교차점( ) ⇨ 선 선택 ⇨ 면 선택

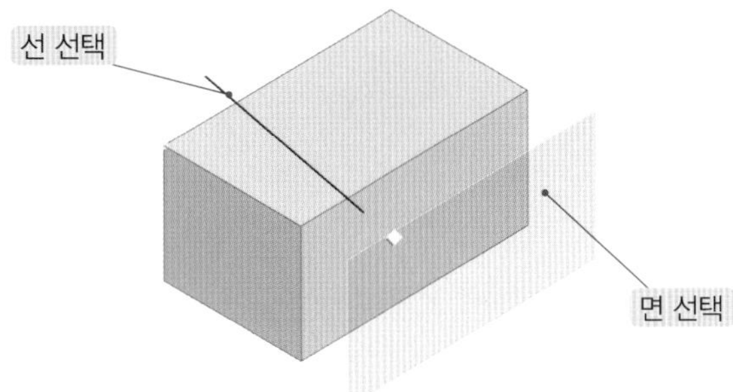

(7) 모서리 루프의 중심점

모서리가 연결된 모서리를 선택하여 점을 작성한다.

3D 모형 탭 ⇨ 작업 피쳐 ⇨ 점▼ ⇨ 모서리 루프의 중심점( ) ⇨ 모서리 선택

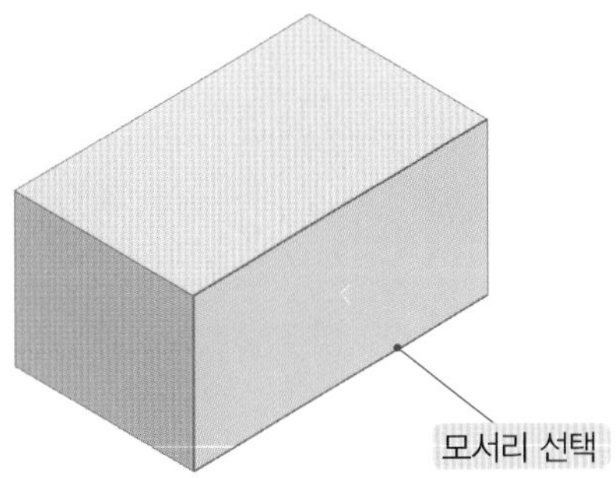

(8) 원환의 중심점

원환을 선택하여 점을 작성한다.

3D 모형 탭 ⇨ 작업 피쳐 ⇨ 점▼ ⇨ 원환의 중심점( ) ⇨ 원환 선택

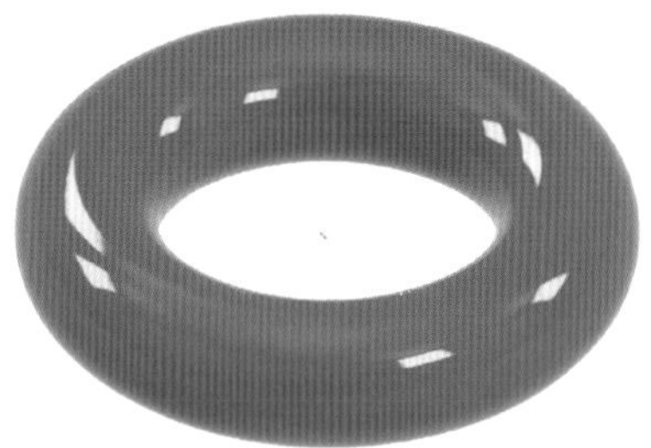

(9) 구의 중심점

구를 선택하여 구의 중심점을 작업점으로 작성한다.

3D 모형 탭 ⇨ 작업 피쳐 ⇨ 점▼ ⇨ 두 선의 교차점( ) ⇨ 구 선택

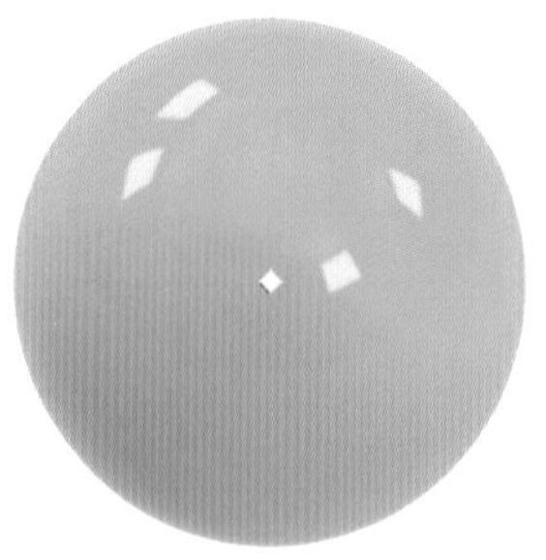

4 사용자 좌표(UCS) 설정

UCS는 작업 피쳐(3개의 작업 평면, 축과 점)의 집합이다. 모형에서 위치와 각도를 지정하여 UCS를 지정할 수 있다.

3D 모형 탭 ⇨ 작업 피쳐 ⇨ 사용자 좌표(UCS)( ) ⇨ 구 선택

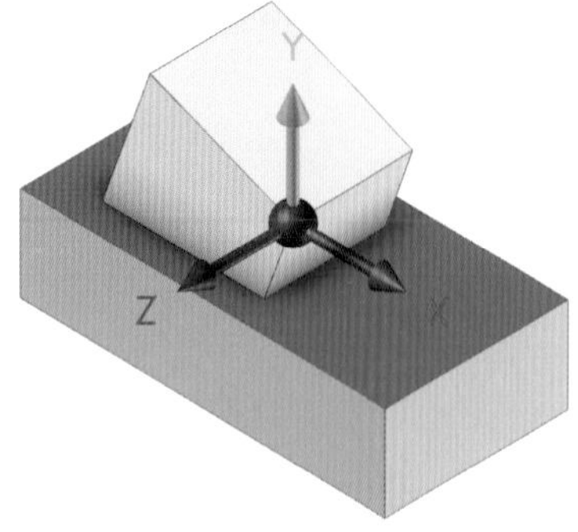

① 위의 피쳐 꼭짓점(UCS 원점)을 선택

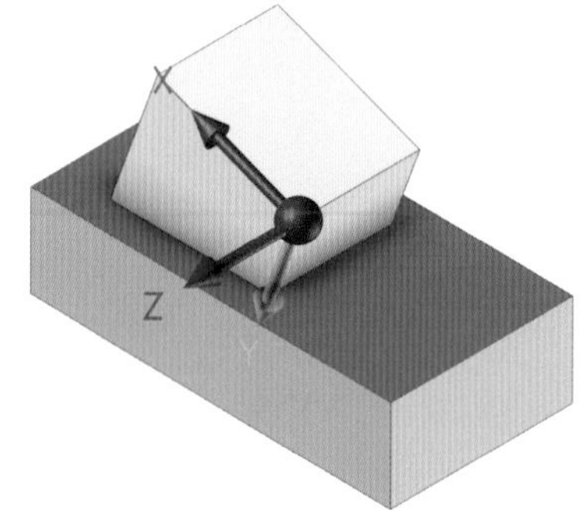

② UCS X축을 선택하고, 피쳐 모서리 선택

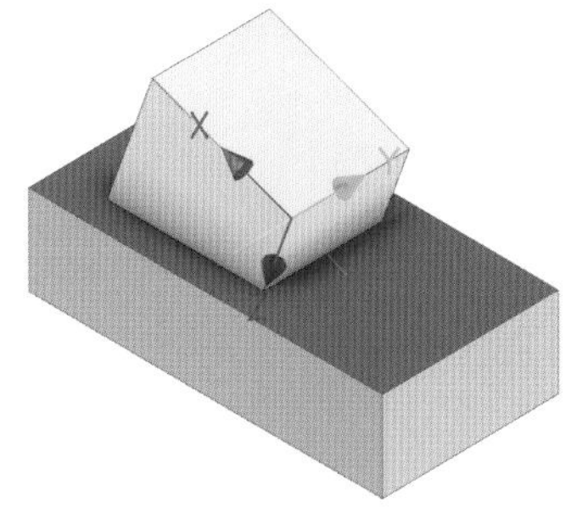

③ UCS Y축을 택하고, 피쳐 모서리 선택

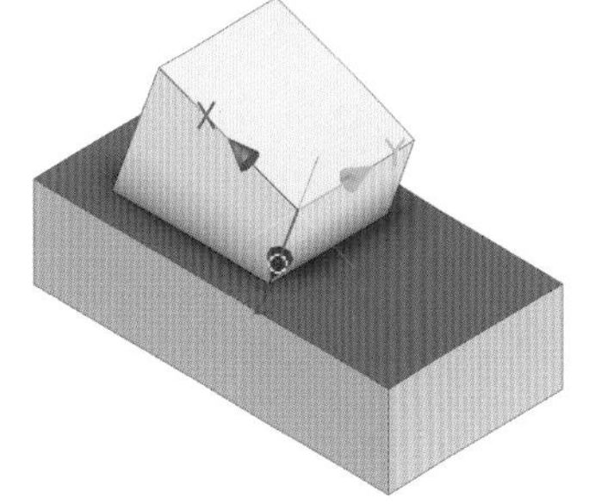

④ UCS Z축을 택하고, 피쳐 모서리 선택

5 곡면

생성된 곡면을 수정, 변경하여 새로운 곡면으로 생성한다.

1 곡면 스티치

곡면 모서리가 인접한 곡면과 함께 연결하여 퀼트 또는 솔리드로 생성한다.
3D 모형 탭 ⇨ 곡면 ⇨ 곡면 스티치( )

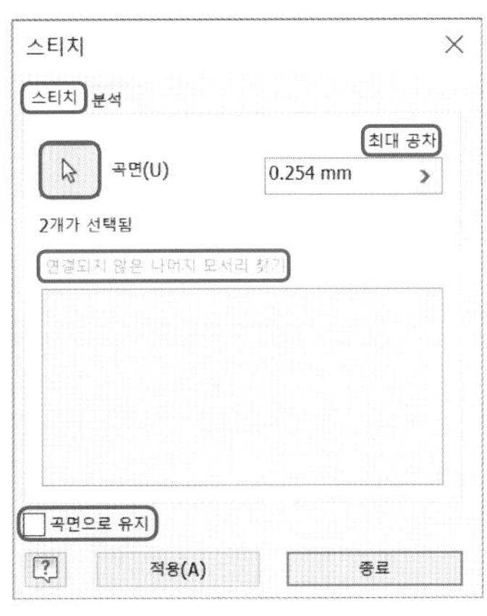

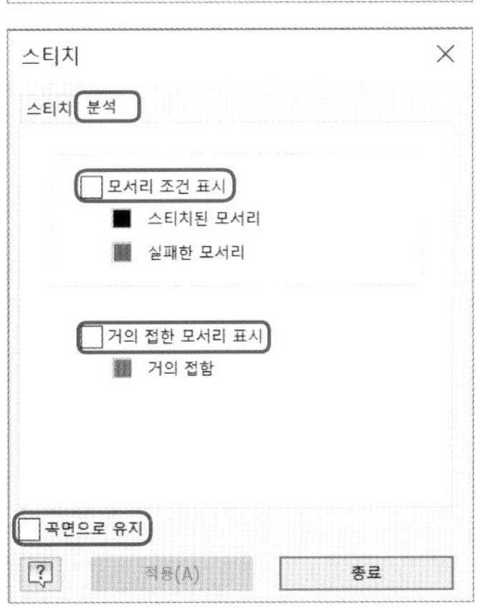

- 곡면(U) : 부품 환경에서 선택한 스티치할 곡면을 스티치 피쳐를 사용하여 곡면을 퀼트로 함께 스티치한다.
- 최대 공차 : 스티치 명령에서 공차 모서리 만들기에 연결되지 않은 모서리 간의 허용되는 최대 공차를 지정한다.
  연결되지 않은 나머지 모서리 찾기 : 스티치 후에 연결되지 않고 남아있는 모서리와 모서리 사이의 최대 간격이 표시된다.

☑ 곡면으로 유지 : 곡면으로 유지를 선택하면 닫힌 체적이 곡면으로 유지된다. 이 옵션을 선택하지 않는 경우 스티치 작업을 통해 발생한 닫힌 체적이 솔리드가 된다.

☑ 모서리 조건 표시 : 곡면 모서리를 색상별로 표시한다.

- ■ 스티치된 모서리 : 인접한 곡면으로 스티치된다.
- ■ 실패한 모서리 : 인접한 곡면에 스티치되지 않고 남아있는 모서리이다.

☑ 거의 접한 모서리 표시 : 근처 접선 조건을 표시한다.

- ■ 거의 접함 : 모서리선이 분홍색으로 표시되면 거의 접하는 모서리이다.

☑ 곡면으로 유지 : 곡면으로 유지를 선택하면 닫힌 체적이 곡면으로 유지된다.

3D 모형 탭 ⇨ 곡면 ⇨ 곡면 스티치( ) ⇨ 곡면 1 선택 ⇨ 곡면 2 선택 ⇨ 적용 ⇨ 확인

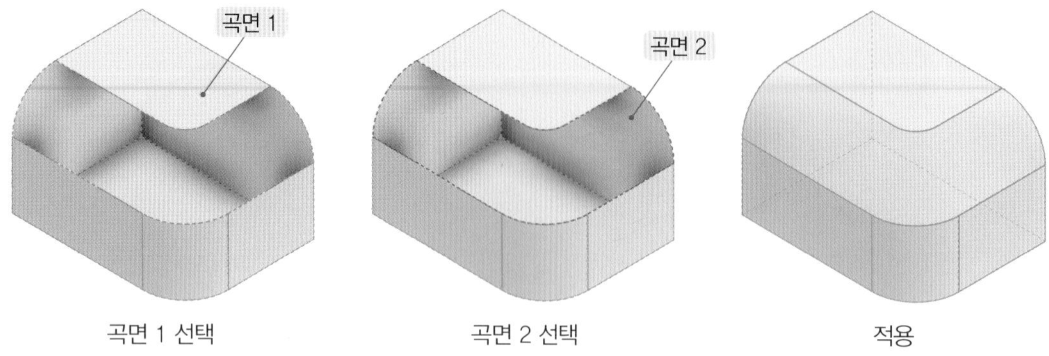

곡면 1 선택　　　곡면 2 선택　　　적용

2 조각

솔리드 모형에 재질을 추가 또는 제거하거나, 선택한 곡면 형상을 기준으로 곡면 피쳐를 추가 또는 제거한다.

3D 모형 탭 ⇨ 곡면 ⇨ 조각( )

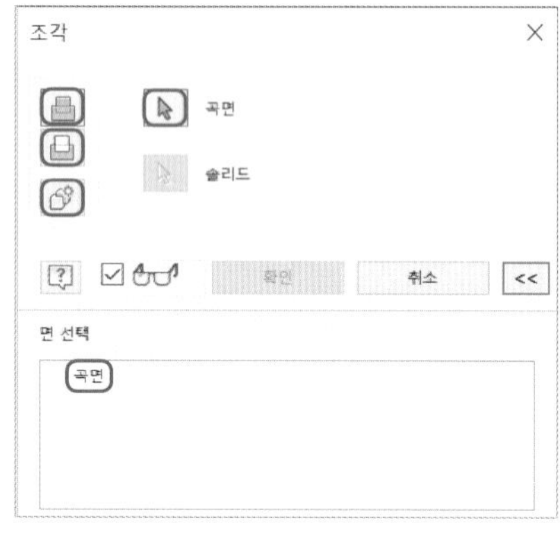

- 곡면 : 조각 작업의 경계 형상으로 사용할 곡면을 선택한다.
- 추가 : 선택된 형상을 기준으로 솔리드 또는 곡면에 재질을 추가한다.
- 제거 : 선택된 형상을 기준으로 솔리드 또는 곡면에서 재질을 제거한다.
- 새 솔리드 : 솔리드 본체를 작성한다. 본체는 다른 본체와 피쳐를 공유할 수 있다.
- 곡면 : 선택 세트의 곡면과 면 선택의 방향으로 나열된다.

3 곡면 자르기

곡면 영역을 절단 도구 및 제거할 곡면 영역을 선택해 곡면 피쳐를 자른다. 단일 자르기 피쳐는 단일 곡면 본체에만 작동한다.

3D 모형 탭 ⇨ 곡면 ⇨ 조각( )

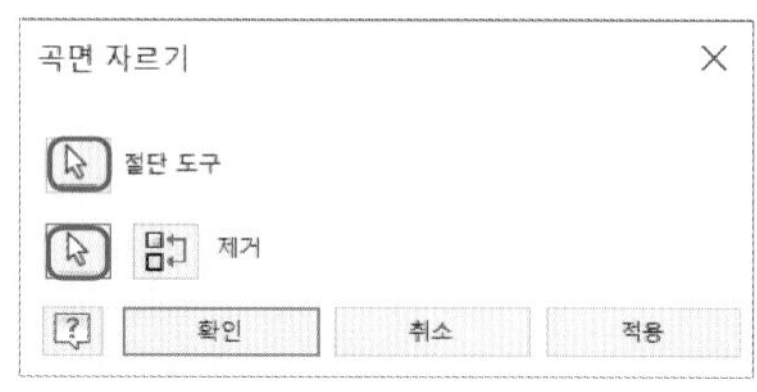

- 절단 도구 : 곡면을 자를 절단 도구(형상)를 선택한다.
- 제거 : 제거할 곡면 영역을 선택한다.

3D 모형 탭 ⇨ 곡면 ⇨ 조각( ) ⇨ 절단 도구 ⇨ 제거 ⇨ 확인

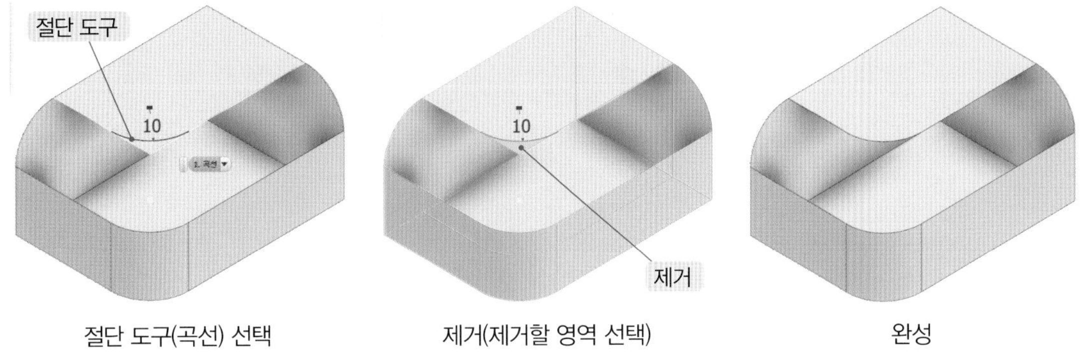

절단 도구(곡선) 선택 제거(제거할 영역 선택) 완성

4 경계 패치

지정한 닫힌 루프(닫힌 2D 스케치, 닫힌 경계)의 경계 내에서 3D 곡면을 생성한다.

3D 모형 탭 ⇨ 곡면 ⇨ 경계 패치( ) ⇨ 경계(모서리) 선택 ⇨ 확인

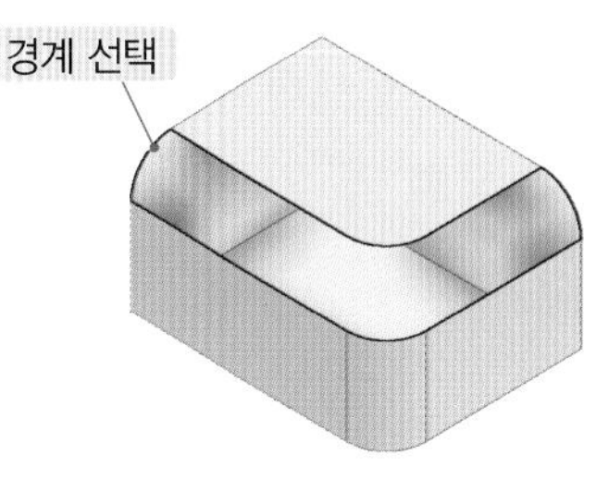

경계 : 그래픽 창에서 경계 패치에 사용할 모서리 또는 프로파일을 선택한다.

조건 : 선택한 모서리 이름과 선택한 세트에 있는 모서리 수를 표시한다.

5 면 삭제

부품 면, 덩어리 또는 보이드를 삭제하여 부품은 곡면으로 작성한다.

3D 모형 탭 ⇨ 수정 ⇨ 면 삭제( )

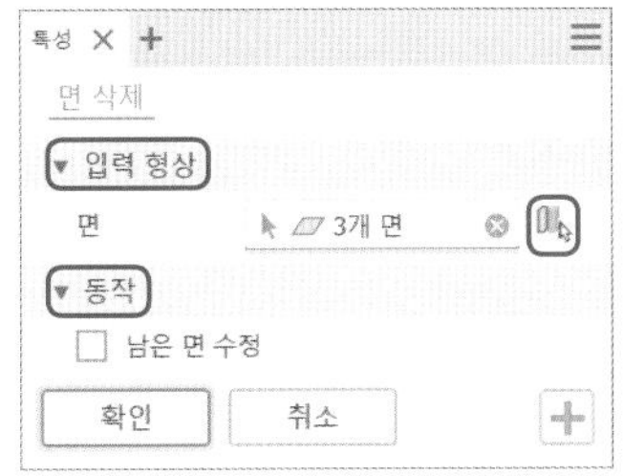

▼ 입력 형상

- 면 : 삭제할 개별 면이나 덩어리를 선택한다.
  조각 보이드 전환 꺼짐 : 개별 면을 삭제한다.
  조각 보이드 전환 켜짐 : 덩어리의 모든 면을 삭제한다.

▼ 동작

☑ 남은 면 수정 : 면이 교차할 때까지 면을 연장하여 나머지 면을 수정한다.

3D 모형 탭 ⇨ 수정 ⇨ 면 삭제( ) ⇨ 면 선택 ⇨ 확인

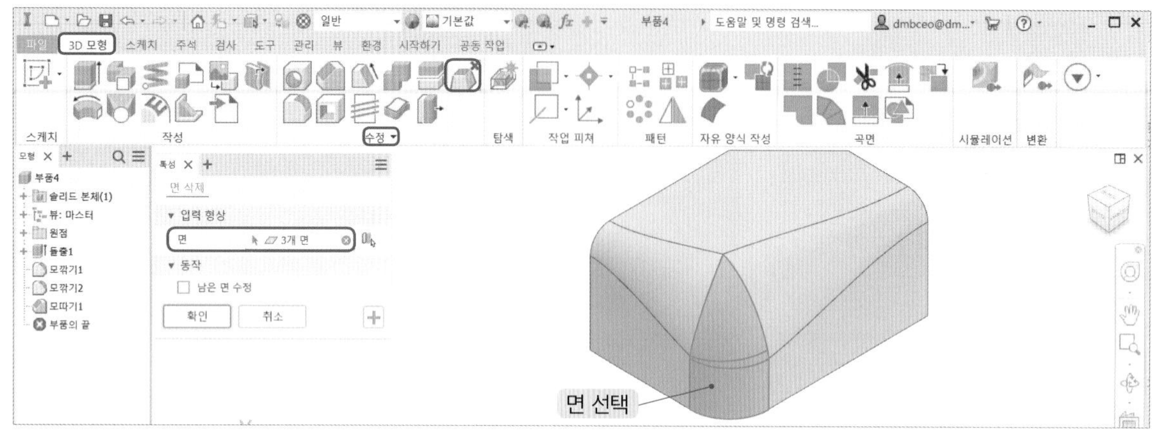

6 곡면 연장

종료 평면을 지정한 방향으로 곡면을 연장하여 생성한다.

곡면을 하나 이상의 방향으로 곡면을 연장하여 생성한다. 곡면 모서리와 퀼트의 개별 모서리 하나 이상을 연장할 수 있다.

3D 모형 탭 ⇨ 곡면 ⇨ 곡면 연장( )

- 모서리 : 연장할 단일 곡면, 퀼트의 면 모서리를 선택한다.
- ☑ 모서리 체인 : 모서리에 연속으로 접하는 모든 모서리를 포함하도록 자동으로 연장한다.
- 범위

  거리 : 곡면의 연장할 거리를 입력한다.

  지정 면까지 : 연장을 종료할 솔리드 또는 곡면 본체의 끝면이나 작업 평면을 선택한다.

3D 모형 탭 ⇨ 곡면 ⇨ 곡면 연장( ) ⇨ 모서리 선택 ⇨ 범위 : 거리 5 ⇨ 확인

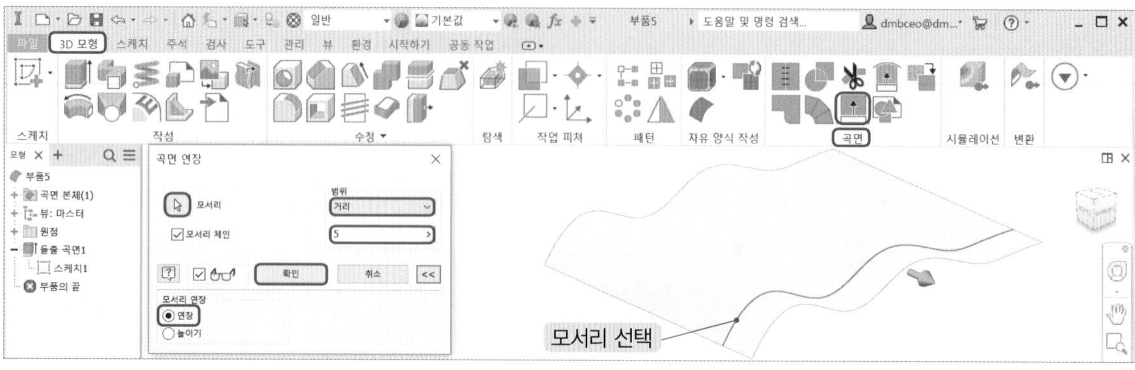

7 면 대치

생성된 부품 면을 곡면, 퀼트, 작업 평면으로 대치하여 생성한다.

3D 모형 탭 ⇨ 곡면 ⇨ 면 대치( )

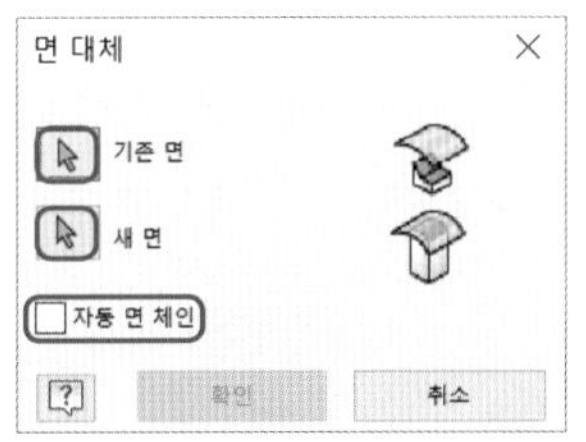

- 기존 면 : 대치할 기존 면을 선택한다.
- 새 면 : 기존 면과 바꿀 새 곡면, 퀼트 또는 작업 평면을 선택한다.

☑ 자동 면 체인 : 면을 선택하면 면에 연속적으로 접하는 모든 면이 자동으로 선택된다.

8 직선보간 곡면

복합 곡면에 연장을 추가, 분할 곡면을 작성, 방향 벡터를 따르는 기울어진 면을 추가하려면 직선보간 곡면을 작성한다.

3D 모형 탭 ⇨ 곡면 ⇨ 직선보간 곡면( )

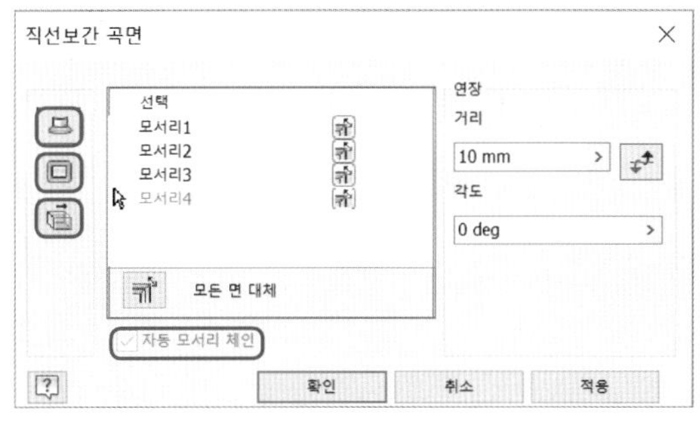

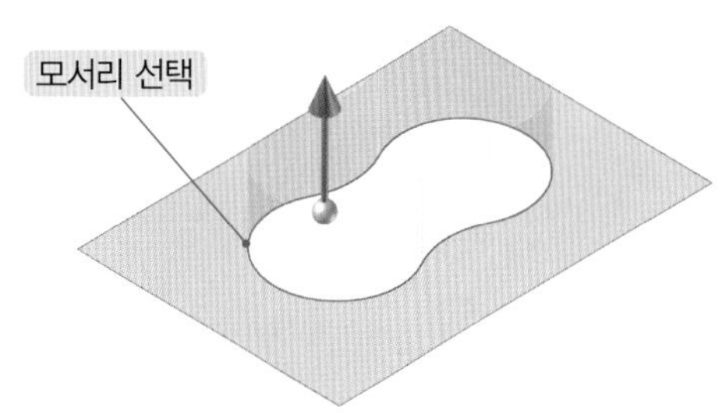

- 일반 : 선택한 모서리에 수직인 곡면을 작성하려면 법선을 선택한다.
- 접선 : 선택한 모서리에 접하는 곡면을 작성하려면 접선을 선택한다.
- 벡터 : 선택한 면, 작업 평면, 모서리 또는 축을 따르는 표면을 작성하려면 벡터를 선택한다.

☑ 자동 모서리 체인 : 모서리를 선택하면 모서리에 연속적으로 접하는 모든 모서리가 자동으로 선택된다.

Chapter 4

3D 형상 모델링하기

INVENTOR

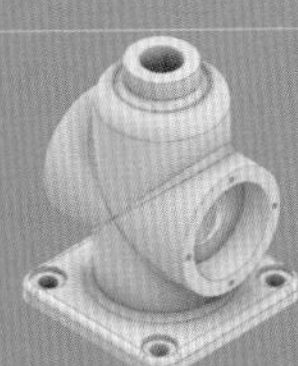
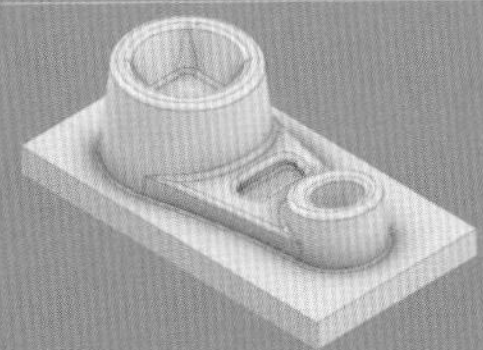

1 2.5D CNC 밀링기능사 과제 모델링하기

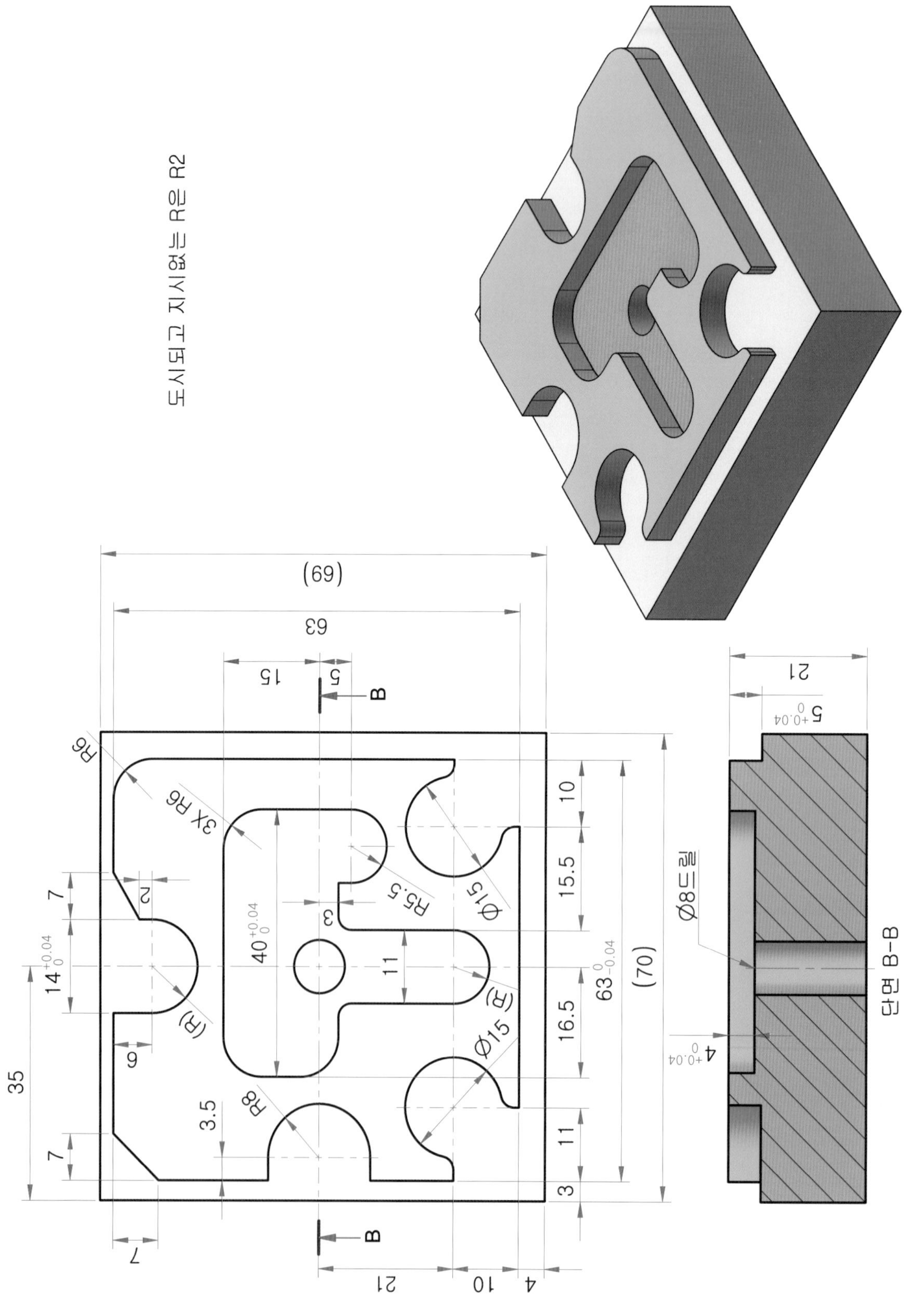

도시되고 지시없는 R은 R2

단면 B-B

(1) 스케치하기

XZ 평면에 스케치하고 치수와 구속조건을 입력한다.

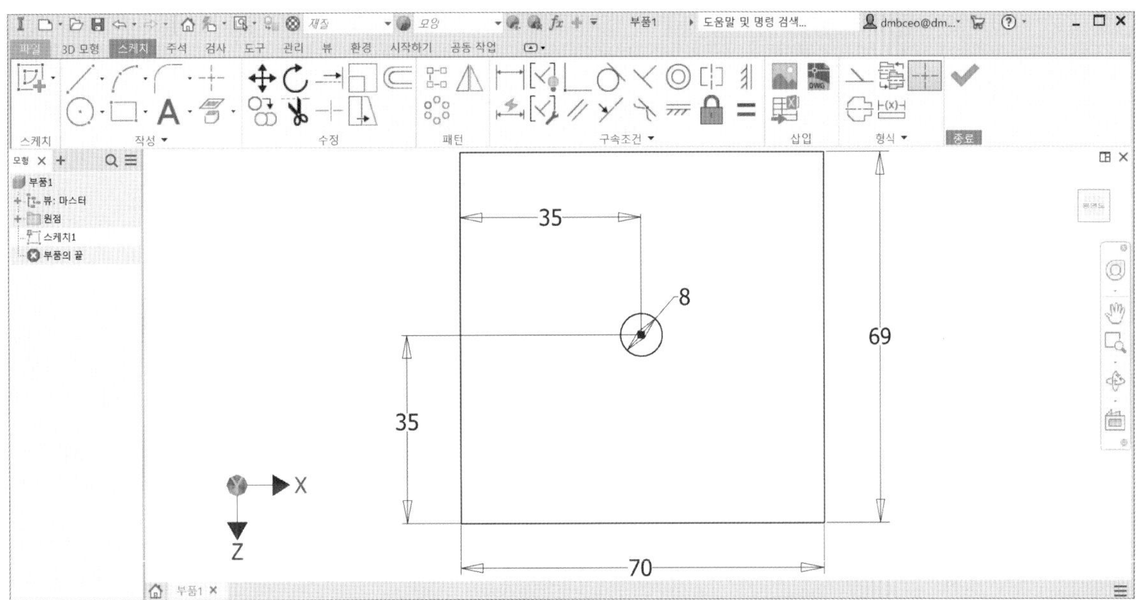

(2) 돌출하기

3D 모형 ⇨ 작성 ⇨ 돌출 ⇨ 입력 형상 ⇨ 프로파일 ⇨ 동작 ⇨ 방향 : 반전 ⇨ 거리 16 ⇨ 확인

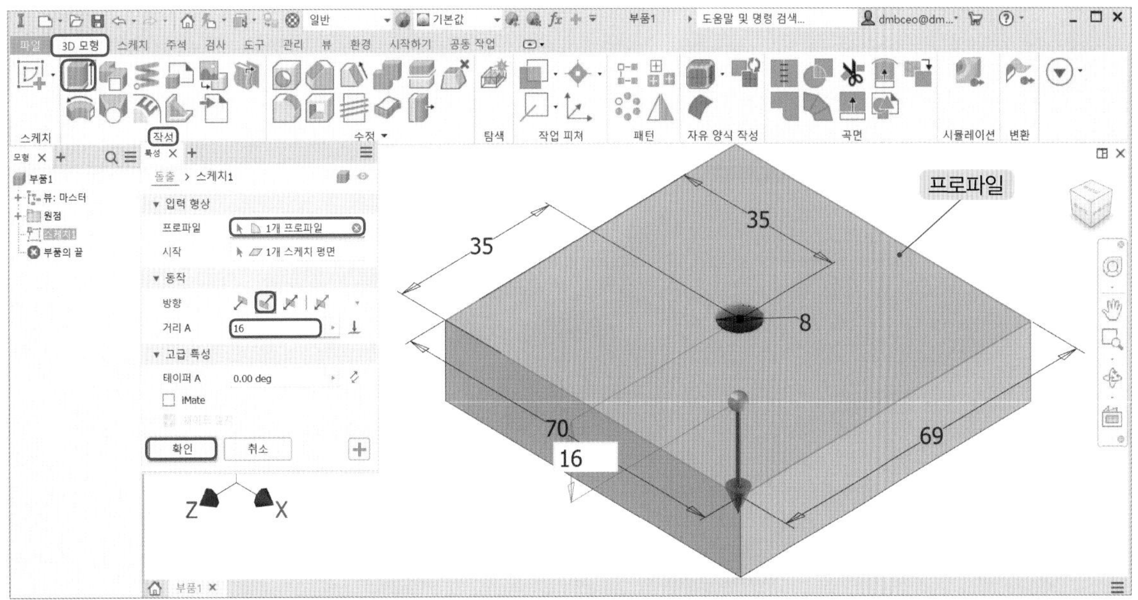

(3) 스케치하기

위 평면에 스케치하고 치수를 입력한 후, 원은 투영한다.

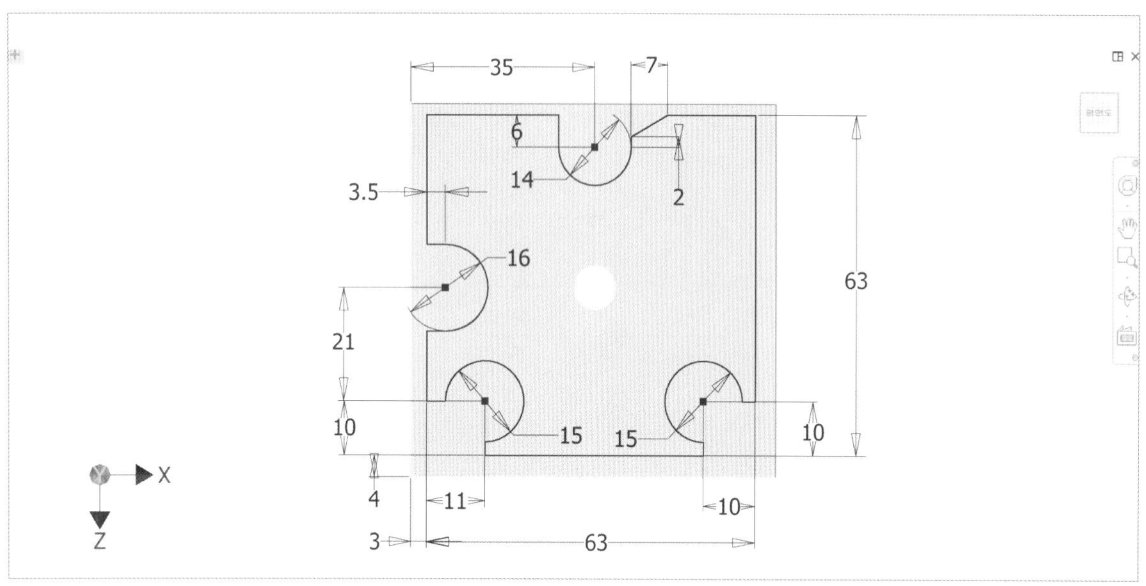

(4) 돌출하기

3D 모형 ⇨ 작성 ⇨ 돌출 ⇨ 입력 형상 ⇨ 프로파일 ⇨ 동작 ⇨ 방향 : 기본값 ⇨ 거리 5 ⇨ 출력 ⇨ 부울 ⇨ 접합 ⇨ 확인

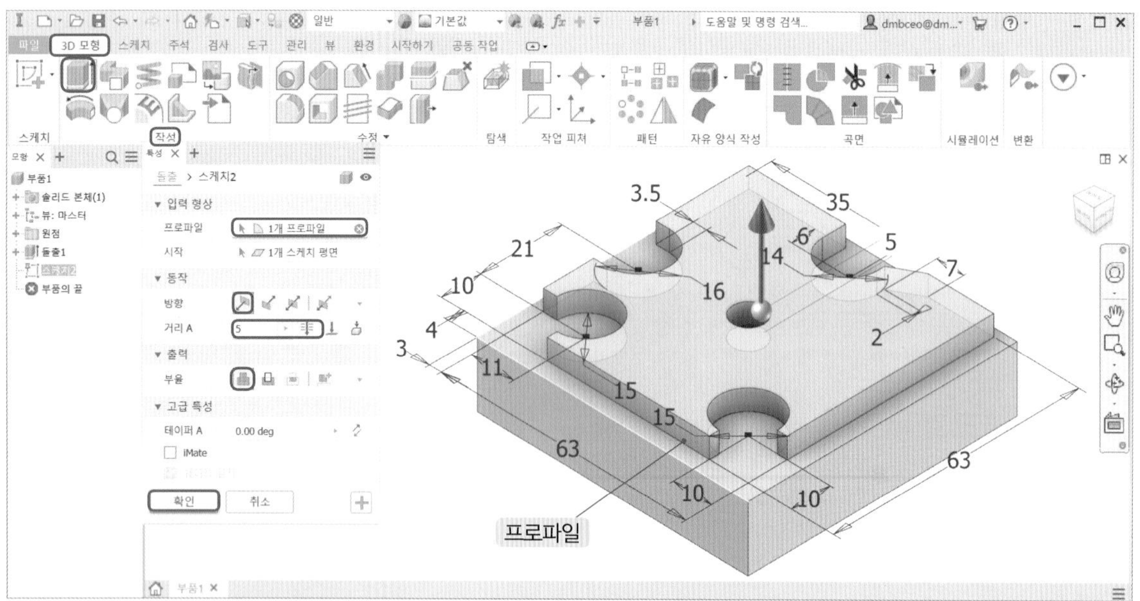

(5) 스케치하기

위 평면에 스케치하고 치수와 구속조건을 입력한다.

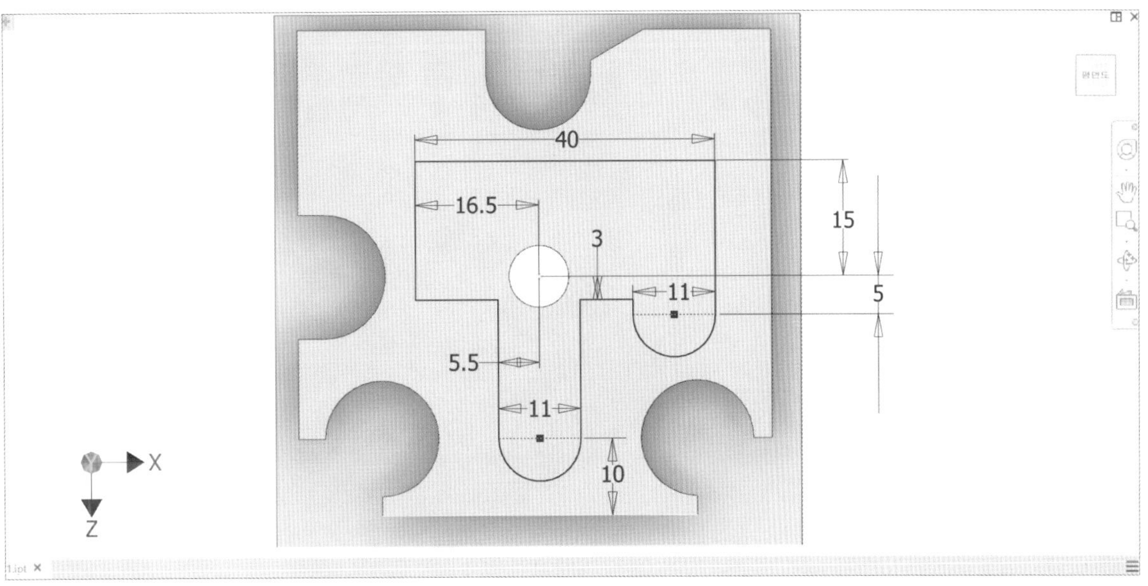

(6) 돌출하기

3D 모형 ⇨ 작성 ⇨ 돌출 ⇨ 입력 형상 ⇨ 프로파일 ⇨ 동작 ⇨ 방향 : 반전 ⇨ 거리 4 ⇨ 출력 ⇨ 부울 ⇨ 잘라내기 ⇨ 확인

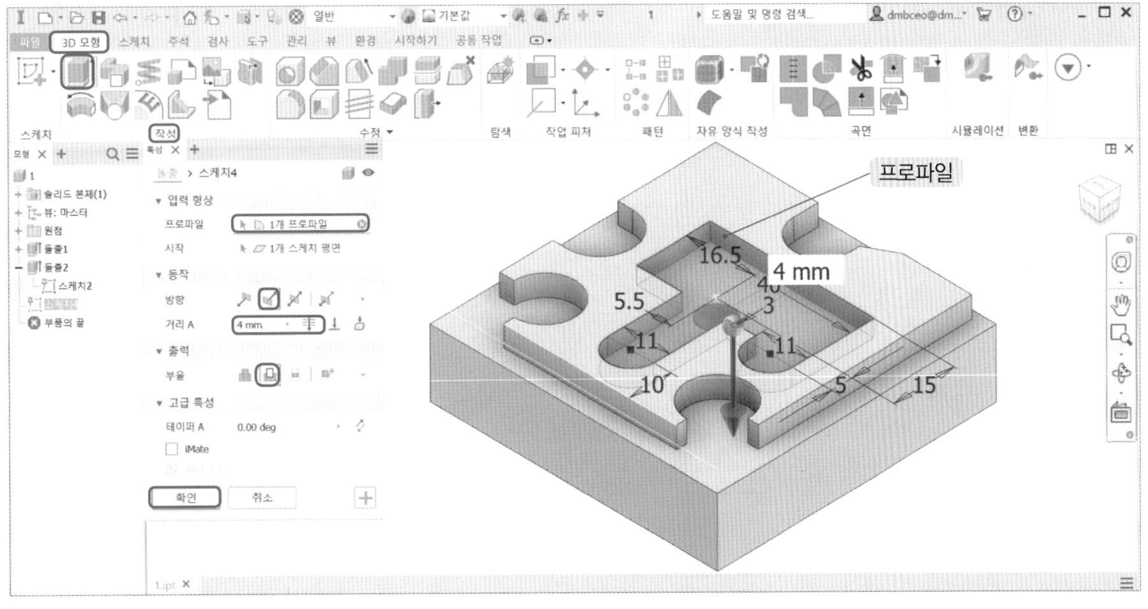

(7) 모깎기

3D 모형 ⇨ 수정 ⇨ 모깎기 ⇨ 모서리 모깎기 ⇨ 변수 ⇨ 반지름 6 ⇨ 모서리 선택 ⇨ 적용

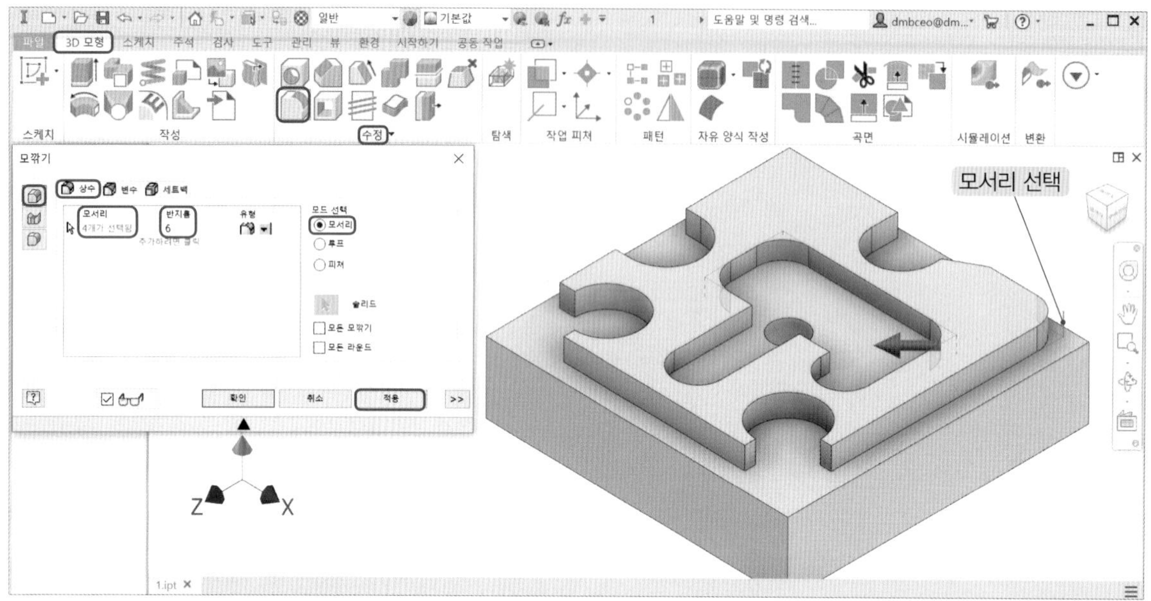

3D 모형 ⇨ 수정 ⇨ 모깎기 ⇨ 모서리 모깎기 ⇨ 변수 ⇨ 반지름 2 ⇨ 모서리 선택 ⇨ 확인

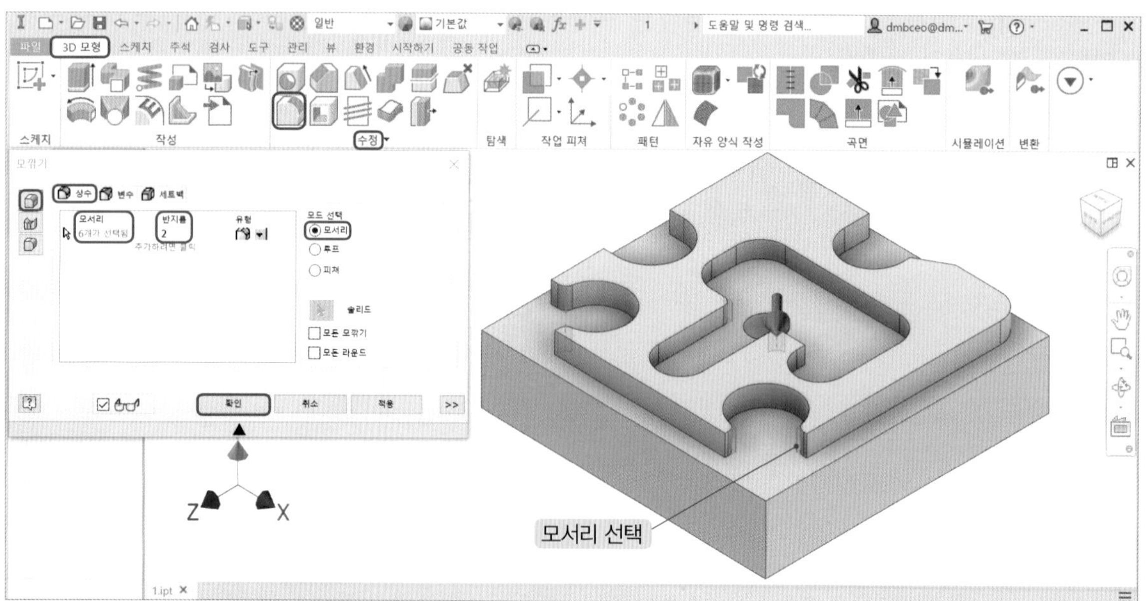

(8) 모따기하기

3D 모형 ⇨ 수정 ⇨ 모따기 ⇨ 거리 ⇨ 모서리 ⇨ 거리 7 ⇨ 확인

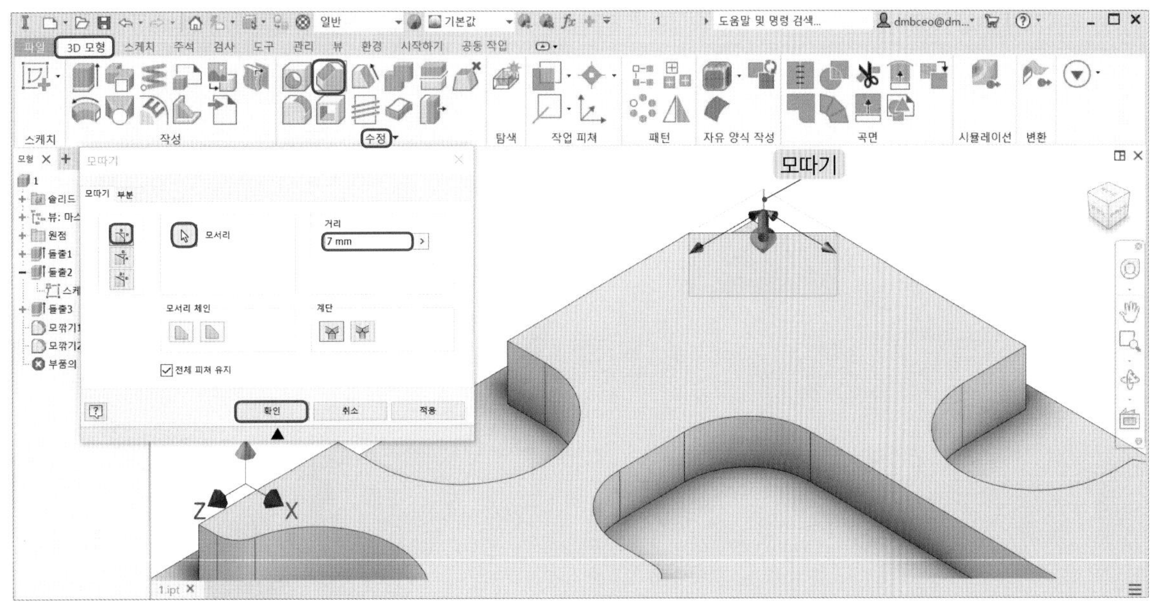

(9) 완성된 모델링

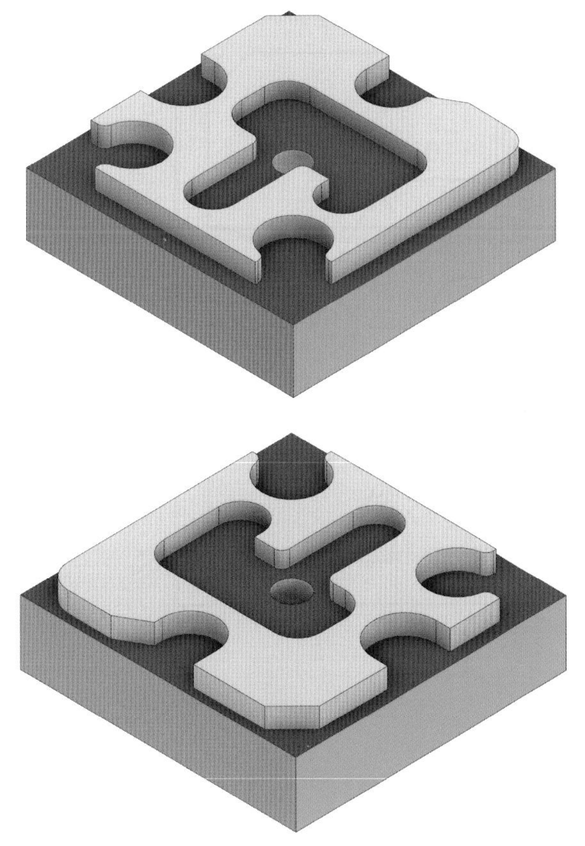

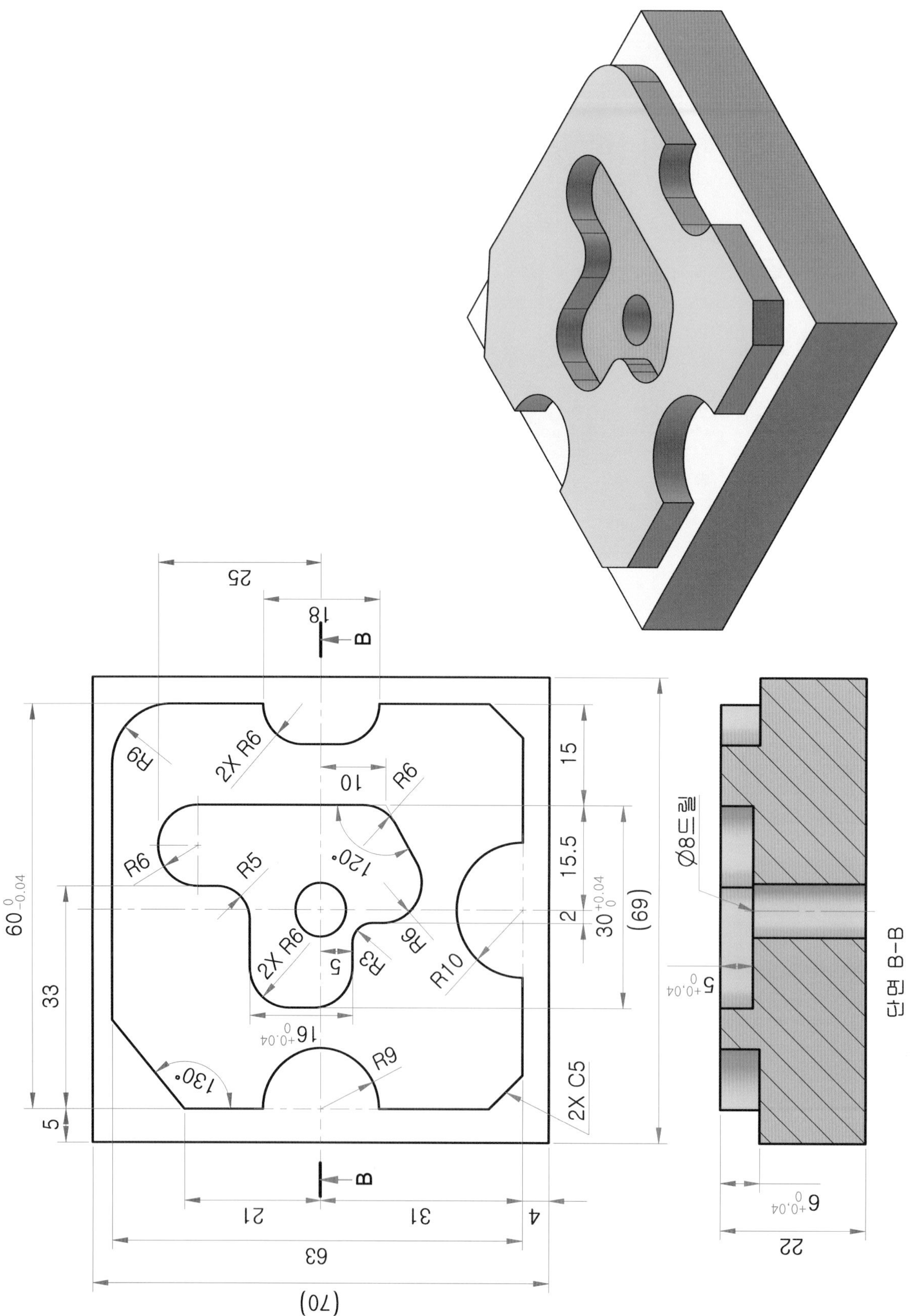

단면 B-B
Ø8드릴
B
25
18
10
15
15.5
2
$30^{+0.04}_{0}$
(69)
$60^{0}_{-0.04}$
33
5
2X R6
R9
R6
R5
120°
R3
R10
$16^{+0.04}_{0}$
130°
2X C5
21
31
4
63
(70)
$5^{+0.04}_{0}$
$6^{+0.04}_{0}$
22

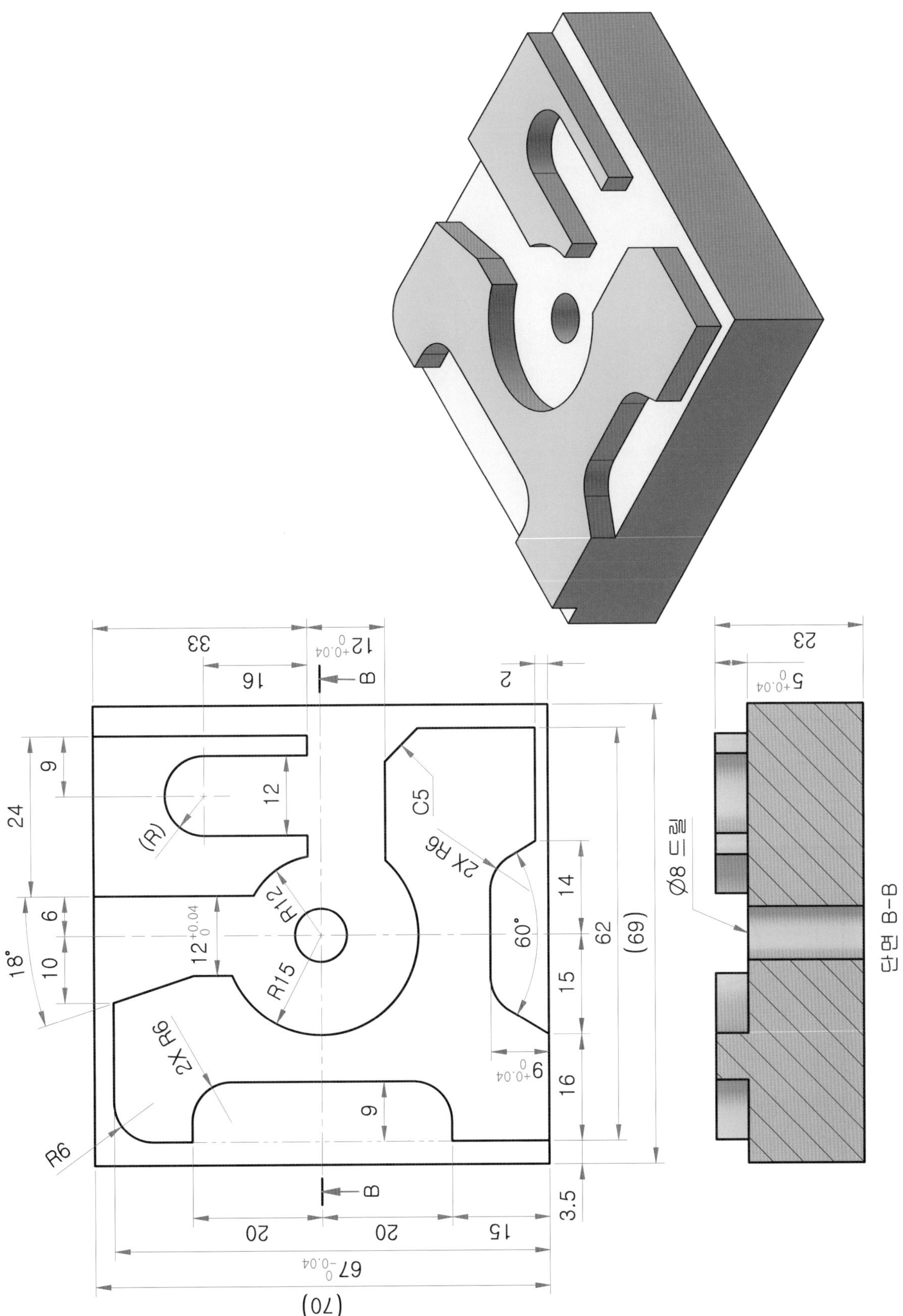

Ø8 드릴
단면 B-B
2X R6
R6
R12
R15
(R)
C5
60°
18°
(69)
(70)

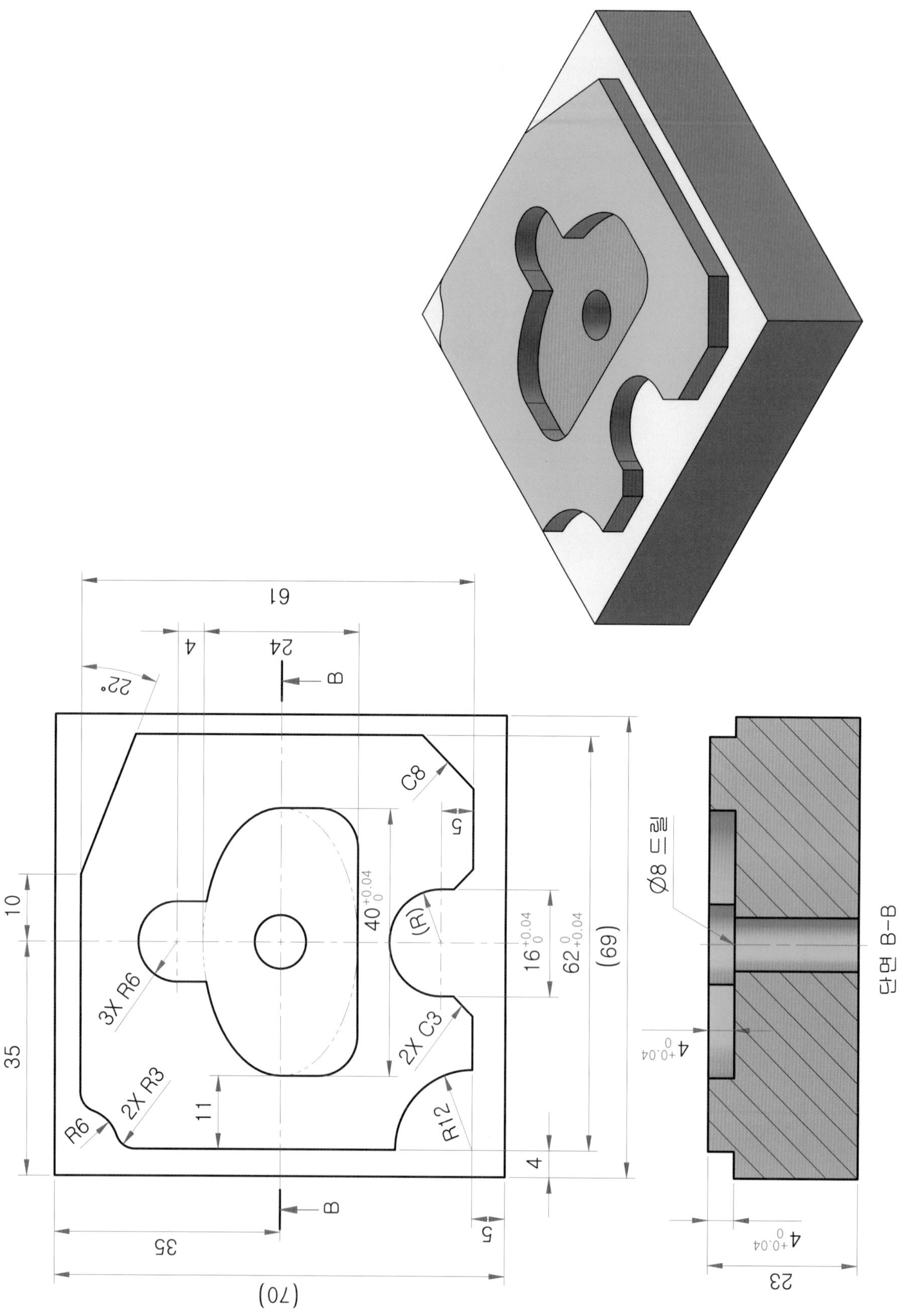
단면 B-B
Ø8 드릴
3X R6
2X R3
2X C3
R12
R6
C8
22°
(R)
B
B

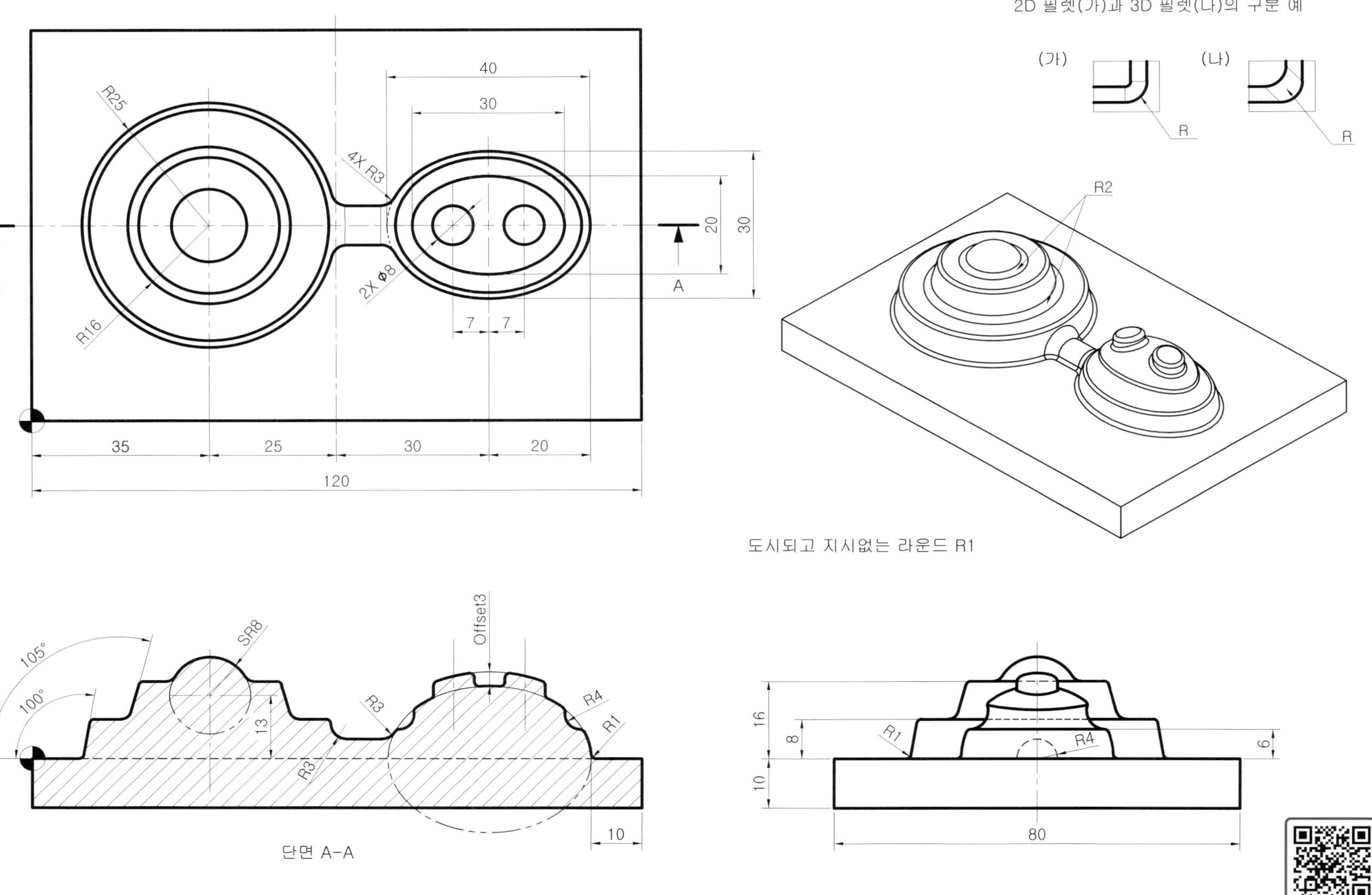
2D 필렛(가)과 3D 필렛(나)의 구분 예
(가)
(나)
R
R2
도시되고 지시없는 라운드 R1
단면 A-A
A
30
20
40
30
7
7
20
30
25
35
120
4X R3
2X ø8
R25
R16
10
Offset3
R4
R1
R3
R3
13
SR8
105°
100°
9
80
8
16
10

2 형상 모델링하기 1

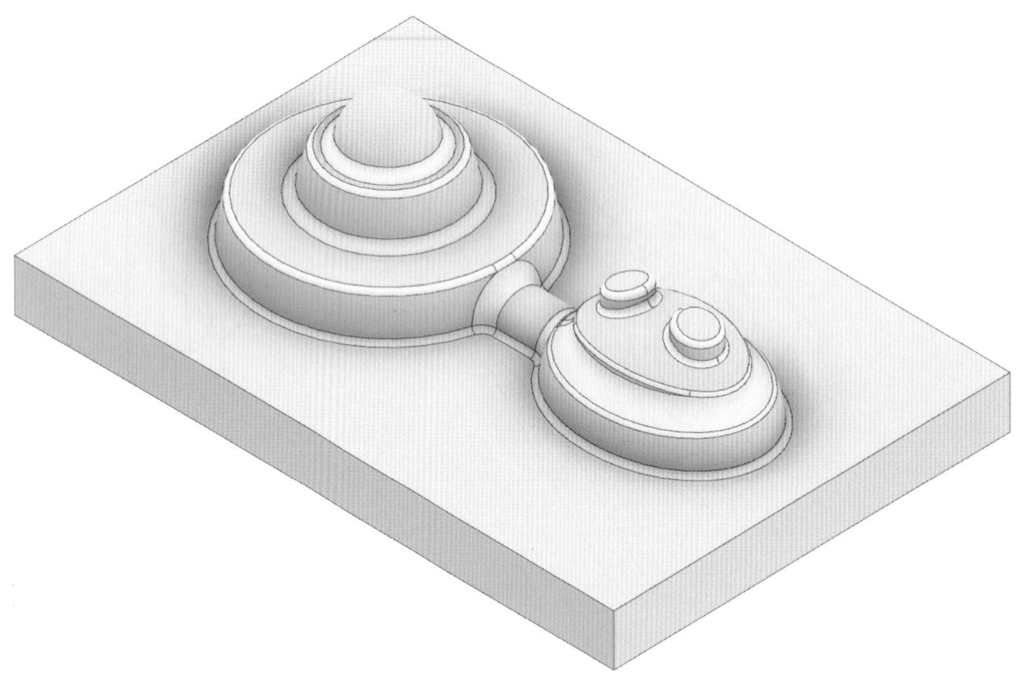

(1) 스케치하기 1

XZ 평면에 사각을 스케치하고 치수를 입력한다.

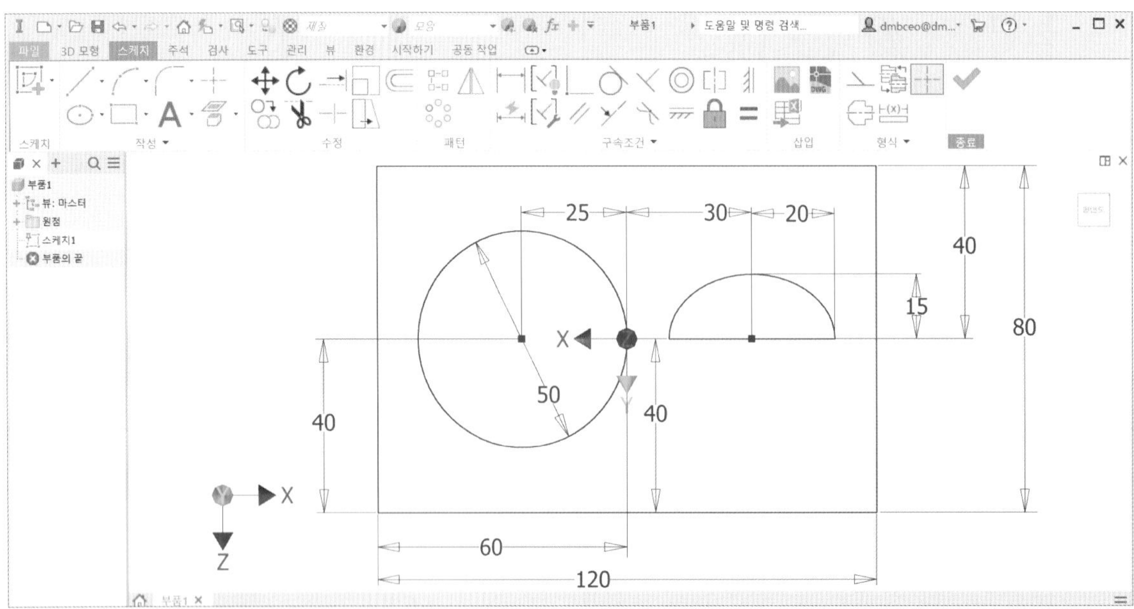

(2) 돌출하기

3D 모형 ⇨ 작성 ⇨ 돌출 ⇨ 입력 형상 ⇨ 프로파일 ⇨ 동작 ⇨ 방향 : 반전 ⇨ 거리 10 ⇨ 확인

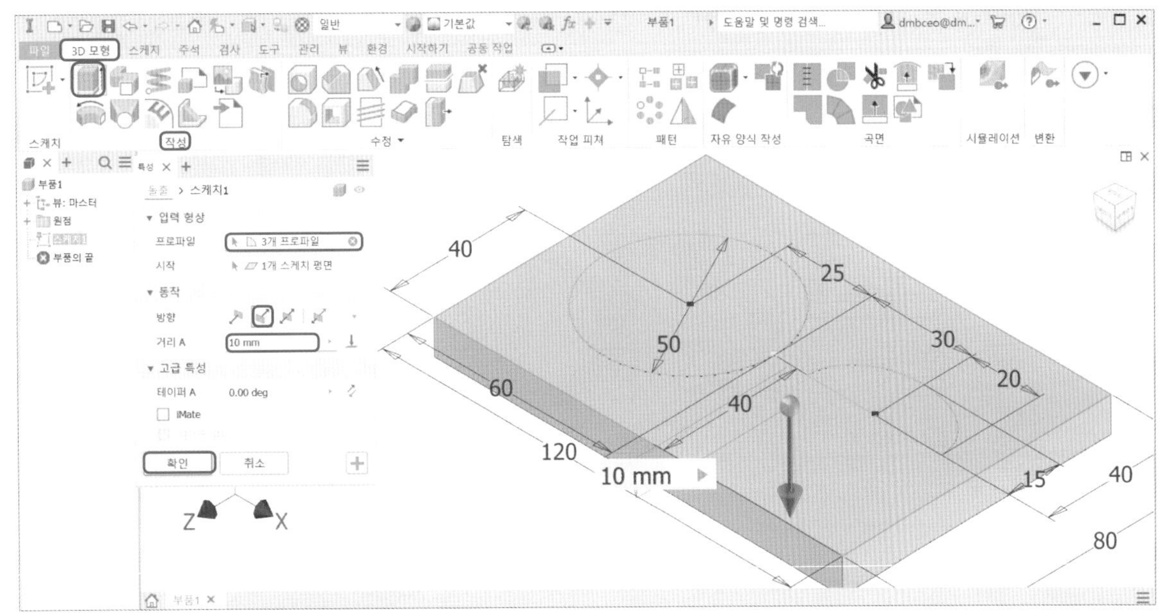

(3) 구배 돌출하기

3D 모형 ⇨ 작성 ⇨ 돌출 ⇨ 입력 형상 ⇨ 프로파일 ⇨ 동작 ⇨ 방향 : 기본값 ⇨ 거리 8 ⇨ 출력 ⇨ 부울 : 접합 ⇨ 고급 특성 ⇨ 테이퍼 A : −10deg ⇨ 확인

TIP>>

모형탐색기 돌출에서 스케치를 선택하고 마우스 오른쪽을 클릭하여 팝업창에서 가시성을 체크하면 스케치가 활성화된다.

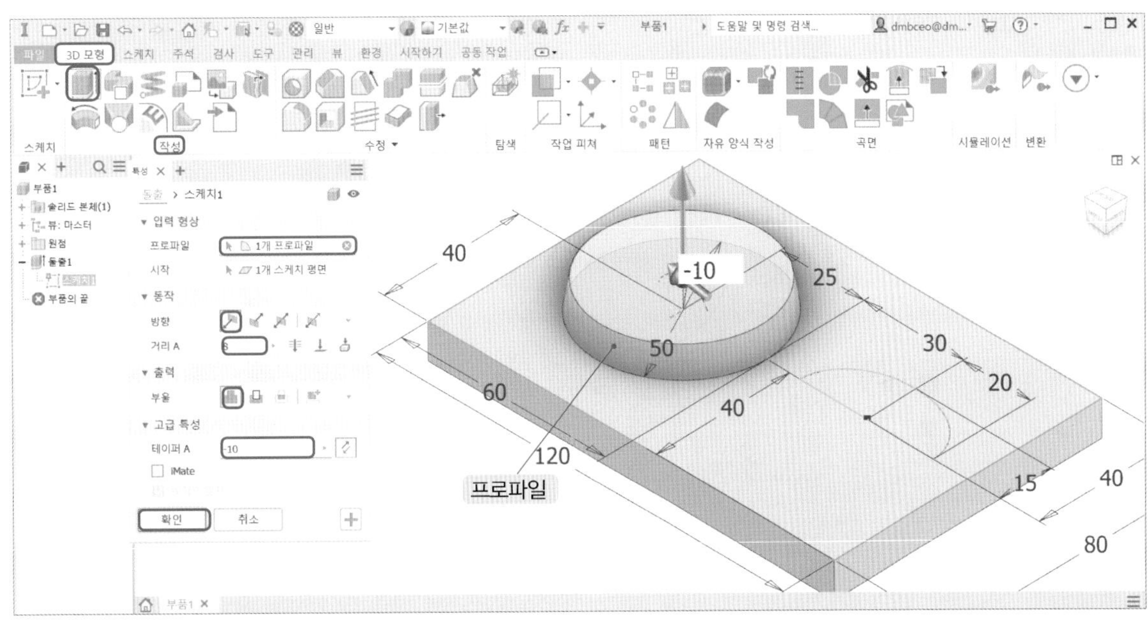

(4) 회전 모델링하기 1

3D 모형 ⇨ 작성 ⇨ 회전 ⇨ 입력 형상 ⇨ 프로파일 ⇨ 축(직선 선택) ⇨ 동작 ⇨ 방향 : 기본값 ⇨ 각도 : 180deg ⇨ 출력 ⇨ 부울 : 접합 ⇨ 확인

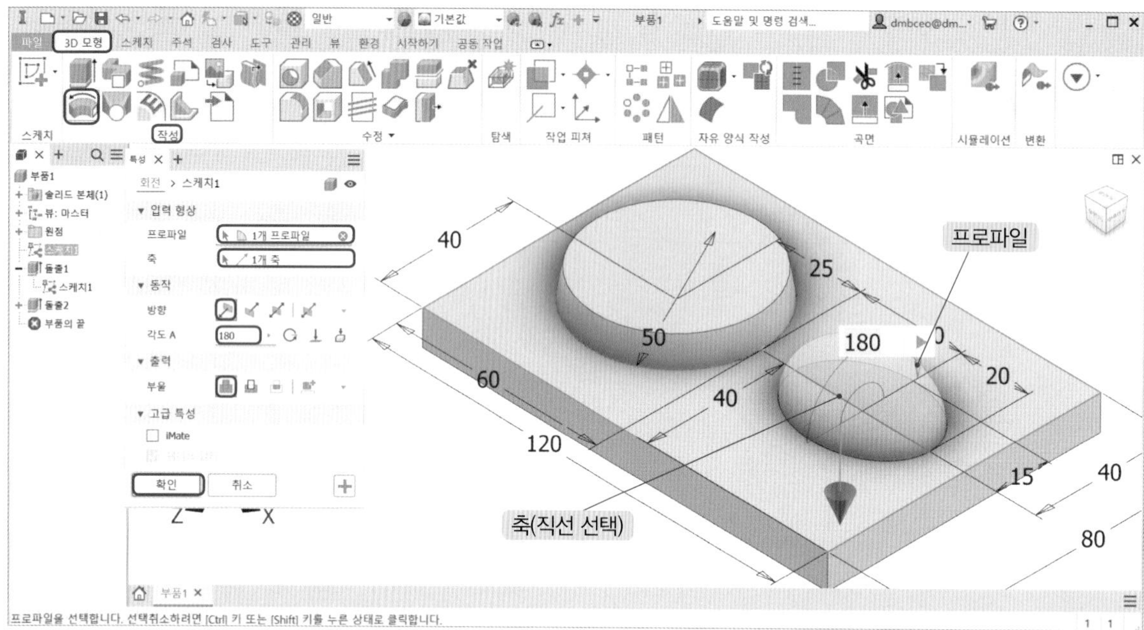

(5) 스케치하기 2

원통 단면에 그림과 같이 원을 스케치하고 치수를 입력한다. 원은 원통 모서리에 동심 구속 한다.

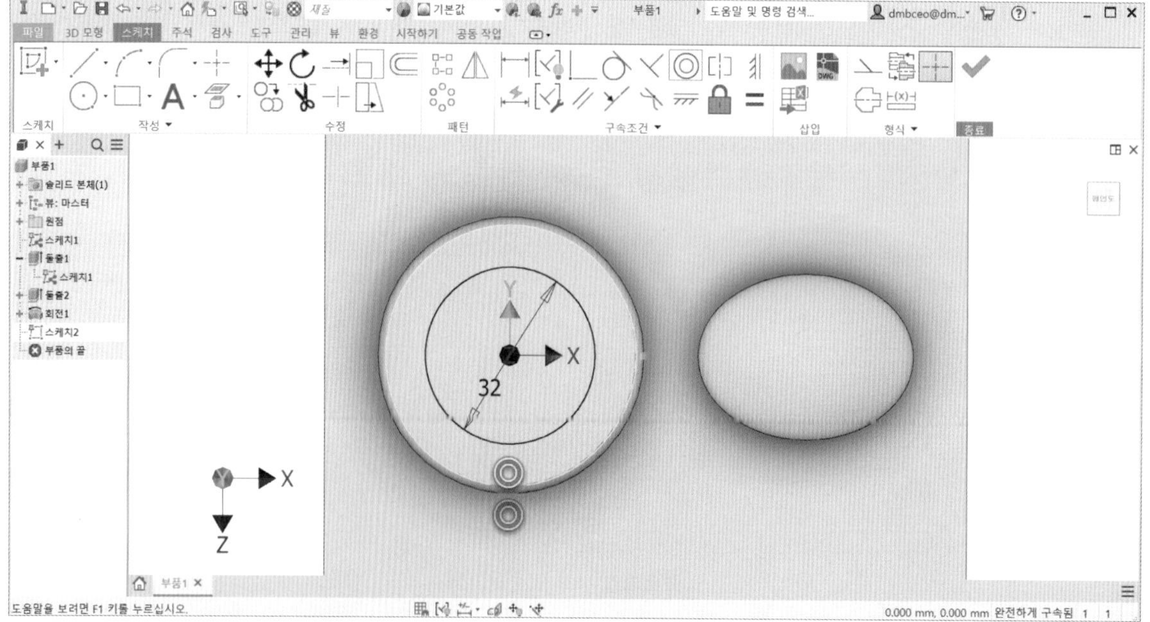

3D 모형 ⇨ 작성 ⇨ 돌출 ⇨ 입력 형상 ⇨ 프로파일 ⇨ 동작 ⇨ 방향 : 기본값 ⇨ 거리 8 ⇨ 출력 ⇨ 부울 : 접합 ⇨ 고급 특성 ⇨ 테이퍼 A : −15deg ⇨ 확인

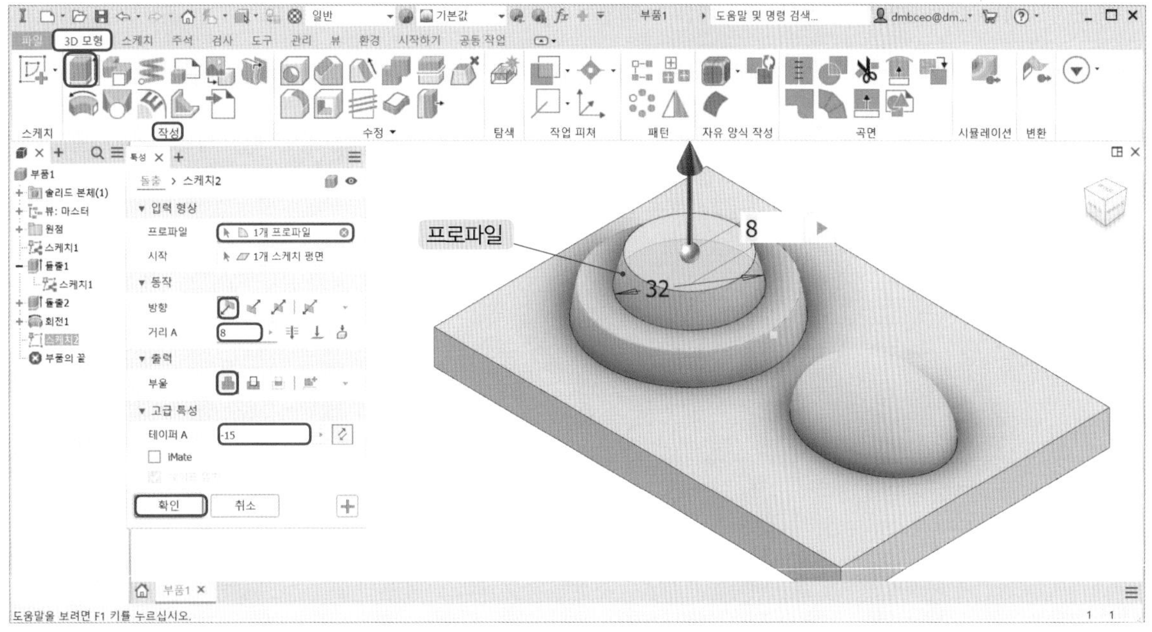

(6) 스케치하기 3

원통 단면에 그림과 같이 원을 스케치하고, 구속조건은 동심 구속하고 치수를 입력한다.
직선을 스케치하고 구속조건은 직선을 원의 중심점에 곡선상의 점으로 구속하고 자르기 한다.

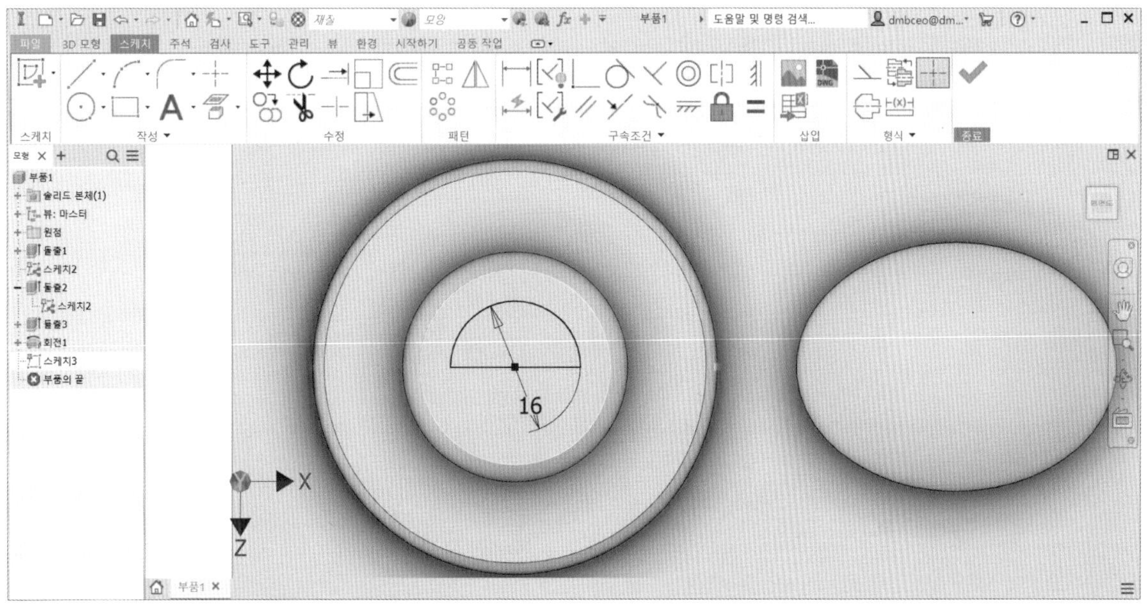

(7) 회전 모델링하기 2

3D 모형 ⇨ 작성 ⇨ 회전 ⇨ 입력 형상 ⇨ 프로파일 ⇨ 축(직선 선택) ⇨ 동작 ⇨ 방향 : 기본값 ⇨ 각도 : 180deg ⇨ 출력 ⇨ 부울 : 접합 ⇨ 확인

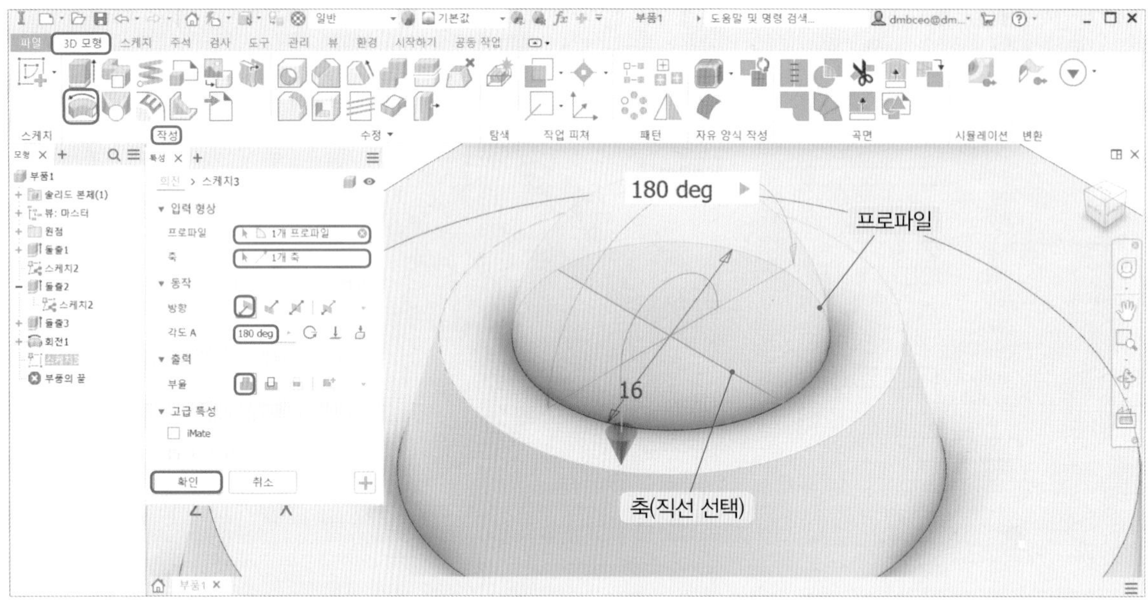

(8) 작업 피처 평면 만들어 스케치하기 1

3D 모형 탭 ⇨ 작업 피쳐 ⇨ 평면▼ ⇨ 평면에서 간격띄우기 ⇨ 평면 선택(위 평면) ⇨ 거리 6 Enter

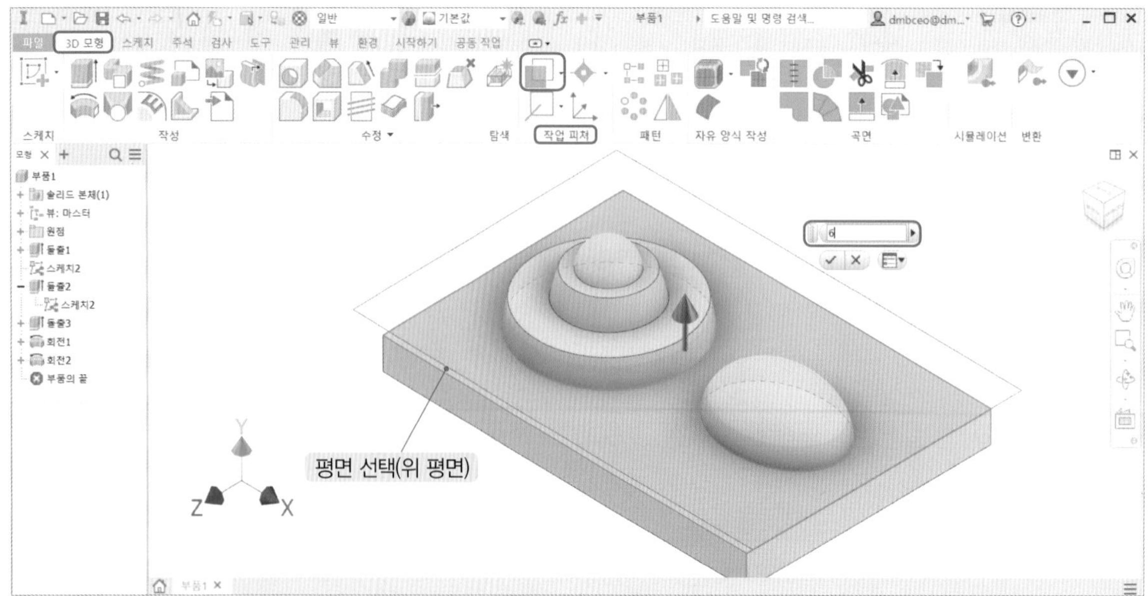

작업 평면에 그림과 같이 타원을 형상 투영하고 타원을 스케치하여 동심 구속 치수를 입력한다.

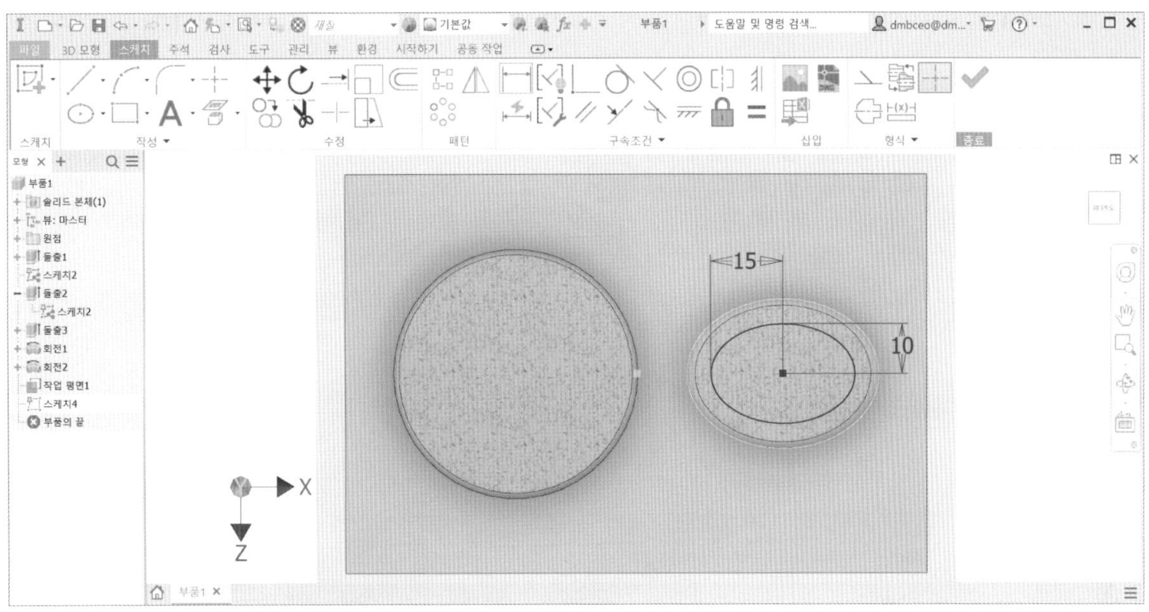

(9) 돌출 잘라내기 모델링하기

3D 모형 ⇨ 작성 ⇨ 돌출 ⇨ 입력 형상 ⇨ 프로파일 ⇨ 동작 ⇨ 방향 : 기본값 ⇨ 거리 10 ⇨ 출력 ⇨ 부울 : 잘라내기 ⇨ 확인

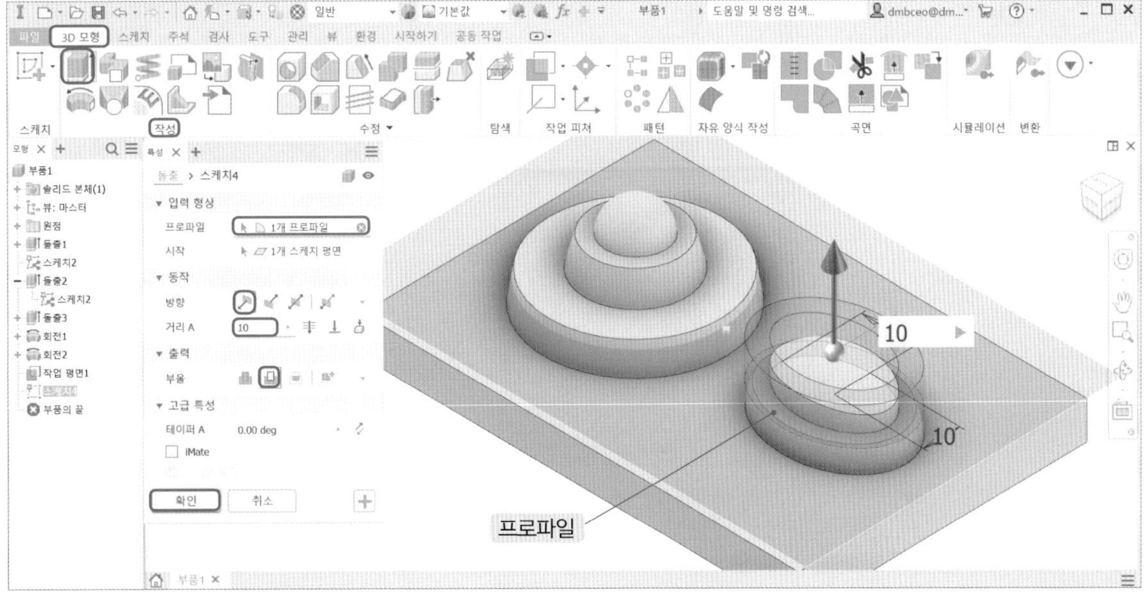

(10) 작업 피쳐 평면 만들어 스케치하기 1

3D 모형 탭 ⇨ 작업 피쳐 ⇨ 평면▼ ⇨ 평면에서 간격띄우기 ⇨ 평면 선택(위 평면) ⇨ 거리 20 Enter ↵

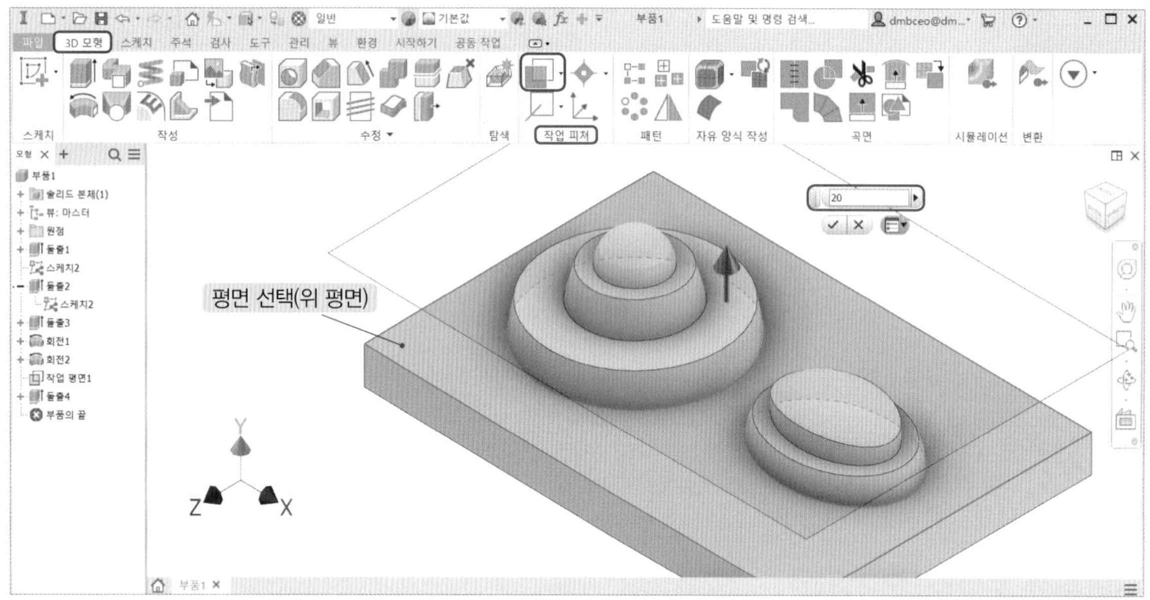

작업 평면에 그림과 같이 원을 스케치하여 치수를 입력한다.

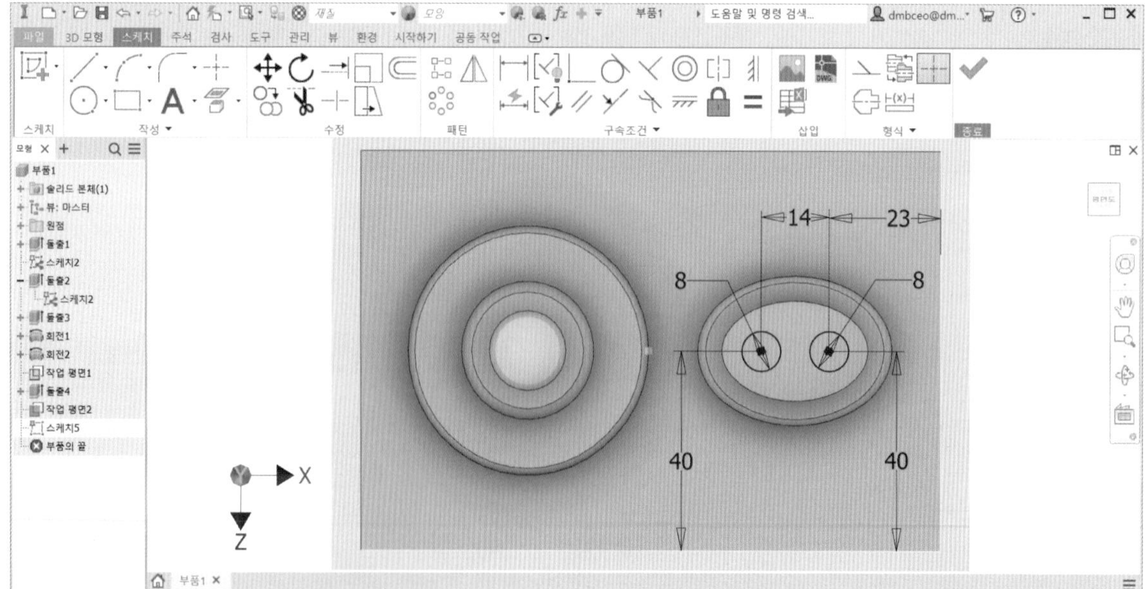

(11) 엠보싱하기

3D 모형 ⇨ 작성 ⇨ 엠보싱 ⇨ 프로파일 ⇨ 깊이 : 3 ⇨ 면으로부터 엠보싱(볼록) ⇨ 벡터 방향 2 ⇨ 확인

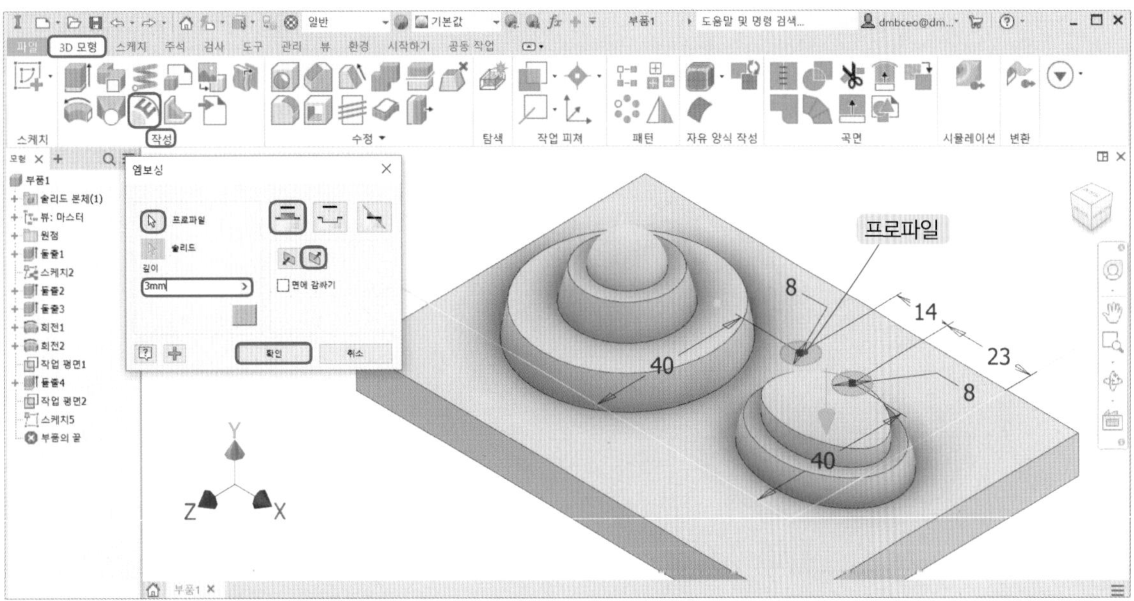

(12) 스케치하기 4

모형탐색기에서 YZ 평면을 선택하여 원을 스케치하고, 구속조건은 원의 중심점을 원점에 일치 구속하고 치수를 입력한다.

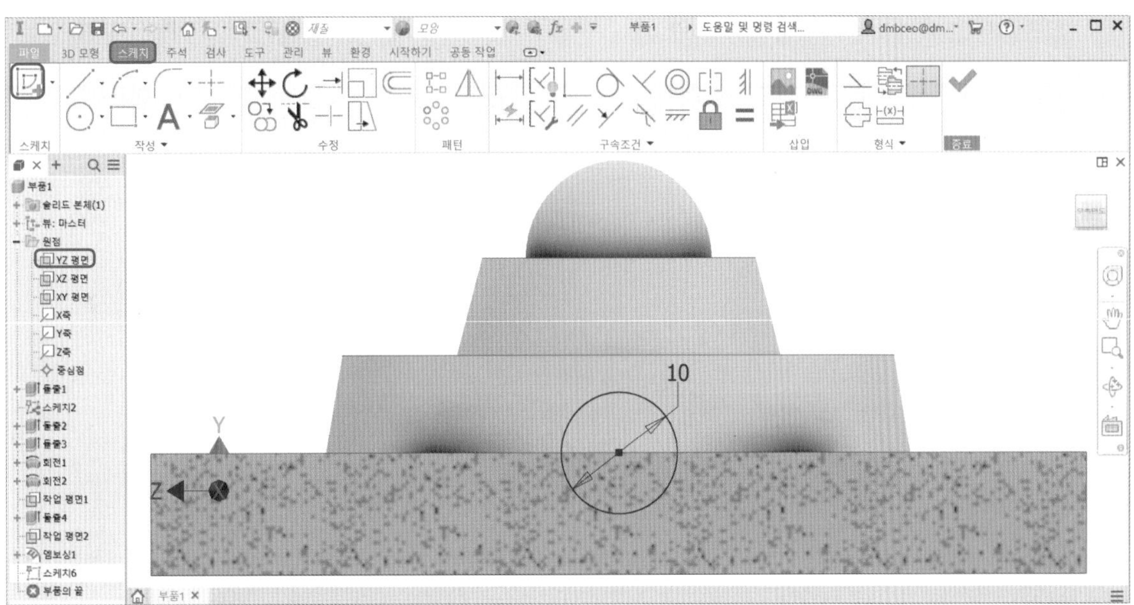

(13) 대칭 돌출하기

3D 모형 ⇨ 작성 ⇨ 돌출 ⇨ 입력 형상 ⇨ 프로파일 ⇨ 동작 ⇨ 방향 : 대칭 ⇨ 거리 25 ⇨ 출력 ⇨ 부울 : 접합 ⇨ 확인

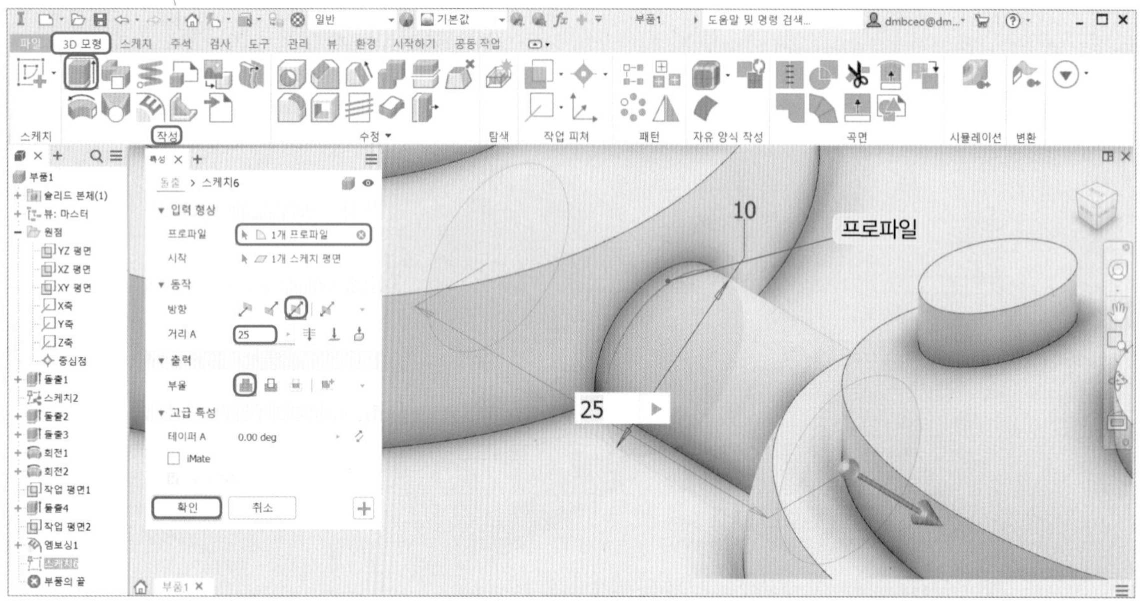

(14) 모깎기

3D 모형 ⇨ 수정 ⇨ 모서리 모깎기 ⇨ 상수 ⇨ 모서리 ⇨ 반지름 3 ⇨ 적용

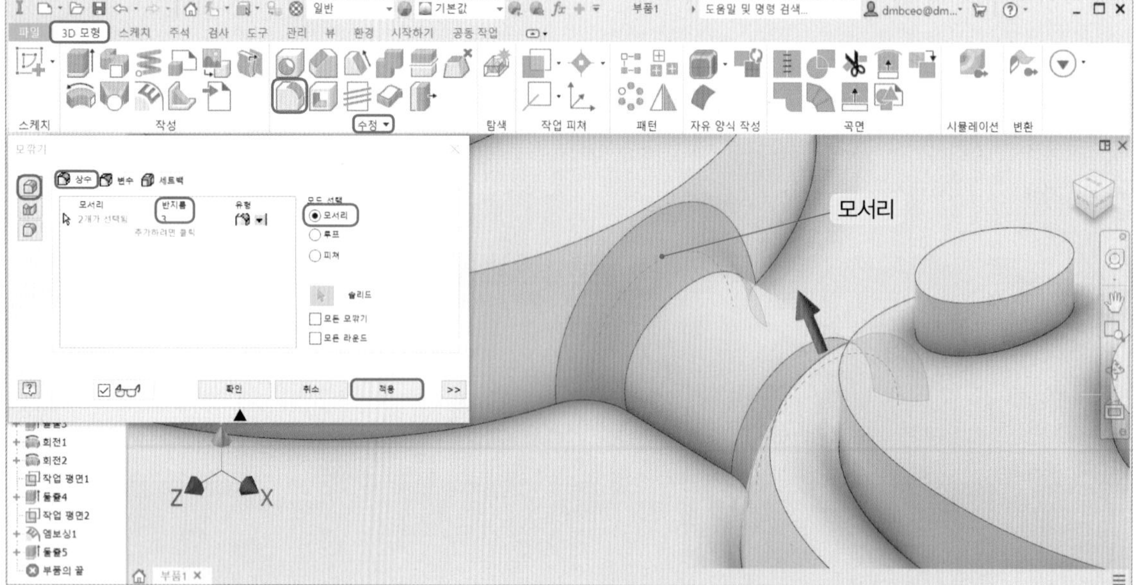

모서리 모깎기 ⇨ 모서리 ⇨ 반지름 4 ⇨ 적용

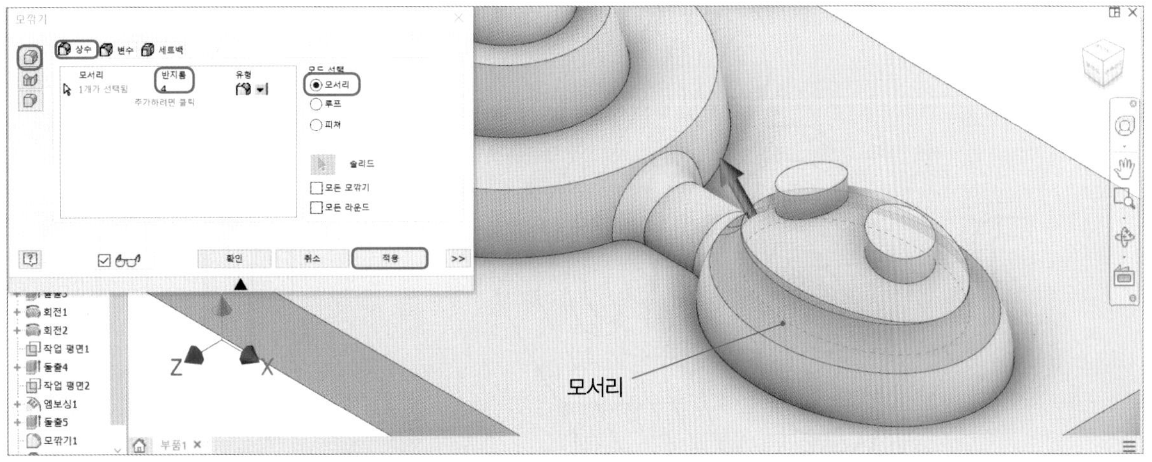

모서리 모깎기 ⇨ 모서리 ⇨ 반지름 2 ⇨ 적용

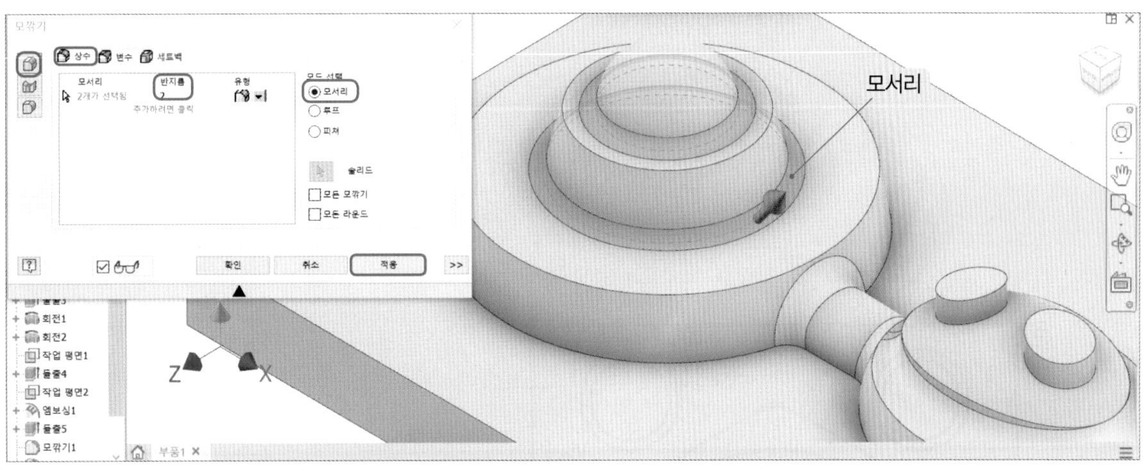

모서리 모깎기 ⇨ 모서리 ⇨ 반지름 1 ⇨ 확인

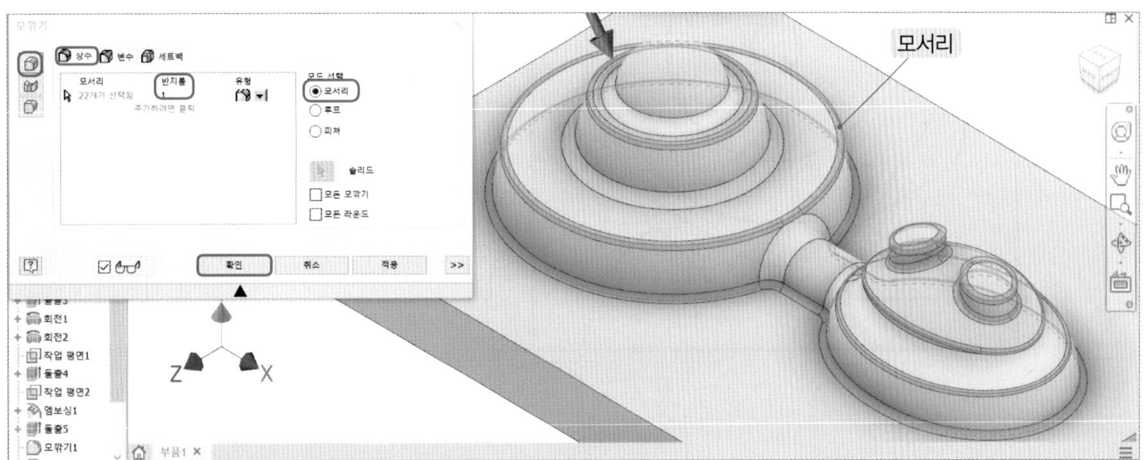

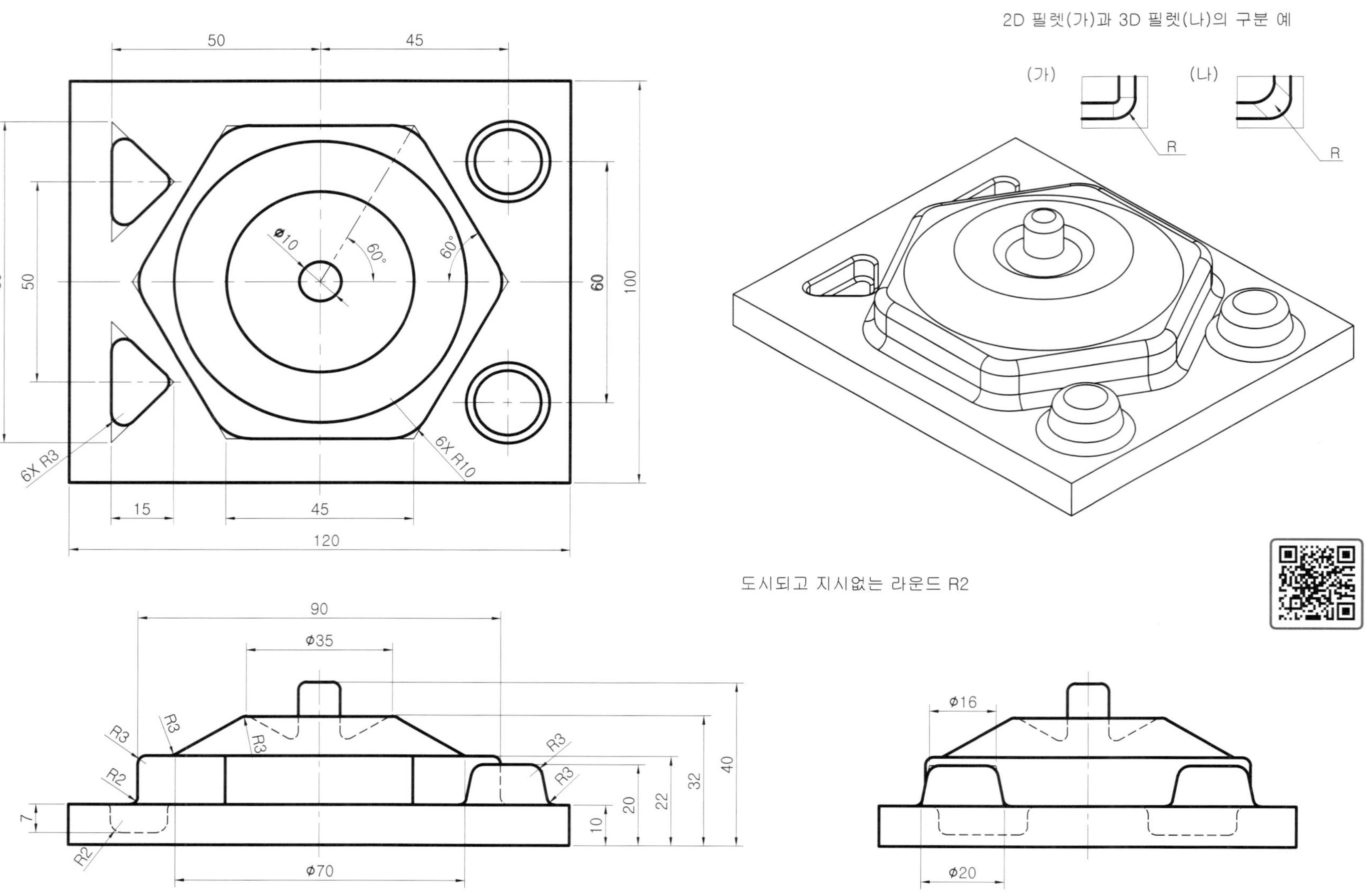

2D 필렛(가)과 3D 필렛(나)의 구분 예
(가)
(나)
R
R
도시되고 지시없는 라운드 R2
50
45
80
50
60
100
6X R3
6X R10
Ø10
60°
60°
15
45
120
90
Ø35
R3
R3
R3
R2
R3
R3
7
R2
10
20
22
32
40
Ø70
Ø16
Ø20

3 형상 모델링하기 2

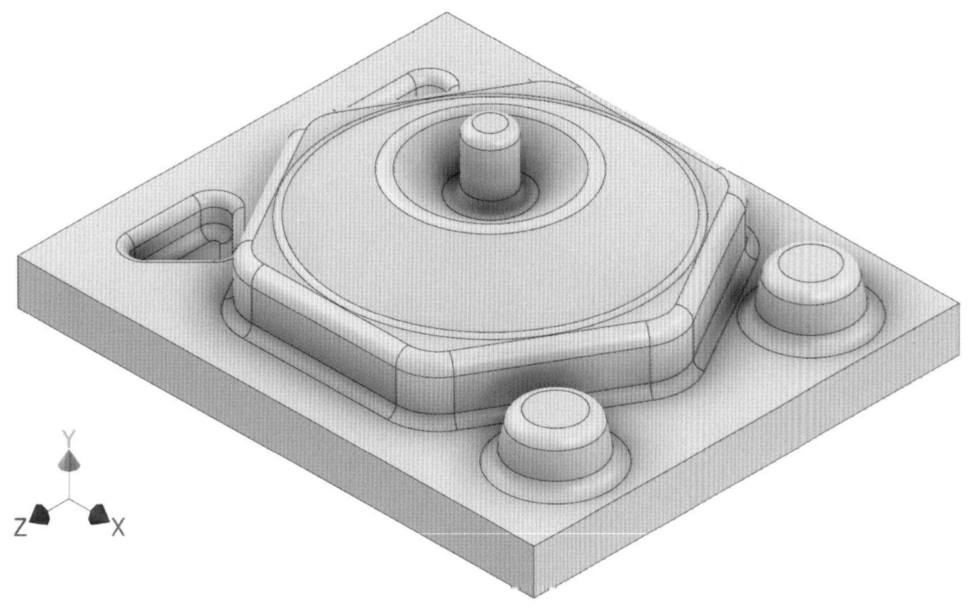

(1) 스케치하기 1

XZ 평면에 사각을 스케치하고 치수를 입력한다.

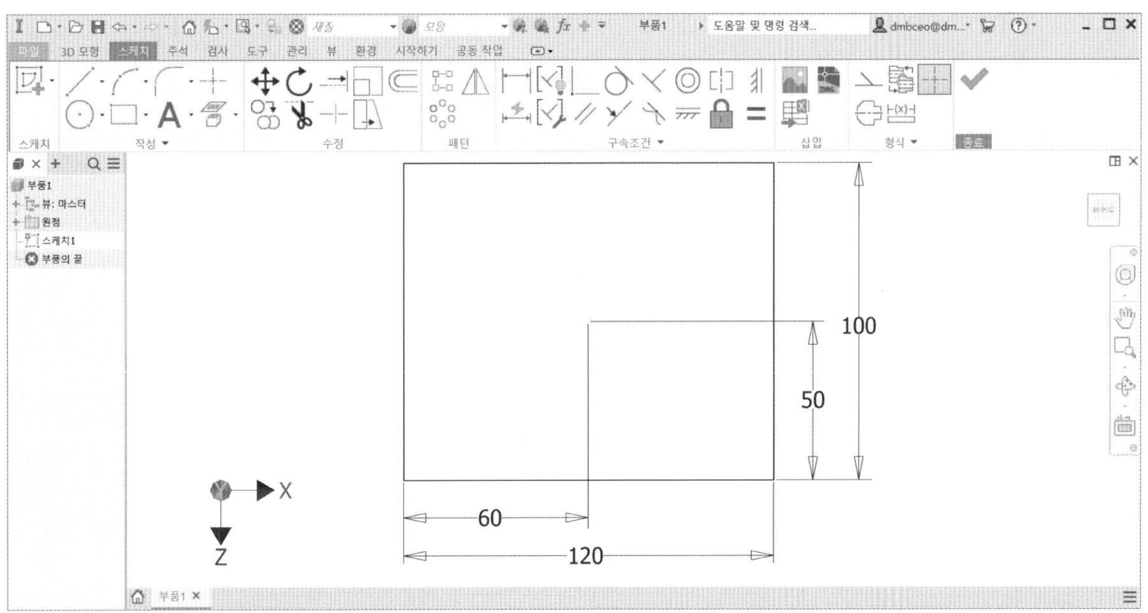

(2) 돌출하기

3D 모형 ⇨ 작성 ⇨ 돌출 ⇨ 입력 형상 ⇨ 프로파일 ⇨ 동작 ⇨ 방향 : 반전 ⇨ 거리 10 ⇨ 확인

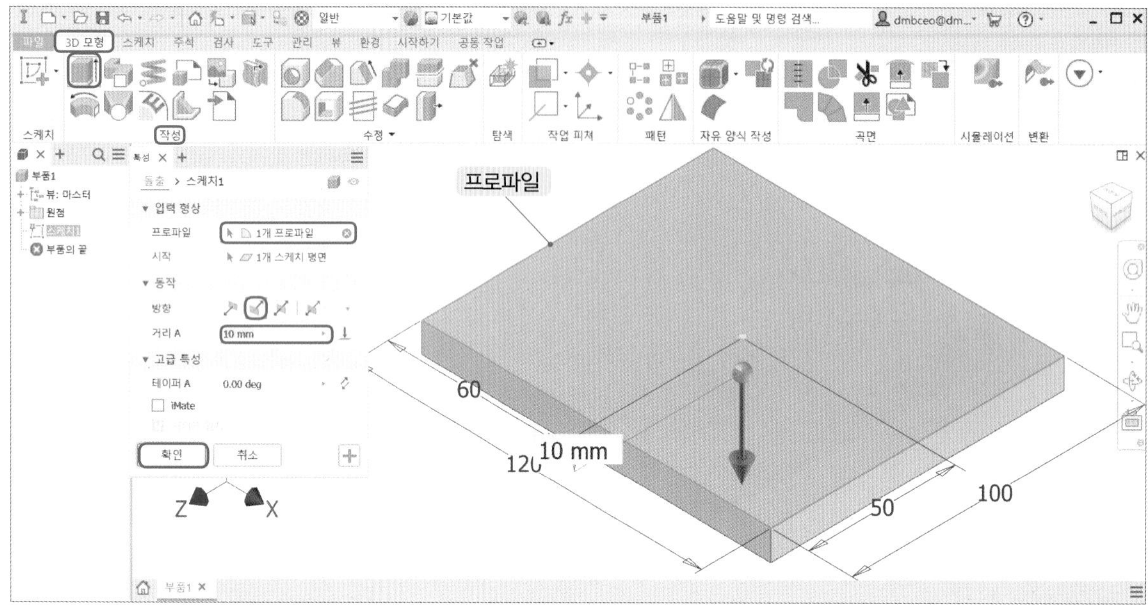

(3) 스케치하기 2

위 평면(XZ 평면)에 육각형을 스케치하고 치수를 입력한다. 구속조건은 중심점을 원점에 구속한다.

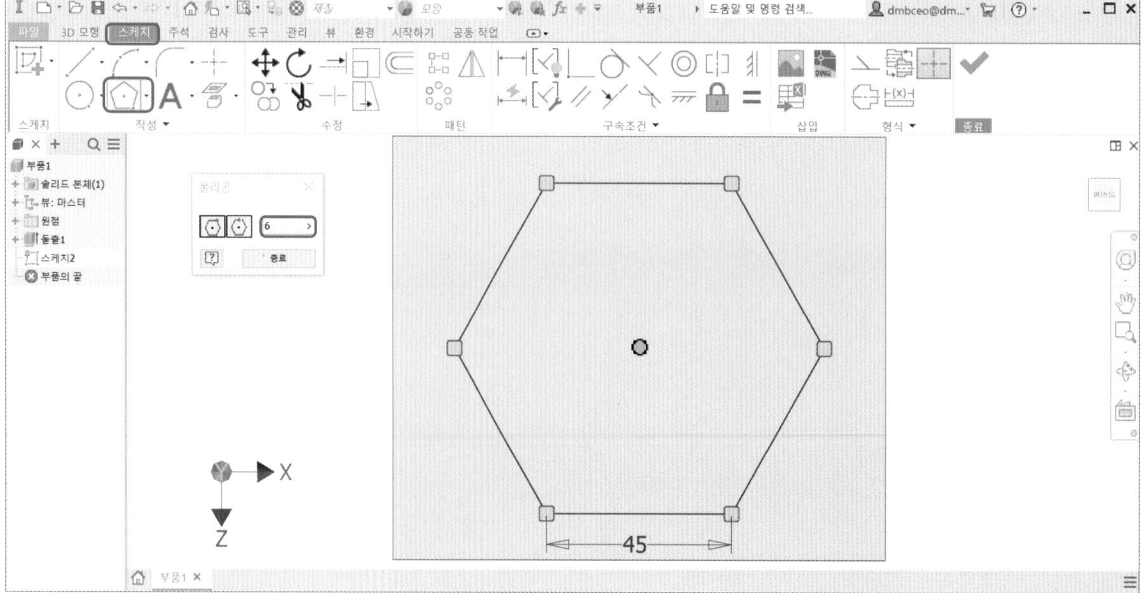

(4) 육각형 돌출하기

3D 모형 ⇨ 작성 ⇨ 돌출 ⇨ 입력 형상 ⇨ 프로파일 ⇨ 동작 ⇨ 방향 : 기본값 ⇨ 거리 12 ⇨ 출력 ⇨ 부울 : 접합 ⇨ 확인

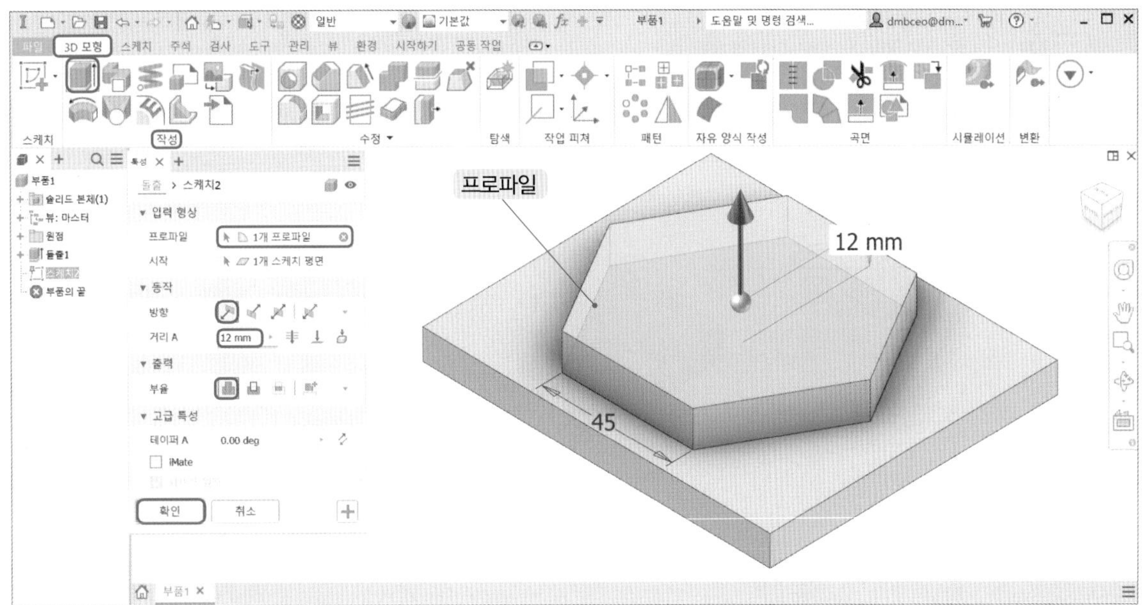

(5) 스케치하기 2

모형탐색기에서 XY 평면을 선택하여 그림과 같이 스케치하고 치수를 입력한다. 구속조건은 수직선을 원점에 곡선상의 점으로 구속하고, 수평선은 위 모서리에 동일 직선상으로 구속한다.

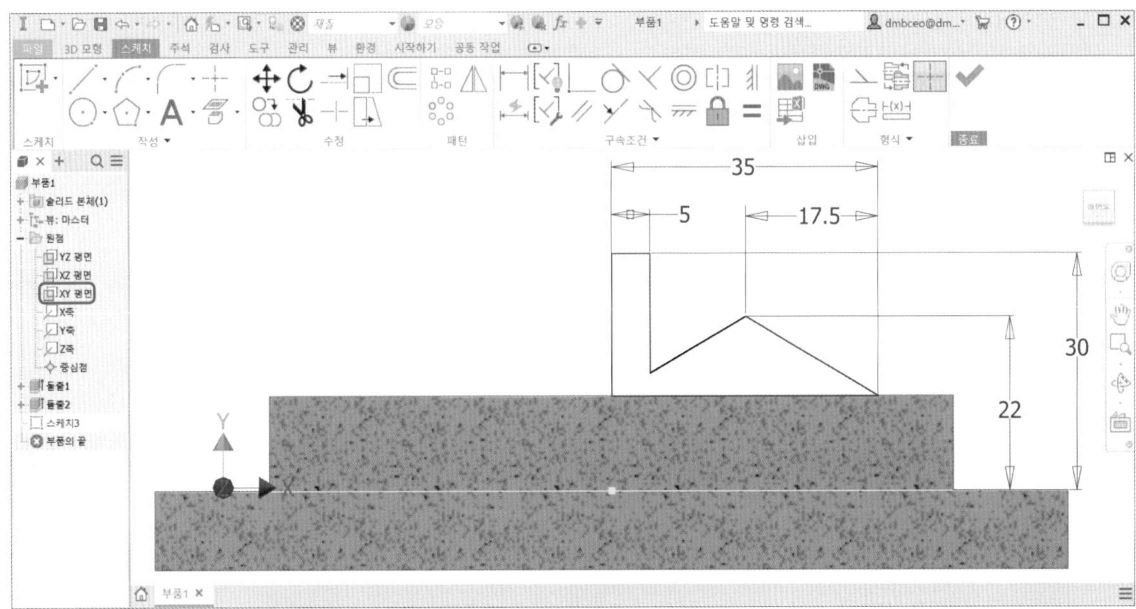

(6) 회전 모델링하기 1

3D 모형 ⇨ 작성 ⇨ 회전 ⇨ 입력 형상 ⇨ 프로파일 ⇨ 축(수직선 선택) ⇨ 동작 ⇨ 방향 : 기본값 ⇨ 각도 : 360deg ⇨ 출력 ⇨ 부울 : 접합 ⇨ 확인

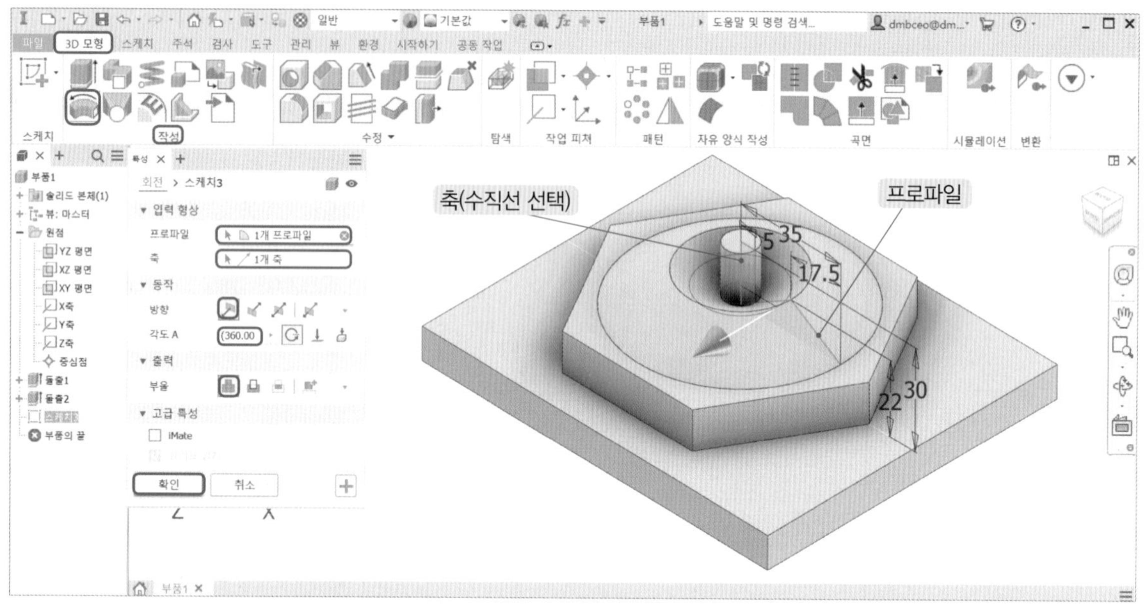

(7) 스케치하기 3

위 평면(XZ 평면)에 삼각형과 원을 스케치하고 치수를 입력한다.
수정 ⇨ 미러 ⇨ 선택(삼각형, 원) ⇨ 미러선(X축) ⇨ 적용

TIP>>
모형탐색기에서 X축을 오른쪽 클릭하여 팝업창에서 가시성을 체크하면 X축이 활성화된다.

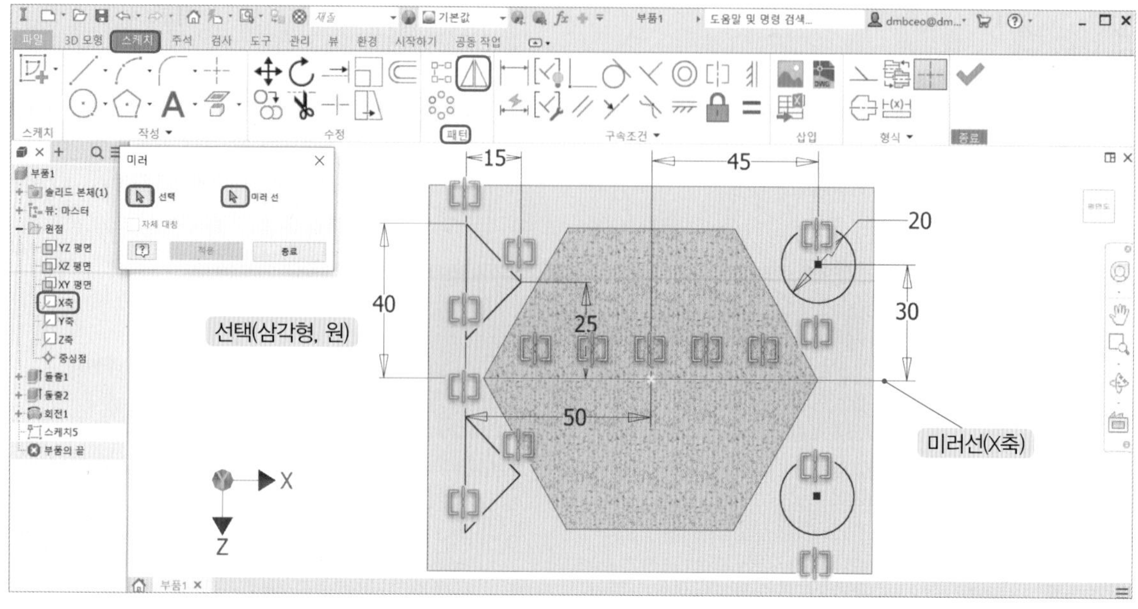

(8) 삼각형 잘라내기 돌출 모델링하기

3D 모형 ⇨ 작성 ⇨ 돌출 ⇨ 입력 형상 ⇨ 프로파일 ⇨ 동작 ⇨ 방향 : 반전 ⇨ 거리 7 ⇨ 출력 ⇨ 부울 : 잘라내기 ⇨ 확인

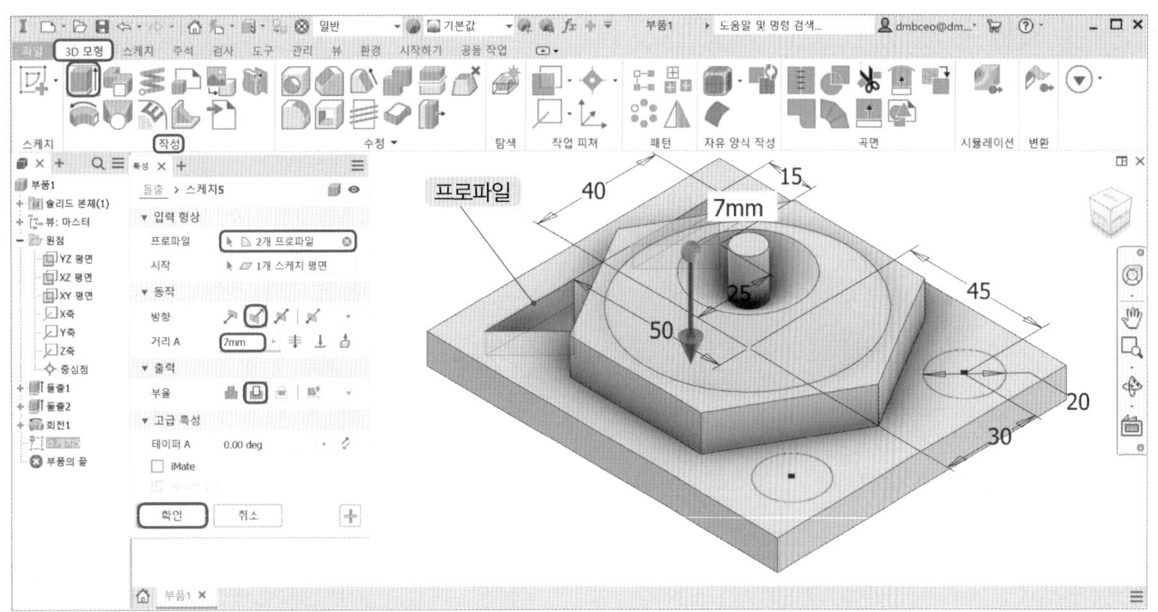

(9) 작업 피쳐 평면 만들어 스케치하기 1

3D 모형 탭 ⇨ 작업 피쳐 ⇨ 평면▼ ⇨ 평면에서 간격띄우기 ⇨ 평면 선택(위 평면) ⇨ 거리 10 Enter ↵

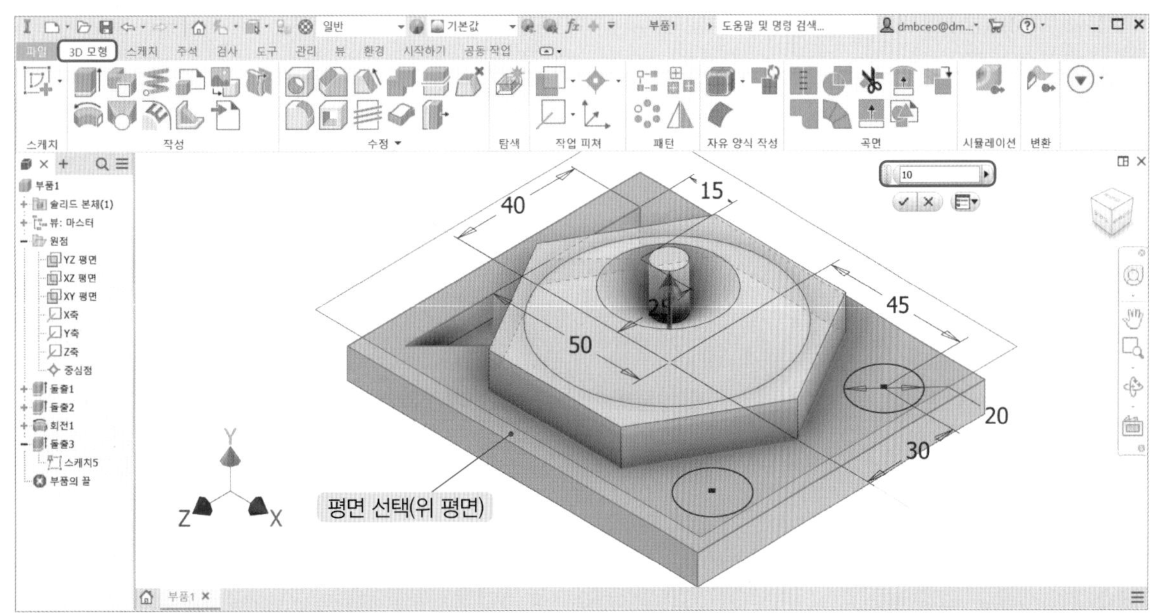

먼저 모형탐색기에서 스케치를 오른쪽 클릭하여 팝업창에서 가시성을 체크한다.

작업 평면에 그림과 같이 원을 형상 투영하고, 원을 스케치하여 동심 구속과 동일하게 길이를 구속하여 치수를 입력한다.

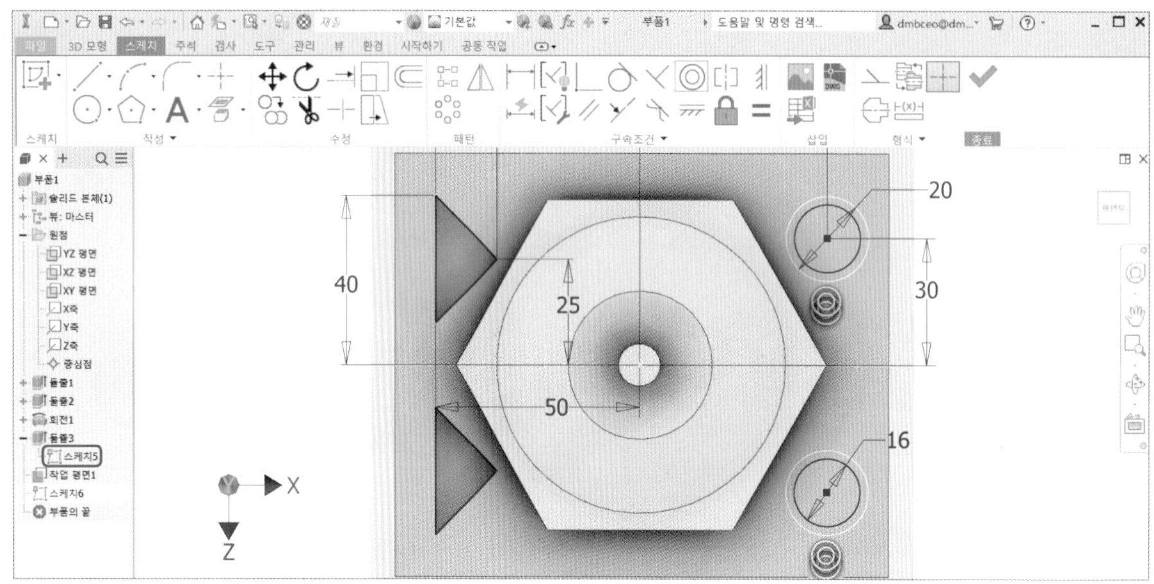

(10) 로프트 모델링하기

3D 모형 ⇨ 작성 ⇨ 로프트 ⇨ 곡선 ⇨ 접합 ⇨ 단면 : 스케치 5, 스케치 6 ⇨ 레일 ⇨ 출력 : 솔리드 ⇨ 확인

TIP>>

1. 단면을 선택하려면 「추가하려면 클릭」을 클릭하여 단면(스케치)을 선택한다.
2. 모형탐색기에서 스케치 6을 오른쪽 클릭하여 팝업창에서 가시성을 체크하여 로프트를 같은 방법으로 추가한다.

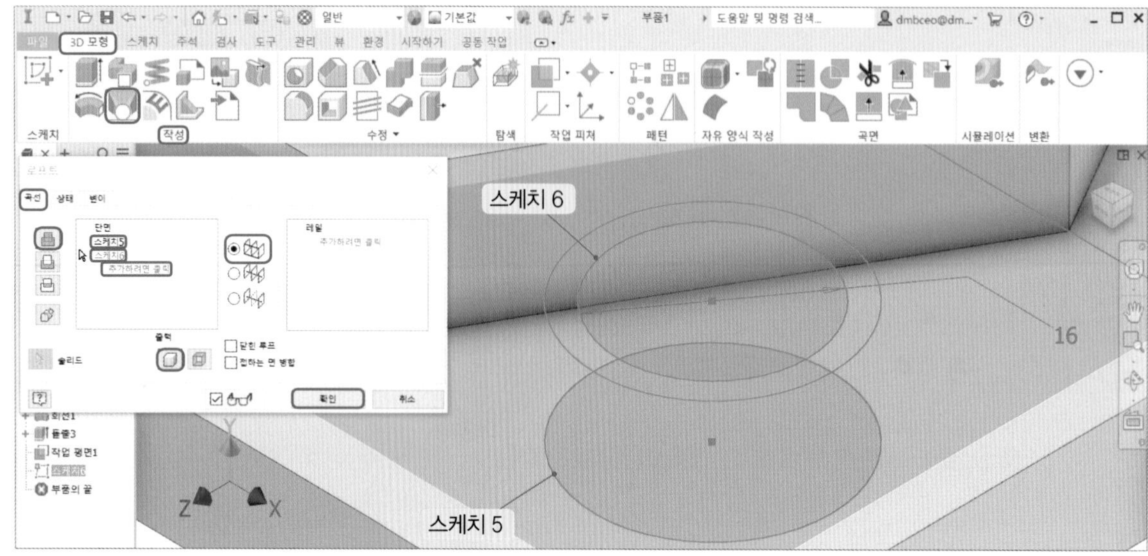

(11) 모깎기

3D 모형 ⇨ 수정 ⇨ 모서리 모깎기 ⇨ 상수 ⇨ 모서리 ⇨ 반지름 10 ⇨ 적용

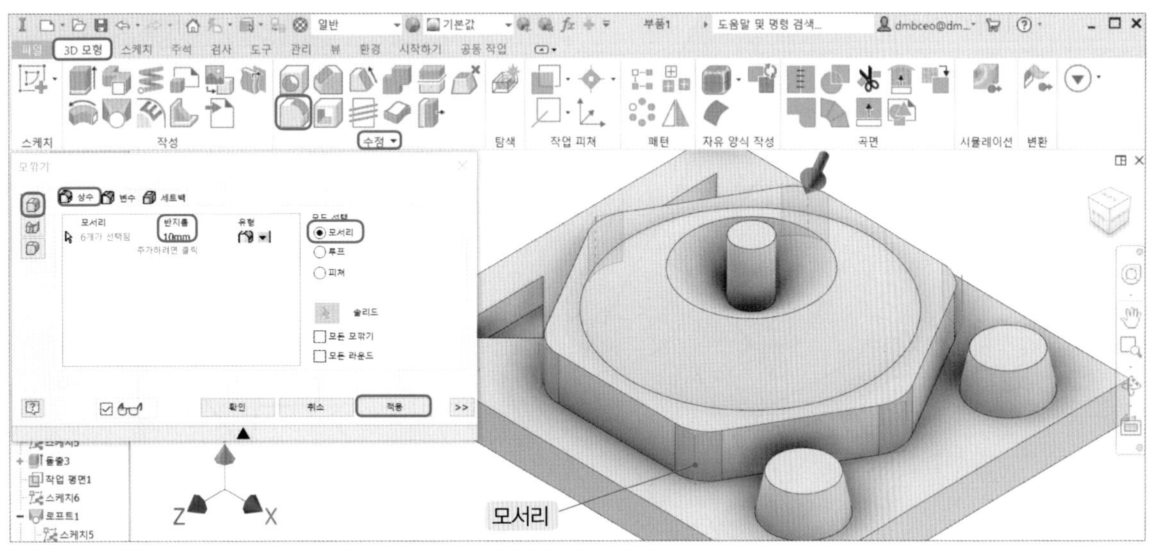

모서리 모깎기 ⇨ 모서리 ⇨ 반지름 3 ⇨ 적용

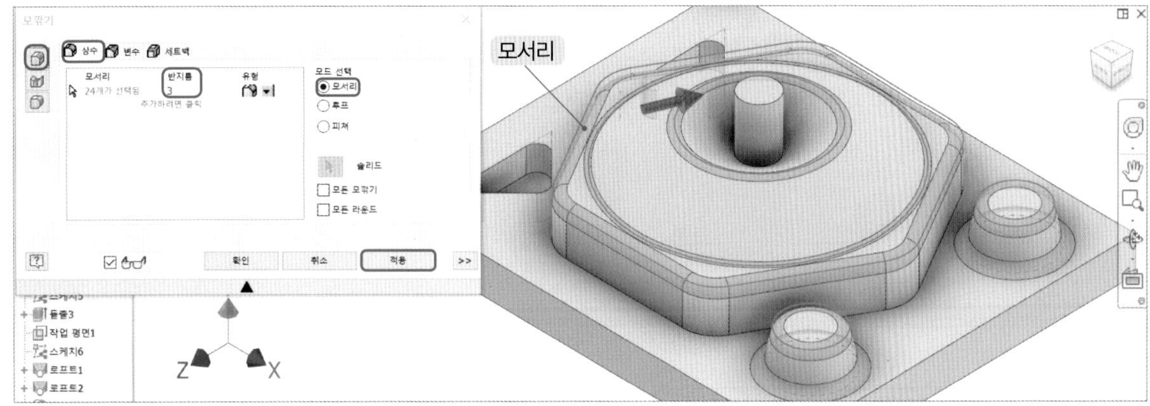

모서리 모깎기 ⇨ 모서리 ⇨ 반지름 2 ⇨ 확인

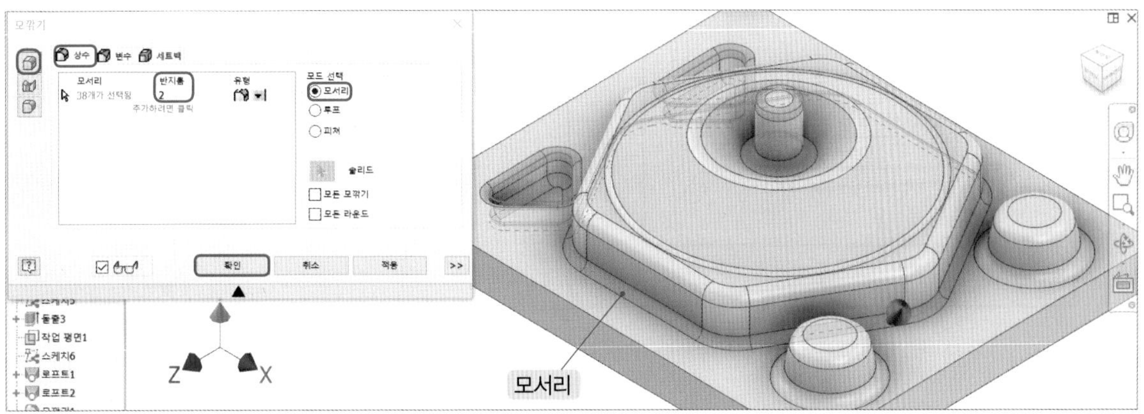

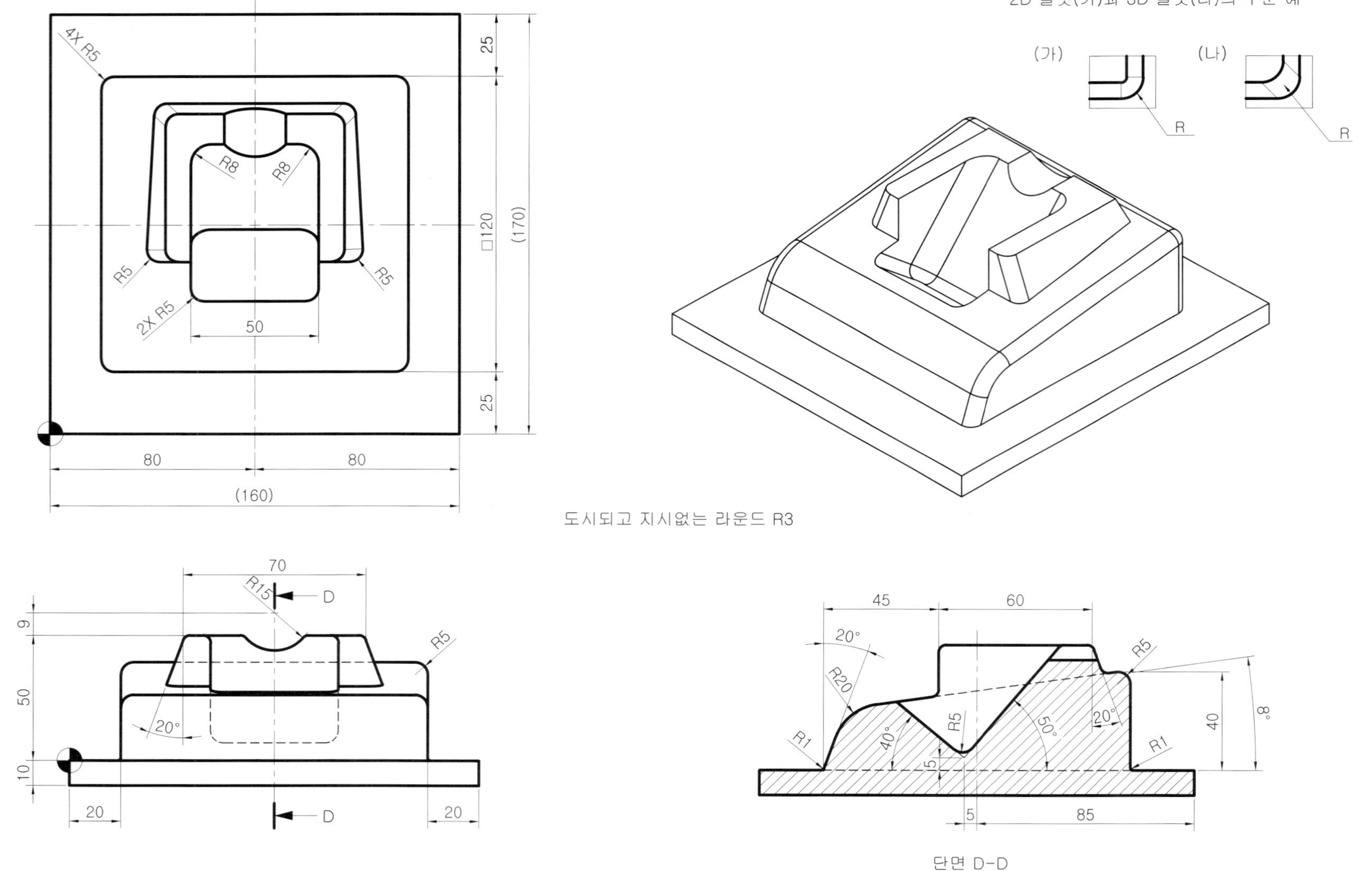
2D 필렛(가)과 3D 필렛(나)의 구분 예
(가)
(나)
R
R
4X R5
R8
R8
R5
R5
2X R5
50
25
□120
25
(170)
80
80
(160)
도시되고 지시없는 라운드 R3
70
R15
D
D
9
50
10
R5
20°
20
20
45
60
20°
R20
R1
40°
R5
5
50°
R5
20°
R1
40
8°
5
85
단면 D-D

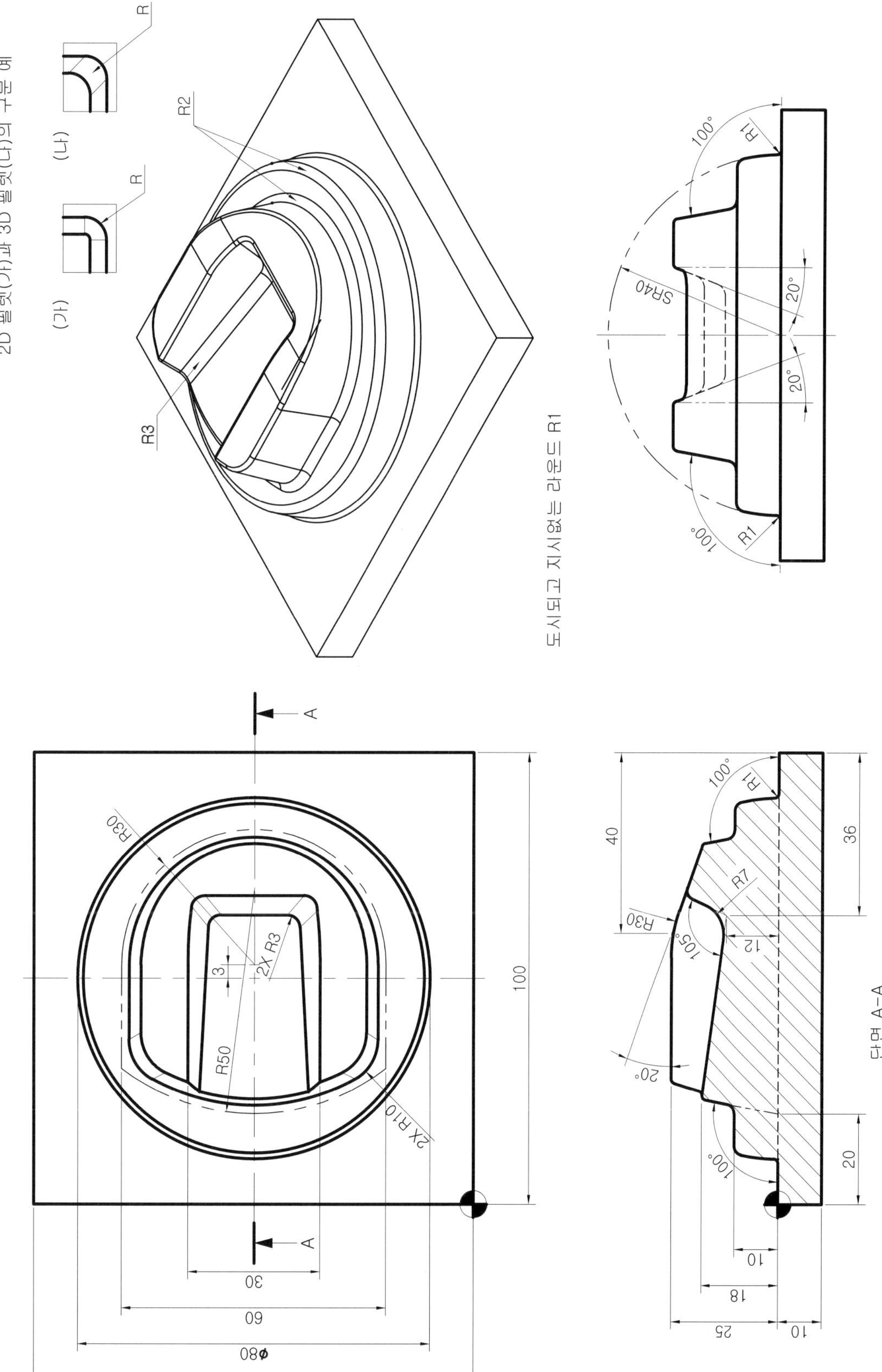
2D 필렛(가)과 3D 필렛(나)의 구분 예
(가)
(나)
R
R2
R3
도시되고 지시없는 라운드 R1
SR40
100°
20°
R1
A
R30
3
2X R3
R50
2X R10
100
30
60
φ80
40
36
R7
12
105°
20
10
18
25
단면 A-A

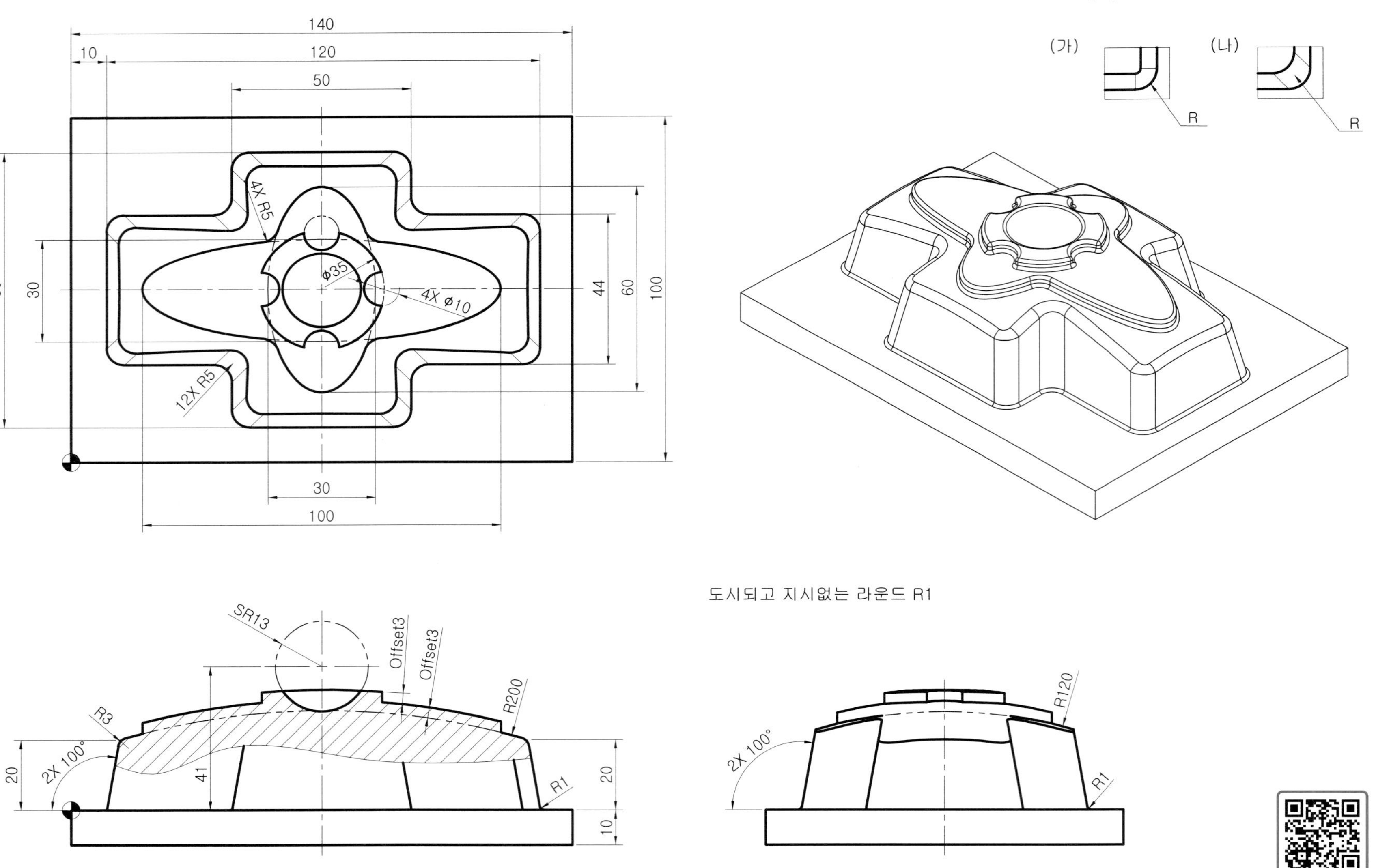

2D 필렛(가)과 3D 필렛(나)의 구분 예
(가)
(나)
R
R
140
10
120
50
80
30
4X R5
ϕ35
4X ϕ10
12X R5
44
60
100
30
100
도시되고 지시없는 라운드 R1
SR13
Offset3
Offset3
R200
R3
2X 100°
20
41
R1
20
10
R120
2X 100°
R1

4 형상 모델링하기 3

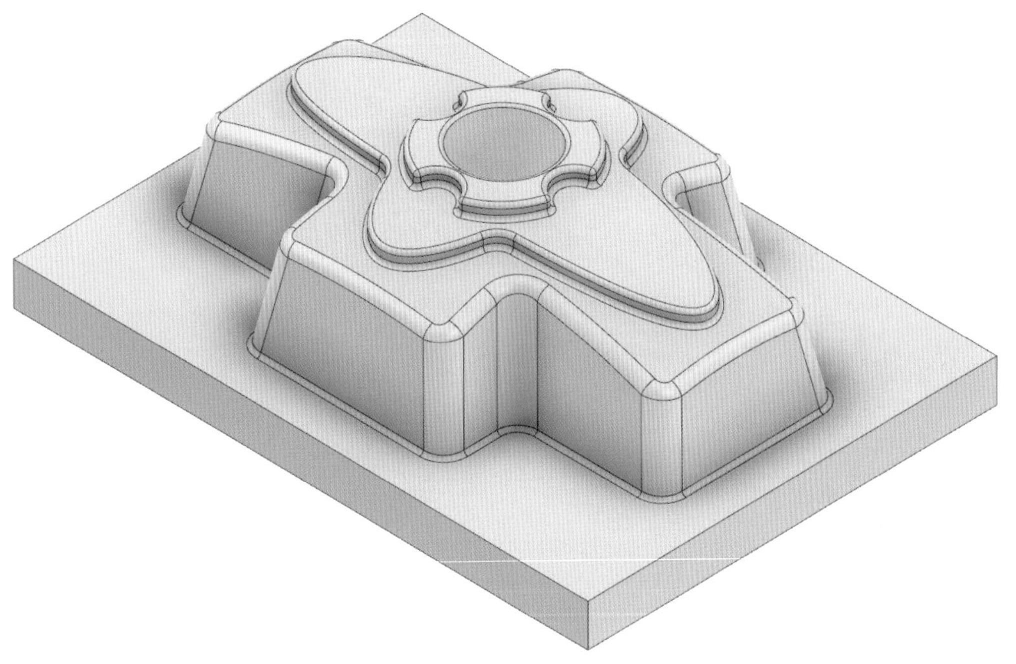

(1) 스케치하기 1

XZ 평면에 사각을 스케치하고 치수를 입력한다.

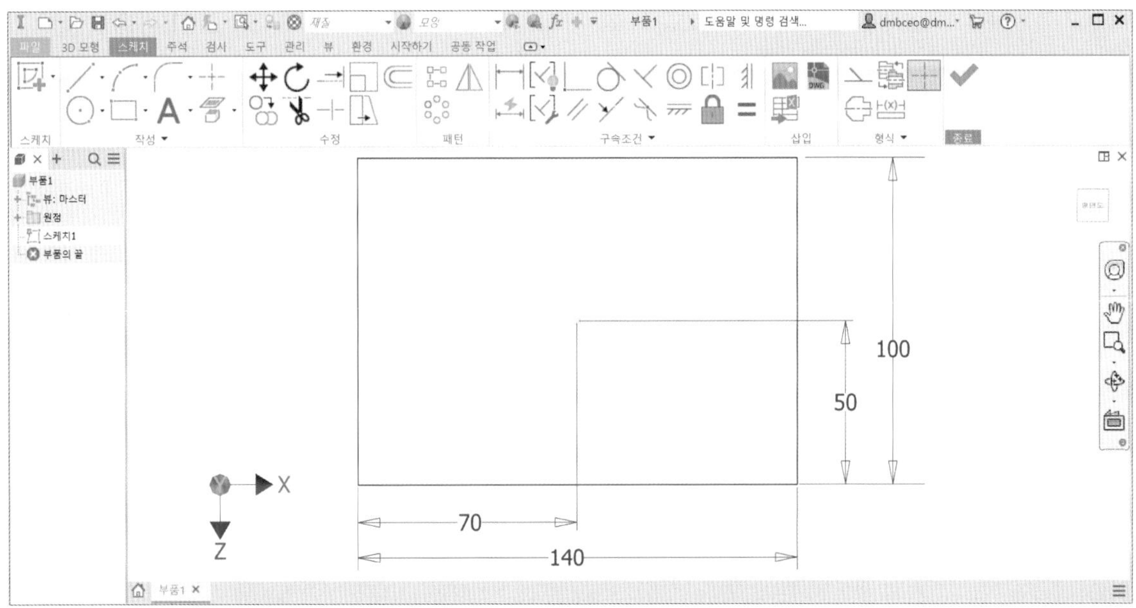

(2) 돌출하기

3D 모형 ⇨ 작성 ⇨ 돌출 ⇨ 입력 형상 ⇨ 프로파일 ⇨ 동작 ⇨ 방향 : 반전 ⇨ 거리 10 ⇨ 확인

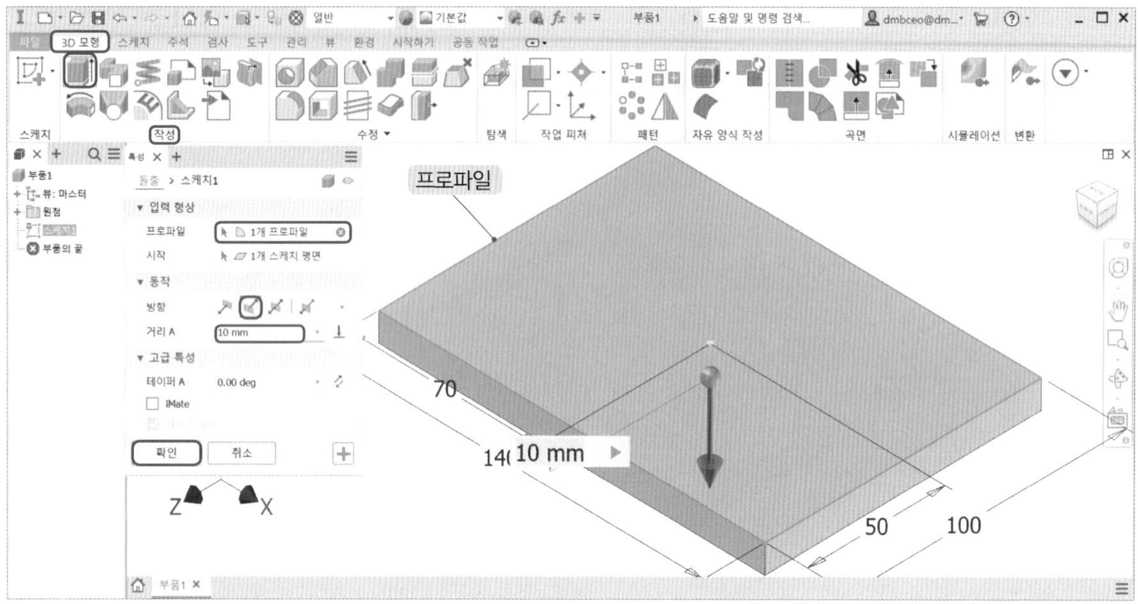

(3) 스케치하기 2

위 평면(XZ 평면)에 그림과 같이 스케치하고 치수를 입력한다. 수직과 수평선은 구성선으로 변경하고, 구속조건은 수직, 수평인 구성선 끝점을 원점에 일치 구속한다.

수정 ⇨ 미러(대칭) ⇨ 선택 ⇨ 미러 선 ⇨ 확인

같은 방법으로 다시 미러한다.

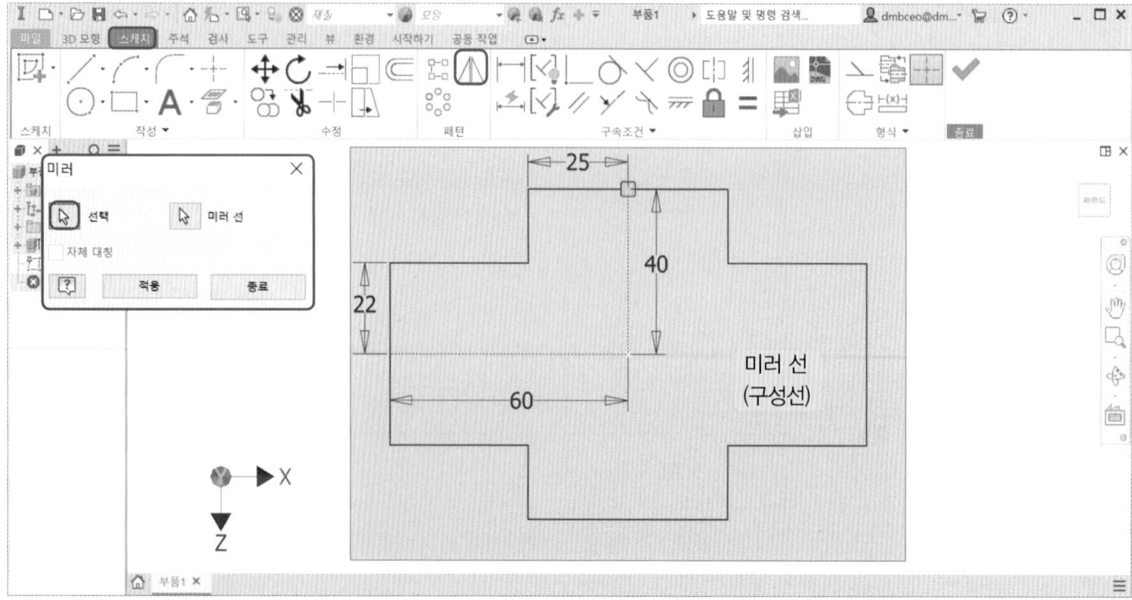

(4) 구배 돌출하기

3D 모형 ⇨ 작성 ⇨ 돌출 ⇨ 입력 형상 ⇨ 프로파일 ⇨ 동작 ⇨ 방향 : 기본값 ⇨ 거리 30 ⇨ 출력 ⇨ 부울 : 접합 ⇨ 고급 특성 ⇨ 테이퍼 A : −10deg ⇨ 확인

TIP>>
단일 구배는 돌출에서 가능하지만 복수 구배는 구배에서 모델링한다.

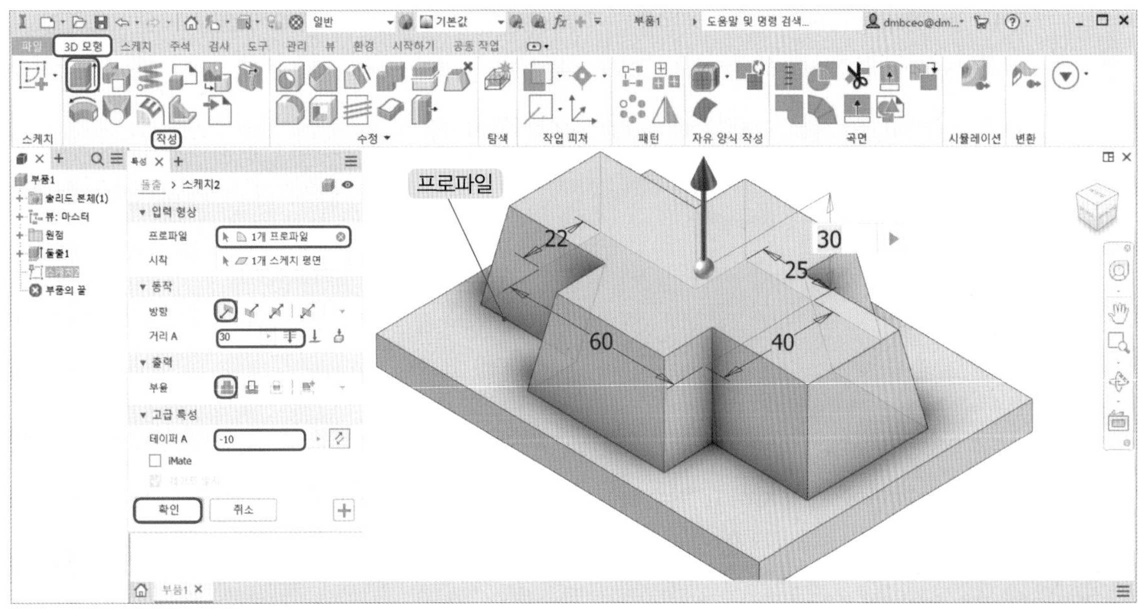

(5) 스케치하기 4

모형탐색기에서 XY 평면을 선택하여 점 두 개를 스케치하고 치수를 입력한다. 구속조건은 점을 모서리에 곡선상의 점으로 구속한다. 원호를 스케치하여 치수를 입력하고, 구속조건은 원호를 점에 곡선상의 점으로 구속한다.

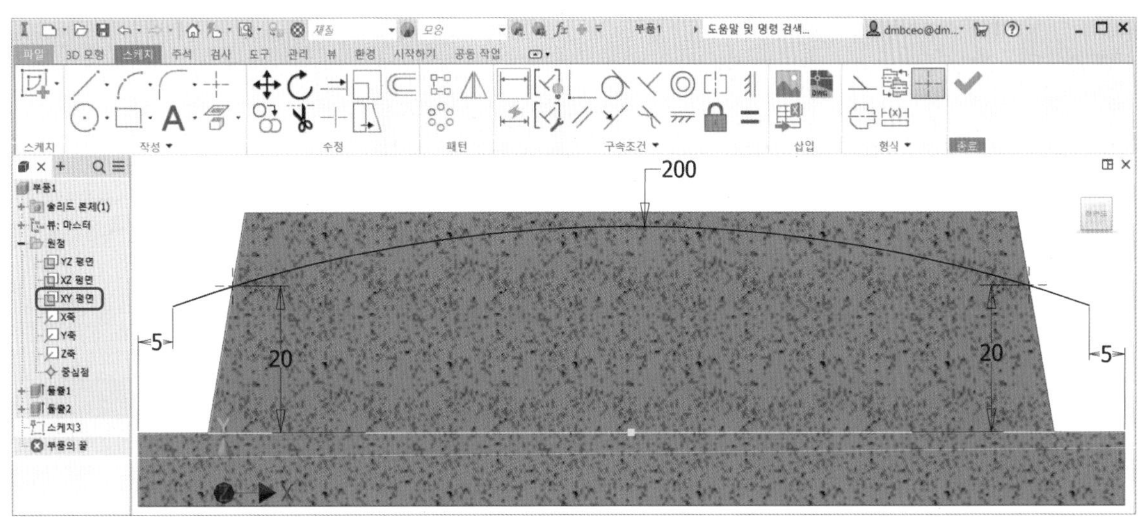

(6) 작업 피쳐 평면 만들어 스케치하기

3D 모형 ⇨ 작업 피쳐 ⇨ 평면 ⇨ 곡선 선택 ⇨ 곡선 끝점 클릭

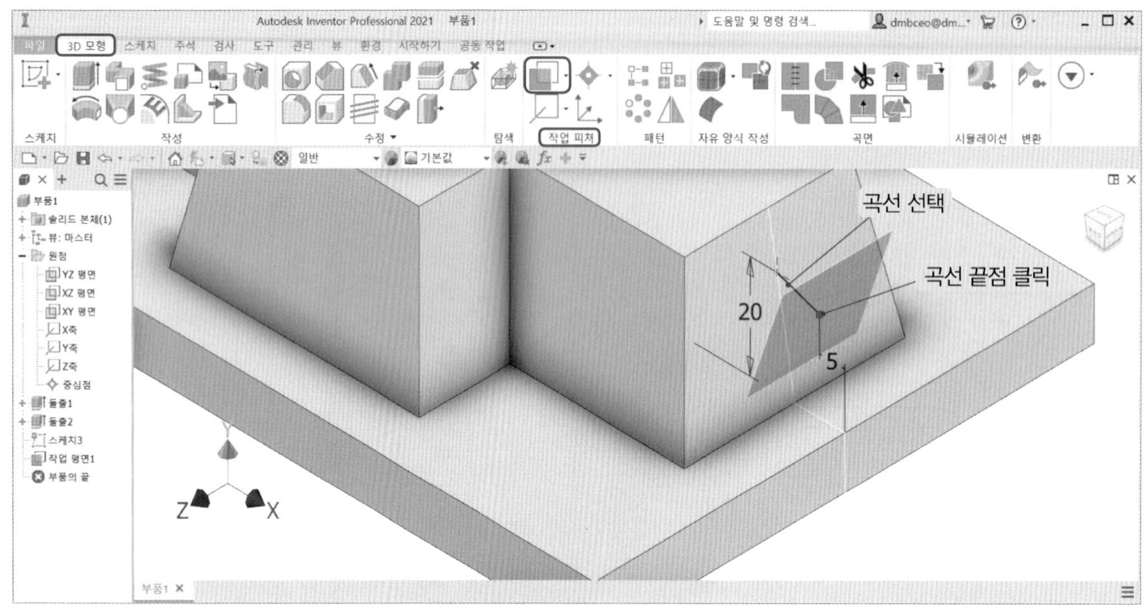

위에서 생성한 평면에 스케치하고 치수와 구속조건을 입력한다.

TIP>>

가이드 원호 끝점에 형상 투영으로 점을 생성한다.
원호는 가이드 원호 끝점에 일치 구속한다. 수직선은 동일 길이로 구속한다.

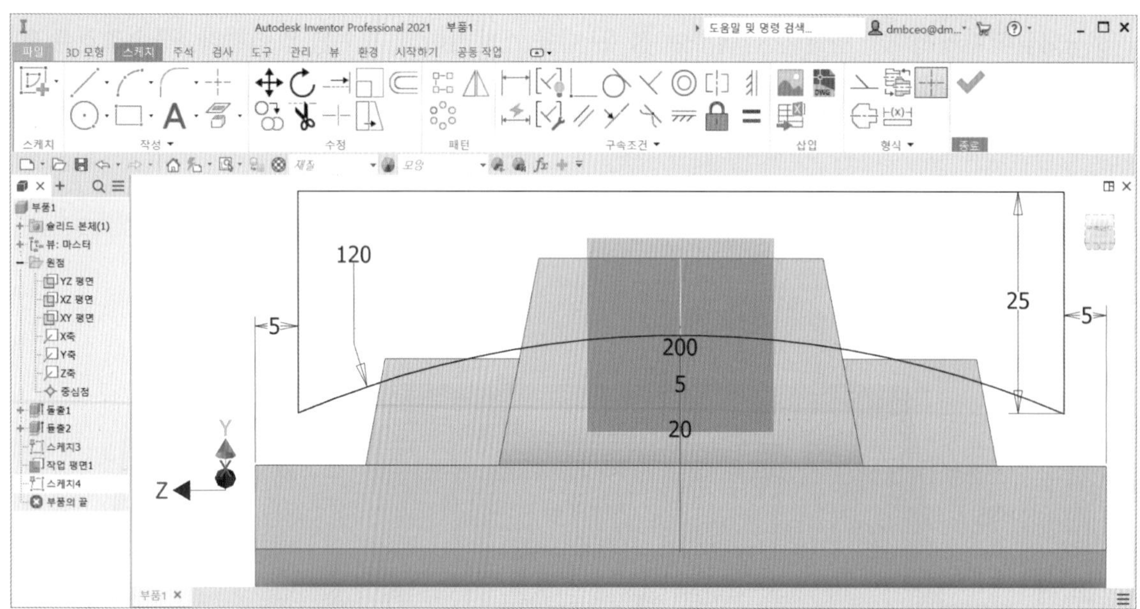

(7) 스윕하기

3D 모형 ⇨ 작성 ⇨ 스윕 ⇨ 입력 형상 ⇨ 프로파일(단면 곡선) ⇨ 경로(가이드) ⇨ 동작 ⇨ 방향 : 경로 따르기 ⇨ 출력 ⇨ 출력 : 잘라내기 ⇨ 확인

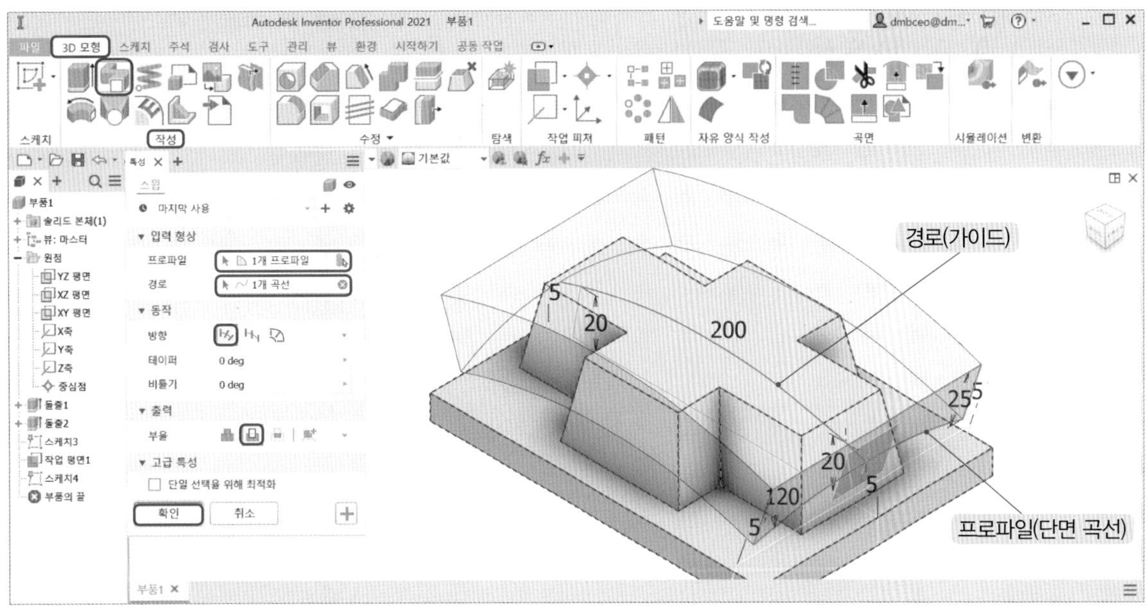

(8) 작업 피쳐 평면 만들어 스케치하기

3D 모형 탭 ⇨ 작업 피쳐 ⇨ 평면▼ ⇨ 평면에서 간격띄우기 ⇨ 평면 선택(위 평면) ⇨ 거리 35 Enter ↵

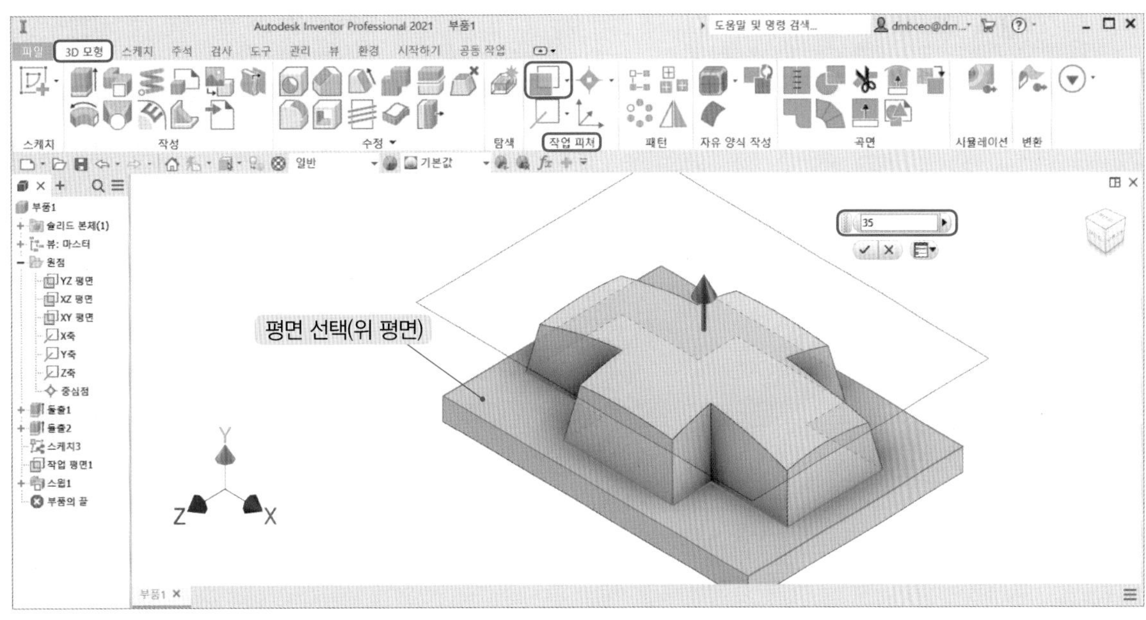

위에서 생성한 평면에 타원 2개를 스케치하고 치수를 입력한다. 구속조건은 타원의 중심점은 원점에 일치 구속하고, 타원은 자르기할 필요는 없다.

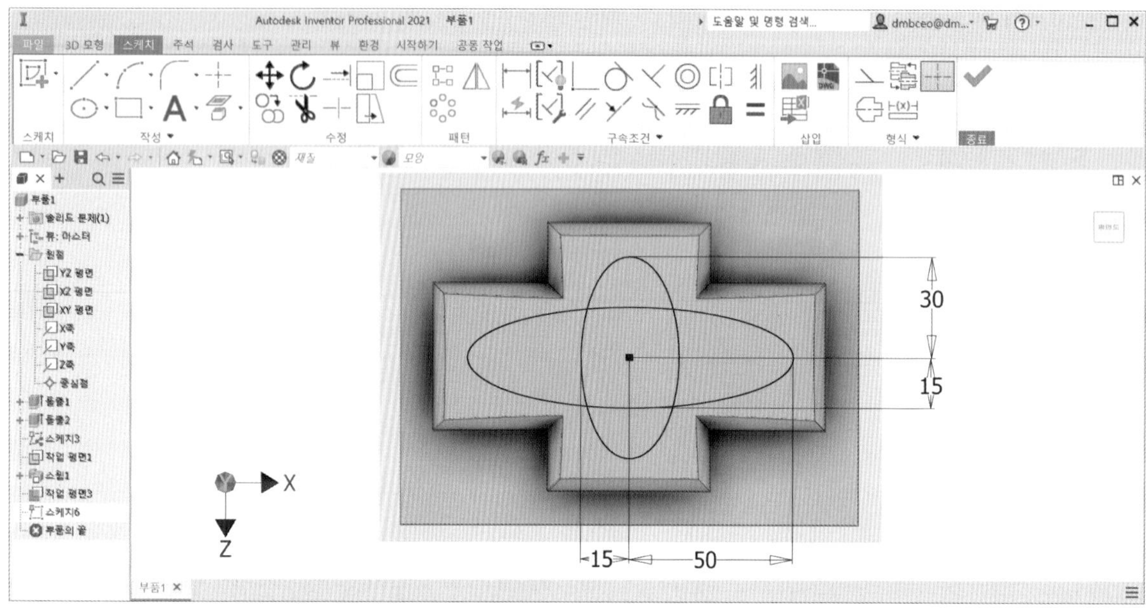

(9) 엠보싱 1

3D 모형 ⇨ 작성 ⇨ 엠보싱 ⇨ 프로파일 ⇨ 깊이 : 3 ⇨ 면으로부터 엠보싱(볼록) ⇨ 벡터 방향 2 ⇨ 확인

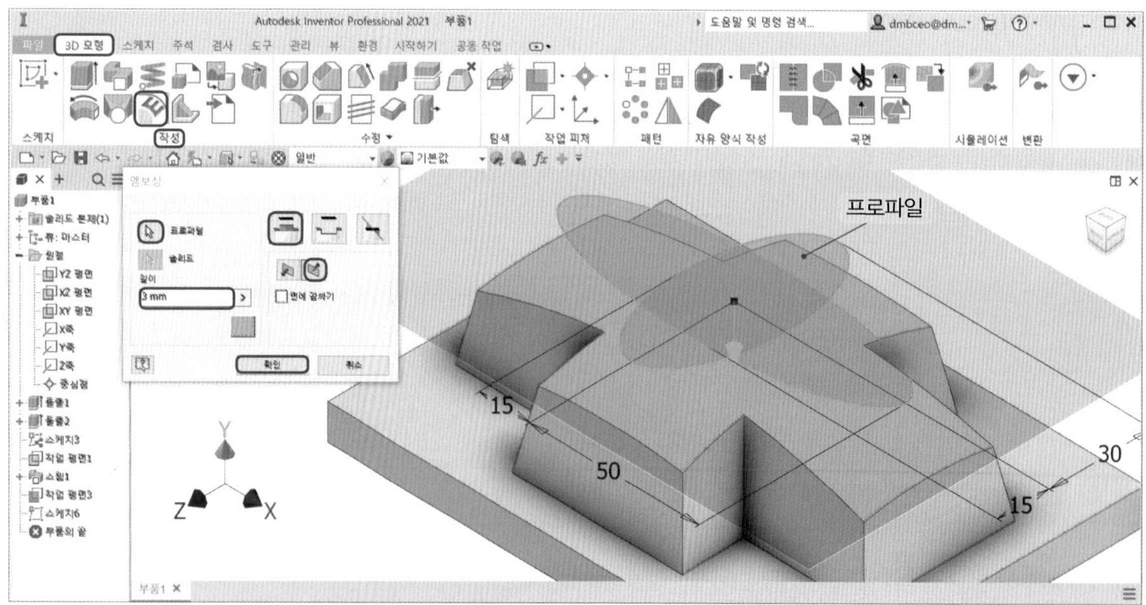

(10) 스케치하기

위 (8)에서 생성한 평면에 원을 스케치하고 치수와 구속조건을 입력한다. 원을 자르기 한다.
원형 패턴 ⇨ 형상(원) ⇨ 축 : 원점 ⇨ 개수 : 4 ⇨ 360deg ⇨ 확인

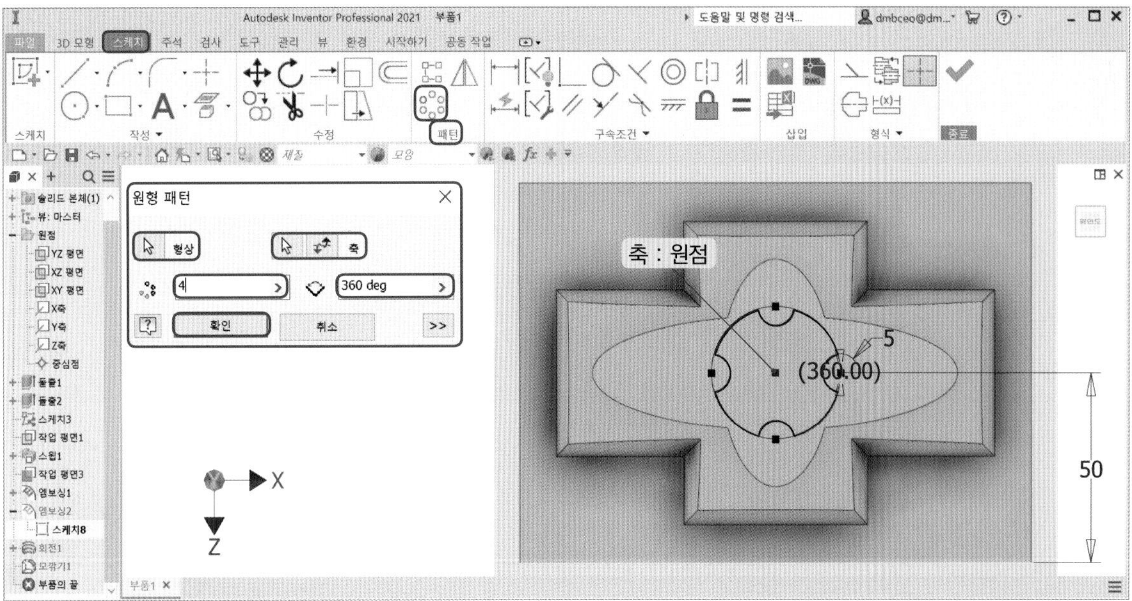

(11) 엠보싱 2

3D 모형 ⇨ 작성 ⇨ 엠보싱 ⇨ 프로파일 ⇨ 깊이 : 3 ⇨ 면으로부터 엠보싱(볼록) ⇨ 벡터 방향 2 ⇨ 확인

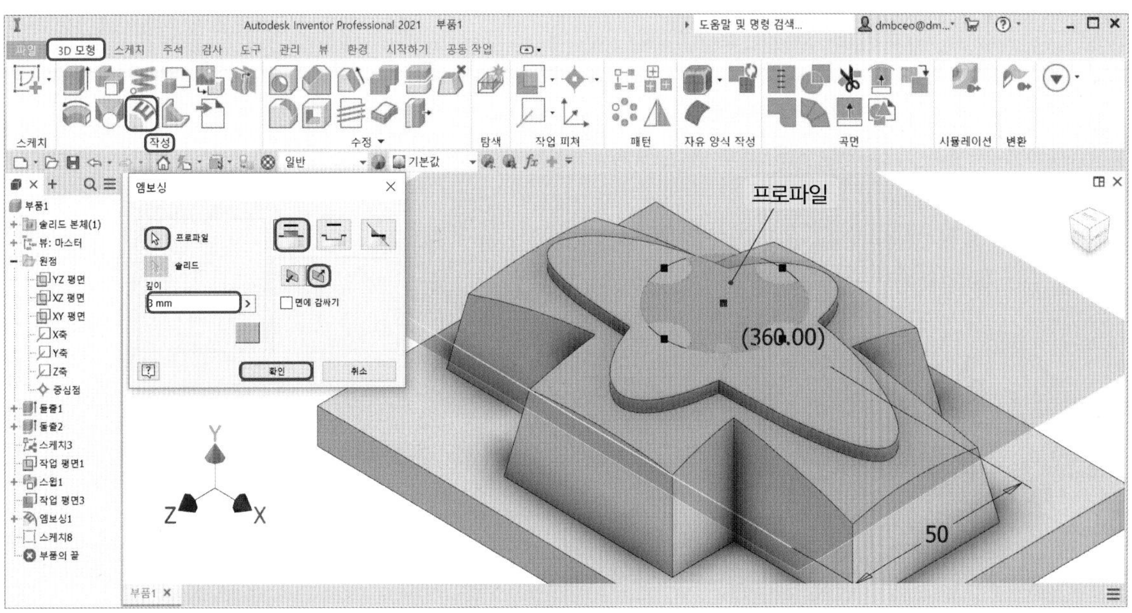

(12) 스케치하기 4

모형탐색기에서 XY 평면을 선택하여 원과 수평선을 스케치하고 치수를 입력한다. 수평선은 원의 중심점에 곡선상의 점으로 구속하고 자르기 한다.

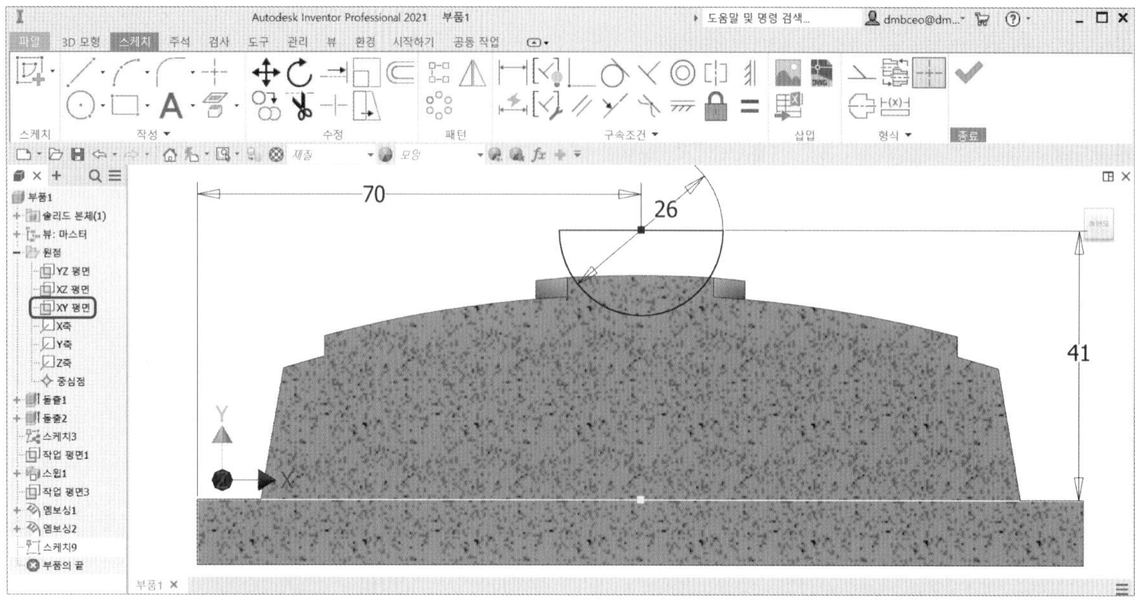

(13) 회전 모델링하기

3D 모형 ⇨ 작성 ⇨ 회전 ⇨ 입력 형상 ⇨ 프로파일 ⇨ 축(수평선 선택) ⇨ 동작 ⇨ 방향 : 기본값 ⇨ 각도 : 360deg ⇨ 출력 ⇨ 부울 : 잘라내기 ⇨ 확인

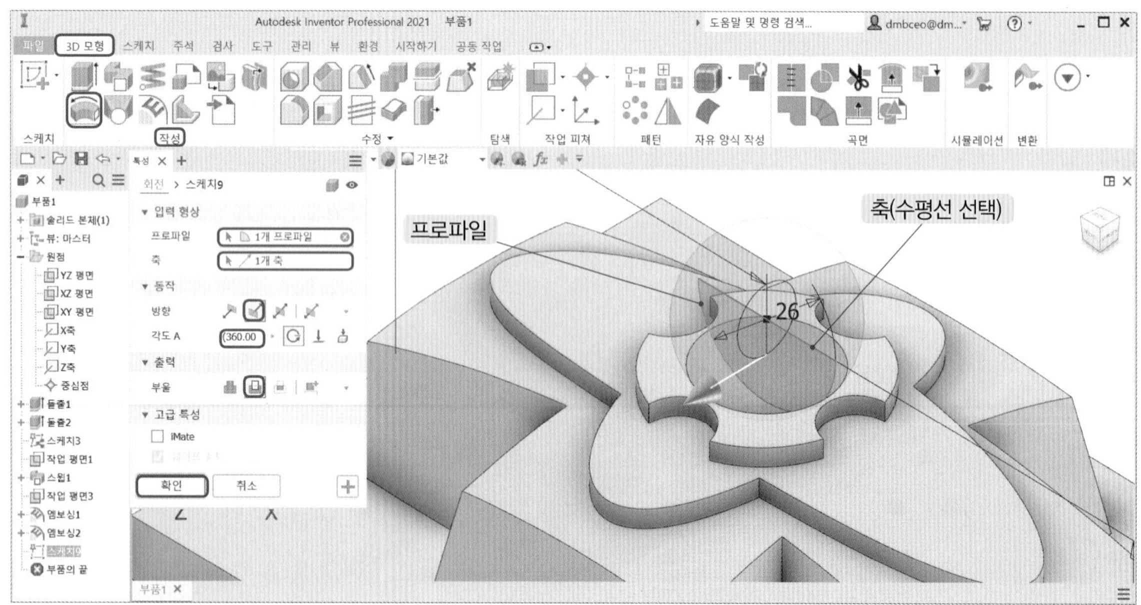

(14) 모깎기

3D 모형 ⇨ 수정 ⇨ 모서리 모깎기 ⇨ 상수 ⇨ 모서리 ⇨ 반지름 5 ⇨ 적용

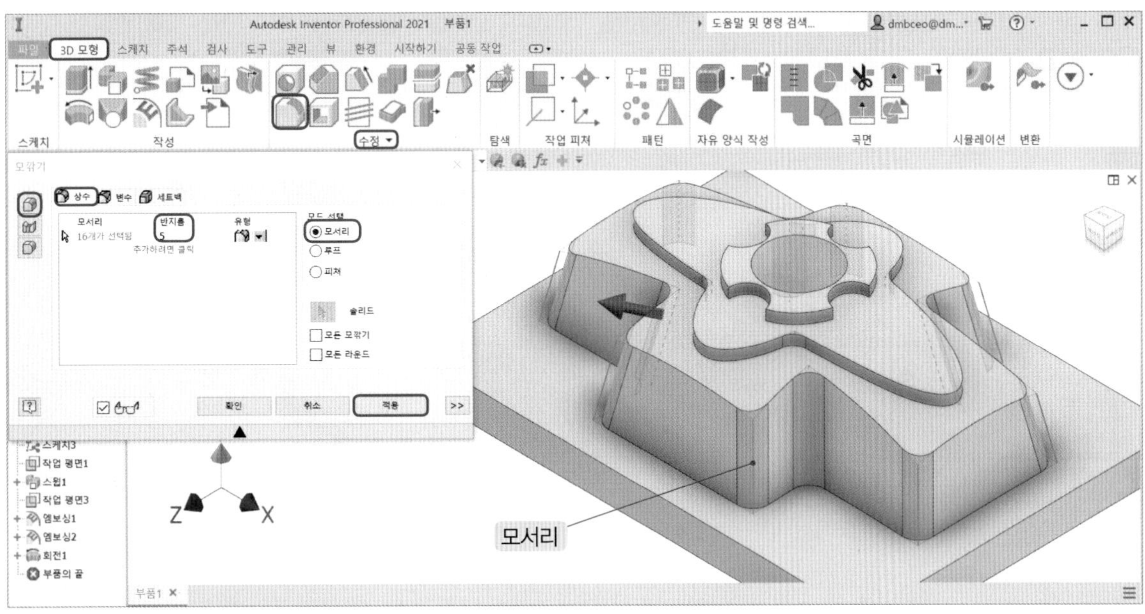

모서리 모깎기 ⇨ 모서리 ⇨ 반지름 3 ⇨ 적용

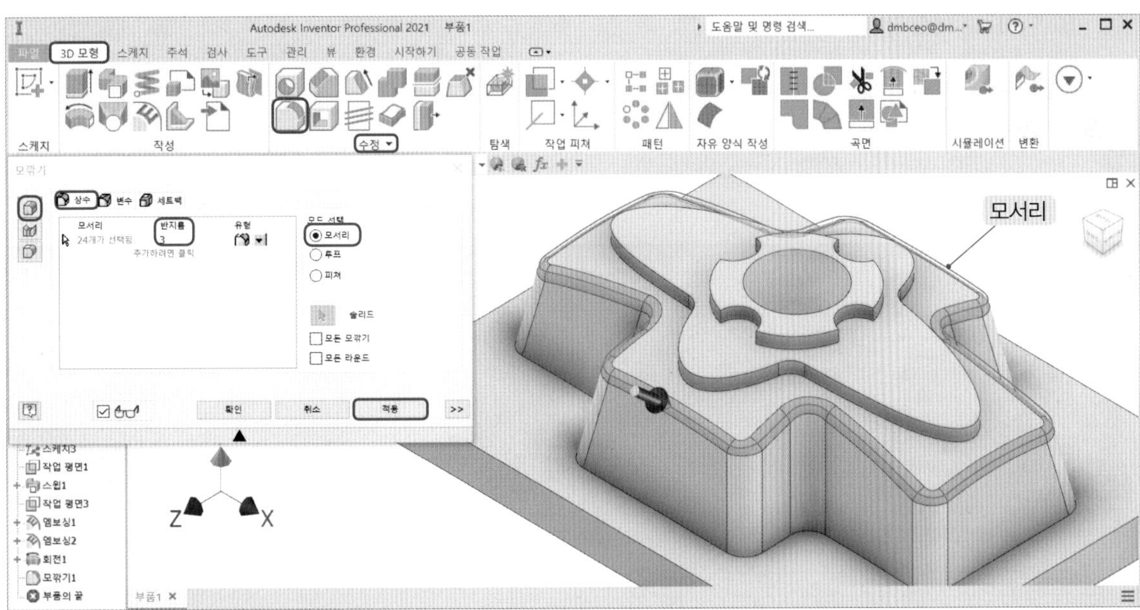

모서리 모깎기 ⇨ 모서리 ⇨ 반지름 1 ⇨ 적용

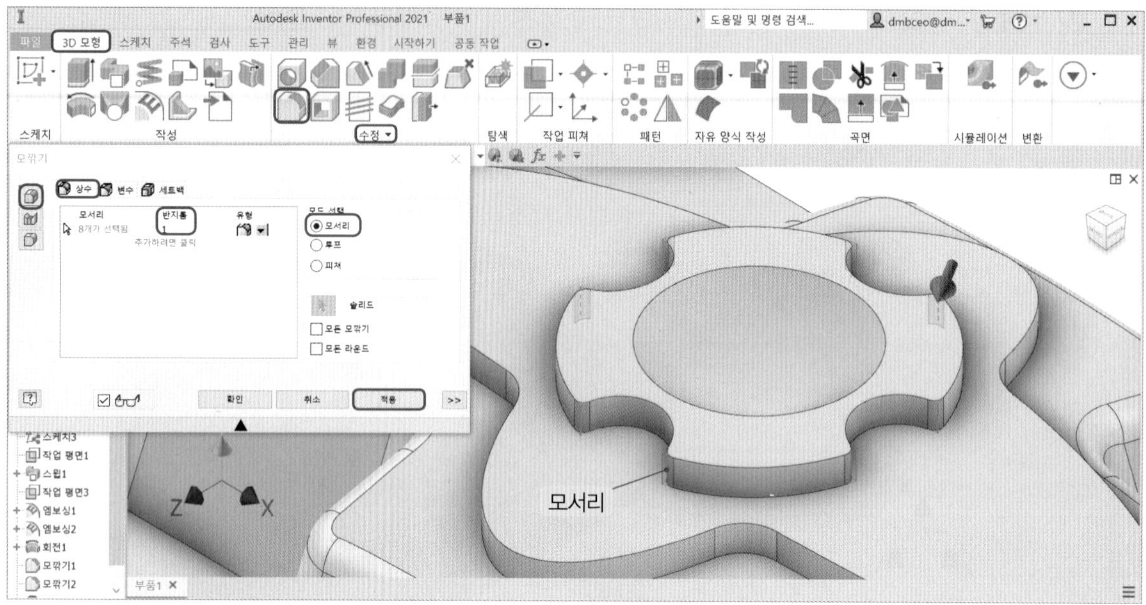

모서리 모깎기 ⇨ 모서리 ⇨ 반지름 1 ⇨ 확인

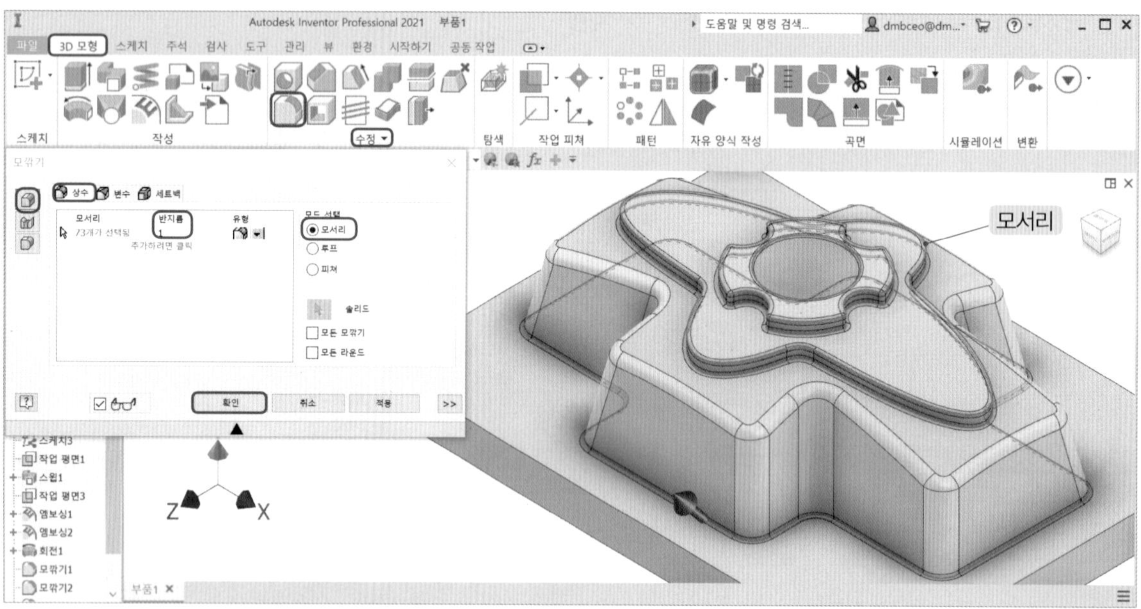

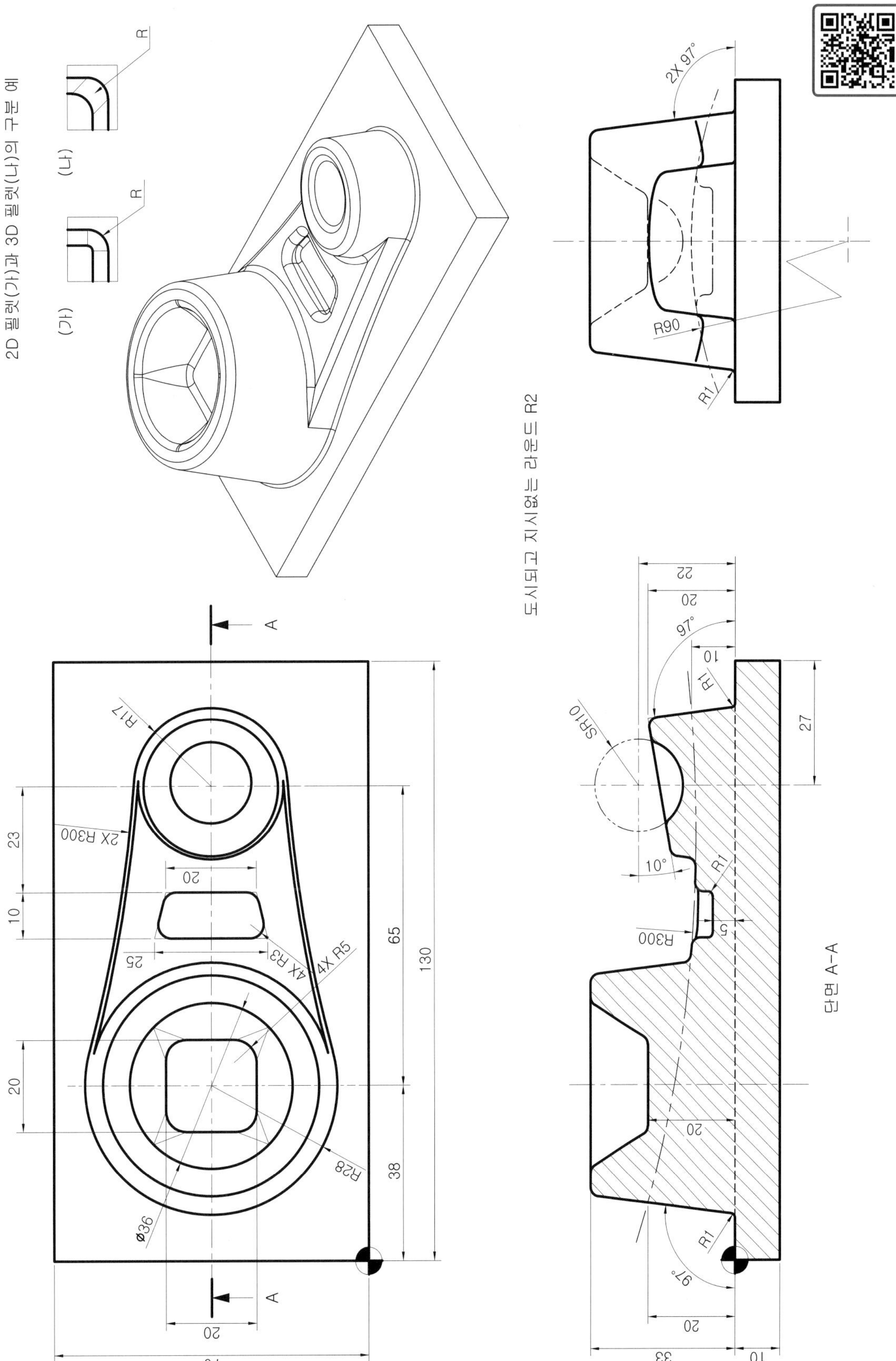
2D 필렛(가)과 3D 필렛(나)의 구분 예
(가)
(나)
R
도시되고 지시없는 라운드 R2
2X 97°
R90
R1
A
R17
2X R300
20
25
4X R3
4X R5
R28
Ø36
23
10
20
65
38
130
70
22
97°
10
SR10
10°
R300
5
27
33
단면 A-A

5 형상 모델링하기 4

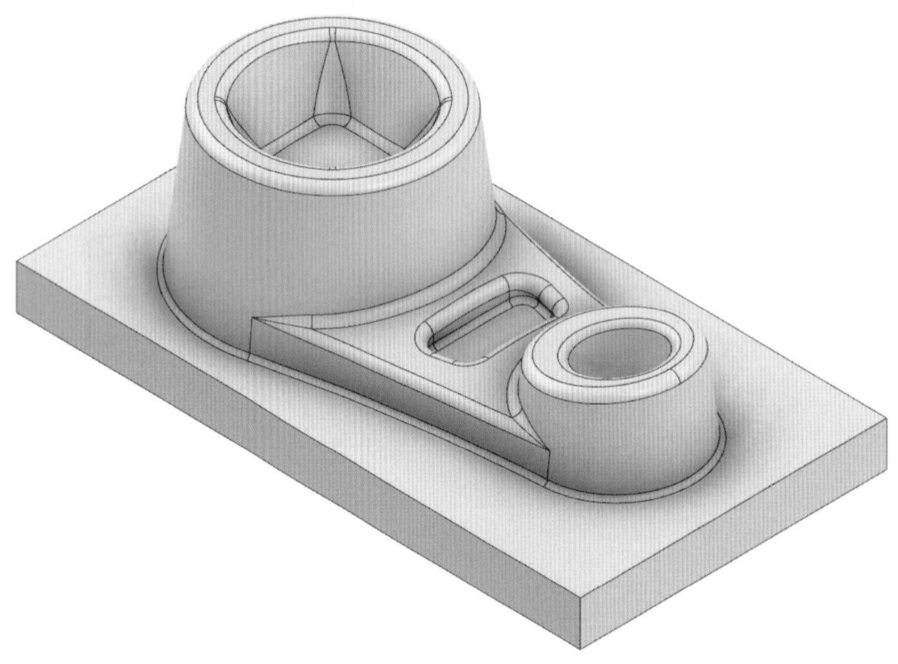

(1) 스케치하기

XZ 평면에 사각을 스케치하고 치수를 입력한다.

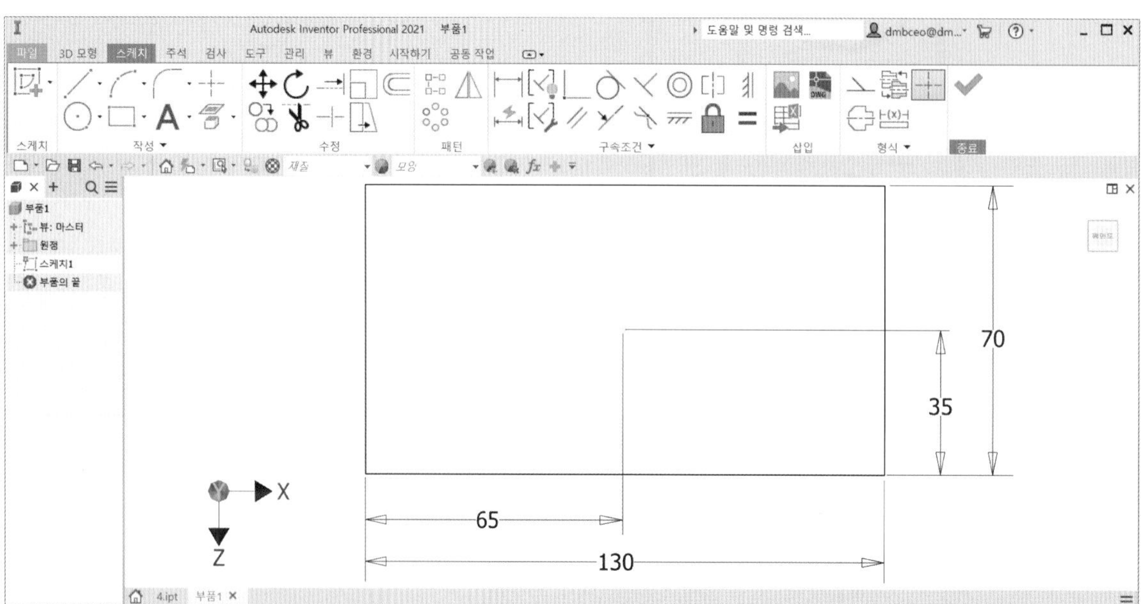

(2) 돌출하기

3D 모형 ⇨ 작성 ⇨ 돌출 ⇨ 입력 형상 ⇨ 프로파일 ⇨ 동작 ⇨ 방향 : 반전 ⇨ 거리 10 ⇨ 확인

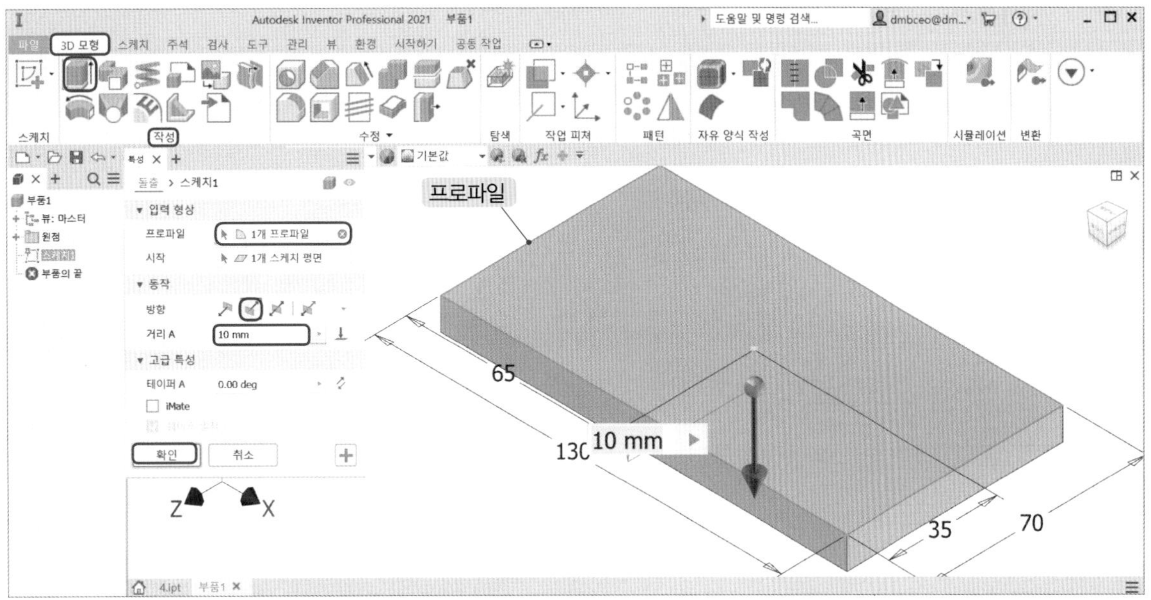

(3) 스케치하기 2

위 평면(XZ 평면)에 그림과 같이 원을 스케치하고 치수를 입력한다. 원호를 스케치하여 R300 치수를 입력하고 원에 접선과 동일 원호로 구속하고, 자르기 한다.

TIP>>

원호를 자르기 해야 단순 구배 7도로 모델링할 수 있으며, 자르기하지 않으면 솔리드가 3개의 덩어리로 돌출 구배된다.

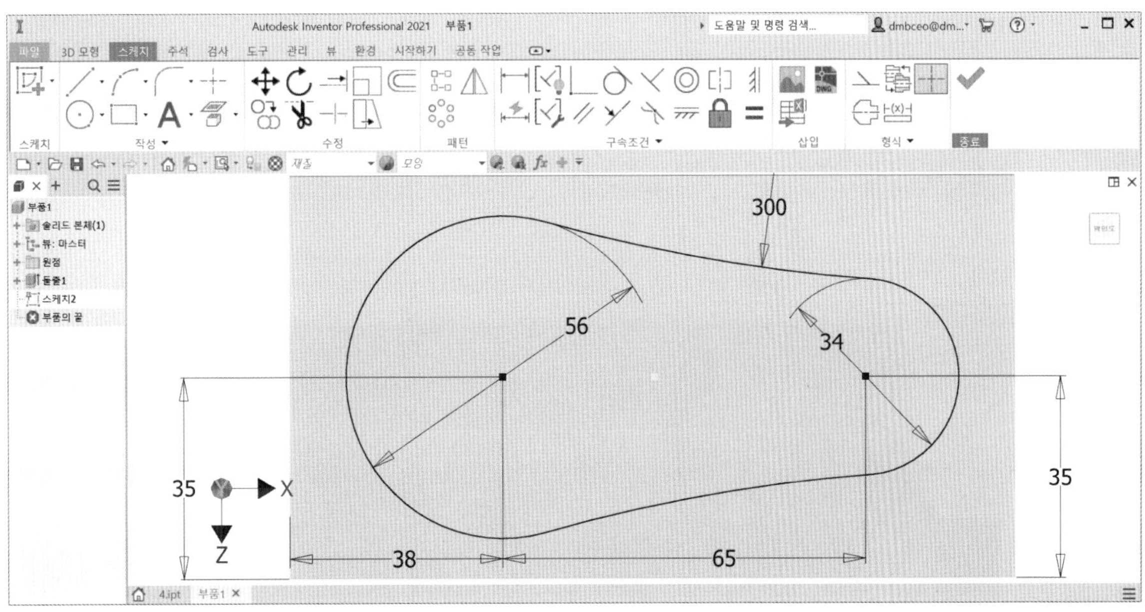

(4) 단순 구배 돌출하기

3D 모형 ⇨ 작성 ⇨ 돌출 ⇨ 입력 형상 ⇨ 프로파일 ⇨ 동작 ⇨ 방향 : 기본값 ⇨ 거리 25 ⇨ 출력 ⇨ 부울 : 접합 ⇨ 고급 특성 ⇨ 테이퍼 A : −7deg ⇨ 확인

TIP>>
단순 구배는 돌출에서 정의하면 쉽다.

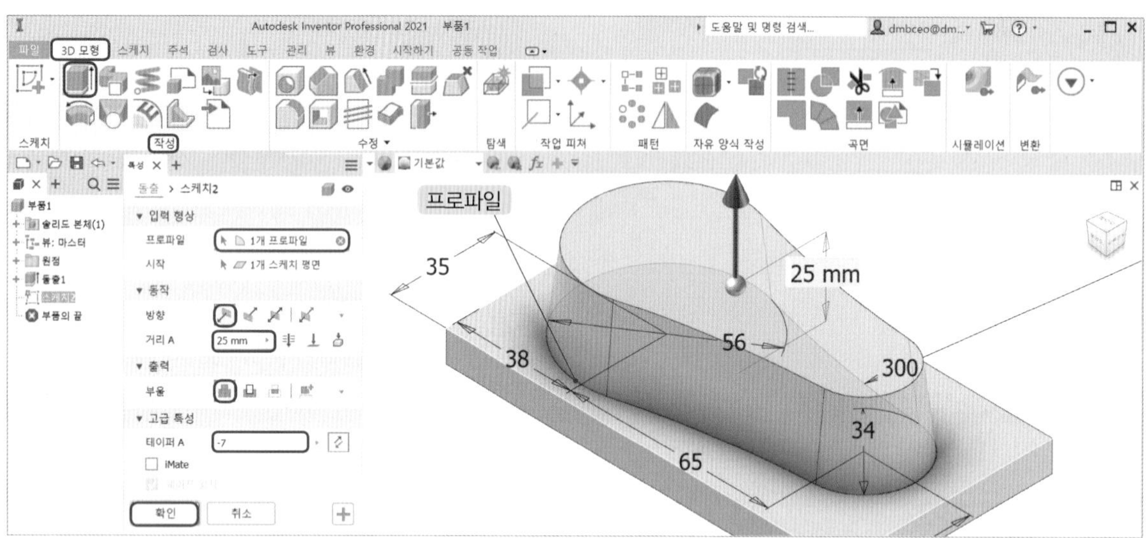

(5) 스케치하기 4

모형탐색기에서 XY 평면을 선택하여 점 두 개를 스케치하고 치수를 입력한다. 먼저 좌 · 우측 모서리에 형상 투영을 하여 점을 투영곡선에 곡선상의 점으로 구속한다. 원호를 스케치하여 치수를 입력하고, 구속조건은 원호를 점에 곡선상의 점으로 구속한다.

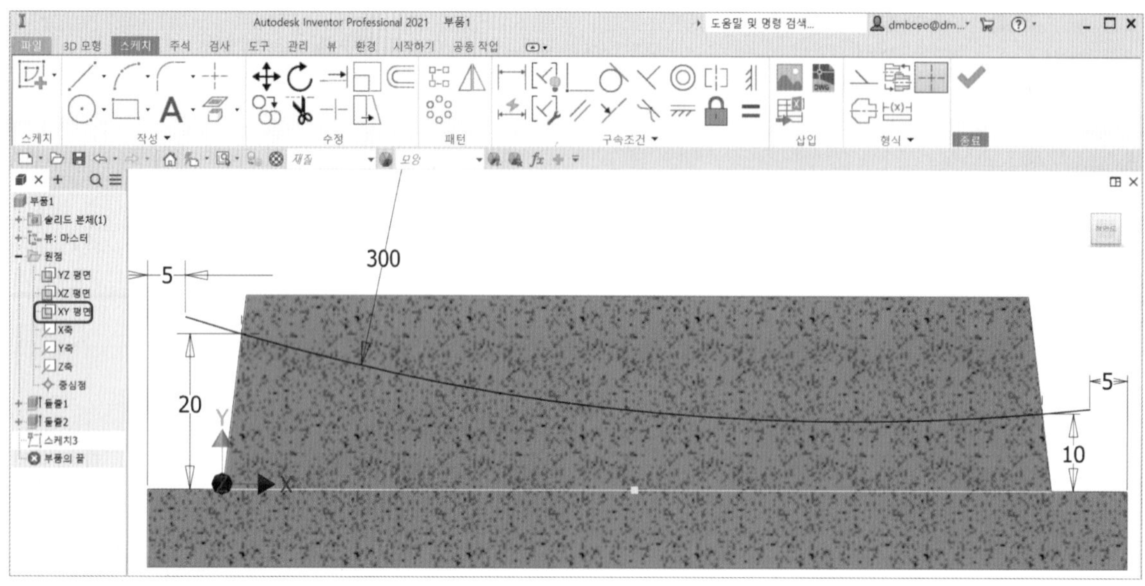

(6) 작업 피쳐 평면 만들어 스케치하기

3D 모형 ⇨ 작업 피쳐 ⇨ 평면 ⇨ 곡선 선택 ⇨ 곡선 끝점 클릭

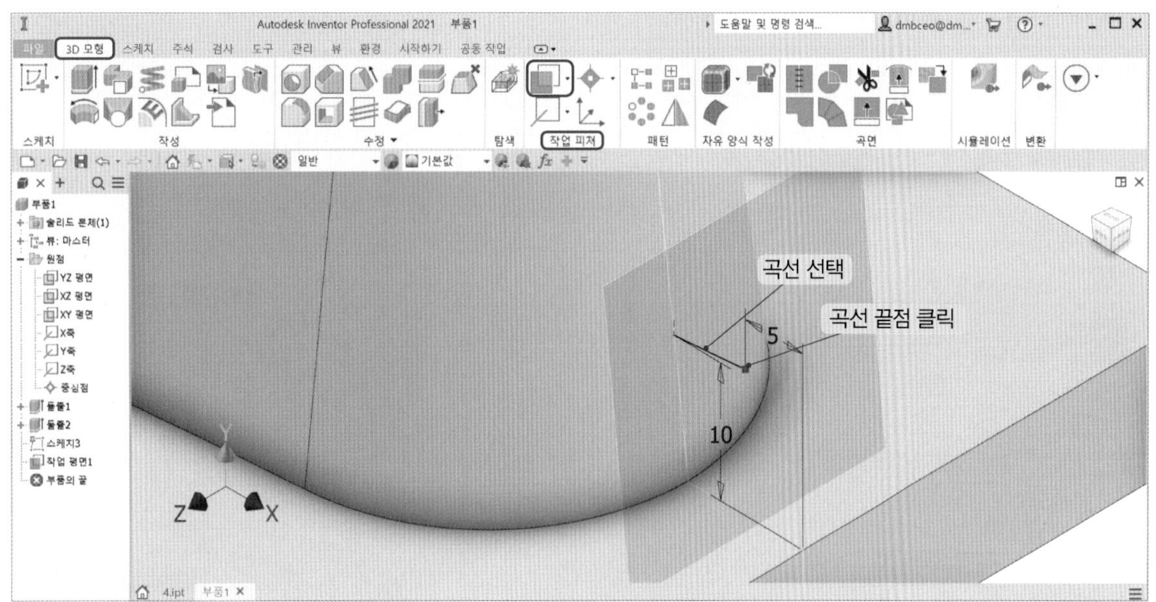

위에서 생성한 평면에 스케치하고 치수와 구속조건을 입력한다.

TIP>>

가이드 원호 끝점에 형상 투영으로 점을 생성한다.
원호는 가이드 원호 끝점에 일치 구속하고, 수직선은 동일 길이로 구속한다.

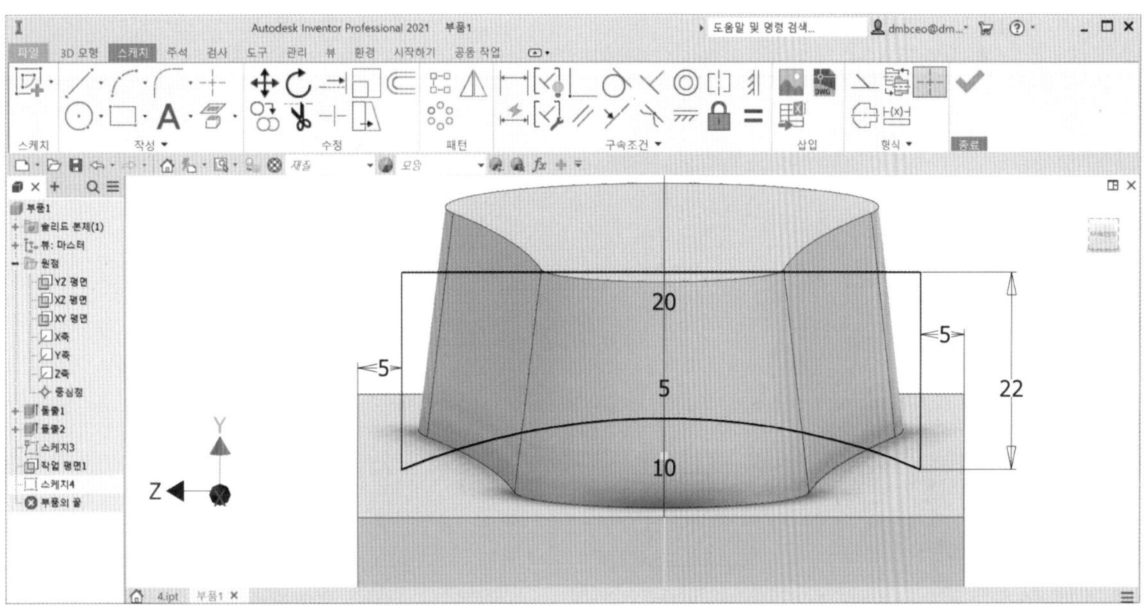

(7) 스윕하기

3D 모형 ⇨ 작성 ⇨ 스윕 ⇨ 입력 형상 ⇨ 프로파일(단면 곡선) ⇨ 경로(가이드) ⇨ 동작 ⇨ 방향 : 경로 따르기 ⇨ 출력 : 잘라내기 ⇨ 확인

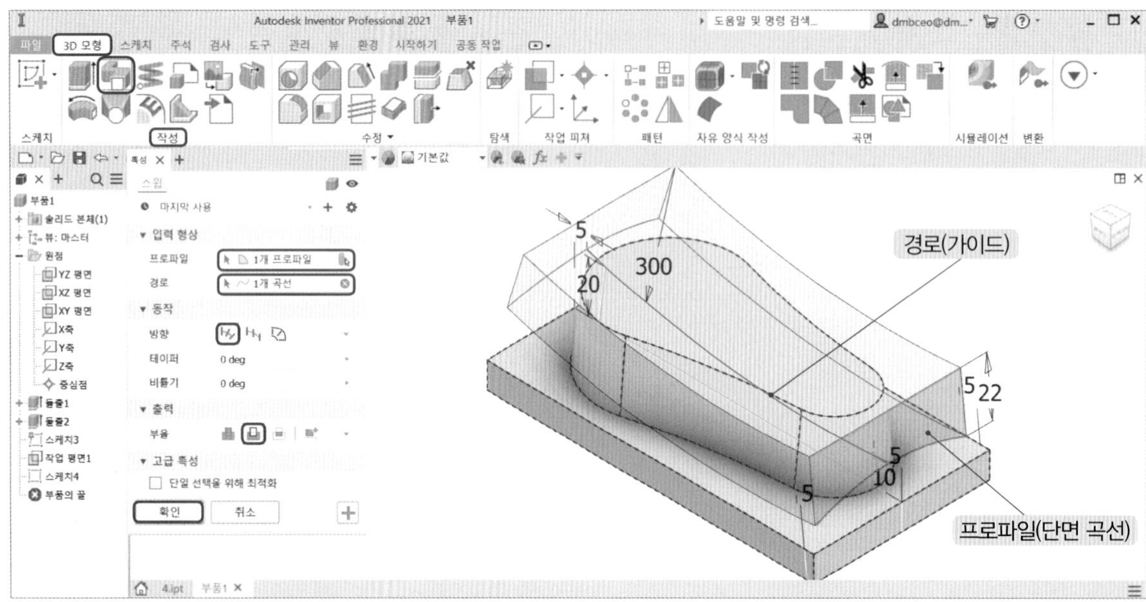

(8) 스케치하기

XZ 평면에 스케치하고 구속조건은 동심, 동일 길이로 구속조건을 입력한다.

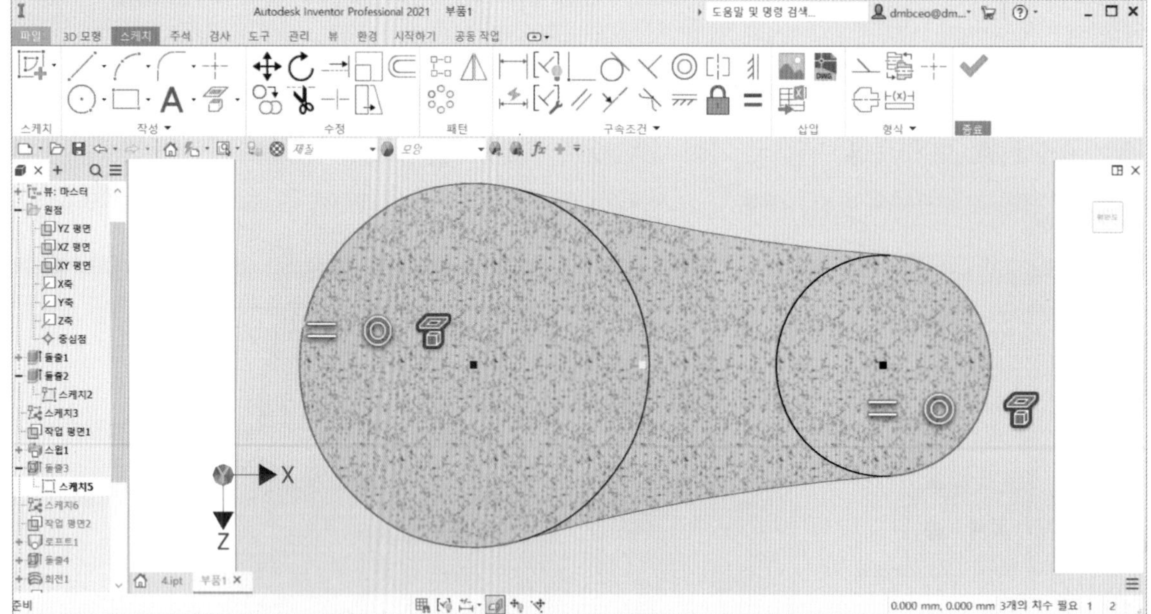

(9) 구배 돌출하기

3D 모형 ⇨ 작성 ⇨ 돌출 ⇨ 입력 형상 ⇨ 프로파일 ⇨ 동작 ⇨ 방향 : 기본값 ⇨ 거리 33 ⇨ 출력 ⇨ 부울 : 접합 ⇨ 고급 특성 ⇨ 테이퍼 A : –7deg ⇨ 확인

TIP>>
단순 구배는 돌출에서 모델링하면 쉽다.

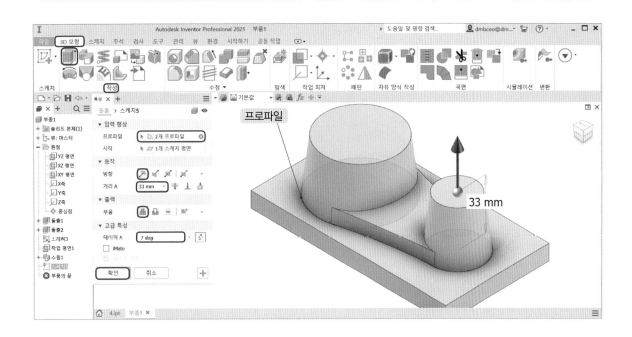

(10) 스케치하기

원주 단면에 스케치하고 치수와 동심 구속조건을 입력한다.

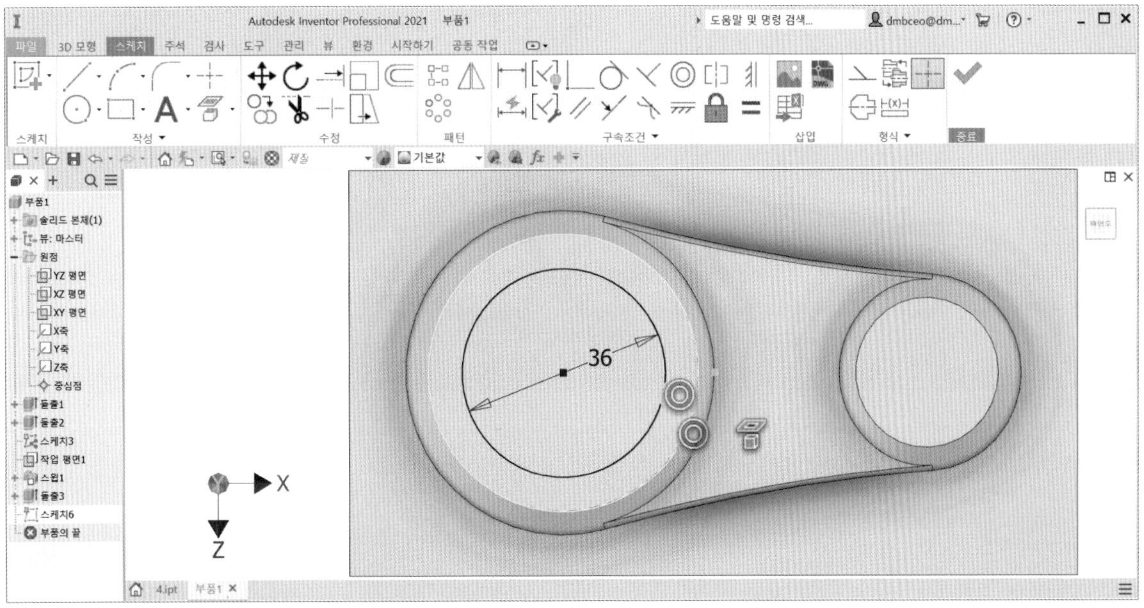

(11) 작업 피쳐 평면 만들어 스케치하기

3D 모형 ⇨ 작업 피쳐 ⇨ 평면▼ ⇨ 평면에서 간격띄우기 ⇨ 평면 선택(위 평면) ⇨ 거리 20 Enter ↵

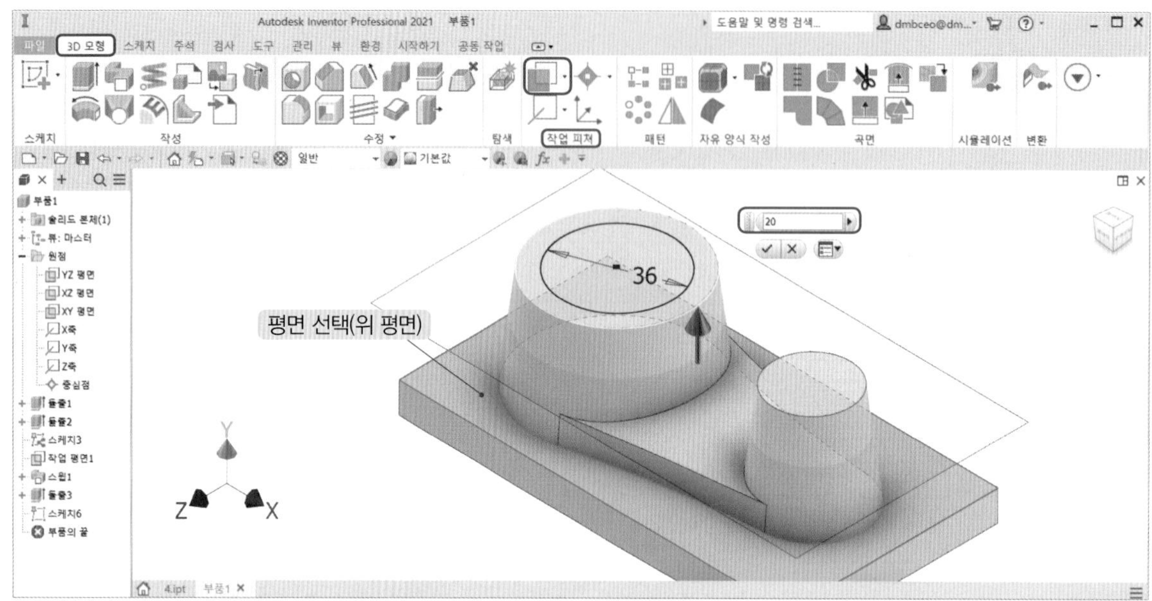

위에서 생성한 평면에 사각형을 스케치하고 치수를 입력한다.

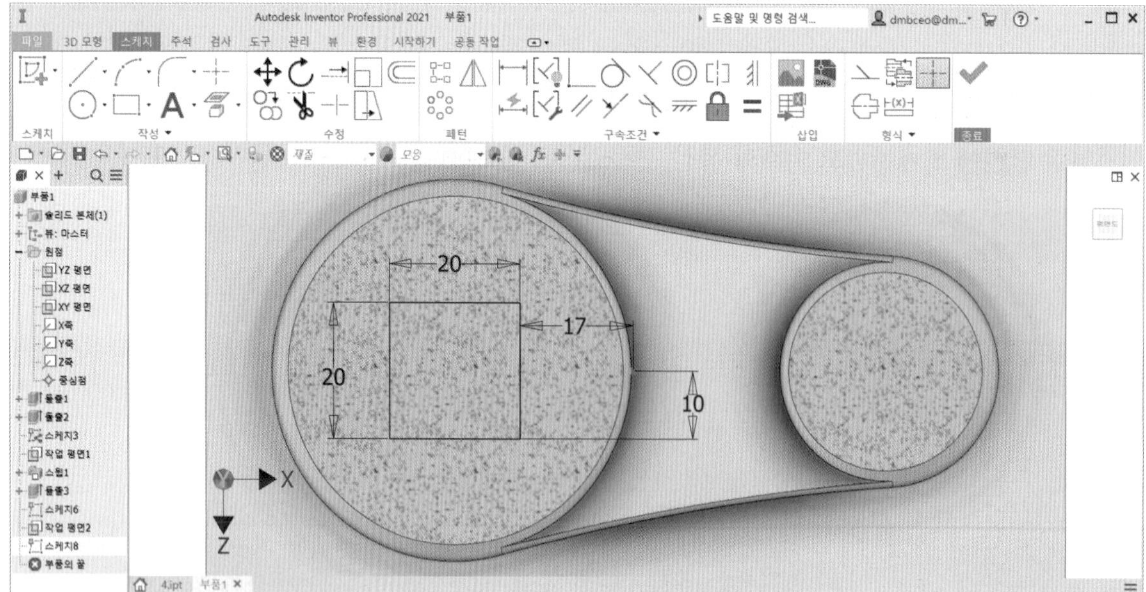

(12) 로프트 모델링하기

3D 모형 ⇨ 작성 ⇨ 로프트 ⇨ 곡선 ⇨ 접합 ⇨ 단면 : 스케치 6, 스케치 8 ⇨ 레일 ⇨ 출력 : 솔리드 ⇨ 확인

TIP>>
단면을 선택하려면 [추가하려면 클릭]을 클릭하여 단면(스케치)을 선택한다.

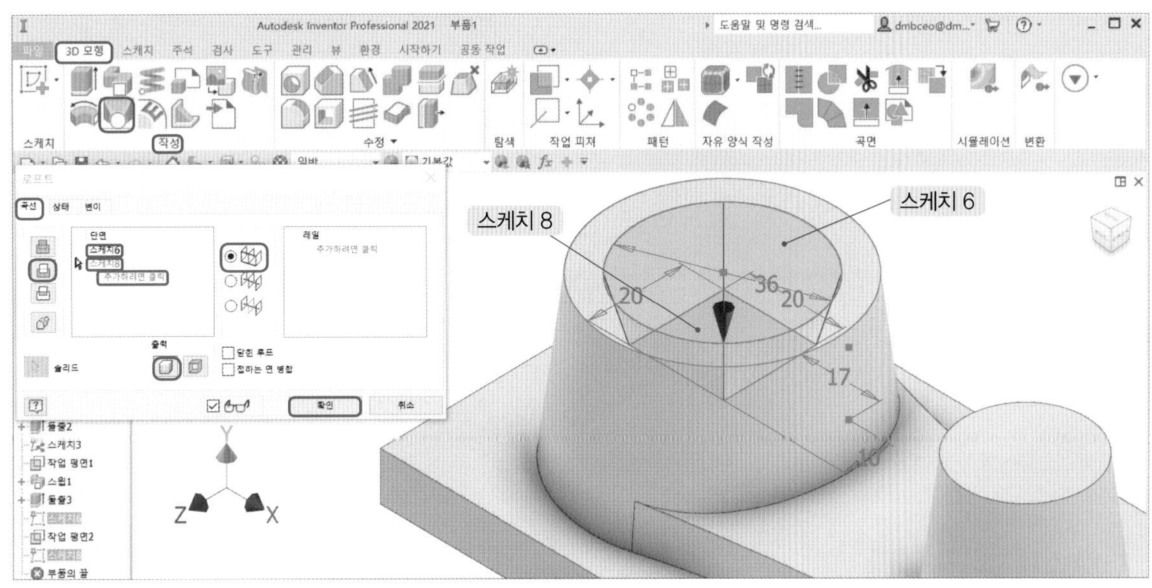

(13) 스케치하기 4

모형탐색기에서 XY 평면을 선택하여 그림과 같이 스케치하고 치수를 입력한다. 먼저 오른쪽 모서리에 형상 투영을 하여 수직선 끝점을 투영곡선에 곡선상의 점으로 구속한다.

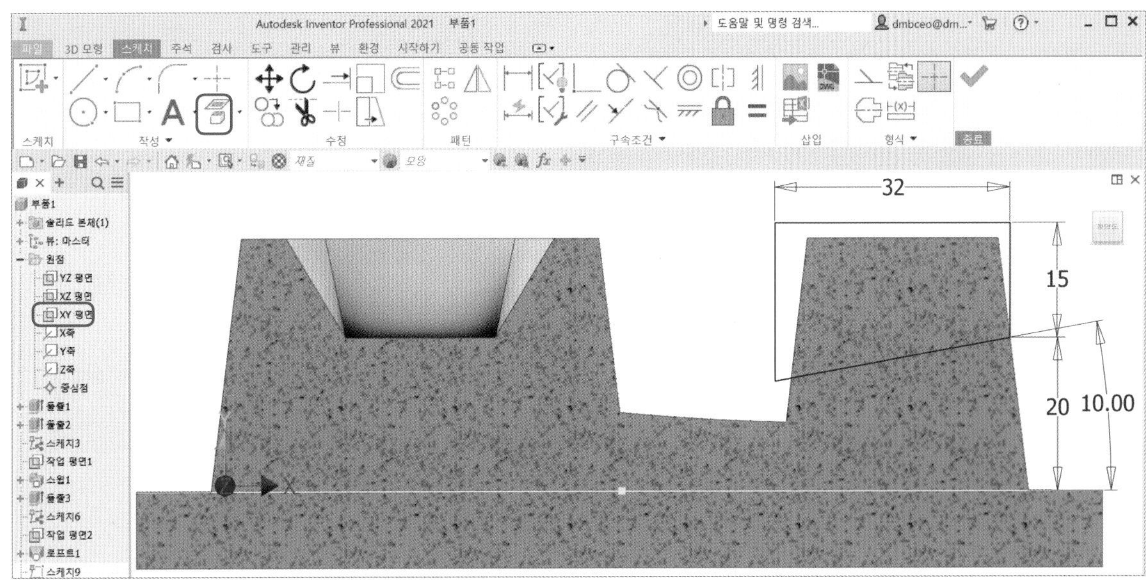

(14) 잘라내기 돌출하기

3D 모형 ⇨ 작성 ⇨ 돌출 ⇨ 입력 형상 ⇨ 프로파일 ⇨ 동작 ⇨ 방향 : 대칭 ⇨ 거리 30 ⇨ 출력 ⇨ 부울 : 잘라내기 ⇨ 확인

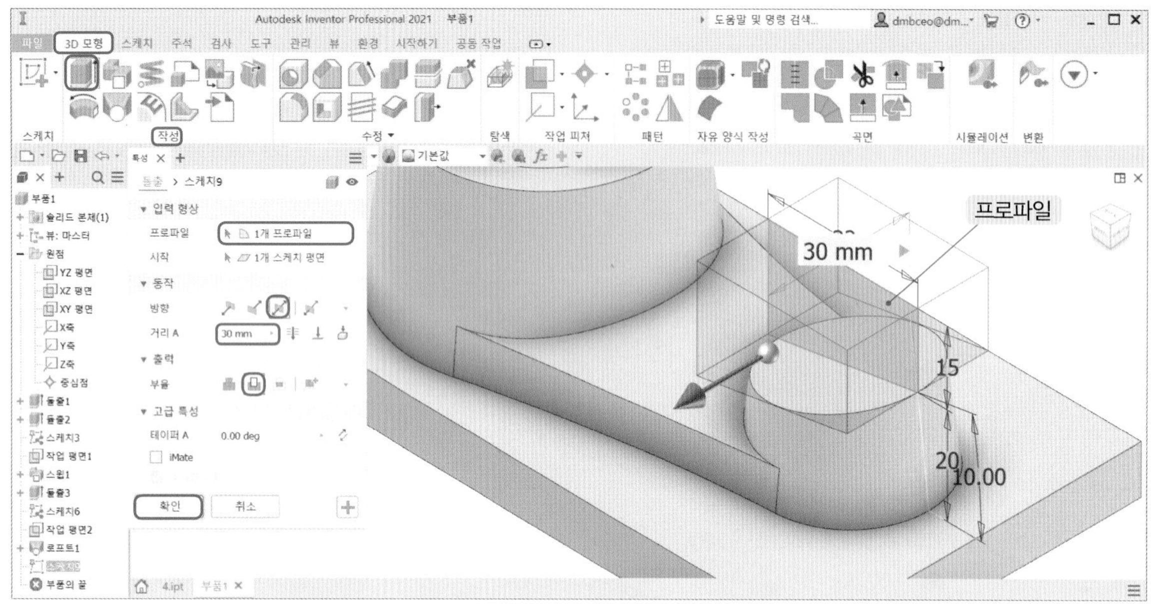

(15) 스케치하기 4

모형탐색기에서 XY 평면을 선택하여 원과 수평선을 스케치하고 치수를 입력한다. 수평선은 원의 중심점에 곡선상의 점으로 구속하고 자르기 한다.

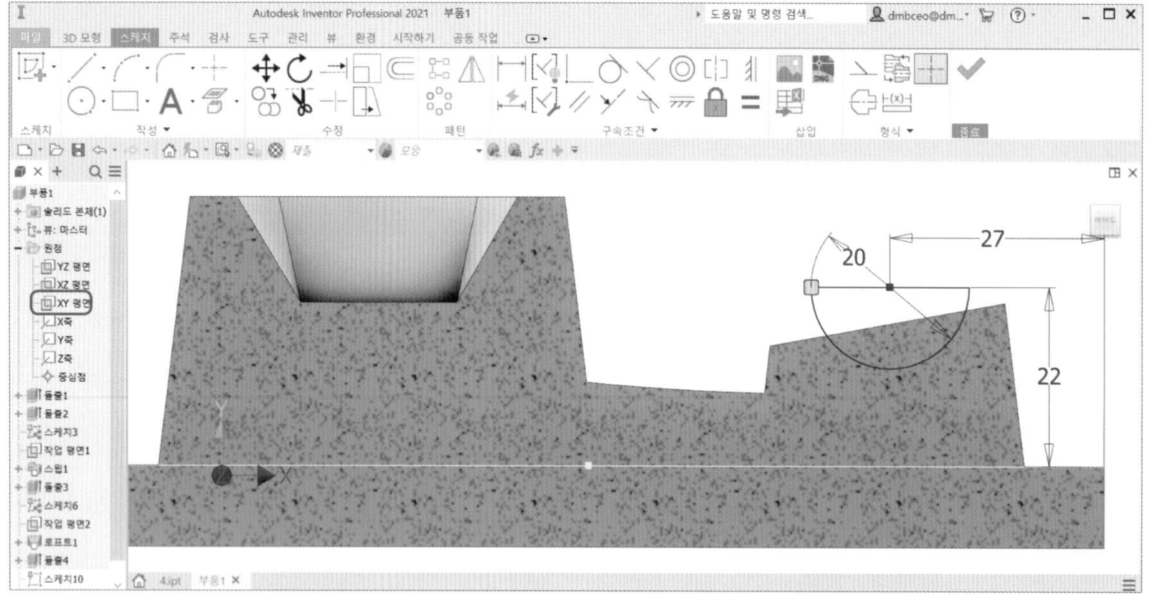

(16) 회전 모델링하기

3D 모형 ⇨ 작성 ⇨ 회전 ⇨ 입력 형상 ⇨ 프로파일 ⇨ 축(수평선 선택) ⇨ 동작 ⇨ 방향 : 기본값 ⇨ 각도 : 360deg ⇨ 출력 ⇨ 부울 : 잘라내기 ⇨ 확인

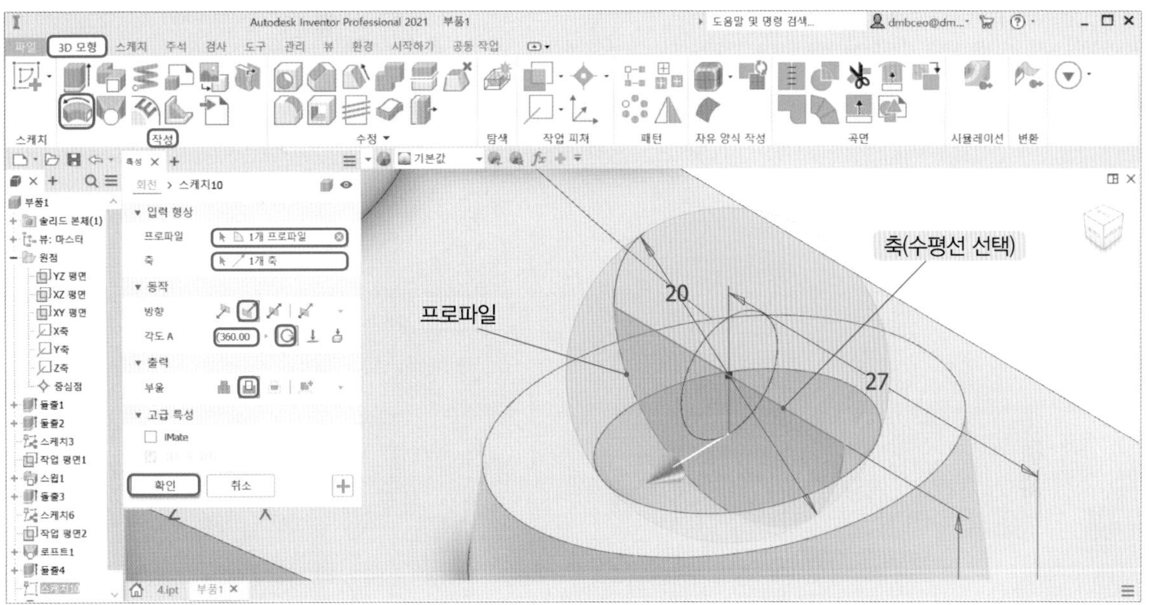

(17) 작업 피처 평면 만들어 스케치하기

3D 모형 ⇨ 작업 피처 ⇨ 평면▼ ⇨ 평면에서 간격띄우기 ⇨ 평면 선택(위 평면) ⇨ 거리 5 Enter ↵

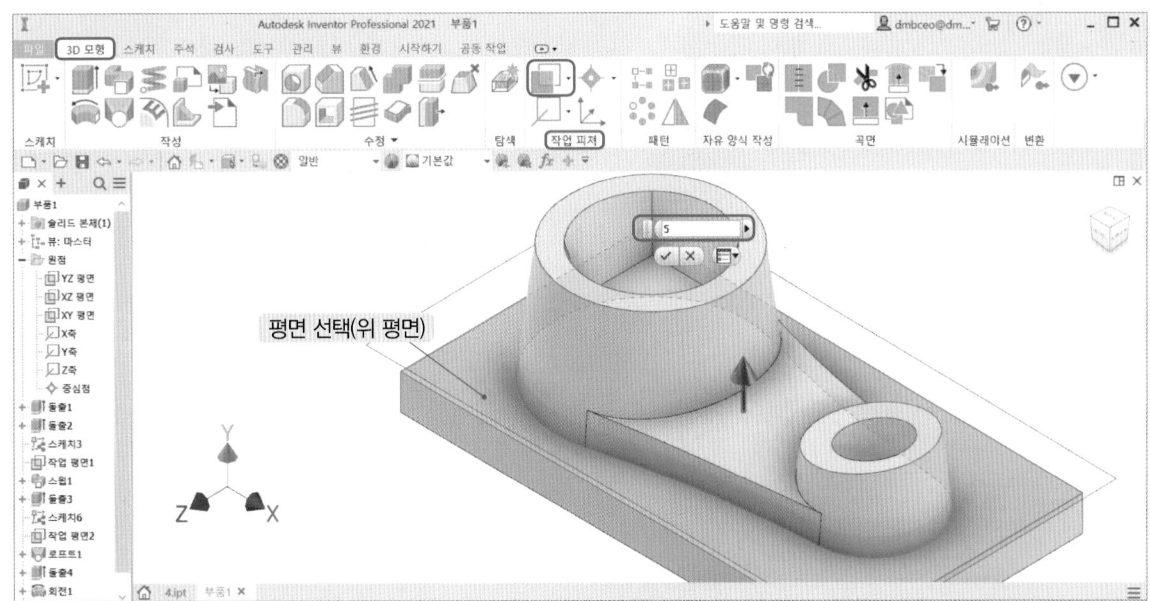

위에서 생성한 평면에 그림과 같이 사다리꼴을 스케치하고 치수를 입력한다. 구속조건은 상 · 하 두 변을 동일 길이로 구속한다.

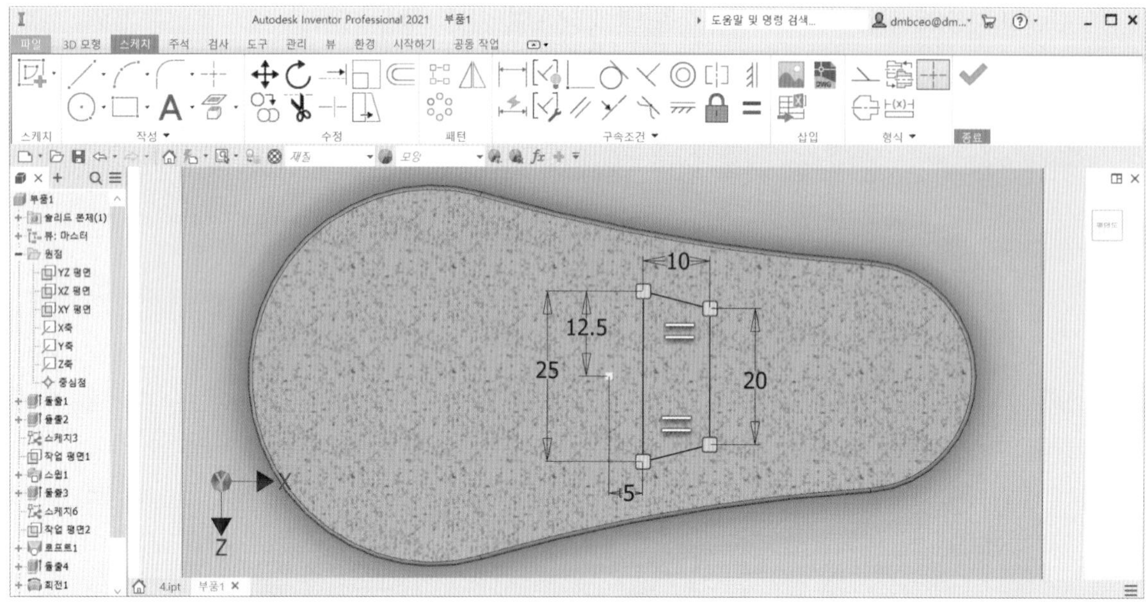

(18) 잘라내기 돌출하기

3D 모형 ⇨ 작성 ⇨ 돌출 ⇨ 입력 형상 ⇨ 프로파일 ⇨ 동작 ⇨ 방향 : 기본값 ⇨ 거리 8 ⇨ 출력 ⇨ 부울 : 잘라내기 ⇨ 확인

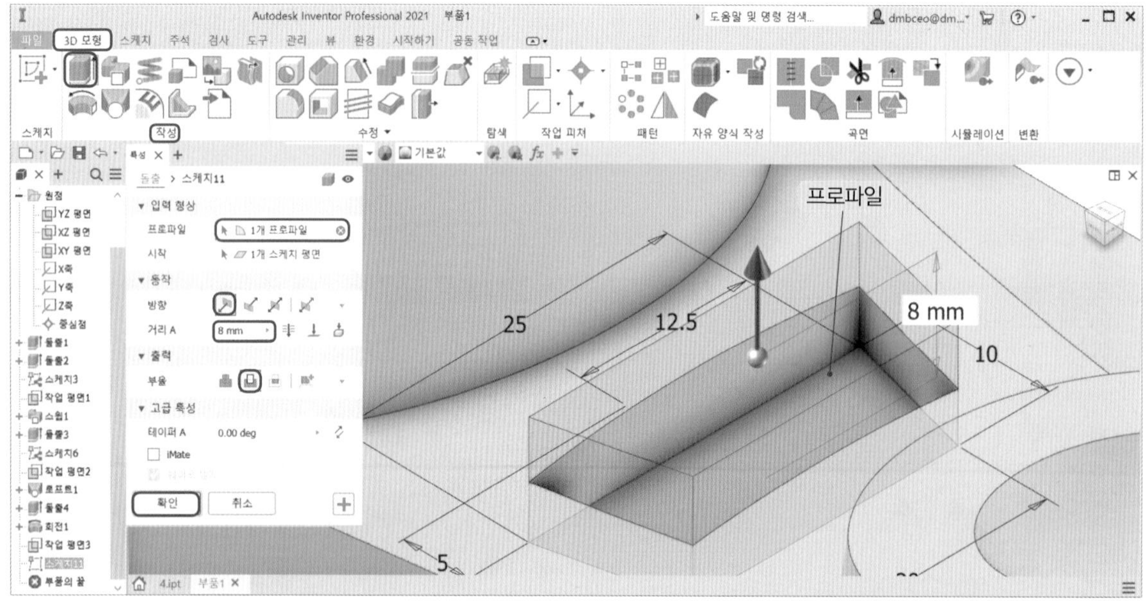

(19) 모깎기

3D 모형 ⇨ 수정 ⇨ 모서리 모깎기 ⇨ 상수 ⇨ 모서리 ⇨ 반지름 5 ⇨ 적용

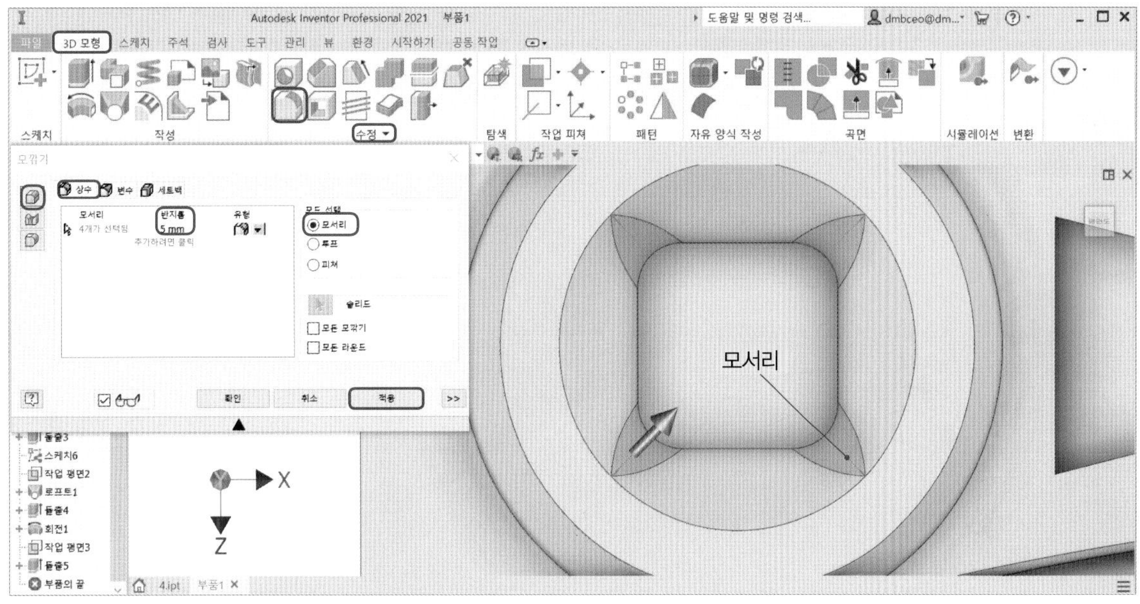

모서리 모깎기 ⇨ 모서리 ⇨ 반지름 3 ⇨ 적용

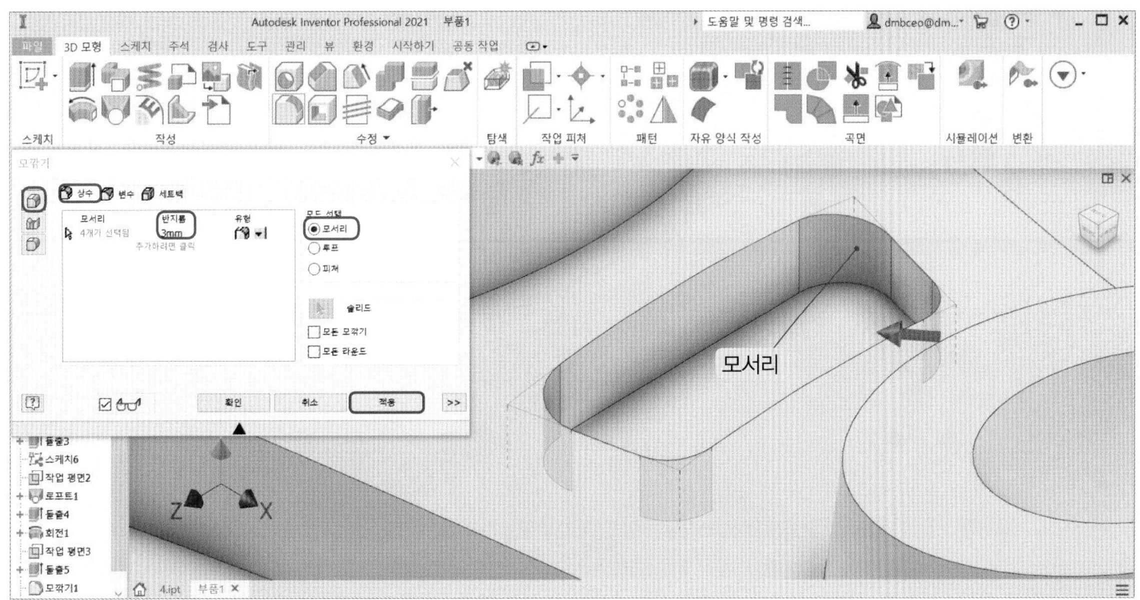

모서리 모깎기 ⇨ 모서리 ⇨ 반지름 1 ⇨ 적용

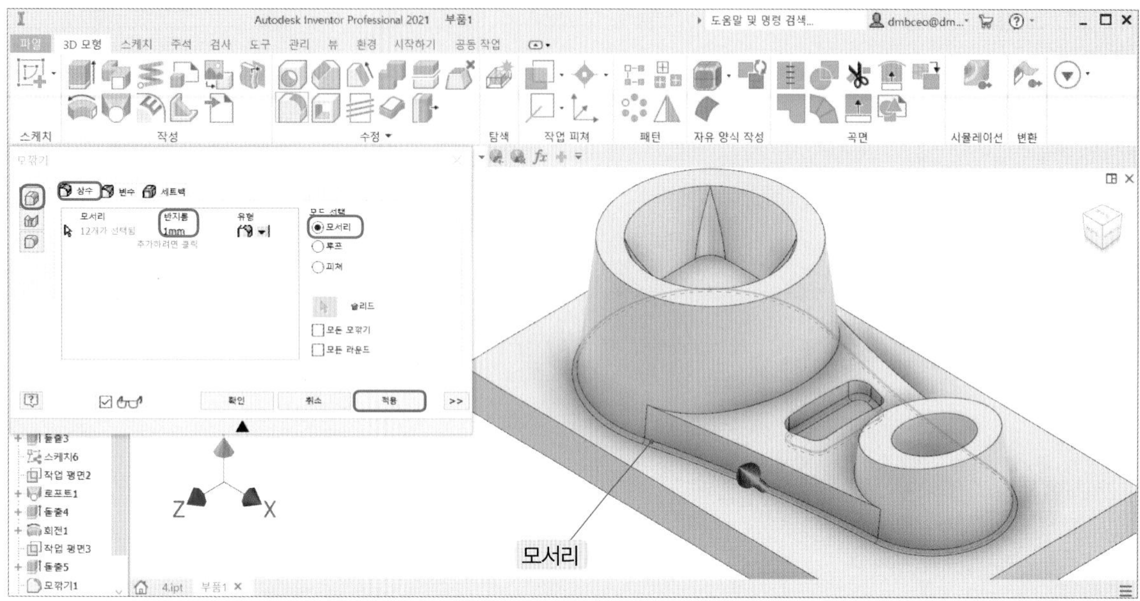

모서리 모깎기 ⇨ 모서리 ⇨ 반지름 2 ⇨ 확인

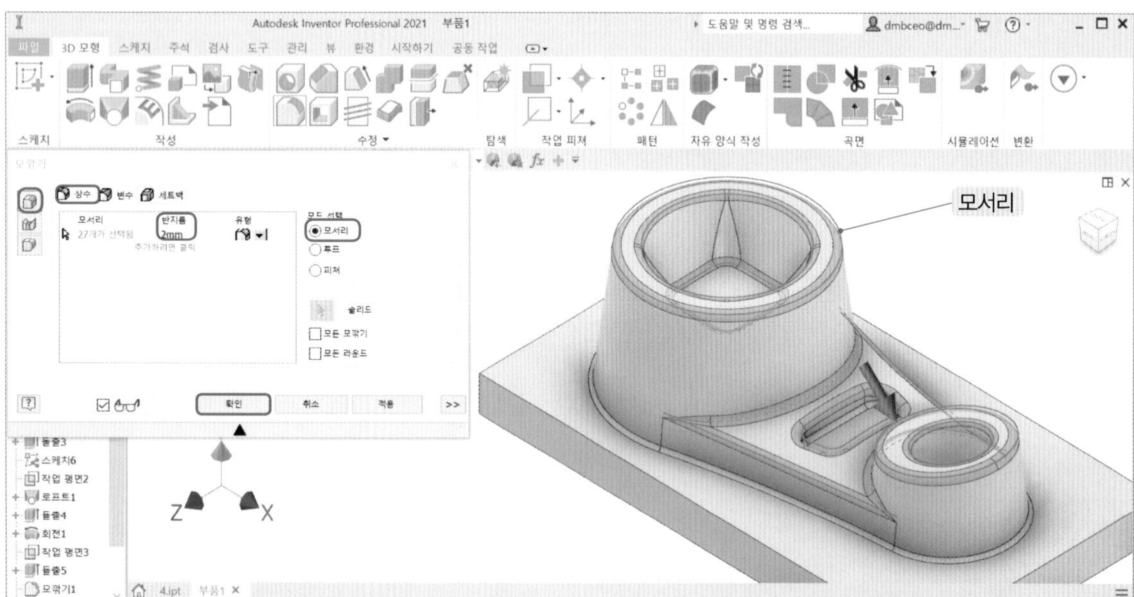

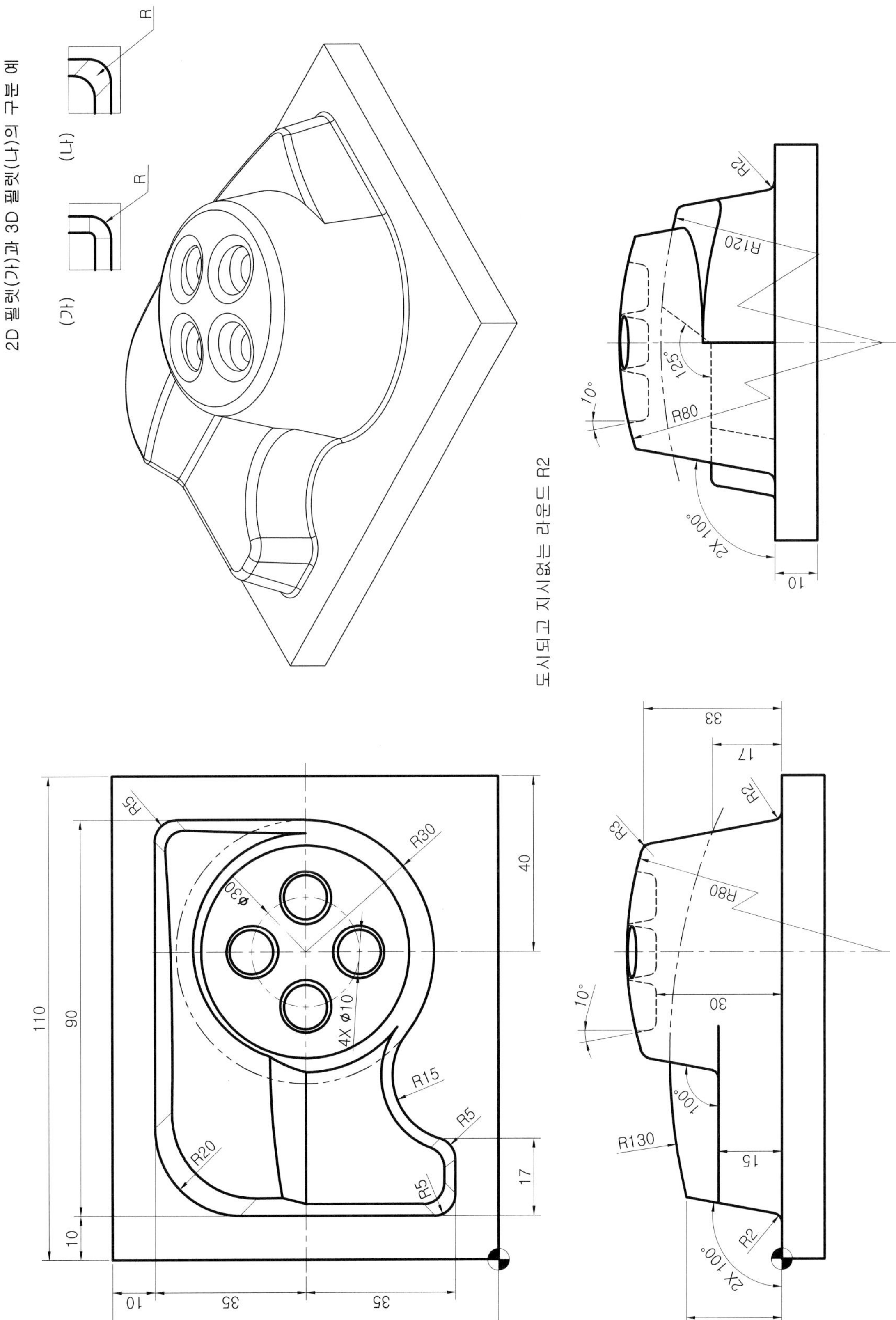
2D 필렛(가)과 3D 필렛(나)의 구분 예
(가)
(나)
R
R
도시되고 지시없는 라운드 R2
R2
R120
R80
125°
10°
2X 100°
10
R5
R30
Ø30
4X Ø10
R15
R5
R5
R20
110
90
10
40
17
10
35
35
90
33
17
R2
R3
R80
10°
30
100°
R130
15
R2
2X 100°
23

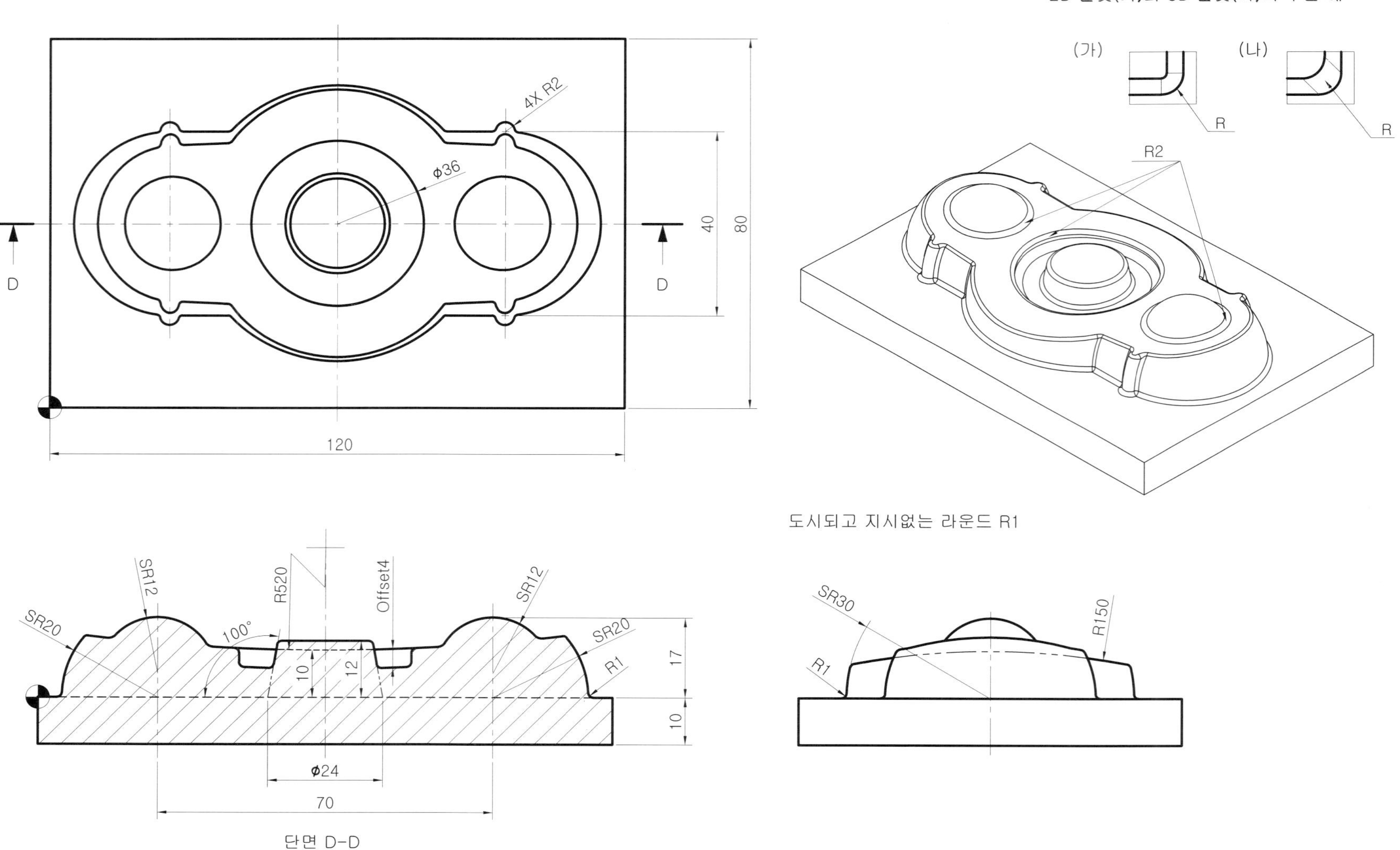
4X R2
⌀36
D
D
40
80
120
2D 필렛(가)과 3D 필렛(나)의 구분 예
(가)
R
(나)
R
R2
도시되고 지시없는 라운드 R1
SR20
SR12
100°
R520
Offset4
SR12
SR20
R1
10
12
17
10
⌀24
70
단면 D-D
SR30
R1
R150

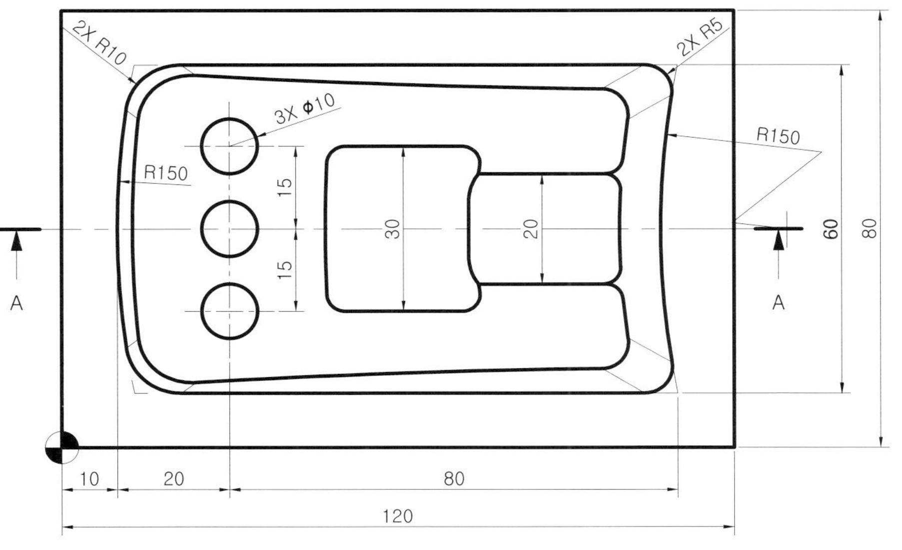

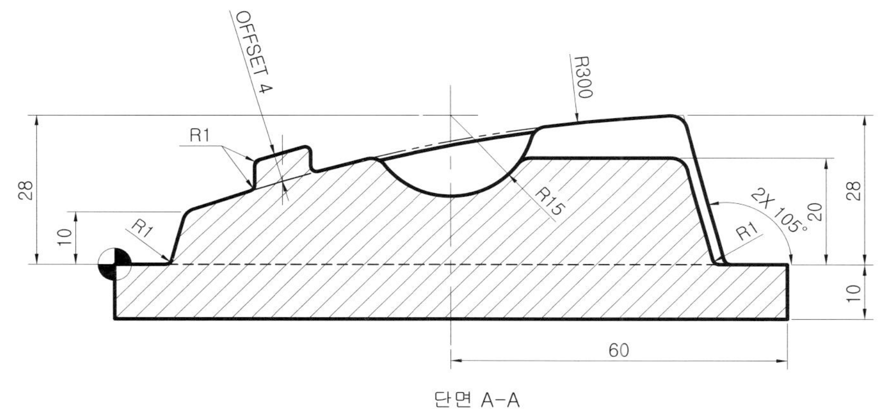

단면 A-A

2D 필렛(가)과 3D 필렛(나)의 구분 예

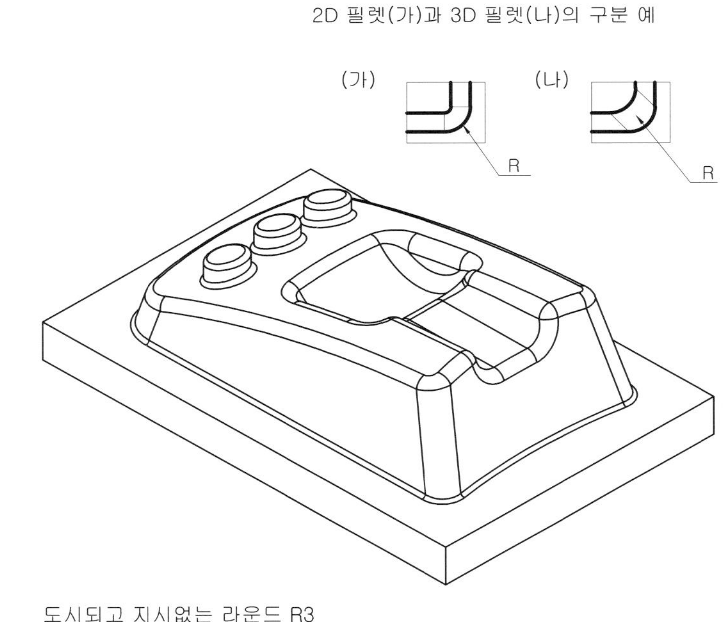

도시되고 지시없는 라운드 R3

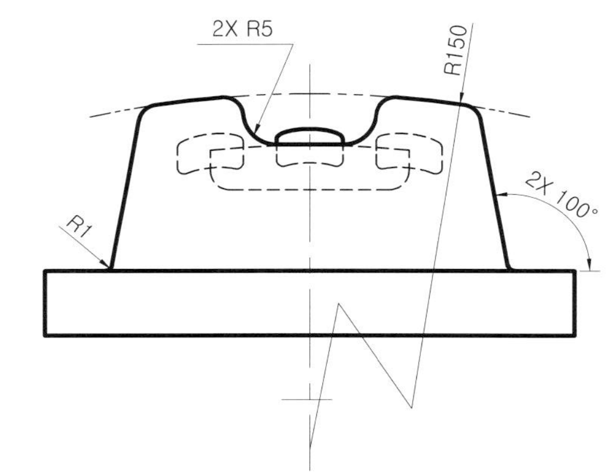

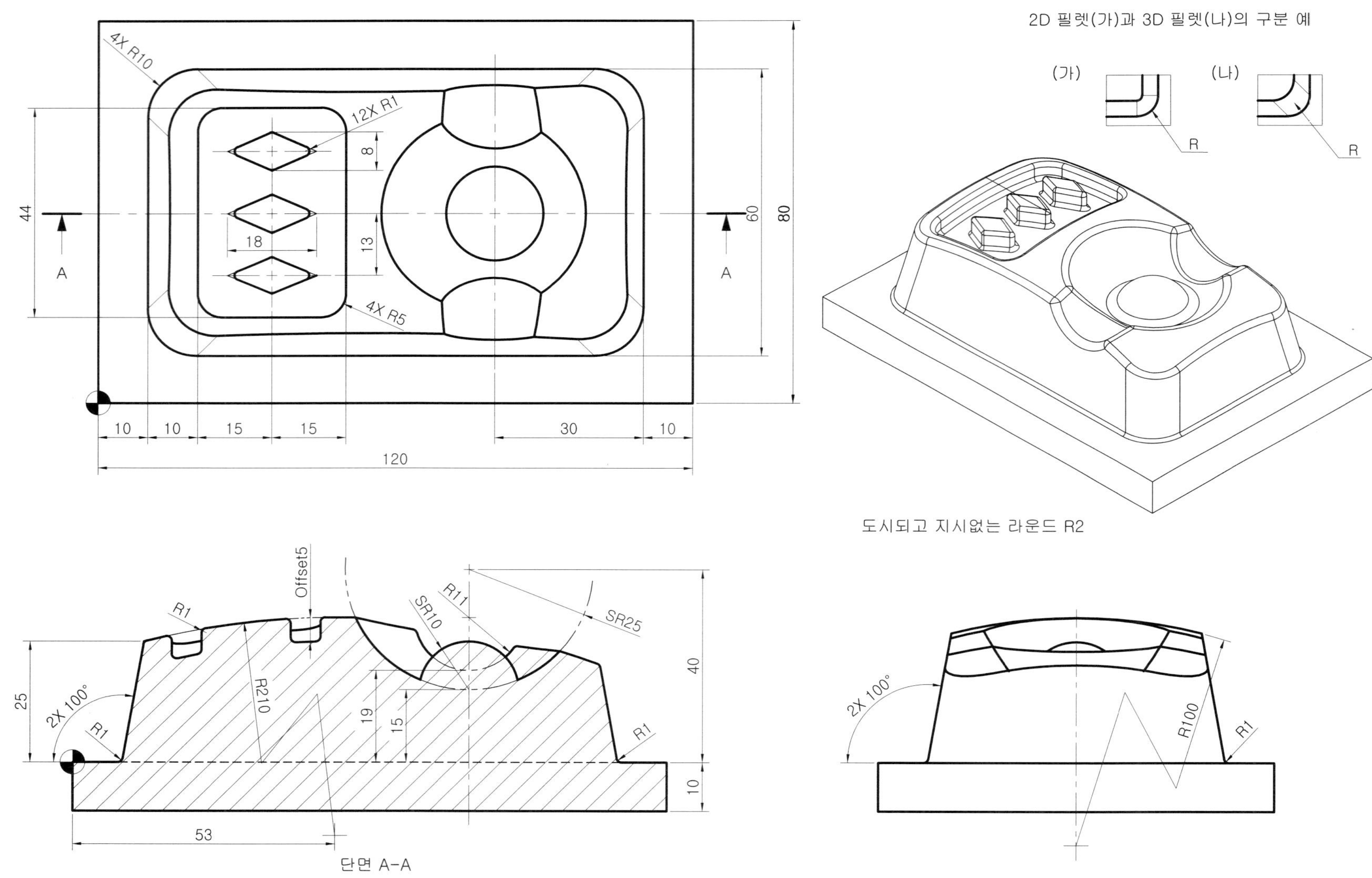
4X R10
12X R1
8
44
18
13
A
A
60
80
4X R5
10
10
15
15
30
10
120
2D 필렛(가)과 3D 필렛(나)의 구분 예
(가)
(나)
R
R
도시되고 지시없는 라운드 R2
Offset5
R1
R11
SR10
SR25
R210
40
25
2X 100°
R1
19
15
R1
10
53
단면 A-A
2X 100°
R100
R1

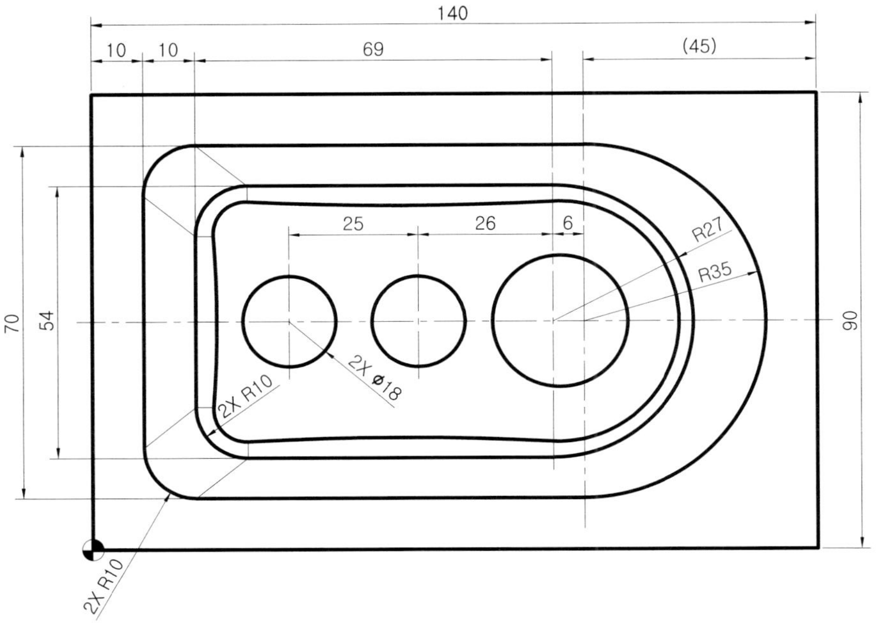

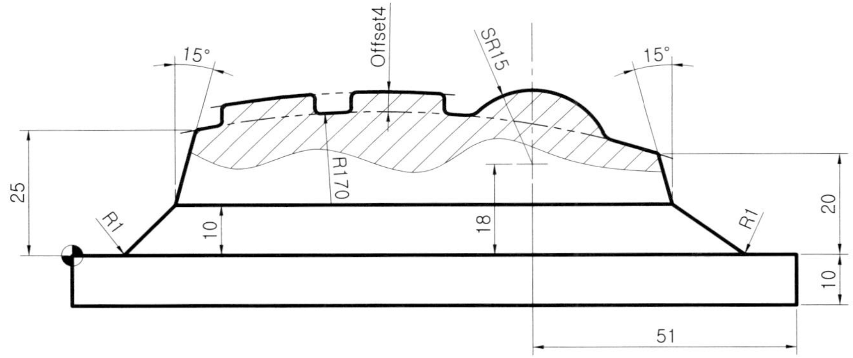

140
10 10 69 (45)
70 54 90
25 26 6
R27
R35
2X ø18
2X R10
2X R10

2D 필렛(가)과 3D 필렛(나)의 구분 예

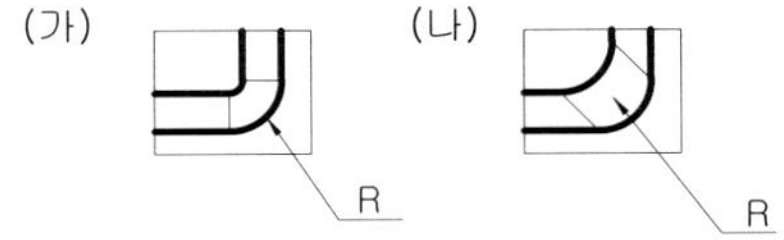

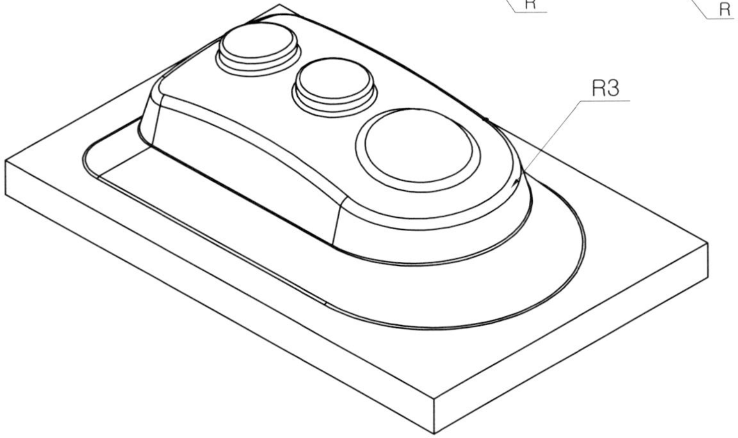

(가) R (나) R

R3

도시되고 지시없는 라운드 R1

Offset4
SR15
15° 15°
R170
25 10 18 20 10
R1 R1
51

15° R70 15°
R1 R1

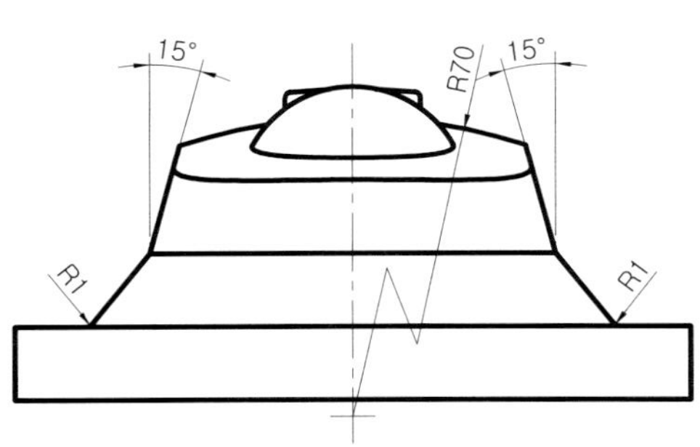

6 형상 모델링하기 5

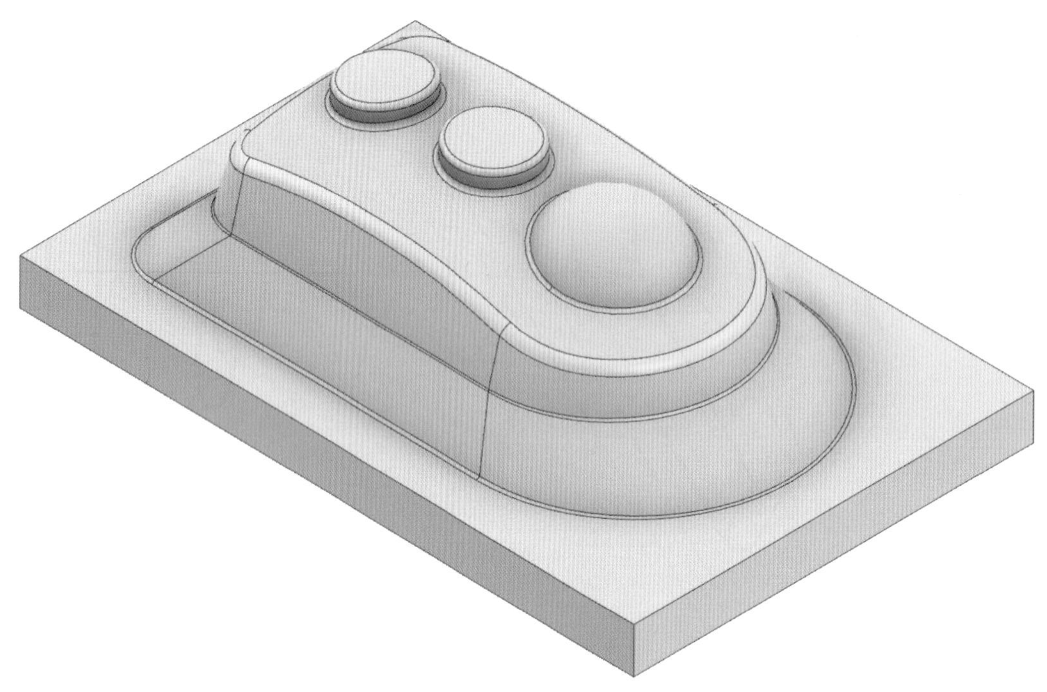

(1) 스케치하기

XZ 평면에 사각을 스케치하고 치수를 입력한다.

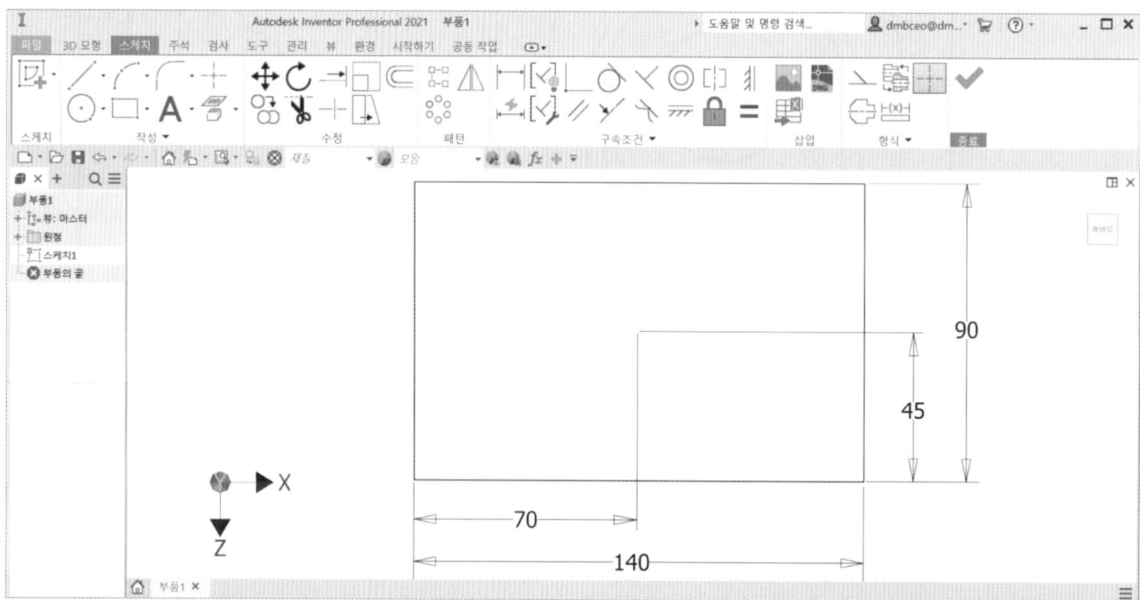

(2) 돌출하기

3D 모형 ⇨ 작성 ⇨ 돌출 ⇨ 입력 형상 ⇨ 프로파일 ⇨ 동작 ⇨ 방향 : 반전 ⇨ 거리 10 ⇨ 확인

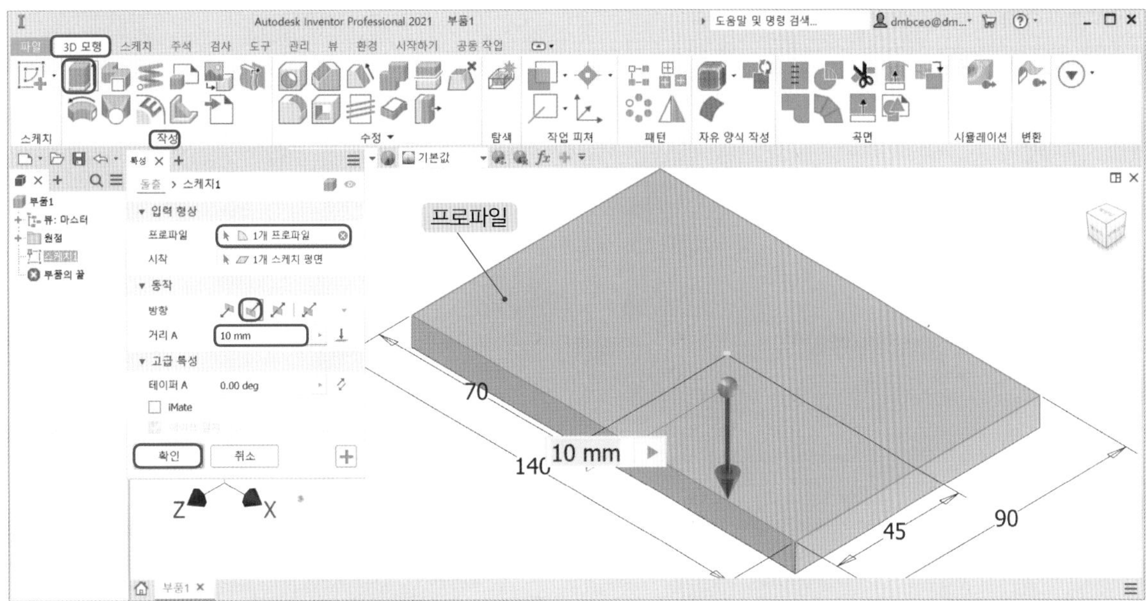

(3) 스케치하기 2

위 평면(XZ 평면)에 그림과 같이 스케치하고 치수를 입력한다. 오른쪽 수직선은 구성선으로 변경하고, 왼쪽 모서리는 모깎기 한다.

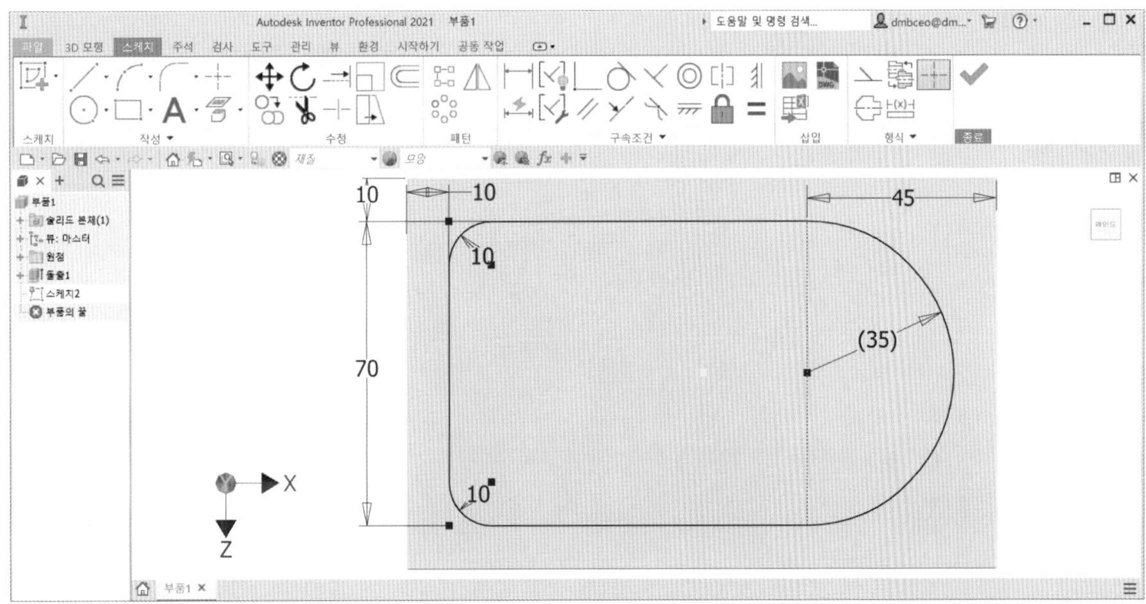

(4) 작업 피처 평면 만들어 스케치하기 1

3D 모형 ⇨ 작업 피처 ⇨ 평면▼ ⇨ 평면에서 간격띄우기 ⇨ 평면 선택(위 평면) ⇨ 거리 10 Enter ↵

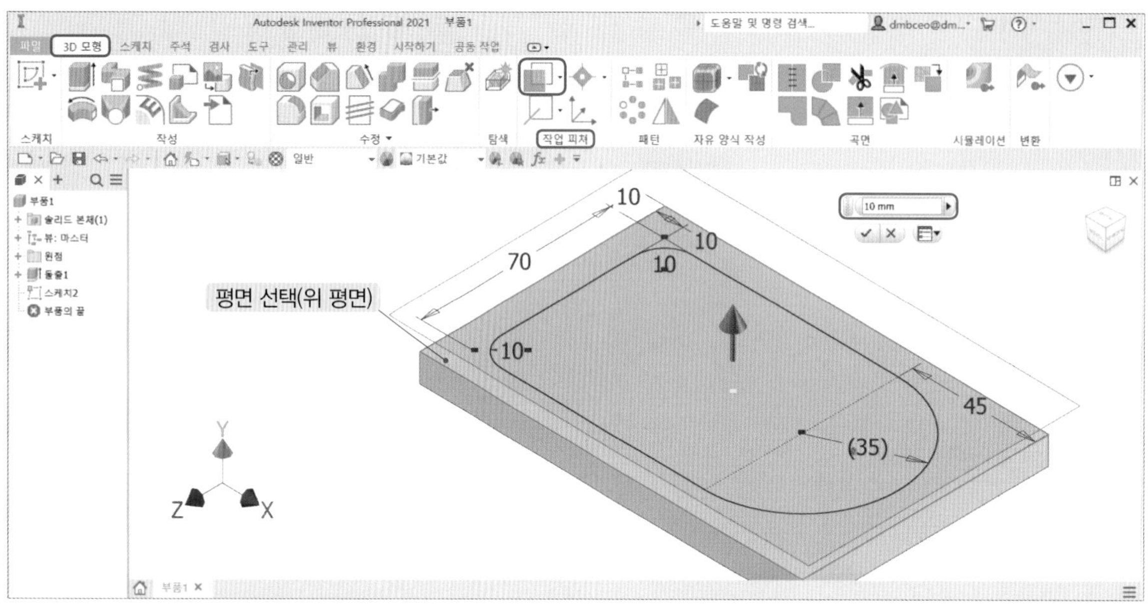

위에서 생성한 평면에 그림과 같이 스케치하고 치수를 입력한다. 오른쪽 수직선은 구성선으로 변경하고, 왼쪽 모서리는 모깎기 한다.

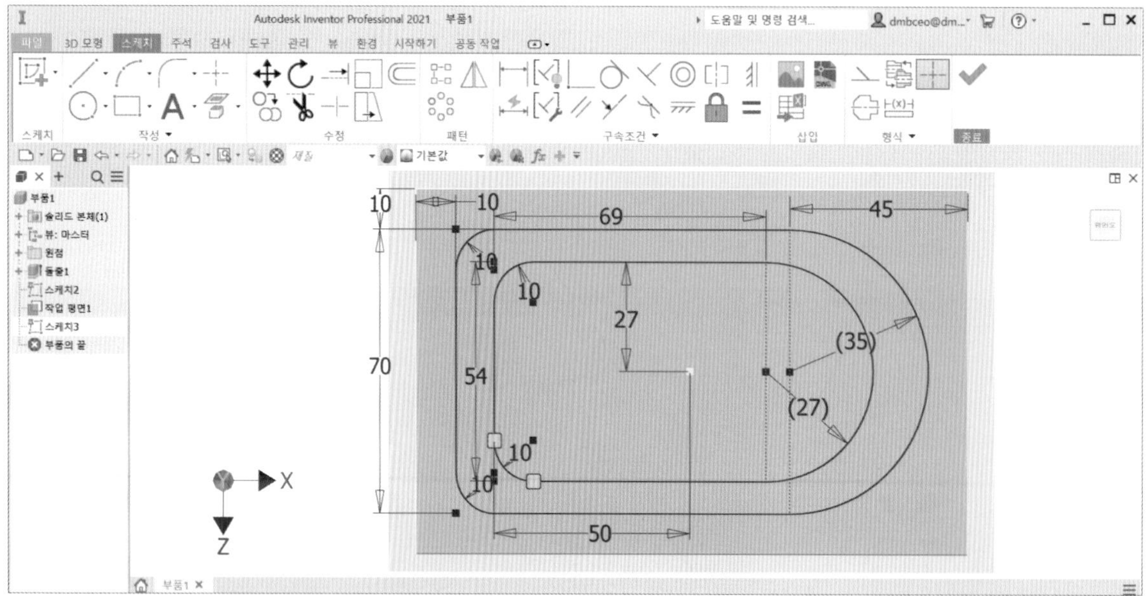

(5) 로프트 모델링하기

3D 모형 ⇨ 작성 ⇨ 로프트 ⇨ 곡선 ⇨ 접합 ⇨ 단면 : 스케치 2, 스케치 3 ⇨ 레일 ⇨ 출력 : 솔리드 ⇨ 확인

TIP>>
단면을 선택하려면 [추가하려면 클릭]을 클릭하여 단면(스케치)을 선택한다.

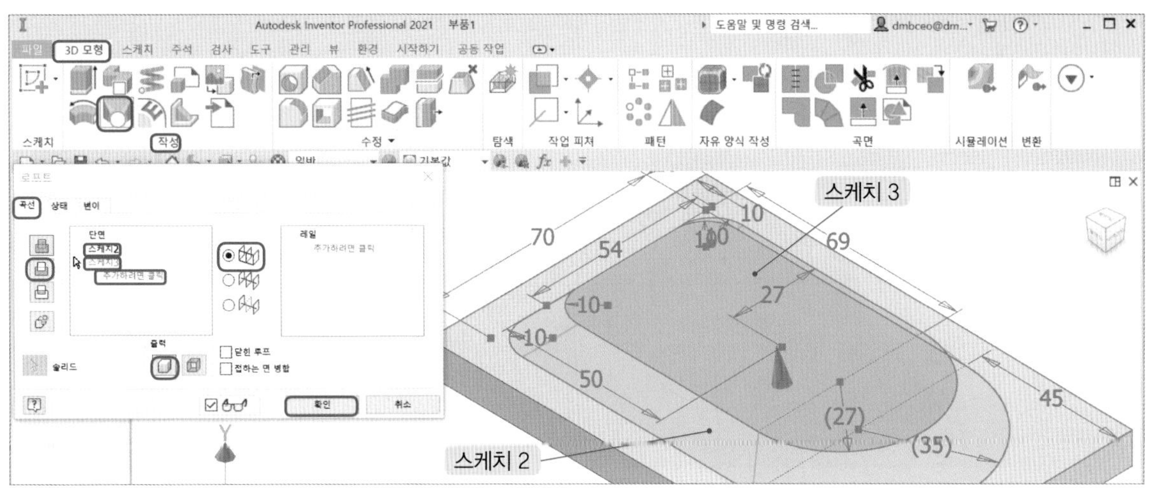

(6) 단순 구배 돌출하기

3D 모형 ⇨ 작성 ⇨ 돌출 ⇨ 입력 형상 ⇨ 프로파일 ⇨ 동작 ⇨ 방향 : 기본값 ⇨ 거리 20 ⇨ 출력 ⇨ 부울 : 접합 ⇨ 고급 특성 ⇨ 테이퍼 A : −15deg ⇨ 확인

TIP>>
모형탐색기 로프트에서 스케치를 클릭하여 가시성을 체크하고, 단순 구배 돌출한다.

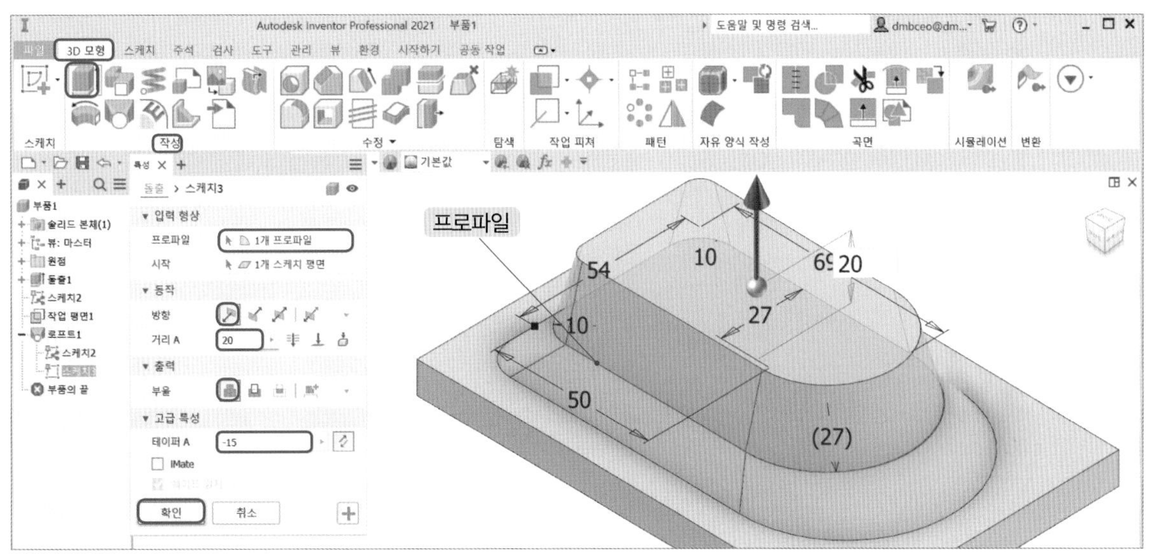

(7) 스케치하기 4

모형탐색기에서 XY 평면을 선택하여 점 두 개를 스케치하고 치수를 입력한다. 먼저 오른쪽 모서리에 형상 투영을 하여 점을 투영곡선에 곡선상의 점으로 구속한다. 원호를 스케치하여 치수를 입력하고, 구속조건은 원호를 점에 곡선상의 점으로 구속한다.

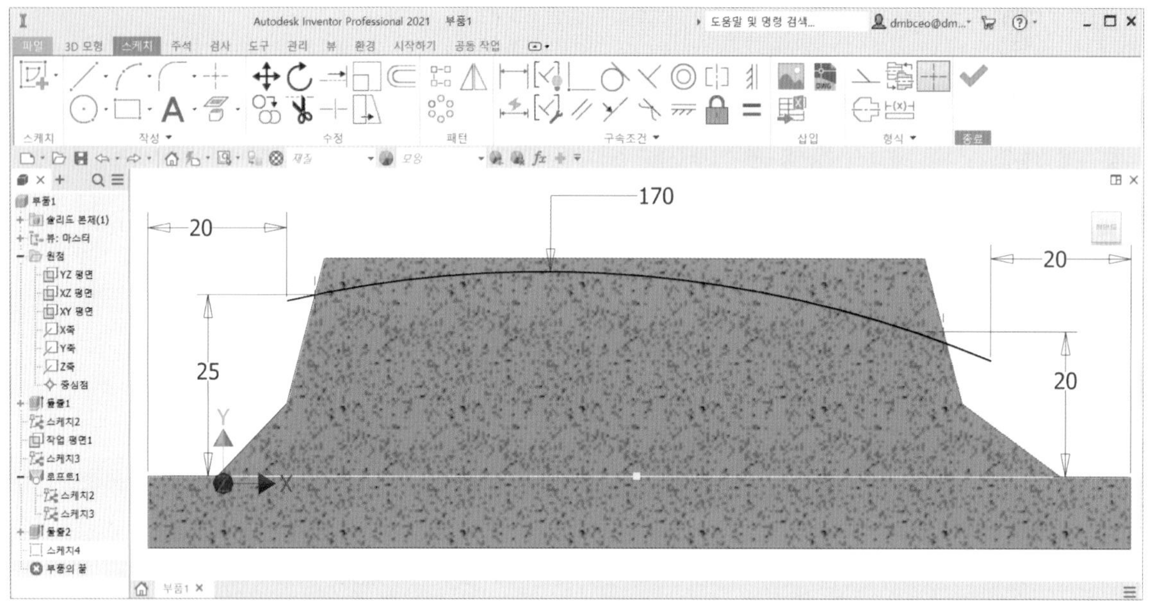

(8) 작업 피쳐 평면 만들어 스케치하기

3D 모형 ⇨ 작업 피쳐 ⇨ 평면 ⇨ 곡선 선택 ⇨ 곡선 끝점 클릭

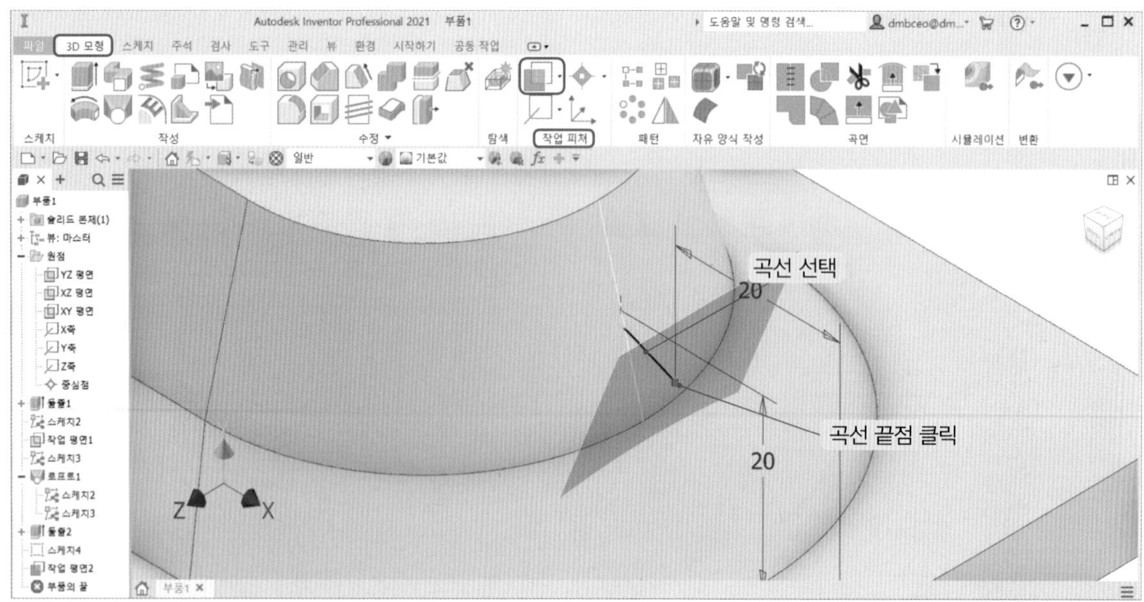

위에서 생성한 평면에 스케치하고, 치수와 구속조건을 입력한다.

TIP>>
가이드 원호 끝점에 형상 투영으로 점을 생성한다.
원호는 가이드 원호 끝점에 일치 구속하고, 수직선은 동일 길이로 구속한다.

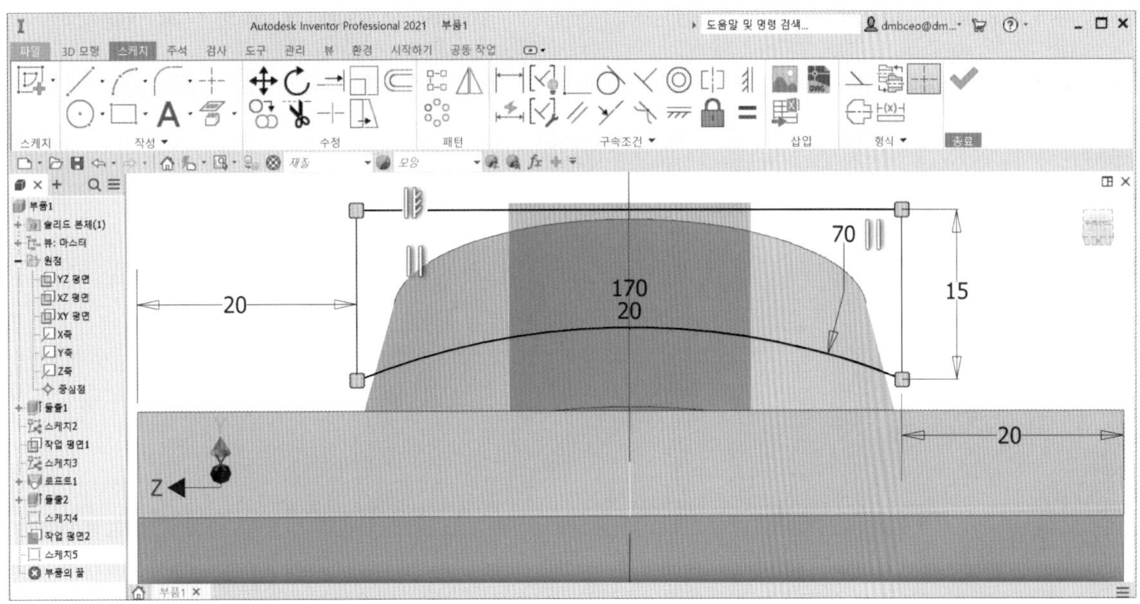

(9) 스윕하기

3D 모형 ⇨ 작성 ⇨ 스윕 ⇨ 입력 형상 ⇨ 프로파일(단면 곡선) ⇨ 경로(가이드) ⇨ 동작 ⇨ 방향 : 경로 따르기 ⇨ 출력 : 잘라내기 ⇨ 확인

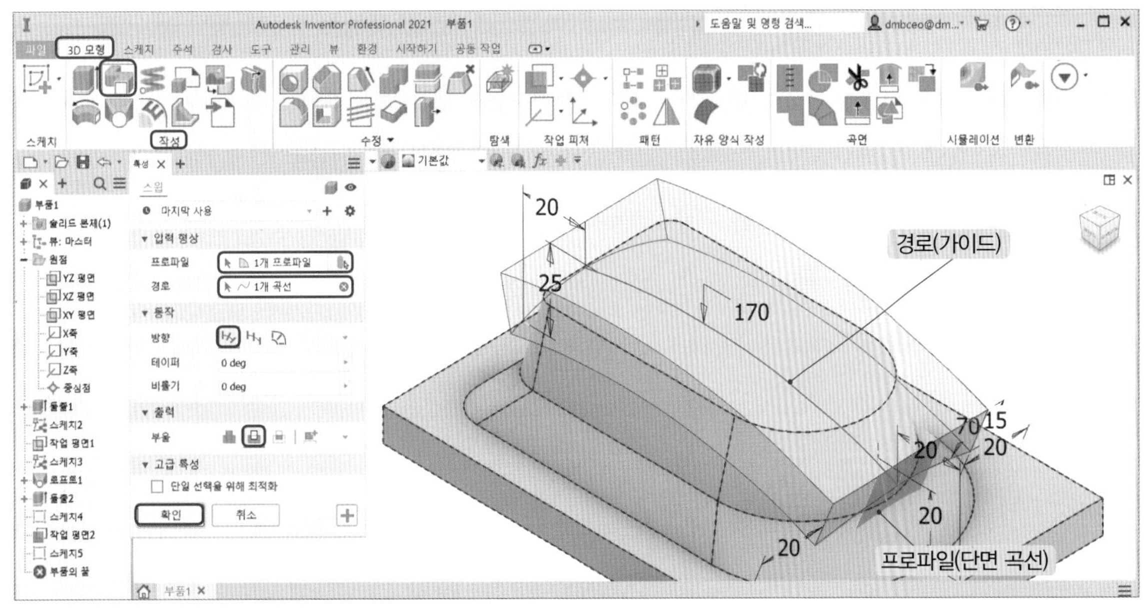

(10) 작업 피처 평면 만들어 스케치하기 2

3D 모형 ⇨ 작업 피처 ⇨ 평면▼ ⇨ 평면에서 간격띄우기 ⇨ 평면 선택(위 평면) ⇨ 거리 30 Enter ↵

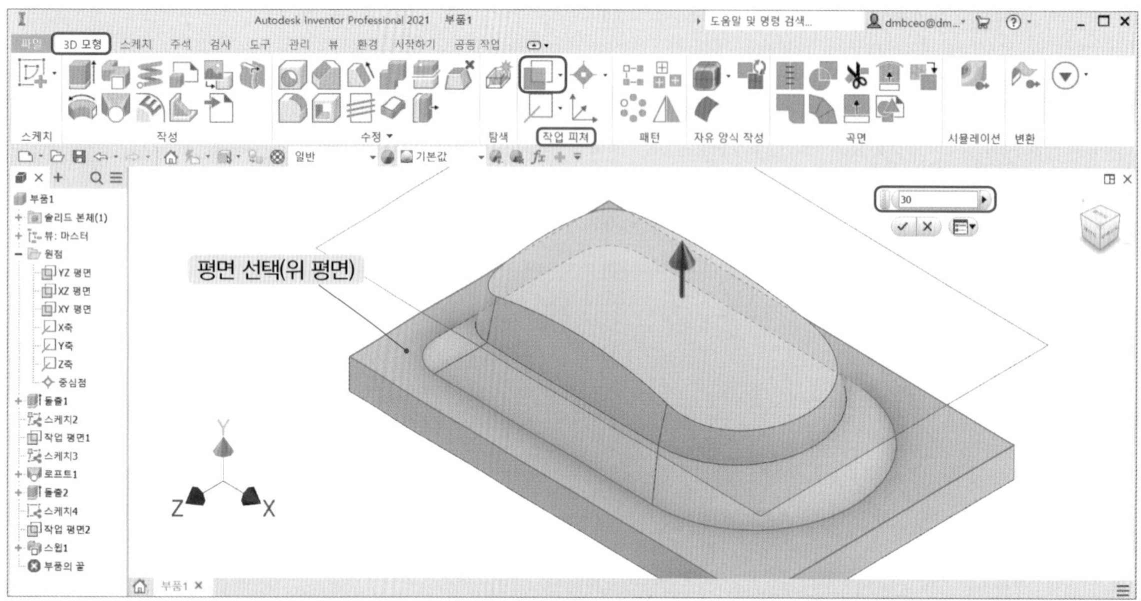

위에서 생성한 평면에 그림과 같이 원을 스케치하고 치수를 입력한다.

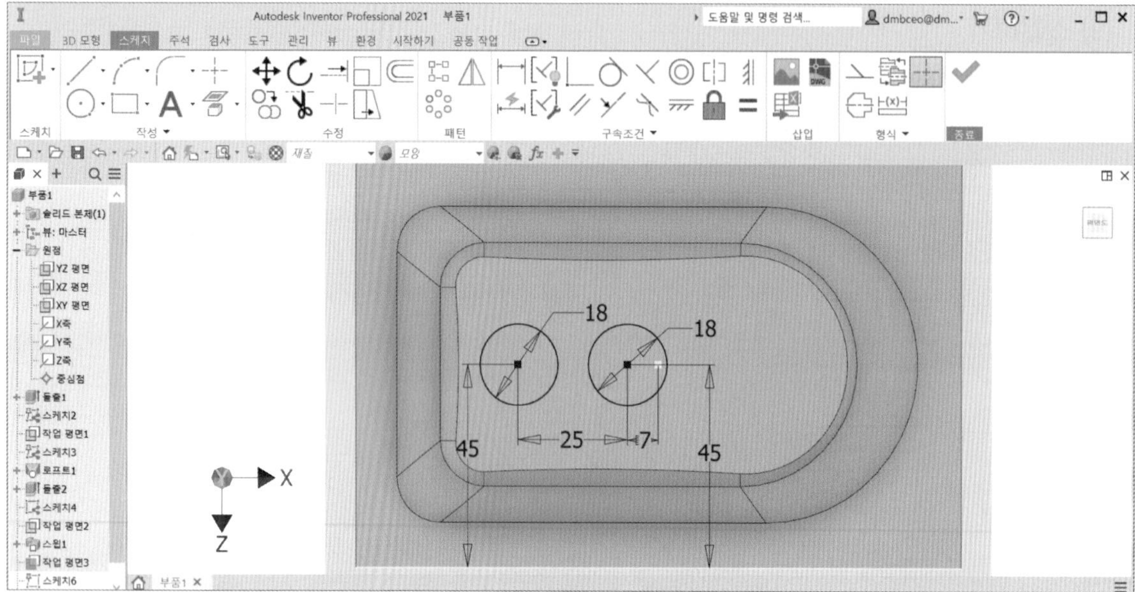

(11) 엠보싱하기

3D 모형 ⇨ 작성 ⇨ 엠보싱 ⇨ 프로파일 ⇨ 깊이 : 4 ⇨ 면으로부터 엠보싱(볼록) ⇨ 벡터 방향 2 ⇨ 확인

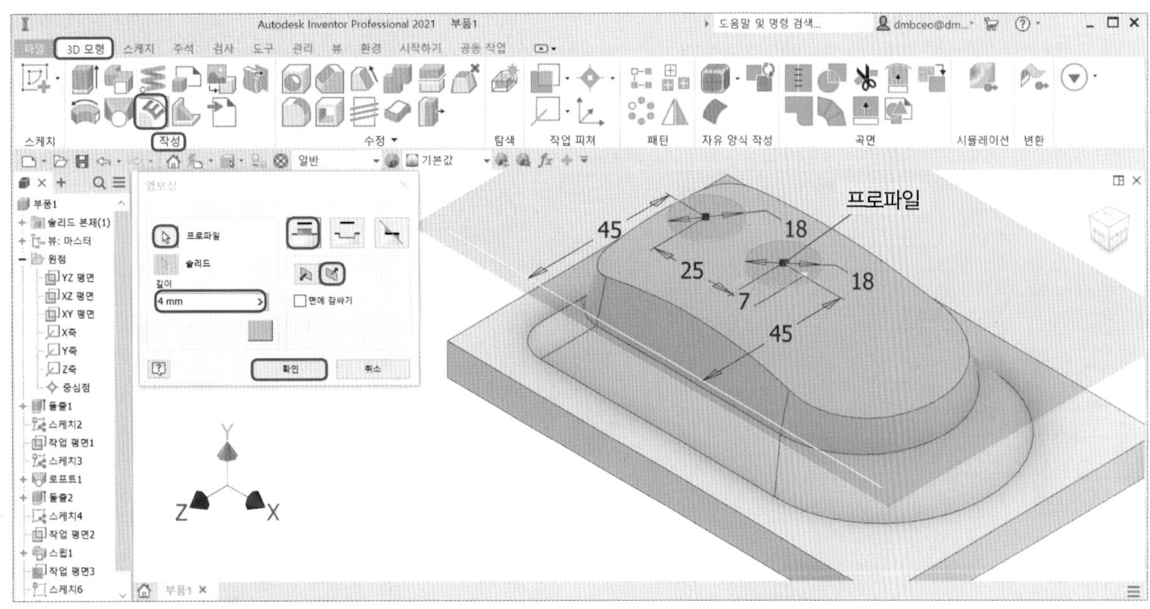

(12) 스케치하기 4

모형탐색기에서 XY 평면을 선택하여 원과 수평선을 스케치하고 치수를 입력한다. 수평선은 원의 중심점에 선상의 점으로 구속하고 자르기 한다.

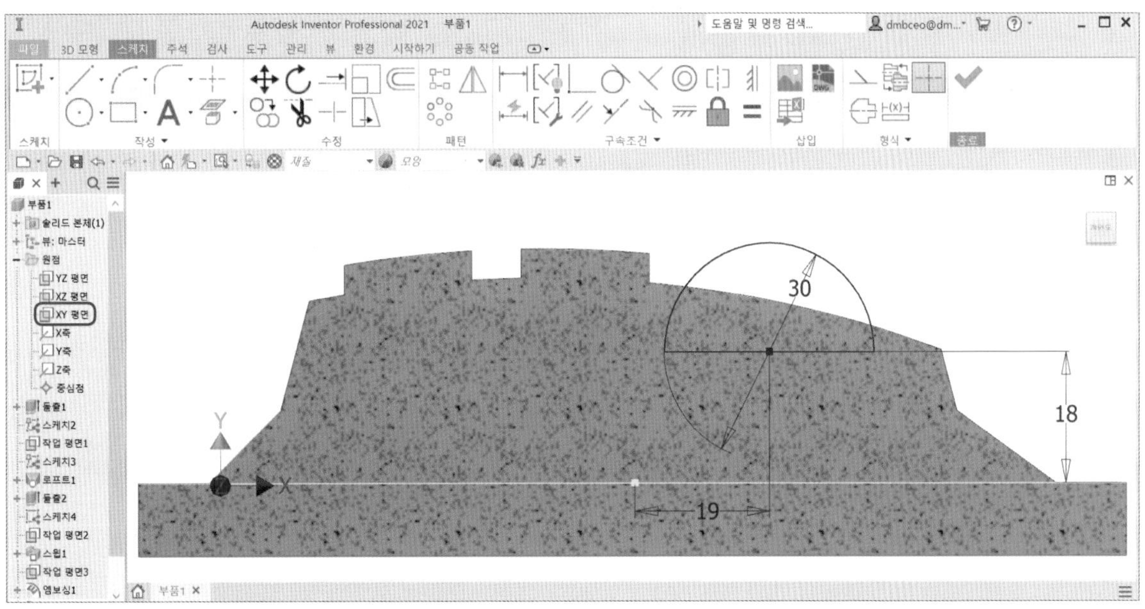

(13) 회전 모델링하기

3D 모형 ⇨ 작성 ⇨ 회전 ⇨ 입력 형상 ⇨ 프로파일 ⇨ 축(수평선 선택) ⇨ 동작 ⇨ 방향 : 기본값 ⇨ 각도 : 360deg ⇨ 출력 ⇨ 부울 : 접합 ⇨ 확인

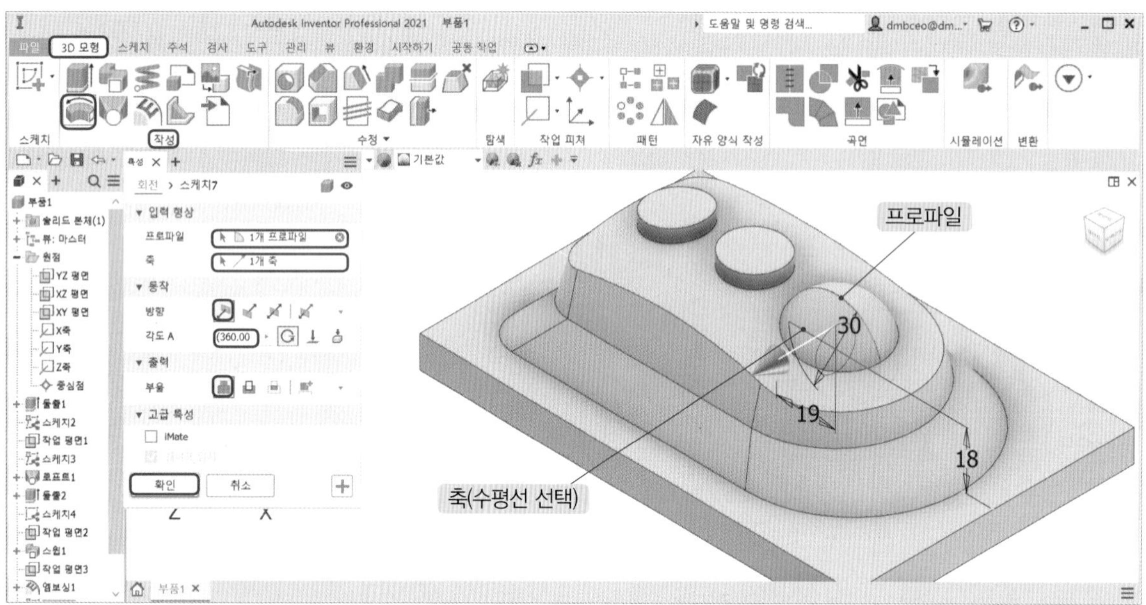

(14) 모깎기

3D 모형 ⇨ 수정 ⇨ 모서리 모깎기 ⇨ 상수 ⇨ 모서리 ⇨ 반지름 3 ⇨ 적용

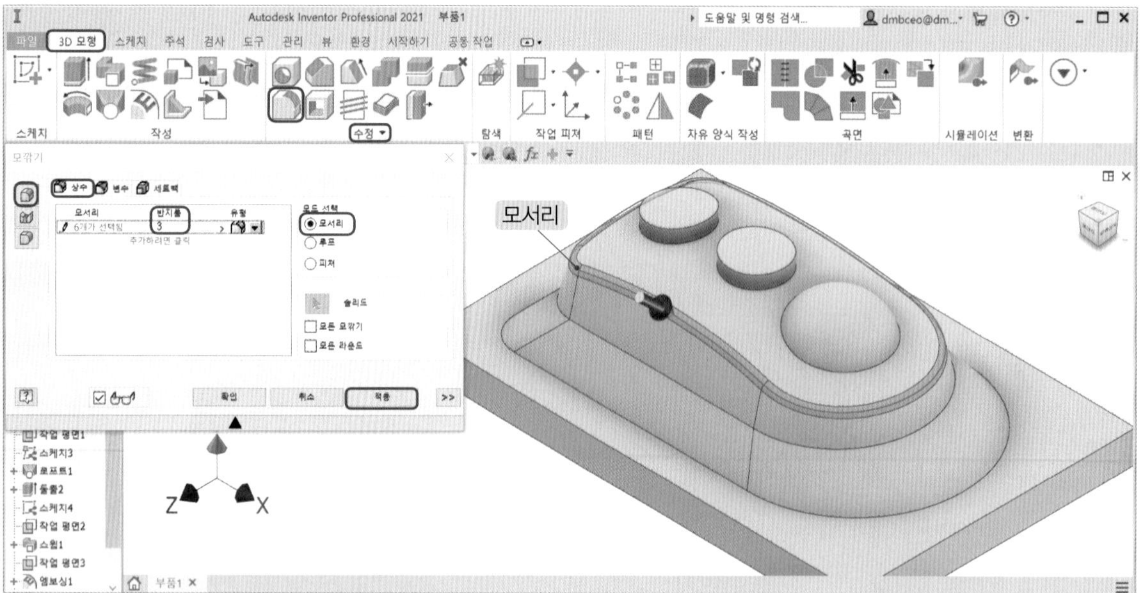

모서리 모깎기 ⇨ 모서리 ⇨ 반지름 1 ⇨ 확인

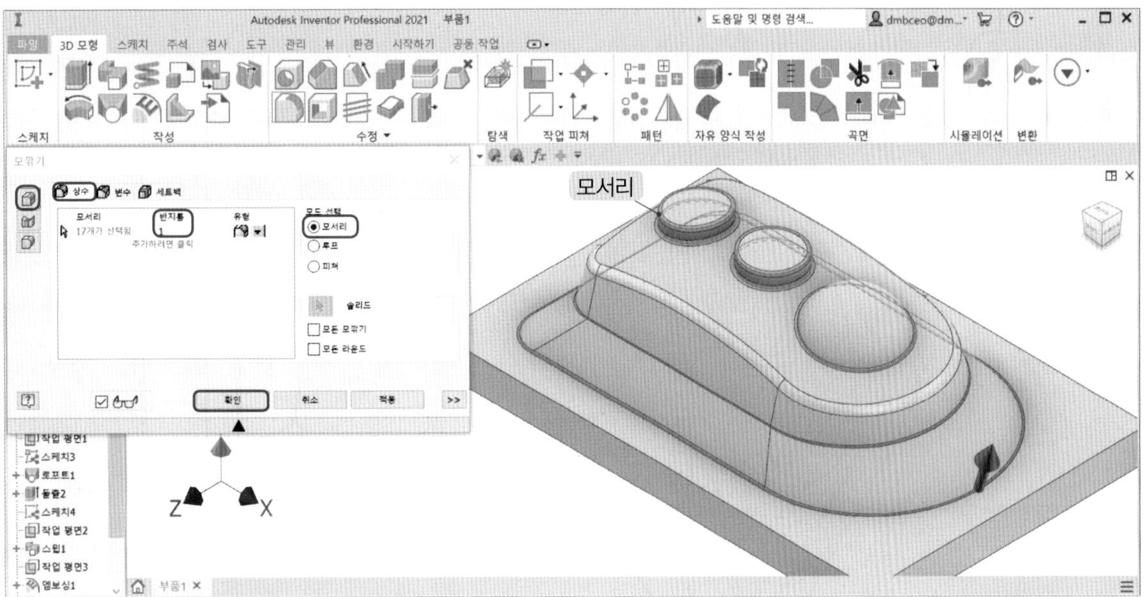

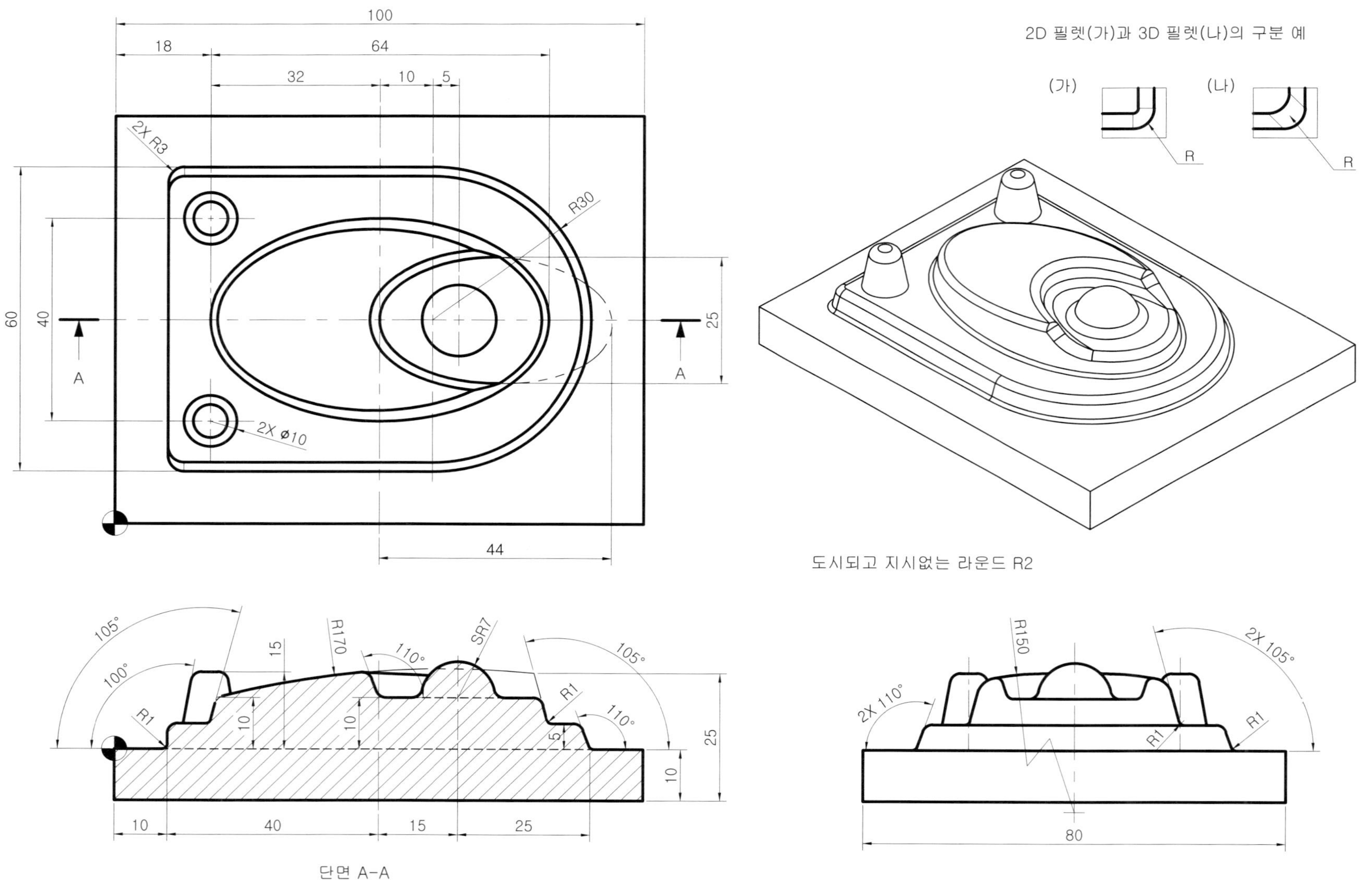
2D 필렛(가)과 3D 필렛(나)의 구분 예
(가)
(나)
R
R
도시되고 지시없는 라운드 R2
단면 A-A
100
18
64
32
10
5
60
40
25
44
2X R3
R30
2X ⌀10
A
A
105°
100°
R1
15
R170
110°
SR7
105°
R1
110°
10
10
5
25
10
10
40
15
25
R150
2X 110°
2X 105°
R1
R1
80

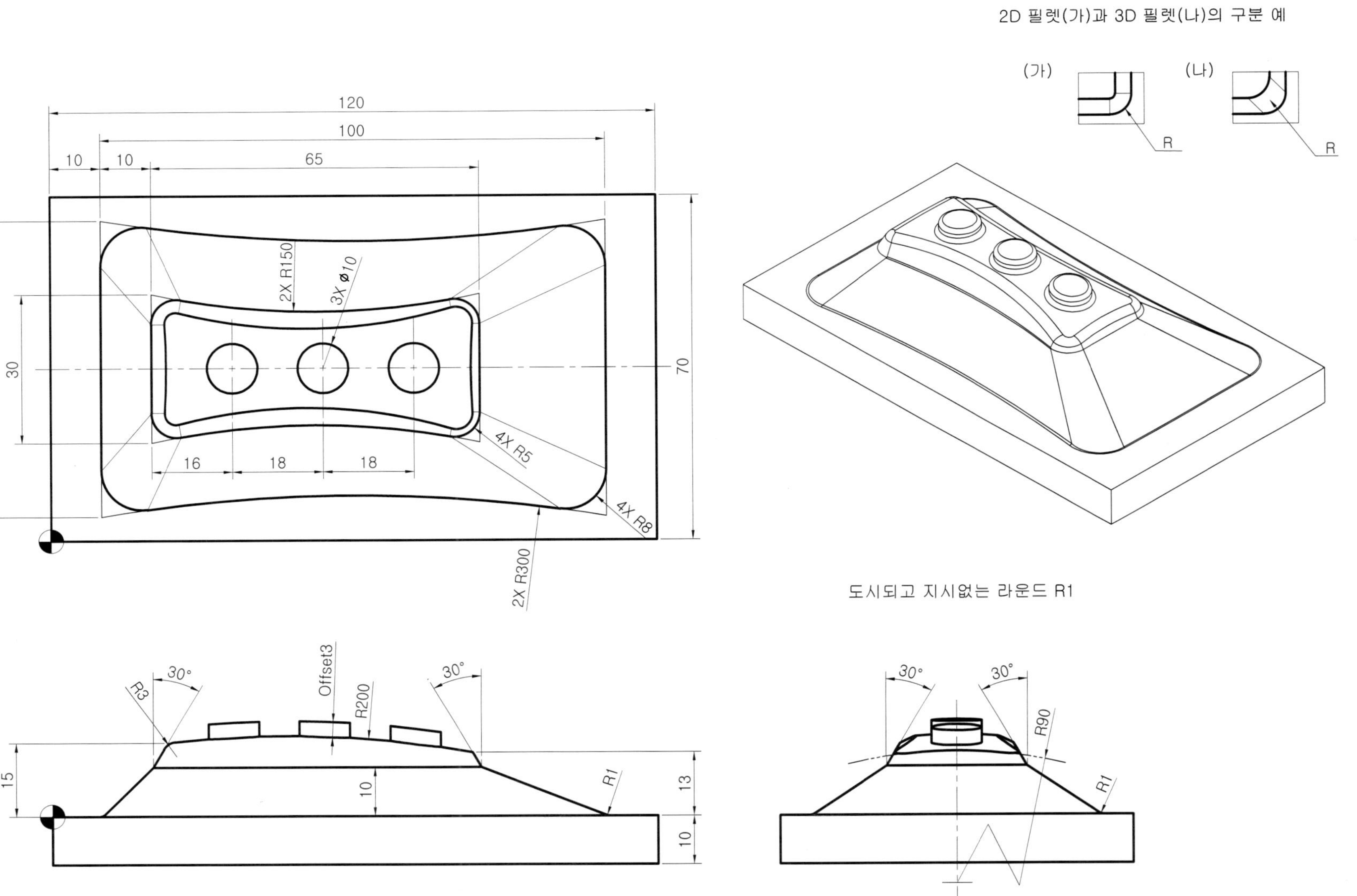
2D 필렛(가)과 3D 필렛(나)의 구분 예
(가)
(나)
R
R
도시되고 지시없는 라운드 R1
R1
R90
30°
30°
70
4X R8
2X R300
4X R5
3X ø10
2X R150
120
100
65
18
18
16
10
10
30
60
13
10
R1
30°
10
R200
Offset3
30°
R3
15

Chapter 5

3D 부품 모델링하기

INVENTOR

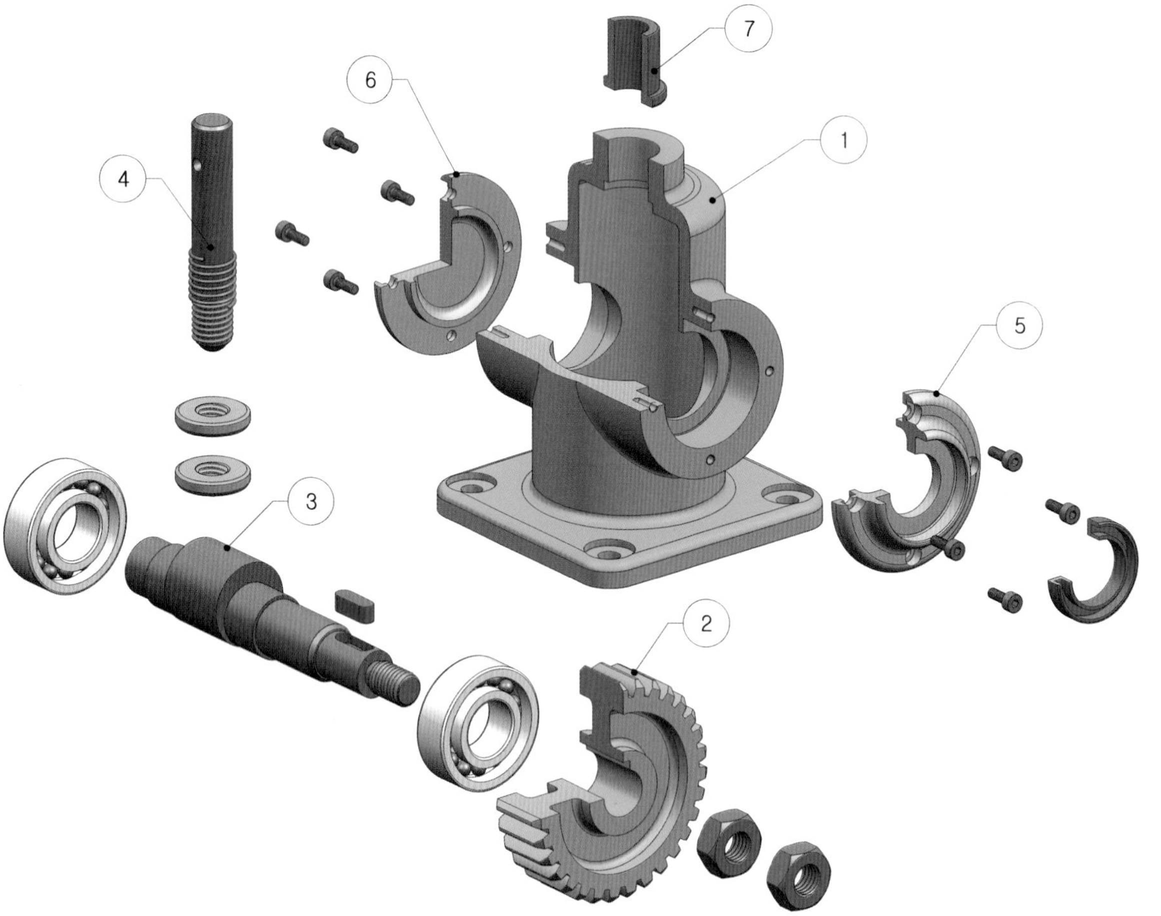

동력 전달 장치 분해도

편심 구동 장치

설계 변경	• 깊은 홈 볼 베어링의 사양을 6003에서 6004로 변경하시오. • 기어의 잇수를 31에서 35로 변경하시오.

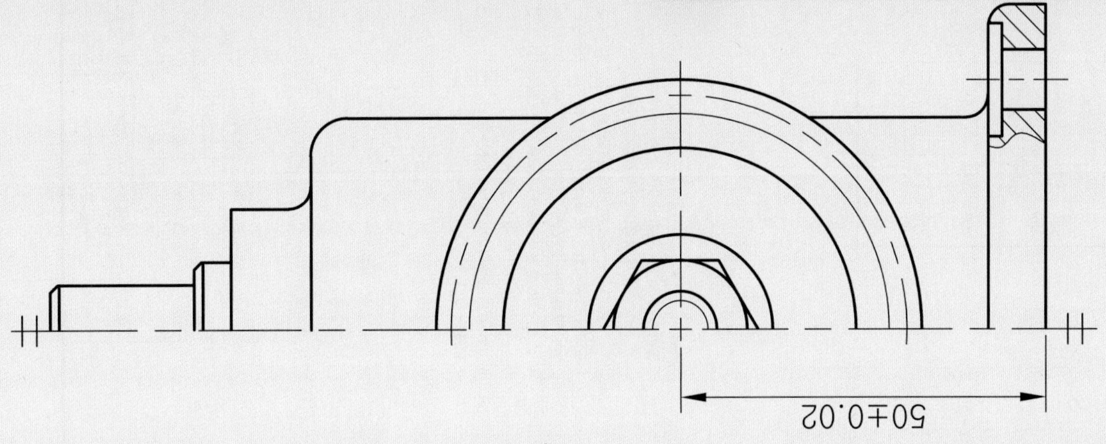

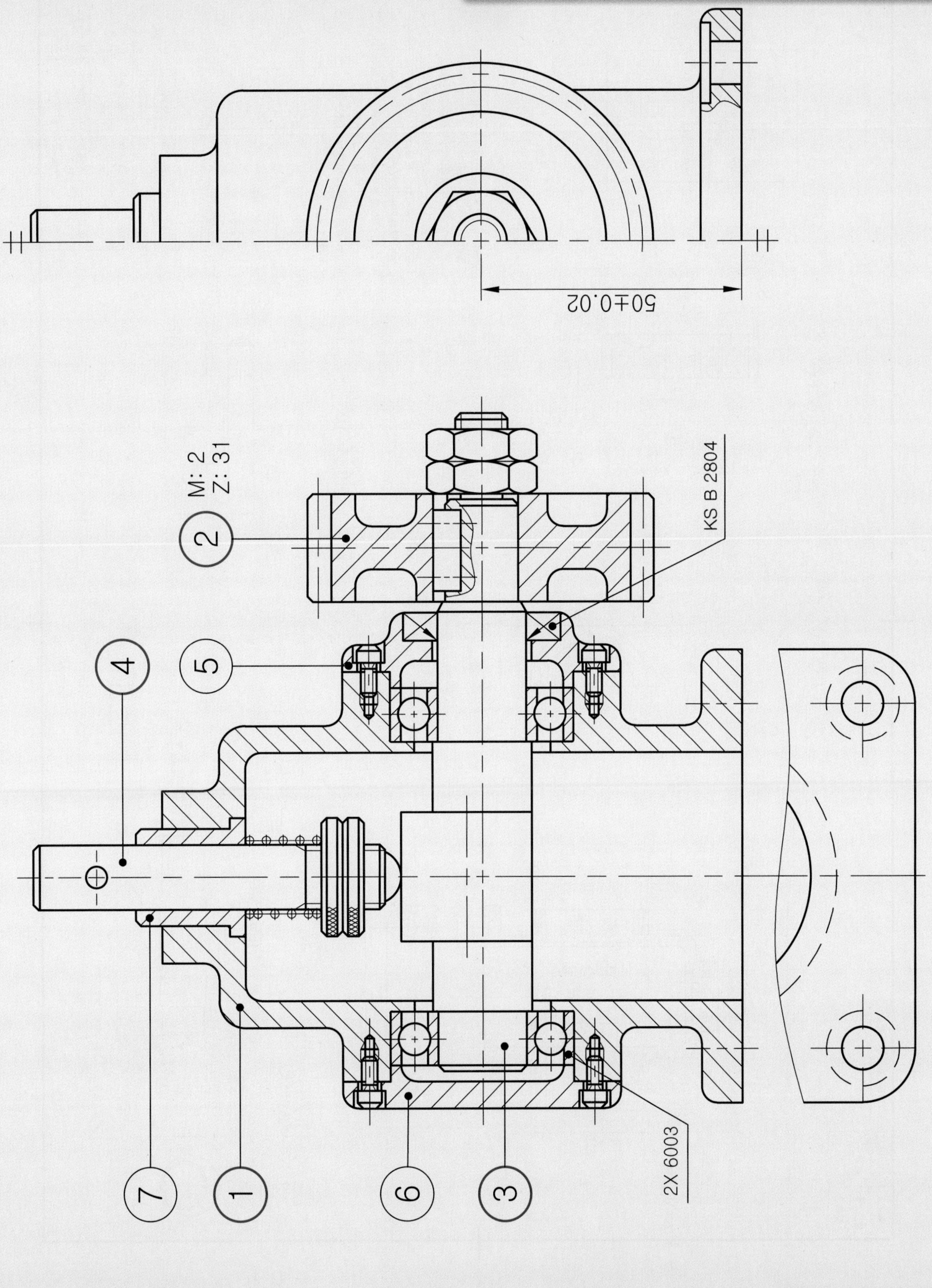

2D 모범 답안 제출용 – 편심 구동 장치

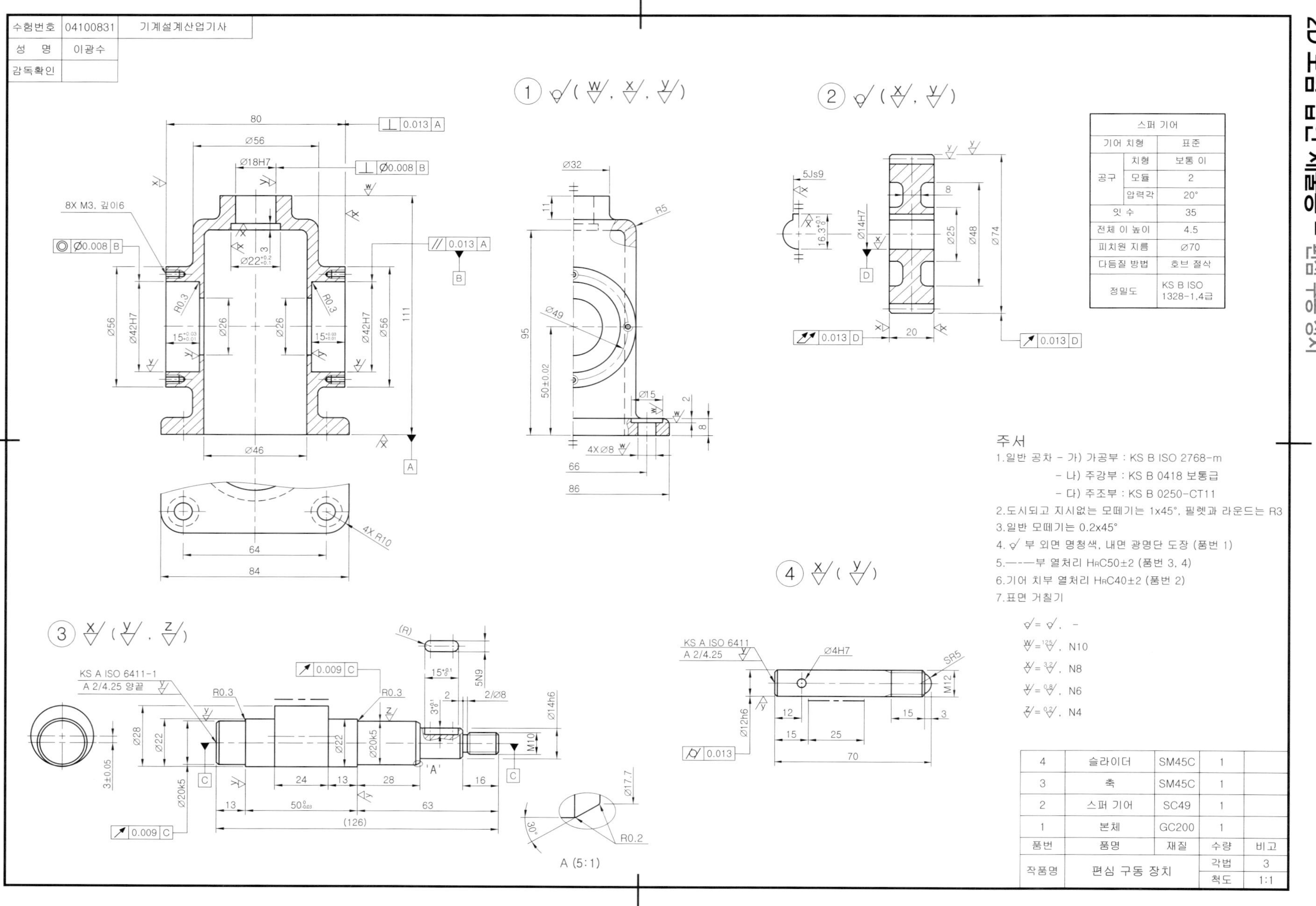

3D 모범 답안 제출용 – 편심 구동 장치

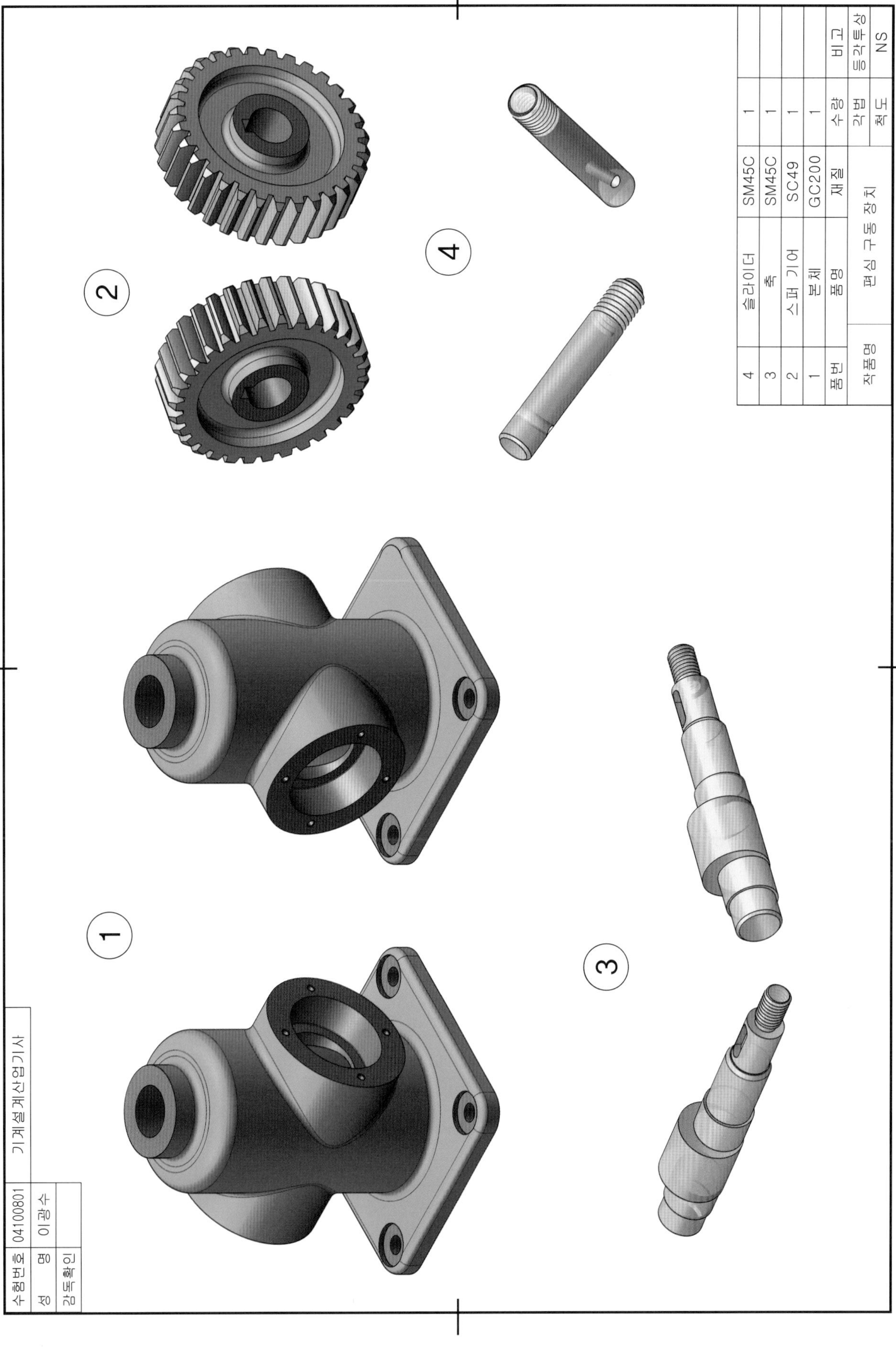

수험번호	04100801	기계설계산업기사
성 명	이광수	
감독확인		

품번	품명	재질	수량	비고
4	슬라이더	SM45C	1	
3	축	SM45C	1	
2	스퍼 기어	SC49	1	
1	본체	GC200	1	
작품명	편심 구동 장치		각법	등각투상
			척도	NS

1 편심 구동 장치 모델링하기

1 본체 모델링하기

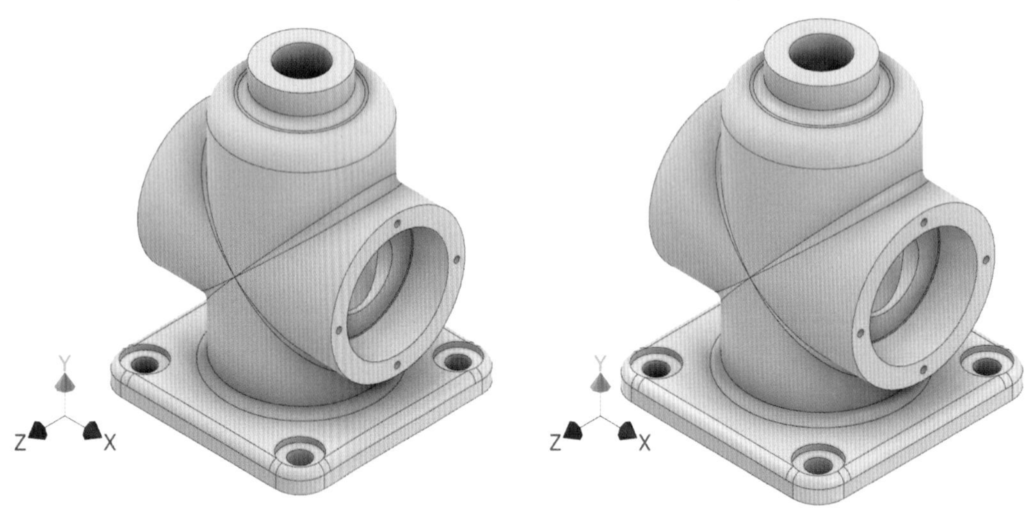

(1) 베이스 모델링하기

① **스케치하기**

XZ 평면에 그림과 같이 사각형을 스케치하고 치수를 기입한다. 원의 중심점을 원점에 일치 구속하여 스케치하고 치수를 입력한다.

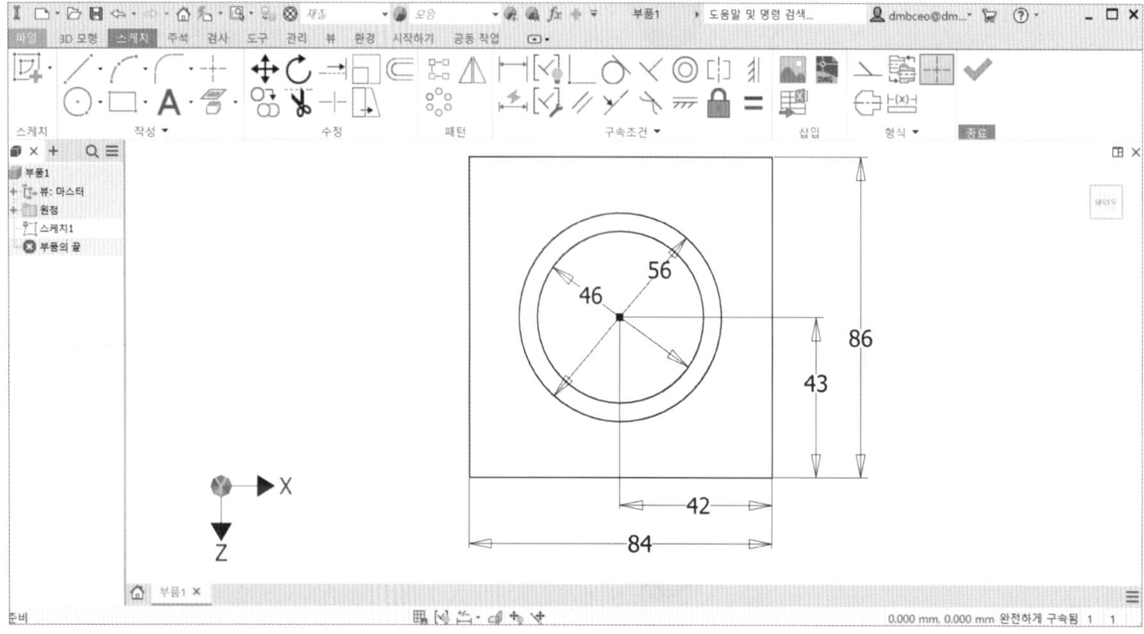

② 베이스 돌출하기

3D 모형 ⇨ 작성 ⇨ 돌출 ⇨ 입력 형상 ⇨ 프로파일 ⇨ 동작 ⇨ 방향 : 반전 ⇨ 거리 8 ⇨ 확인

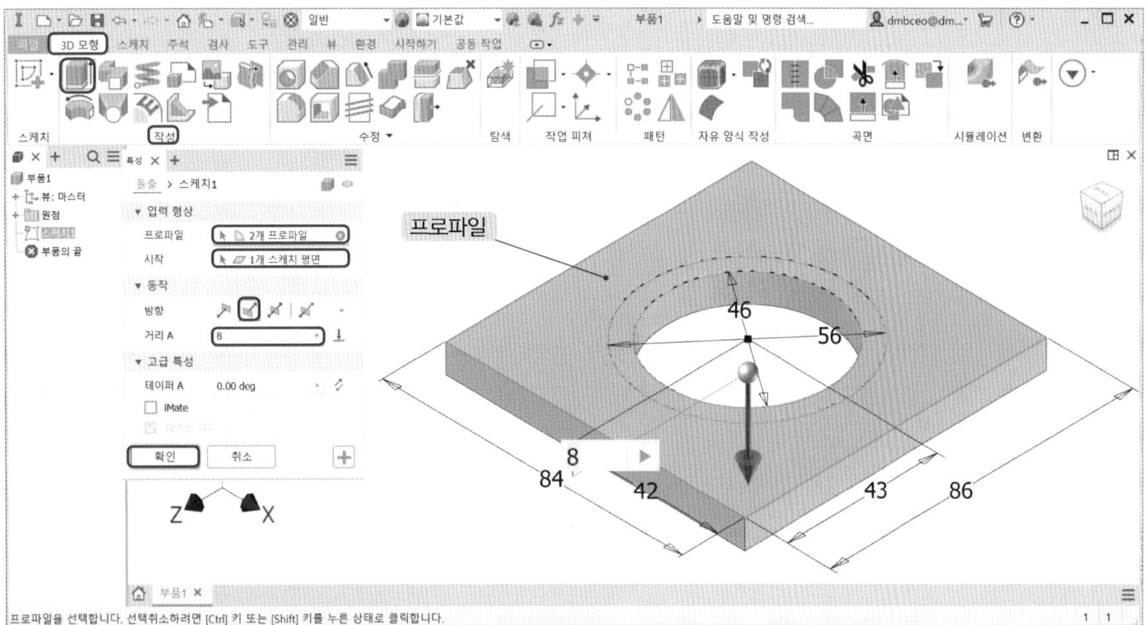

③ 모깎기하기

3D 모형 ⇨ 수정 ⇨ 모서리 모깎기 ⇨ 상수 ⇨ 모서리 ⇨ 반지름 11 ⇨ 확인

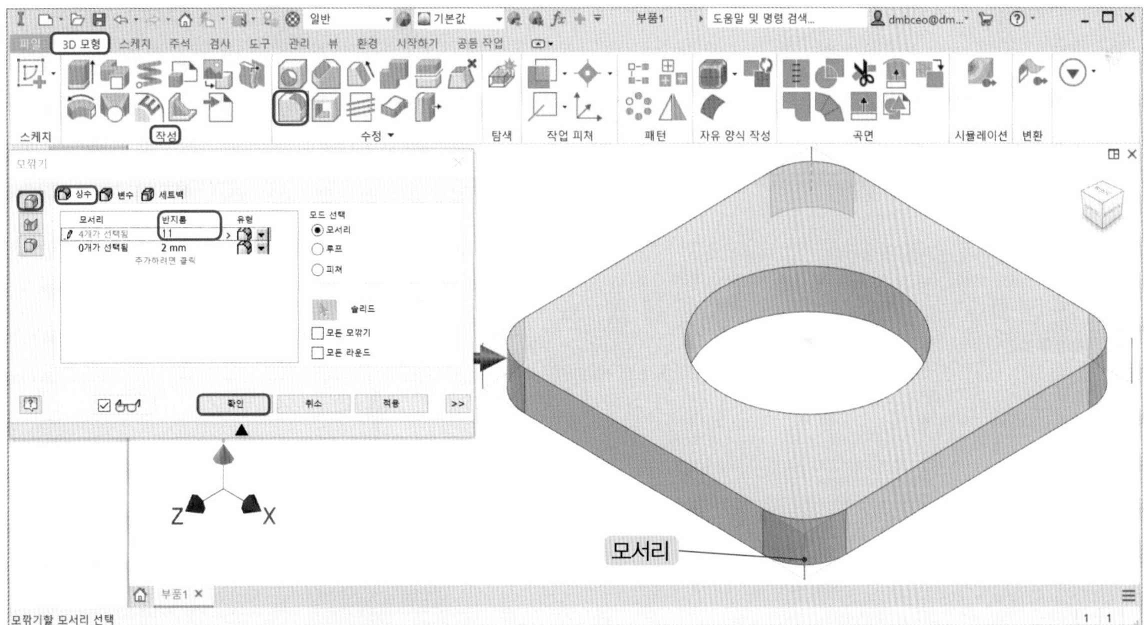

④ 카운터 보어하기

3D 모형 ⇨ 수정 ⇨ 구멍 ⇨ 입력 형상 ⇨ 위치 ⇨ 유형 ⇨ 구멍 : 단순 ⇨ 시트 : 카운터 보어 ⇨ 동작 ⇨ 종료 : 전체 관통 ⇨ 방향 : 기본값 ⇨ 15–2–8 ⇨ 확인

TIP>>
먼저 위 평면을 클릭하고 모깎기 원호를 클릭하면 동심 구속된다.

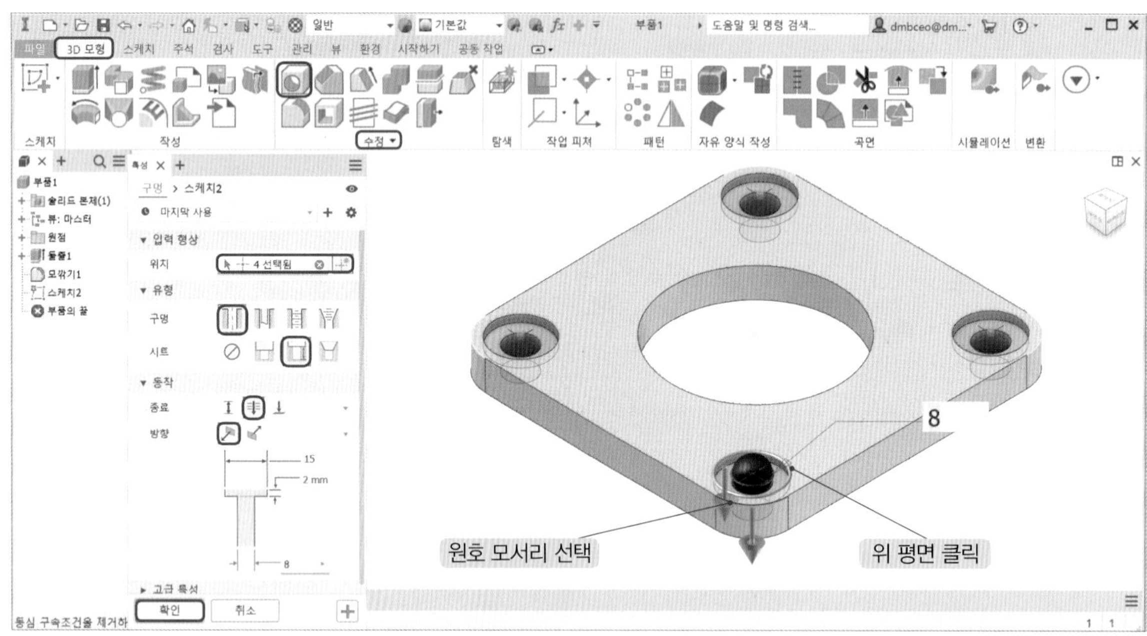

(2) 본체 모델링하기

3D 모형 ⇨ 작성 ⇨ 돌출 ⇨ 입력 형상 ⇨ 프로파일 ⇨ 동작 ⇨ 방향 : 기본값 ⇨ 거리 92 ⇨ 출력 ⇨ 부울 : 접합 ⇨ 확인

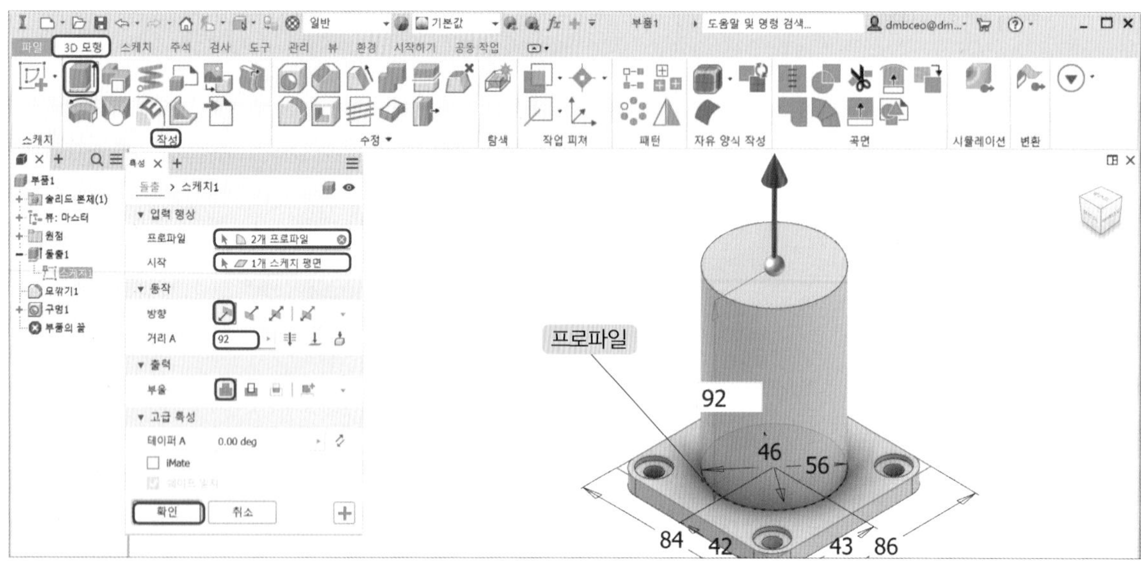

① 모깎기하기

3D 모형 ⇨ 수정 ⇨ 모서리 모깎기 ⇨ 상수 ⇨ 모서리 ⇨ 반지름 8 ⇨ 확인

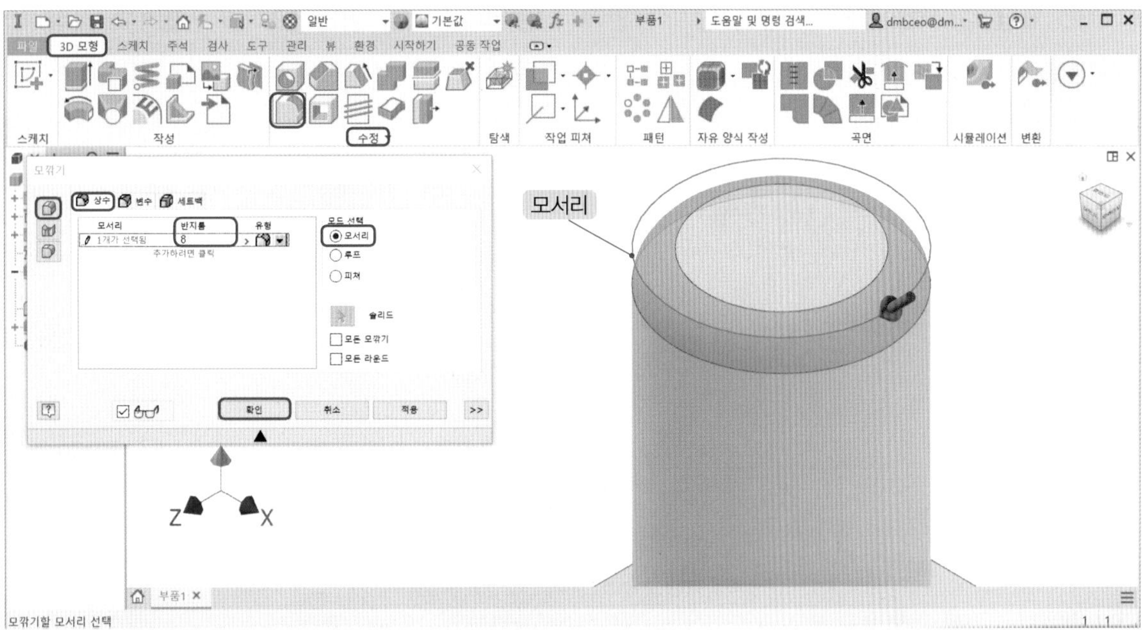

② 쉘하기

3D 모형 ⇨ 수정 ⇨ 쉘 ⇨ 내부 ⇨ 면 제거 ⇨ 두께 5 ⇨ 확인

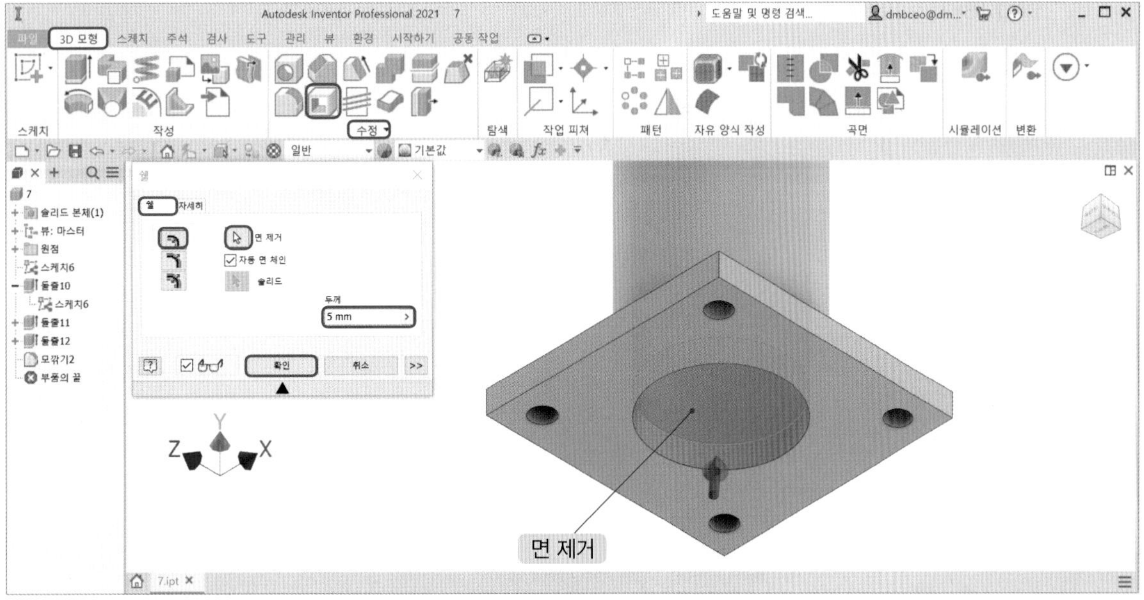

(3) 원통 모델링하기

① 작업 평면 생성하기

3D 모형 ⇨ 작업 피처 ⇨ 평면▼ ⇨ 평면에서 간격띄우기 ⇨ 평면 선택(위 평면) ⇨ 거리 40 Enter ↵

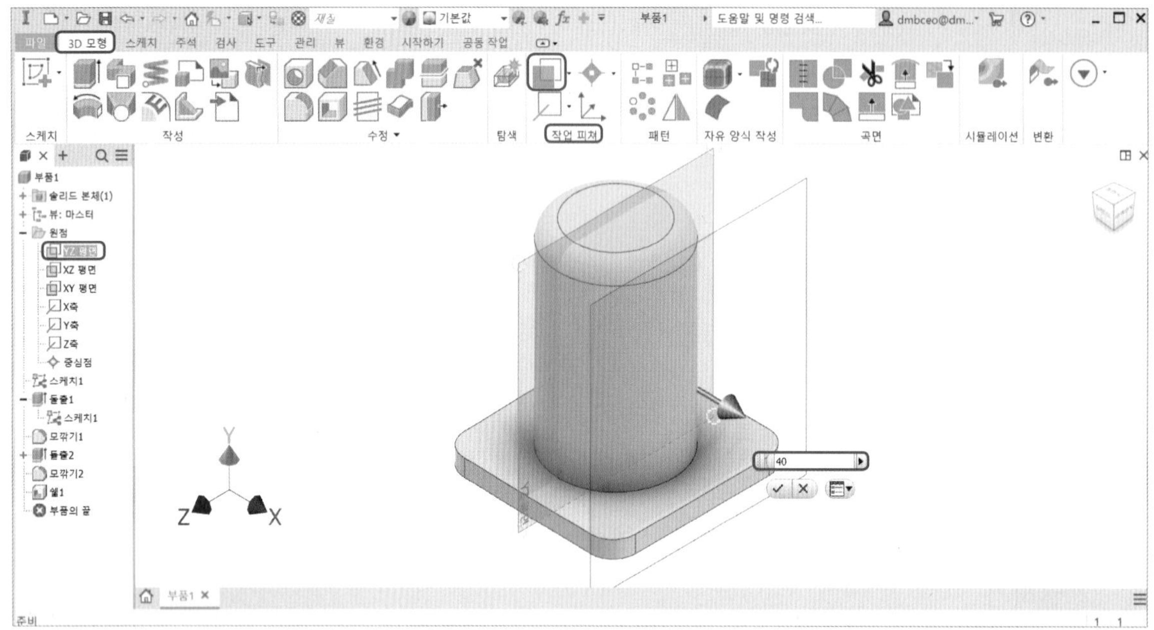

② 스케치하기

작업 평면에 원을 스케치하고 치수를 입력한다. 원은 동심원으로 구속한다.

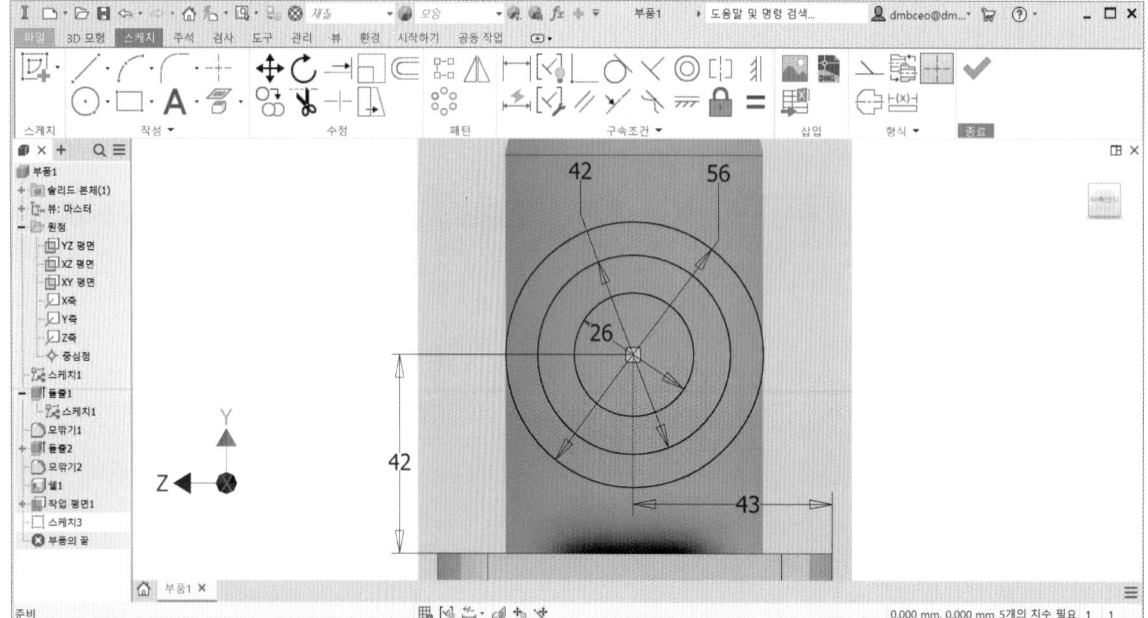

③ 돌출하기

3D 모형 ⇨ 작성 ⇨ 돌출 ⇨ 입력 형상 ⇨ 프로파일 ⇨ 동작 ⇨ 방향 : 반전 ⇨ 거리 A : 다음까지 ⇨ 출력 ⇨ 부울 : 접합 ⇨ 확인

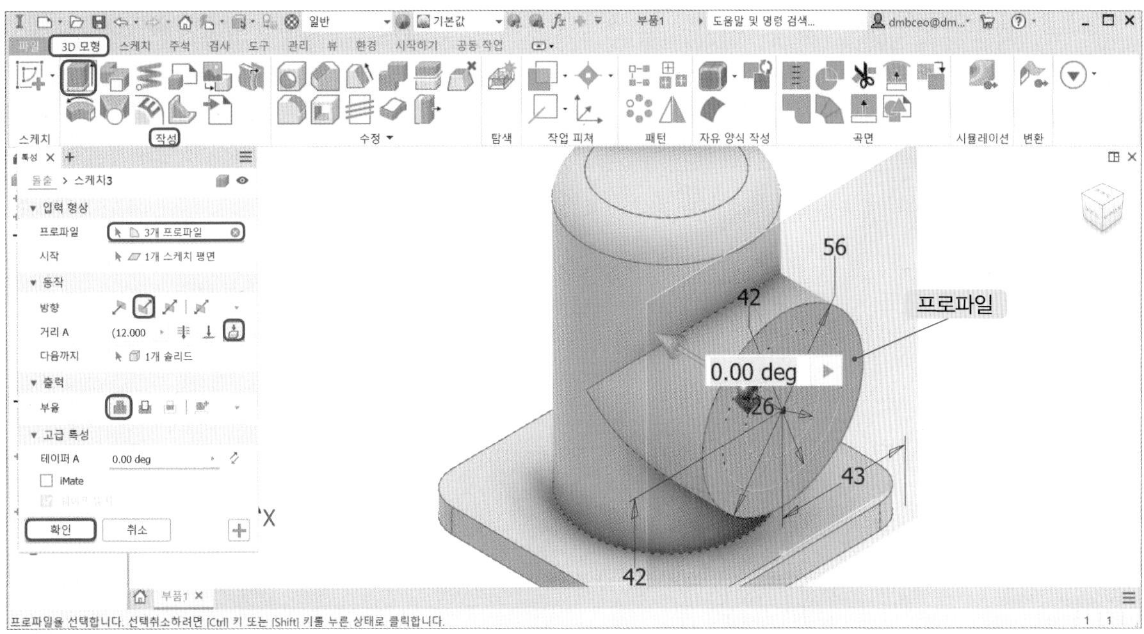

④ 잘라내기 돌출하기

3D 모형 ⇨ 작성 ⇨ 돌출 ⇨ 입력 형상 ⇨ 프로파일 ⇨ 동작 ⇨ 방향 : 반전 ⇨ 거리 80 ⇨ 출력 ⇨ 부울 : 잘라내기 ⇨ 확인

TIP>>

먼저 모형탐색기에서 스케치 오른쪽을 클릭하여 팝업창에서 가시성을 체크한다.

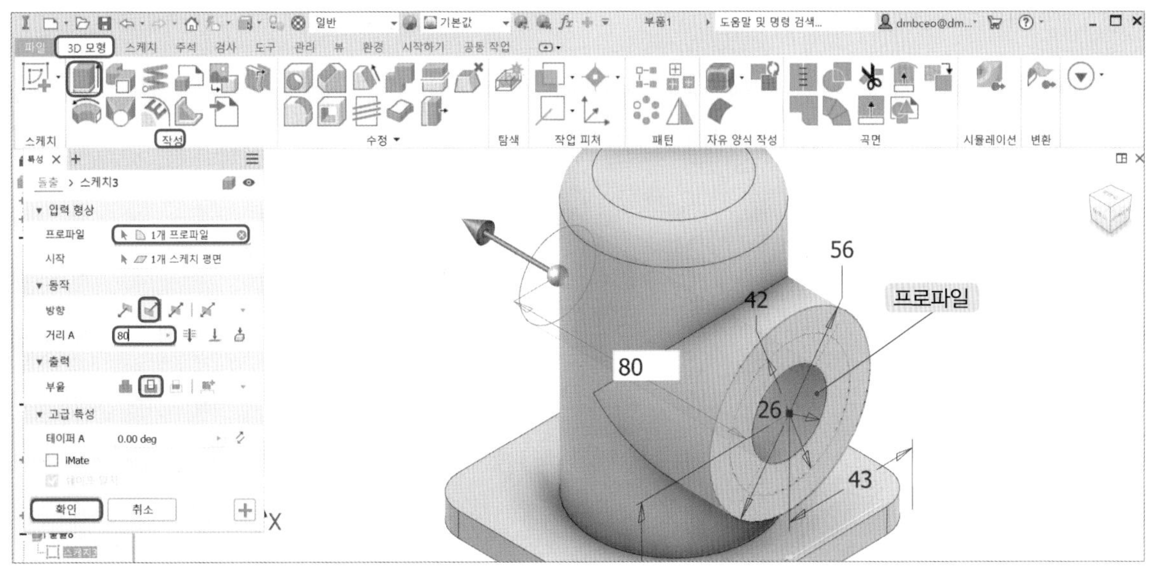

⑤ 베어링 홀 돌출하기

3D 모형 ⇨ 작성 ⇨ 돌출 ⇨ 입력 형상 ⇨ 프로파일 ⇨ 동작 ⇨ 방향 : 반전 ⇨ 거리 15 ⇨ 출력 ⇨ 부울 : 잘라내기 ⇨ 확인

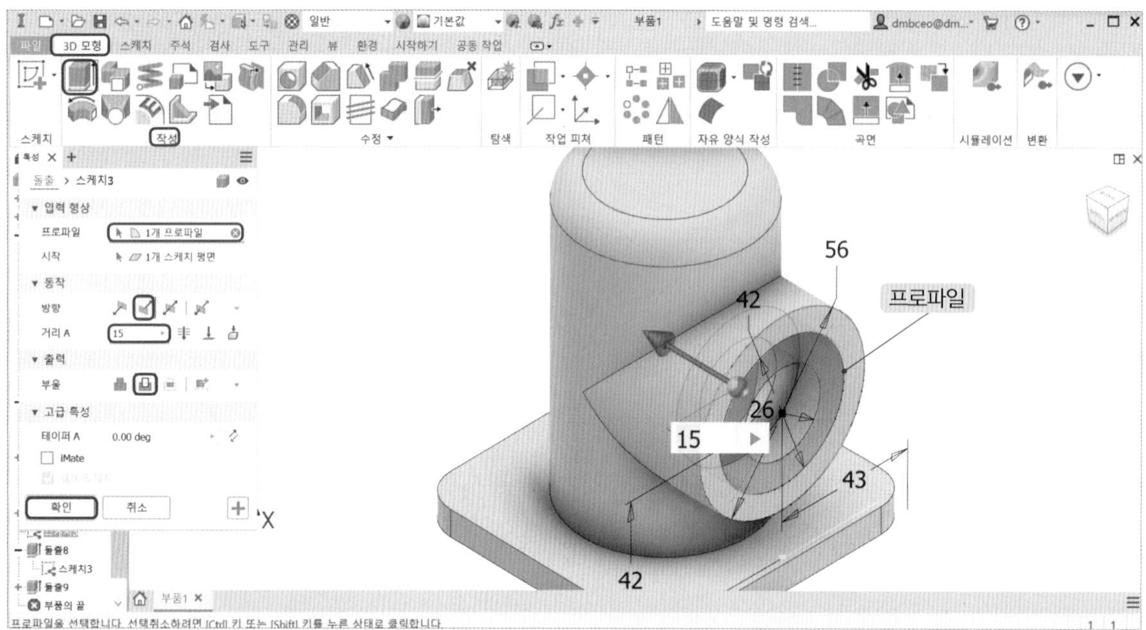

(4) 나사 구멍 모델링하기

① 스케치하기

원통 오른쪽 단면에 원과 직선을 스케치하고 치수를 입력한다. 구속조건은 동심으로 구속한다.

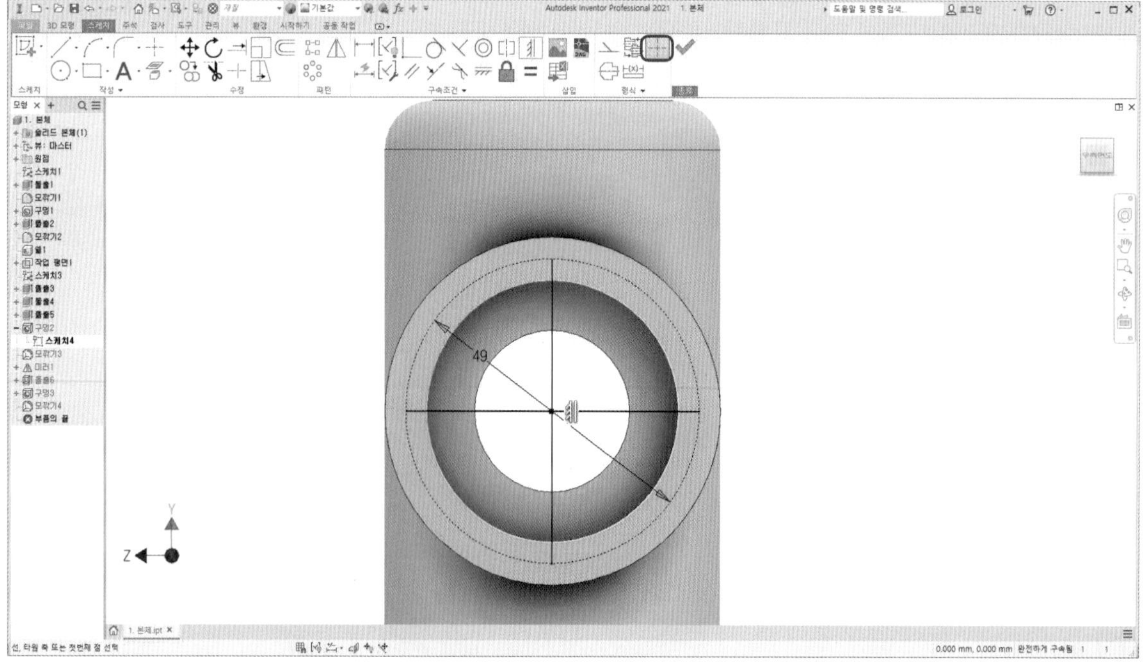

② **탭 작업하기**

3D 모형 ⇨ 수정 ⇨ 구멍 ⇨ 입력 형상 ⇨ 위치 : 구성선 끝점 선택(4개) ⇨ 유형 ⇨ 구멍 : 탭 구멍 ⇨ 시트 : 없음 ⇨ 스레드 ⇨ 유형 : ISO Metric profile ⇨ 크기 : 3 ⇨ 지정 : M3×0.5 ⇨ 방향 Ⓡ ⇨ 동작 ⇨ 종료 : 거리 ⇨ 방향 : 기본값 ⇨ 드릴 점 :각도 ⇨ 나사 깊이 6 ⇨ 드릴 깊이 8 ⇨ 확인

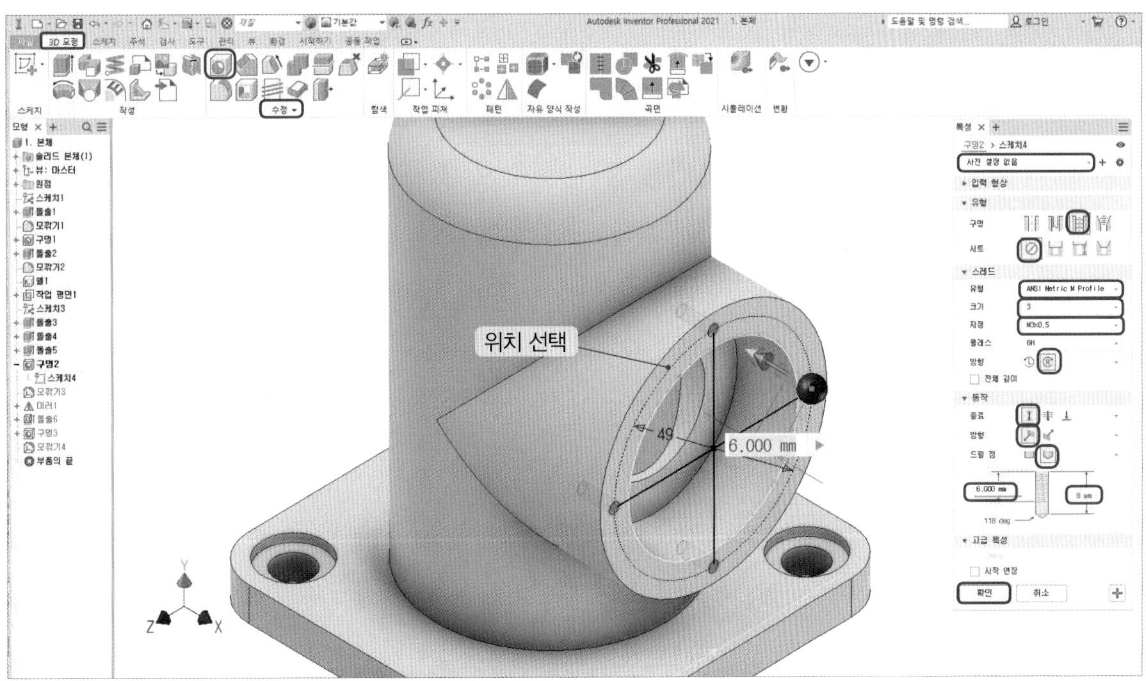

(5) 베어링 조립부 모깎기

3D 모형 ⇨ 수정 ⇨ 모서리 모깎기 ⇨ 상수 ⇨ 모서리 ⇨ 반지름 0.6 ⇨ 적용

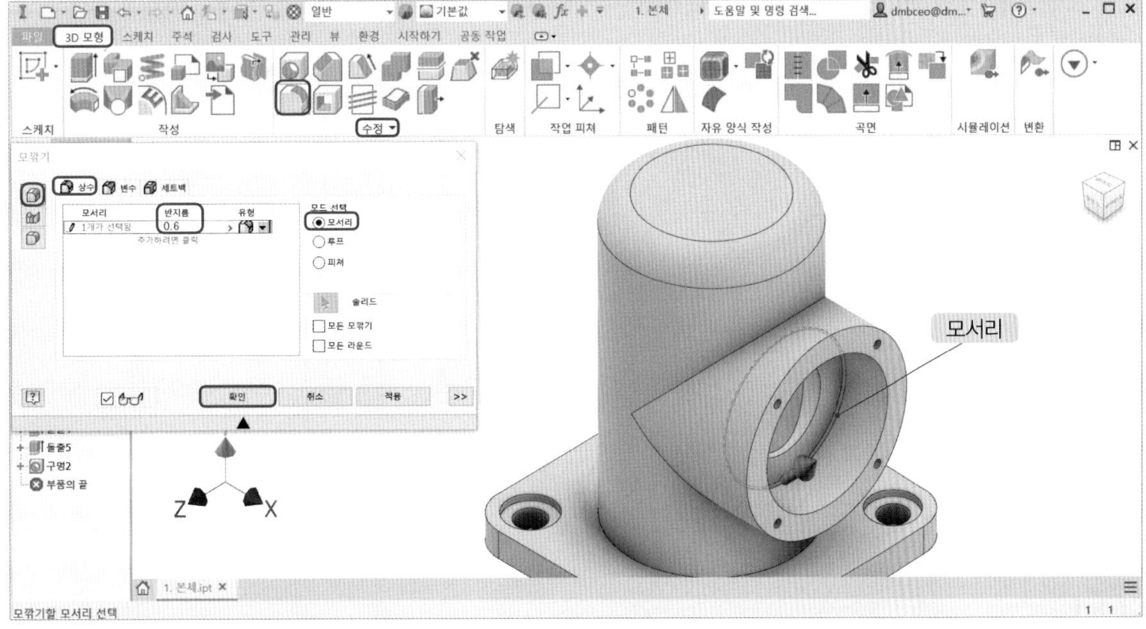

(6) 대칭 패턴하기

3D 모형 ⇨ 패턴 ⇨ 미러 ⇨ 개별 피쳐 미러 ⇨ 피쳐(돌출, 베어링 홀, 탭 구멍, 모깎기) ⇨ 미러 평면(YZ 평면) ⇨ 확인

TIP>>
피쳐는 돌출, 베어링 홀, 탭 구멍, 모깎기를 선택하며, YZ 평면을 선택하면 대칭 평면이 선택된다.

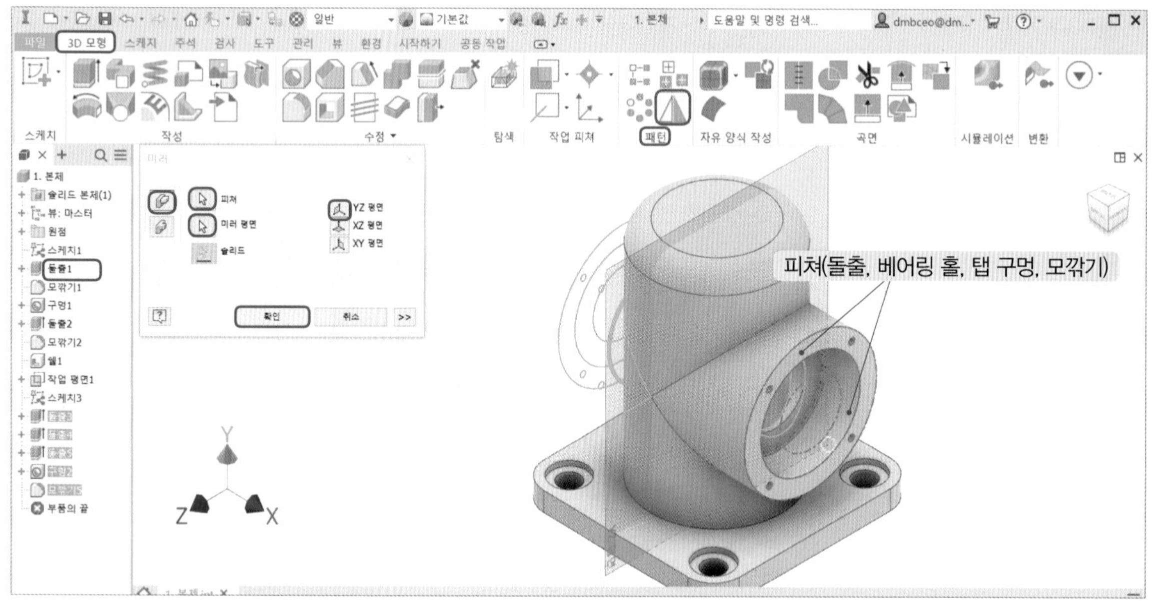

(7) 상부 슬라이더 홀 모델링하기

① 스케치하기

원통 위쪽 단면에 원을 스케치하고, 치수와 구속조건은 원점에 원의 중심점을 일치 구속한다.

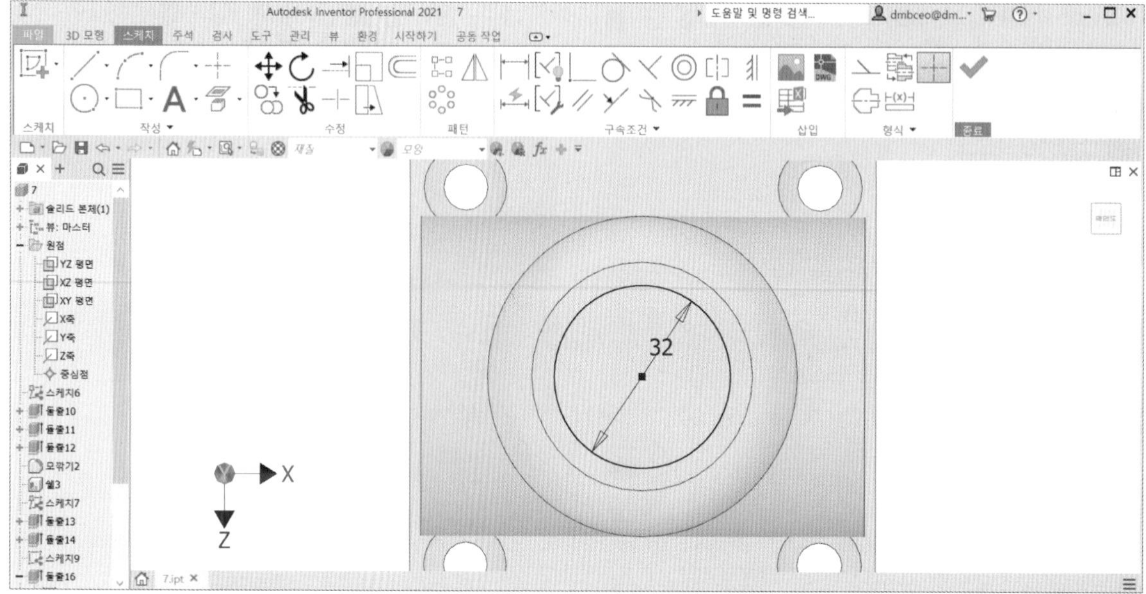

② **돌출하기**

3D 모형 ⇨ 작성 ⇨ 돌출 ⇨ 입력 형상 ⇨ 프로파일 ⇨ 동작 ⇨ 방향 : 기본값 ⇨ 거리 11 ⇨ 출력 ⇨ 부울 : 접합 ⇨ 확인

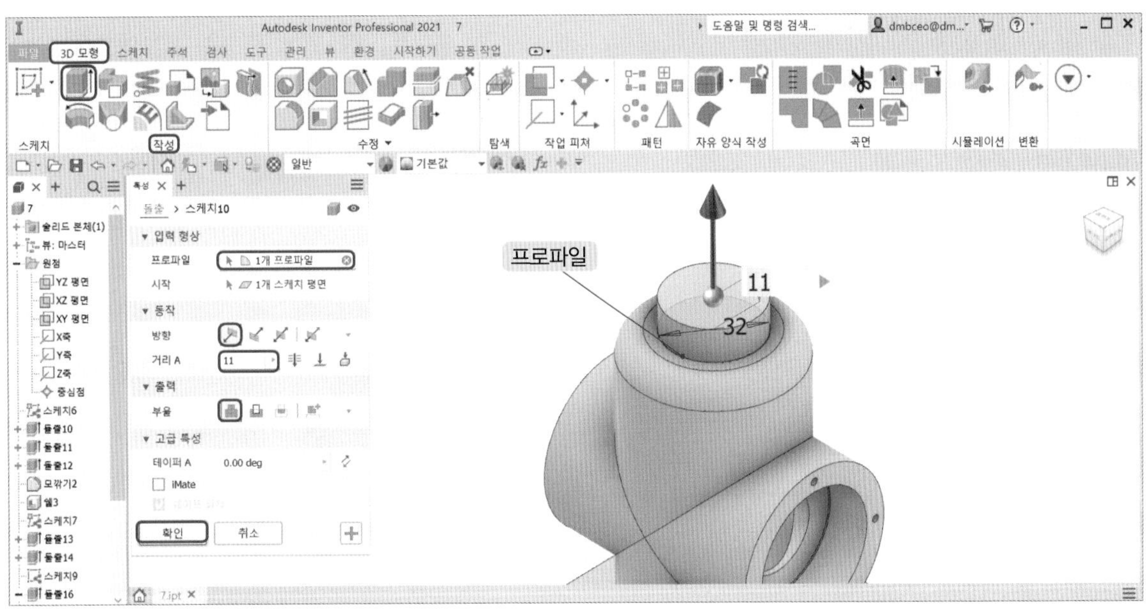

③ **카운터 보어하기**

3D 모형 ⇨ 수정 ⇨ 구멍 ⇨ 입력 형상 ⇨ 위치 ⇨ 유형 ⇨ 구멍 : 단순 ⇨ 시트 : 카운터 보어 ⇨ 동작 ⇨ 종료 : 전체 관통 ⇨ 방향 : 기본값 ⇨ 22–3–18 ⇨ 확인

TIP>>
위치 면을 클릭하고 원(노란색)을 클릭하면 동심 구속된다.

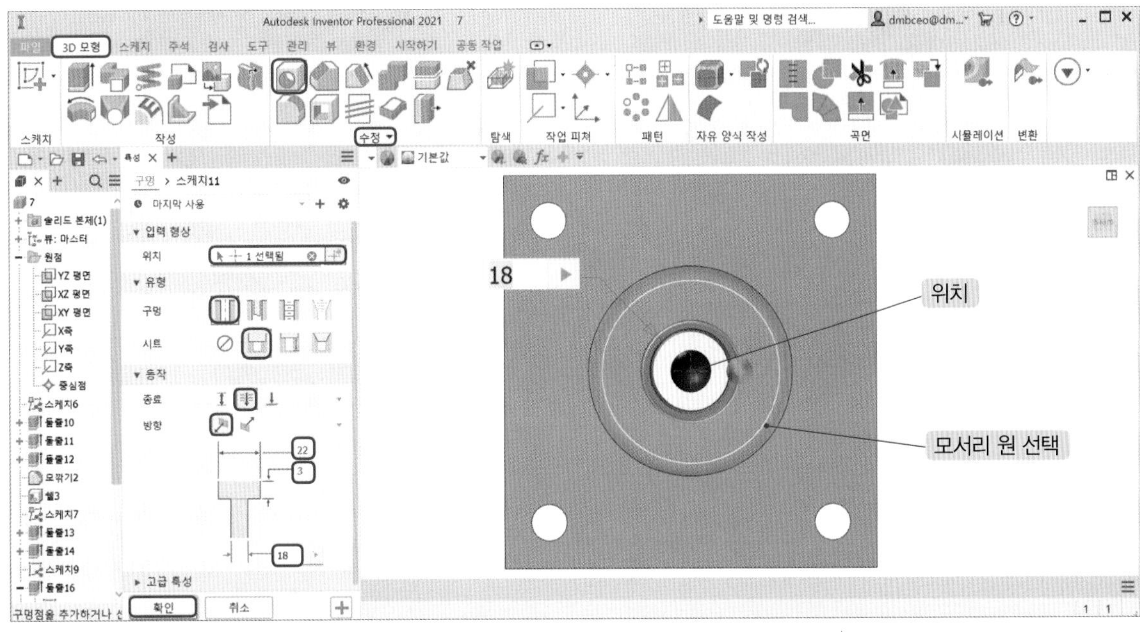

(8) 모깎기하기

3D 모형 ⇨ 수정 ⇨ 모서리 모깎기 ⇨ 상수 ⇨ 모서리 ⇨ 반지름 3 ⇨ 확인

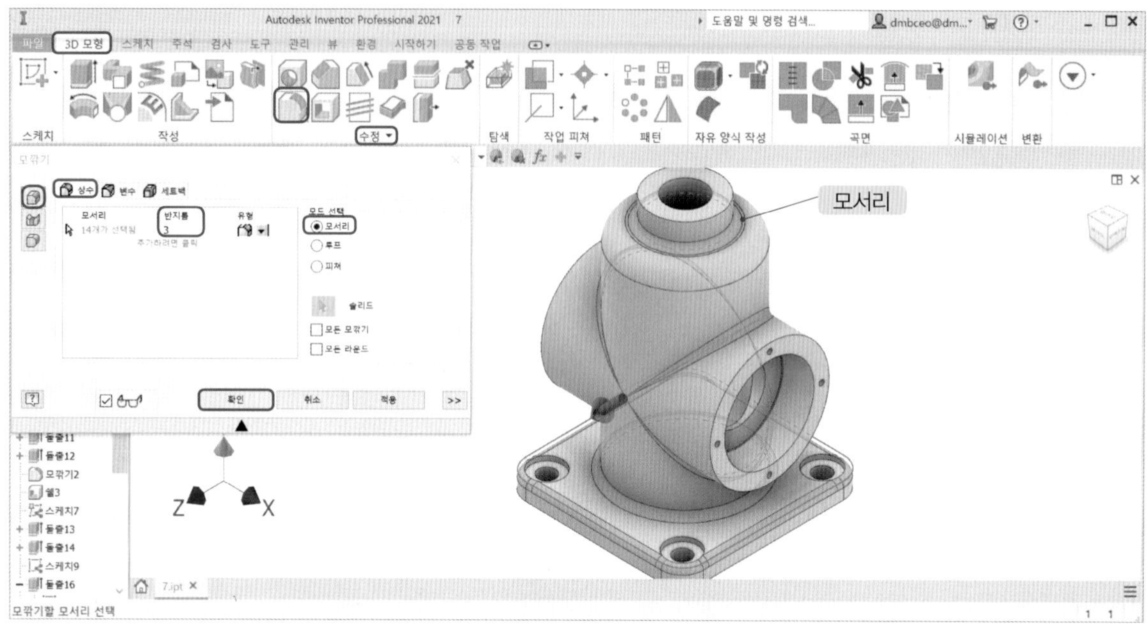

2 기어 모델링하기

(1) 회전 모델링하기

① 스케치하기

XZ 평면에 그림과 같이 스케치하고 치수를 입력한다.

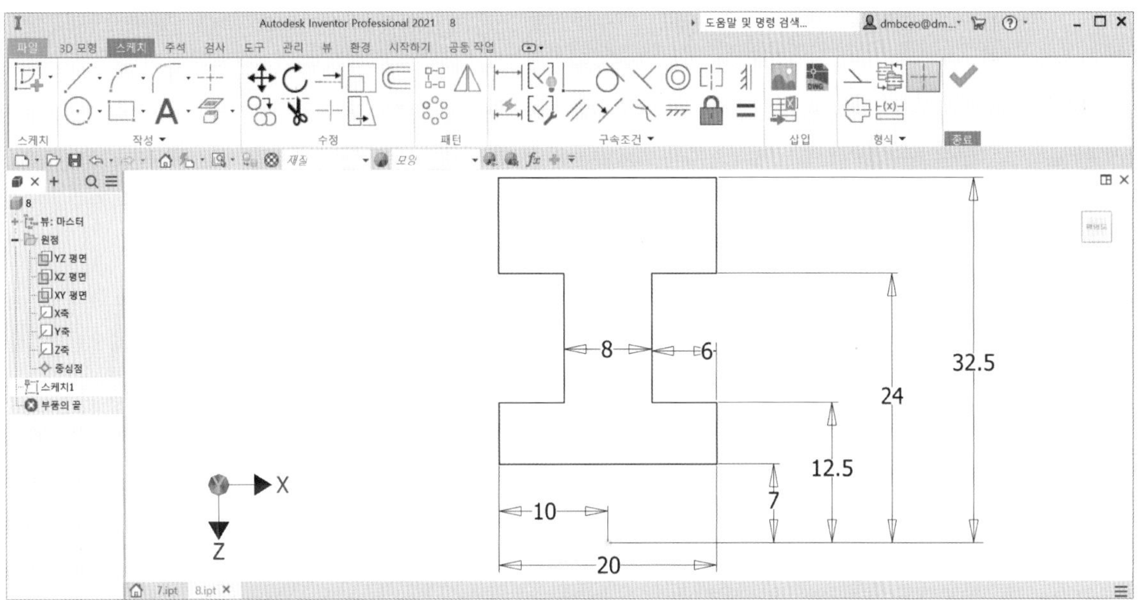

② 회전

3D 모형 ⇨ 작성 ⇨ 회전 ⇨ 입력 형상 ⇨ 프로파일 ⇨ 축(X축) ⇨ 동작 ⇨ 방향 : 기본값 ⇨ 각도 : 360deg ⇨ 확인

TIP>>

회전축은 모형탐색기에서 X축을 선택한다.

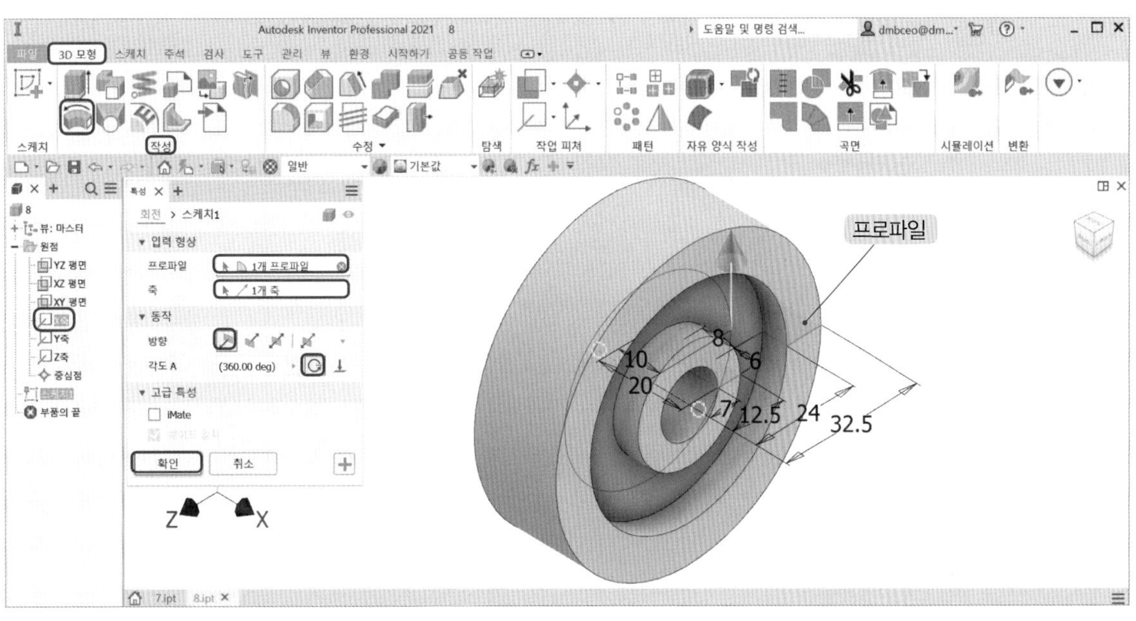

(2) 키 홈 모델링하기

① 스케치하기

YZ 평면에 키 홈을 사각 스케치하고 치수를 입력한다.

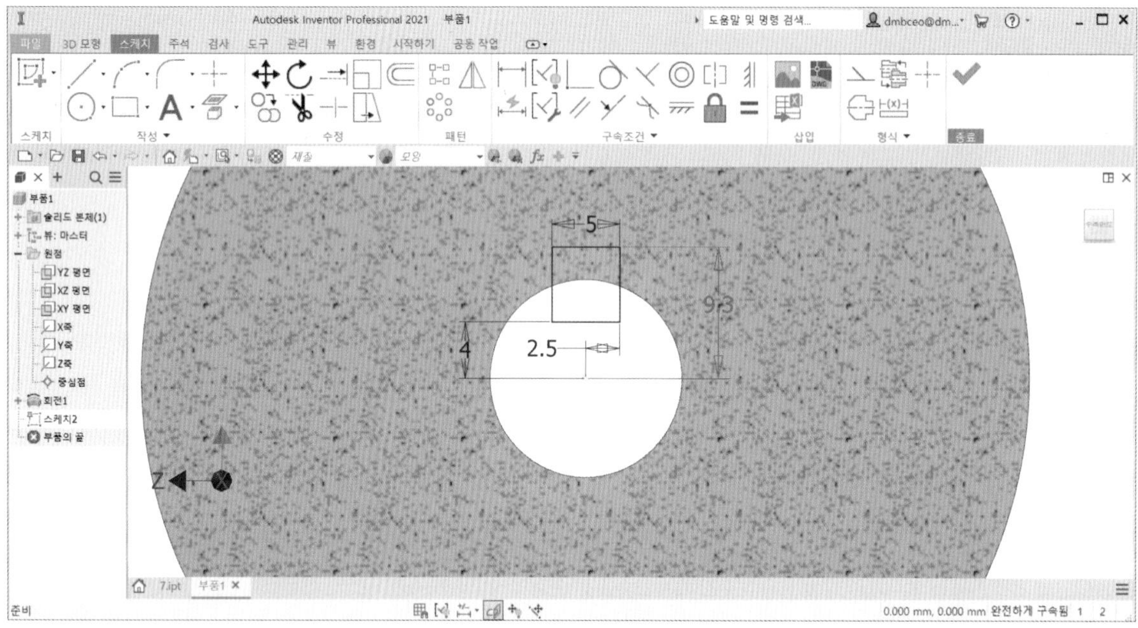

② 돌출 차집합하기

3D 모형 ⇨ 작성 ⇨ 돌출 ⇨ 입력 형상 ⇨ 프로파일 ⇨ 동작 ⇨ 방향 : 대칭 ⇨ 거리 20 ⇨ 출력 ⇨ 부울 : 잘라내기 ⇨ 확인

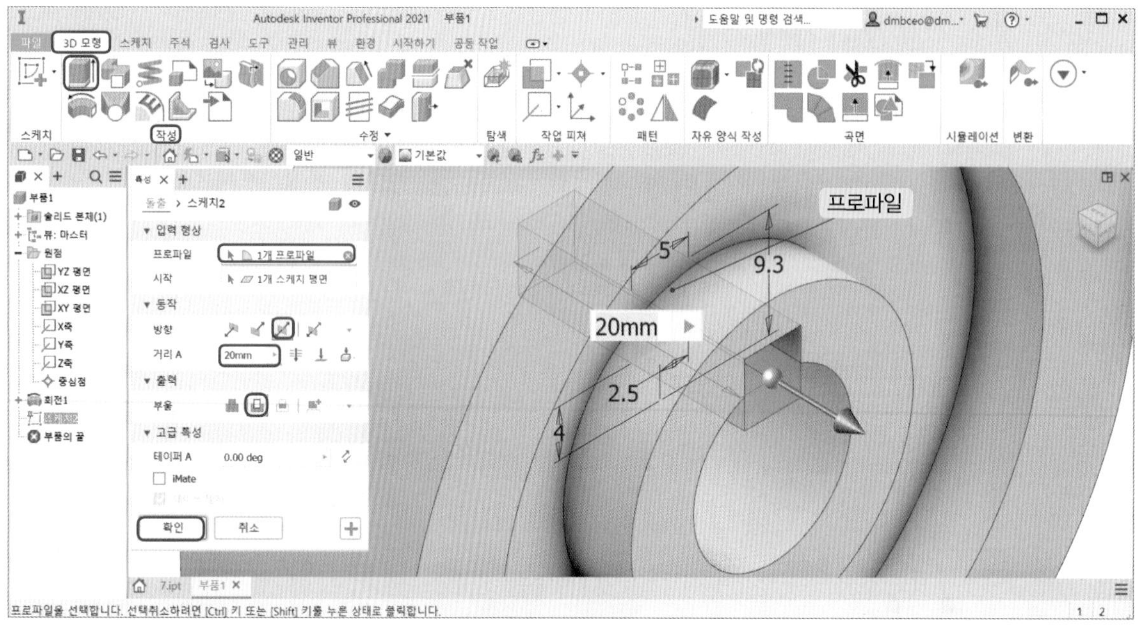

(3) 기어 치형 모델링하기

① 스케치하기

YZ 평면에 키 홈을 그림과 같이 스케치하고 치수를 입력한다.
수직선과 피치원은 구성선으로 변경한다.

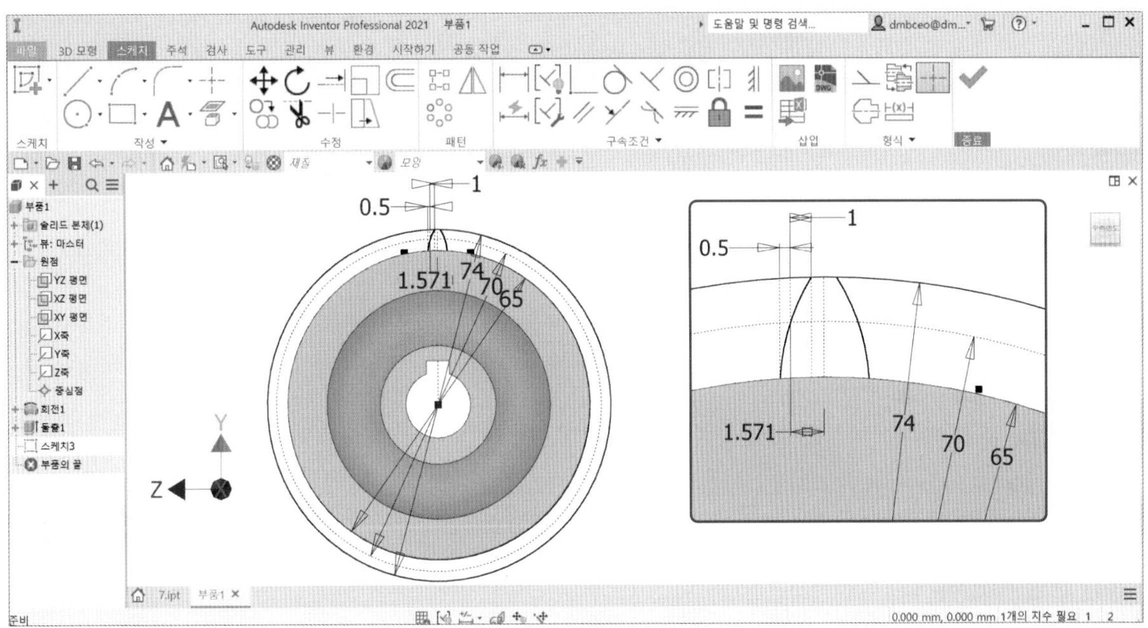

② 돌출하기

3D 모형 ⇨ 작성 ⇨ 돌출 ⇨ 입력 형상 ⇨ 프로파일 ⇨ 동작 ⇨ 방향 : 대칭 ⇨ 거리 20 ⇨ 출력 ⇨ 부울 : 접합 ⇨ 확인

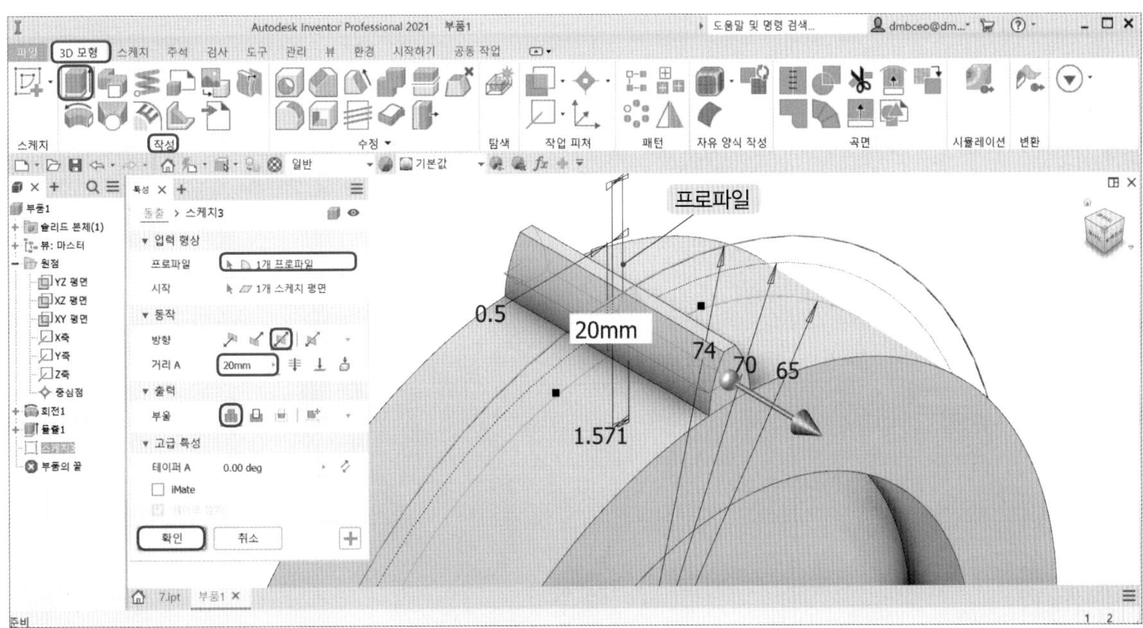

③ 모따기하기

3D 모형 ⇨ 수정 ⇨ 모따기 ⇨ 거리 ⇨ 모서리 ⇨ 거리 2 ⇨ 계단 : 세트 백 ⇨ 확인

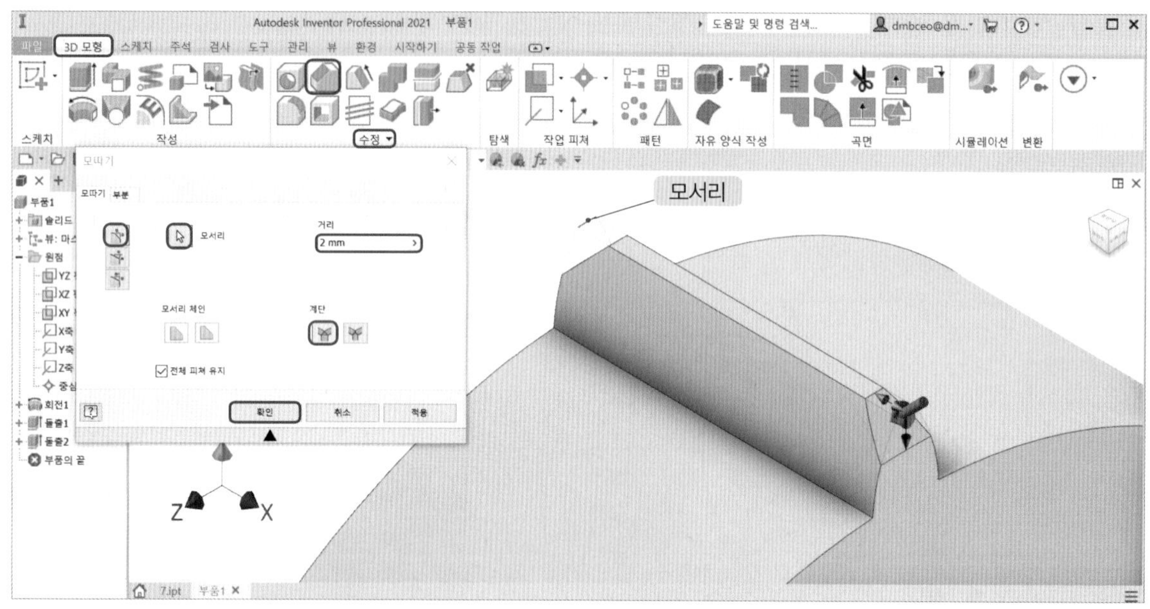

(4) 원형 패턴하기

3D 모형 ⇨ 패턴 ⇨ 원형 패턴 ⇨ 개별 피쳐 패턴 ⇨ 피쳐(기어 이, 모따기) ⇨ 회전축 ⇨ 개수 35 ⇨ 각도 360 ⇨ 확인

TIP>>

회전축으로 원통면을 선택하면 원통의 중심선이 회전축으로 선택된다. 또는 모형탐색기에서 X축을 선택하여 회전축으로 사용하기도 한다.

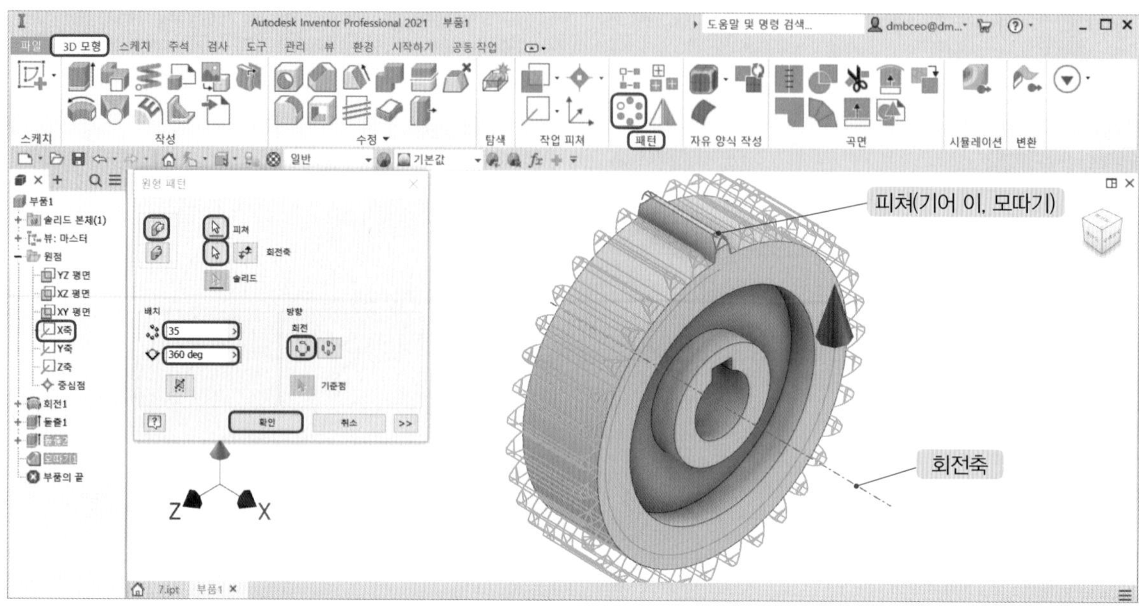

(5) 모깎기하기

3D 모형 ⇨ 수정 ⇨ 모서리 모깎기 ⇨ 상수 ⇨ 모서리 ⇨ 반지름 3 ⇨ 확인

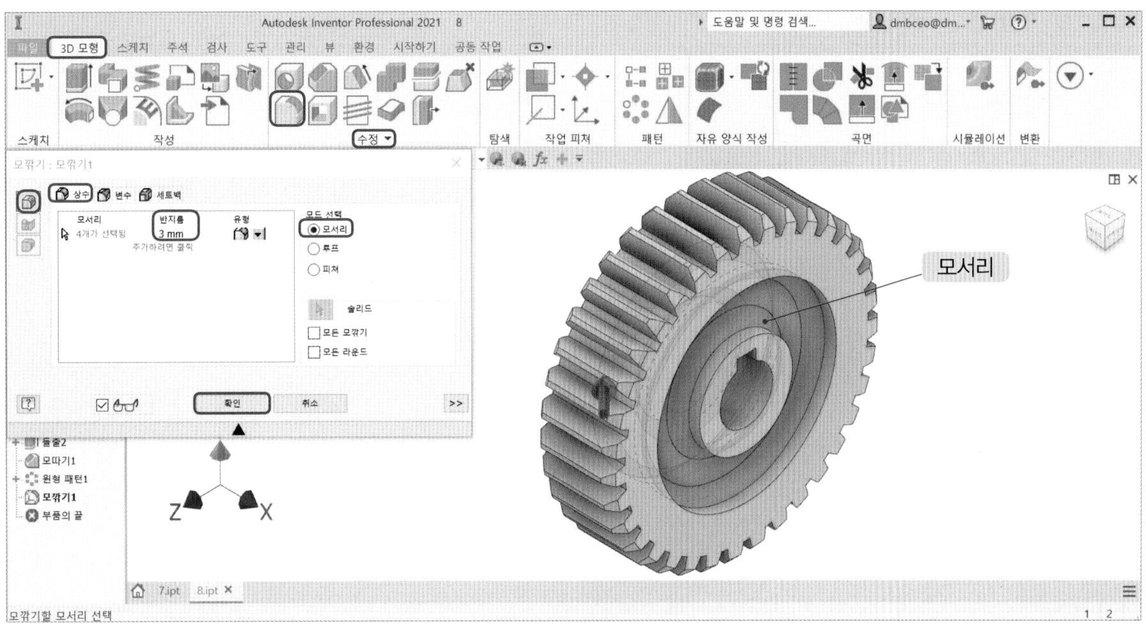

3 축

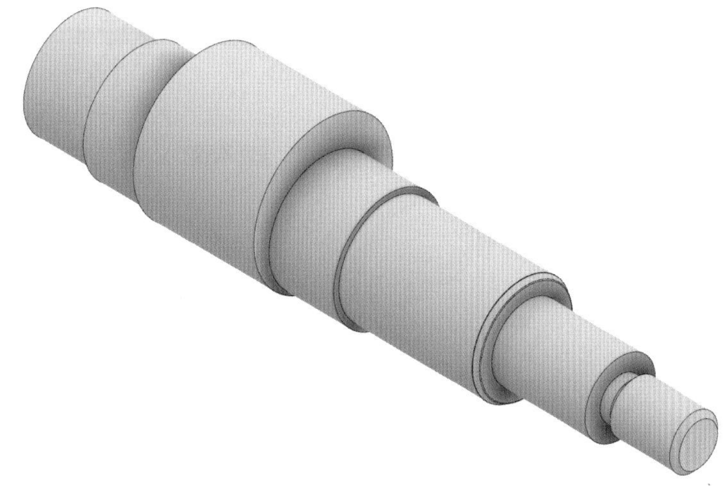

(1) 회전 모델링하기

① 스케치하기

XZ 평면에 그림과 같이 스케치하고 치수를 입력한다.

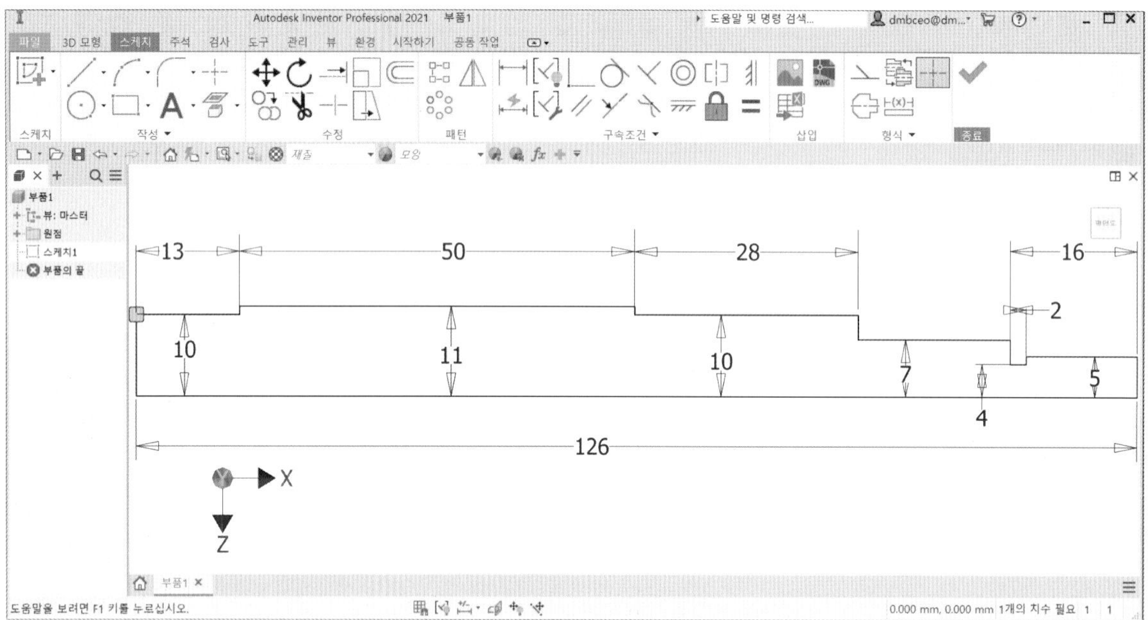

② 회전하기

3D 모형 ⇨ 작성 ⇨ 회전 ⇨ 입력 형상 ⇨ 프로파일 ⇨ 축(직선 선택) ⇨ 동작 ⇨ 방향 : 기본값 ⇨ 각도 : 360deg ⇨ 확인

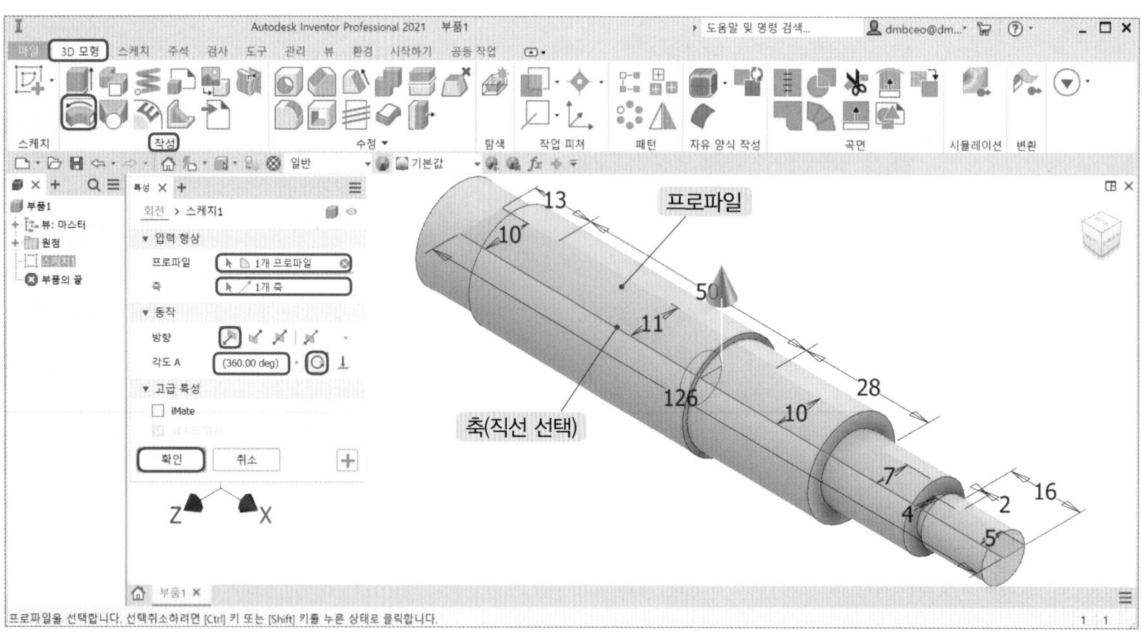

4 슬라이더 모델링하기

(1) 원통 모델링하기

① 스케치하기

XZ 평면에 그림과 같이 스케치하고 치수를 입력한다.

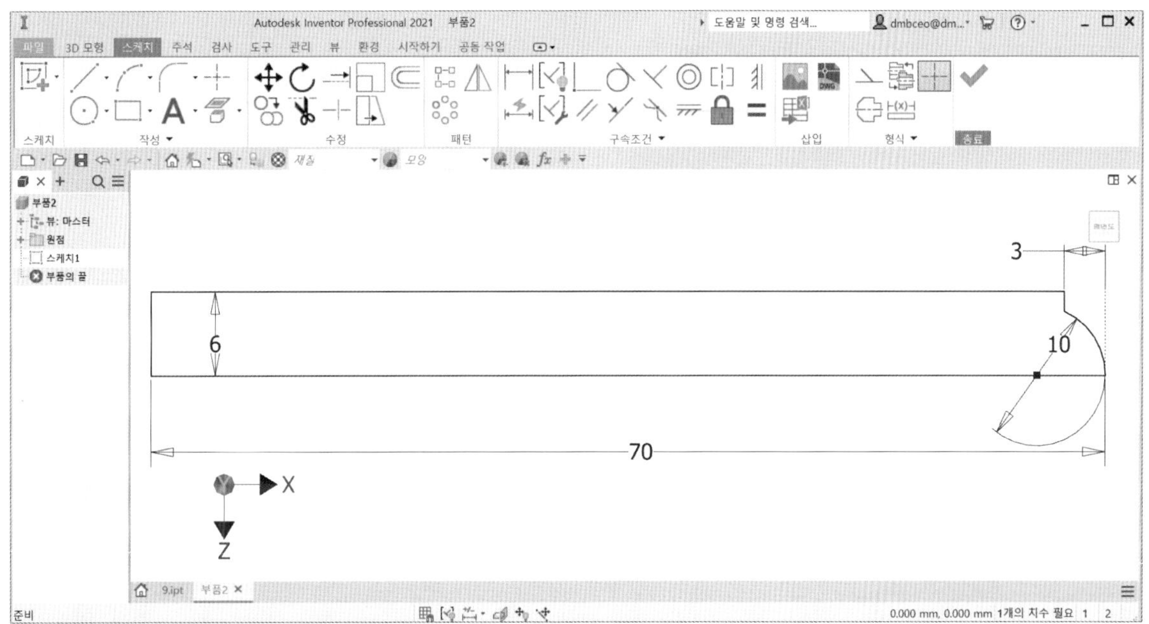

② 회전 모델링하기

3D 모형 ⇨ 작성 ⇨ 회전 ⇨ 입력 형상 ⇨ 프로파일 ⇨ 축(직선 선택) ⇨ 동작 ⇨ 방향 : 기본값 ⇨ 각도 : 360deg ⇨ 확인

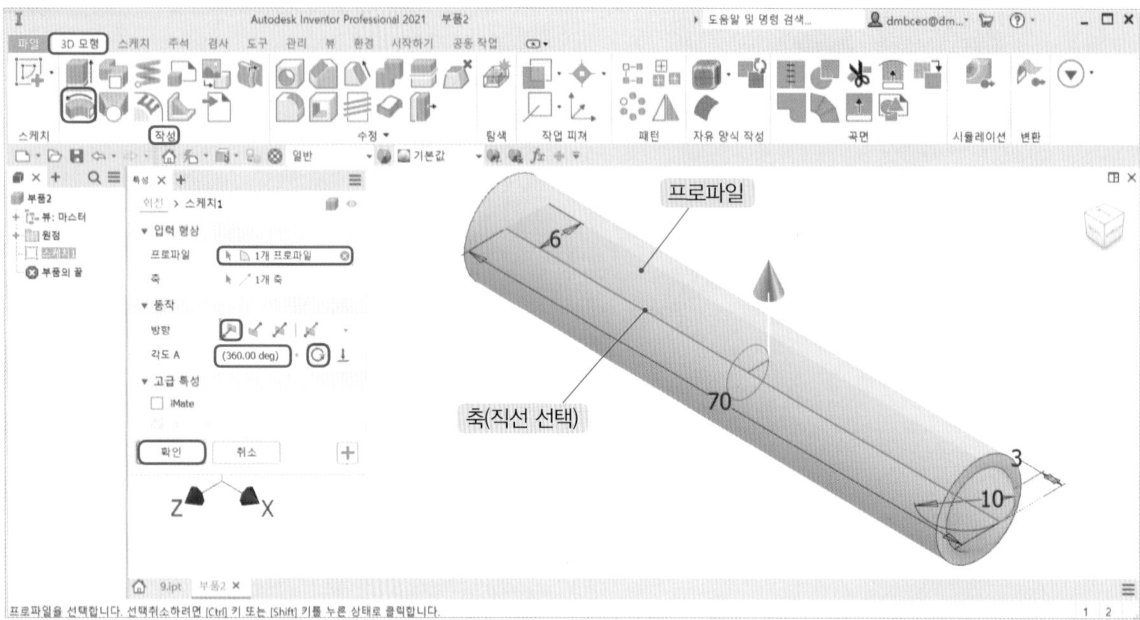

(2) 스레드(나사)하기

3D 모형 ⇨ 수정 ⇨ 스레드 ⇨ 면 ⇨ 스레드 ⇨ 유형 : ANSI Metric M Profile ⇨ 크기 12 ⇨ 지정 M12×1.75 ⇨ 방향 Ⓡ ⇨ 동작 ⇨ 깊이 : 67 : 전체 깊이 꺼짐 ⇨ 간격띄우기 52 ⇨ 확인

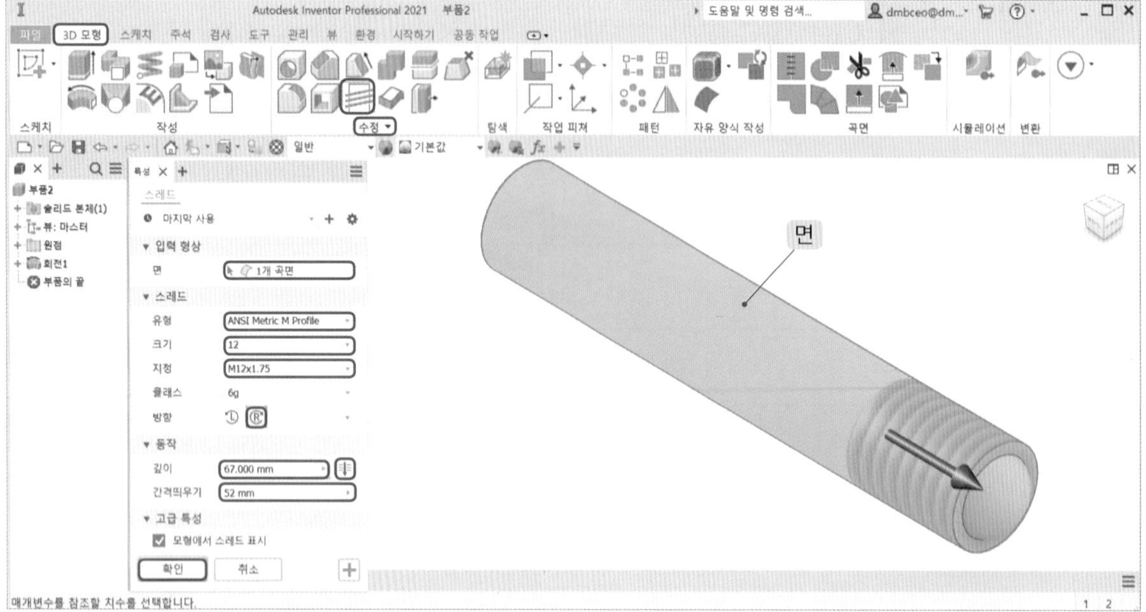

(3) 모따기

3D 모형 ⇨ 수정 ⇨ 모따기 ⇨ 거리 ⇨ 모서리 ⇨ 거리 1 ⇨ 계단 : 세트 백 ⇨ 확인

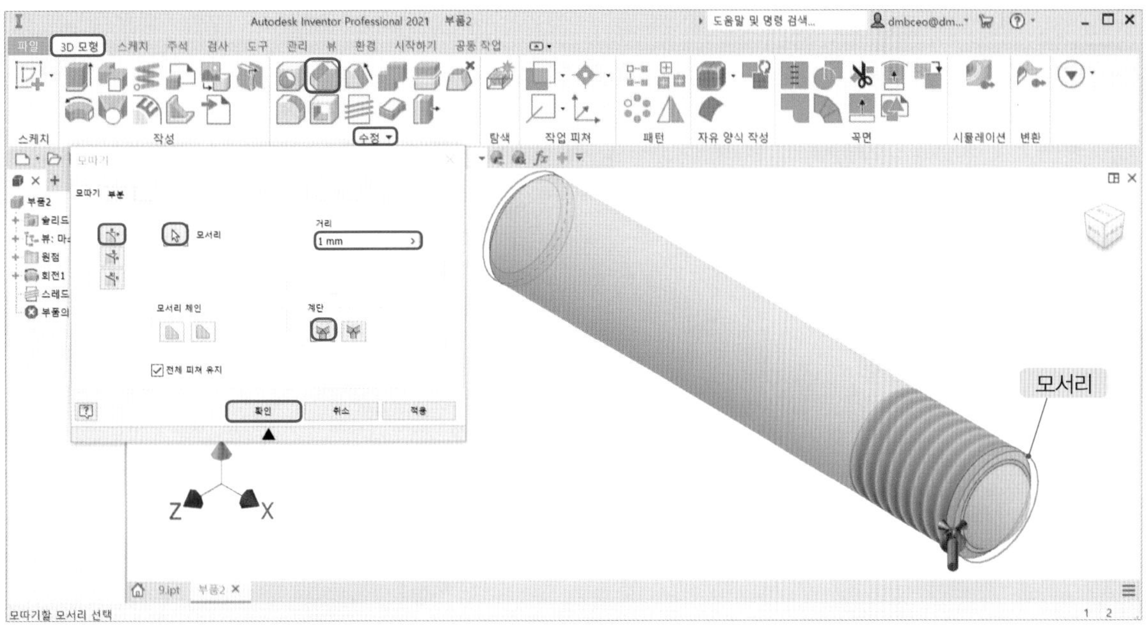

(4) 구멍 모델링하기

① 스케치하기

XZ 평면에 원을 스케치하고 치수를 입력한다.

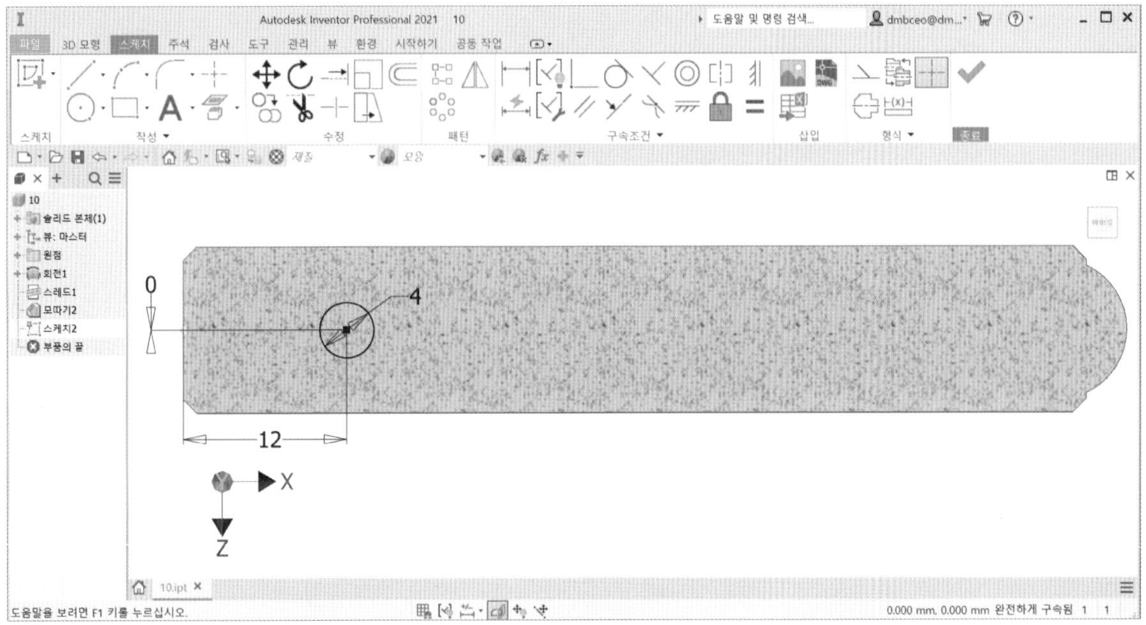

② 돌출 차집합하기

3D 모형 ⇨ 작성 ⇨ 돌출 ⇨ 입력 형상 ⇨ 프로파일 ⇨ 동작 ⇨ 방향 : 대칭 ⇨ 거리 12 ⇨ 출력 ⇨ 부울 : 잘라내기 ⇨ 확인

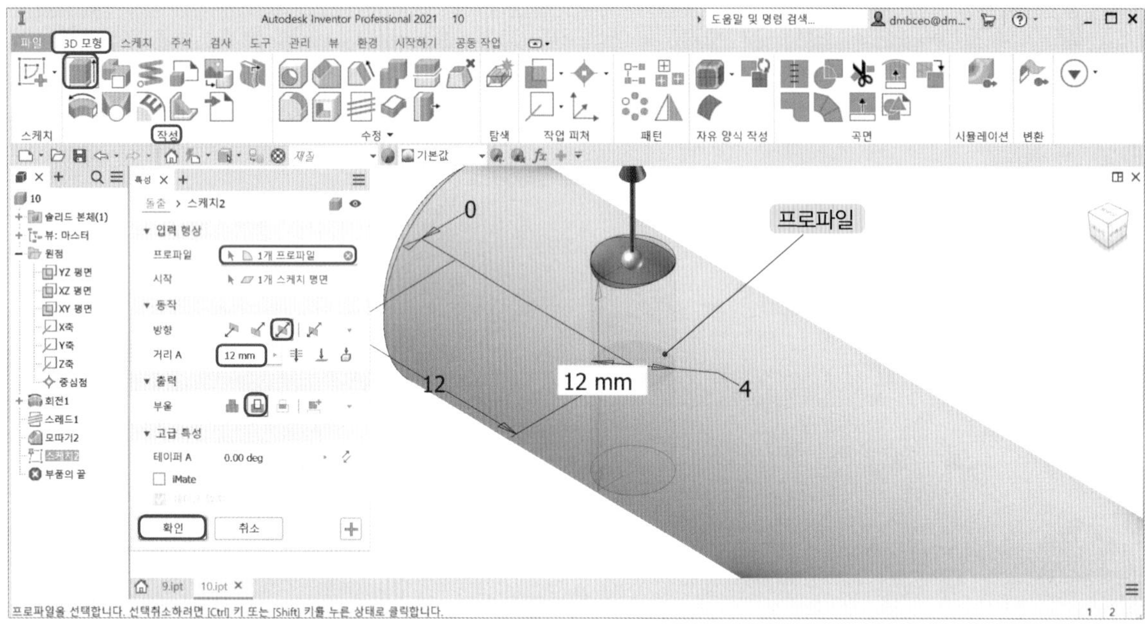

기어 박스

설계 변경
- 깊은 홈 볼 베어링 사양을 6202에서 6003으로 변경하시오.
- 기어의 잇수를 40에서 43으로 변경하시오.

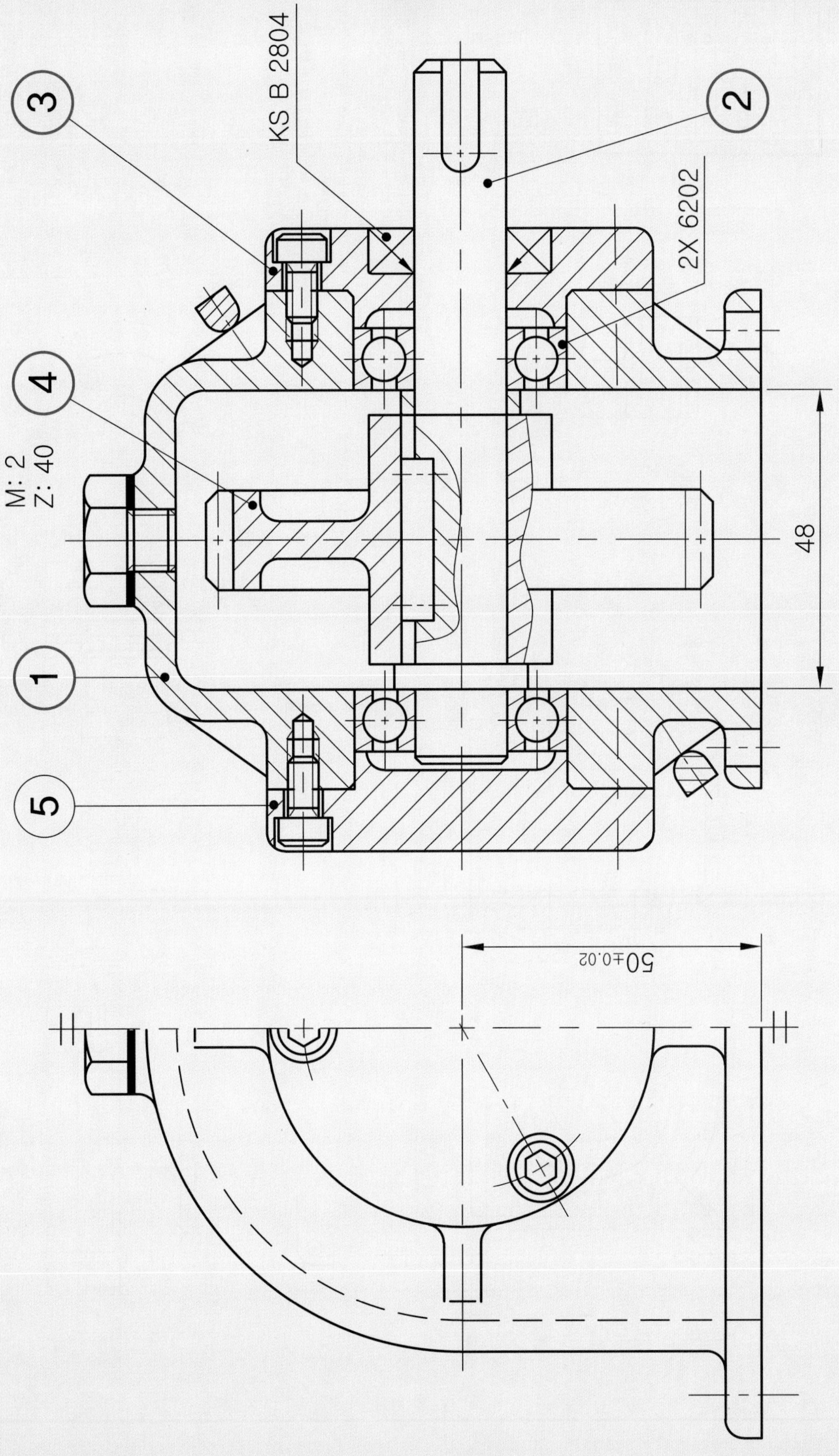

3
KS B 2804
2
2X 6202
4
M: 2
Z: 40
48
1
5

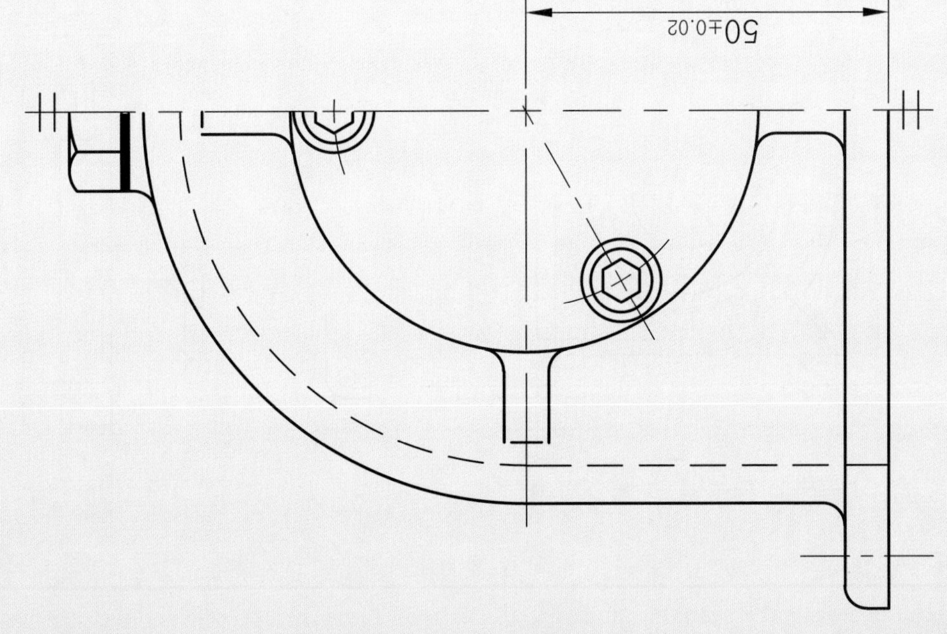

2D 모범 답안 제출용 – 기어 박스

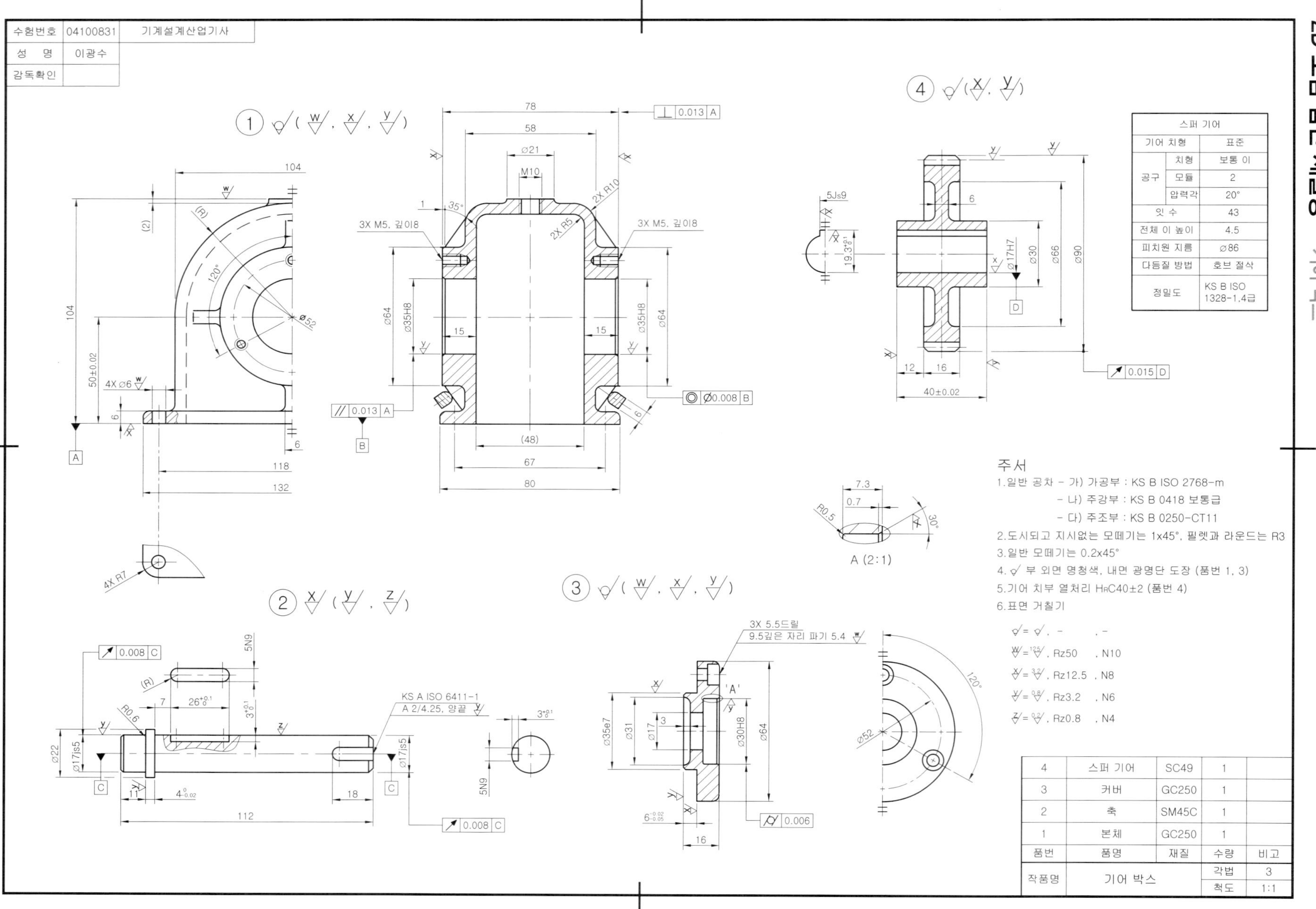

3D 모범 답안 제출용 – 기어 박스

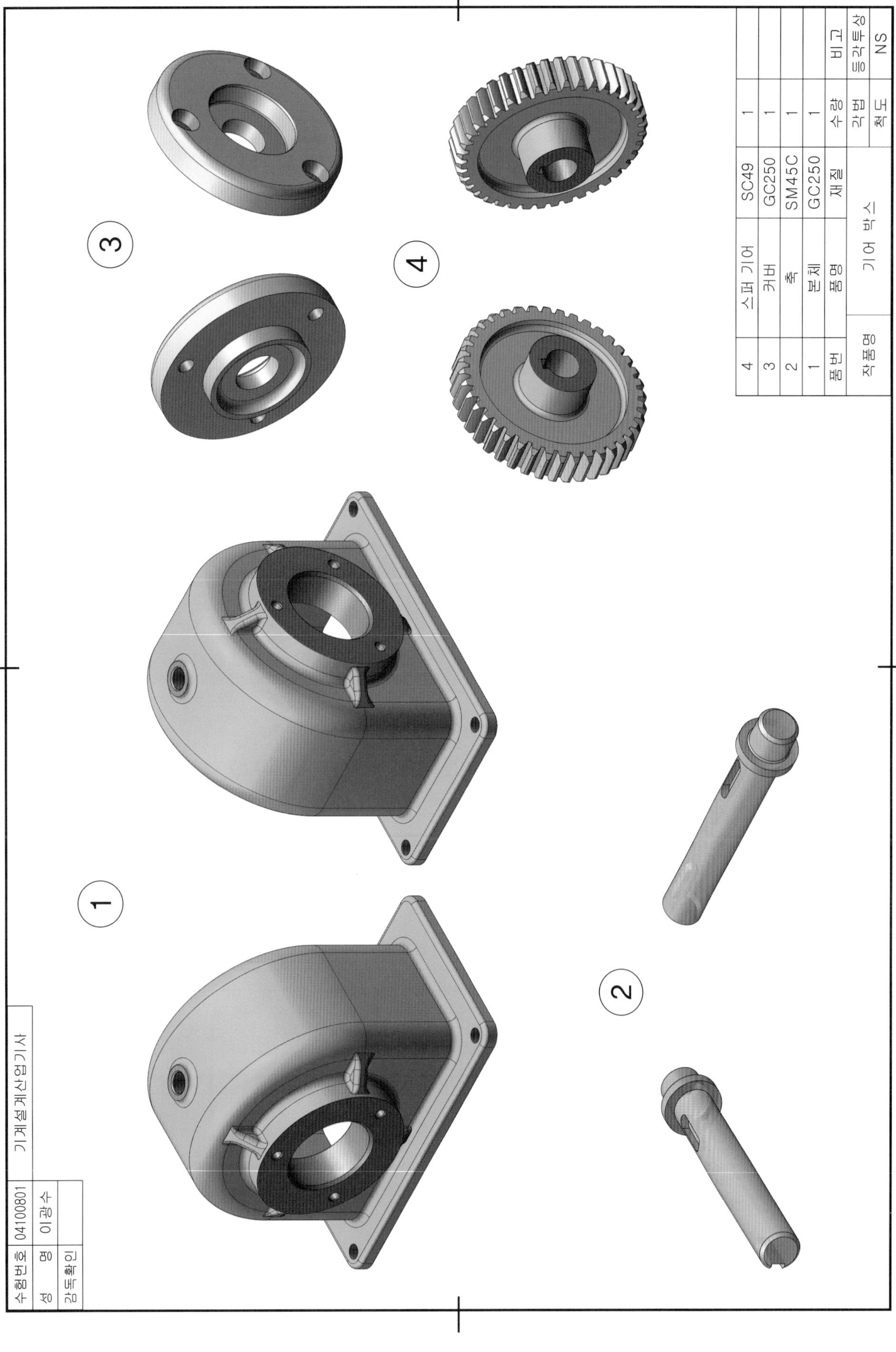

수험번호	04100801	기계설계산업기사
성 명	이광수	
감독확인		

①

②

③

④

4	스퍼 기어	SC49	1	
3	커버	GC250	1	
2	축	SM45C	1	
1	본체	GC250	1	
품번	품명	재질	수량	비고
작품명	기어 박스		각법	등각투상
			척도	NS

2 기어 박스 모델링하기

1 본체

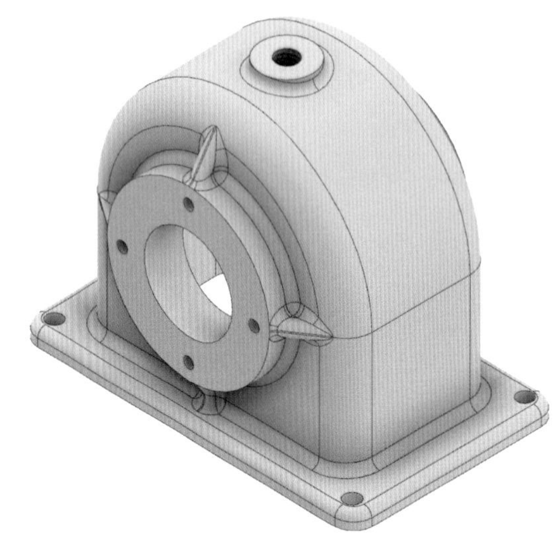

(1) 베이스 모델링하기

① 스케치하기

XZ 평면에 사각형과 원을 스케치하고 치수를 입력한다.

패턴 ⇨ 직사각형 패턴 ⇨ 형상(∅6 선택) ⇨ 방향 1 ⇨ 개수 2 ⇨ 거리 67 ⇨ 방향 2 ⇨ 개수 2 ⇨ 거리 118 ⇨ 확인

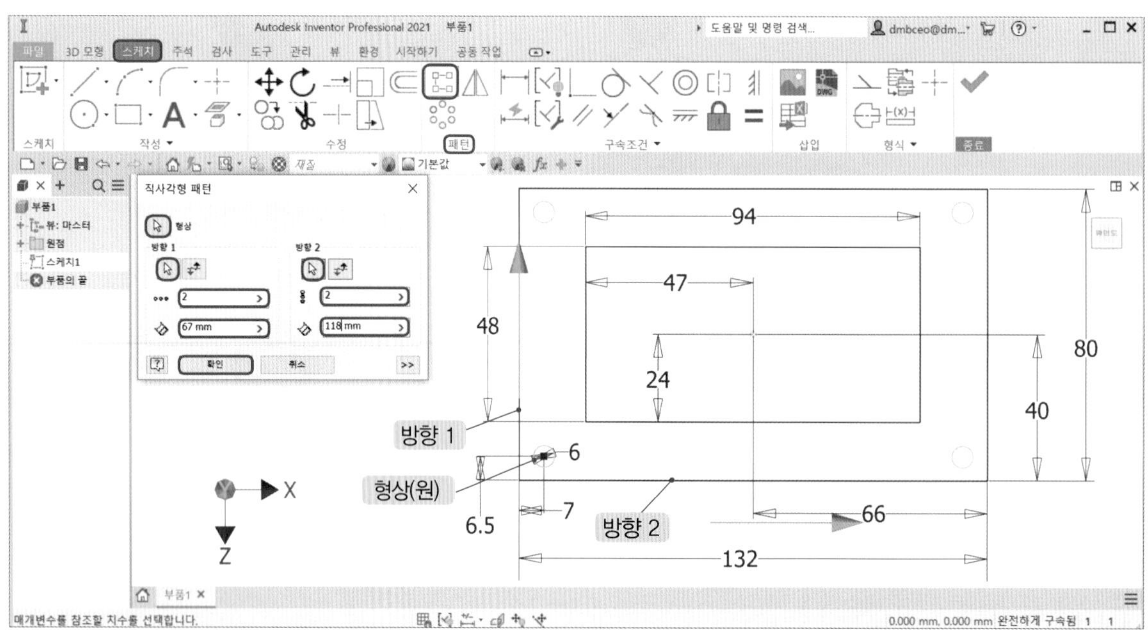

② 돌출하기

3D 모형 ⇨ 작성 ⇨ 돌출 ⇨ 입력 형상 ⇨ 프로파일 ⇨ 동작 ⇨ 방향 : 반전 ⇨ 거리 6 ⇨ 확인

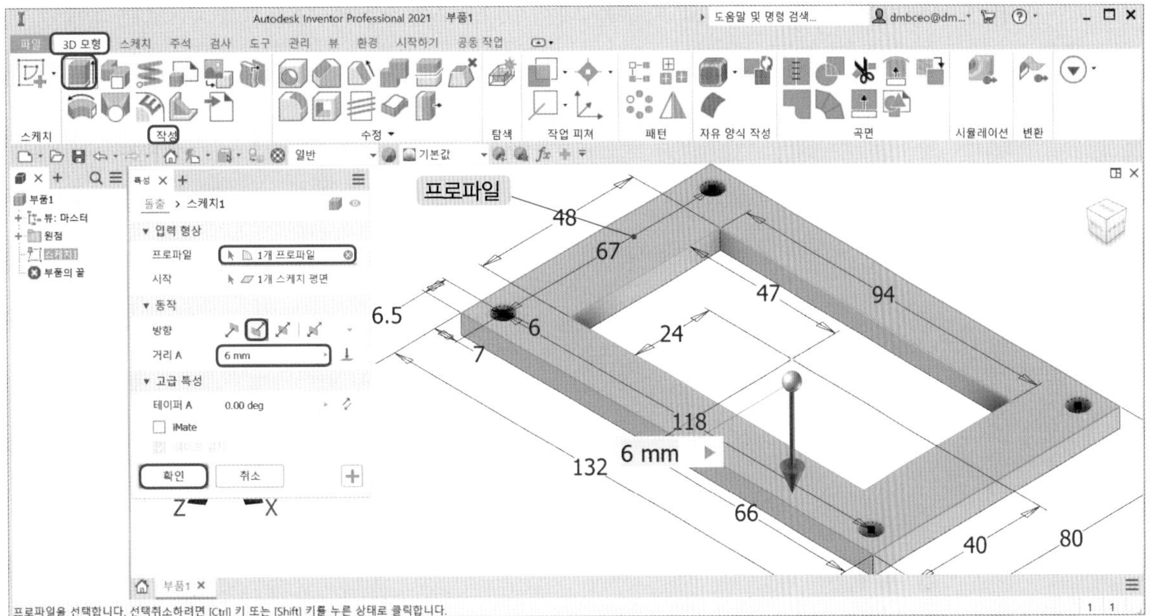

(2) 모깎기하기

3D 모형 ⇨ 수정 ⇨ 모서리 모깎기 ⇨ 상수 ⇨ 모서리 ⇨ 반지름 5 ⇨ 확인

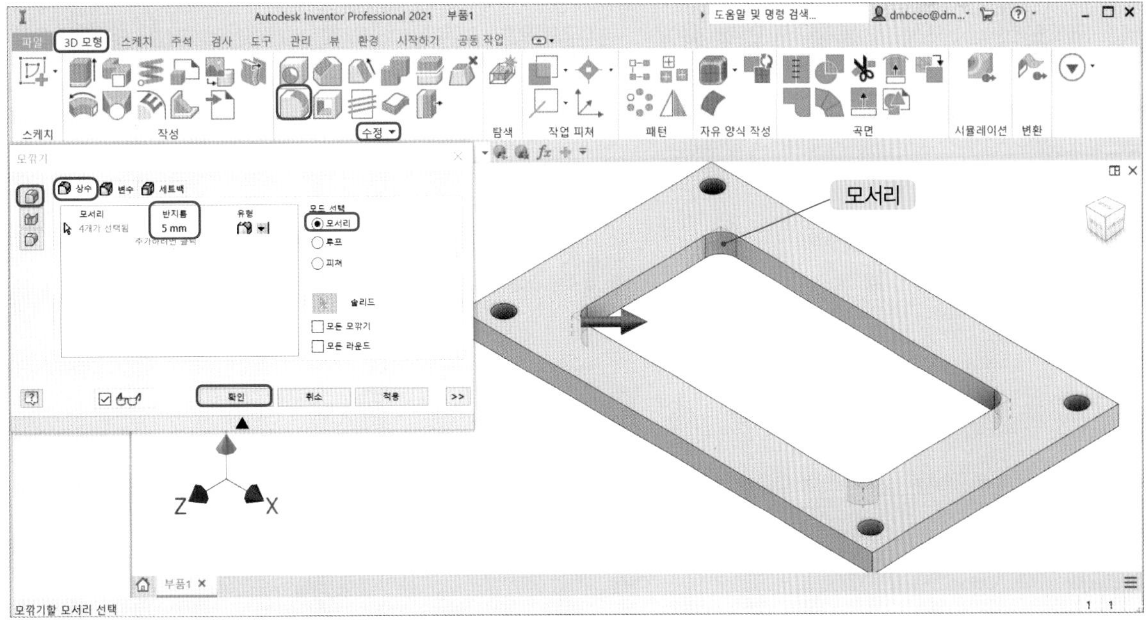

(3) 본체 모델링하기

① 스케치하기

XY 평면에 그림과 같이 스케치하고 치수를 입력한다. 구속조건은 수평선을 위 모서리에 동일 직선으로 구속한다.

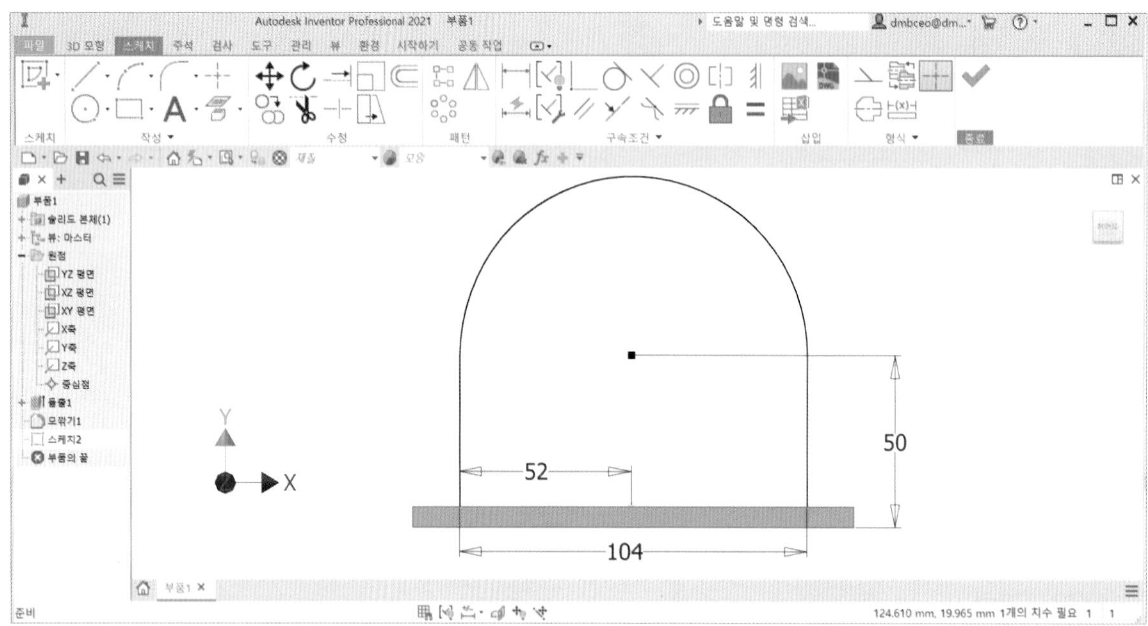

② 돌출하기

3D 모형 ⇨ 작성 ⇨ 돌출 ⇨ 입력 형상 ⇨ 프로파일 ⇨ 동작 ⇨ 방향 : 대칭 ⇨ 거리 58 ⇨ 출력 ⇨ 부울 : 접합 ⇨ 확인

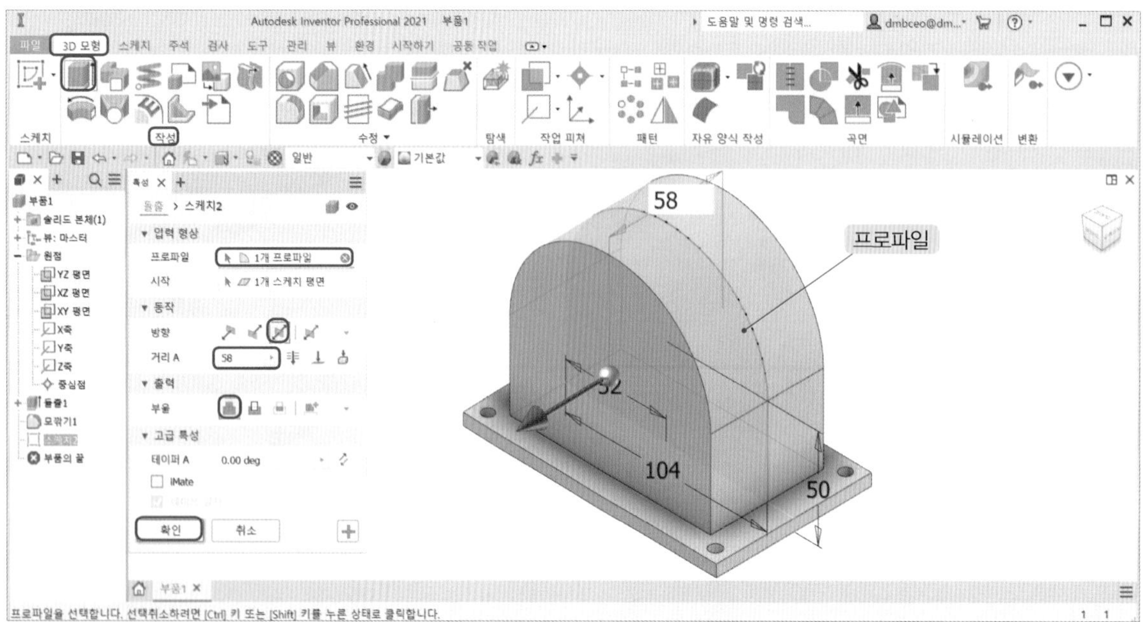

③ 모깎기하기

3D 모형 ⇨ 수정 ⇨ 모서리 모깎기 ⇨ 상수 ⇨ 모서리 ⇨ 반지름 10 ⇨ 확인

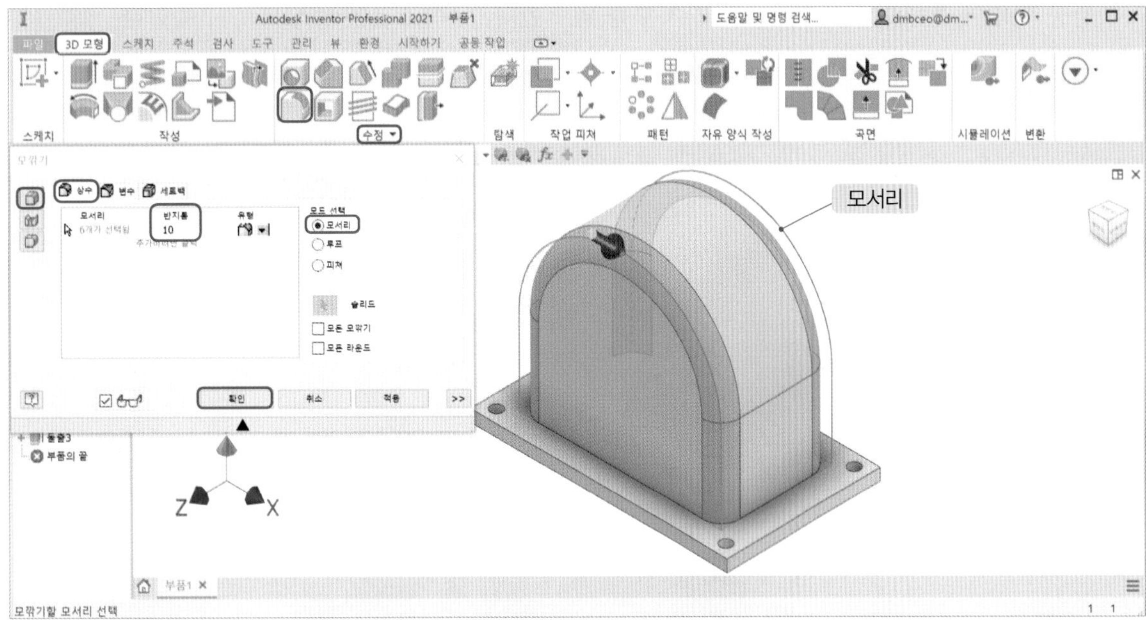

④ 쉘하기

3D 모형 ⇨ 수정 ⇨ 쉘 ⇨ 내부 ⇨ 면 제거 ⇨ 두께 5 ⇨ 확인

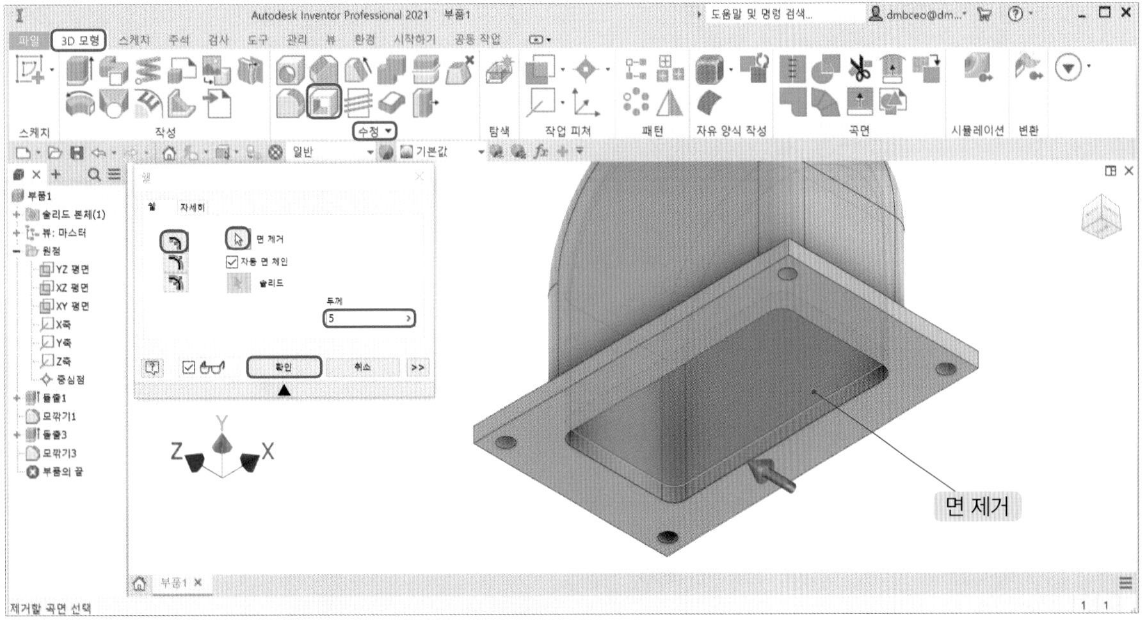

(4) 원통 모델링하기

① 스케치하기

원통 단면에 원 두 개를 스케치하고 치수를 입력한다. 구속조건은 동심으로 구속한다.

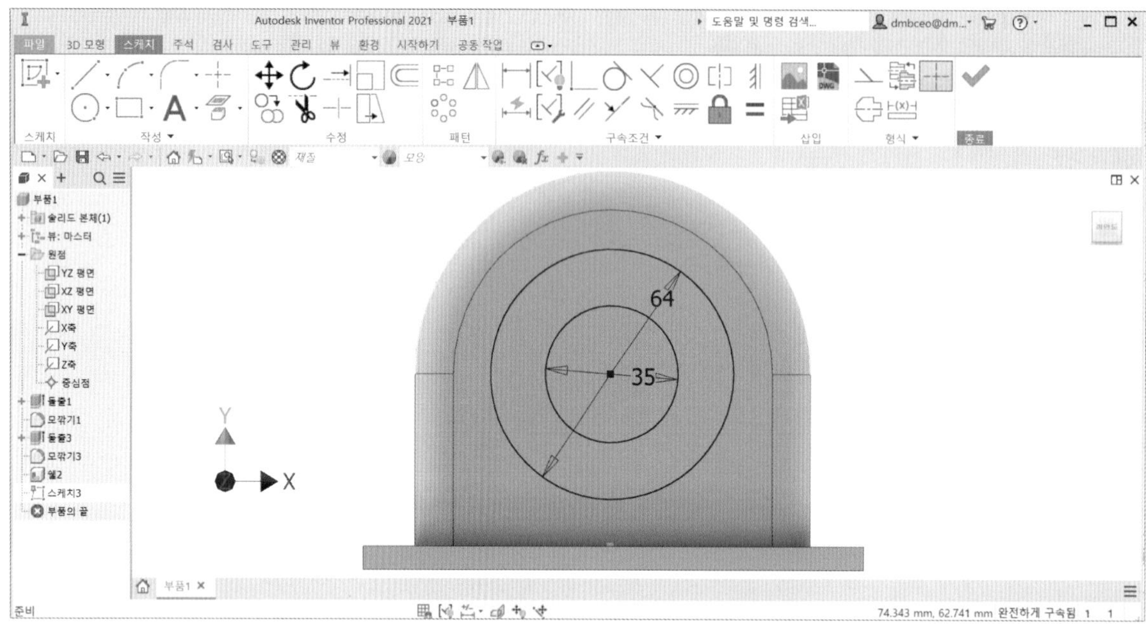

② 구멍 돌출하기

3D 모형 ⇨ 작성 ⇨ 돌출 ⇨ 입력 형상 ⇨ 프로파일 ⇨ 동작 ⇨ 방향 : 반전 ⇨ 거리 58 ⇨ 출력 ⇨ 부울 : 잘라내기 ⇨ 확인

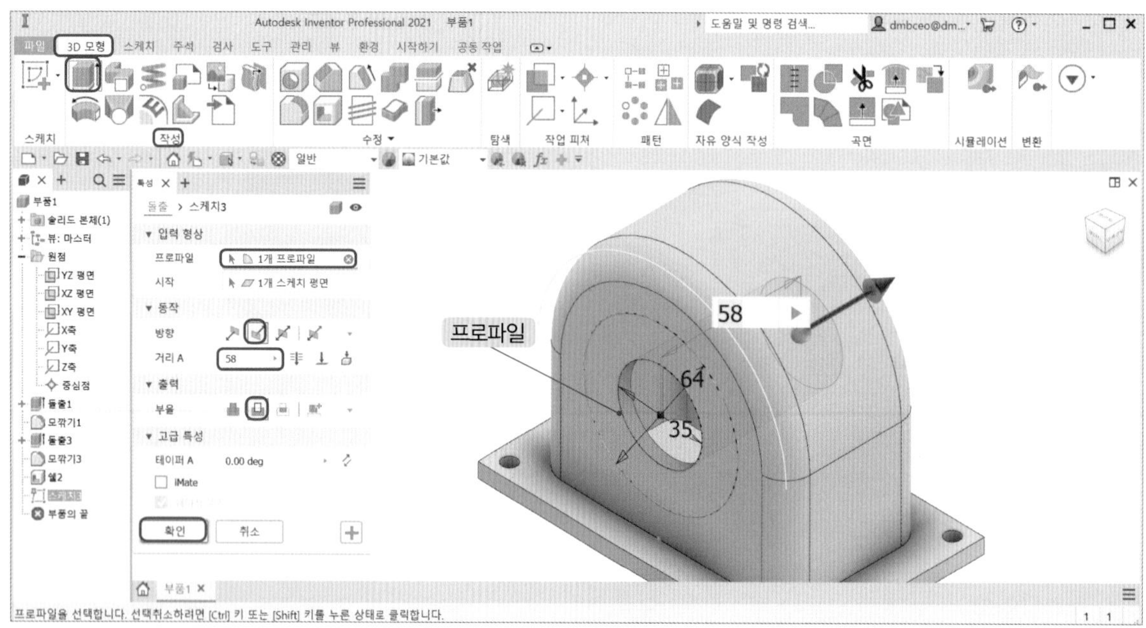

③ 원통 돌출하기

3D 모형 ⇨ 작성 ⇨ 돌출 ⇨ 입력 형상 ⇨ 프로파일 ⇨ 동작 ⇨ 방향 : 기본값 ⇨ 거리 10 ⇨ 출력 ⇨ 부울 : 접합 ⇨ 확인

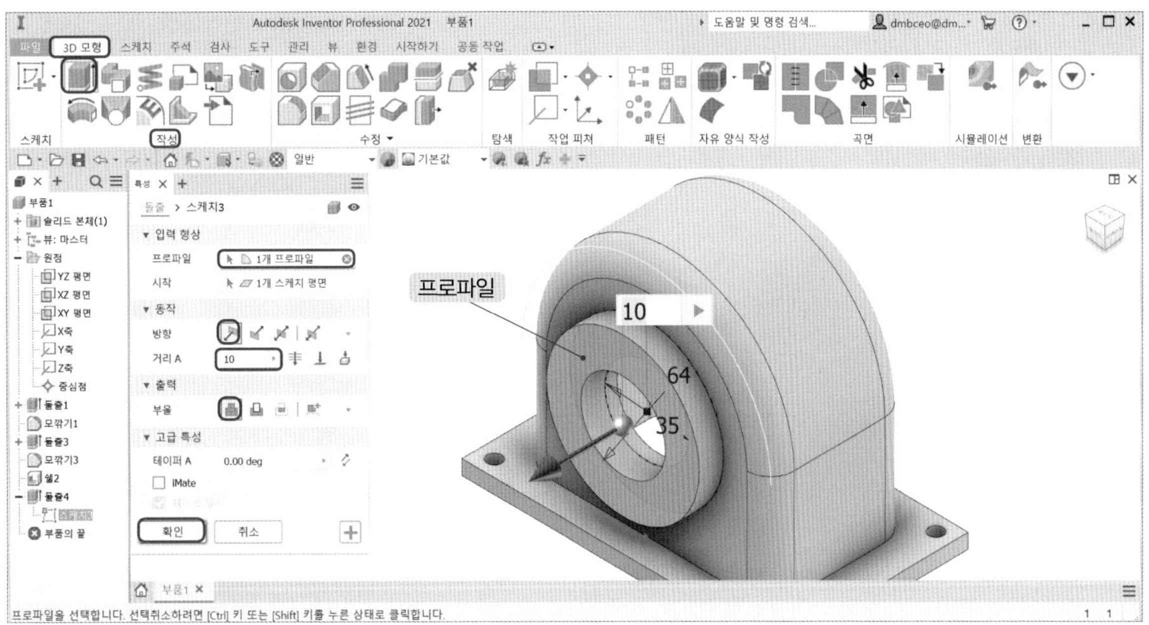

④ 모깎기하기

3D 모형 ⇨ 수정 ⇨ 모서리 모깎기 ⇨ 상수 ⇨ 모서리 ⇨ 반지름 3 ⇨ 확인

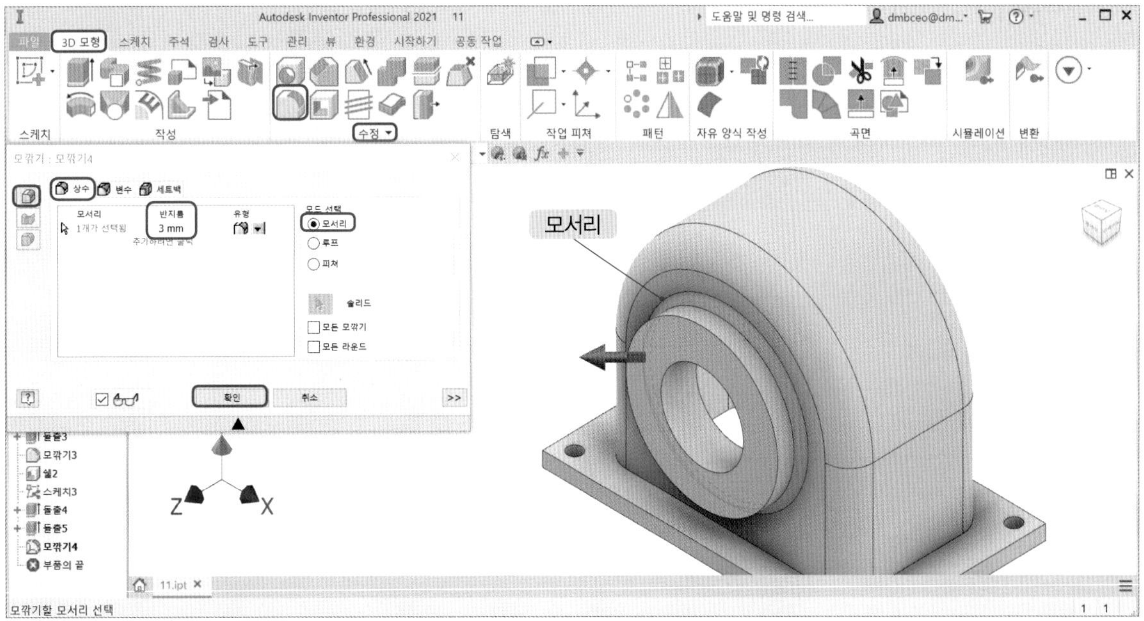

⑤ 리브 모델링하기

ⓐ 리브 스케치하기

YZ 평면에 직선을 스케치하고 치수를 입력한다.

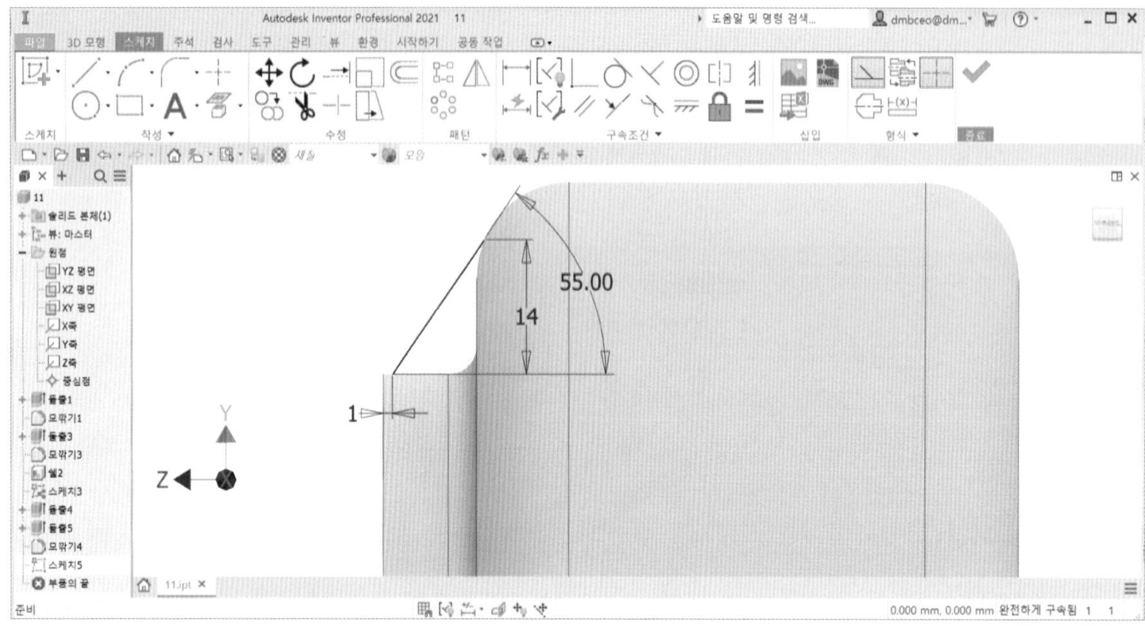

ⓑ 리브 생성하기

3D 모형 ⇨ 작성 ⇨ 리브 ⇨ 스케치 평면에 평행 ⇨ 프로파일 ⇨ 방향 1 ⇨ 두께 6 ⇨ 대칭 ⇨ 다음 면까지 ⇨ 확인

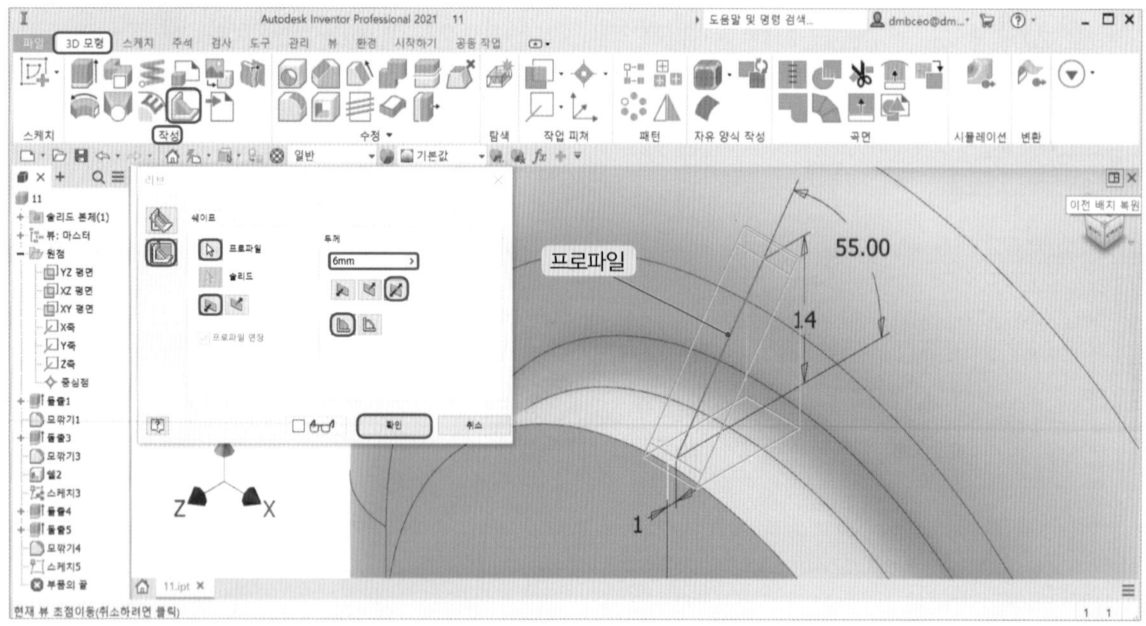

ⓒ 리브 원형 패턴하기

3D 모형 ⇨ 패턴 ⇨ 원형 패턴 ⇨ 개별 피쳐 패턴 ⇨ 피쳐(리브) ⇨ 회전축(원통) ⇨ 배치 ⇨ 개수 4 ⇨ 각도 360deg ⇨ 방향 : 회전 ⇨ 확인

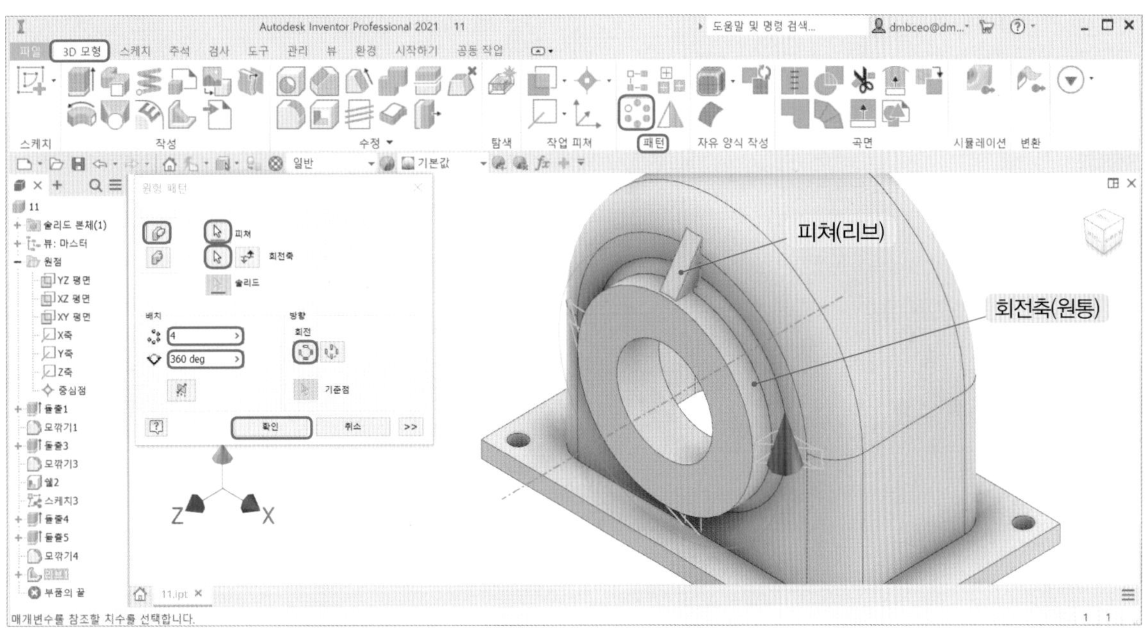

⑥ 모깎기하기

3D 모형 ⇨ 수정 ⇨ 모서리 모깎기 ⇨ 상수 ⇨ 모서리 ⇨ 반지름 3 ⇨ 확인

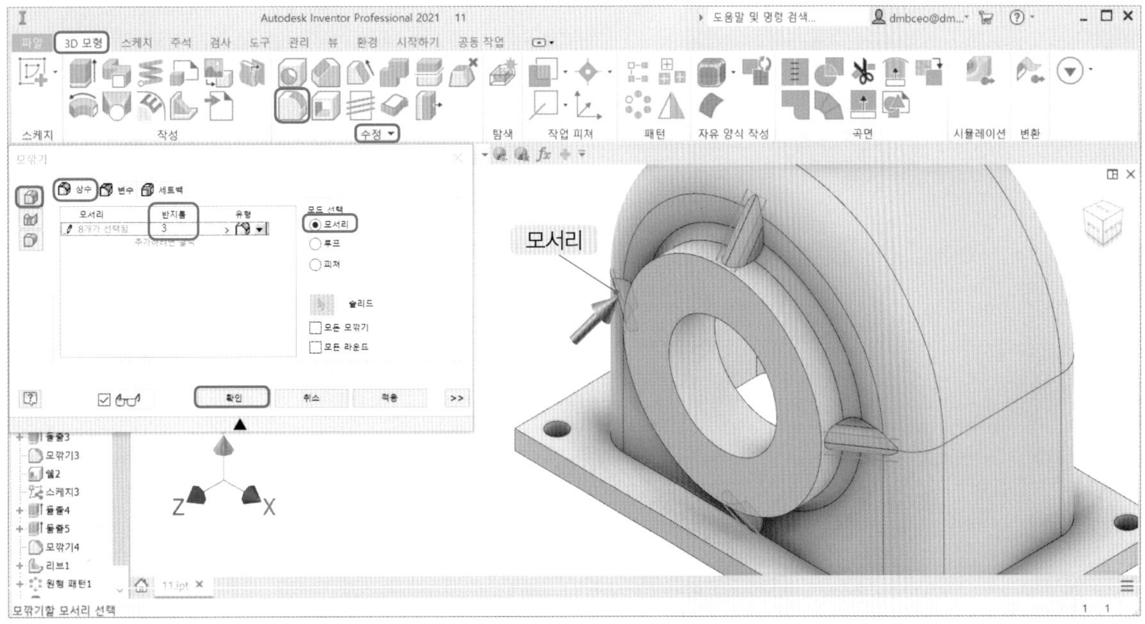

모서리 모깎기 ⇨ 상수 ⇨ 모서리 ⇨ 반지름 3 ⇨ 확인

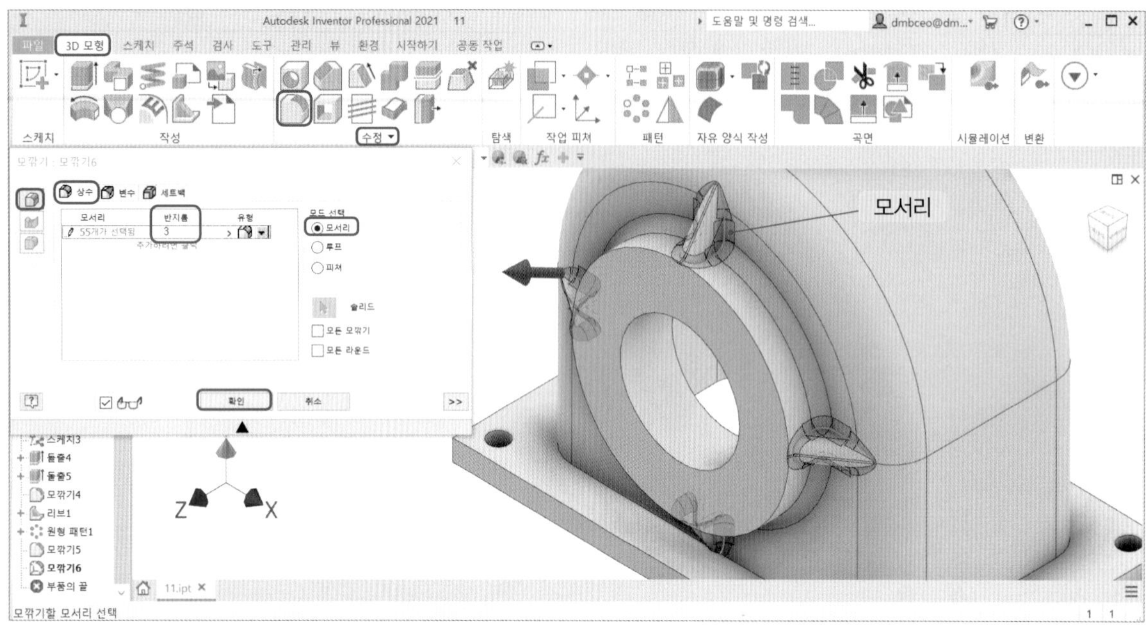

(5) 탭 모델링하기

① 스케치하기

원통 단면에 원과 수직, 수평선을 스케치하고 치수를 입력한다. 원은 동심으로 구속조건하고 구성선으로 변경한다.

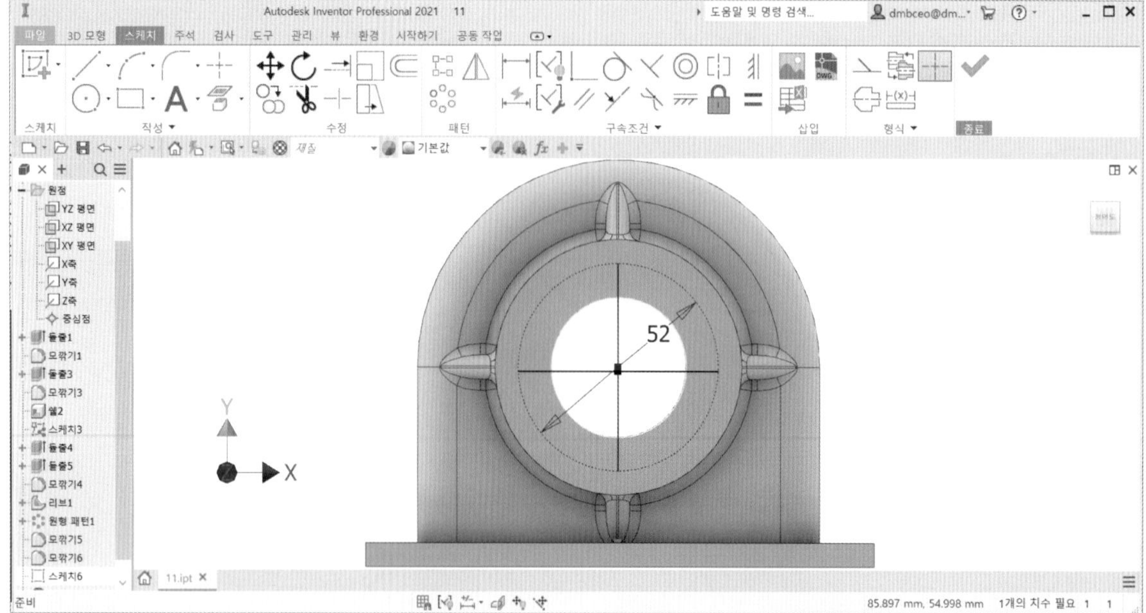

② 탭 작업하기

3D 모형 ⇨ 수정 ⇨ 구멍 ⇨ 입력 형상 ⇨ 위치 : 직선 끝점 선택(4개) ⇨ 유형 ⇨ 구멍 : 탭 구멍 ⇨ 시트 : 없음 ⇨ 스레드 ⇨ 유형 : ISO Metric profile ⇨ 크기 : 5 ⇨ 지정 : M5×0.8 ⇨ 방향 Ⓡ ⇨ 동작 ⇨ 종료 : 거리 ⇨ 방향 : 기본값 ⇨ 드릴 점 : 각도 ⇨ 나사 깊이 8 ⇨ 드릴 깊이 10 ⇨ 확인

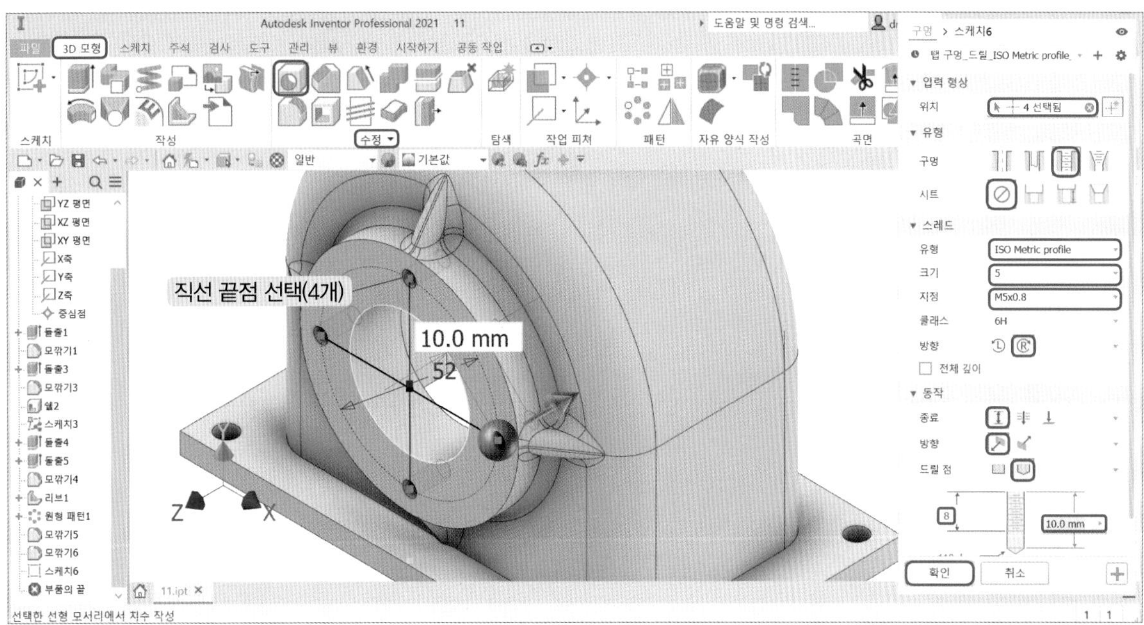

③ 대칭 패턴하기

3D 모형 ⇨ 패턴 ⇨ 미러 ⇨ 개별 피쳐 대칭 ⇨ 피쳐 ⇨ 미러 평면(XY 평면) ⇨ 확인

TIP>>

피쳐는 모형탐색기에서 Shift를 누른 상태로 선택하며, 미러 평면은 XY 평면이다.

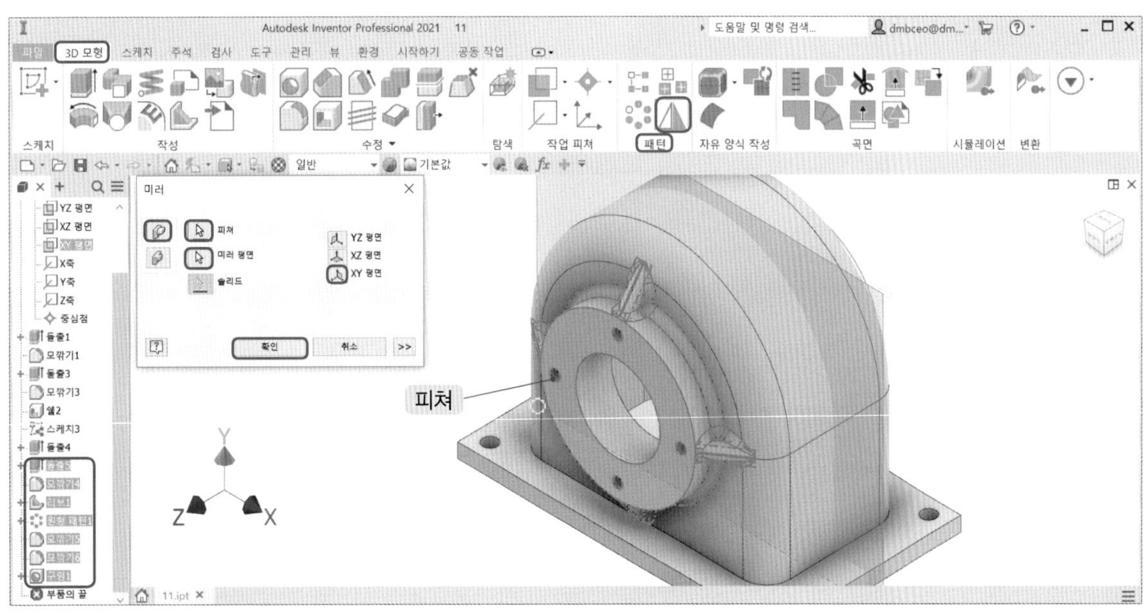

(6) 볼트 구멍 모델링하기

① 스케치하기

XZ 평면에서 거리 99인 평면을 생성하여 원을 스케치하고, 치수와 구속조건을 입력한다.

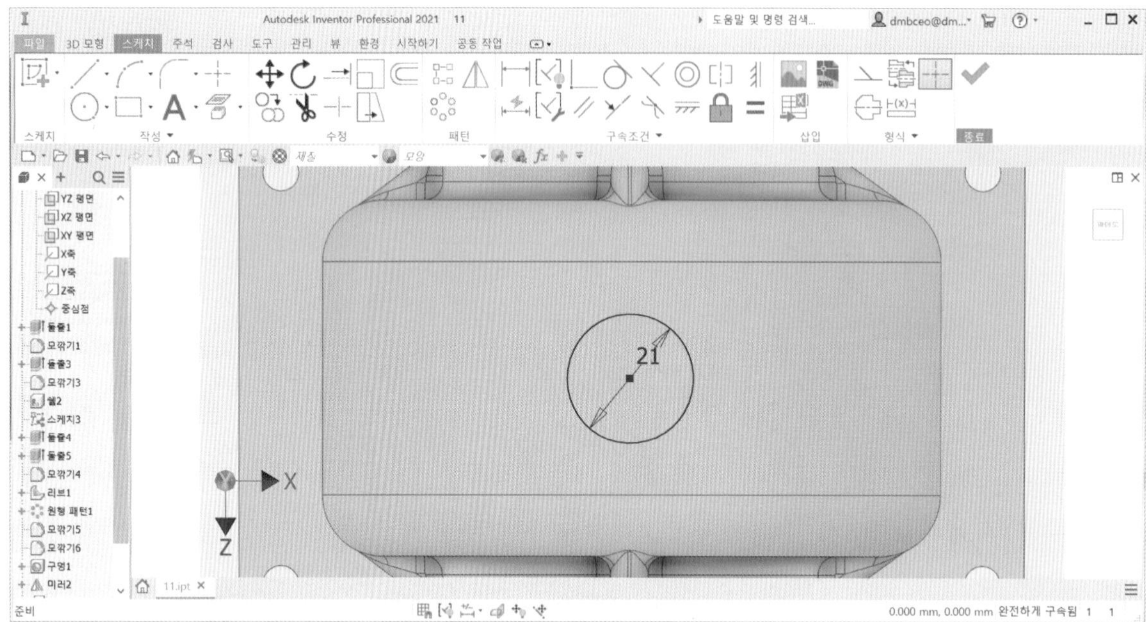

② 돌출하기

3D 모형 ⇨ 작성 ⇨ 돌출 ⇨ 입력 형상 ⇨ 프로파일 ⇨ 동작 ⇨ 방향 : 반전 ⇨ 거리 5 ⇨ 출력 ⇨ 부울 : 접합 ⇨ 확인

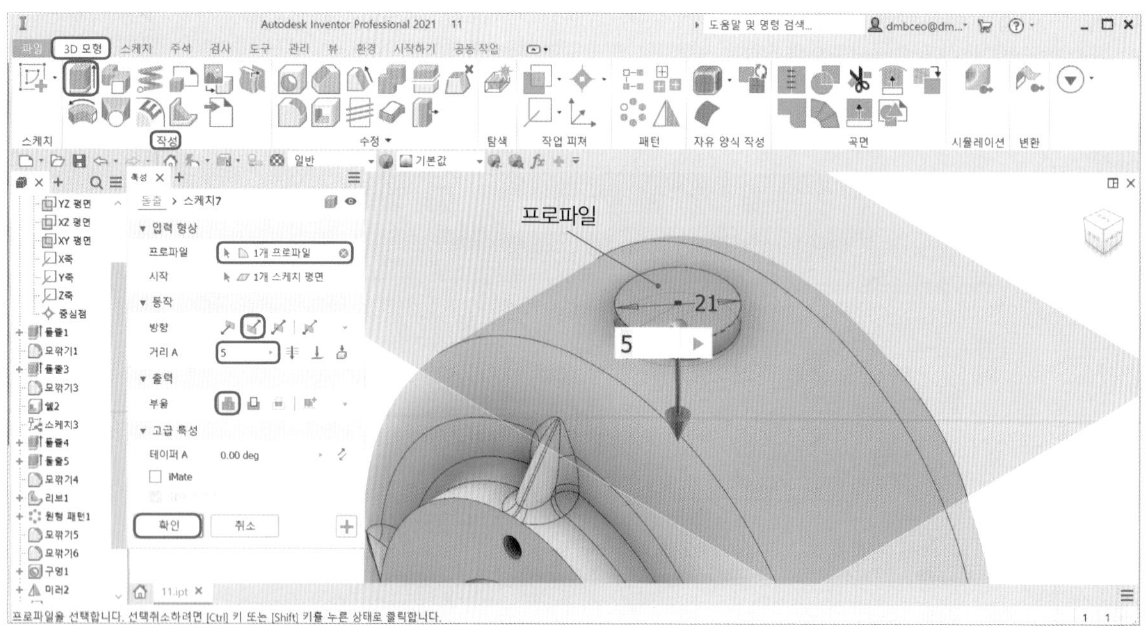

③ 탭 작업하기

3D 모형 ⇨ 수정 ⇨ 구멍 ⇨ 입력 형상 ⇨ 위치 : 원 중심점 선택 ⇨ 유형 ⇨ 구멍 : 탭 구멍 ⇨ 시트 : 없음 ⇨ 스레드 ⇨ 유형 : ISO Metric profile ⇨ 크기 :10 ⇨ 지정 : M10×1.5 ⇨ 방향 Ⓡ ⇨ 동작 ⇨ 종료 : 관통 ⇨ 방향 : 기본값 ⇨ 나사 깊이 20 ⇨ 확인

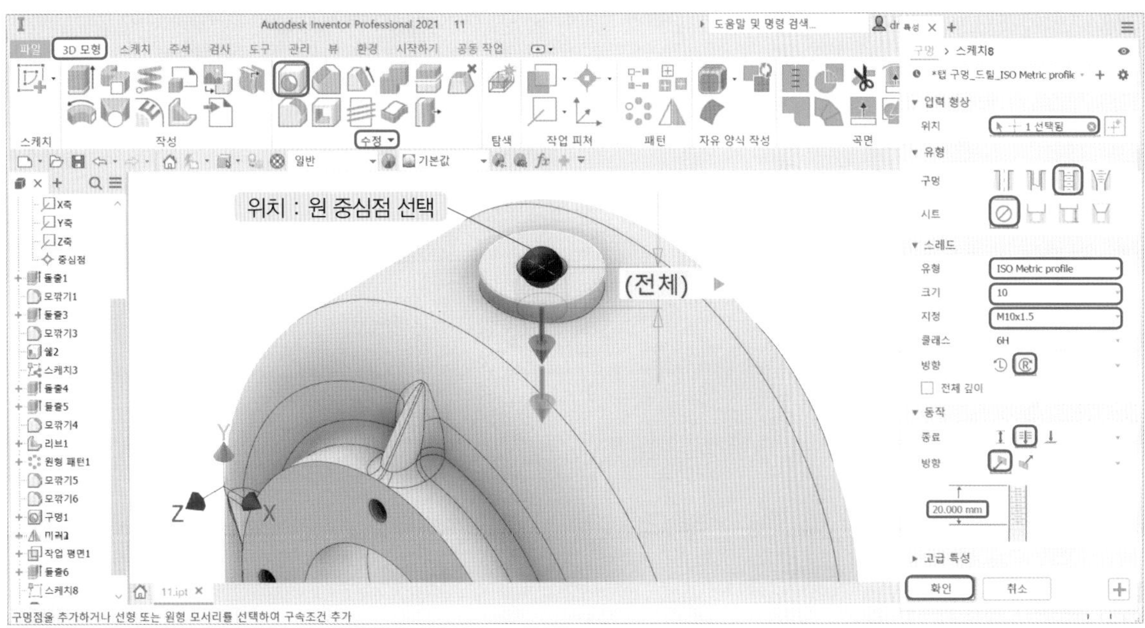

(7) 모깎기하기

3D 모형 ⇨ 수정 ⇨ 모깎기 ⇨ 모서리 ⇨ 반지름 7 ⇨ 확인

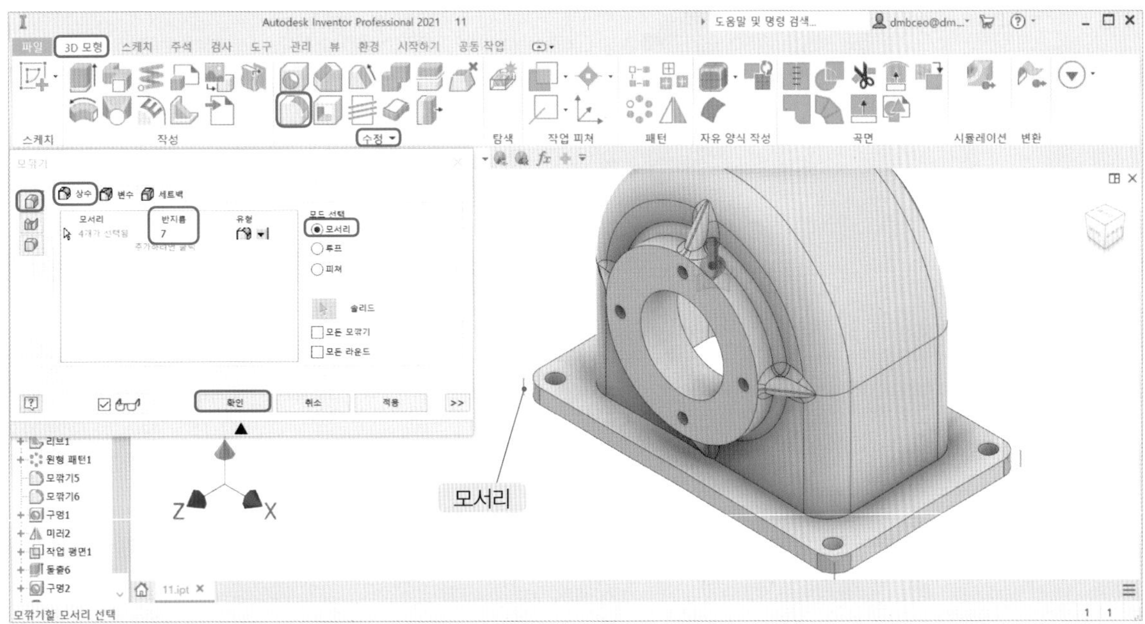

3D 모형 ⇨ 수정 ⇨ 모깎기 ⇨ 모서리 ⇨ 반지름 3 ⇨ 확인

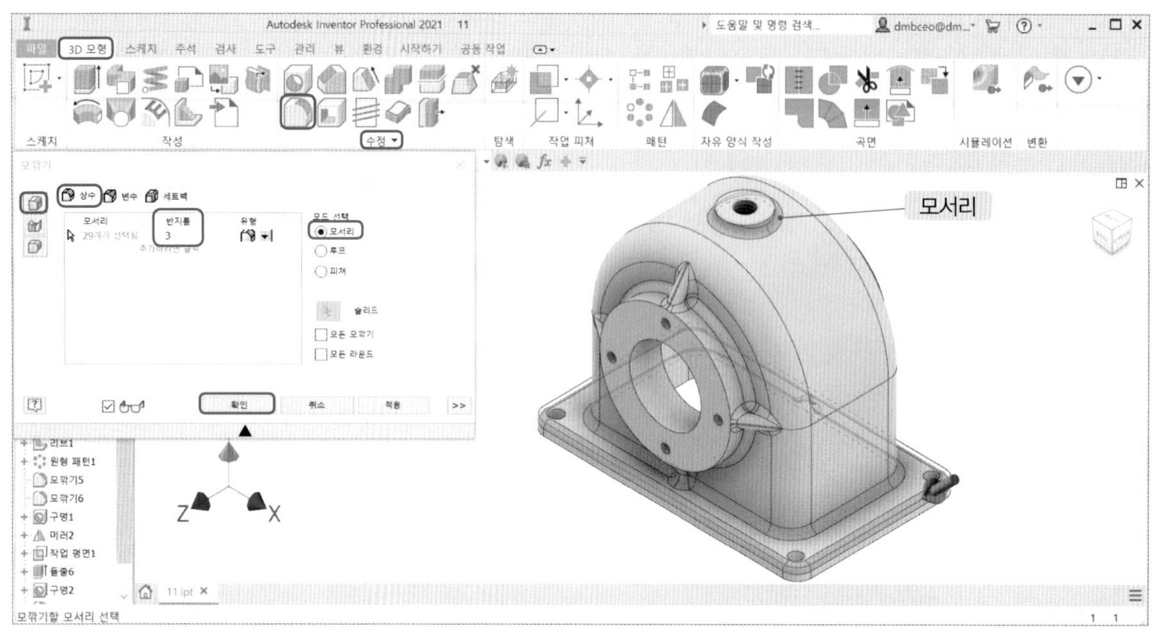

2 축 모델링하기

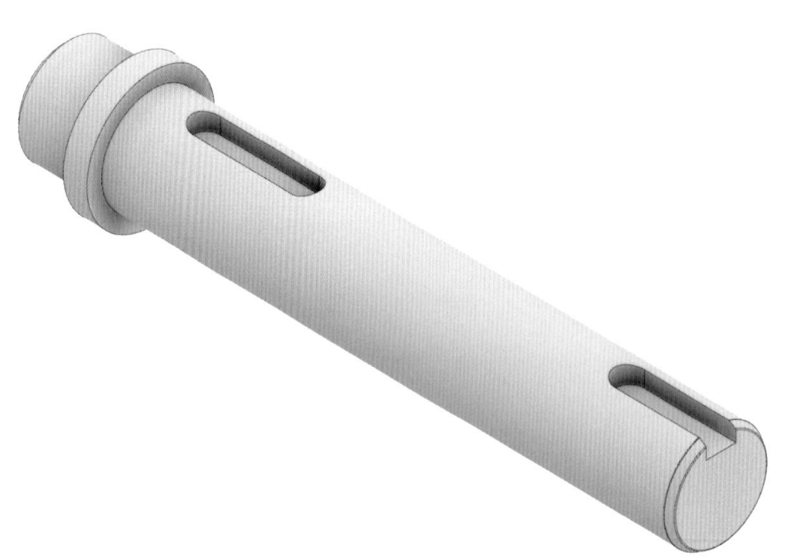

(1) 회전 모델링하기

① 스케치하기

XZ 평면에 그림과 같이 스케치하고 치수를 입력한다.

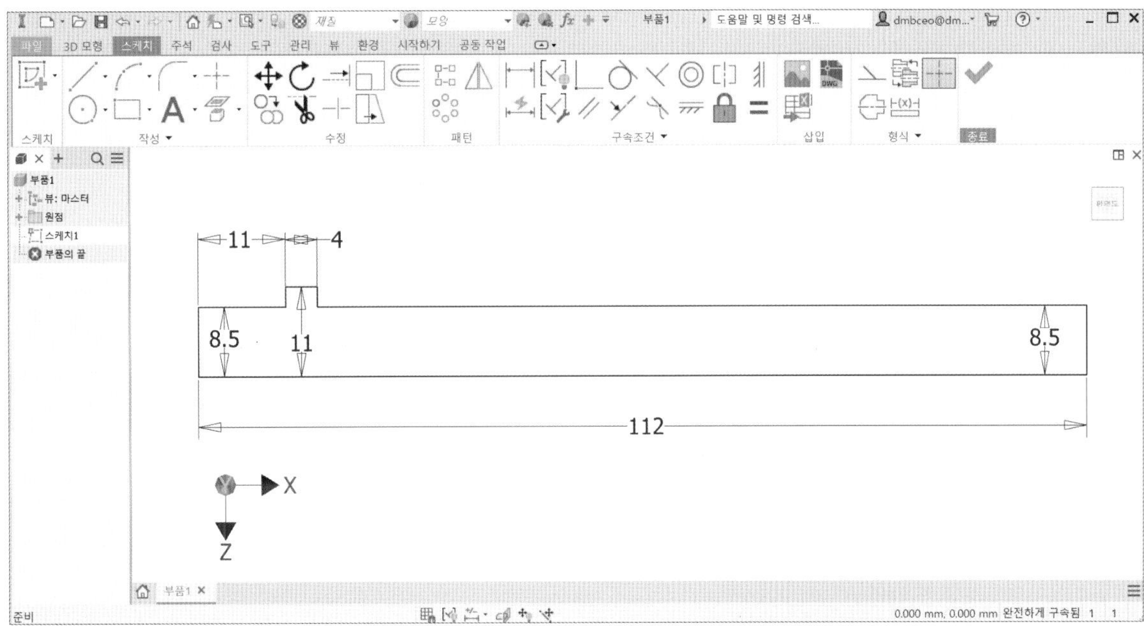

② 회전하기

3D 모형 ⇨ 작성 ⇨ 회전 ⇨ 입력 형상 ⇨ 프로파일 ⇨ 축(직선 선택) ⇨ 동작 ⇨ 방향 : 기본값 ⇨ 각도 : 360deg ⇨ 확인

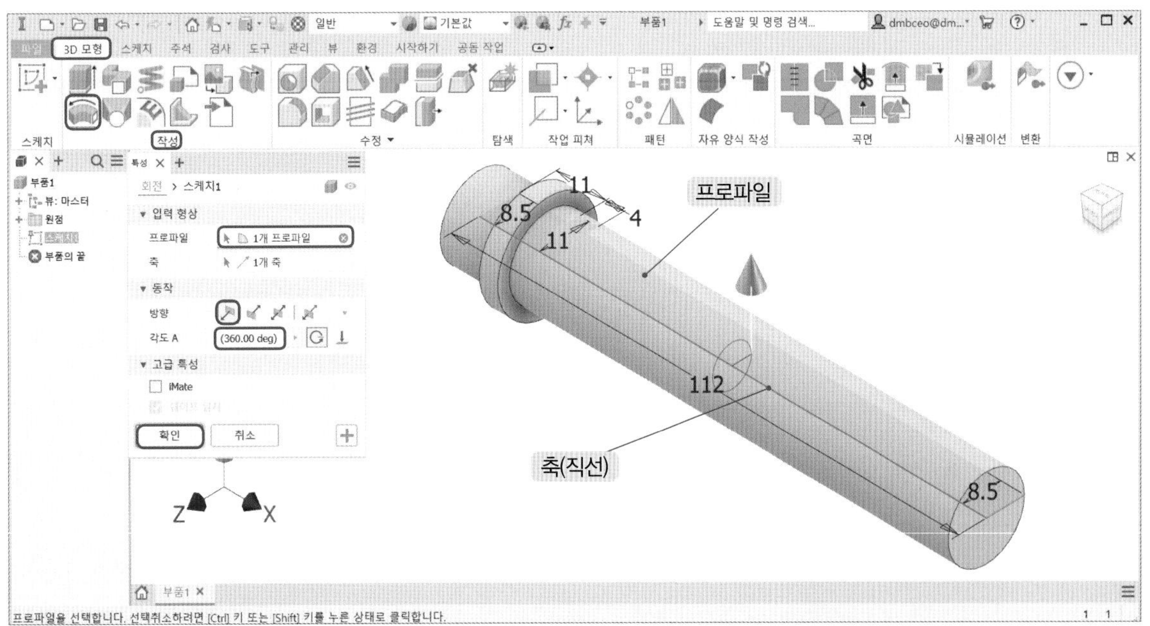

(2) 모따기하기

① 각도로 모따기하기

3D 모형 ⇨ 수정 ⇨ 모따기 ⇨ 거리 및 각도 ⇨ 면 ⇨ 모서리 ⇨ 거리 1.05 ⇨ 각도 30 ⇨ 확인

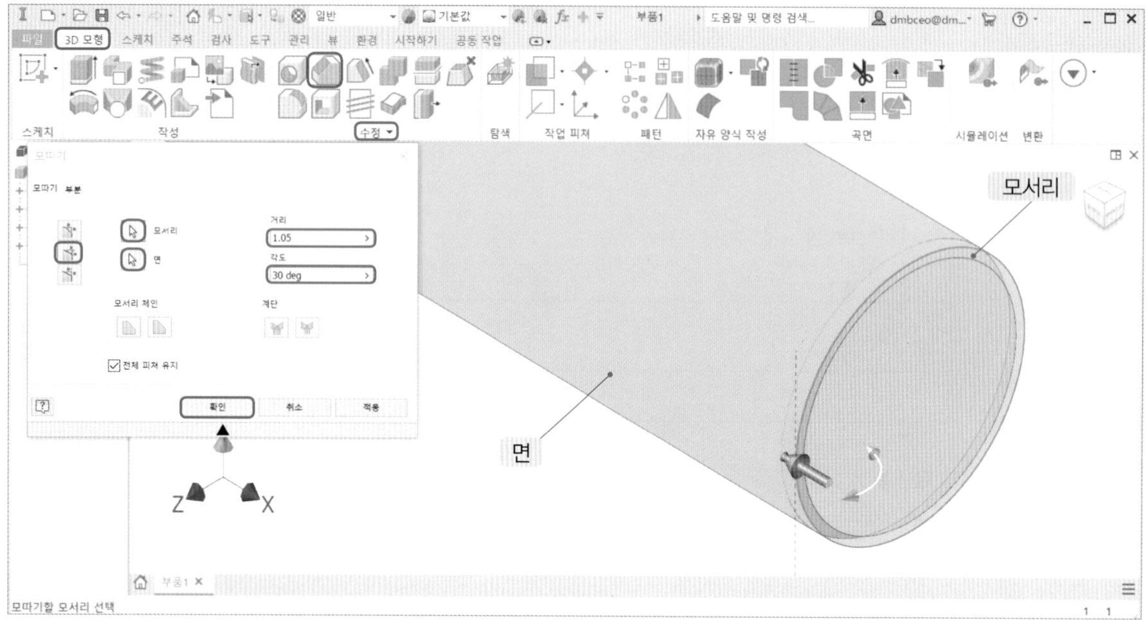

(3) 모깎기

3D 모형 ⇨ 수정 ⇨ 모서리 모깎기 ⇨ 상수 ⇨ 모서리 ⇨ 반지름 0.2 ⇨ 확인

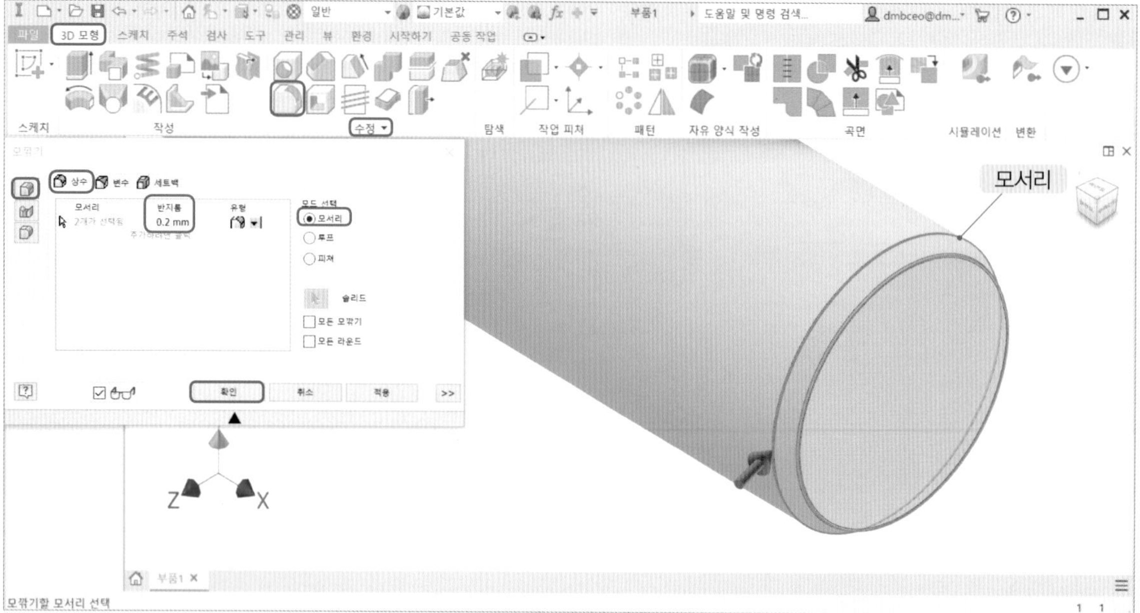

① 모깎기하기

3D 모형 ⇨ 수정 ⇨ 모서리 모깎기 ⇨ 상수 ⇨ 모서리 ⇨ 반지름 0.6 ⇨ 확인

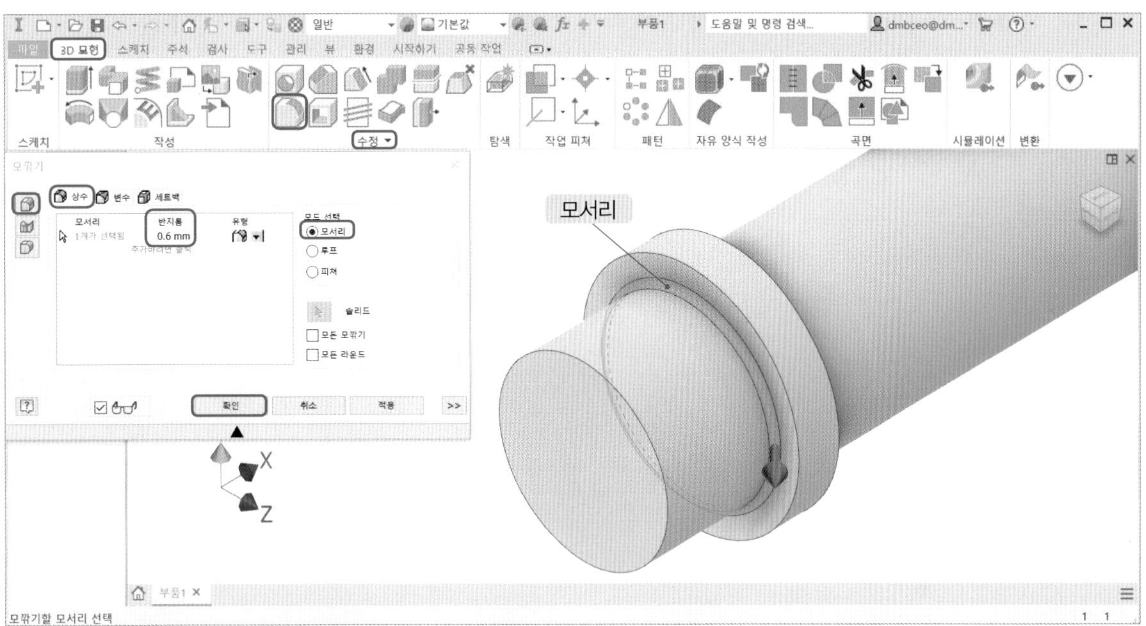

② 거리(대칭)로 모따기하기

3D 모형 ⇨ 수정 ⇨ 모따기 ⇨ 거리 ⇨ 모서리 ⇨ 거리 1 ⇨ 계단 : 세트 백 ⇨ 확인

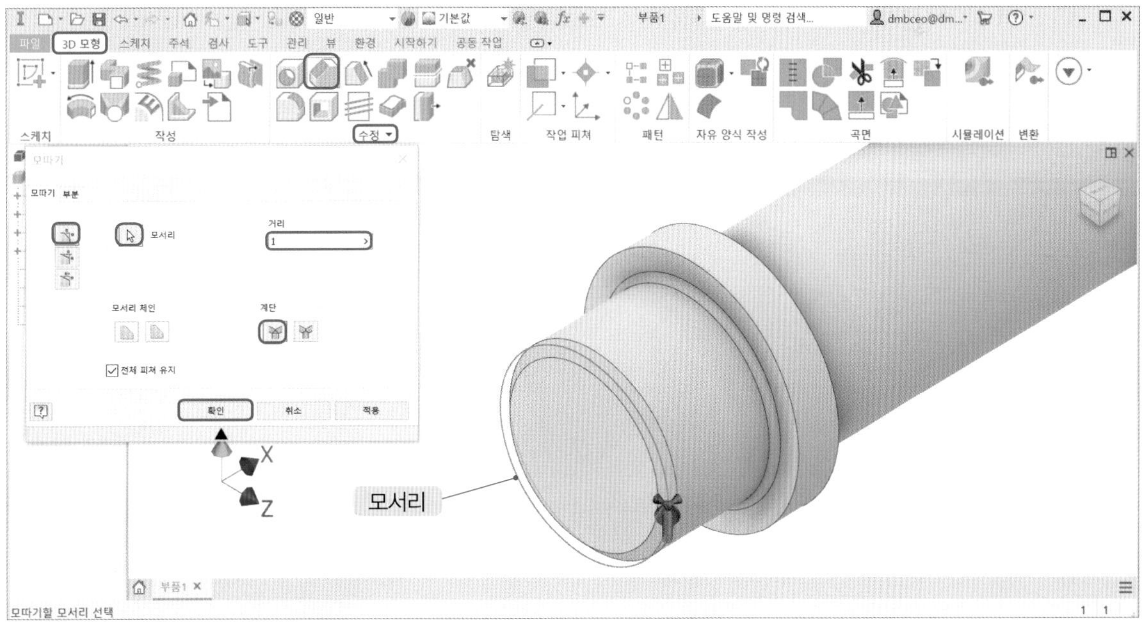

(4) 키 홈 모델링하기 1

① 스케치하기

XZ 평면에서 거리 5.5인 스케치 평면에 그림과 같이 스케치하고 치수를 입력한다.

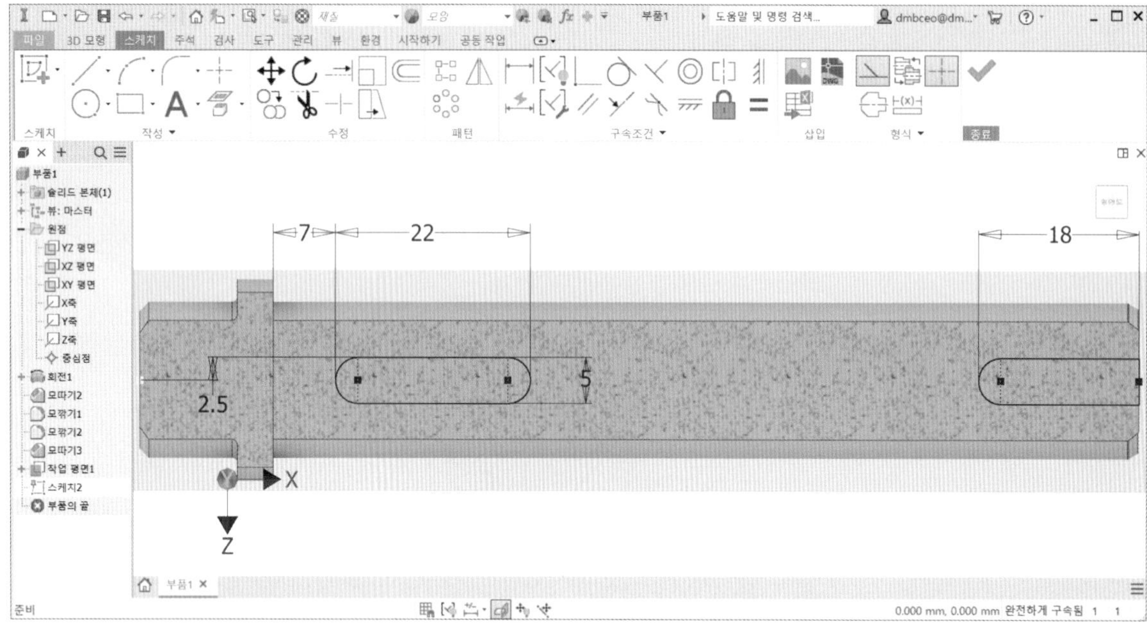

② 돌출 차집합하기

3D 모형 ⇨ 작성 ⇨ 돌출 ⇨ 입력 형상 ⇨ 프로파일 ⇨ 동작 ⇨ 방향 : 기본값 ⇨ 거리 3 ⇨ 출력 ⇨ 부울 : 잘라내기 ⇨ 확인

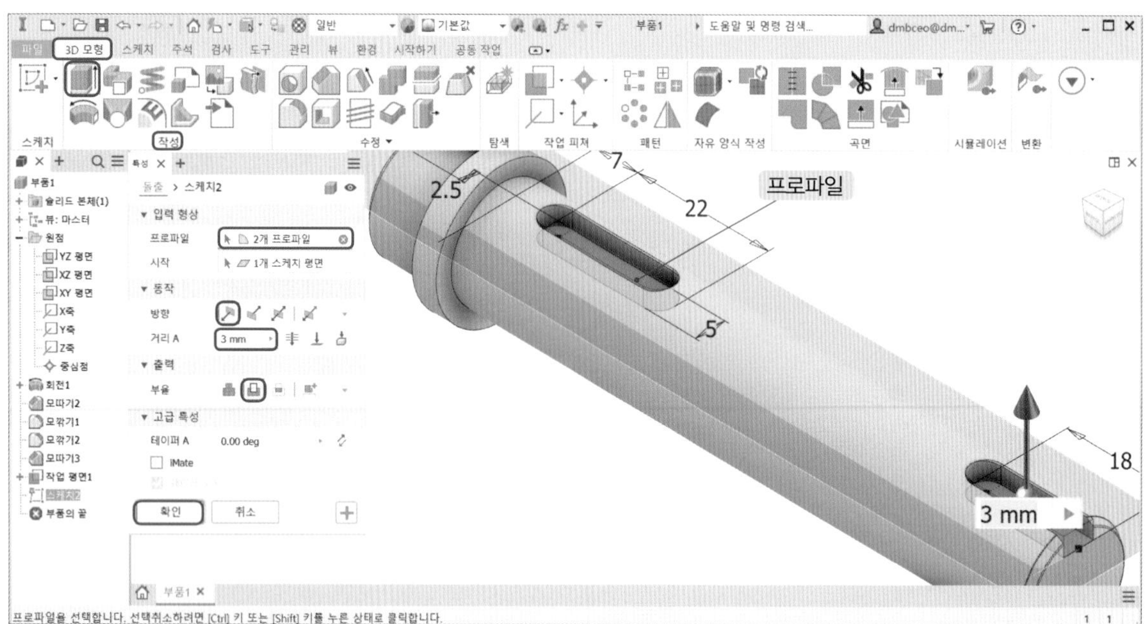

3 커버 모델링하기

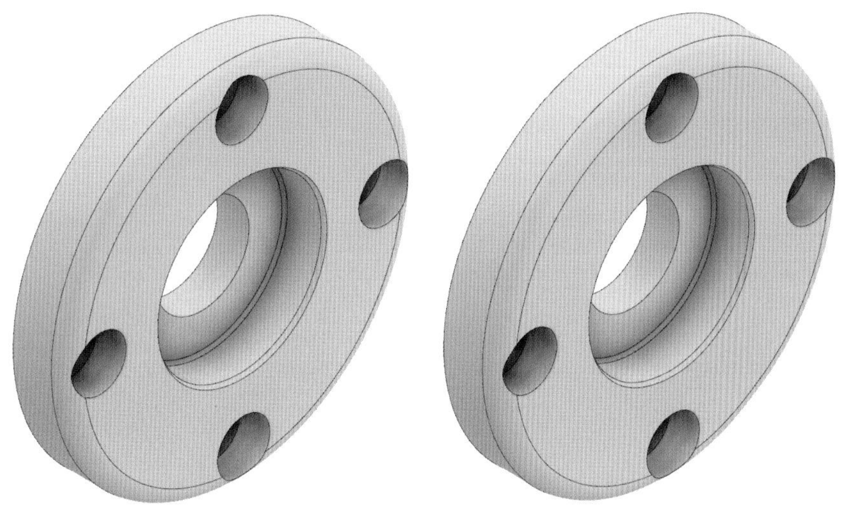

(1) 회전 모델링하기

① 스케치하기

XZ 평면에 그림과 같이 스케치하고 치수를 입력한다.

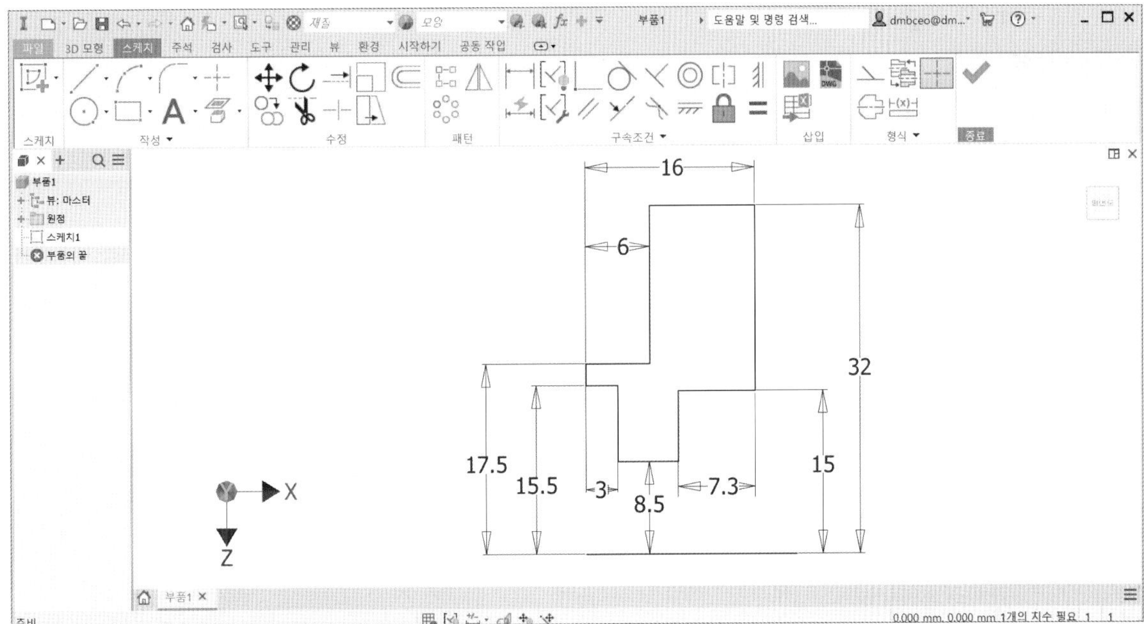

② 회전하기

3D 모형 ⇨ 작성 ⇨ 회전 ⇨ 입력 형상 ⇨ 프로파일 ⇨ 축(구성선 또는 X축) ⇨ 동작 ⇨ 방향 : 기본값 ⇨ 각도 : 360deg ⇨ 확인

TIP>>

회전축은 모형탐색기에서 X축을 선택한다.

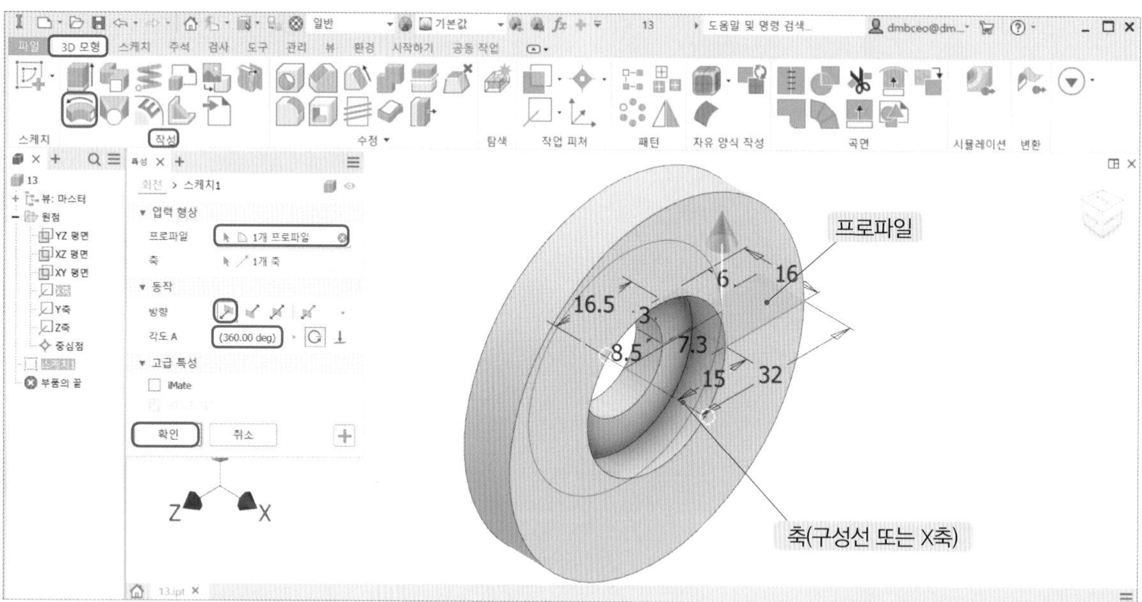

(2) 모깎기하기

3D 모형 ⇨ 수정 ⇨ 모서리 모깎기 ⇨ 상수 ⇨ 모서리 ⇨ 반지름 3 ⇨ 확인

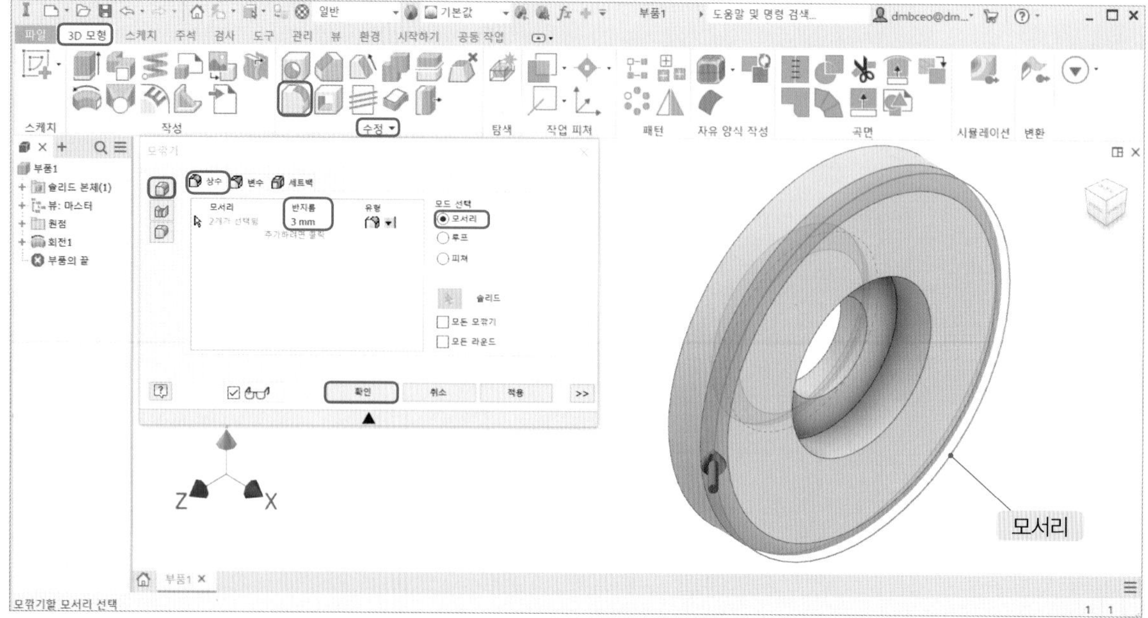

(3) 각도로 모따기하기

3D 모형 ⇨ 수정 ⇨ 모따기 ⇨ 거리 및 각도 ⇨ 면 ⇨ 모서리 ⇨ 거리 0.7 ⇨ 각도 30 ⇨ 확인

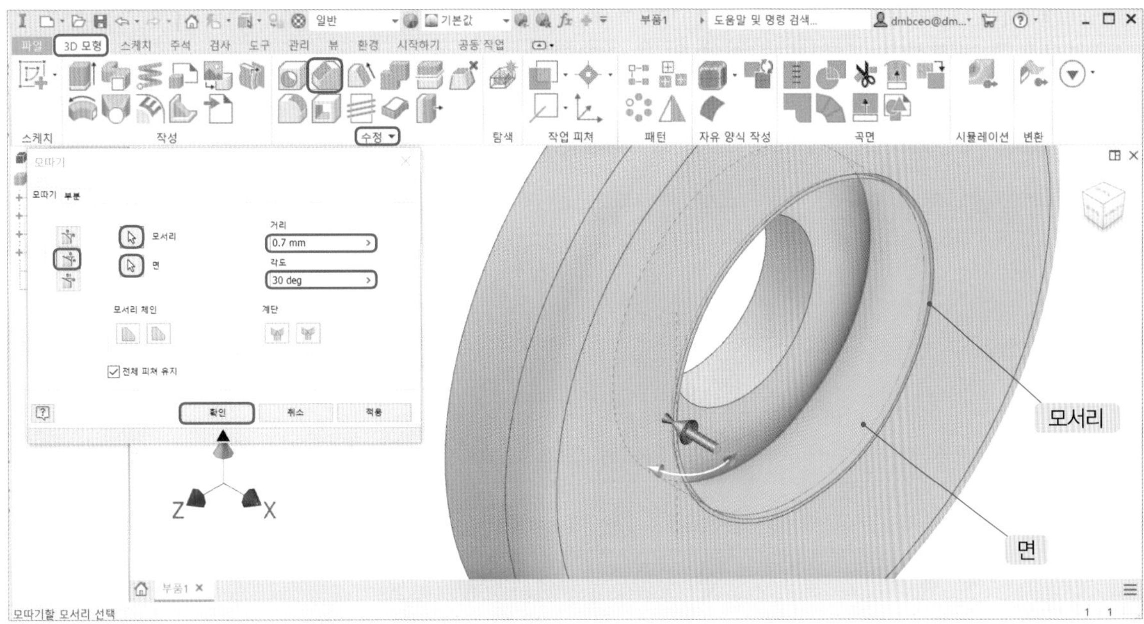

(4) 모깎기하기

3D 모형 ⇨ 수정 ⇨ 모서리 모깎기 ⇨ 상수 ⇨ 모서리 ⇨ 반지름 0.5 ⇨ 확인

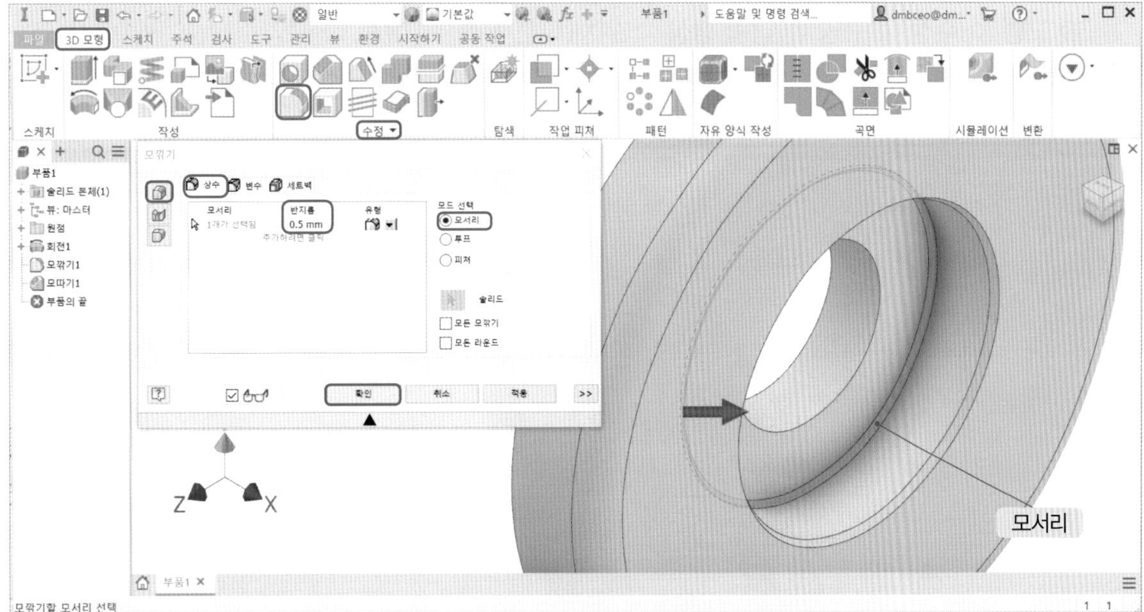

(5) 볼트머리 자리파기 및 볼트 구멍

① 스케치하기

커버 왼쪽 단면에 원과 직선을 스케치하고 치수를 입력한다. 원의 중심은 원점에 일치 구속하고 구성선으로 변경하며, 직선은 원점에 일치 구속한다.

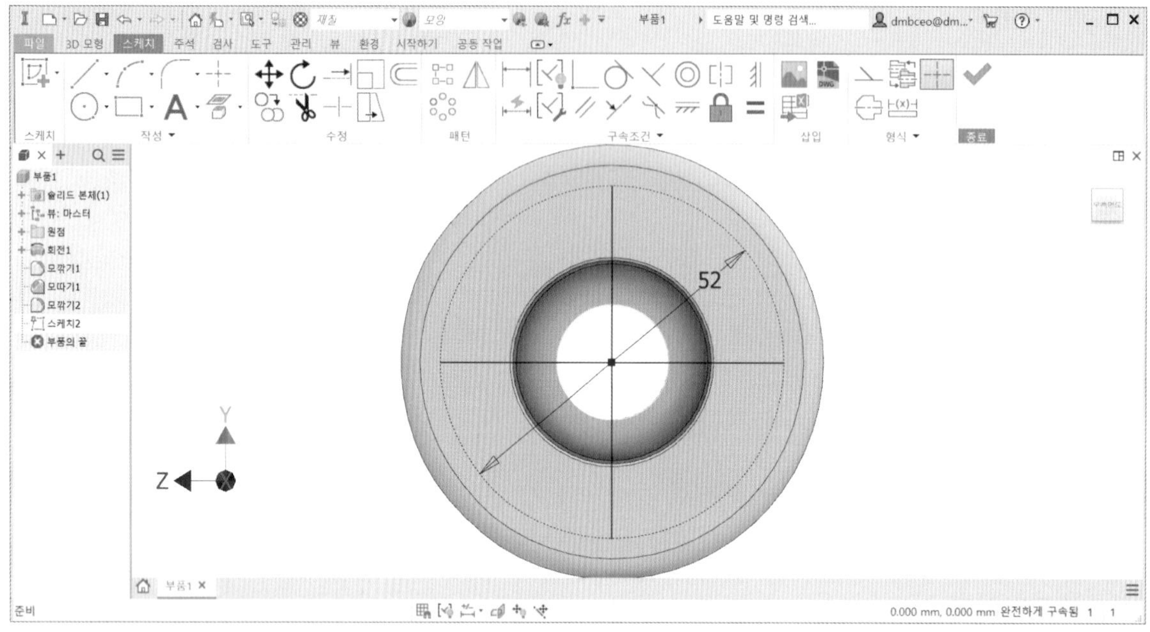

② 카운터 보어하기

3D 모형 ⇨ 수정 ⇨ 구멍 ⇨ 입력 형상 ⇨ 위치(직선 끝점) ⇨ 유형 ⇨ 구멍 : 단순 구멍 ⇨ 시트 : 카운터 보어 ⇨ 동작 ⇨ 종료 : 전체 관통 ⇨ 방향 : 기본값 ⇨ 9.5–5.4–5.5 ⇨ 확인

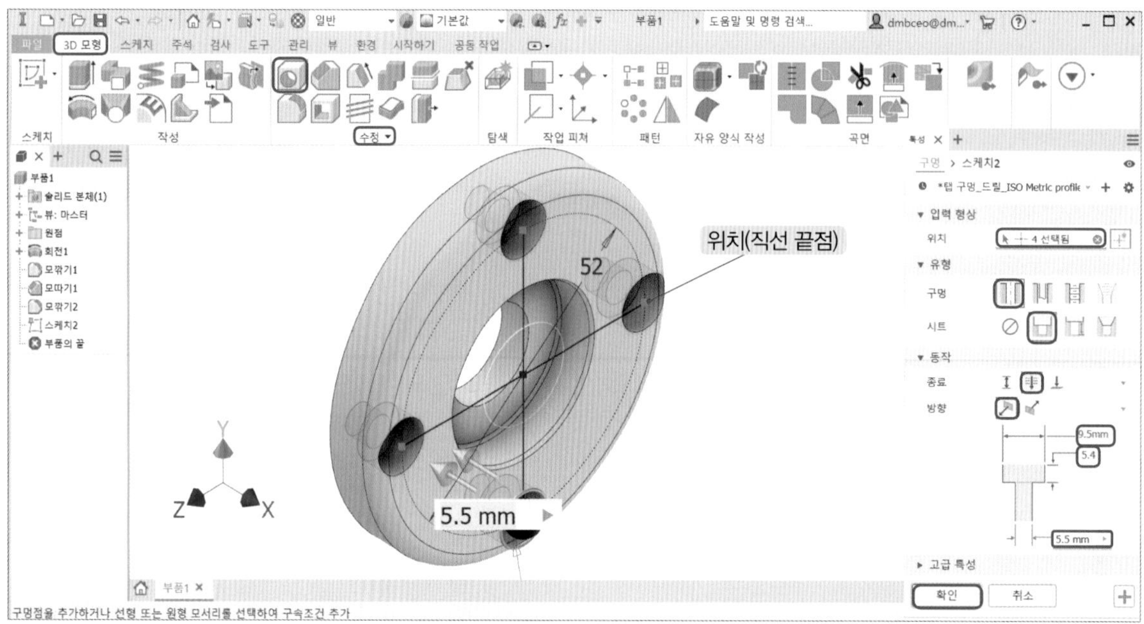

4 기어 모델링하기

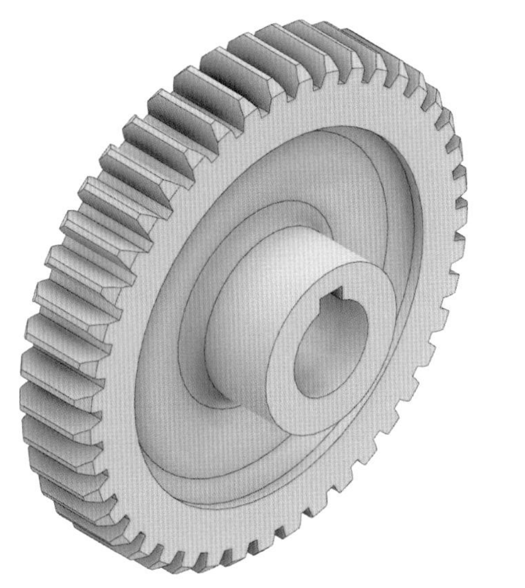

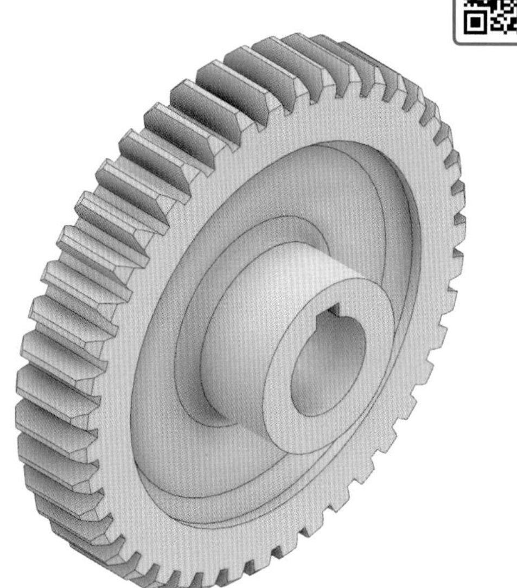

(1) 회전 모델링하기

① 스케치하기

XZ 평면에 그림과 같이 스케치하고 치수를 입력한다.

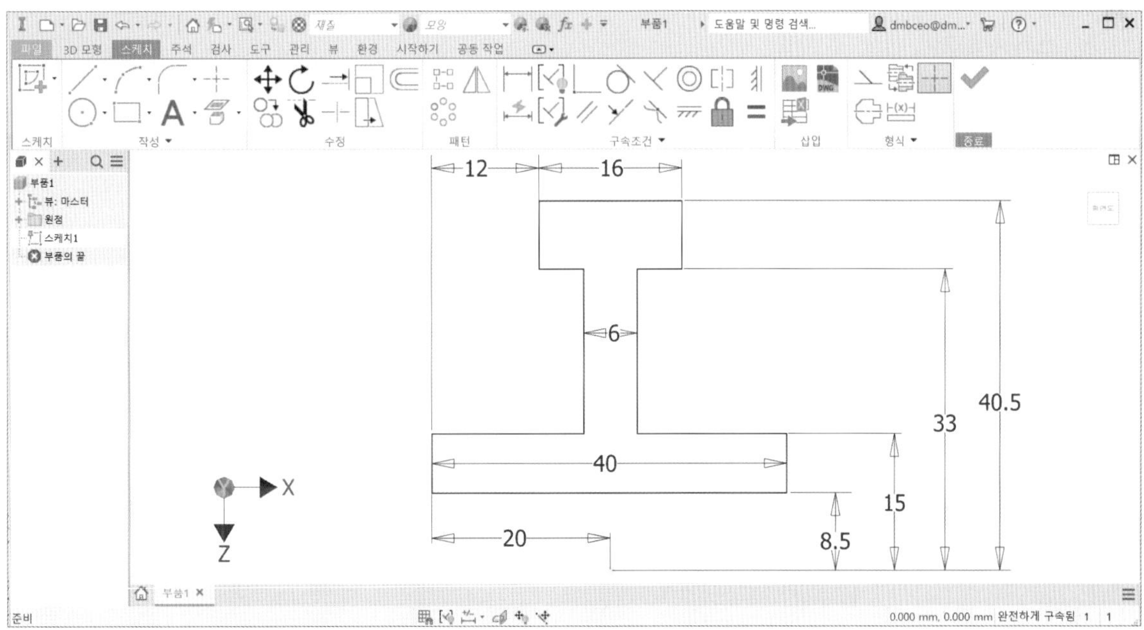

② **회전**

3D 모형 ⇨ 작성 ⇨ 회전 ⇨ 입력 형상 ⇨ 프로파일 ⇨ 축(X축) ⇨ 동작 ⇨ 방향 : 기본값 ⇨ 각도 : 360deg ⇨ 확인

TIP>>

회전축은 모형탐색기에서 X축을 선택한다.

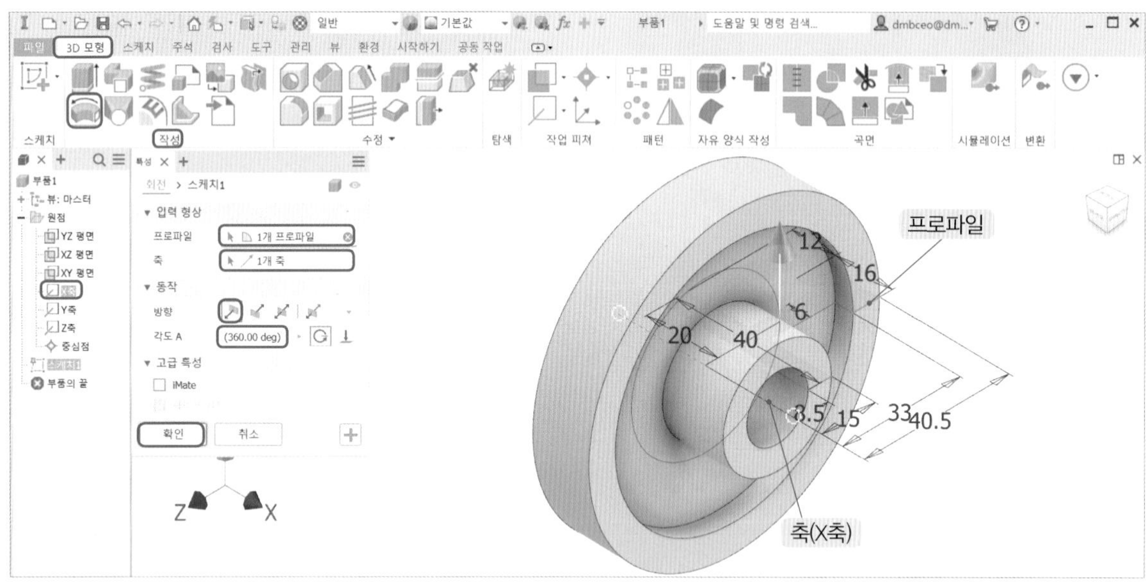

(2) 키 홈 모델링하기

① **스케치하기**

YZ 평면에서 키 홈을 사각 스케치하고, 치수를 입력한다.

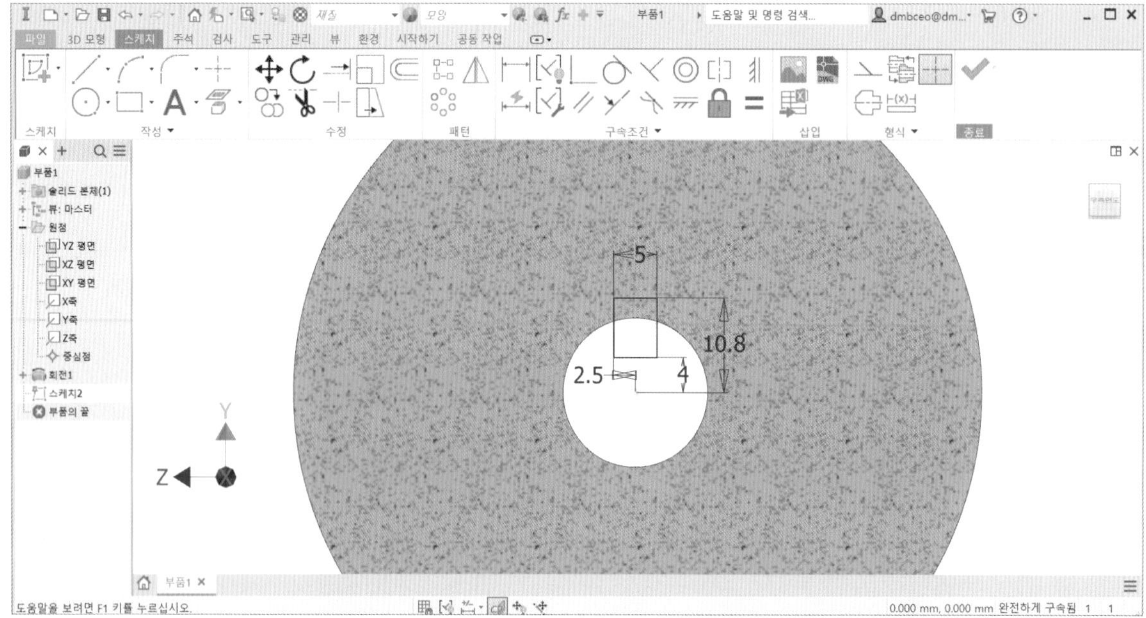

② 돌출 차집합하기

3D 모형 ⇨ 작성 ⇨ 돌출 ⇨ 입력 형상 ⇨ 프로파일 ⇨ 동작 ⇨ 방향 : 대칭 ⇨ 거리 40 ⇨ 출력 ⇨ 부울 : 잘라내기 ⇨ 확인

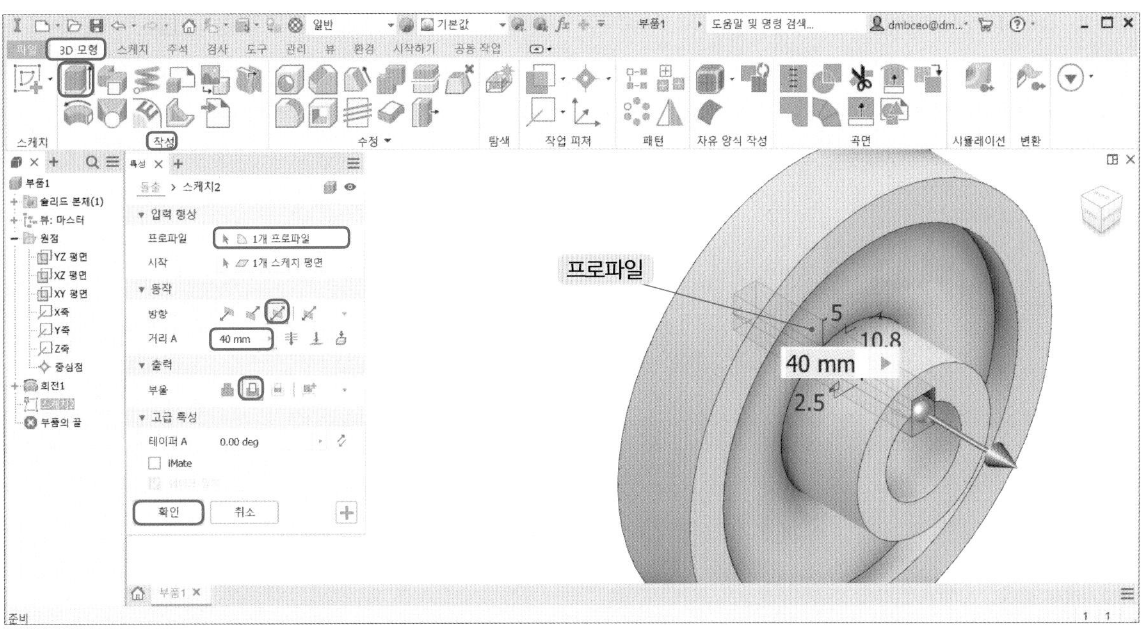

(3) 기어 치형 모델링하기

① 스케치하기

YZ 평면에서 키 홈을 그림과 같이 스케치하고, 치수를 입력한다.
수직선과 피치원은 구성선으로 변경한다.

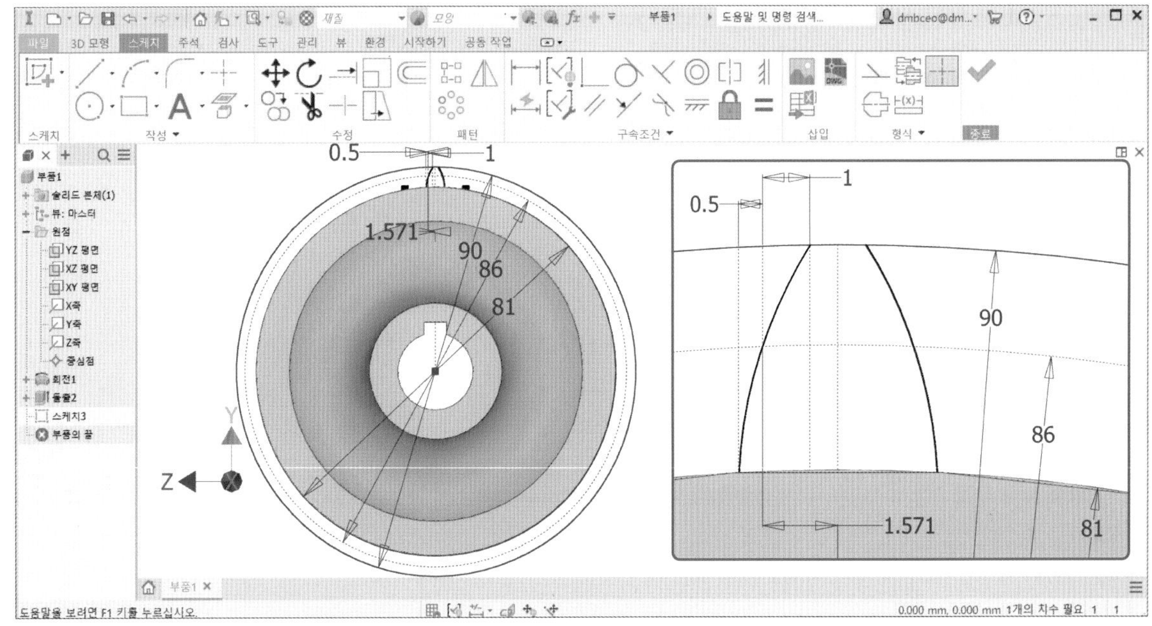

② 돌출하기

3D 모형 ⇨ 작성 ⇨ 돌출 ⇨ 입력 형상 ⇨ 프로파일 ⇨ 동작 ⇨ 방향 : 대칭 ⇨ 거리 16 ⇨ 출력 ⇨ 부울 : 접합 ⇨ 확인

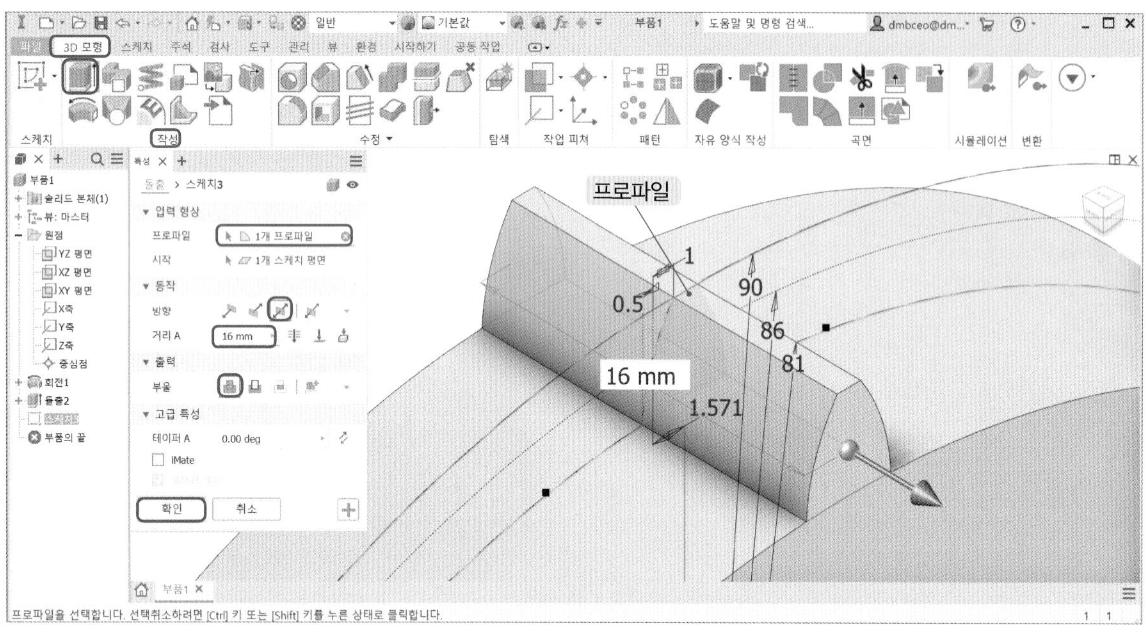

③ 모따기하기

3D 모형 ⇨ 수정 ⇨ 모따기 ⇨ 거리 ⇨ 모서리 ⇨ 거리 2 ⇨ 계단 : 세트 백 ⇨ 확인

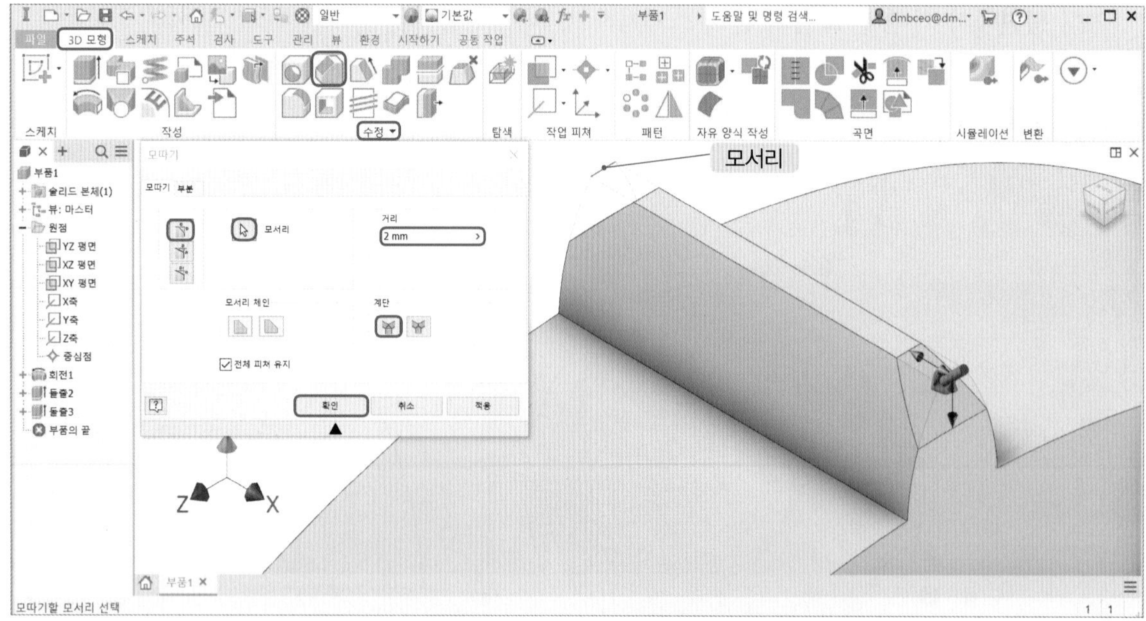

(4) 원형 패턴하기

3D 모형 ⇨ 패턴 ⇨ 원형 패턴 ⇨ 개별 피쳐 패턴 ⇨ 피쳐(기어 이, 모따기) ⇨ 회전축 ⇨ 개수 43 ⇨ 각도 360 ⇨ 확인

TIP>>
회전축으로 원통 면을 선택하면 원통의 중심선이 회전축으로 선택된다. 또는 모형탐색기에서 X축을 선택하여 회전축으로 사용하기도 한다.

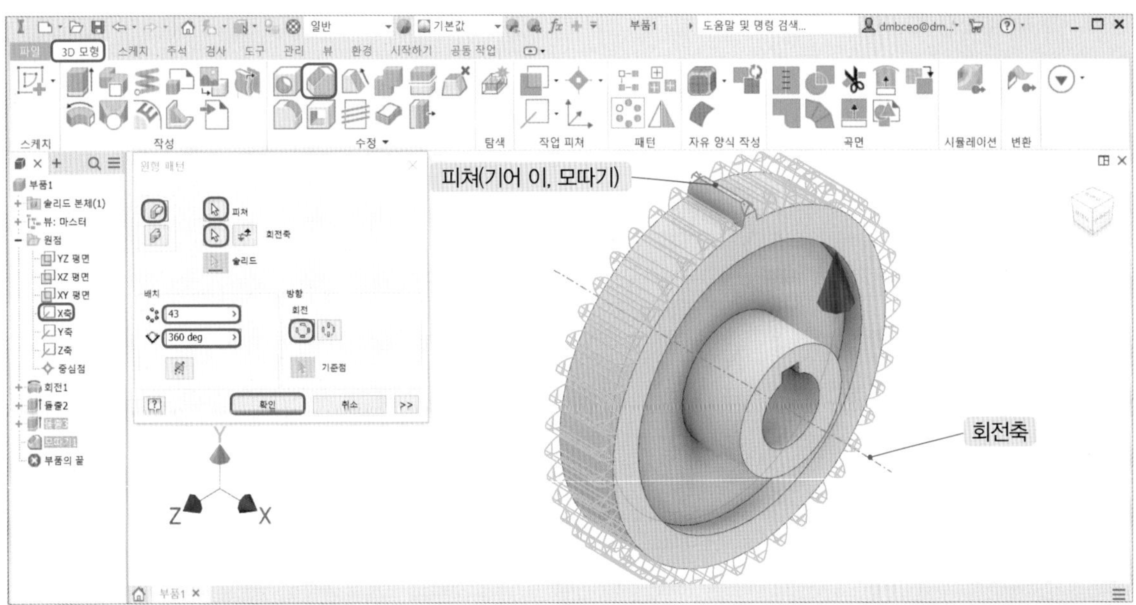

(5) 모깎기하기

3D 모형 ⇨ 수정 ⇨ 모서리 모깎기 ⇨ 상수 ⇨ 모서리 ⇨ 반지름 3 ⇨ 확인

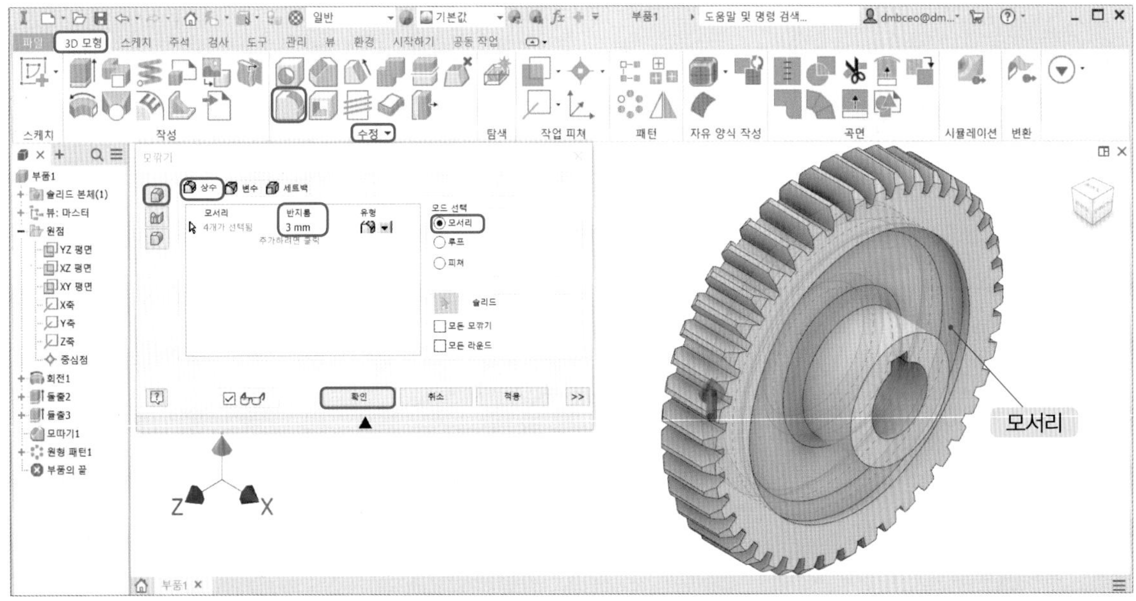

동력 전달 장치

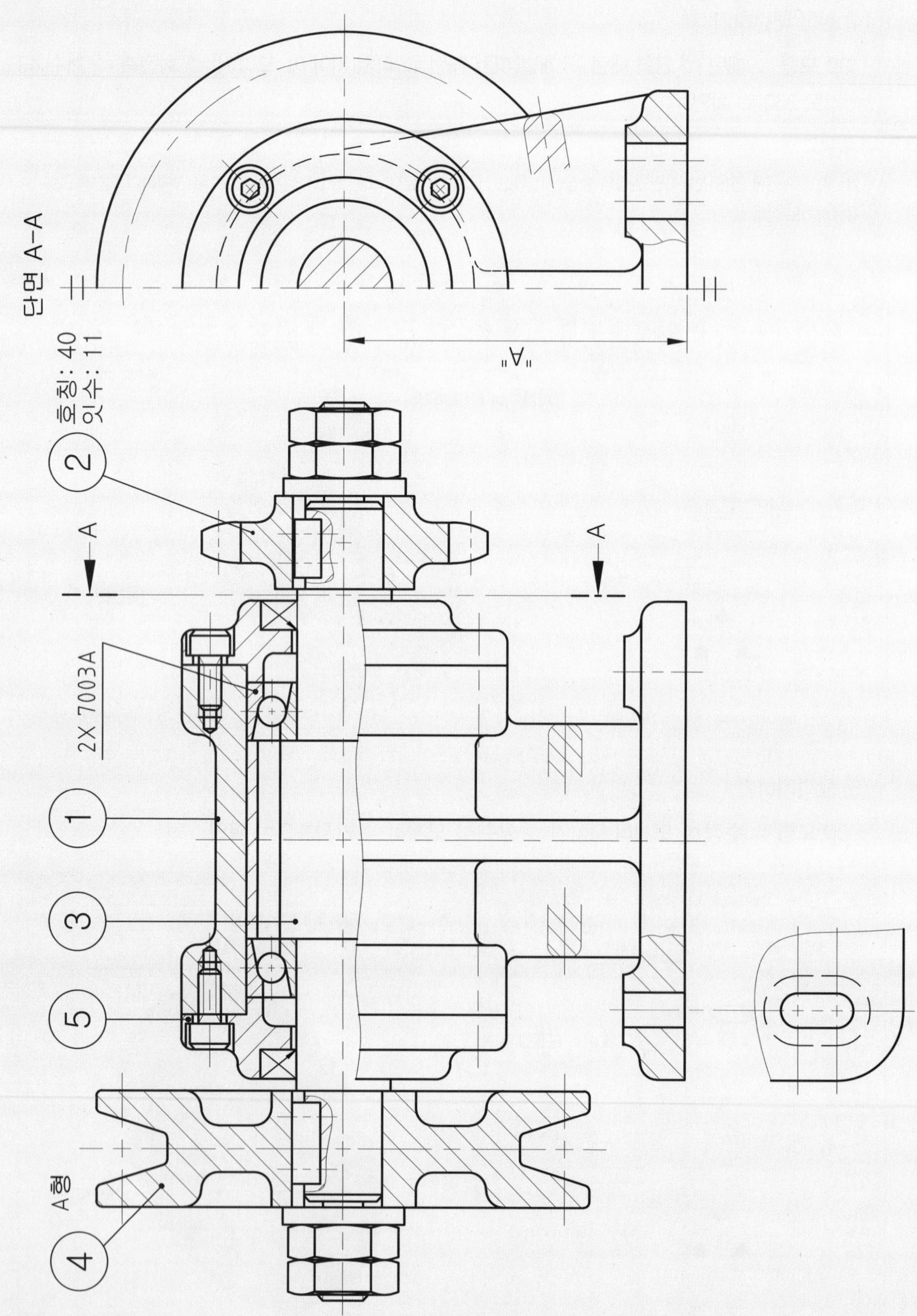

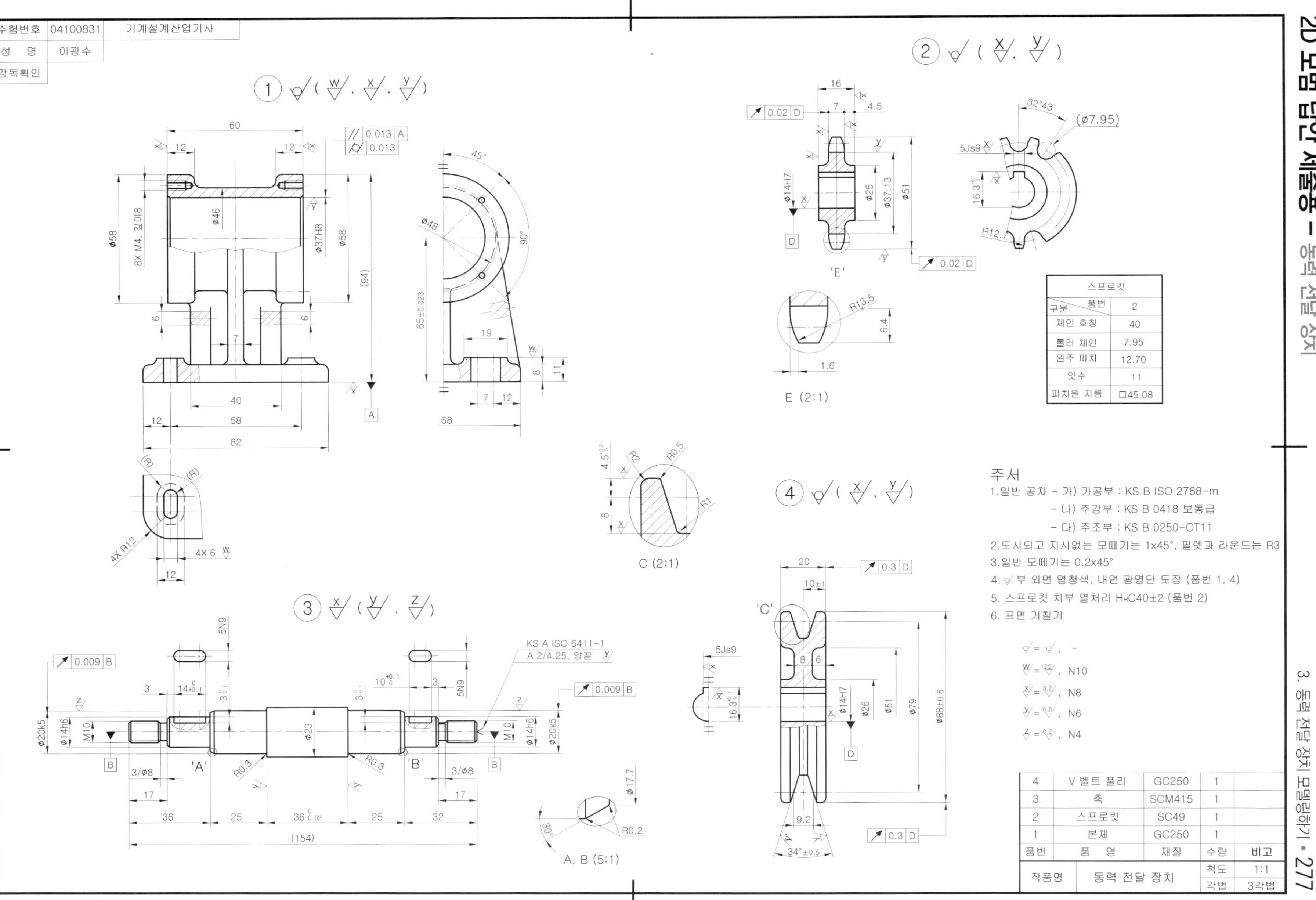
수험번호 04100831 기계설계산업기사
성 명 이광수
감독확인
스프로킷
구분 품번 2
체인 호칭 40
롤러 체인 7.95
원주 피치 12.70
잇수 11
피치원 지름 □45.08
주서
1.일반 공차 - 가) 가공부 : KS B ISO 2768-m
- 나) 주강부 : KS B 0418 보통급
- 다) 주조부 : KS B 0250-CT11
2.도시되고 지시없는 모떼기는 1x45°, 필렛과 라운드는 R3
3.일반 모떼기는 0.2x45°
4.부 외면 명청색, 내면 광명단 도장 (품번 1, 4)
5. 스프로킷 치부 열처리 HRC40±2 (품번 2)
6. 표면 거칠기
4 V 벨트 풀리 GC250 1
3 축 SCM415 1
2 스프로킷 SC49 1
1 본체 GC250 1
품번 품명 재질 수량 비고
작품명 동력 전달 장치 척도 1:1 각법 3각법

3D 모범 답안 제출용 – 동력 전달 장치

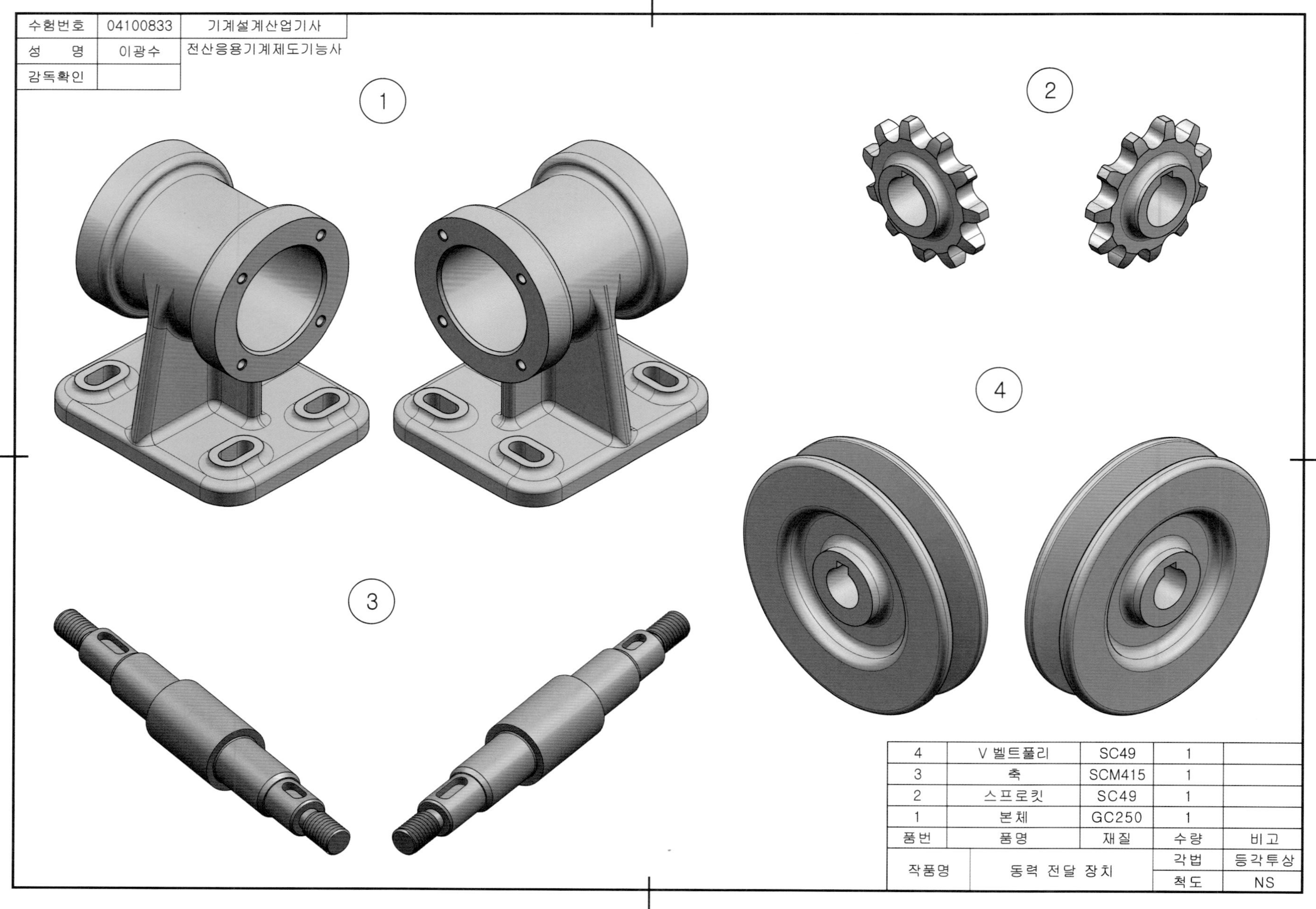

3 동력 전달 장치 모델링하기

1 본체

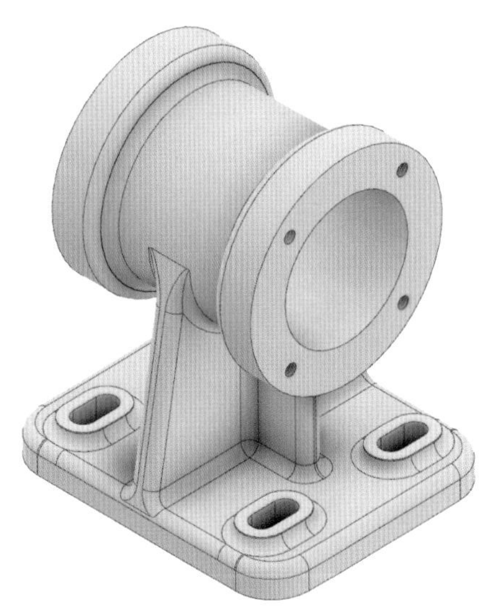

(1) 베이스 모델링하기

① 스케치하기

XZ 평면에 사각형과 원을 스케치하고 치수를 입력한다. 옵셋 3을 한다.

패턴 ⇨ 직사각형 패턴 ⇨ 형상(볼트 자리) ⇨ 방향 1 ⇨ 개수 2 ⇨ 거리 37 ⇨ 방향 2 ⇨ 개수 2 ⇨ 거리 58 ⇨ 확인

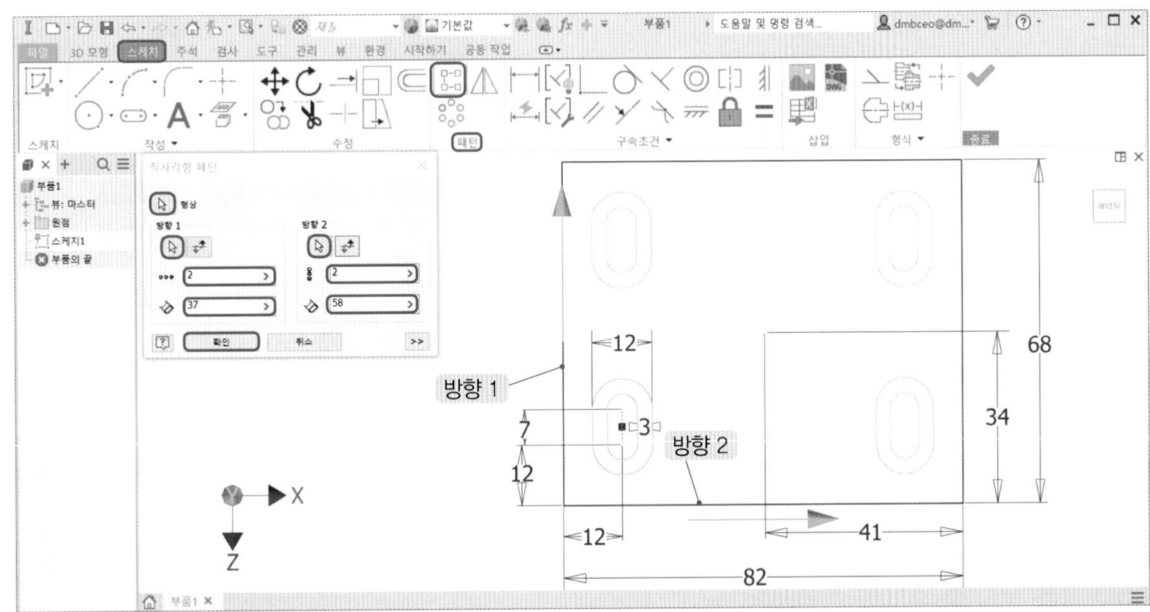

② 비대칭 돌출하기

3D 모형 ⇨ 작성 ⇨ 돌출 ⇨ 입력 형상 ⇨ 프로파일 ⇨ 동작 ⇨ 방향 : 비대칭 ⇨ 거리 A : 3 ⇨ 거리 B : 8 ⇨ 확인

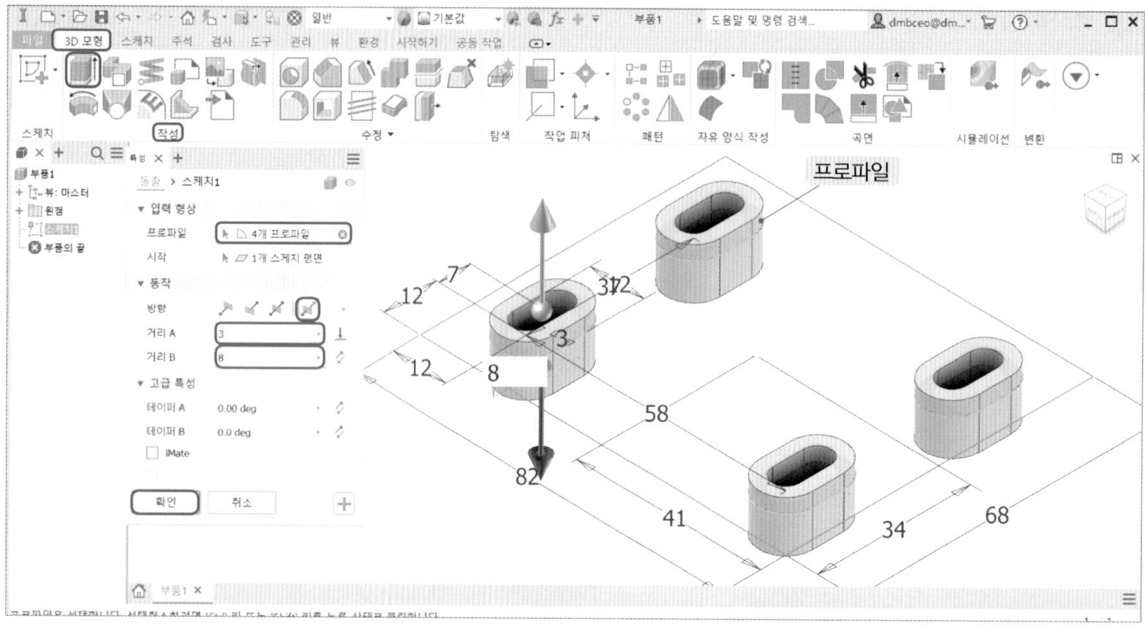

③ 베이스 돌출하기

3D 모형 ⇨ 작성 ⇨ 돌출 ⇨ 입력 형상 ⇨ 프로파일 ⇨ 동작 ⇨ 방향 : 반전 ⇨ 거리 8 ⇨ 확인

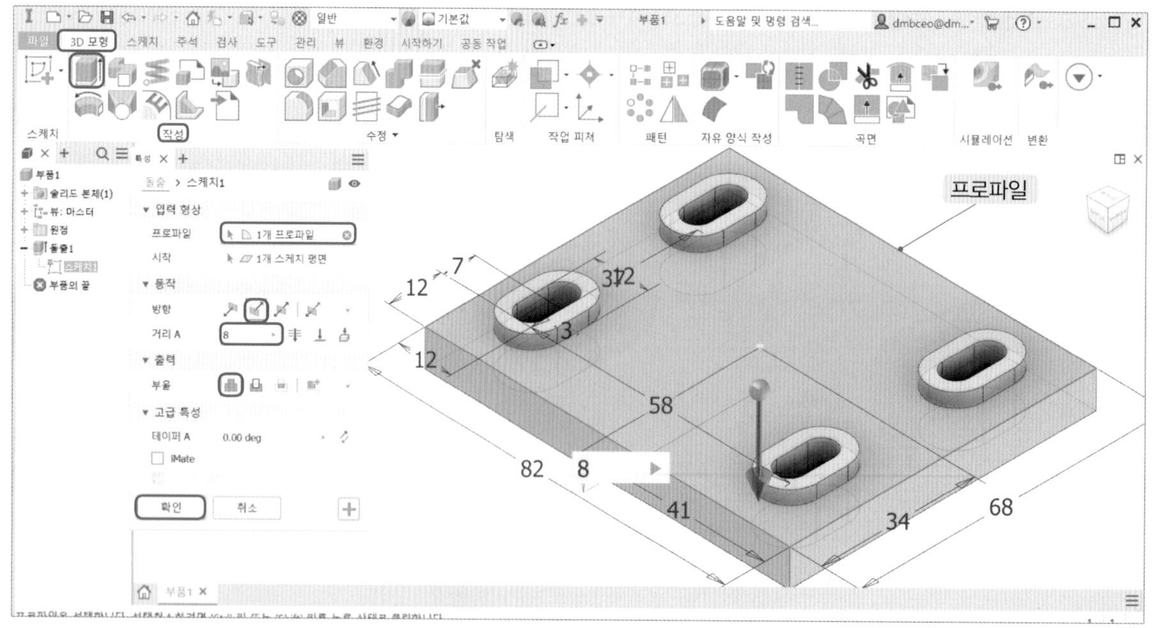

TIP>>

먼저 모형탐색기 돌출에서 스케치 오른쪽을 클릭하여 팝업창에서 가시성을 체크한다.

④ 베이스 모깎기하기

3D 모형 ⇨ 수정 ⇨ 모서리 모깎기 ⇨ 상수 ⇨ 모서리 ⇨ 반지름 12 ⇨ 확인

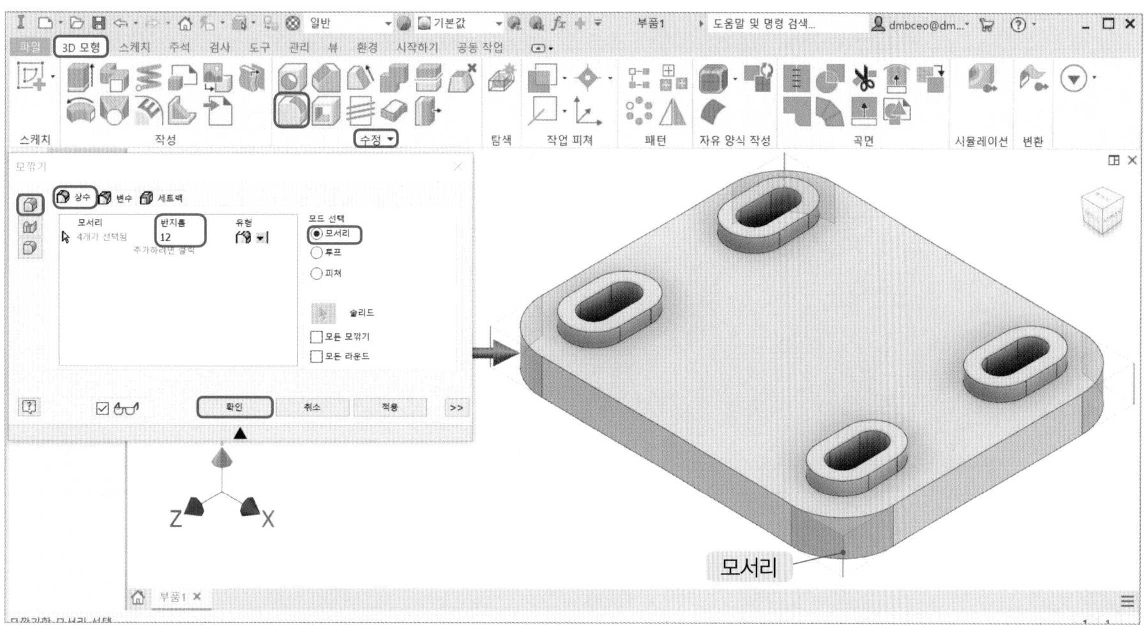

(2) 본체 모델링하기

① 스케치하기

YZ 평면에 원 3개를 스케치하고 치수를 입력한다.

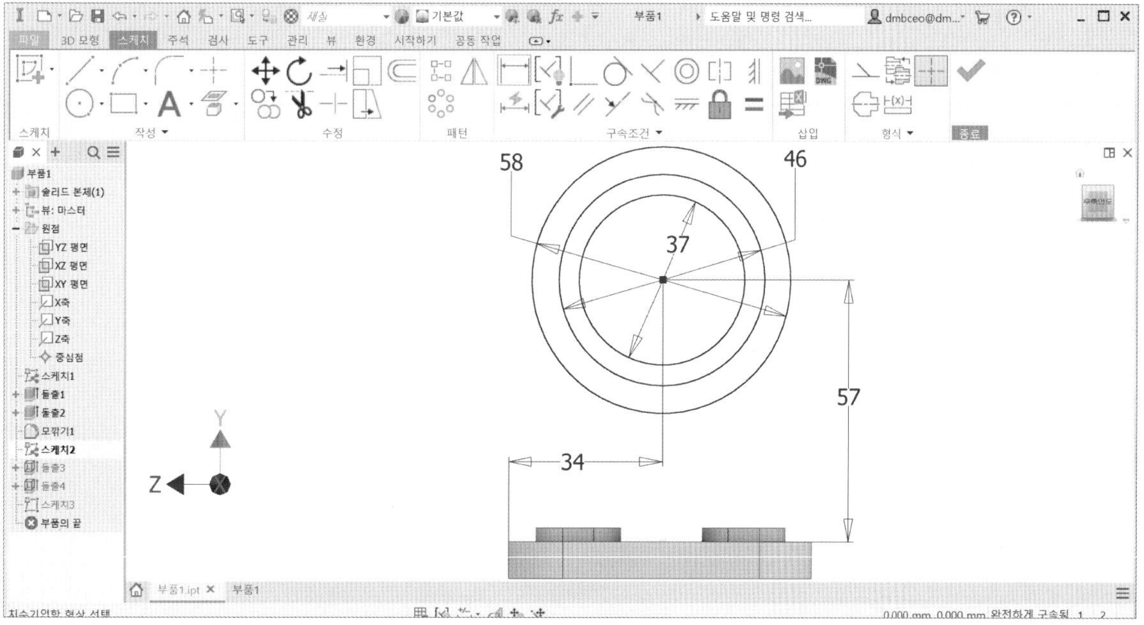

② 원통 돌출하기

3D 모형 ⇨ 작성 ⇨ 돌출 ⇨ 입력 형상 ⇨ 프로파일 ⇨ 동작 ⇨ 방향 : 대칭 ⇨ 거리 60 ⇨ 출력 ⇨ 부울 : 새 솔리드 ⇨ 확인

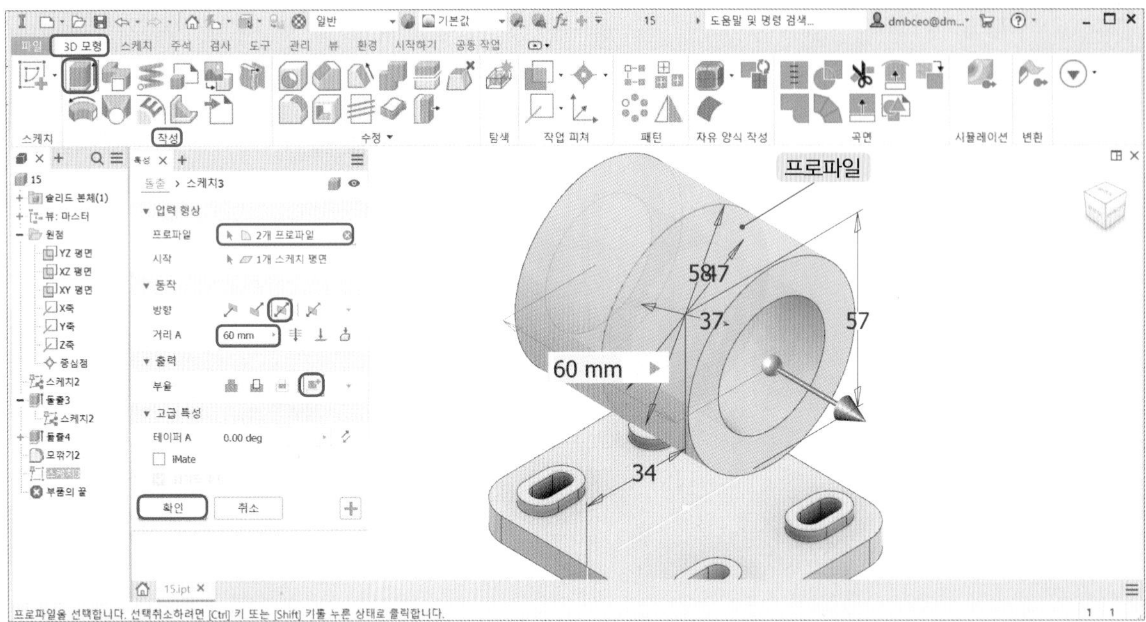

③ 잘라내기 돌출하기

3D 모형 ⇨ 작성 ⇨ 돌출 ⇨ 입력 형상 ⇨ 프로파일 ⇨ 동작 ⇨ 방향 : 대칭 ⇨ 거리 36 ⇨ 출력 ⇨ 부울 : 잘라내기 ⇨ 솔리드 ⇨ 확인

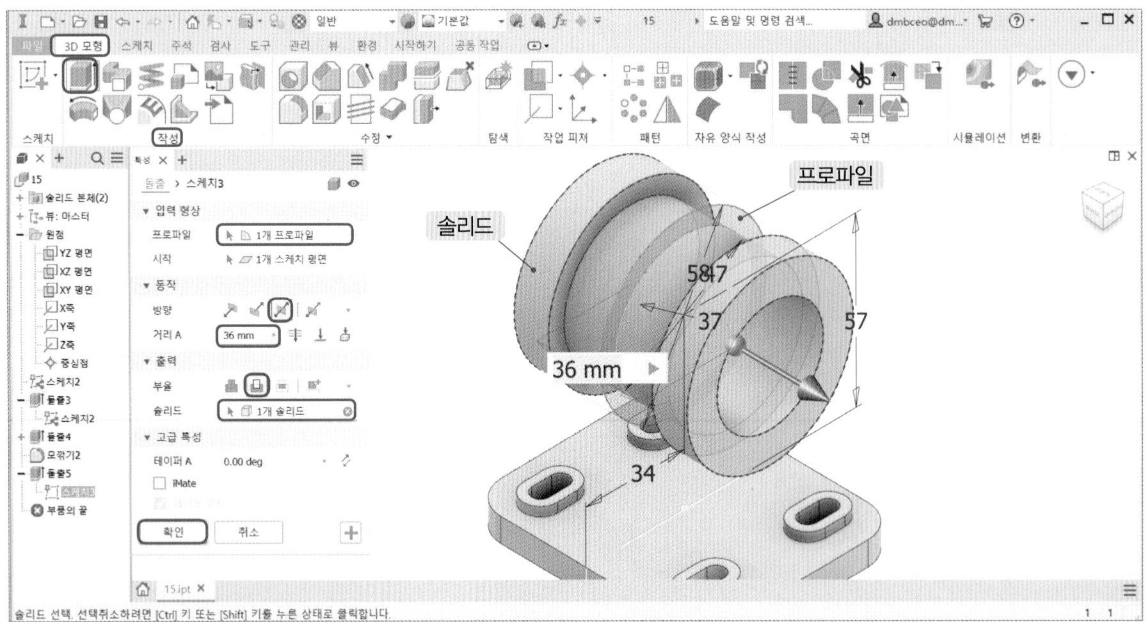

④ **모깎기하기**

3D 모형 ⇨ 수정 ⇨ 모서리 모깎기 ⇨ 상수 ⇨ 모서리 ⇨ 반지름 3 ⇨ 확인

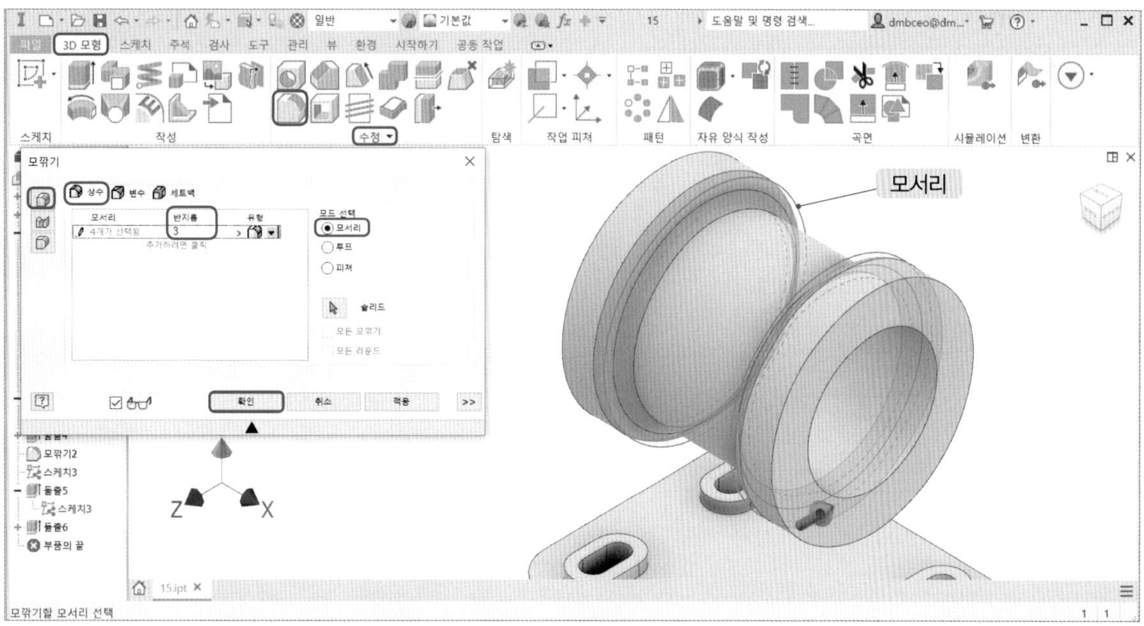

(3) 리브 돌출 모델링하기

① **스케치하기**

XZ 평면에 직사각형을 스케치하고 치수를 입력한다.

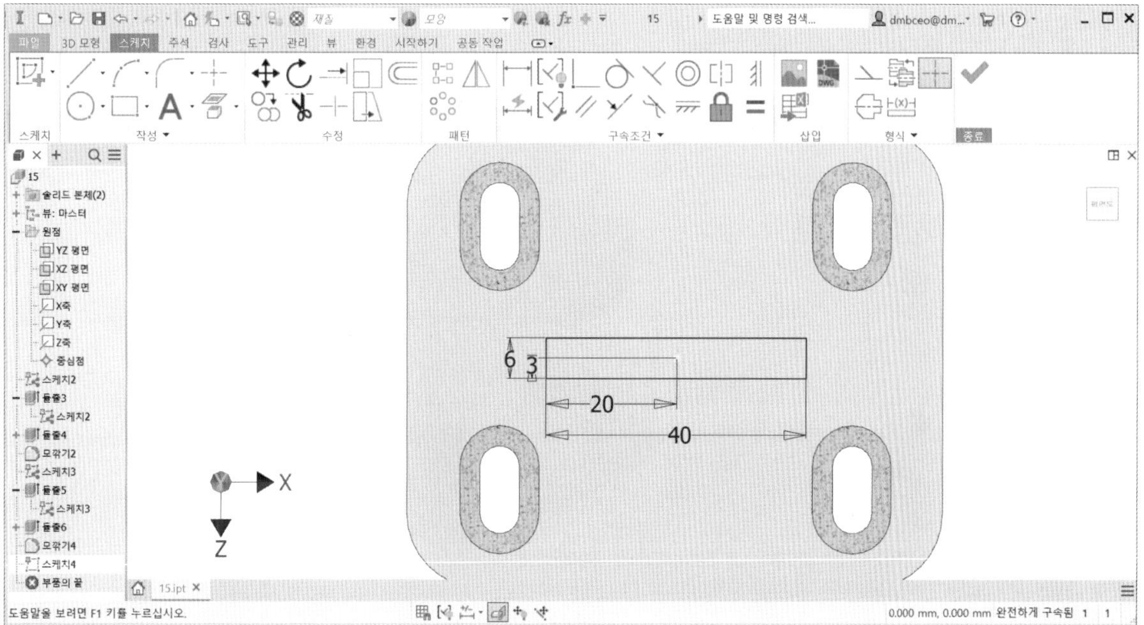

② 원통 돌출하기

3D 모형 ⇨ 작성 ⇨ 돌출 ⇨ 입력 형상 ⇨ 프로파일 ⇨ 동작 ⇨ 방향 : 기본값 ⇨ 거리 : 끝(끝면 선택) ⇨ 출력 ⇨ 부울 : 접합 ⇨ 솔리드 ⇨ 확인

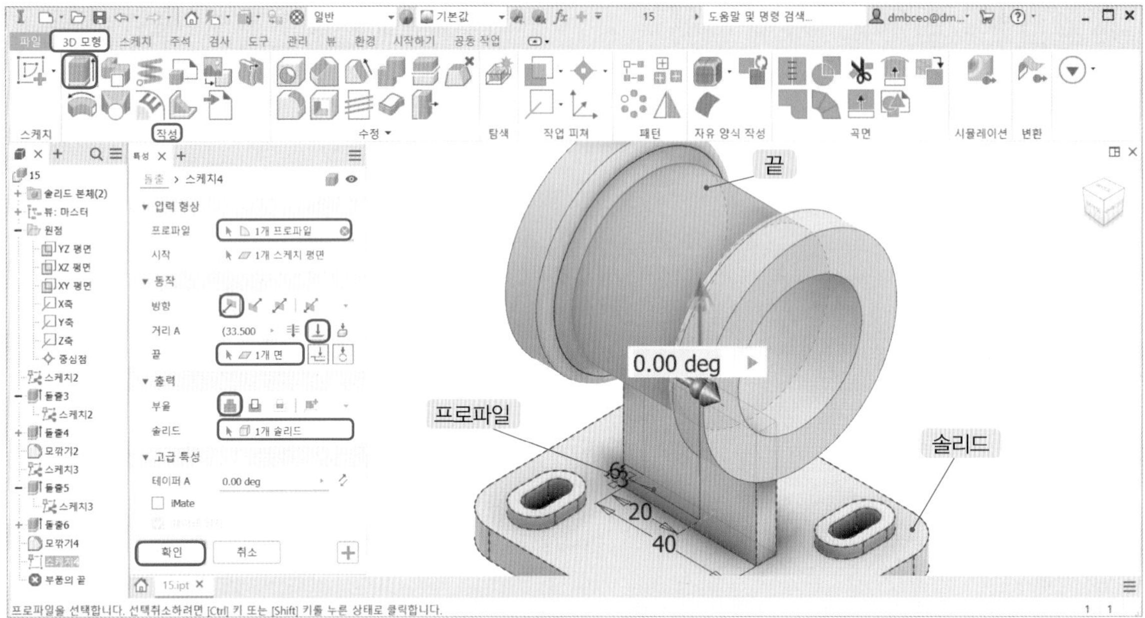

③ 결합하기

3D 모형 ⇨ 수정 ⇨ 결합 ⇨ 입력 형상 ⇨ : 도구 본체 ⇨ 출력 ⇨ 부울 : 접합 ⇨ 확인

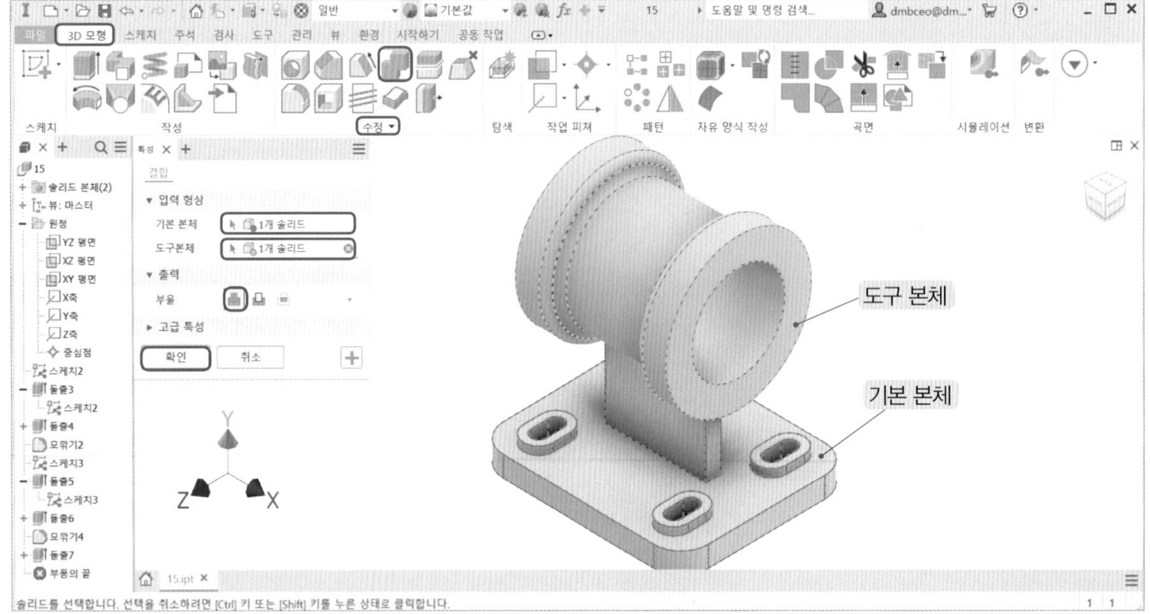

④ 모깎기하기

3D 모형 ⇨ 수정 ⇨ 모서리 모깎기 ⇨ 상수 ⇨ 모서리 ⇨ 반지름 3 ⇨ 확인

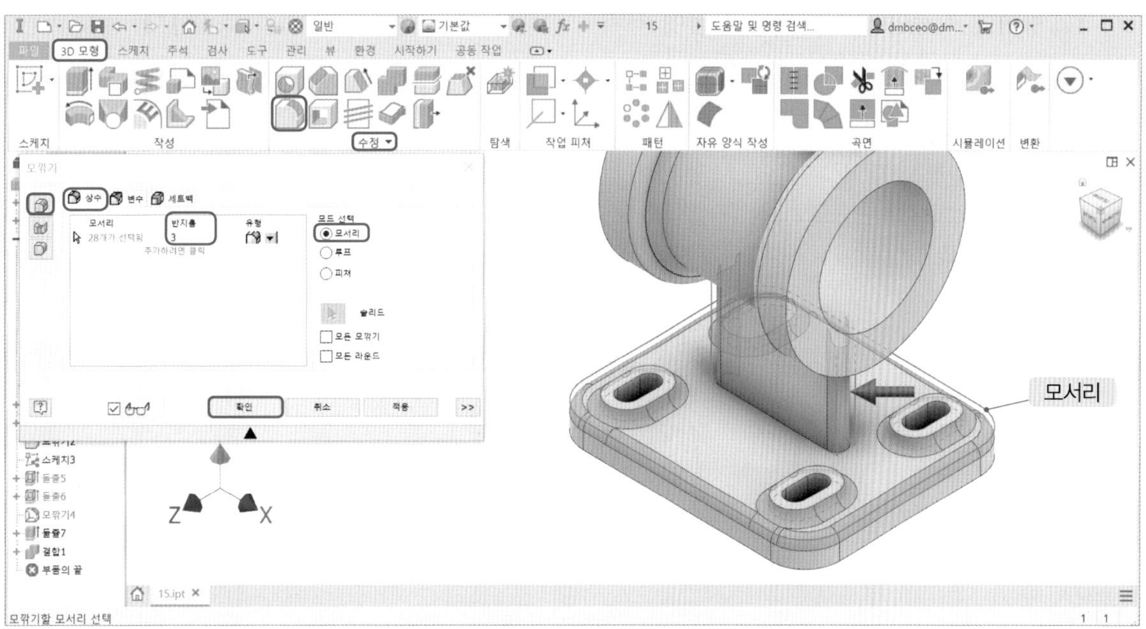

모서리 모깎기 ⇨ 상수 ⇨ 모서리 ⇨ 반지름 3 ⇨ 확인

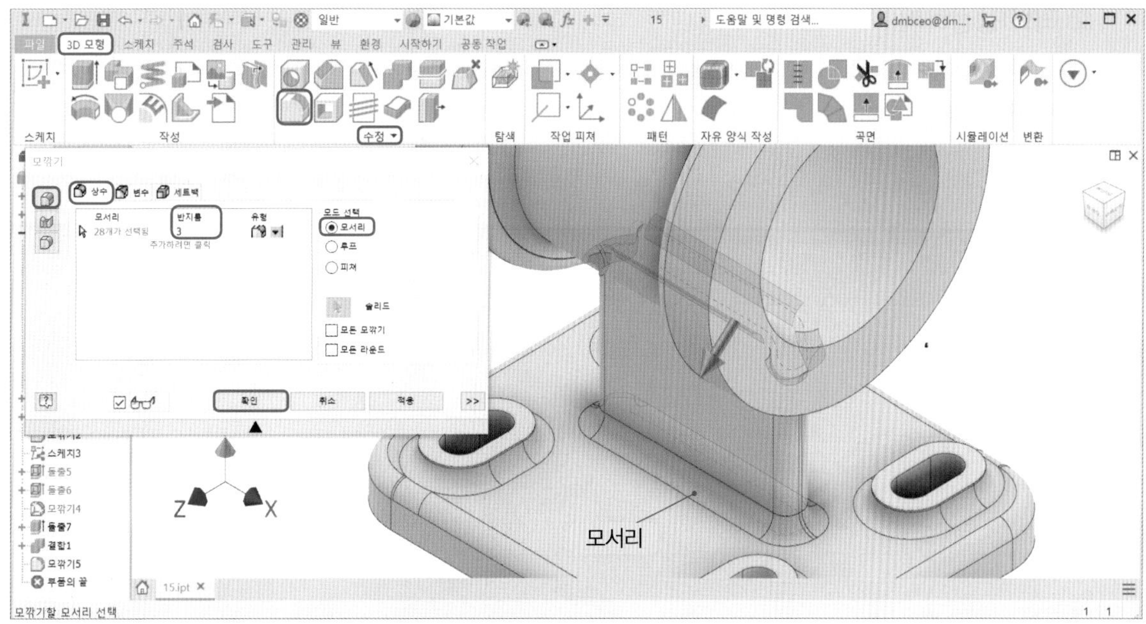

(4) 리브 모델링하기

① 리브 스케치하기

YZ 평면에 직선을 스케치하고 끝점에 일치 구속과 원통에 접합 구속하고 트림한다.

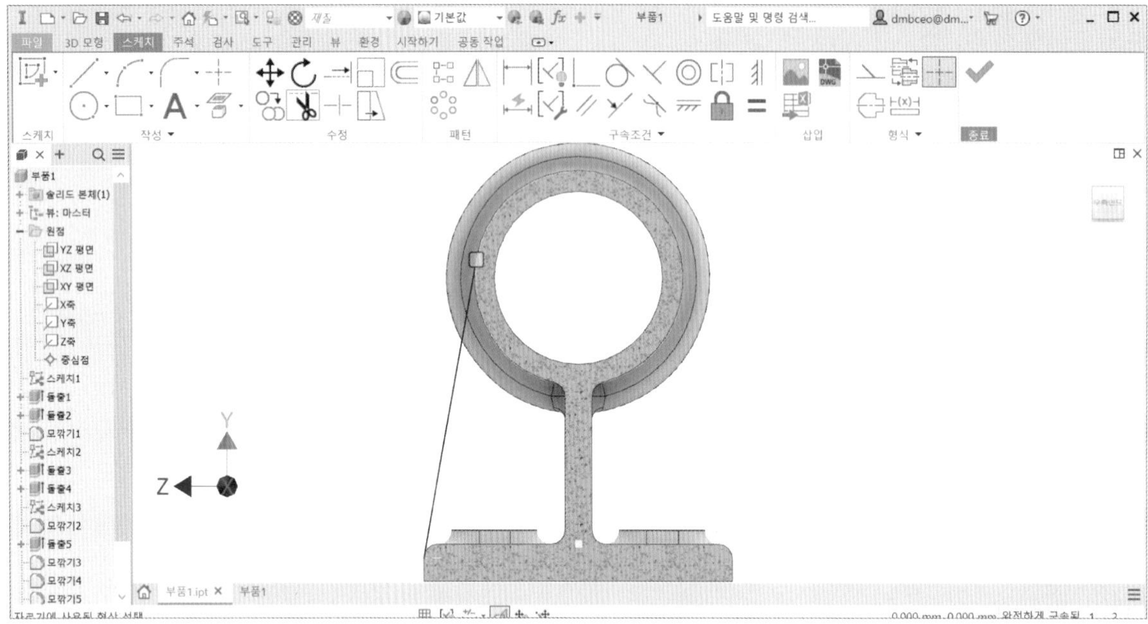

② 리브 생성하기

3D 모형 ⇨ 작성 ⇨ 리브 ⇨ 스케치 평면에 평행 ⇨ 프로파일 ⇨ 방향 1 ⇨ 두께 7 ⇨ 대칭 ⇨ 다음 면까지 ⇨ 확인

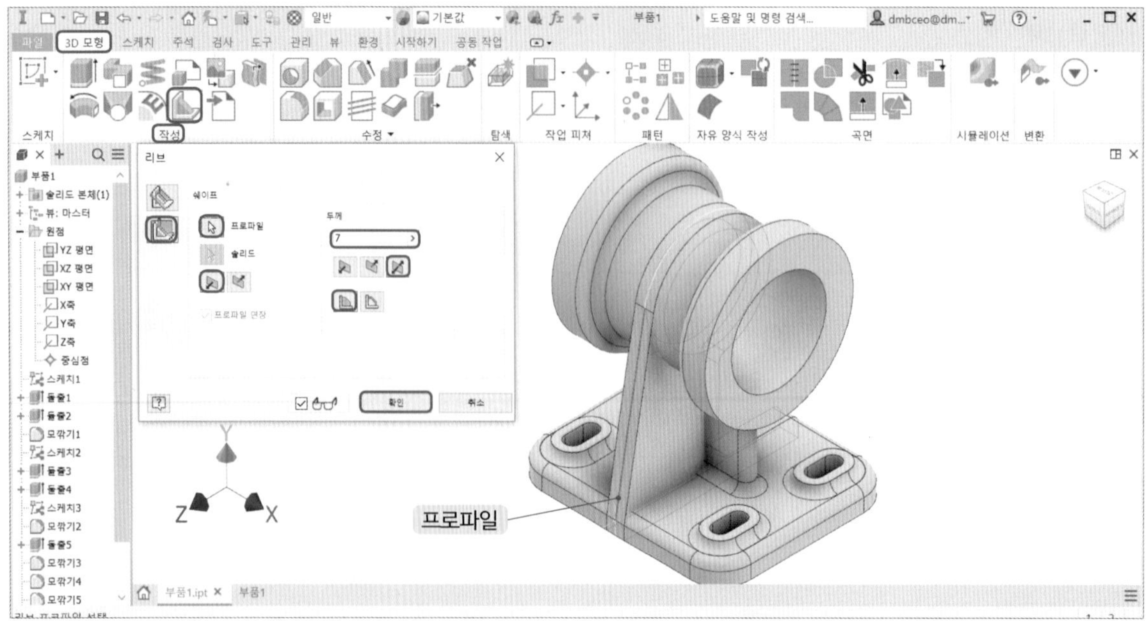

③ 리브 대칭 패턴하기

3D 모형 ⇨ 패턴 ⇨ 미러 ⇨ 개별 피쳐 대칭 ⇨ 피쳐(리브) ⇨ 미러 평면(XY 평면) ⇨ 확인

TIP>>

미러 평면은 모형탐색기에서 XY 평면을 선택하거나 XY 평면 아이콘을 선택한다.

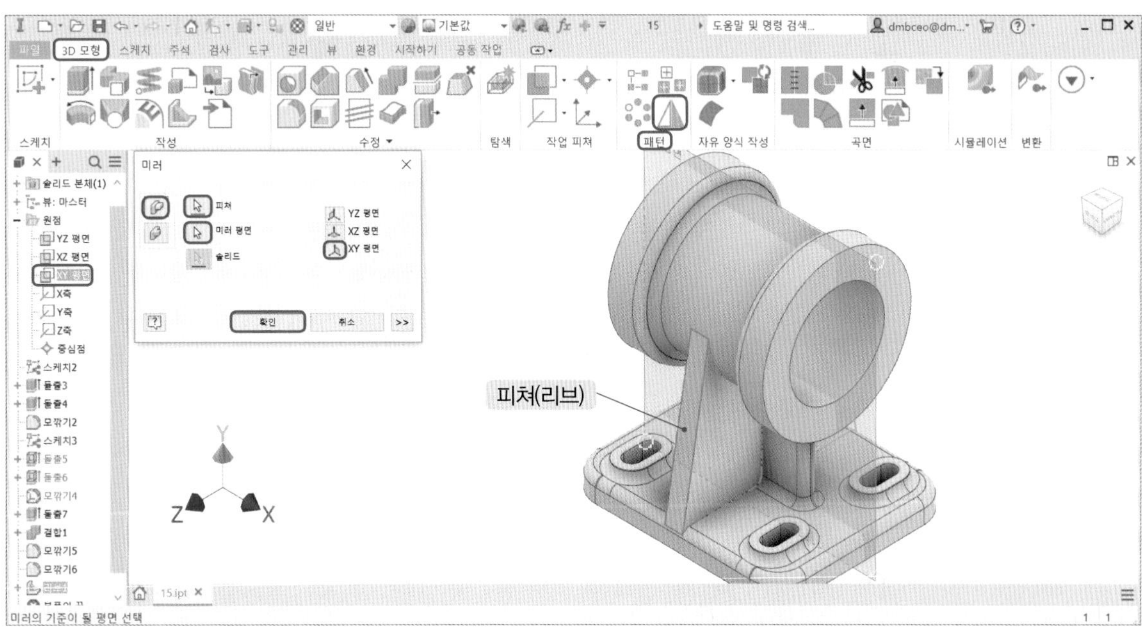

④ 모깎기하기

3D 모형 ⇨ 수정 ⇨ 모서리 모깎기 ⇨ 상수 ⇨ 모서리 ⇨ 반지름 3 ⇨ 확인

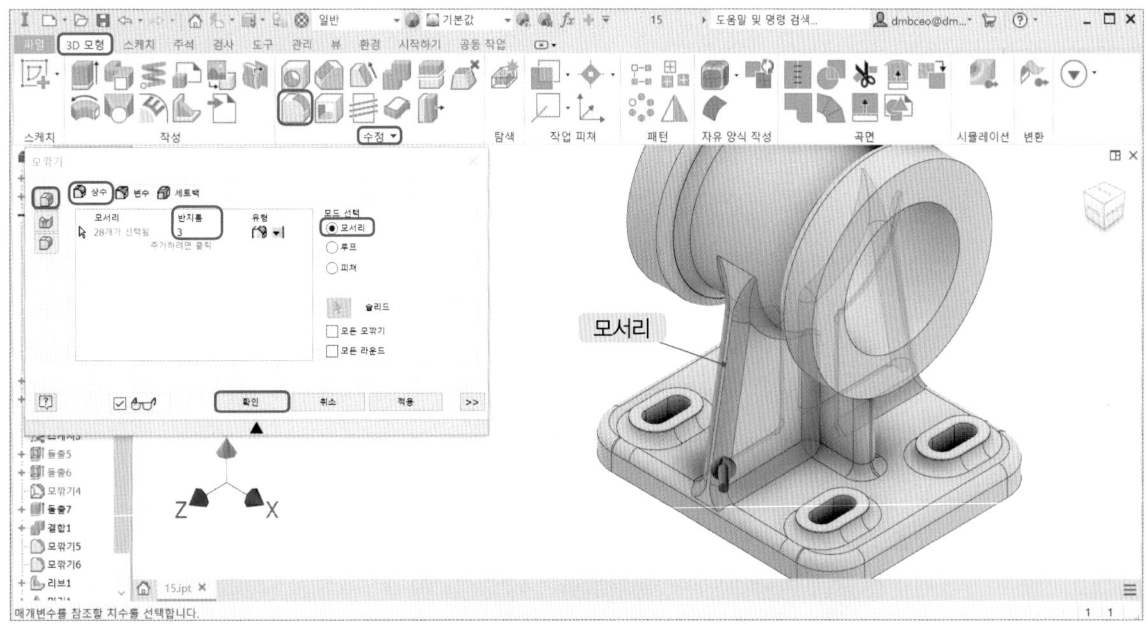

(5) 탭 모델링하기

① 스케치하기

원통 단면에 원과 직선을 스케치하고 치수를 입력한다. 원은 동심으로 구속조건하고 직선은 원의 중심에 일치 구속한다.

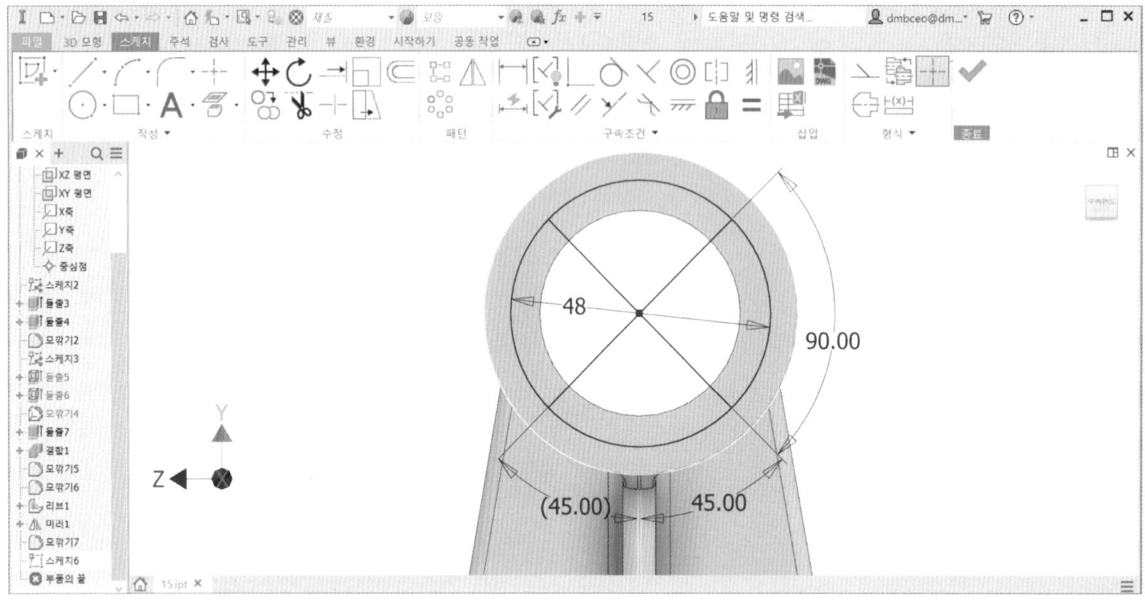

② 탭 작업하기

3D 모형 ⇨ 수정 ⇨ 구멍 ⇨ 입력 형상 ⇨ 위치 : 직선 끝점 선택(4개) ⇨ 유형 ⇨ 구멍 : 탭 구멍 ⇨ 시트 : 없음 ⇨ 스레드 ⇨ 유형 : ISO Metric profile ⇨ 크기 : 4 ⇨ 지점 : M4×0.7 ⇨ 방향 Ⓡ ⇨ 동작 ⇨ 종료 : 거리 ⇨ 방향 : 기본값 ⇨ 드릴 점 : 각도 ⇨ 나사 깊이 8 ⇨ 드릴 깊이 10 ⇨ 확인

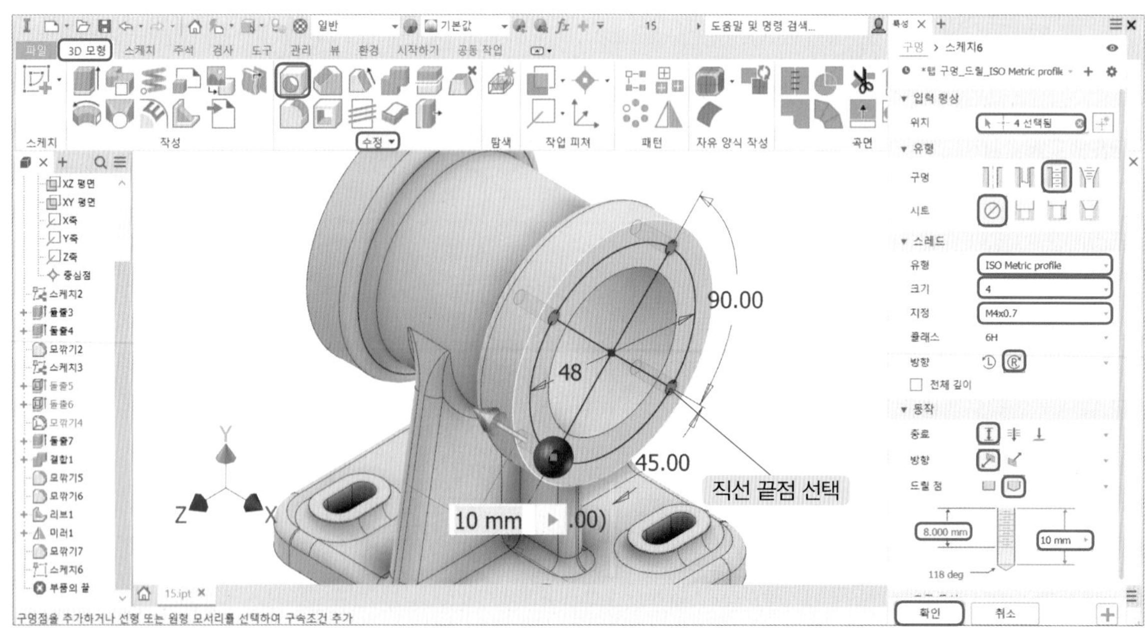

③ 대칭 패턴하기

3D 모형 ⇨ 패턴 ⇨ 미러 ⇨ 개별 피쳐 대칭 ⇨ 피쳐(탭 나사) ⇨ 미러 평면(YZ 평면) ⇨ 확인

TIP>>

미러 평면은 모형탐색기에서 YZ 평면을 선택하거나 YZ 평면 아이콘을 선택한다.

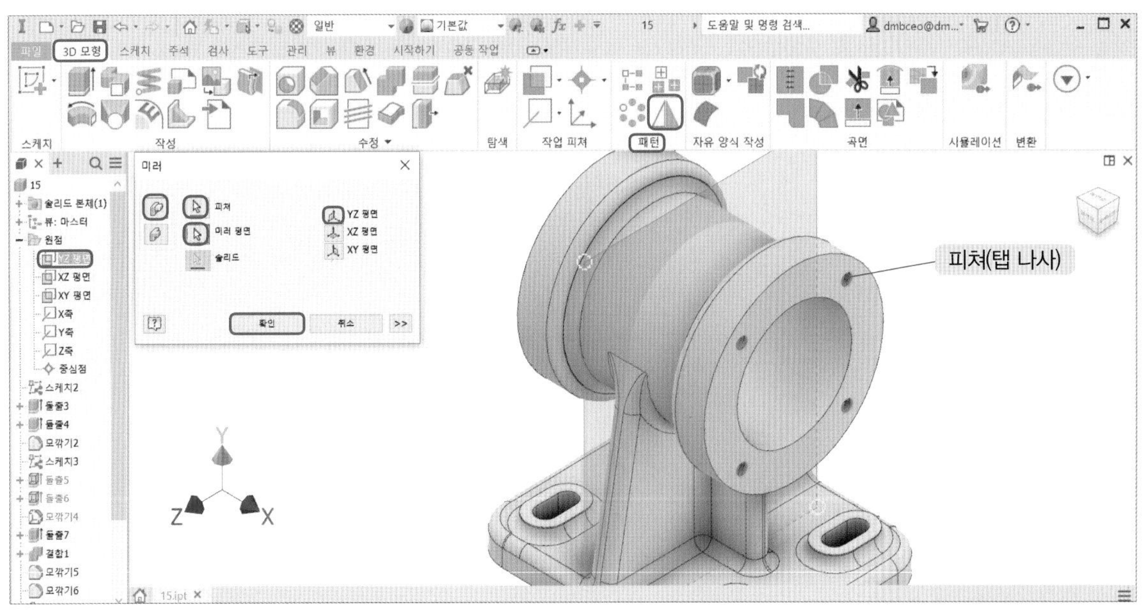

2 스프로킷 모델링하기

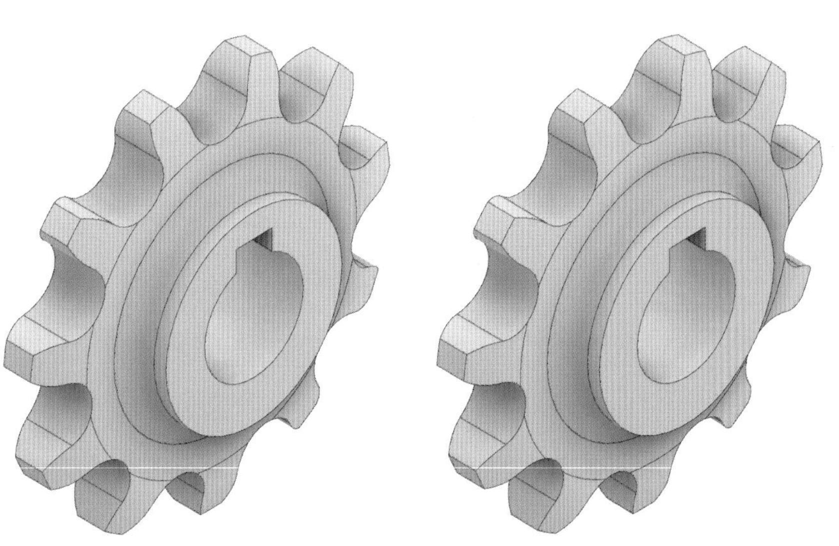

(1) 회전 모델링하기

① 스케치하기

XZ 평면에 그림과 같이 스케치하고 치수를 입력한다.

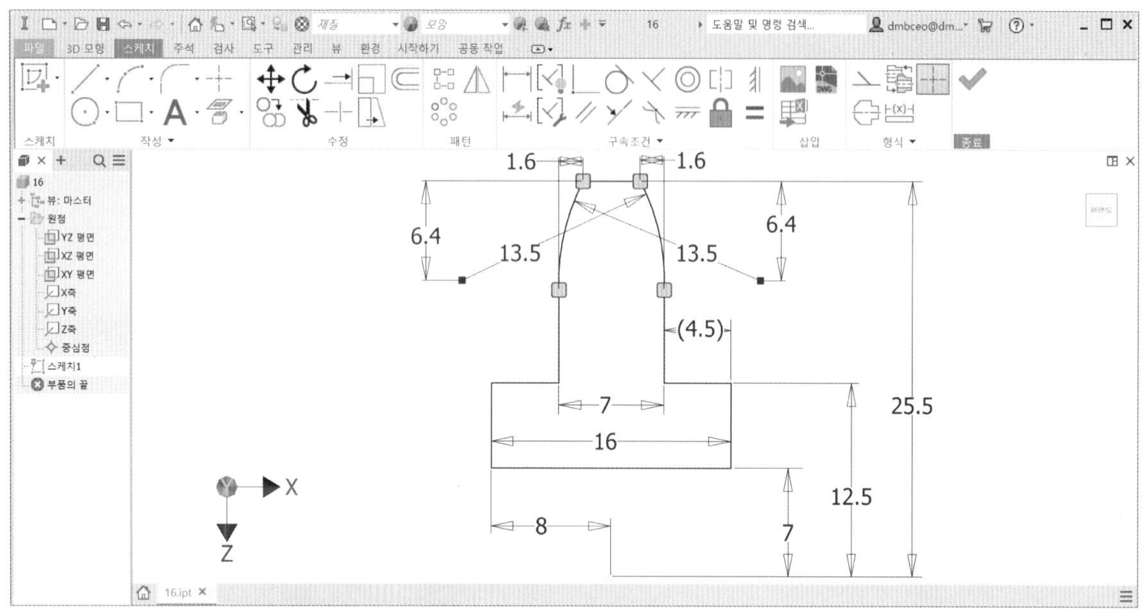

② 회전

3D 모형 ⇨ 작성 ⇨ 회전 ⇨ 입력 형상 ⇨ 프로파일 ⇨ 축(X축) ⇨ 동작 ⇨ 방향 : 기본값 ⇨ 각도 : 360deg ⇨ 확인

TIP>>

회전축은 모형탐색기에서 X축을 선택한다.

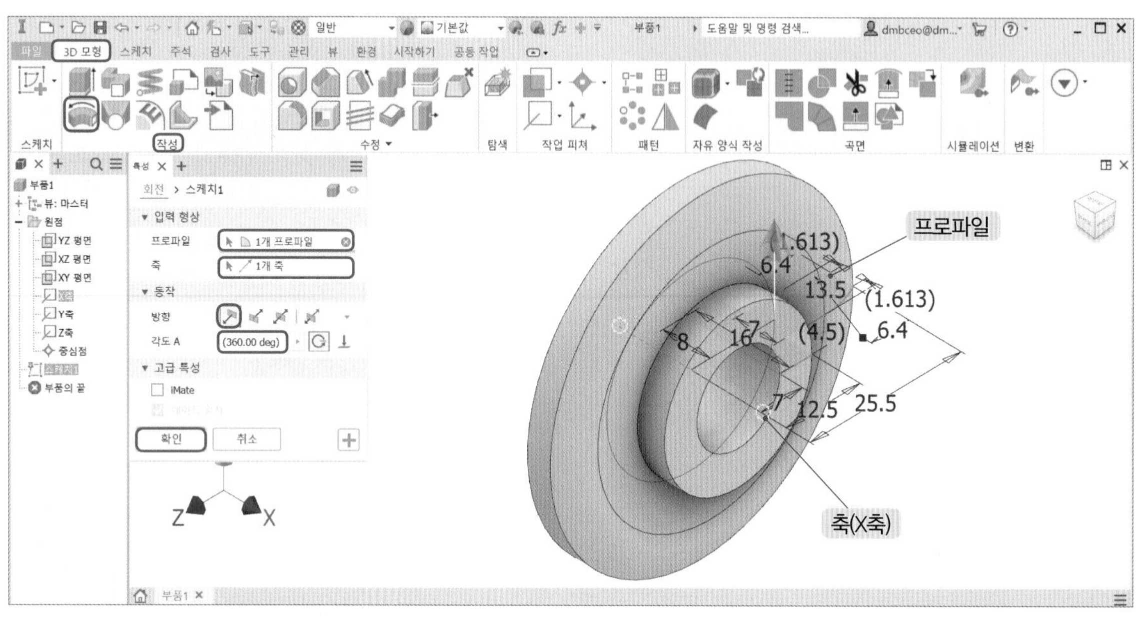

(2) 스프로킷 치형 모델링하기

① 스케치하기

YZ 평면에 그림과 같이 스케치하고 치수를 입력한다. 원의 중심은 피치원에 일치 구속하며, 롤러체인원과 원주피치원은 접선 구속하여 대칭한다.

수직선과 피치원은 구성선으로 변경한다.

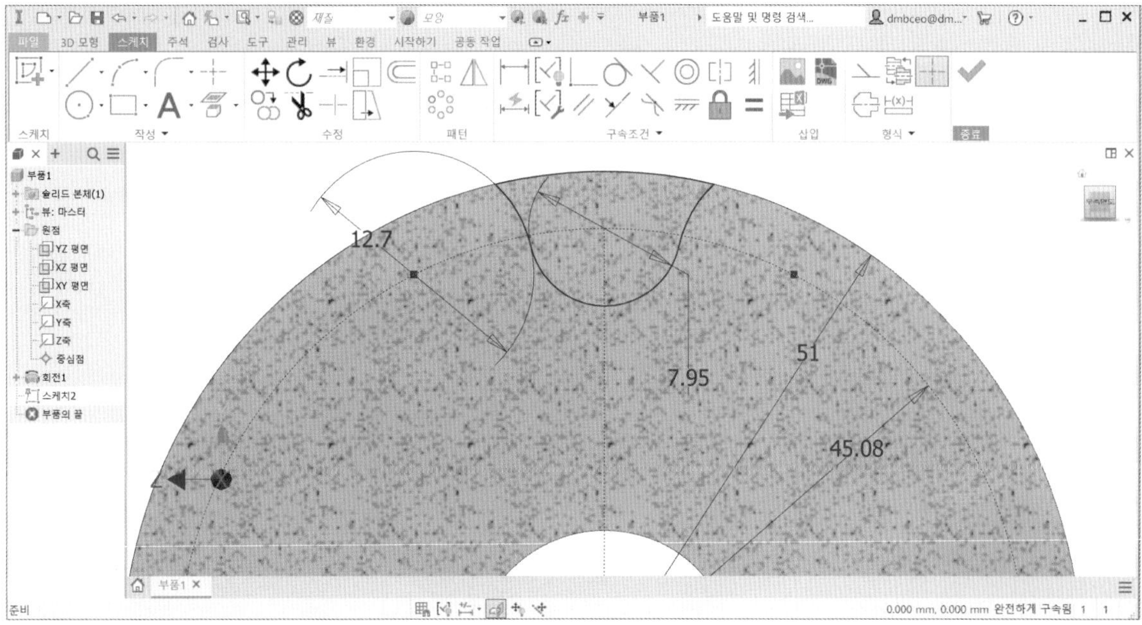

② 돌출하기

3D 모형 ⇨ 작성 ⇨ 돌출 ⇨ 입력 형상 ⇨ 프로파일 ⇨ 동작 ⇨ 방향 : 대칭 ⇨ 거리 7 ⇨ 출력 ⇨ 부울 : 잘라내기 ⇨ 확인

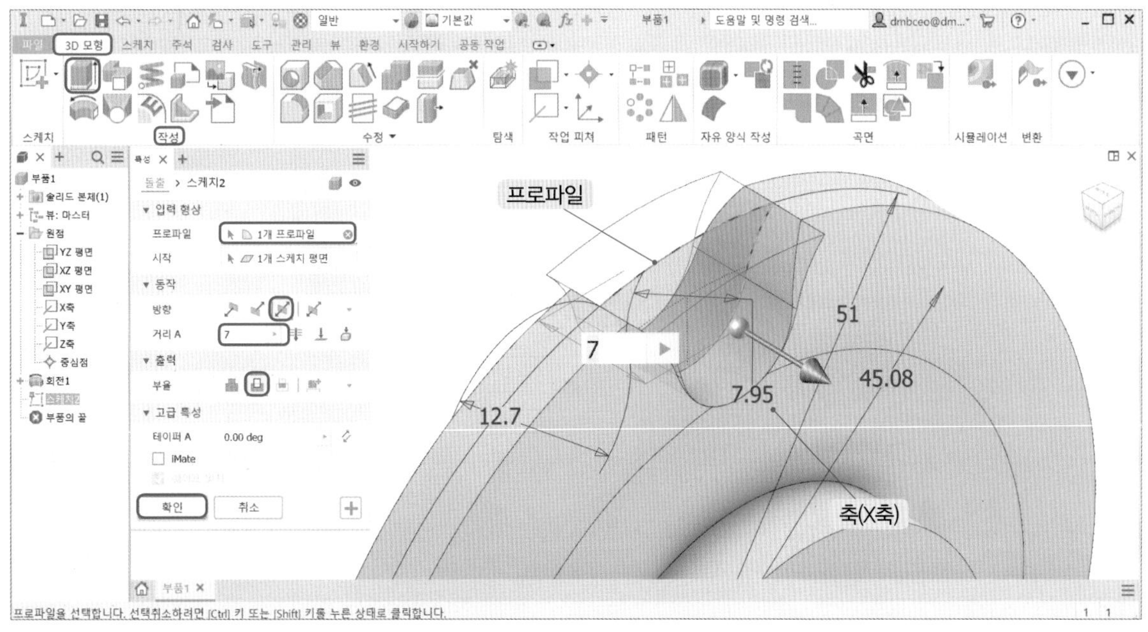

③ 원형 패턴하기

3D 모형 ⇨ 패턴 ⇨ 원형 패턴 ⇨ 개별 피처 패턴 ⇨ 피쳐(스프로킷 이) ⇨ 회전축 ⇨ 개수 11 ⇨ 각도 360 ⇨ 확인

TIP>>

회전축으로 원통 면을 선택하면 원통의 중심선이 회전축으로 선택된다. 또는 모형탐색기에서 X축을 선택하여 회전축으로 사용하기도 한다.

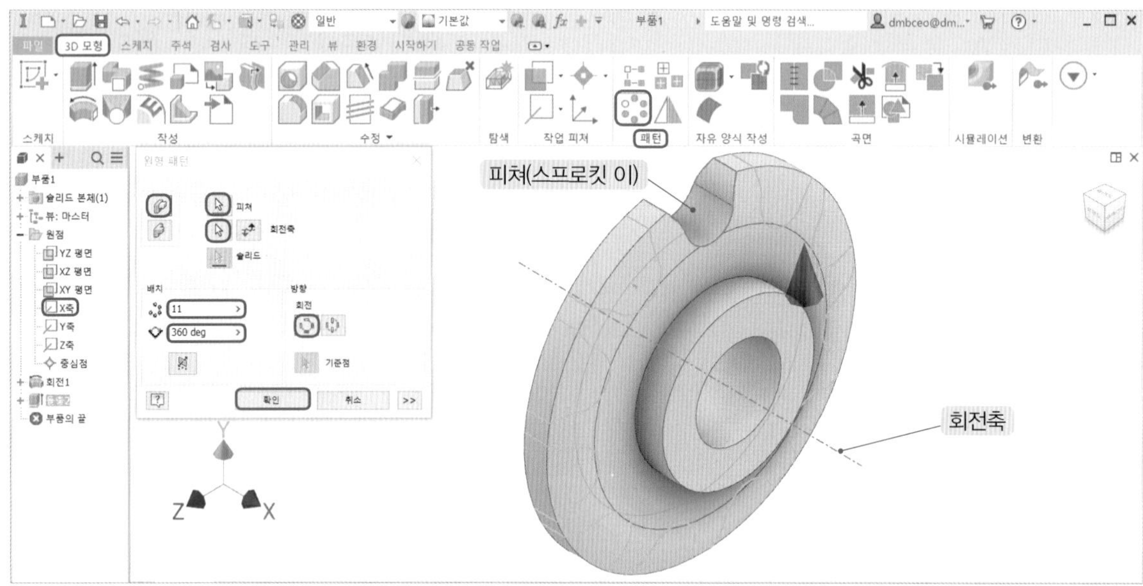

(4) 키 홈 모델링하기

① 스케치하기

YZ 평면에서 키 홈을 사각 스케치하고 치수를 입력한다.

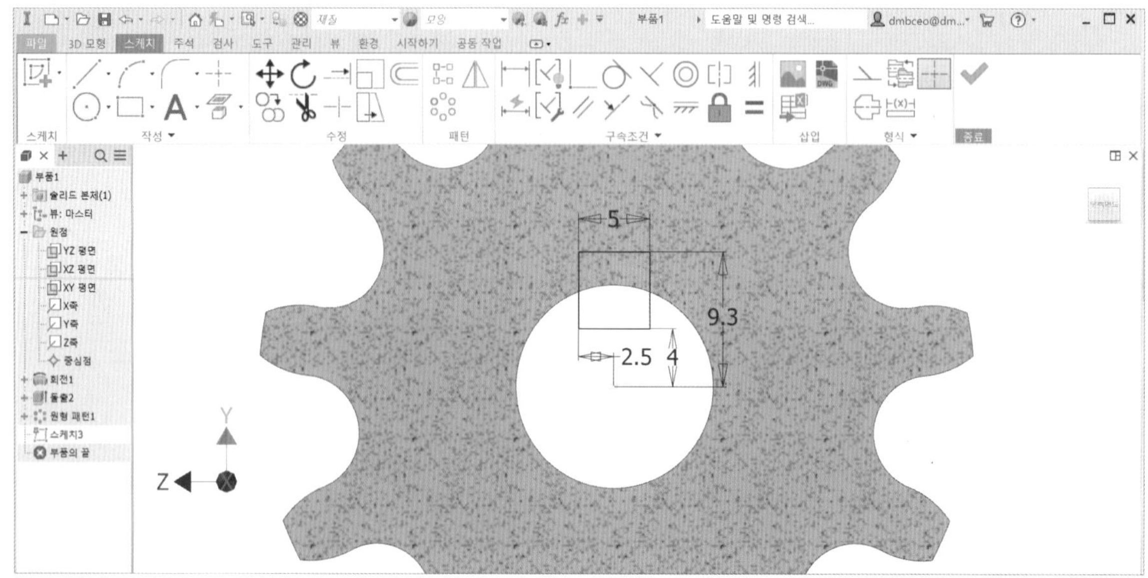

② 돌출 차집합하기

3D 모형 ⇨ 작성 ⇨ 돌출 ⇨ 입력 형상 ⇨ 프로파일 ⇨ 동작 ⇨ 방향 : 대칭 ⇨ 거리 16 ⇨ 출력 ⇨ 부울 : 잘라내기 ⇨ 확인

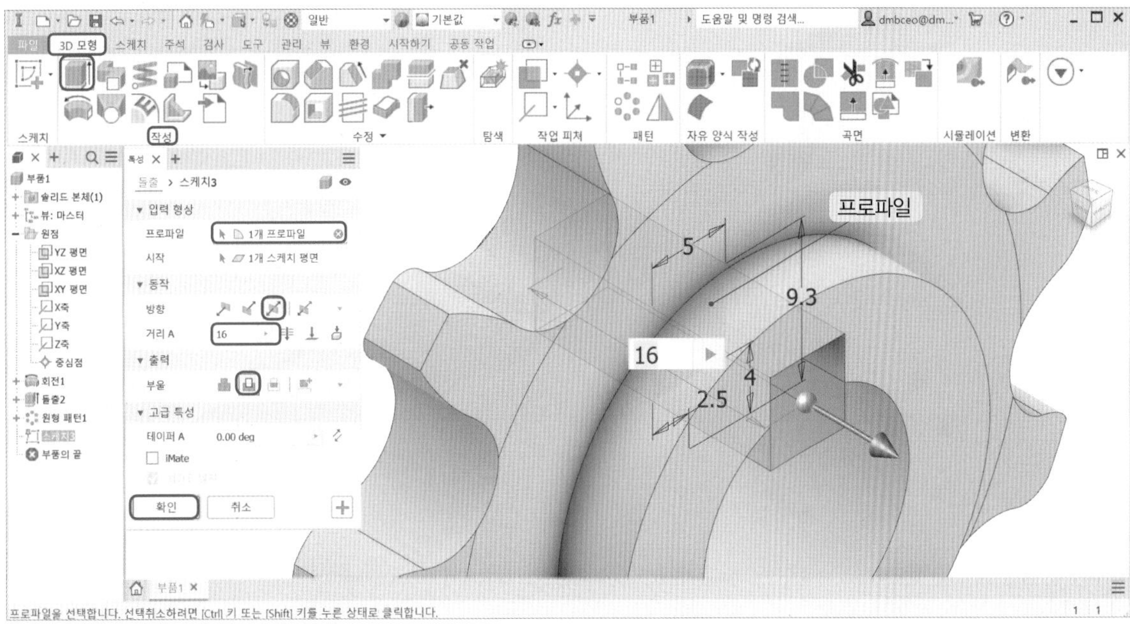

(5) 모깎기하기

3D 모형 ⇨ 수정 ⇨ 모서리 모깎기 ⇨ 상수 ⇨ 모서리 ⇨ 반지름 3 ⇨ 확인

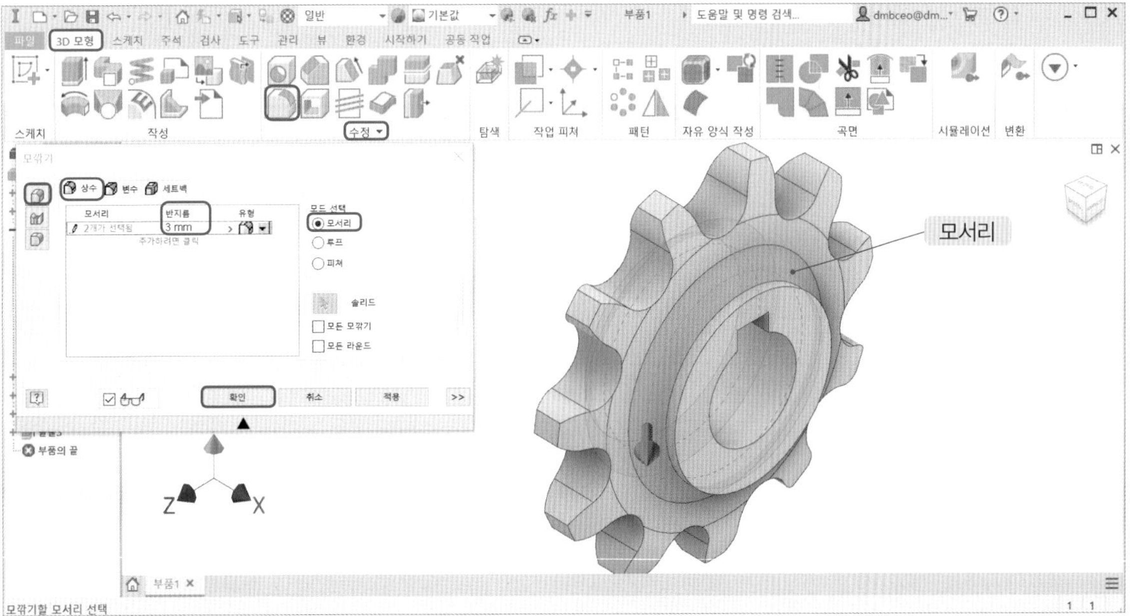

3 축 모델링하기

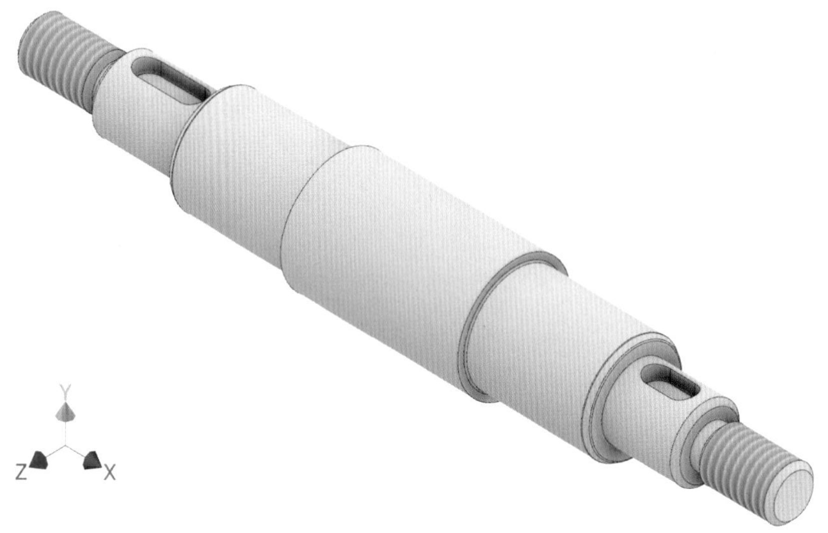

(1) 회전 모델링하기

① 스케치하기

XZ 평면에 그림과 같이 스케치하고 치수를 입력한다.

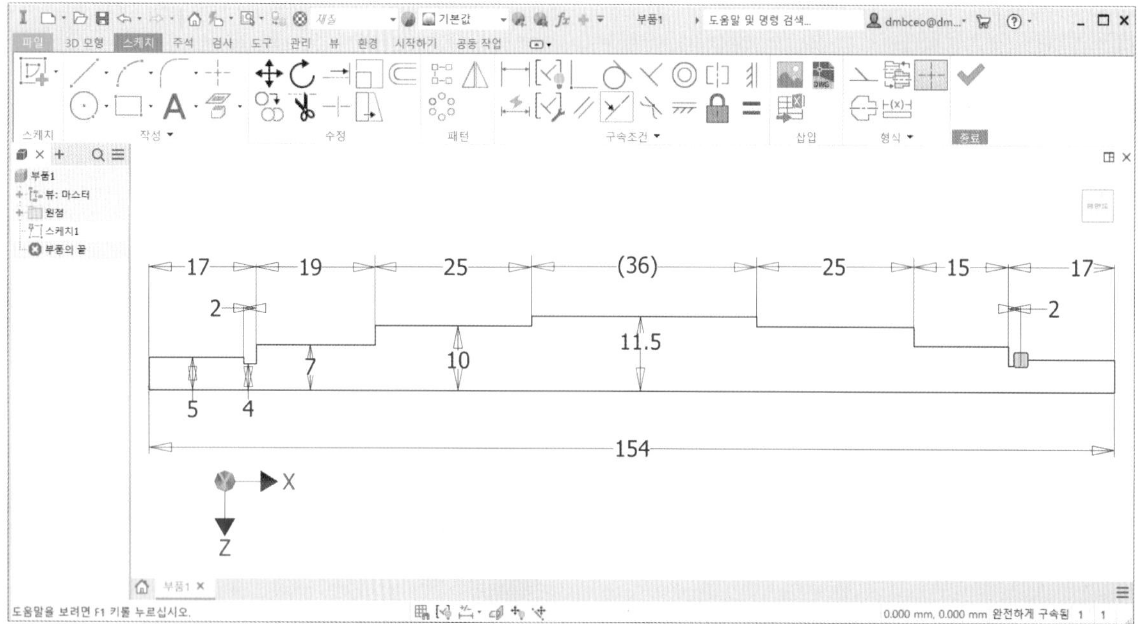

② 회전하기

3D 모형 ⇨ 작성 ⇨ 회전 ⇨ 입력 형상 ⇨ 프로파일 ⇨ 축(직선 선택) ⇨ 동작 ⇨ 방향 : 기본값 ⇨ 각도 : 360deg ⇨ 확인

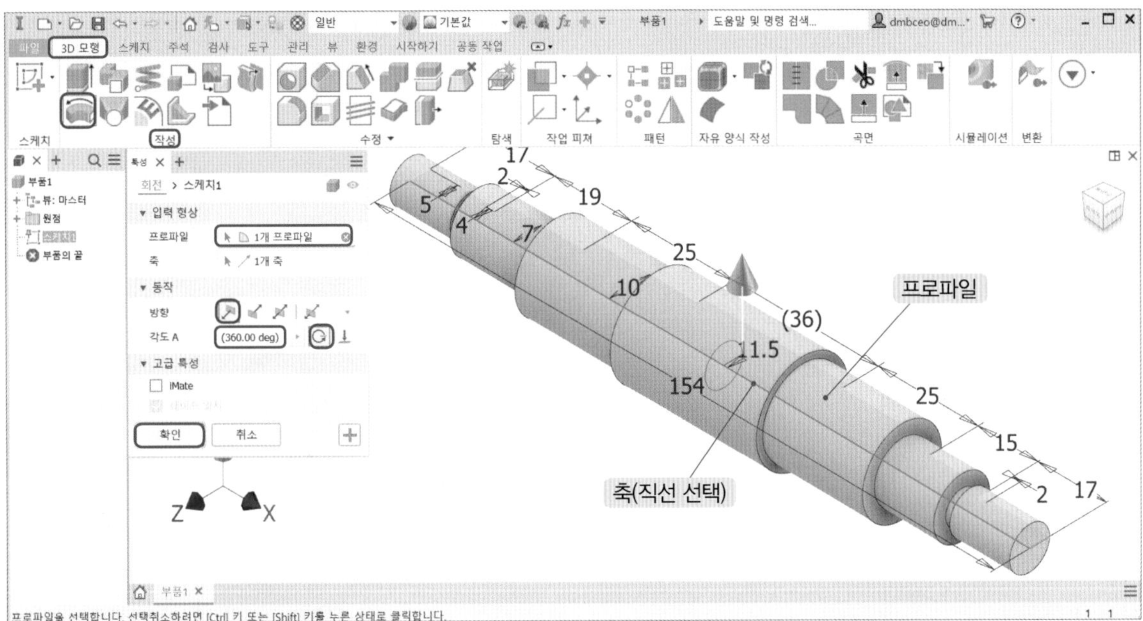

③ 거리(대칭)로 모따기하기

3D 모형 ⇨ 수정 ⇨ 모따기 ⇨ 거리 ⇨ 모서리 ⇨ 거리 1 ⇨ 계단 : 세트 백 ⇨ 확인

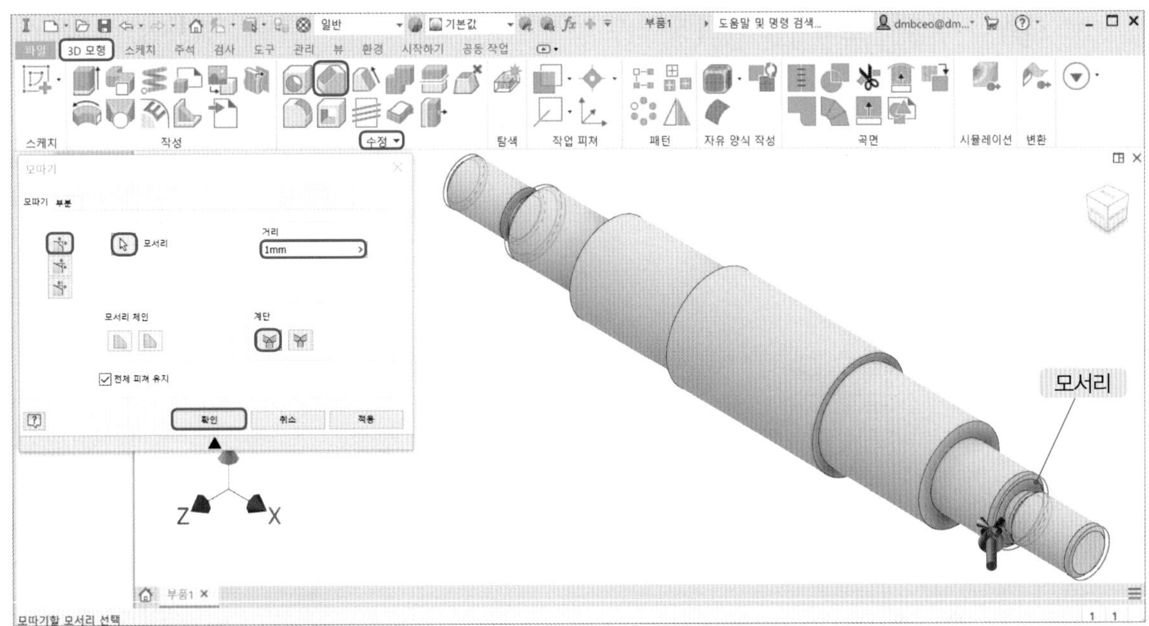

④ 스레드하기

3D 모형 ⇨ 수정 ⇨ 스레드 ⇨ 면 ⇨ 스레드 ⇨ 유형 : ANSI Metric M Profile ⇨ 크기 10 ⇨ 지정 M10×1.5 ⇨ 방향 Ⓡ ⇨ 동작 ⇨ 깊이 : 전체 깊이 켜짐 ⇨ 확인

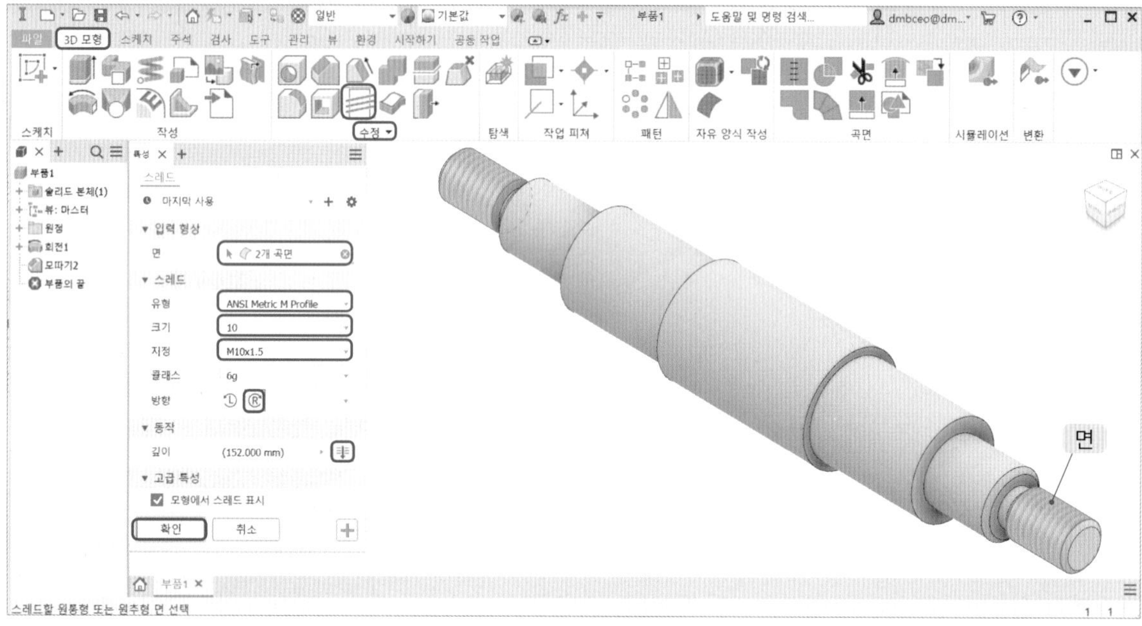

(2) 모따기하기

① 각도로 모따기하기

3D 모형 ⇨ 수정 ⇨ 모따기 ⇨ 거리 및 각도 ⇨ 면 ⇨ 모서리 ⇨ 거리 1.15 ⇨ 각도 30 ⇨ 확인 반대쪽도 같은 방법으로 모따기한다.

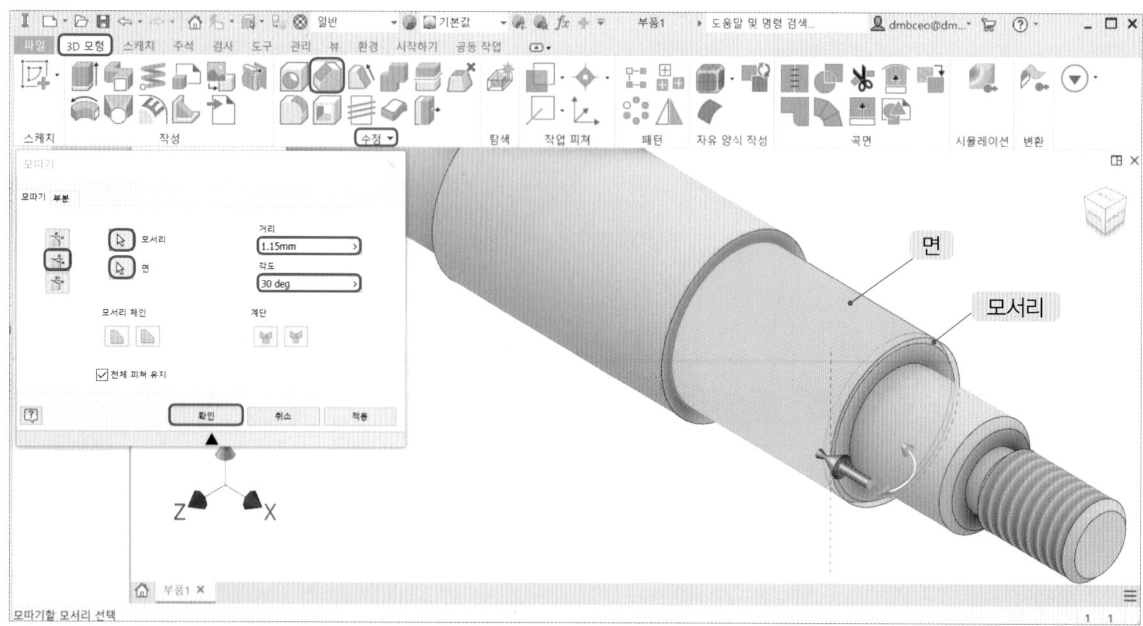

(3) 모깎기

3D 모형 ⇨ 수정 ⇨ 모서리 모깎기 ⇨ 상수 ⇨ 모서리 ⇨ 반지름 0.2 ⇨ 확인

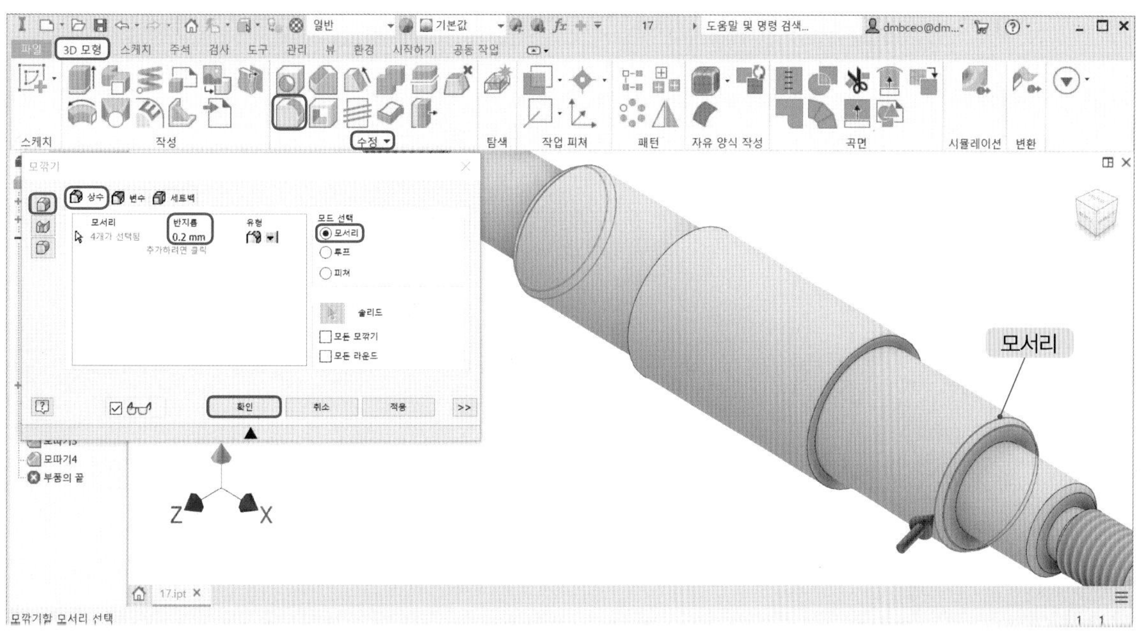

모서리 모깎기 ⇨ 상수 ⇨ 모서리 ⇨ 반지름 0.3 ⇨ 확인

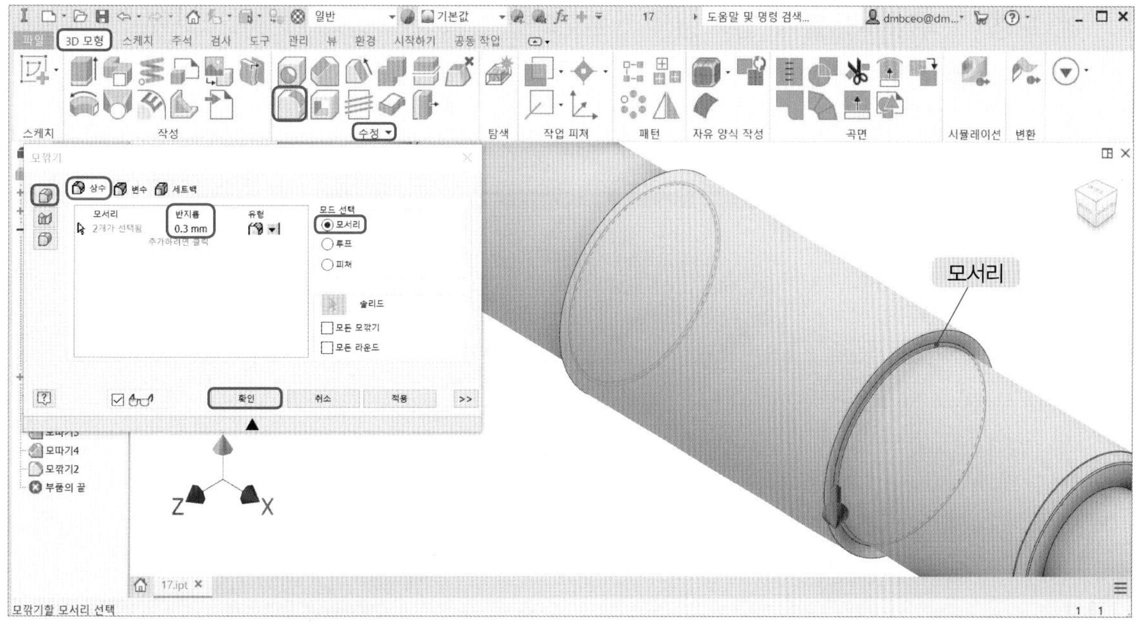

(4) 키 홈 모델링하기

① 스케치하기

XZ 평면에서 거리 4인 스케치 평면에 그림과 같이 스케치하고 치수를 입력한다.

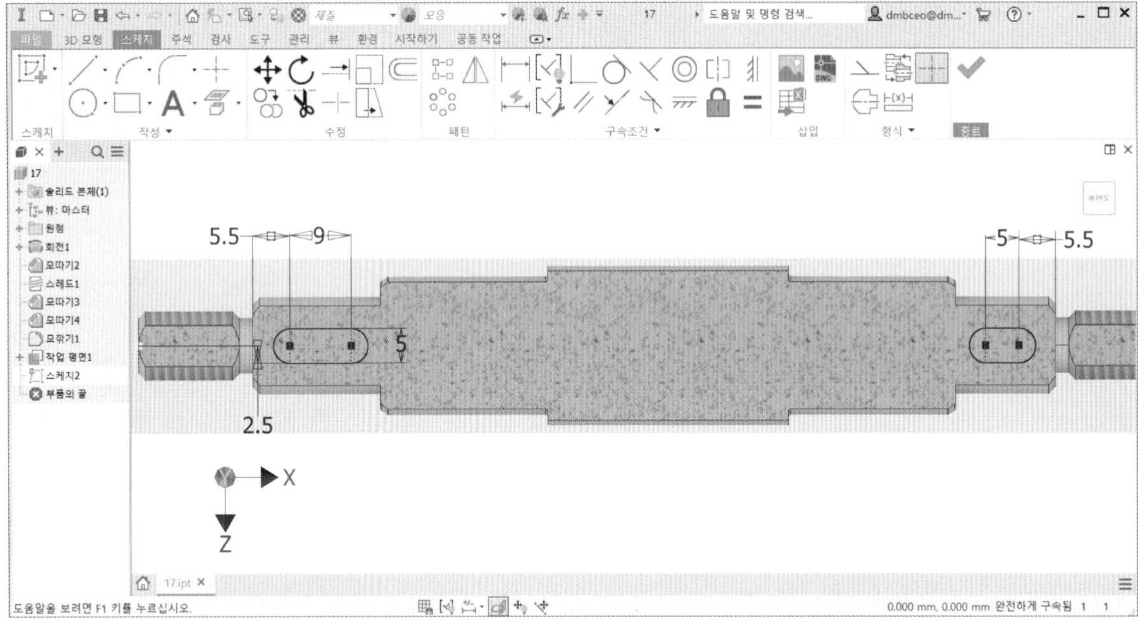

② 돌출 차집합하기

3D 모형 ⇨ 작성 ⇨ 돌출 ⇨ 입력 형상 ⇨ 프로파일 ⇨ 동작 ⇨ 방향 : 기본값 ⇨ 거리 3 ⇨ 출력 ⇨ 부울 : 잘라내기 ⇨ 확인

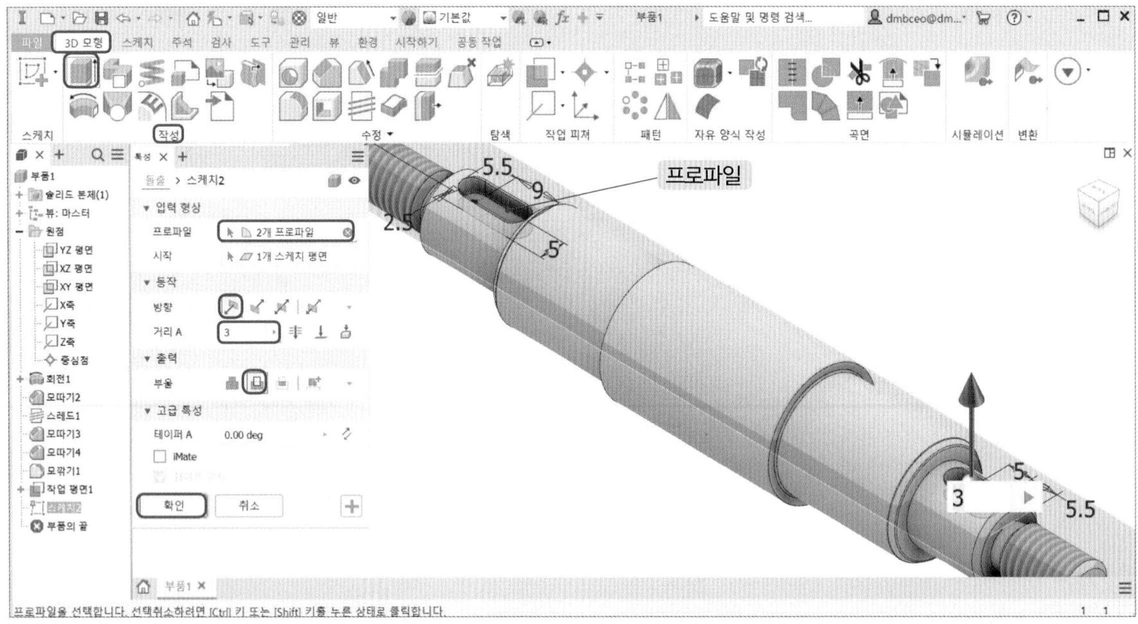

4 V벨트 풀리 모델링하기

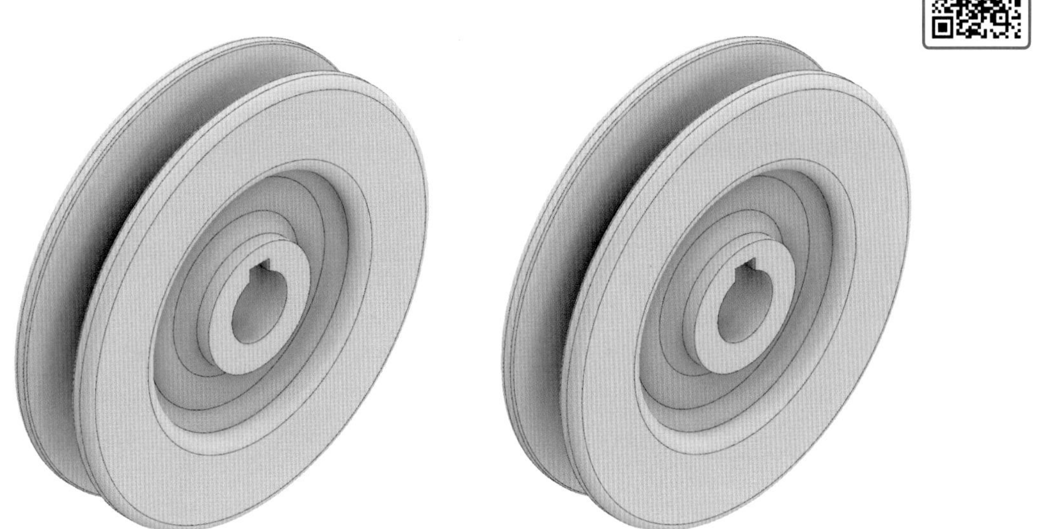

(1) 회전 모델링하기

① 스케치하기

XZ 평면에 그림과 같이 스케치하고 치수를 입력한다. 호칭지름은 ∅79이며, 직선 9.2, 양 끝점에 빗변을 일치 구속하고 구성선으로 변경한다.

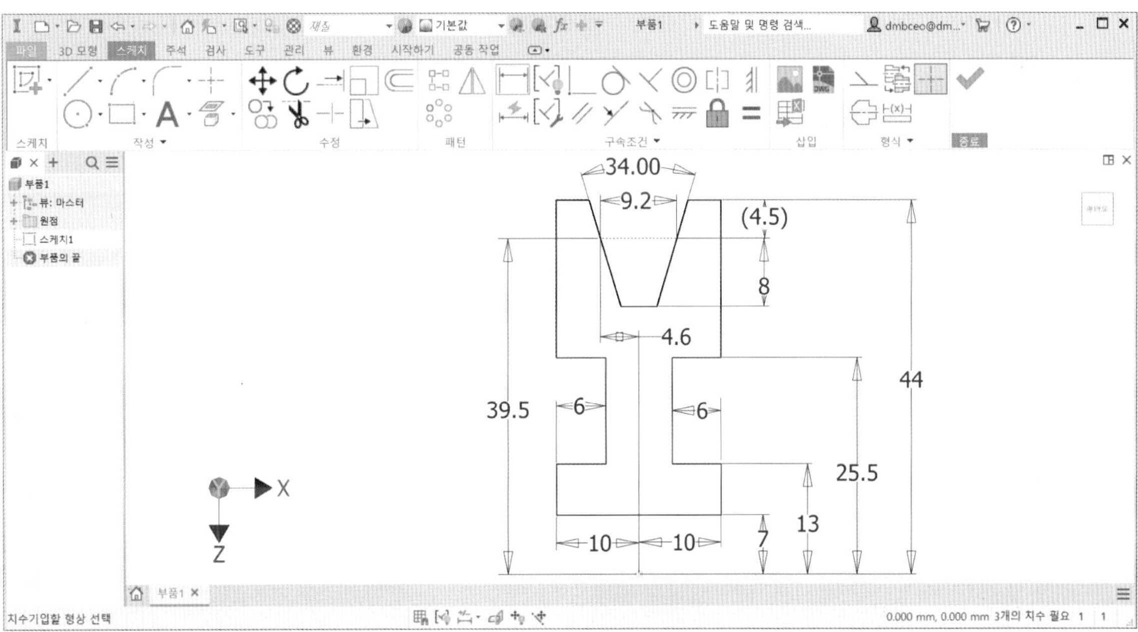

② 회전하기

3D 모형 ⇨ 작성 ⇨ 회전 ⇨ 입력 형상 ⇨ 프로파일 ⇨ 축(X축) ⇨ 동작 ⇨ 방향 : 기본값 ⇨ 각도 : 360deg ⇨ 확인

TIP>>

회전축은 모형탐색기에서 X축을 선택한다.

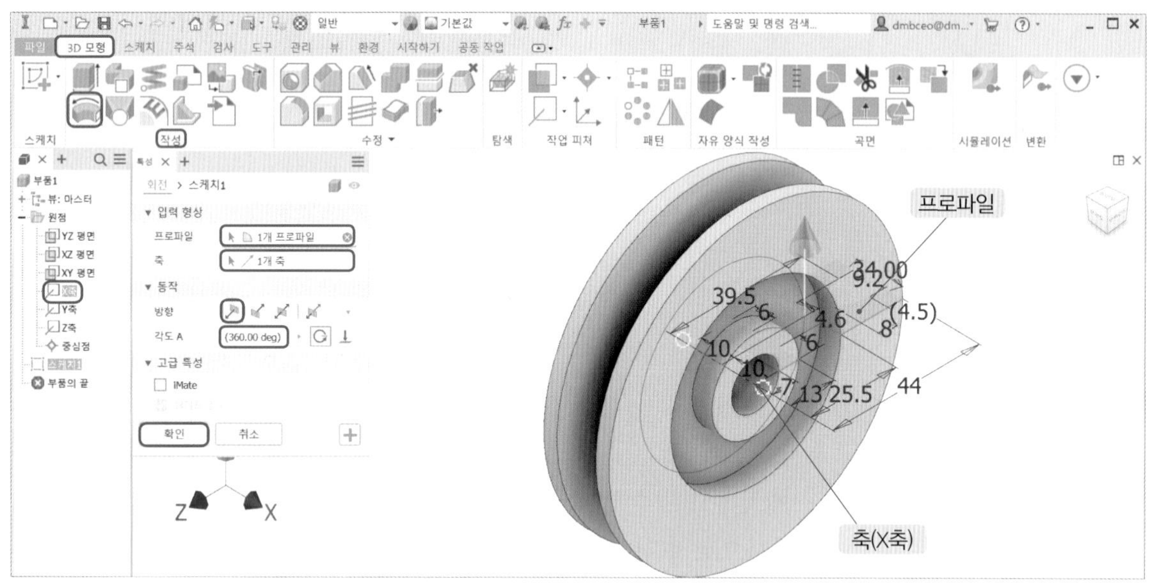

(2) 키 홈 모델링하기

① 스케치하기

YZ 평면에서 키 홈의 사각을 스케치하고 치수를 입력한다.

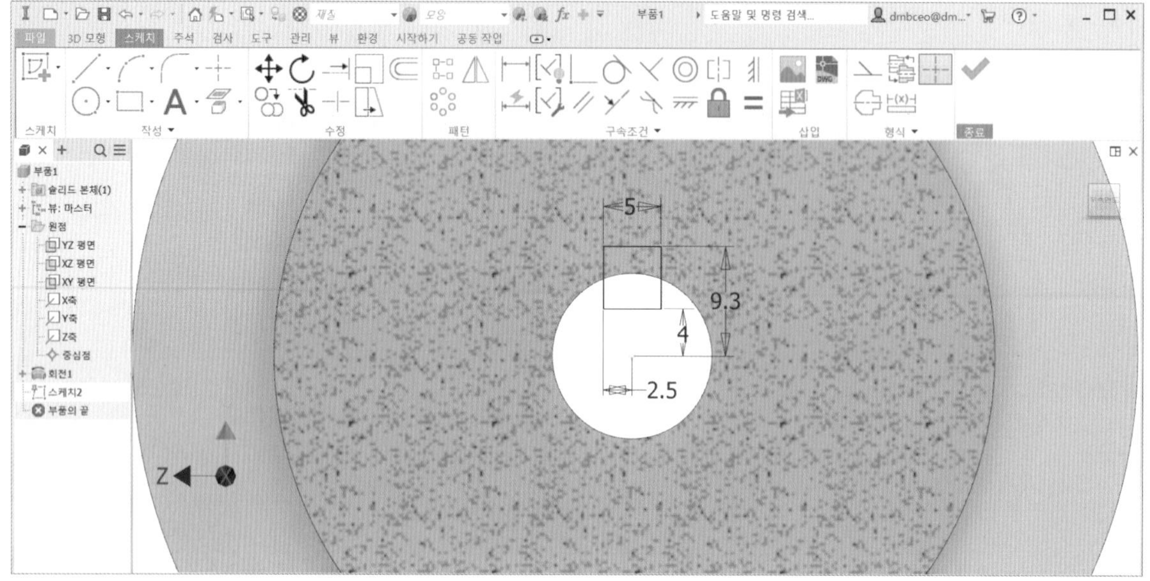

② 돌출 차집합하기

3D 모형 ⇨ 작성 ⇨ 돌출 ⇨ 입력 형상 ⇨ 프로파일 ⇨ 동작 ⇨ 방향 : 대칭 ⇨ 거리 20 ⇨ 출력 ⇨ 부울 : 잘라내기 ⇨ 확인

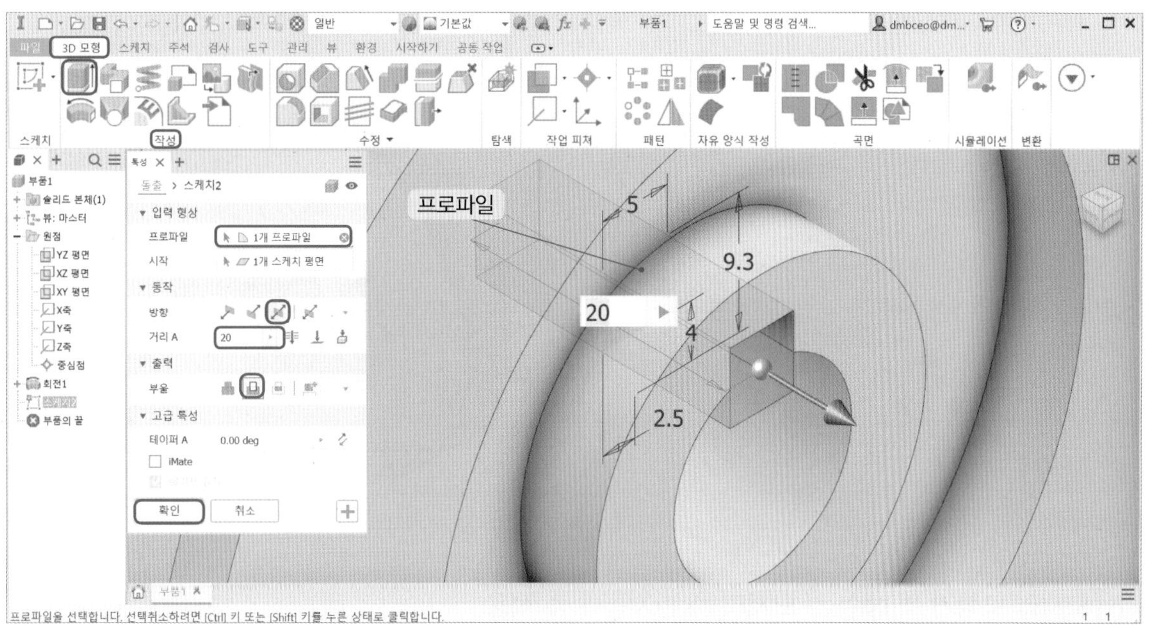

(3) 모깎기하기

3D 모형 ⇨ 수정 ⇨ 모서리 모깎기 ⇨ 상수 ⇨ 모서리 ⇨ 반지름 2 ⇨ 적용

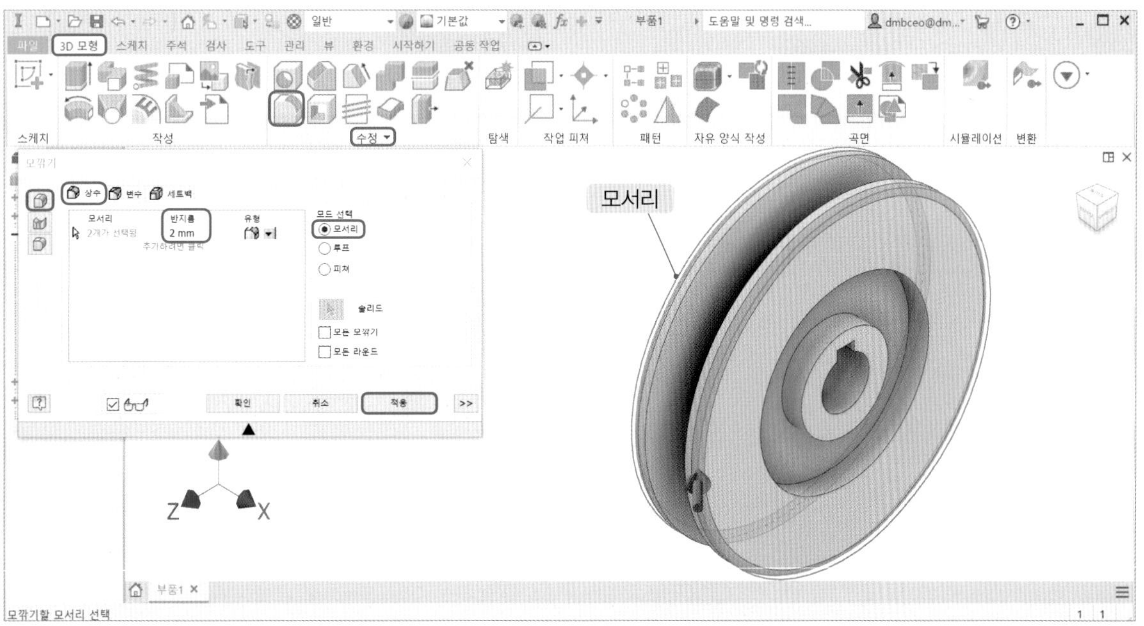

모서리 모깎기 ⇨ 상수 ⇨ 모서리 ⇨ 반지름 0.5 ⇨ 적용

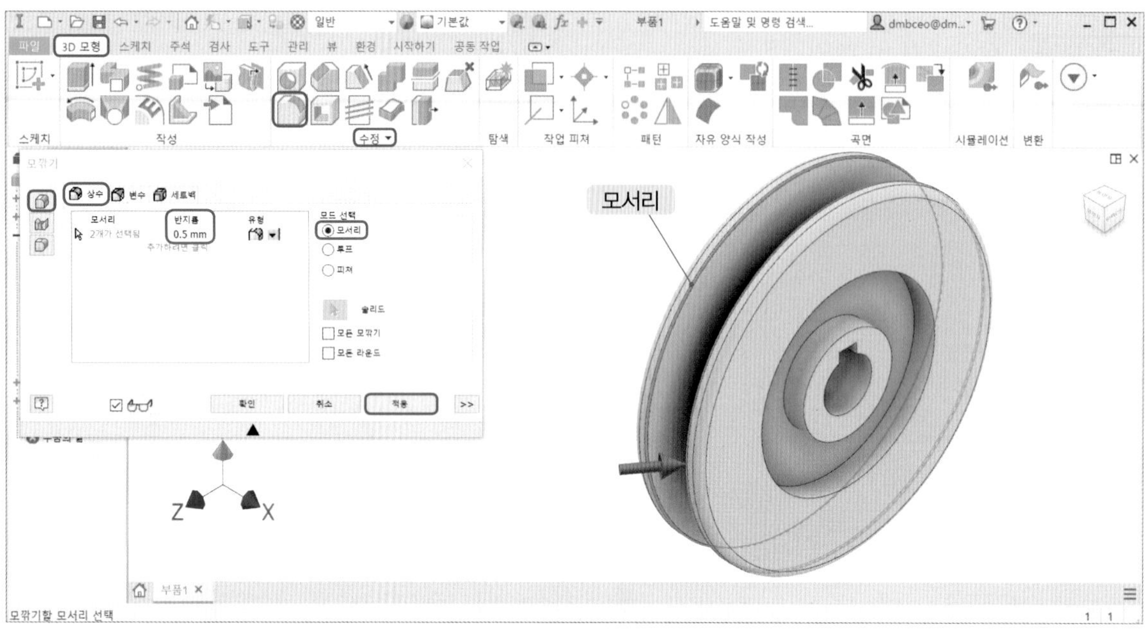

모서리 모깎기 ⇨ 상수 ⇨ 모서리 ⇨ 반지름 1 ⇨ 적용

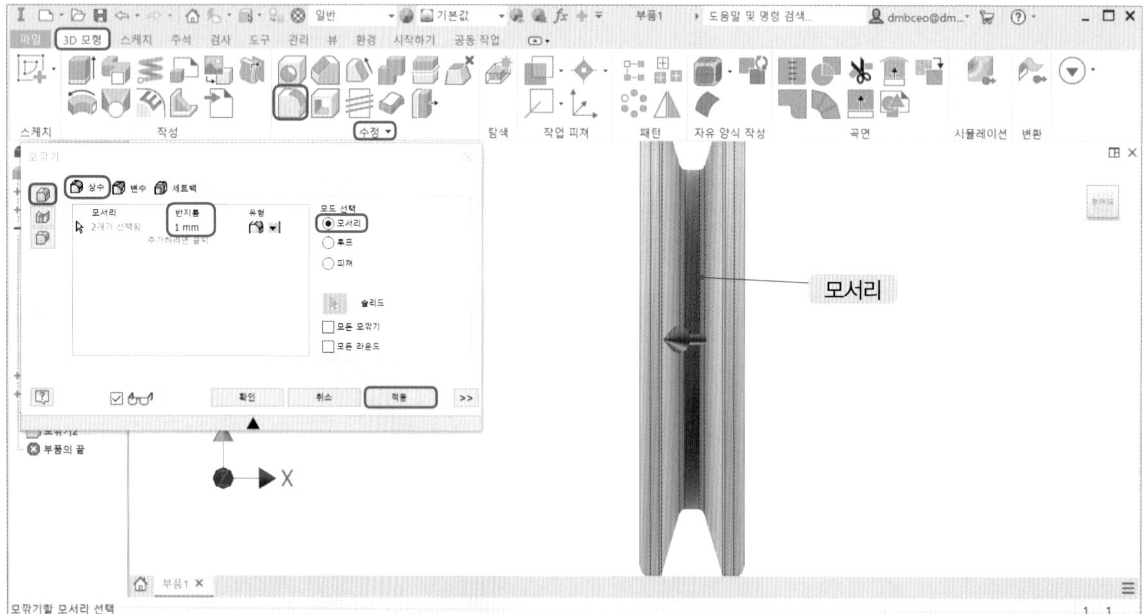

모서리 모깎기 ⇨ 상수 ⇨ 모서리 ⇨ 반지름 3 ⇨ 확인

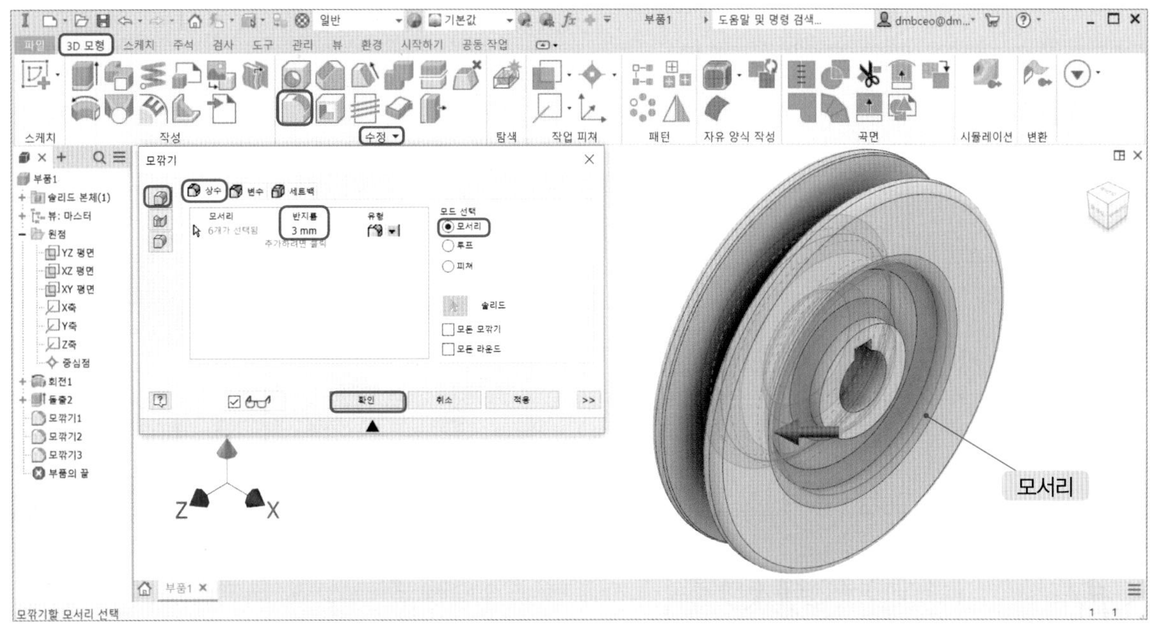

드릴 지그

설계 변경	• 'A'부 치수를 50으로 변경하시오. • 'B'부 치수를 60으로 변경하시오. • 'C'부 치수를 16으로 변경하시오.

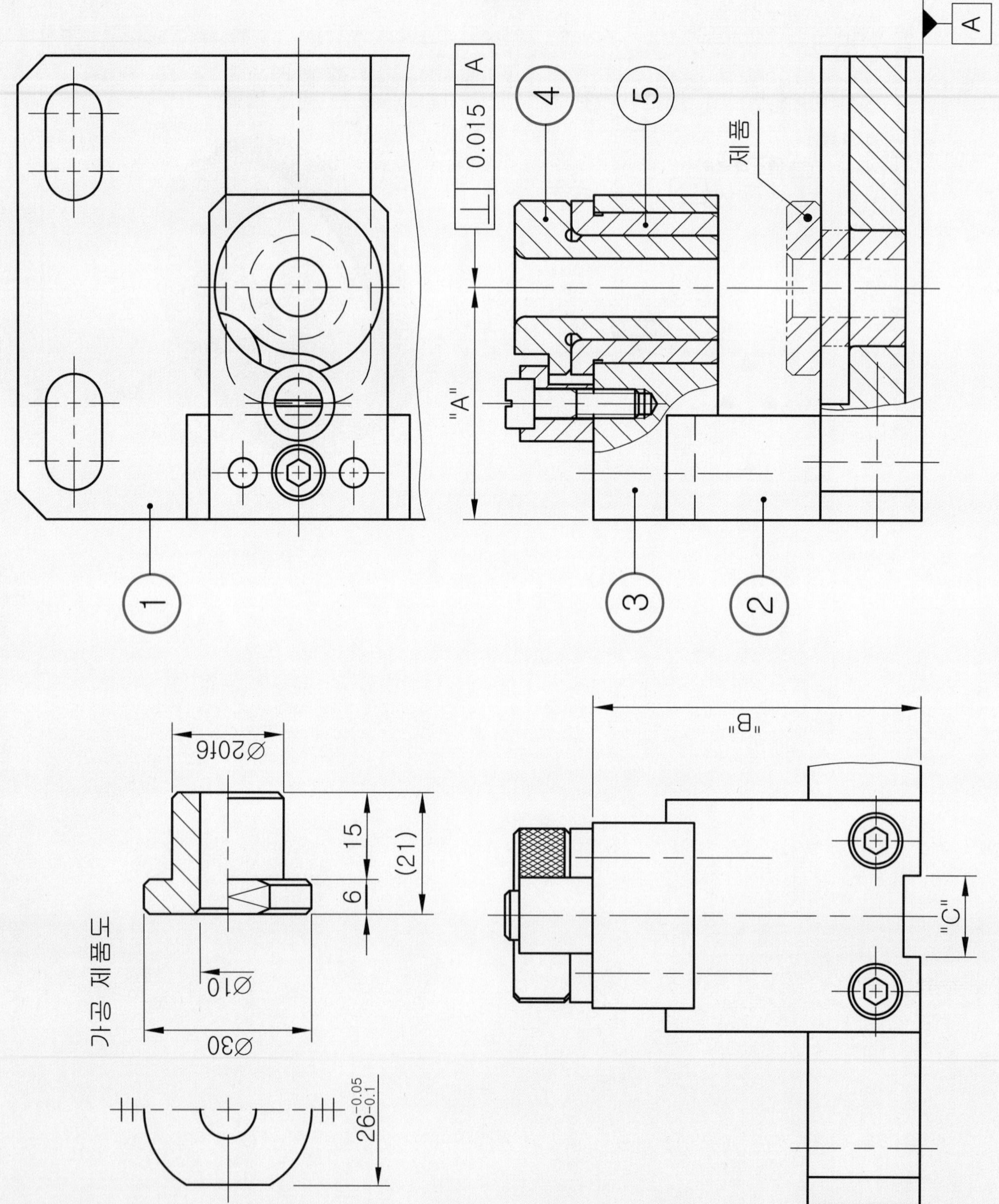

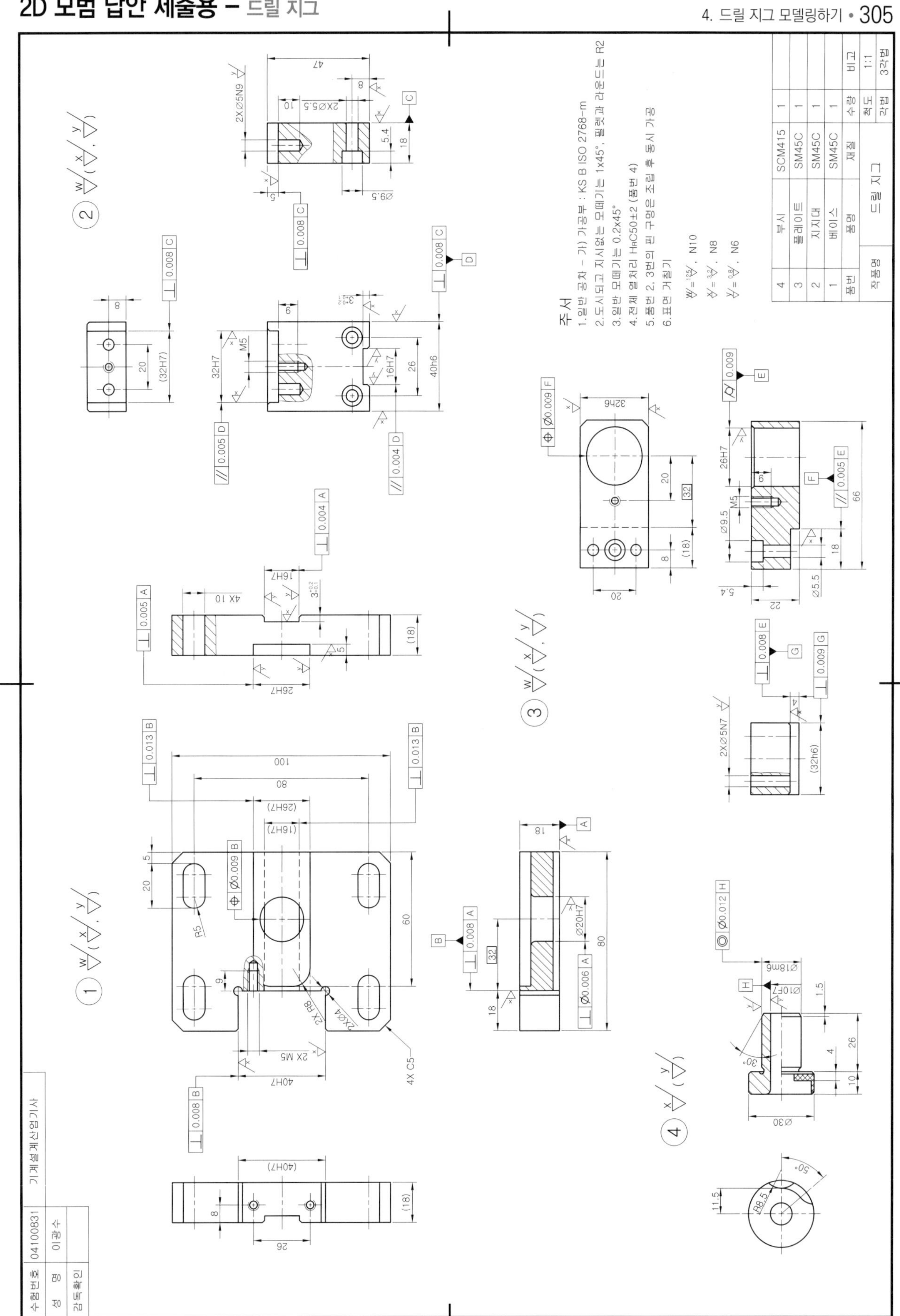
주 서
1.일반 공차 - 가) 가공부 : KS B ISO 2768-m
2.도시되고 지시없는 모떼기는 1x45°, 필렛과 라운드는 R2
3.일반 모떼기는 0.2x45°
4.전체 열처리 HRC50±2 (품번 4)
5.품번 2, 3번의 핀 구멍은 조립 후 동시 가공
6.표면 거칠기
4 부시 SCM415 1
3 플레이트 SM45C 1
2 지지대 SM45C 1
1 베이스 SM45C 1
품번 품명 재질 수량 비고
작품명 드릴 지그 척도 1:1 각법 3각법
수험번호 04100831 기계설계산업기사
성 명 이광수
감독확인

3D 모범 답안 제출용 - 드릴 지그

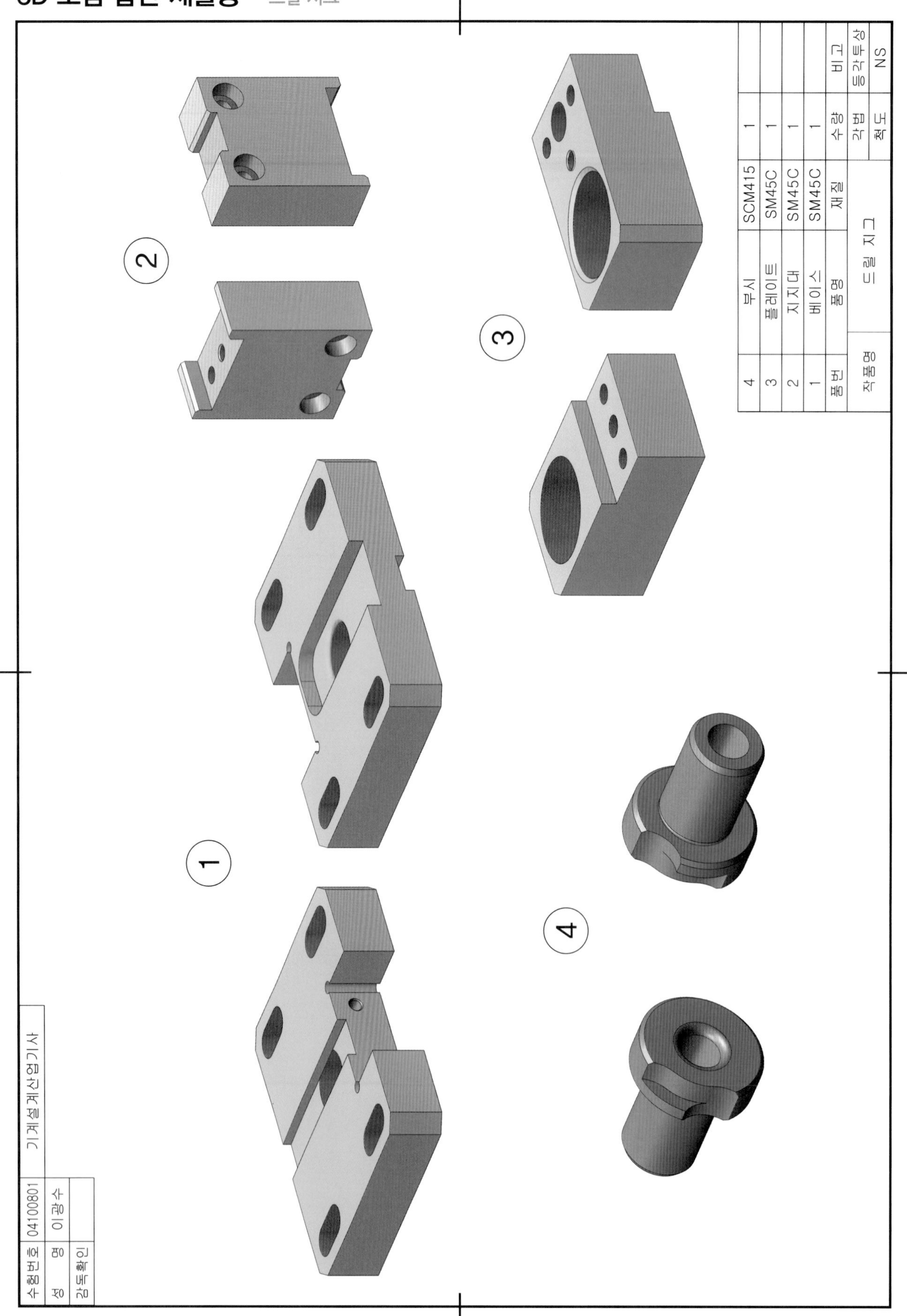

4 드릴 지그 모델링하기

1 베이스 모델링하기

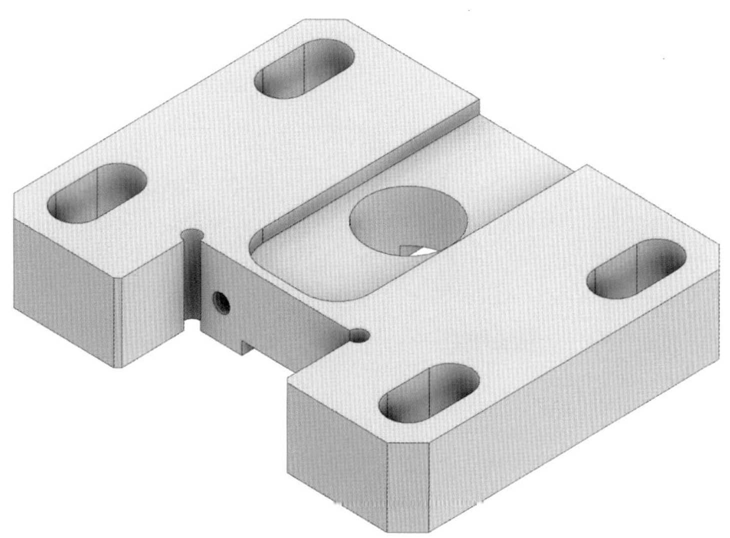

(1) 베이스 돌출 모델링하기

① 스케치하기

XY 평면에 스케치하고 치수와 구속조건을 입력한다.

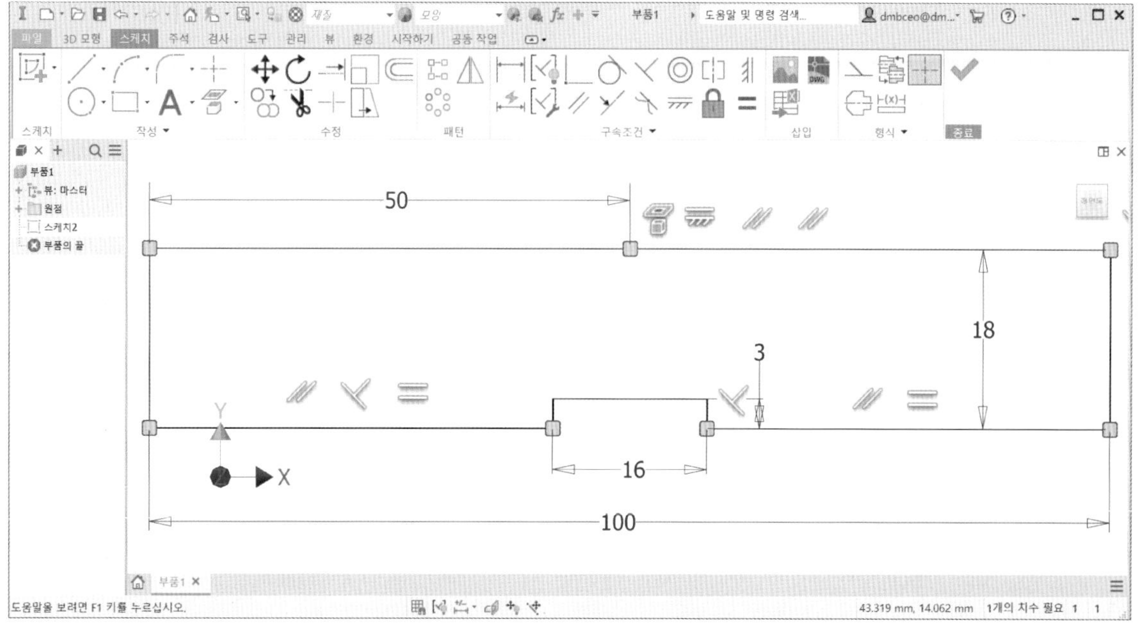

② 돌출하기

3D 모형 ⇨ 작성 ⇨ 돌출 ⇨ 입력 형상 ⇨ 프로파일 ⇨ 동작 ⇨ 방향 : 기본값 ⇨ 거리 80 ⇨ 확인

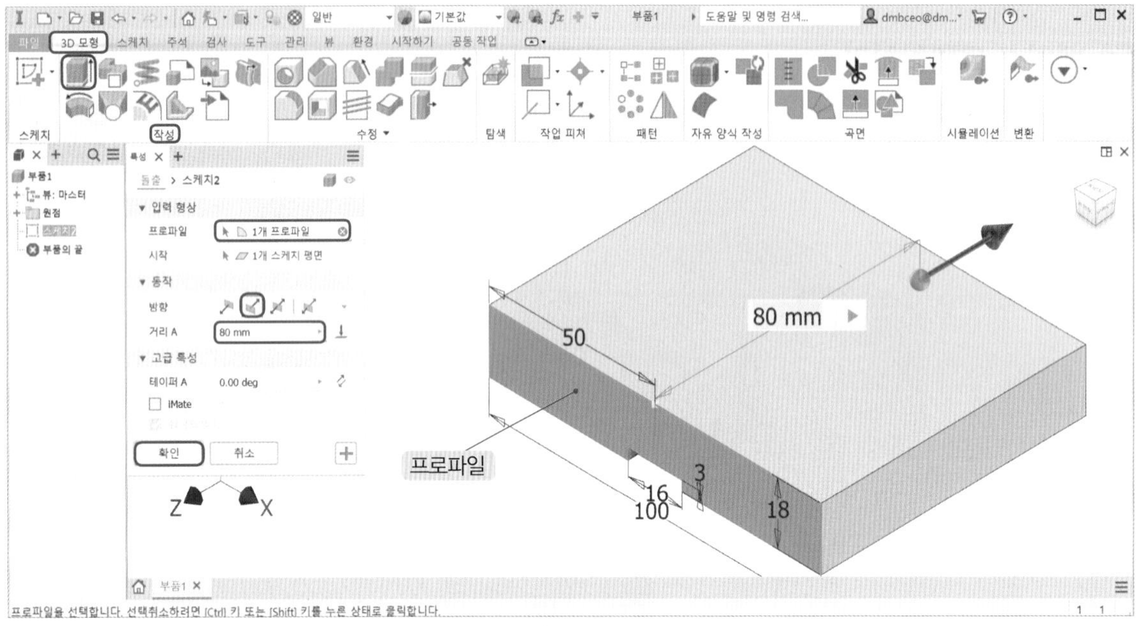

(2) 차집합 돌출 모델링하기

① 스케치하기

XZ 평면에 사각형과 원을 스케치하고 치수를 입력한다.

패턴 ⇨ 직사각형 패턴 ⇨ 형상(볼트 자리) ⇨ 방향 1 ⇨ 개수 2 ⇨ 거리 50 ⇨ 방향 2 ⇨ 개수 2 ⇨ 거리 80 ⇨ 확인

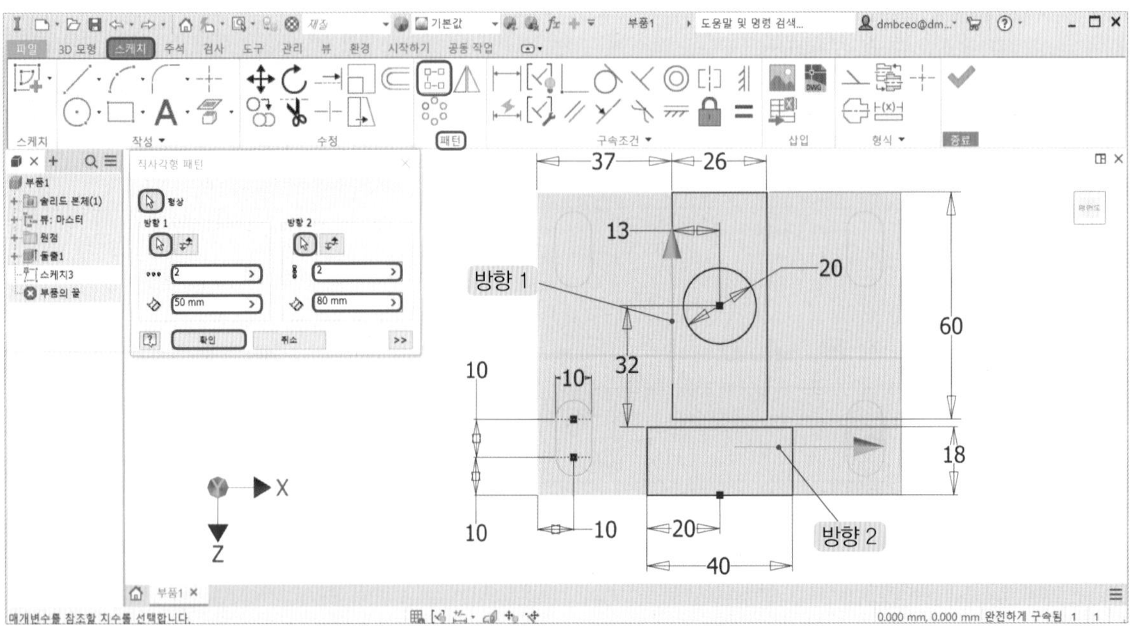

② 잘라내기 돌출하기

3D 모형 ⇨ 작성 ⇨ 돌출 ⇨ 입력 형상 ⇨ 프로파일 ⇨ 동작 ⇨ 방향 : 반전 ⇨ 거리 18 ⇨ 출력 ⇨ 부울 : 잘라내기 ⇨ 확인

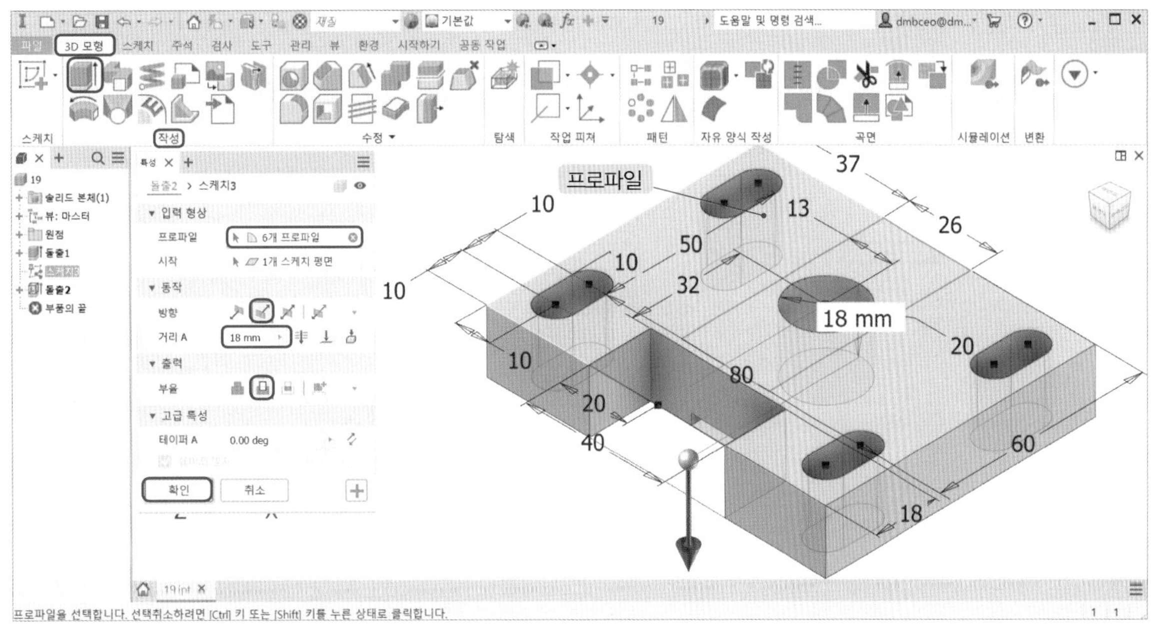

3D 모형 ⇨ 작성 ⇨ 돌출 ⇨ 입력 형상 ⇨ 프로파일 ⇨ 동작 ⇨ 방향 : 반전 ⇨ 거리 5 ⇨ 출력 ⇨ 부울 : 잘라내기 ⇨ 확인

TIP>>

모형 ⇨ 돌출에서 스케치 오른쪽을 클릭하여 가시성 ☑체크하면 스케치가 활성화된다.

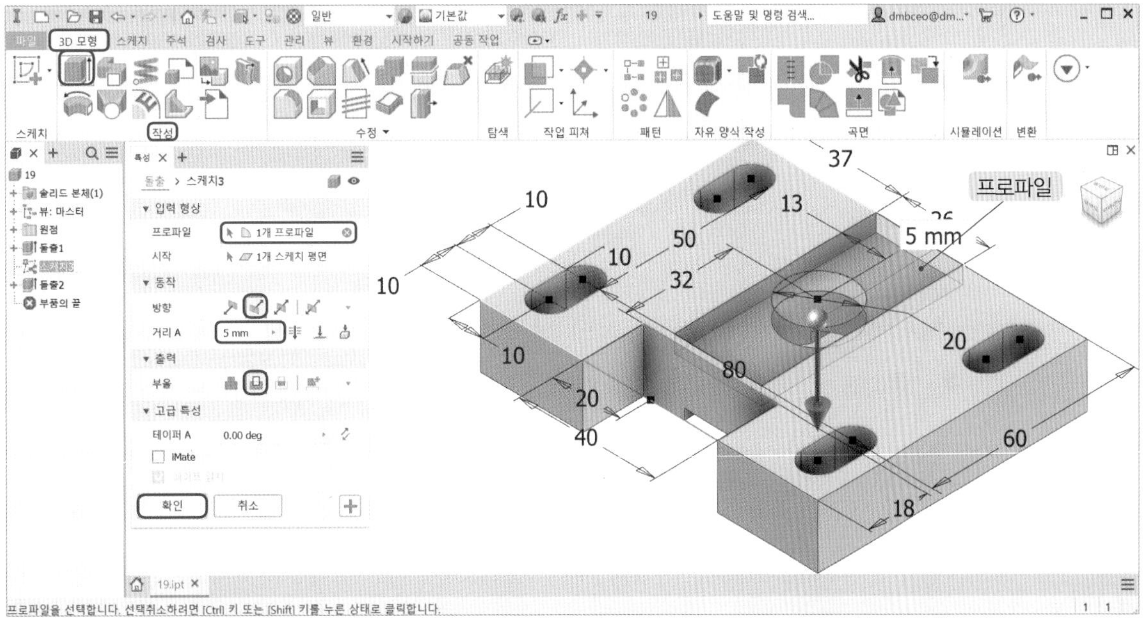

③ 구멍 작업하기

3D 모형 ⇨ 수정 ⇨ 구멍 ⇨ 입력 형상 ⇨ 위치(꼭짓점) ⇨ 유형 ⇨ 구멍 : 단순 구멍 ⇨ 시트 : 없음 ⇨ 동작 ⇨ 종료 : 전체 관통 ⇨ 방향 : 기본값 ⇨ 4 ⇨ 확인

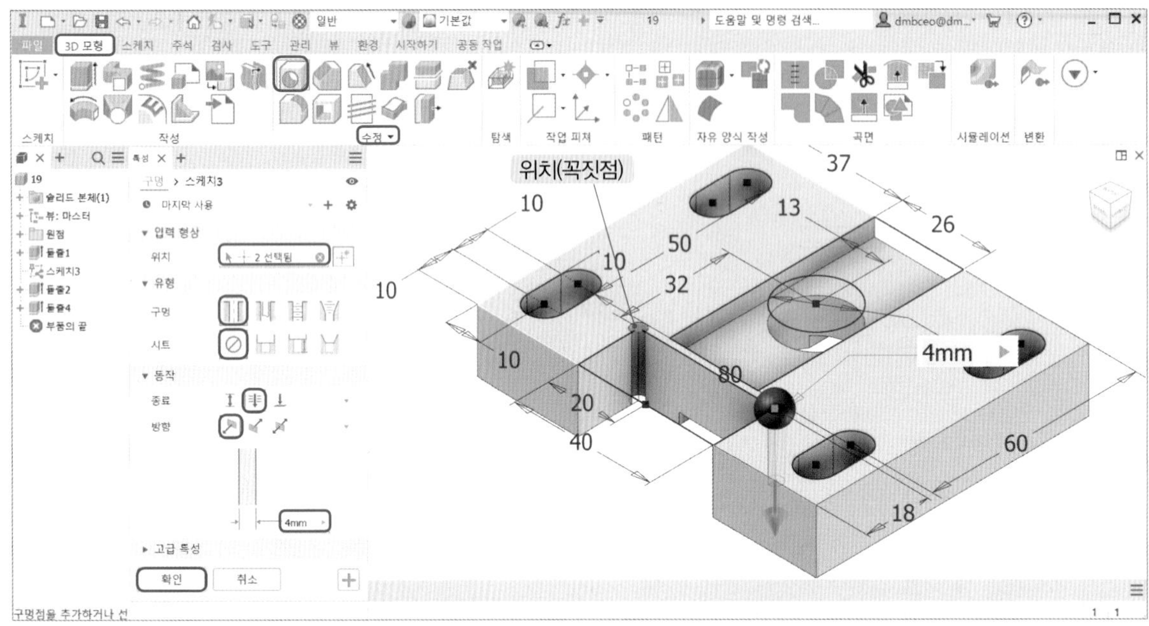

(3) 거리(대칭)로 모따기하기

3D 모형 ⇨ 수정 ⇨ 모따기 ⇨ 거리 ⇨ 모서리 ⇨ 거리 1 ⇨ 계단 : 세트 백 ⇨ 확인

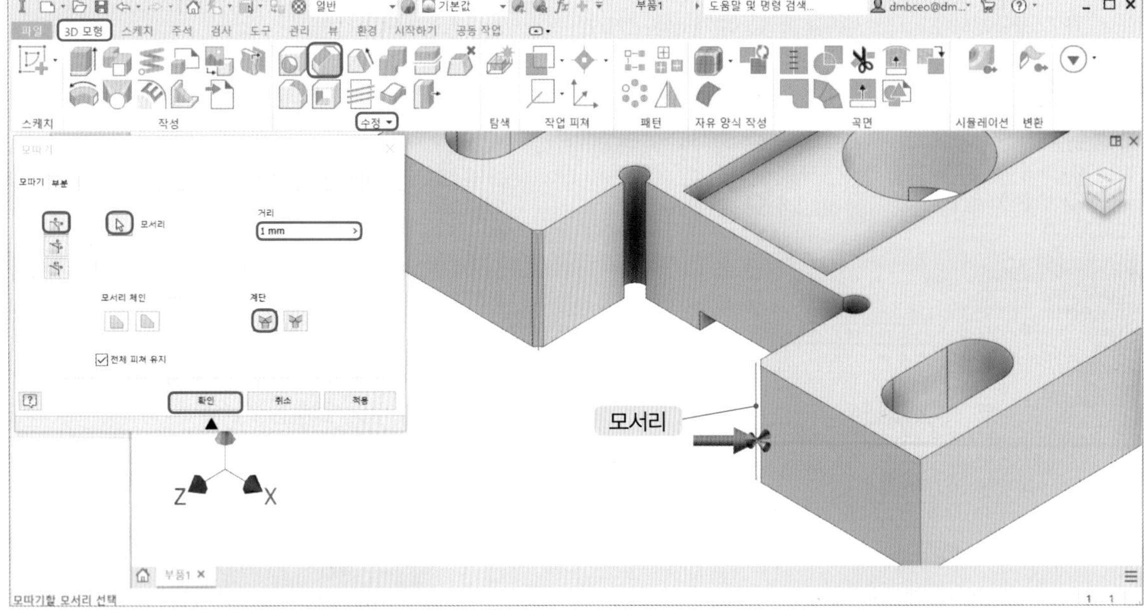

모따기 ⇨ 거리 ⇨ 모서리 ⇨ 거리 5 ⇨ 계단 : 세트 백 ⇨ 확인

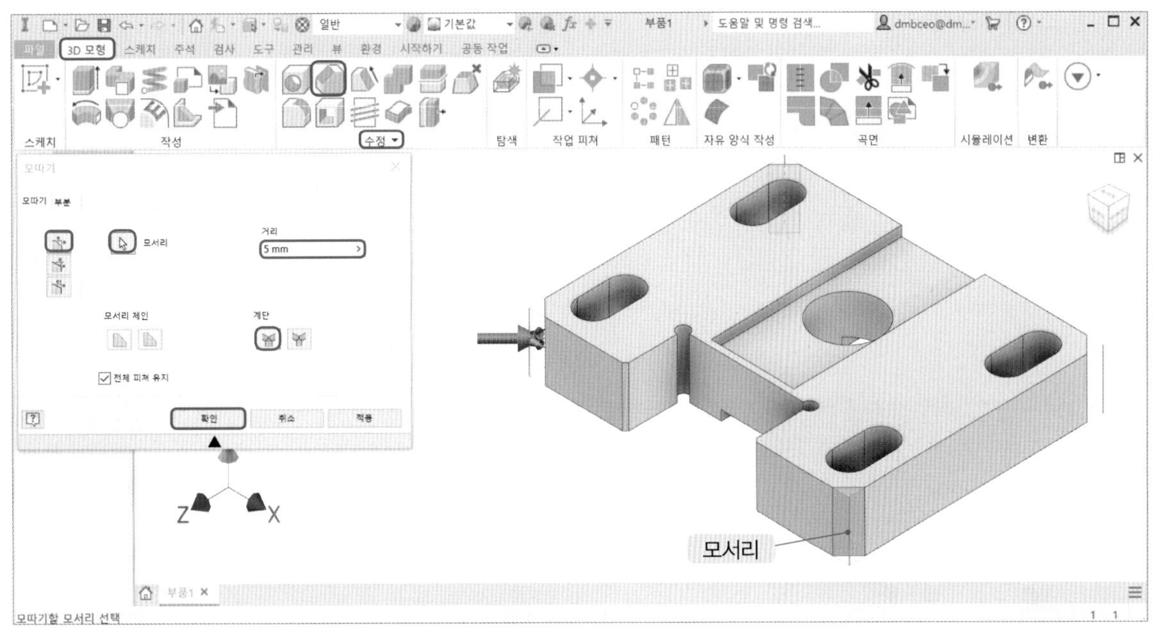

(4) 모깎기하기

3D 모형 ⇨ 수정 ⇨ 모깎기 ⇨ 모서리 ⇨ 반지름 8 ⇨ 확인

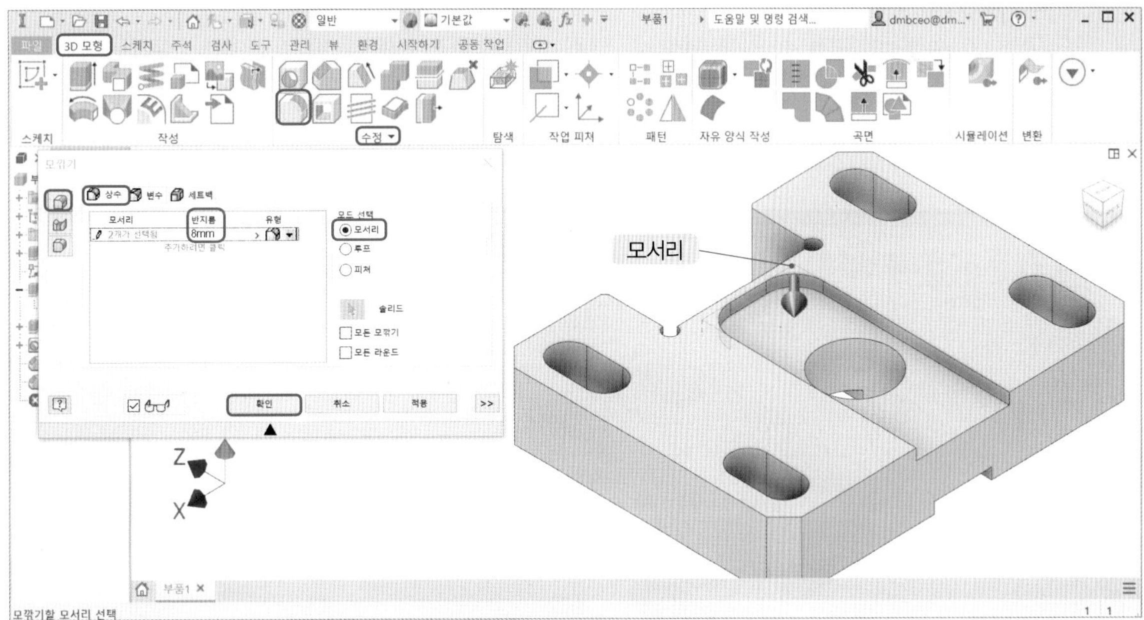

(5) 탭 모델링하기

① 스케치하기

홈 단면에 직선을 스케치하고 치수를 입력한다.

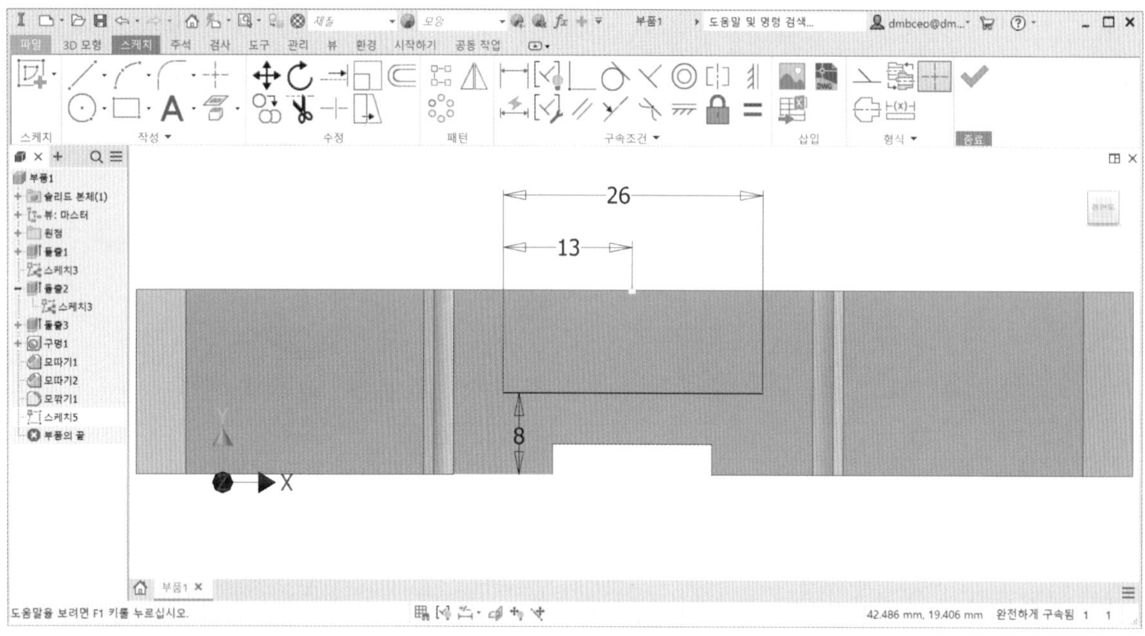

② 탭 작업하기

3D 모형 ⇨ 수정 ⇨ 구멍 ⇨ 입력 형상 ⇨ 위치 : 직선 끝점 선택(2개) ⇨ 유형 ⇨ 구멍 : 탭 구멍 ⇨ 시트 : 없음 ⇨ 스레드 ⇨ 유형 : ISO Metric profile ⇨ 크기 : 5 ⇨ 지정 : M5×0.8 ⇨ 방향 Ⓡ ⇨ 동작 ⇨ 종료 : 거리 ⇨ 방향 : 기본값 ⇨ 드릴 점 : 각도 ⇨ 나사 깊이 9 ⇨ 드릴 깊이 12 ⇨ 확인

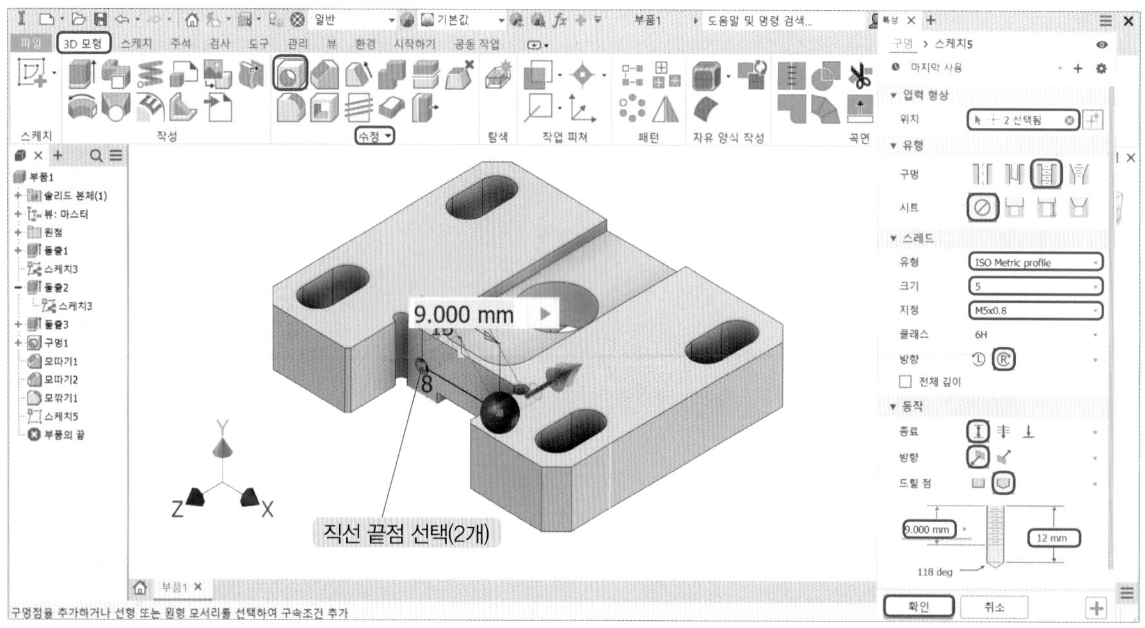

2 브래킷 모델링하기

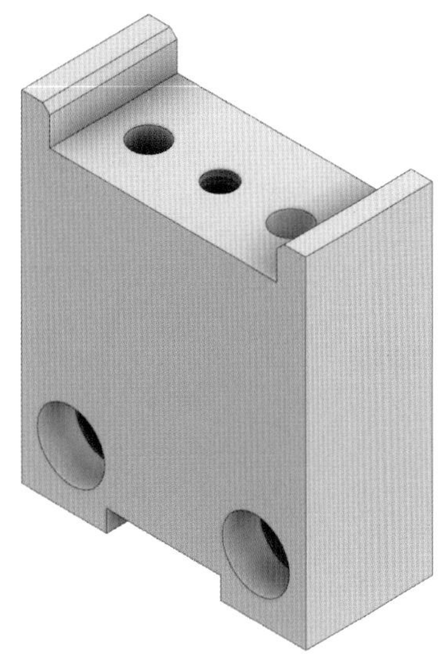

(1) 돌출 모델링하기

① 스케치하기

XY 평면에 스케치하고 치수와 구속조건을 입력한다. 직선은 구성선으로 변경한다.

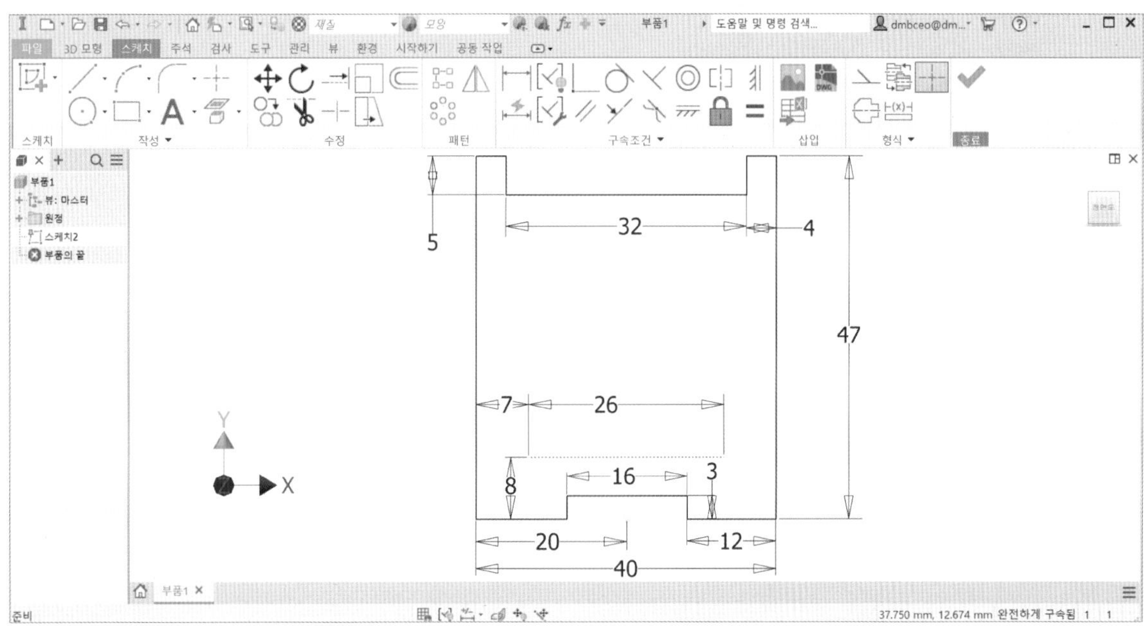

② 돌출하기

3D 모형 ⇨ 작성 ⇨ 돌출 ⇨ 입력 형상 ⇨ 프로파일 ⇨ 동작 ⇨ 방향 : 반전 ⇨ 거리 18 ⇨ 확인

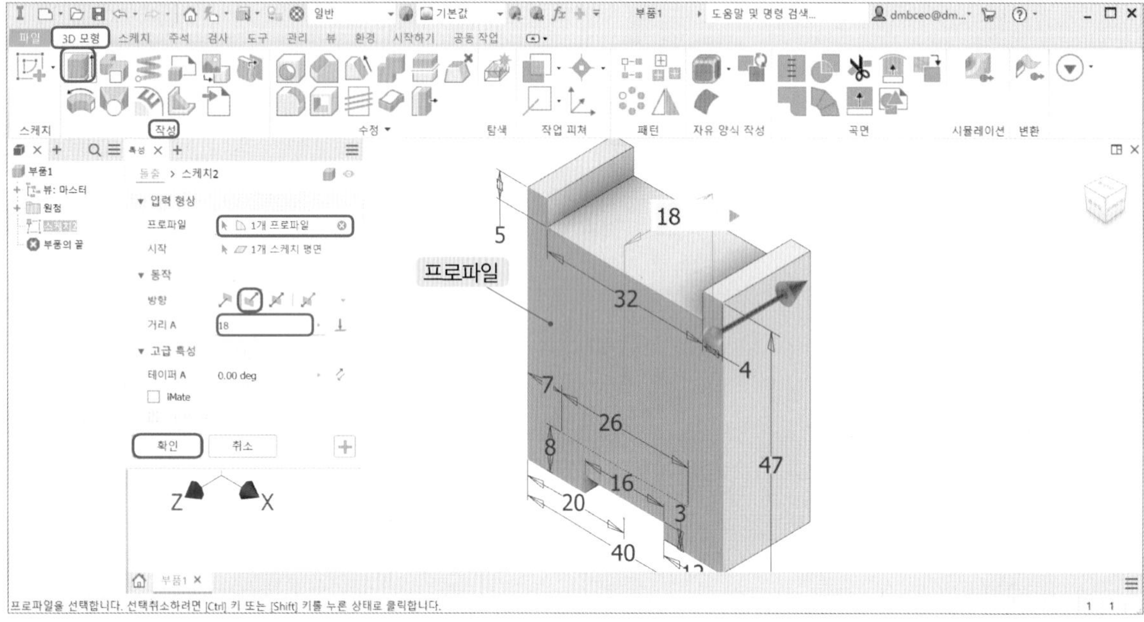

(2) 구멍(카운터 보어) 모델링하기

3D 모형 ⇨ 수정 ⇨ 구멍 ⇨ 입력 형상 ⇨ 위치(구성선 양 끝점) ⇨ 유형 ⇨ 구멍 : 단순 ⇨ 시트 : 카운터 보어 ⇨ 동작 ⇨ 종료 : 전체 관통 ⇨ 방향 : 기본값 ⇨ 9.5–5.4–5.5 ⇨ 확인

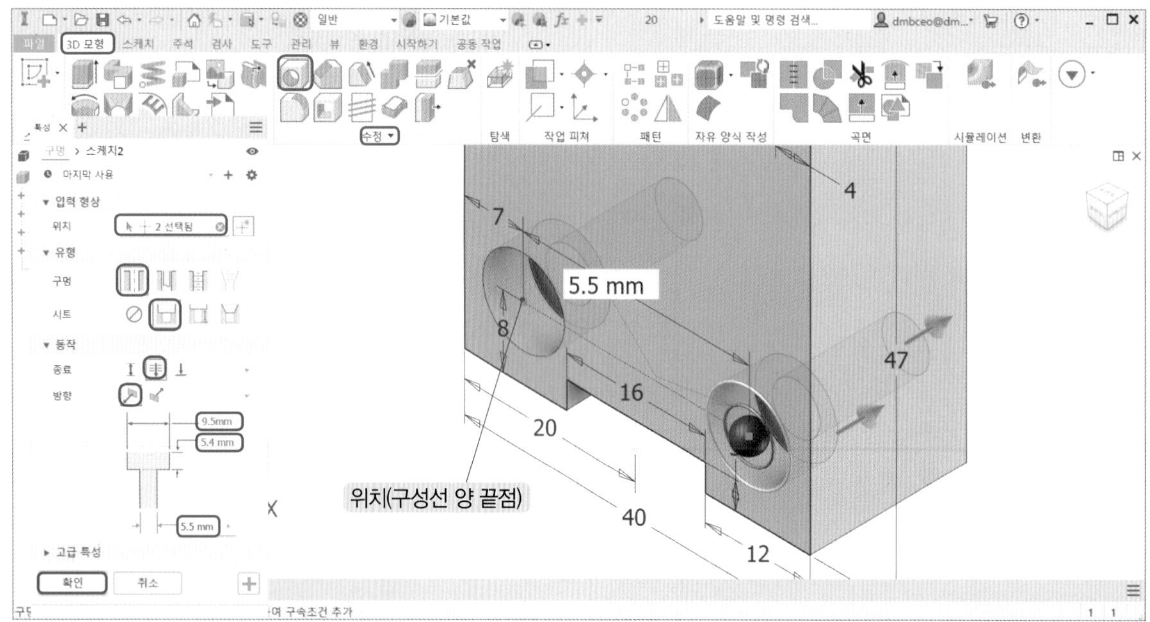

TIP>>

먼저 모형탐색기 돌출에서 스케치 오른쪽을 클릭하여 팝업창에서 가시성을 체크한다.

(3) 구멍(드릴, 탭) 모델링하기

① 스케치하기

위쪽 홈 평면에 그림과 같이 선을 스케치하고 치수를 입력한다.

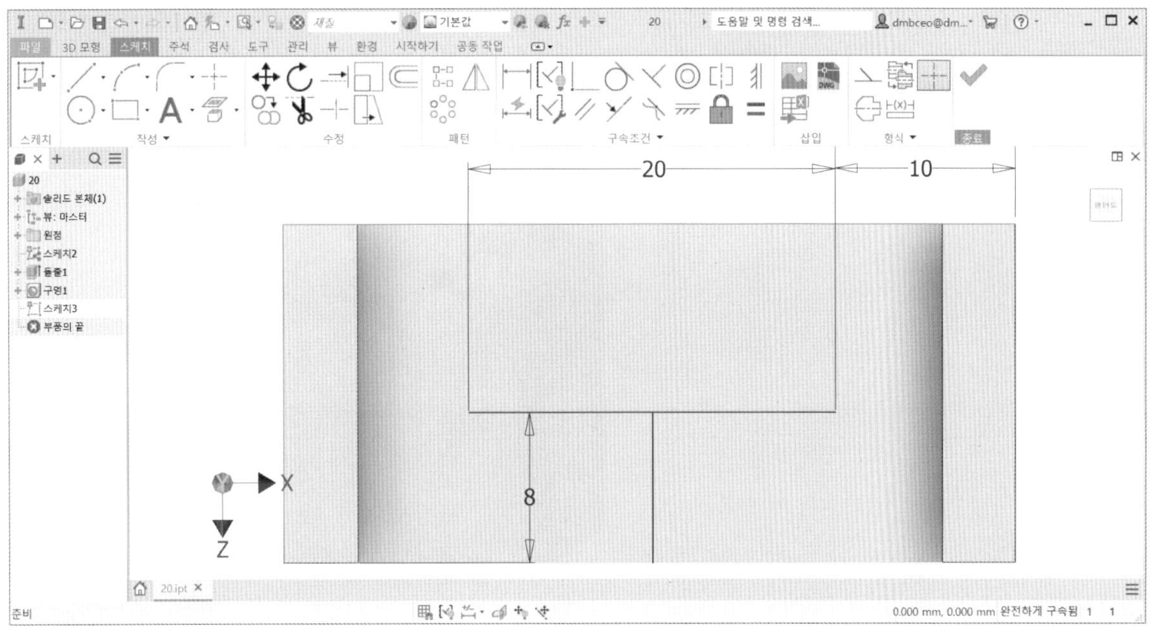

② 탭 작업하기

3D 모형 ⇨ 수정 ⇨ 구멍 ⇨ 입력 형상 ⇨ 위치(교차점) ⇨ 유형 ⇨ 구멍 : 탭 구멍 ⇨ 시트 : 없음 ⇨ 스레드 ⇨ 유형 : ISO Metric profile ⇨ 크기 : 5 ⇨ 지정 : M5×0.8 ⇨ 방향 Ⓡ ⇨ 동작 ⇨ 종료 : 거리 ⇨ 방향 : 기본값 ⇨ 드릴 점 : 각도 ⇨ 나사 깊이 9 ⇨ 드릴 깊이 12 ⇨ 확인

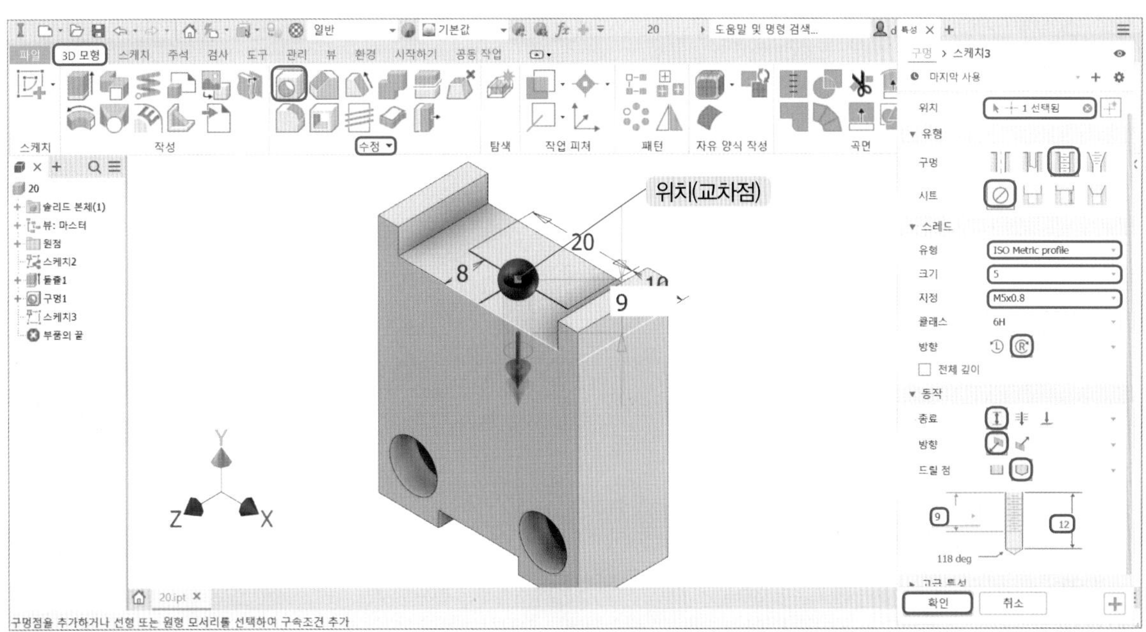

③ 드릴 작업하기

3D 모형 ⇨ 수정 ⇨ 구멍 ⇨ 입력 형상 ⇨ 위치(직선 양 끝점) ⇨ 유형 ⇨ 구멍 : 단순 구멍 ⇨ 시트 : 없음 ⇨ 동작 ⇨ 종료 : 거리 ⇨ 방향 : 기본값 ⇨ 10–5 ⇨ 확인

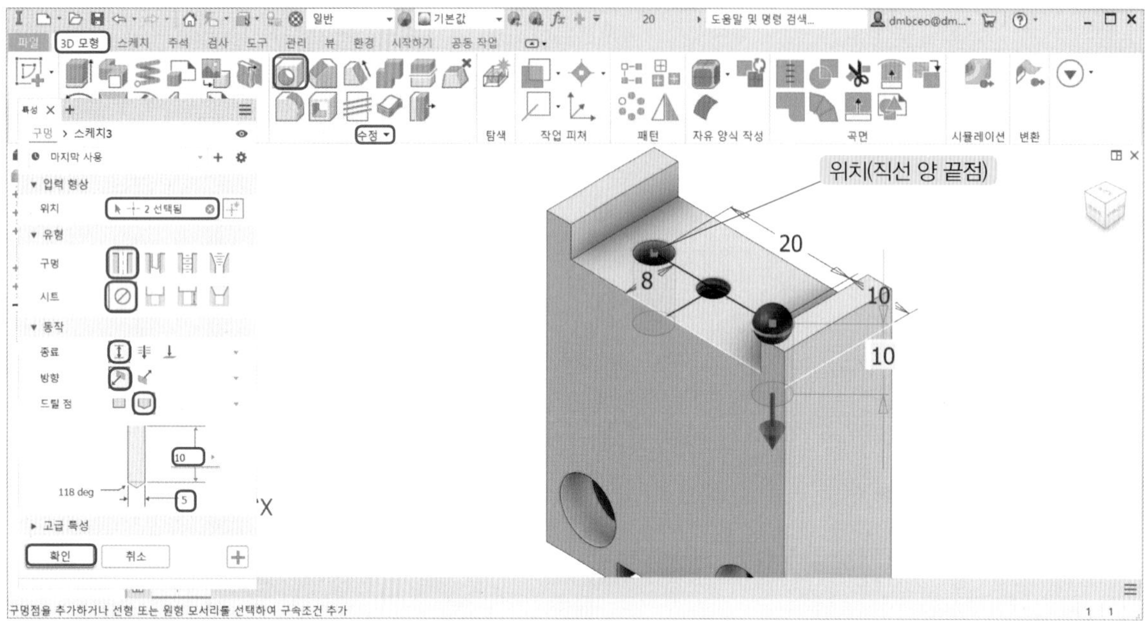

(4) 모따기하기

3D 모형 ⇨ 수정 ⇨ 모따기 ⇨ 거리 ⇨ 모서리 ⇨ 거리 1 ⇨ 계단 : 세트 백 ⇨ 확인

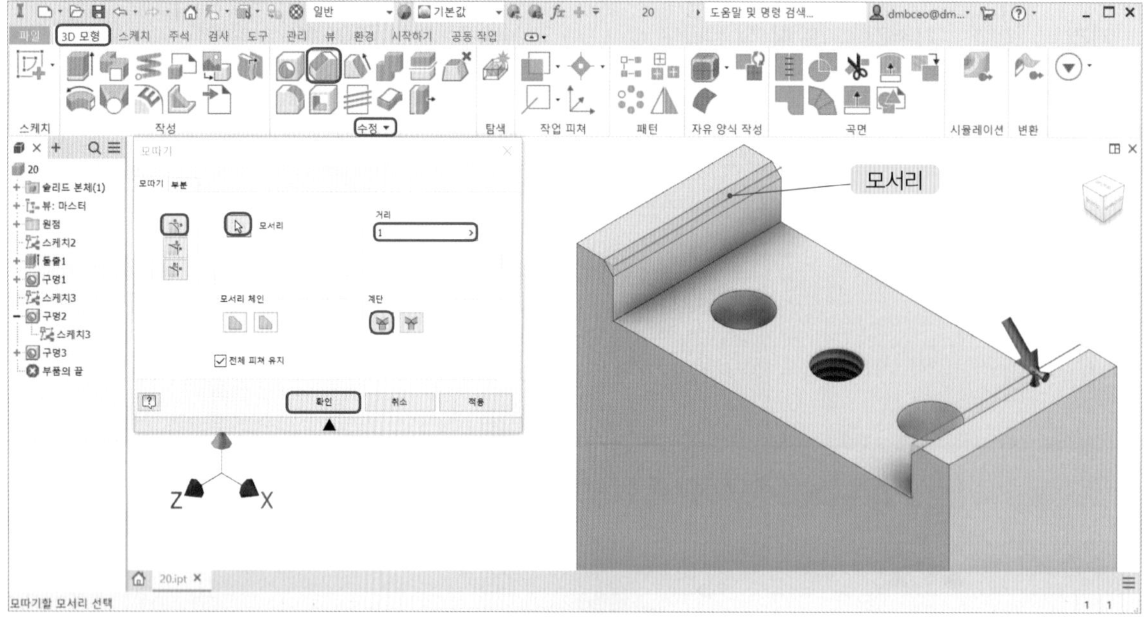

TIP>>

먼저 모형탐색기 구멍에서 스케치 오른쪽을 클릭하여 팝업창에서 가시성을 체크한다.

3 부시 홀더 모델링하기

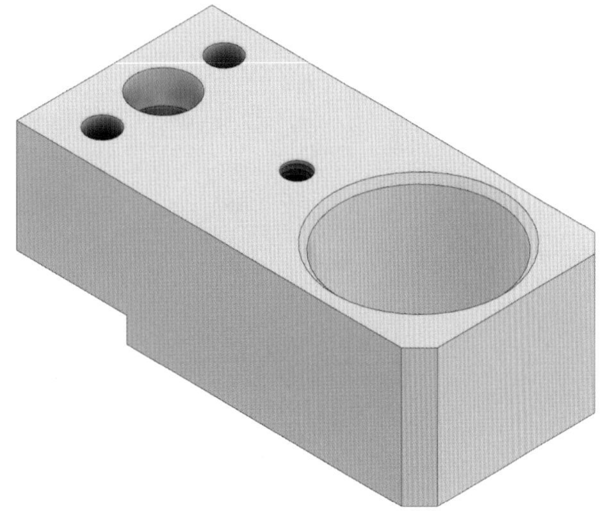

(1) 부시 홀더 돌출 모델링하기

① 스케치하기

XZ 평면에 그림과 같이 스케치하고 치수를 입력한다. 직선은 구성선으로 변경한다.

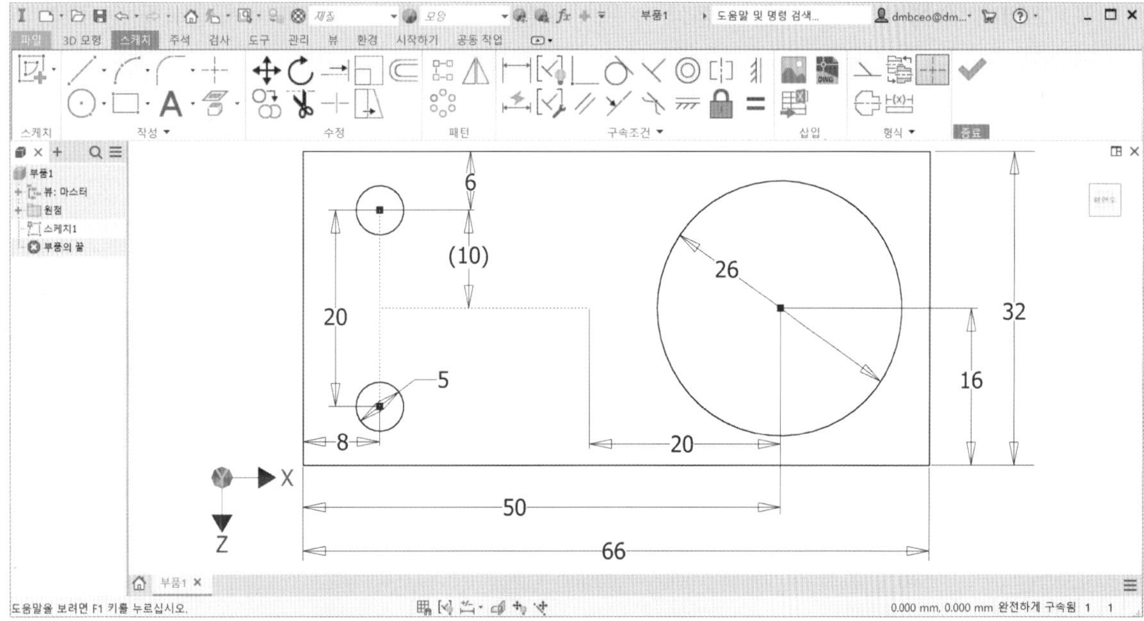

② 돌출하기

3D 모형 ⇨ 작성 ⇨ 돌출 ⇨ 입력 형상 ⇨ 프로파일 ⇨ 동작 ⇨ 방향 : 반전 ⇨ 거리 22 ⇨ 확인

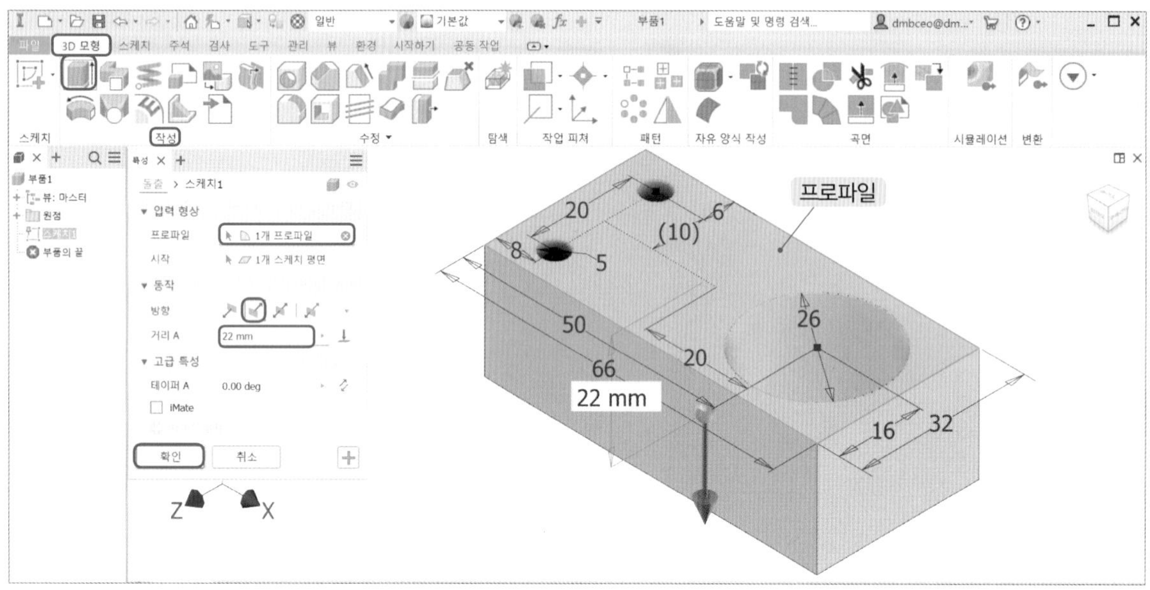

(2) 구멍(카운터 보어, 탭) 작업하기

① 카운터 보어 작업하기

3D 모형 ⇨ 수정 ⇨ 구멍 ⇨ 입력 형상 ⇨ 위치(구성선의 교차점) ⇨ 유형 ⇨ 구멍 : 단순 구멍 ⇨ 시트 : 카운터 보어 ⇨ 동작 ⇨ 종료 : 전체 관통 ⇨ 방향 : 기본값 ⇨ 9.5–5.4–5.5 ⇨ 확인

TIP>>

먼저 모형탐색기 돌출에서 스케치 오른쪽을 클릭하여 팝업창에서 가시성을 체크한다.

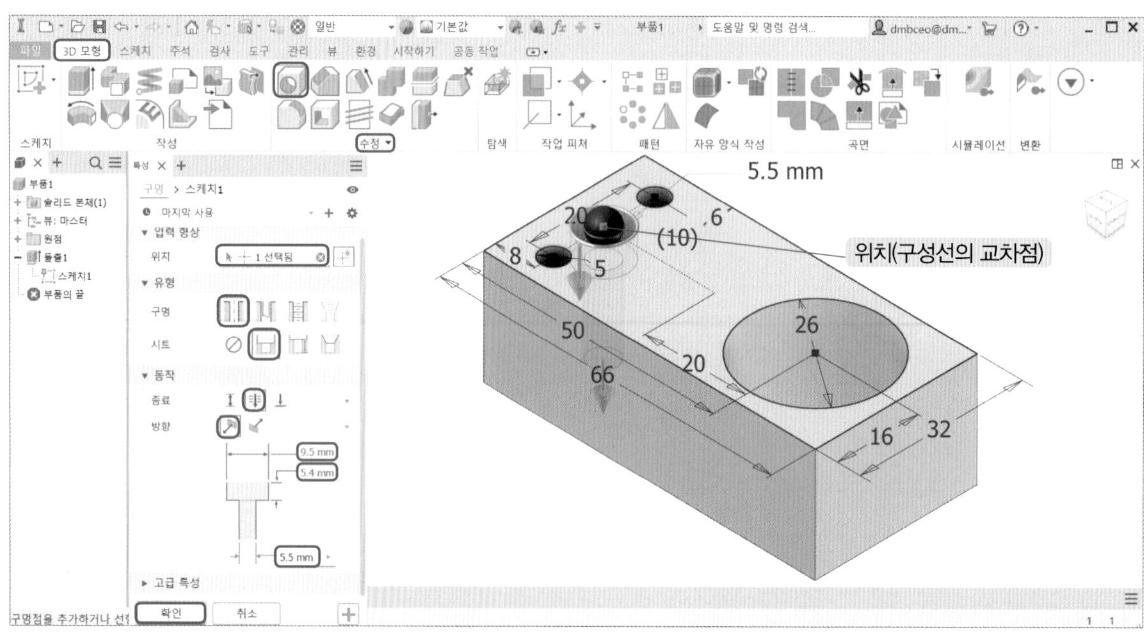

② 탭 작업하기

3D 모형 ⇨ 수정 ⇨ 구멍 ⇨ 입력 형상 ⇨ 위치(구성선의 끝점) ⇨ 유형 ⇨ 구멍 : 탭 구멍 ⇨ 시트 : 없음 ⇨ 스레드 ⇨ 유형 : ISO Metric profile ⇨ 크기 : 5 ⇨ 지정 : M5×0.8 ⇨ 방향 Ⓡ ⇨ 동작 ⇨ 종료 : 거리 ⇨ 방향 : 기본값 ⇨ 드릴 점 : 각도 ⇨ 나사 깊이 9 ⇨ 드릴 깊이 12 ⇨ 확인

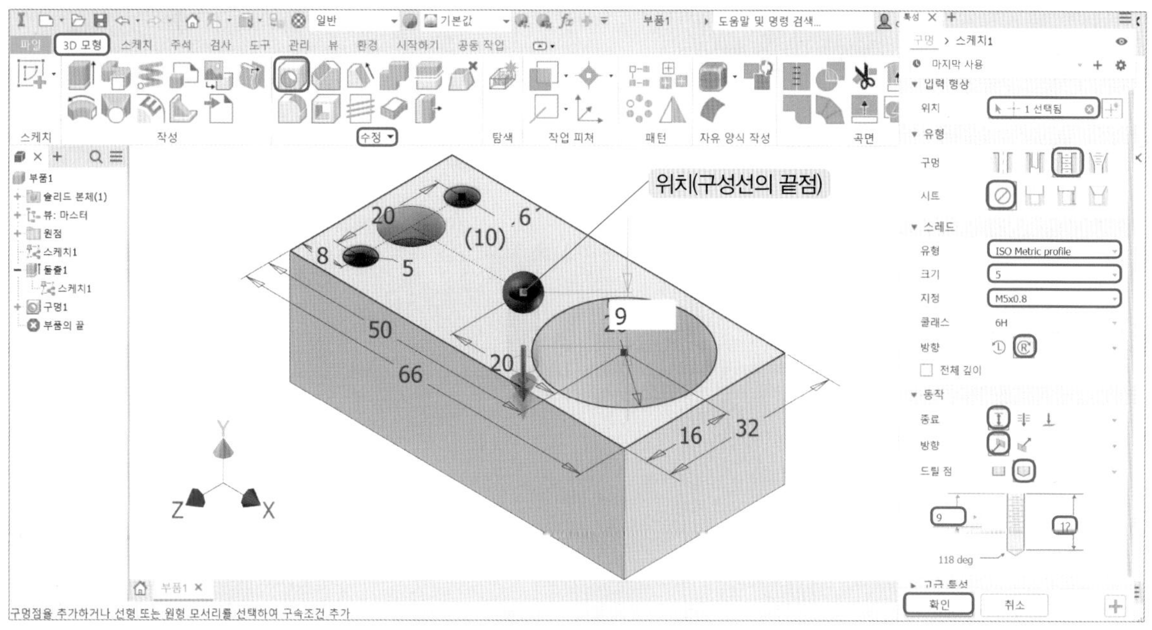

(3) 돌출 차집합하기

① 스케치하기

XY 평면에 사각형을 스케치하고 치수를 입력한다. 구속조건은 왼쪽 직선은 왼쪽 모서리에, 아래쪽 직선은 아래쪽 모서리에 동일 직선상으로 구속한다.

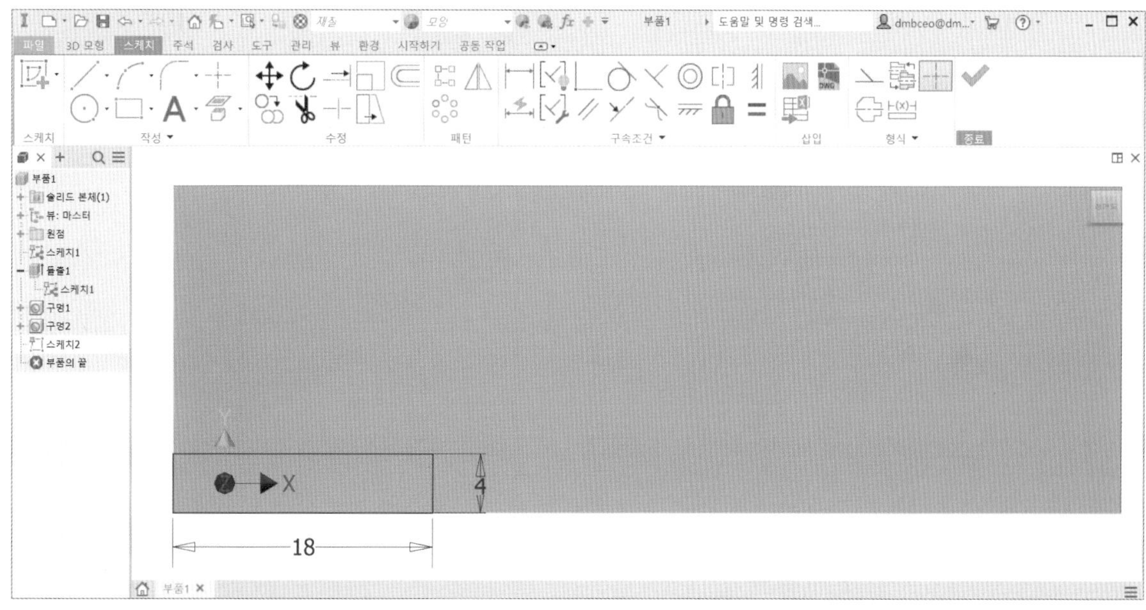

② 돌출하기

3D 모형 ⇨ 작성 ⇨ 돌출 ⇨ 입력 형상 ⇨ 프로파일 ⇨ 동작 ⇨ 방향 : 대칭 ⇨ 거리 32 ⇨ 출력 ⇨ 부울 : 잘라내기 ⇨ 확인

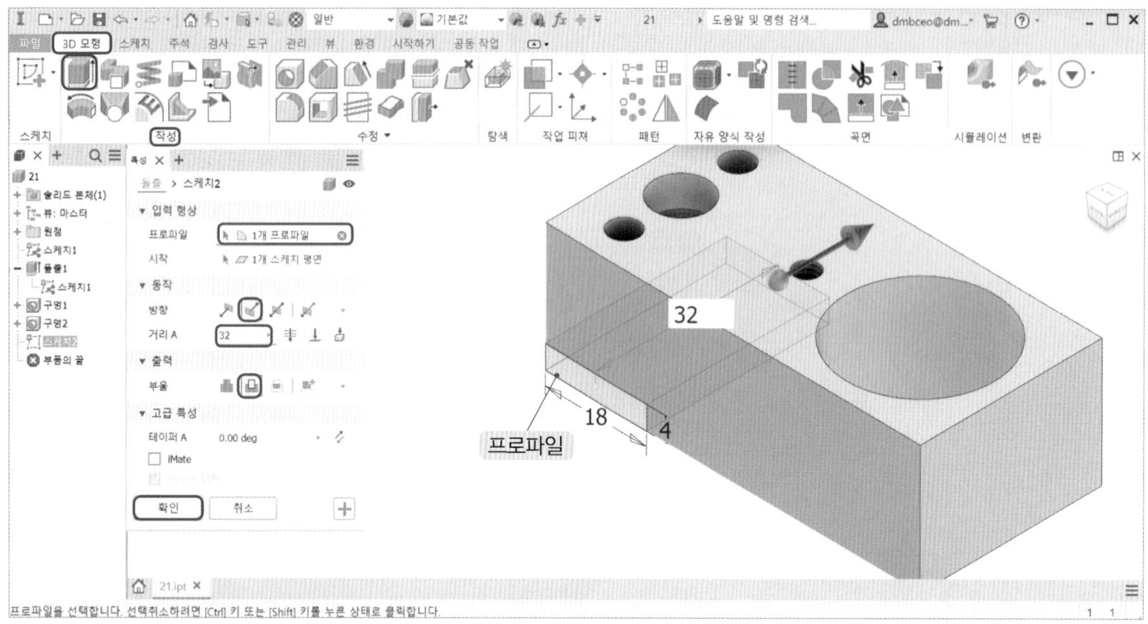

(4) 거리(대칭)로 모따기하기

3D 모형 ⇨ 수정 ⇨ 모따기 ⇨ 거리 ⇨ 모서리 ⇨ 거리 3 ⇨ 계단 : 세트 백 ⇨ 확인

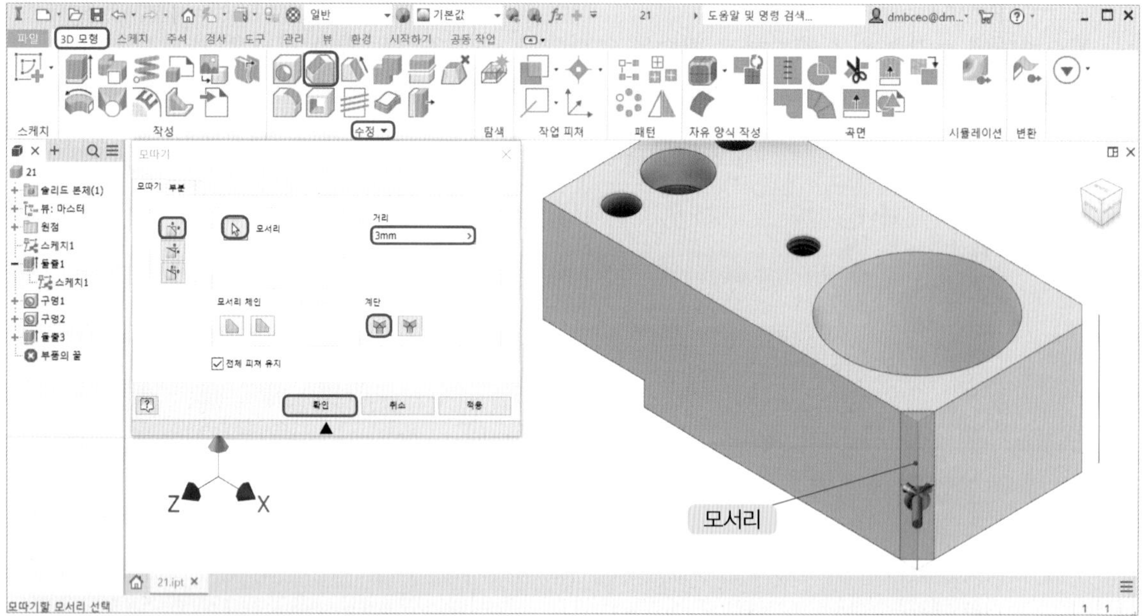

모따기 ⇨ 거리 ⇨ 모서리 ⇨ 거리 1 ⇨ 계단 : 세트 백 ⇨ 확인

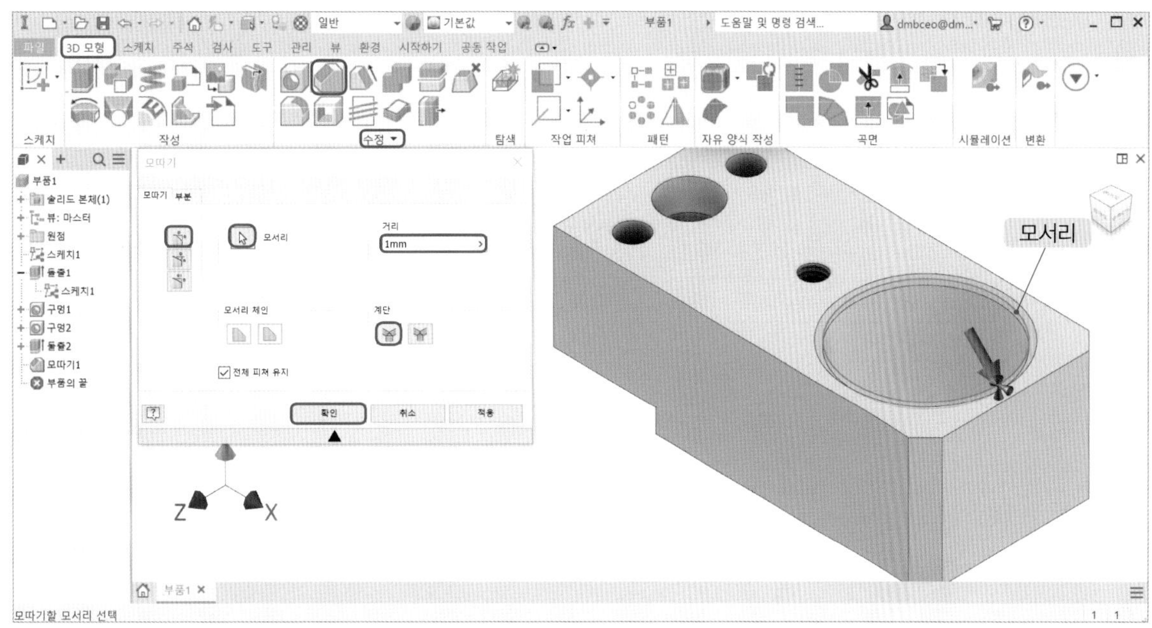

4 부시

(1) 회전 모델링하기

① 스케치하기

XZ 평면에 그림과 같이 스케치하고 치수를 입력한다. 왼쪽 수직선은 원점에 일치 구속한다.

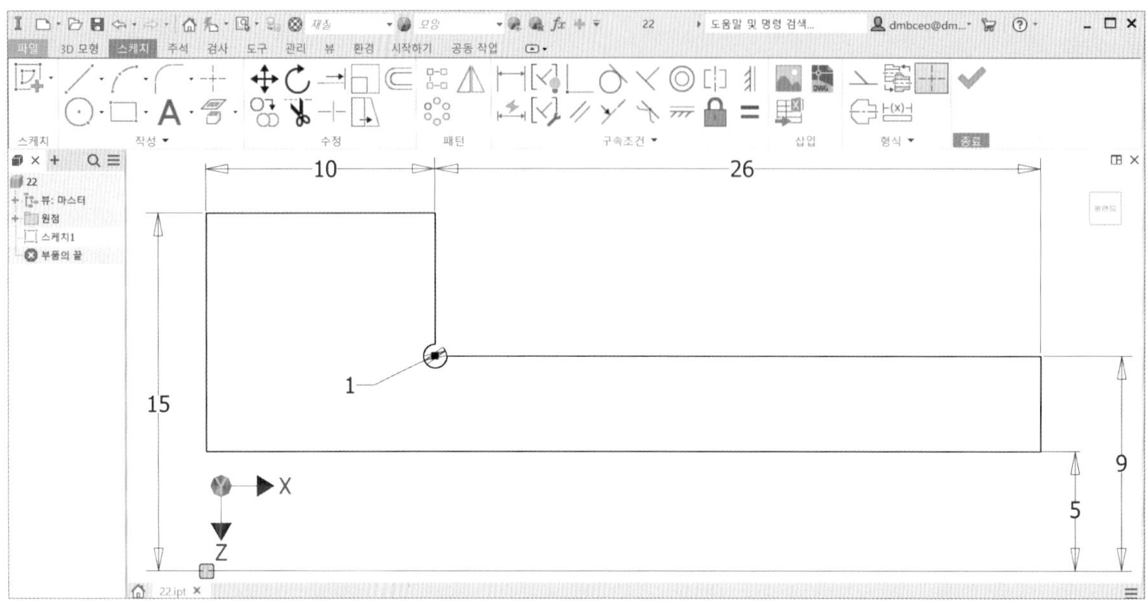

② 회전 모델링하기

3D 모형 ⇨ 작성 ⇨ 회전 ⇨ 입력 형상 ⇨ 프로파일 ⇨ 축(X축) ⇨ 동작 ⇨ 방향 : 기본값 ⇨ 각도 : 360deg ⇨ 확인

TIP>>

회전축은 모형탐색기에서 X축을 선택한다.

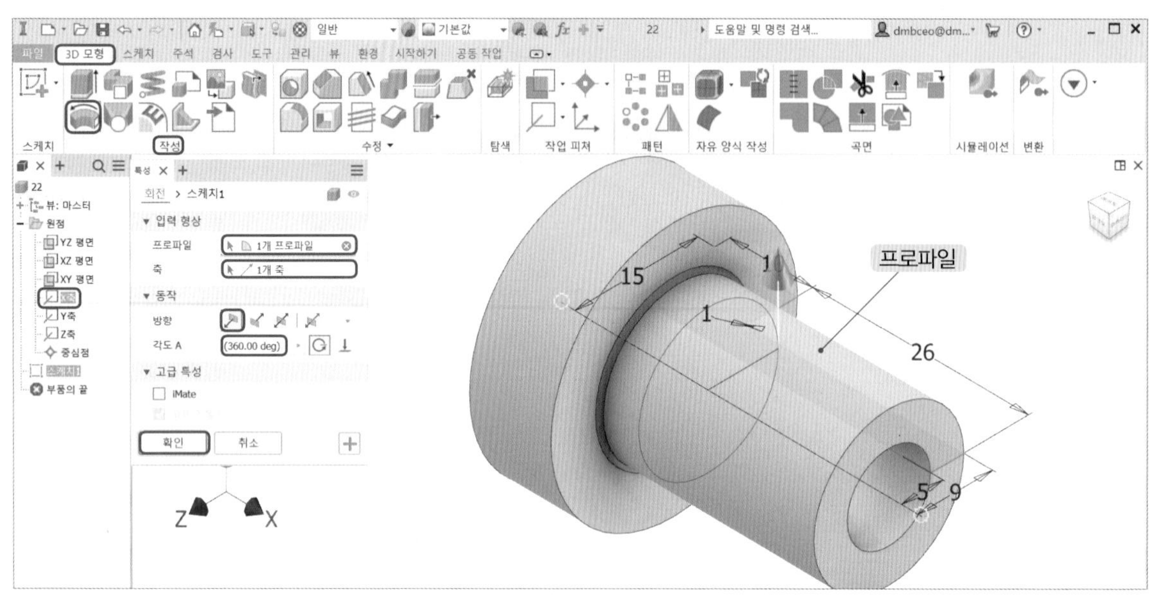

(2) 널링하기

① 다이아몬드 스케치하기

YZ 평면에 그림과 같이 삼각형을 스케치하고 치수를 입력한다. 원점에서 수직선을 작도하고 구성선으로 변경하여 구성선 끝점은 수평선에 일치 구속하고, 구성선은 삼각형 끝점에 일치 구속한다.

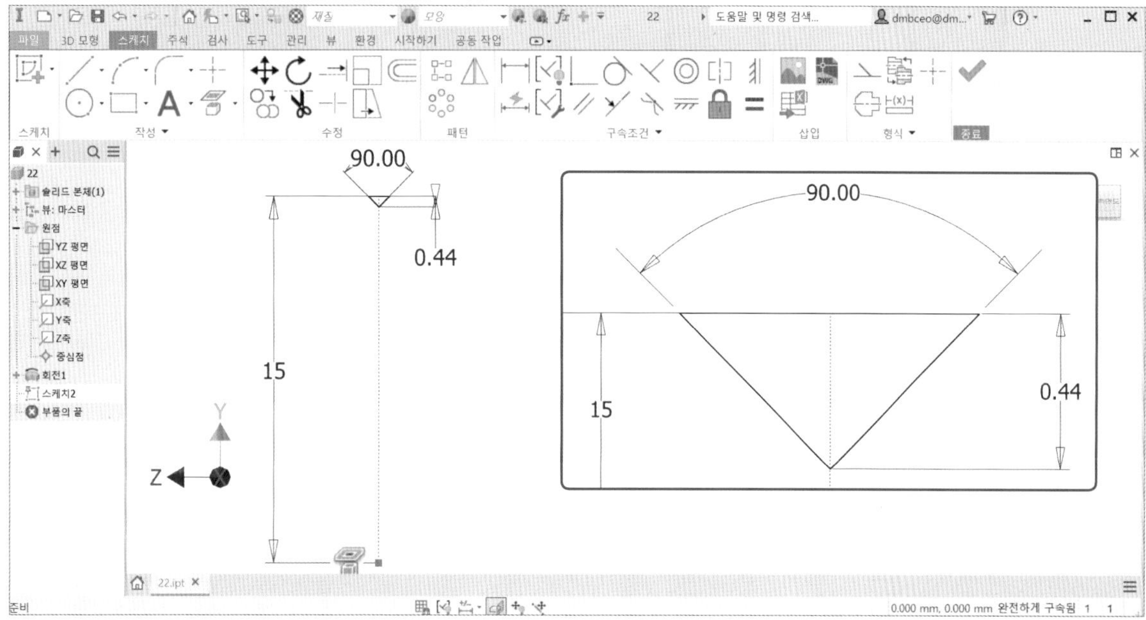

② 모따기하기

3D 모형 ⇨ 수정 ⇨ 모따기 ⇨ 거리 ⇨ 모서리 ⇨ 거리 1 ⇨ 계단 : 세트 백 ⇨ 확인

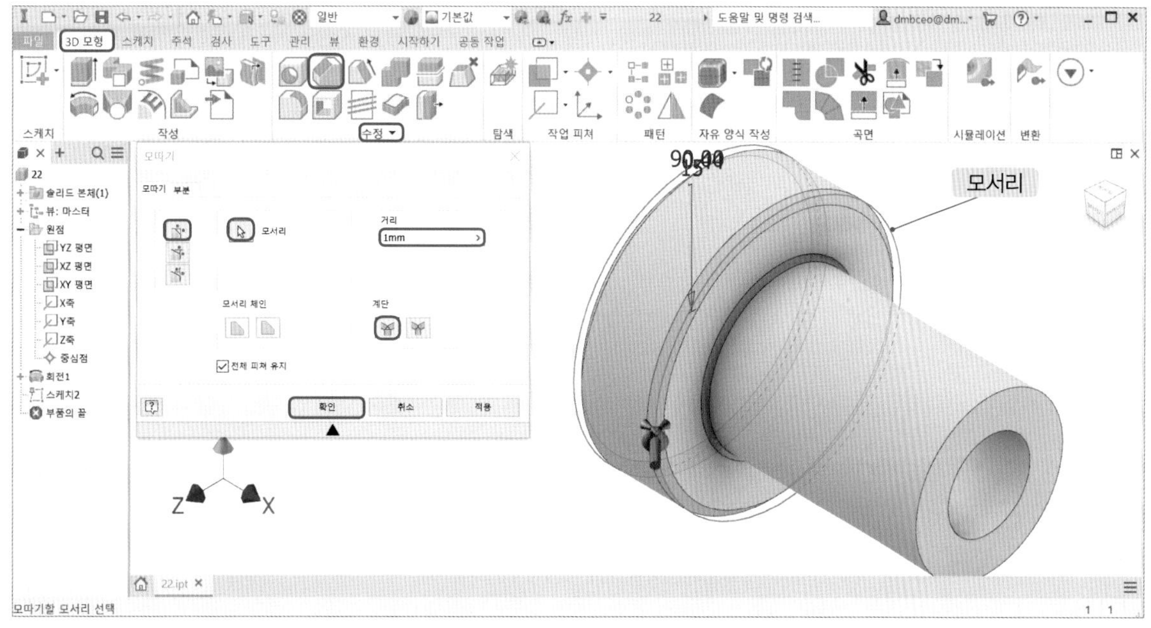

③ 널링 3차원 모델링하기

널링은 축의 손잡이, 공구 손잡이 등이 미끄러지지 않도록 다이아몬드 모양으로 성형 가공하는 것을 널링이라고 한다.

널링부의 치수는 널링 가공이 완성된 상태에서 외경을 치수로 기입한다.

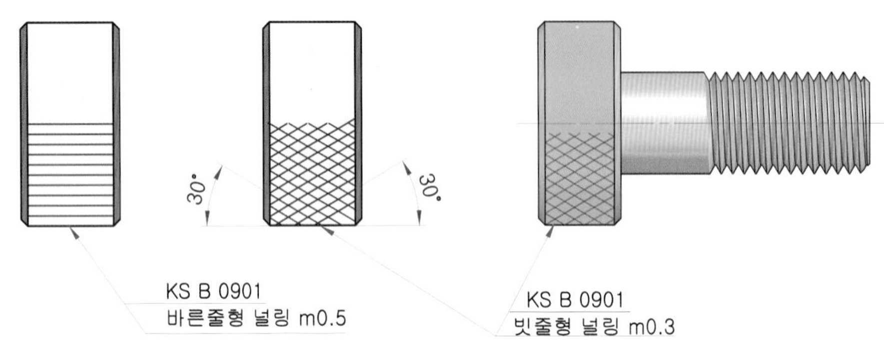

널링

널링 KS 데이터 (단위 : mm)

탭	널링 치수			
$t=\pi m$, $\frac{1}{2}t$, $\frac{1}{2}t$, 피치선, r, $90°$, h, $2h$	모듈(m)	0.2	0.3	0.5
	피치(t)	0.628	0.942	1.571
	r	0.06	0.09	0.16
$h=0.785m-0.414r$	h	0.15	0.22	0.37

널링의 홈 가공에서 빗줄형 널링이 30°일 경우

곡선의 높이 : 원기둥의 높이

곡선의 피치 $= \dfrac{3.14D}{\tan 30}$

※ 지름(D)가 ϕ30일 경우

곡선의 피치 = 163.242

곡선의 시작 각도 : 곡선의 시작이 스윕을 하려는 도형과 일치하도록 한다.

룰렛

룰렛 홀더

TIP>>

- 회전축은 Y축 또는 원통 면을 선택하고 $m-0.3$
- 바른줄 $D = nm$
- 빗줄 $D = \dfrac{nm}{\cos 30}$ $n = \dfrac{D\cos 30}{m}$ $\cos 30 = 0.866$

  여기서, D : 소재 지름, n : 줄 수, m : 모듈, cos 30 : 빗줄 각도

ⓐ 코일

3D 모형 ⇨ 작성 ⇨ 코일 ⇨ 입력 형상 ⇨ 프로파일 ⇨ 축 ⇨ 동작 ⇨ 방법 : 회전 및 높이 ⇨ 회전 : 1 ⇨ 높이 : 163.242 ⇨ 회전 : Ⓡ ⇨ 출력 ⇨ 부울 : 잘라내기 ⇨ 확인

TIP>>

원점을 기준으로 모델링되어 있는 경우, 축은 모형탐색기에서 X축을 선택하거나 모델링의 원통 면을 선택한다.

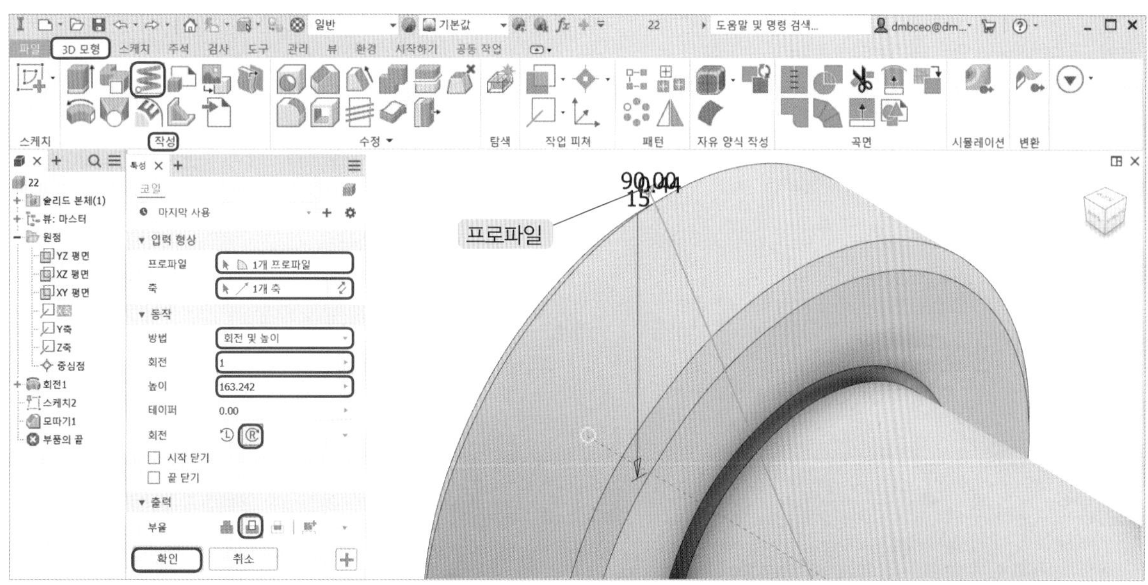

3D 모형 ⇨ 작성 ⇨ 코일 ⇨ 입력 형상 ⇨ 프로파일 ⇨ 축 ⇨ 동작 ⇨ 방법 : 회전 및 높이 ⇨ 회전 : 1 ⇨ 높이 : 163.242 ⇨ 회전 : Ⓛ ⇨ 출력 ⇨ 부울 : 잘라내기 ⇨ 확인

TIP>>

먼저 모형탐색기 코일에서 스케치 오른쪽을 클릭하여 팝업창에서 가시성을 체크한다.

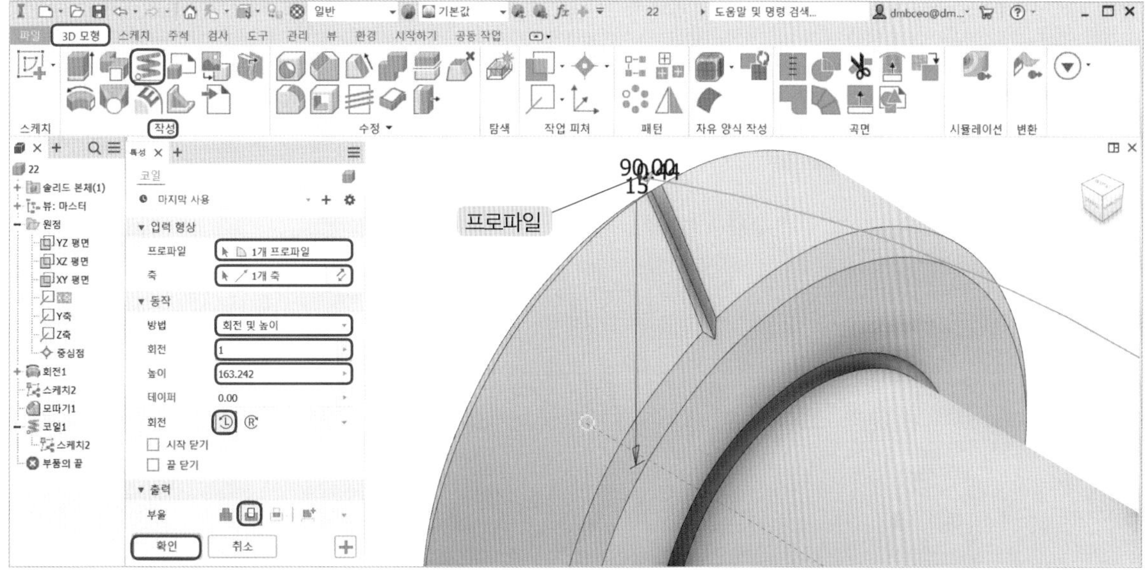

ⓑ 원형 패턴

3D 모형 ⇨ 패턴 ⇨ 원형 패턴 ⇨ 개별 피쳐 패턴 ⇨ 피쳐(코일) ⇨ 회전축(X축)
개수 30*0.866/0.3 ⇨ 각도 360 ⇨ 확인

TIP>>

회전축으로 원통 면을 선택하면 원통의 중심선이 회전축으로 선택된다. 또는 모형탐색기에서 X축을 선택하여 회전축으로 사용하기도 한다.

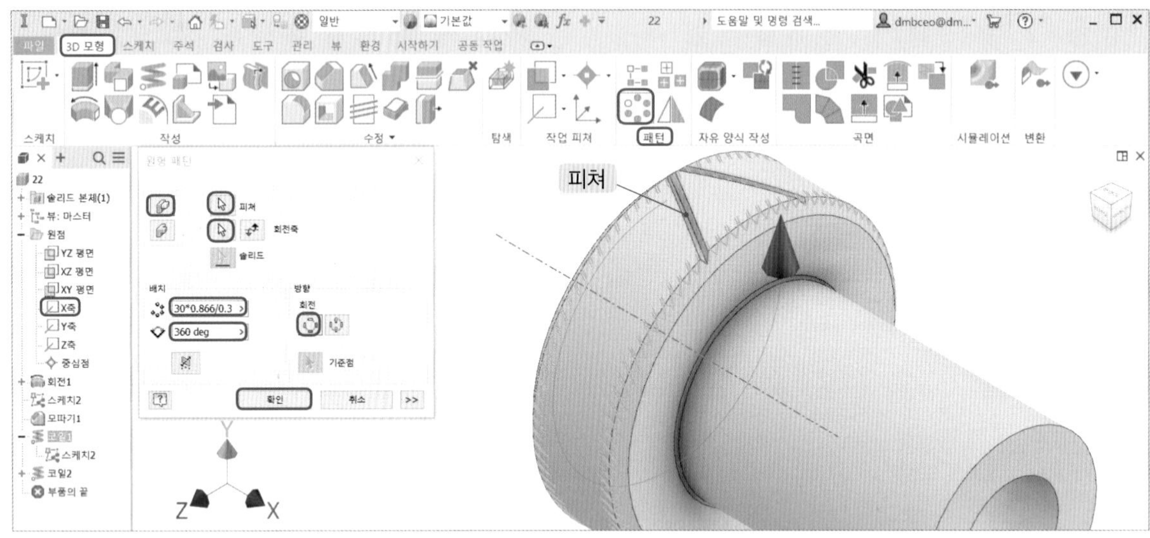

3D 모형 ⇨ 패턴 ⇨ 원형 패턴 ⇨ 개별 피쳐 패턴 ⇨ 피쳐(코일) ⇨ 회전축(X축)
개수 30*0.866/0.3 ⇨ 각도 360 ⇨ 확인

TIP>>

코일 두 개를 동시에 원형 패턴하면 시간이 많이 소요되므로 1개씩 원형 패턴하는 것이 시간이 적게 소요된다.

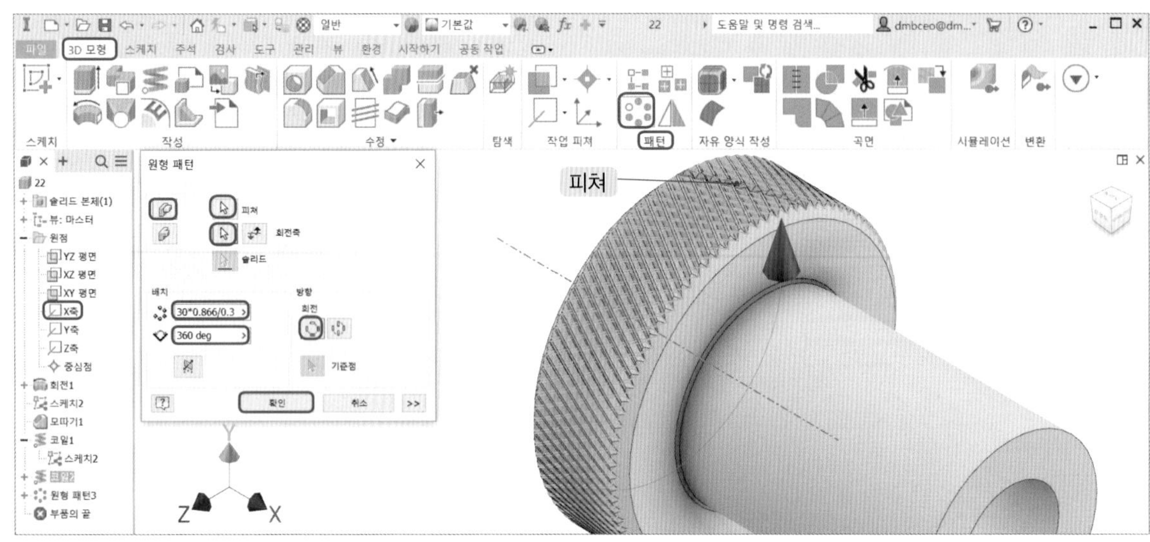

(3) 각도로 모따기하기

3D 모형 ⇨ 수정 ⇨ 모따기 ⇨ 거리 및 각도 ⇨ 면 ⇨ 모서리 ⇨ 거리 1.5 ⇨ 각도 30 ⇨ 확인

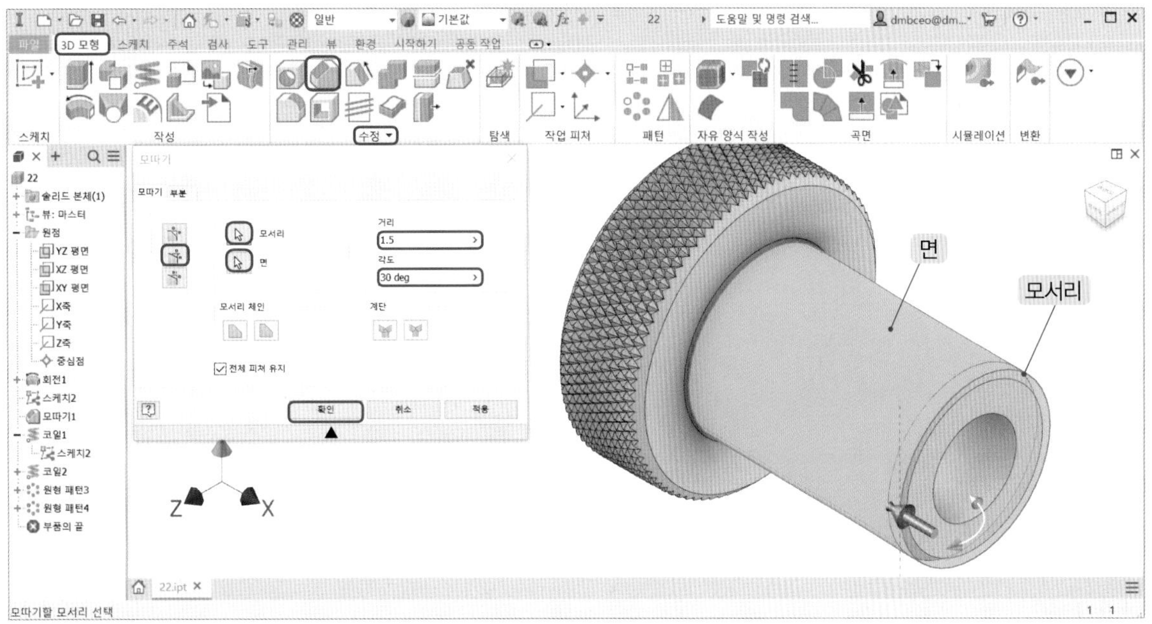

(4) 모깎기하기

3D 모형 ⇨ 수정 ⇨ 모서리 모깎기 ⇨ 상수 ⇨ 모서리 ⇨ 반지름 2 ⇨ 확인

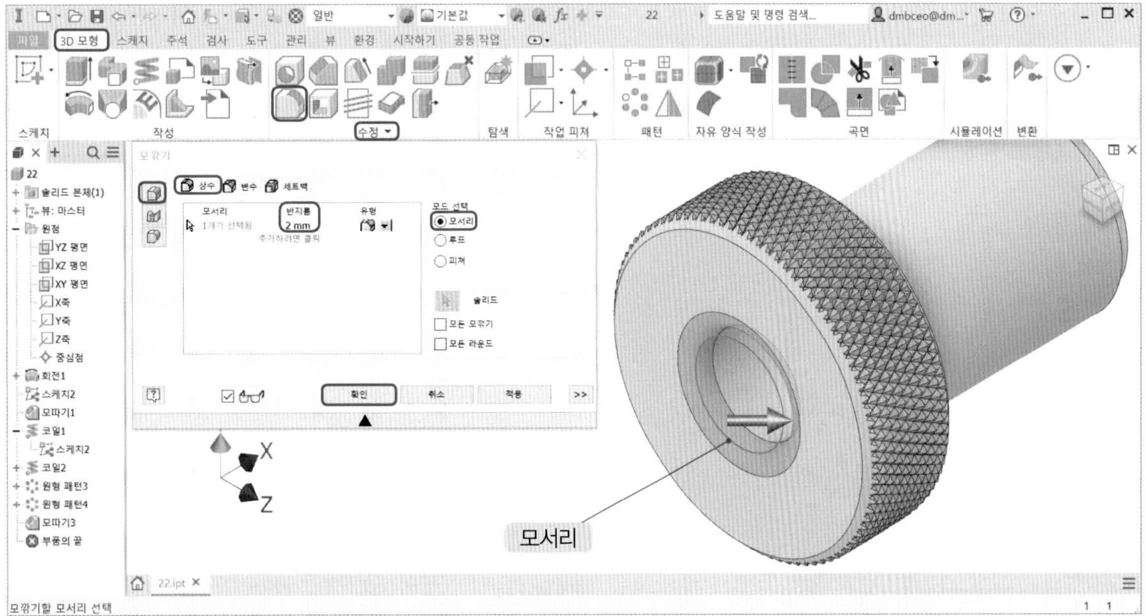

(5) 멈춤 나사 조립부 모델링하기

① 스케치하기

YZ 평면에 스케치하고 치수와 구속조건을 입력한다.

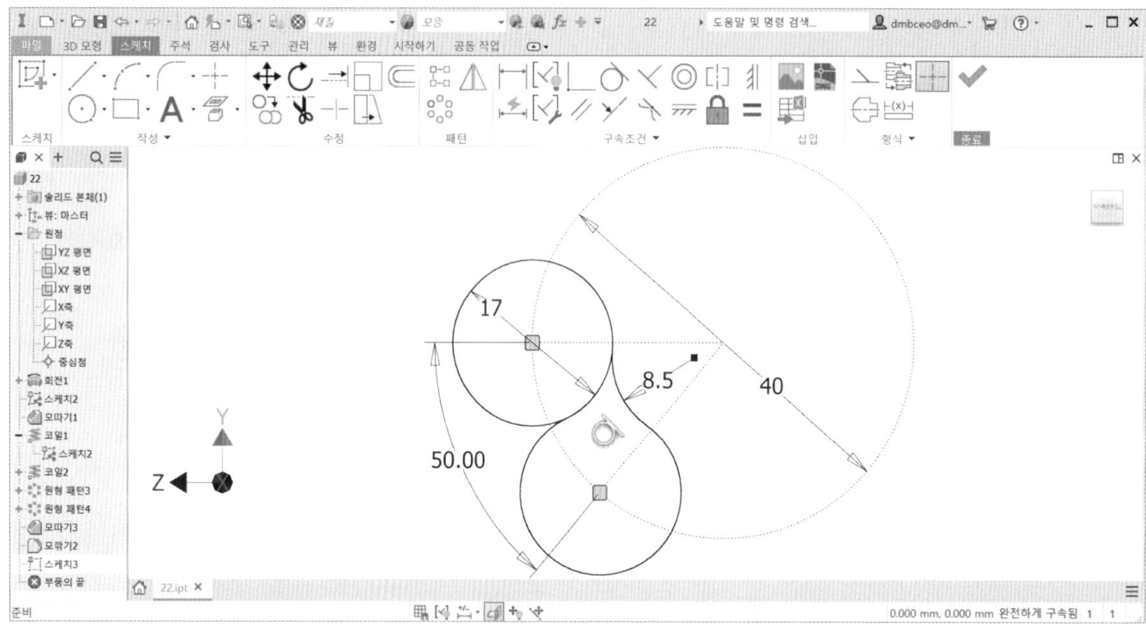

② 돌출하기 1

3D 모형 ⇨ 작성 ⇨ 돌출 ⇨ 입력 형상 ⇨ 프로파일 ⇨ 동작 ⇨ 방향 : 기본값 ⇨ 거리 6 ⇨ 출력 ⇨ 부울 : 잘라내기 ⇨ 확인

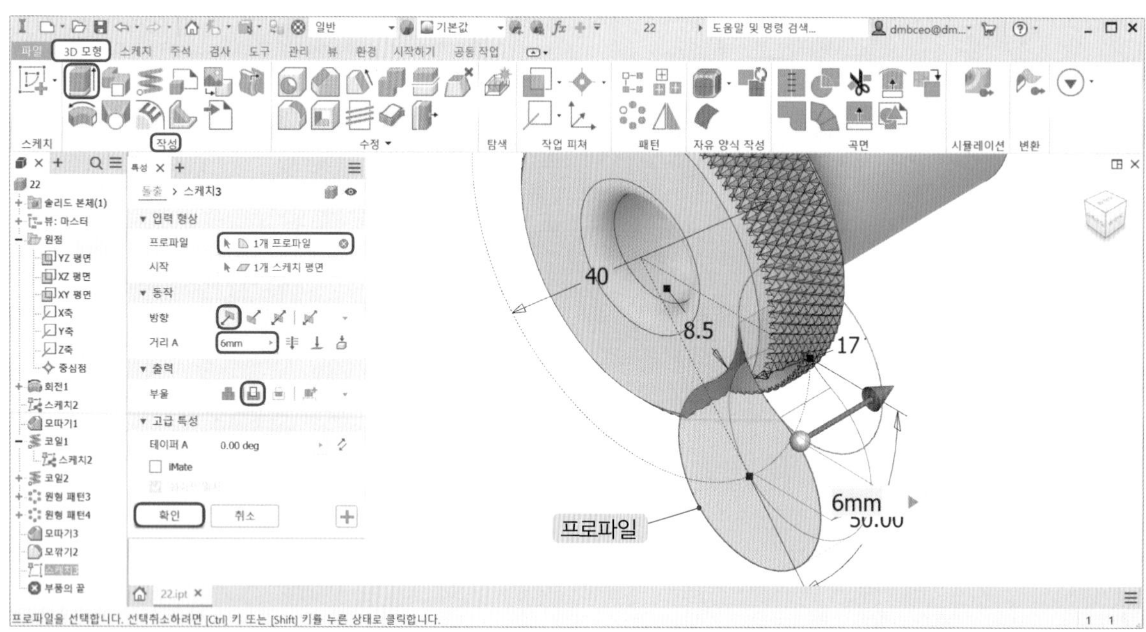

③ 돌출하기 2

3D 모형 ⇨ 작성 ⇨ 돌출 ⇨ 입력 형상 ⇨ 프로파일 ⇨ 동작 ⇨ 방향 : 기본값 ⇨ 거리 10 ⇨ 출력 ⇨ 부울 : 잘라내기 ⇨ 확인

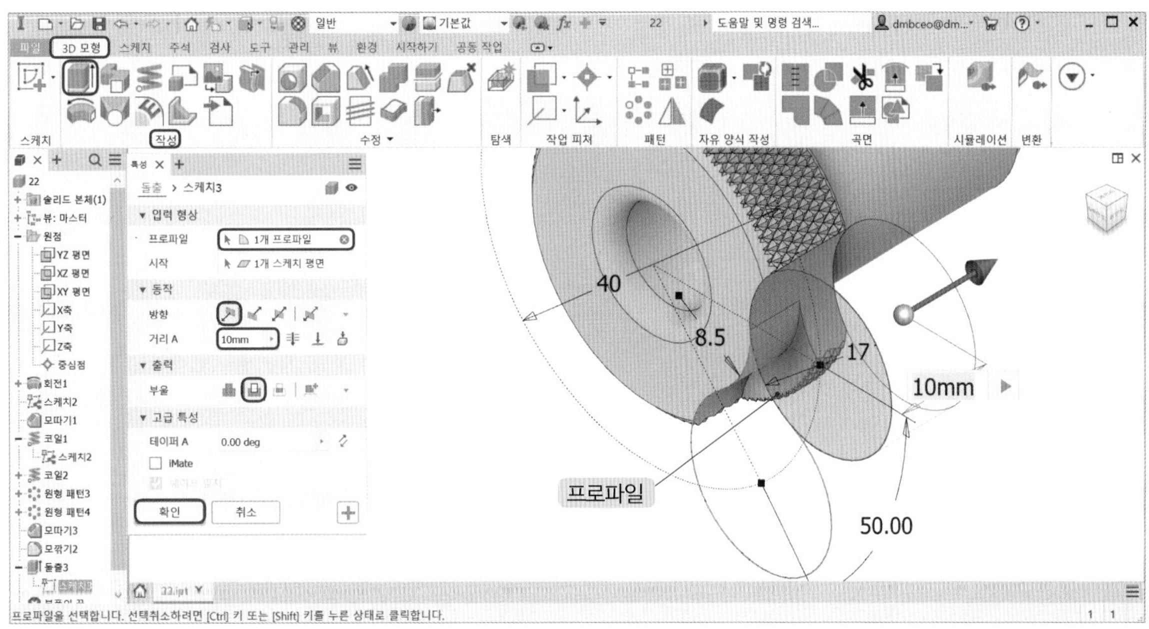

TIP>>

먼저 모형탐색기 돌출에서 스케치 오른쪽을 클릭하여 팝업창에서 가시성을 체크한다.

Chapter 6

도면 작성하기

INVENTOR

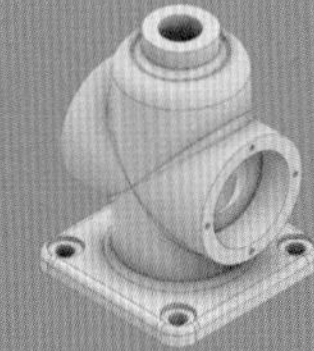

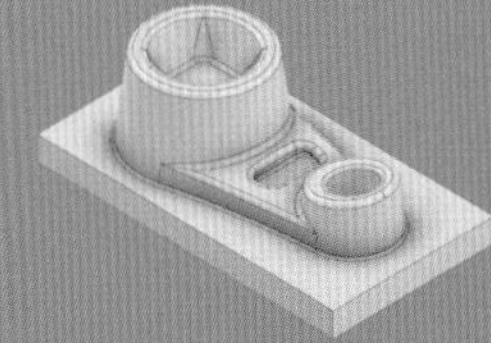

도면은 설계자의 요구 사항을 제작자에게 전달하기 위하여 일정한 규칙에 따라 선, 문자, 기호, 주서 등을 사용하여 생산 제품의 구조, 디자인(형상), 크기, 재료, 가공법 등을 KS 제도 규격에 맞추어 정확하고 간단명료하게 도면으로 작성하는 것을 제도라고 한다.

1 도면 설정하기

시작하기 ⇨ 시작 ⇨ 새로 만들기 ⇨ 도면–주석이 추가된 문서 작성 ⇨ Standard.idw ⇨ 작성

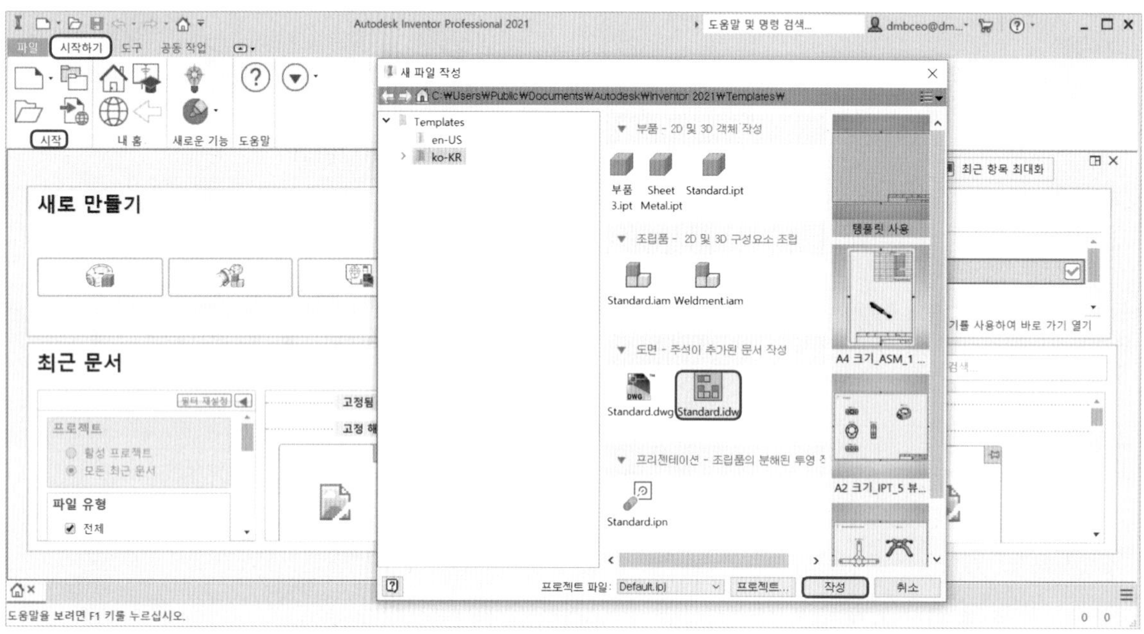

도면–주석이 추가된 문서 작성

Standard.idw 파일 : 도면(.idw)을 작성한다.

Standard.dwg 파일 : 도면(.dwg)을 작성한다.

1 도면 환경 설정하기

작업을 시작하기 전에 도면 환경을 설정하여 XML 파일로 저장한다.

도구 ⇨ 옵션 ⇨ 응용프로그램 옵션 ⇨ 도면

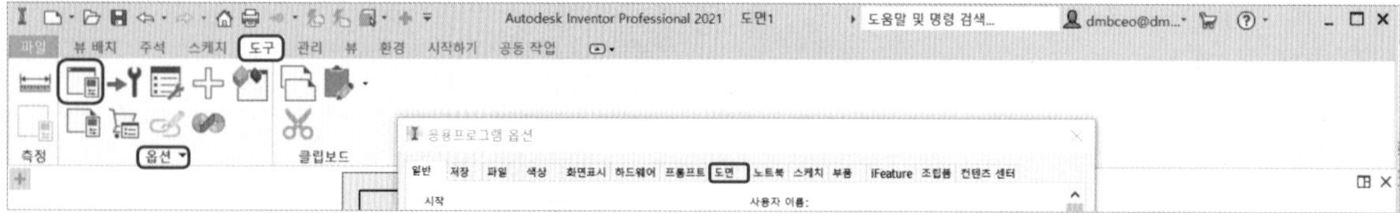

■ 응용프로그램 옵션

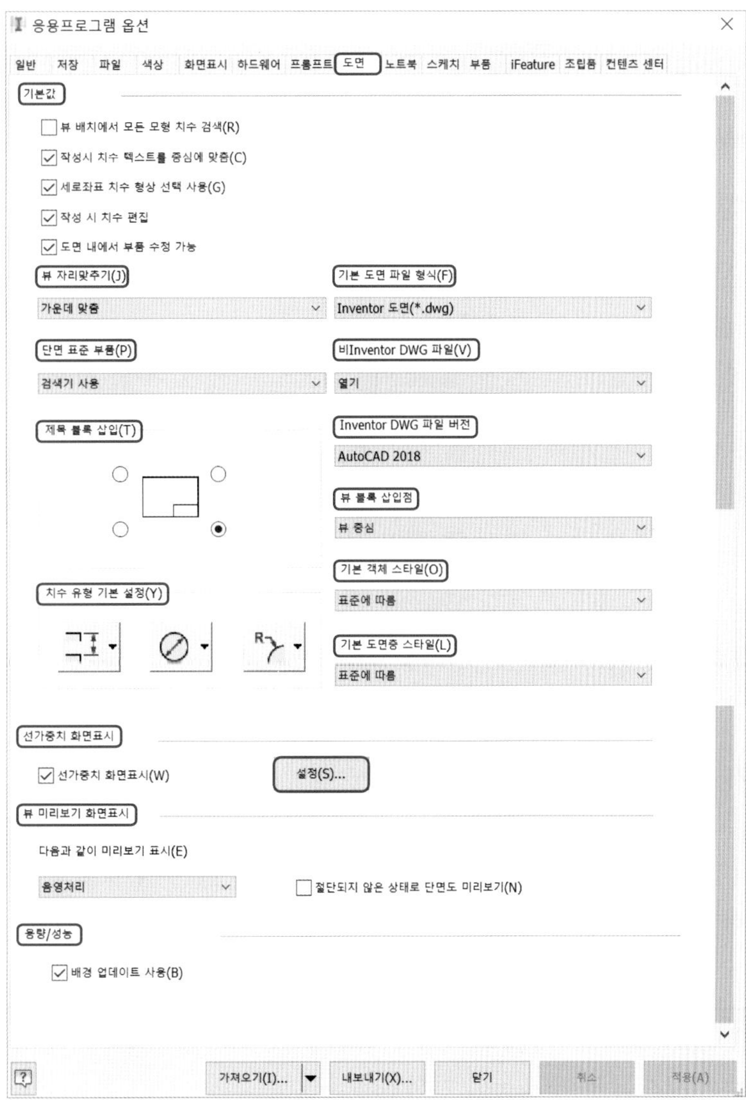

① **기본값**

☑ 뷰 배치에서 모든 모형 치수 검색(R) : 도면에 뷰를 배치할 때 모형 치수를 검색한다.

☑ 작성 시 치수 텍스트를 중심에 맞춤(C) : 치수 문자의 위치를 중심에 맞춘다.

☑ 세로좌표 치수 형상 선택 사용(G) : 도면 형상을 선택하여 세로좌표 치수를 작성한다.

☑ 작성 시 치수 편집 : 치수를 배치할 때 치수 편집 대화상자가 열린다.

☑ 도면 내에서 부품 수정 가능 : 부품을 수정할 수 있다.

② **뷰 자리맞추기(J) :** 도면 뷰의 기본 자리맞추기를 지정한다. (가운데 맞춤, 고정됨)

③ **단면 표준 부품(P) :** 조립품 도면 뷰에 표준 부품의 단면을 표시(검색기 사용, 항상, 사용안함)

④ **제목 블록 삽입(T) :** 제목 블록을 삽입할 때 삽입점(위치점)을 지정한다.

⑤ **치수 유형 기본 설정(Y) :** 선형, 지름 및 반지름 치수의 유형을 설정한다.

⑥ **기본 도면 파일 형식(F) :** 새로 만들기 도면에서 명령 사용할 기본 도면의 파일 형식[Inventor 도면(*.idw), Inventor 도면(*.dwg)]을 설정한다.

⑦ **비Inventor DWG 파일(V) :** Inventor DWG 파일과 다른 파일을 열 때 설정한다.

⑧ **Inventor DWG 파일 버전 :** 기본 Inventor DWG 파일 버전으로 설정한다.

⑨ **뷰 블록 삽입점 :** 뷰 블록의 기본 삽입점을 뷰 중심 또는 모형 원점으로 설정한다.

⑩ **기본 객체 스타일(O)**

- 표준에 따름 : 객체 형식의 기본값을 지정한다.
- 마지막 사용 : 도면를 닫고, 다시 열 때 마지막으로 사용한 객체, 치수 형식을 지정한다.

⑪ **기본 도면층 스타일(L)**

- 표준에 따름 : 도면층 형식의 기본값을 지정한다.
- 마지막 사용 : 도면을 닫고, 다시 열 때 마지막으로 사용한 도면 형식을 지정한다.

⑫ **선가중치 화면표시**

☑ 선가중치 화면표시(W) : 도면에 선가중치를 표시하며 인쇄 문서에는 영향을 주지 않는다.

- 설정(S)... : 선가중치 설정값 대화상자에 선가중치 값을 입력한다.

⑬ **뷰 미리보기 화면표시**

☑ 다음과 같이 미리보기 표시(E) : 미리보기 이미지에 대한 기본 설정을 지정한다.

☑ 절단되지 않은 상태로 단면도 미리보기(N) : 절단되지 않은 상태로 화면 뷰를 사용하면 성능은 저하되지만 메모리는 절약된다.

⑭ **용량/성능**

☑ 배경 업데이트 사용(B) : 뷰를 계산하는 동안 메모리는 절약하나 용량이 증가하면 데이터를 계산하는 시간이 늘어 성능이 저하된다.

⑮ **설정**

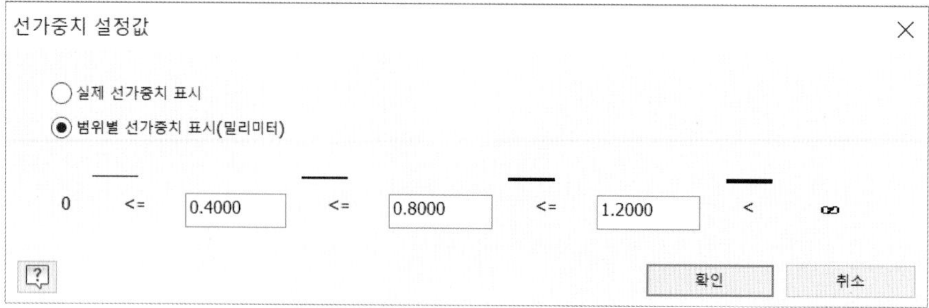

⊙ 선택한 선가중치 표시 : 화면에 선가중치를 표시한다.

⊙ 범위별 선가중치 표시(밀리미터) : 범위별로 입력한 값을 선가중치로 표시한다.

2 기본 공차 설정

도구 ⇨ 옵션 ⇨ 문서 설정 ⇨ 기본 공차(기본 문서 탭)

① 기본 공차

☑ 표준 공차값 사용 : 치수를 작성할 때 정밀도와 표준 공차값을 사용한다.
☑ 표준 공차값 내보내기 : 정밀도와 공차값을 설정하여 도면 치수로 내보낸다.

- 선형 및 각도 치수 : 정밀 치수의 상 · 하한값의 공차범위를 추가한다.
- 정밀도 : 정밀도의 소수 자릿수를 선택한다.
- 공차(+/−) : 공차에서 정밀도의 상 · 하한값 범위를 입력한다.

3 도면 설정

도구 ⇨ 옵션 ⇨ 문서 설정 ⇨ 도면(도면 문서 탭)

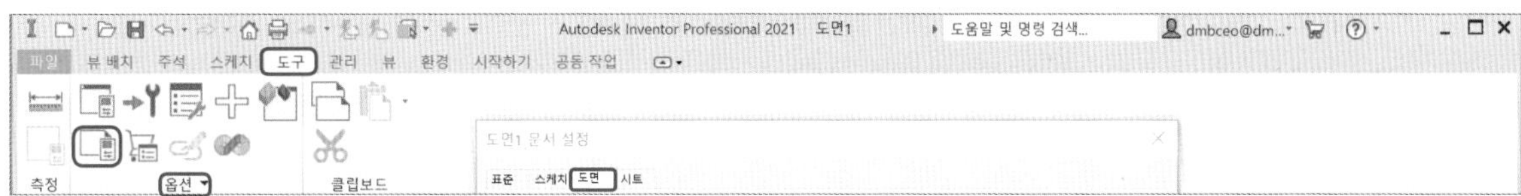

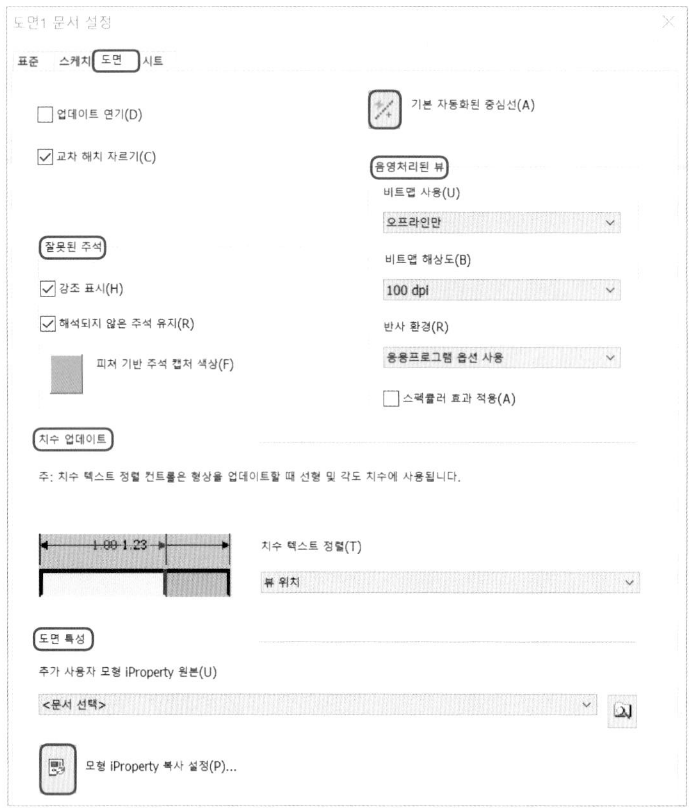

① **도면**

☑ 업데이트 연기(D) : 활성 도면에 자동 갱신을 억제하고 연기한다.

☑ 교차 해치 자르기(C) : 도면 주석에 교차하는 해치를 끊는다.

② **기본 자동화된 중심선(A)** : 자동 중심선을 표시할 중심선 설정 대화상자를 연다.

③ **잘못된 주석**

☑ 강조 표시(H) : 잘못된 치수와 손실된 주석을 표시한다.

☑ 해석되지 않은 주석 유지(R) : 형상에서 분리된 주석을 유지한다.

피쳐 기반 주석 캡처 색상(F) : 잘못된 피쳐의 주석 색상을 지정한다.

④ **음영처리된 뷰**

비트맵 사용(U) : 음영처리된 뷰에 비트맵을 사용한다.

비트맵 해상도(B) : 음영처리된 뷰의 이미지 해상도를 설정한다.

반사 환경(R)

☑ 스팩큘러 효과 적용(A)

⑤ **치수 업데이트**

- 치수 텍스트 정렬(T) : 형상을 갱신할 때 선형 및 각도 치수의 문자 위치를 정렬한다.

  뷰 위치 : 시트에서 문자 위치를 유지한다.

  뷰 위치 및 가운데 맞춤 유지 : 중심 치수는 가운데 맞춤으로 배치한다.

  치수선 백분율 : 치수선에 비례하여 치수의 문자 위치를 유지한다.

⑥ **도면 특성**

- 추가 사용자 모형 iProperty 원본(U) : 사용자 iProperty가 포함된 파일을 지정하고 사용자 특성, 모형 목록에 사용자 특성의 이름을 추가한다.

⑦ **모형 iProperty 복사 설정(P) :** 모형 iProperty 복사 설정의 대화상자를 연다.

(1) 자동화된 중심선

- 적용 대상 : 중심선을 자동으로 적용할 피쳐를 선택한다.
- 투영 : 중심선, 중심 표식을 적용할 뷰의 객체에 투영을 설정한다.
- 반지름 임계값

  모깎기(F) : 모깎기 피쳐에 자동으로 중심선을 적용할 최소, 최대 반지름을 입력한다.

  원형 모서리(C) : 호, 원형 피쳐에 자동으로 중심선을 적용할 최소, 최대반지름을 입력한다.

  정밀도(P) : 모깎기, 호 및 원형 피쳐의 크기를 임계값과 비교할 반올림 정밀도를 지정한다.
- 호 각도 임계값

  각도 최소값(M) : 원, 호 또는 타원에서 중심 표식, 중심선을 작성할 최소 각도를 설정한다.

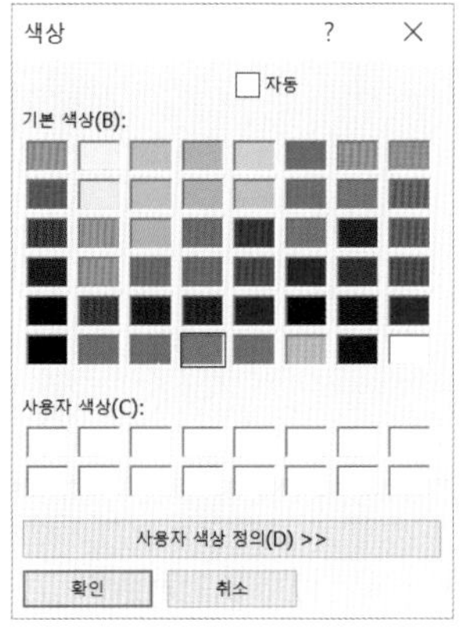

(2) 피쳐 기반 주석 캡처 색상

☑ 자동

기본 색상(B)

사용자 색상(C)

사용자 색상 정의(D)

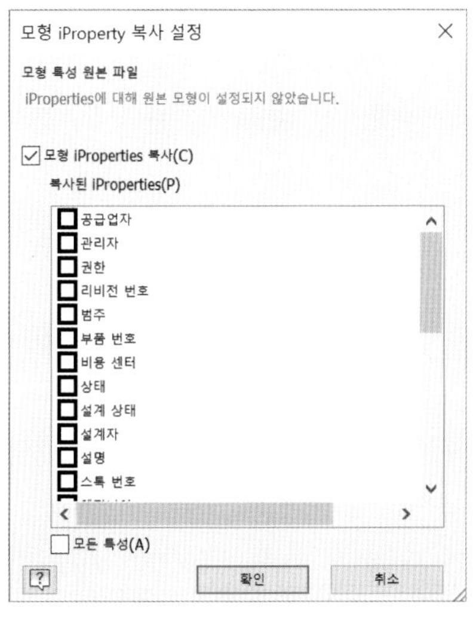

(3) 모형 iProperty 복사 설정

☑ 모형 특성 원본 파일 : 복사한 iProperties의 원본 모형을 표시한다.

☑ 모형 iProperty 복사(C) : 모형 iProperty가 도면에 복사한다.

복사한 iProperty(P) : 모형 iProperties는 나열된 iProperty를 선택하여 도면에 복사한다.

☑ 모든 특성(A) : 나열된 모든 iProperties를 선택한다.

도구 ⇨ 옵션 ⇨ 문서 설정 ⇨ 시트(도면 문서 탭))

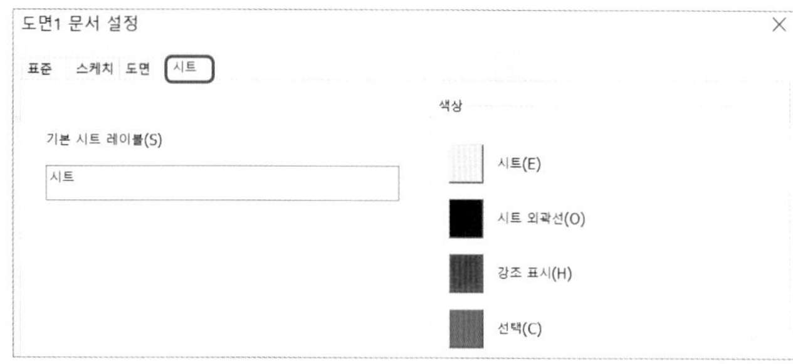

① **기본 시트 레이블(S)** : 도면 검색기의 새 시트에 지정된 기본 레이블을 설정한다.

② **색상**

- 시트(E) : 시트의 배경 색상을 설정한다.
- 시트 외곽선(O) : 시트의 외곽선 색상을 설정한다.
- 강조 표시(H) : 요소 위로 커서가 이동할 때 강조되는 요소의 색상을 설정한다.
- 선택(C) : 선택된 요소의 색상을 설정한다.

4 스타일 및 표준 편집기

관리 ⇨ 스타일 및 표준 ⇨ 스타일 및 표준 편집기

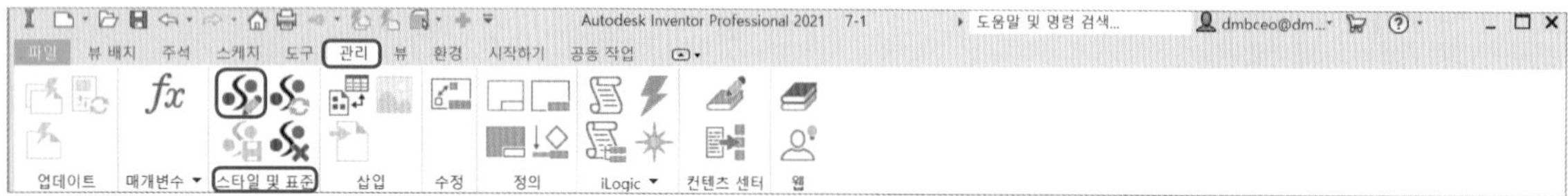

(1) 텍스트

텍스트 ⇨ 주 텍스트(ISO) ⇨ 뷰 기본 설정 ⇨ 글꼴(F) : 굴림체 ⇨ 텍스트 높이(T) : 3.15mm 달락 설정, 자리맞추기(J), 회전(R)은 텍스트 용도에 따라 설정한다.

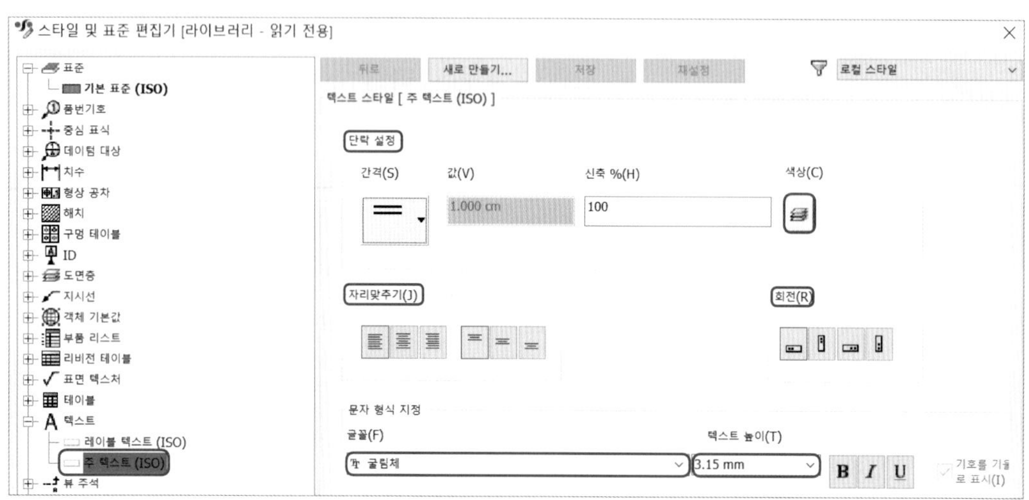

새로 만들기 ⇨ 이름 : 공차 ⇨ 확인

색상 : 빨간색 ⇨ 글꼴(F) : 굴림체 ⇨ 텍스트 높이(T) : 2.0mm

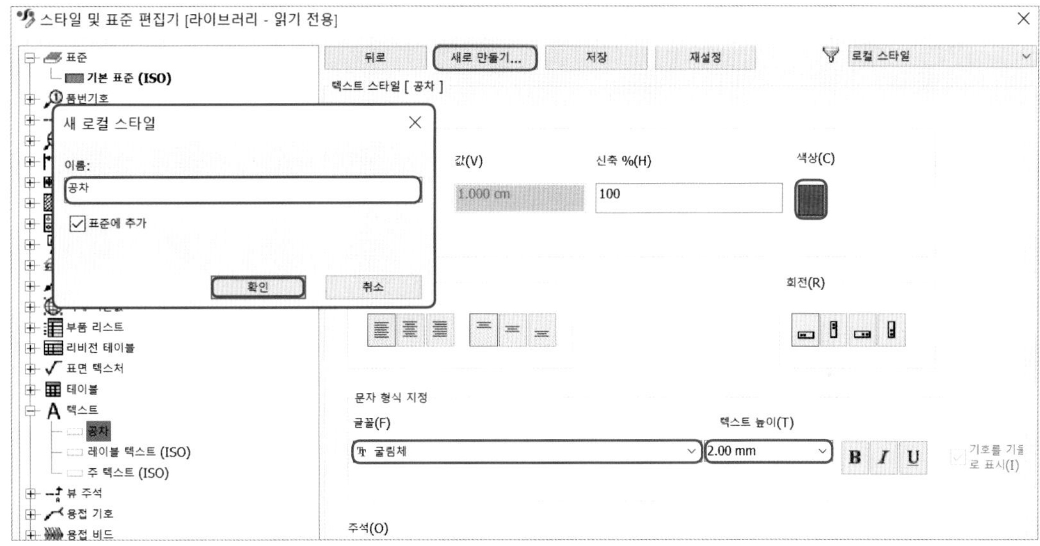

(2) 기본 표준(ISO)

표준 ⇨ 기본 표준(ISO) ⇨ 일반 ⇨ 선형(L) : mm ⇨ 십진 표식기(M) : 마침표 ⇨ 전체선 축척(G) : 1.000

표준 ⇨ 기본 표준(ISO) ⇨ 뷰 기본 설정 ⇨ 기본 스레드 모서리 화면표시 : 단면 스레드 끝 전체, 원형 스레드 모서리 부분 ⇨ 투영 유형 : 삼각법(T)

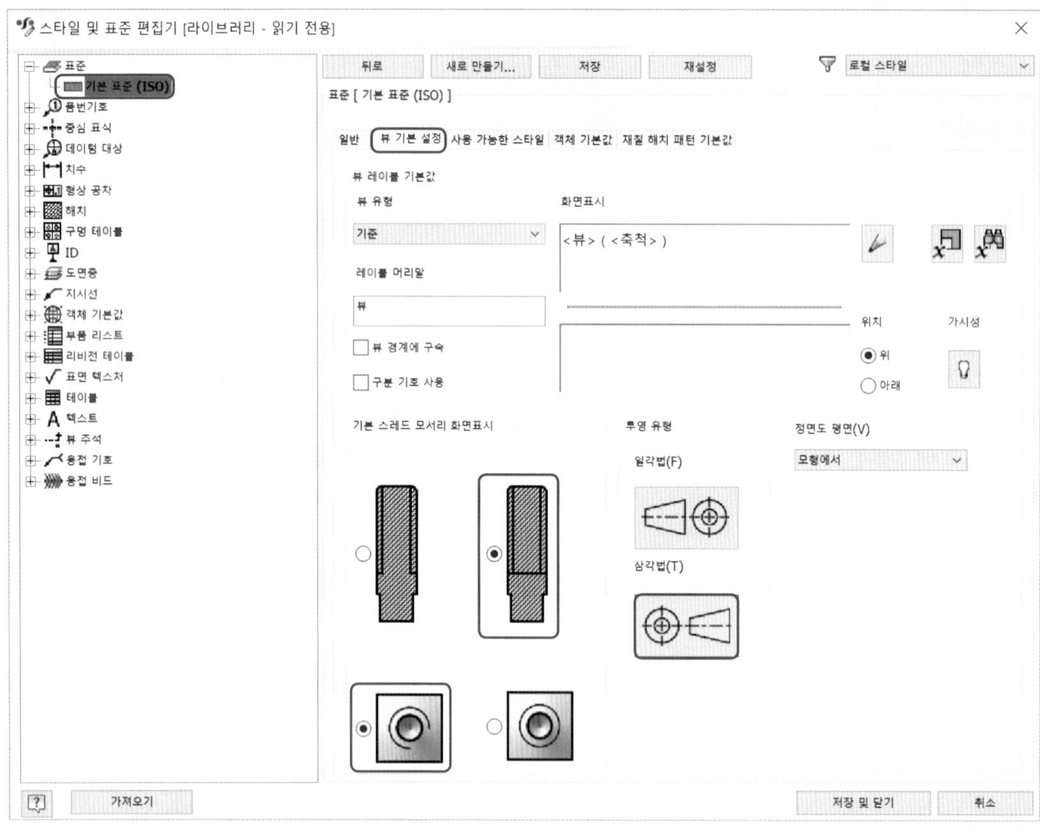

(3) 중심 표식(ISO)

A : 중심 3.0	B : 간격 1.5	C : 초과 2.5	D : 연장 5.0	기본 반지름 10.0

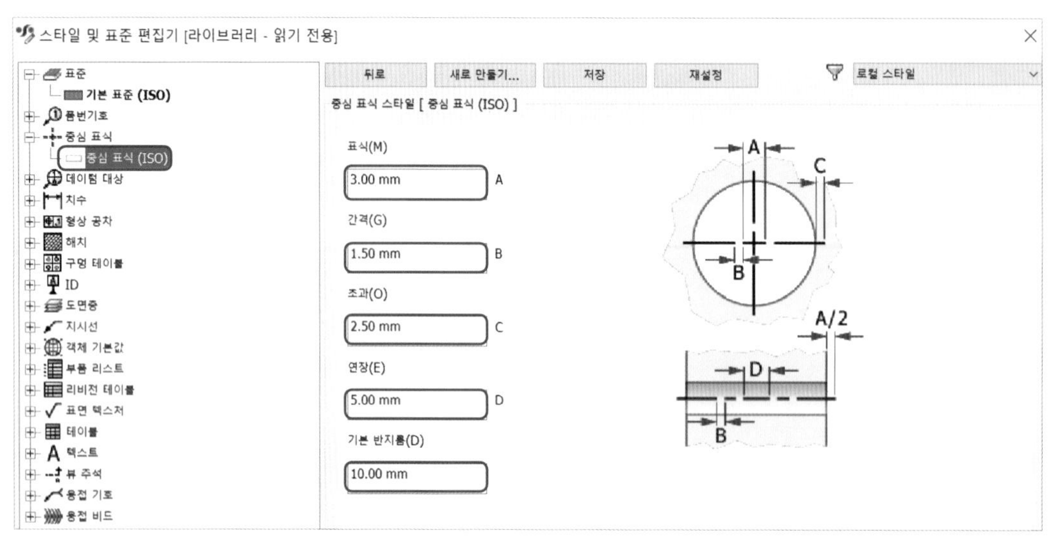

(4) 선가중치(선 굵기와 문자, 숫자, 크기 구분을 위한 색상 지정)

문자, 숫자, 기호의 높이	선 굵기	지정 색상(Color)	용도
7.0mm	0.70mm	청(파란)색(Blue)	윤곽선, 표제란과 부품란의 윤곽선 등
5.0mm	0.50mm	초록(Green), 갈색(Brown)	외형선, 부품번호, 개별주서, 중심 마크 등
3.5mm	0.35mm	황(노란)색(Yellow)	숨은선, 치수와 기호, 일반 주서 등
2.5mm	0.25mm	흰색(White), 빨강(Red)	해치선, 치수선, 치수보조선, 중심선, 가상선 등

TIP>>

선 굵기	색상	용도	선 굵기	색상	용도
0.7mm	하늘색	경계	0.25mm	빨간색	치수
0.35mm	노란색	은선	0.5mm	초록색	외형선
0.25mm	빨간색	중심선	0.25mm	빨간색	중심 표식
0.25mm	빨간색	기호	0.18mm	빨간색	해치
0.5mm	빨간색	절단선			

(5) 치수

치수 ⇨ 기본값(ISO) ⇨ 단위 ⇨ 선형(L) : mm ⇨ 십진 표식기(M) : .마침표

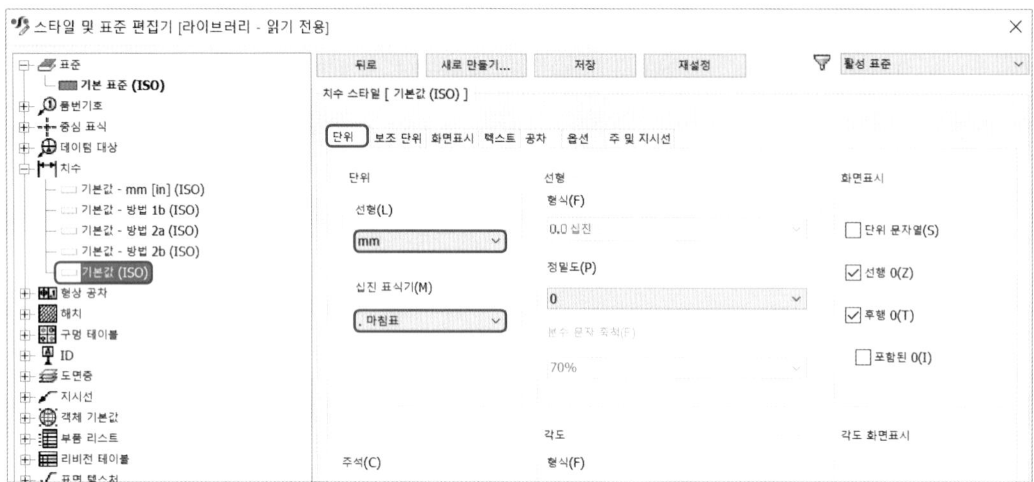

치수 ⇨ 기본값(ISO) ⇨ 화면표시 ⇨ 선 유형 : 도면층별 ⇨ 가중치 0.18mm ⇨ 종료자 : 화살표(채움) ⇨ 크기 3.0, 높이 1.0

A : 연장 2	B : 원점 간격띄우기 1	C : 간격 0.3	D : 간격 8	E : 부품 간격띄우기 10

TIP>>

화살표는 KS규격에 25도로 규정되어 있으나 3 : 1로 많이 사용한다.

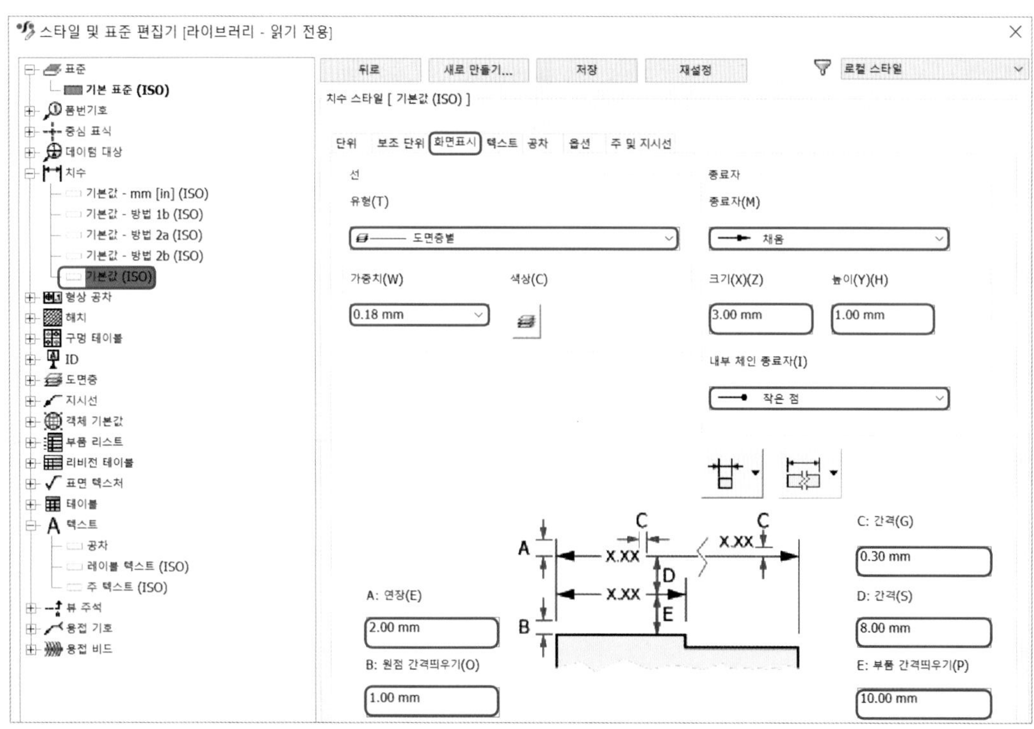

치수 ⇨ 기본값(ISO) ⇨ 텍스트 ⇨ 1차 텍스트 스타일 : 주 텍스트 ⇨ 공차 텍스트 스타일 : 공차

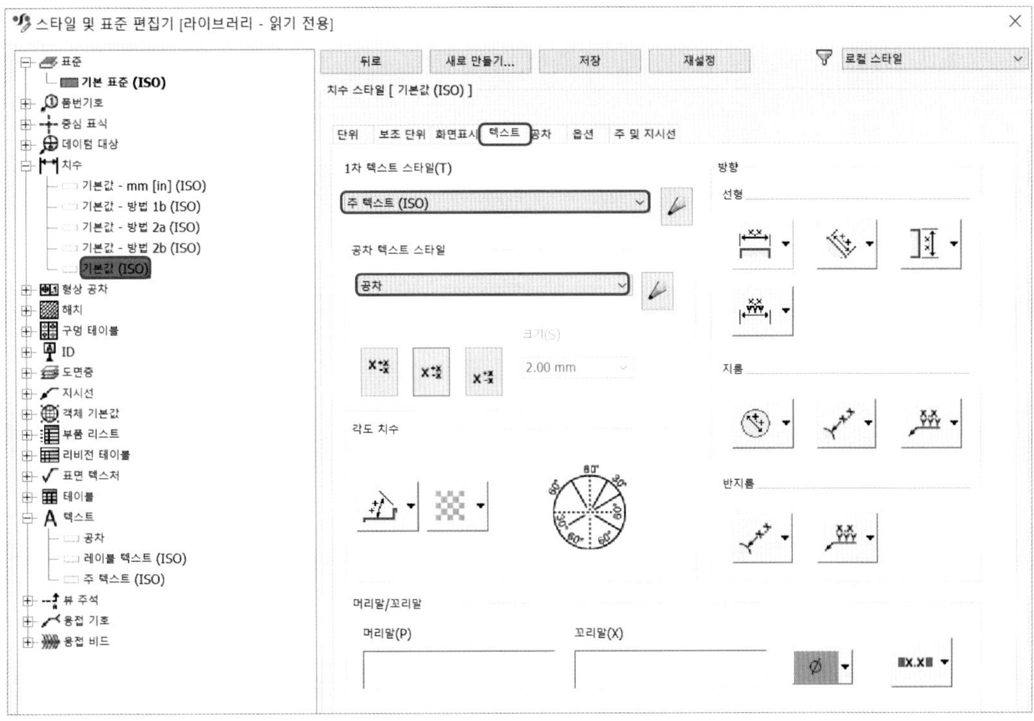

치수 ⇨ 기본값(ISO) ⇨ 옵션 ⇨ 화살촉 배치 ⇨ 치수보조선 숨기기 ⇨ 반지름 치수 ⇨ 지름 치수 ⇨ 각도 치수 ⇨ 세로좌표 치수 지시선 ⇨ 세로좌표 치수 원점

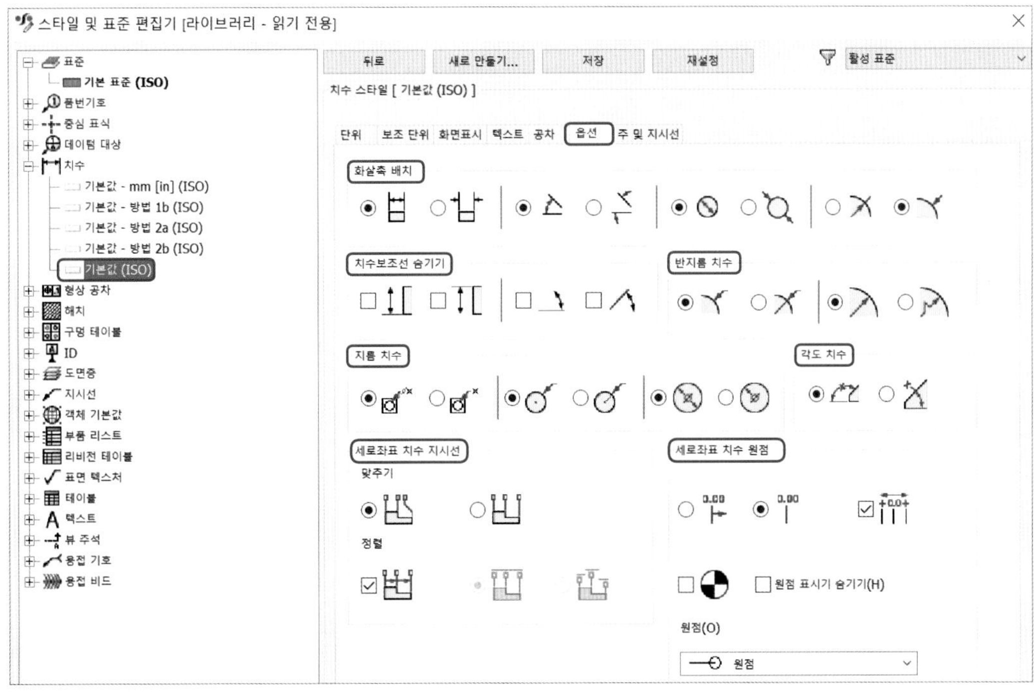

(6) 데이텀

ID ⇨ 데이텀ID(ISO) ⇨ 하위 스타일 ⇨ 지시선 스타일 : 데이텀(ISO) ⇨ 텍스트 스타일 : 주 텍스트(ISO) ⇨ 기호 크기 : ☑텍스트 높이에 맞게 축척(H) ⇨ 기호 특성 ⇨ 쉐이프 🄰 ⇨ □ 계단 모양 허용

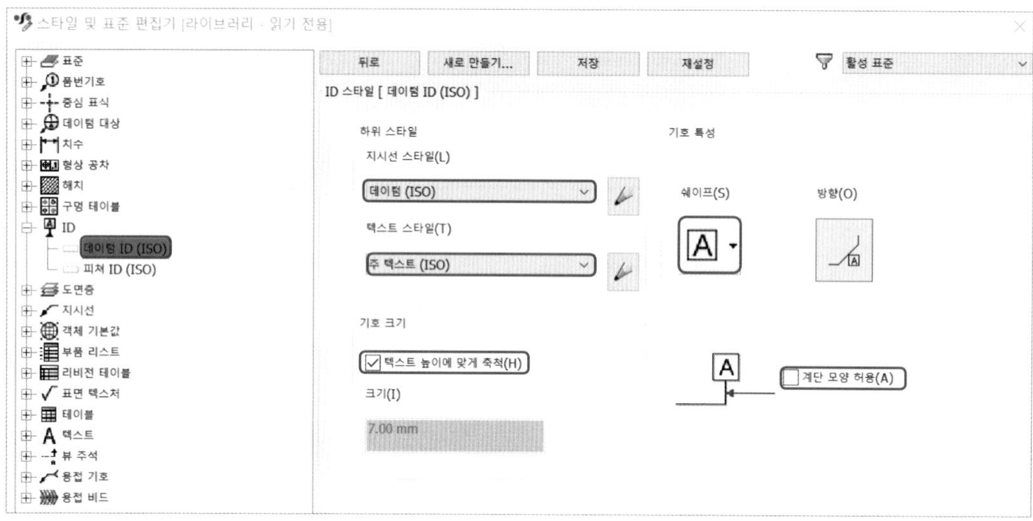

(7) 기하공차 기입 틀

형상 공차 ⇨ 형상 공차(ISO) ⇨ 일반 ⇨ 기호 표시 대상 : 형상 특성 ⇨ 하위 스타일 ⇨ 지시선 스타일 : 일반(ISO) ⇨ 텍스트 스타일 : 주 텍스트(ISO) ⇨ 기호 크기 : ☑텍스트 높이에 맞게 축척(C) ⇨ 옵션 ⇨ 병합(기호, 공차, 데이텀) ⇨ 셀 정렬 ⇨ 데이텀 정렬 ⇨ 지시선 부착

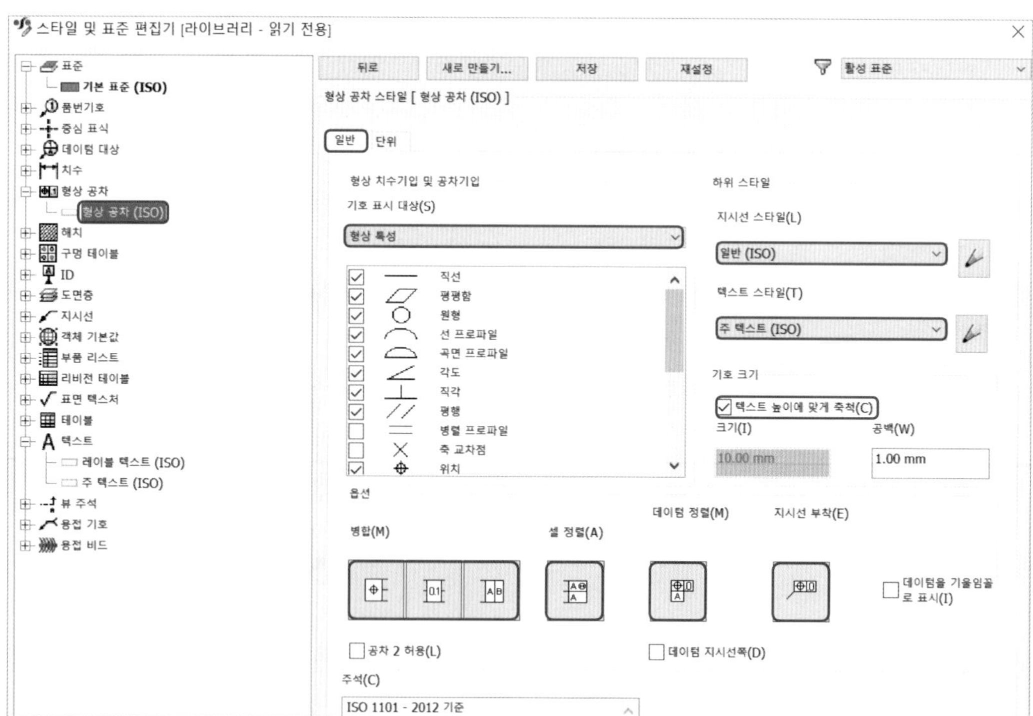

(8) 지시선

지시선 ⇨ 일반(ISO) ⇨ 종료자 ⇨ 화살촉(A) : 화살표(채움) ⇨ 크기 3.0mm ⇨ 높이 1.0mm ⇨ 선 형식 ⇨ 선종류 : 도면층별 ⇨ 선가중치 : 도면층별

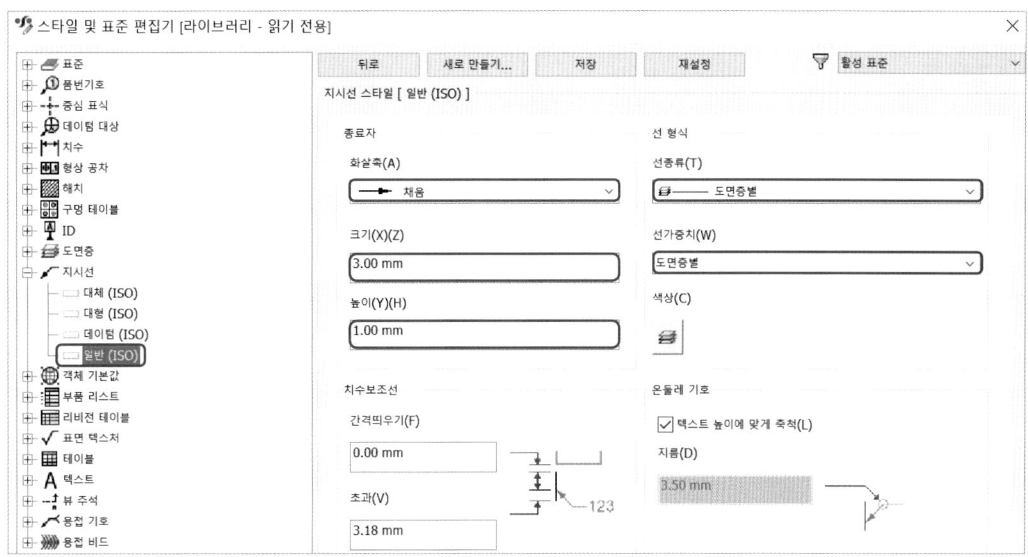

(9) 표면거칠기 기호(다듬질 기호)

표면 텍스처 ⇨ 표면 텍스처(ISO) ⇨ 하위 스타일 ⇨ 지시선 스타일 : 일반(ISO) ⇨ 텍스트 스타일 : 주 텍스트(ISO) ⇨ 표준 참조 ISO 1302-2002

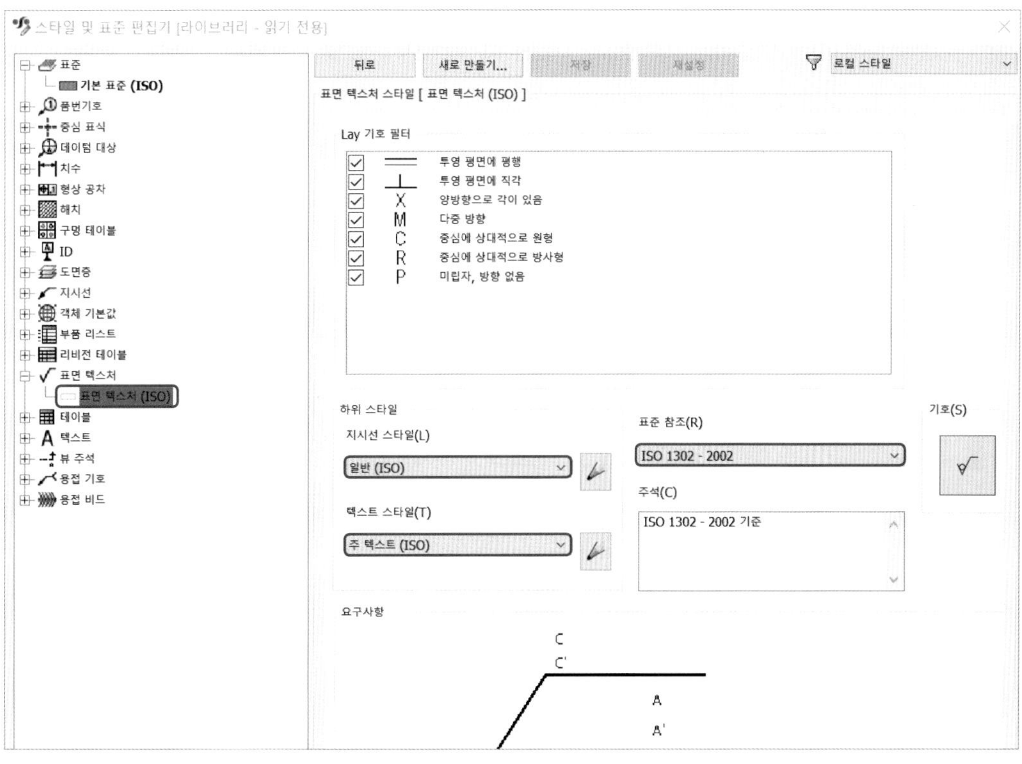

새로 만들기 ⇨ 이름 : 부품 표면거칠기 ⇨ 확인 ⇨ 지시선 스타일 : 일반(ISO) ⇨ 텍스트 스타일 : 공차

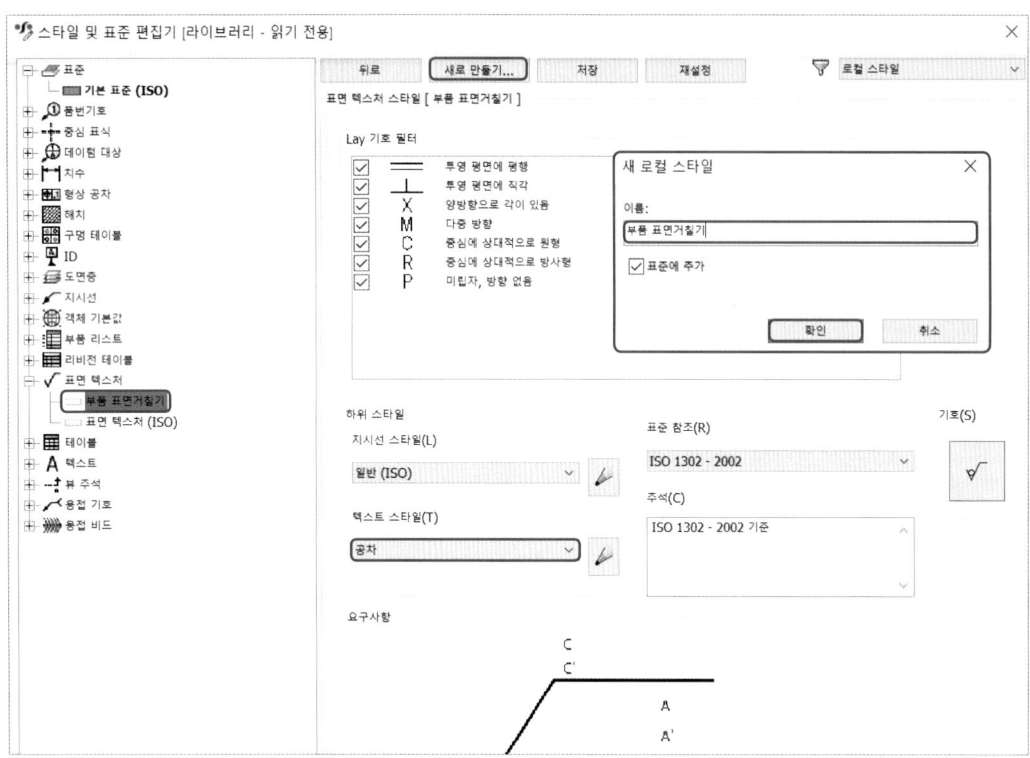

(10) 해치

해치 ⇨ 해치(ISO) ⇨ 패턴(P) : ANSI 31 ⇨ 각도(A) 45.0 ⇨ 축척(S) 1.0

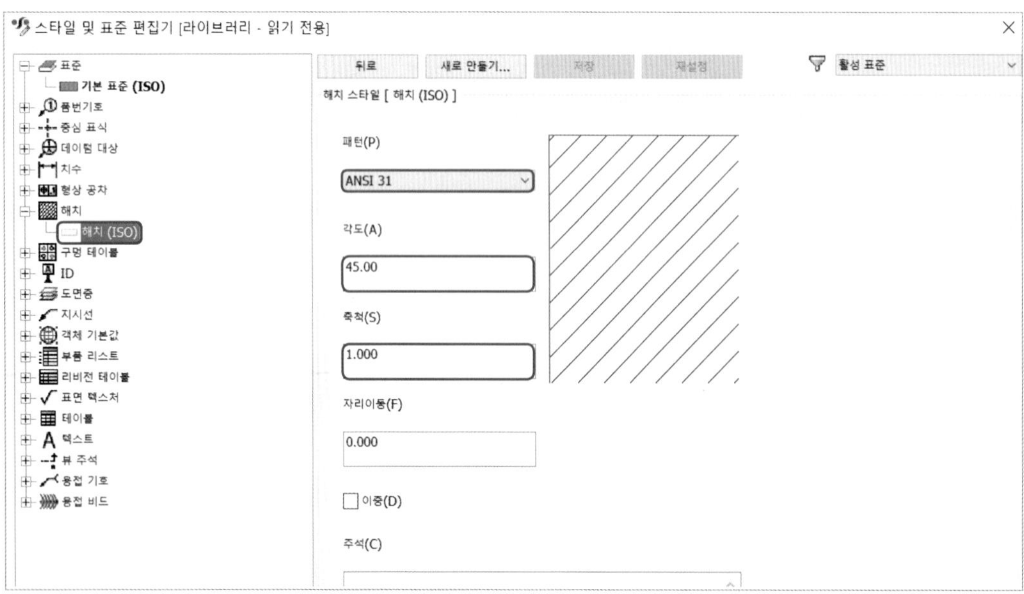

(11) 주석

주석 ⇨ 뷰 주석(ISO) ⇨ 뷰 주석 스타일 : 단면 ⇨ 형식 : ISO ⇨ 치수보조선 길이 5.0mm ⇨ 종료자(M) : 화살표(채움) ⇨ 텍스트 스타일 : 주 텍스트(ISO)

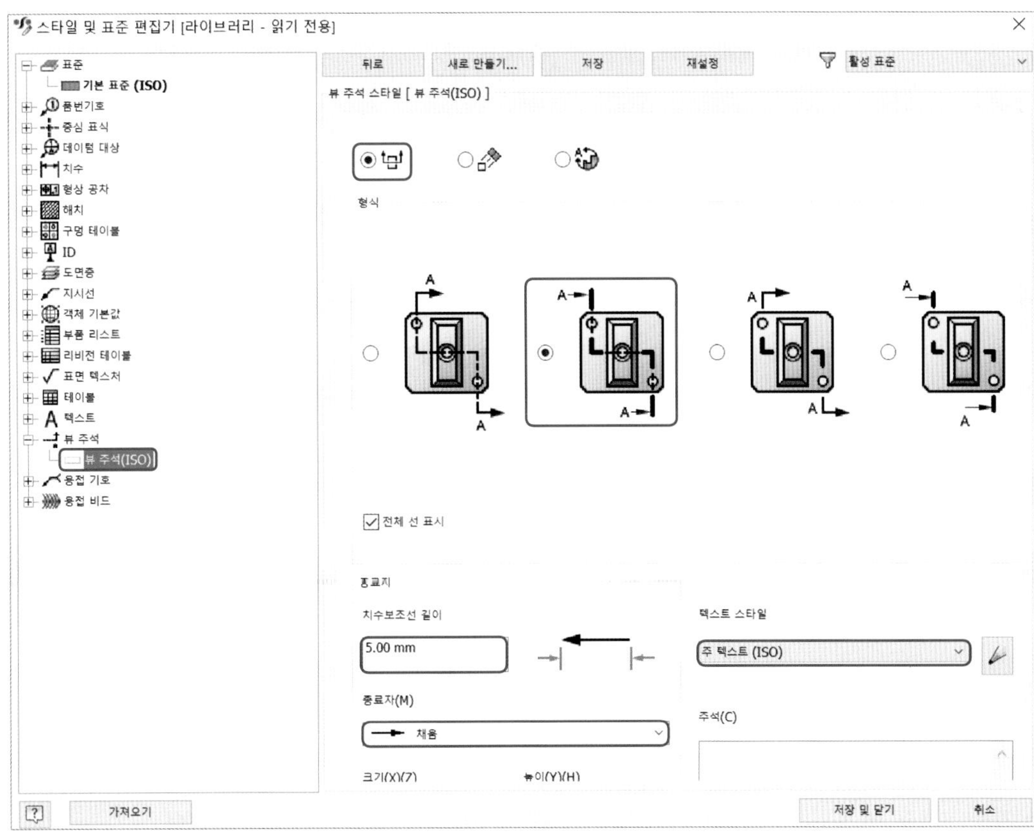

5 도면 뷰

뷰 배치 ⇨ 작성 ⇨ 기준 뷰 ⇨ 구성 요소

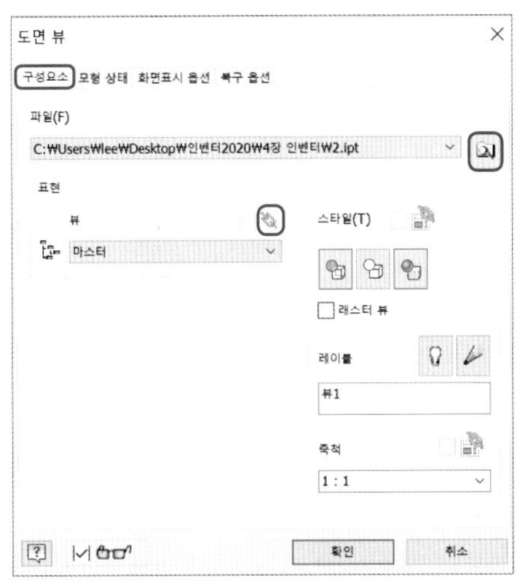

- 파일(F) : 도면 뷰에 사용할 파일 선택
- 연관 : 조립품 환경의 연관 설계 뷰를 변경하면 도면을 갱신한다.
- 스타일 : 뷰의 표시 유형을 설정한다.
  은선 : 뷰에 은선을 표시한다.
  은선 제거 : 뷰에 은선을 제거한다.
  음영처리 : 뷰에 음영처리된 모형을 표시한다.
- 레이블 : 텍스트 형식 대화상자에서 뷰 레이블 문자를 편집한다.
- 축척 : 뷰를 배치할 때 부품이나 조립품에 상대적으로 뷰의 축척을 입력한다.

뷰 배치 ⇨ 작성 ⇨ 기준 뷰 ⇨ 모형 상태

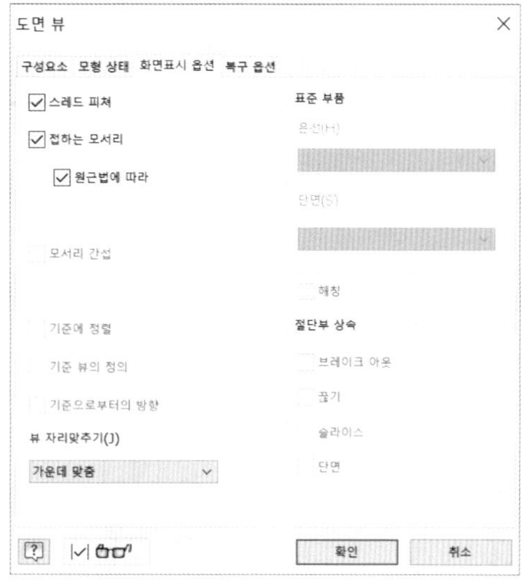

☑ 스레드 피쳐 : 뷰에서 스레드를 표시한다.
☑ 접하는 모서리 : 선택한 뷰에 접하는 모서리를 표시한다.
☑ 원근법에 따라 : 접하는 모서리를 표시한다.
☑ 뷰 자리맞추기(J) : 뷰의 자리맞추기를 설정한다.
표준 부품 : 부품을 은선 또는 단면 처리
절단부 상속
☑ 브레이크 아웃 : 브레이크 아웃에 편집된 뷰를 상속한다.
☑ 끊기 : 파단 뷰에 편집된 뷰를 상속한다.
☑ 슬라이스 : 슬라이스에 편집된 뷰를 상속한다.
☑ 단면 : 단면에 편집된 뷰를 상속한다.

6 윤곽선(도면 경계) 작성하기

모형(시트 트리) ⇨ 시트를 선택하여 마우스 오른쪽 버튼 클릭 ⇨ 시트 삭제 ⇨ 확인

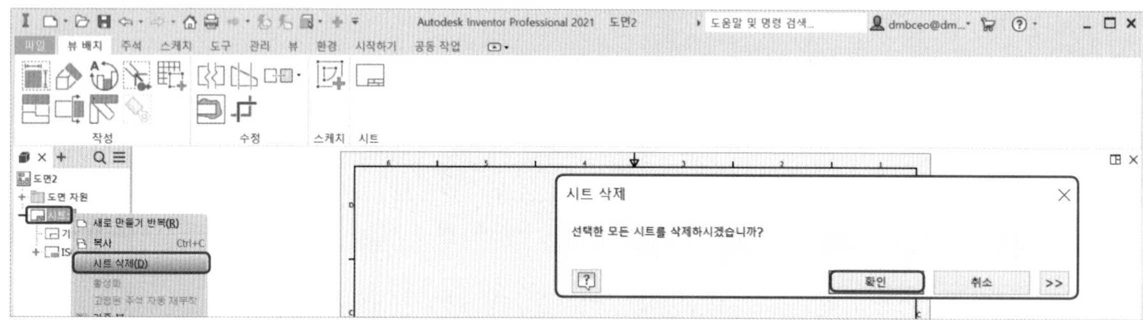

모형(시트 트리) ⇨ 시트를 선택하여 마우스 오른쪽 버튼 클릭 ⇨ 시트 편집 ⇨ 형식 ⇨ 이름 : 시트 ⇨ 크기 : A2 ⇨ 방향 : 가로 방향 ⇨ 확인

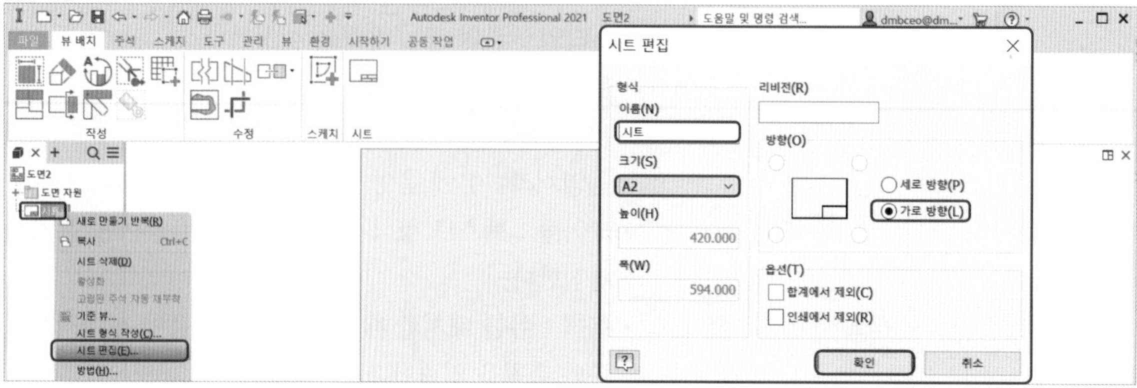

모형(시트 트리) ⇨ 도면 자원 ⇨ 경계를 선택하여 마우스 오른쪽 버튼 클릭 ⇨ 새 경계 정의

그림과 같이 사각형을 스케치하고 치수를 입력한다(A2의 윤곽선).

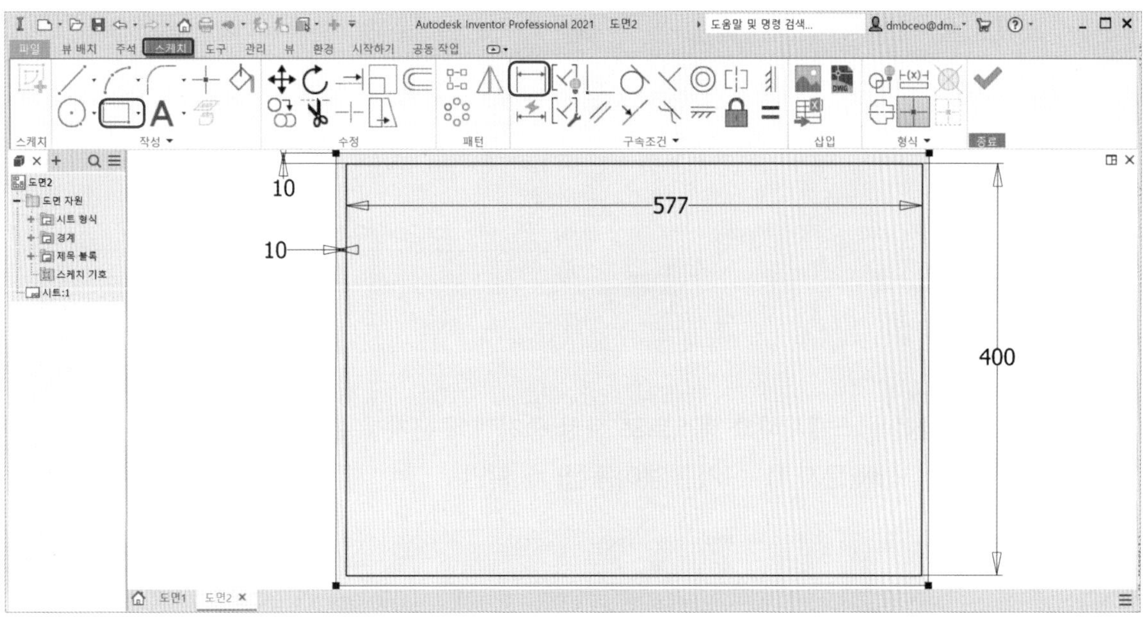

그림과 같이 표제란과 부품란을 스케치하고 치수를 입력한다.

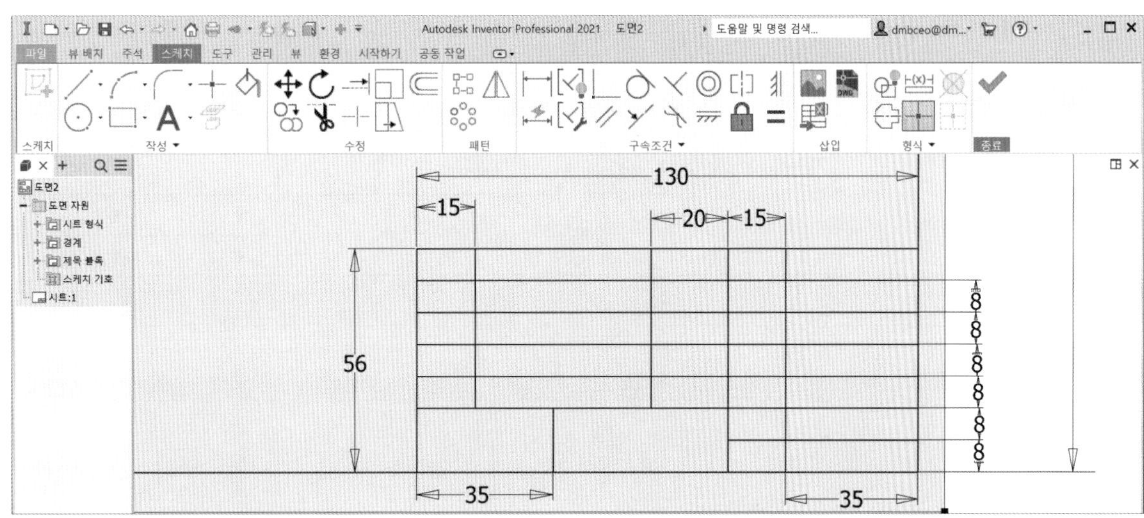

텍스트 ⇨ 중심 자리맞추기, 중간 자리맞추기 ⇨ 굴림체 3.15 ⇨ 1 ⇨ 확인

TIP>>
사선 중간점에 문자를 쓴다.

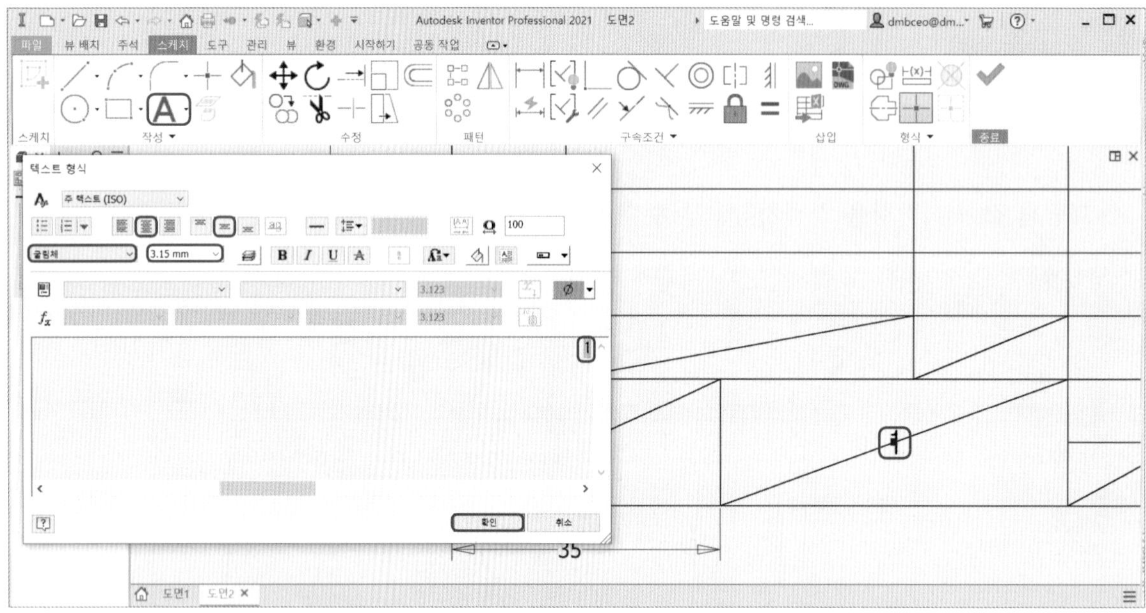

그림과 같이 사선을 스케치하고 텍스트로 사선 중간점에 문자를 쓴다.
수정 ⇨ 복사 ⇨ 선택(문자 1) ⇨ 기준점(이동점) ⇨ 확인

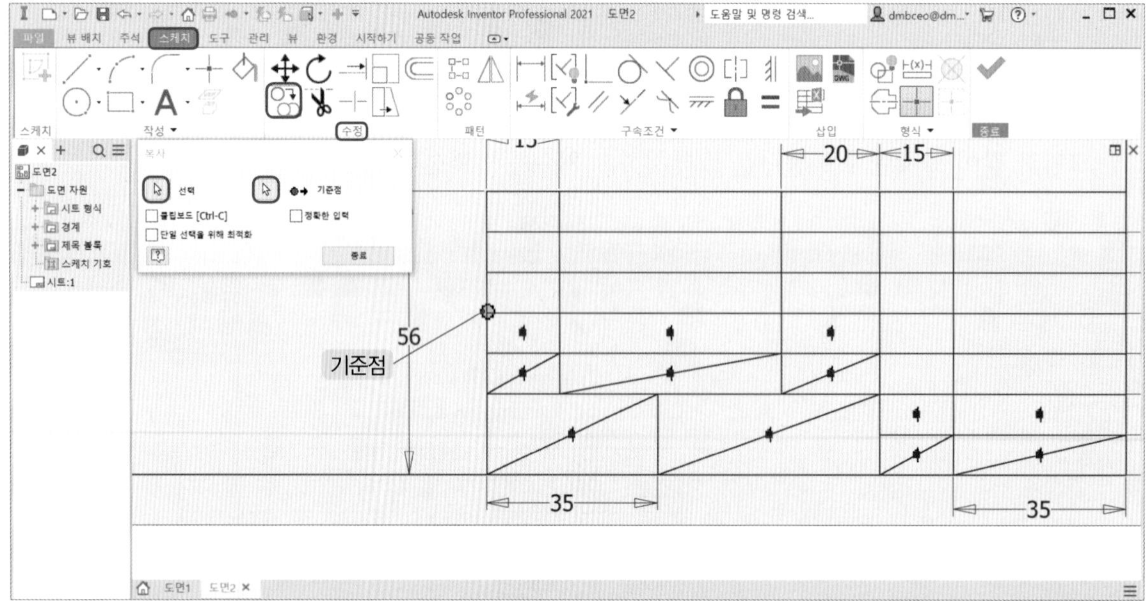

문자를 더블 클릭하여 문자를 편집한다.

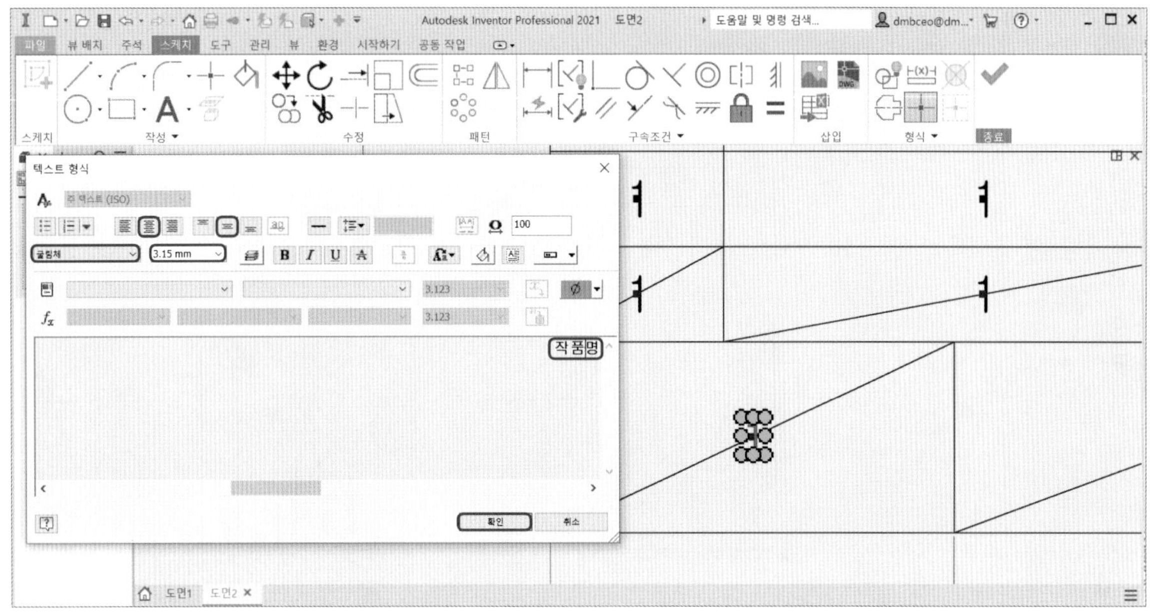

선을 선택하고 마우스 오른쪽 버튼 클릭 ⇨ 특성 ⇨ 선가중치 0.18mm ⇨ 확인

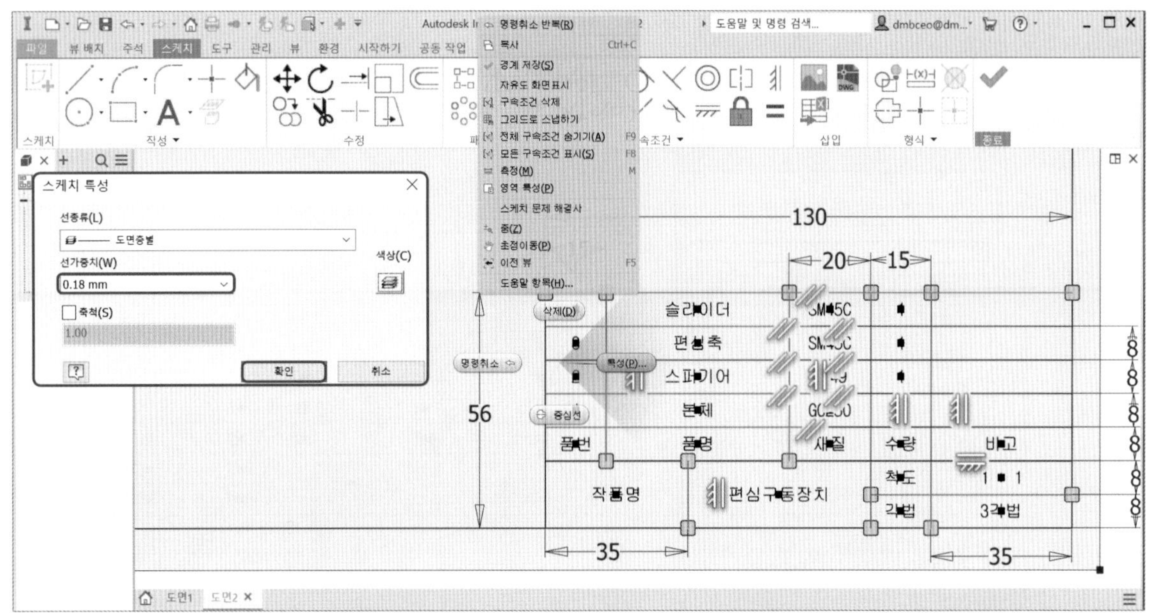

그림과 같이 중심 마크를 그린다.

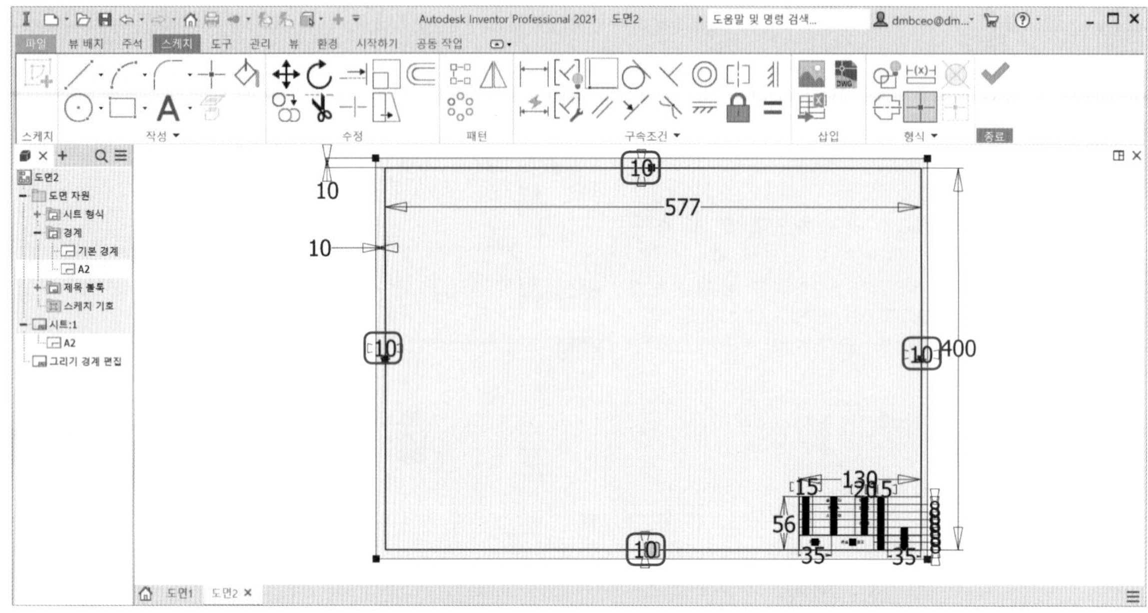

스케치 ⇨ 경계 ⇨ 이름 : A2 ⇨ 저장

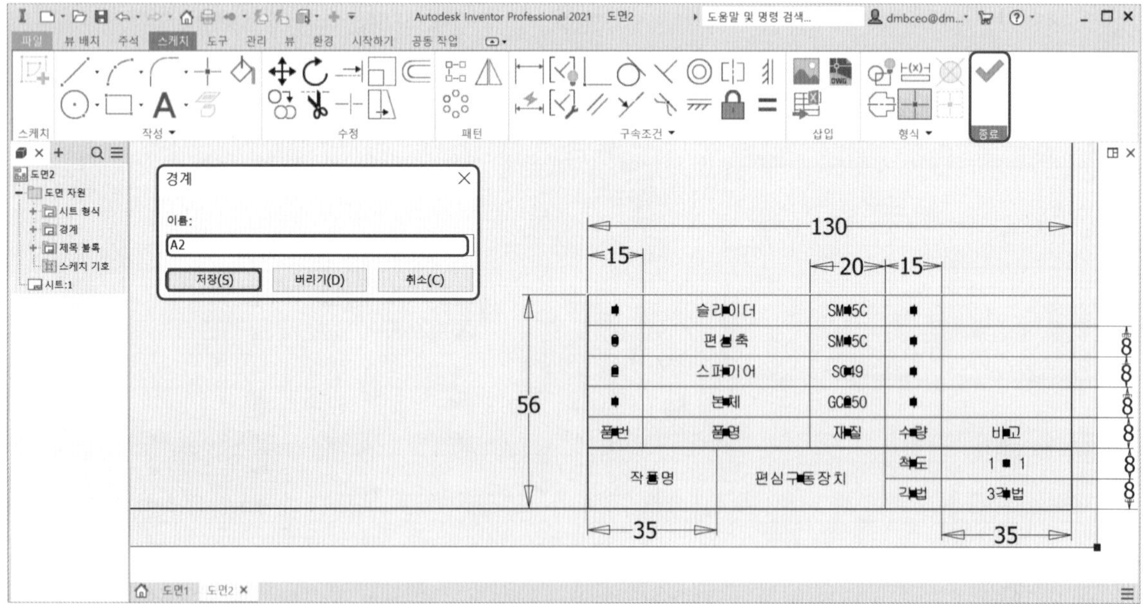

2 본체 투상도 그리기

1 본체 투상하기

기준 뷰 : 도면 뷰의 가장 처음 작성되는 기준이 되는 뷰이며, 기준 뷰로부터 파생되는 뷰들의 기준이 된다.

뷰 배치 ⇨ 작성 ⇨ 기준 뷰 ⇨ 기존 파일 열기 ⇨ 찾는 위치 : 편심구동장치 ⇨ 본체 ⇨ 열기

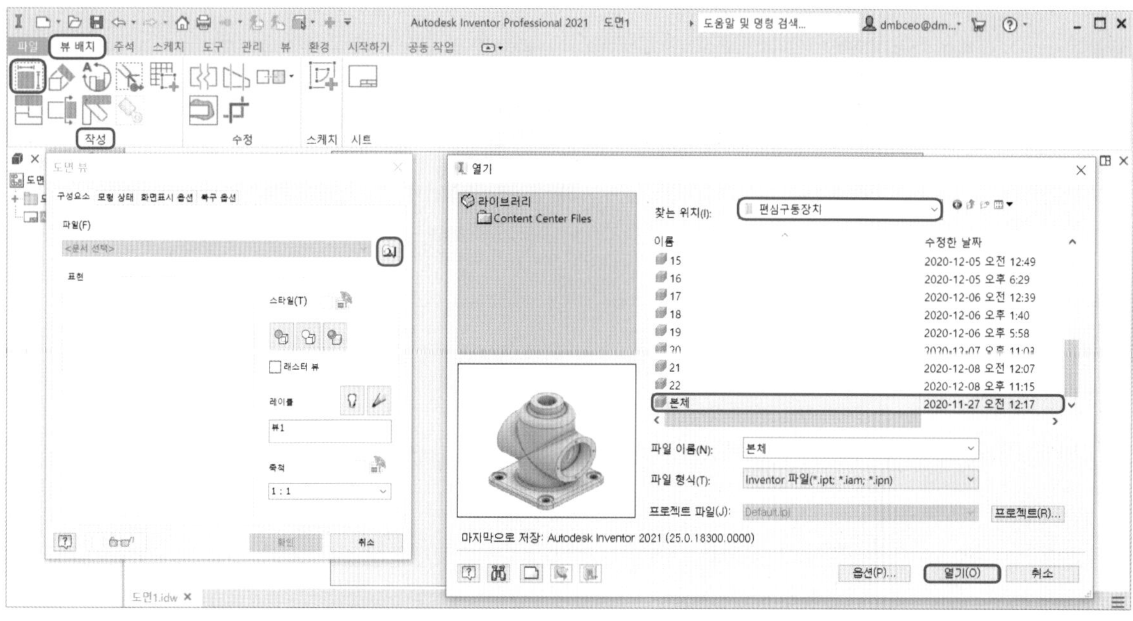

스타일 : 은선 제거 ⇨ 척도 1 : 1 ⇨ 정면도와 우측면도 위치에서 클릭 ⇨ 확인

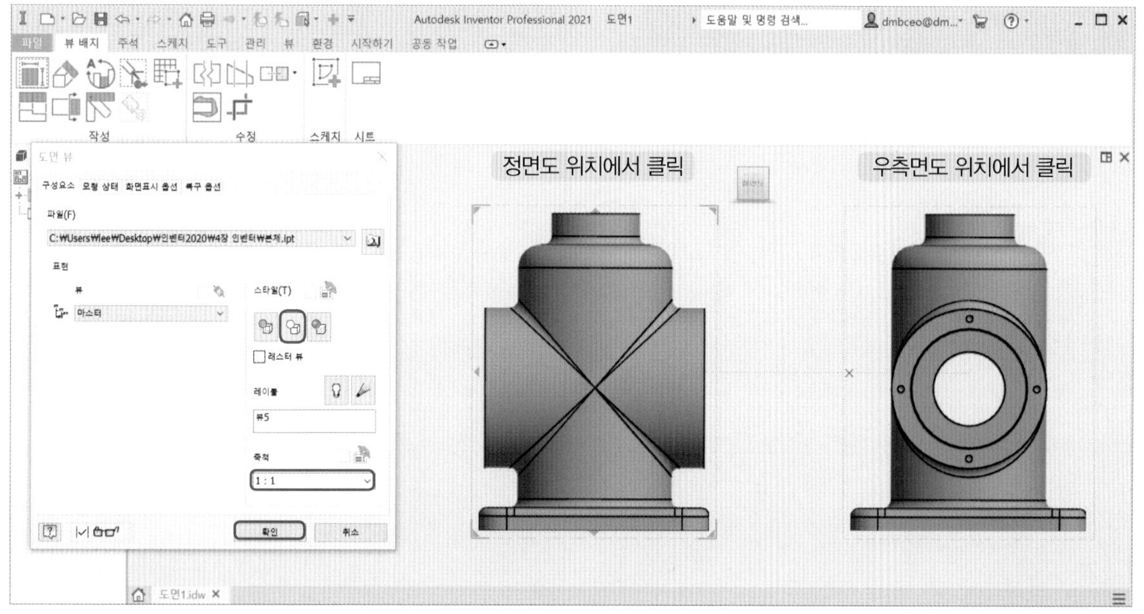

저면도를 정면도 위쪽에서 클릭한다.

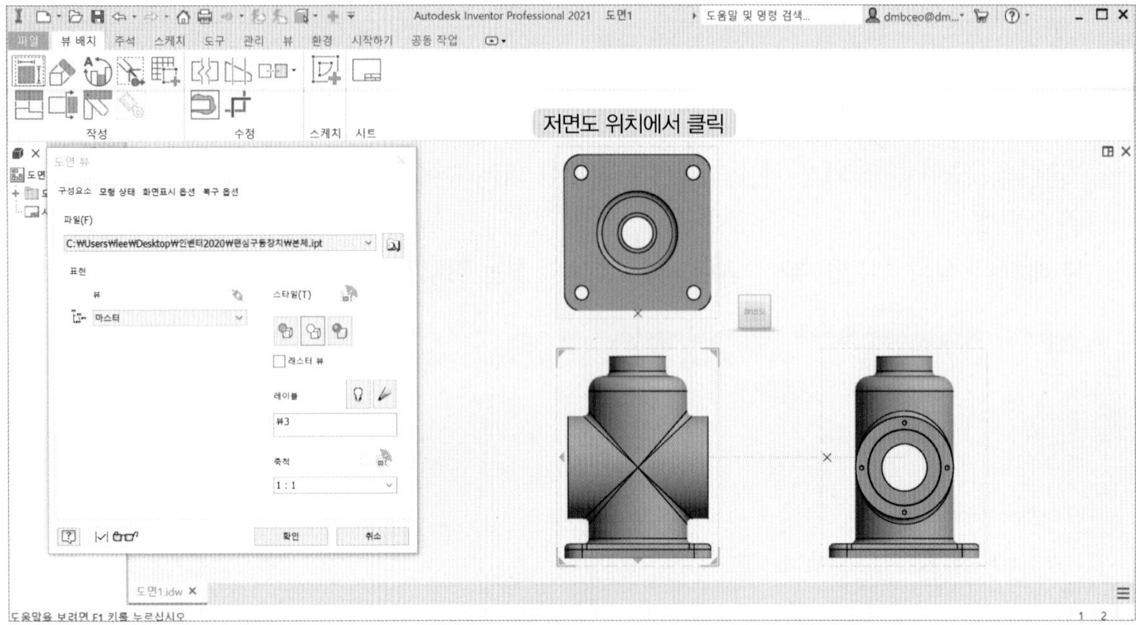

(1) 온단면도

뷰 경계 클릭 ⇨ 뷰 배치 ⇨ 스케치 ⇨ 스케치 시작

TIP>>

단면도 기능으로 단면을 할 수 있으나, 여기서는 브레이크 아웃(부분 단면도)으로 온 단면도를 작성하도록 한다. 이 방법은 번거로워 보이나 깔끔하여 산업 현장에서 많이 사용한다.

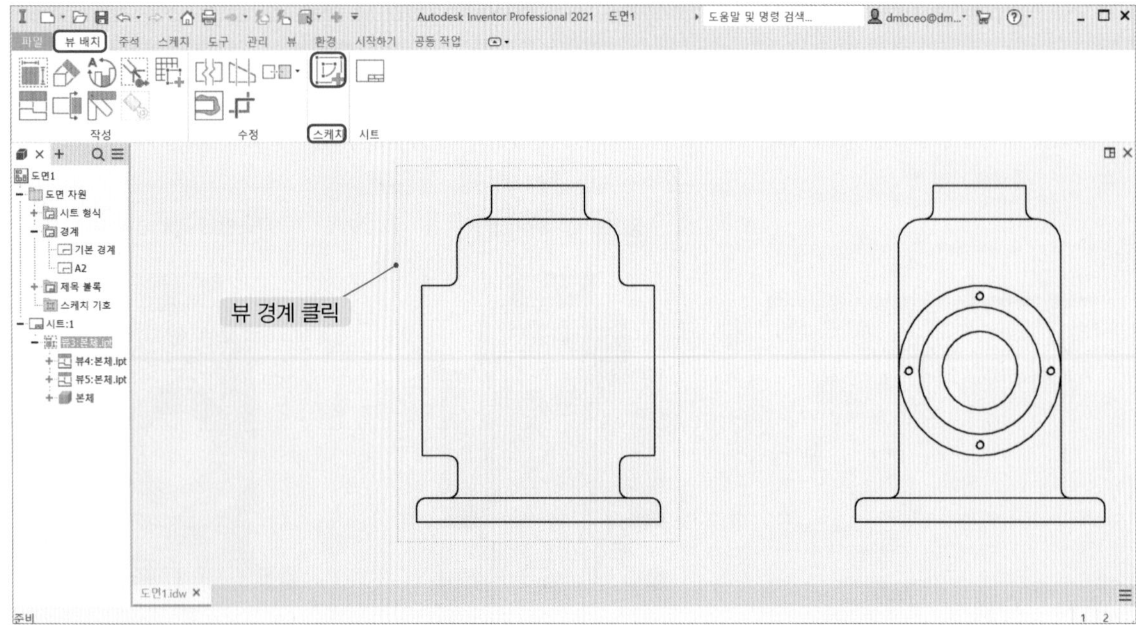

그림과 같이 사각형을 스케치하고 스케치 종료한다.

TIP>>
먼저 스케치할 뷰를 선택하고 스케치 시작을 클릭하면 스케치 탭으로 바로 넘어가며, 스케치할 뷰를 선택하지 않고 스케치 시작을 클릭하면 스케치할 뷰를 선택해야 스케치 탭으로 넘어간다.

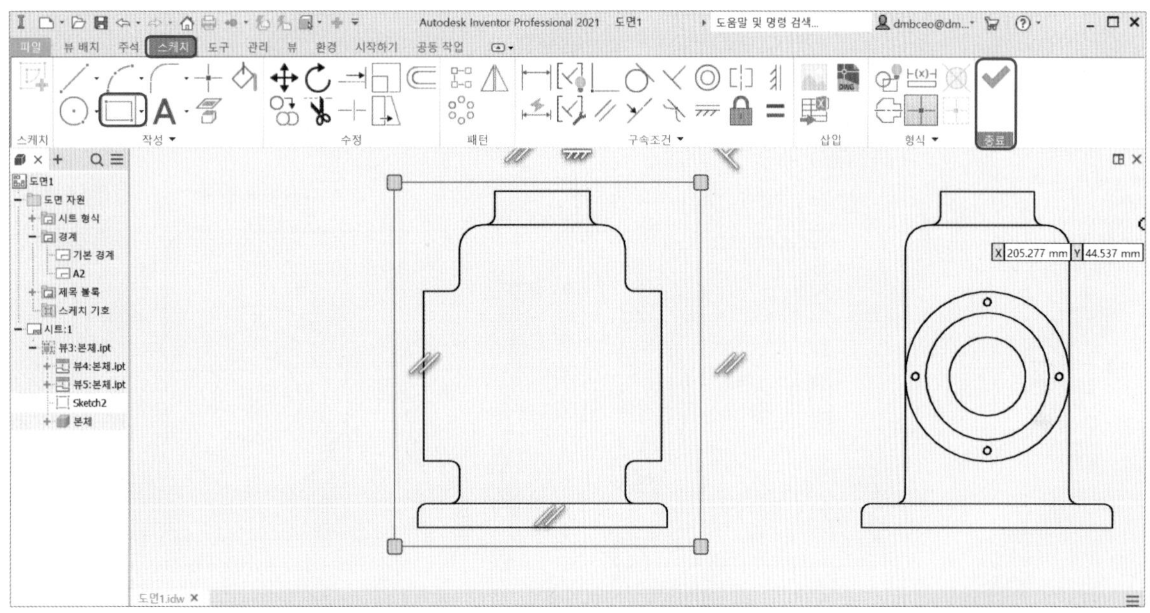

뷰 배치 ⇨ 수정 ⇨ 브레이크 아웃 ⇨ 경계 ⇨ 프로파일 ⇨ 깊이 ⇨ 시작점 0.0 ⇨ 확인

TIP>>
브레이크 아웃을 먼저 선택하고 뷰 경계를 클릭하면 프로파일이 선택되고, 팝업창이 나타난다. 단면은 시작점으로부터 단면할 위치까지의 거리를 입력한다.

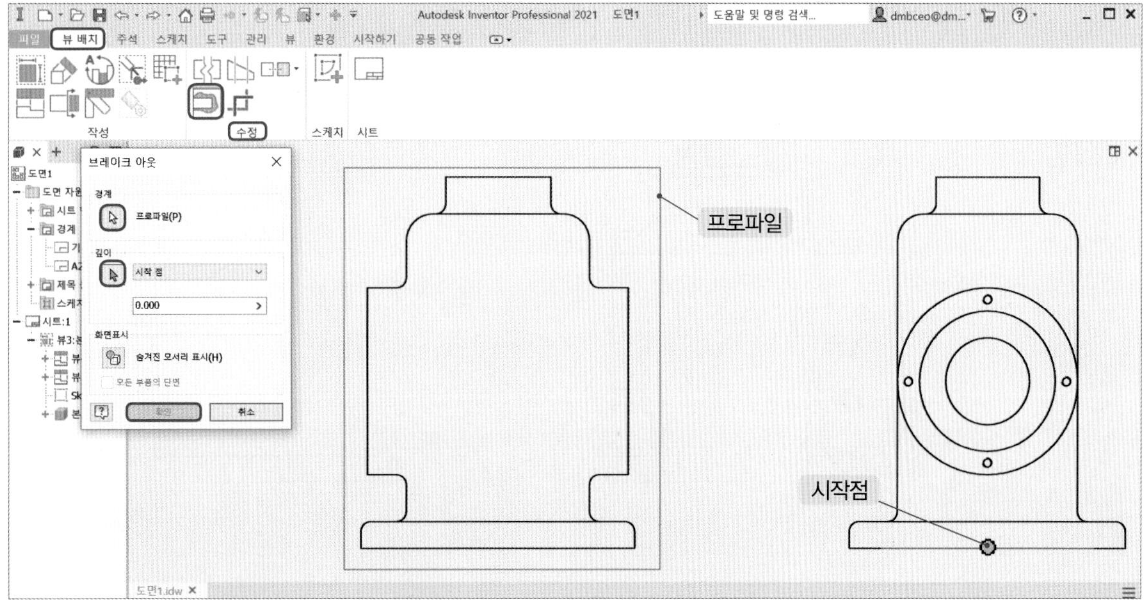

(2) 대칭 생략도

뷰 경계 클릭 ⇨ 뷰 배치 ⇨ 스케치 ⇨ 스케치 시작

TIP>>

먼저 스케치할 뷰를 선택하고 스케치 시작을 클릭한다.

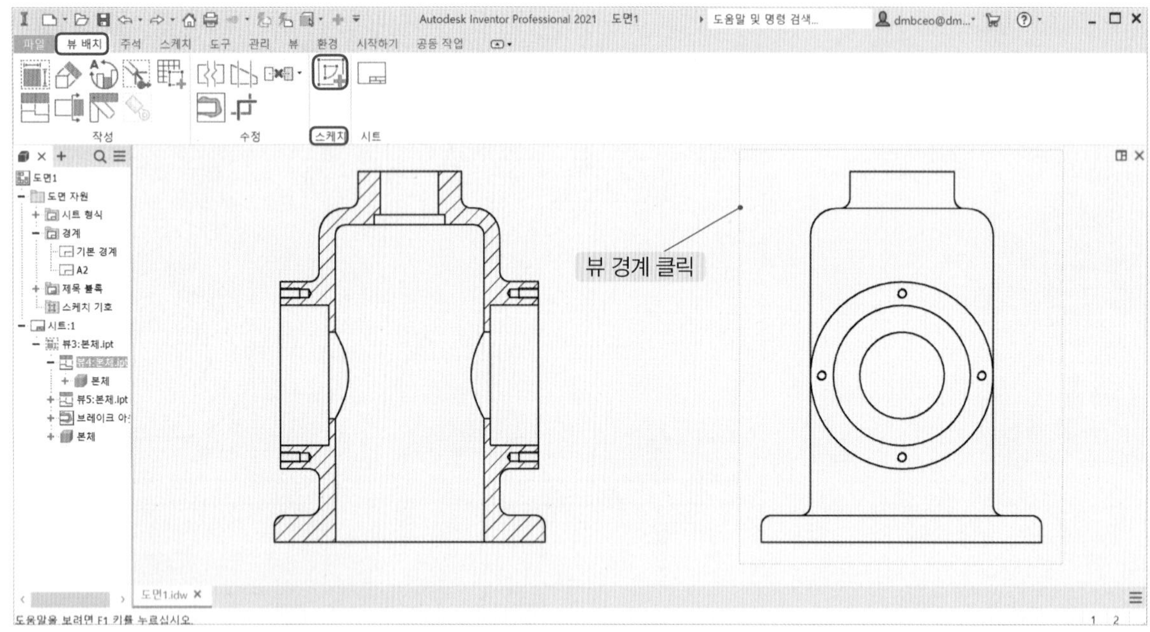

그림과 같이 사각형을 스케치한다. 원의 중심점을 형상 투영한다.
형상 투영점과 직선을 일치 구속한다.

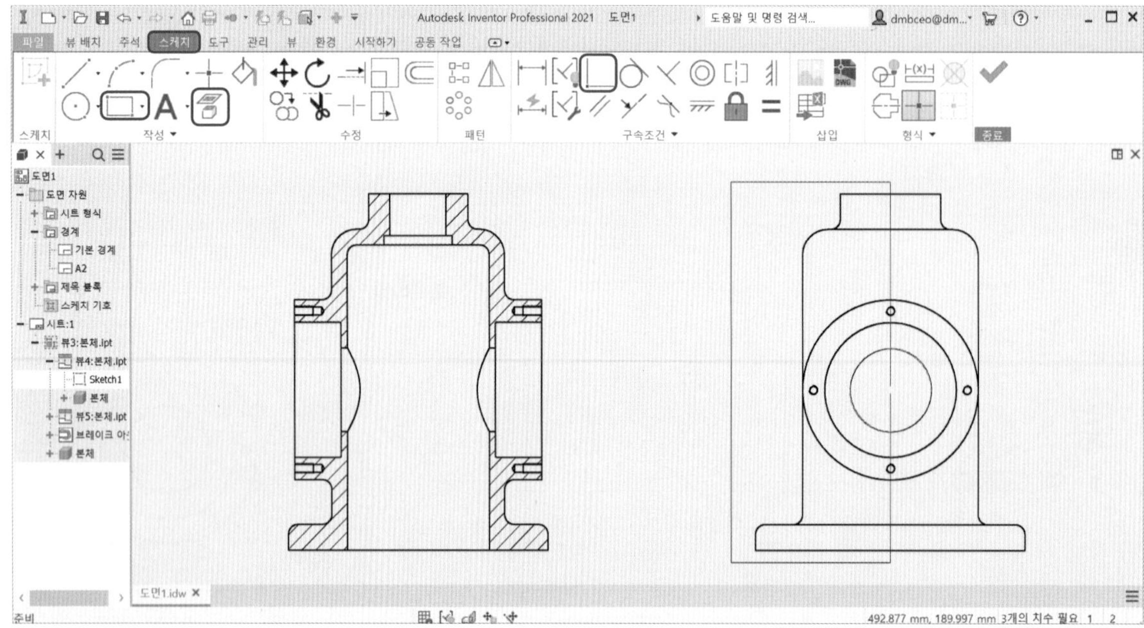

뷰 배치 ⇨ 수정 ⇨ 브레이크 아웃 ⇨ 경계 ⇨ 프로파일 ⇨ 깊이 ⇨ 시작점 42.0 ⇨ 확인

TIP>>

브레이크 아웃을 먼저 선택하고 뷰 경계를 클릭하면 프로파일이 선택되고, 팝업창이 나타난다.

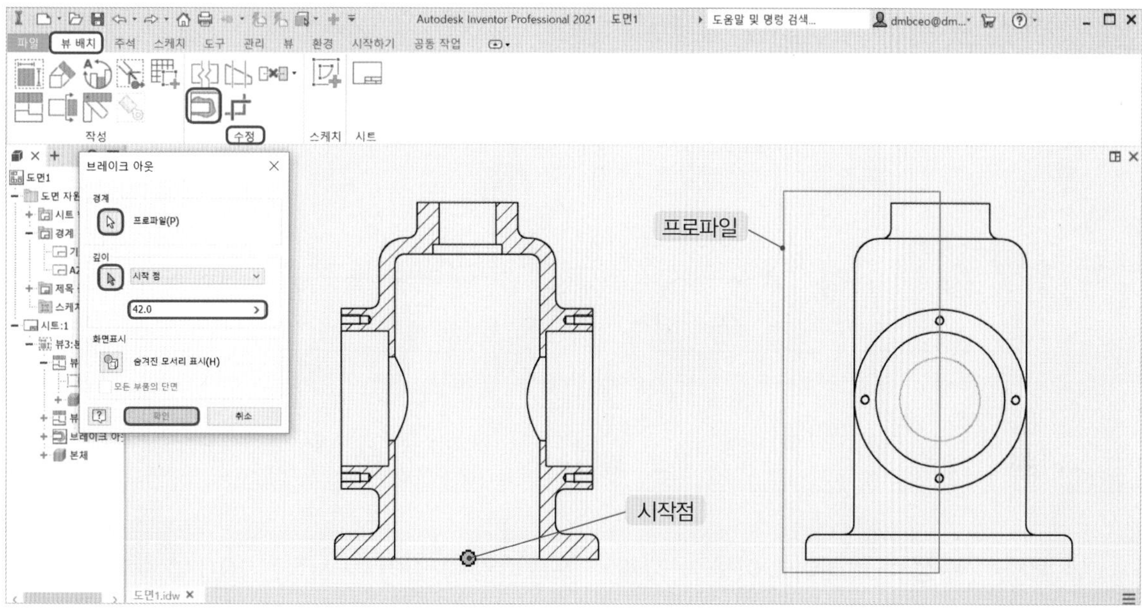

(3) 부분 단면도(볼트 자리파기)

뷰 경계 클릭 ⇨ 뷰 배치 ⇨ 스케치 ⇨ 스케치 시작

TIP>>

먼저 스케치할 뷰를 선택하고, 스케치 시작을 클릭한다.

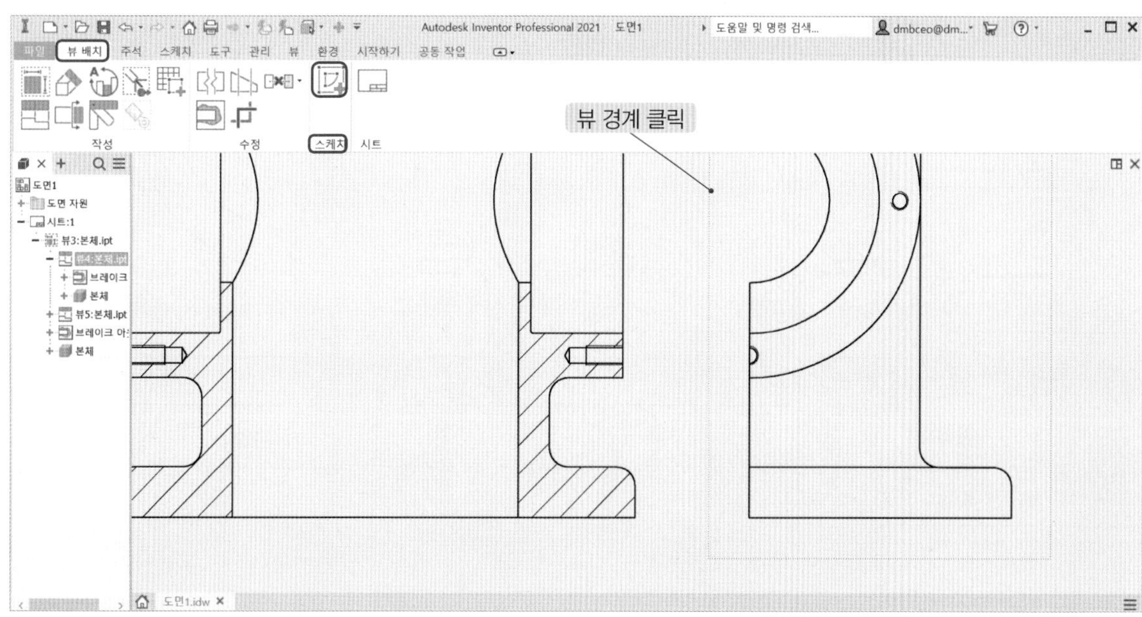

그림과 같이 스플라인으로 스케치한다.

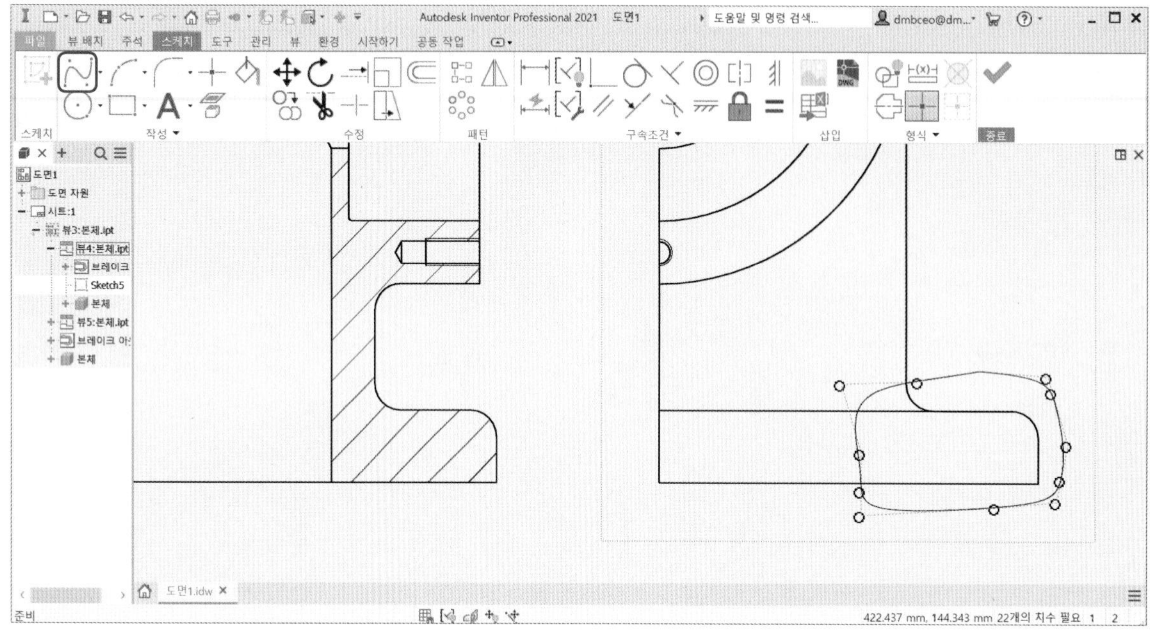

뷰 배치 ⇨ 수정 ⇨ 브레이크 아웃 ⇨ 경계 ⇨ 프로파일 ⇨ 깊이 ⇨ 시작점 10.0 ⇨ 확인

TIP>>

브레이크 아웃을 먼저 선택하고 뷰 경계를 클릭하면 프로파일이 선택되고, 팝업창이 나타난다.
단면도는 시작점(직선 끝점)으로부터 거리를 입력한다.

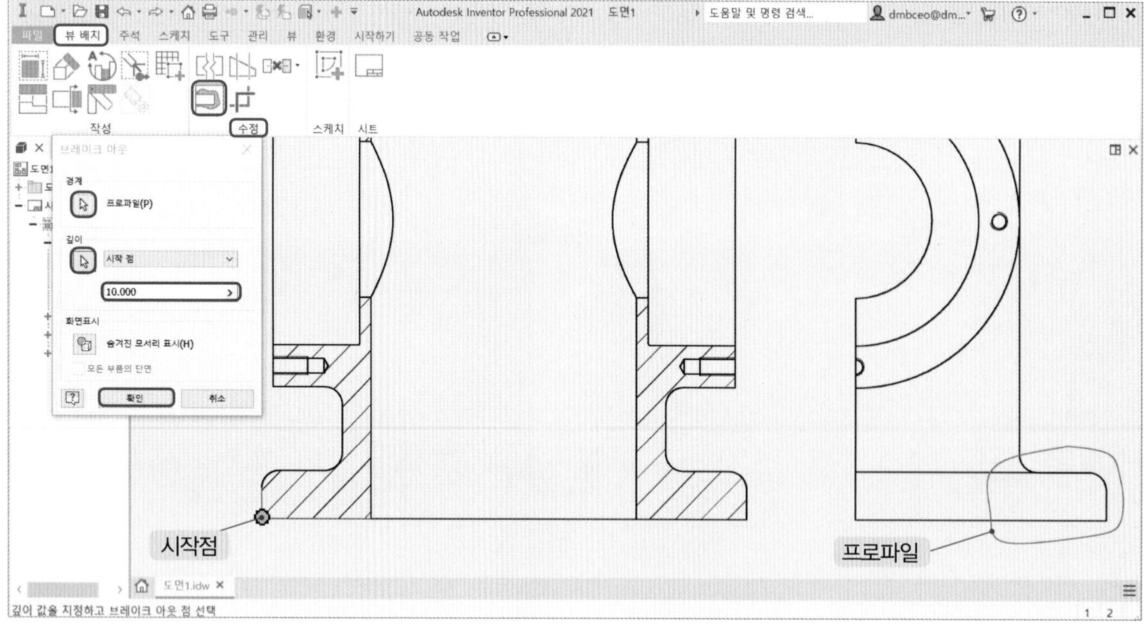

(4) 부분 단면도(본체 내부)

뷰 경계를 선택하고 마우스 오른쪽 버튼을 클릭 ⇨ 뷰 편집 ⇨ 은선 ⇨ 확인

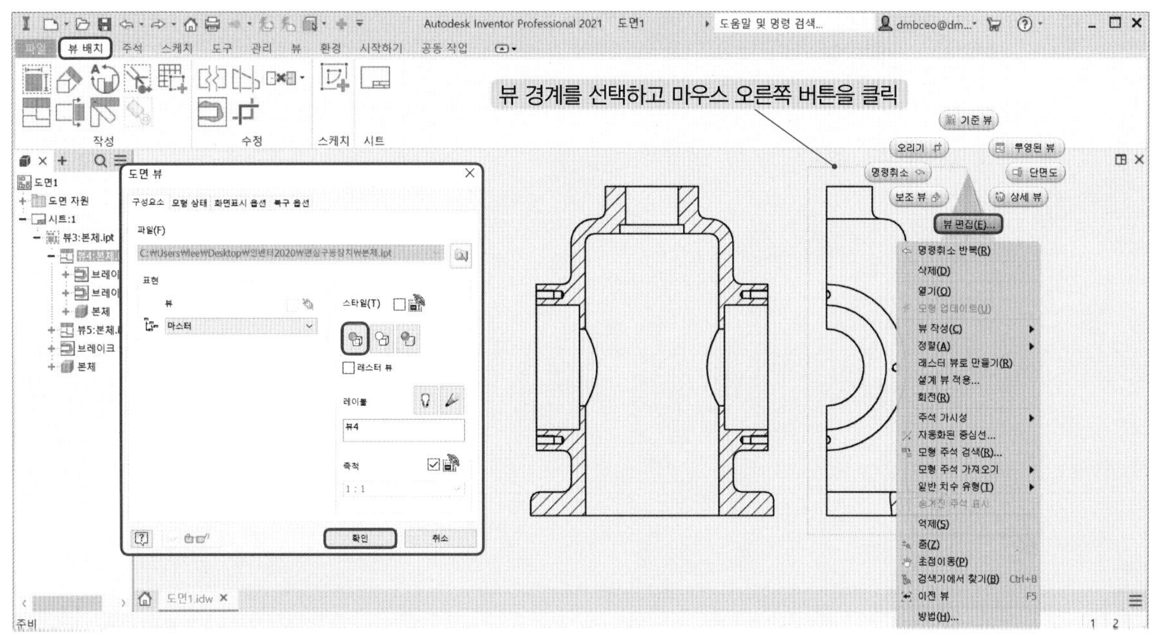

뷰 경계 클릭 ⇨ 뷰 배치 ⇨ 스케치 ⇨ 스케치 시작

TIP>>

먼저 스케치할 뷰를 선택하고, 스케치 시작을 클릭한다.

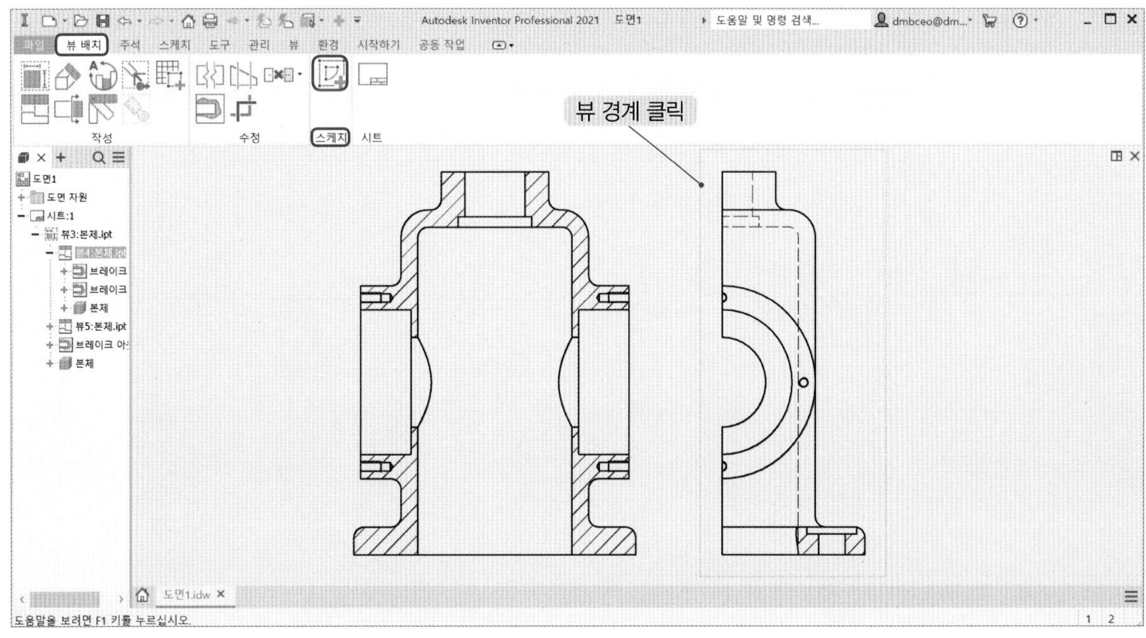

그림과 같이 스플라인으로 스케치한다.

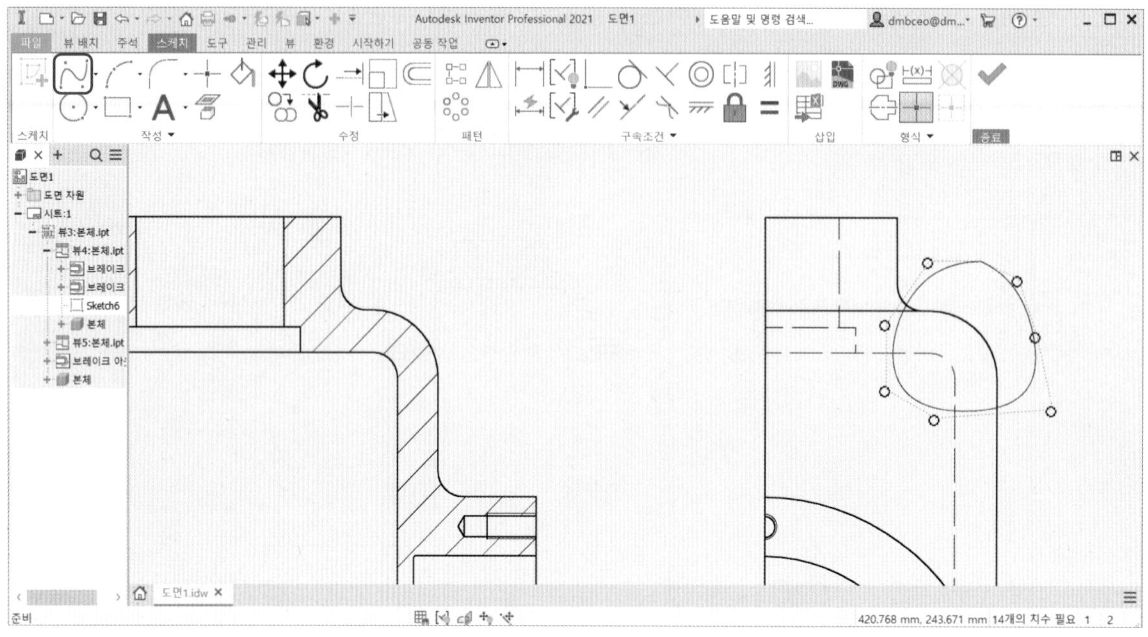

뷰 배치 ⇨ 수정 ⇨ 브레이크 아웃 ⇨ 경계 ⇨ 프로파일 ⇨ 깊이 ⇨ 시작점 10.0 ⇨ 확인

TIP>>

브레이크 아웃을 먼저 선택하고 뷰 경계를 클릭하면 프로파일이 선택되고, 팝업창이 나타난다.
단면도는 시작점(직선 중간점)으로부터 거리를 입력한다.

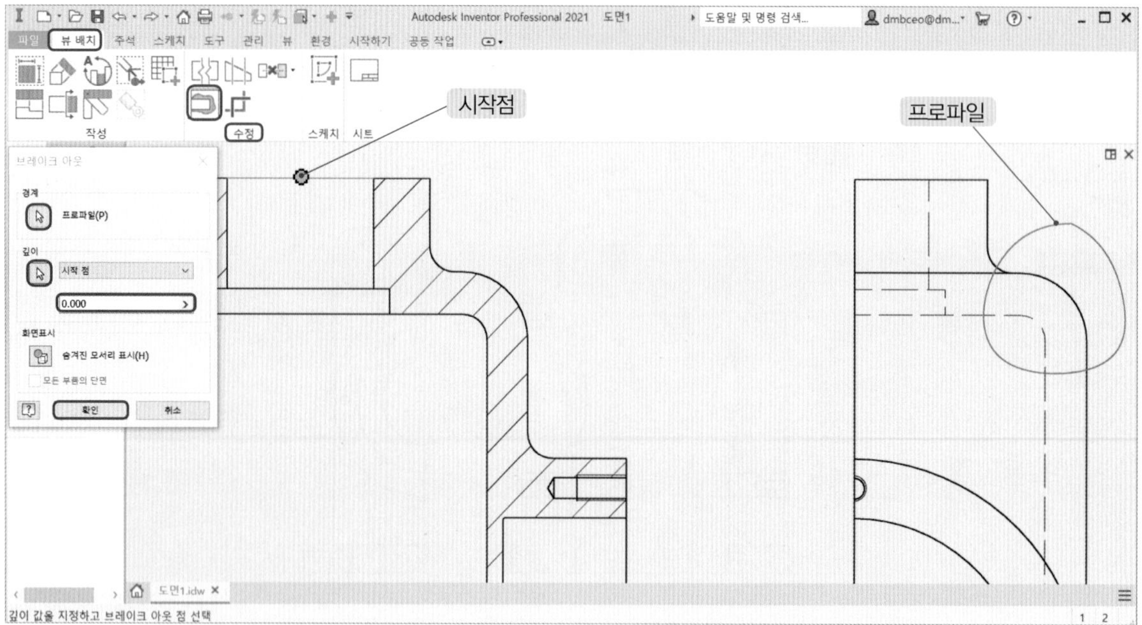

(5) 보조 투상도(저면도)

뷰 경계 클릭 ⇨ 뷰 배치 ⇨ 스케치 ⇨ 스케치 시작

TIP>>

먼저 스케치할 뷰를 선택하고, 스케치 시작을 클릭한다.

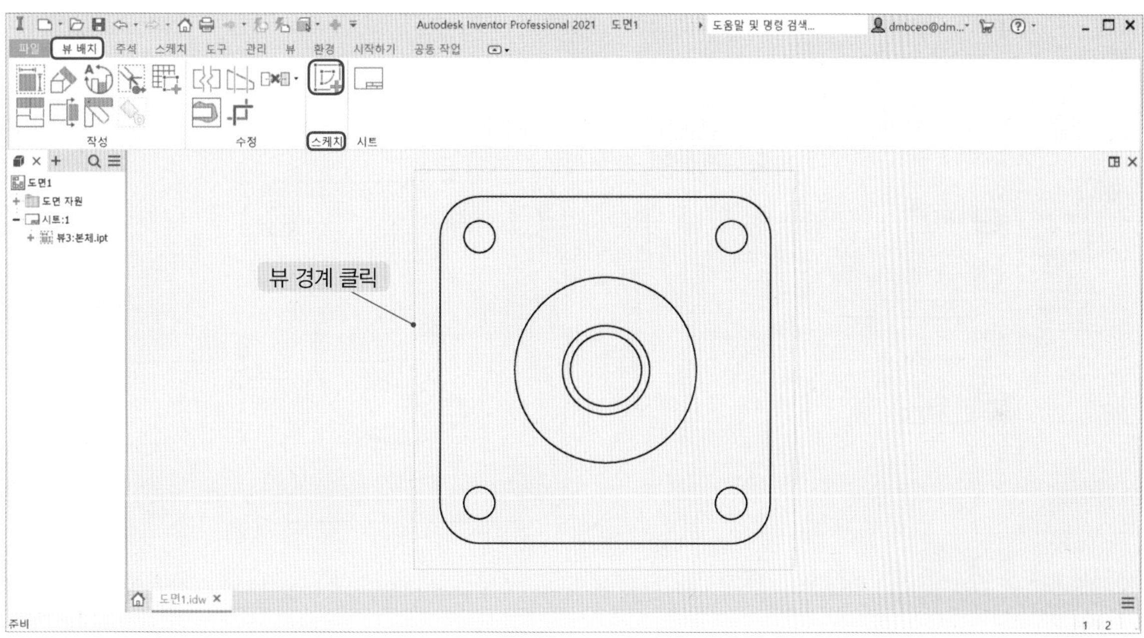

그림과 같이 스플라인으로 스케치한다.

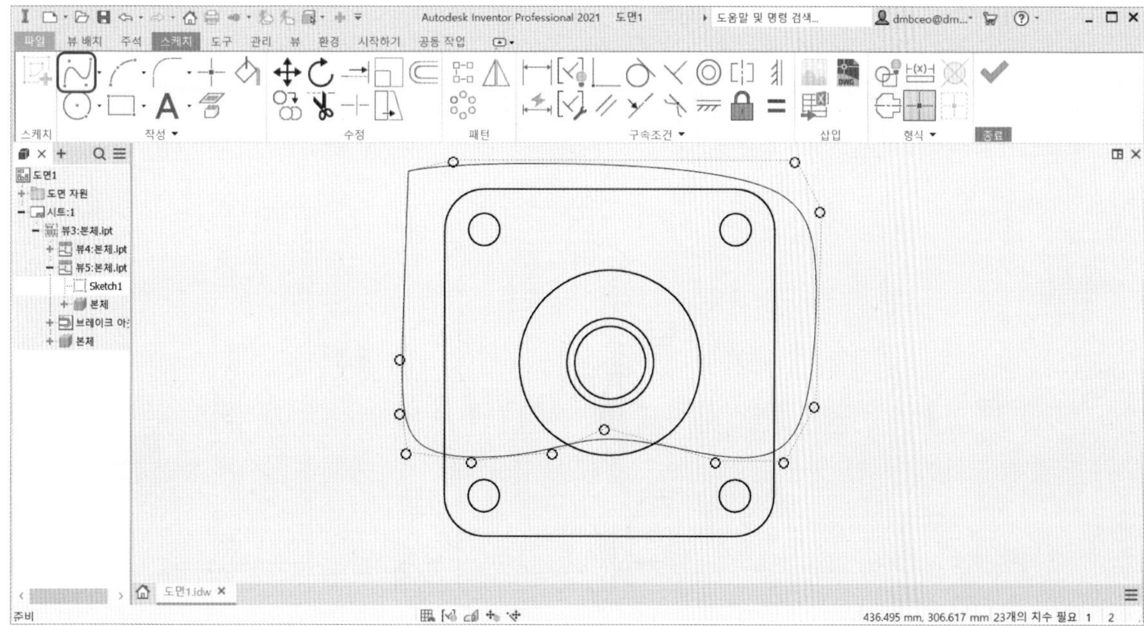

뷰 배치 ⇨ 수정 ⇨ 브레이크 아웃 ⇨ 경계 ⇨ 프로파일 ⇨ 깊이 ⇨ 시작점 113.0 ⇨ 확인

TIP>>

브레이크 아웃을 먼저 선택하고 뷰 경계를 클릭하면 프로파일이 선택되며, 팝업창이 나타난다.
단면도는 시작점(직선 중간점)으로부터 거리를 입력한다.

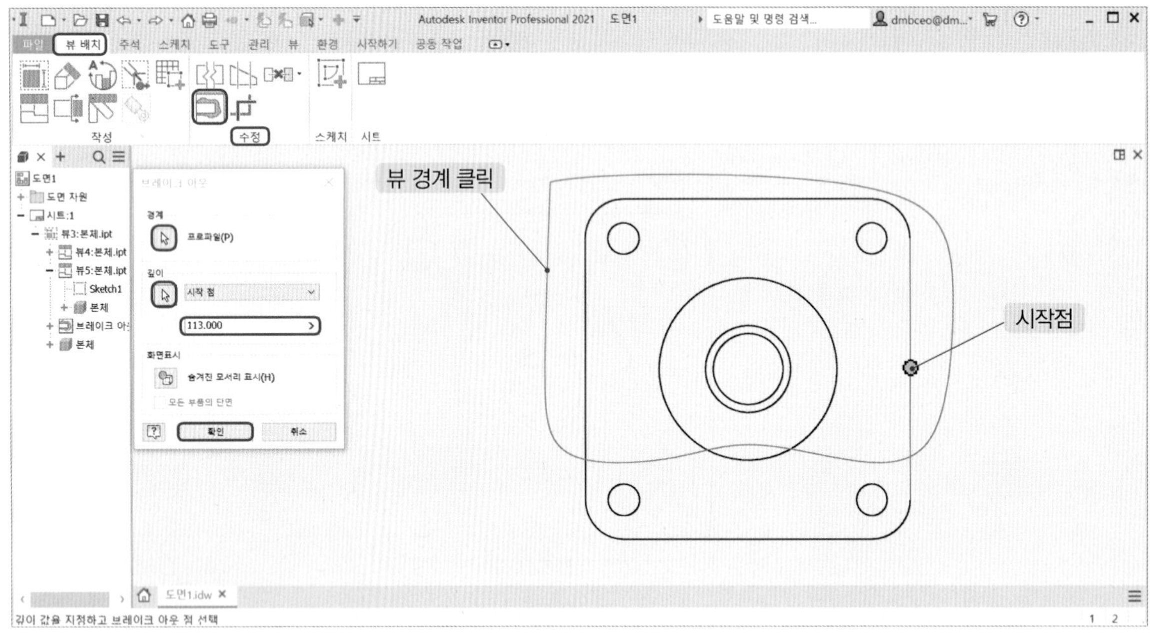

(6) 중심선 작도하기

주석 ⇨ 기호 ⇨ 중심선 ⇨ 시작점 ⇨ 끝점

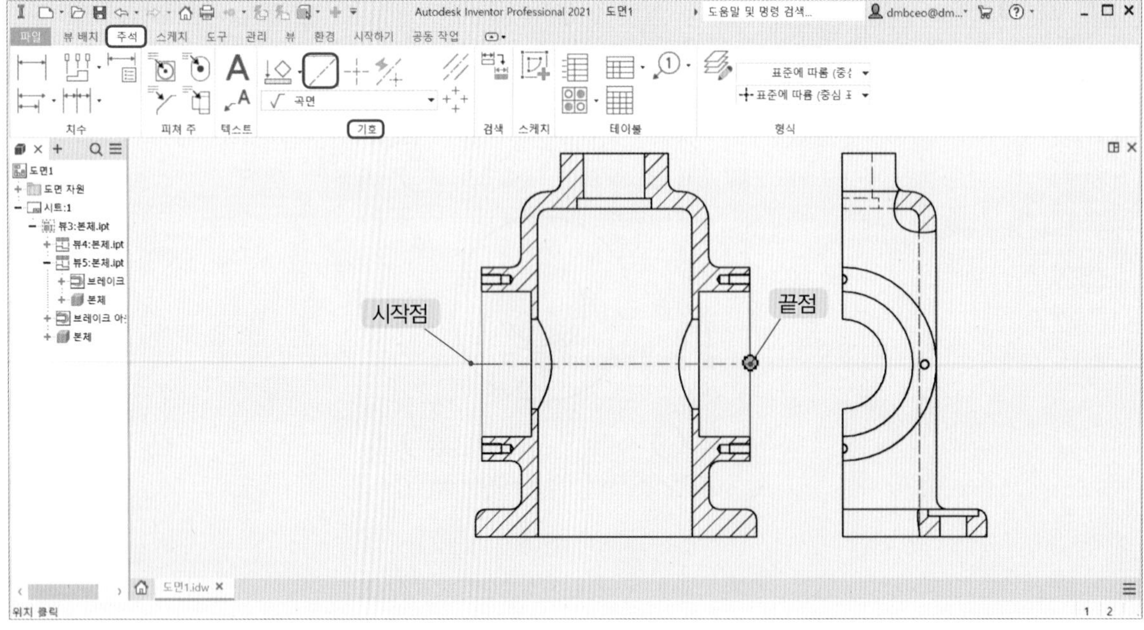

작성

TIP>>
마우스 오른쪽 버튼을 클릭하여 [작성]을 선택하면 중심선이 작성된다.

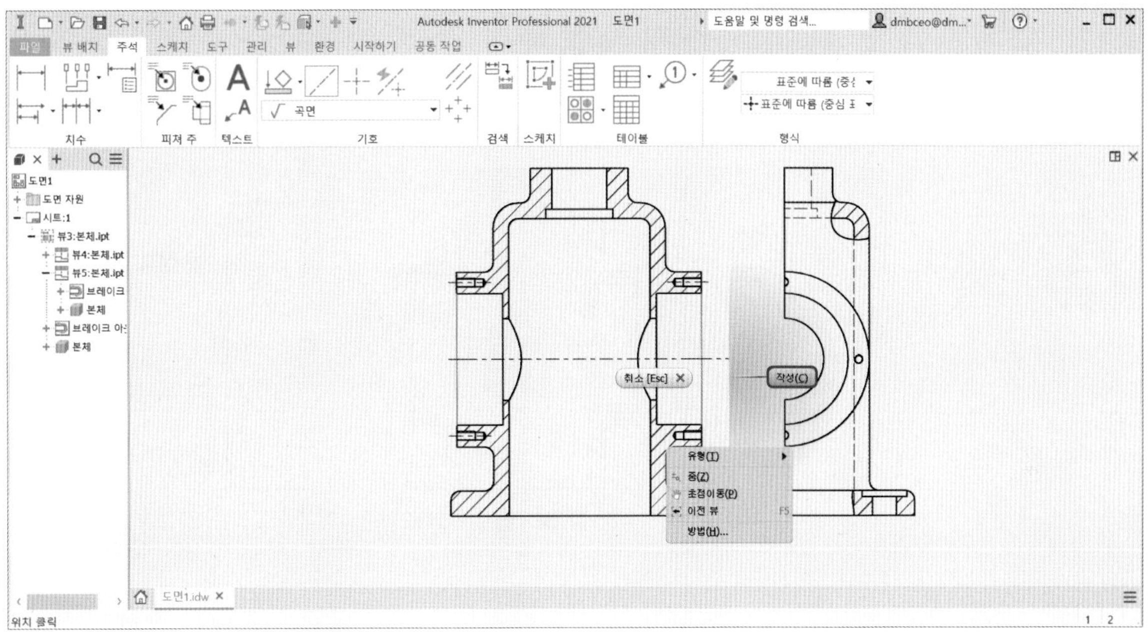

(7) 대칭 중심선 작성하기

① 선 숨기기

선을 선택하고 마우스 오른쪽 버튼을 클릭하여 □ 가시성 체크 해제하면 선이 숨겨진다.

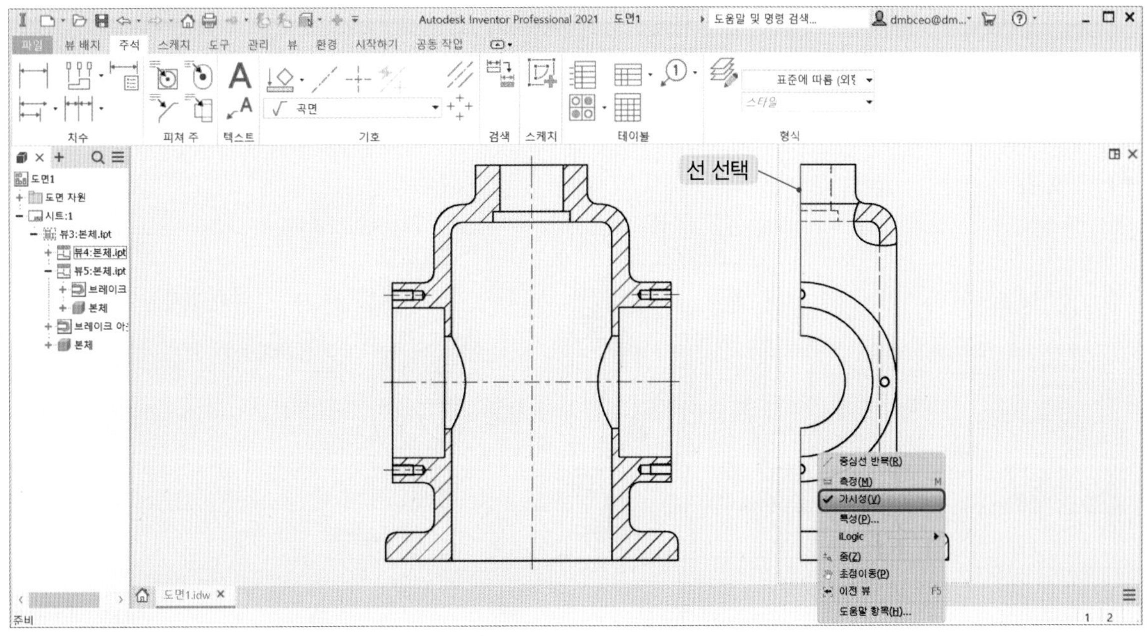

② 중심선 작도하기

주석 ⇨ 기호 ⇨ 중심 표식 ⇨ ⇨ 형식 ⇨ 표준에 따름(중심 표식(ISO)) ⇨ 원 선택 ⇨ 중심점 선택 ⇨ 점 1을 클릭한 상태로 이동 ⇨ 점 2를 클릭한 상태로 이동

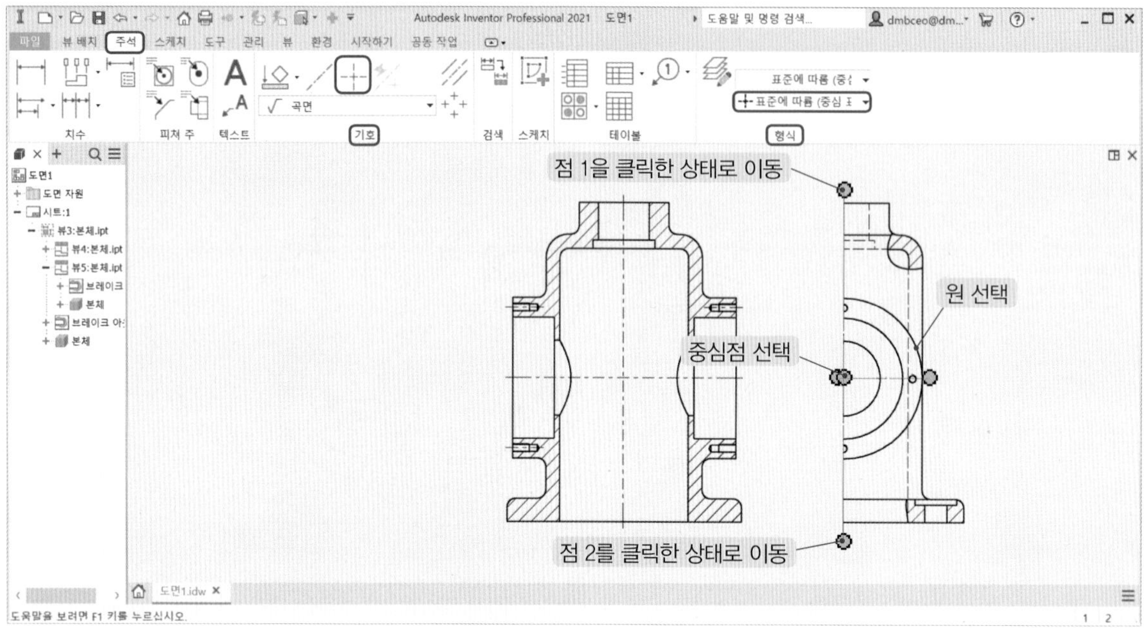

③ 대칭 중심 기호 그리기

뷰 경계 클릭 ⇨ 뷰 배치 ⇨ 스케치 ⇨ 스케치 시작

TIP>>

먼저 스케치할 뷰를 선택하고, 스케치 시작을 클릭한다.

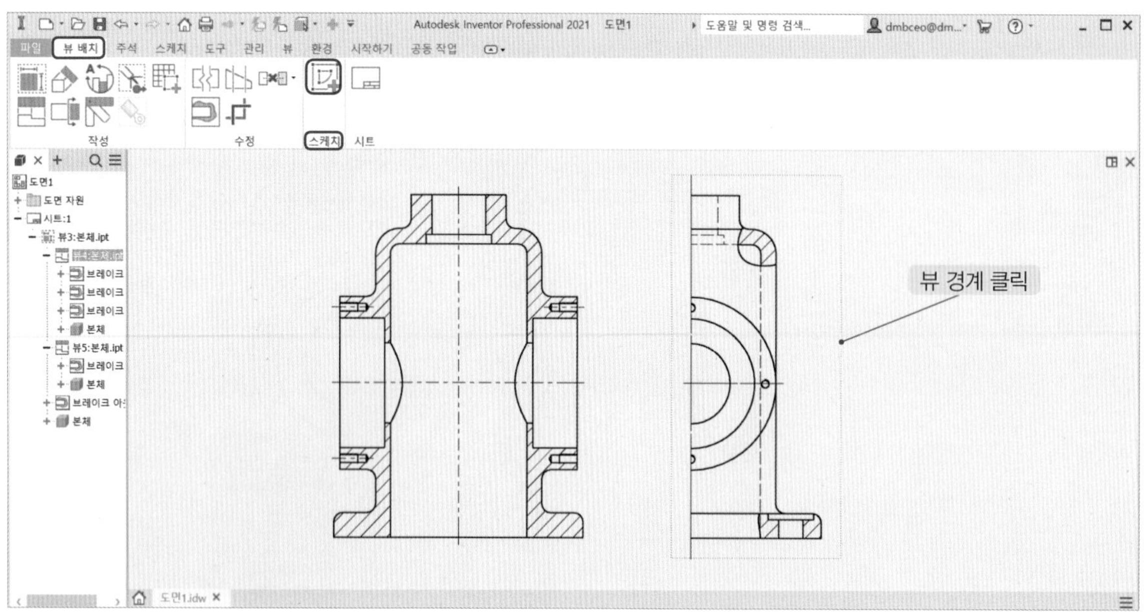

그림과 같이 직선을 스케치하고 치수를 입력한다.
아래쪽도 같은 방법으로 스케치하거나 복사 이동한다.

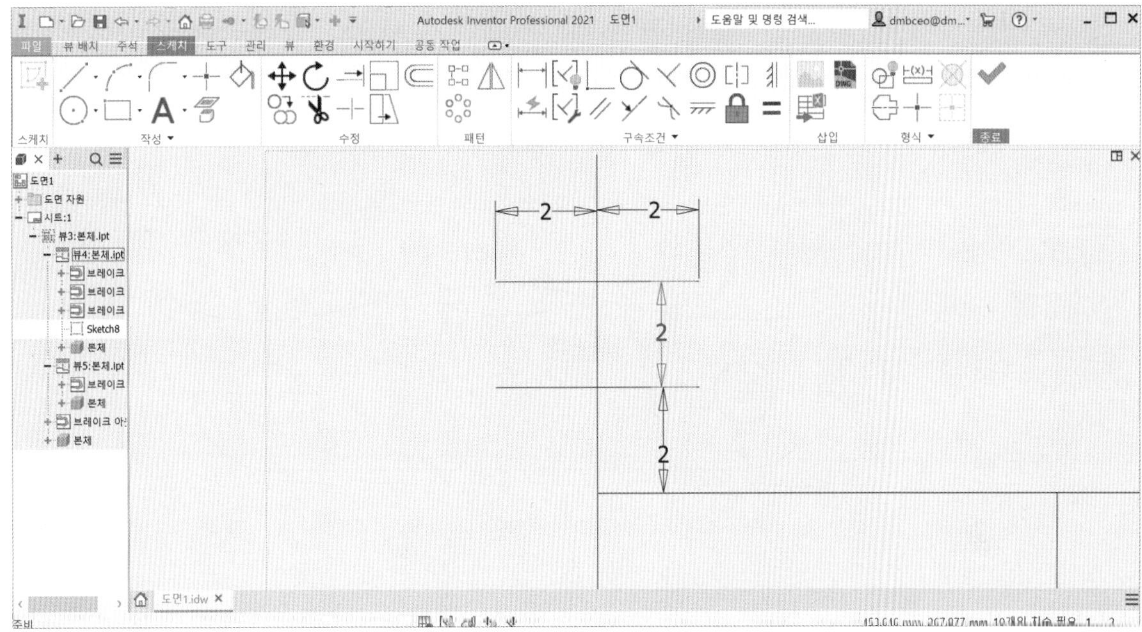

(8) 볼트 중심선 작도하기

주석 ⇨ 기호 ⇨ 중심 패턴 ⇨ 중심점 ⇨ 점 1, 2, 3 ⇨ 작성

TIP>>
마우스 오른쪽 버튼을 클릭하여 [작성]을 선택하면 볼트 중심선이 작성된다.

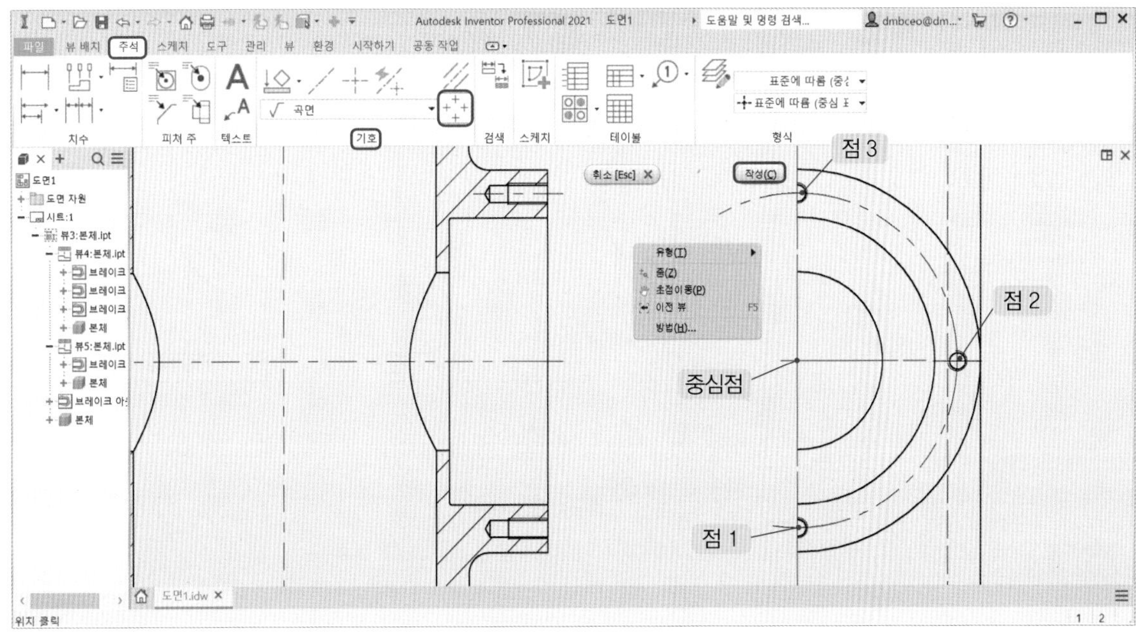

(9) 구멍 중심선 작도하기

주석 ⇨ 기호 ⇨ 중심 마크 ⇨ 중심 선택

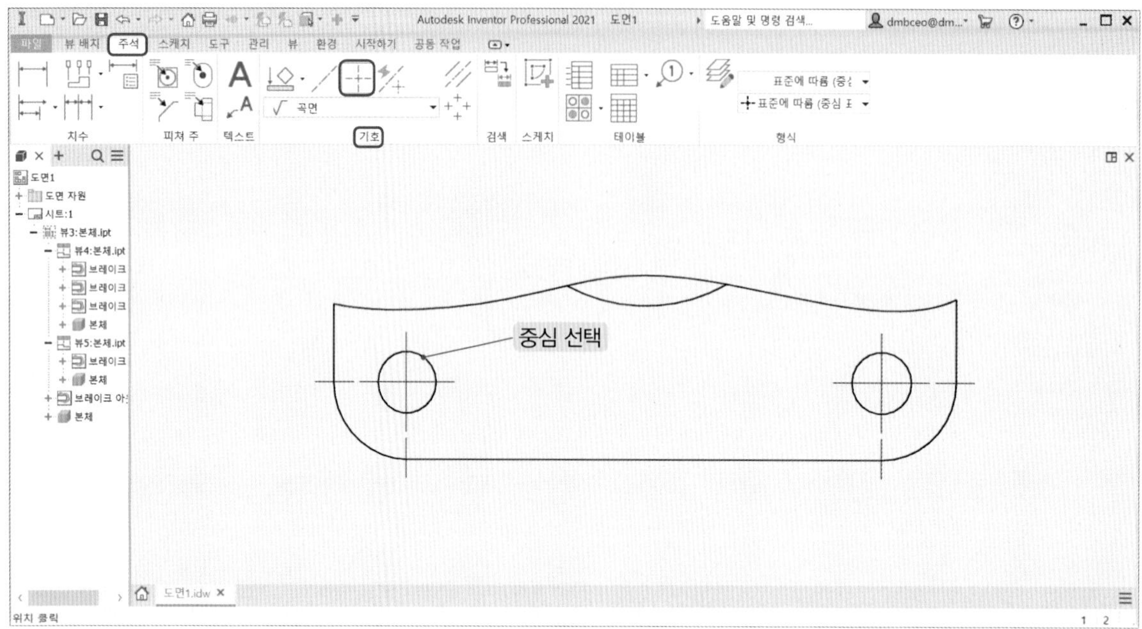

2 치수기입하기

(1) 선형 치수기입하기

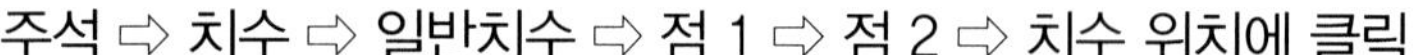

주석 ⇨ 치수 ⇨ 일반치수 ⇨ 점 1 ⇨ 점 2 ⇨ 치수 위치에 클릭

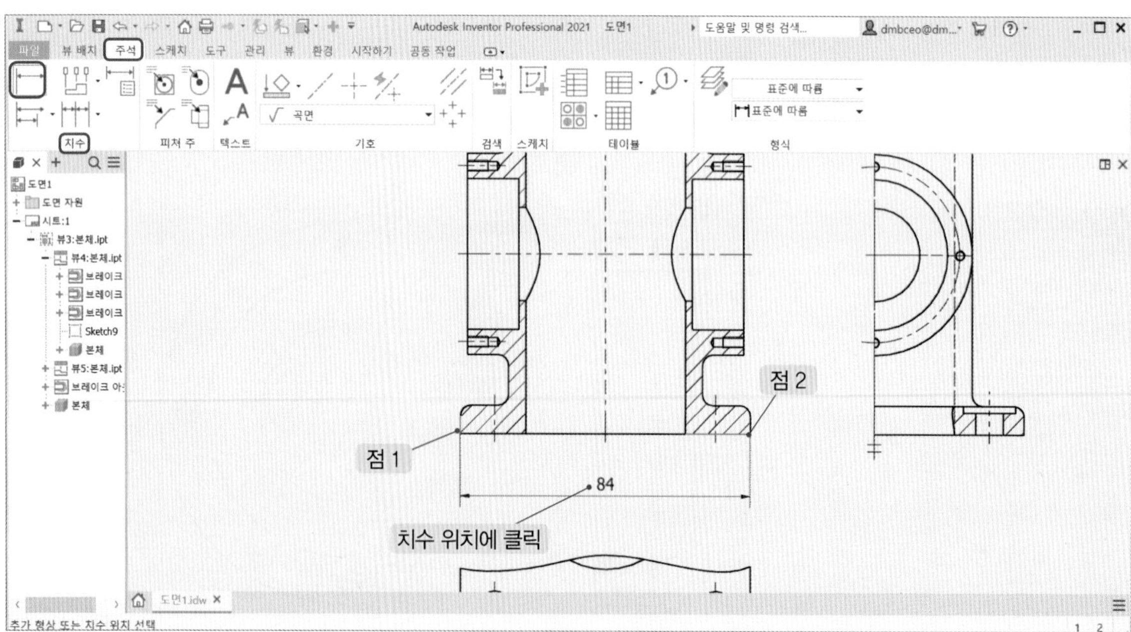

확인

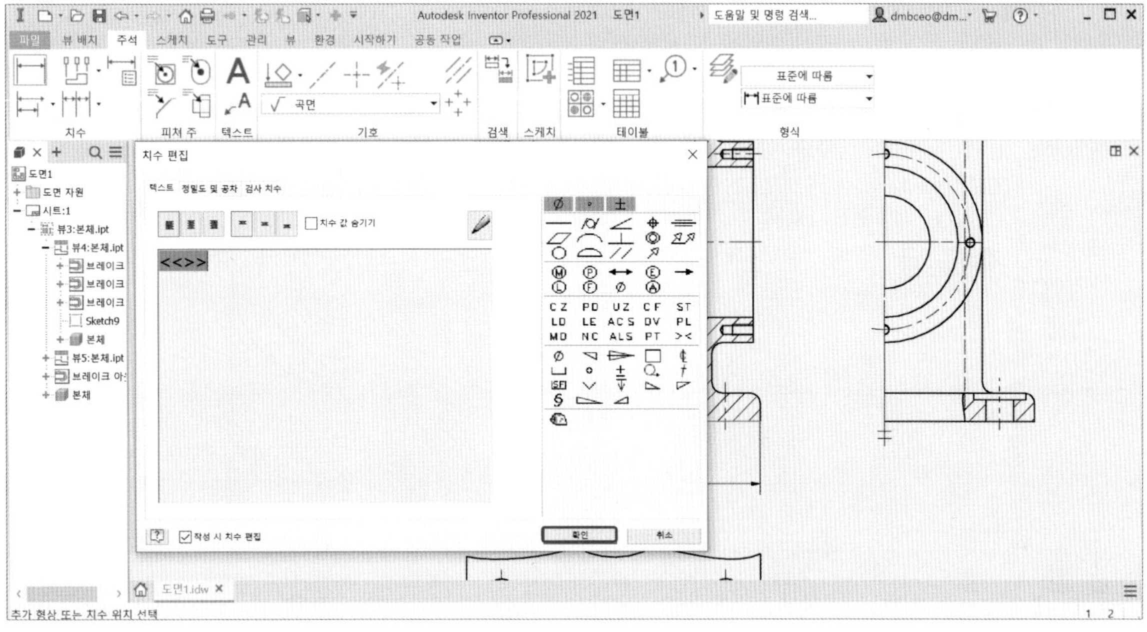

(2) 대칭 공차 치수기입하기

주석 ⇨ 치수 ⇨ 일반치수 ⇨ 점 1 ⇨ 점 2 ⇨ 치수 위치에 클릭

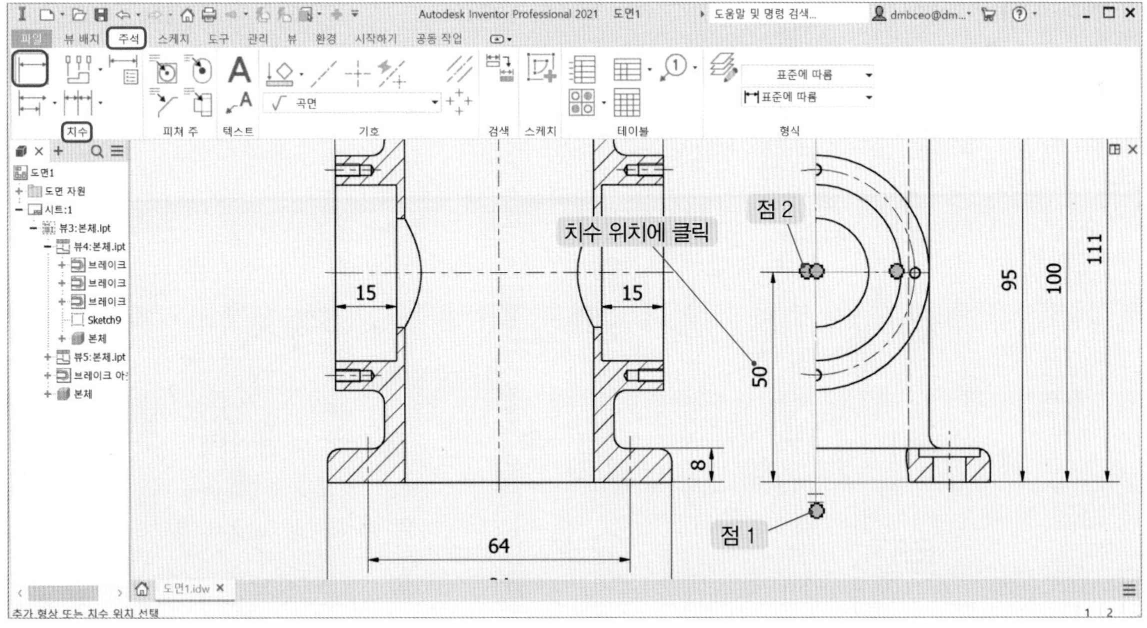

텍스트 ⇨ ±0.02 ⇨ 확인(정밀도 및 공차에서 대칭 공차로 기입할 수도 있다.)

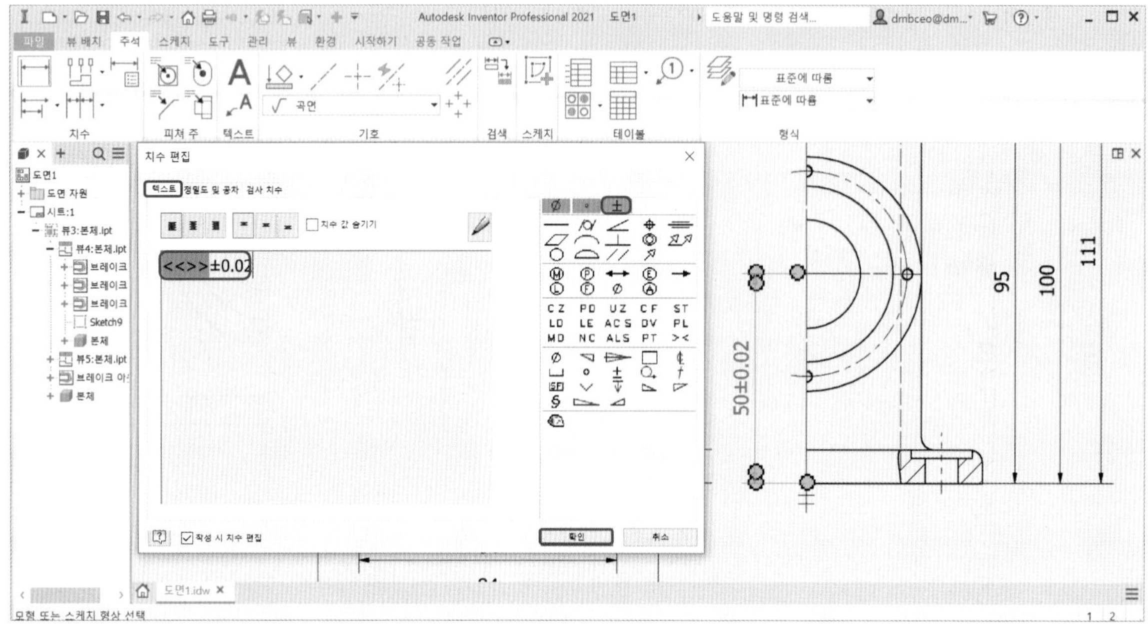

(3) 원통 치수기입하기

주석 ⇨ 치수 ⇨ 일반 치수 ⇨ 점 1 ⇨ 점 2 ⇨ 치수 위치에 클릭

TIP>>

원통 치수는 그림처럼 두 점을 선택하여 편집하거나, 원호를 선택하면 ∅ 기호가 치수 앞에 오게 된다.

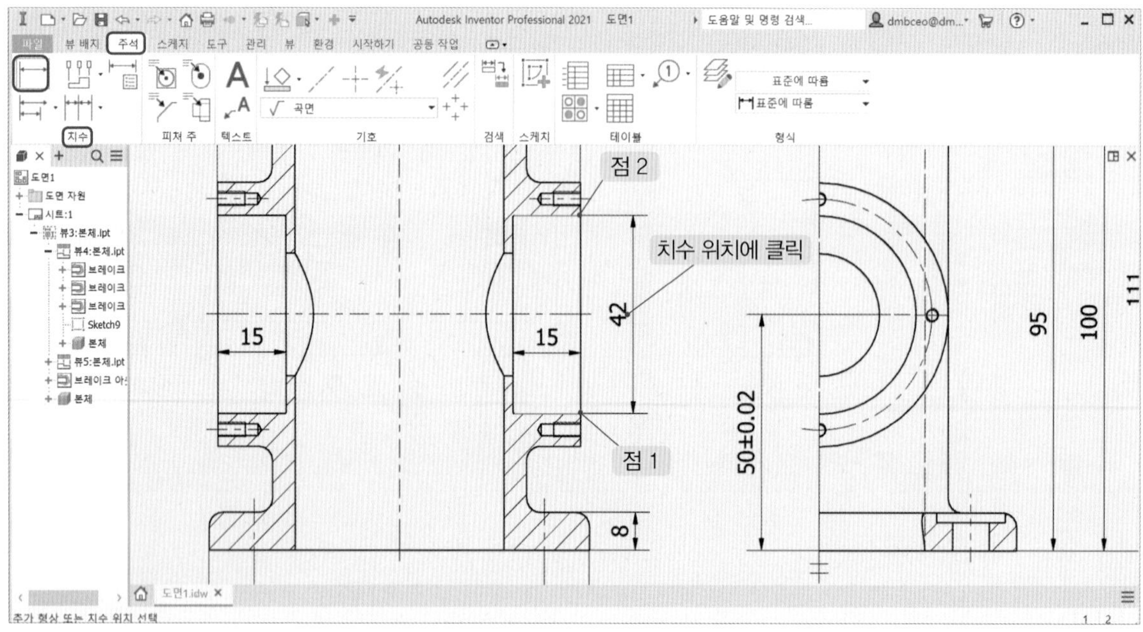

텍스트 ⇨ Ø<<>>H7 ⇨ 확인

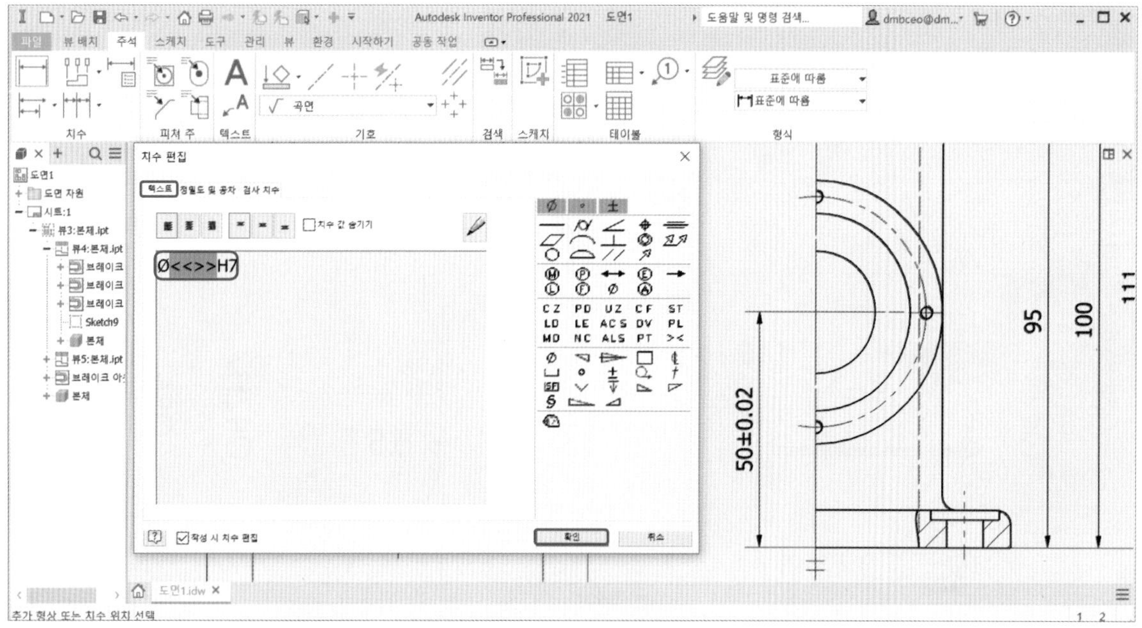

(4) 편차 공차 치수기입하기

주석 ⇨ 치수 ⇨ 일반 치수 ⇨ 선 1 ⇨ 선 2 ⇨ 치수 위치에 클릭

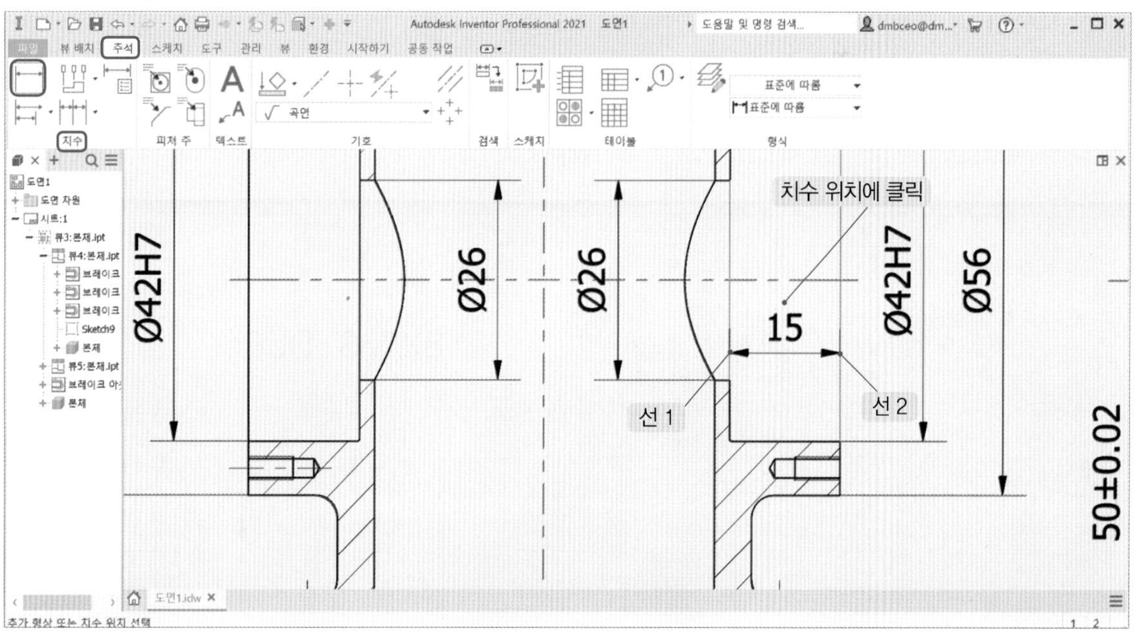

정밀도 및 공차 ⇨ 공차 방법 ⇨ 편차 ⇨ 상한 +0.03 ⇨ 하한 : +0.01 ⇨ 확인

TIP>>

+, - 부호를 클릭하면 부호가 바뀌어진다.

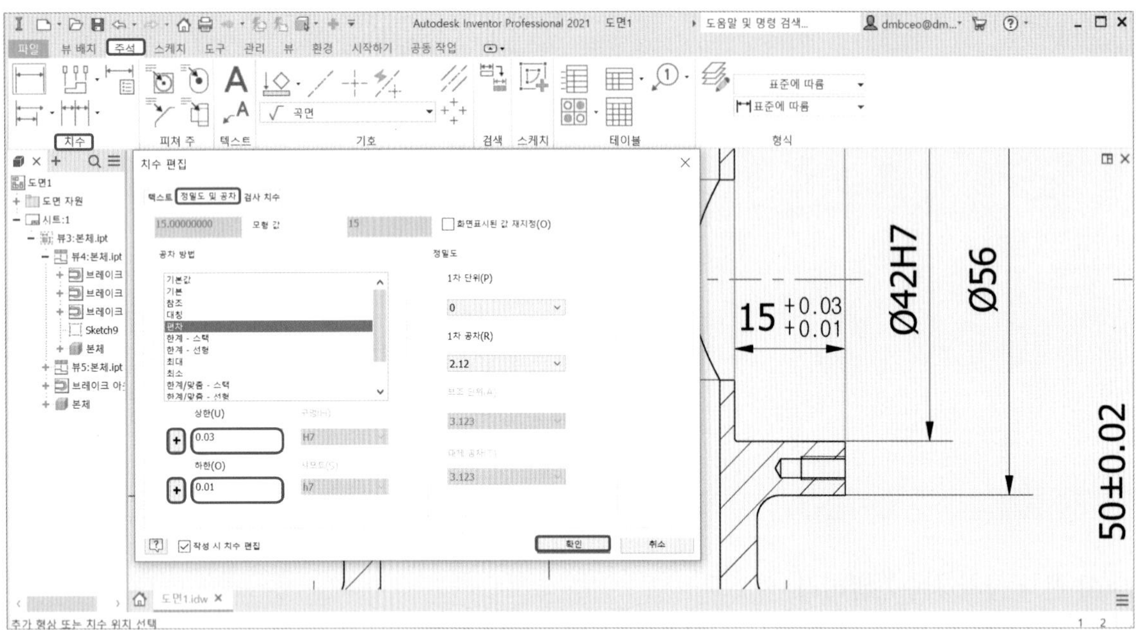

(5) 지시선

주석 ⇨ 텍스트 ⇨ 지시선 텍스트 ⇨ 점 1 ⇨ 점 2 ⇨ Enter ⇨ 8× M3, Dp6 ⇨ 확인

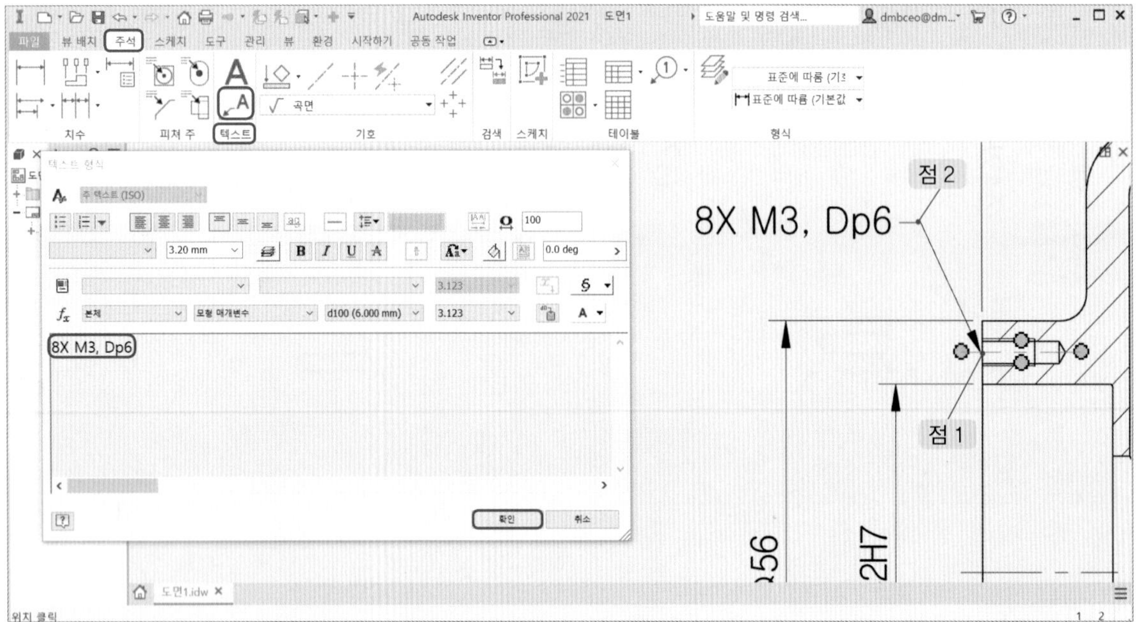

(6) 반지름 치수기입하기

주석 ⇨ 치수 ⇨ 일반 치수 ⇨ 원호 선택 ⇨ 치수 위치에 클릭

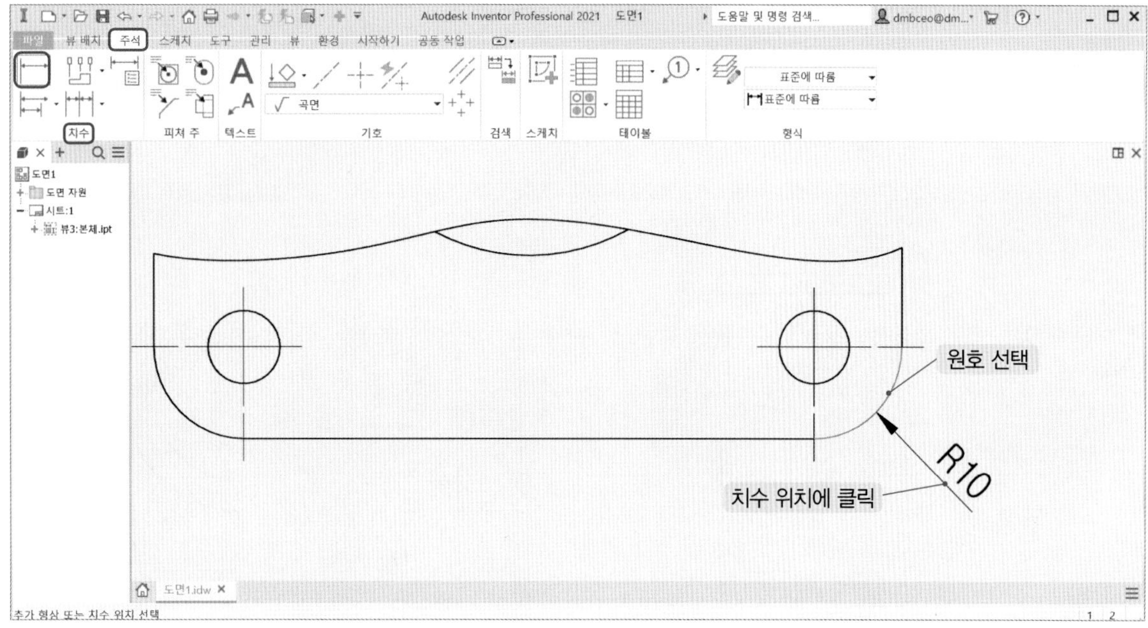

텍스트 ⇨ 4× R10 ⇨ 확인

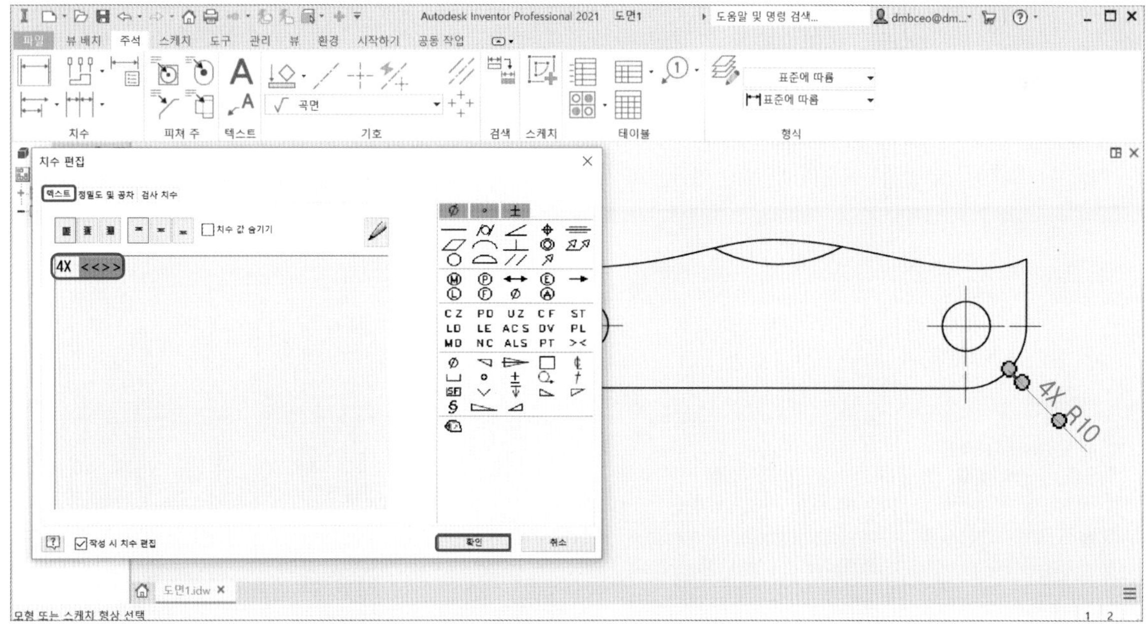

(7) 형상공차 기입하기

① 데이텀 작도하기

주석 ⇨ 기호 ⇨ 데이텀 ⇨ 점 1 ⇨ 데이텀 위치에 클릭

TIP>>
데이텀 아이콘은 기호의 ▼를 클릭하면 아이콘이 펼쳐진다.

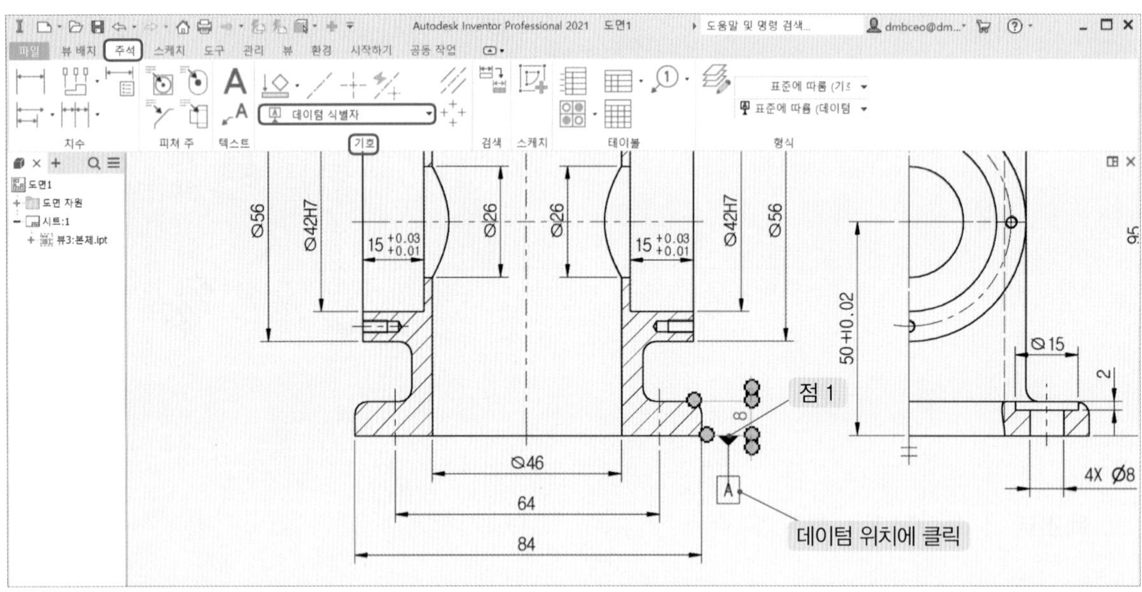

A ⇨ 확인

TIP>>
대문자 A가 기본으로 설정되어 있어 확인하면 데이텀 A가 된다.

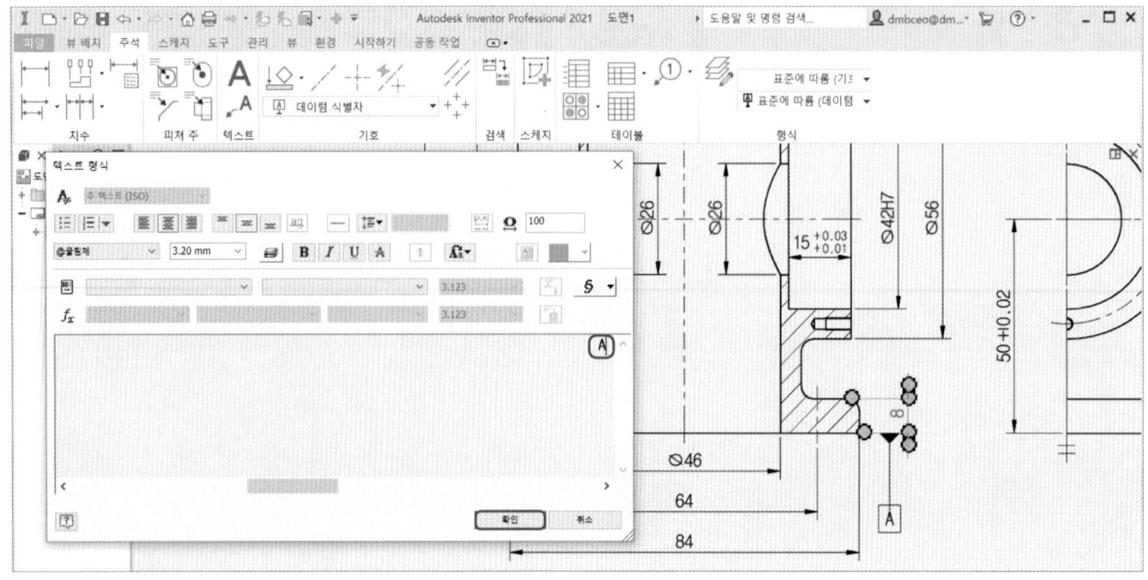

② 형상공차 작성하기

주석 ⇨ 기호 ⇨ 형상공차 ⇨ 점 1, 2, 3 ⇨ Enter↵ ⇨ 기호 : // ⇨ 공차 : 0.013 ⇨ 데이텀 : A ⇨ 확인

TIP>>

데이텀 아이콘은 기호의 ▼를 클릭하면 아이콘이 펼쳐진다.

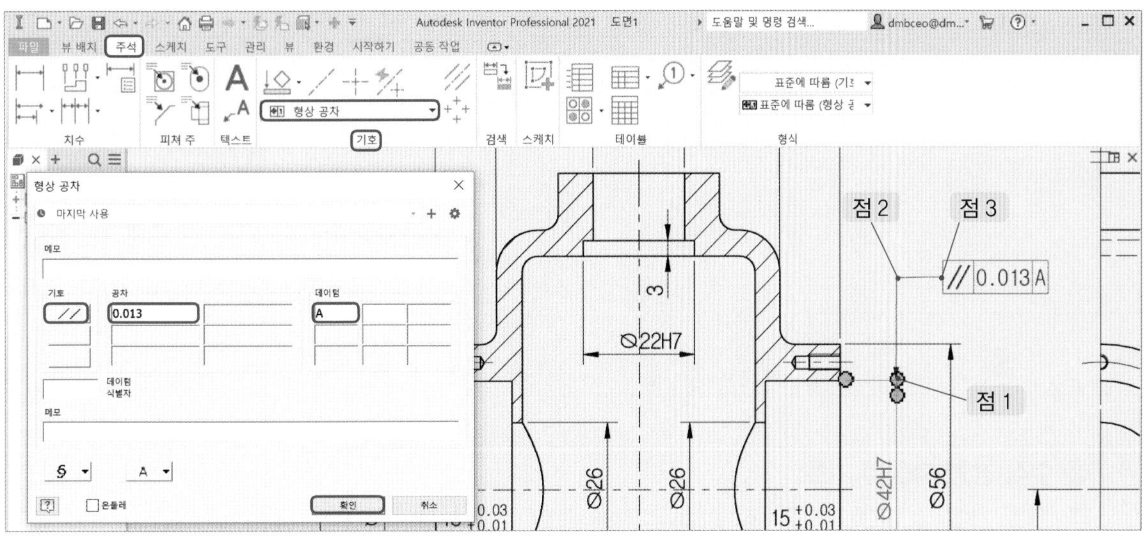

(8) 표면거칠기(다듬질) 기호 작성하기

① 수평방향 다듬질 기호

주석 ⇨ 기호 ⇨ 곡면 ⇨ 다듬질 기호 위치에 클릭 ⇨ Enter↵ ⇨ 표면 유형 ⇨ 재료 제거가 요구됨 ⇨ 확인

TIP>>

다듬질 기호 위치에서 클릭하고 Enter↵ 하면 팝업창이 뜬다.

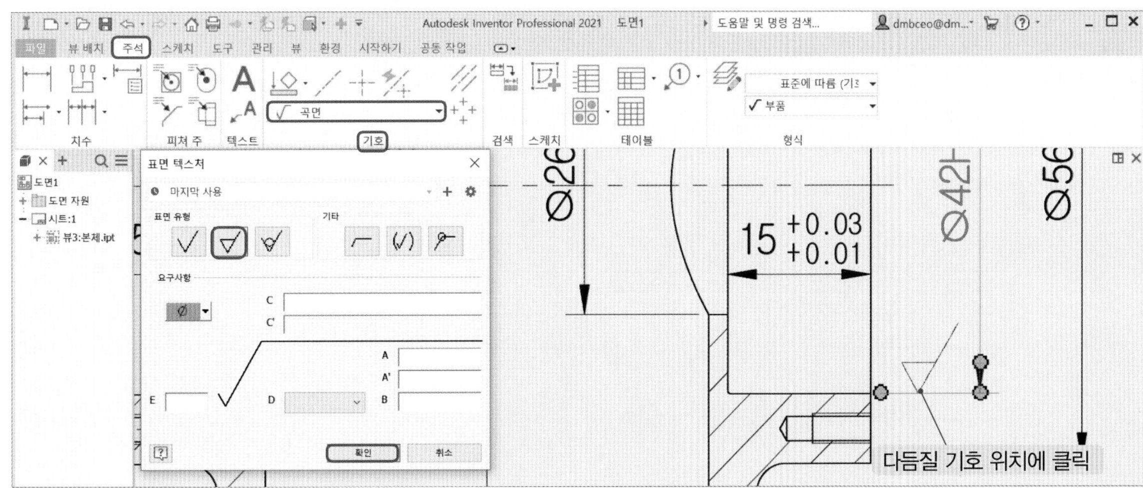

주석 ⇨ 텍스트 ⇨ ⇨ 굴림체 ⇨ y ⇨ 확인

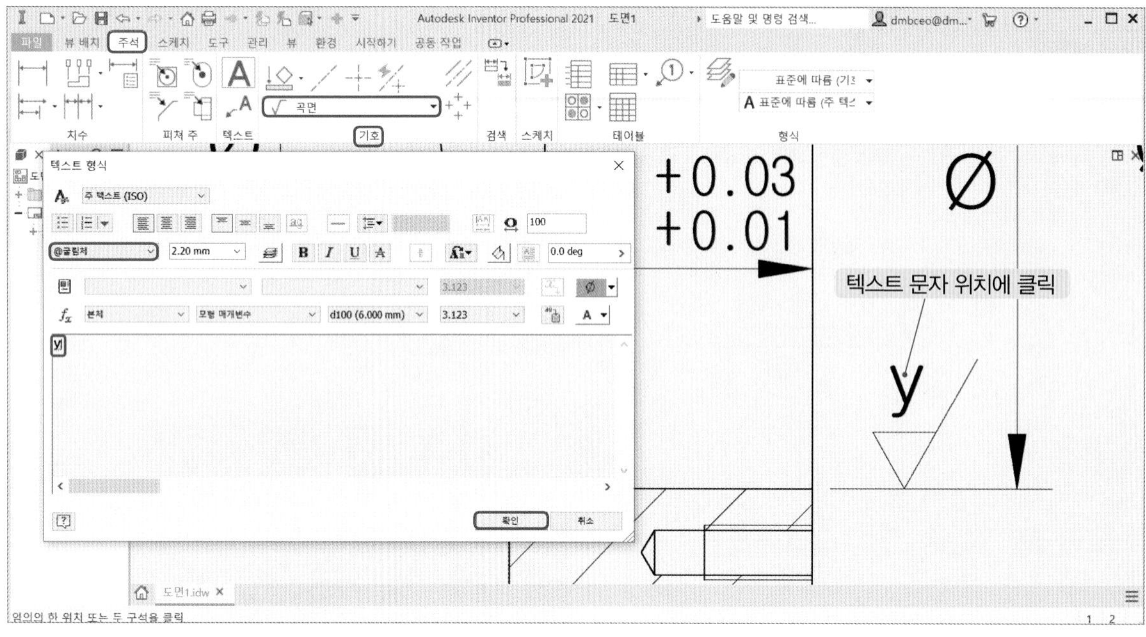

② 수직 방향 다듬질 기호

주석 ⇨ 기호 ⇨ 곡면 ⇨ 다듬질 기호 위치에 클릭 ⇨ Enter↵ ⇨ 표면 유형 ⇨ 재료 제거가 요구됨 ⇨ 확인

TIP>>

다듬질 기호 위치에서 클릭하고 Enter↵하면 팝업창이 뜬다.

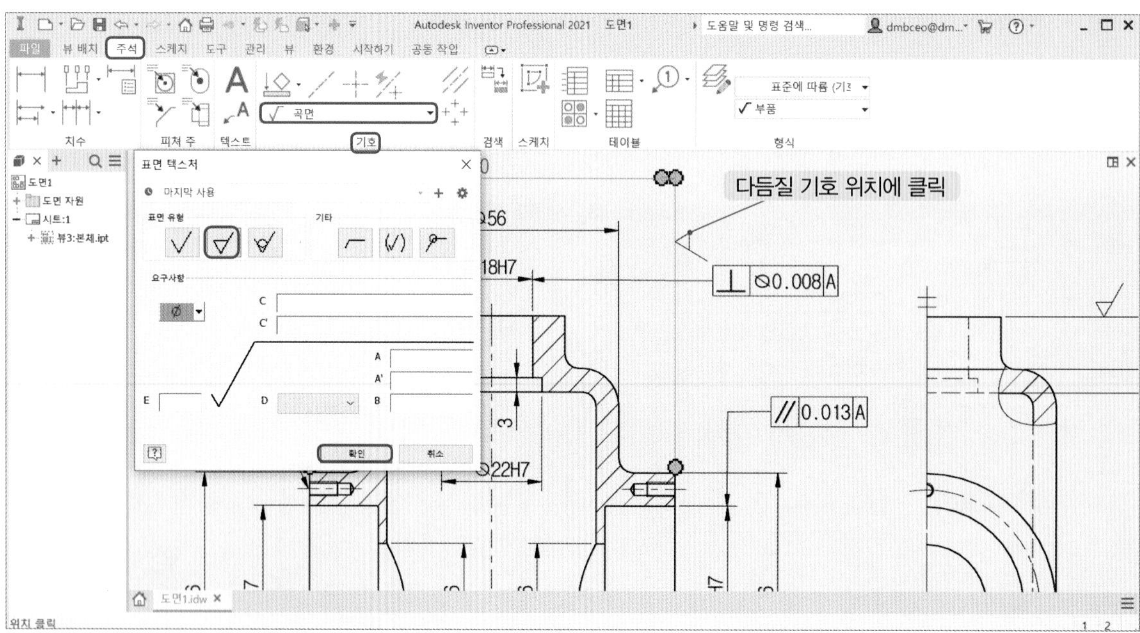

주석 ⇨ 텍스트 ⇨ 텍스트 문자 위치에 클릭 ⇨ 굴림체 ⇨ x ⇨ 확인

TIP>>

표면거칠기 기호 문자는 기능에 없고, 텍스트에서 별도로 작성한다.

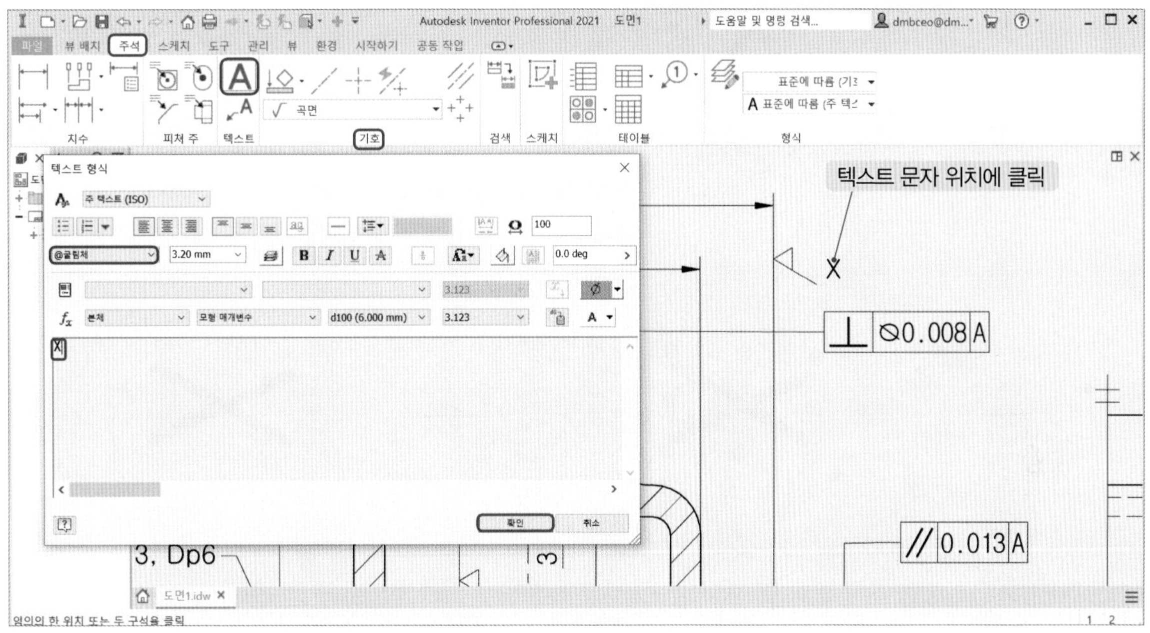

텍스트 문자 선택 ⇨ 청색 점을 클릭한 상태로 회전

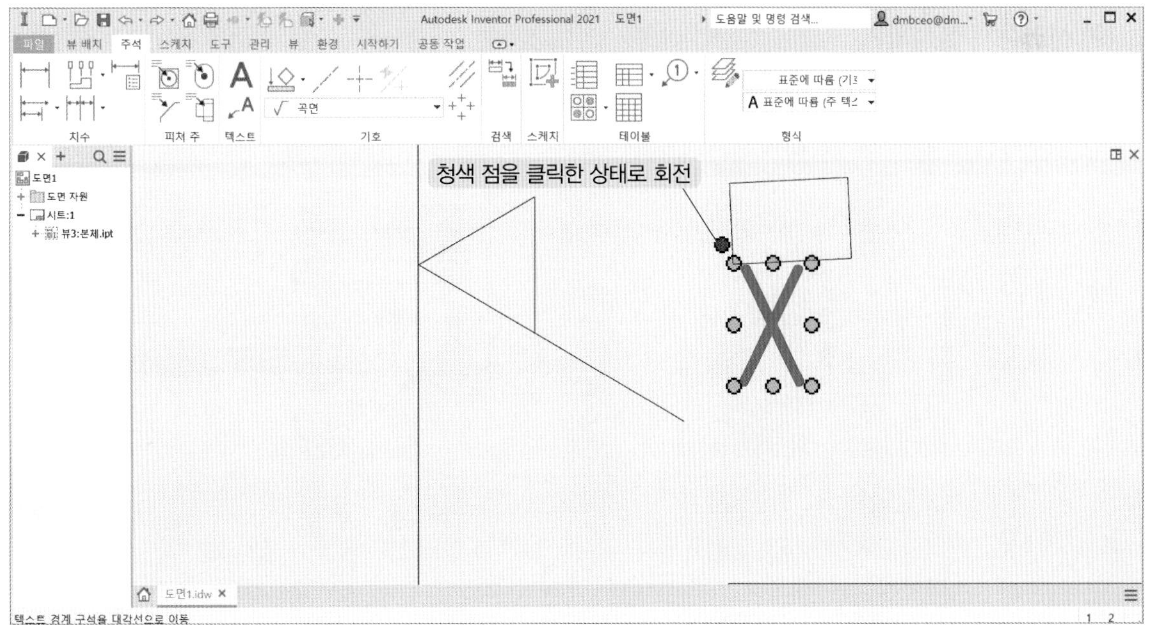

③ 문자 회전하기

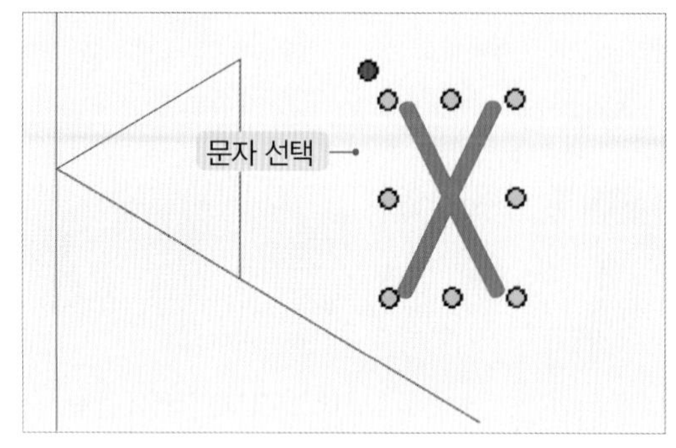

문자 선택

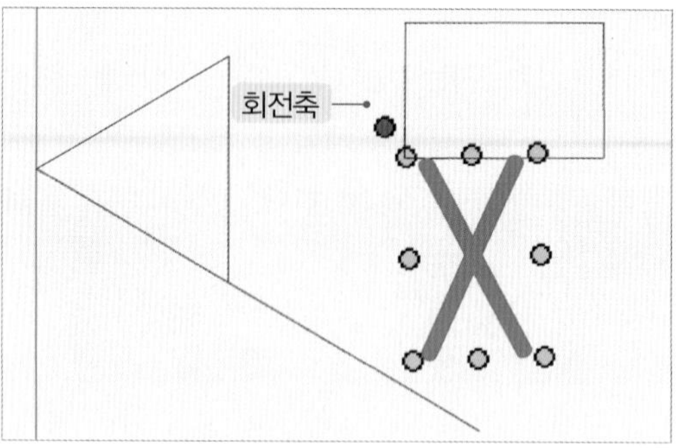

회전축을 클릭한 상태로 회전

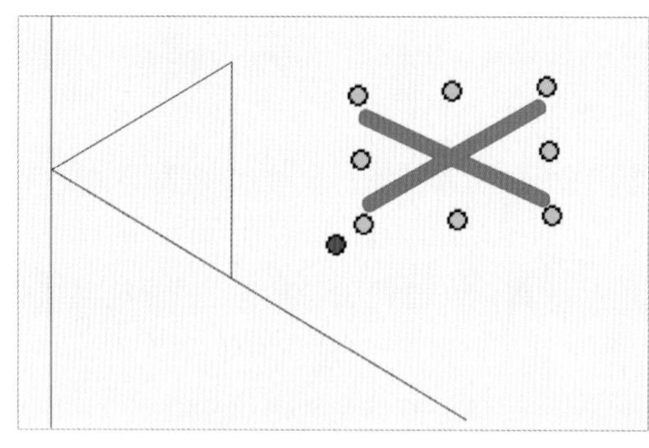

회전된 상태 문자 위치 조정

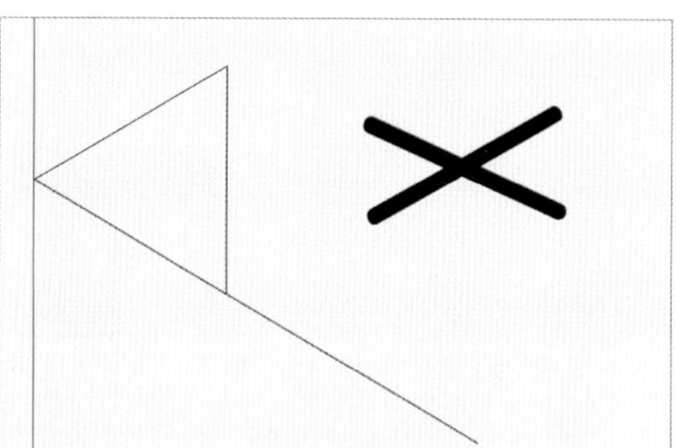

회전된 문자

(9) 선가중치 설정하기

선 선택 ⇨ 마우스 오른쪽 버튼 클릭 ⇨ 선가중치 0.18mm ⇨ 확인

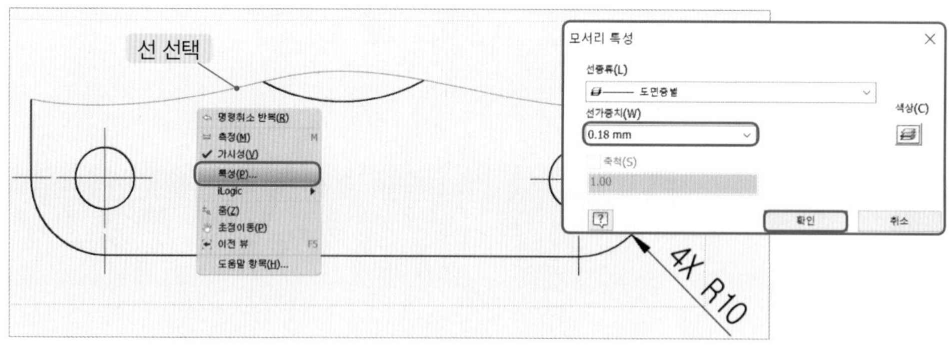

3 스퍼 기어 투상도 그리기

1 스퍼 기어 투상하기

뷰 배치 ⇨ 작성 ⇨ 도면 뷰 ⇨ 기존 파일 열기 ⇨ 찾는 위치 : 편심구동장치 ⇨ 스퍼 기어 ⇨ 열기

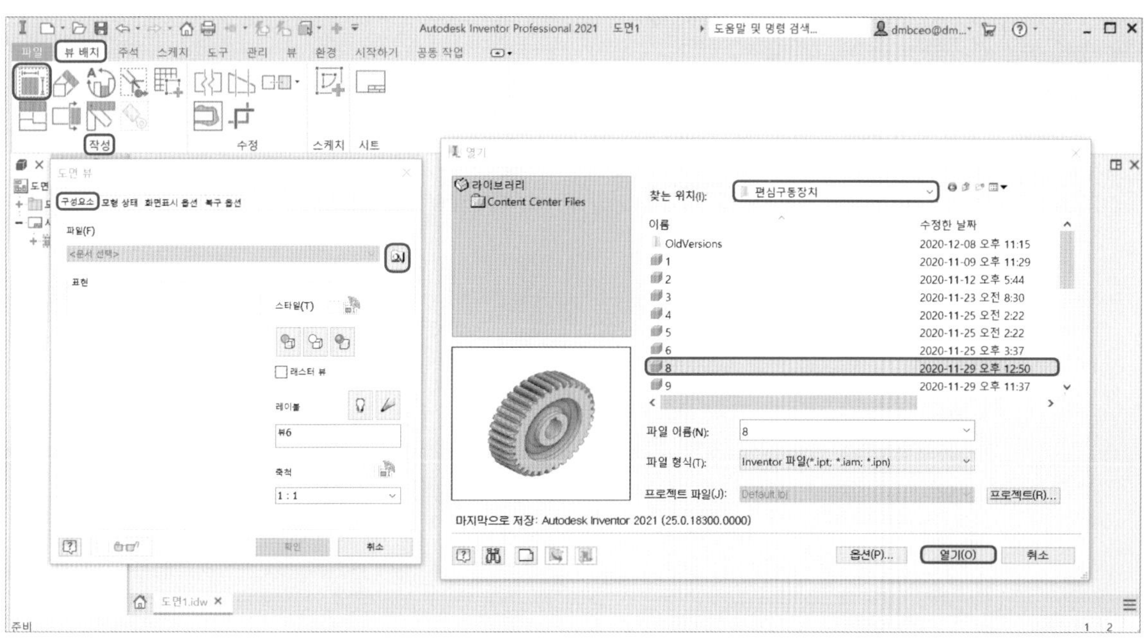

스타일 : 은선 제거 ⇨ 축척 1 : 1 ⇨ 정면도와 우측면도 위치에서 클릭 ⇨ 확인

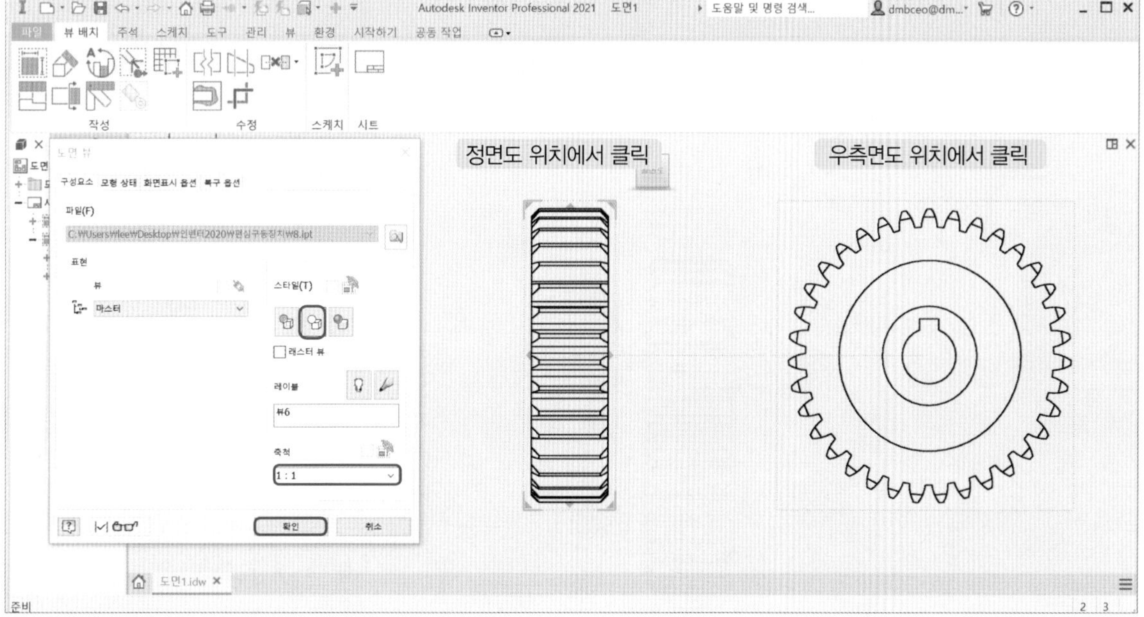

(1) 온단면도

뷰 경계 클릭 ⇨ 뷰 배치 ⇨ 스케치 ⇨ 스케치 시작

TIP>>

단면도 기능으로 단면을 할 수 있으나 여기서는 브레이크 아웃(부분단면도)으로 온 단면도를 작성하도록 한다.

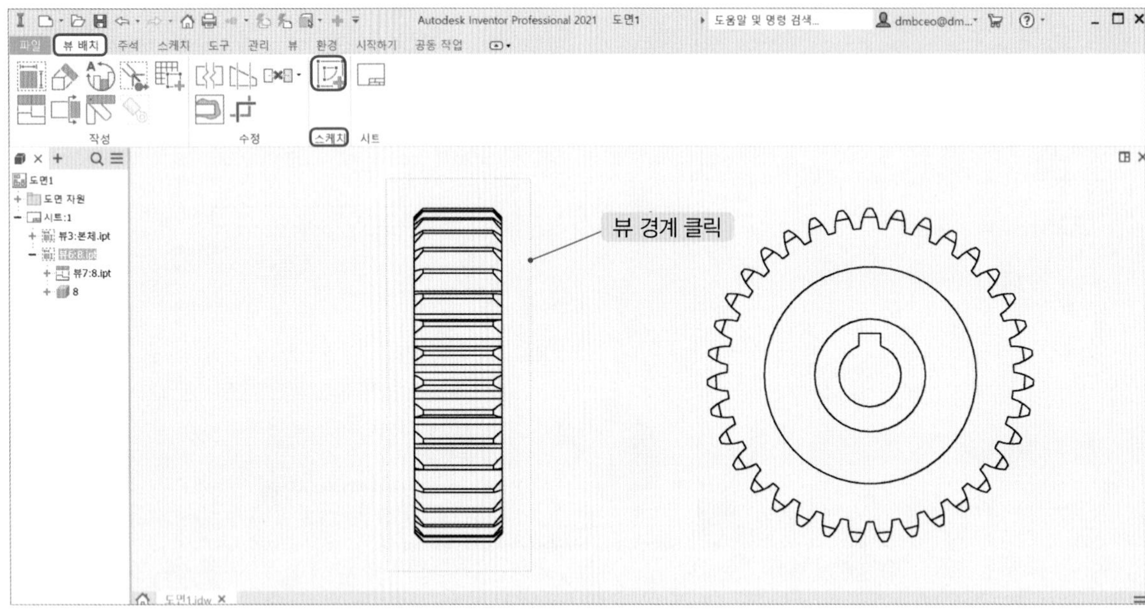

그림과 같이 사각형을 스케치하고 스케치 종료한다.

TIP>>

먼저 스케치할 뷰를 선택하고 [스케치 시작]을 클릭하면 스케치 탭으로 넘어간다.

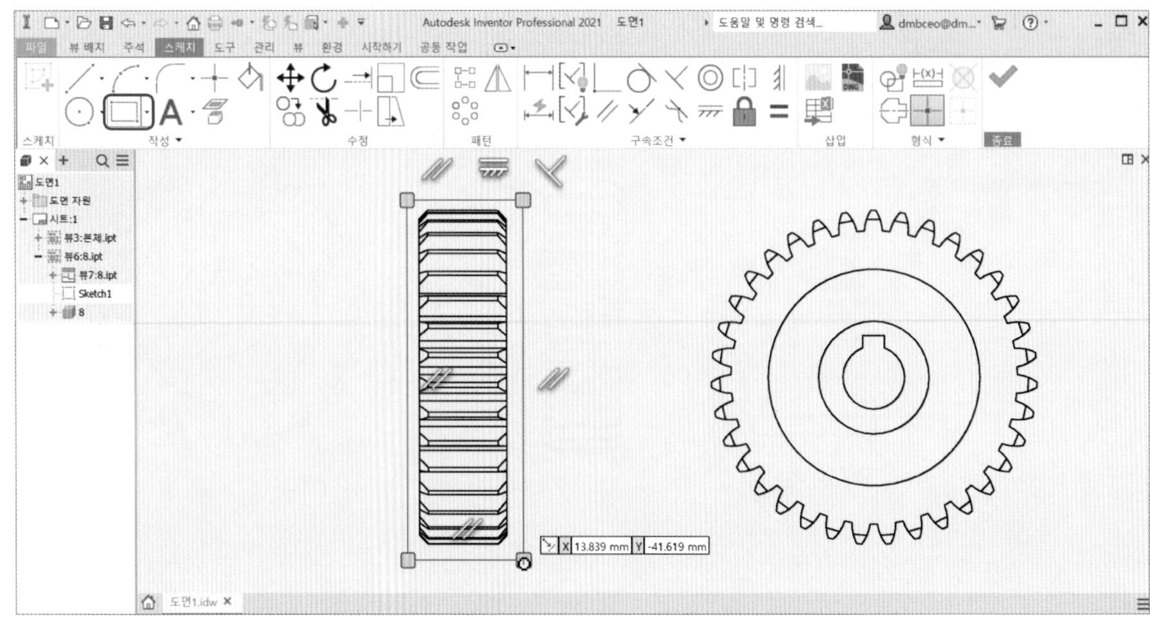

뷰 배치 ⇨ 수정 ⇨ 브레이크 아웃 ⇨ 경계 ⇨ 프로파일 ⇨ 깊이 ⇨ 시작점 0.0 ⇨ 확인

TIP>>

브레이크 아웃을 먼저 선택하고 뷰 경계를 클릭하면 프로파일이 선택되고, 팝업창이 나타난다. 단면은 시작점으로부터 단면할 위치까지의 거리를 입력한다.

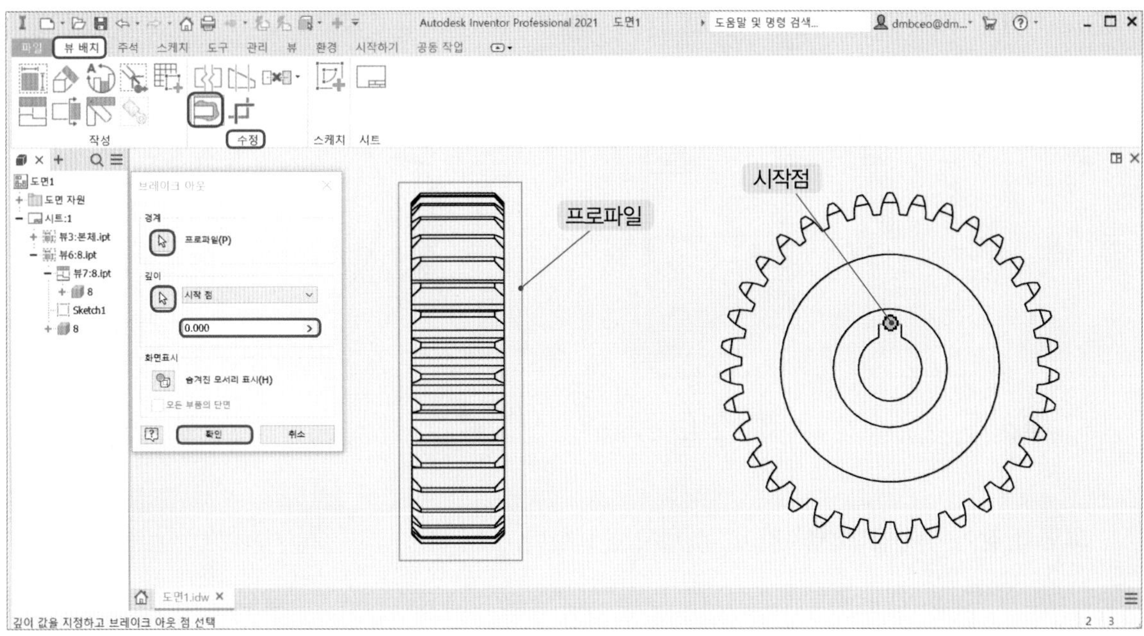

(2) 해치하기

해치를 선택하고 마우스 오른쪽 버튼을 클릭 ⇨ 숨기기

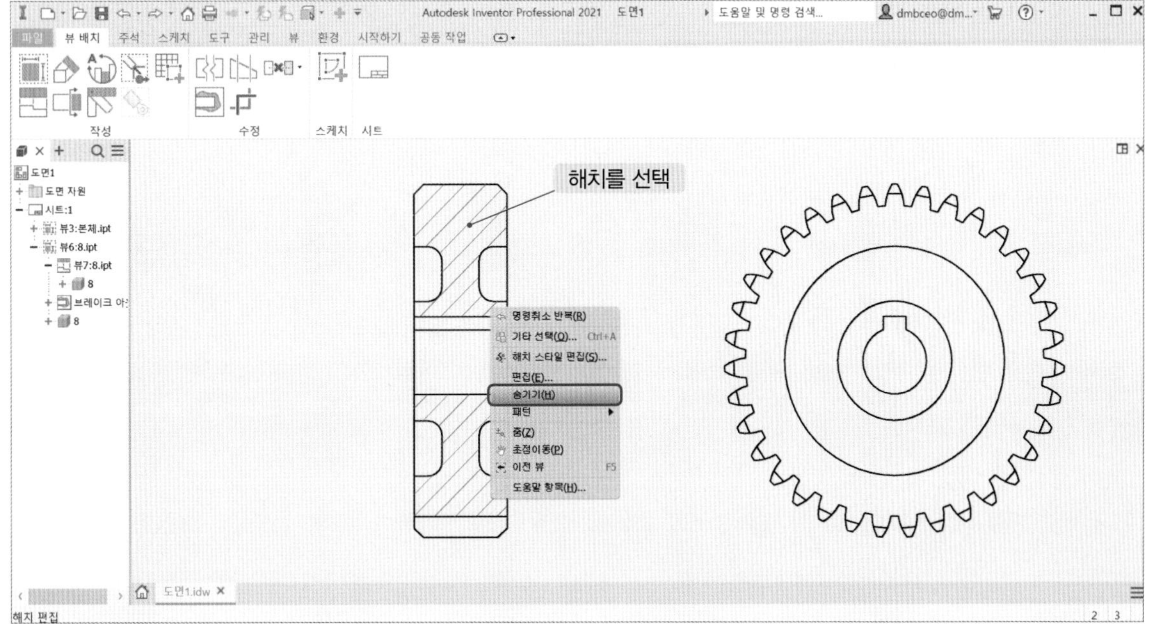

뷰 경계 클릭 ⇨ 뷰 배치 ⇨ 스케치 ⇨ 스케치 시작

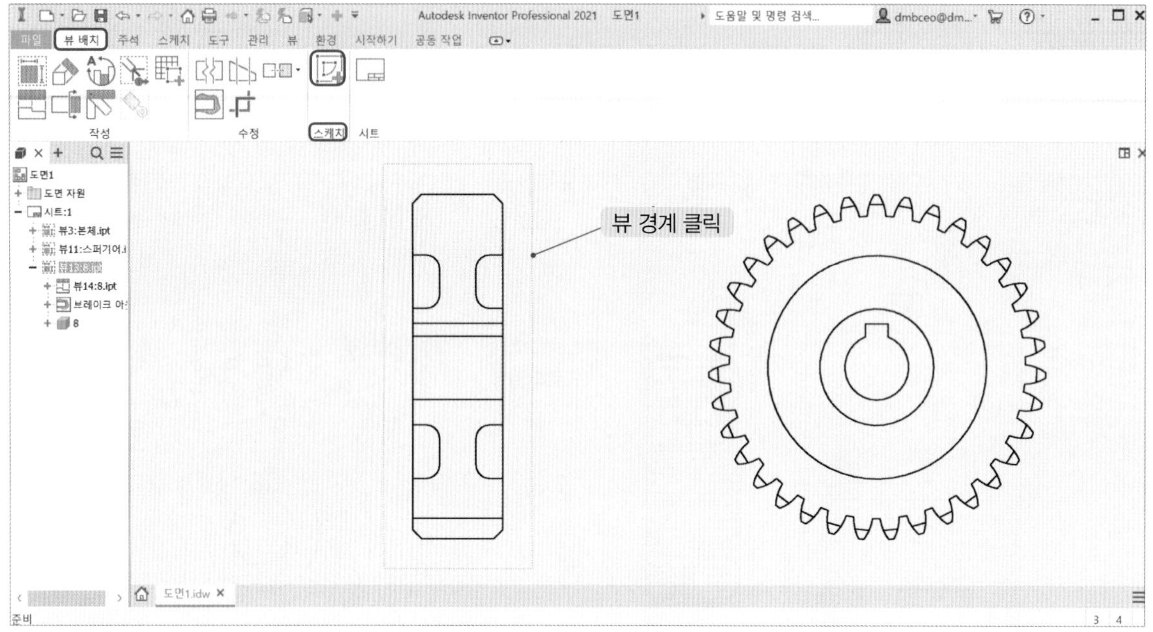

그림과 같이 직선을 스케치하고, 스케치 종료한다.

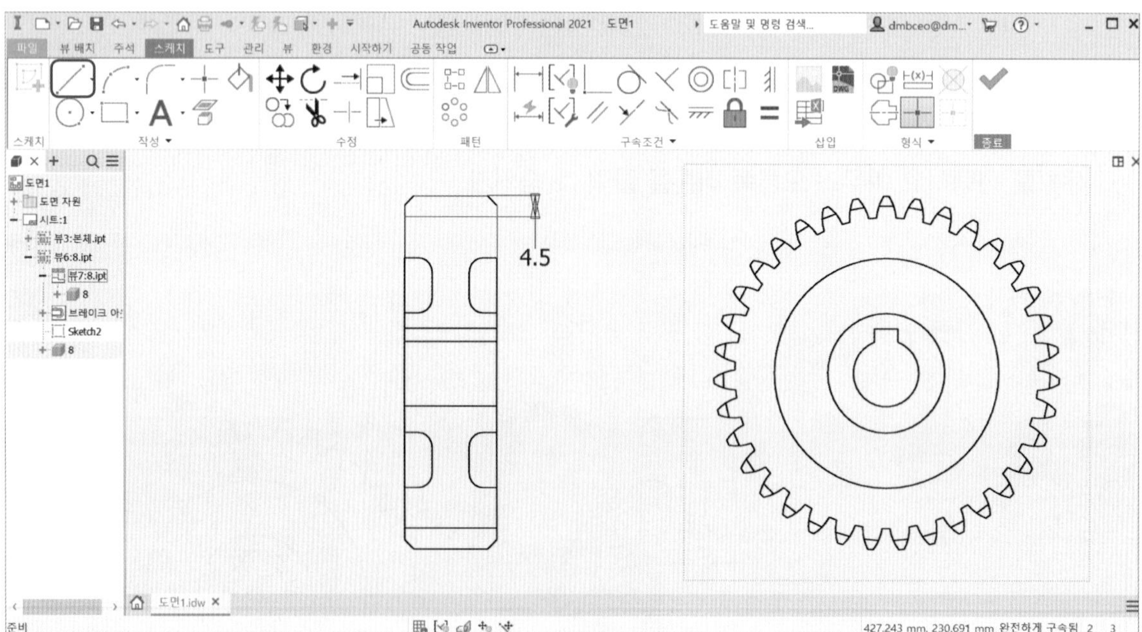

스케치 작성 ⇨ 영역 해치 ⇨ 패턴 ANSI 31 ⇨ 각도 45 ⇨ 축척 1.0 ⇨ 영역 선택 ⇨ 확인

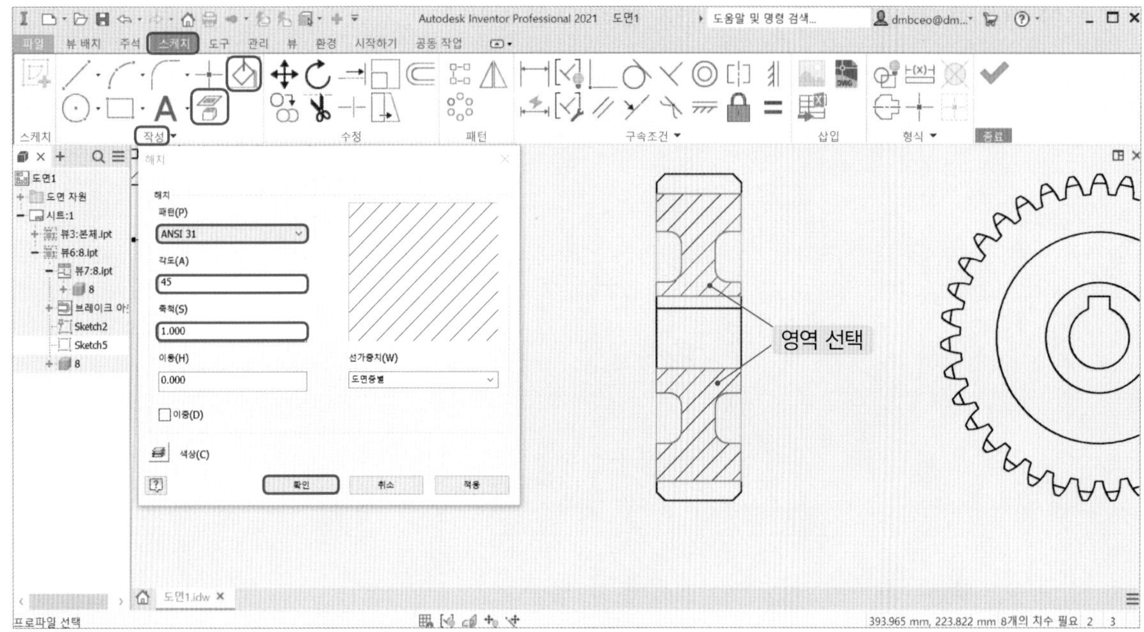

(3) 오리기(국부 투상도) : 도면의 일부분을 오려서 작성한다.

뷰 배치 ⇨ 수정 ⇨ 오리기 ⇨ 점 1, 점 2

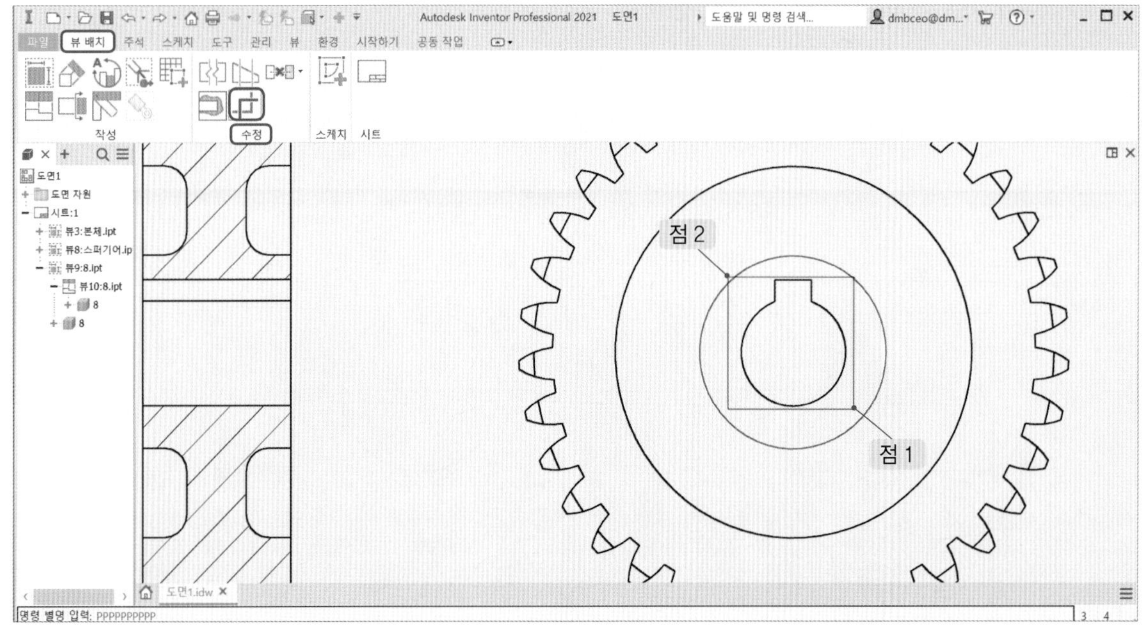

(4) 중심선 그리기

주석 ⇨ 기호 ⇨ 중심선 이등분 ⇨ 선 1 선택 ⇨ 선 2 선택

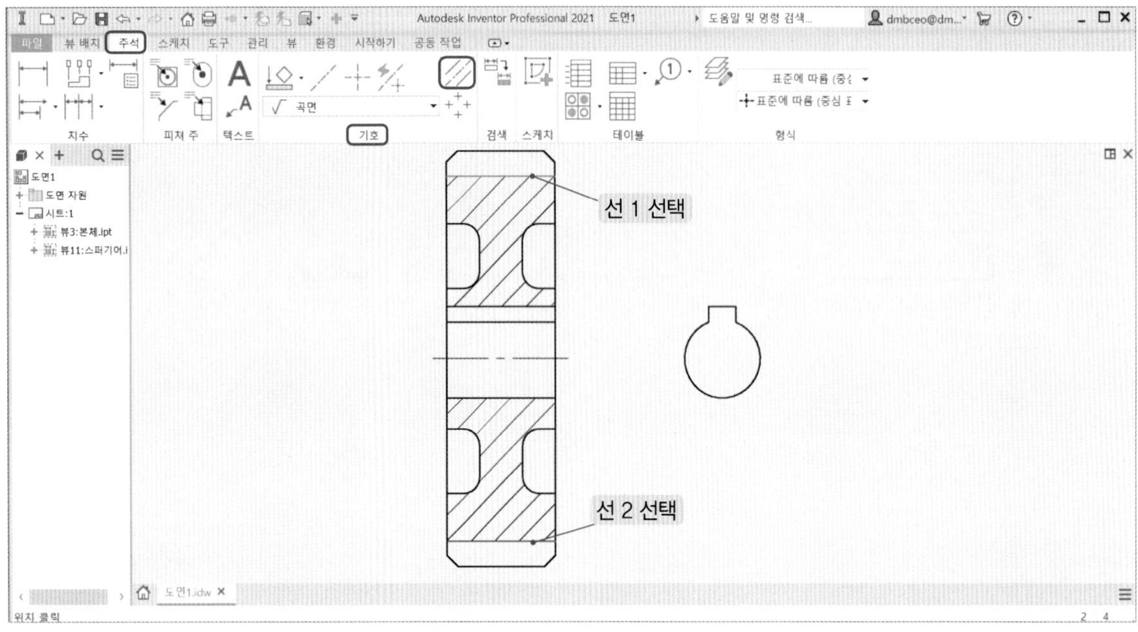

(5) 중심 표시하기

주석 ⇨ 기호 ⇨ 중심 표시 ⇨ 원호 선택

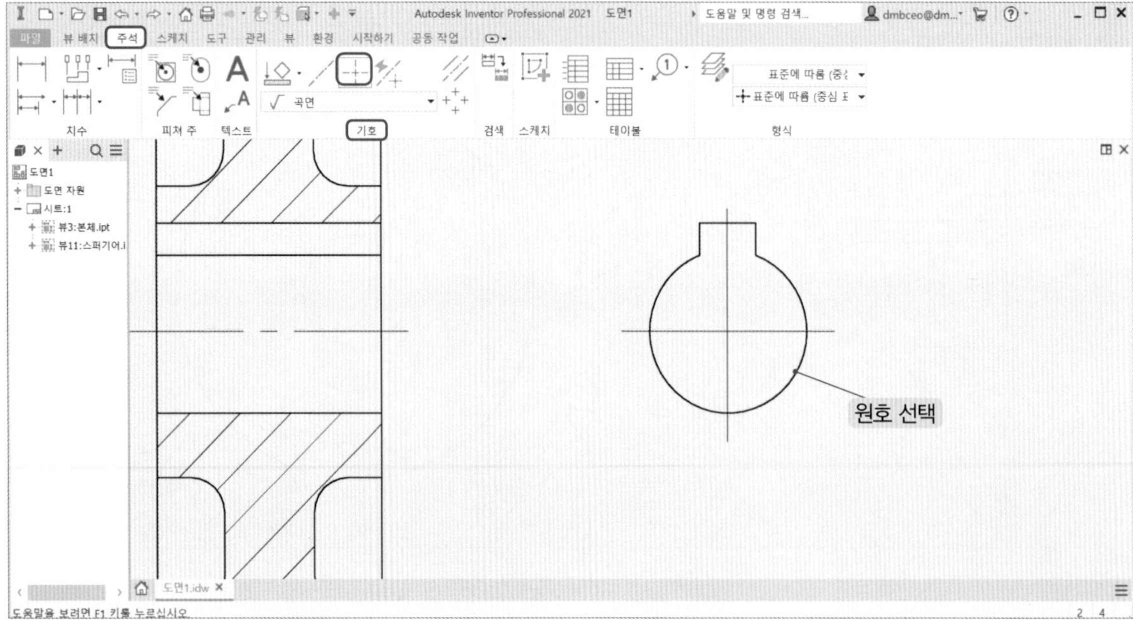

2 스퍼 기어 치수기입하기

(1) 지름 치수기입하기

주석 ⇨ 치수 ⇨ 일반 치수 ⇨ 점 1 ⇨ 점 2 ⇨ 치수 위치에 클릭 ⇨ 텍스트 ⇨ ∅<<>> ⇨ 확인

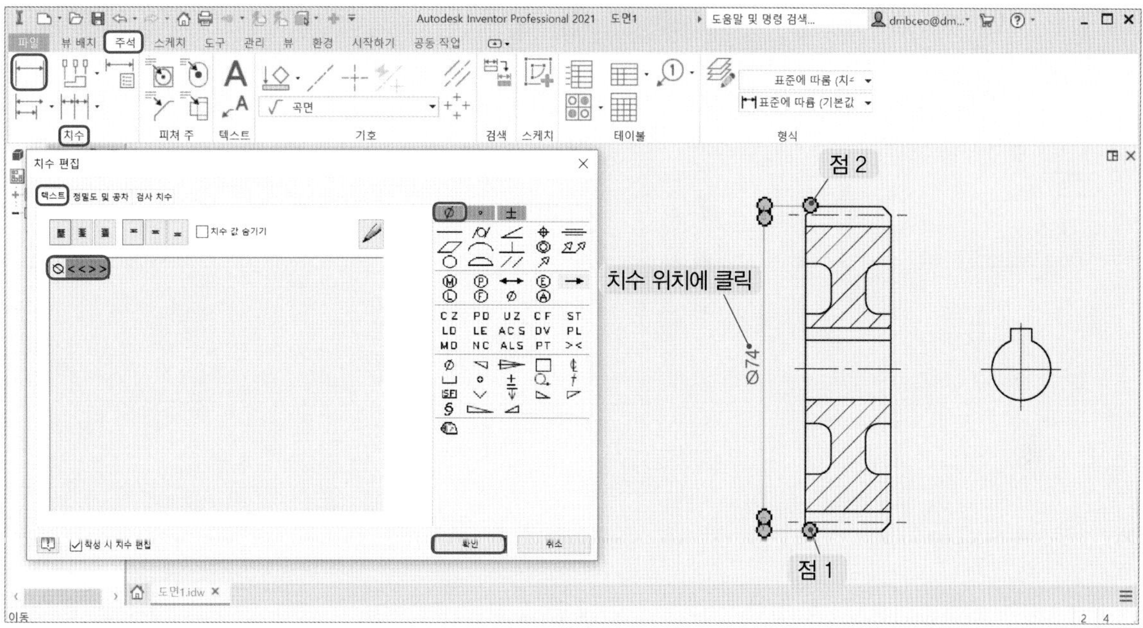

(2) 반치수기입하기

관리 ⇨ 스타일 및 표준 ⇨ 스타일 및 표준 편집기 ⇨ 기본값(ISO) ⇨ 옵션 ⇨ 치수보조선 숨기기 : ☑↕[⇨ 저장 및 닫기

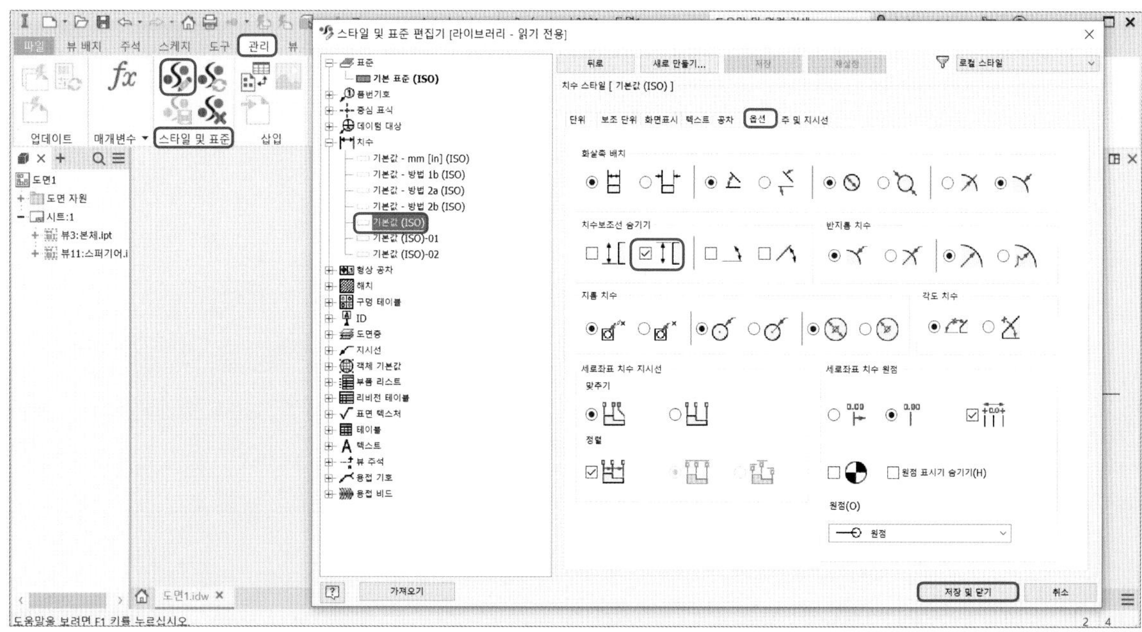

주석 ⇨ 치수 ⇨ 일반 치수 ⇨ 점 1 ⇨ 점 2 ⇨ 치수 위치에 클릭 ⇨ ☑치수 값 숨기기 ⇨ 텍스트 ⇨ ⌀14H7 ⇨ 확인

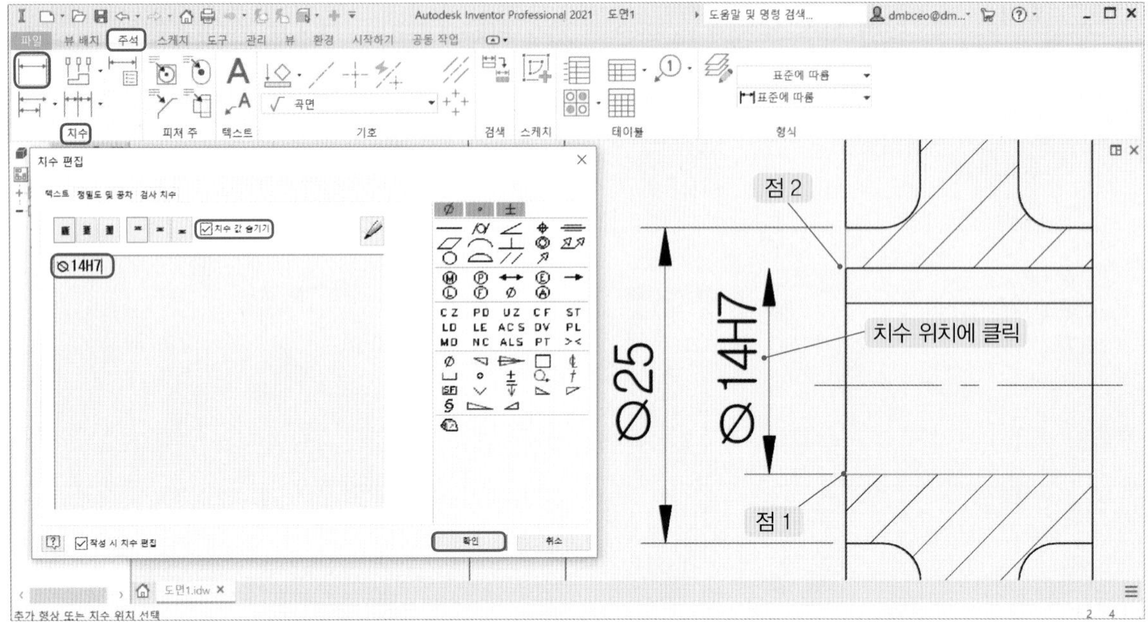

⌀14H7 치수를 선택하고 마우스 오른쪽 버튼을 클릭 ⇨ 두 번째 화살표 편집 ⇨ 화살촉 변경 : 없음 ⇨ ✔(OK)

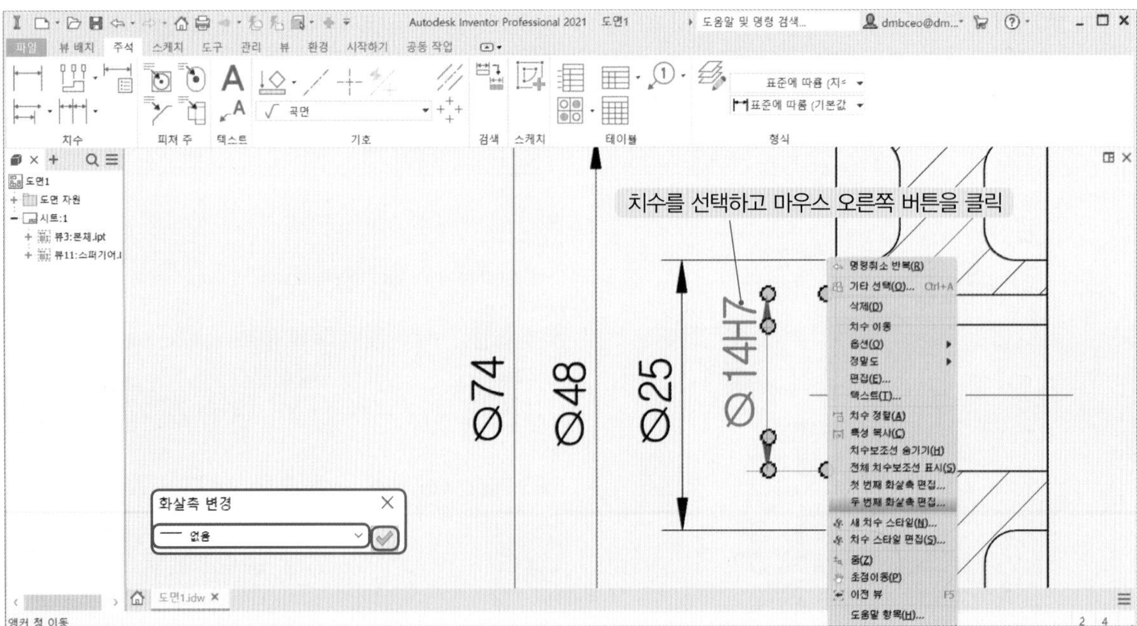

(3) 표면거칠기(다듬질) 기호 작성하기

주석 ⇨ 기호 ⇨ 곡면 ⇨ 다듬질 기호 위치에 클릭 ⇨ Enter↵ ⇨ 표면 유형 ⇨ 재료 제거가 요구됨 ⇨ 확인

TIP>>

다듬질 기호 위치에서 클릭하고 Enter↵ 하면 팝업창이 뜬다.

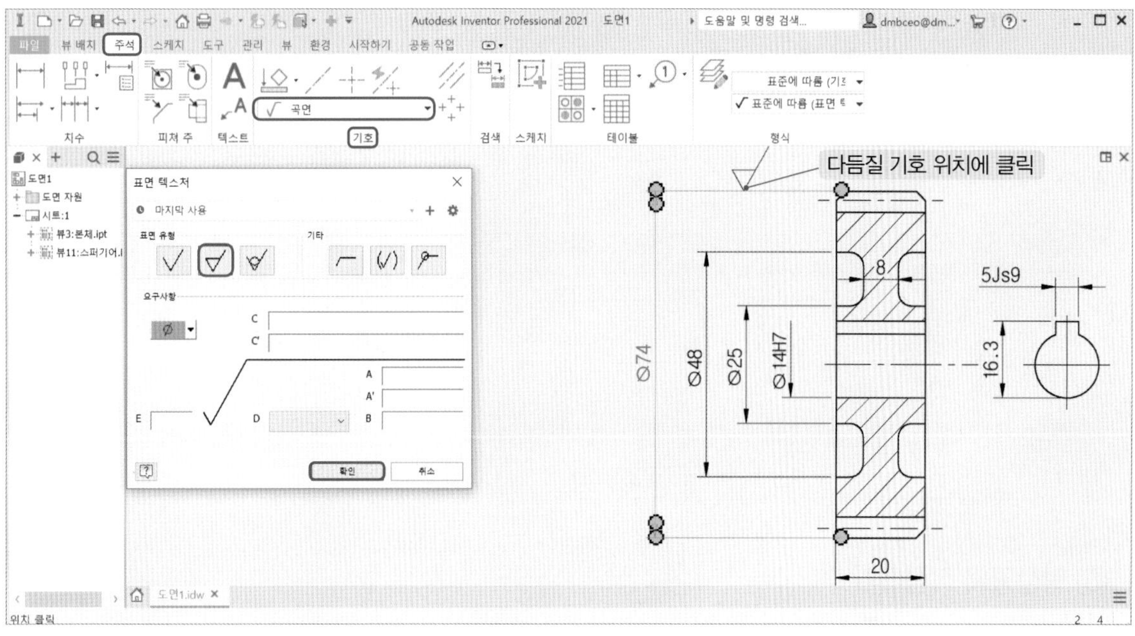

주석 ⇨ 텍스트 ⇨ 텍스트 문자 위치에 클릭 ⇨ 굴림체 ⇨ y ⇨ 확인

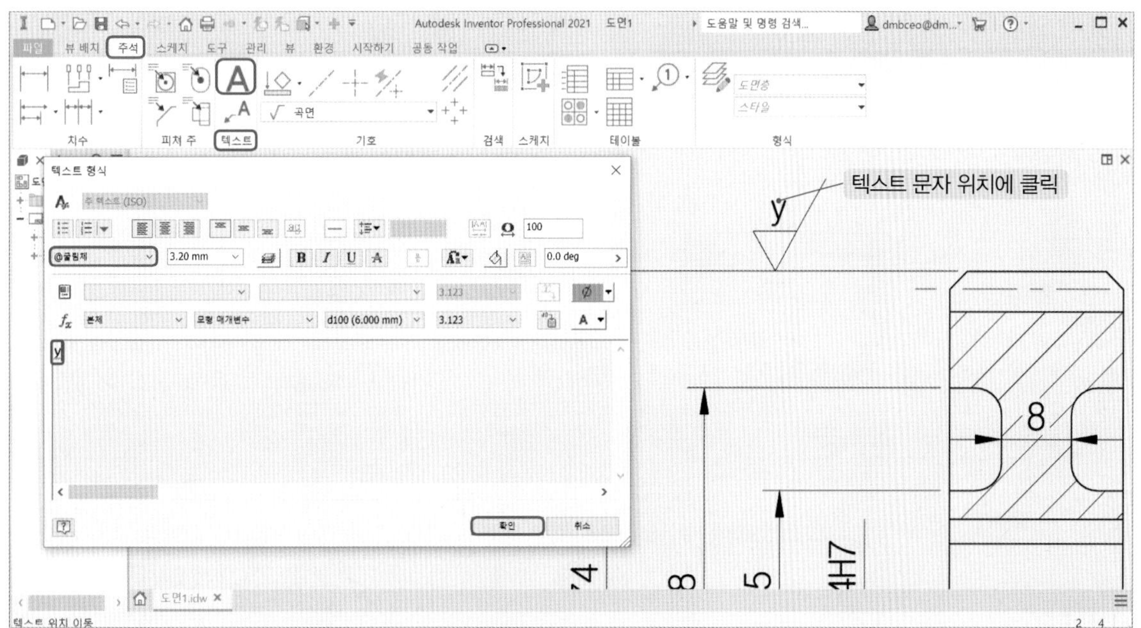

(4) 데이텀 작도하기

주석 ⇨ 기호 ⇨ 데이텀 ⇨ 점 1 ⇨ 데이텀 위치에 클릭 ⇨ B ⇨ 확인

TIP>>

데이텀 아이콘은 기호의 ▼를 클릭하면 아이콘이 펼쳐진다.

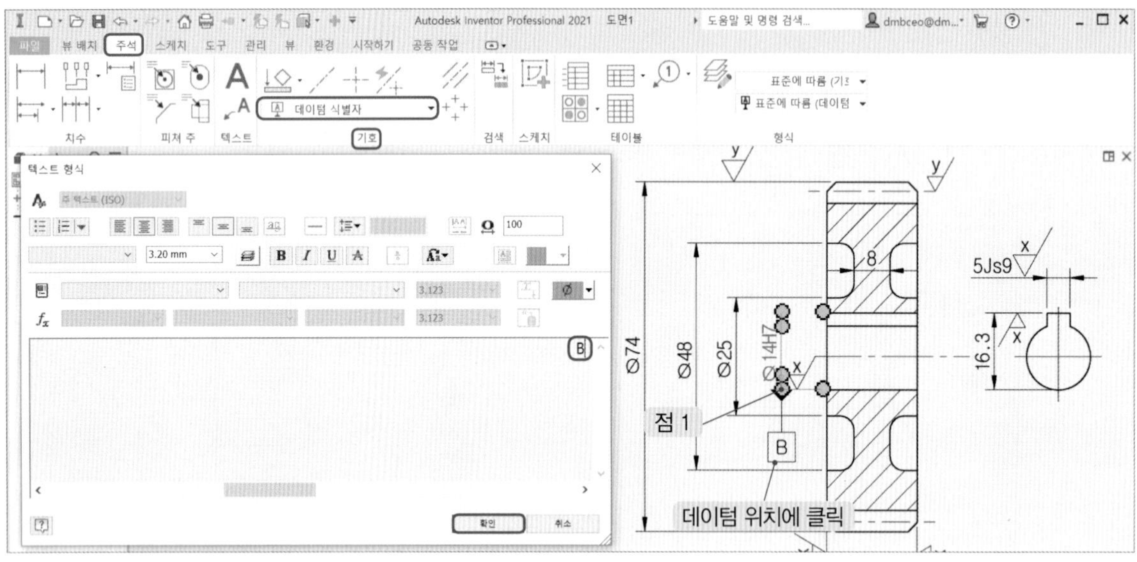

(5) 형상공차 작성하기

주석 ⇨ 기호 ⇨ 형상공차 ⇨ 점 1, 2, 3 ⇨ Enter ⇨ 기호 : ↗ ⇨ 공차 : 0.013 ⇨ 데이텀 : B ⇨ 확인

TIP>>

데이텀 아이콘은 기호의 ▼를 클릭하면 아이콘이 펼쳐진다.

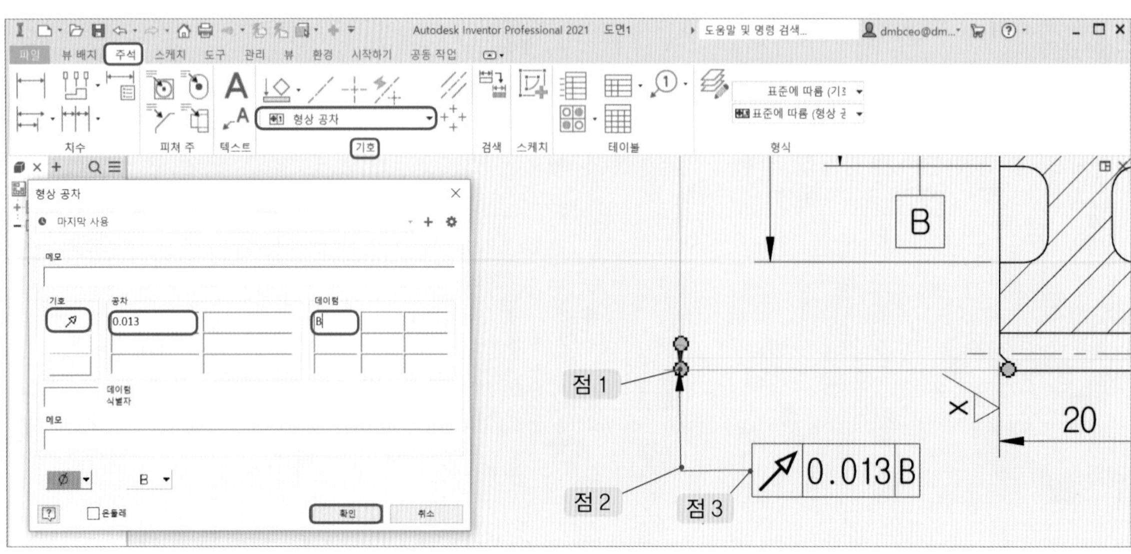

4 편심축 투상도 그리기

1 편심축 투상하기

(1) 편심축 불러 배치하기

뷰 배치 ⇨ 작성 ⇨ 도면 뷰 ⇨ 기존 파일 열기 ⇨ 찾는 위치 : 편심구동장치 ⇨ 이름 : 편심축 ⇨ 열기

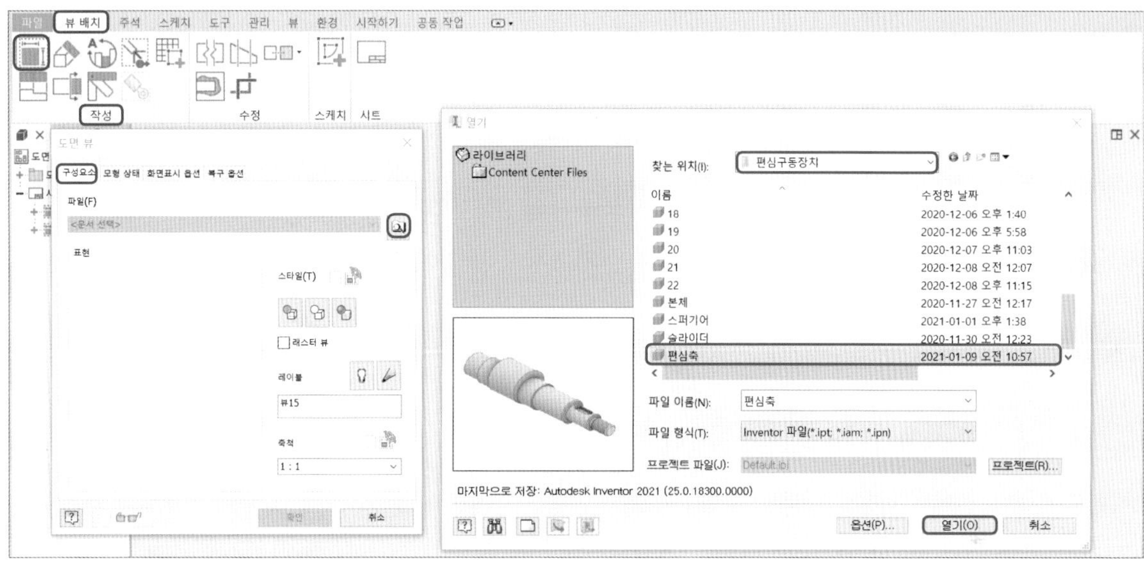

스타일 : 은선 제거 ⇨ 축척 1 : 1 ⇨ 정면도, 좌측면도, 평면도 위치에서 클릭 ⇨ 확인

TIP>>
정면도를 기준으로 평면도는 아래쪽에, 좌측면도는 오른쪽에 클릭하고 다시 이동하여 배치한다.

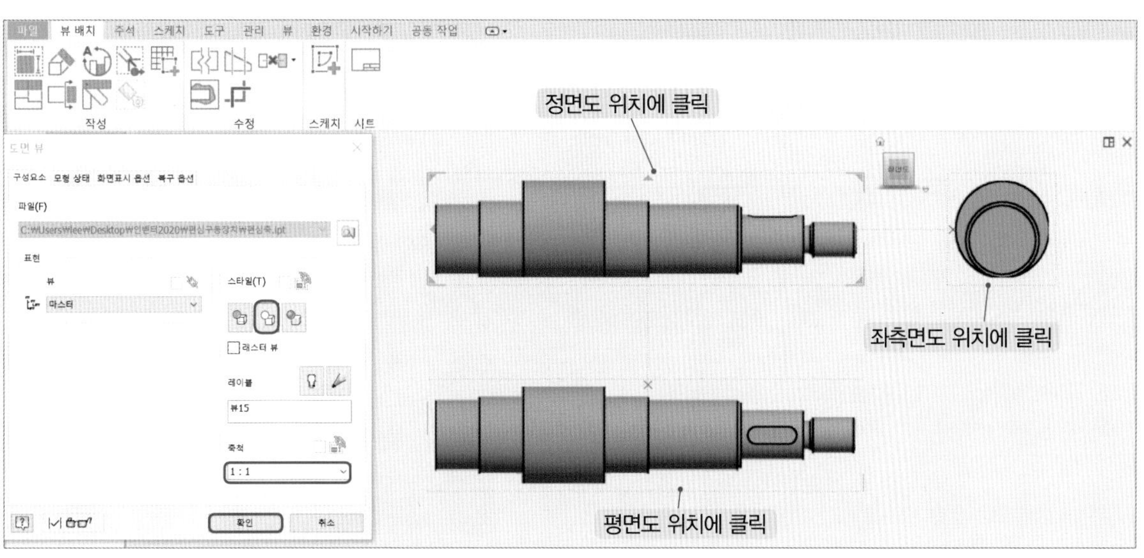

(2) 키 홈 부분 단면하기

뷰 경계 클릭 ⇨ 뷰 배치 ⇨ 스케치 ⇨ 스케치 시작

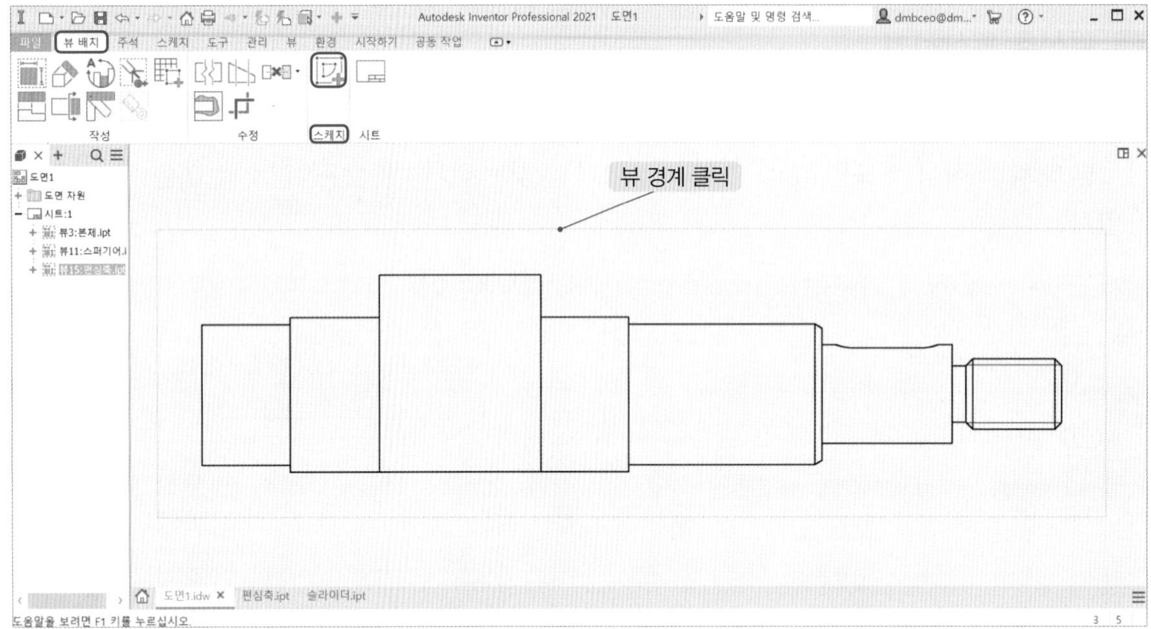

그림과 같이 스플라인으로 스케치한다.

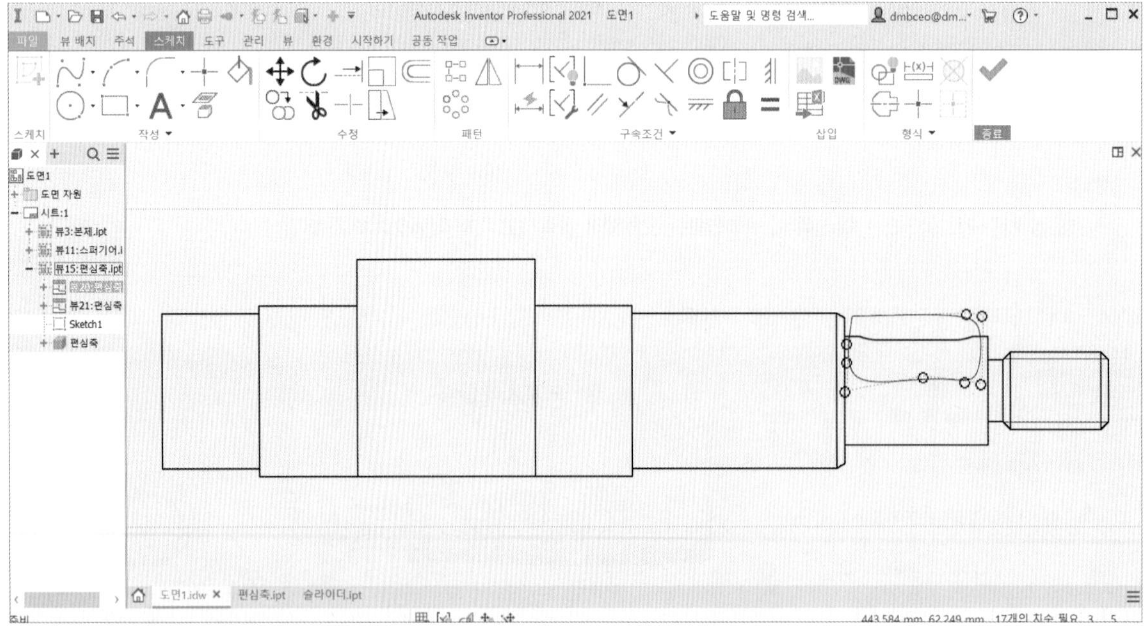

뷰 배치 ⇨ 수정 ⇨ 브레이크 아웃

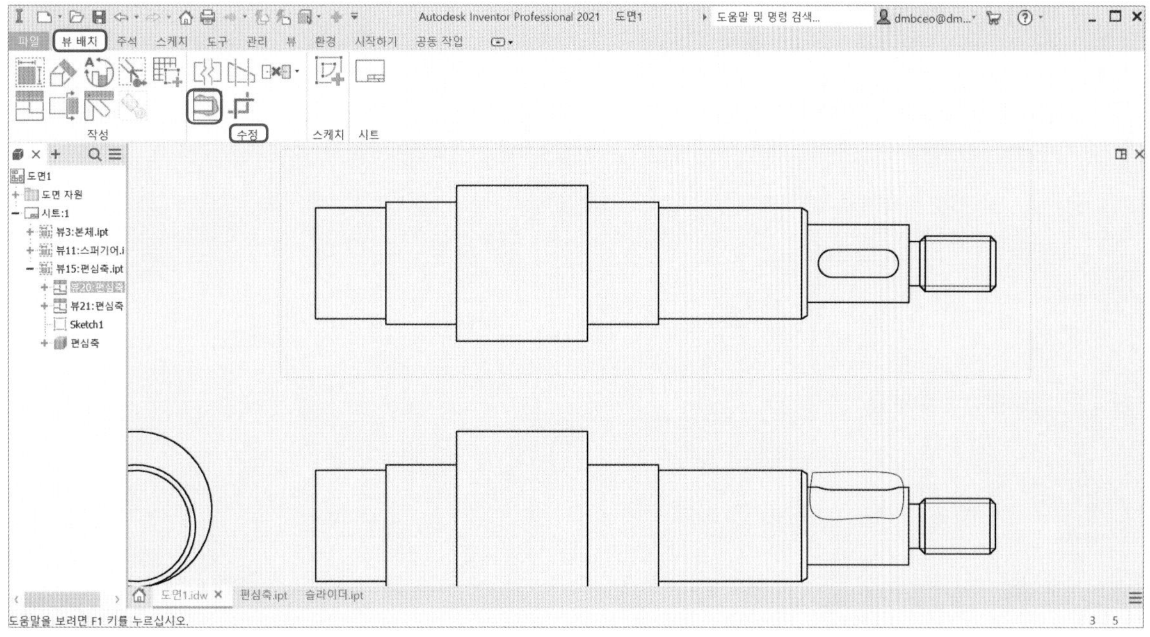

뷰 배치 ⇨ 수정 ⇨ 브레이크 아웃 ⇨ 경계 ⇨ 프로파일 ⇨ 깊이 ⇨ 시작점 0.000 ⇨ 확인

TIP>>

브레이크 아웃을 먼저 선택하고 뷰 경계를 클릭하면 프로파일이 선택되고, 팝업창이 나타난다.
단면은 시작점으로부터 단면할 위치까지의 거리를 입력한다.

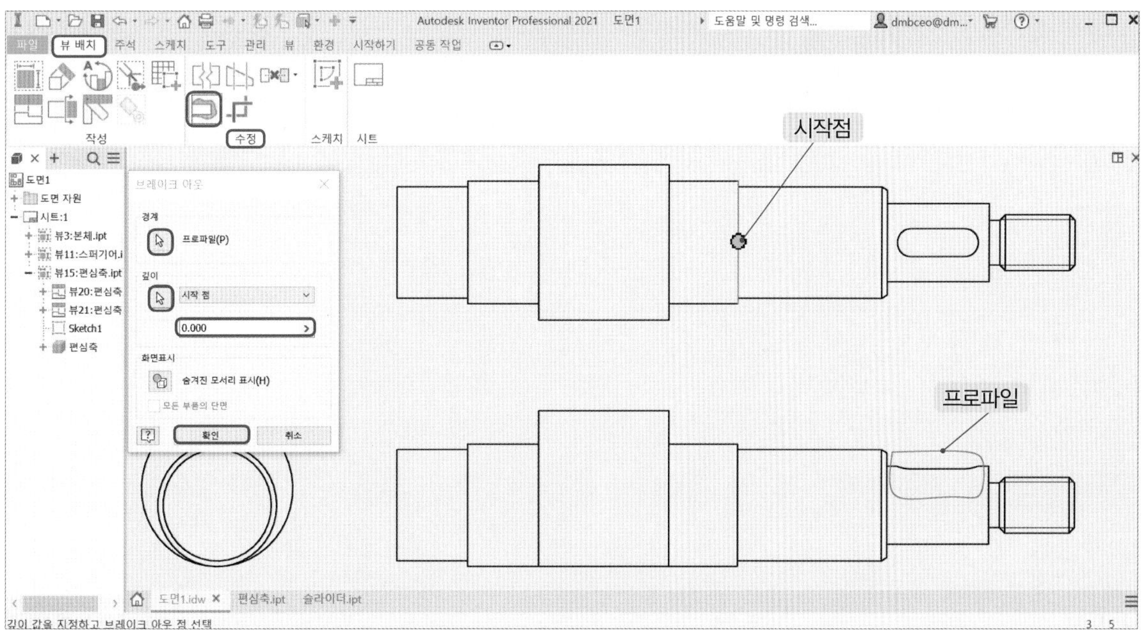

(3) 오리기(키 홈 국부 투상하기) : 도면의 키 홈 일부분을 오려서 작성한다.

뷰 배치 ⇨ 수정 ⇨ 오리기

TIP>>

그림처럼 마우스로 남기고자 한만큼 드래그한다.

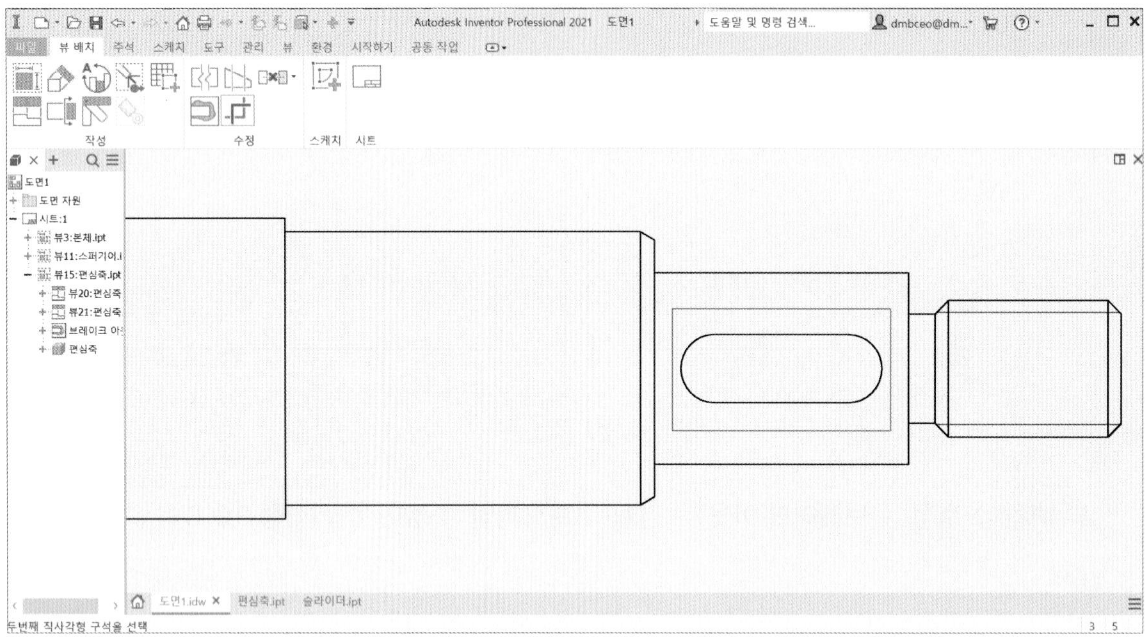

오리기 절단선을 선택하고, 마우스 오른쪽 버튼을 클릭 ⇨ ✓ 가시성(체크 해제)

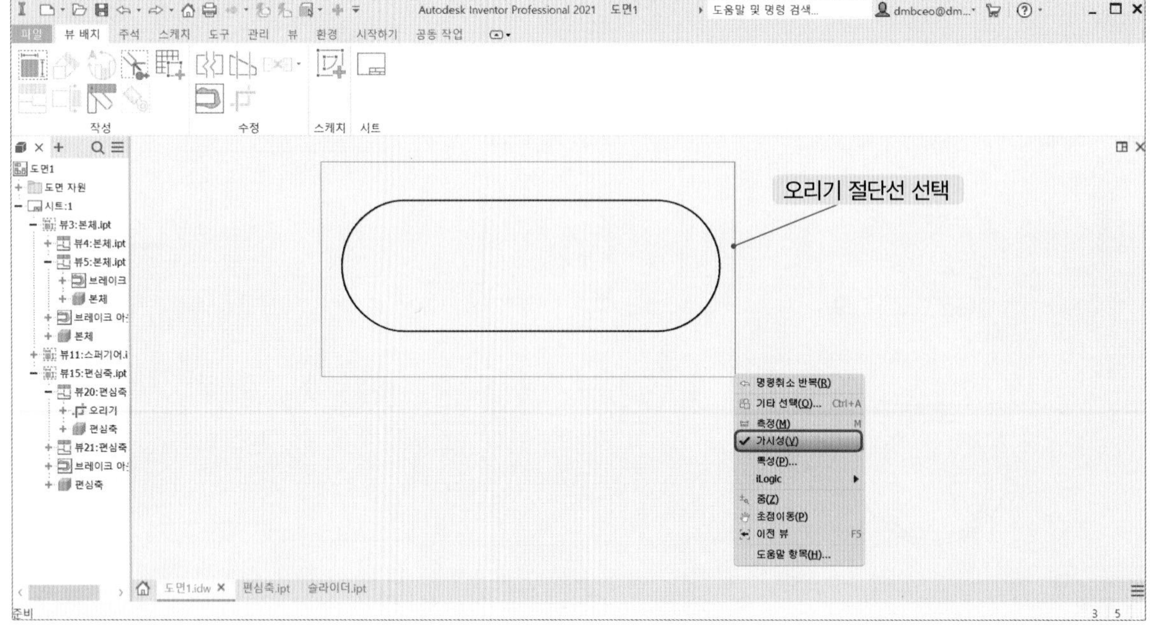

(4) 중심선 그리기

주석 ⇨ 기호 ⇨ 중심선 이등분 ⇨ 선 1 선택 ⇨ 선 2 선택

TIP>>
중심선은 마우스를 클릭한 상태로 이동하여 적당한 길이로 조절한다.

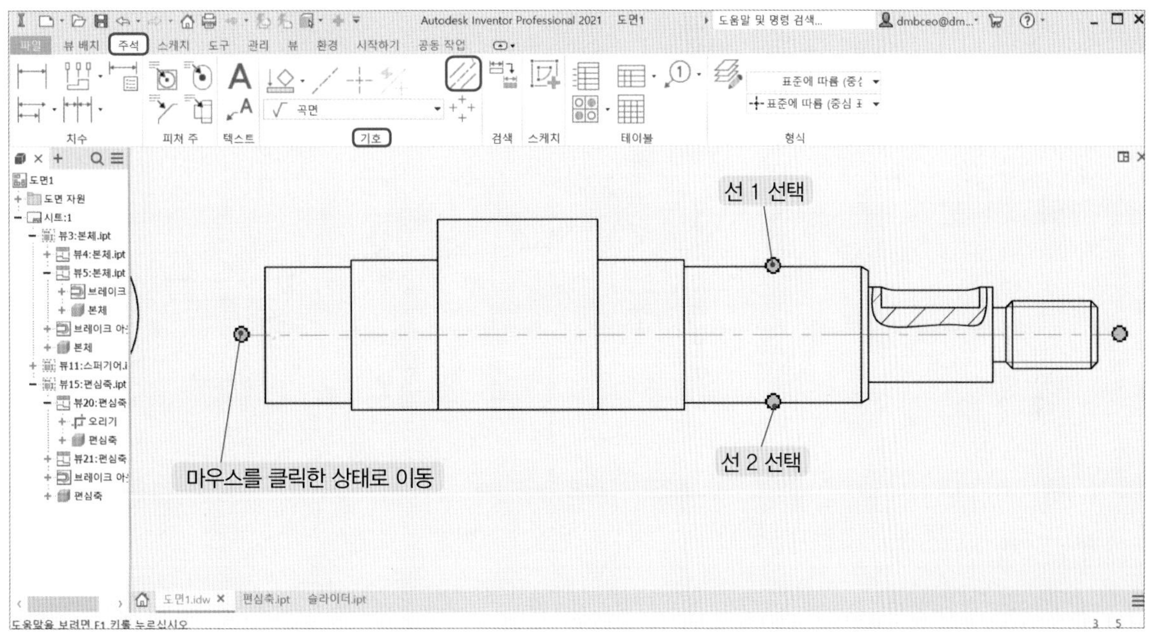

(5) 중심 표시하기

주석 ⇨ 기호 ⇨ 중심 표시 ⇨ 원호 선택

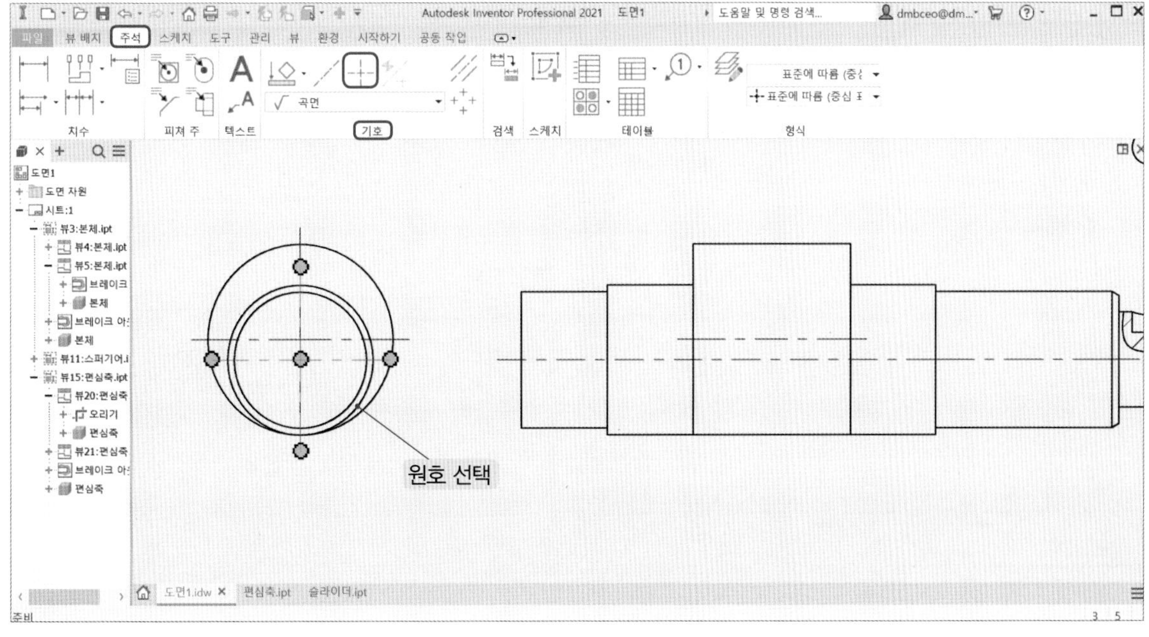

2 편심축 치수기입하기

(1) 지름 치수기입하기

주석 ⇨ 치수 ⇨ 일반 치수 ⇨ 점 1 ⇨ 점 2 ⇨ 치수 위치에 클릭 ⇨ 텍스트 ⇨ ∅<<>>k5 ⇨ 확인

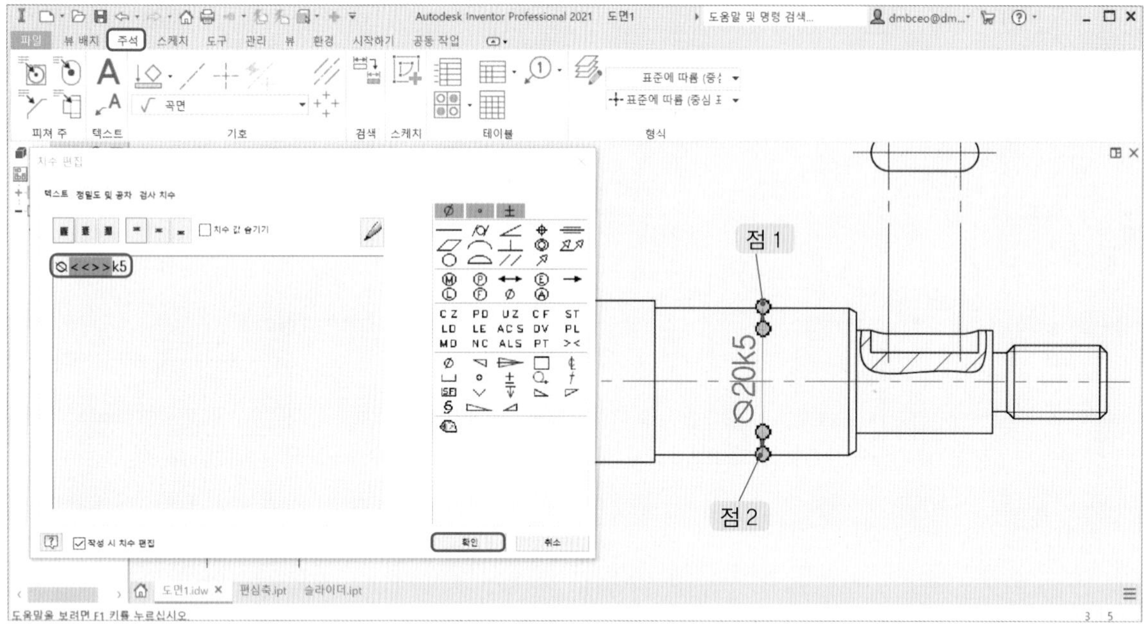

(2) 홈 지름 치수기입하기

주석 ⇨ 치수 ⇨ 일반 치수 ⇨ 선 1 ⇨ 선 2 ⇨ 치수 위치에 클릭 ⇨ 텍스트 ⇨ <<>>∅8 ⇨ 확인

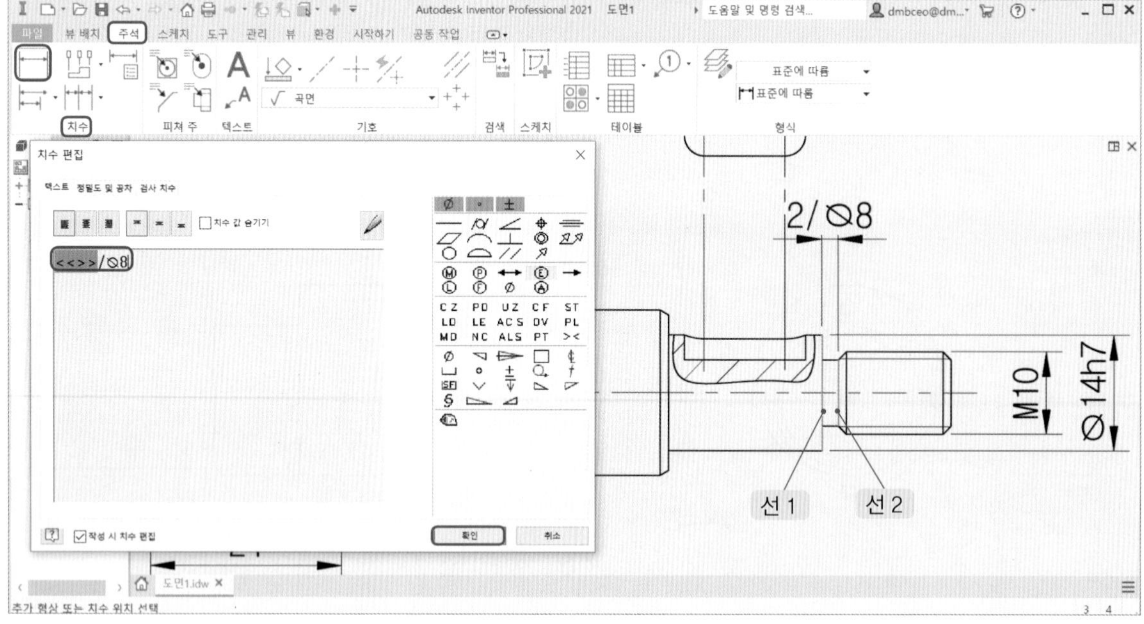

(3) 화살표 점으로 바꾸기

2/∅8 치수를 선택하여 마우스 오른쪽 버튼을 클릭 ⇨ 첫 번째 화살촉 편집 ⇨ 작은 점

TIP>>
첫 번째 화살촉 편집, 두 번째 화살촉 편집을 선택하여 작은 점으로 수정한다.

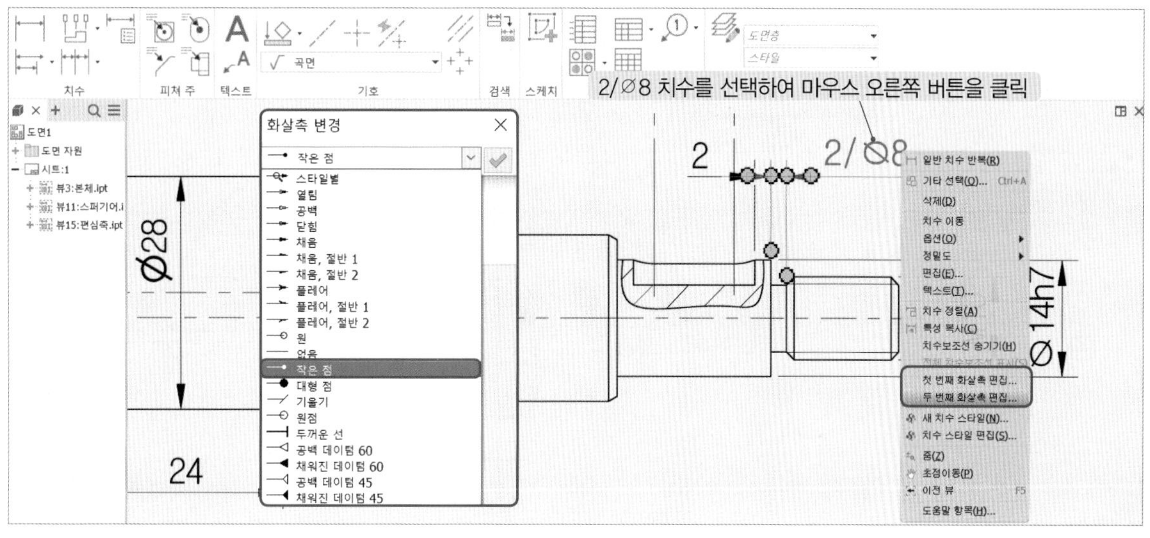

(4) 상세도

뷰 배치 ⇨ 작성 ⇨ 상세 ⇨ 뷰 식별자 A ⇨ 축척 ⇨ 그림처럼 확대할 부분 설정(점 1과 점 2) ⇨ 상세 뷰를 배치할 위치에서 클릭 ⇨ A와 A(2 : 1)를 더블 클릭하여 굴림체 ⇨ 문자 높이 3.5

TIP>>
확대할 뷰를 클릭하면 상세 뷰 팝업창이 뜬다. 상세 뷰 원호는 스케치에서 원호로 그린다.

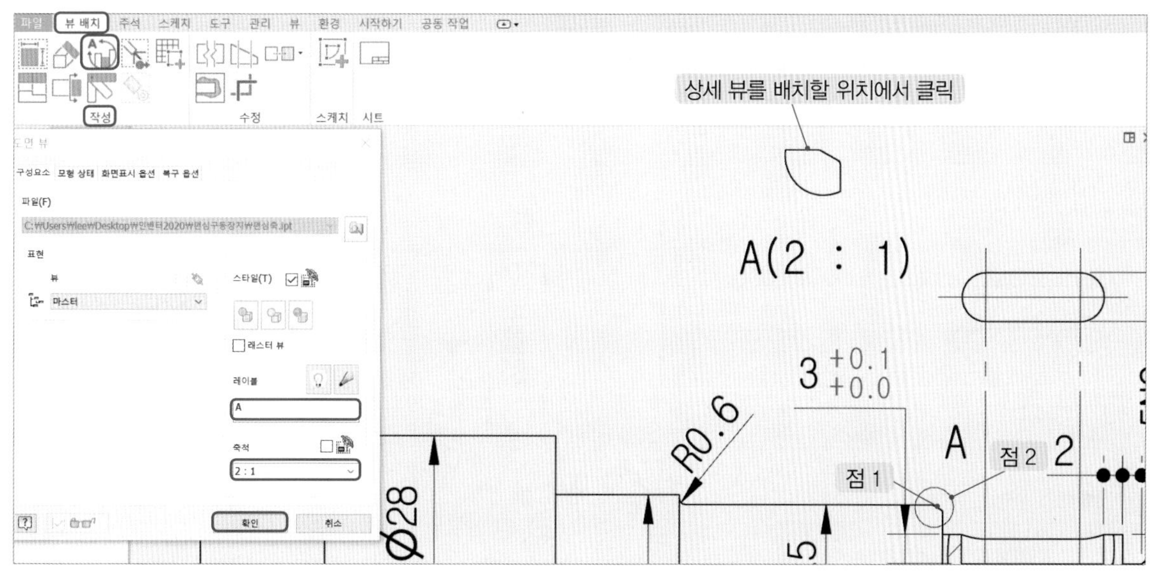

(5) 데이텀 작도하기

주석 ⇨ 기호 ⇨ 데이텀 ⇨ 점 1 ⇨ 데이텀 위치에 클릭 ⇨ C ⇨ 확인

TIP>>
데이텀 아이콘은 기호의 ▼를 클릭하면 아이콘이 펼쳐진다.

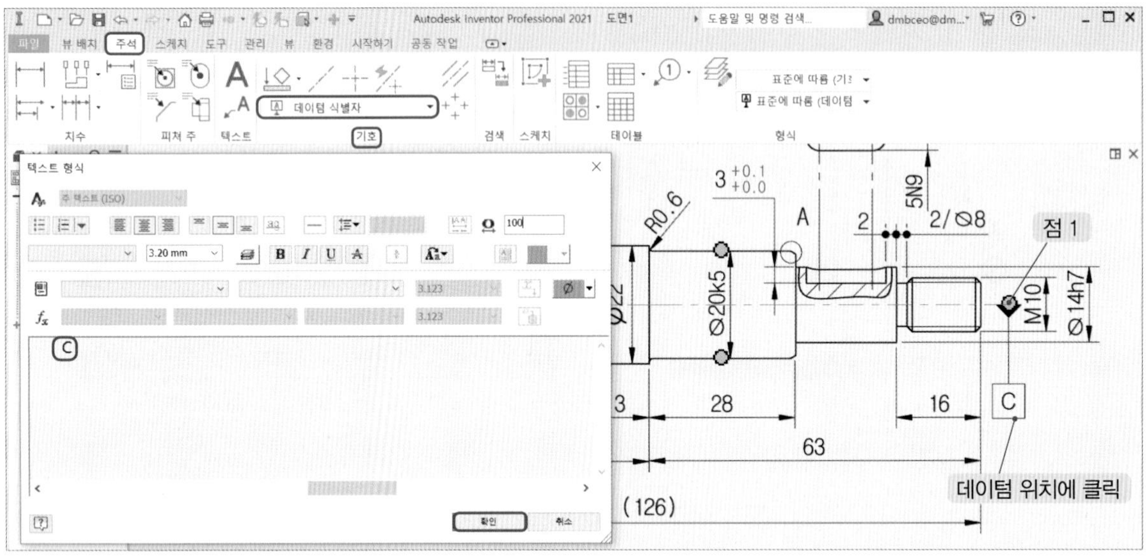

(6) 형상공차 작성하기

주석 ⇨ 기호 ⇨ 형상공차 ⇨ 점 1, 2, 3 ⇨ Enter ⇨ 기호 : ↗ ⇨ 공차 : 0.009 ⇨ 데이텀 : C ⇨ 확인

TIP>>
데이텀 아이콘은 기호의 ▼를 클릭하면 아이콘이 펼쳐진다.

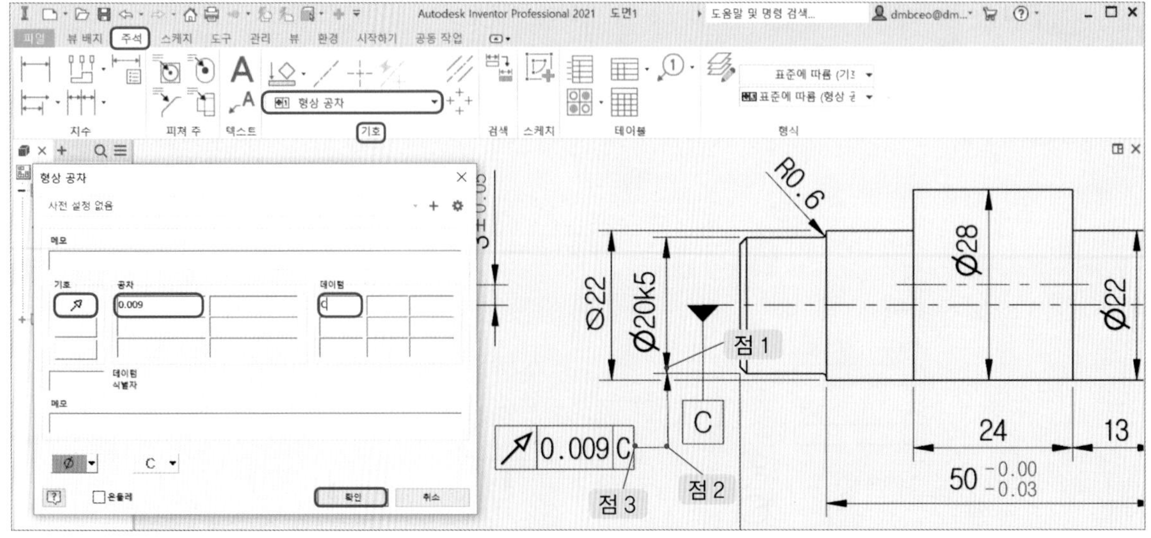

(7) 텍스트 기입하기

주석 ⇨ 텍스트 ⇨ 지시선 텍스트 ⇨ 점 1, 2, 3 ⇨ Enter ⇨ 굴림체 ⇨ KS A ISO 6411-1 A2/4.25양끝 ⇨ 확인

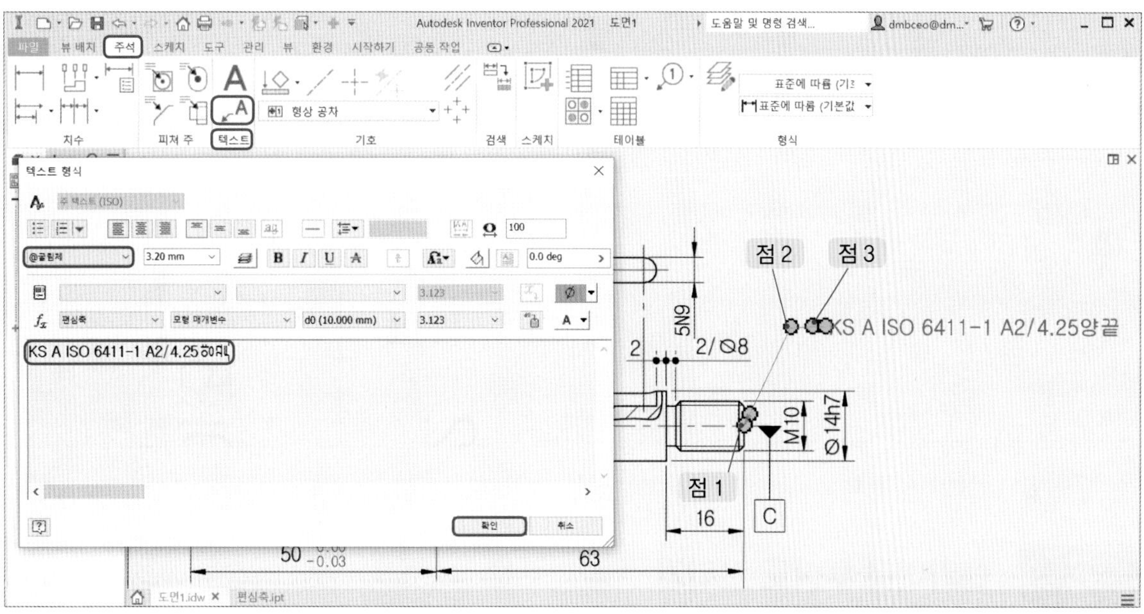

(8) 표면거칠기(다듬질) 기호 작성하기

주석 ⇨ 기호 ⇨ 곡면 ⇨ 다듬질 기호 위치에 클릭 ⇨ Enter ⇨ 표면 유형 ⇨ 재료 제거가 요구됨 ⇨ 확인

TIP>>

다듬질 기호 위치에서 클릭하고 Enter 하면 팝업창이 뜬다.

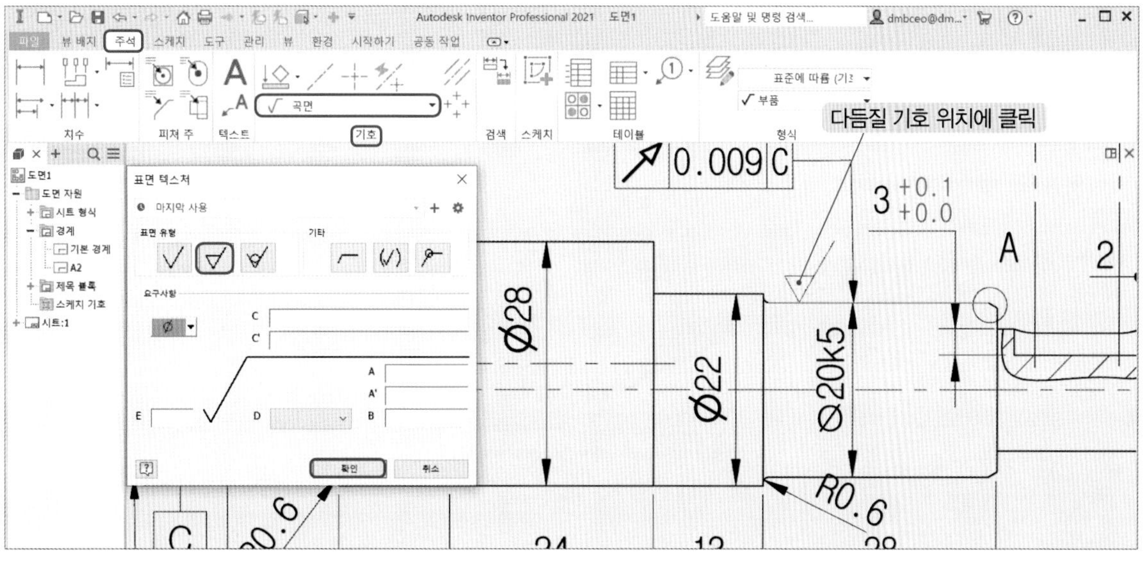

주석 ⇨ 텍스트 ⇨ 텍스트 문자 위치에 클릭 ⇨ 굴림체 ⇨ z ⇨ 확인

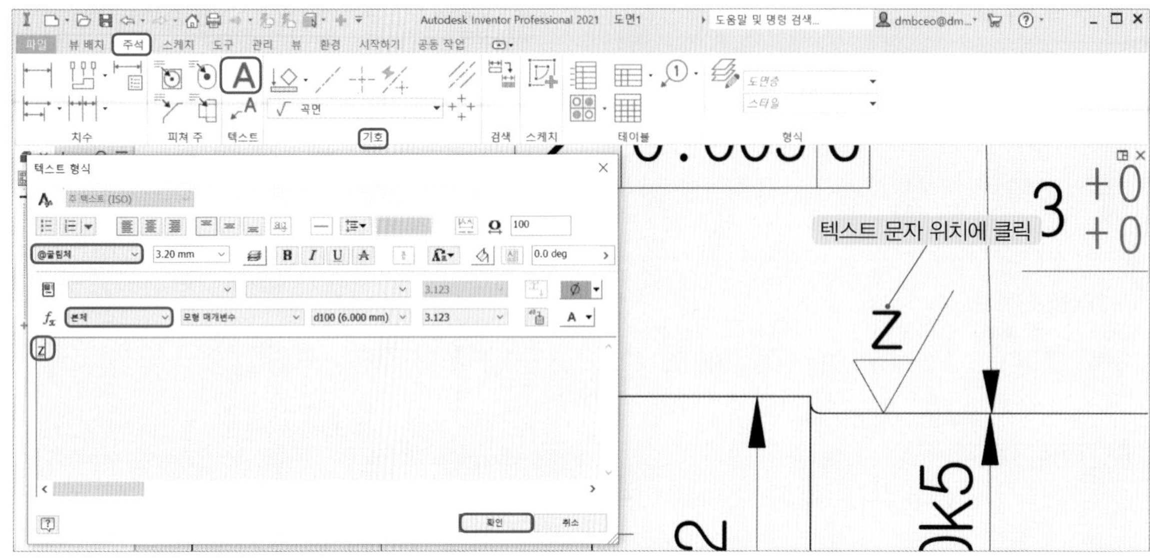

5 슬라이더 투상도 그리기

1 슬라이더 투상하기

(1) 슬라이더 불러 배치하기

뷰 배치 ⇨ 작성 ⇨ 도면 뷰 ⇨ 기존 파일 열기 ⇨ 찾는 위치 : 편심구동장치 ⇨ 이름 : 슬라이더 ⇨ 열기

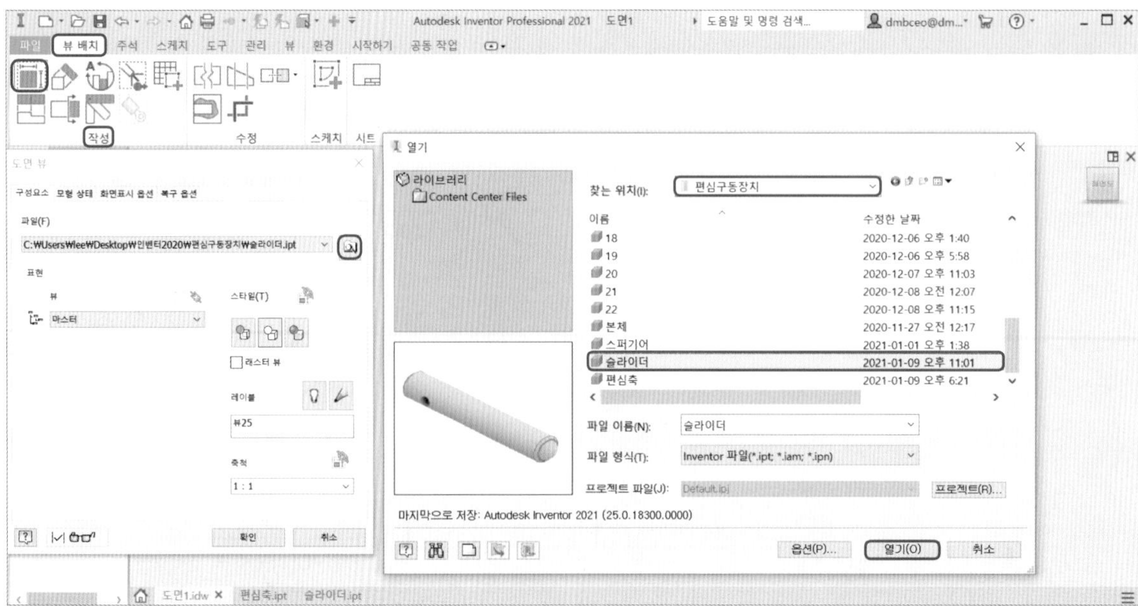

스타일 : 은선 제거 ⇨ 축척 1 : 1 ⇨ 정면도 위치에 클릭 ⇨ 확인

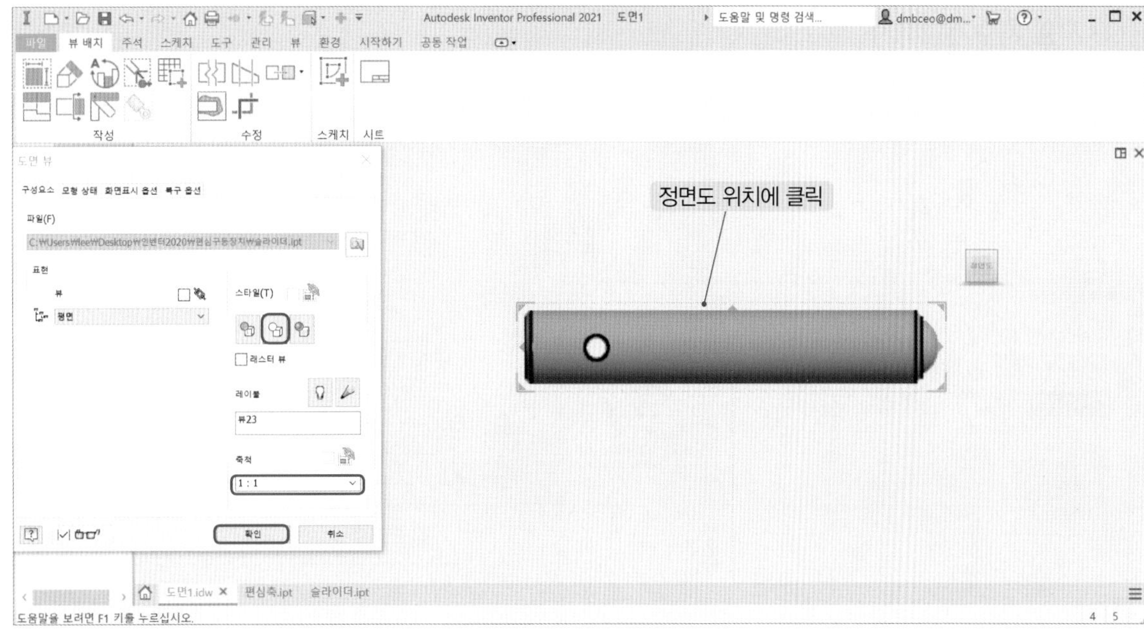

(2) 중심 표시하기

주석 ⇨ 기호 ⇨ 중심 표시 ⇨ 원호 선택

TIP>>

중심선은 마우스를 클릭한 상태로 이동하여 적당한 길이로 조절한다.

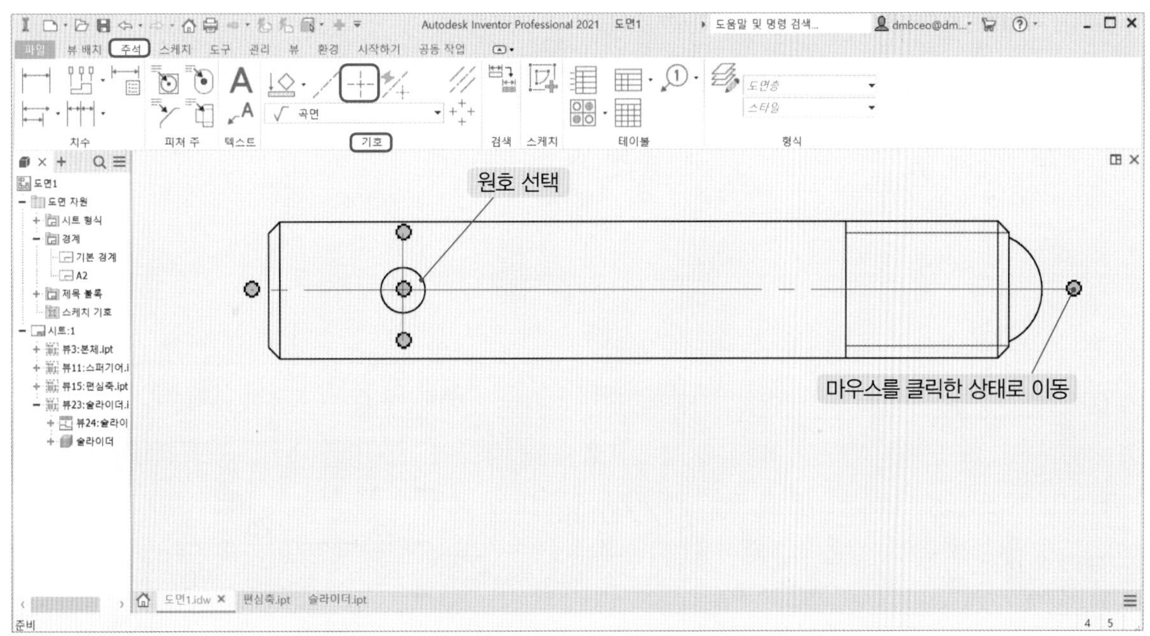

2 슬라이더 치수기입하기

(1) 지름 치수기입하기

주석 ⇨ 치수 ⇨ 일반 치수 ⇨ 점 1 ⇨ 점 2 ⇨ 치수 위치에 클릭 ⇨ 텍스트 ⇨ ∅<<>>h6 ⇨ 확인

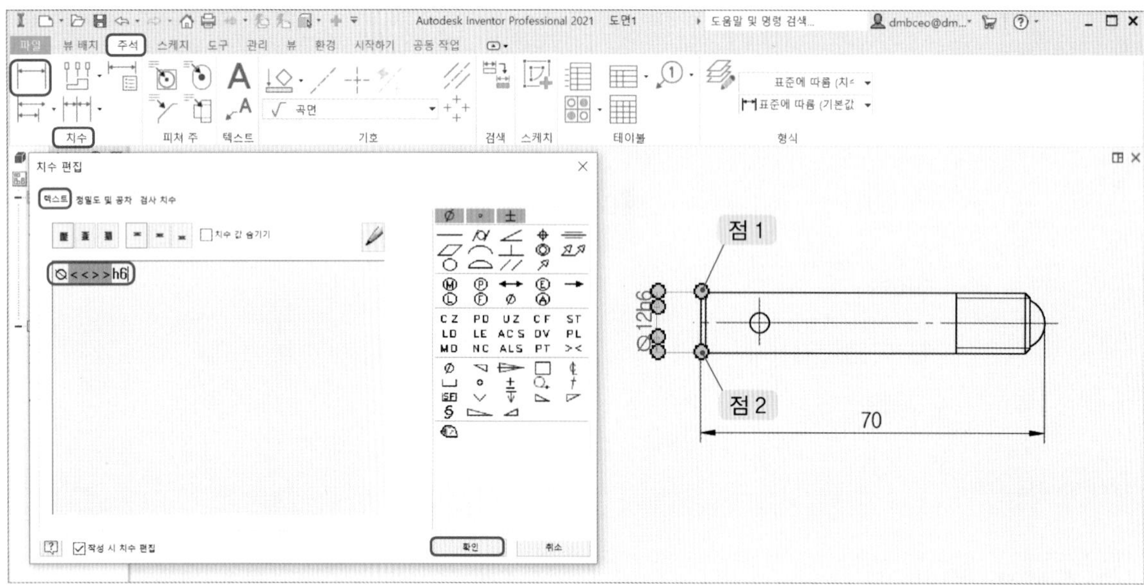

(2) 형상공차 작성하기

주석 ⇨ 기호 ⇨ 형상공차 ⇨ 점 1, 2, 3 ⇨ Enter ⇨ 기호 : ⌭ ⇨ 공차 : 0.013 ⇨ 확인

TIP>>
데이텀 아이콘은 기호의 ▼를 클릭하면 아이콘이 펼쳐진다.

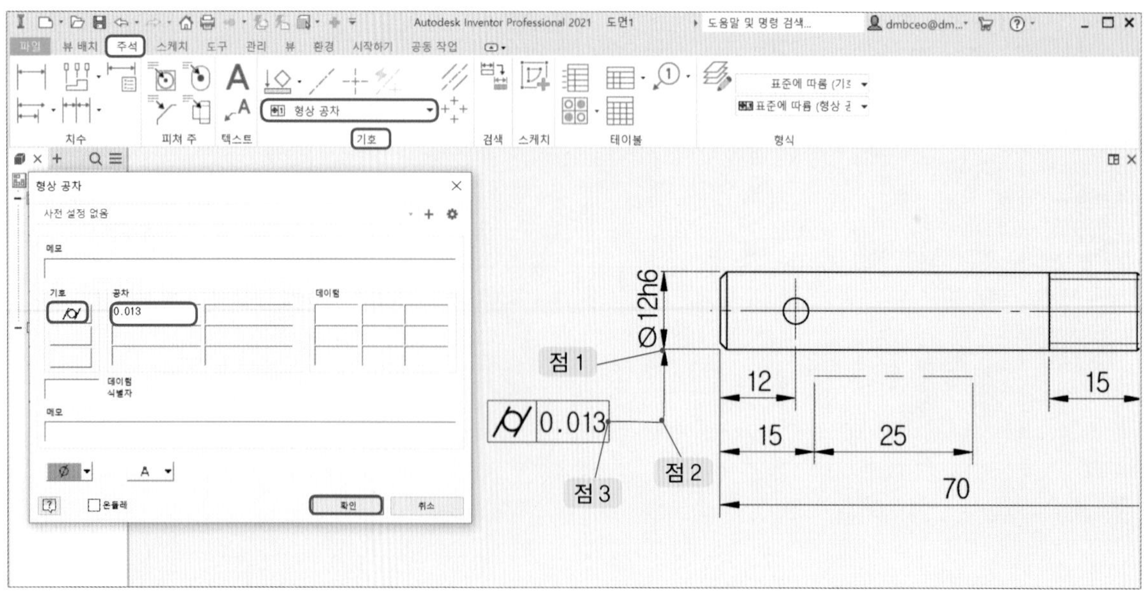

(3) 표면거칠기(다듬질) 기호 작성하기

주석 ⇨ 기호 ⇨ 곡면 ⇨ 다듬질 기호 위치에 클릭 ⇨ Enter ⇨ 표면 유형 ⇨ 재료 제거가 요구됨 ⇨ 확인

TIP>>

다듬질 기호 위치에서 클릭하고 Enter 하면 팝업창이 뜬다.

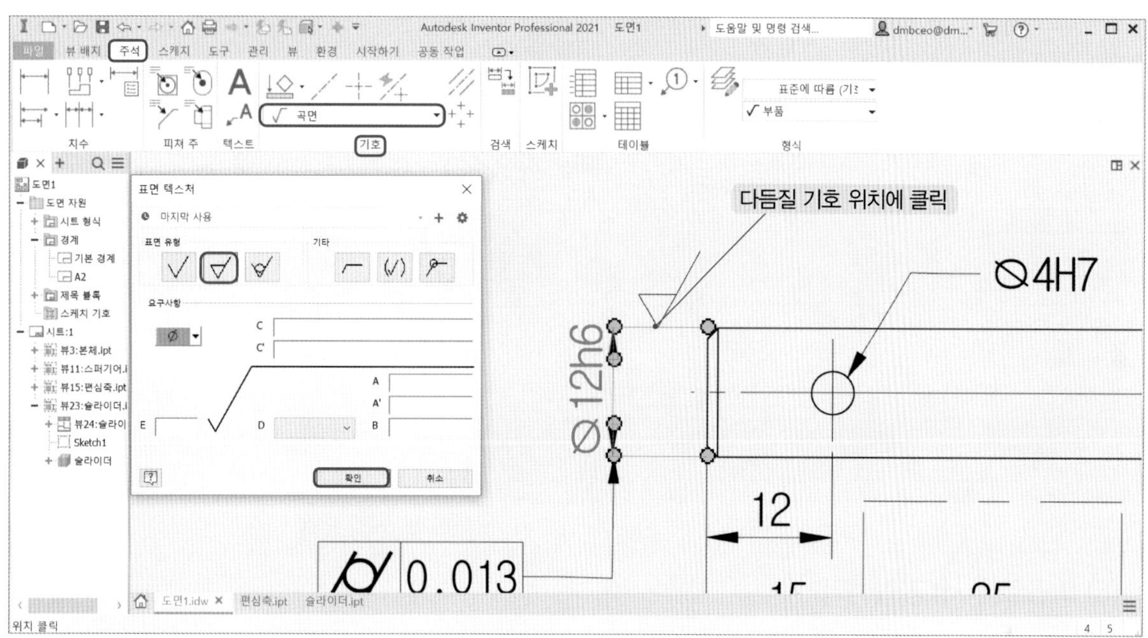

주석 ⇨ 텍스트 ⇨ 텍스트 문자 위치에 클릭 ⇨ 굴림체 ⇨ y ⇨ 확인

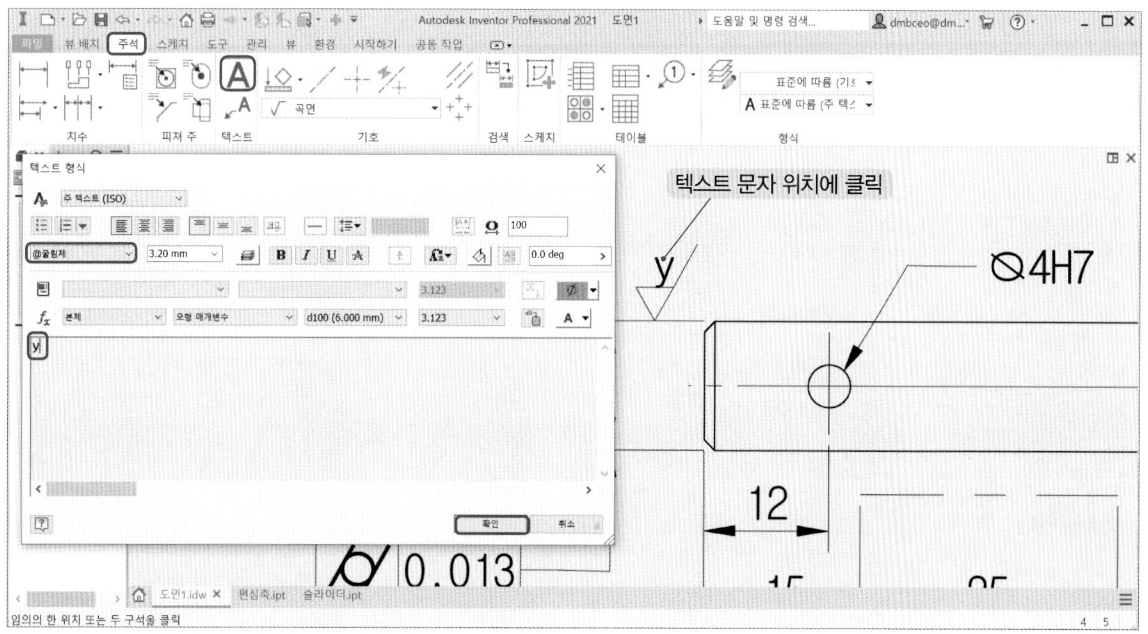

(4) 텍스트 기입하기

주석 ⇨ 텍스트 ⇨ 지시선 텍스트 ⇨ 점 1, 2, 3 ⇨ Enter ↵ ⇨ 굴림체 ⇨ KS A ISO 6411-1 A2/4.25 ⇨ 확인

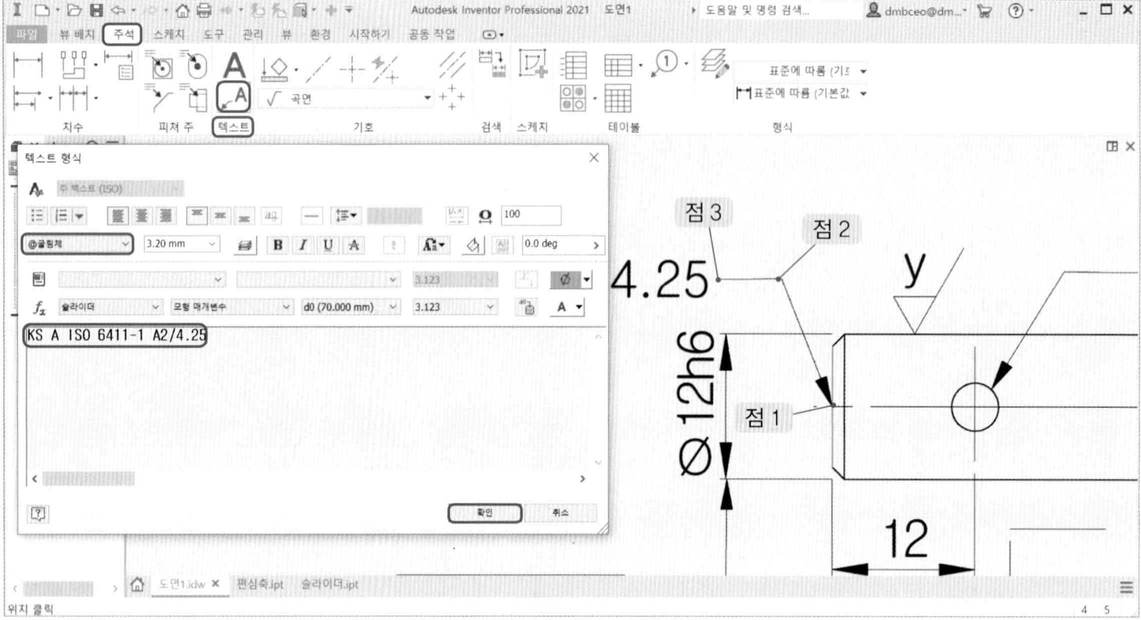

(5) 텍스트(주서) 기입하기

주석 ⇨ 텍스트 ⇨ 텍스트 ⇨ 주서 위치 클릭 ⇨ 굴림체, 3.15mm ⇨ 그림과 같이 주서를 입력 ⇨ 확인

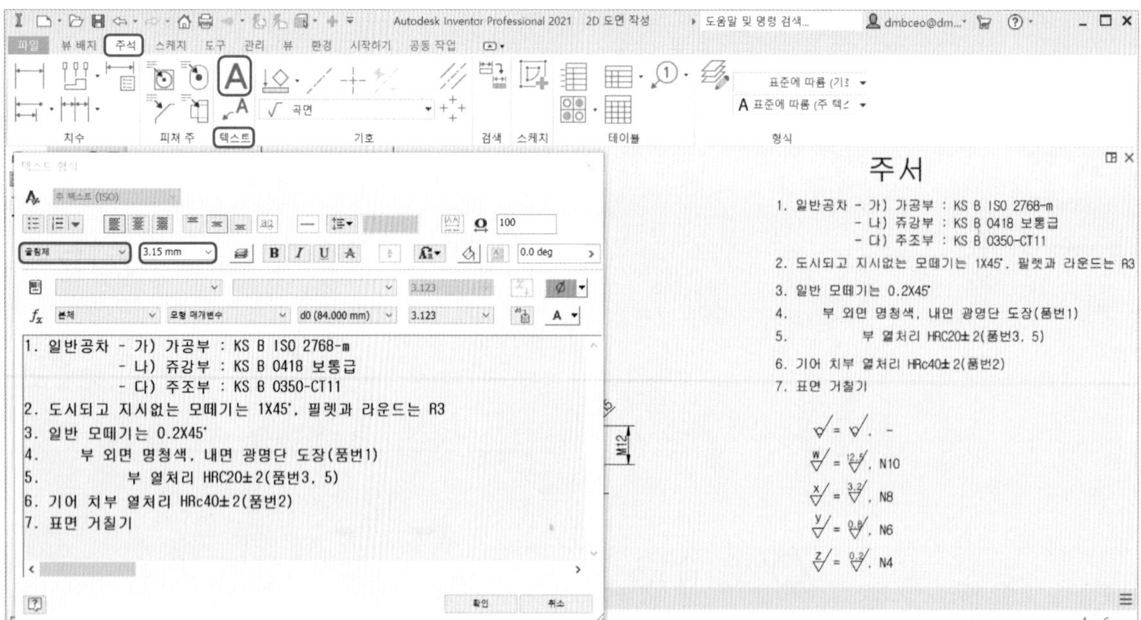

6 파일 저장하기

1 완성된 2D 도면

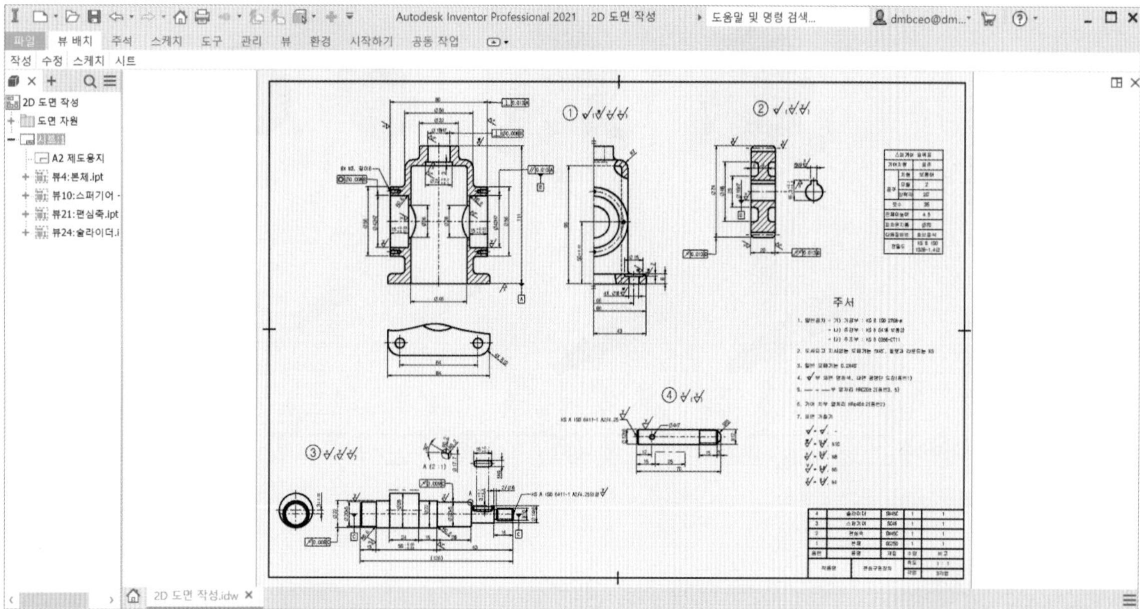

2 다른 이름으로 저장

파일 ⇨ 다른 이름으로 저장 ⇨ 저장 위치 : 편심구동장치 ⇨ 파일 이름 : 2D 도면 작성.idw ⇨ 저장

TIP>>

저장, 내보내기, 인쇄는 본 교재 13쪽 ② **기본 명령어**를 참조하기 바랍니다.

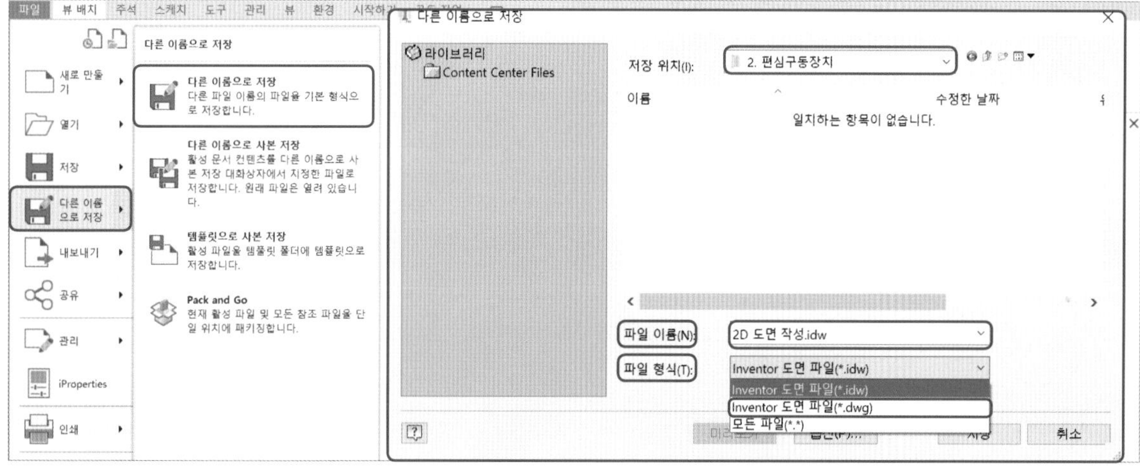

3 렌더링 등각투상도(3D 모델링)

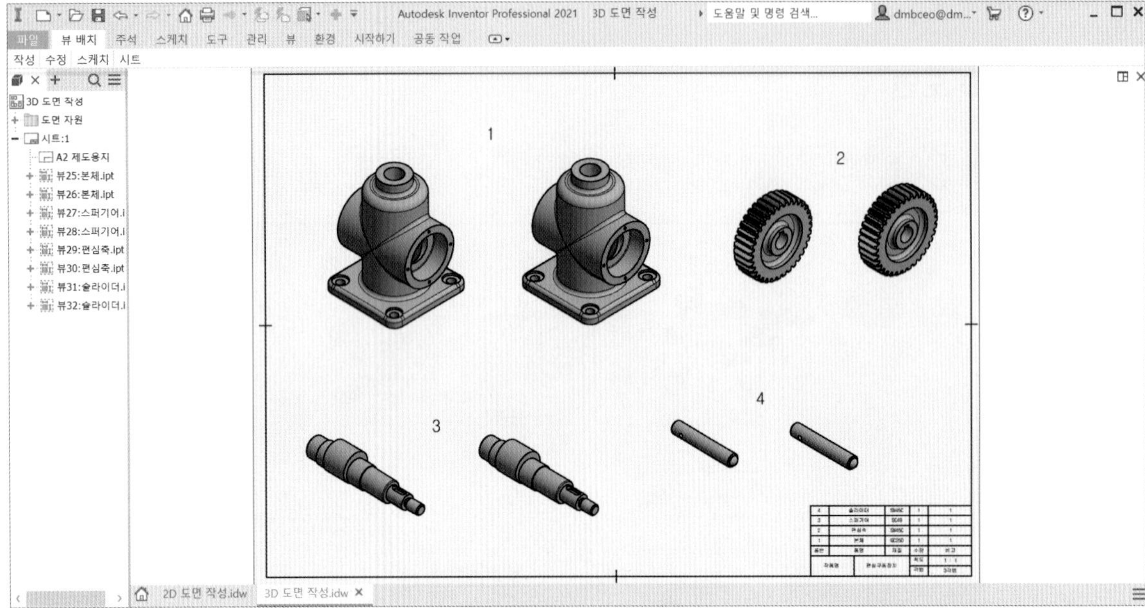

Chapter 7

분해 조립

INVENTOR

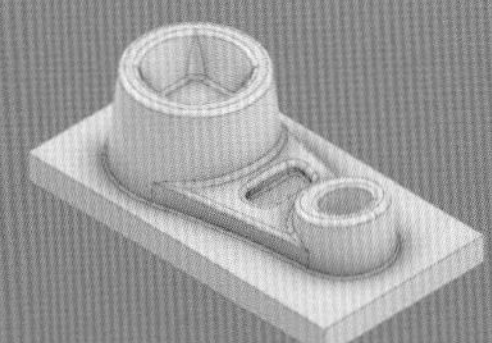

1 조립

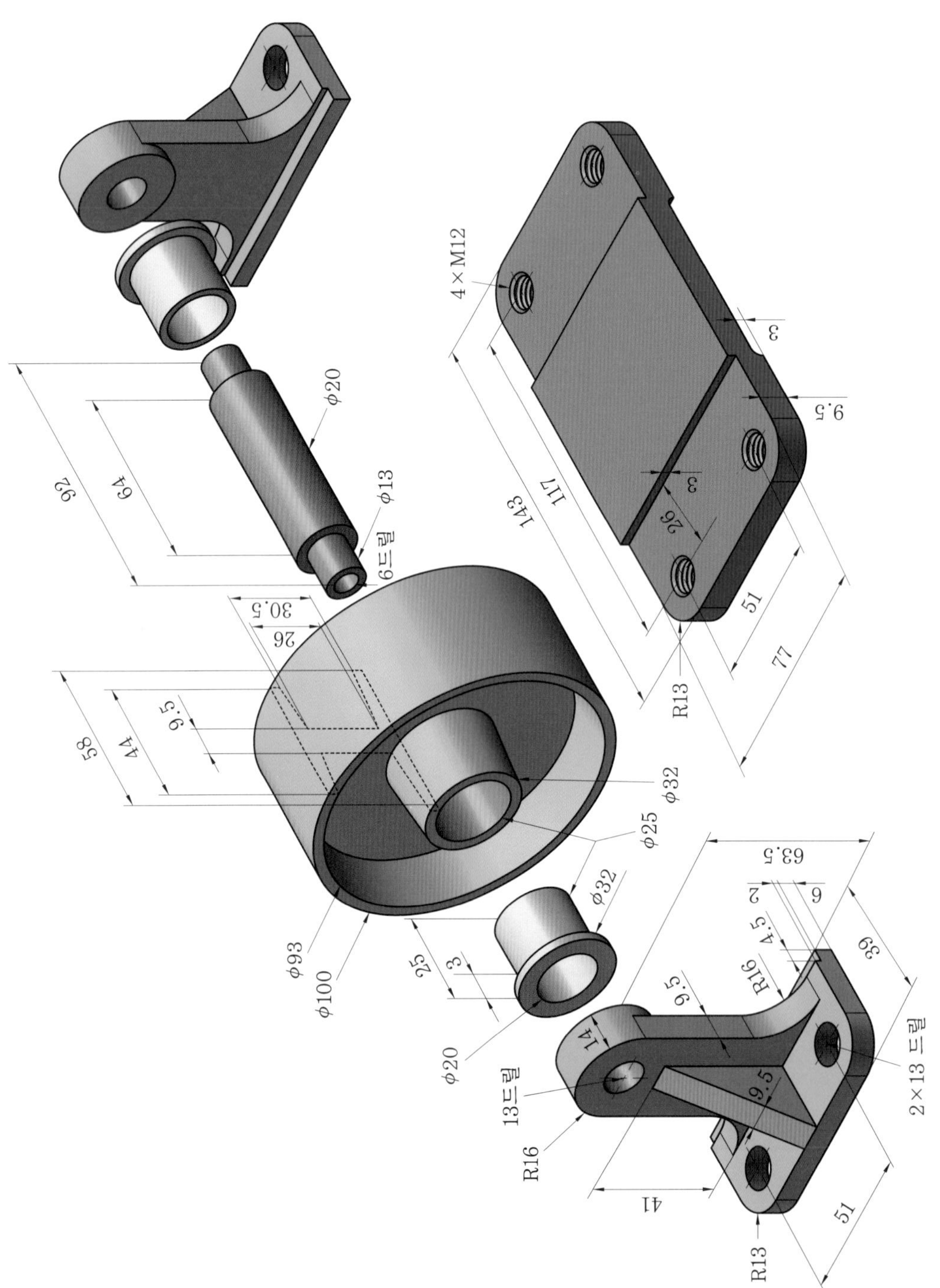
4×M12
3
9.5
143
117
3
26
51
77
R13
ϕ20
ϕ13
6드릴
92
64
30.5
26
58
44
9.5
ϕ32
ϕ25
63.5
ϕ32
2
6
4.5
R16
39
ϕ93
ϕ100
25
3
ϕ20
9.5
14
9.5
13드릴
R16
2×13 드릴
41
51
R13

시작하기 ⇨ 시작 ⇨ 새로 만들기 ⇨ 조립품–2D 및 3D 구성요소 조립 : Standard.iam ⇨ 작성

1 베이스 불러 조립하기

조립 ⇨ 구성요소 ⇨ 구성요소 배치 ⇨ 찾는 위치 : 조립도 ⇨ 이름 : 베이스 ⇨ 열기

TIP>>

파일 이름(N) : 파일 이름을 입력하거나 목록에서 파일을 선택한다.
파일 형식(T) : 특정 형식의 파일만 포함하도록 파일 목록을 나열한다.
프로젝트 파일(J) : 활성 프로젝트를 표시한다.

마우스 오른쪽 클릭 ⇨ X를 90° 회전

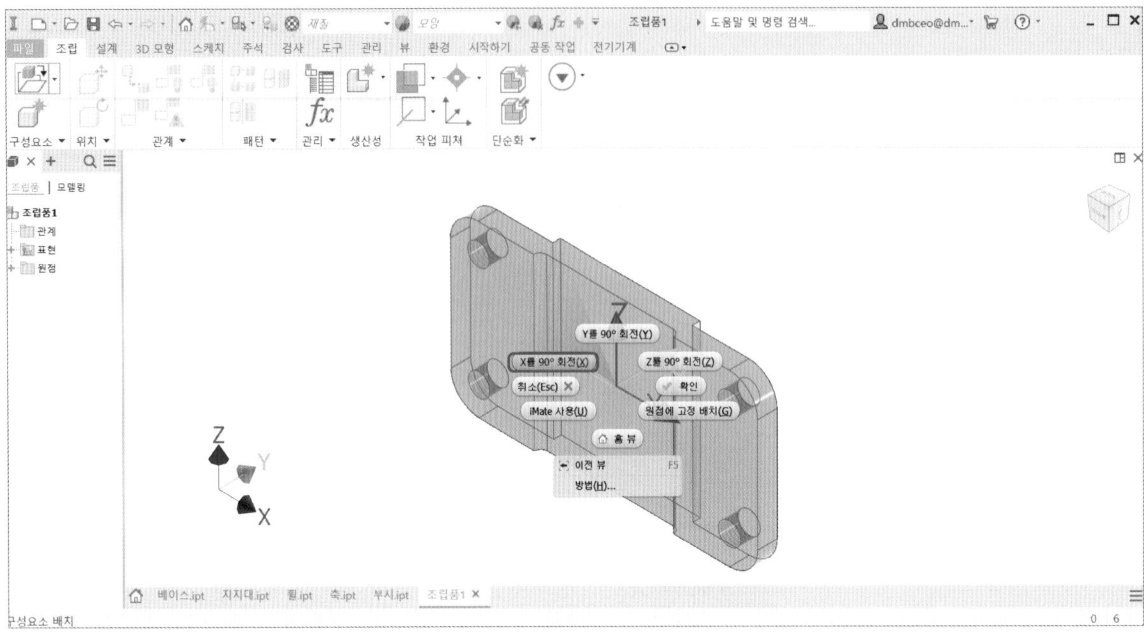

베이스 배치 위치에서 클릭

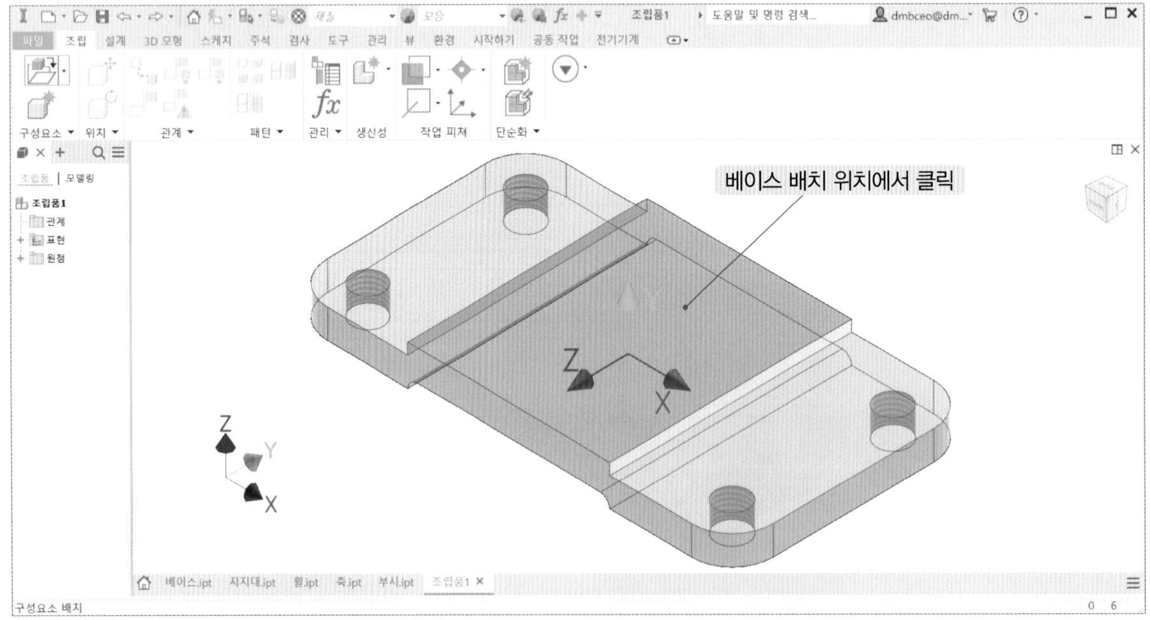

2 브래킷 조립하기

조립 ⇨ 구성요소 ⇨ 구성요소 배치 ⇨ 찾는 위치 : 조립도 ⇨ 이름 : 지지대 ⇨ 열기

지지대 배치 위치에서 클릭

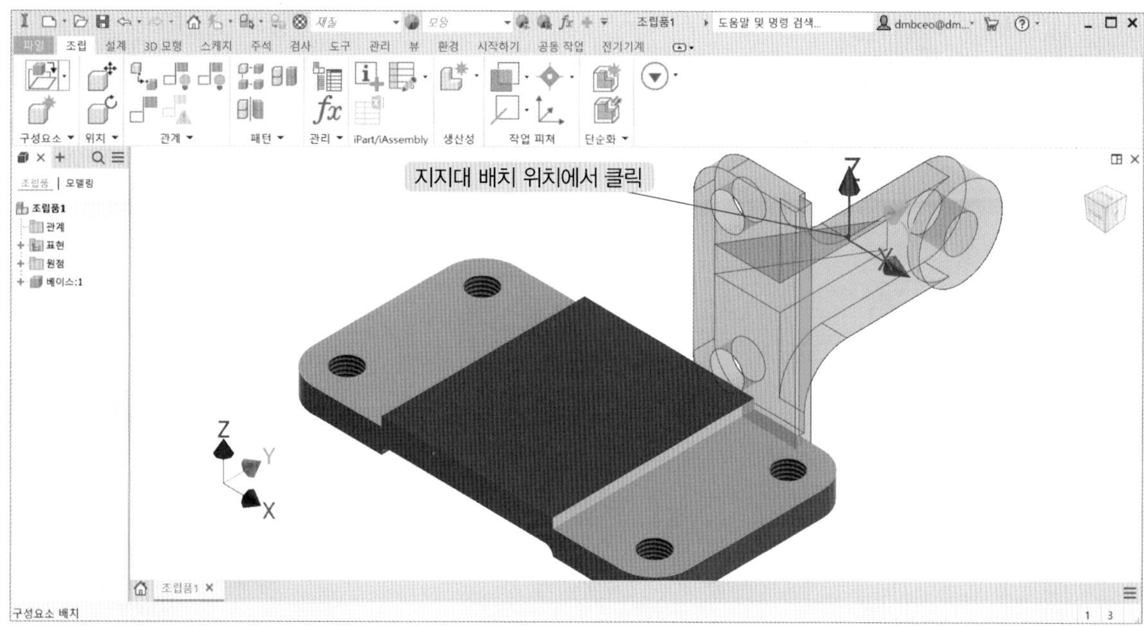

조립 ⇨ 관계 ⇨ 구속 ⇨ 유형 : 메이트 ⇨ 솔루션 : 메이트 ⇨ 선택 1(지지대 바닥면) ⇨ 선택 2(베이스 위면) ⇨ 확인

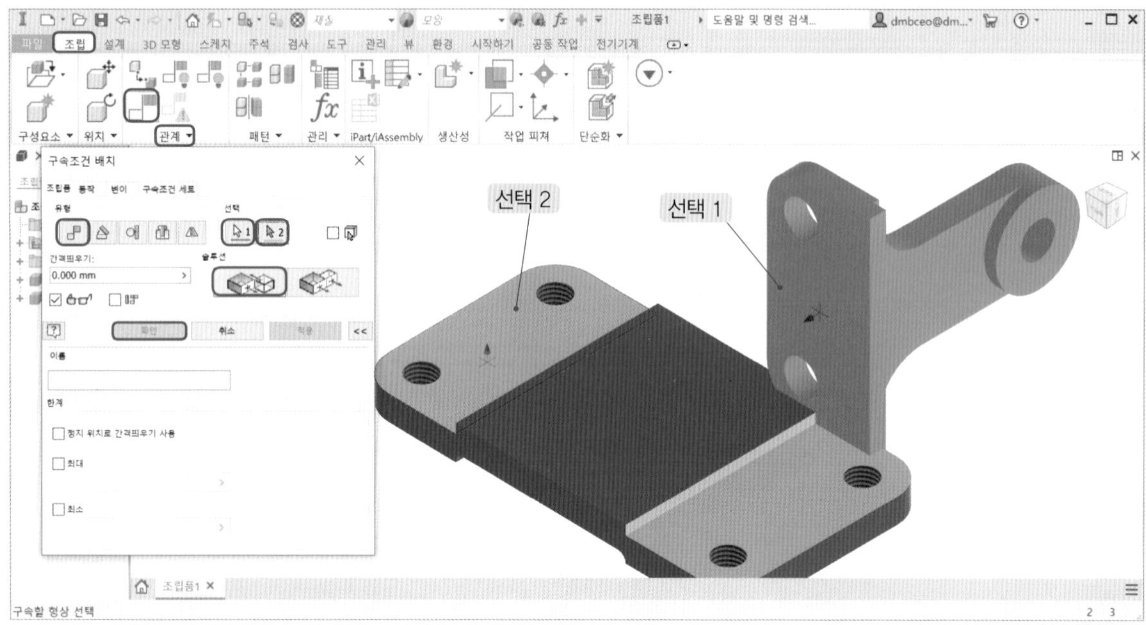

조립 ⇨ 관계 ⇨ 구속 ⇨ 유형 : 메이트 ⇨ 솔루션 : 메이트 ⇨ 선택 1(지지대 볼트 구멍 중심선) ⇨ 선택 2(베이스 나사 구멍 중심선) ⇨ 확인

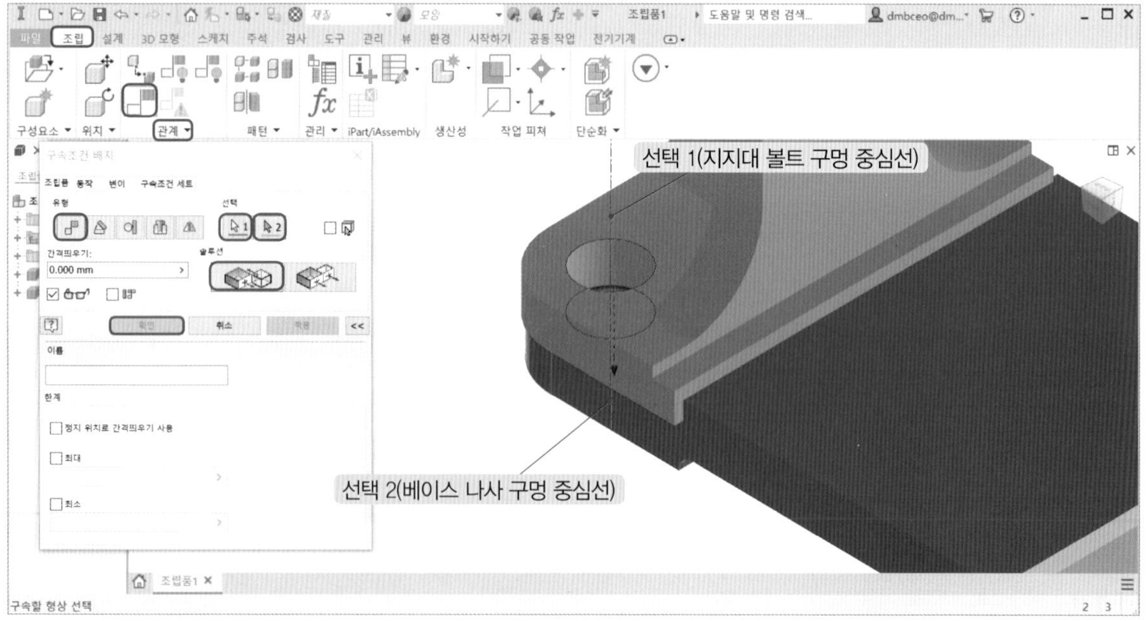

3 볼트 조립하기

조립 ⇨ 구성요소 ⇨ 구성요소 배치 ⇨ 찾는 위치 : 조립도 ⇨ 이름 : 볼트 ⇨ 열기

볼트 배치 위치에서 클릭

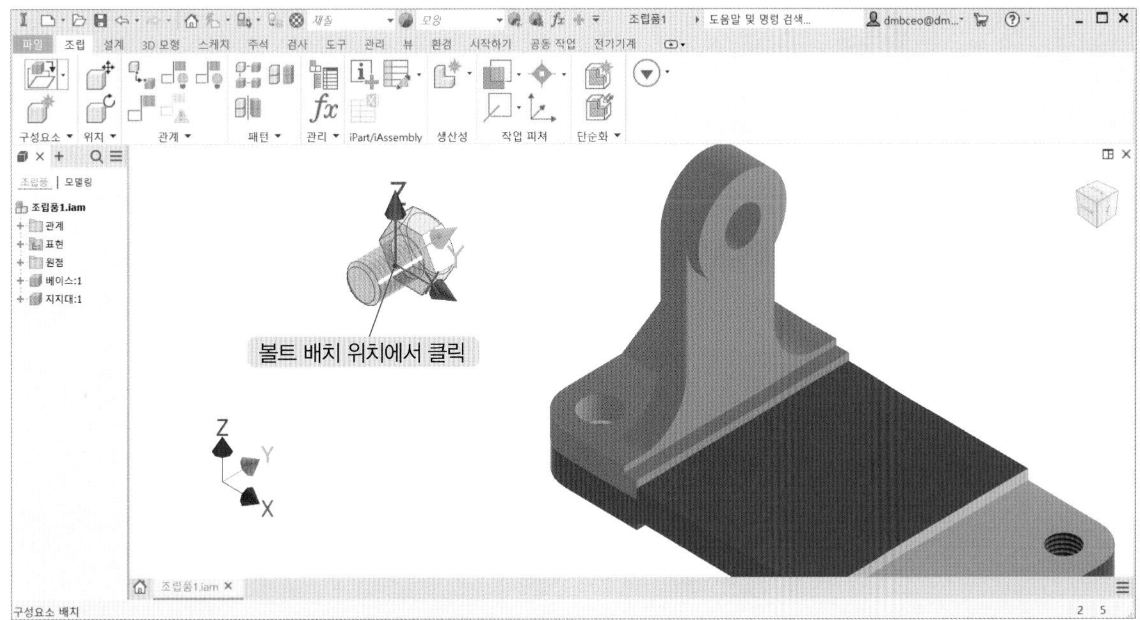

조립 ⇨ 관계 ⇨ 구속 ⇨ 유형 : 메이트 ⇨ 솔루션 : 메이트 ⇨ 선택 1(볼트 접촉면) ⇨ 선택 2 (지지대 볼트 자리) ⇨ 확인

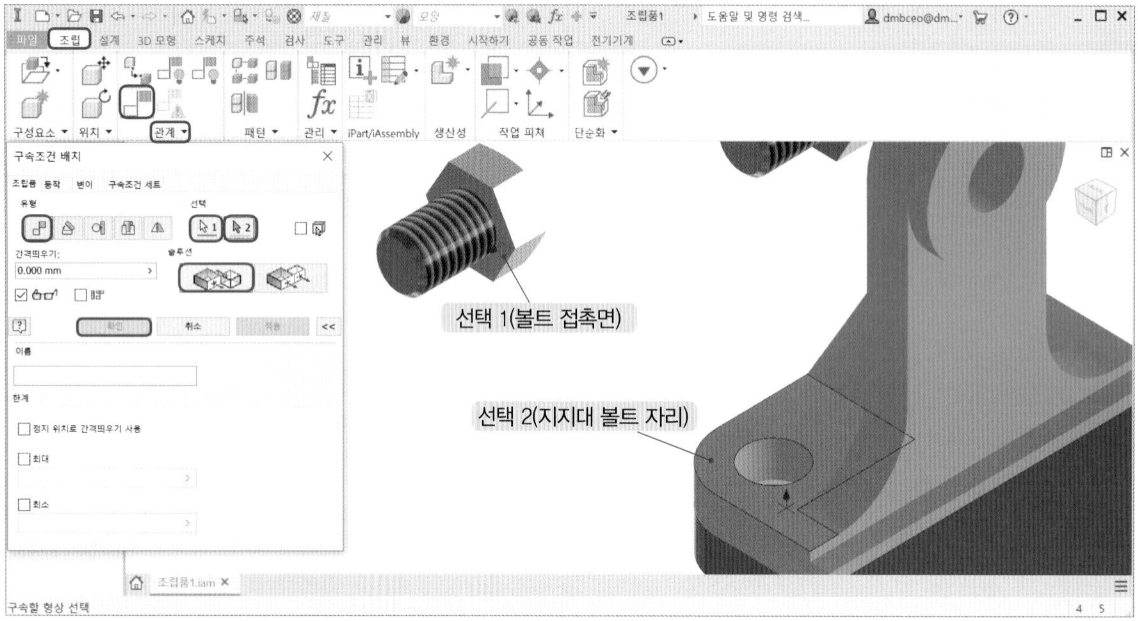

조립 ⇨ 관계 ⇨ 구속 ⇨ 유형 : 메이트 ⇨ 솔루션 : 메이트 ⇨ 선택 1(볼트 중심선) ⇨ 선택 2 (지지대 볼트 구멍 중심선) ⇨ 확인

[같은 방법으로 볼트를 조립]

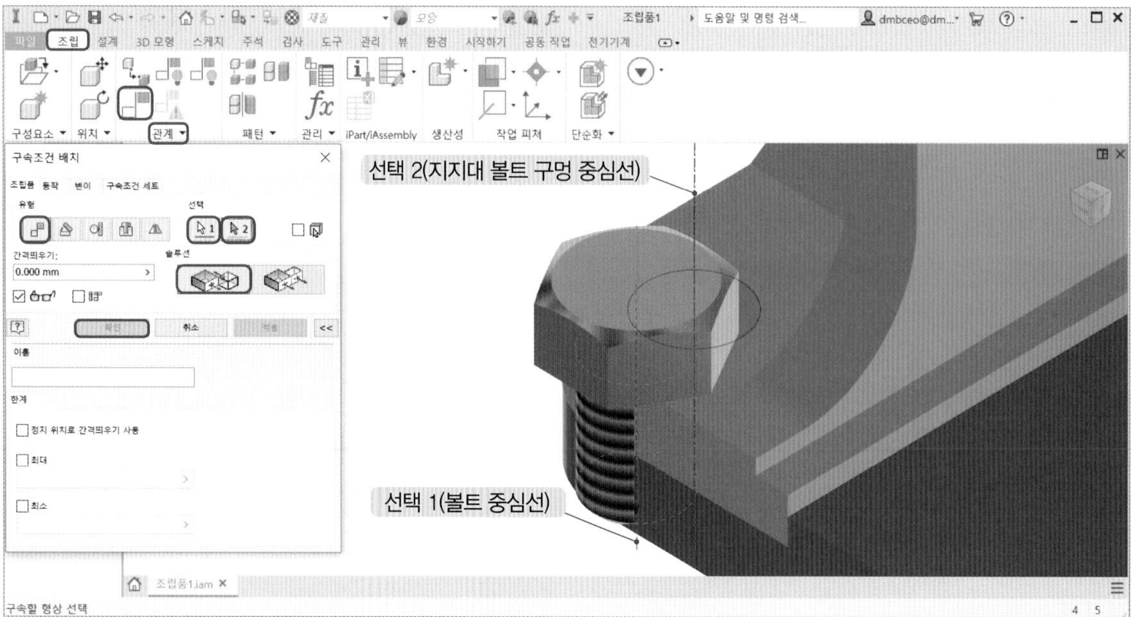

4 축 조립하기

조립 ⇨ 구성요소 ⇨ 구성요소 배치 ⇨ 찾는 위치 : 조립도 ⇨ 이름 : 축 ⇨ 열기

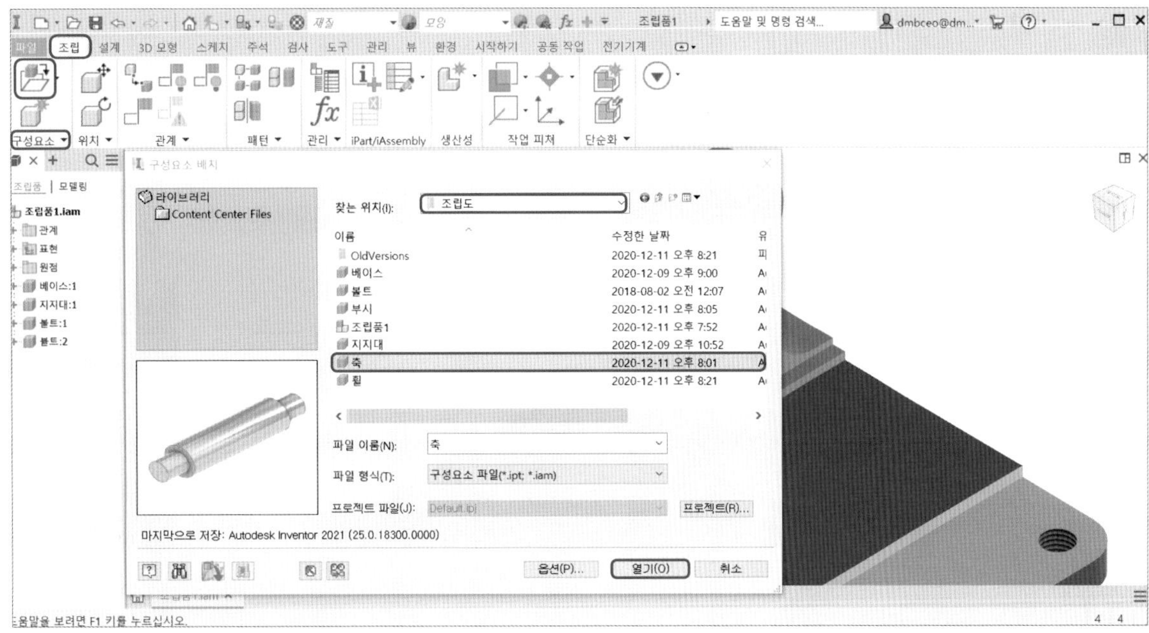

축 배치 위치에서 클릭

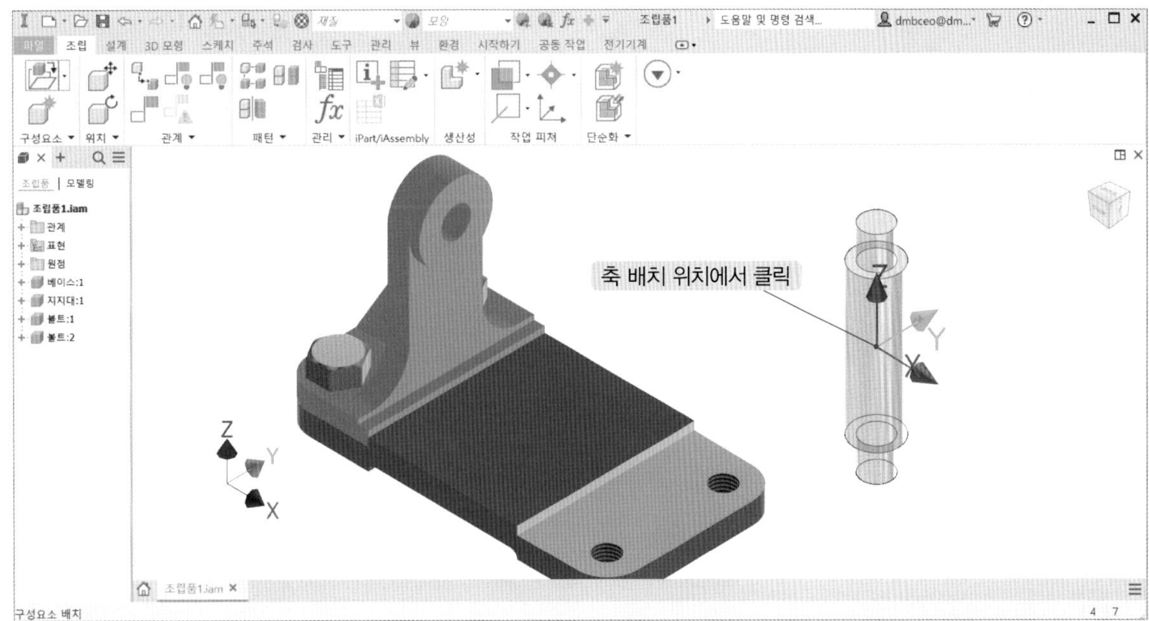

조립 ⇨ 관계 ⇨ 구속 ⇨ 유형 : 메이트 ⇨ 솔루션 : 메이트 ⇨ 선택 1(축 단면) ⇨ 선택 2(지지대 축 구멍 단면) ⇨ 확인

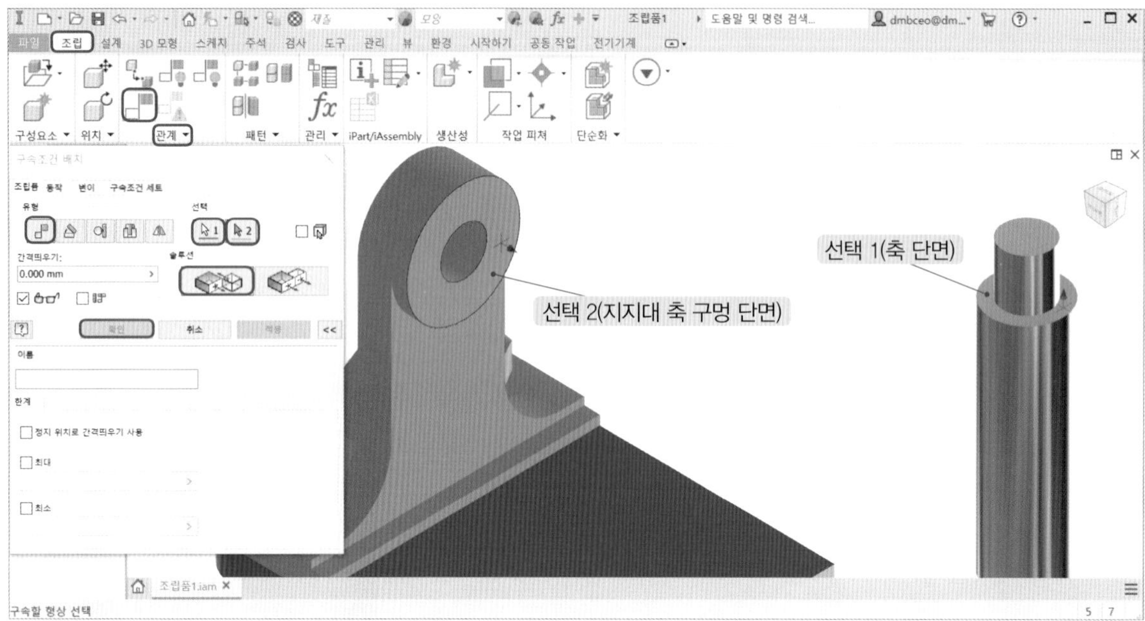

조립 ⇨ 관계 ⇨ 구속 ⇨ 유형 : 메이트 ⇨ 솔루션 : 메이트 ⇨ 선택 1(축 중심선) ⇨ 선택 2(지지대 축 조립 구멍 중심선) ⇨ 확인

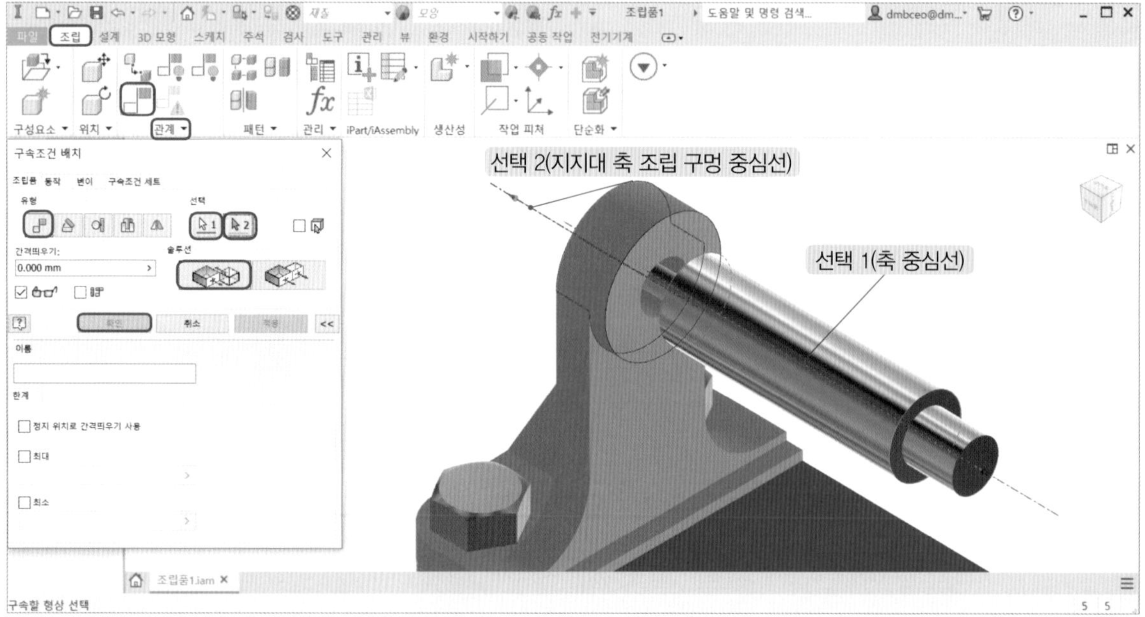

5 부시 조립하기

조립 ⇨ 구성요소 ⇨ 구성요소 배치 ⇨ 찾는 위치 : 조립도 ⇨ 이름 : 부시 ⇨ 열기

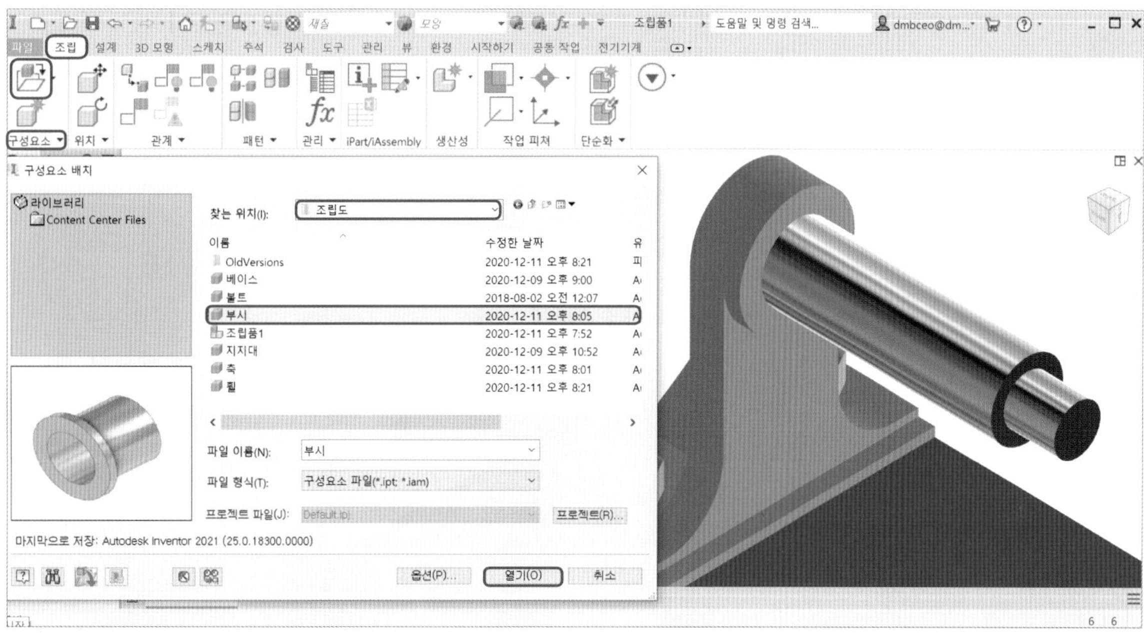

부시 배치 위치에서 클릭

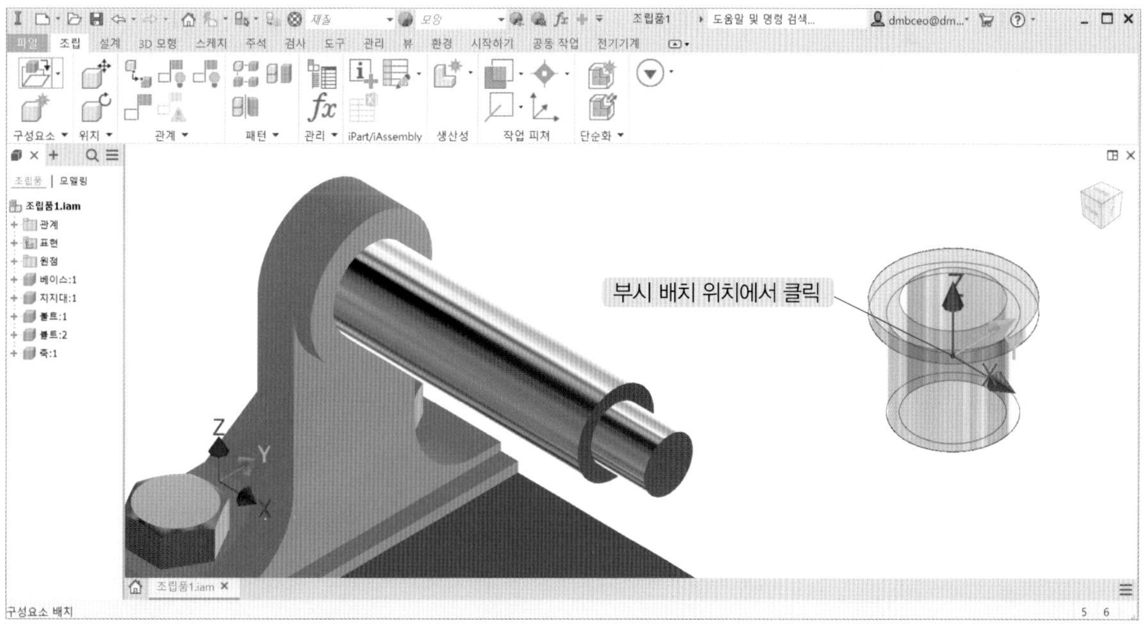

조립 ⇨ 관계 ⇨ 구속 ⇨ 유형 : 메이트 ⇨ 솔루션 : 메이트 ⇨ 선택 1(부시 단면) ⇨ 선택 2(지지대 축 구멍 단면) ⇨ 확인

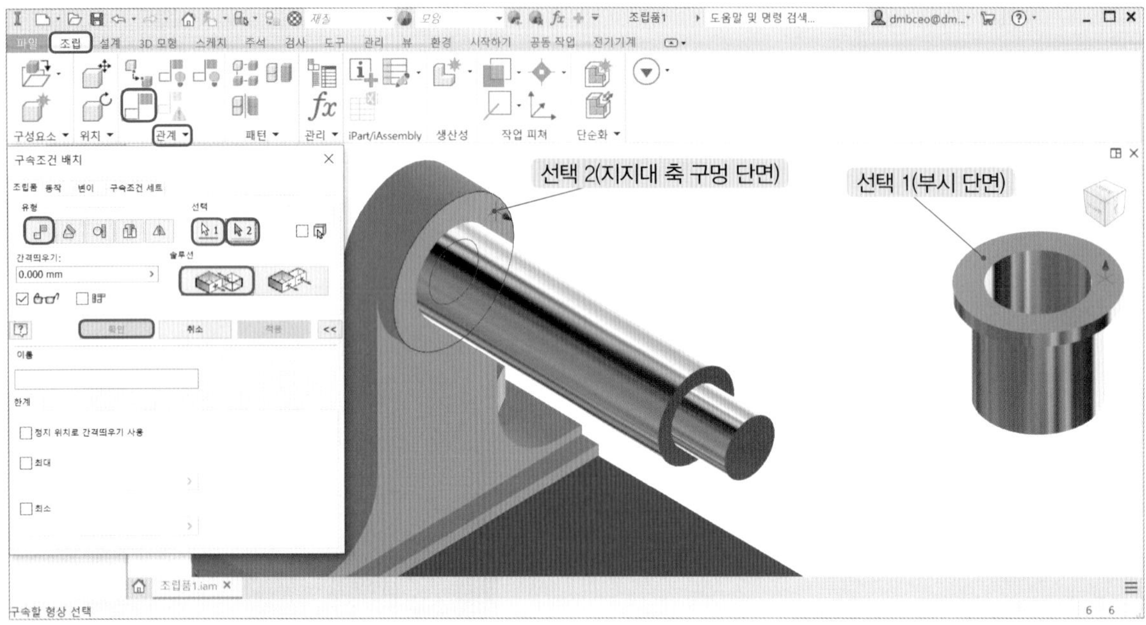

조립 ⇨ 관계 ⇨ 구속 ⇨ 유형 : 메이트 ⇨ 솔루션 : 메이트 ⇨ 선택 1(부시 중심선) ⇨ 선택 2(축 중심선) ⇨ 확인

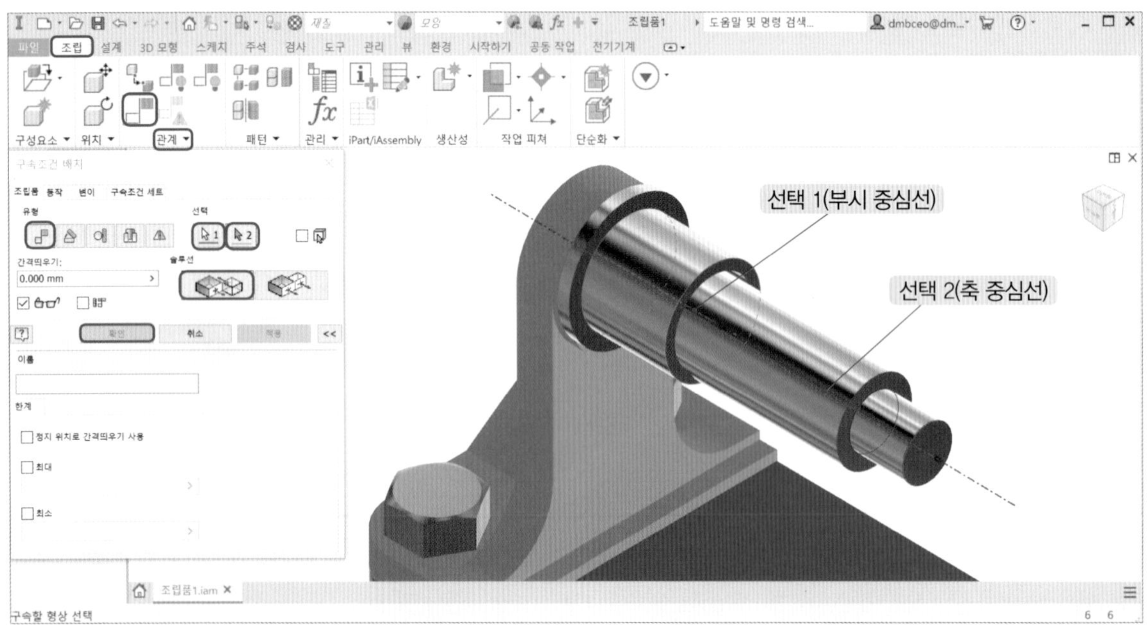

6 풀리 조립하기

조립 ⇨ 구성요소 ⇨ 구성요소 배치 ⇨ 찾는 위치 : 조립도 ⇨ 이름 : 풀리 ⇨ 열기

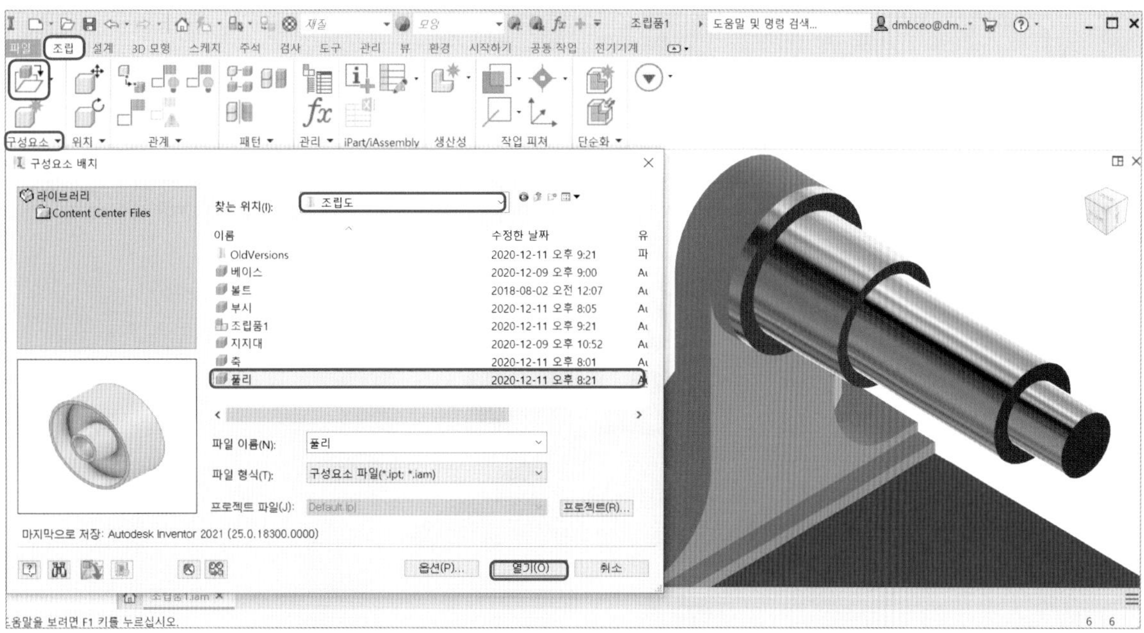

풀리 배치 위치에서 클릭

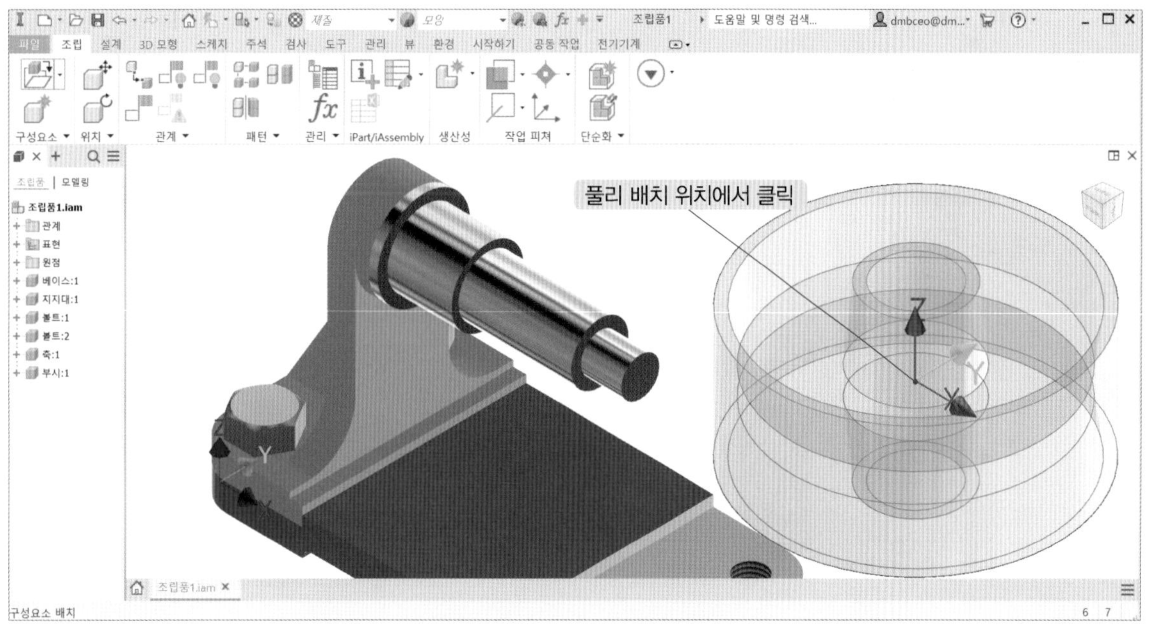

조립 ⇨ 관계 ⇨ 구속 ⇨ 유형 : 메이트 ⇨ 솔루션 : 메이트 ⇨ 선택 1(풀리 단면) ⇨ 선택 2(부시 단면) ⇨ 확인

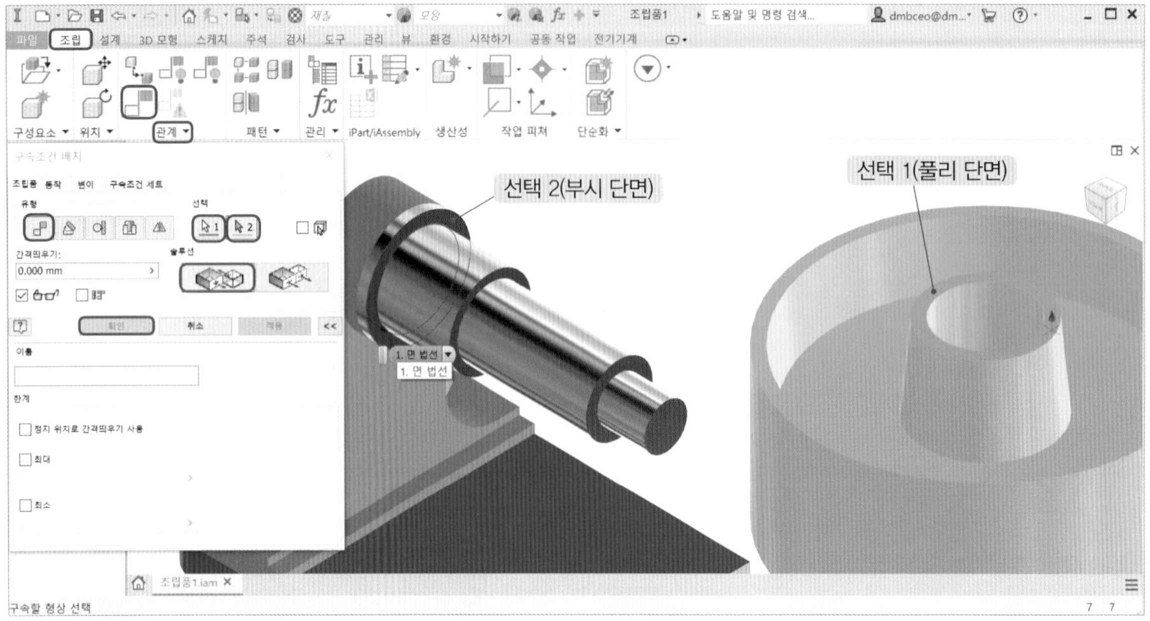

조립 ⇨ 관계 ⇨ 구속 ⇨ 유형 : 메이트 ⇨ 솔루션 : 메이트 ⇨ 선택 1(풀리 중심선) ⇨ 선택 2(축 중심선) ⇨ 확인

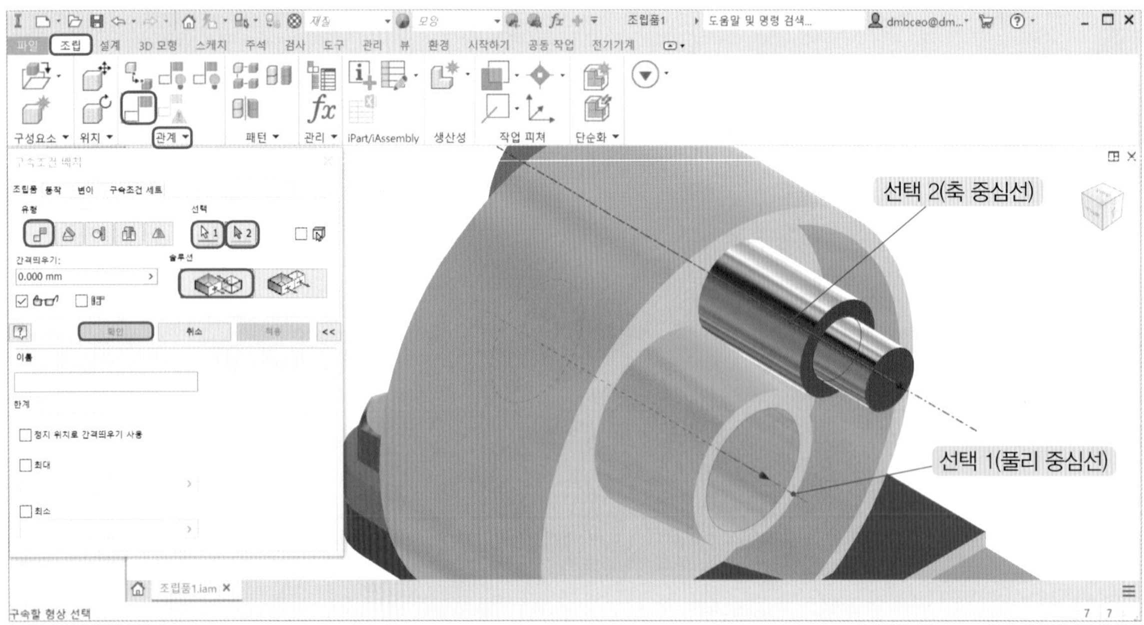

7 볼트, 브래킷, 부시 대칭하기

조립 ⇨ 작업 피쳐 ⇨ 작업 평면▼ ⇨ 평면에서 간격띄우기 ⇨ 평면 선택 ⇨ 거리 −71.5 Enter ↵

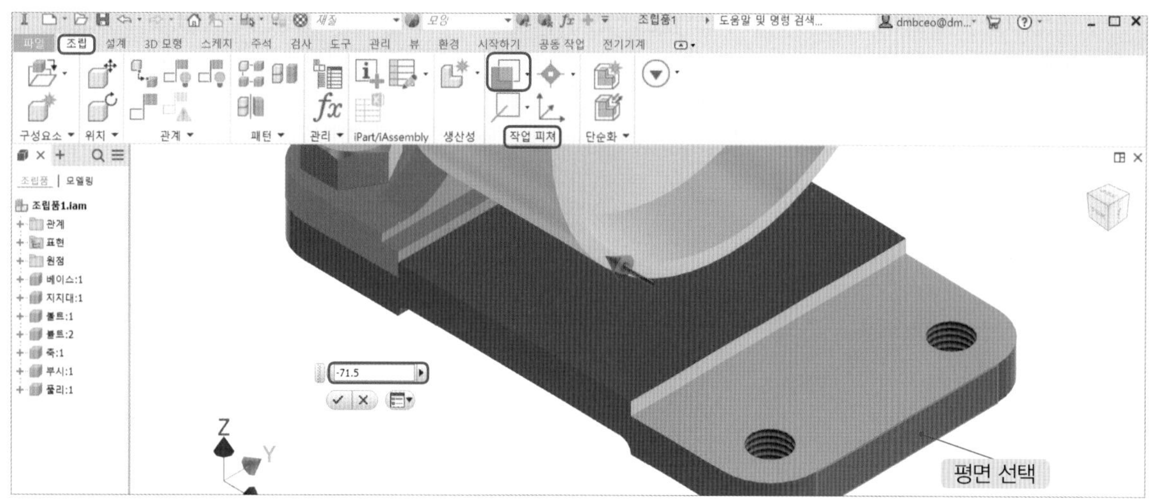

조립 ⇨ 패턴 패널 ⇨ 구성요소 미러 ⇨ 구성요소(지지대, 볼트, 부시) ⇨ 미러 평면 ⇨ 다음

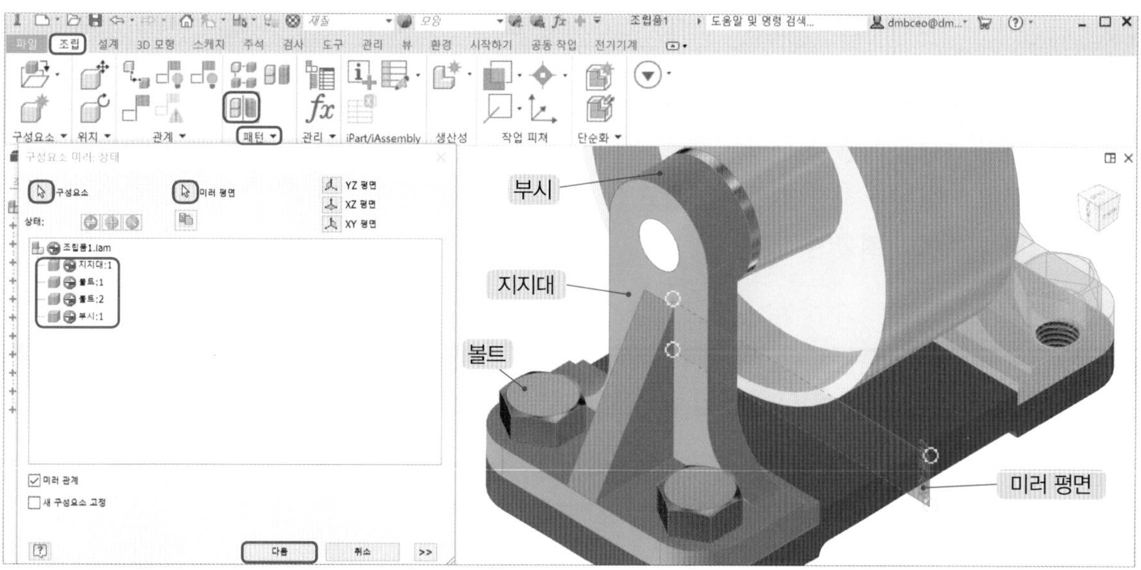

확인

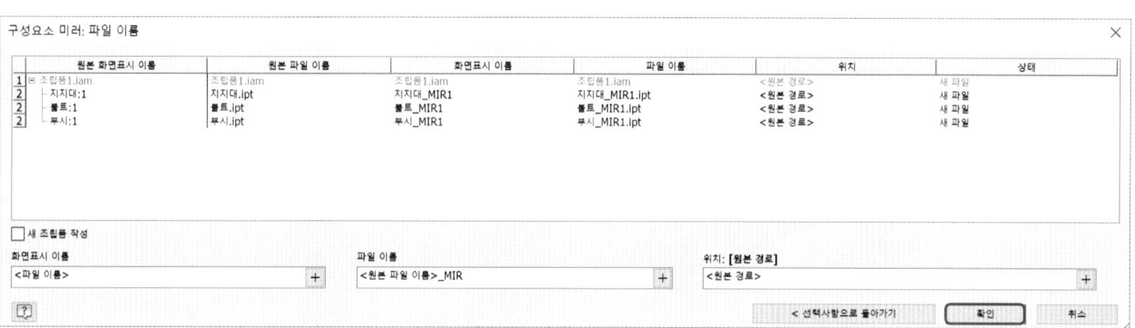

2 분해

시작하기 ⇨ 시작 ⇨ 새로 만들기 ⇨ 프리젠테이션-조립품의 분해된 ⇨ Standard.ipn ⇨ 작성

1. 조립품 구속조건은 자동 분해에 사용되며, 프리젠테이션의 부품에 영향을 주지 않는다.
2. 모델링 명령을 사용할 수 없다.
3. 조립품 모형이나 해당 모형의 구성요소 부품을 변경할 수 없다.
4. 작업 피쳐에 연결할 수 없다.

1 부품 분해하기

프리젠테이션 ⇨ 모형 ⇨ 모형 삽입 ⇨ 찾는 위치 : 조립도 ⇨ 조립품 1 ⇨ 열기

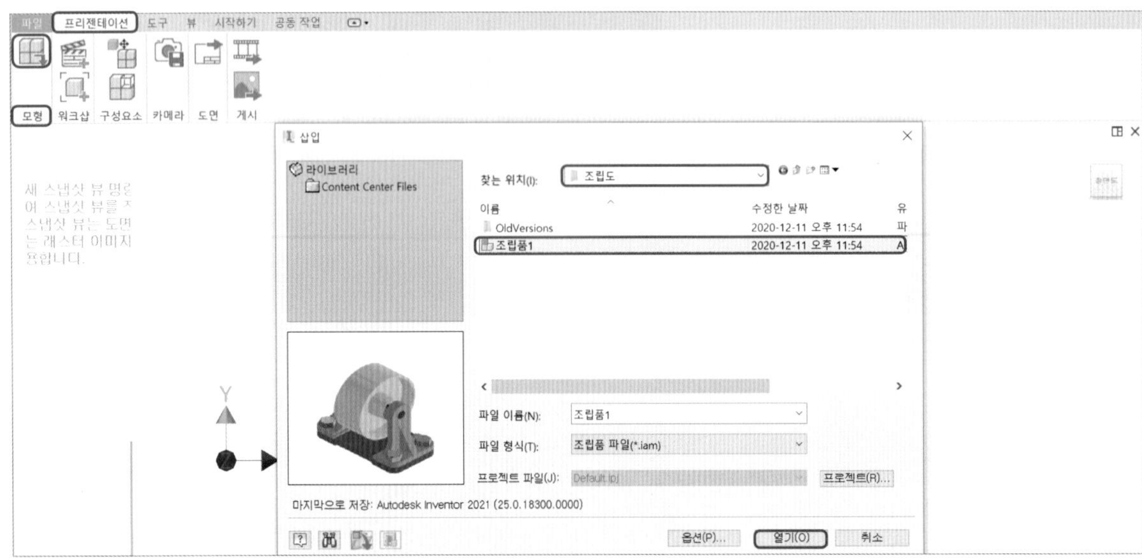

프리젠테이션 ⇨ 구성요소 ⇨ 구성요소 미세 조정 ⇨ 부품(볼트 4개 선택) ⇨ 이동

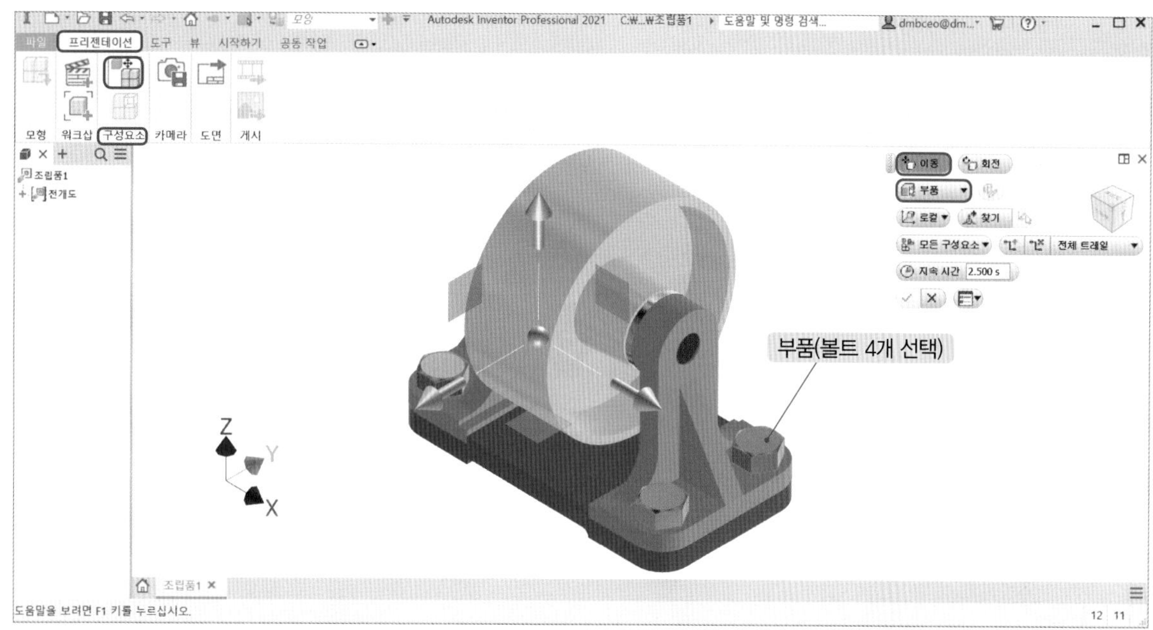

Z 화살표를 클릭한 상태로 이동하거나 팝업창에 거리 입력 ⇨ ☑(확인) 클릭

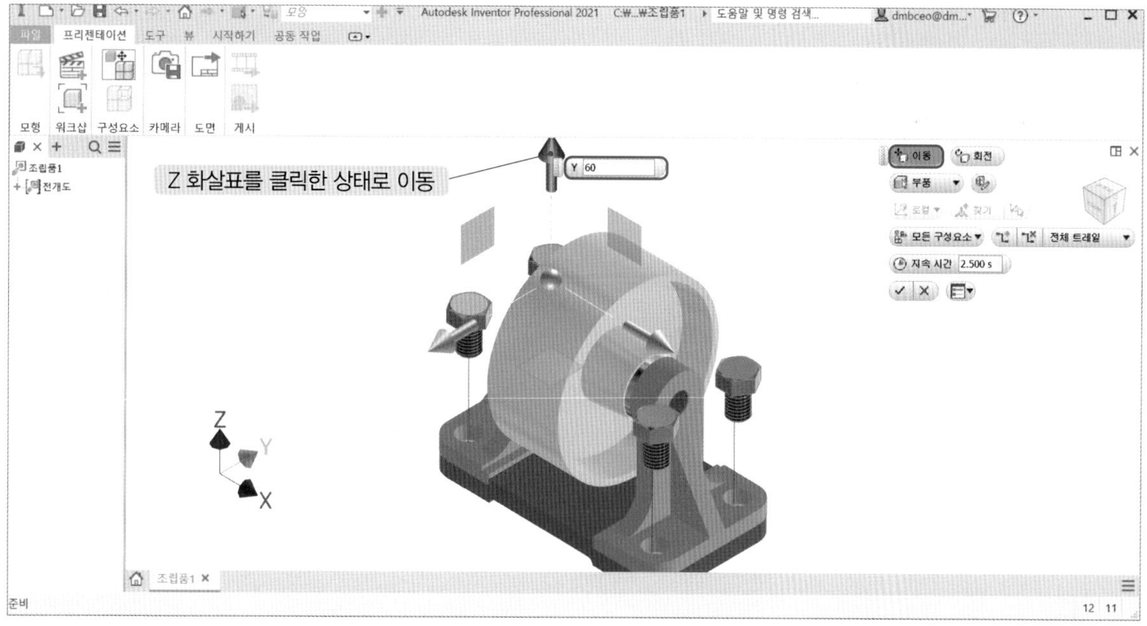

프리젠테이션 ⇨ 구성요소 ⇨ 구성요소 미세 조정 ⇨ 부품(지지대, 볼트 2개 선택) ⇨ 이동

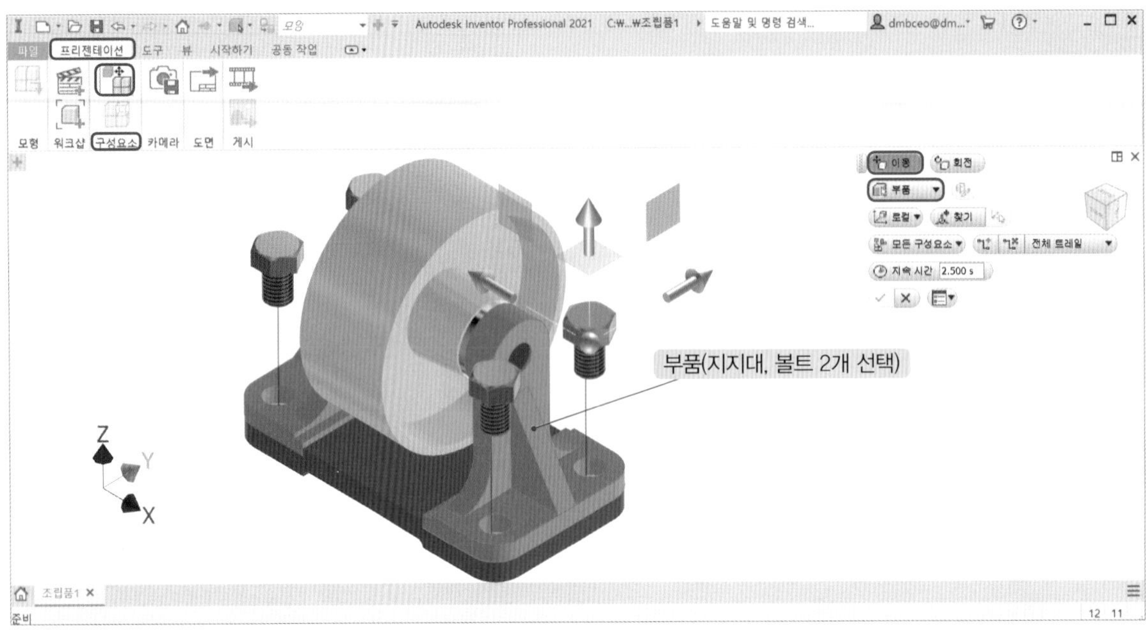

X 화살표를 클릭한 상태로 이동하거나 팝업창에 거리 입력 ⇨ ☑(확인) 클릭

프리젠테이션 ⇨ 구성요소 ⇨ 구성요소 미세 조정 ⇨ 부품(지지대, 볼트 2개 선택) ⇨ 이동

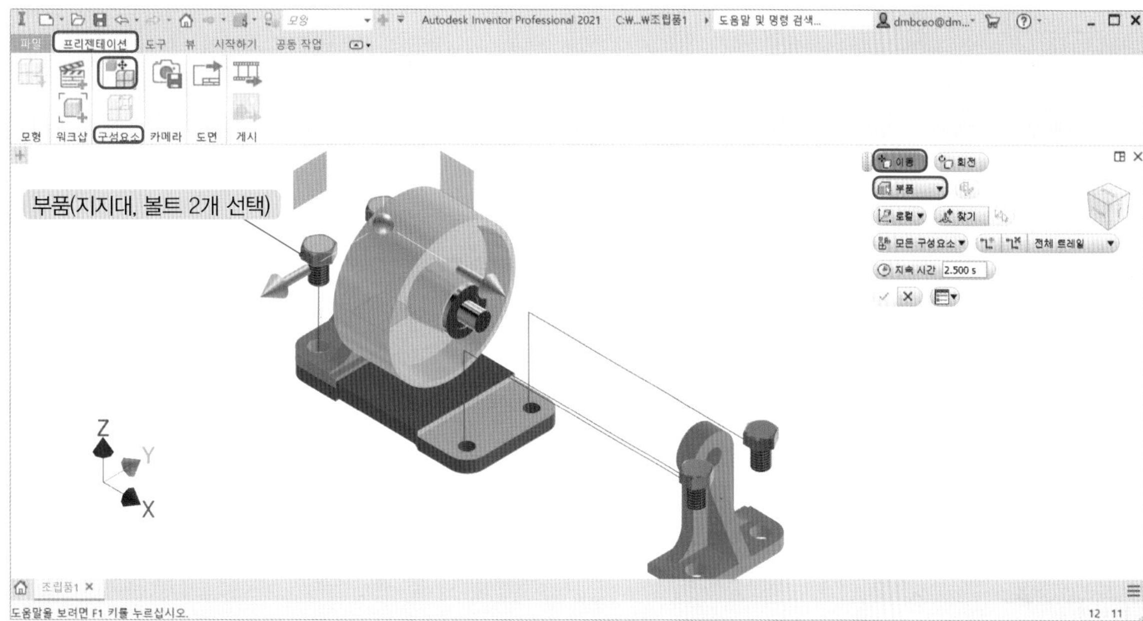

X 화살표를 클릭한 상태로 이동하거나 팝업창에 거리 입력 ⇨ ☑(확인) 클릭

프리젠테이션 ⇨ 구성요소 ⇨ 구성요소 미세 조정 ⇨ 부품(부시 선택) ⇨ 이동

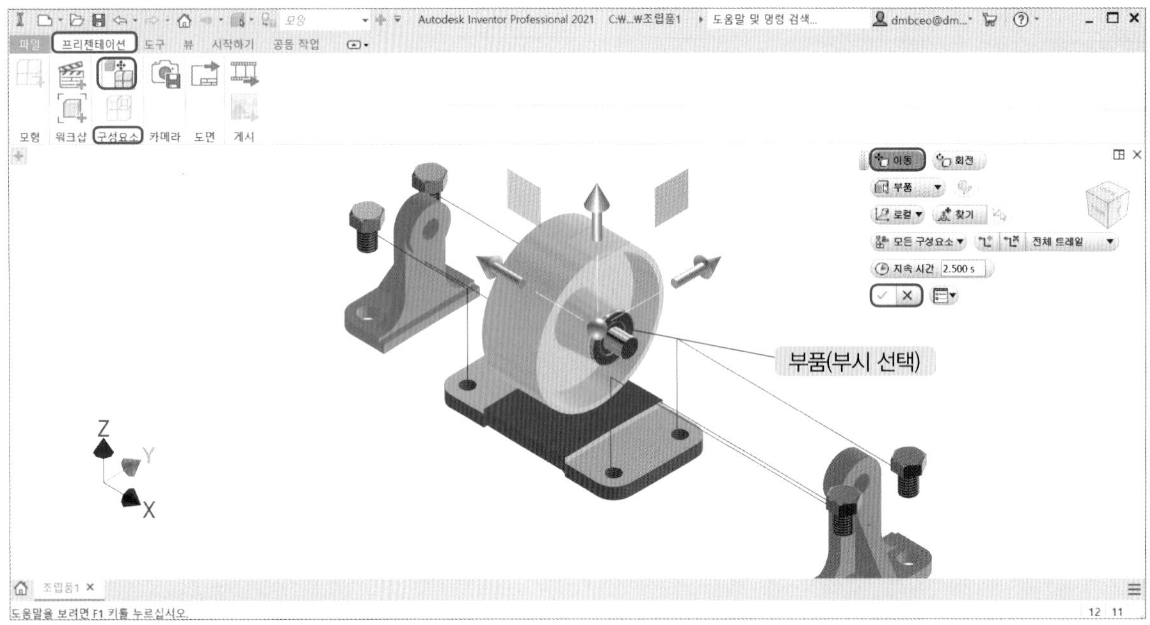

X 화살표를 클릭한 상태로 이동하거나 팝업창에 거리 입력 ⇨ ☑(확인) 클릭

프리젠테이션 ⇨ 구성요소 ⇨ 구성요소 미세 조정 ⇨ 부품(부시 선택) ⇨ 이동

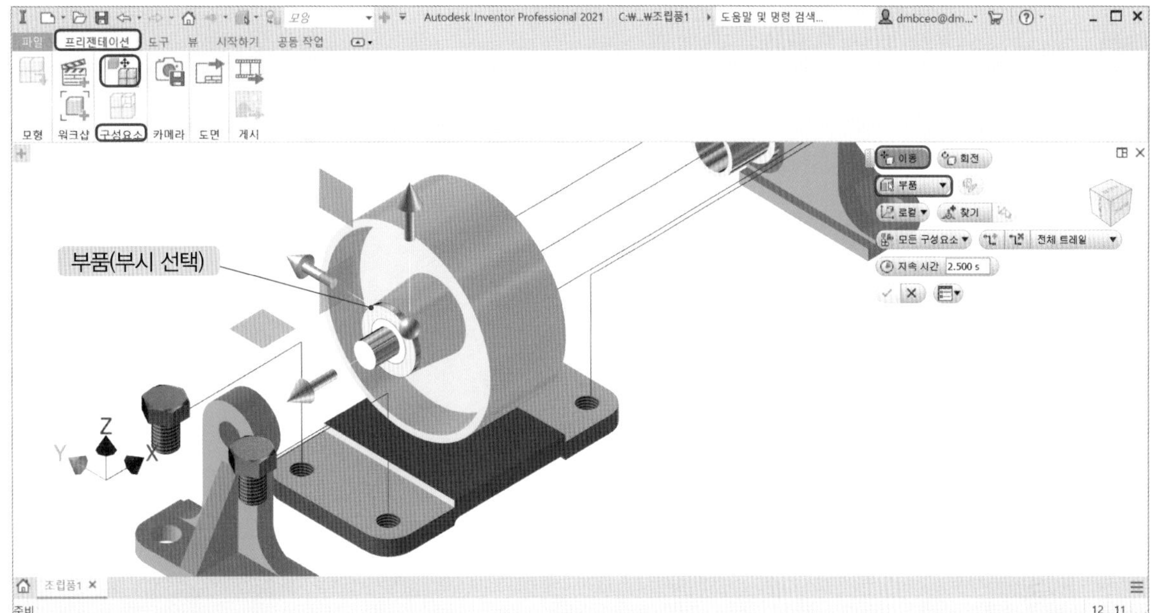

X 화살표를 클릭한 상태로 이동하거나 팝업창에 거리 입력 ⇨ ☑(확인) 클릭

프리젠테이션 ⇨ 구성요소 ⇨ 구성요소 미세 조정 ⇨ 부품(축 선택) ⇨ 이동

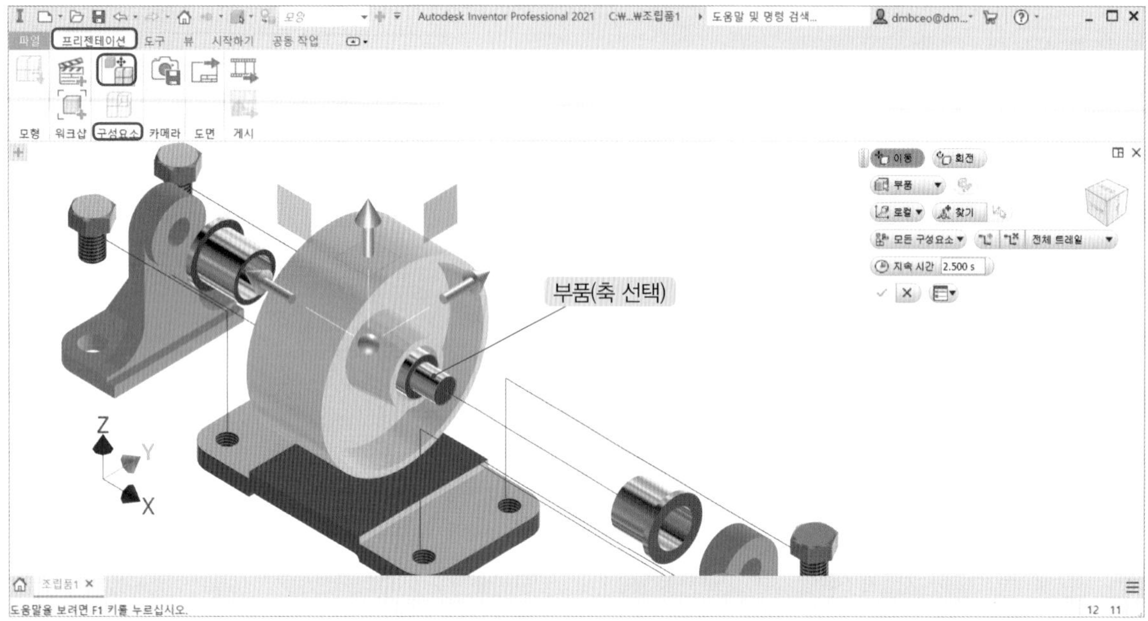

X 화살표를 클릭한 상태로 이동하거나 팝업창에 거리 입력 ⇨ ☑(확인) 클릭

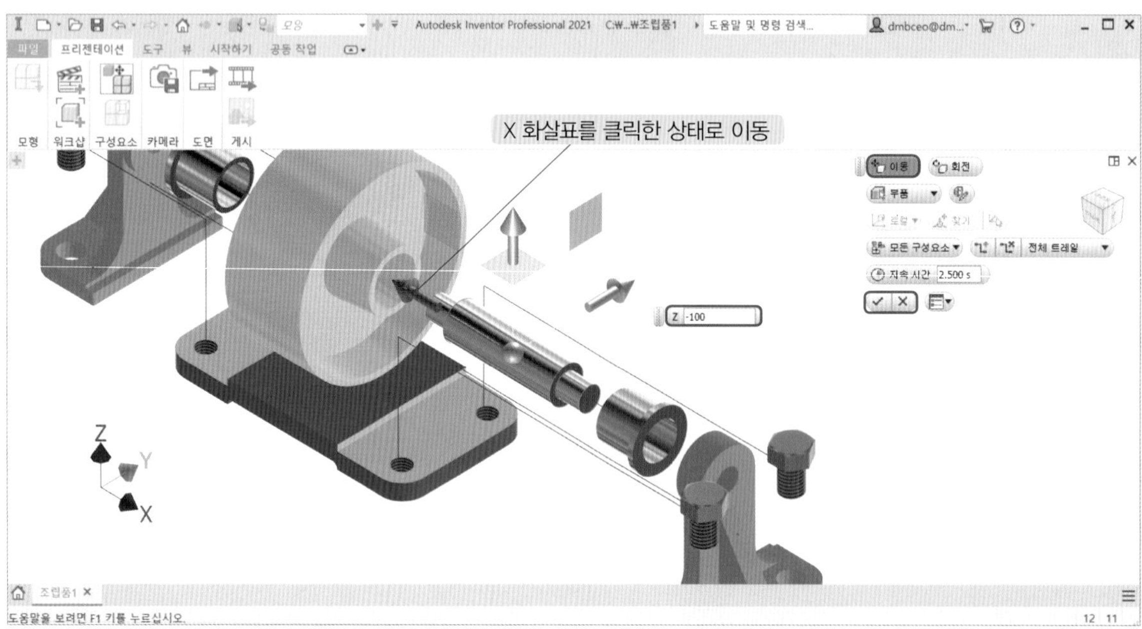

2 스토리 재생

(1) 현재 스토리 재생

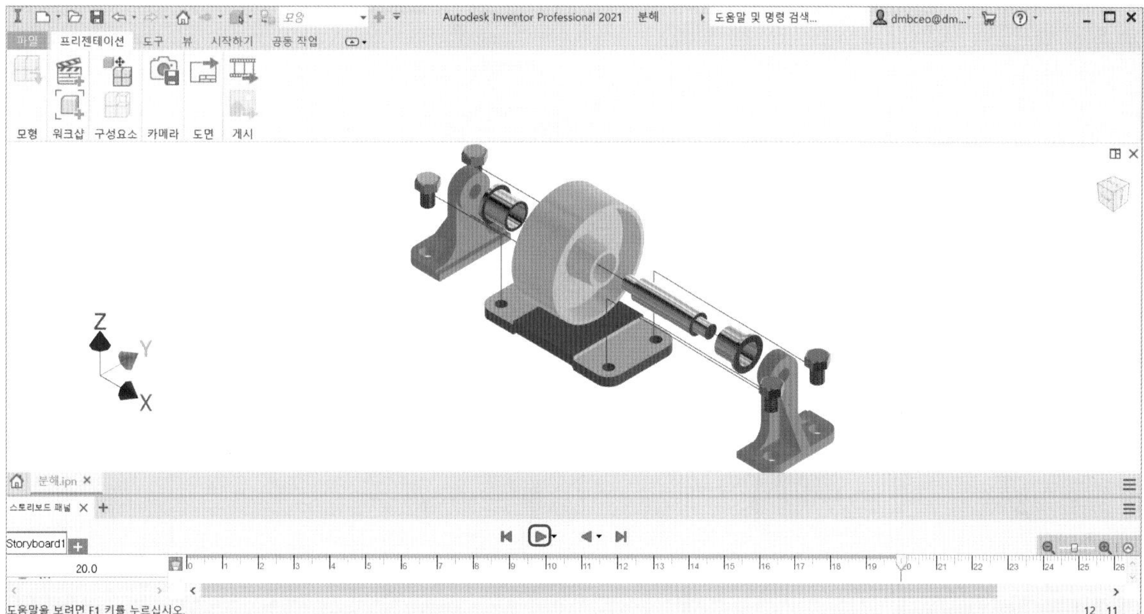

(2) 현재 스토리 역으로 재생

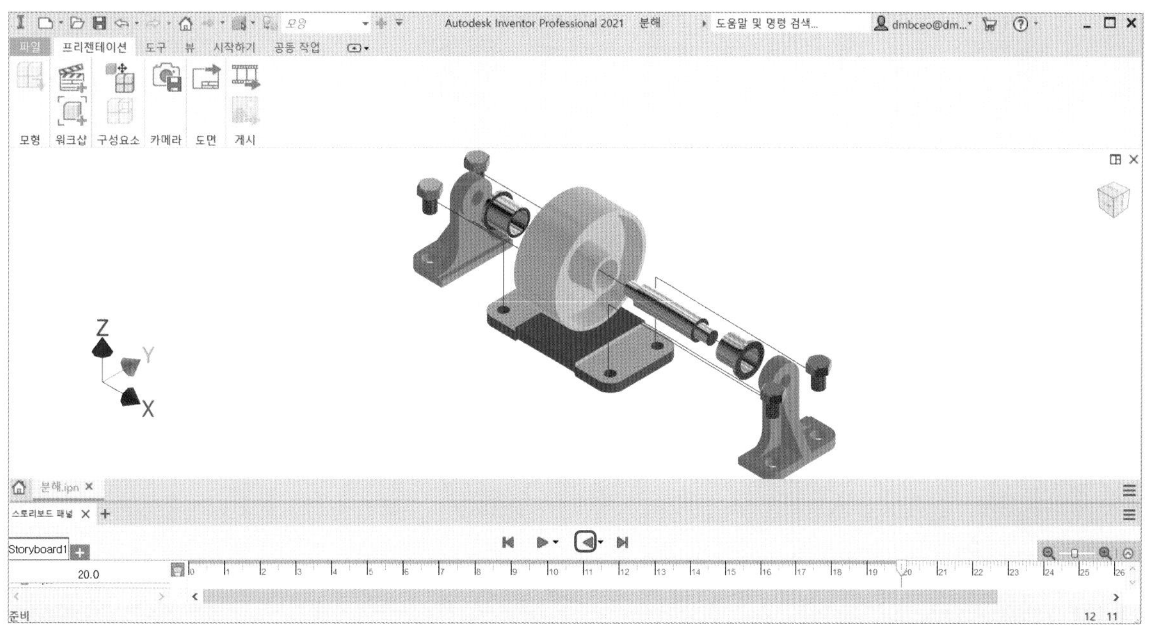

3 실습 과제 도면

기어 박스 1

설계 변경	• 깊은 홈 볼 베어링의 사양을 6203에서 6004로 변경하시오. • 'A'부의 중심거리 치수를 60으로 변경하시오.

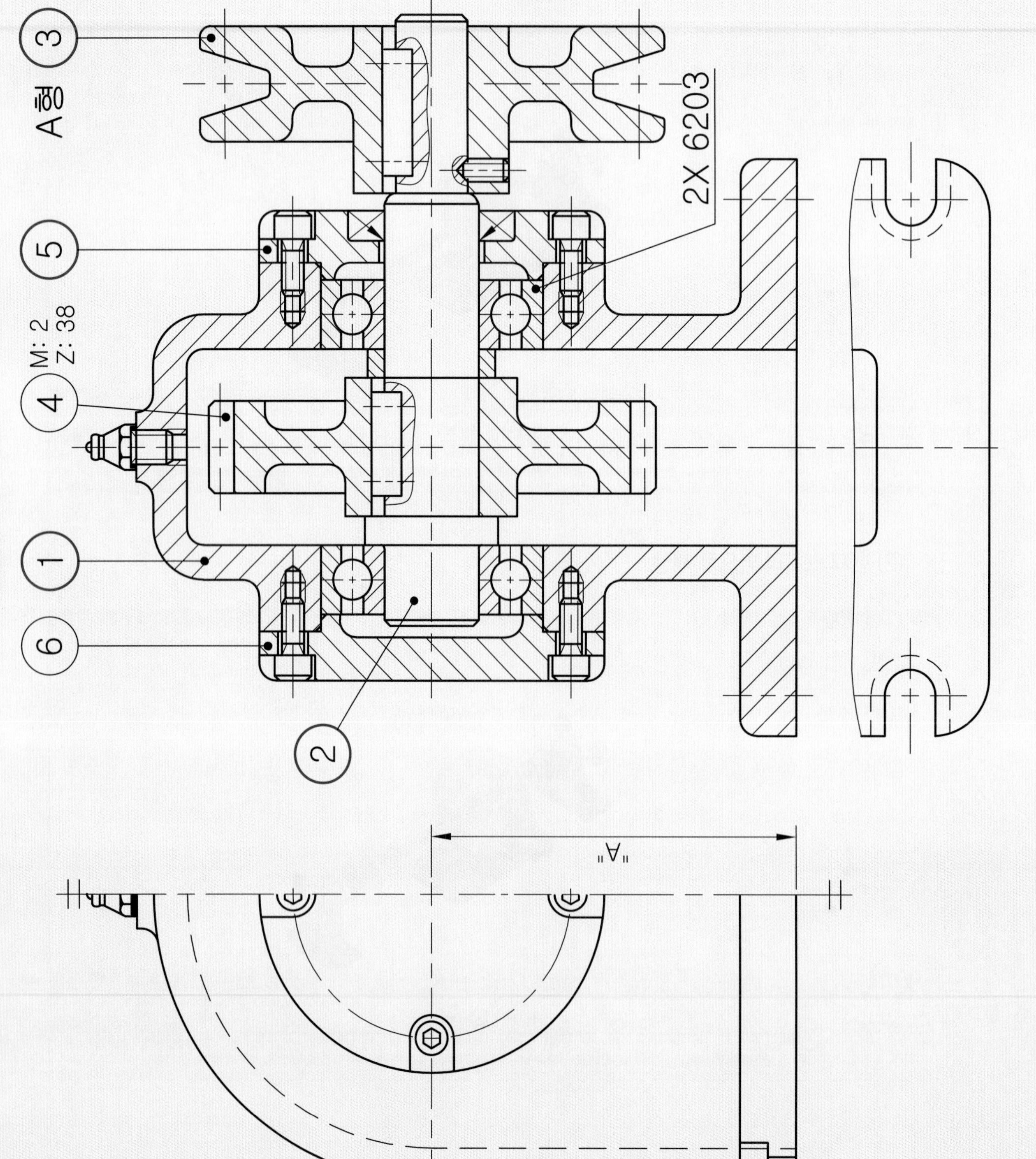

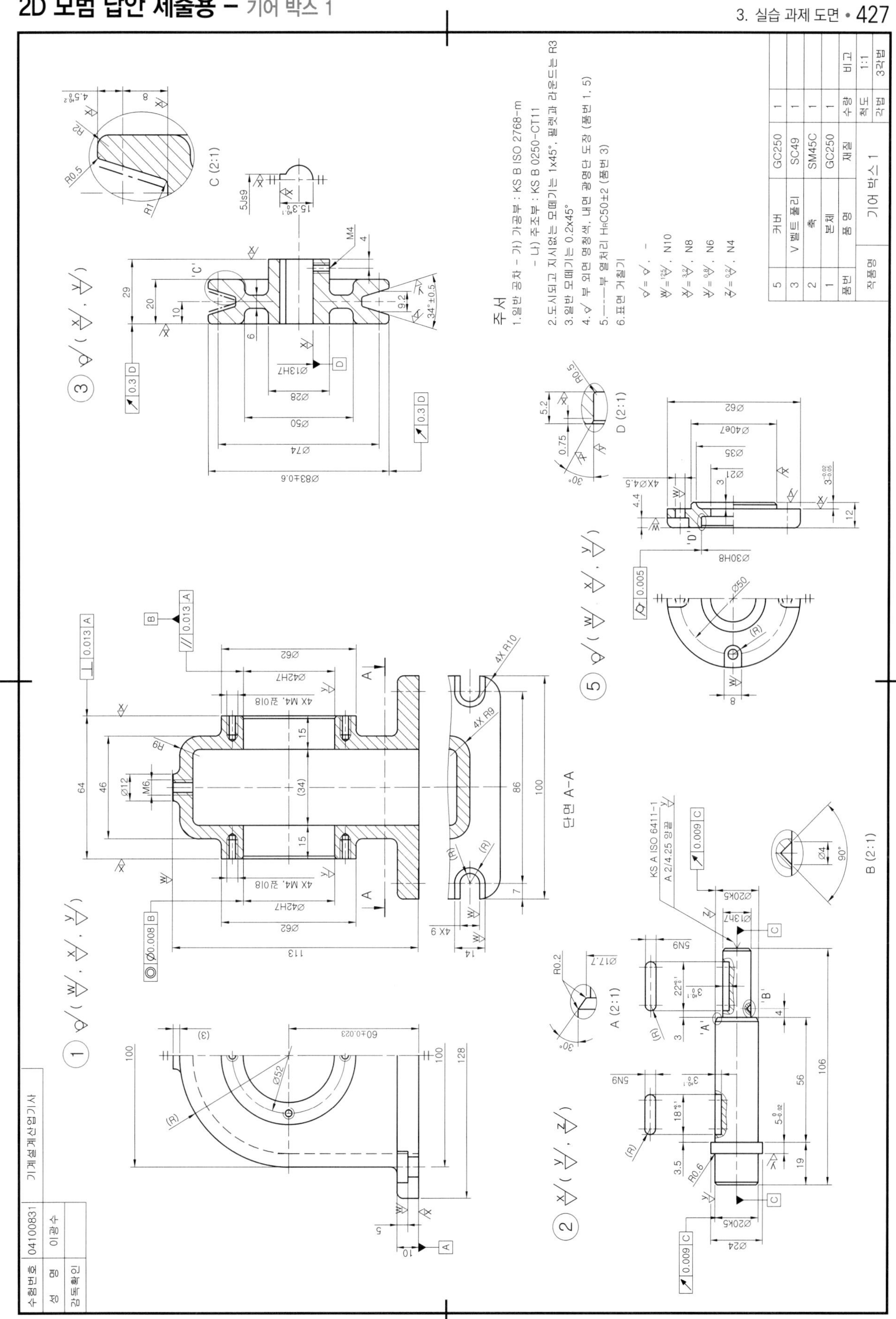
주서
1.일반 공차 - 가) 가공부 : KS B ISO 2768-m
- 나) 주조부 : KS B 0250-CT11
2.도시되고 지시없는 모떼기는 1x45°, 필렛과 라운드는 R3
3.일반 모떼기는 0.2x45°
4.부 외면 명청색, 내면 광명단 도장 (품번 1, 5)
5.부 열처리 HRC50±2 (품번 3)
6.표면 거칠기
5 커버 GC250 1
3 V 벨트 풀리 SC49 1
2 축 SM45C 1
1 본체 GC250 1
품번 품명 재질 수량 비고
작품명 기어 박스 1 척도 1:1 각법 3각법
수험번호 04100831 기계설계산업기사
성 명 이광수
감독확인
단면 A-A
A (2:1)
B (2:1)
C (2:1)
D (2:1)

3D 모범 답안 제출용 – 기어 박스 1

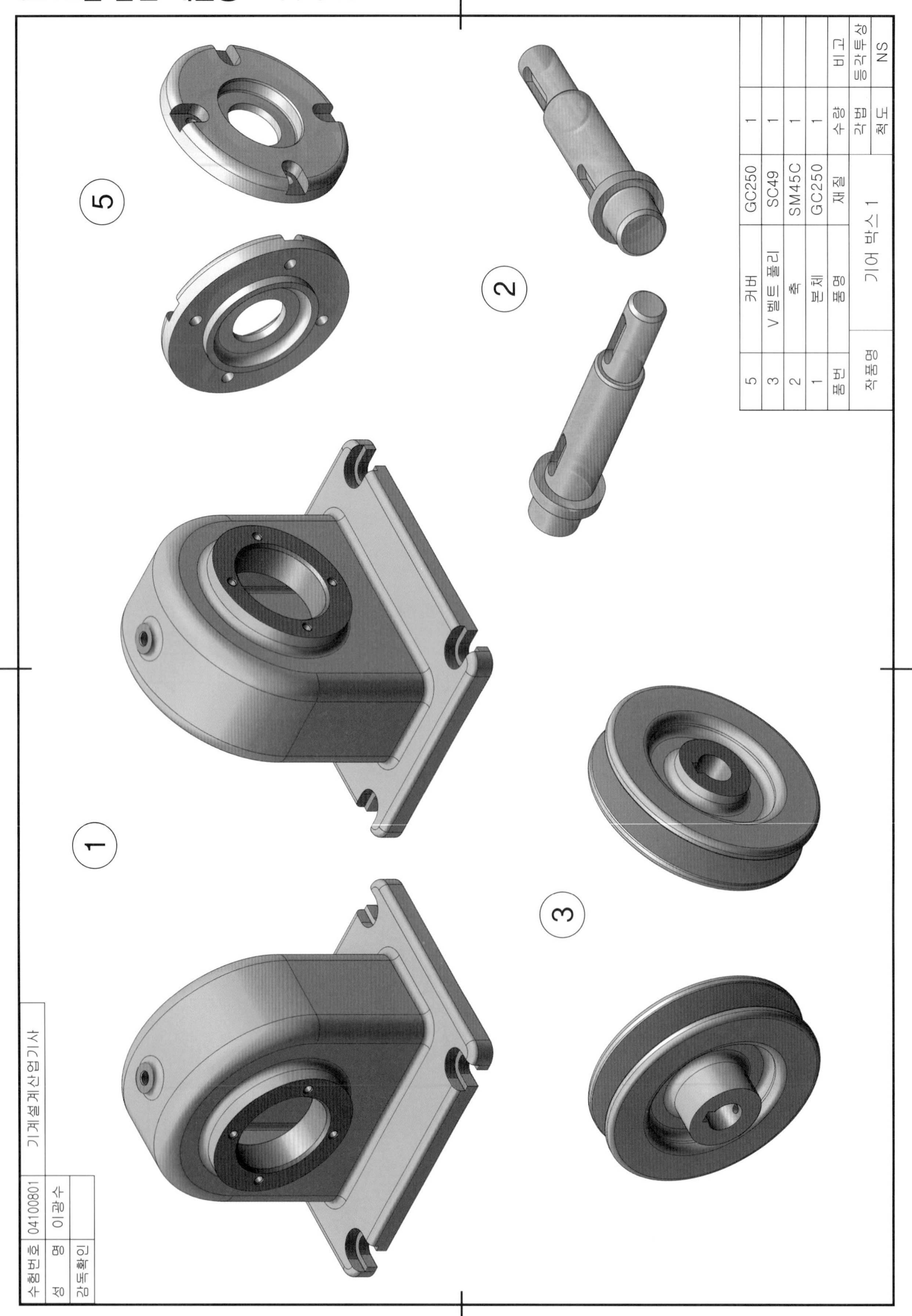

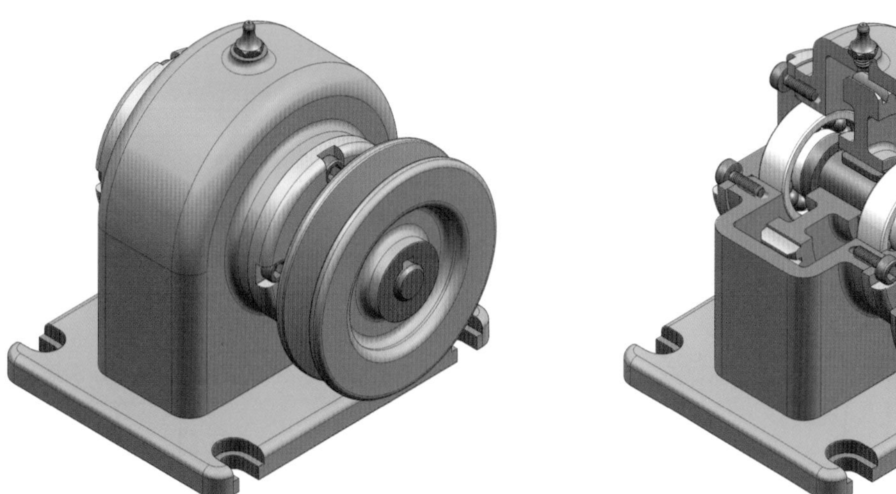

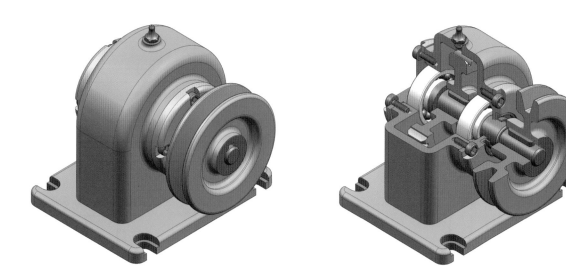

3D 조립 등각투상도 – 기어 박스 1

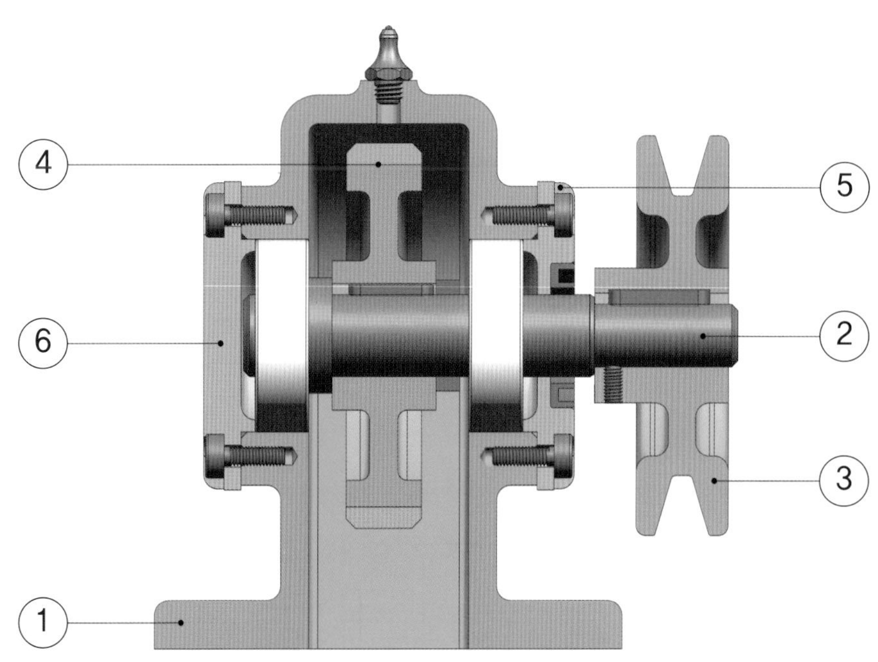

2D 조립 단면도 – 기어 박스 1

래크와 피니언

설계 변경	• 피니언 기어 잇수를 18에서 17로 변경하시오. • 'A'부 치수를 ⌀10으로 변경하시오. • 깊은 홈 볼 베어링의 사양을 6202에서 6804로 변경하시오.

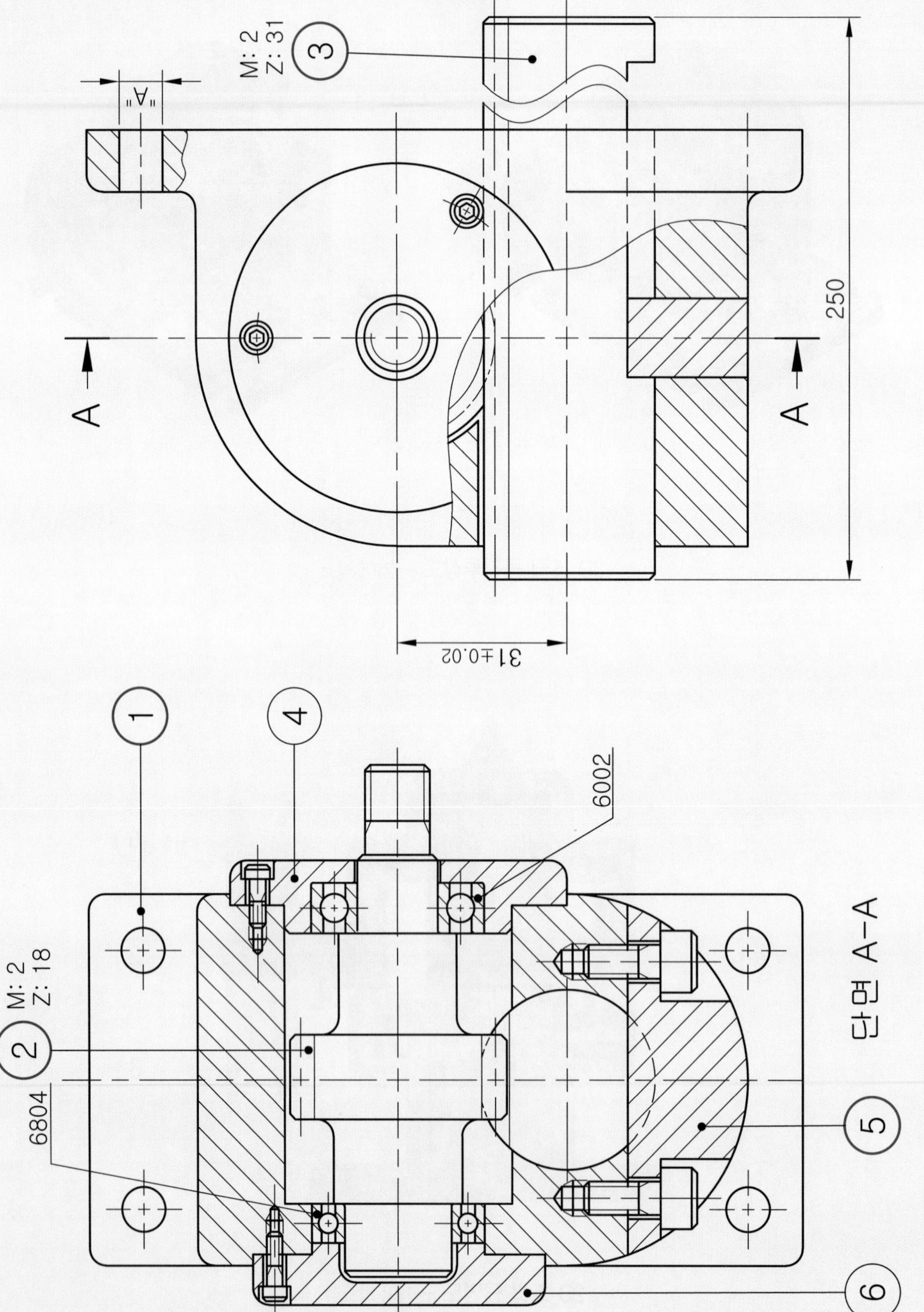

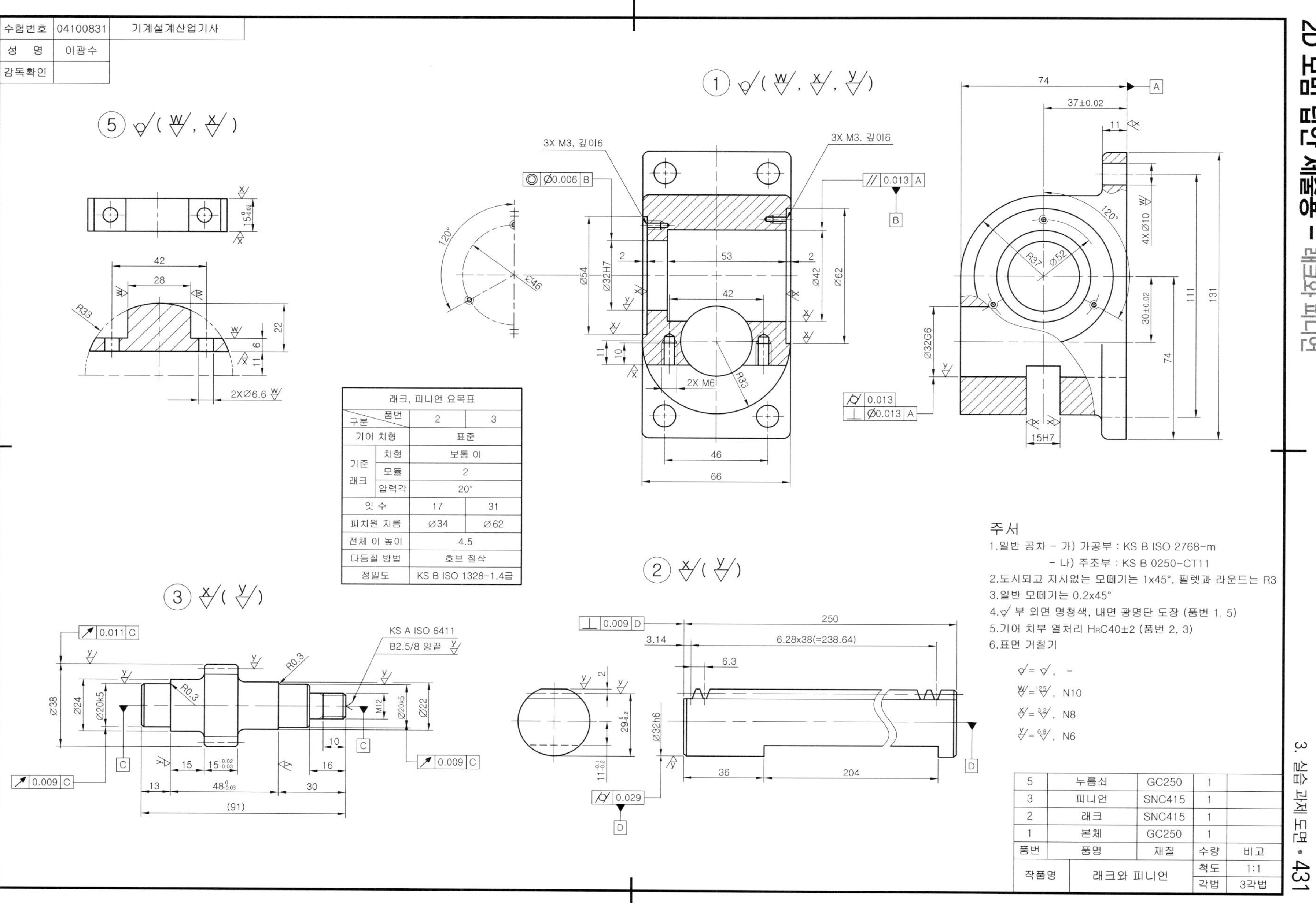

주서

1.일반 공차 - 가) 가공부 : KS B ISO 2768-m

- 나) 주조부 : KS B 0250-CT11

2.도시되고 지시없는 모떼기는 1x45°, 필렛과 라운드는 R3

3.일반 모떼기는 0.2x45°

4.√ 부 외면 명청색, 내면 광명단 도장 (품번 1, 5)

5.기어 치부 열처리 HRC40±2 (품번 2, 3)

6.표면 거칠기

√ = √ , -

w/ = 12.5/ , N10

x/ = 3.2/ , N8

y/ = 0.8/ , N6

래크, 피니언 요목표

구분		품번	2	3
기어 치형			표준	
기준 래크	치형		보통 이	
	모듈		2	
	압력각		20°	
잇 수			17	31
피치원 지름			Ø34	Ø62
전체 이 높이			4.5	
다듬질 방법			호브 절삭	
정밀도			KS B ISO 1328-1,4급	

5	누름쇠	GC250	1	
3	피니언	SNC415	1	
2	래크	SNC415	1	
1	본체	GC250	1	
품번	품명	재질	수량	비고
작품명	래크와 피니언		척도	1:1
			각법	3각법

수험번호	04100831	기계설계산업기사
성 명	이광수	
감독확인		

3D 모범 답안 제출용 – 래크와 피니언

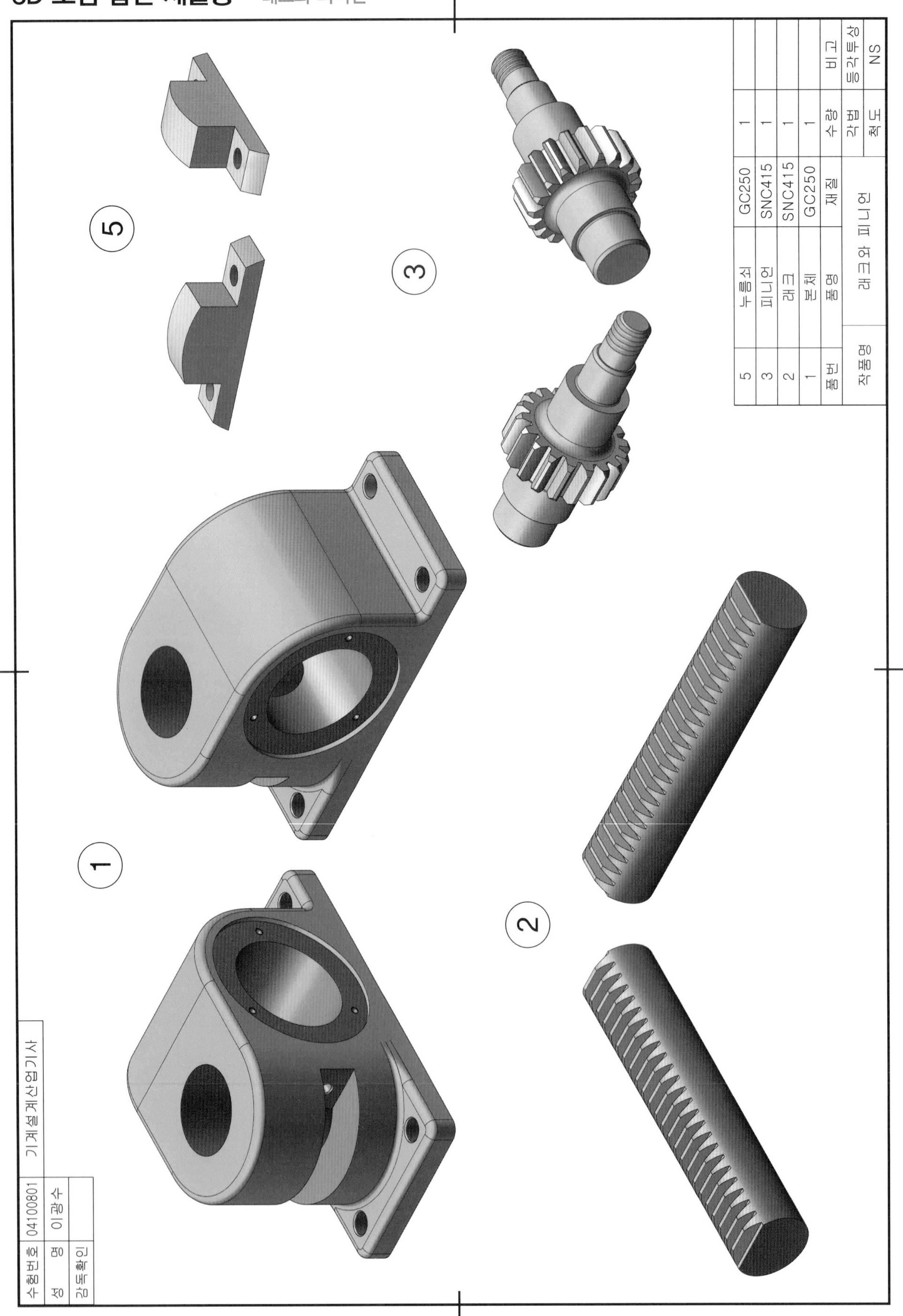

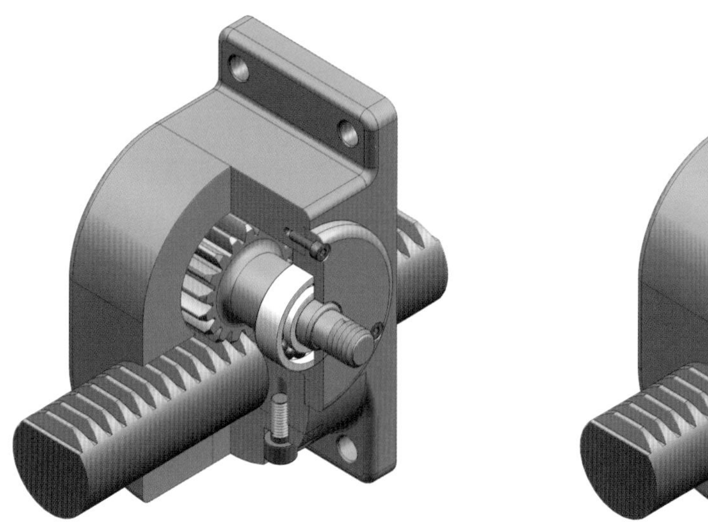

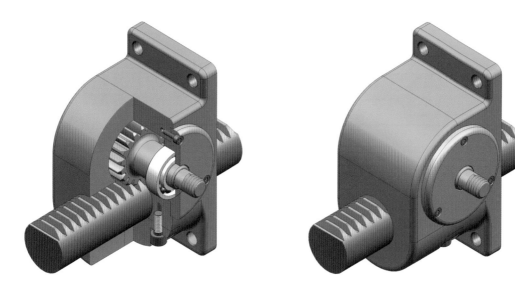

3D 조립 등각투상도 – 래크와 피니언

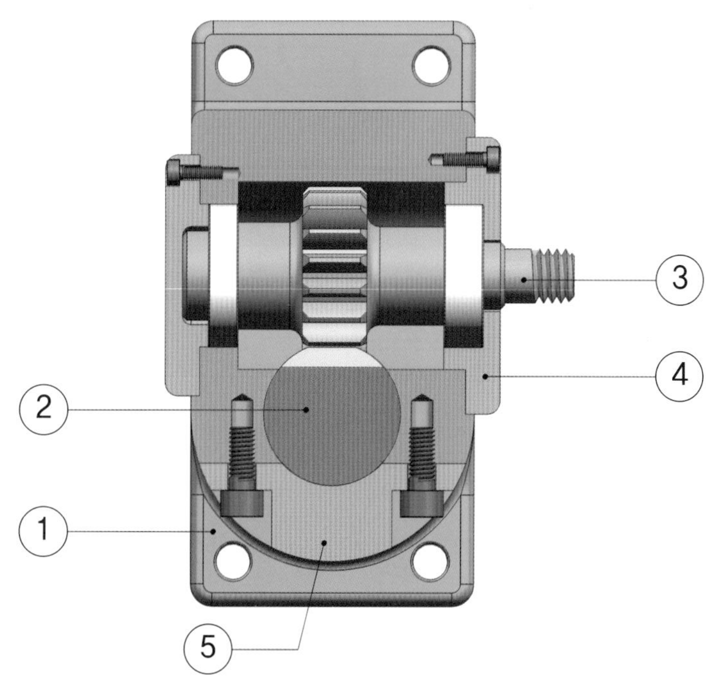

2D 조립 단면도 – 래크와 피니언

동력 전달 장치 1

설계 변경
- 깊은 홈 볼 베어링의 사양을 6203에서 6004로 변경하시오.
- V벨트 풀리 M형을 A형으로 설계 변경하시오.

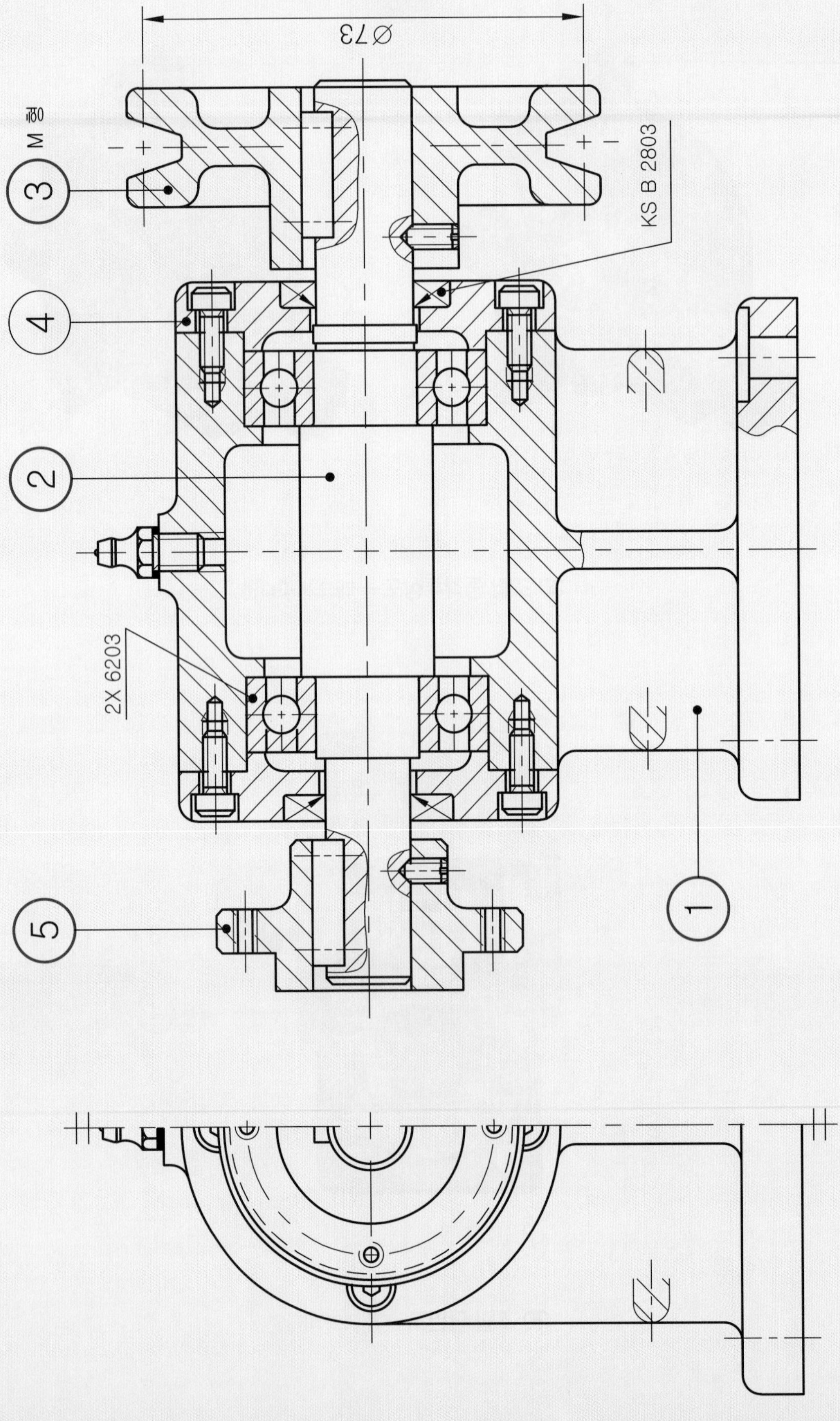

Ø73

M형

KS B 2803

2X 6203

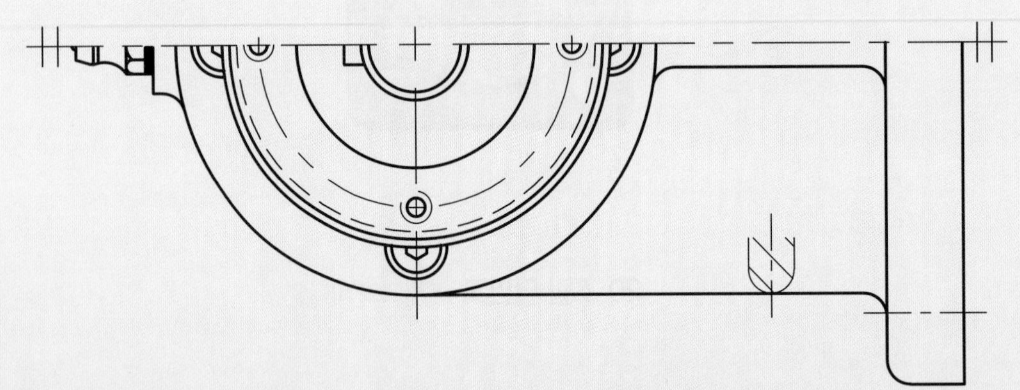

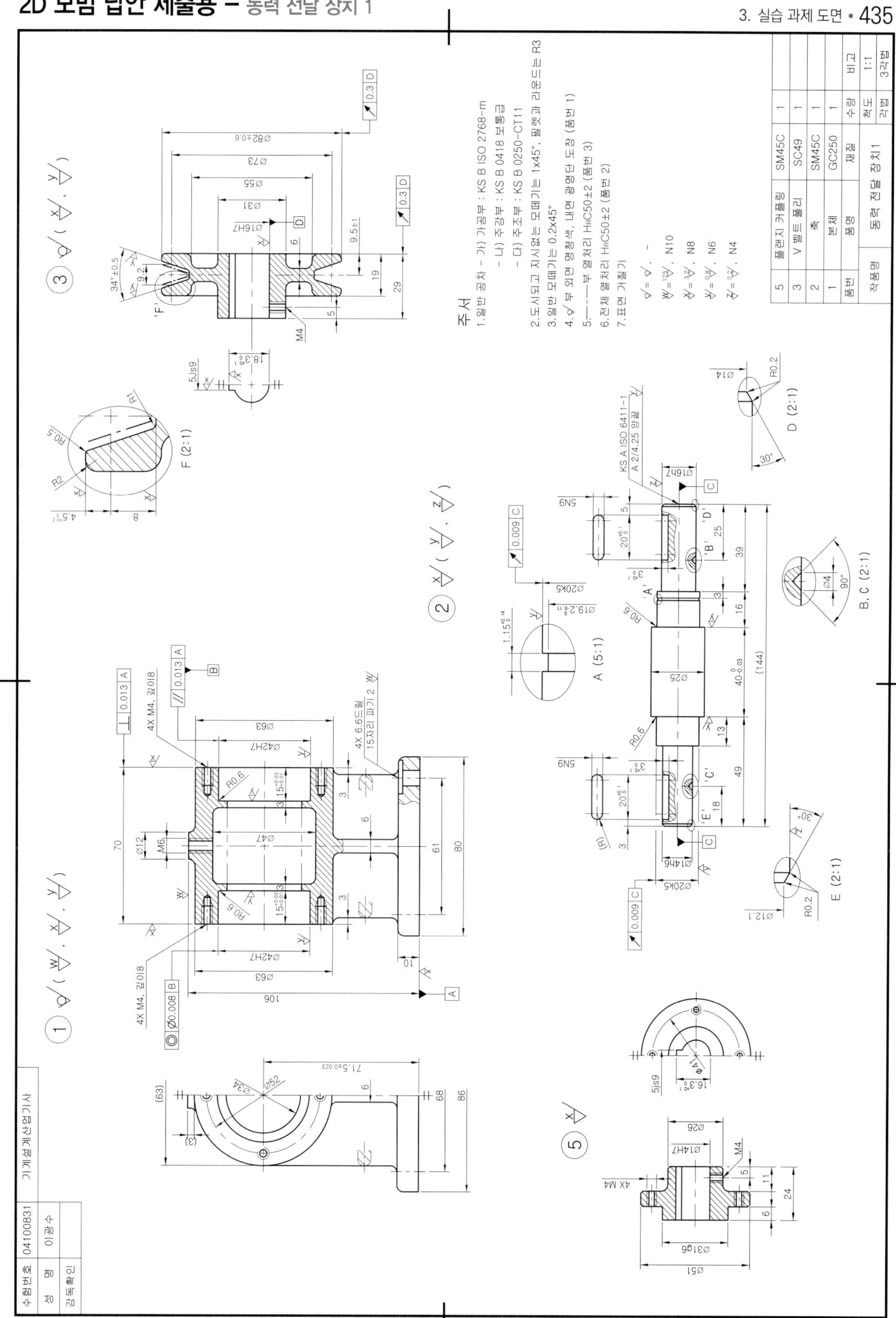

주서
1.일반 공차 - 가) 가공부 : KS B ISO 2768-m
- 나) 주강부 : KS B 0418 보통급
- 다) 주조부 : KS B 0250-CT11
2.도시되고 지시없는 모떼기는 1x45°, 필렛과 라운드는 R3
3.일반 모떼기는 0.2x45°
4. 부 외면 명청색, 내면 광명단 도장 (품번 1)
5. 부 열처리 HRC50±2 (품번 3)
6.전체 열처리 HRC50±2 (품번 2)
7.표면 거칠기
5 플랜지 커플링 SM45C 1
3 V 벨트 풀리 SC49 1
2 축 SM45C 1
1 본체 GC250 1
품번 품명 재질 수량 비고
작품명 동력 전달 장치1 척도 1:1 각법 3각법
수험번호 04100831 기계설계산업기사
성 명 이광수
감독확인
A (5:1)
B, C (2:1)
D (2:1)
E (2:1)
F (2:1)

Chapter 7 분해 조립

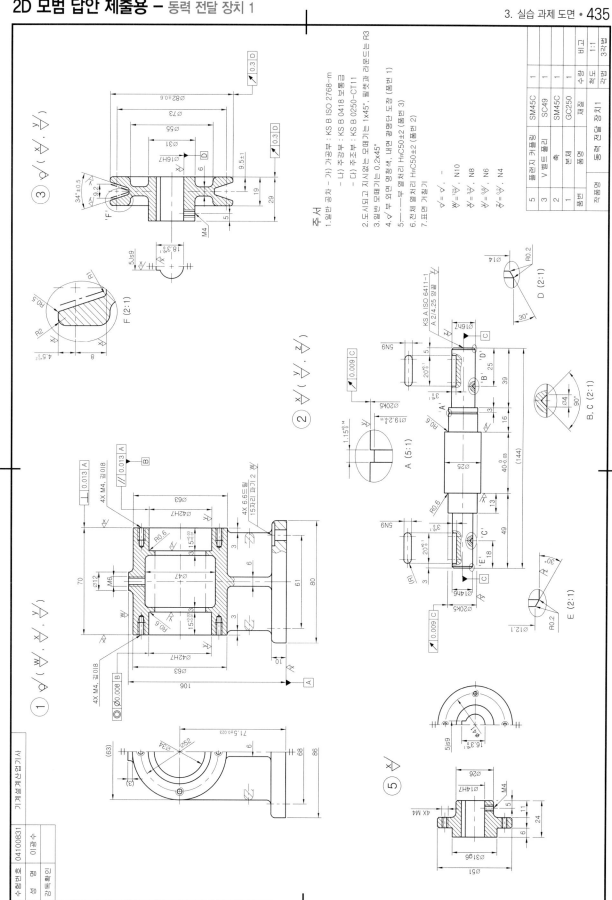

3D 모범 답안 제출용 – 동력 전달 장치 1

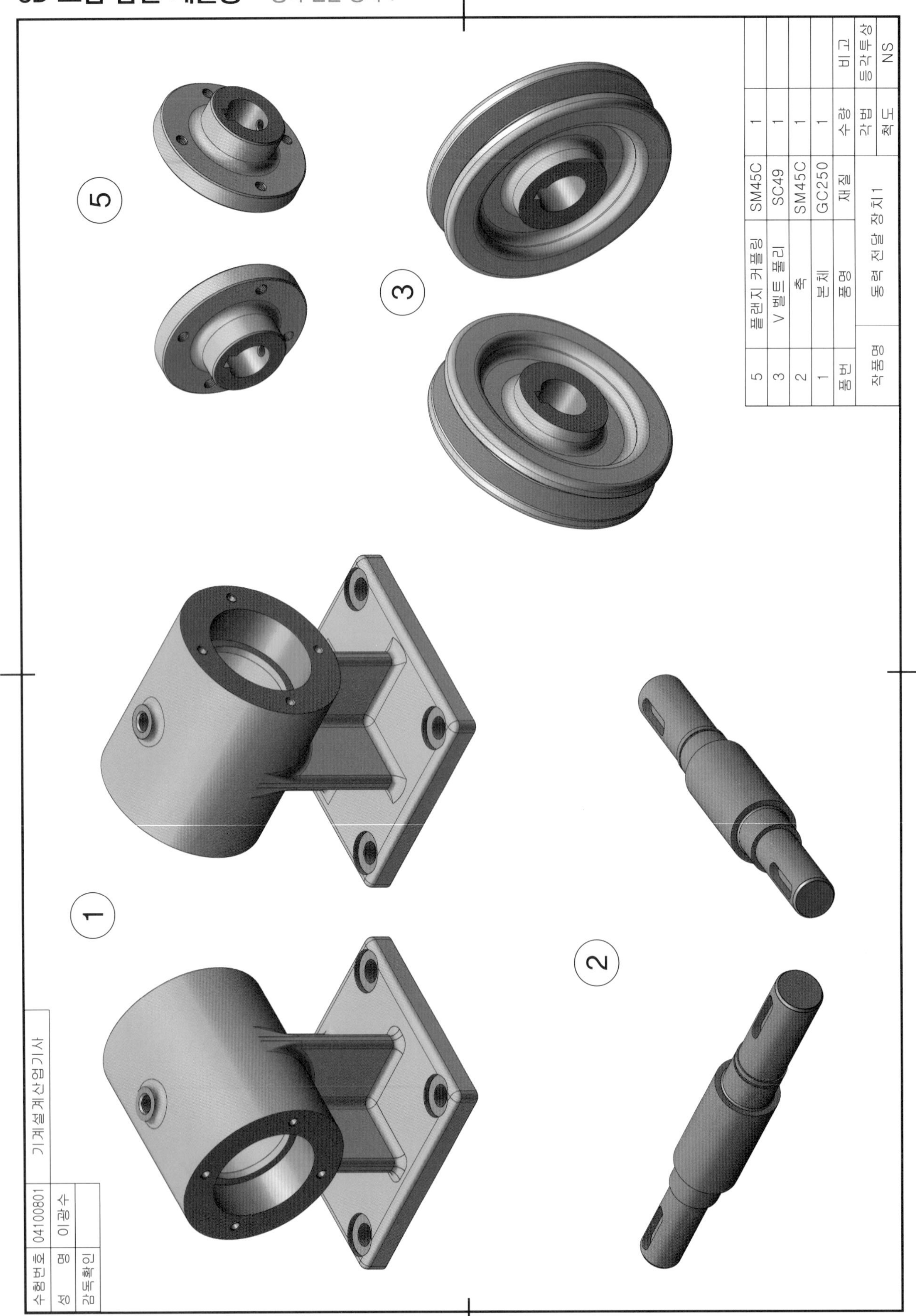

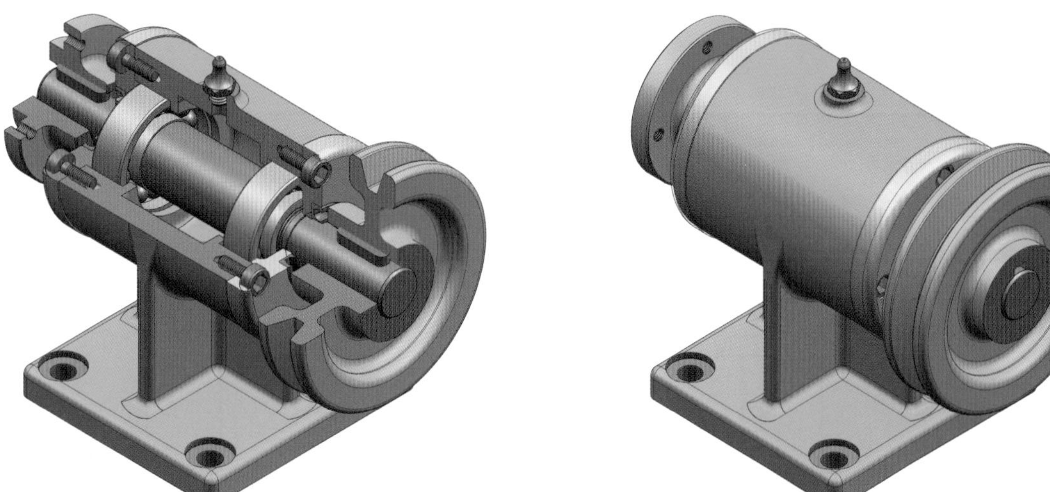

3D 조립 등각투상도 – 동력 전달 장치 1

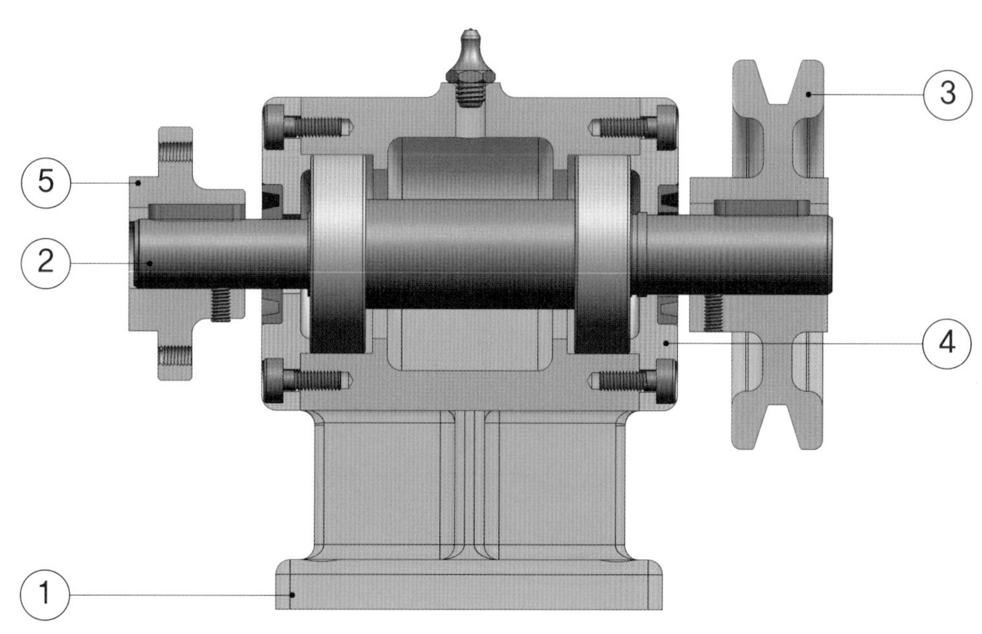

2D 조립 단면도 – 동력 전달 장치 1

동력 전달 장치 2

설계 변경

- ①번 부품의 플리머 블록을 커버로 설계 변경하시오. (본체는 좌우대칭)
  플리머 블록은 KS 규격에서 폐지되었으므로 커버로 설계 변경한다.

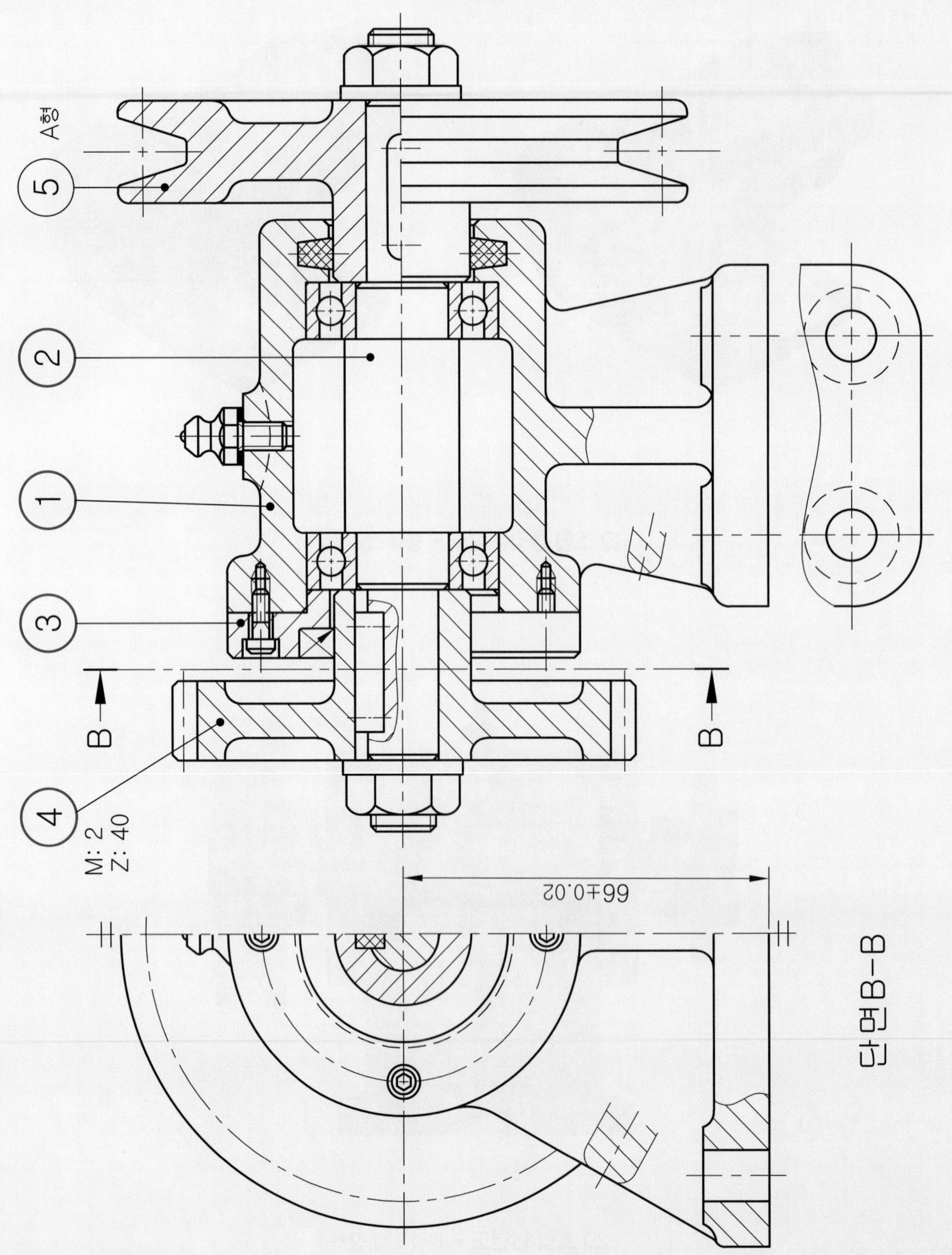

2D 모범 답안 제출용 – 동력 전달 장치 2

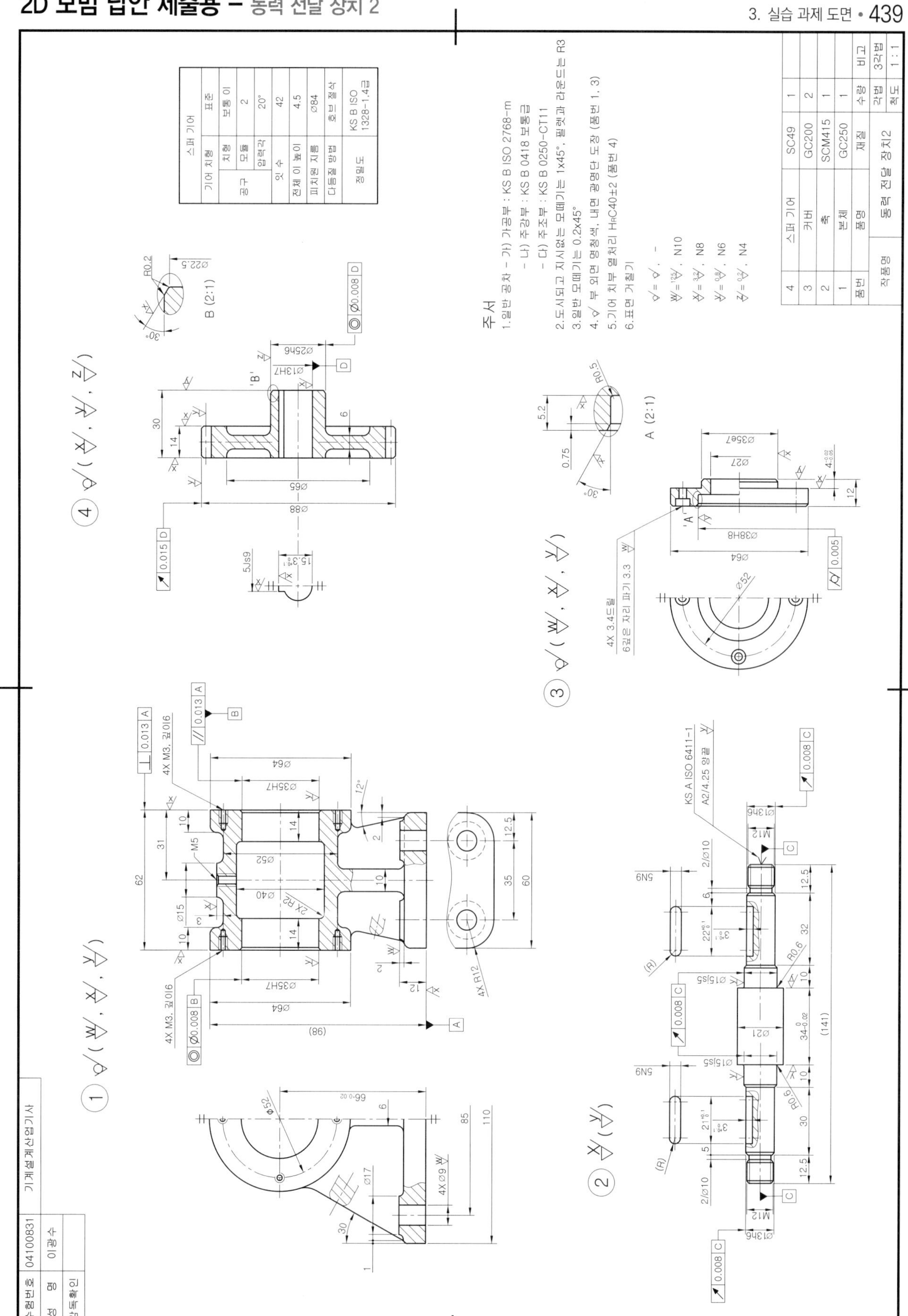

3D 모범 답안 제출용 – 동력 전달 장치 2

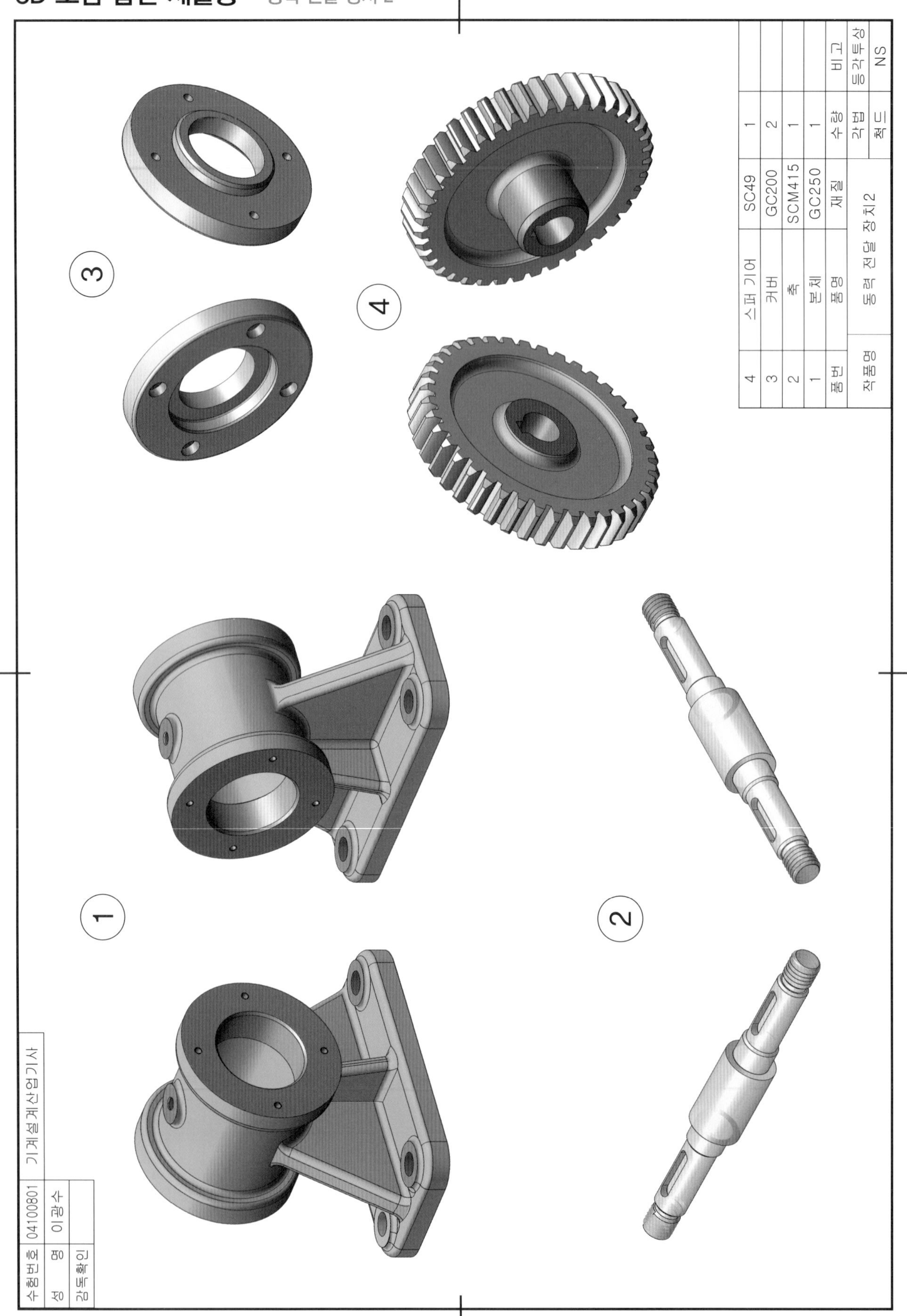

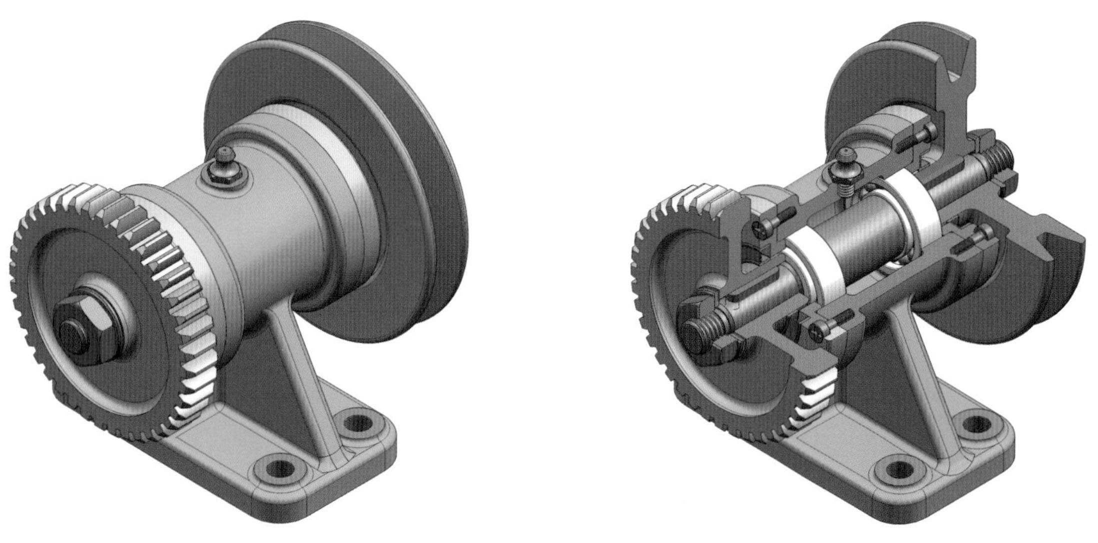

3D 조립 등각투상도 – 동력 전달 장치 2

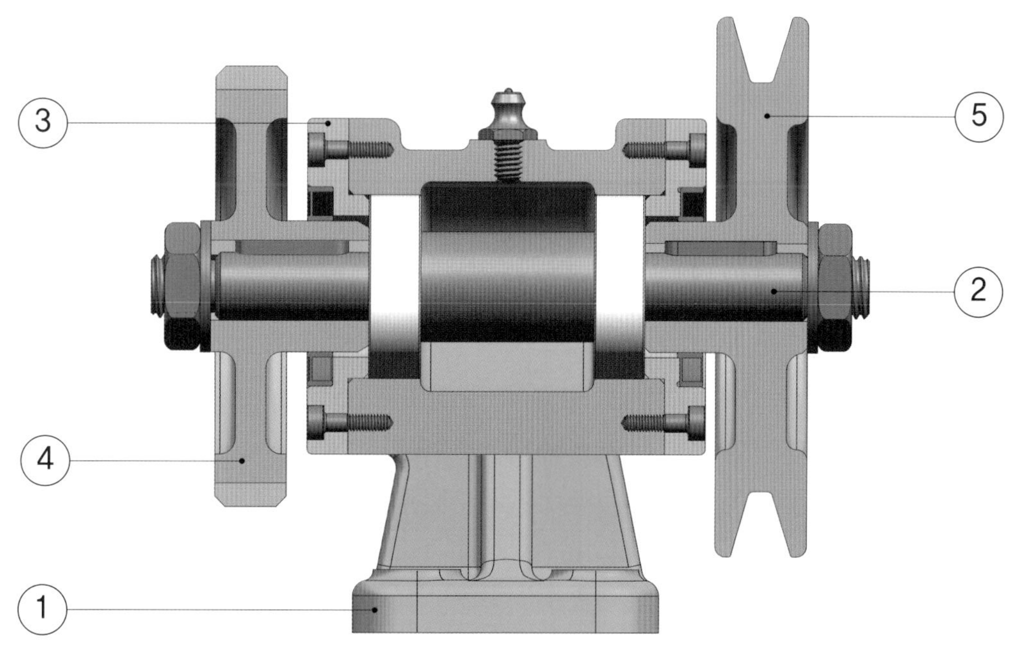

2D 조립 단면도 – 동력 전달 장치 2

동력 전달 장치 3

설계 변경

- ④번 부품의 플리머 블록을 커버로 설계 변경하시오. (커버는 좌우대칭)
- V벨트 풀리 M형을 A형으로 설계 변경하시오.

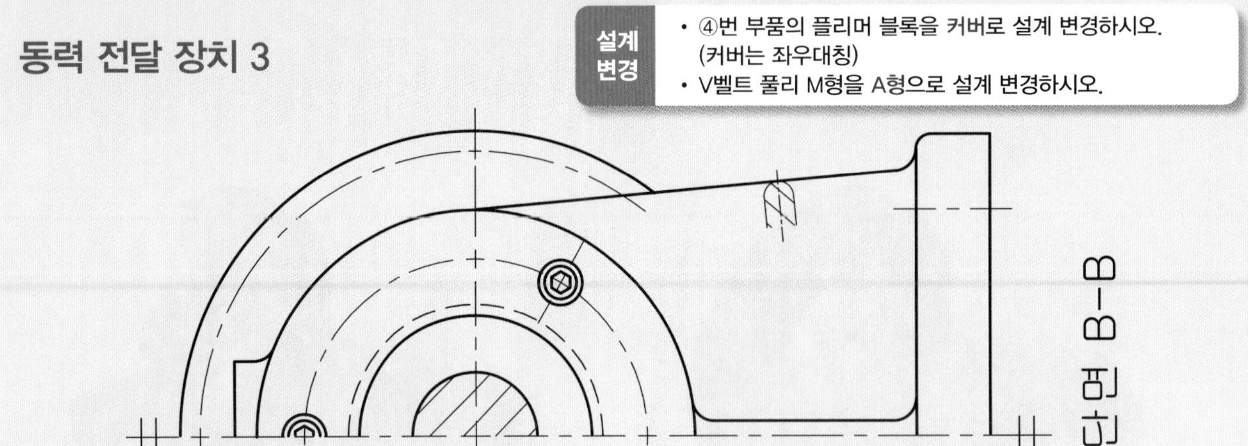

단면 B-B

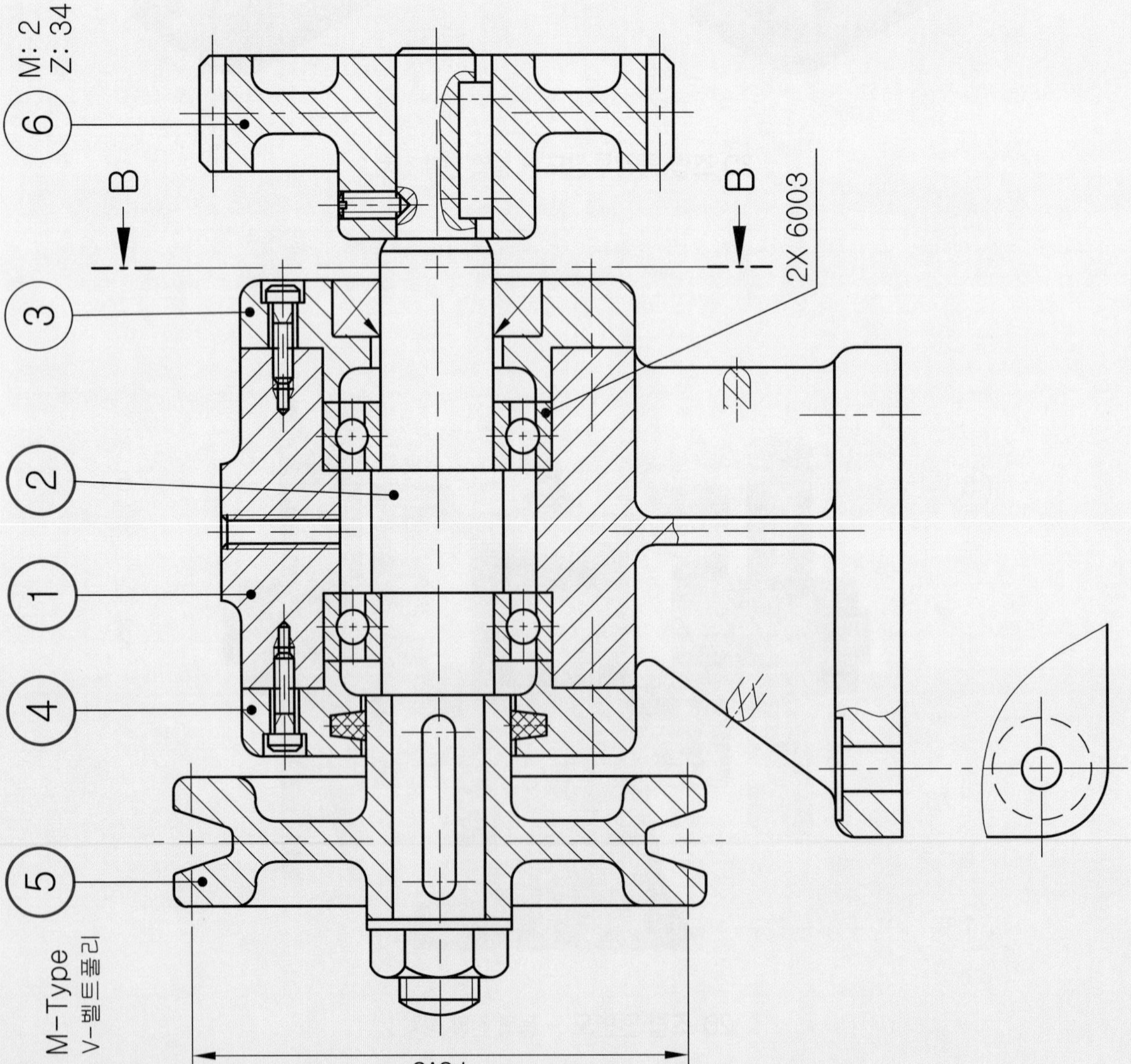

M: 2
Z: 34

B
B

2X 6003

6
3
2
1
4
5

M-Type
V-벨트풀리

75.6

2D 모범 답안 제출용 – 동력 전달 장치 3

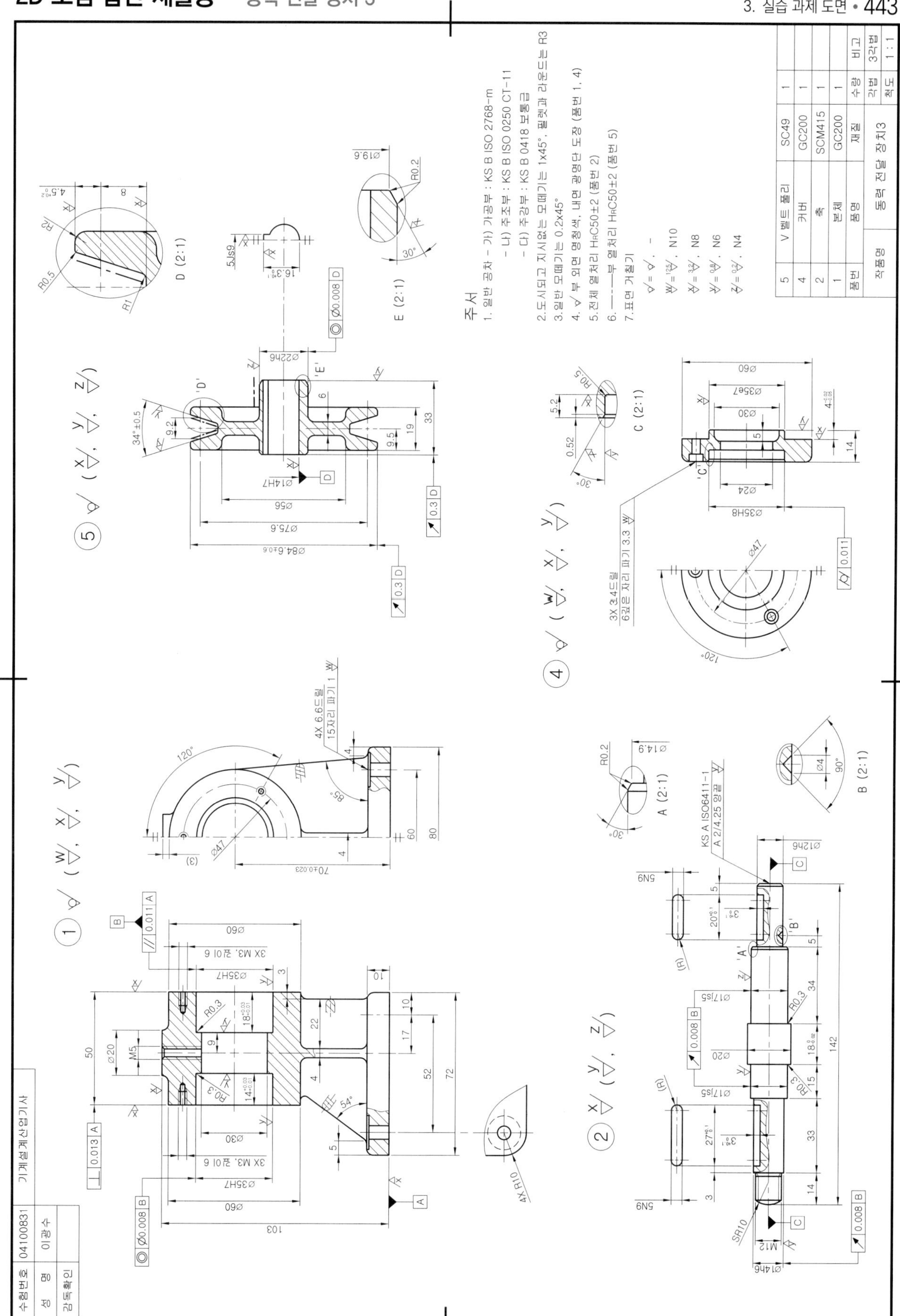

수험번호 04100831
성 명 이광수
감독확인
기계설계산업기사
주 서
1. 일반 공차 - 가) 가공부 : KS B ISO 2768-m
- 나) 주조부 : KS B ISO 0250 CT-11
- 다) 주강부 : KS B 0418 보통급
2.도시되고 지시없는 모떼기는 1x45°, 필렛과 라운드는 R3
3.일반 모떼기는 0.2x45°
4. 부 외면 명청색, 내면 광명단 도장 (품번 1, 4)
5.전체 열처리 HRC50±2 (품번 2)
6. 부 열처리 HRC50±2 (품번 5)
7.표면 거칠기
5 V 벨트 풀리 SC49 1
4 커버 GC200 1
2 축 SCM415 1
1 본체 GC200 1
품번 품명 재질 수량 비고
작품명 동력 전달 장치3 각법 3각법 척도 1:1

3D 모범 답안 제출용 – 동력 전달 장치 3

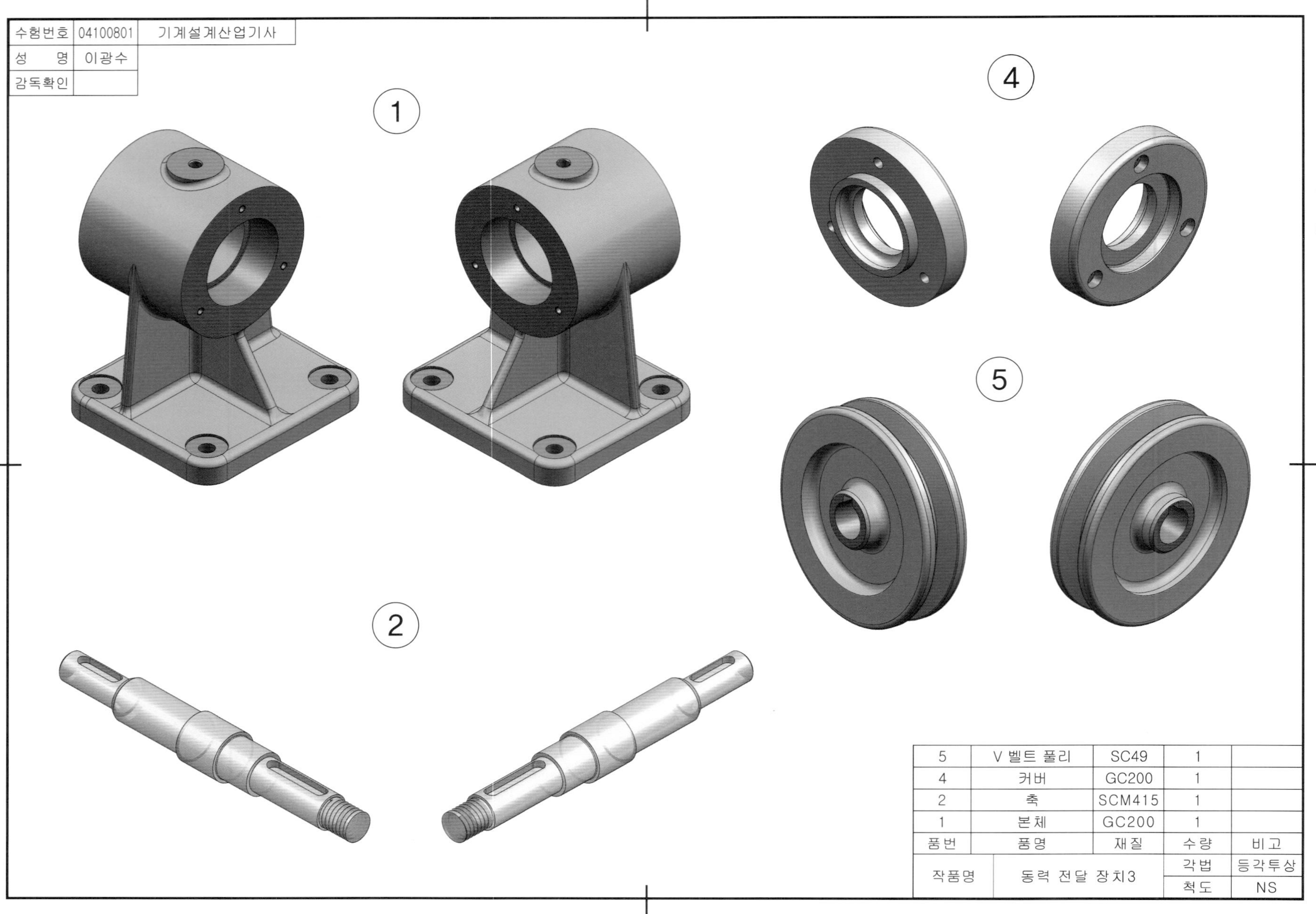

5	V 벨트 풀리	SC49	1	
4	커버	GC200	1	
2	축	SCM415	1	
1	본체	GC200	1	
품번	품명	재질	수량	비고
작품명	동력 전달 장치3		각법	등각투상
			척도	NS

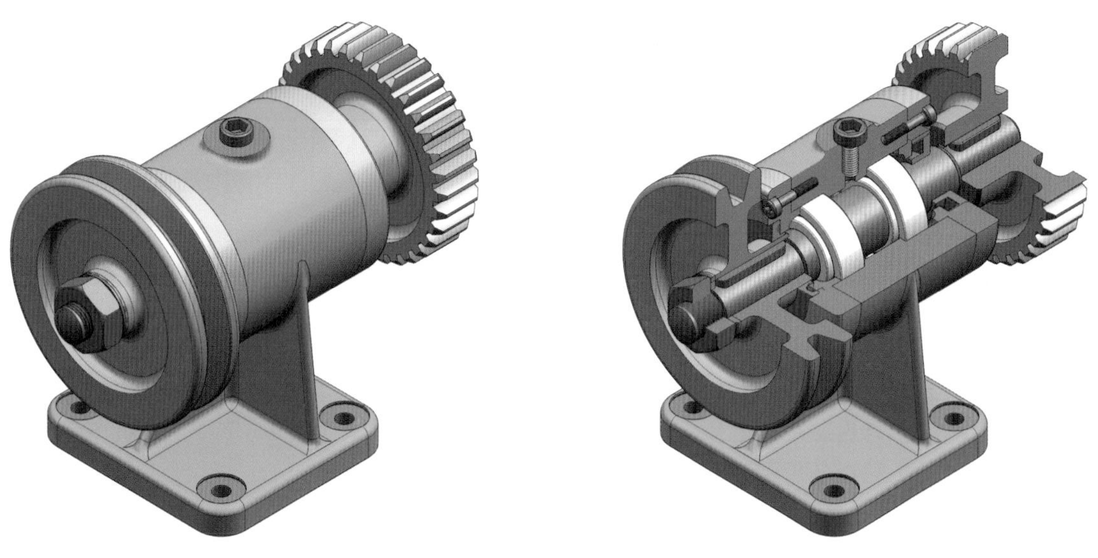

3D 조립 등각투상도 – 동력 전달 장치 3

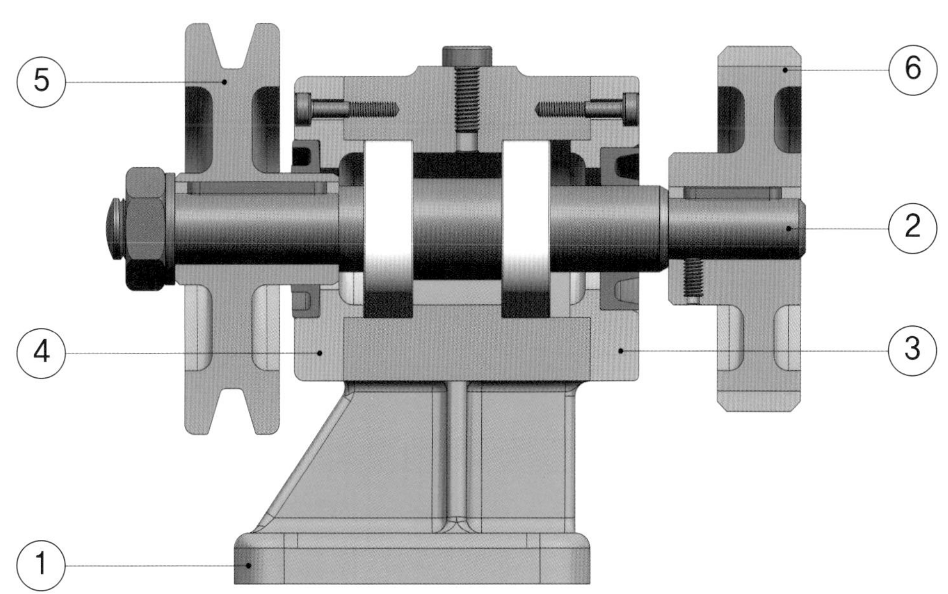

2D 조립 단면도 – 동력 전달 장치 3

편심 슬라이더 구동 장치

설계 변경	• 슬라이더의 행정거리가 최대 12 mm가 되도록 변경하시오. • 본체의 중심거리 'A'를 44로 변경하시오.

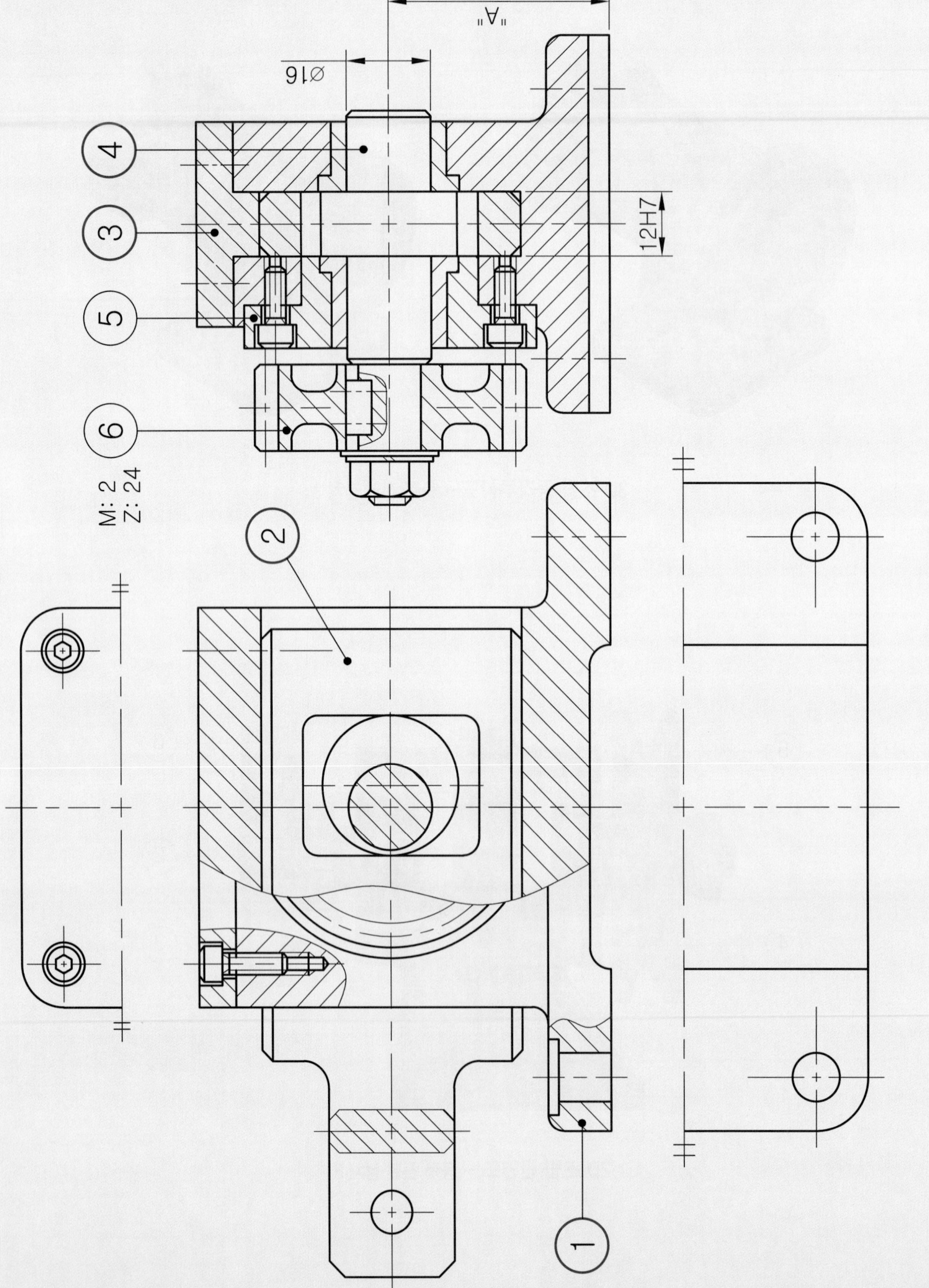

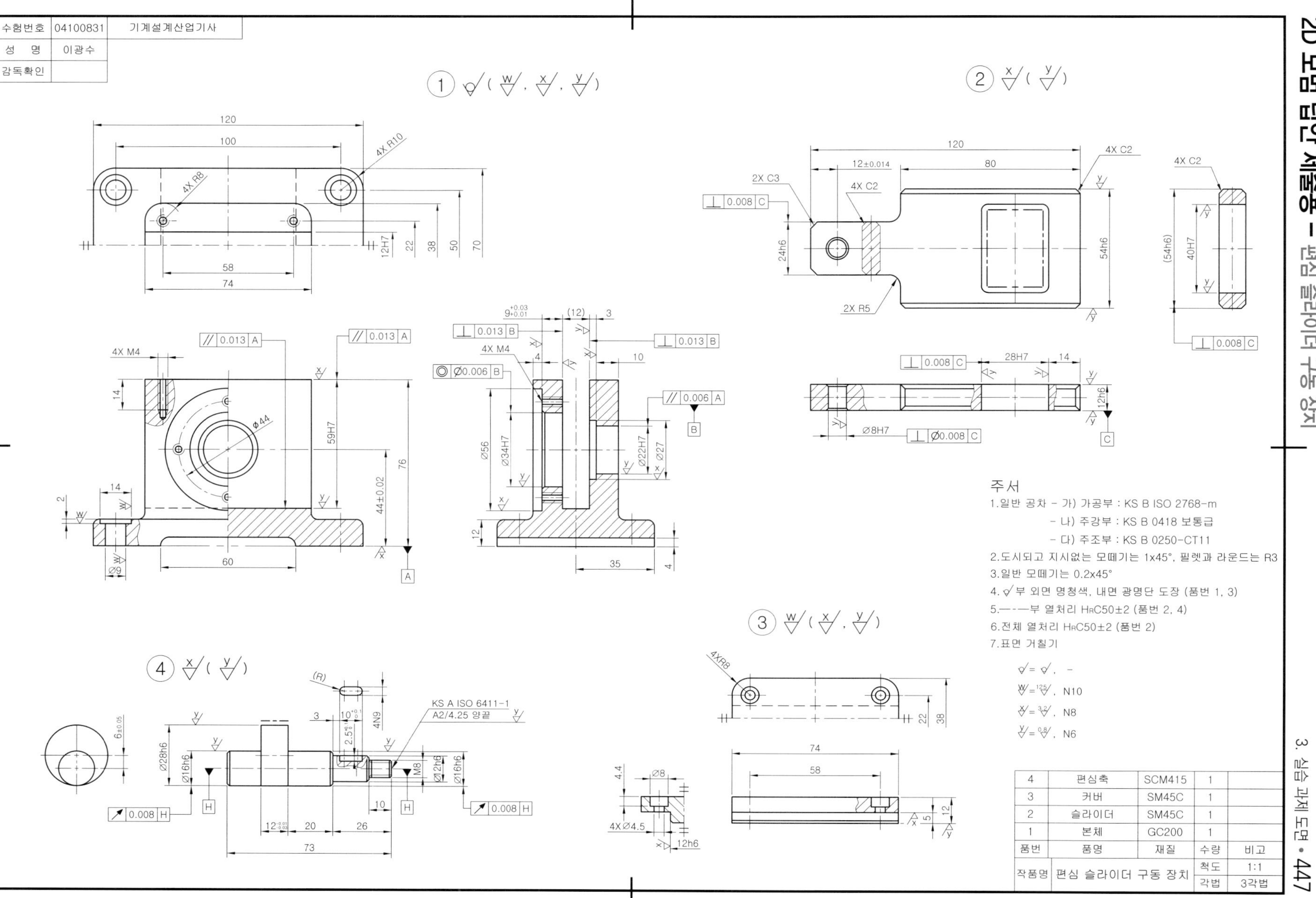

수험번호 04100831 기계설계산업기사
성 명 이광수
감독확인
주서
1.일반 공차 - 가) 가공부 : KS B ISO 2768-m
- 나) 주강부 : KS B 0418 보통급
- 다) 주조부 : KS B 0250-CT11
2.도시되고 지시없는 모떼기는 1x45°, 필렛과 라운드는 R3
3.일반 모떼기는 0.2x45°
4.부 외면 명청색, 내면 광명단 도장 (품번 1, 3)
5.부 열처리 HRC50±2 (품번 2, 4)
6.전체 열처리 HRC50±2 (품번 2)
7.표면 거칠기
N10
N8
N6
KS A ISO 6411-1
A2/4.25 양끝
4 편심축 SCM415 1
3 커버 SM45C 1
2 슬라이더 SM45C 1
1 본체 GC200 1
품번 품명 재질 수량 비고
작품명 편심 슬라이더 구동 장치 척도 1:1 각법 3각법

Chapter 7

분해 조립

3D 모범 답안 제출용 – 편심 슬라이더 구동 장치

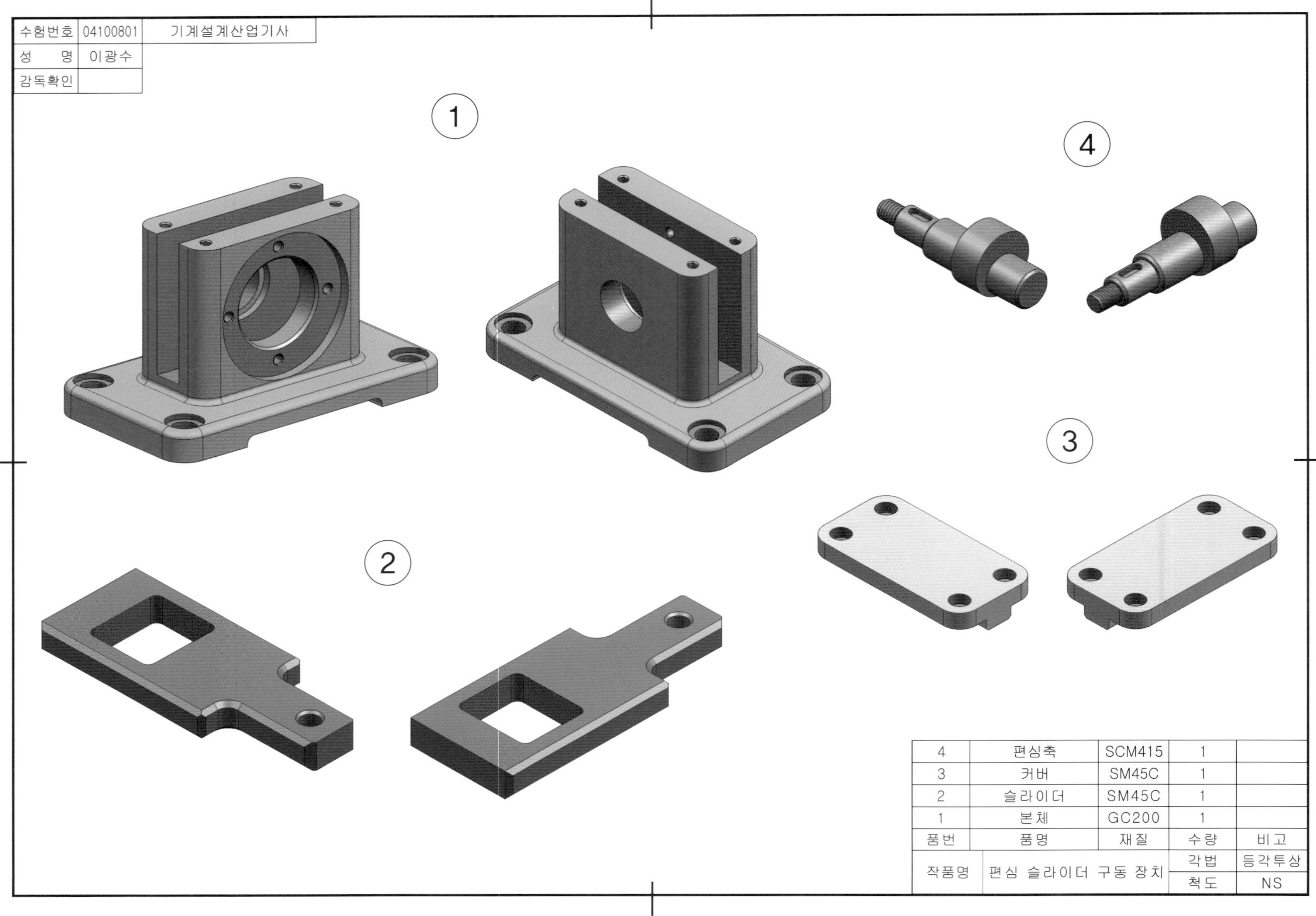

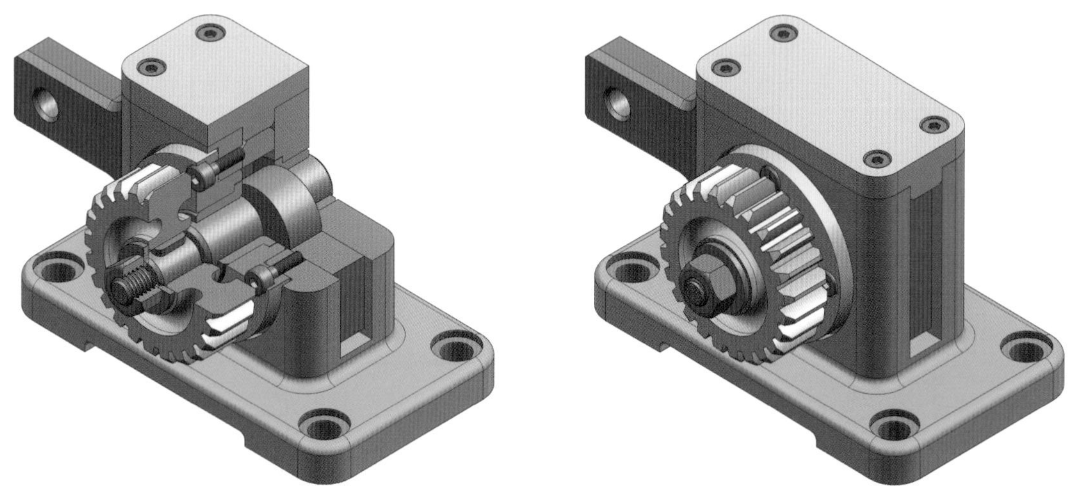

3D 조립 등각투상도 – 편심 슬라이더 구동 장치

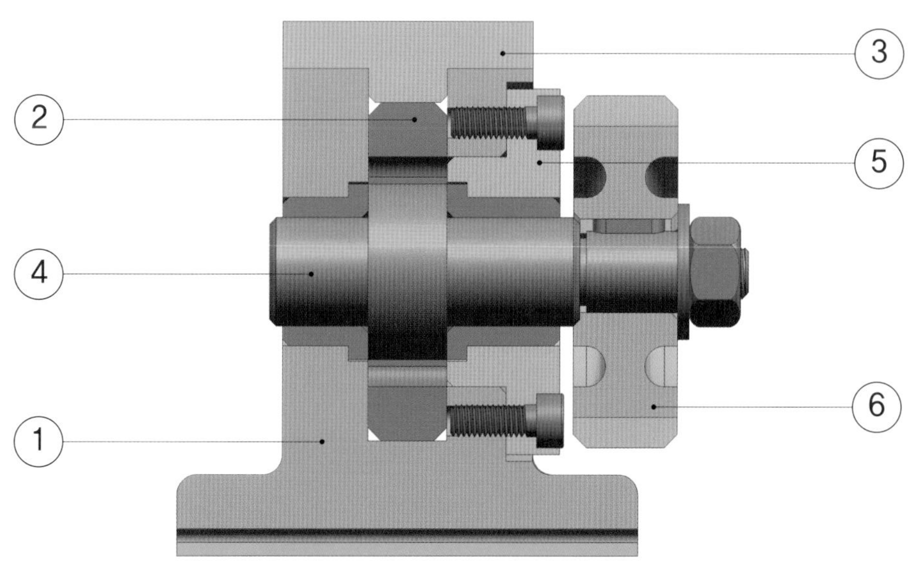

2D 조립 단면도 – 편심 슬라이더 구동 장치

바이스

설계 변경

- 바이스 작동 시 'A'부 치수를 최대 55가 되도록 변경하시오.
- 'B'부 치수를 10으로 변경하시오.
- 'C'부 치수를 32로 변경하시오.

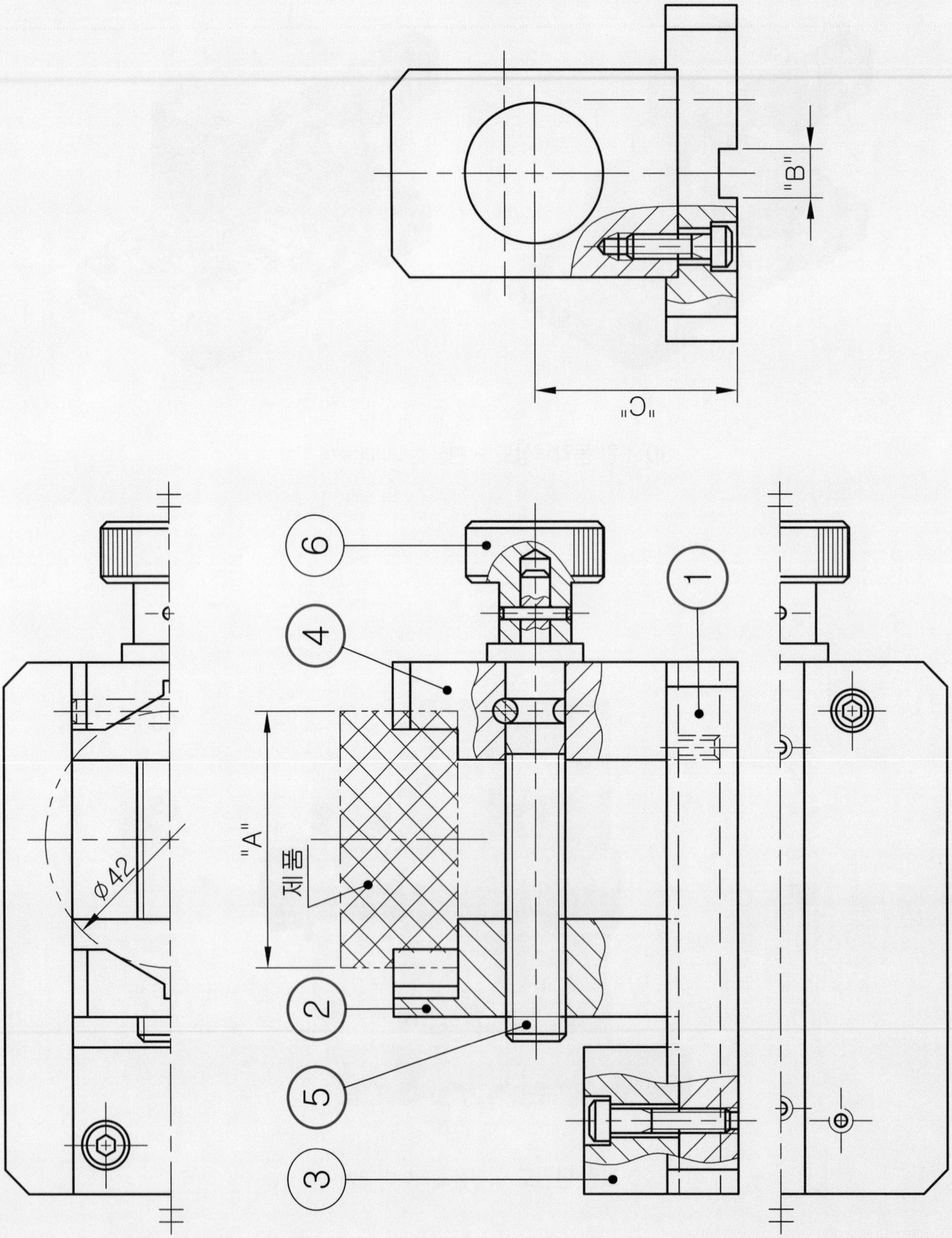

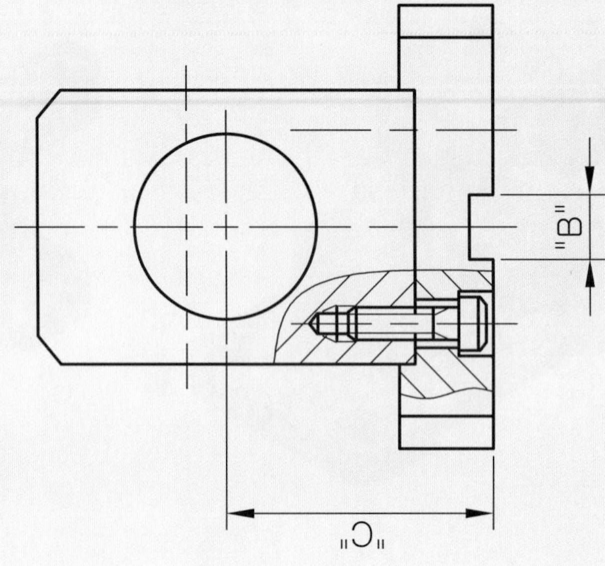

6
4
1
"A"
제품
ϕ42
2
5
3

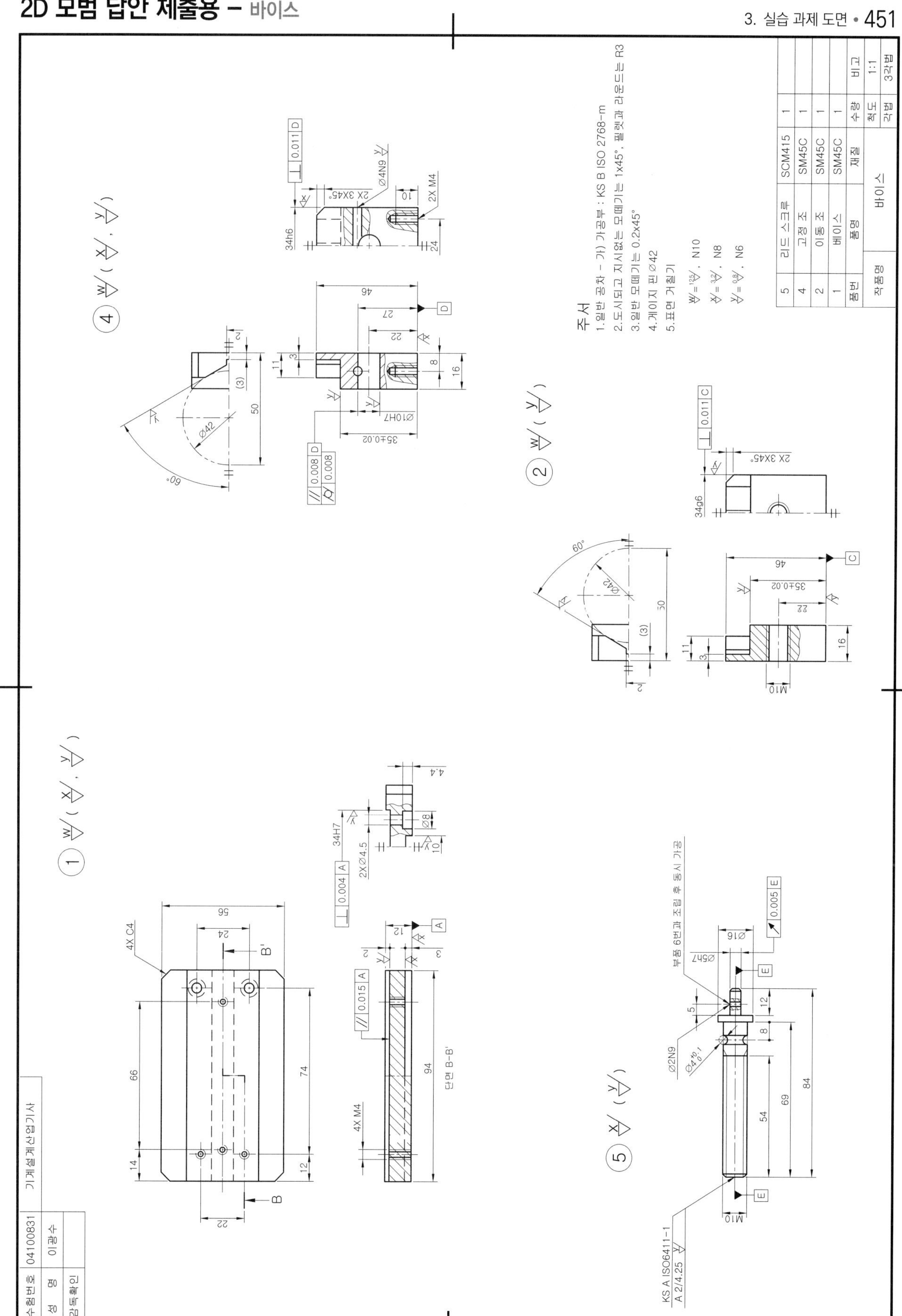
수험번호 04100831 기계설계산업기사
성 명 이광수
감독확인
① W(X, Y)
④ W(X, Y)
② W(Y)
⑤ X(Y)
단면 B-B'
부품 6번과 조립 후 동시 가공
KS A ISO6411-1 A 2/4.25
주 서
1.일반 공차 - 가) 가공부 : KS B ISO 2768-m
2.도시되고 지시없는 모떼기는 1x45°, 필렛과 라운드는 R3
3.일반 모떼기는 0.2x45°
4.게이지 핀 Ø42
5.표면 거칠기
W = 12.5, N10
X = 3.2, N8
Y = 0.8, N6
5 리드 스크류 SCM415 1
4 고정 조 SM45C 1
2 이동 조 SM45C 1
1 베이스 SM45C 1
품번 품명 재질 수량 비고
작품명 바이스 척도 1:1 각법 3각법

3D 모범 답안 제출용 – 바이스

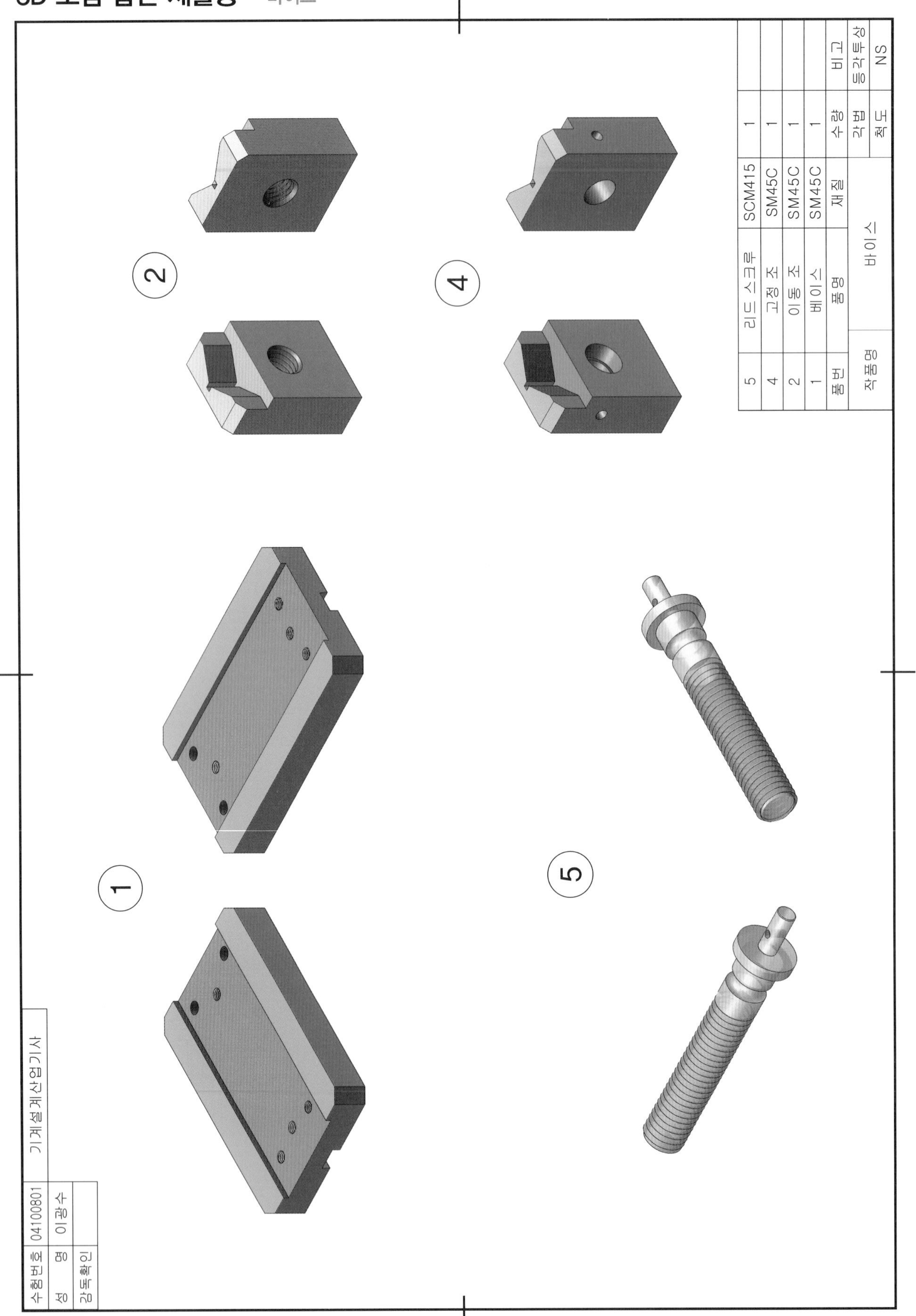

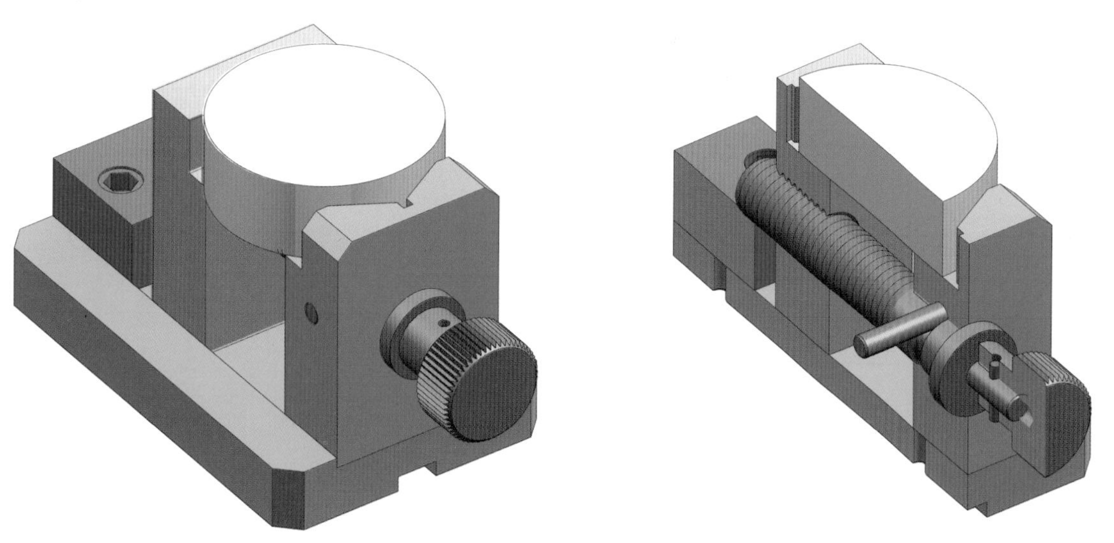

3D 조립 등각투상도 – 바이스

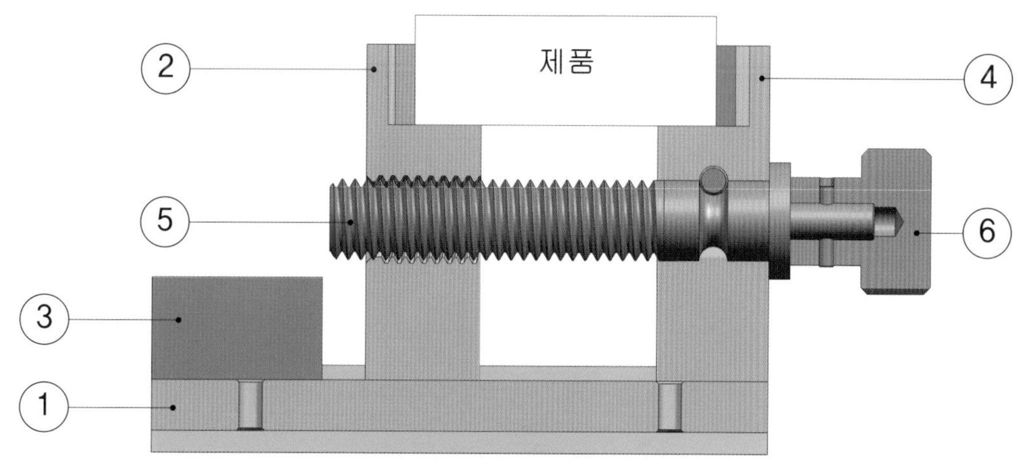

2D 조립 단면도 – 바이스

클램프

설계 변경
- 'A'부 치수를 74로 변경하시오.
- 'B'부 치수를 18로 변경하시오.
- 'C'부 치수를 z5N7로 변경하시오.

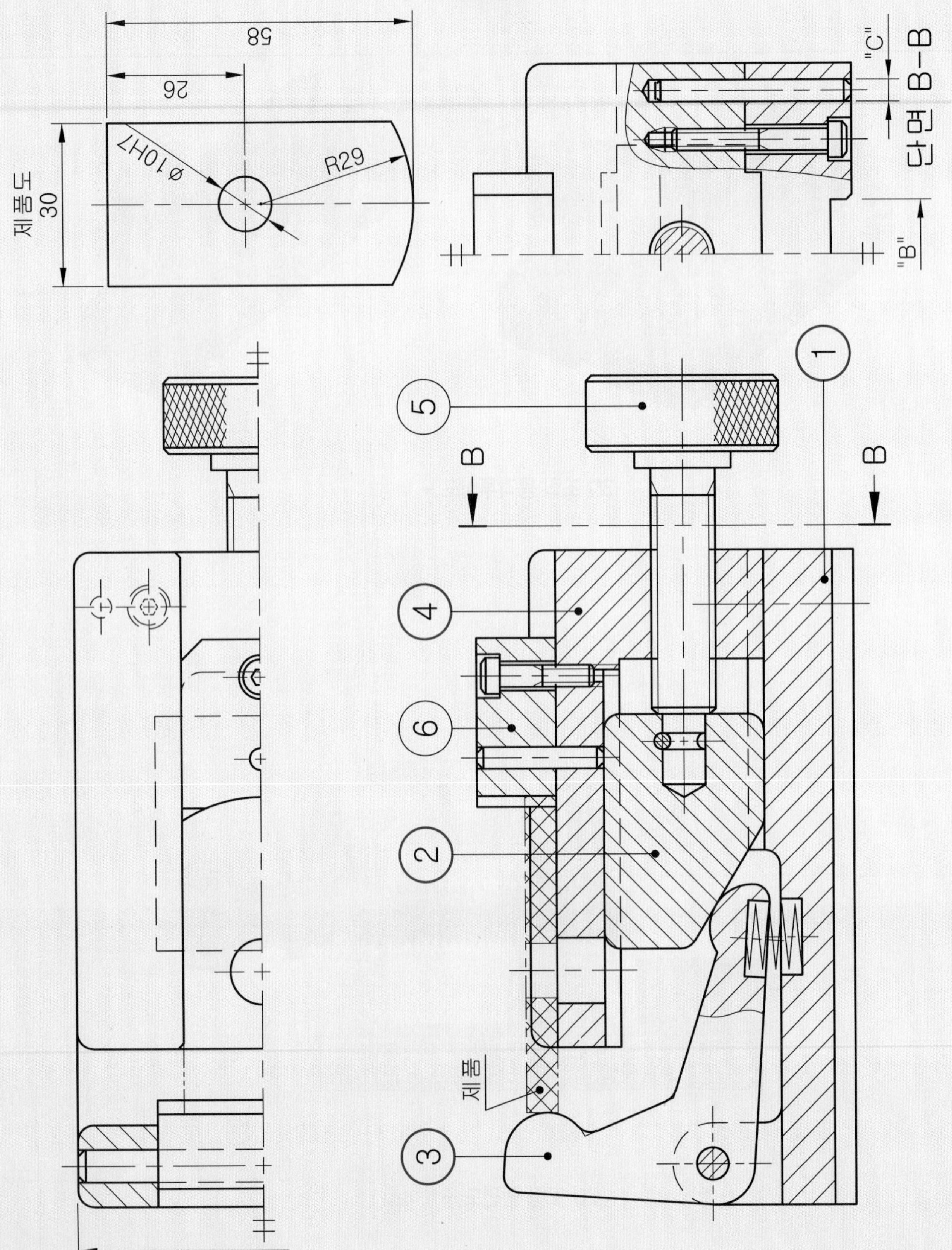

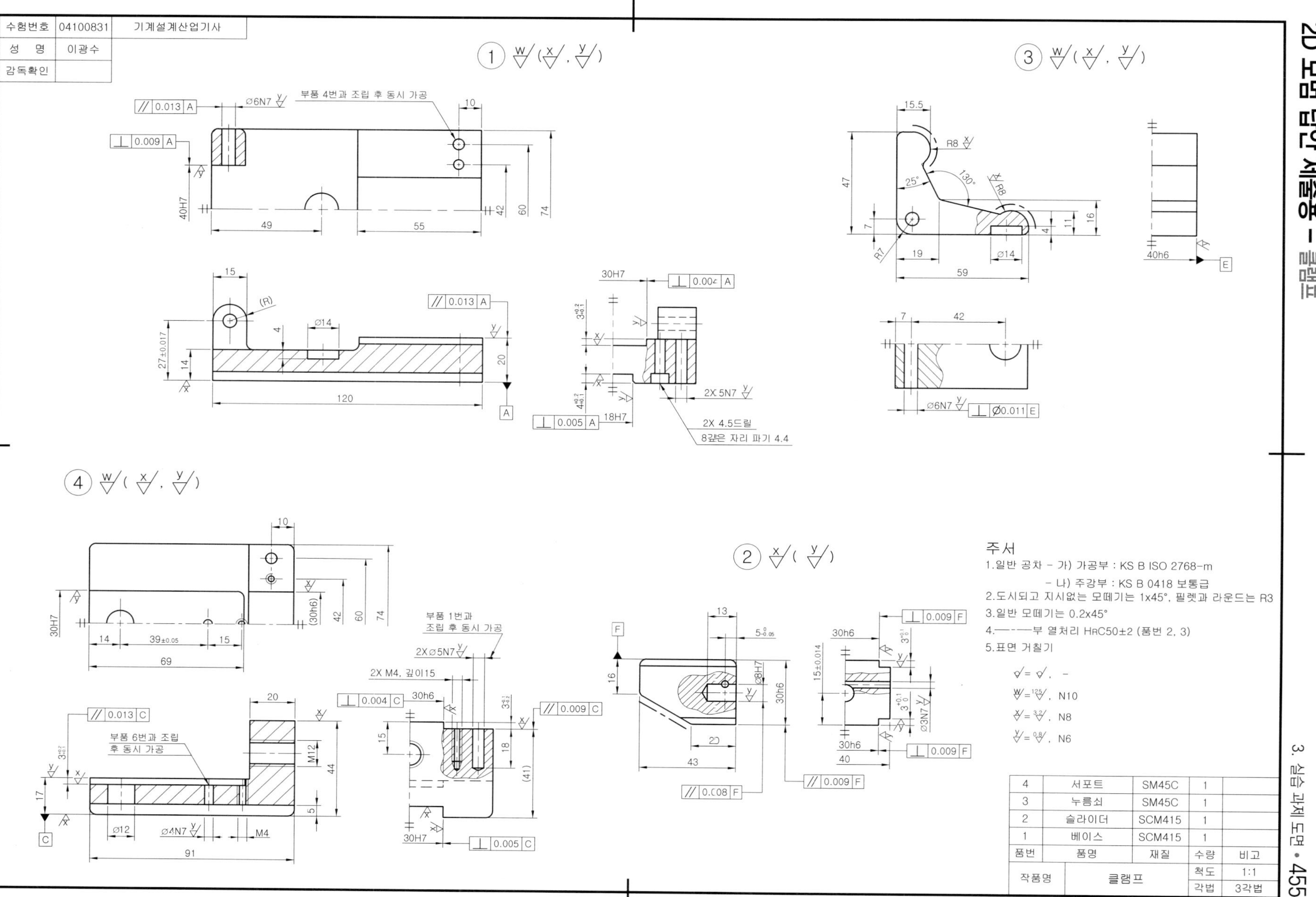
수험번호 04100831 기계설계산업기사
성 명 이광수
감독확인
주서
1.일반 공차 - 가) 가공부 : KS B ISO 2768-m
- 나) 주강부 : KS B 0418 보통급
2.도시되고 지시없는 모떼기는 1x45°, 필렛과 라운드는 R3
3.일반 모떼기는 0.2x45°
4.――― 부 열처리 HRC50±2 (품번 2, 3)
5.표면 거칠기
4 서포트 SM45C 1
3 누름쇠 SM45C 1
2 슬라이더 SCM415 1
1 베이스 SCM415 1
품번 품명 재질 수량 비고
작품명 클램프 척도 1:1
각법 3각법

3D 모범 답안 제출용 – 클램프

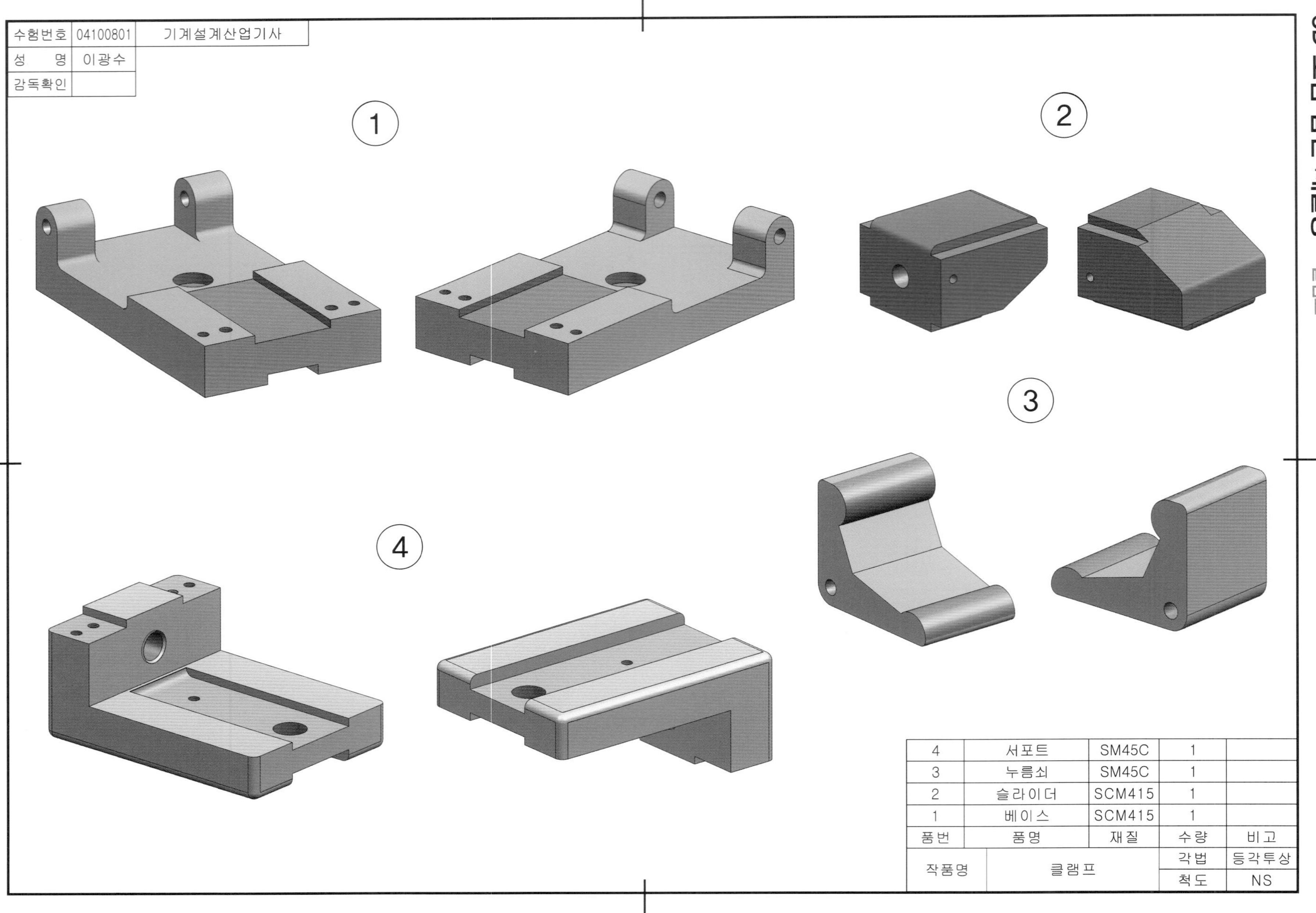

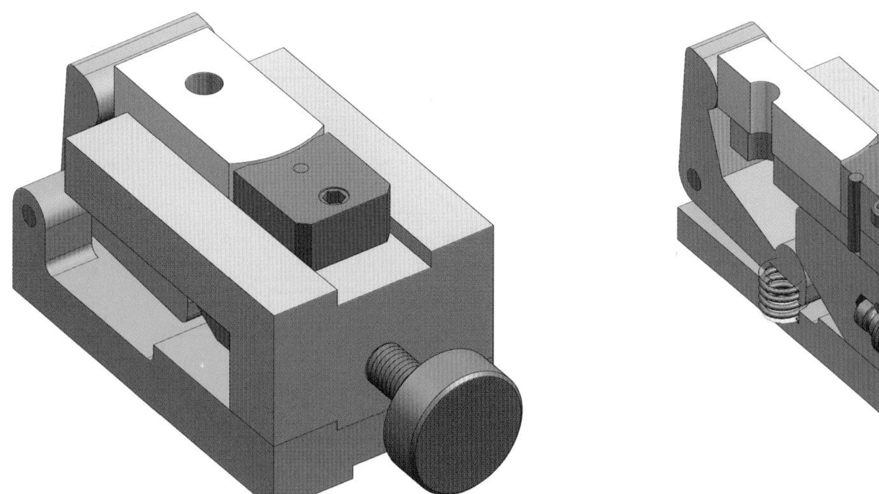

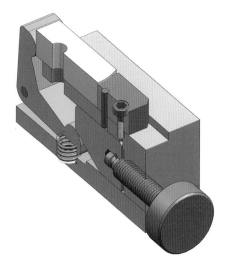

3D 조립 등각투상도 – 클램프

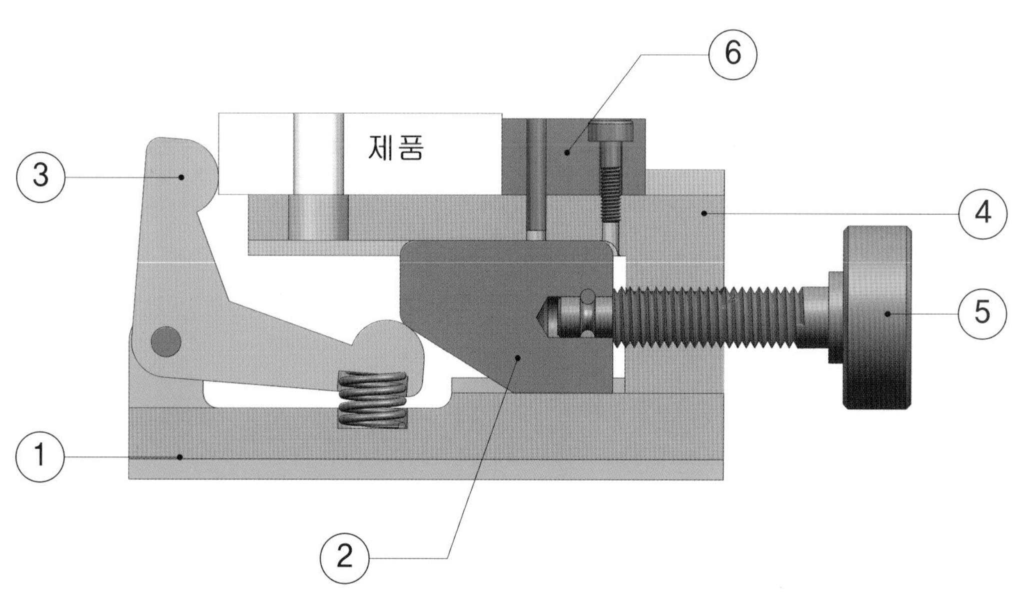

2D 조립 단면도 – 클램프

2지형 레버 에어척

설계 변경

- 'A'부 실린더 내부 치수를 32로 변경하시오.
- 'B'부 나사 치수를 관용 평행나사 G11/8로 변경하시오.
- 'C'부 나사 치수를 관용 평행나사 G3/8로 변경하시오.

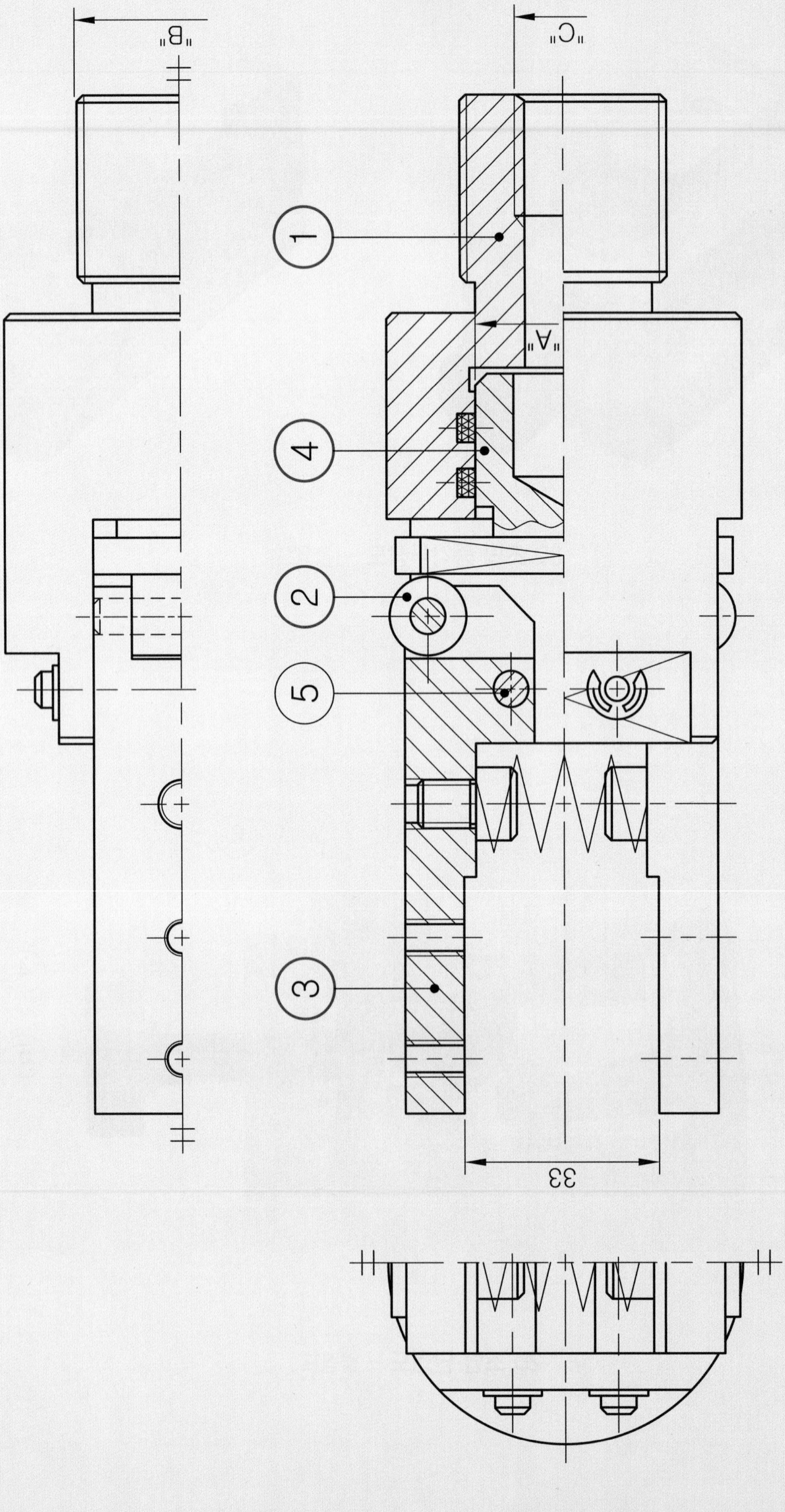

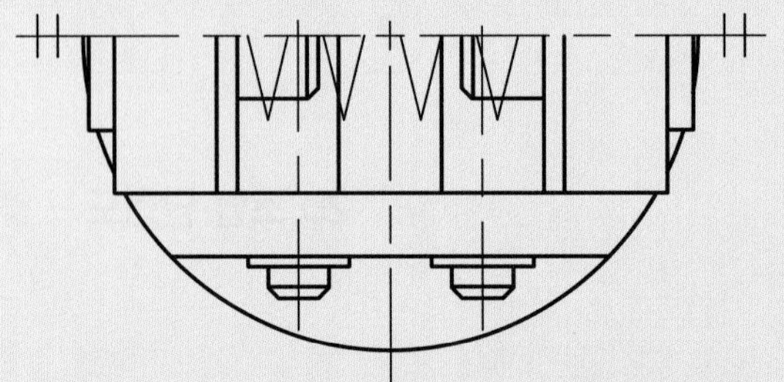

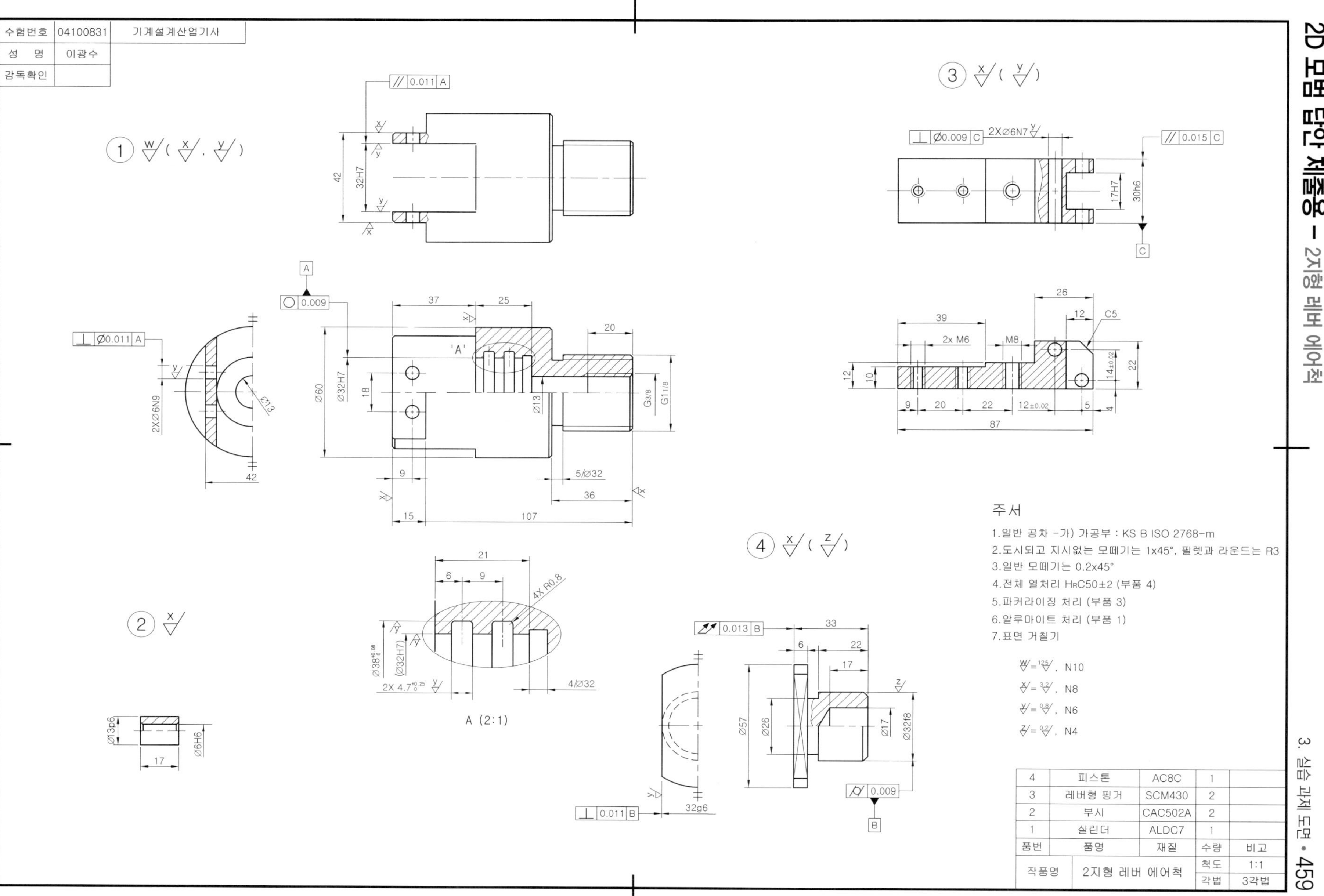
수험번호 04100831 기계설계산업기사
성 명 이광수
감독확인
주서
1.일반 공차 -가) 가공부 : KS B ISO 2768-m
2.도시되고 지시없는 모떼기는 1x45°, 필렛과 라운드는 R3
3.일반 모떼기는 0.2x45°
4.전체 열처리 HRC50±2 (부품 4)
5.파커라이징 처리 (부품 3)
6.알루마이트 처리 (부품 1)
7.표면 거칠기
w = 12.5, N10
x = 3.2, N8
y = 0.8, N6
z = 0.2, N4
A (2:1)
4 피스톤 AC8C 1
3 레버형 핑거 SCM430 2
2 부시 CAC502A 2
1 실린더 ALDC7 1
품번 품명 재질 수량 비고
작품명 2지형 레버 에어척 척도 1:1 각법 3각법

3D 모범 답안 제출용 – 2지형 레버 에어척

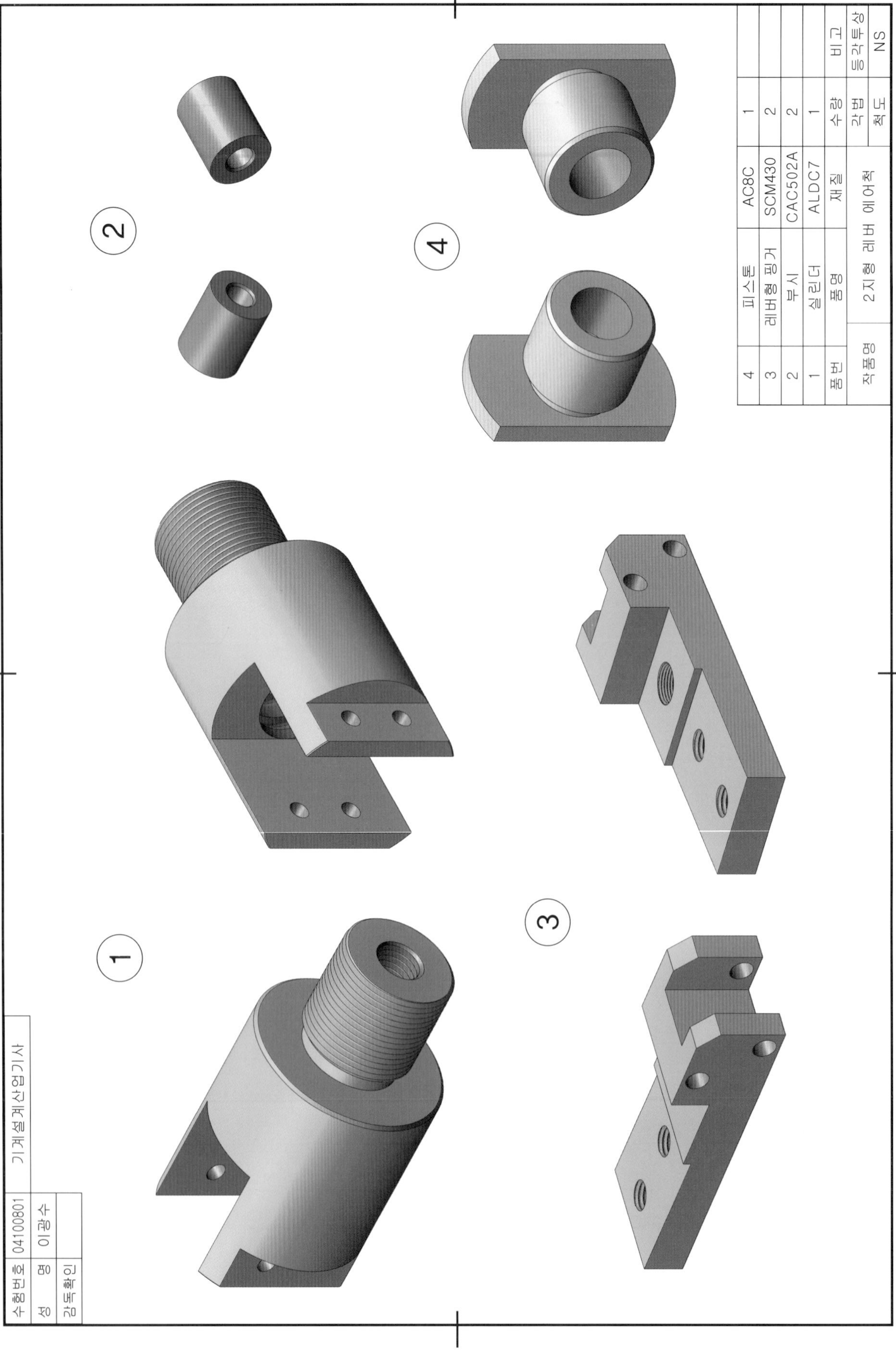

수험번호	04100801	기계설계산업기사
성　　명	이광수	
감독확인		

① ② ③ ④

4	피스톤	AC8C	1	
3	레버형 핑거	SCM430	2	
2	부시	CAC502A	2	
1	실린더	ALDC7	1	
품번	품명	재질	수량	비고
작품명	2지형 레버 에어척		각법	등각투상
			척도	NS

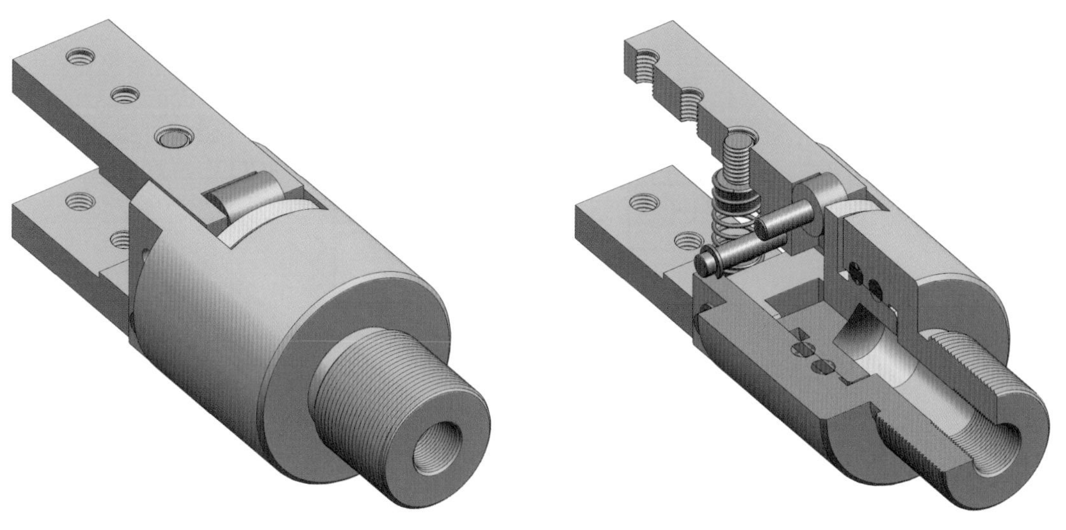

3D 조립 등각투상도 – 2지형 레버 에어척

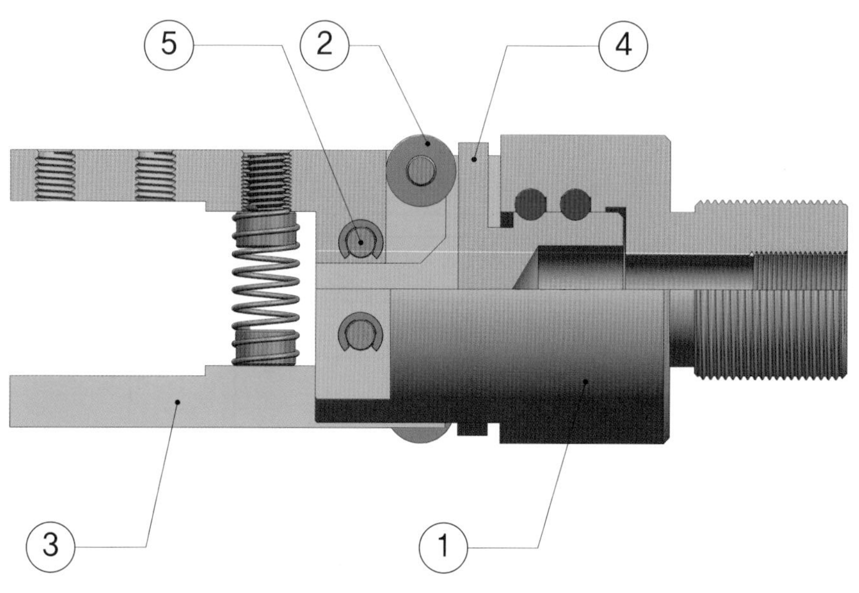

2D 조립 단면도 – 2지형 레버 에어척

드릴 지그 1

설계 변경

- 'A'부 치수를 최대 50이 되도록 변경하시오.
- 베이스에 체결된 'B'부 6각 구멍붙이 볼트를 M5로 변경하시오.

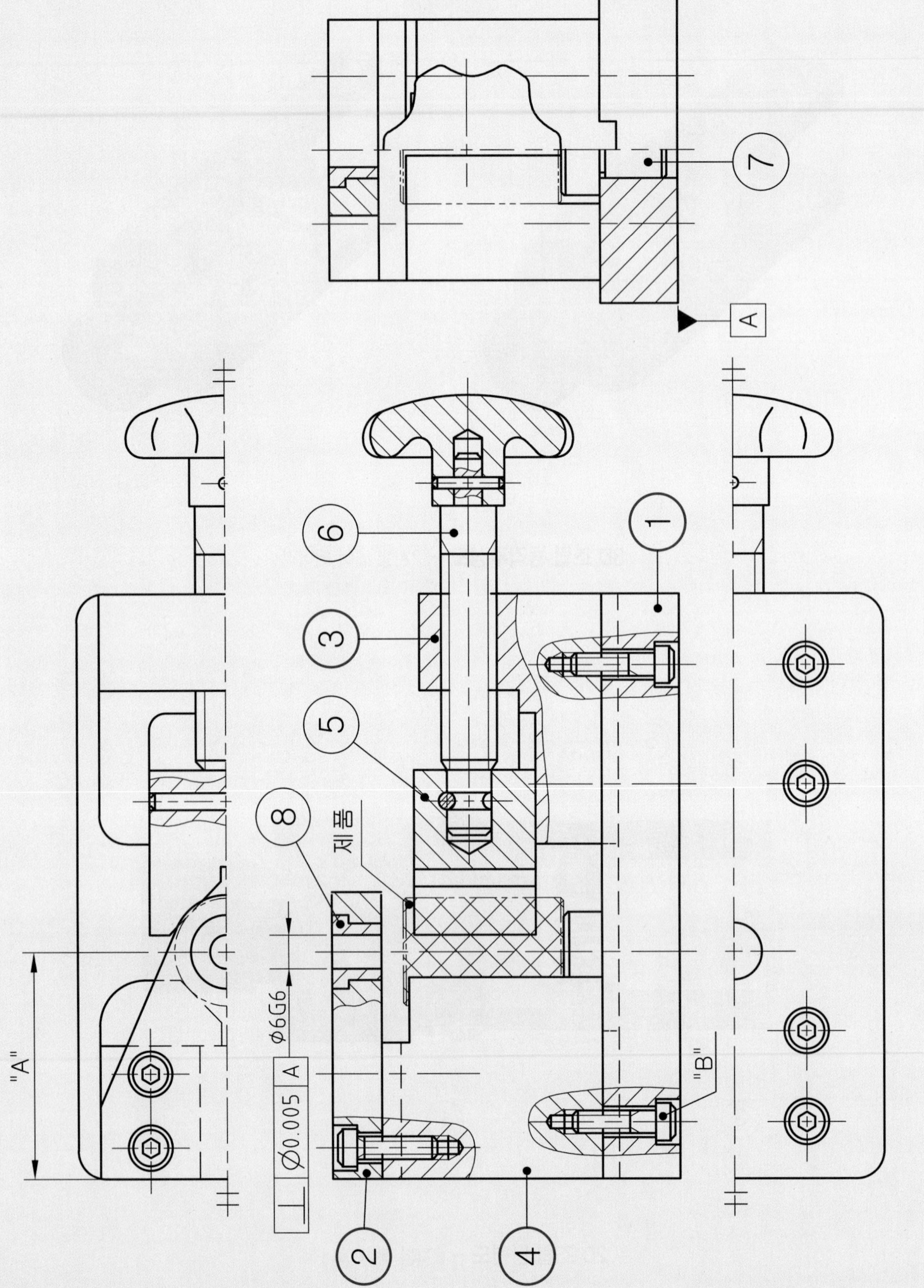

2D 모범 답안 제출용 – 드릴 지그 1

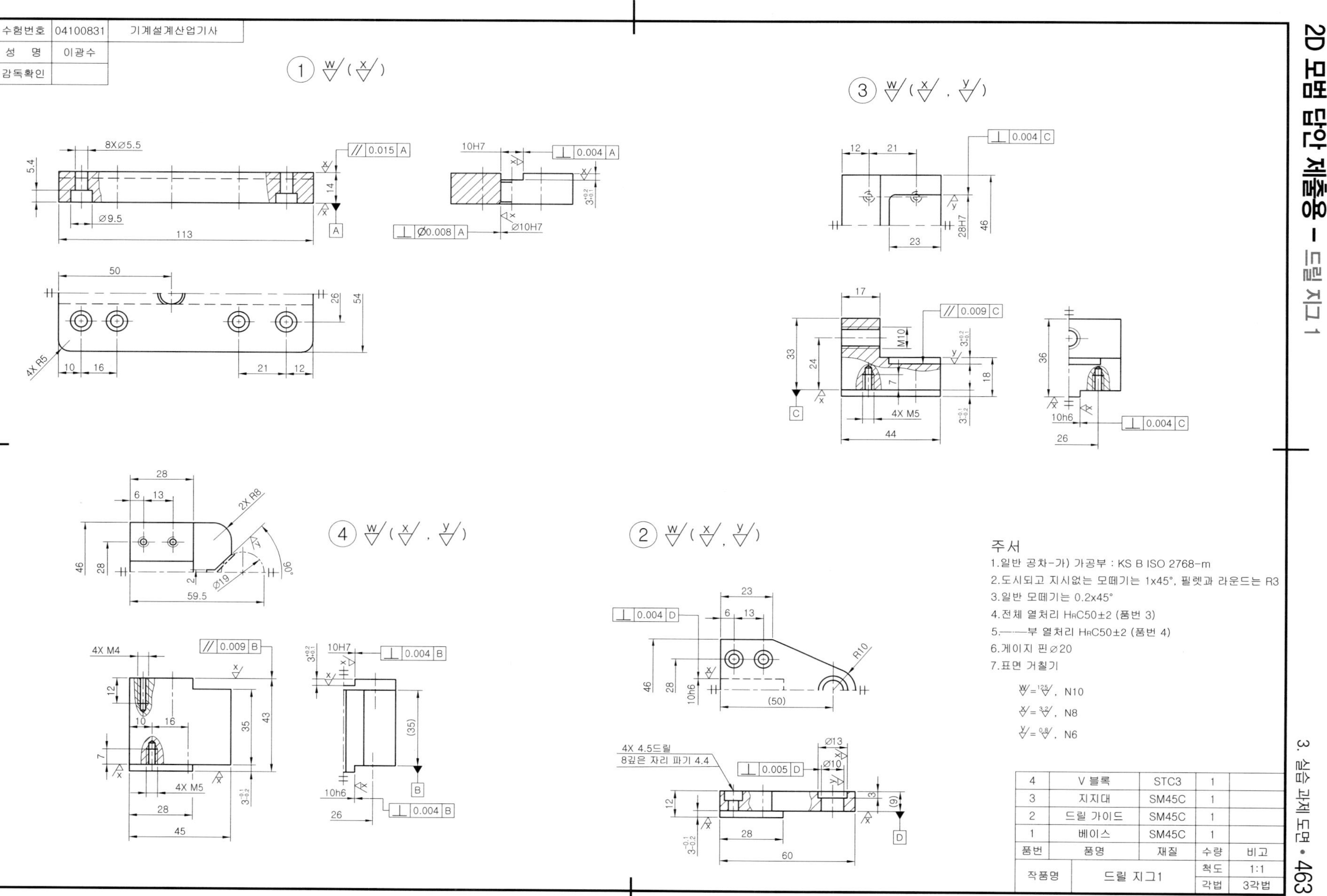

3D 모범 답안 제출용 – 드릴 지그 1

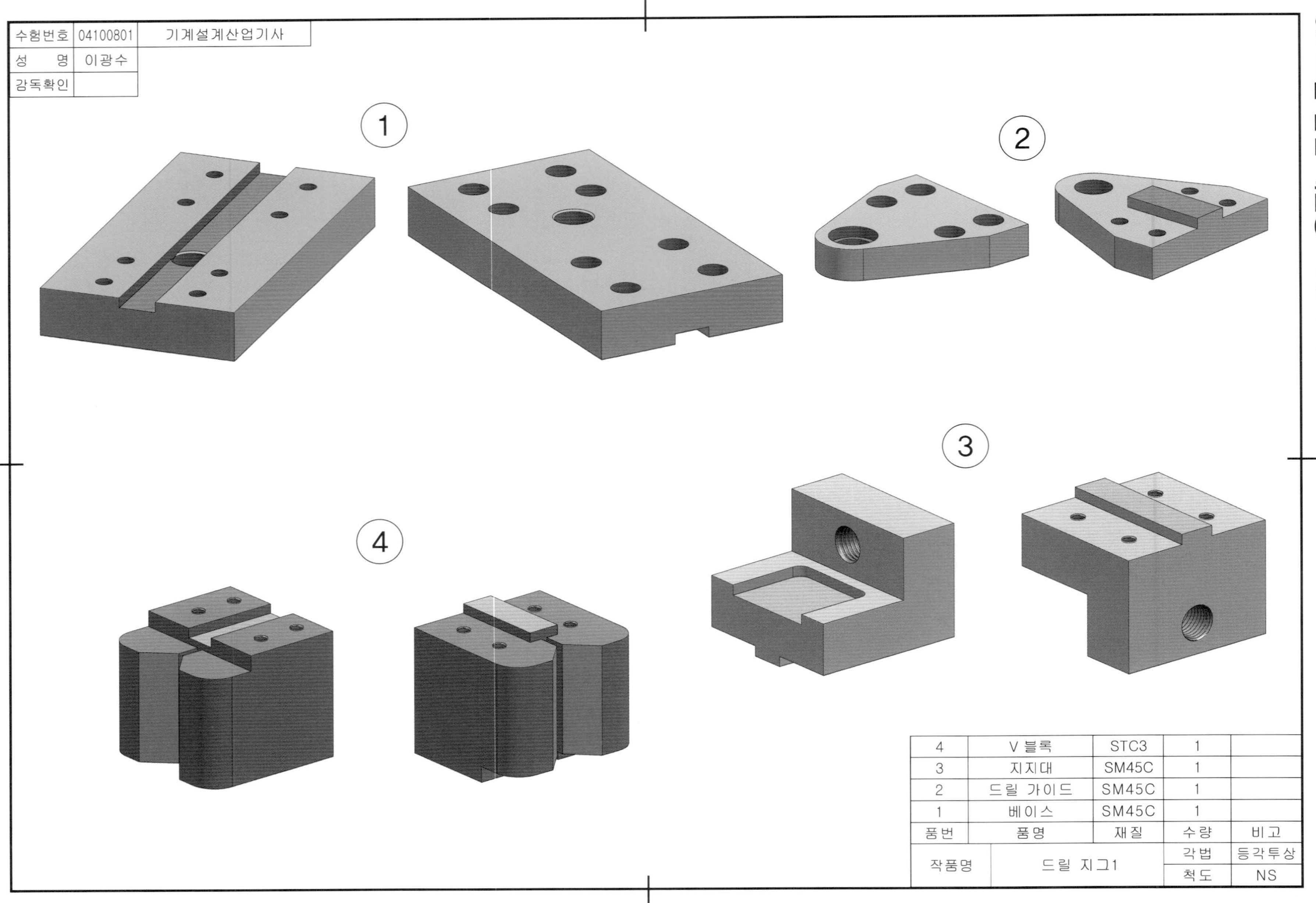

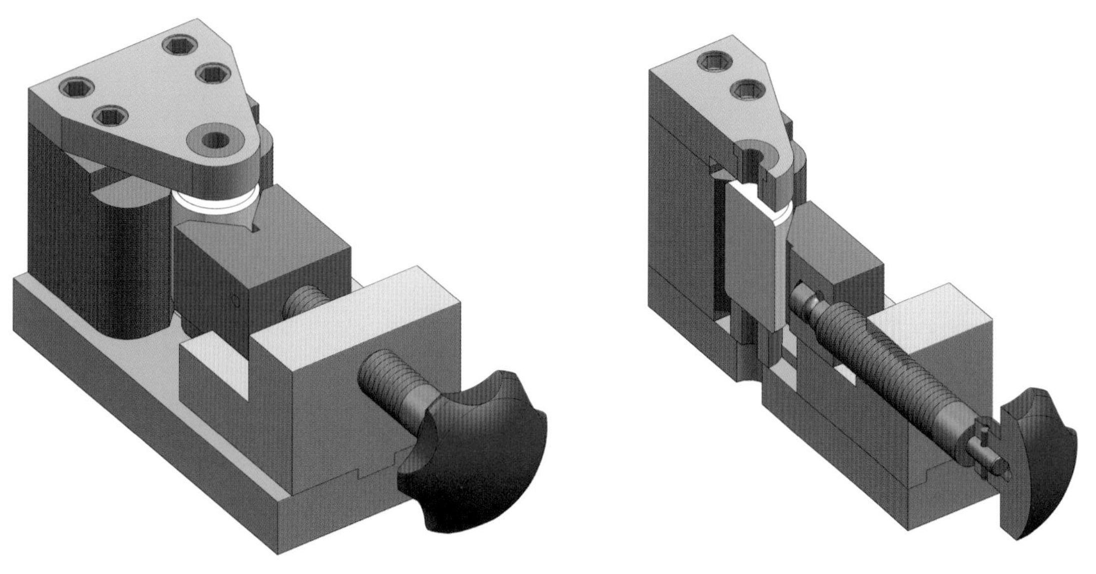

3D 조립 등각투상도 – 드릴 지그 1

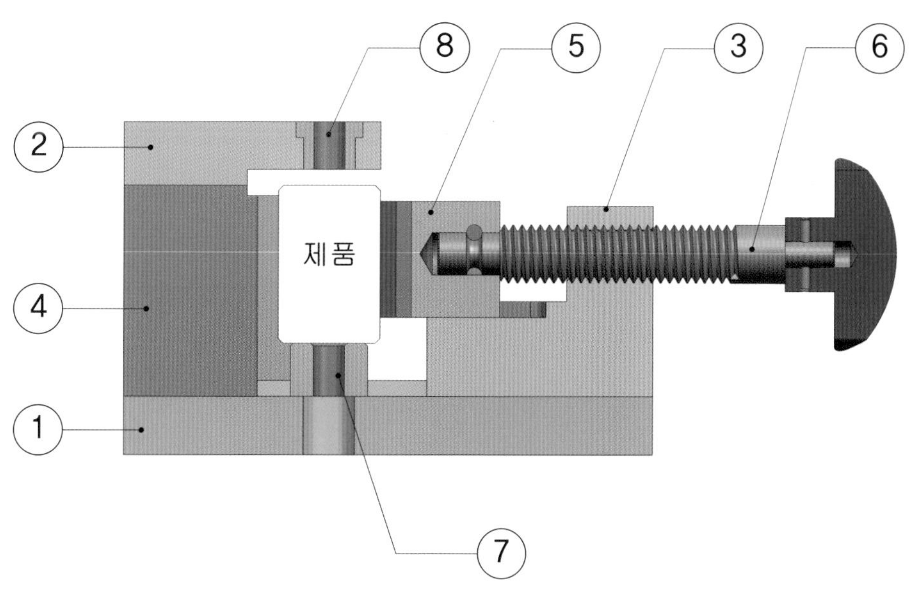

2D 조립 단면도 – 드릴 지그 1

3D 모델링 & 기계설계 실습

인벤터 2021

2021년 4월 10일 인쇄
2021년 4월 15일 발행

저자 : 이광수
펴낸이 : 이정일

펴낸곳 : 도서출판 **일진사**
www.iljinsa.com

04317 서울시 용산구 효창원로 64길 6
대표전화 : 704-1616, 팩스 : 715-3536
등록번호 : 제1979-000009호(1979.4.2)

값 30,000원

ISBN : 978-89-429-1669-6